周 敏
牛余宝
杨秀丽 / 编著

中文版 PTC Creo 4.0 完全实战技术手册

清华大学出版社
北京

内 容 简 介

PTC Creo Parametric4.0（简称Creo4.0）是美国PTC公司的标志性软件，该软件已逐渐成为当今世界最为流行的CAD/CAM/CAE软件之一，被广泛用于电子、通信、机械、模具、汽车、自行车、航天、家电、玩具等各制造行业的产品设计。Creo4.0中文版是目前最新的中文版本。

全书共29章，从Creo4.0的安装和启动开始，详细介绍了其基本操作、草绘设计、实体特征设计、构造特征设计、零件参数化设计、机械仿真设计、工程图设计、曲面设计、曲面操作与编辑、模具设计、钣金设计、数控加工等内容。

本书结构严谨、内容翔实、知识全面、可读性强、设计实例实用性强、专业性强、步骤明确，是广大读者快速掌握Creo4.0软件的自学实用指导书，也可作为大专院校计算机辅助设计课程的指导教材。

图书在版编目（CIP）数据

中文版PTC Creo 4.0完全实战技术手册 / 周敏，牛余宝，杨秀丽编著 — 北京 ：清华大学出版社，2017（2018.11重印）

ISBN 978-7-302-39569-0

Ⅰ. ①中… Ⅱ. ①周… ②牛… ③杨… Ⅲ. ①计算机辅助设计－应用软件－技术手册 Ⅳ. ①TP391.72-62

中国版本图书馆CIP数据核字（2015）第046562号

责任编辑：陈绿春
封面设计：潘国文
责任校对：胡伟民
责任印制：杨　艳

出版发行：清华大学出版社
网　　址：http://www.tup.com.cn，　http://www.wqbook.com
地　　址：北京清华大学学研大厦A座　　**邮　　编：**100084
社 总 机：010-62770175　　**邮　　购：**010-62786544
投稿与读者服务：010-62776969，c-service@tup.tsinghua.edu.cn
质量反馈：010-62772015，zhiliang@tup.tsinghua.edu.cn

印 装 者：北京九州迅驰传媒文化有限公司
经　　销：全国新华书店
开　　本：188mm×260mm　　**印　　张：**39　　**字　　数：**1150千字
版　　次：2017年7月第1版　　**印　　次：**2018年11月第3次印刷
定　　价：89.00元

产品编号：063104-01

PTC Creo Parametric 4.0 是美国 PTC 公司的标志性软件，Creo 整合了 PTC 公司的三个软件：Pro/E 的参数化技术、CoCreate 的直接建模技术和 ProductView 的三维可视化技术的新型 CAD 设计软件包，是 PTC 公司闪电计划所推出的第一款产品。自问世以来，由于其强大的功能，现已逐渐成为当今世界最为流行的 CAD/CAM/CAE 软件之一，被广泛用于电子、通信、机械、模具、汽车、自行车、航天、家电、玩具等各制造行业的产品设计。

本书内容

本书是以 PTC Creo Parametric 4.0 为基础，向读者详细地讲解了 Creo 4.0 的基本功能及其他插件功能的应用。

全书包括 5 篇共 29 章，包括基础部分、零件建模部分、产品建模部分、模具设计部分和其他模块设计部分。

- 基础篇（第 1~5 章）：基础部分中以循序渐进的方法介绍了 Creo 4.0 软件的基本概况、常见的基本操作技巧、软件设置与界面设置、参考几何体的创建、草图指令及其应用等内容。
- 零件建模篇（第 6~15 章）：这部分主要讲解跟零件设计相关的功能指令，包括形状特征指令、工程特征指令、构造特征指令、扭曲特征指令、特征编辑指令、柔性建模指令、零件参数化设计指令、机构仿真设计指令、工程图指令等。
- 产品建模篇（第 16~20 章）：这部分主要讲解跟产品外观造型相关的功能指令及其应用，包括基本曲面设计、高级曲面设计、曲面编辑与操作、样式曲面造型、产品渲染等内容。
- 模具设计篇（第 21~27 章）：这部分主要讲解关于模具设计相关的功能指令及模具设计插件的综合应用，包括模具设计入门、产品检测与分析、型腔布局设计、分型面设计、编辑分型面、分割体积块、模具模架设计等内容。
- 其他模块设计篇（第 28、29 章）：除了上述模块及插件应用外，行业应用也是十分广泛的，还有钣金设计模块和数控加工模块，本篇着重讲解了关于这两个模块的基本应用。

本书特色

本书从软件的基本应用及行业知识入手，以 Creo 4.0 软件的模块和插件程序的应用为主线，以实例为引导，按照由浅入深、循序渐进的方式，讲解软件的新特性和软件操作方法，使读者能快速掌握 Creo 的软件设计技巧。

本书的内容也是按照行业应用进行划分的，基本上囊括了现今热门的设计与制造行业，可读性十分强。让不同专业的读者能学习到相同的知识，确实不可多得。

本书是以一个指令或相似指令 + 案例的形式进行讲解，讲解生动而不乏味，动静结合、相得益彰。全书多达上百个实战案例，涵盖各行各业，其中不乏有专家点评。

本书既可以作为院校机械 CAD、模具设计、钣金设计、电气设计、产品设计等专业的教材，也可作为对制造行业有浓厚兴趣的读者自学的教程。

光盘下载

目前图书市场上，计算机图书中夹带随书光盘销售而导致光盘损坏的情况屡屡出现，有鉴于此，本书特将随书光盘制作成网盘文件。

下载百度云网盘文件的方法如下：

（1）下载并安装百度云管家客户端（如果是手机，请下载安卓版或苹果版；如果是电脑，请下载Windows版）。

（2）新用户请注册一个账号，然后登陆到百度云网盘客户端中。

（3）在手机百度搜索栏右侧单击“相机”图标，然后就可以扫描随书光盘文件的二维码，进入百度云中，将光盘文件转存到自己百度云网盘或者通过百度云管家下载到电脑中。

（4）本书配套光盘文件百度云网盘的分享地址：

链接：https://pan.baidu.com/s/1dGoUd93

（5）扫描下方第一个二维码加入手机微信群。扫描下方第二个二维码加入：设计之门-Creo，有好礼相送。

- 如果百度云盘的光盘链接地址失效或因故不能正常打开，可以加QQ群索取。
- 加QQ群便于读者和作者面对面交流，时时解决学习上的问题。
- 我们会在QQ群中放出大量计算机辅助设计教程的降价优惠活动。
- 根据读者的需求，我们会在各大在线学习平台如腾讯课堂、网易云课堂、百度传课等，上传教学视频或在线视频教学。

作者信息

本书在编写过程中得到了设计之门数字艺术网校的大力帮助，在此诚表谢意。设计之门数字艺术网校是专门从事CAD/CAM/CAE技术的研究、开发、咨询及产品设计与制造服务的机构，并提供专业的SolidWorks、Pro/ENGINEER、UG、CATIA、Rhino、Alias、3ds Max、Creo以及AutoCAD等软件的培训及技术咨询。

本书由空军航空大学的周敏老师、牛余宝老师和杨秀丽老师主编，参与编写的人员还包括黄成、孙占臣、罗凯、刘金刚、王俊新、董文洋、张学颖、鞠成伟、杨春兰、刘永玉、金大玮、陈旭、田婧、王全景、马萌、高长银、戚彬、张庆余、赵光、刘纪宝、王岩、任军、秦琳晶、李勇、李华斌、张阳、彭燕莉、李明新、杨桃、张红霞、李海洋、林晓娟、李锦、郑伟、周海涛、刘玲玲、吴涛、阮夏颖、张莹、吕英波等。

感谢您选择了本书，希望我们的努力对您的工作和学习有所帮助，也希望您能把对本书的意见和建议告诉我们。

设计之门
官方群：159814370
shejizhimen@163.com

目录
CONTENTS

第一篇 基础篇

第三篇 产品建模篇

第四篇 模具设计篇

第五篇 其他模块设计篇

第 1 章 Creo Parametric 4.0 概述

学习本教程，首先要了解入门知识。本章将详细介绍 Creo Parametric 4.0（简称 Creo 4.0）的全新功能、安装与安装步骤、基本选项设置等内容，让你从真正了解 Creo 开始。

知识要点

- 介绍 Creo Parametric 4.0
- Creo Parametric 4.0 的安装
- Creo 界面环境
- Creo 选项设置

1.1 介绍 Creo Parametric 4.0

Creo 软件是美国 PTC 公司旗下，世界上第一个基于 Windows 开发的三维 CAD 系统。

1.1.1 Creo 软件简介

Creo 软件是美国参数科技有限公司（PTC）自 Pro/Engineer WildFire 5.0 后推出的新一代三维设计软件套装，Creo 1.0 是第一个正式版本。Creo 软件套装包括产品生命周期内从规划、概念设计到数字化实现、产品加工和制造，以及产品展示等一系列的软件，是业内居于领先地位的 CAD 设计软件。

Creo 4.0 带来 4 项突破性的技术，一举解决在可用性、互操作性、技术锁定和装配管理方面积聚已久的难题。通过解决在以前的设计软件中从未解决的重大问题，Creo 4.0 使公司能够释放创意、促进协作和提高效率，最终实现价值，同时挖掘公司内部的潜力。

Creo 的界面上紧跟 office、AutoCAD，采用 Windows 最新的界面风格，如图 1-1 所示。在建模特征上，也有不少功能上的改进。

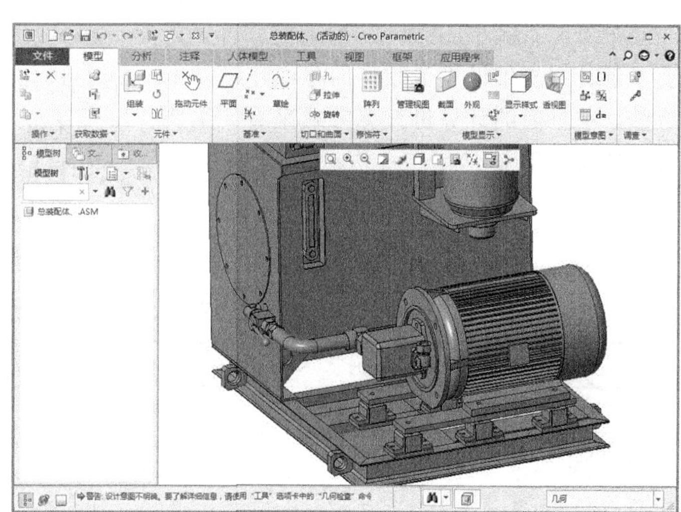

图 1-1　Creo 4.0 界面新风格

1.1.2 Creo 建模方法

基本的三维模型是具有尺寸和形状的三维几何体。三维模型中的点，需要由三维坐标系中的X、Y、Z三个坐标系来定义。

1. 三维建模

用CAD软件创建基本三维模型的一般过程如下：

选取或定义一个用于定位三位坐标系或3个垂直矢量的空间平面，如图1-2所示。

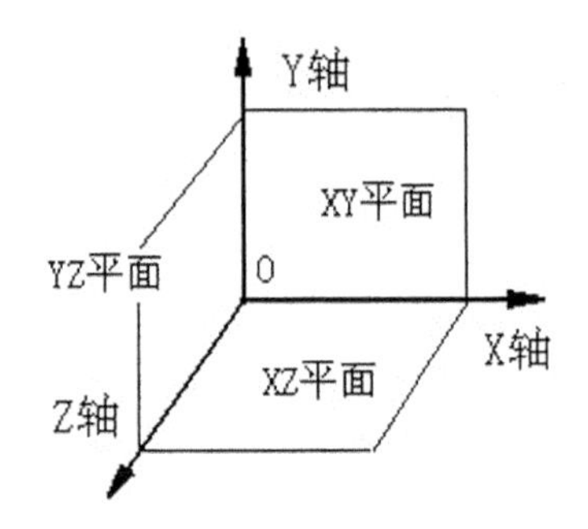

图1-2 用于定位的空间平面

- 选定一个面（草绘平面），作为二维平面几何图形的绘制平面。
- 在草绘面上创建形成立体图形所需的截面、轨迹线等二维平面几何图形。
- 定义图形的轮廓厚度，形成几何图形。

在深入了解Creo的工作原理前，首先需要了解计算机辅助设计软件的三维建模基本方法，从目前的计算机计算方式来看，主要有3种表示方式，如图1-3所示。

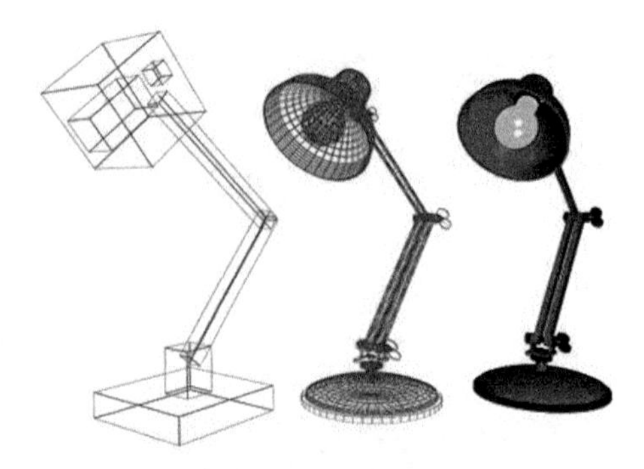

图1-3 模型的表现形式

（1）线框模型

将三维模型利用线框的形式搭建起来，与透视图相似，但是不能表示任何表面、体积等信息。

（2）三维曲面模型

利用一定的曲面拟合方式建立具有一定轮廓的几何外形，可以进行渲染、消隐等复杂处理，但是它只相当于一个物体表面而已。3ds Max软件采用了这种形式，这种形式没有质量，从外表看，已经具有了三维真实感。

（3）实体模型

在AutoCAD等软件中均包括了这种形式。它已经成为真正的几何形体，不但包括了外壳，还包含“体”，也就是说，具有质量信息。实体模型完整地定义了三维实体，它的数据信息量大，超过了其他形式。

表1-1对3种形式进行了比较。

表1-1 三维建模方式的比较

内容	线框	三维曲面	实体模型
表达方式	点、边	点、边、面	点、线、面、体
工程图能力	好	有限制	好
剖视图	只有交点	只有交线	交线与剖面
消隐操作	否	有限制	可行
渲染能力	否	可行	可行
干涉检查	凭视觉	直接判断	自动判断

2. 基于特征的模型

在目前的三维图形软件中，对模型的定义大多可以通过特征的方法来进行，这是一种更直接、更有效的创建表达方式。

对于特征定义，可参照以下内容。

- 特征是表示与制造操作和加工工具相关的形状和技术属性。
- 特征是需要一起引用的成组几何或拓扑实体。
- 特征是用于生成、分析和评估设计的单元。

3. 全参数化建模方式

Creo 软件是基于特征的全参数化软件，该软件中创建的三维模型是一种全参数化的三维模型。全参数化有 3 个层面的含义，即特征剖面几何的全参数化、零件模型的全参数化、装配体的全参数化。

（1）剖面的参数化

剖面参数化是指 Creo 软件系统自动给每个特征的二维剖面中的每个尺寸赋予参数并编上序号，通过对参数的调整，即可改变几何的形状和大小。如图 1-4 所示为 Creo 的一个简单的剖面图，从中可以看出剖面参数为全相关的。

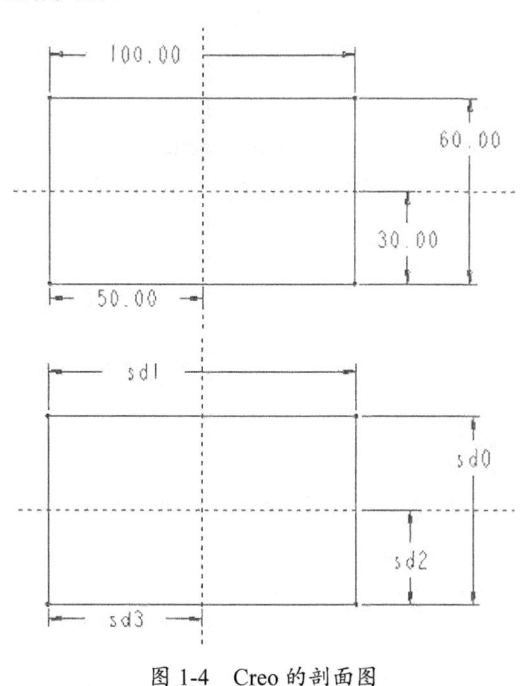

图 1-4 Creo 的剖面图

（2）零件的参数化

零件的参数化是指 Creo 软件系统自动给零件中特征之间的相对位置尺寸、形状尺寸赋予参数编号。通过对参数的调整即可改变特征之间的相对位置关系，以及特征的形状和大小。如图 1-5 所示，图中零件的各个尺寸全部采用参数化的表达方式。

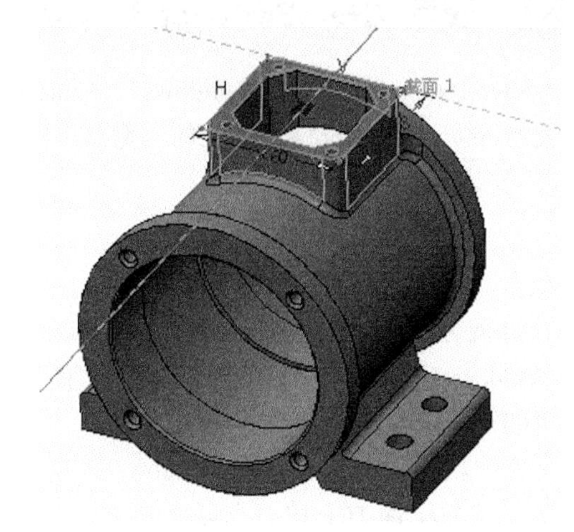

图 1-5 零件的参数化表达

（3）装配体的参数化

Creo 的参数化装配是将设计过程中所使用的各种参数都存储在数据库中，便于系统和设计人员调用，是产品设计和装配技术的基础，它可以消除传统计算机辅助设计（CAD）系统只能建立在固定设计模型的缺陷，使系统变得更灵活和开放，节省大量的人力、物理和财力。

Creo 的参数化装配包括自顶向下装配和自底而上装配，全参数化装配技术将在本书相关章节中详解。

（4）参数化的优势

在 Creo 中，零件模型、装配模型、制造模型、工程图之间是全相关的。也就是说，工程图尺寸更改之后，其父零件模型的尺寸也会相应更改；反之，零件、装配或制造模型中的任何改变，也可以在其中相应的工程图中反应出来。

（5）设计准则

在进行 Creo 进行建模时，可以通过掌握一些准则，这将有利于建模操作。

- 确定特征顺序。确认好基本特征，并选择适当的构造特征作为设计中心。
- 简化特征类型。以最简单的特征组合模型，充分考虑到尺寸参数的控制。
- 建立特征的父子关系，解决关联问题。
- 适当采用特征复制操作。复制会减少数据量，同时也便于修改。

1.2 安装 Creo Parametric 4.0

Creo Parametric 4.0 在 Windows7、Windows8 操作系统下均可运行。在 Windows 平台上要求使用 Internet Explore 9.0 以上的浏览器。本节中主要介绍在 Windows7 系统下 Creo Parametric 4.0 的安装方法。

1.2.1 计算机的系统要求

如果你的系统是 Windows7、Windows8 或 Windows10，必须具有管理员权限才能安装“PTC 许可证服务器”。

安装软件之前，必须在 Windows 系统中正确安装并配置 TCP/IP（传输控制协议 / 网际协议）。

安装正版的 Creo Parametric 4.0（简称 Creo），需要安装许可或者使用正确的许可文件 CP410604ED2621-W73R-DX96_license.dat。为此，每个用户由于计算机系统的 ID 不同，则需要修改许可文件。例如，将许可文件以记事本形式打开，然后将 00-00-00-00-00-00 全部替换成用户本机的 ID 即可，如图 1-6 所示。替换后将许可文件保存在没有中文路径名的文件夹中。

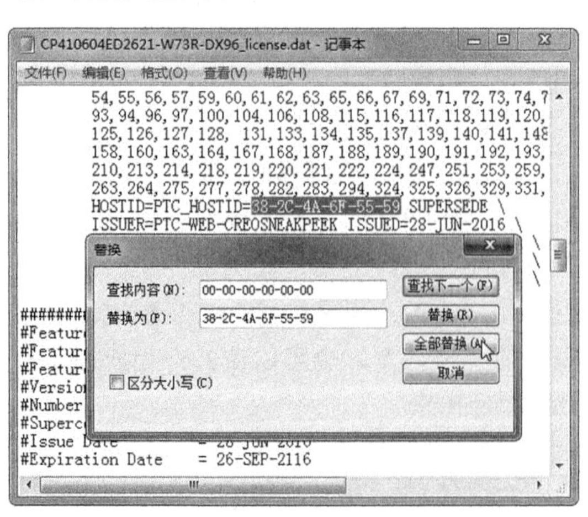

图 1-6 修改许可文件

> **技术要点**
>
> 计算机 ID 号的获取方法：在计算机屏幕左下角执行【开始】|【运行】命令，输 CMD 后按 Enter 键，在打开的处理程序窗口中输入 IPCONFIG/ALL 并按 Enter 键，即可查看用户计算机的所有网络连接信息，其中就包括网络 ID（在“物理地址”一栏中）。

1.2.2 安装过程

单机版的 Creo 在各种操作系统下的安装过程基本相同，下面仅以 Windows7 系统为例说明其安装过程。

01 在安装光盘中，右键选择 setup.exe 并执行【以管理员身份运行】命令，启动安装程序，如图 1-7 所示。

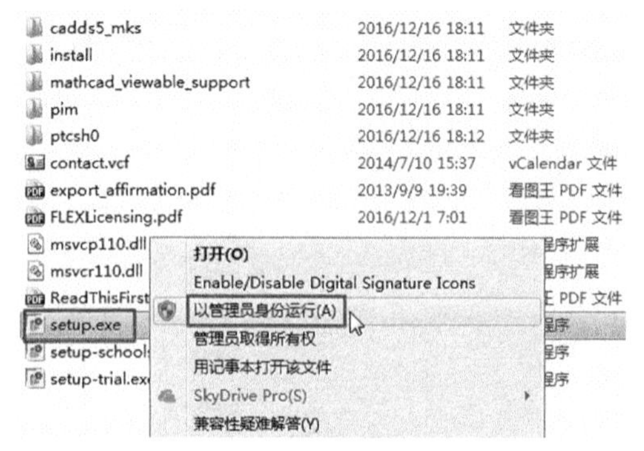

图 1-7 启动安装程序

02 随后弹出【PTC 安装助手】窗口，保留默认选项设置，在界面中单击【下一步】按钮，如图 1-8 所示。

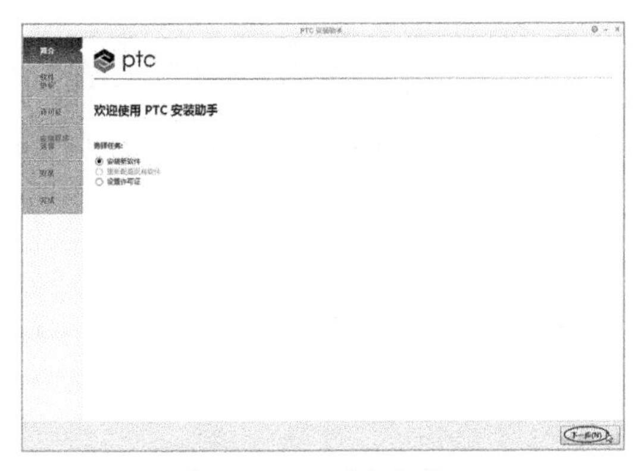

图 1-8　PTC 的安装窗口

03 接着会弹出软件许可协议窗口，选中【我接受软件许可协议】单选按钮，再勾选确认出口协议中的条款复选框，然后单击【下一步】按钮，如图 1-9 所示。

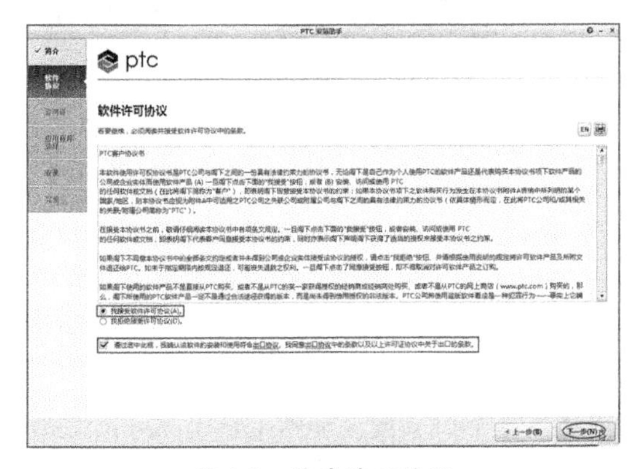

图 1-9　接受许可协议

04 随后弹出【许可证标识】窗口。将先前编辑本机 ID 号后保存的 ptc_licfile.dat 许可证文件拖曳到【许可证汇总】的【源】列表中，然后单击【下一步】按钮，如图 1-10 所示。

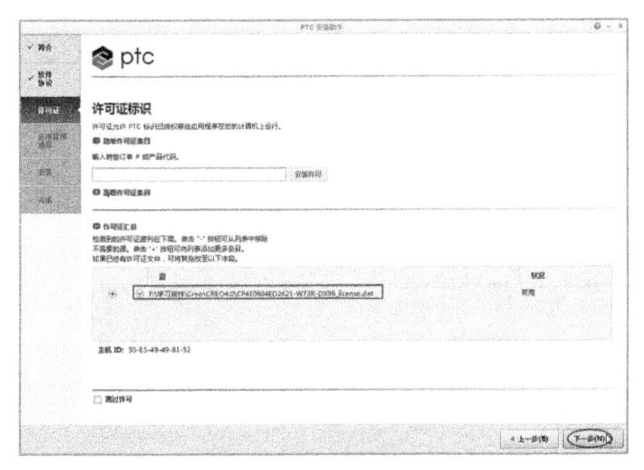

图 1-10　添加许可证

技术要点

只要许可证是正版的，或者用户编辑 ID 号是正确的。添加到【源】列表中以后，后面的【状况】栏将显示"可用的"，反之不会显示。

05 在【应用程序选择】界面，用户选择必要的 Creo parametric 产品进行安装，还可以单击【自定义】按钮修改安装路径。设置完成后再单击【安装】按钮，如图 1-11 所示。

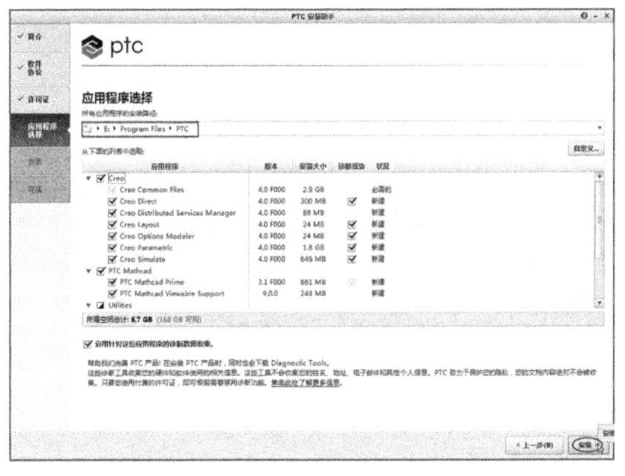

图 1-11　选择安装的产品

06 安装过程如图 1-12 所示。安装完成后单击【完成】按钮关闭【PTC 安装助手】窗口。

图 1-12 安装过程

1.3 Creo 界面环境

操作界面是进行人机交换的工作平台，操作界面的人性化和快捷化已经成为 Creo parametric 发展的趋势。

1.3.1 启动 Creo Parametric 4.0

单击桌面中的 Creo Parametric 4.0 图标，或者选择【开始】|【所有程序】|【PTC Creo】|【Creo Parametric 4.0】命令，开启 Creo Parametric 4.0 启动界面，如图 1-13 所示。

随后打开 Creo 4.0 的基本环境界面，如图 1-14 所示。

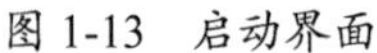

图 1-13 启动界面

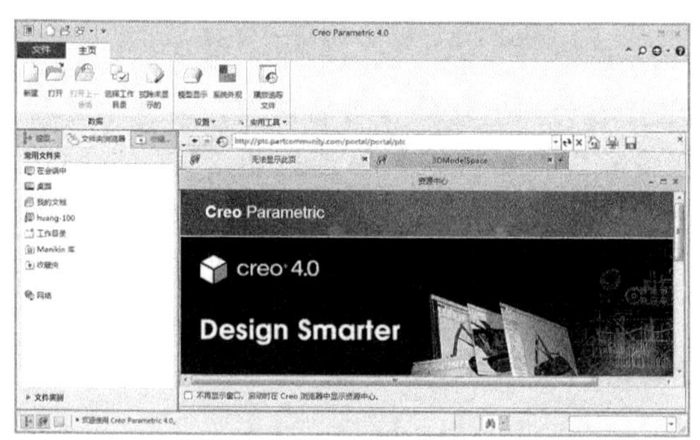

图 1-14 Creo Parametric 4.0 基本环境界面

基本环境界面下的【主页】选项卡中，可以新建 Creo 的各种设计模式下的文件；可以打开已经保存的文件或其他格式的文件；可以设置工作目录；可以设置模型、系统的颜色……。

通过图形区中的 Internet 浏览器，还可以查找 PTC 公司旗下产品的主页。为了更快地打开你想要打开的文件，可以通过文件夹树的【文件夹浏览器】来打开文件。

在【主页】选项卡中单击【新建】按钮，弹出【新建】对话框，如图 1-15 所示。

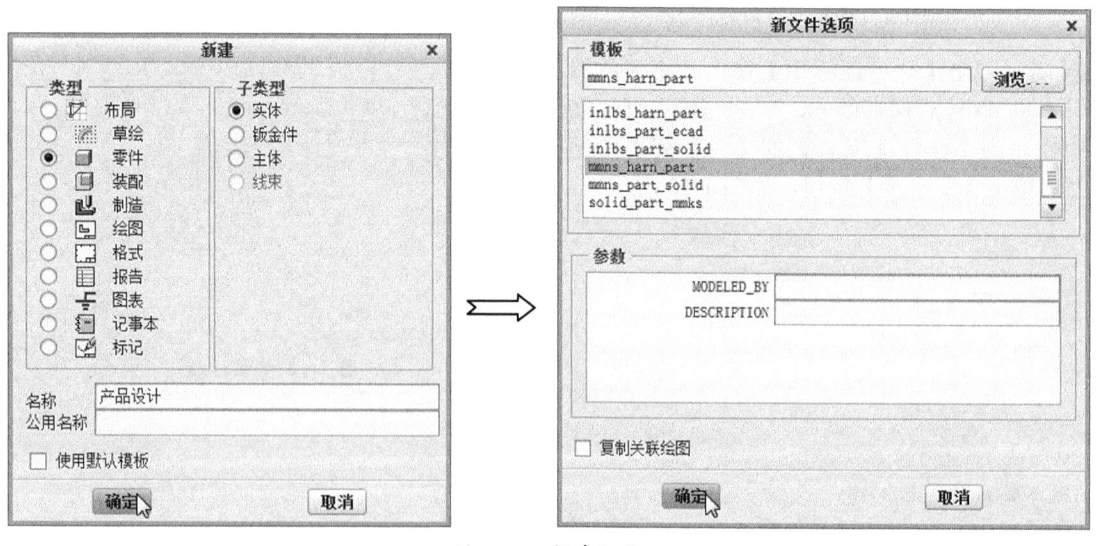

图 1-15 新建文件

此对话框中包含了 Creo 的所有模块类型和分类型。产品设计主要是在“零件”模块中进行的。对话框下方的“使用默认模板”选项，主要提供的是英制模板。一般取消这个选项，进入下一页选择 mmns_harn_part 公制模板，选择模板后单击【确定】按钮，即可进入 Creo 的零件设计环境。

1.3.2　Creo 零件设计环境界面介绍

Creo Parametric 4.0 的零件设计界面是由快速访问工具栏、功能区、导航区域、图形区、前导工具栏、信息栏等组成的，如图 1-16 所示。

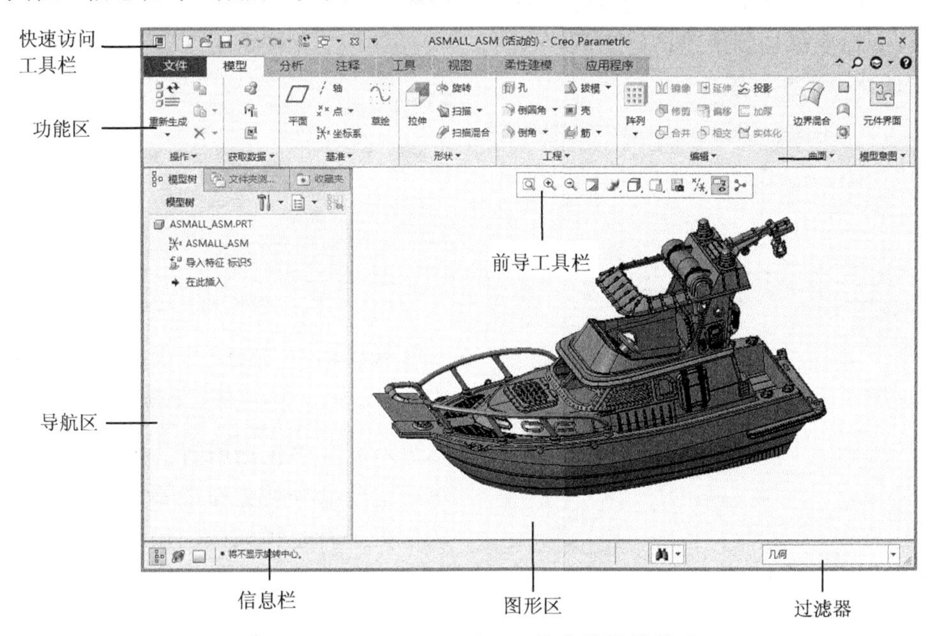

图 1-16　Creo Parametric 4.0 的零件设计界面

1. 快速访问工具栏

快速访问工具栏主要是为了让用户快速执行常用的命令而设立的工具栏，可以将功能区中常用的命令添加到快速访问工具栏中，如图 1-17 所示。

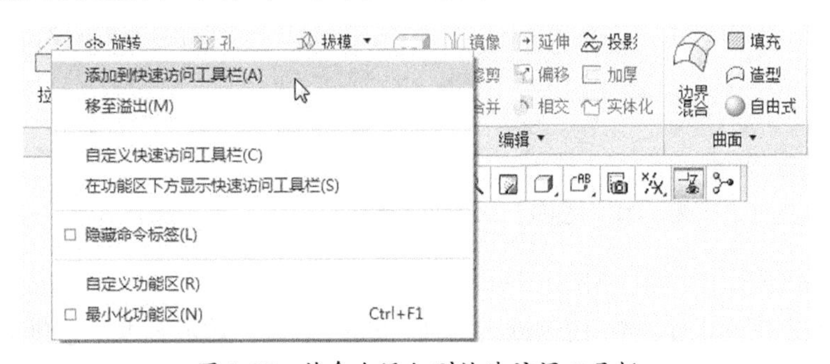

图 1-17　将命令添加到快速访问工具栏

常用命令添加到快速访问工具栏后，然后将功能区最小化。这样就能最大化地利用图形区来设计、查看及操作了。快速访问工具栏还可以在功能区下方显示，这样便于执行命令操作，如图 1-18 所示。

图 1-18　最小化功能区并在下方显示快速访问工具栏

在快速访问工具栏右键单击，选择【自定义快速访问工具栏】命令，可以打开【Creo parametric 选项】对话框的【快速访问工具栏】选项设置页面，如图 1-19 所示。通过此页面，可以将 Creo 命令添加到快速访问工具栏，并且为添加的命令重新排序。

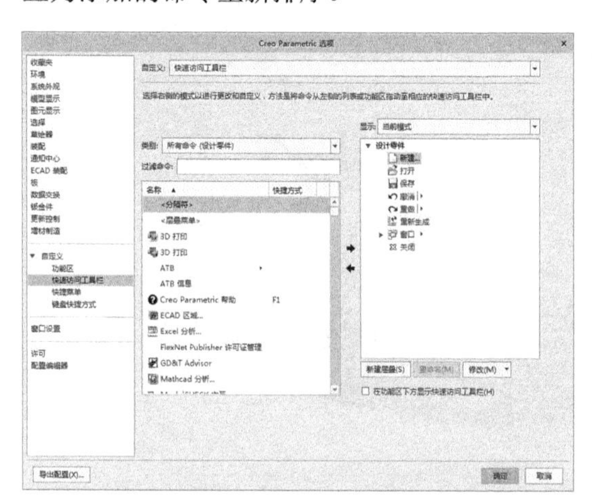

图 1-19　【Creo Parametric 选项】对话框

2．功能区

功能区包含组织成一组选项卡的命令按钮。在每个选项卡上，相关按钮分组在一起。可以最小化功能区以获得更大的屏幕空间。可以通过添加、移除或移动按钮来自定义功能区。如图 1-20 所示显示了功能区的不同元素。

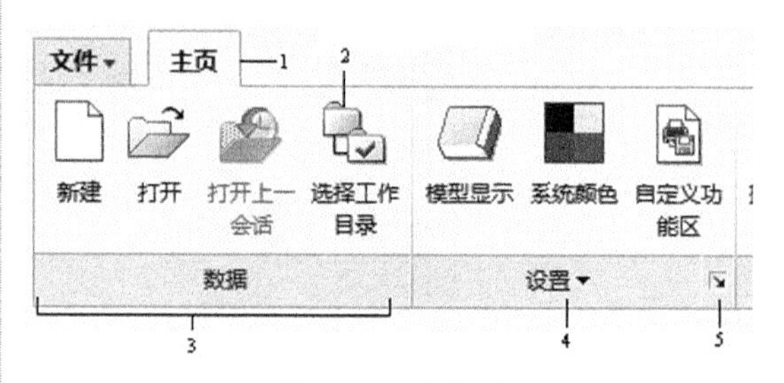

图 1-20　功能区

1- 选项卡；2- 按钮；3- 组；4- 组溢出按钮；5- 对话框启动程序

功能区中包括所有的用于设计的工具命令，这些命令被分布在不同的选项卡中。选项卡处于特定模式或应用程序中时，一些选项卡可用。

如图 1-21 所示是一个处在应用程序中时打开的选项卡示例。打开一个模型并单击【模型】|【应用程序】|【焊接】|【角焊缝】按钮时，将出现【焊接】和【角焊】选项卡。

图 1-21　选项卡匹配特定的 Creo Parametric 模式

3．导航区

导航区是为了在设计过程中进行导航、访问和处理设计工程或数据，它包括模型树、文件夹浏览器、收藏夹、连接等选项卡，每个选项卡包含一个特定的导航工具。单击导航栏右侧向左的箭头可以隐藏导航栏，它们之间的相互切换可通过单击上方的选项卡标签实现。

可以通过在界面左下角的信息栏上单击【切换导航区域的显示】按钮来控制导航区的显示与关闭。

4. 绘图区

绘图区位于窗口中部的右侧，是 Creo 生成和操作设计模型的显示区域。当前活动的模型显示在该区域，并可以使用鼠标选取对象，对对象进行相关操作。

5. 过滤器

过滤器在可用时，状态栏会显示如下信息：

- 在当前模型中选取的项目数。
- 可用的选取过滤器。
- 模型再生状态，指示必须再生当前模型，指示当前过程已暂停。

6. 信息栏

信息栏是显示与窗口中工作相关的单行消息，使用消息区的标准滚动条可查看历史消息记录。

7. 前导工具栏

图形区中的前导工具栏为用户提供模型外观编辑、视图操作工具。在前导工具栏中右键单击可以弹出如图 1-22 所示的快捷菜单。通过此菜单，可以控制前导工具栏中工具的显示与否，以及前导工具栏的位置和尺寸。

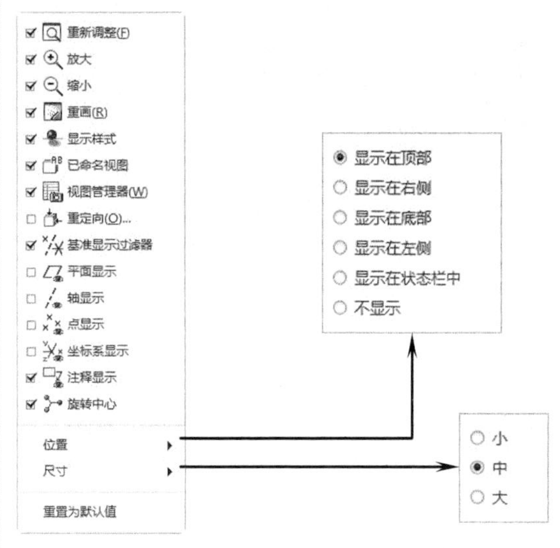

图 1-22　前导工具栏的右键菜单

1.4 Creo 选项设置

Creo 允许用户根据自己的习惯和爱好对模型显示、工作环境、工具栏和命令等进行设置。本小节主要讲述模型显示、基准显示、系统外观、屏幕定制等设置。

1.4.1 设置系统外观

要设置 Creo 的选项，必须先打开【Creo Parametric 选项】对话框。可以在快速访问工具栏执行右键菜单的【自定义快速访问工具栏】命令，也可在功能区执行右键菜单【自定义功能区】命令，都能打开同样的【Creo Parametric 选项】对话框。

用户也可以根据实际需要，对 Creo 的系统外观进行设置。这些颜色设置包括图线、草图、曲线、面组、体积块等。

在【Creo Parametric 选项】对话框的左边选项列表中，包含了 Creo 的所有配置选项的项目列表。选择【系统外观】选项，右边的选项设置区域中显示了所有的系统外观设置，如图 1-23 所示。

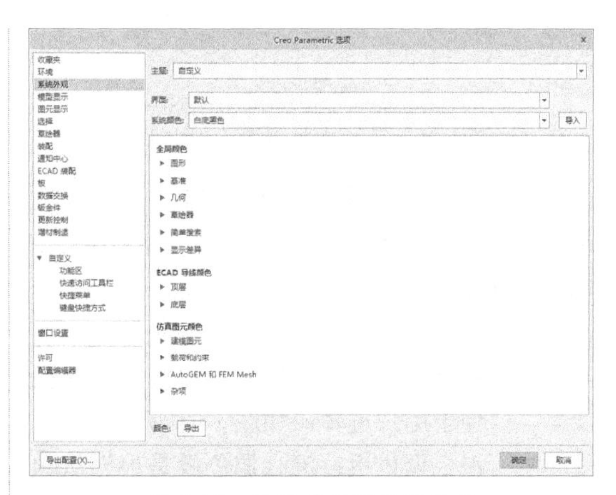

图 1-23　系统外观的设置选项

系统外观的设置包括软件窗口的背景颜色和各设计模式下模型、基准、几何、草绘器及搜索时显示特征的颜色。

在右边的设置区域中，可以单击▶右三角按钮来展开具体的颜色选项。如图 1-24 所示为展开的【图形】颜色选项。单击颜色按钮，弹出颜色设置组，可以从中选择颜色。

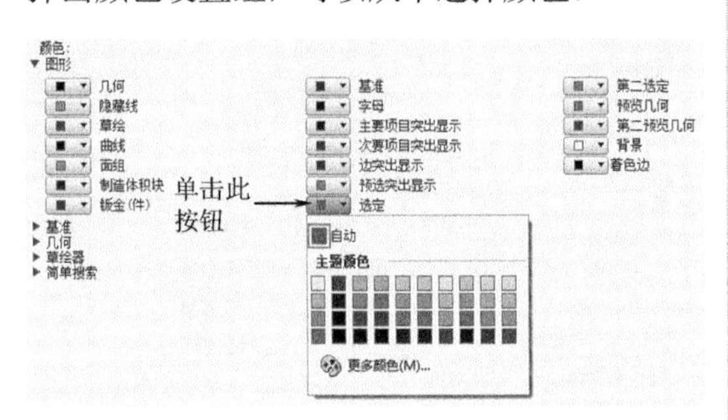

图 1-24　展开的【图形】颜色选项

如果需要更多的颜色选项，在颜色组中选择【更多颜色】命令，将弹出【颜色编辑器】对话框，可以通过 3 种方法来改变颜色的配置，如图 1-25 所示。

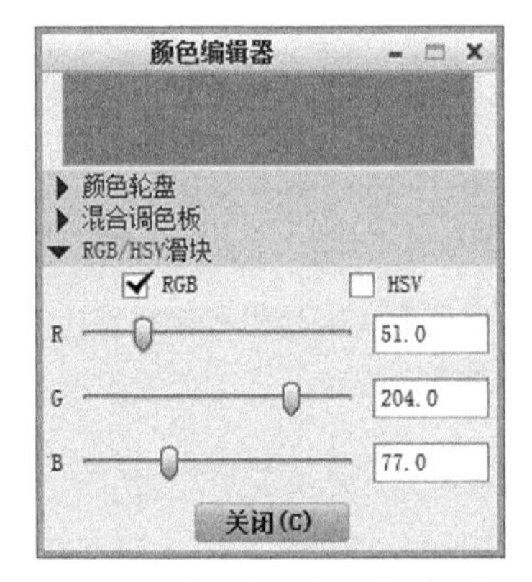

图 1-25　【颜色编辑器】对话框

【颜色编辑器】对话框中包括 3 种颜色编辑方法：颜色轮盘、混合调色板、RGB/HSV 滑块。

- 颜色轮盘：此方法是在颜色轮盘中选择不同的颜色，这种方法很直观，也便于用户选择，如图 1-26 所示。
- 混合调色板：混合调色板是根据从颜色轮盘中调取颜色来自行调色的一种方法。其用法是，激活调色板中的一个小配色方块，然后从颜色轮盘中调颜色进配色方块中。调色板中总共有 9 个配色方块，如图 1-27 所示。

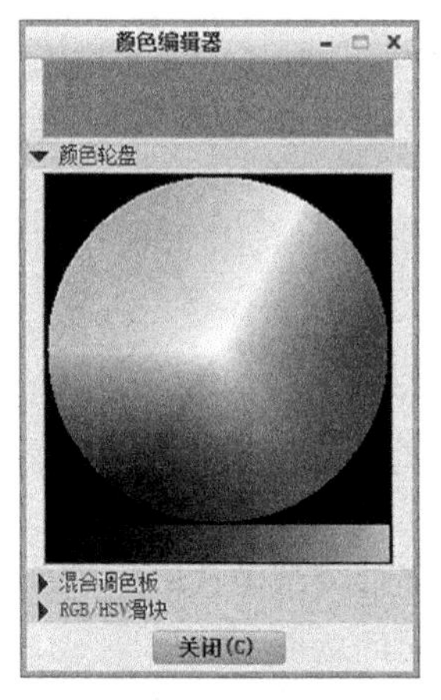

图 1-26　颜色轮盘

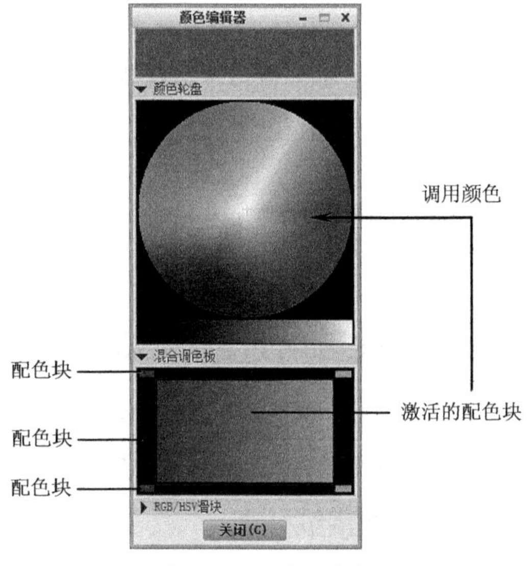

图 1-27　混合调色板

- RGB/HSV 滑块：通过拖曳滑块来调节颜色的一种方法。RGB 是红色、绿色和蓝色的英文缩写；HSV 中 H 是各种颜色的滑块，S 是调节颜色深浅的滑块，V 是黑白色的滑块。

1.4.2　设置模型显示

三维实体建模是在空间上完成的，所以必须理解好三维空间的基本概念才能更好地完成设计。

基本上 Creo 的实体建模方式是对三维模型进行旋转、移动、放大、缩小等操作。曲面数据不同于实体数据，它无法分清模型的内外。在对曲面进行创建的时候，要解决这个问题就需要对视图的状态进行调整。

模型显示设置是对模型的显示方式、显示内容，以及模型切换时的过渡方式、模型的边线显示质量、显示内容和电缆管道的显示方式等，如图 1-28 所示。

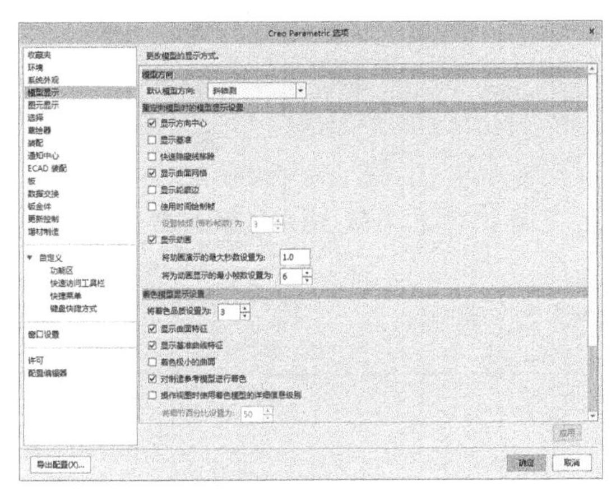

图 1-28　模型显示的选项设置

1.4.3　设置图元显示

用户可以根据自己的爱好来调整视图角度、模型基准、几何模型、注释的显示。模型基准包括基准平面、基准轴、基准点和坐标系。

图元显示的选项设置，如图 1-29 所示。

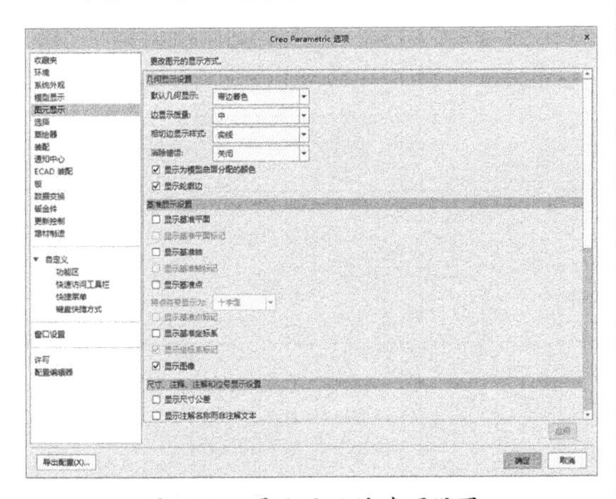

图 1-29　图元显示的选项设置

1.4.4　窗口设置

用户可以通过窗口的设置来控制工具条在工作界面中的显示和放置位置。窗口设置的选项，如图 1-30 所示。

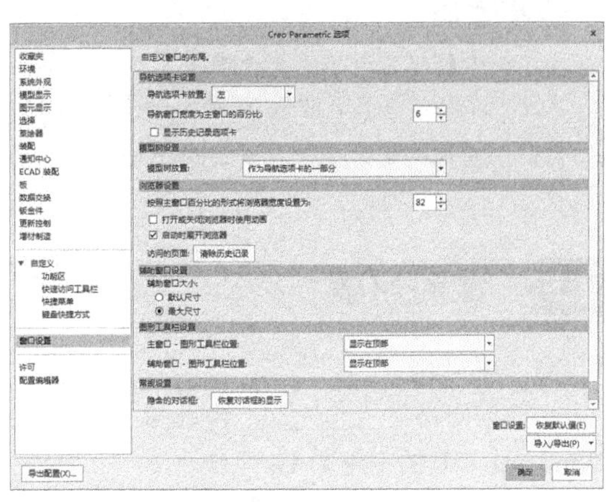

图 1-30　窗口设置选项

1.4.5　配置编辑器

Creo 提供了用户配置文件的功能，是用户和软件系统进行交互的一个重要方式。通过配置系统文件，用户可以使 Creo 变得更加适合自己的需要，在工作中得心应手。Creo 的配置选项，如图 1-31 所示。

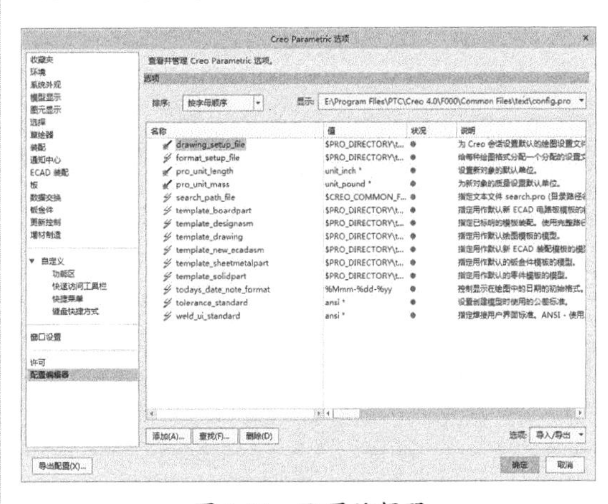

图 1-31　配置编辑器

要编辑某个配置，直接在【值】列表中单击值，然后在弹出的下拉列表中选择相应的选项即可。如果是因为配置选项太多而无法找寻，则可以通过单击【添加】按钮，或者单击【查找】按钮。编辑了配置后，还需要导出到 config.pro 配置文件中。单击【导入/导出】按钮，然后选择弹出菜单的【导入配置文件】命令，在打开的【文件打开】对话框中选择 config.pro 文件即可，如图 1-31 所示。

技术要点

除了配置编辑器中的配置需要保存在 config.pro 文件外，窗口设置和系统外观设置都需要导出到文件中，否则下次启动 Creo 时还会还原到原始状态。

例如，窗口设置需要保存到 creo_parametric_customization.ui 文件中。系统外观保存在 syscol 文件夹中。

1.5 课后习题

1. 填空题

（1）Creo（__________操作软件的简称）是美国 PTC 公司旗下，世界上第一个基于 Windows 开发的三维 CAD 系统。

（2）选择__________菜单命令，可打开【定制】对话框。

（3）命令提示栏的主要功能是____。

2. 问答题

（1）菜单栏中包括哪几个菜单？

（2）试说明工具栏按钮与菜单栏命令的对应关系。

◇◇◇◇◇◇◇◇◇◇◇◇◇◇◇◇◇◇ **读书笔记** ◇◇◇◇◇◇◇◇◇◇◇◇◇◇◇◇◇◇◇◇

第2章　踏出 Creo 4.0 的第一步

基本操作是初学者学习 Creo 4.0 的关键阶段，是入门的知识，可以帮助您了解软件的基本辅助功能、基本应用及界面操作。

知识要点

- ◆ 设置工作目录
- ◆ 键盘和鼠标的用法
- ◆ 模型操作
- ◆ 选取对象
- ◆ 管理文件

2.1　设置工作目录

Creo 4.0 的工作目录是指存储 Creo 4.0 文件的空间区域。通常情况下，Creo 4.0 的启动目录是默认的工作目录。

选择菜单栏中的【文件】|【管理会话】|【选择工作目录】命令，系统弹出如图 2-1 所示的【选择工作目录】对话框。

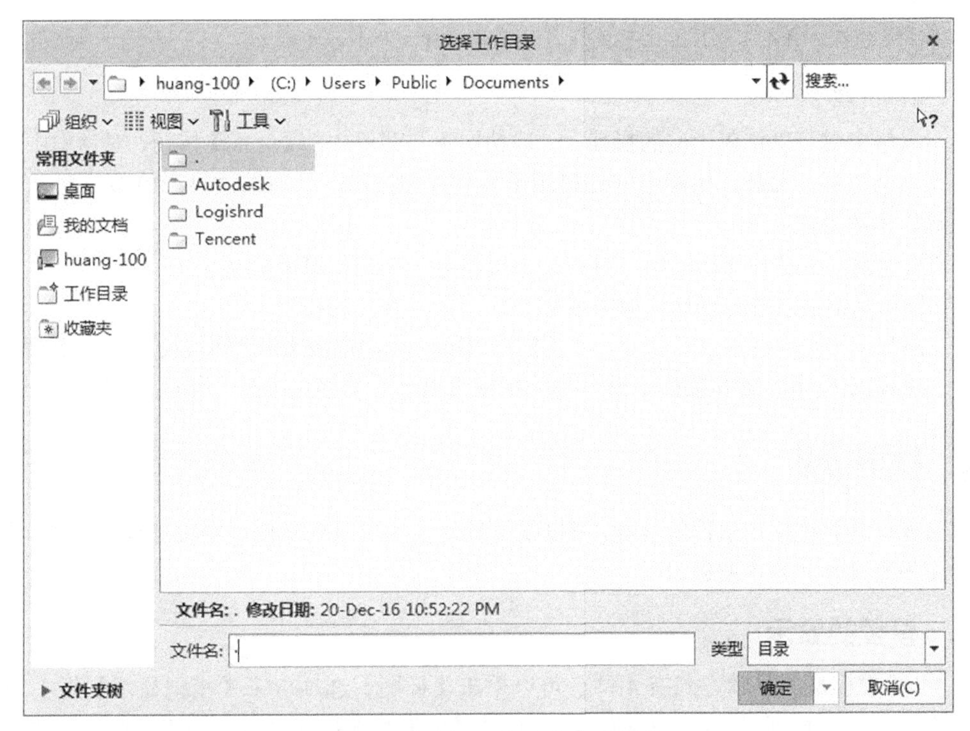

图 2-1　【选择工作目录】对话框

在选取工作目录窗口中的查找范围下拉列表框中，选取所需要的工作目录，单击【确定】按钮，完成工作目录的设置。

技术要点

在进行工程设计的时候，程序会将设计过程中的文字和数据信息自动保存到这个文件夹中。当启动 Creo 软件时，程序就指向工作目录文件夹的路径。如果想设定不同的目录文件路径，在执行【选择工作目录】命令后，修改即可。

2.2 键盘和鼠标

在 Creo 4.0 版本中，大部分操作都是采用三键式鼠标（左键、中键和右键）完成的。目前，常用的是滚轮式鼠标，在此可用滚轮代替三键鼠标的中键。通过鼠标的三键操作，再配合键盘上的特殊控制键 Ctrl 和 Shift，可以进行图形对象的选取操作，以及视图的缩放、平移等操作。

1. 鼠标左键

用于选择菜单、工具按钮、明确绘制图素的起始点与终止点、确定文字的注释位置、选择模型中的对象等。在选取多个特征或零件时，与控制键 Ctrl 和 Shift 配合，用鼠标左键选取所需的特征或零件。

2. 鼠标右键

选取在工作区的对象、模型树中的对象、图标按钮等；在工作区中右击，显示相应的快捷菜单。

技术要点

在本书中所提及的【在工作区右击】是指长按鼠标右键大约 1 秒左右。

1. 鼠标中键

单击鼠标中键可以结束当前的操作，一般情况下与菜单中的【完成】按钮、对话框中的【确定】按钮功能相同。另外，鼠标中间还可用于控制视图方位、动态缩放显示模型及动态平移显示模型等。具体操作如下：

- 按住鼠标中键并移动鼠标，可以动态旋转显示在工作区中模型。
- 转动鼠标的滚轮可以动态放大或缩小显示在工作区的模型。
- 同时按住 Ctrl 键和鼠标中键，上下拖动鼠标可以动态放大或缩小显示在工作区的模型。
- 同时按住 Shift 键和鼠标中键，拖动鼠标可以动态平移显示在工作区的模型。

2.3 模型操作

模型操作是熟练操作软件的基础，可以很大程度上实现从观察模型到设计模型的整个流程。下面介绍模型操作的基本要领。

2.3.1 模型的显示

在 Creo 中模型的显示方式有 4 种，可以单击【视图】选项卡下【模型显示】组中的【显示样式】，弹出下拉列表。或者在前导工具栏的【模型】下拉列表中单击相应按钮来控制。

- 线：使隐藏线显示为实线，如图 2-2 所示。
- 隐藏：使隐藏线以灰色显示，如图 2-3 所示。

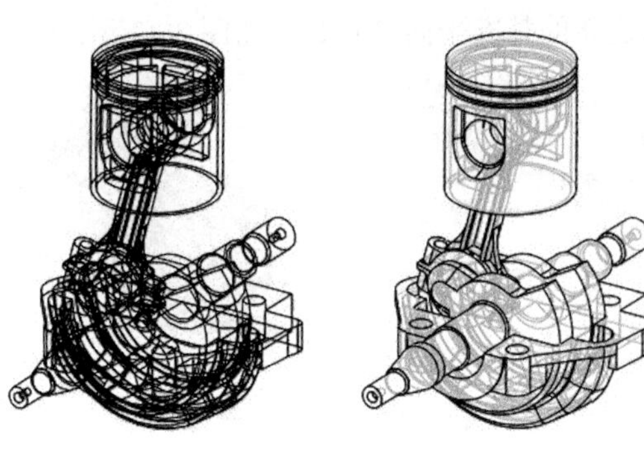

图 2-2　线框　　　　图 2-3　隐藏线

- 无隐藏：不显示隐藏线，如图 2-4 所示。
- 着：模型着色显示，如图 2-5 所示。

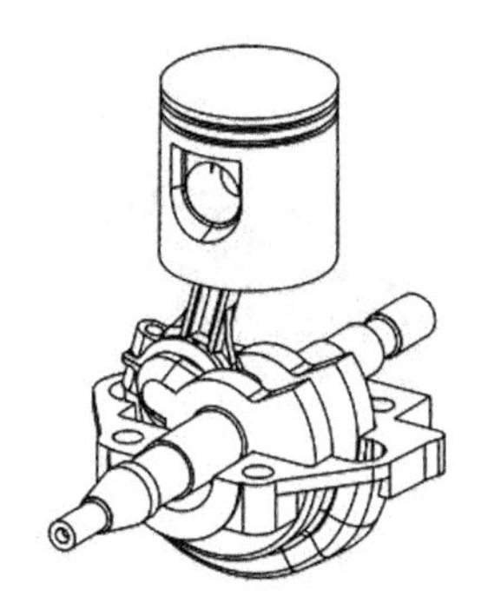

图 2-4　无隐藏线

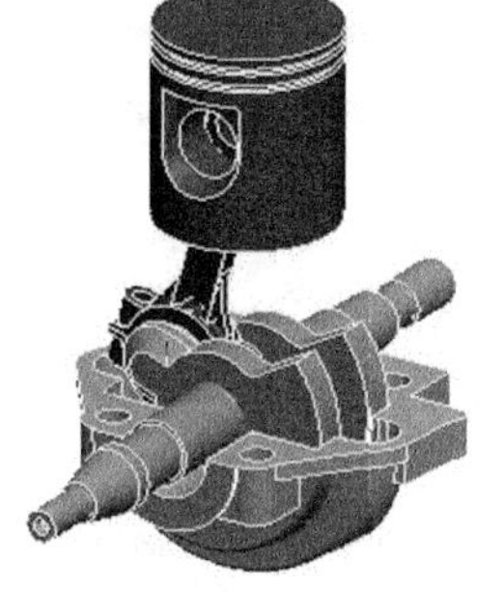

图 2-5　着色

2.3.2　模型观察

为了从不同角度观察模型局部细节，需要放大、缩小、平移和旋转模型。在 Creo 中，可以用三键鼠标来完成下列不同的操作。

- 旋转：按住鼠标中键 + 移动鼠标，如图 2-6 所示。
- 平移：按住鼠标中键 +Shift 键 + 移动鼠标，如图 2-7 所示。

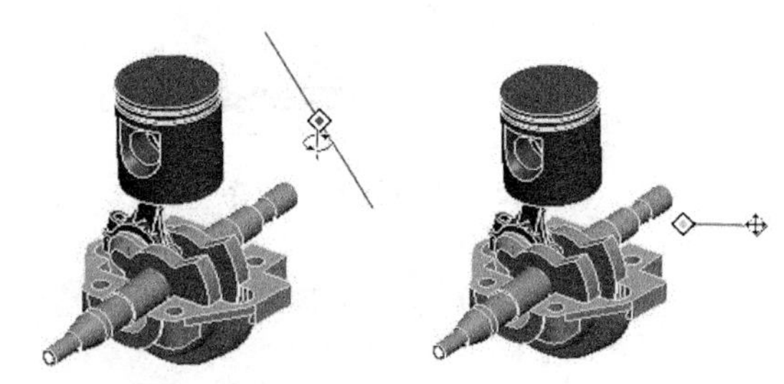

图 2-6　旋转模型　　　　图 2-7　平移模型

- 缩放：按住鼠标中键 +Ctrl 键 + 垂直移动鼠标，如图 2-8 所示。
- 翻转：按住鼠标中键 +Ctrl 键 + 水平移动鼠标，如图 2-9 所示。
- 动态缩放：转动中键滚轮。

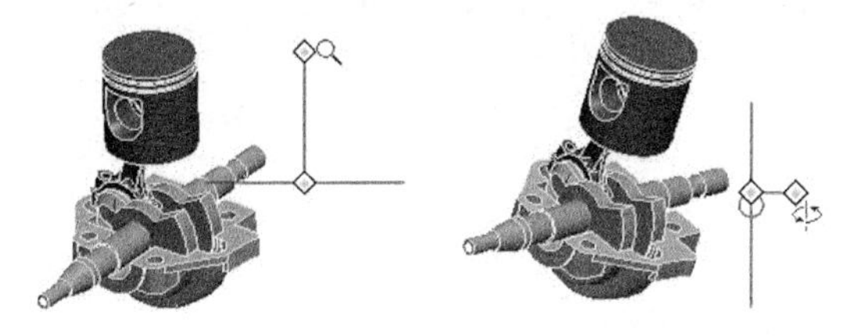

图 2-8　缩放模型　　　　图 2-9　翻转模型

另外，系统工具栏中还有以下与模型观察相关的图标按钮，其操作方法非常类似于 AutoCAD 中的相关命令。

- 缩小：缩小模型。
- 放大：窗口放大模型。
- 重新调整：相对屏幕重新调整模型，使其完全显示在绘图窗口。

2.3.3　模型视图

在建模过程中，有时还需要按常用视图显示模型。可以打开前导工具栏中的视图下拉列表，在其中选择默认的视图，如图 2-10 所示。包括：标准方向、默认方向、后视图、俯视图、前视图（主视图）、左视图、右视图和仰视图。

图 2-10　已命名视图列表

默认方向就是默认的【标准方向】，也是正等轴侧视图。6 个基本视图和轴侧视图如图 2-11 所示。

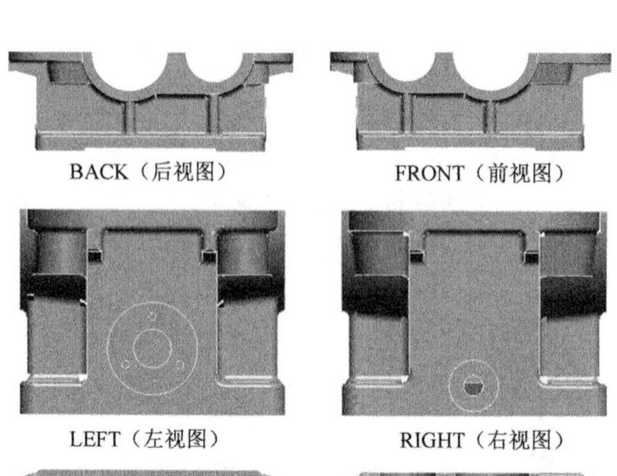

BACK（后视图）　　FRONT（前视图）

LEFT（左视图）　　RIGHT（右视图）

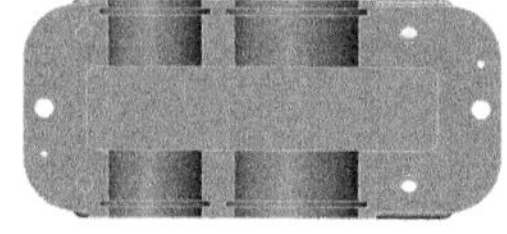

BOTTOM（俯视图）　　TOP（仰视图）

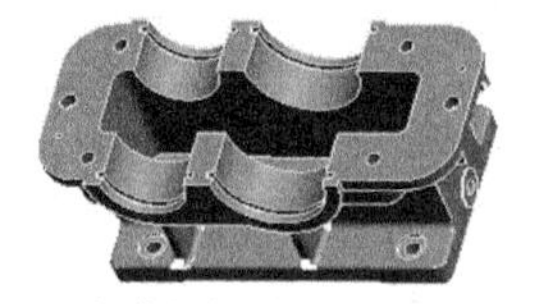

标准方向（轴侧视图）

图 2-11　6 个基本视图和轴侧视图

2.3.4　定向视图

除了选择默认的视图，用户可以根据需要重定向视图。

动手操作——定向视图

操作步骤：

01 打开本例素材模型 2-1.prt，如图 2-12 所示。

图 2-12　打开的模型

02 单击【模型】选项卡下【基准】组中的【平面】按钮，打开【基准平面】对话框，选择 RIGHT 基准平面和 A_2 基准轴作为参考，创建新的基准平面 DTM1，如图 2-13 所示。

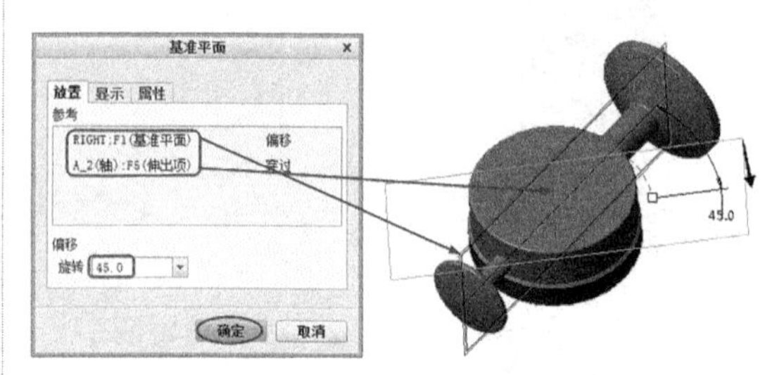

图 2-13　新建基准平面

03 在前导工具栏的视图下拉列表中单击【重定向】按钮，弹出【方向】对话框。

04 选取 DTM1 基准平面作为参考 1，选取 TOP 基准平面作为参考 2，如图 2-14 所示。

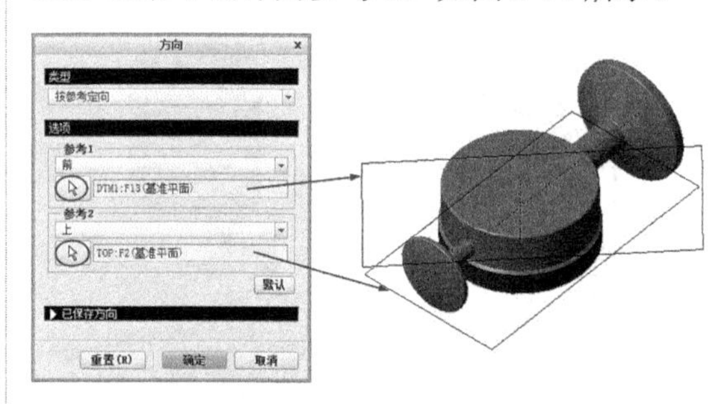

图 2-14　选择参考

05 单击【已保存方向】右三角按钮，输入【自定义】，单击【保存】按钮。最后单击【确定】按钮，模型显示如图 2-15 所示。同时，【自定义】视图保存在视图列表中。

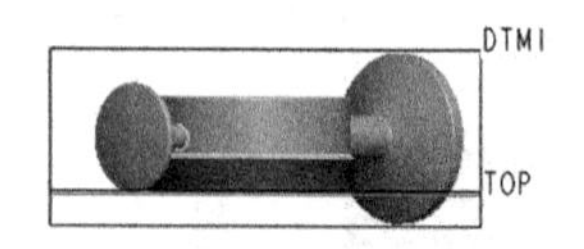

图 2-15　定向视图并保存

2.4　选取对象

选取对象在草绘中经常用到。如选中曲线后可对其进行删除操作，也可对线条进行拖动修改等。

2.4.1　选取的方式

Creo 4.0 中常用的对象有：零件、特征、基准、曲面、曲线、点等，多数操作都要进行对象的选取。

选取的方式有两种：一种是在设计绘图区选取，如图 2-16 所示；另一种是在导航栏的模型树中进行特征的选取，如图 2-17 所示。

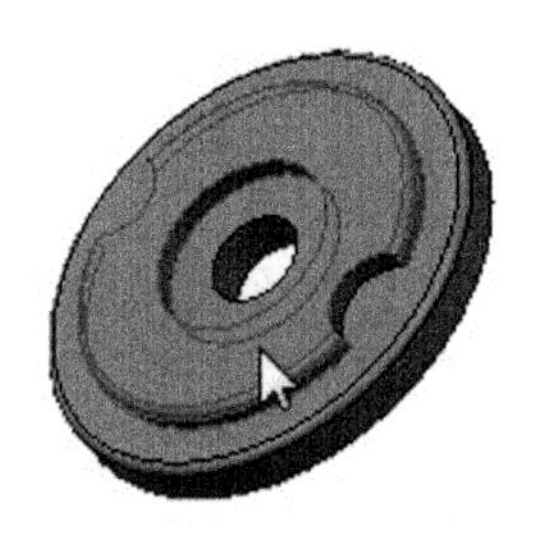

图 2-16　在绘图区选取对象

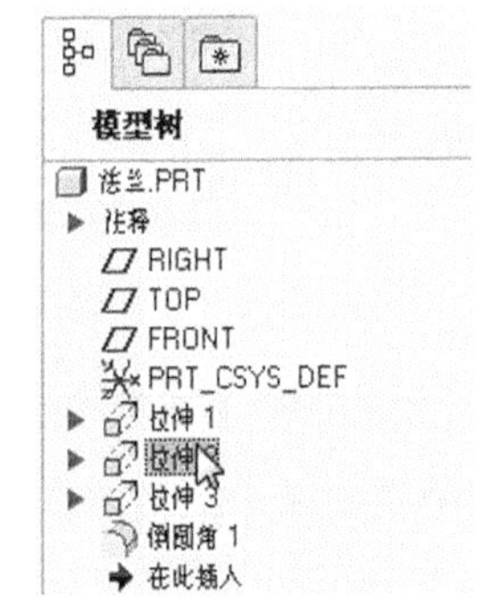

图 2-17　在模型树中选取对象

2.4.2　对象的选取

在绘图区选取对象时，可以选取点、线或面。

曲线的选取包括选择依次链、相切链、曲面链、起止链、目的链等。如图 2-18 所示为曲线的选取。

图 2-18　曲线的选取

曲面的选取包括环曲面、种子面和实体曲面。如图 2-19 所示为曲面的选取。

图 2-19　曲面的选取

动手操作——对象选择

01 单击【打开】按，打开 2-2.prt 源文件，打开的模型如图 2-20 所示。

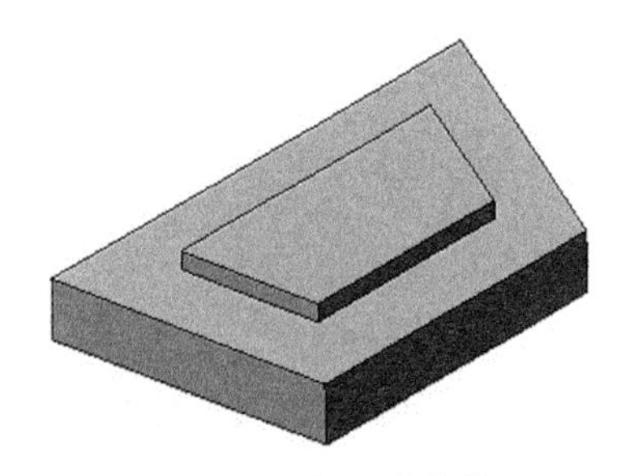

图 2-20　打开的文件

02 在【模型】选项卡下【工程】组中单击【倒圆角】按钮，打开【倒圆角】操控板。按住 Ctrl 键，在模型上选取 4 条棱边进行倒圆角，然后设置圆角半径为 10，最后单击【确定】按钮完成倒圆角操作，如图 2-21 所示。

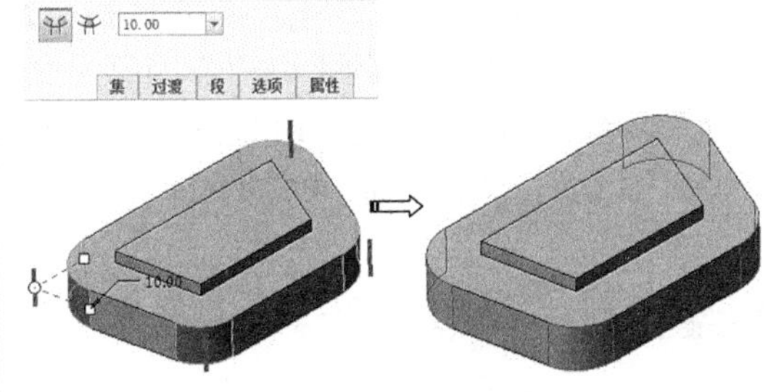

图 2-21　创建圆角

03 使用同样的方法，对凸台上的边倒圆角，倒角半径值为 6.0，如图 2-22 所示。

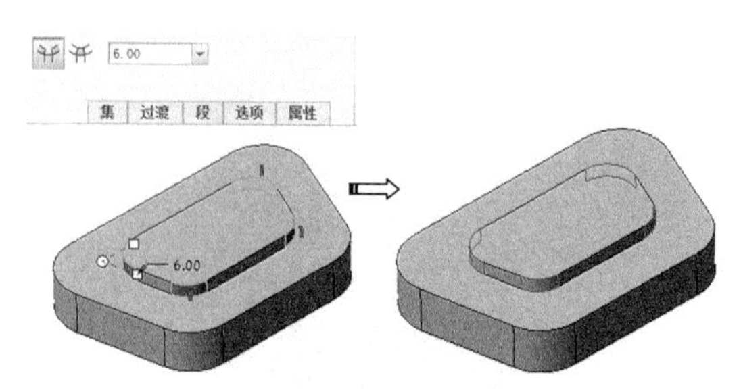

图 2-22　对凸台上的边倒圆角

04 在【工程】组中单击【拔模】按钮，打开【拔模】操控板。单击【参考】选项卡，展开【参考】选项板，激活【拔模曲面】收集器，再按住Ctrl键依次选取模型的外轮廓面作为拔模面。

05 激活【拔模枢轴】收集器，然后选取如图2-23所示的平面作为枢轴面。在操控板上设置拔模角度为5，最后单击【确定】按钮完成拔模。

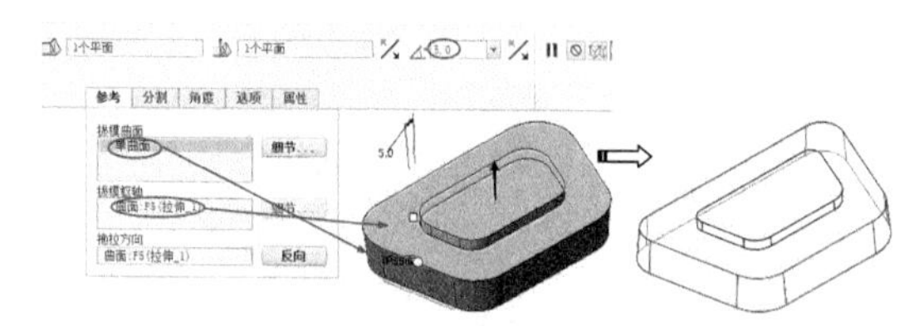

图 2-23　选择拔模面和拔模枢轴并完成拔模

06 单击【倒圆角】按钮，打开【倒圆角】操控板。在模型中选取如图2-24所示的轮廓边链作为倒圆角边，输入圆角半径3，最后单击【确定】按钮完成倒圆角操作。

07 同理，创建凸台上的圆角特征，如图2-25所示。

08 在工具栏中单击【壳】按钮，将打开【拔模】操控板。直接选取凸台的上表面作为第一个移除面，然后翻转模型按Ctrl键选取底部的大平面作为第二个移除面，如图2-26所示。

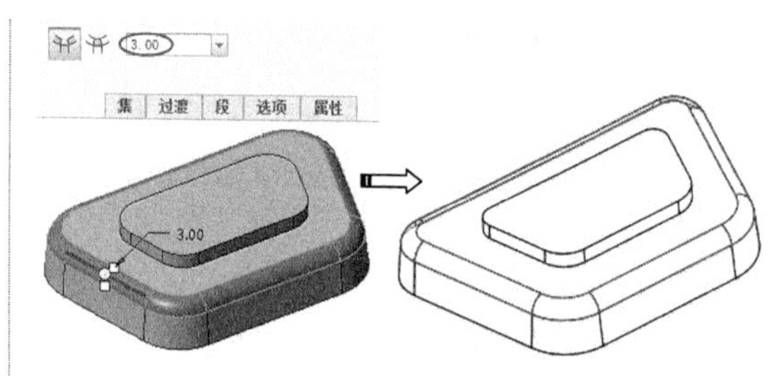

图 2-24　倒圆角操作

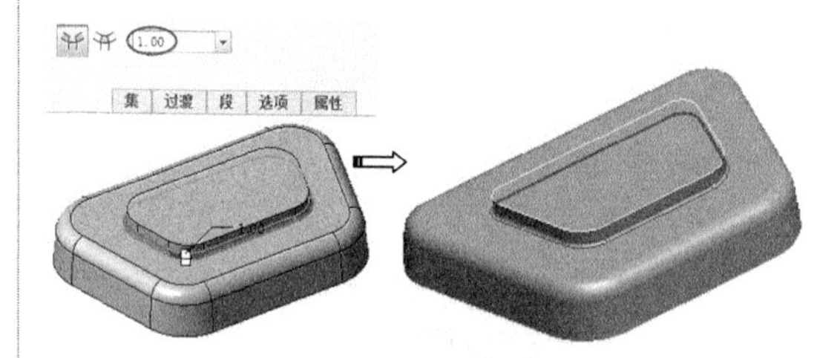

图 2-25　创建圆角

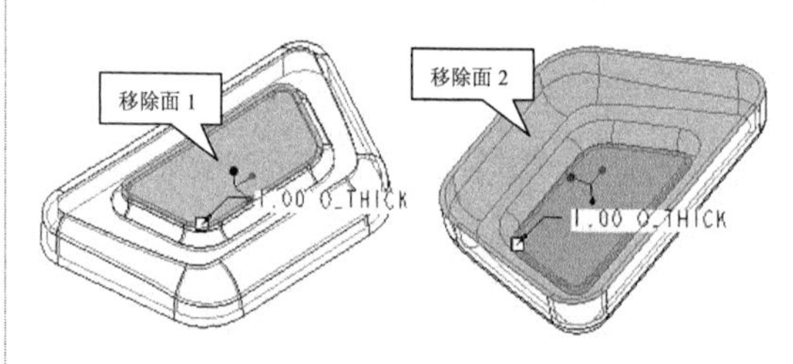

图 2-26　选取两个移除面

09 在绘图区中双击薄壳的厚度值，将其修改为1.5，按Enter键确认，最后按鼠标中键，生成薄壳特征，如图2-27所示。

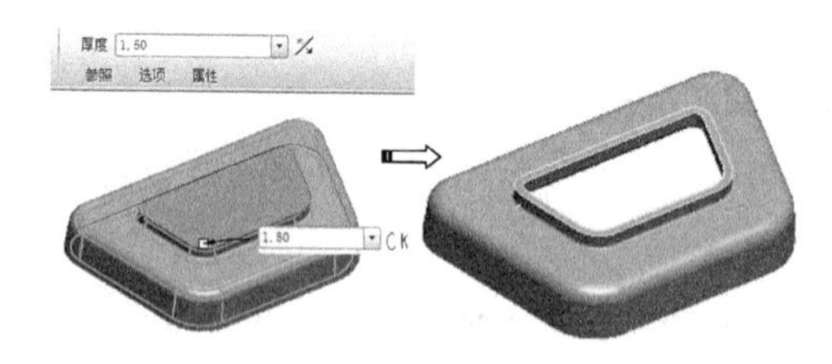

图 2-27　修改壳体厚度后完成操作

10 最后保存当前模型。

2.5 管理文件

在Creo 4.0中对文件的操作都集中在【文件】菜单下，包括新建、打开、保存、保存副本和备份等操作命令。

2.5.1　文件扩展名

在 Creo 4.0 中常用的扩展名有 4 种。在各个文件保存的时候，系统会自动赋予相应的扩展名：

- *.prt：由多个特征组成的三维模型的零件文件。
- *.asm：在装配模式中创建的模型组件和具有装配信息的装配文件。
- *.drw：输入了二维尺寸的零件或装配体的制图文件。
- *.sec：在草绘模式中创建的非关联参数的二维草绘文件。

2.5.2　新建文件

在 Creo 4.0 中，新建不同的文件类型，操作上略有不同。下面以最为常用的零件文件的新建过程为例，讲述新建文件的操作步骤：

动手操作——创建新文件

操作步骤：

01 选择菜单栏中的【文件】|【新建】命令，或者单击【文件】工具栏中的【新建】按钮，系统弹出如图 2-28 所示的【新建】对话框。

02 选择【类型】选项组中的【零件】单选按钮，选择【子类型】选项组中的【实体】单选按钮。

03 在【名称】文本框中输入新建文件的名称，取消选中【使用默认模版】复选框，单击【确定】按钮，系统弹出如图 2-29 所示的【新文件选项】对话框。

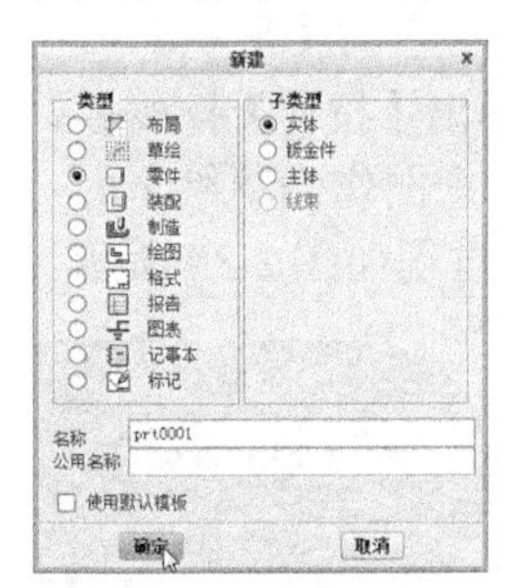

图 2-28　【新建】对话框

图 2-29　【新文件选项】对话框

04 在【模板】选项组的列表框中选取公制模板【mmns_part_solid】选项，或者单击【浏览】按钮，选取其他模板，单击【确定】按钮，进入零件设计平台。

2.5.3　打开文件

选择菜单栏中的【文件】|【打开】命令，或者单击【文件】工具栏中的【打开】按钮，系统弹出如图 2-30 所示的【文件打开】对话框。

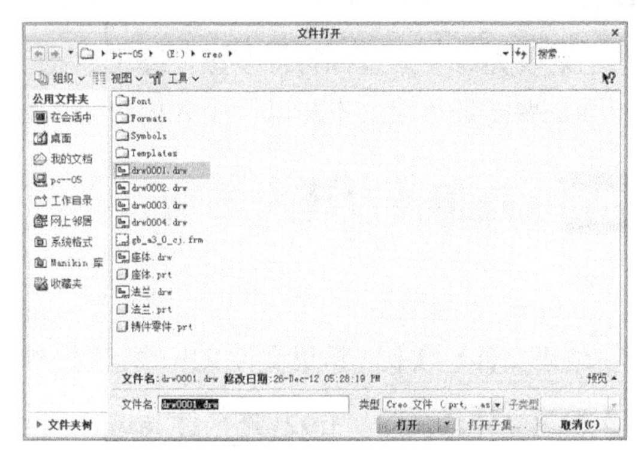

图 2-30　【文件打开】对话框

打开查找范围下拉列表框，选取要打开的文件的目录，选中要打开的文件。再单击【文件打开】对话框中的【打开】按钮，完成文件的打开。

2.5.4　保存文件

选择菜单栏中的【文件】|【保存】命令，或者单击【文件】工具栏中的【保存】按钮，系统弹出如图 2-31 所示的【保存对象】对话框。打开查找范围下拉列表框，选取当前文件的保存目录。单击【确定】按钮，保存文件并关闭对话框。

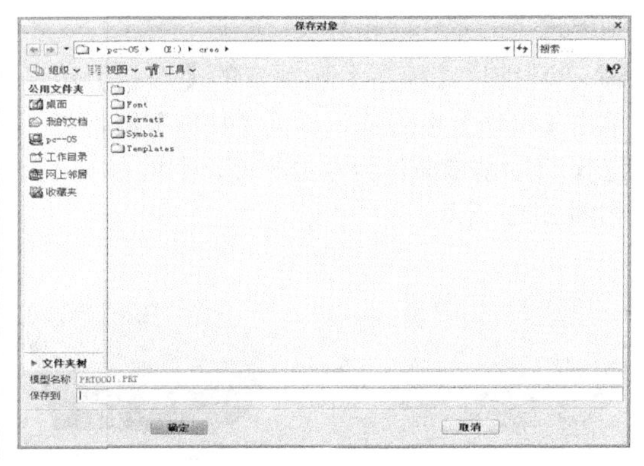

图 2-31　【保存对象】对话框

技术要点

默认情况下，保存 Creo 文件会自动生成新的文件，并以序号1，2，3，…排列，有时做一个大型装配设计需要不断保存文件不至于使数据意外丢失，此时产生多个重复文件确实不便于管理，因此，要进行 Creo 选项配置——设置 save_file_iterations 的值为 yes 即可。详细设置方法请参考本书第 8 章 8.1.1 配置选项小节操作步骤。

2.6 入门基础训练

若要熟练掌握基础特征要领，除了熟悉各基础特征的命令外，在基础特征绘制的动手操作方面还要多加练习。下面以几个入门级别的特征绘制实例让大家熟悉下 Creo 4.0 的基本操作。

2.7 连接件设计

◎ **结果文件：实例\结果文件\Ch02\连接件.prt**

◎ **视频文件：视频\Ch02\连接件.avi**

连接件的主要作用就是起连接作用，将两个或两个以上的零部件连接到一起。连接件主要用在大型机械设备、周边设备等上面。

本节要介绍的连接件如图 2-32 所示。

图 2-32　连接件

操作步骤：

01 启动 Creo 4.0 后，创建一个名为【连接件】的模型文件，并选择【mmns_part_solid】公制模板进入零件建模环境。

02 在功能区【模型】选项卡的【形状】组中单击【拉伸】按钮，弹出【拉伸】操控板，选择 TOP 基准面作为草绘平面，创建【拉伸 1】，如图 2-33 所示。

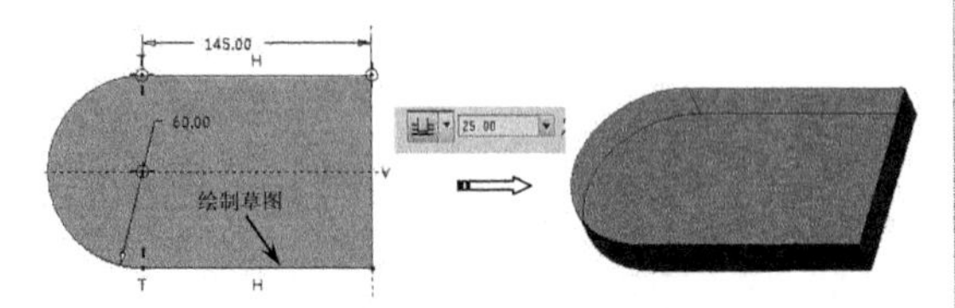

图 2-33　创建【拉伸 1】

03 单击【拉伸】按钮，弹出【拉伸】操控板，选择 RIGHT 基准面作为草绘平面，创建【拉伸 2】，如图 2-34 所示。

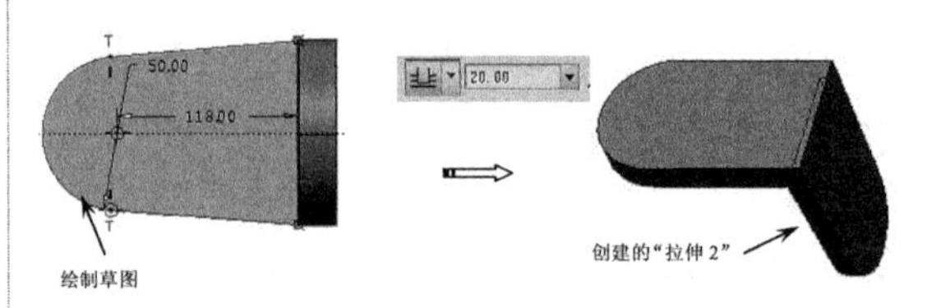

图 2-34　创建【拉伸 2】

04 在功能区【模型】选项卡的【形状】组中单击【拉伸】按钮，弹出【拉伸】操控板，在【拉伸 1】上面选择一个面作为草绘平面，创建【拉伸 3】，其操作过程如图 2-35 所示。

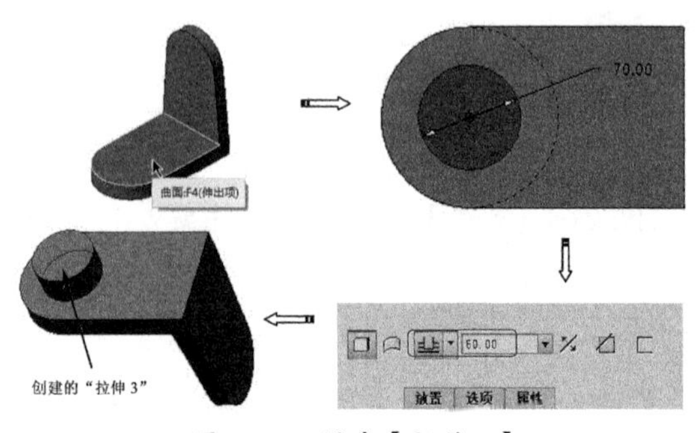

图 2-35　创建【拉伸 3】

05 在功能区【模型】选项卡的【形状】组中单击【拉伸】按钮，弹出【拉伸】操控板，选择【拉伸 2】上的面作为草绘平面，创建【拉伸 4】，其操作过程如图 2-36 所示。

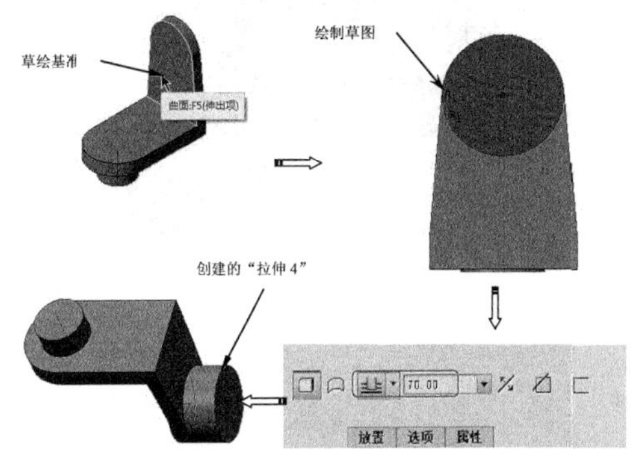

图 2-36　创建【拉伸 4】

06 在功能区【模型】选项卡的【形状】组中单击【拉伸】按钮，弹出【拉伸】操控板，选择【拉伸 1】上的面作为草绘平面，创建【拉伸 5】，其操作过程如图 2-37 所示。

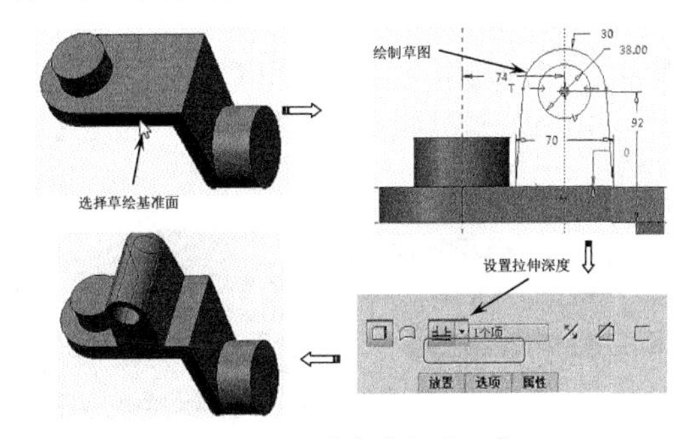

图 2-37　创建【拉伸 5】

07 在功能区【模型】选项卡的【形状】组中单击【拉伸】按钮，弹出【拉伸】操控板，选择【拉伸 1】上的面作为草绘平面，创建【拉伸 6】，其操作过程如图 2-38 所示。

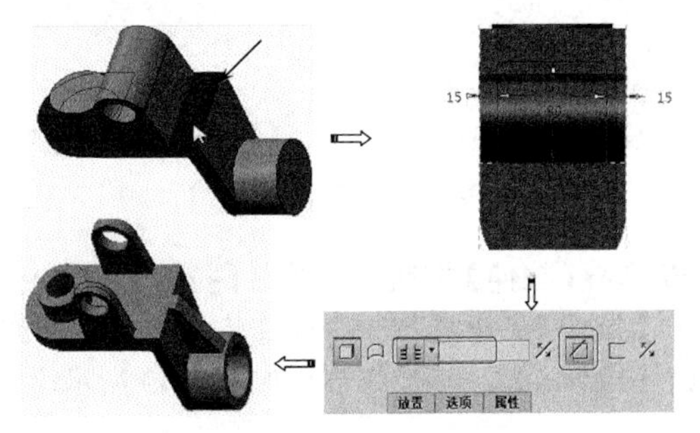

图 2-38　创建【拉伸 6】

08 在功能区【模型】选项卡的【形状】组中单击【拉伸】按钮，弹出【拉伸】操控板，在【拉伸 3】上选中一个面作为草绘平面，创建【拉伸 7】，其操作过程如图 2-39 所示。

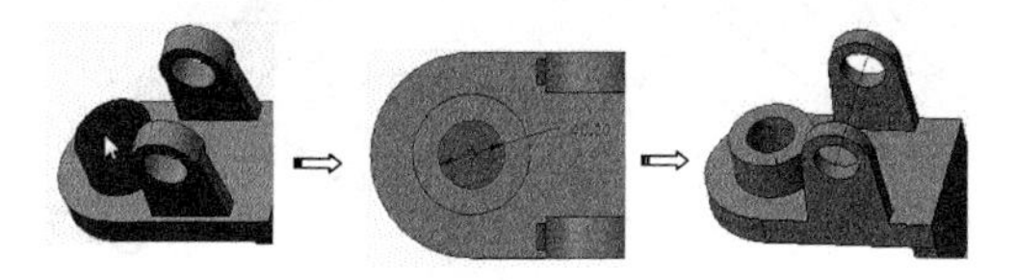

图 2-39　创建【拉伸 7】

09 单击【拉伸】按钮，弹出【拉伸】操控板，在【拉伸 4】上选中一个面作为草绘平面，创建【拉伸 8】，其操作过程如图 2-40 所示。

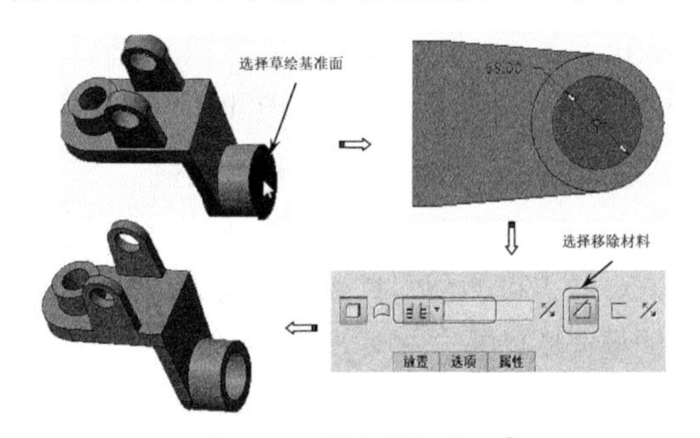

图 2-40　创建【拉伸 8】

10 在功能区【模型】选项卡的【工程】组中单击【轮廓筋】按钮，弹出【轮廓筋】操控板，选择 FRONT 基准面作为草绘平面，创建【轮廓筋 1】，其操作过程如图 2-41 所示。

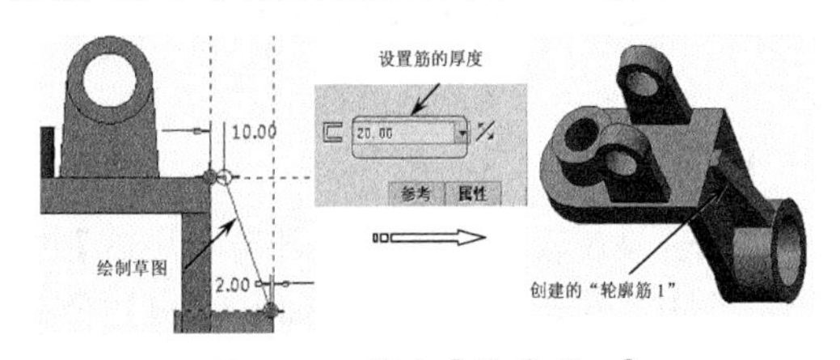

图 2-41　创建【轮廓筋 1】

11 在功能区【模型】选项卡的【工程】组中单击【圆角】按钮，创建【圆角 1】，其操作过程如图 2-42 所示。

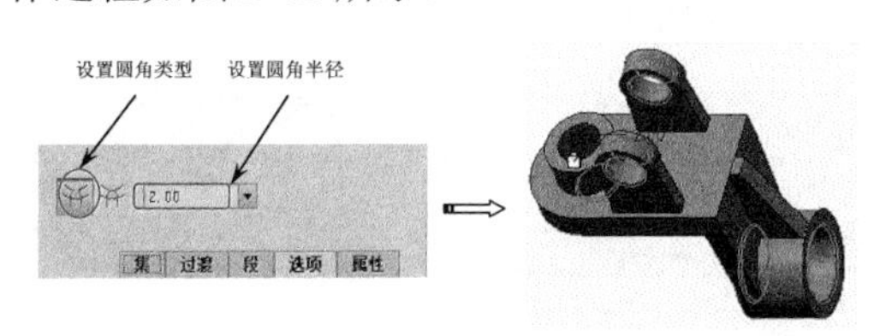

图 2-42　创建【圆角 1】

12 在功能区【模型】选项卡的【工程】组中单击【圆角】按钮，创建【圆角2】，其操作过程如图2-43所示。

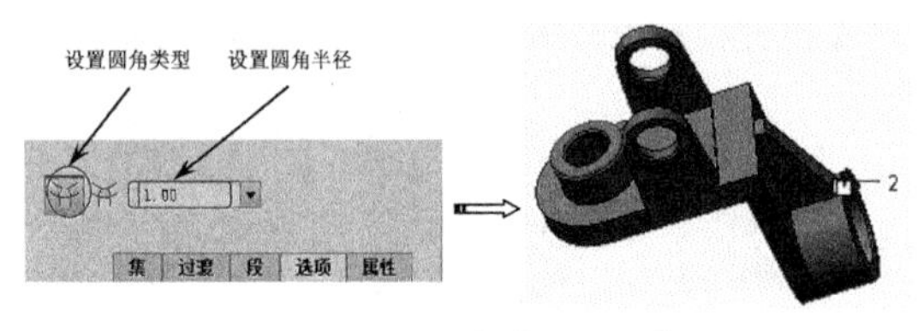

图2-43　创建【圆角2】

13 到此整个连接件的设计已经完成，单击【保存】按钮，将其保存，其最终效果如图2-44所示。

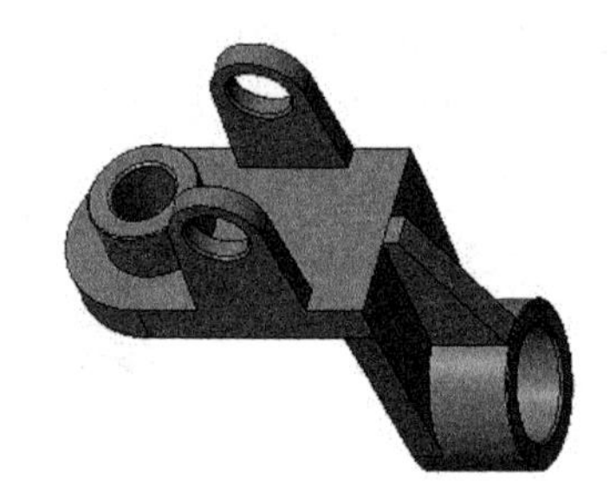

图2-44　连接件

2.7.1　泵盖设计

◎ 结果文件：实例\结果文件\Ch02\泵盖.prt

◎ 视频文件：视频\Ch02\泵盖.avi

泵盖放置在刹车泵或离合器泵的储液罐上端。泵盖上有橡胶密封垫防止刹车液漏出及水分进入。泵盖可能由塑料或金属制成。形状有圆的、方的或长方的，由螺纹、螺栓或线箍定位。本例要介绍的是金属泵盖。

本节要介绍的泵盖如图2-45所示。

图2-45　泵盖

操作步骤：

01 动Creo 4.0后，创建一个名为【泵盖】的实体文件，并选择【mmns_part_solid】公制模板。

02 在功能区【模型】选项卡的【形状】组中单击【拉伸】按钮，弹出【拉伸】操控板，选择TOP基准面作为草绘平面，创建【拉伸1】，如图2-46所示。

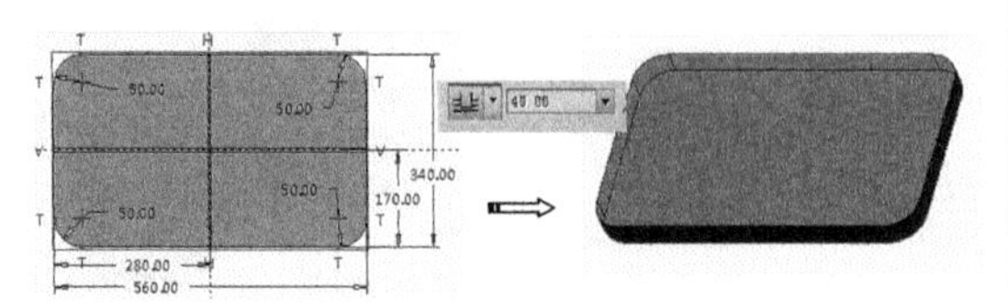

图2-46　创建【拉伸1】

03 单击【拉伸】按钮，弹出【拉伸】操控板，选择FRONT基准面作为草绘平面，创建【拉伸2】，如图2-47所示。

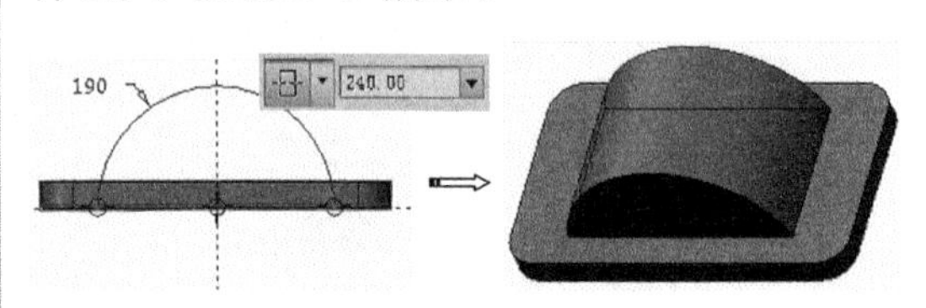

图2-47　创建【拉伸2】

04 单击【拉伸】按钮，弹出【拉伸】操控板，选择TOP基准面作为草绘平面，创建【拉伸3】，如图2-48所示。

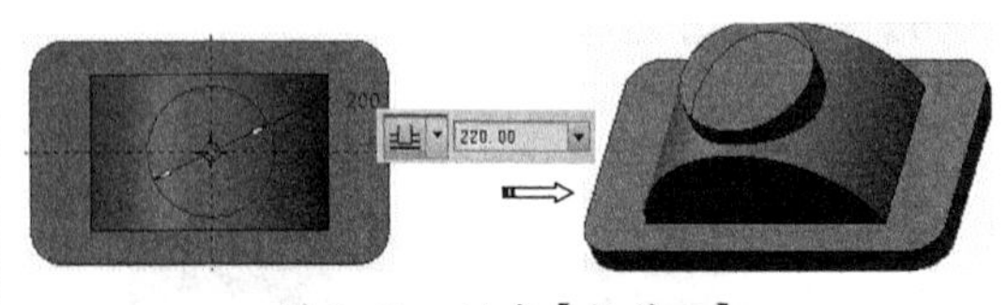

图2-48　创建【拉伸3】

05 单击【拉伸】按钮，弹出【拉伸】操控板，在【拉伸3】上选择一个面作为草绘平面，创建【拉伸4】，其操作过程如图2-49所示。

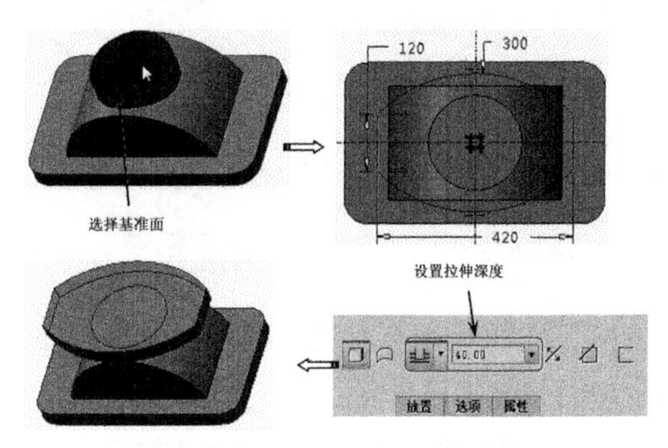

图 2-49 创建【拉伸 4】

06 单击【拉伸】按钮，弹出【拉伸】操控板，选择 FRONT 基准面作为草绘平面，创建【拉伸 5】，如图 2-50 所示。

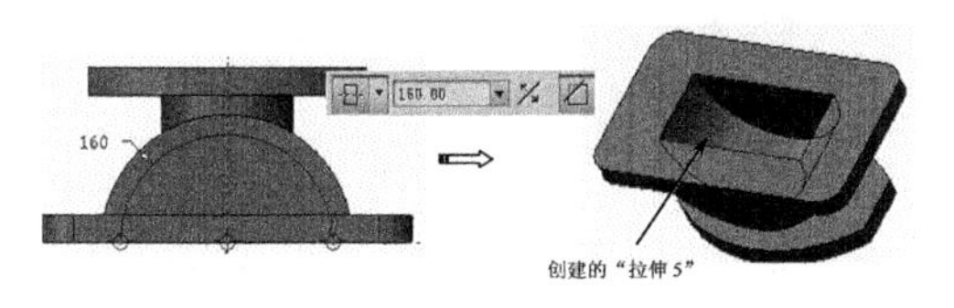

图 2-50 创建【拉伸 5】

07 单击【拉伸】按钮，弹出【拉伸】操控板，在【拉伸 6】上选择一个面作为草绘平面，创建【拉伸 4】，其操作过程如图 2-51 所示。

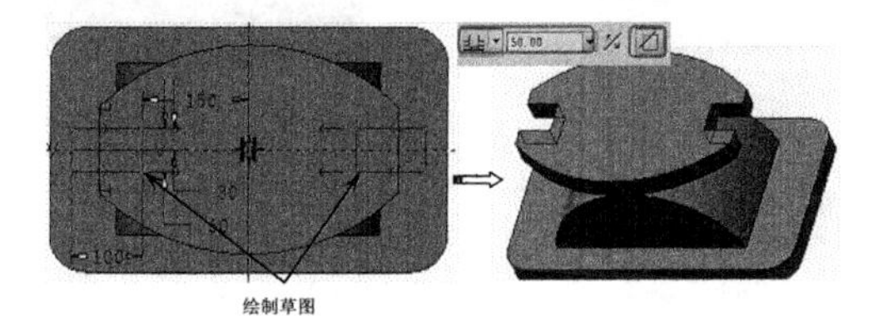

图 2-51 创建【拉伸 6】

08 单击【拉伸】按钮，弹出【拉伸】操控板，在【拉伸 1】上选择一个面作为草绘平面，创建【拉伸 7】，其操作过程如图 2-52 所示。

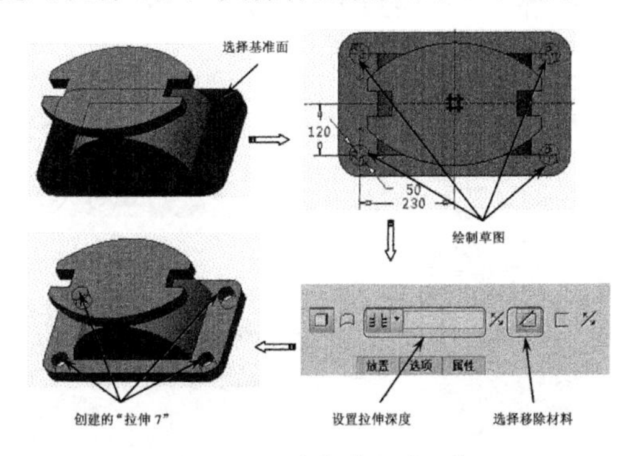

图 2-52 创建【拉伸 7】

09 在功能区【模型】选项卡的【形状】组中单击【旋转】按钮，弹出【旋转】操控板，选择 FRONT 作为草绘平面，创建【旋转 1】，其操作过程如图 2-53 所示。

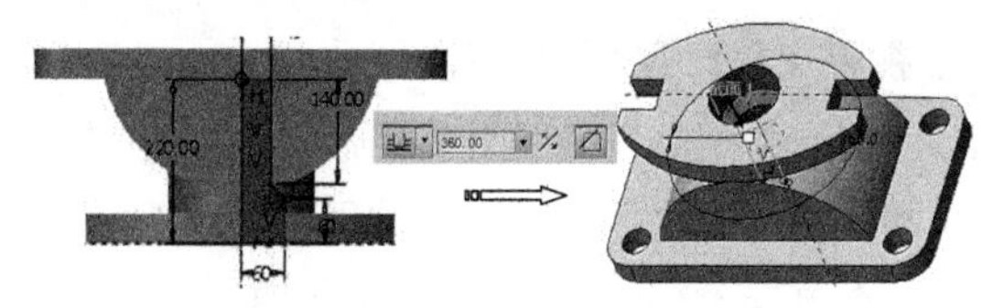

图 2-53 创建【旋转 1】

10 在功能区【模型】选项卡的【工程】组中单击【圆角】按钮，创建【圆角 1】，其操作过程如图 2-54 所示。

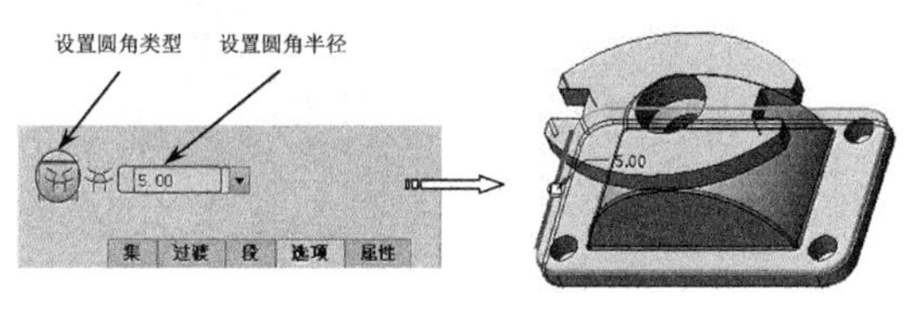

图 2-54 创建【圆角 1】

11 在功能区【模型】选项卡的【工程】组中单击【圆角】按钮，创建【圆角 2】，其操作过程如图 2-55 所示。

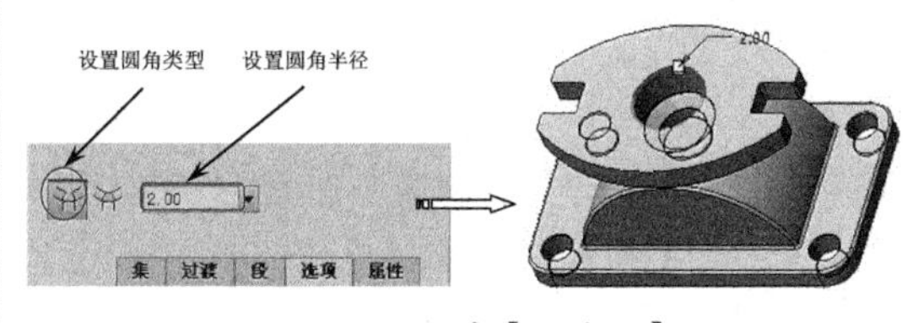

图 2-55 创建【圆角 2】

12 到此整个连接件的设计已经完成，单击【保存】按钮，将其保存，其最终效果如图 2-56 所示。

图 2-56 泵盖的效果图

2.7.2 缸体设计

◎ **结果文件：实例 \ 结果文件 \Ch02\ 缸体 .prt**

◎ **视频文件：视频 \Ch02\ 缸体 .avi**

缸体是组装发动机的基础件，并由它来保持发动机各运动件相互之间的位置关系。缸体一般都是铸造成型后，通过一系列的机械加工来达到最终的效果。

本节要介绍的缸体如图 2-57 所示。

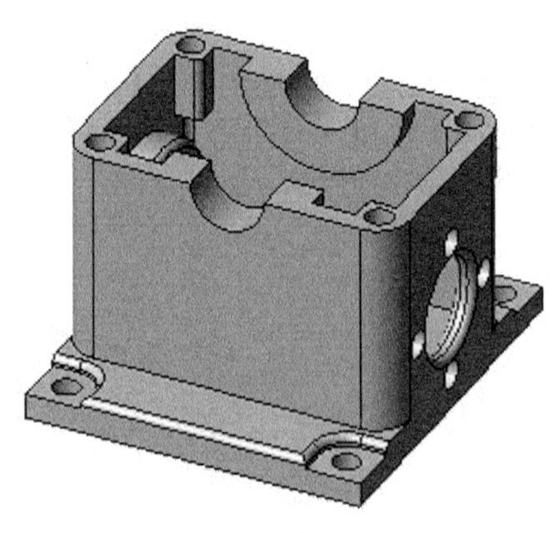

图 2-57 减速缸体

操作步骤：

01 启动 Creo 4.0，创建一个名为【缸体】文件，并选择【mmns_part_solid】公制模板进入零件设计环境。

02 在功能区【模型】选项卡的【形状】组中单击【拉伸】按钮，弹出【拉伸】操控板，选择 TOP 基准面作为草绘平面，绘制草图后创建【拉伸 1】实体，如图 2-58 所示。

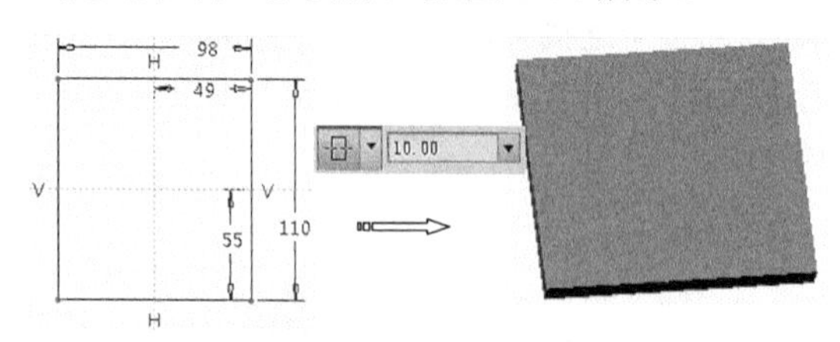

图 2-58 创建【拉伸 1】实体

03 单击【拉伸】按钮，弹出【拉伸】操控板，在【拉伸 1】上选择一个面作为草绘平面，创建【拉伸 3】，其操作过程如图 2-59 所示。

04 单击【拉伸】按钮，弹出【拉伸】操控板，在【拉伸 2】上选择一个面作为草绘平面，创建【拉伸 3】，其操作过程如图 2-60 所示。

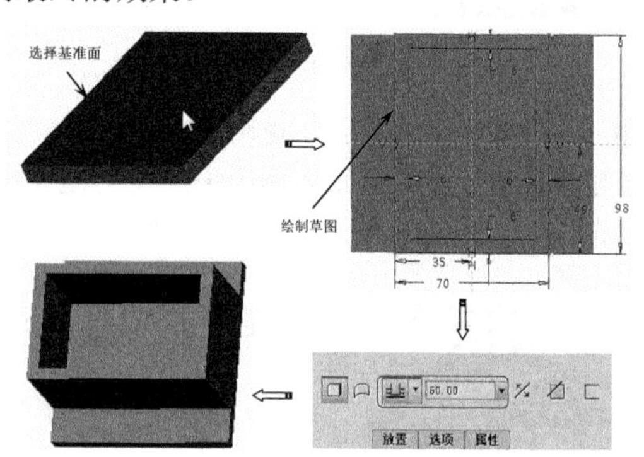

图 2-59 创建【拉伸 2】

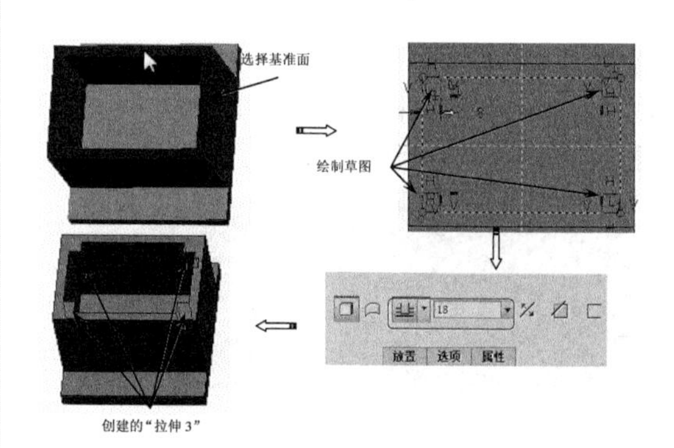

图 2-60 创建【拉伸 3】

05 单击【拉伸】按钮，弹出【拉伸】操控板，在【拉伸 2】上选择一个面作为草绘平面，创建【拉伸 4】，其操作过程如图 2-61 所示。

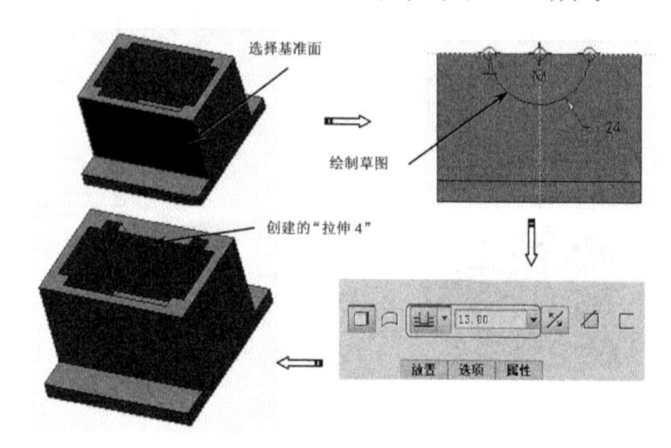

图 2-61 创建【拉伸 4】

06 用同样的方法在【拉伸 2】的另一侧，创建【拉伸 5】，其完成结果如图 2-62 所示。

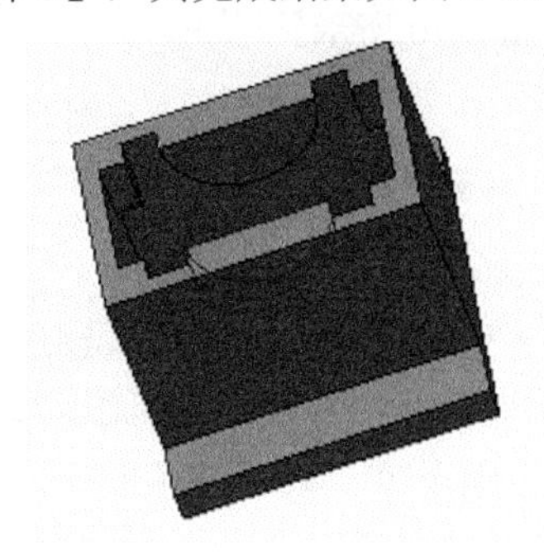

图 2-62　创建的【拉伸 5】

07 单击【拉伸】按钮，弹出【拉伸】操控板，在【拉伸 2】上选择一个面作为草绘平面，创建【拉伸 6】，其操作过程如图 2-63 所示。

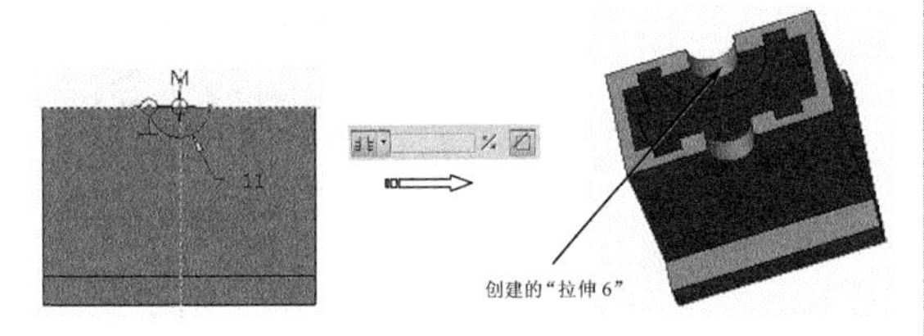

图 2-63　创建【拉伸 6】

08 单击【拉伸】按钮，弹出【拉伸】操控板，在【拉伸 2】上选择一个面作为草绘平面，创建【拉伸 7】，其操作过程如图 2-64 所示。

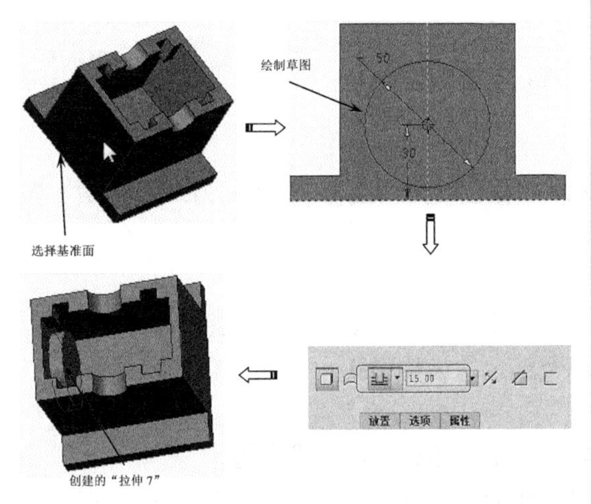

图 2-64　创建【拉伸 7】

09 单击【拉伸】按钮，弹出【拉伸】操控板，选择与【拉伸 2】一样的草绘基准面，创建【拉伸 8】，其操作过程如图 2-65 所示。

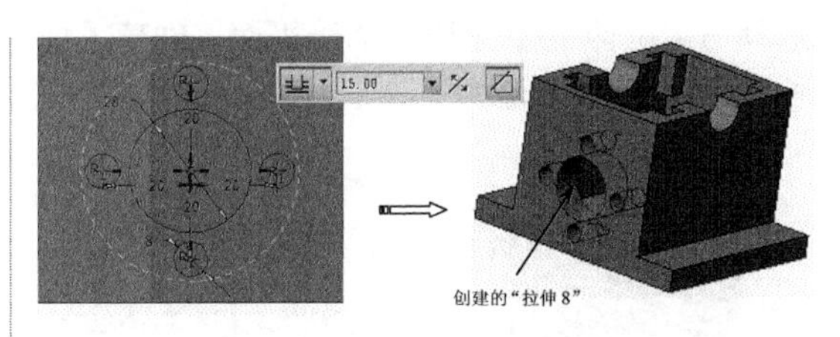

图 2-65　创建【拉伸 8】

10 单击【拉伸】按钮，弹出【拉伸】操控板，在【拉伸 2】上选择一个面作为草绘平面，创建【拉伸 9】，其操作过程如图 2-66 所示。

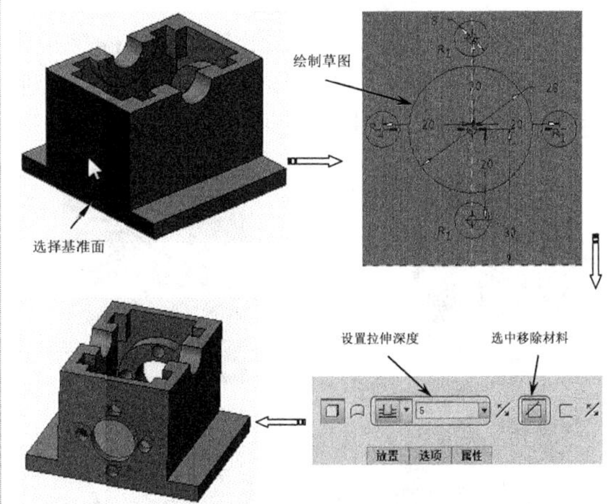

图 2-66　创建【拉伸 9】

11 单击【拉伸】按钮，弹出【拉伸】操控板，在【拉伸 1】上选择一个面作为草绘平面，创建【拉伸 10】，其操作过程如图 2-67 所示。

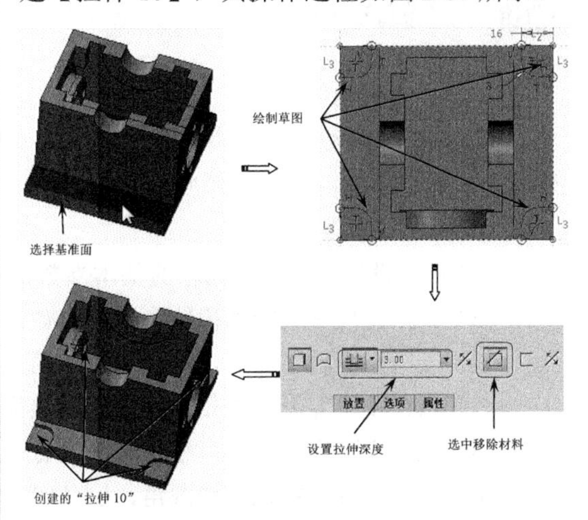

图 2-67　创建【拉伸 10】

12 单击【拉伸】按钮，弹出【拉伸】操控板，选择与【拉伸10】一样的草绘平面，创建【拉伸11】，如图2-68所示。

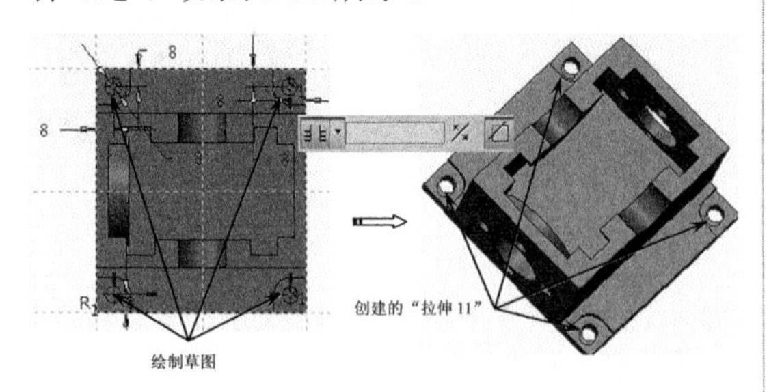

图2-68 创建【拉伸11】

13 单击【拉伸】按钮，弹出【拉伸】操控板，在【拉伸2】上选择一个面作为草绘平面，创建【拉伸12】，其操作过程如图2-69所示。

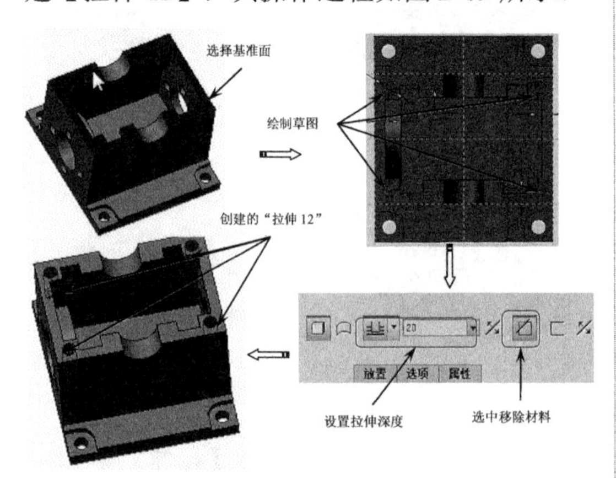

图2-69 创建【拉伸12】

14 在功能区【模型】选项卡的【工程】组中单击【圆角】按钮，创建【圆角1】，其操作过程如图2-70所示。

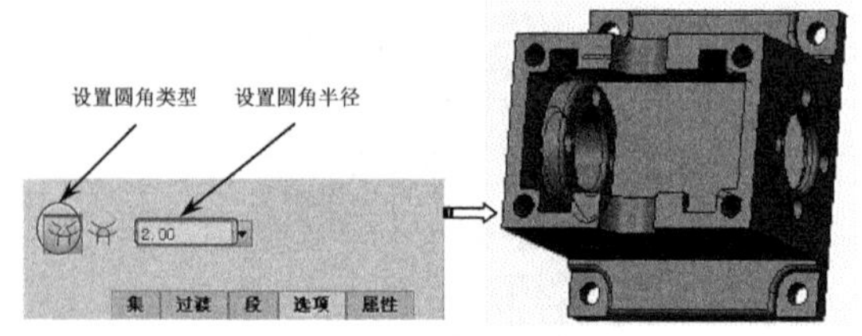

图2-70 创建【圆角1】

15 在功能区【模型】选项卡的【工程】组中单击【圆角】按钮，创建【圆角1】，其操作过程如图2-71所示。

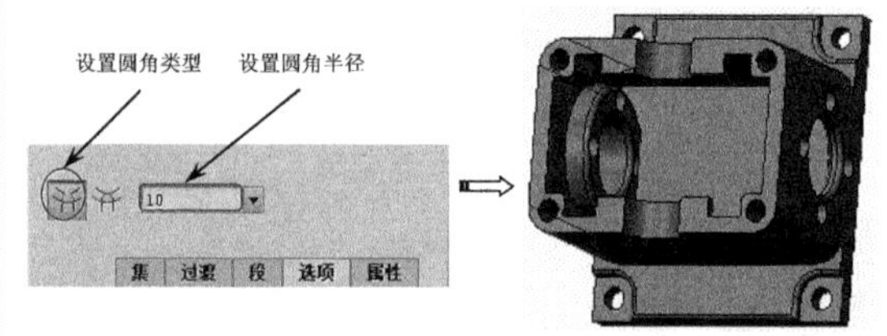

图2-71 创建【圆角2】

16 到此整个缸体的设计已经完成，单击【保存】按钮，将其保持到工作目录下即可。

2.8 课后习题

1．渐开线齿轮建模

本练习为渐开线齿轮建模，渐开线齿轮实体模型如图2-72所示，模数 m 为10、齿数 z 为20、压力角 α 为20°，齿轮厚度为B为75。

练习要求与步骤如下：

（1）根据设计要求确定齿轮的基本参数，包括：模数、齿数、压力角、轴孔径、齿轮厚度等。

（2）依据齿顶圆直径和齿轮厚度等参数，以及选定的齿轮形式，创建齿轮齿胚。

（3）绘制齿轮轮廓曲线，生成齿槽曲面。

（4）执行【拉伸】或【扫描】命令，从齿轮齿胚上切除材料，形成齿槽。

（5）执行【圆周阵列】命令，形成所有齿槽，相应地也就创建了所有轮齿。

（6）对模型进行细化，如圆角、倒角等，完成整个齿轮的造型。

2．螺杆建模

本练习为螺杆建模，螺杆实体模型如图2-73所示。

图 2-72　渐开线齿轮实体模型

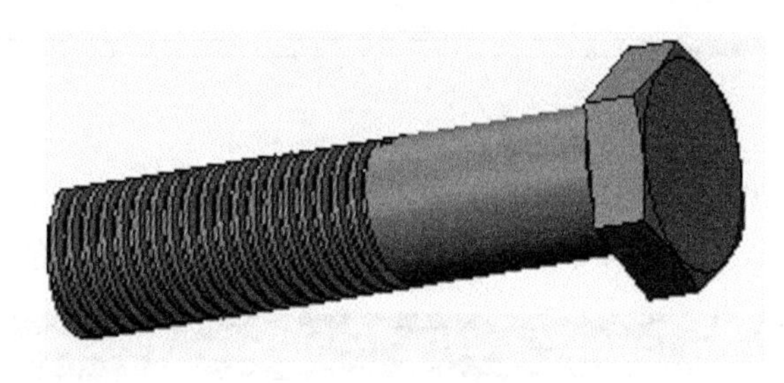

图 2-73　螺杆实体模型

练习要求与步骤如下：

（1）通过拉伸创建螺杆头子，即六方柱体。

（2）旋转切除六方柱体的倒角。

（3）拉伸创建小圆台。

（4）拉伸创建螺杆的主体，即圆柱体。

（5）螺旋扫描生成齿形截面，创建螺杆螺纹。

读书笔记

第 3 章　踏出 Creo 4.0 的第二步

踏出 Creo 4.0 的第二步就是学习使用基准工具辅助建模。建模离不开基准点、基准平面、基准轴、基准坐标系。本章就详细介绍这些基准工具的使用方法。

知识要点

- 创建基准点
- 创建基准轴
- 创建基准曲线
- 创建基准坐标系
- 创建基准平面

3.1 基准点工具

Creo 4.0 基准点工具包括基准点、偏移坐标系和域点，下面详细讲解。

3.1.1 创建基准点

在几何建模时可将基准点用作构造元素，或用作进行计算和模型分析的已知点。可随时向模型中添加点，即便在创建另一特征的过程中也可执行此操作。

基准点的创建方法有许多种，下面仅介绍使用【基准点】工具来创建基准点的过程。

动手操作——创建基准点

操作步骤：

01 打开素材源文件【支座 .prt】。

02 单击【基准】工具栏中的【点】按钮，系统弹出如图 3-1 所示的【基准点】对话框。

03 单击模型中欲绘制基准点的平面，随后即可预览基准点，此点没有定位，可以自由移动，如图 3-2 所示。

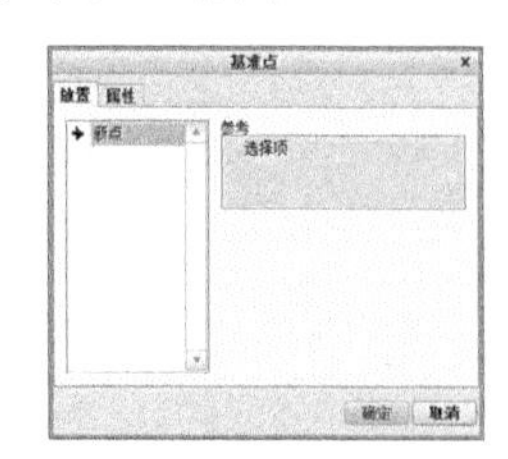

图 3-1　【基准点】对话框

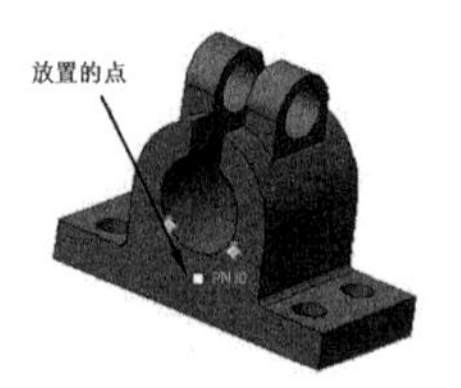

图 3-2　放置点

04 拖动基准点上的定位引导点到模型边上，随后即可显示基准点到该边的定位距离，如图 3-3 所示。

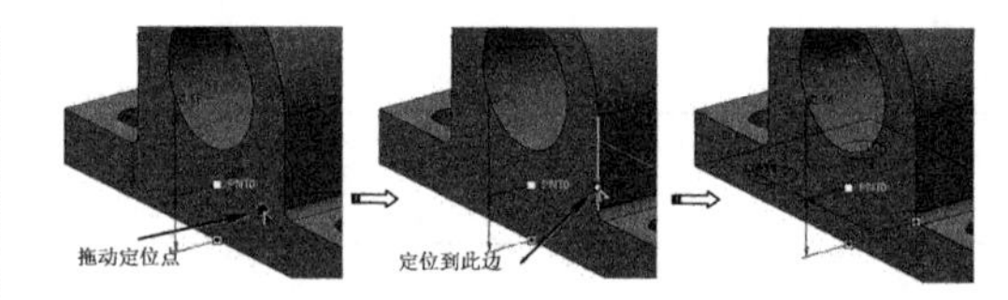

图 3-3　拖动定位引导点到边

05 在【基准点】对话框中设置其到边线的距离，再单击【确定】按钮，完成基准点的绘制，如图 3-4 所示。

图 3-4　绘制的基准点

3.1.2 偏移坐标系

在 Creo 4.0 还可以通过相对于选定坐标系偏移的方式，手动添加基准点到模型中，也可通过输入一个或多个文件创建点阵列的方法，将点手动添加到模型中，或同时使用这两种方法将点手动添加到模型中。下面介绍创建偏移坐标系基准点的操作步骤。

动手操作——以【偏移坐标系】方式创建基准点

操作步骤：

01 打开本来素材文件【支座.prt】。

02 选择菜单栏中的【模型基准】|【点】|【偏移坐标系】命令，或者单击【基准】工具栏中的【点】按钮右侧的箭头，单击工具栏中的【偏移坐标系】按钮，系统弹出如图 3-5 所示的【基准点】对话框。

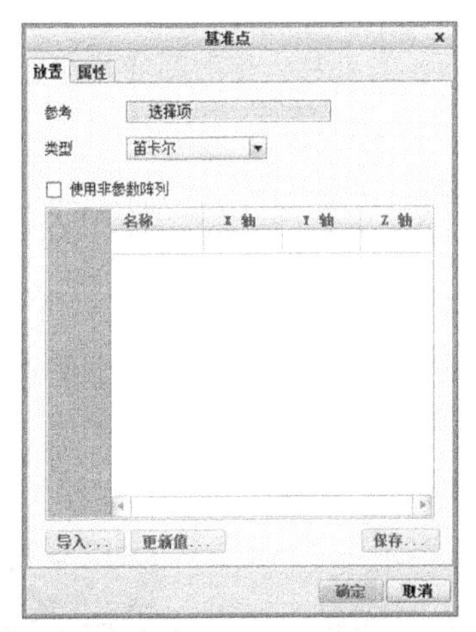

图 3-5　【基准点】对话框

03 从【类型】下拉列表中选取笛卡儿坐标系类型。然后在图形窗口中，选取用于放置点的参考坐标系，如图 3-6 所示。

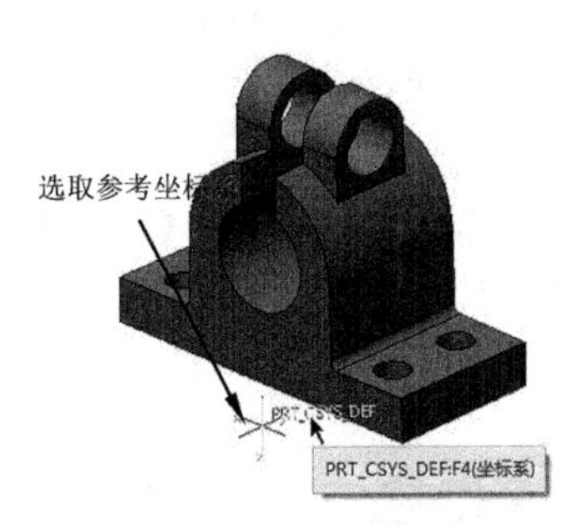

图 3-6　选取参考坐标系

04 开始添加点。单击点列表框中的单元格。输入每个所需轴的点的坐标。对于【笛卡儿】坐标系，必须输入 x、y 和 z 方向上的距离，如图 3-7 所示。

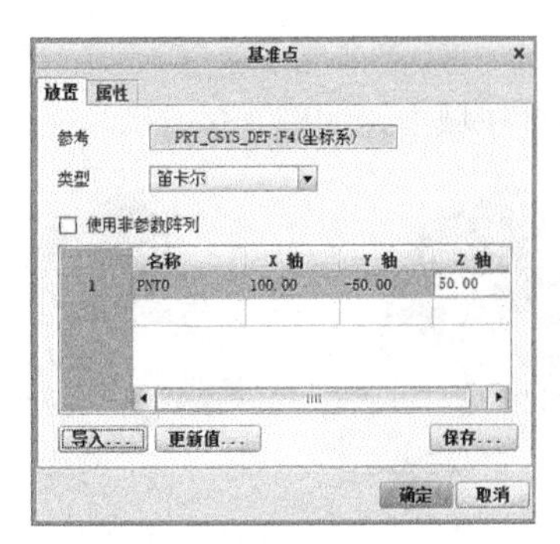

图 3-7　输入坐标系数值

05 新点即出现在图形窗口中，并带有一个拖动控制滑块（以白色矩形标识），如图 3-18 所示。

06 通过沿坐标系的每个轴拖动该点的控制滑块，可手工调整点的位置。要添加其他点，可单击表中的下一行，然后输入该点的坐标。

07 单击【基准点】对话框中的【确定】按钮，完成偏移坐标系基准点的创建。

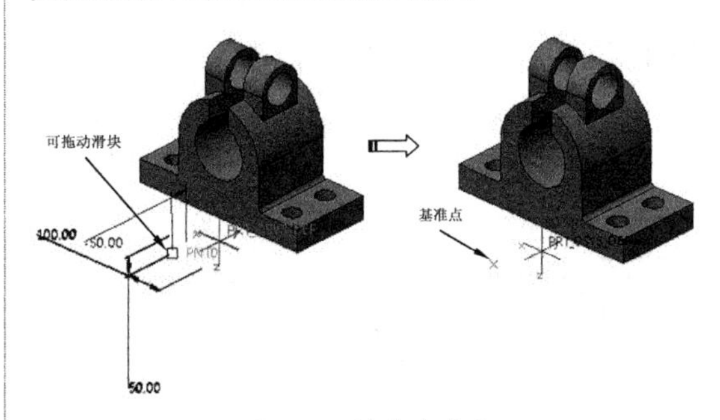

图 3-8　创建基准点

3.1.3　创建域点

域点是与分析一起使用的基准点。域点定义了一个从中选定它的域（曲线、边、曲面或面组都属于域）。由于域点属于整个域，所以它不需要标注。要改变域点的域，必须编辑特征的定义。

动手操作——创建【域点】

操作步骤：

01 打开本例素材文件【支座.prt】。

02 在【模型】选项卡的【基准】组中单击【点】按钮右侧的箭头，然后再单击【域】按钮，系统会弹出【基准点】对话框。

03 从模型上选择曲面来放置域点，然后将基准点放置在域中，如图 3-9 所示。

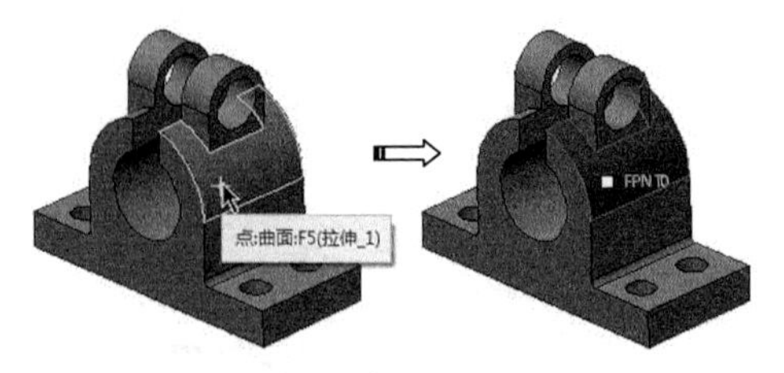

图 3-9　选择曲面放置域点

04 最后单击【基准点】对话框中的【确定】按钮，完成基准点的创建，如图 3-10 所示。

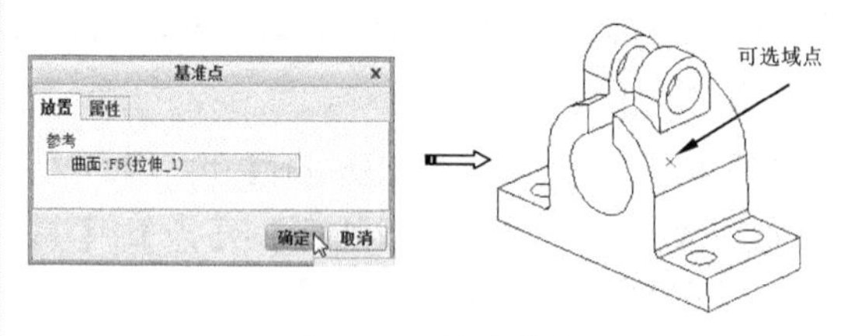

图 3-10　创建域点

3.2 基准轴工具

基准轴的创建方法很多，例如：通过相交平面、使用两参考偏移、使用圆曲线或边等方法。

1. 通过相交平面创建基准轴

通过相交平面创建基准轴的方法是：确定两个相交平面。相交平面可以是模型中的平面，也可以是基准平面。

动手操作——通过相交平面创建基准轴

操作步骤：

01 打开本例素材文件【零件 .prt】。

02 在功能区【模型】选项卡的【基准】组中单击【轴】按钮，弹出【基准轴】对话框。如图 3-11 所示。

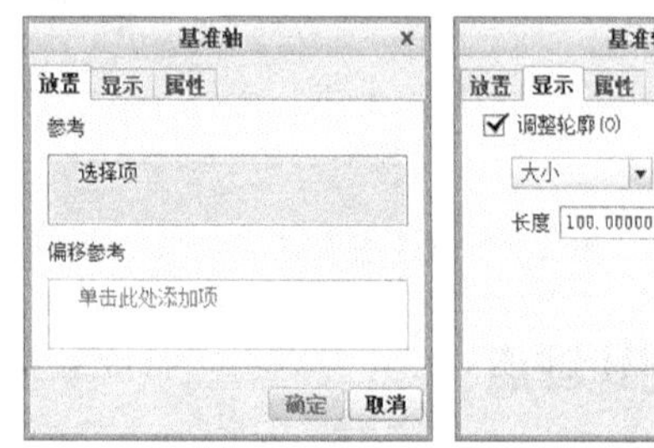

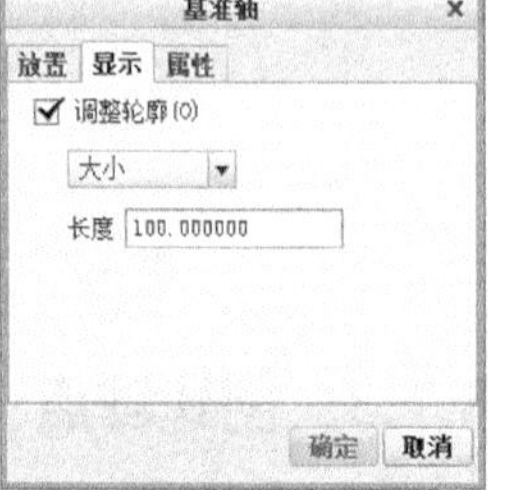

图 3-11　【基准轴】对话框

技术要点

【放置】选项卡主要用来确定基准轴的参考。【参考】可以是曲面、曲线 / 边或点。【偏移参考】可以是直线、点或平面。

【显示】选项卡主要用来调整基准轴的长度。如果选择【大小】选项，则输入值来确定长度；如果选择【参考】选项，则通过选取参考来确定长度，例如选择一条边，则基准轴的长度与边相等。

03 打开【基准轴】对话框后，按住 Ctrl 键不放，在工作区选取新基准轴的两个放置参考，这里选择模型的两个端面，如图 3-12 所示。

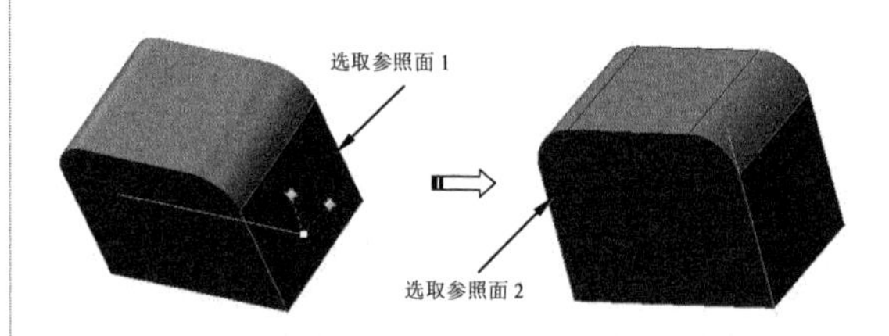

图 3-12　选择参考面

技术要点

在选择基准轴参考后，如果参考能够完全约束基准轴，系统自动添加约束，并且不能更改。

04 单击【基准轴】对话框中的【显示】选项卡，选中【调整轮廓】复选框，在【长度】文本框中输入 350，如图 3-13 所示。

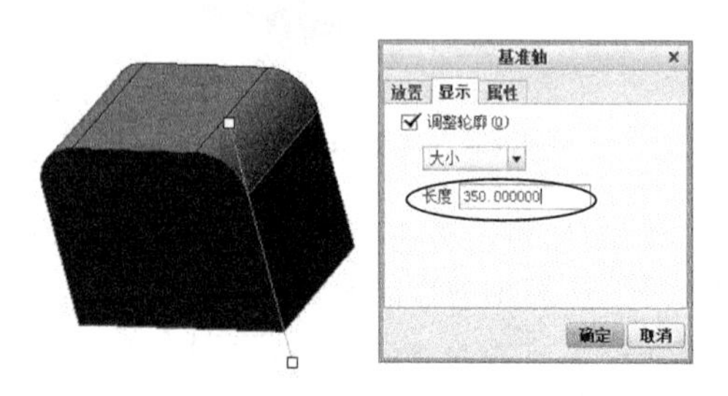

图 3-13　设置长度

技术要点

如果基准轴的长度要求不是很高，可以拖动工作区中轴的两端点进行调整长度。

05 单击【基准轴】对话框中的【确定】按钮，完成基准轴的创建，效果如图 3-14 所示。

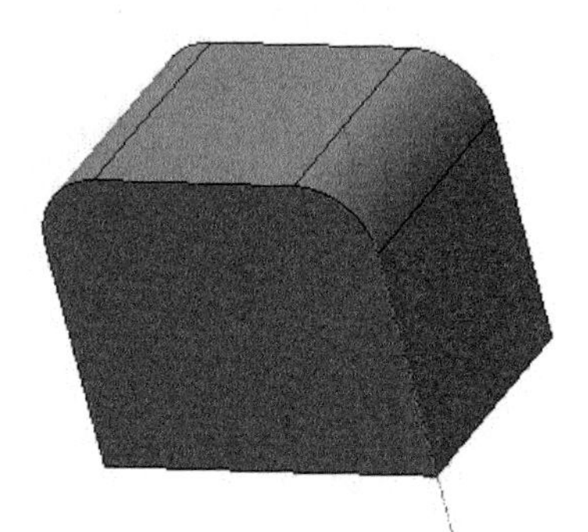

图 3-14　创建基准轴

动手操作——选取圆曲线创建基准轴

操作步骤：

01 打开本例素材文件【零件 .prt】。

02 在功能区【模型】选项卡的【基准】组中单击【轴】按钮，弹出【基准轴】对话框。选取模型的边线作为新基准轴的参考，如图 3-15 所示。

技术要点

选取圆边或曲线、基准曲线，或是共面圆柱曲面的边作为基准轴的放置参考。选定参考后会在【基准轴】对话框中的【参考】列表框中显示。

03 选定参考的默认约束类型为【中心】，随即显示基准轴预览，如图 3-16 所示。

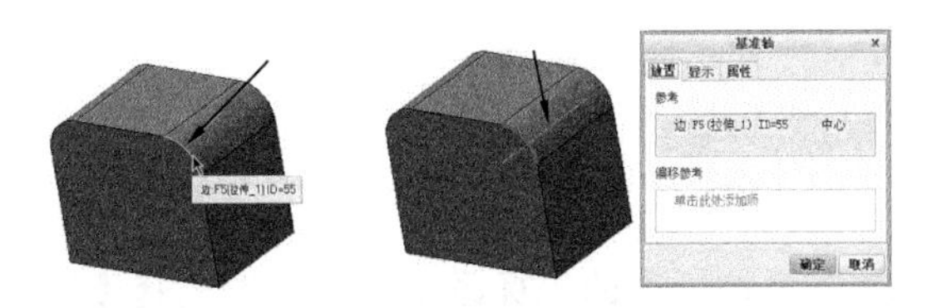

图 3-15　选择的参考　图 3-16　通过边创建基准轴

04 选中【显示】选项卡中的【调整轮廓】复选框来调整基准轴轮廓的长度，让它符合指定大小或选定参考，如图 3-17 所示。

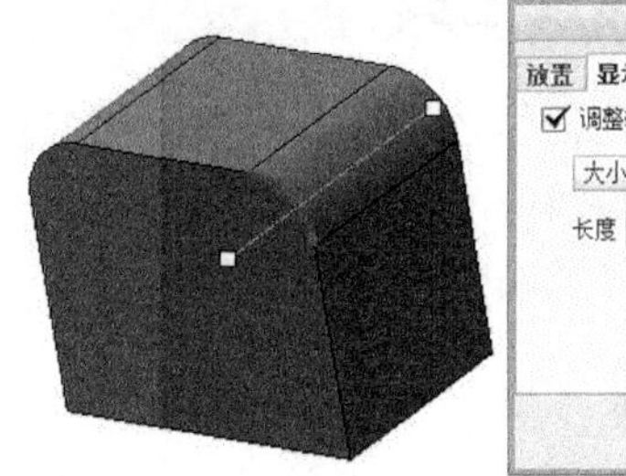

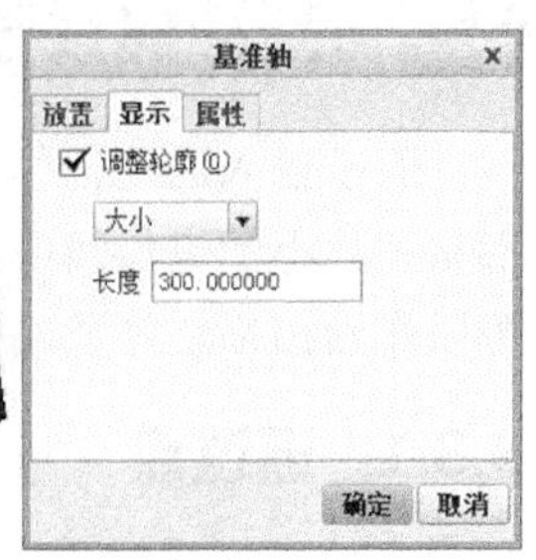

图 3-17　调整尺寸

05 单击【确定】按钮，完成基准轴的创建。

技术要点

如果约束类型为【穿过】，则会穿过选定圆边或曲线的中心，以垂直于选定曲线或边所在的平面方向创建基准轴。如果约束类型为【相切】，并指定【穿过】作为另一个参考（顶点或基准点）的约束，则会约束所创建的基准轴和曲线或边相切，同时穿过顶点或基准点。

动手操作——通过偏移参考创建基准轴

操作步骤：

01 打开本例素材文件【零件 .prt】。

02 在功能区【模型】选项卡的【基准】组中单击【轴】按钮，弹出【基准轴】对话框。

03 在工作区选取模型的端面，选定的曲面会出现在【参考】列表框中，选择约束类型为【法向】，可预览垂直于选定曲面的基准轴。此时曲面上出现一个控制滑块。

04 拖动偏移参考控制滑块到另外的曲面或者边上选取偏移参考。

05 单击【基准轴】对话框中的【确定】按钮，完成使用两个偏移参考创建基准轴，效果如图 3-18 所示。

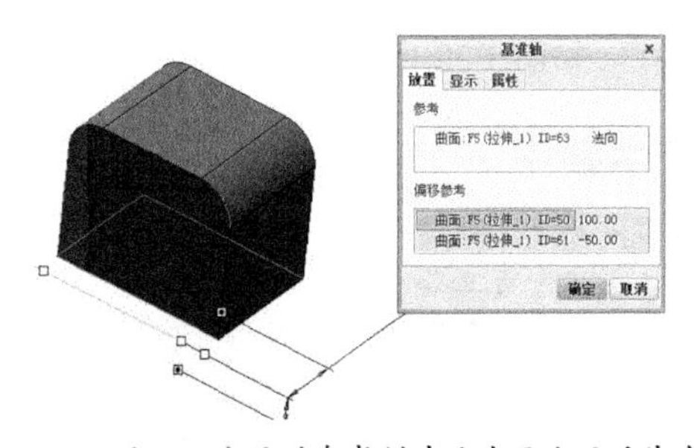

图 3-18　使用两个偏移参考创建垂直于曲面的基准轴

3.3 基准曲线工具

除了输入的几何体之外，Creo 中所有 3D 几何体的建立均起始于 2D 截面。基准曲线是有形状和大小的虚拟线条，但是没有方向、体积和质量。基准曲线可以用来创建和修改曲面，也可以作为扫描轨迹线或创建其他特征。

3.3.1 通过点

在功能区【模型】选项卡的【基准】组中单击【曲线】按钮，弹出【曲线：通过点】操控板，如图 3-19 所示。

操控板中有 4 个选项板：放置、末端条件、选项和属性。

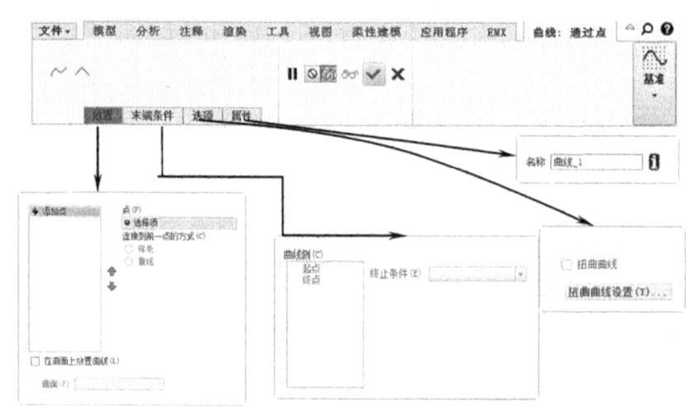

图 3-19 【曲线：通过点】操控板

在两个点之间创建曲线，可以创建直线，如图 3-20 所示。如果用 3 个点来创建曲线，则可创建样条曲线或直线，如图 3-21 所示。

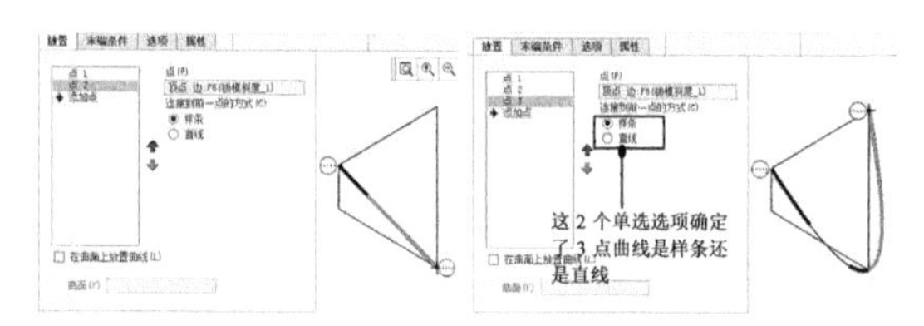

图 3-20 创建两点直线　　图 3-21 三点曲线

在【放置】选项板中选中【在曲面上放置曲线】复选框，可以在所指定的曲面上创建曲线，如图 3-22 所示。

技术要点

如果在曲面上创建曲线，曲面必须是单个曲面，并且参考点在同一曲面上。否则，弹出警告对话框，如图 3-23 所示。

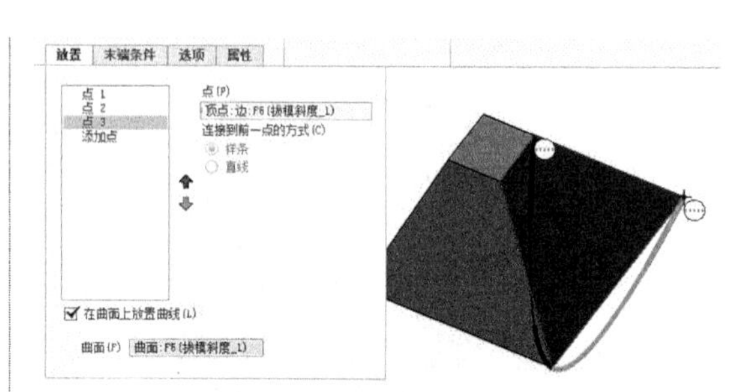

图 3-22 在曲面上创建曲线

图 3-23 不正确的曲面弹出的警告对话框

3.3.2 从方程

只要曲线不自交，就可以通过【从方程】选项由方程创建基准曲线。

动手操作——方程创建曲线

操作步骤：

01 在【模型】选项卡的【基准】组中选择【基准】|【曲线】|【来自方程的曲线】命令，系统弹出【曲线：从方程】操控板，如图 3-24 所示。

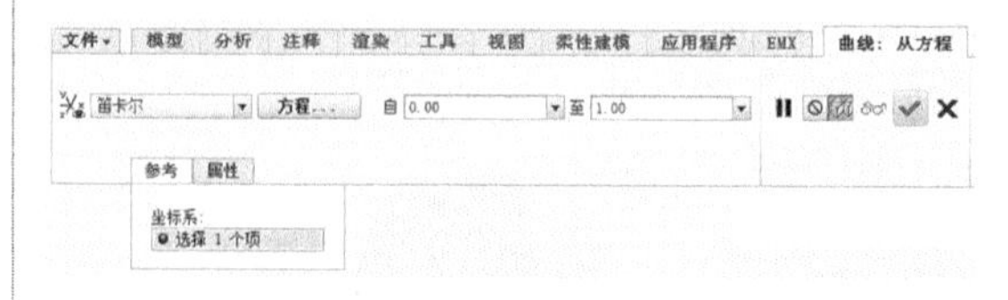

图 3-24 【曲线：从方程】操控板

02 在操控板上的坐标系下拉列表中选择【柱坐标】作为方程式的参考坐标系。单击【方程】按钮，弹出【方程】操作提示对话框（如图 3-25 所示）和【方程】表达式输入窗口（如图 3-26 所示）。

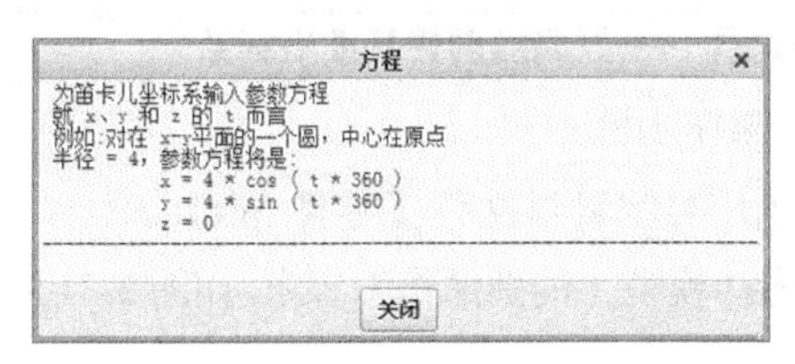

图 3-25　【方程】操作提示对话框

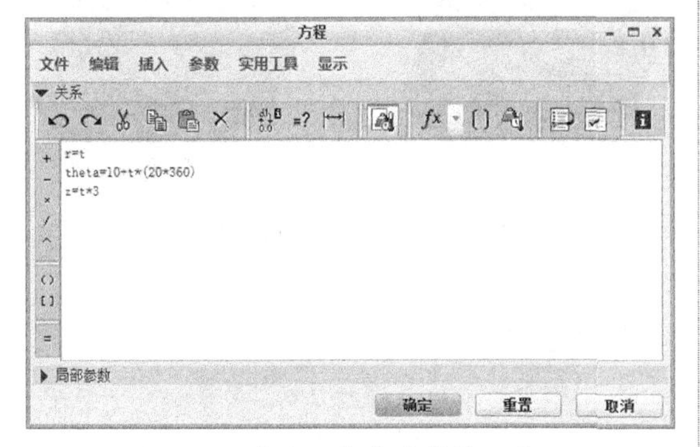

图 3-26　【方程】表达式输入窗口

03 在【方程】表达式输入窗口的文本框中输入曲线方程作为常规特征关系，保存编辑器窗口中的内容，单击【确定】按钮，完成方程式曲线的创建，如图 3-27 所示。

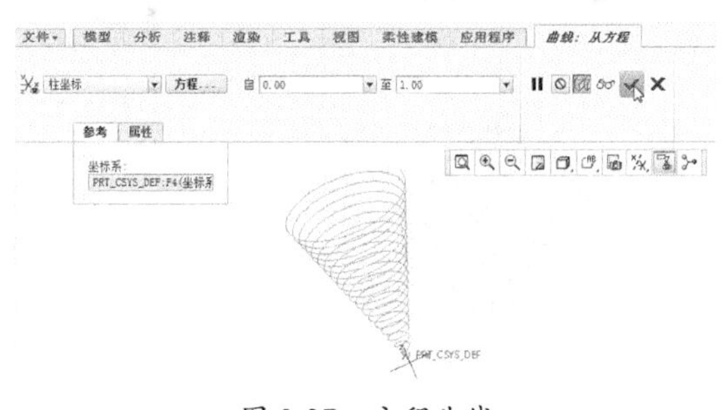

图 3-27　方程曲线

3.4 基准坐标系工具

基准坐标系分为笛卡儿坐标系、圆柱坐标系和球坐标系 3 种类型。坐标系是可以添加到零件和组件中的参考特征，一个基准坐标系需要 6 个参考量，其中 3 个相对独立的参考量用于原点的定位，另外 3 个参考量用于坐标系的定向。

在产品设计过程中，我们时常利用 Creo 的坐标系功能来确定特征的位置，一些机械标准件的加载也需要坐标系来确定方位。

动手操作——用点创建基准坐标系

操作步骤：

01 打开实例素材文件【零件 .prt】。

02 在功能区【模型】选项卡的【基准】组中单击【坐标系】按钮，系统弹出【坐标系】对话框。对话框中包含有 3 个选项卡，其中【原点】选项卡和【方向】选项卡是创建坐标系的主要选项设置区域，如图 3-28 所示。

技术要点

【原点】选项卡用来确定坐标系原点的参考。【方向】选项卡用来确定坐标系 X 轴、Y 轴、Z 轴的方向。确定坐标系的参考可以是点、线或面。

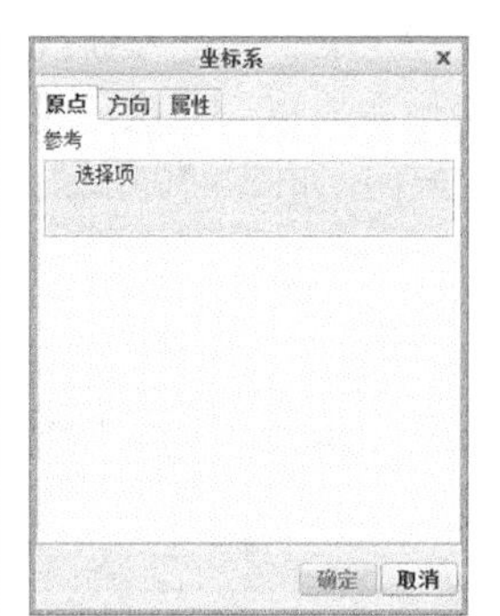

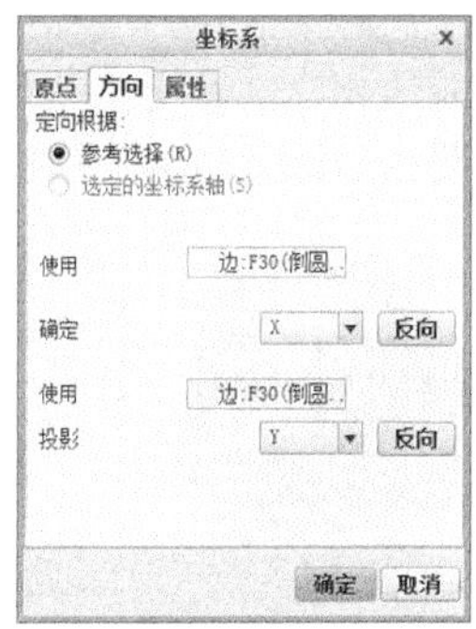

图 3-28　【坐标系】对话框

03 在【原点】选项卡中，为坐标系指定了原点后，在【方向】选项卡中设置其中两条轴的参考（此参考为互为垂直的直线或平面），如图 3-29 所示。

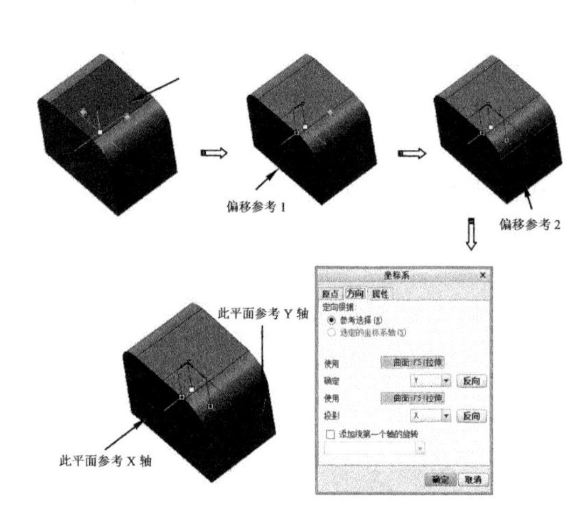

图 3-29　以点来创建坐标系

04 单击【坐标系】对话框中的【确定】按钮，完成参考坐标系的创建。

技术要点

点可以是基准点，也可以是模型上的顶点。以点来创建坐标系，需要为坐标系指定其中两条轴的方向。

动手操作——以曲线或边创建基准坐标系

操作步骤：

01 打开实例素材文件【零件 .prt】。

02 当用户选择曲线或模型边缘来指定坐标系原点时，需要为坐标系再指定一个平面与曲线或边相交，其交点就是坐标系原点，其次，还要为坐标系的两条轴指定方向，如图 3-30 所示。

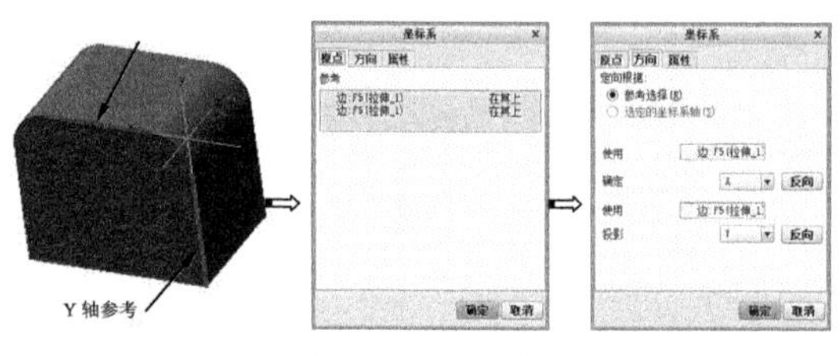

图 3-30　创建坐标系

技术要点

确定坐标系两条轴方向的参考，一定是互为垂直的平面或边。否则不能正确创建坐标系。

03 单击【坐标系】对话框中的【确定】按钮，完成参考坐标系的创建。

动手操作——以曲面创建基准坐标系

操作步骤：

01 打开实例素材文件【零件 .prt】。

02 选择模型上的曲面作为参考，如图 3-31 所示。

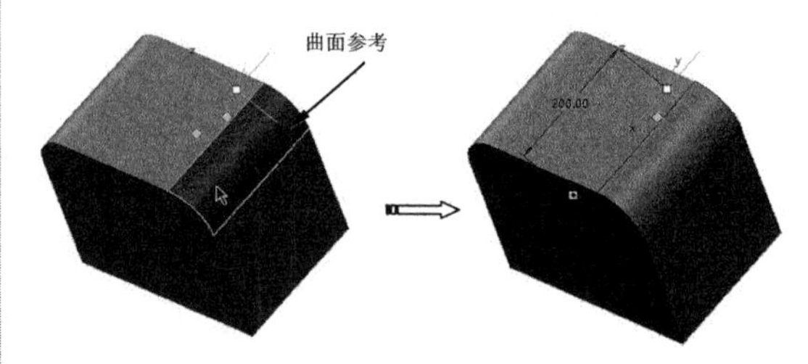

图 3-31　选择曲面作为参考

技术要点

当选择曲面来放置坐标系时，Z 轴方向一定是与曲面相垂直的，且不管将原点移动至曲面的任意位置。

03 由于坐标系可以在曲面上任意拖动，因此需要为坐标系在指定两个偏移参考（须按住 Ctrl 键选择），以此确定其原点的具体位置。

04 再选择模型的两个相互垂直的平面作为方向参考。这两个偏移参考指定的同时也确定了 X 轴和 Y 轴的方向，如图 3-32 所示。

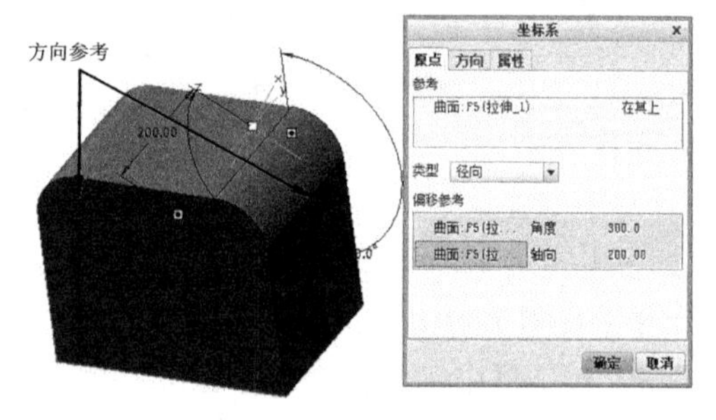

图 3-32　指定偏移参考

05 单击【坐标系】对话框中的【确定】按钮，完成参考坐标系的创建。

技术要点

位于坐标系中心的拖动控制滑块允许沿参考坐标系的任意一个轴拖动坐标系。要改变方向，可将光标悬停在拖动控制滑块上方，然后向着其中的一个轴移动光标。在朝向轴移动光标的同时，拖动控制滑块会改变方向。

3.5 创建基准平面

基准平面在实际中虽然不存在，但在零件图和装配图中都具有很重要的作用。基准平面主要用来作为草绘平面或者作为草绘、镜像、阵列等操作的参考，也可以用来作为尺寸标注的基准。

3.5.1 通过点、线、面创建基准平面

与创建基准坐标系类似，基准平面也可通过点、线或面的方式来创建。

动手操作——以点创建基准平面

操作步骤：

01 打开实例素材文件【零件 .prt】。

02 单击【模型】选项卡的【基准】组中的【平面】按钮，系统弹出【基准平面】对话框。对话框中包含有 3 个选项卡，其中【放置】选项卡和【显示】选项卡是创建基准平面的选项设置选项卡，如图 3-33 所示。

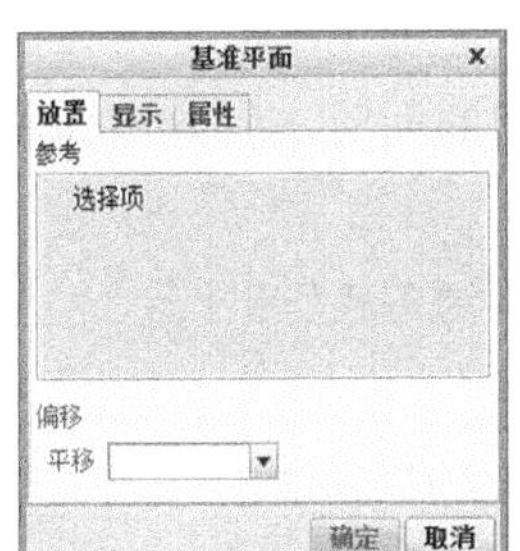

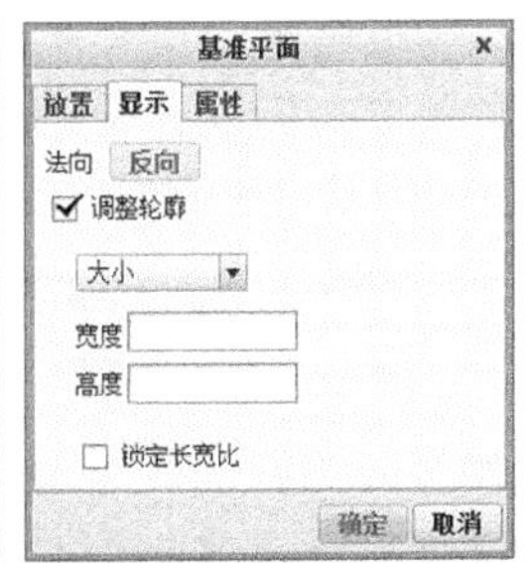

图 3-33　【基准平面】对话框

03 在模型上选择 3 个点（选择点时需按住 Ctrl 键）作为基准平面的位置参考，如图 3-34 所示。

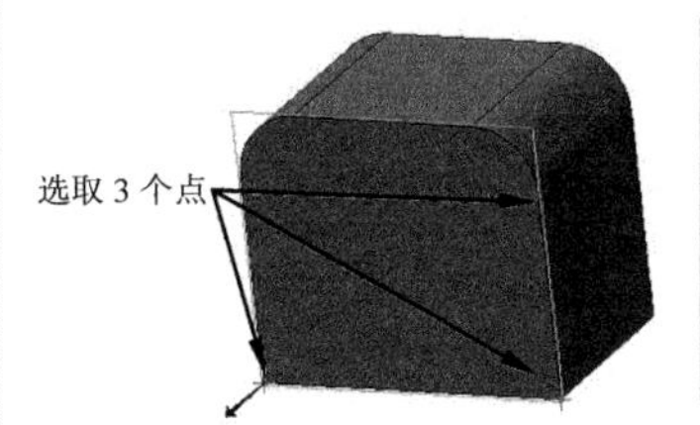

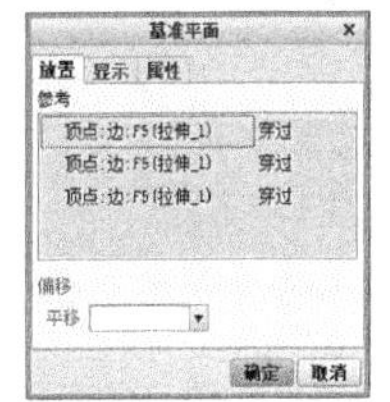

图 3-34　通过点创建平面

04 最后单击【确定】按钮完成基准平面的创建。

> **技术要点**
>
> 以点来创建基准平面，共有 3 种方法：三点、一点 / 曲面（非平面）、一点 / 线，如图 3-35 所示。

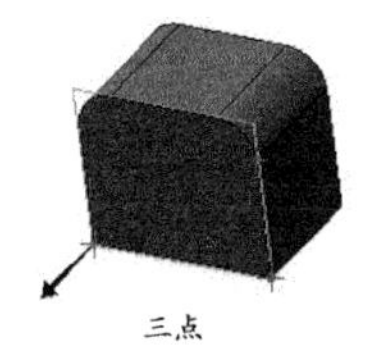

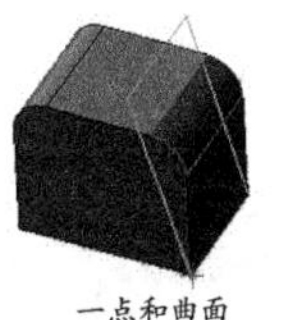

图 3-35　以点创建基准平面的 3 种方法

动手操作——以线或边创建基准平面

以线或边来创建基准平面，至少要满足两个基本条件：互为垂直的边或平面，以及点或曲面。

选取参考后，还可根据实际情形来选择参考的状态：穿过、偏移、法向、平行。表 3-1 中列出了参考组合的状态。

表 3-1　参考组合的状态

状态	说明	图解
不同面的两条边： 边:F15(倒圆角_1)　穿过 边:F5(拉伸_1)　法向 同面的边： 边:F15(倒圆角_1)　穿过 边:F15(倒圆角_1)　穿过	以两条边来确定基准平面。两条边可以同面，也可以不同面。同面的有两种选择状态： 穿过 + 穿过 穿过 + 法向	

续表

状态	说明	图解
边和平面： 曲面:F5(拉伸_1) 偏移 边:F15(倒圆角_1) 穿过 偏移 旋转 45.0	边和平面的组合参考。无论边与面是平行还是同面，都有3种状态： 穿过+平移 穿过+平行 穿过+法向	
边和平面 边:F30(倒圆角_1) 穿过 曲面:F5(拉伸_1) 法向	边和平面的组合参考。是垂直的，仅仅有一种状态： 穿过+法向	

动手操作——以曲面创建基准平面

操作步骤：

01 打开实例素材文件【支座.prt】。

02 选择模型上的一个曲面作为参考，如图3-36所示。

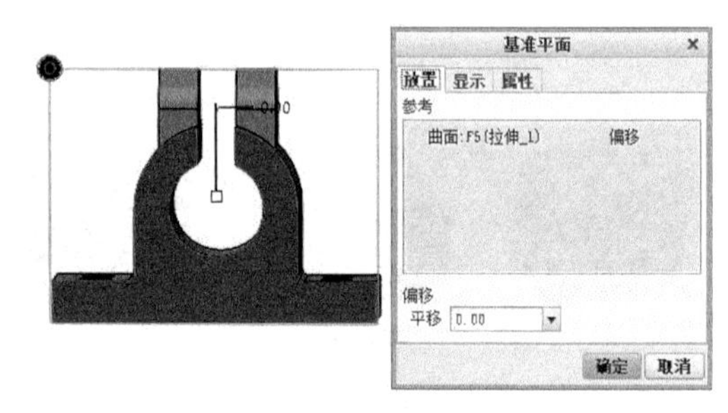

图3-36 选择平面参考

技术要点

以曲面的方式来创建基准平面，若是在平面在创建，无须添加参考即可创建基准平面。但基准平面可以与平面同面、偏移、平行或法向。

03 在曲面（非平面）上创建基准平面，还需添加一个参考（这个参考可以是点、边或曲面）。如图3-37所示为几种参考的组合形式。

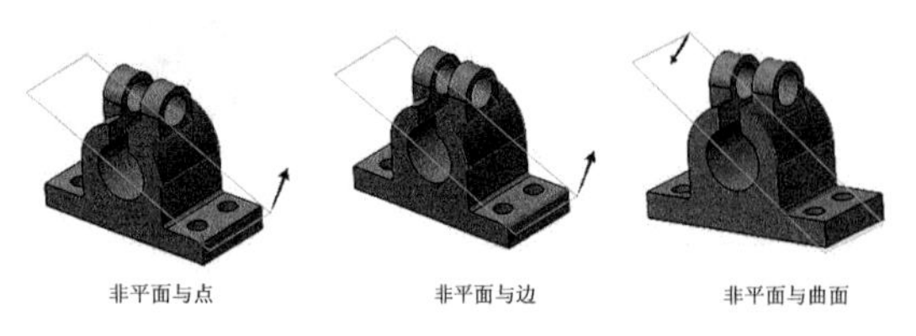

图3-37 在曲面上创建基准平面

04 最后单击【确定】按钮，创建基准平面。

3.5.2 通过基准坐标系创建基准平面

用户可以通过基准坐标系创建基准平面。方法是选择当前环境下的参考坐标系，然后输入与坐标系各轴之间的间距，以此创建出所需的基准平面。

动手操作——通过基准坐标系创建基准平面

操作步骤：

01 打开实例素材文件【支座.prt】。

02 在功能区【模型】选项卡的【基准】组中单击【平面】按钮，系统弹出【基准平面】对话框。

03 选取一个基准坐标系作为放置参考，选定的基准坐标系将添加到【放置】选项卡中的【参考】列表框中，如图3-38所示。

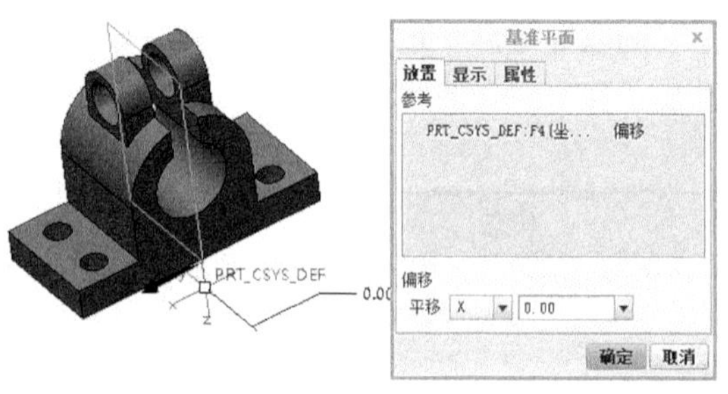

图3-38 【基准平面】对话框

04 从【参考】列表框中的约束栏中选取约束类型，分别是【偏移】、【穿过】。

05 如果选择【偏移】约束类型，在【偏移】

的【平移】下拉列表中选择偏移的轴，在其右侧的数值框中输入偏移距离，拖动控制滑块将基准曲面手动平移到所需距离处；如果选择【穿过】，在【穿过平面】列表框中选择穿过平面。

技术要点

X 表示将 YZ 基准平面在 X 轴上偏移一定距离创建基准平面。

Y 表示将 XZ 基准平面在 Y 轴上偏移一定距离创建基准平面。

Z 表示将 XY 基准平面在 Z 轴上偏移一定距离创建基准平面。

XY 表示通过 XY 平面创建基准平面。

YZ 表示通过 YZ 平面创建基准平面。

ZX 表示通过 XZ 平面创建基准平面。

06 单击【基准平面】对话框中的【确定】按钮，完成基准平面的创建，效果如图 3-39 所示。

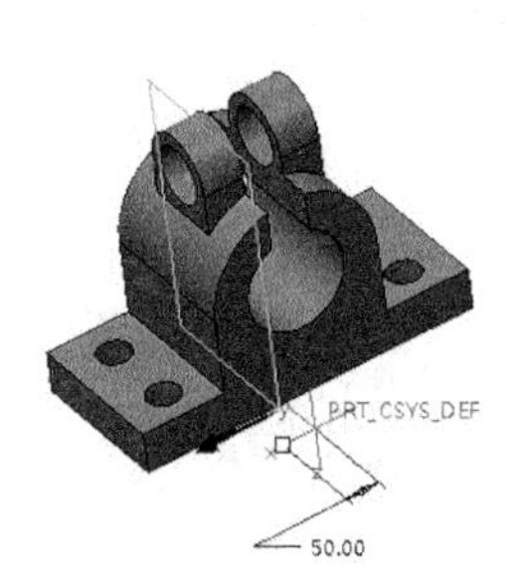

图 3-39　通过基准坐标系创建基准平面

动手操作——偏移平面

【偏移平面】功能是以默认的工作坐标系中 3 个基准平面作为参考，创建偏移一定距离的 3 个新基准平面。如果偏移距离为 0，则新基准平面与默认的基准平面重合。

01 新建模型文件。

02 在功能区【模型】选项卡的【基准】组中单击【偏移平面】按钮，图形区上方弹出新基准平面的偏移距离输入文本框，如图 3-40 所示。

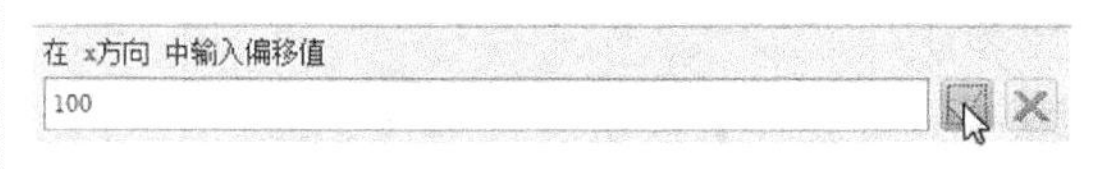

图 3-40　偏移距离值的输入文本框

03 单击【接受值】按钮会继续弹出【在 Y 方向中输入偏移值】的文本框及【在 Z 方向中输入偏移值】文本框，直至创建出如图 3-41 所示的偏移平面。

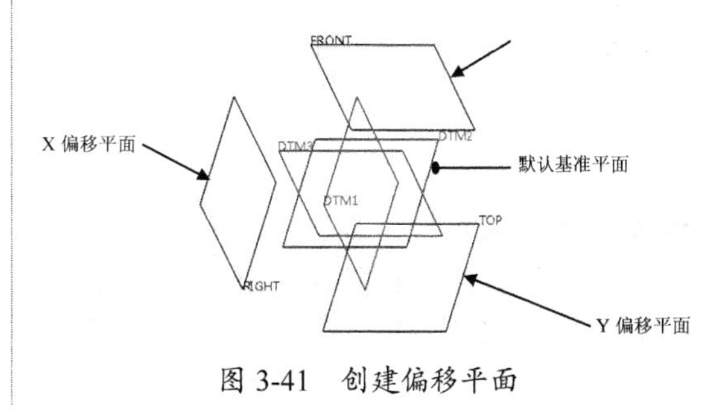

图 3-41　创建偏移平面

3.6　综合实训

基准工具在建模过程中起着非常重要的作用。下面采用两个建模设计实例来说明基准工具的应用。

3.6.1　阀盖零件建模

◎ **结果文件：实例 \ 结果文件 \Ch03\ 阀盖零件 .prt**

◎ **视频文件：视频 \Ch03\ 阀盖零件 .avi**

本例要设计的阀盖零件模型如图 3-42 所示。

图 3-42　阀盖零件模型

操作步骤：

01 设置工作目录，新建命名为【阀盖】的零件文件。

02 单击【拉伸】按钮，选择 TOP 平面作为草绘平面，绘制拉伸截面，退出草绘模式，选择【指定拉伸值】模式，输入值 8，预览无误后单击【应用】按钮完成拉伸创建，如图 3-43 所示。

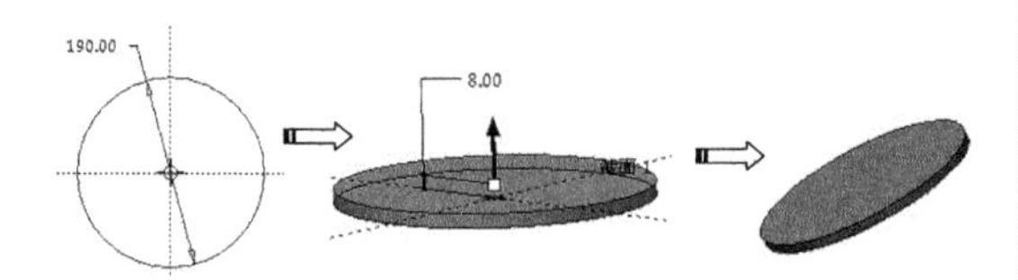

图 3-43　创建拉伸特征

03 单击【旋转】按钮，选择 RIGHT 平面作为草绘平面，绘制旋转截面。退出草绘模式，选择 360° 旋转。预览无误后单击【应用】按钮，完成旋转创建，如图 3-44 所示。

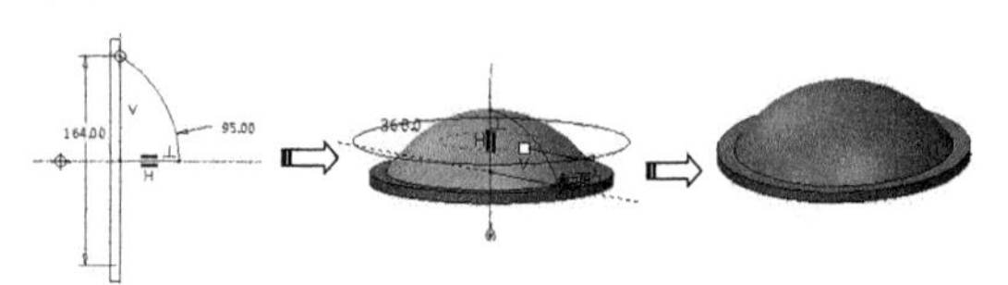

图 3-44　旋转半球特征

04 单击【壳】按钮，对生成的模型进行壳处理，如图 3-45 所示。

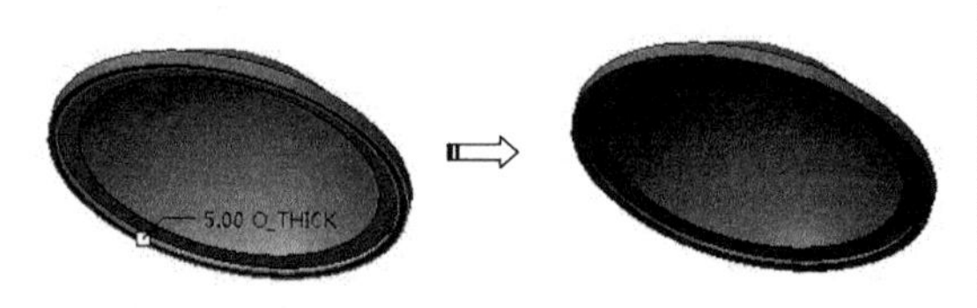

图 3-45　壳特征

05 单击【平面】按钮，选择模型底面作为参考平面，创建基准平面，如图 3-46 所示。

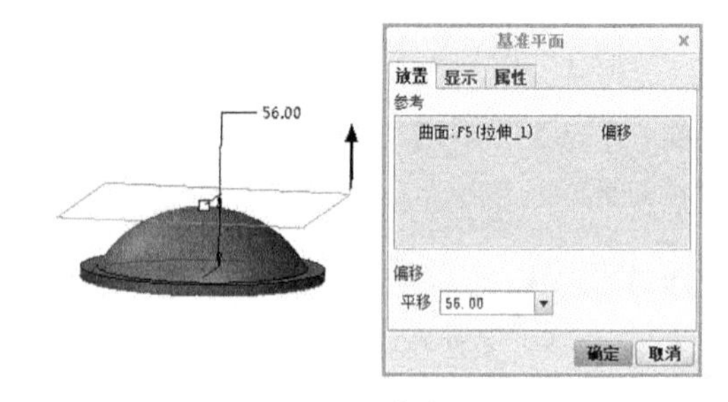

图 3-46　创建基准平面

06 单击【拉伸】按钮，选择刚创建的基准平面作为草绘平面，绘制拉伸截面。退出草绘模式，选择【拉伸至下一平面】模式，预览无误后，单击【应用】按钮，完成拉伸创建，如图 3-47 所示。

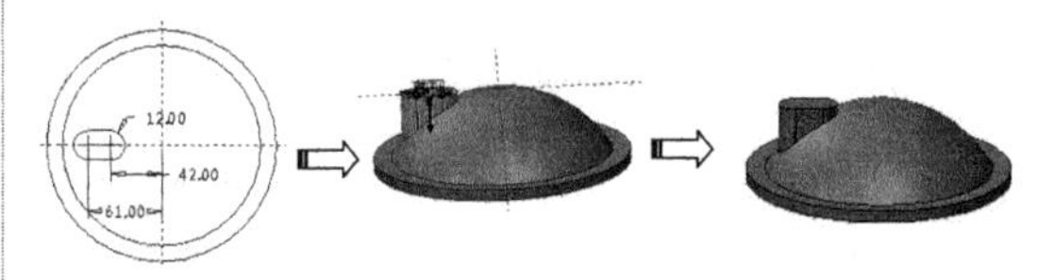

图 3-47　创建拉伸截面

07 单击【平面】按钮，选择模型底面作为参考平面，创建基准平面，如图 3-48 所示。

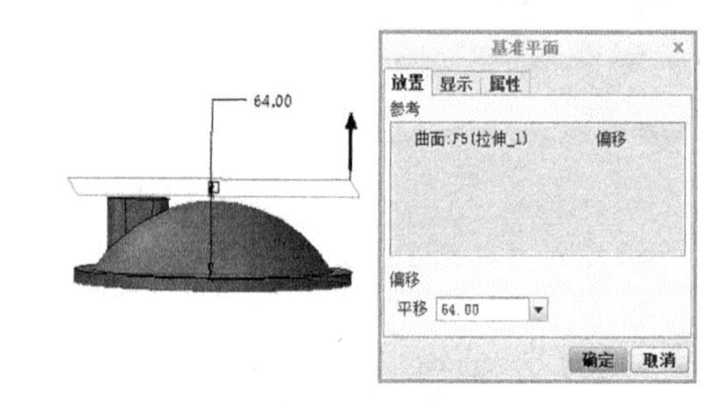

图 3-48　创建基准平面

08 单击【拉伸】按钮，选择刚创建的基准平面作为草绘平面，绘制拉伸截面。退出草绘模式，选择【拉伸至下一曲面】模式，预览无误后单击【应用】按钮，完成圆柱的创建，如图 3-49 所示。

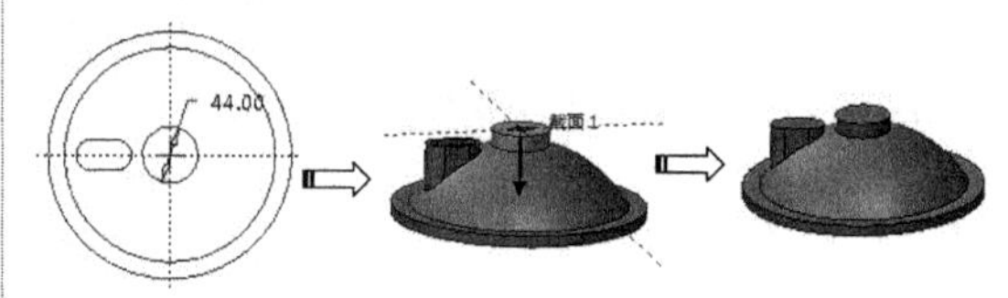

图 3-49　创建圆柱台

09 单击【平面】按钮，选择模型底面作为参考平面，创建基准平面，如图 3-50 所示。

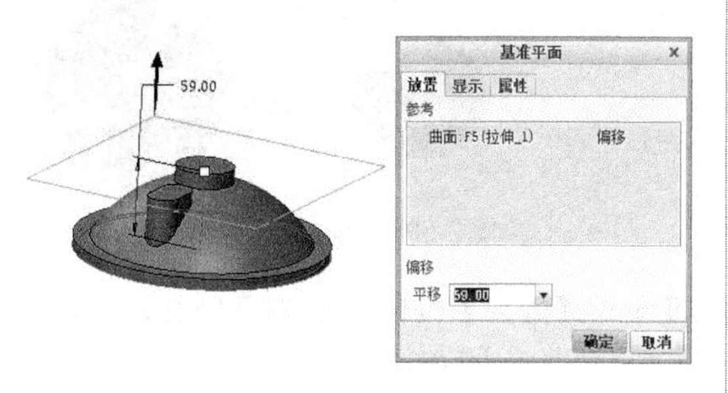

图 3-50　创建基准平面

10 单击【拉伸】按钮，选择刚创建的平面作为基准平面，绘制拉伸截面。退出草绘模式，选择【拉伸至所有曲面相交】模式，单击【移除材料】按钮，预览无误后单击【应用】按钮，完成移除材料特征的创建，如图 3-51 所示。

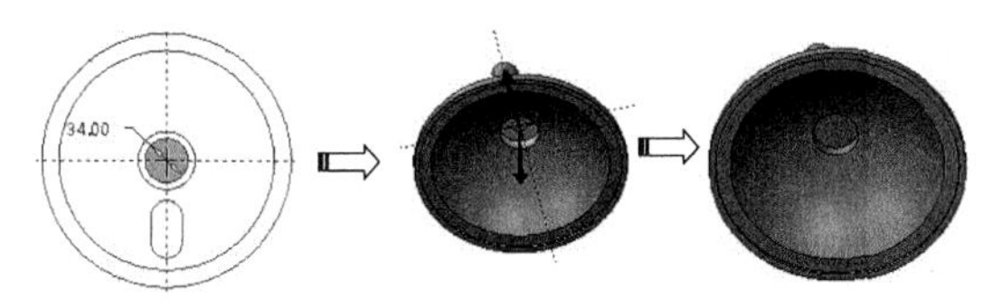

图 3-51　创建移除材料特征

11 单击【拉伸】按钮，选择圆柱凸台上表面作为草绘平面，绘制拉伸截面。退出草绘模式，选择【拉伸至所有曲面相交】模式，单击【移除材料】按钮，预览无误后，单击【应用】按钮，完成移除材料特征的创建，如图 3-52 所示。

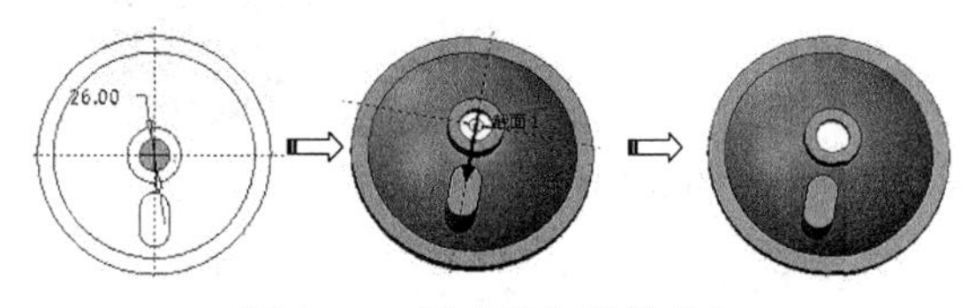

图 3-52　创建移除材料特征

12 单击【拉伸】按钮，选择腰形凸台上表面作为草绘平面，绘制拉伸截面。退出草绘模式，选择【拉伸至所有曲面相交】模式，单击【移除材料】按钮，预览无误后，单击【应用】按钮，完成移除材料特征的创建，如图 3-53 所示。

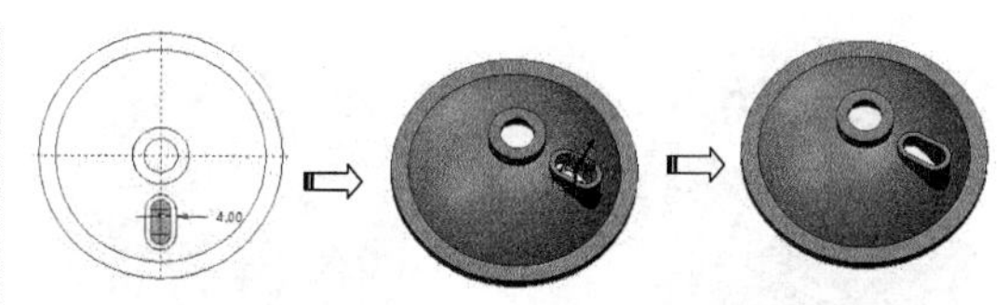

图 3-53　创建移除材料特征

13 单击【轮廓筋】按钮，选择 RIGHT 平面作为草绘平面，绘制筋轮廓。退出草绘模式，设置筋宽度为 16，预览无误后单击【应用】按钮完成筋的创建，如图 3-54 所示。

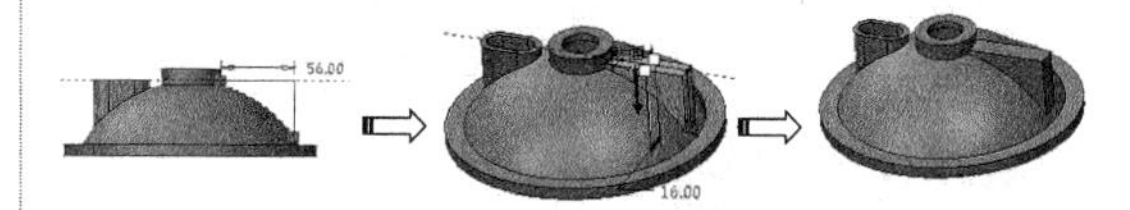

图 3-54　创建筋特征

14 单击【拉伸】按钮，选择筋特征的侧面作为草绘平面，绘制拉伸截面，退出草绘模式，选择【拉伸至所有曲面相交】模式，单击【移除材料】按钮，预览无误后单击【应用】按钮完成拉伸截面的创建，如图 3-55 所示。

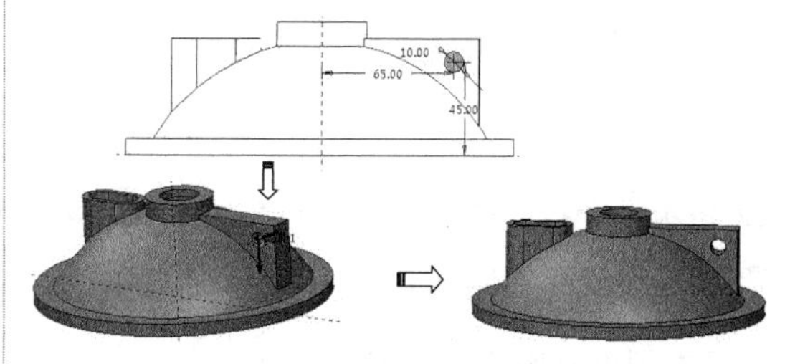

图 3-55　创建拉伸特征

15 单击【拉伸】按钮，选择模型下表面作为草绘平面，绘制拉伸截面。退出草绘模式，选择【拉伸至指定曲面】模式，单击【移除材料】按钮，预览无误后单击【应用】按钮完成拉伸特征的创建，如图 3-56 所示。

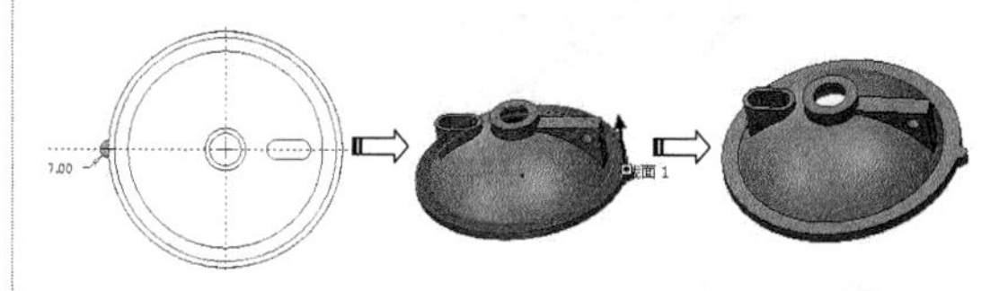

图 3-56　拉伸特征

16 单击【阵列】按钮，选择圆周阵列，对凸台特征进行阵列处理，如图 3-57 所示。

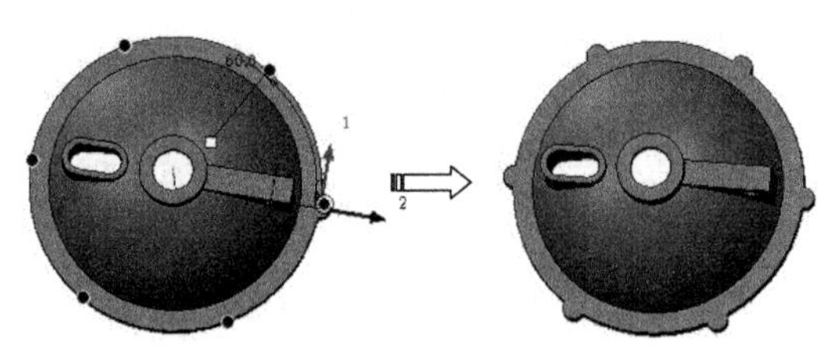

图 3-57　阵列特征

17 单击【轴】按钮，选择半圆凸台的圆心为参考，创建基准轴，如图 3-58 所示。

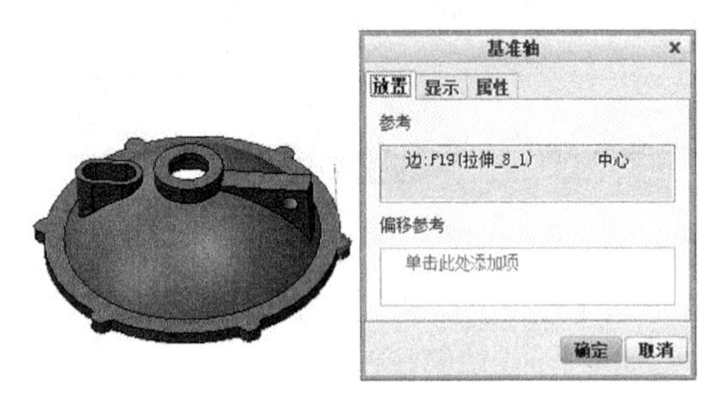

图 3-58　创建基准轴

18 单击【孔】按钮，放置在半圆凸台的上表面，创建孔特征，如图 3-59 所示。

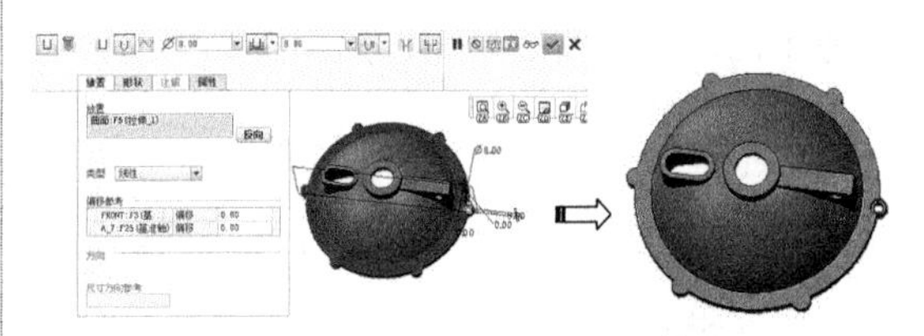

图 3-59　创建孔特征

19 单击【阵列】按钮，对孔特征进行阵列处理，如图 3-60 所示。

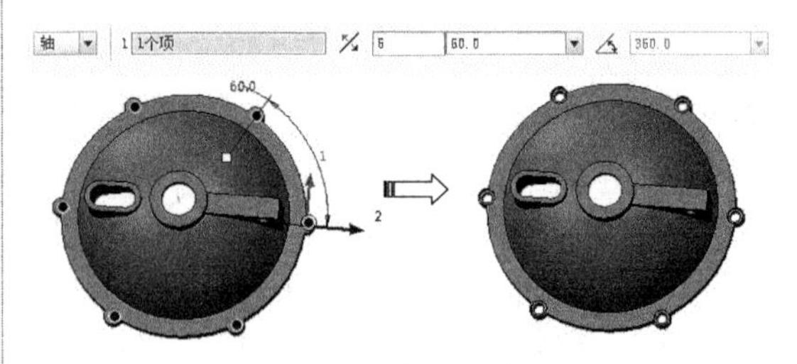

图 3-60　阵列孔特征

20 把结果文件保存到工作目录。

3.6.2　电机座建模

◎ **结果文件：实例 \ 结果文件 \Ch03\ 电机座 .prt**

◎ **视频文件：视频 \Ch03\ 电机座建模 .avi**

本例电机座模型如图 3-61 所示。

图 3-61　电机座

操作步骤：

01 新建命名为【电机座】的零件文件。

02 单击【拉伸】按钮，打开【拉伸】操控板，选择 TOP 平面作为草绘平面，创建【拉伸 1】，如图 3-62 所示。

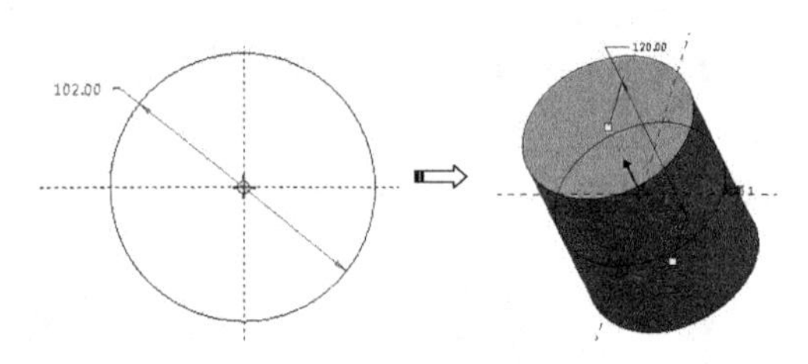

图 3-62　创建拉伸特征 1

03 单击【旋转】按钮，弹出【旋转】操控板，选择 FRONT 基准面作为草绘平面，创建【旋转 1】，如图 3-63 所示。

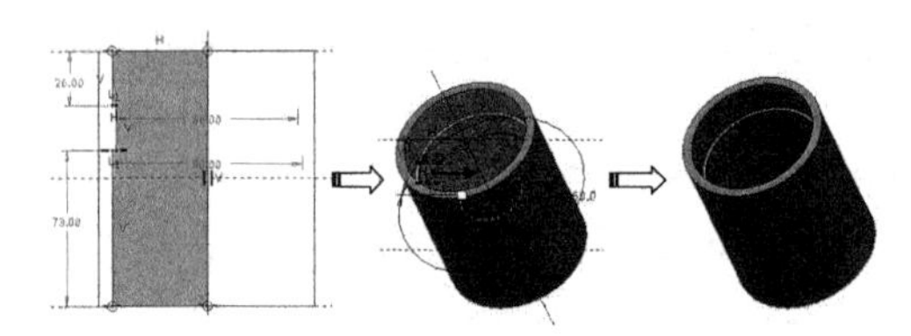

图 3-63　创建旋转 1

04 单击【拉伸】按钮，弹出【拉伸】操控板，在【拉伸 1】上选择一个端面作为草绘平面，创建【拉伸 2】，如图 3-64 所示。

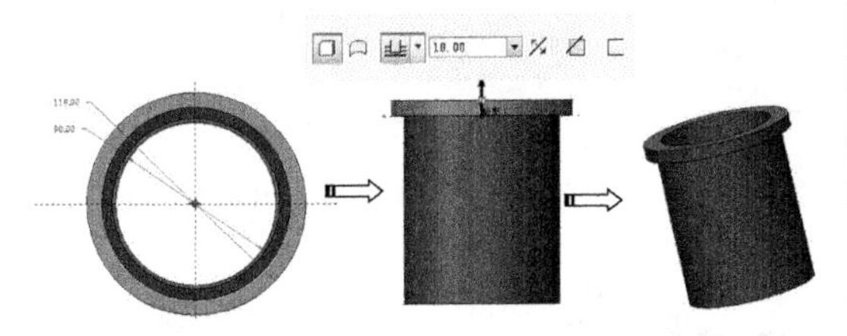

图 3-64　拉伸 2

05 在模型树中选择【拉伸 2】，在功能区【模型】选项卡的【编辑】组中单击【镜像】按钮，创建【镜像 1】，如图 3-65 所示。

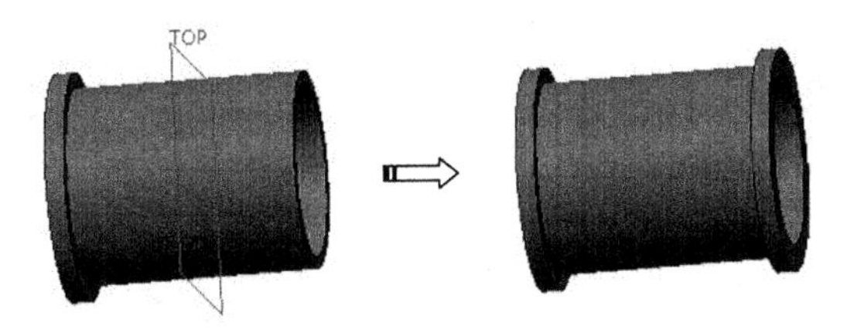

图 3-65　镜像 1

06 单击【拉伸】按钮，弹出【拉伸】操控板，选择 TOP 基准面作为草绘平面，创建【拉伸 3】，如图 3-66 所示。

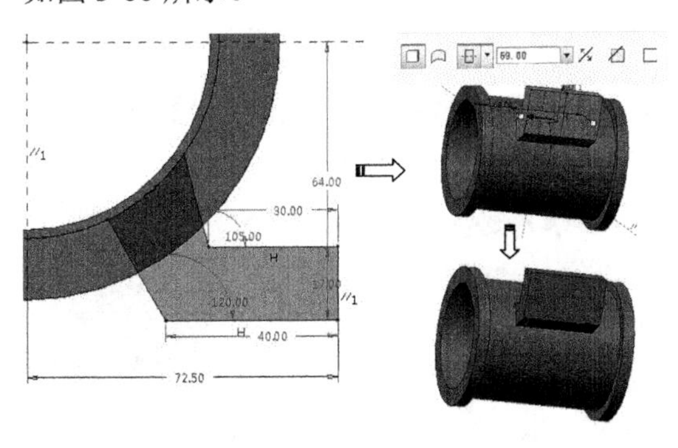

图 3-66　拉伸 3

07 在模型树内选择【拉伸 3】，单击【镜像】按钮，创建【镜像 2】，如图 3-67 所示。

图 3-67　镜像 2

08 单击【平面】按钮，弹出【基准平面】对话框，创建基准截面【DTM1】，如图 3-68 所示。

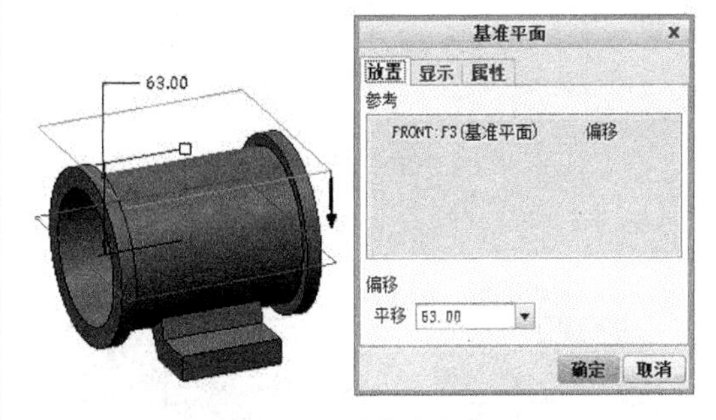

图 3-68　创建基准平面

09 单击【拉伸】按钮，弹出【拉伸】操控板，选择【DTM1】基准面作为草绘平面，创建【拉伸 4】，如图 3-69 所示。

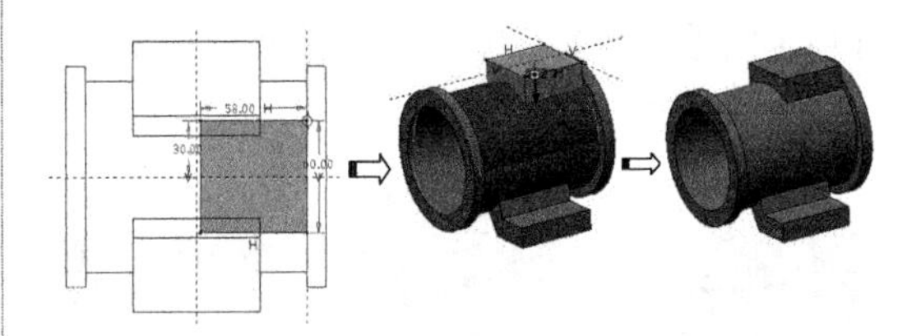

图 3-69　拉伸 4

10 单击【拉伸】按钮，选择【DTM1】基准面作为草绘平面，创建【拉伸 5】，如图 3-70 所示。

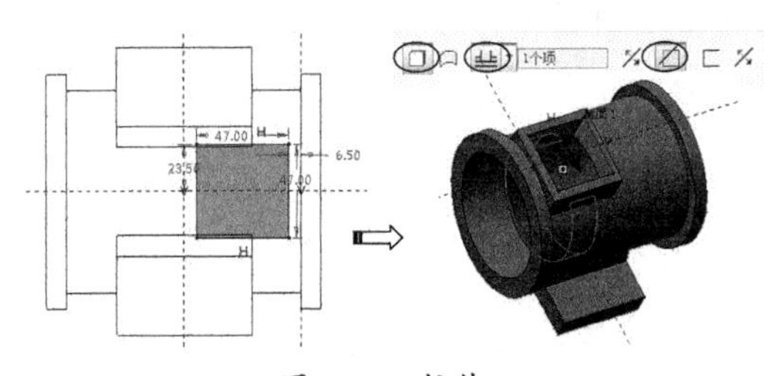

图 3-70　拉伸 5

11 单击【倒角】按钮，创建【倒角 1】，其操作过程如图 3-71 所示。

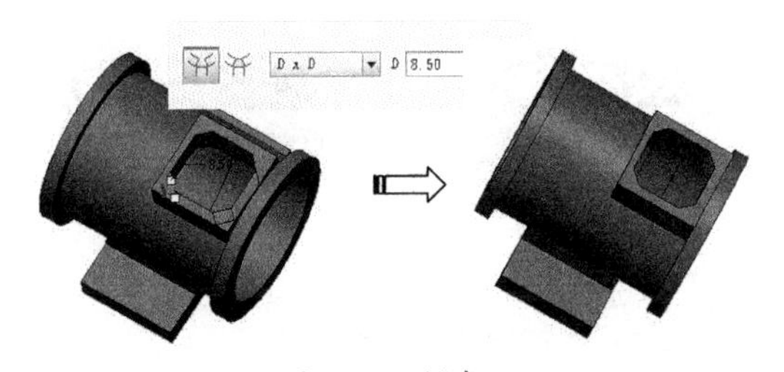

图 3-71　倒角 1

12 单击【孔】按钮，弹出【孔】操控板，创建【孔 1】，如图 3-72 所示。

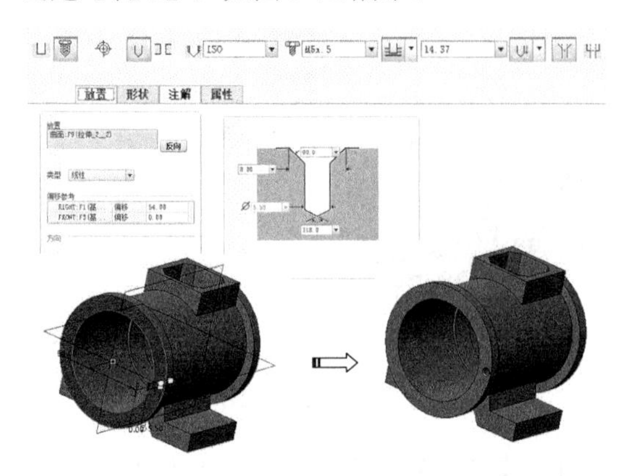

图 3-72　创建孔

13 在模型树内选择【孔 1】，在功能区【模型】选项卡的【编辑】组中单击【镜像】按钮，创建【镜像 3】，如图 3-73 所示。

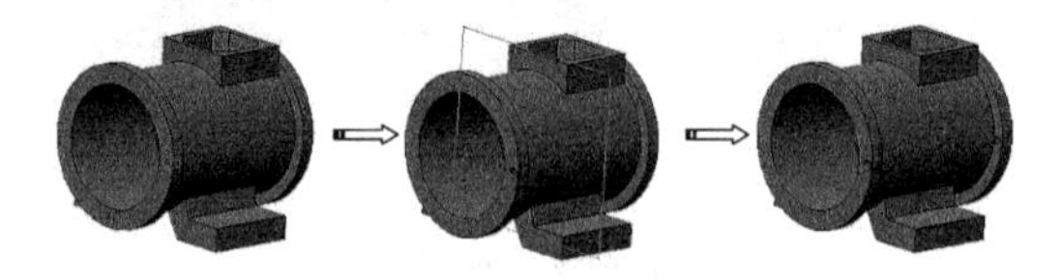

图 3-73　镜像孔

14 在模型树内选择【孔 1】和【镜像 3】，右击，弹出快捷菜单，在快捷菜单中选择【组】命令，创建组，其操作过程如图 3-74 所示。

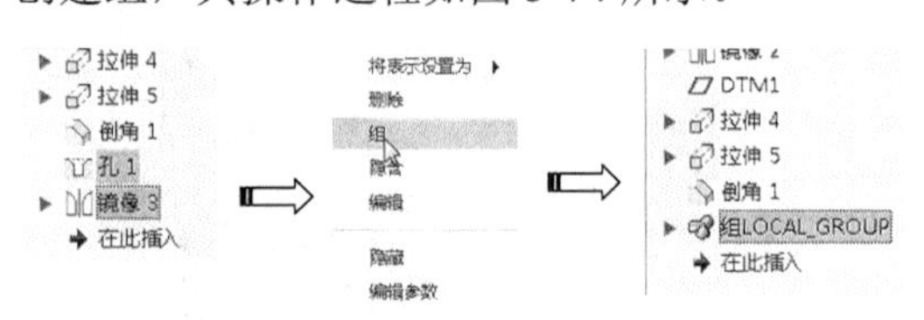

图 3-74　创建组

15 在【模型树】内选中新建的组，在功能区【模型】选项卡的【编辑】组中单击【阵列】按钮，创建【阵列 1】，其操作过程如图 3-75 所示。

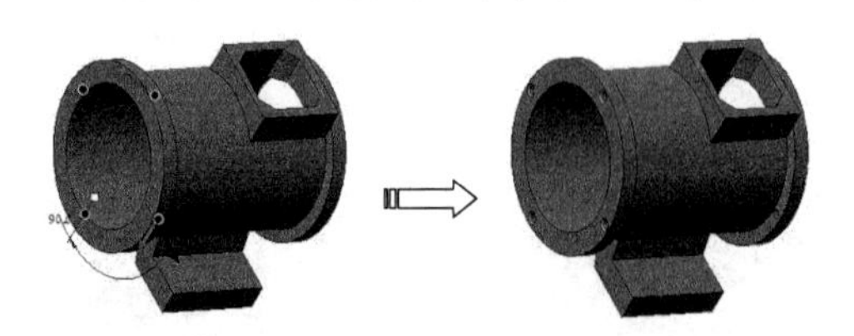

图 3-75　阵列组

16 单击【孔】按钮，弹出【孔】操控板，创建【孔】，如图 3-76 所示。

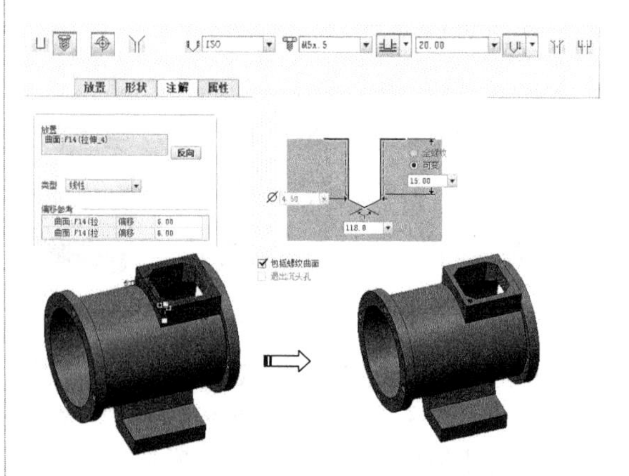

图 3-76　创建孔

17 在模型树内选中刚创建的孔，单击【阵列】按钮，创建【阵列 2】，其操作过程如图 3-77 所示。

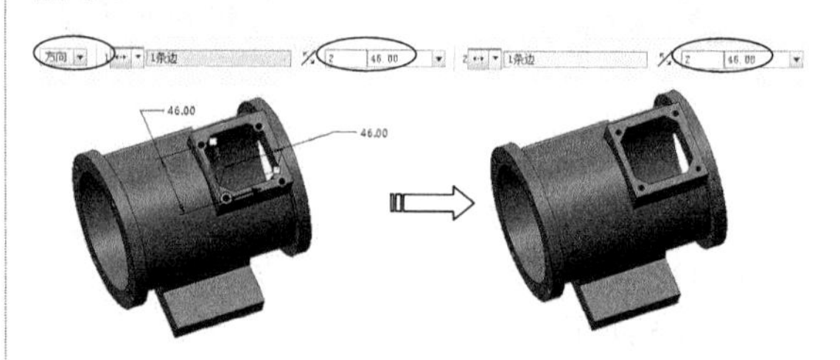

图 3-77　阵列 2

18 单击【孔】按钮，弹出【孔】操控板，创建【孔】，如图 3-78 所示。

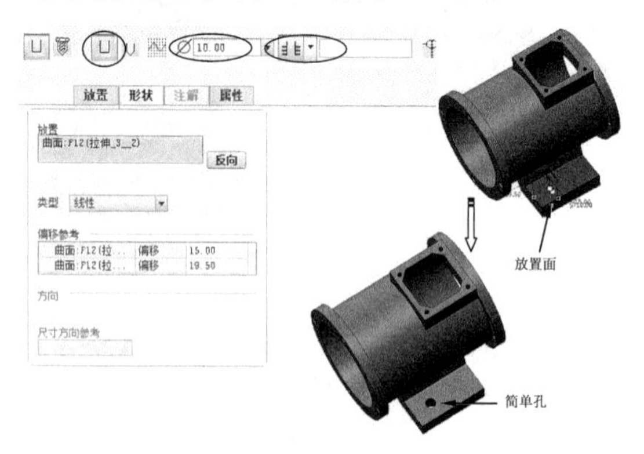

图 3-78　创建简单孔

19 在模型树内选中【孔 9】，单击【阵列】按钮，创建【阵列 3】，其操作过程如图 3-79 所示。

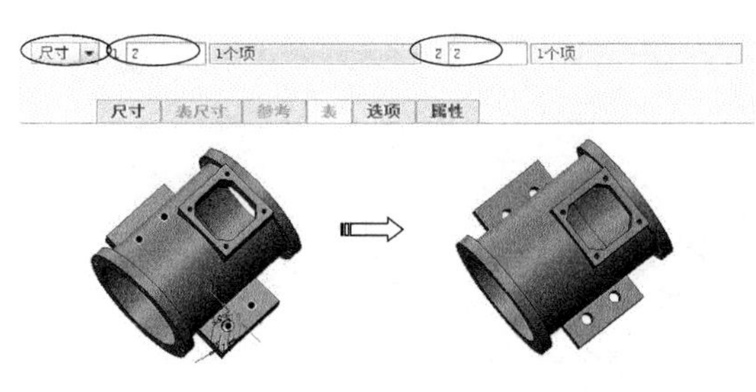

图 3-79　阵列孔

20 单击【圆角】按钮，创建【圆角 1】，其操作过程如图 3-80 所示。

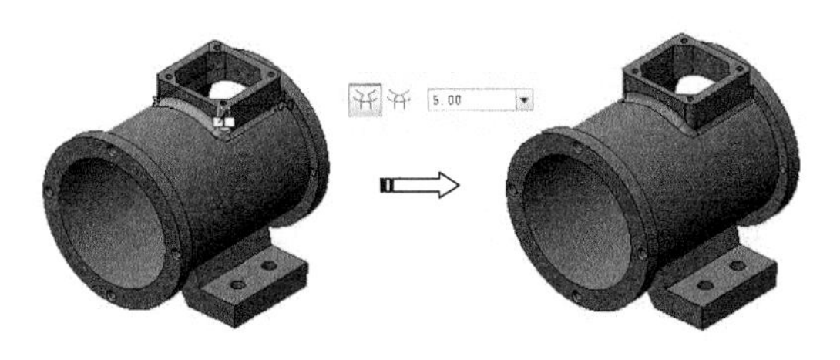

图 3-80　创建倒圆角

21 单击【圆角】按钮，创建【圆角 2】，其操作过程如图 3-81 所示。

22 单击【圆角】按钮，创建【圆角 3】，其操作过程如图 3-82 所示。

23 到此整个电机座的设计已经完成，单击【保存】按钮，将其保存，其最终效果如图 3-83 所示。

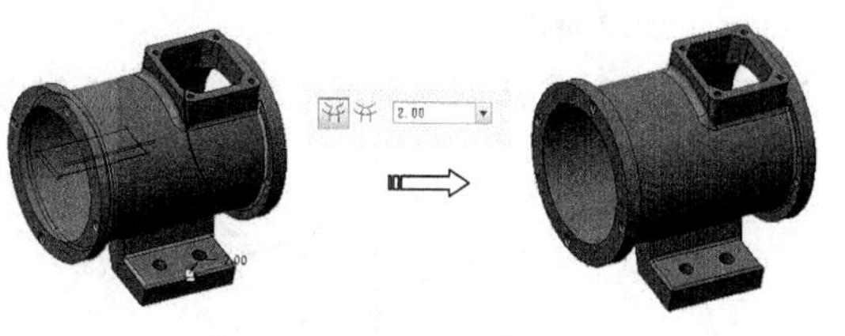

图 3-81　倒圆角 2

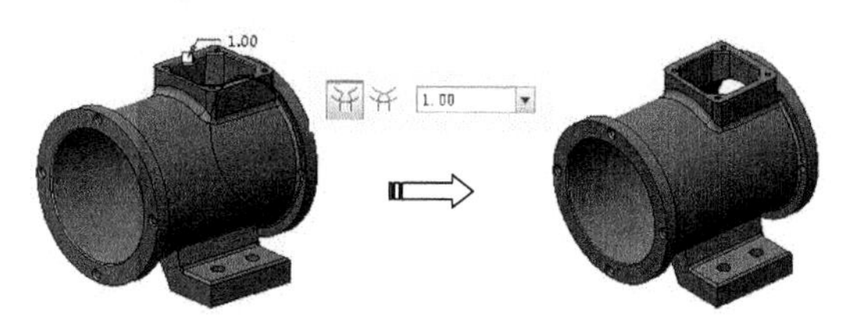

图 3-82　倒圆角 3

图 3-83　电机座

3.7 练习题

1. 创建基准轴

使用 4 种方法创建基准轴，如图 3-84 所示。

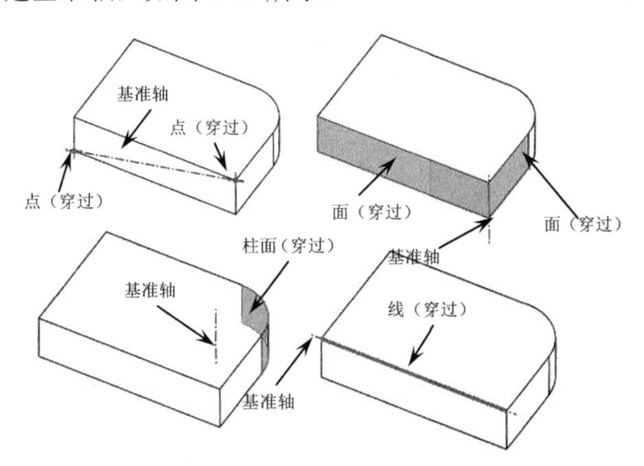

图 3-84　创建基准轴

2. 创建基准平面

使用4种方法创建基准平面，如图3-85所示。

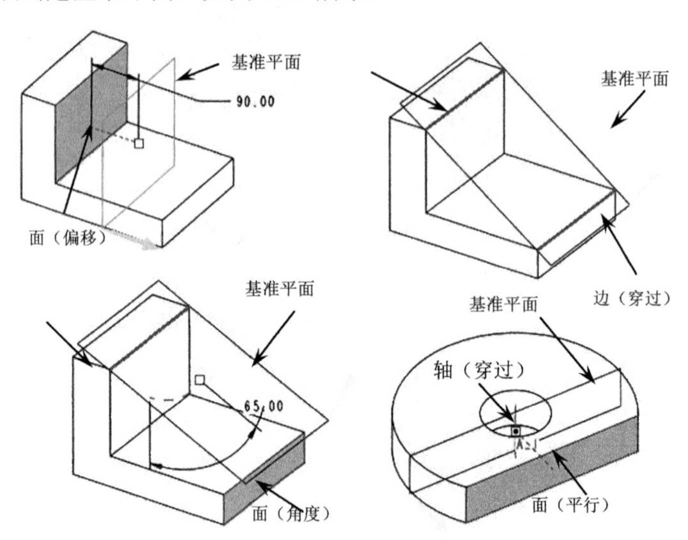

图3-85 创建基准平面

读书笔记

第 4 章　草图绘制指令

Creo 的多数特征是通过草绘平面建立的，本章将详细介绍草绘的基本操作。有两种方法可以进入草绘界面，一是在创建零件特征时定义一个草绘平面；二是直接建立草绘。事实上，前者是首先在内存中建立草绘，然后把它包含在特征中；而后者是直接建立草绘文件，并将它保存在硬盘上，在创建特征时可直接调用该文件。

知识要点

- 掌握进入草图绘制状态的方法
- 掌握编辑草图的方法
- 掌握绘制草图的方法
- 掌握绘制文字的方法

4.1 草绘器概述

草图是位于指定平面上的曲线和点的集合。当用户需要对构成特征的曲线轮廓进行参数控制时，使用草图非常方便。

4.1.1 使用草绘器

设计者可以按照自己的思路随意地绘制曲线轮廓，再通过用户给定的条件来精确定义图形的集合形状，这些给定的条件称为约束，它包括集合约束和尺寸约束。从而能精确地控制曲线的尺寸、形状和位置，以满足设计要求。

使用 Creo 的草绘器可以实现对曲线的参数化控制，主要用于以下几个方面：

- 需要对图形进行参数化驱动时。
- 用草图建立用标准成型特征无法实现的形状。
- 如果形状可以用拉伸、旋转或沿导线扫描的方法建立，可将草图作为模型的基础特征。
- 将草图作为自由形状特征的控制线。

4.1.2 激活草绘器的方法

在 Creo 中，可以通过 3 种方法激活草绘器（进入草图环境）。

（1）第一是创建新的草绘截面文件，这种方式建立的草绘截面可以单独保存，并且在创建特征时可以重复利用。

（2）第二是从零件环境中进入草图绘制环境。

（3）第三是在创建实体特征的过程中，通过绘制截面进入草图绘制环境。

1. 通过创建草绘文件激活草绘器

通过新建一个草绘文件，激活草绘器并进入草图绘制环境。

在功能区选择【文件】|【新建】命令，或者单击快速访问工具栏中的【建新】按钮，弹出【新建】对话框，如图 4-1 所示。选择【新建】对话框中【类型】选项组中的【草绘】单选按钮，再单击【新建】对话框中的【确定】按钮，即可进入草图绘制环境。

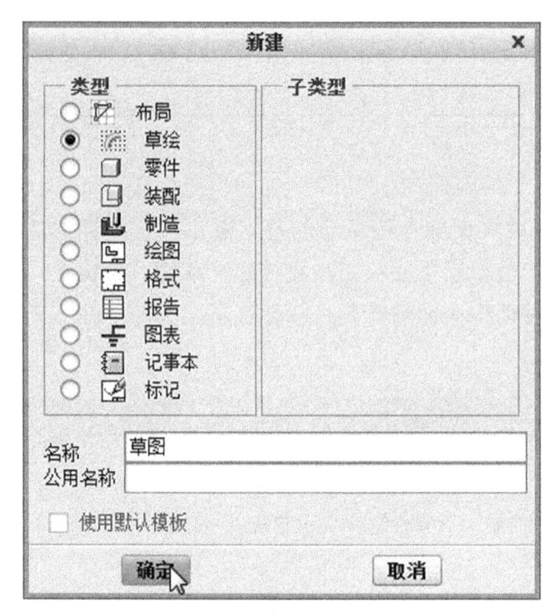

图 4-1 新建草绘文件

2. 在零件环境中激活草绘器

在零件设计环境中，单击【模型】选项卡的【基准】组中的【草绘】按钮，弹出【草绘】对话框。在绘图区或者模型树中，选取一个基准平面作为草绘平面，再单击【草绘】对话框中的【草绘】按钮，也可激活草绘器，如图 4-2 所示。

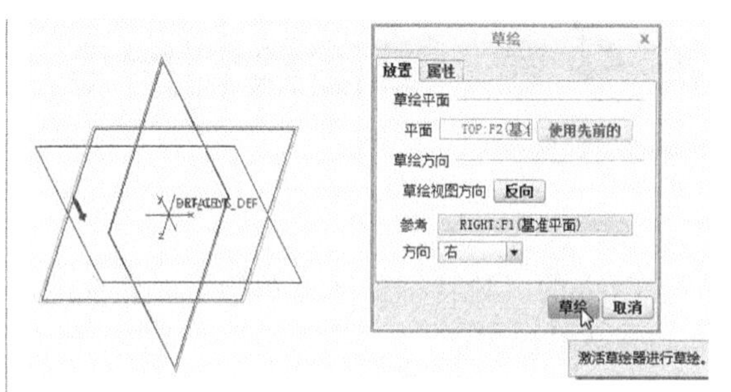

图 4-2 激活草绘器

3. 通过创建某个特征激活草绘器

在零件设计环境中，插入某个特征，可以打开操控板。例如，创建拉伸特征，在操控板中激活【草绘】收集器后，选取一个平面作为草绘平面，同样可以激活草绘器并进入草图绘制环境中，如图 4-3 所示。

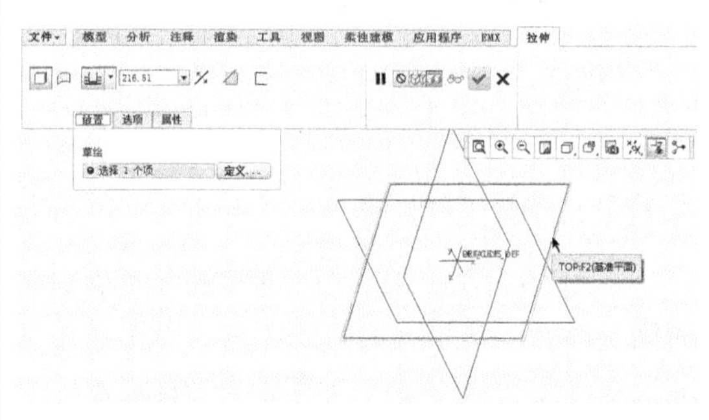

图 4-3 通过插入特征进入草绘环境

4.2 绘图准备

在绘制零件剖面之前，首先要进入到草图绘制环境，并进行相应的参数设置，以利于绘图。

4.2.1 进入草图绘制环境

进入 Creo 的工作界面后，在快速访问工具栏单击【新建】按钮或者在功能区选择【文件】|【新建】命令，打开如图 4-4 所示的【新建】对话框。

在【类型】选项组中选中【草绘】单选按钮，单击【确定】按钮，进入草图绘制环境，如图 4-5 所示。

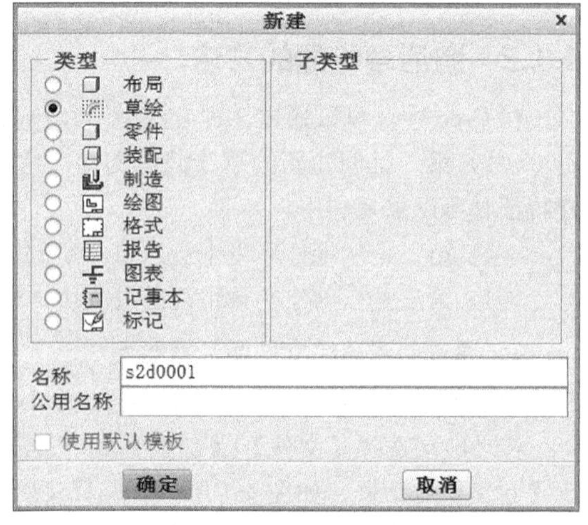

图 4-4 【新建】对话框

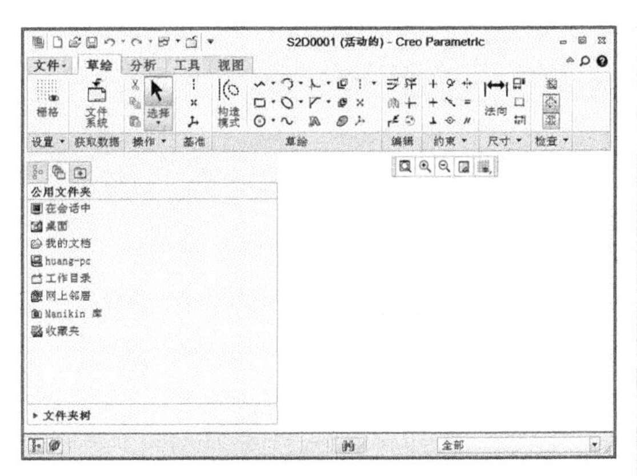

图 4-5　草绘环境

4.2.2　草图设置

1. 视图显示操作

（1）在功能区选择【文件】|【选项】命令，打开【Creo Parametric 选项】对话框。然后选择对话框左边的【系统颜色】选项，并设置工作窗口的背景为白色。

（2）在对话框右侧的选项设置区中展开【图形】选项组，然后单击【预览几何】的色块，打开【颜色编辑器】对话框，选中【RGB】复选框，设置【R】红色值、【G】绿色值、【B】蓝色值均为 0，如图 4-6 所示。单击【关闭】按钮。

2. 设置草图的显示选项及约束

在【Creo Parametric 选项】对话框左边选择【草绘器】选项，然后在右边选项区中按照如图 4-7 所示选中相关复选框。在绘制的过程中，有些选项可能会妨碍绘图，在此选项卡中取消选中某复选框会从视觉上简化草图。

建立约束关系的作用是有助于图元之间建立联系和更好地定位图元。最后单击【确定】按钮，退出草绘设置。

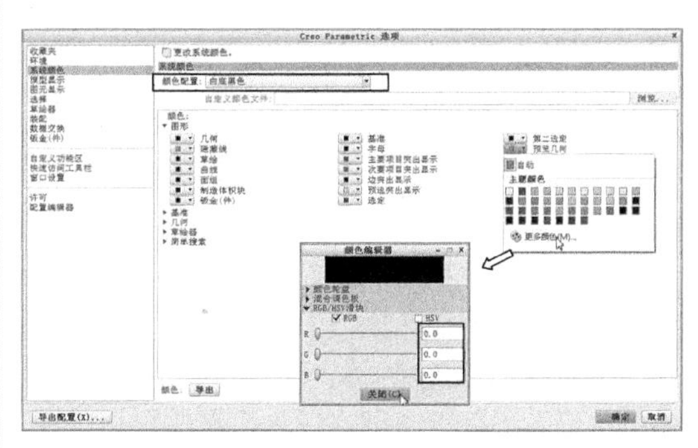

图 4-6　设置系统颜色

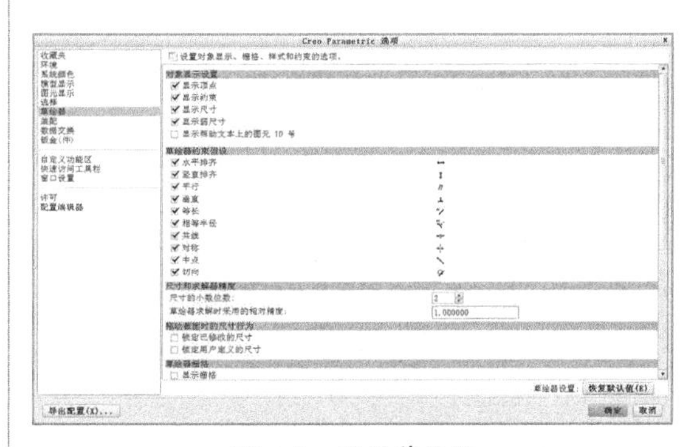

图 4-7　设置草绘器

4.3　绘制基本几何图元

下面来讲解绘制剖面几何图形元素的具体方法和命令。

4.3.1　点

在 Creo 中点可分成两种，即点和几何点。几何点的线型是实线；点的线型的是虚线，两者绘制直线的方法相同，下面以点为例进行介绍。

动手操作——绘制点

操作步骤：

在草绘环境下单击【草绘】组中的【点】按钮 × 。

01 将鼠标移动至绘图区中的预定位置，单击即可绘制草绘点，在不同的位置单击，可以绘制多个点，如图 4-8 所示。参考点的用途包括：标明切点位置、显示线相切的接点、标明倒圆角的顶点等。

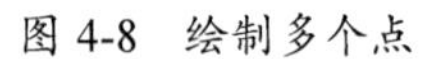

图 4-8　绘制多个点

02 默认点的线造型为点虚线，右击一点，在打开的快捷菜单中选择【属性】命令，打开如图 4-9 所示的【线造型】对话框，用户可在其中设置点的线造型。

图 4-9　【线造型】对话框

4.3.2　直线

Creo 中的直线可分成两种线形，即线和直线相切线。线是由两个点定义的实线，直线相切线是指两个图元间的公切线，下面分别进行介绍。

1. 【线】的绘制方法

- 两点：用鼠标草绘的为连接两点产生的直线。单击【草绘】组中的【线】按钮，在绘图区单击第一个草绘点作为起点，然后单击第二个草绘点作为终点，单击鼠标中键即可完成直线的绘制，如图 4-10 所示。
- 平行：产生与已知线（线或模型之边）平行的直线。绘制方法为：单击【草绘】组中的【线】按钮后，在要平行的直线的一侧单击以确定平行线的起点位置（如图 4-11 所示的点 1），接着移动鼠标指针至适当位置（平行符号显示）后再单击（如图 4-11 所示的点 2）即可。

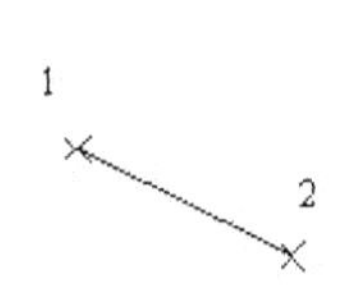

图 4-10　绘制两点确定的直线

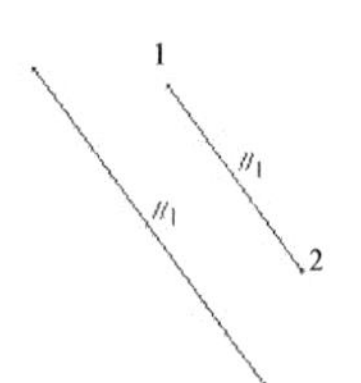

图 4-11　绘制与已知直线平行的直线

- 垂直线：产生与已知线（线或模型之边）垂直的直线。绘制方法为：在【草绘】组中单击【线】按钮，在要垂直的直线上或直线的一侧单击以确定垂直线的起点位置（如图 4-12 所示的点 1），接着移动鼠标指针至适当位置（垂直符号显示）后再单击（如图 4-12 所示的点 2）即可。

2. 【直线相切线】的绘制方法

下面以圆弧为例绘制直线相切线，绘制两条圆弧，在【草绘】组中单击【直线相切】按钮，单击左侧圆弧上的一点（如图 4-13 所示的点 1），然后拖动鼠标，将直线引向另一段圆弧，系统会自动捕捉圆弧切线的另一点（如图 4-13 所示的点 2），单击鼠标中键即可。

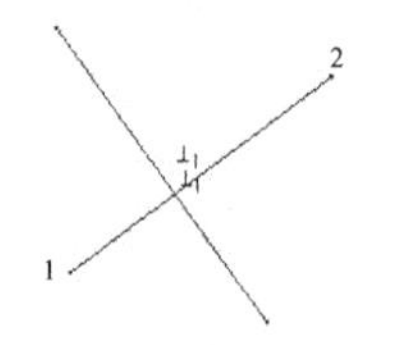

图 4-12　绘制与已知线垂直的直线

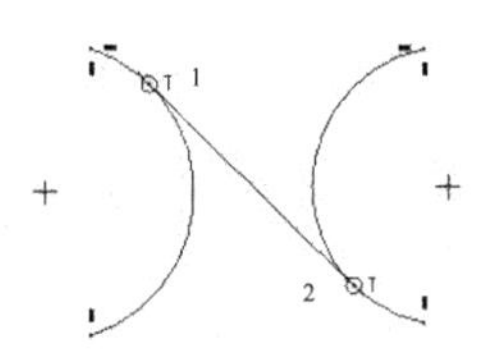

图 4-13　绘制直线相切线

4.3.3　中心线

直线所指的是实线，中心线所指的是虚线，且无限延伸，其作用为辅助几何图形的建立，但两者绘制直线的方法相同。在 Creo 4.0 中中心线又分为中心线和几何中心线。

两者的绘制方法相同，下面以中心线的绘制为例进行说明。

- 两点：用两点定位的中心线。在【草绘】组中单击【中心线】按钮，在绘图区单击第一个草绘点（如图 4-14 所示的点 1）作为起点，然后单击第二个草绘点作为终点（图 4-14 中的点 2），单击鼠标中键即可完成中心线的绘制，如图 4-14 所示。
- 平行：产生与已知线（线或模型之边）平行的中心线。绘制方法为单击【草绘】组中的【中心线】按钮，在要平行的线的一侧单击以确定中心线第一点的位置（如图 4-15 所示的点 1），接着移动鼠标指针至适当位置（垂直符号显示）后再单击以确定中心线第二点的位置（如图 4-15 所示的点 2），单击鼠标中键即可。

图 4-14　绘制两点确定的中心线　　图 4-15　绘制与已知直线平行的中心线

- 垂直：产生与已知线（线或模型之边）垂直的中心线。绘制方法为在【草绘】组中单击【中心线】按钮，在要垂直的线上或线的一侧单击以确定垂直线的起点位置（如图 4-16 所示的点 1），接着移动鼠标指针至适当位置（垂直符号显示）后再单击（如图 4-16 所示的点 2）即可。

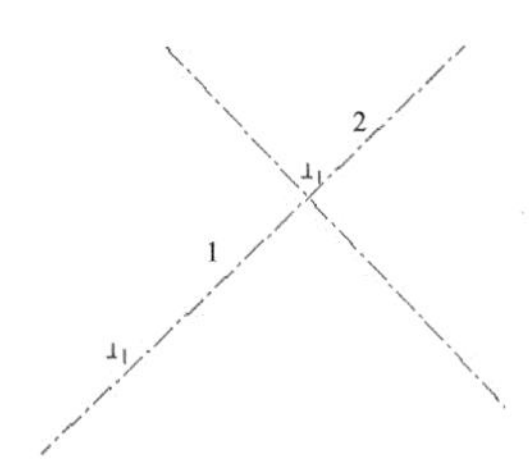

图 4-16　绘制与已知直线垂直的中心线

4.3.4　圆

圆的绘制方法包括【圆心和点】,【3 点】,【3 相切】和【同心】4 种，下面分别对这 4 种方法进行介绍。

- 圆心和点：是指分别以圆心和半径上的一点确定圆心的位置和大小，其绘制方法为单击【草绘】组中的【圆心和点】按钮，单击鼠标左键在绘图区选定圆心（如图 4-17 中的点 1），然后移动鼠标指针确定半径上的点（如图 4-17 中的点 2），即可完成圆的绘制。
- 3 点：通过不共线的 3 个点也可以绘制圆。绘制方法为单击【草绘】组中的【3 点】按钮，在绘图区单击选定两个点，移动鼠标指针到合适位置后单击确定第 3 个点，即可绘制出经过这 3 个点的圆，如图 4-18 所示。

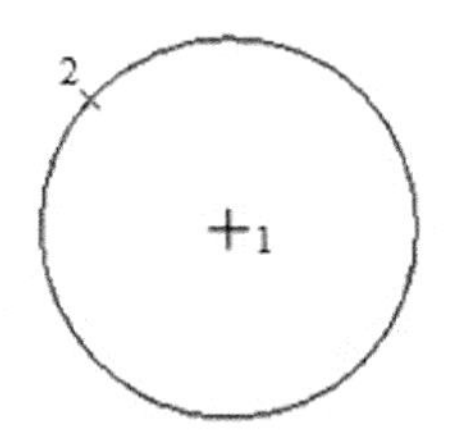

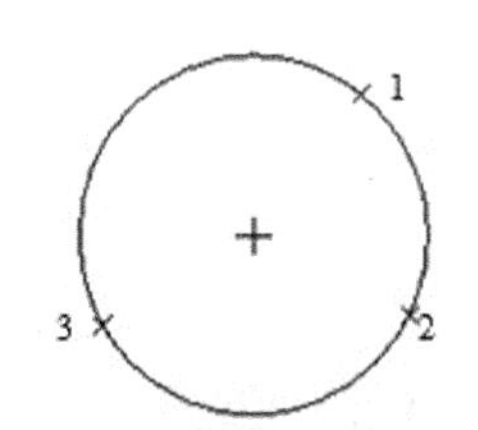

图 4-17　绘制圆心和点确定的圆　　图 4-18　绘制 3 点确定的圆

- 3 相切：绘制与已知 3 个图元相切的圆。首先打开名称为【yuan3xq】的文件，再单击【草绘】组中的【3 相切】按钮，在绘图区单击选定两个图元上的点（如图 4-18 点 1 和点 2 所在的图元），移动鼠标指针到第 3 个图元后单击（如图 4-18 所示的点 3 所在的图元），即可绘制出与这些图元相切的圆，如图 4-19 所示。

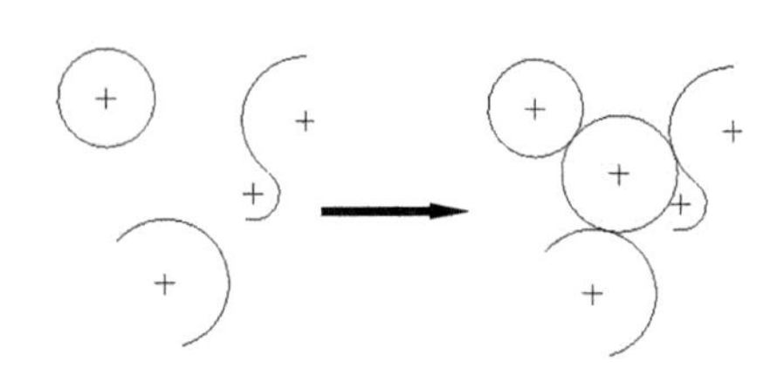

图 4-19　绘制与 3 个图元相切的圆

- 同心圆的绘制。先绘制一个圆，然后单击【草绘】组中的【同心】按钮，选取该圆或圆心，移动鼠标指针确定半径，即可绘制一个同心圆。移动鼠标指针到另一位置后单击，可以绘制一系列的同心圆，如图 4-20 所示的点 1 和点 2 分别为不同半径上的点。点 1 为原有圆上的一点，点 2 为绘制的同心圆，单击鼠标中键或者单击【草绘】组中的【依次】按钮结束绘制。

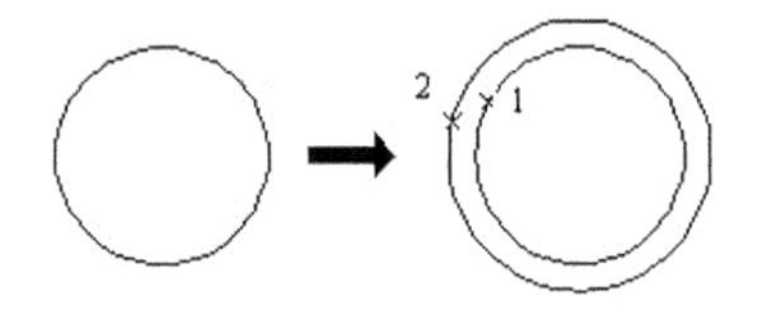

图 4-20　绘制同心圆

4.3.5　椭圆

椭圆草图的绘制方法有【轴端点椭圆】和【中心和轴端点】，下面分别对其进行讲解。

- 轴端点椭圆：选择【草绘】|【圆】|【轴端点椭圆】菜单命令或者单击【草绘】组中的【轴端点椭圆】按钮，单击鼠标左键选定长轴的起点（如图 4-20 所示的点 1），再单击鼠标左键指定常长轴的端点（如图 4-21 所示的点 2），然后单击鼠标左键指定短轴上的一点，最后单击鼠标中键即可完成椭圆的绘制，如图 4-21 所示。

技术要点

当绘制椭圆的长短轴相同，则椭圆就被修改成一个圆。

- 中心和轴端点：单击【草绘】组中的【中心和轴端点】按钮或者选择【草绘】|【圆】|【中心和轴端点】菜单命令，单击鼠标左键确定椭圆的中心（如图 4-22 所示的点 1），再在合适的位置单击鼠标左键确定长轴长度（如图 4-22 所示的点 2），然后单击鼠标左键确定短轴上一点。

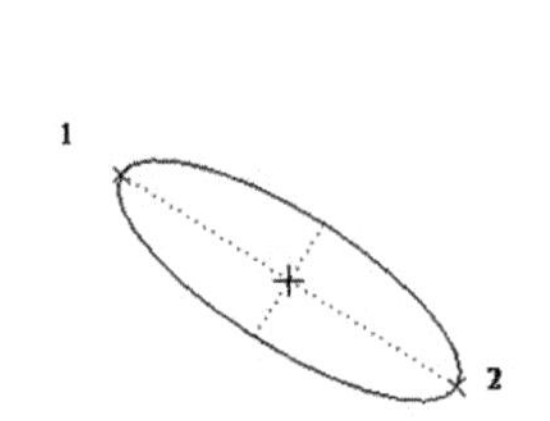

图 4-21　绘制长、短轴端点确定的椭圆

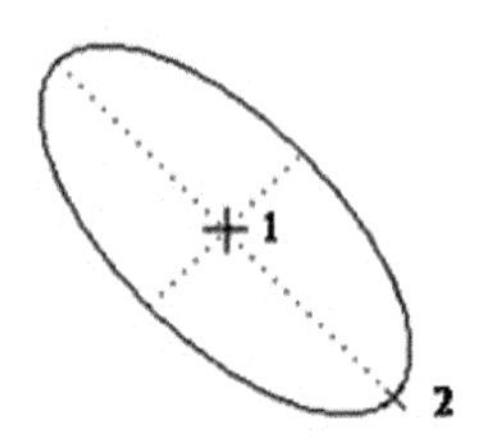

图 4-22　绘制中心和轴端点确定的椭圆

4.3.6　圆弧

绘制圆弧的方法有【3 点 / 相切端】、【同心】、【圆心和端点】、【3 相切】、【圆形】、【椭圆形】6 种，下面依次进行介绍。

- 3 点 / 相切端：根据定义的 3 个点可以绘制圆弧。单击【草绘】组中的【3 点 / 相切端】按钮，在绘图区选定两个点作为圆弧的起点和终点，然后移动鼠标指针确定半径后单击，即可绘制出经过这 3 个点的圆弧，如图 4-23 所示。

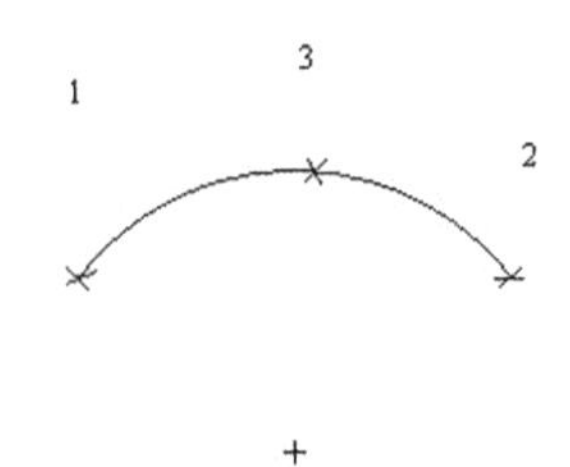

图 4-23　绘制 3 点确定的圆弧

- 同心：根据圆绘制同心圆弧。首先绘制如图 4-24 所示的圆弧，然后单击【草绘】组中的【同心】按钮，使用鼠标选定已经创建的圆弧或圆弧

的圆心，定义为与其同圆心，然后移动鼠标指针确定半径（如图 4-25 所示），最后移动鼠标指针确定圆弧的起点和终点即可（如图 4-26 所示）。

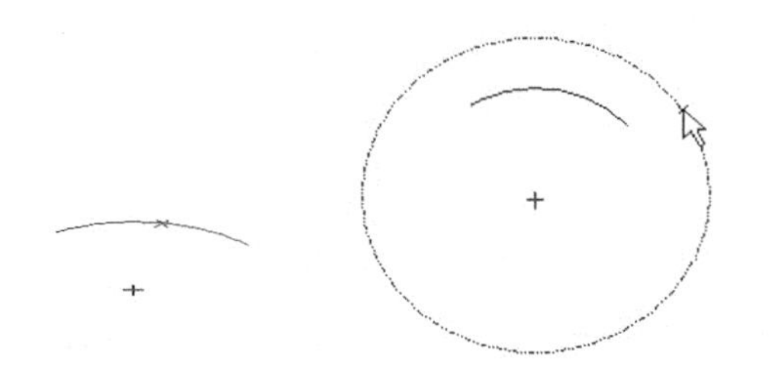

图 4-24　选择圆弧　　图 4-25　确定圆弧半径

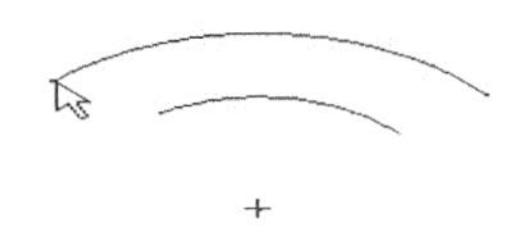

图 4-26　确定圆弧端点

- 【圆心和端点】：根据圆心和半径绘制圆弧。单击【草绘】组中的【圆心和端点】按钮，使用鼠标在绘图区定义一个圆心（如图 4-27 中的点 1），然后移动鼠标指针确定半径，最后移动鼠标指针确定圆弧的起点和终点（如图 4-27 中的点 2 和点 3）即可。

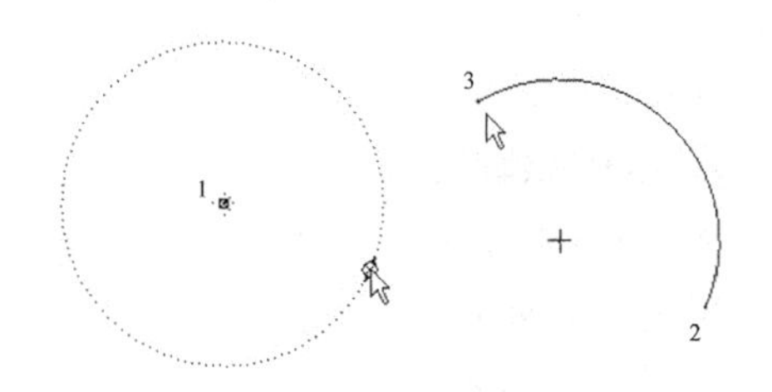

图 4-27　绘制圆心和两个端点确定的圆

- 【3 相切】：可绘制与多个图元相切的圆弧。首先打开名称为【yuanhu3xq】的文件，然后单击【草绘】组中的【3 相切】按钮，在绘图区选定两个图元，如图 4-28 所示，系统会创建与选定两图元相切的圆弧，如图 4-29 所示；然后移动鼠标指针到第 3 个图元后单击，即可绘制出一个与选定图元相切的圆弧，如图 4-30 所示。

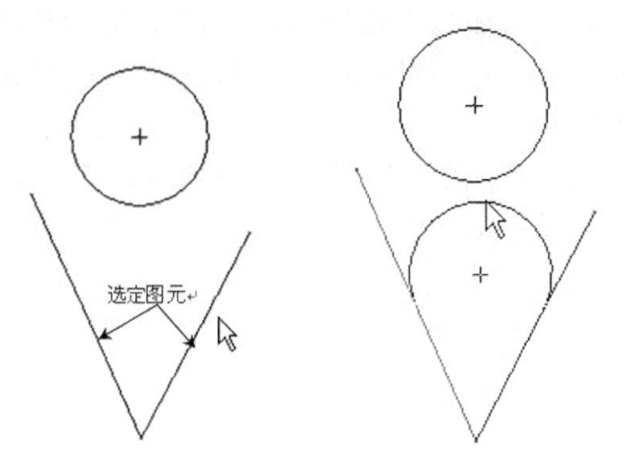

图 4-28　选定图元　　图 4-29　创建圆弧

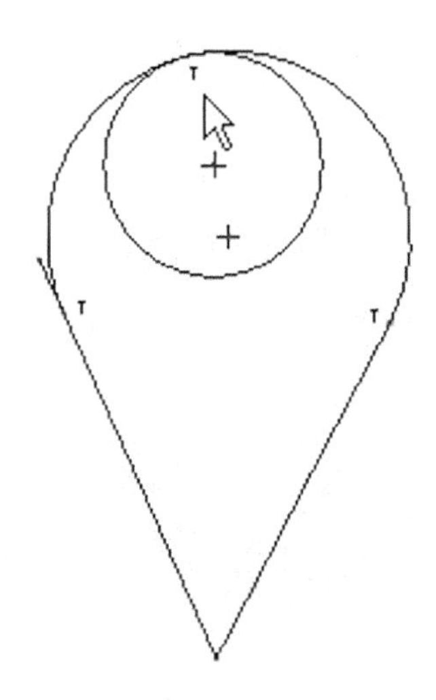

图 4-30　确定圆弧

4.3.7　矩形

矩形的绘制方法包括【矩形】、【斜矩形】和【平行四边形】。下面分别对它们进行介绍。

1. 绘制矩形

单击【草绘】组中的【矩形】按钮，单击直线的起点作为矩形对角线的起点（如图 4-31 所示的点 1），然后单击直线的终点作为矩形对角线的终点（如图 4-31 所示的点 2），再单击鼠标中键即可完成矩形的绘制，如图 4-31 所示。

2. 绘制斜矩形

单击【草绘】组中的【斜矩形】按钮，在绘图区单击第一个点作为斜矩形第一条边的起点（如图4-32所示的点1），然后单击第二个点作为斜矩形第一条边的终点（如图4-32所示的点2），再单击第三个点作为斜矩形第二条边的终点（如图4-32所示的点3），最后单击鼠标中键即可完成斜矩形的绘制，如图4-32所示。

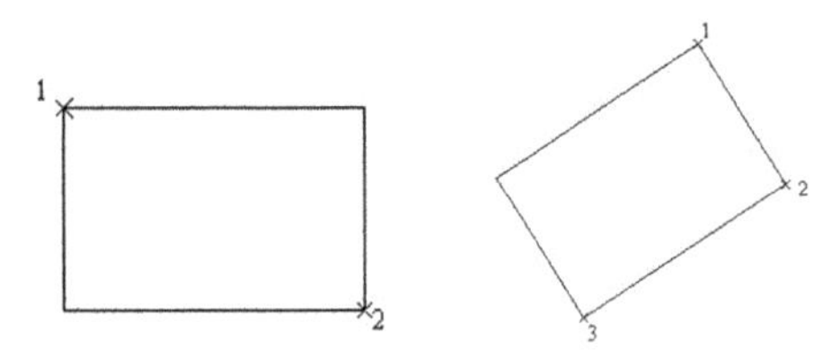

图4-31　绘制矩形　　图4-32　绘制斜矩形

3. 绘制平行四边形

可用与绘制斜矩形同样的方法绘制平行四边形。

4.3.8　多边形

多边形包括五边形、六边形、七边形等，它们的绘制方法大致相同，下面以六边形为例进行说明。

动手操作——绘制多边形

操作步骤：

01 单击【草绘】选项卡下【草绘】组中的【选项板】按钮，打开如图4-33所示的【草绘器调色板】窗口。

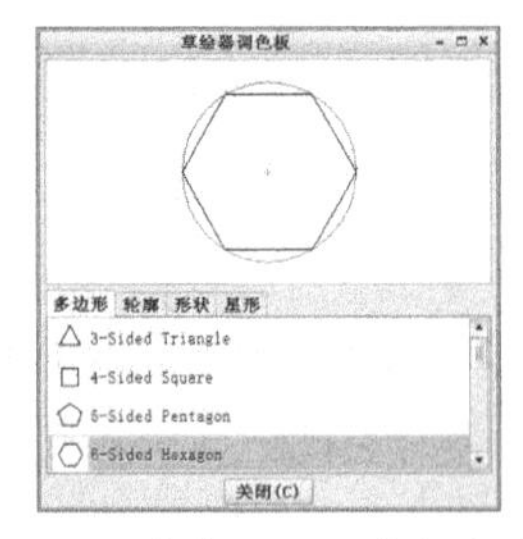

图4-33　【草绘器调色板】窗口

02 拖动【六边形】到绘图区的合适位置，释放鼠标，打开【旋转调整大小】选项卡，可对图形进行调整，如图4-34所示。

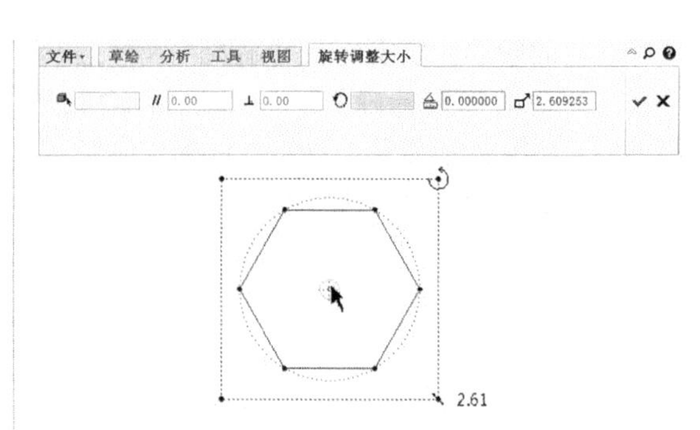

图4-34　移动和调整大小

03 在【旋转/缩放】选项组中设置相应的参数后，单击【接受更改并关闭对话框】按钮，然后单击【草绘器调色板】窗口中的【关闭】按钮，创建的六边形如图4-35所示。

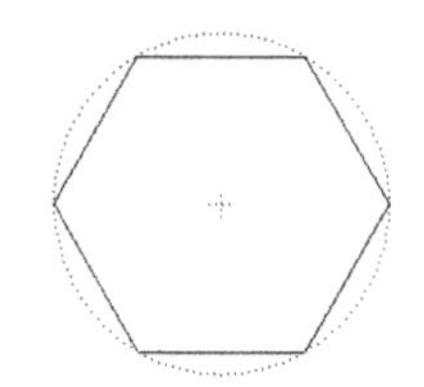

图4-35　绘制的六边形

技术要点

通过设置比例因子，可以设定正多边形的边长 2.094772。

4.3.9　曲线

按照创建方法不同曲线可以分为圆锥曲线和样条曲线两种类型，下面分别介绍这两种类型曲线的绘制方法。

1. 绘制圆锥曲线

单击【草绘】组中的【圆锥】按钮，在绘图区选定两个点确定圆锥曲线的两个端点（如图4-36所示的点1和点2），然后移动鼠标指针确定曲线的rho值后单击即可（图中尺寸仅做参考）。

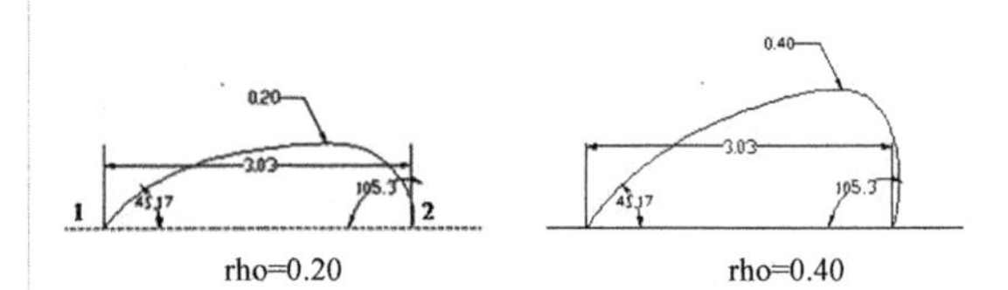

图4-36　不同的rho值对应的圆锥曲线形状

技术要点

rho 值是指圆锥曲线的曲度，是表示曲线弯曲程度的量。rho 可以在 0.05~0.95 的范围内取值，它的值越大，曲线的弯曲程度就越大，如图 4-35 所示。

2．绘制样条曲线

动手操作——绘制样条曲线

操作步骤：

01 单击【草绘】组中的【样条】按钮∿，在绘图区选定若干个点，然后单击鼠标中键，即可完成样条曲线的绘制，如图 4-37 所示。

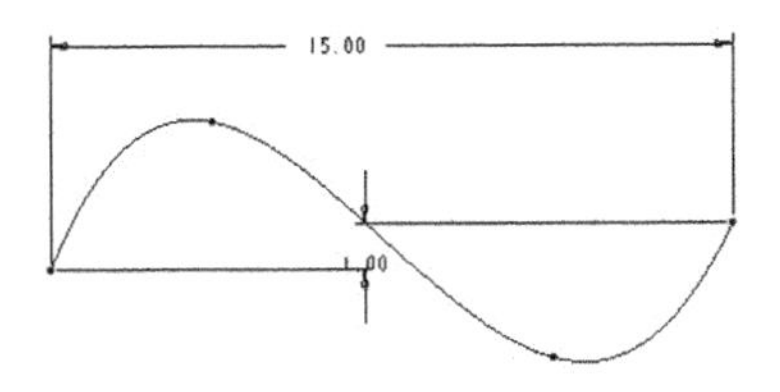

图 4-37　样条曲线

技术要点

绘制样条曲线的方法比较简单，但是样条曲线往往要经过多次的修改编辑之后才能满足设计要求，所以读者必须要熟练地掌握样条曲线的修改方法。

02 双击尺寸标注，在显示的文本框中直接输入数值后，按下 Enter 键即可完成修改（如果输入的是负值，则曲线向反方向延伸），如图 4-38 所示。另外，还可以通过使用鼠标直接拖动样条曲线控制点的方法对其进行修改编辑。

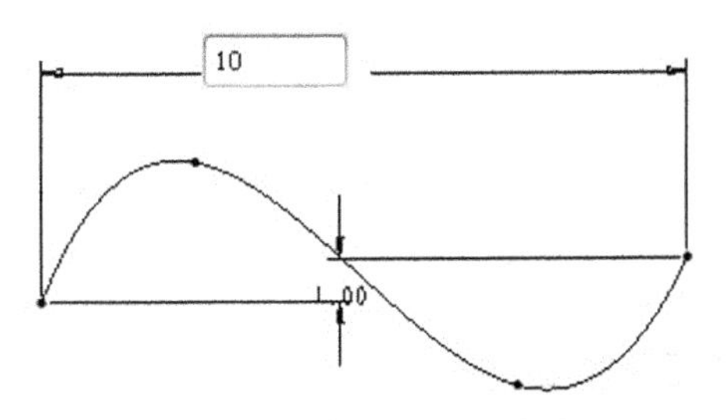

图 4-38　样条曲线的尺寸修改

03 双击修改尺寸后的样条曲线，打开如图 4-39 所示的操控板。下面详细介绍如何使用该操控板对样条曲线进行修改编辑。

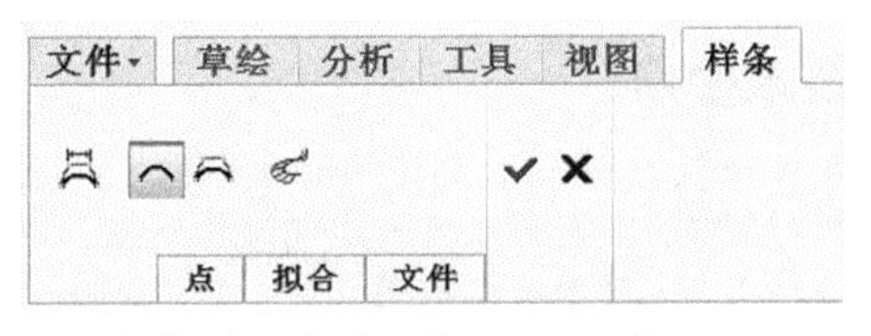

图 4-39　【样条】曲线特征操控板

04 单击【点】选项卡，系统切换到【点】选项卡。在【坐标值参考】选项组中选择【草绘原点】单选按钮，当在样条曲线上单击任意一个控制点时，在【选定点的坐标值】选项组的【X】、【Y】文本框中即可显示该控制点的坐标值，如图 4-40 所示。

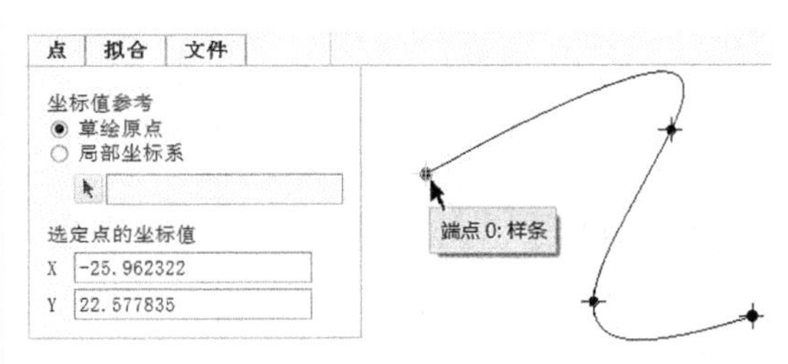

图 4-40　显示选定点的坐标值

05 单击【拟合】选项卡，系统切换到如图 4-41 所示的【拟合】选项卡。在【拟合类型】选项组中选择【稀疏】单选按钮，在【偏差】数值框中输入数值 1，按下 Enter 键。

技术要点

【稀疏】选项的功能是简化样条曲线的控制点，其值越大，简化的控制点就越多，简化后曲线的变化就越大。【平滑】选项的功能是使样条曲线变平滑，其值越大，曲线就会变得越平滑。

06 收回【拟合】选项卡，单击【切换到控制多边形模式】按钮，可以创建与样条曲线相切的多边形，如图 4-42 所示，可拖动控制点进行编辑。

07 再次单击【切换到控制多边形模式】按钮。单击【曲率分析工具】按钮，打开如图 4-43 所示的样条曲线曲率定义框。拖动鼠标转动旋钮或者直接改变相应数值可调整比例和密度值，设置两者的数值，可查看样条曲线相应的曲率分析图，如图 4-44 所示。单击【应用并保存】按钮，退出操控板。

技术要点

在编辑状态，按下Ctrl+Alt组合键，并在绘图区单击鼠标可以增加曲线的控制点。在编辑状态，选择一个控制点后，右击，在弹出的快捷菜单中选择【添加点】或【删除点】命令，即可对样条曲线的控制点进行编辑，如图4-45所示。

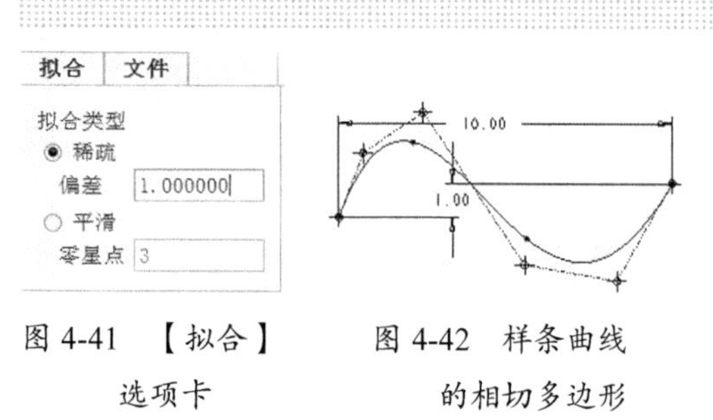

图4-41 【拟合】选项卡

图4-42 样条曲线的相切多边形

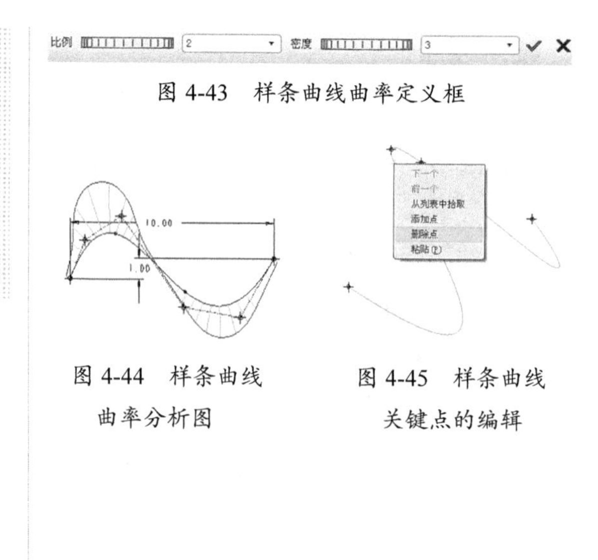

图4-43 样条曲线曲率定义框

图4-44 样条曲线曲率分析图

图4-45 样条曲线关键点的编辑

4.4 编辑草图

下面讲解草图中圆角和倒角的绘制方法，以及对草图的修剪操作。

4.4.1 绘制圆角

在Creo中可以创建的圆角有两种，分别是【圆形】和【椭圆形】，前者是指在两图元间创建圆形圆角，后者是指创建椭圆形圆角。

1. 添加圆形圆角

打开名称为【bianjicaotu01】的草图，单击【草绘】组中的【圆形】按钮，然后在绘图区选择要创建圆角的两条直线：直线1和直线2，系统生成圆形圆角，如图4-46所示，双击尺寸值，可以更改圆角半径数值。

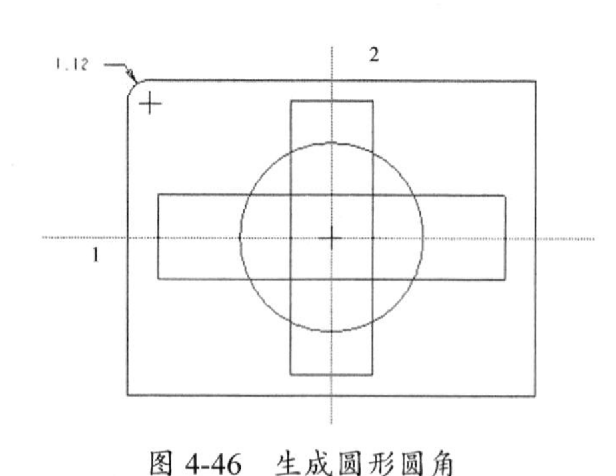

图4-46 生成圆形圆角

2. 添加椭圆形圆角

单击【草绘】组中的【椭圆圆形】按钮，选取直线2和直线3，创建的椭圆形圆角如图4-47所示。同样双击尺寸值，可以修改椭圆的长轴与短轴的数值。

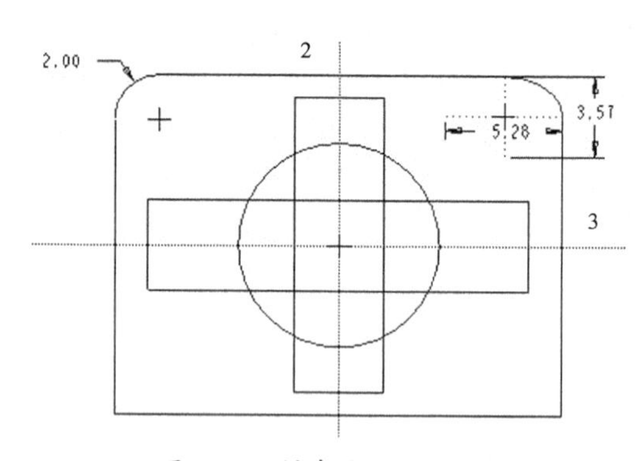

图4-47 创建的椭圆形圆角

4.4.2 绘制倒角

倒角有【倒角】和【倒角修剪】两种，【倒角】是指在两个图元间创建倒角并创建构造线延伸，【倒角修剪】是指只在两图元间创建倒角。下面分别进行介绍。

1．倒角

选择【草绘】|【倒角】|【倒角】菜单命令或者单击【草绘】组中的【倒角】按钮，在绘图区选择直线 1 和直线 4，创建的倒角如图 4-48 所示。双击尺寸数值可以更改与倒角边构成直角三角形的两个直角边的长度。

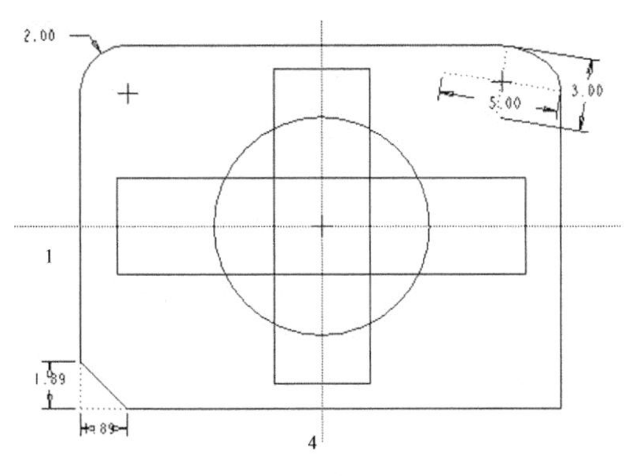

图 4-48 创建的倒角

2．倒角修剪

单击【草绘】组中的【倒角修剪】按钮或者选择【草绘】|【倒角】|【倒角修剪】菜单命令，在绘图区选择直线 3 和直线 4，创建的倒角修剪特征如图 4-49 所示。双击尺寸值可以更改倒角边的倾斜角度。

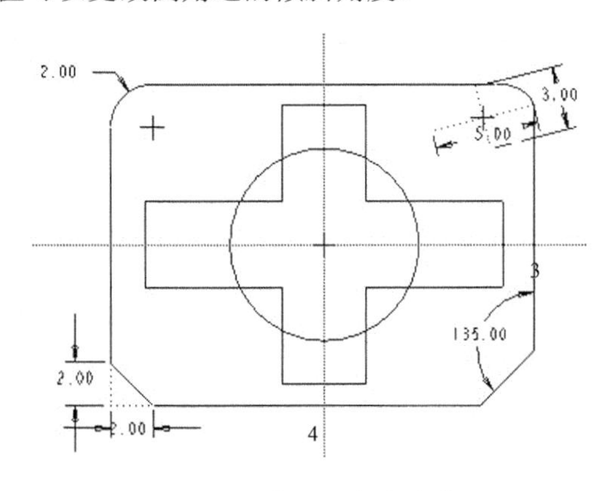

图 4-49 创建的倒角修剪特征

4.4.3 剪裁草图

单击【草绘】组中的【删除段】按钮，拖动鼠标，在绘图区连续选择要修剪的图元，这时出现选取轨迹，如图 4-50 所示。然后放开鼠标，与曲线相交的图元将被删除，效果如图 4-51 所示。

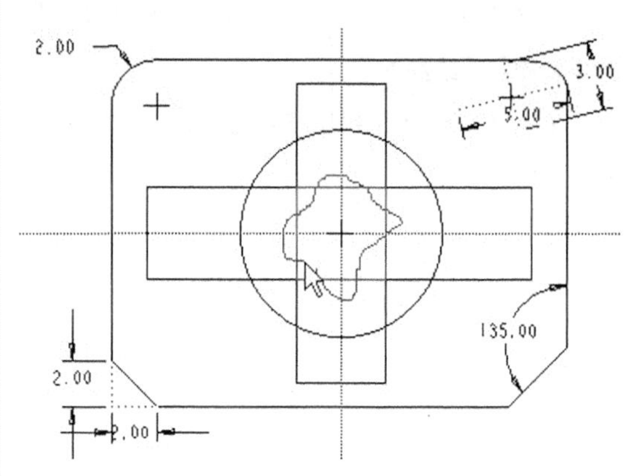

图 4-50 出现选取轨迹

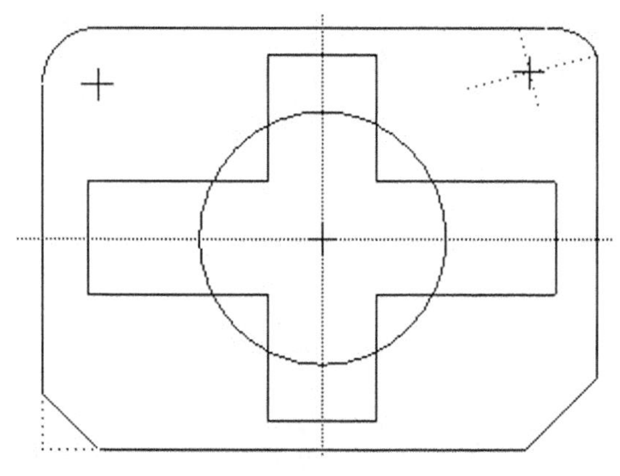

图 4-51 删除图元后的效果

用同样的方法删除相应的图元，最后的效果如图 4-52 所示。

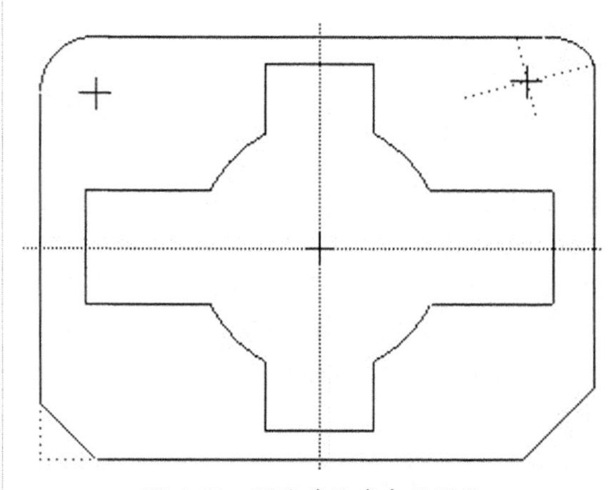

图 4-52 删除其他多余的图元

4.5 文字

在零件设计中，经常要使用文本进行一些标注、说明等，下面介绍文本的绘制方法。

动手操作——绘制文字

在草绘环境中利用【弧】命令绘制如图 4-53 所示的圆弧。

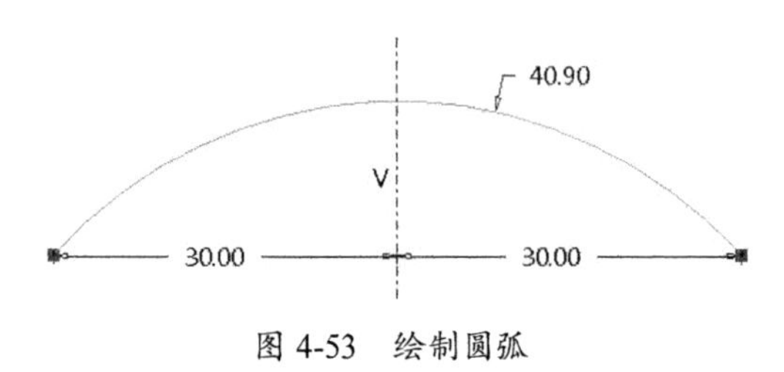

图 4-53 绘制圆弧

单击【草绘】组中的【文本】按钮，在绘图区从下向上单击两次鼠标确定文本的起点和终点，然后移动鼠标指针确定文字的高度和方向，再次单击鼠标出现图 4-54 所示的【文本】对话框。

图 4-54 【文本】对话框

技术要点

确定文字的方向是由起点和终点来决定的。按照从下往下的顺序，输出的文字是相反的，从下往上是正确的文字方向。

01 在【文本行】文本框中输入【Creo Panrmetric4.0】，在【字体】下拉列表中选择【font3d】选项，在【长宽比】文本框中输入 1，在【斜角】文本框中输入 30，单击【确定】按钮即可看到设置的文本效果，如图 4-55 所示。

图 4-55 绘制文本

02 如果在绘图区绘制一个圆弧，然后在【文本】对话框中选中【沿曲线放置】复选框，再用鼠标选中该圆弧，单击【确定】按钮即可看到文本将沿着圆弧曲线分布，如图 4-56 所示。

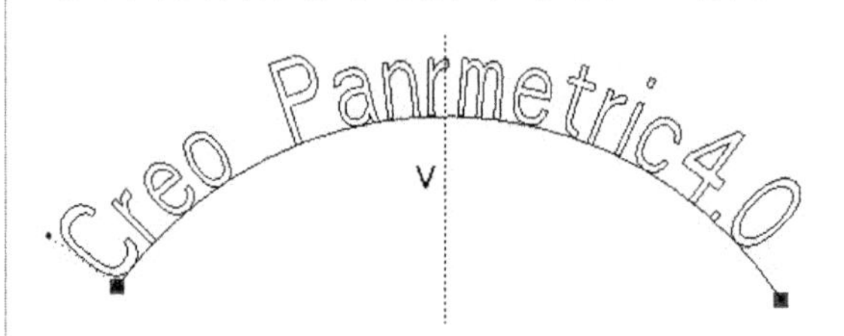

图 4-56 沿曲线放置的文本

技术要点

选中【沿曲线放置】复选框后，单击【将文本反向到曲线另一侧】按钮 可切换文本沿曲线的走向至曲线另一侧。

03 选择文本后单击【草绘】组中的【修改】按钮，或者直接双击文本，可打开【文本】对话框，按照如图 4-57 所示进行重新定义，完成对文本的修改编辑。

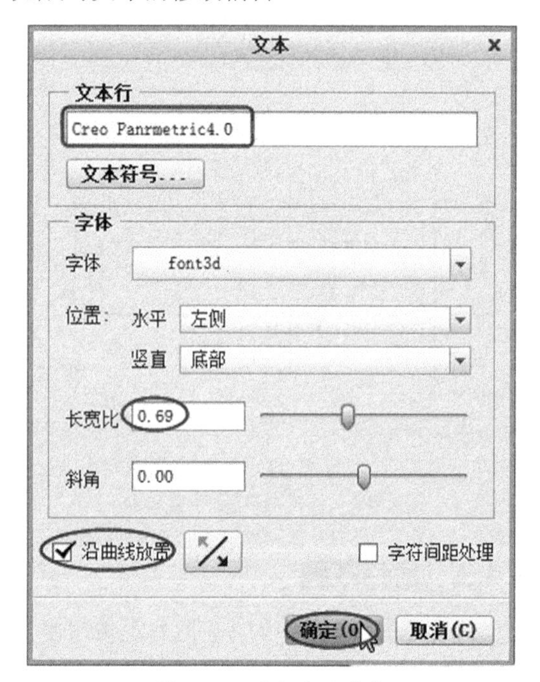

图 4-57 重新定义文本

4.6 综合实训

草图曲线是构建模型的基础，也是初学者正式进入的第一个设计环节。若要熟练掌握草图绘制要领，除了熟悉各草图绘制命令外，在草图绘制的动手操作方面还要多加练习。下面以几个草图绘制实例来温习本章介绍的草图知识。

4.6.1 绘制台座零件草图

◎ 结果文件：实例 \ 结果文件 \Ch04\ 台座零件草图 .prt

◎ 视频文件：视频 \Ch04\ 台座零件草图 .avi

通过对本范例（如图 4-58 所示）的学习，读者可掌握绘制零件草图的基本方法。

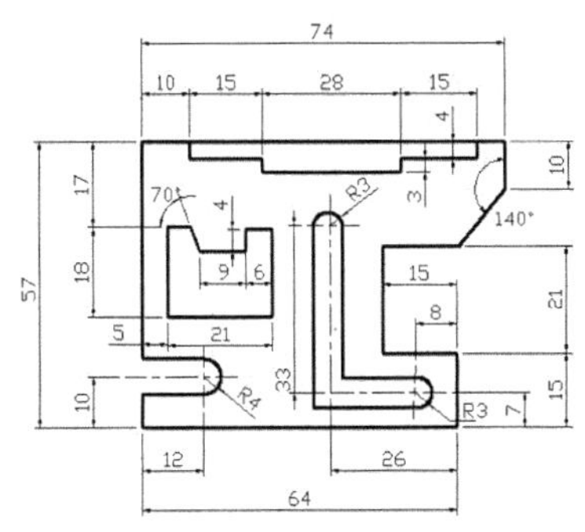

图 4-58　台座零件草图

操作步骤：

01 在桌面上双击 Creo 4.0 快捷方式图标，启动 Creo 4.0。

02 单击【新建】按钮，打开【新建】对话框，选择类型为【草绘】，在【名称】文本框中输入【台座零件草图】名称，如图 4-59 所示，单击【确定】按钮进入创建草绘界面。

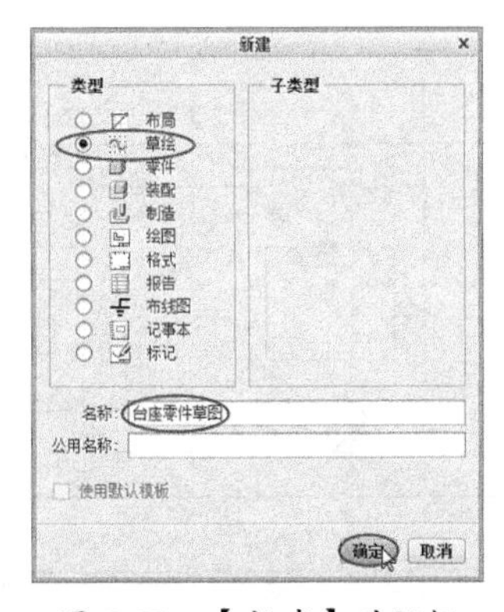

图 4-59　【新建】对话框

03 绘制外侧轮廓。单击【草绘】组中的【线】按钮，绘制如图 4-60（左）所示的竖直线。

04 修改尺寸，双击要修改的尺寸数值，在弹出的文本框中输入正确的值，如图 4-58（中）所示，按下 Enter 键，修改尺寸后的直线如图 4-60（右）所示。

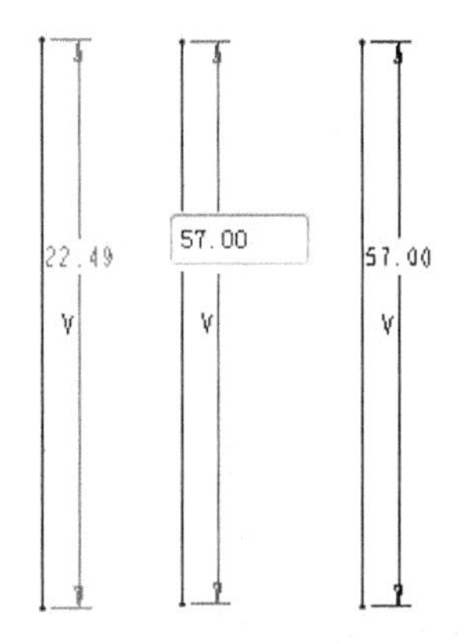

图 4-60　绘制竖直线

05 以竖直线为基准绘制外侧轮廓的曲线，完成的封闭图形如图 4-61 所示。

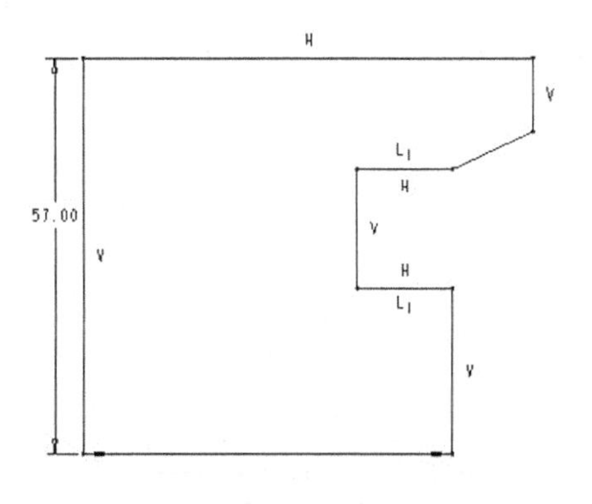

图 4-61　绘制的封闭图形

06 按照步骤 04 的方法修改尺寸值，必要时可先创建某尺寸，再进行修改，修改完成的各项尺寸数值如图 4-62 所示。

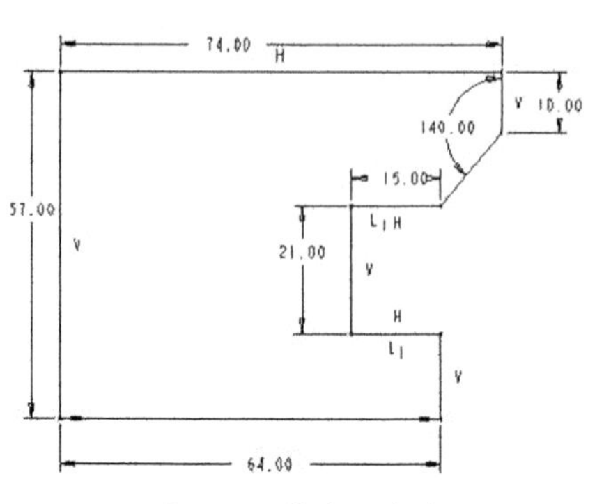

图 4-62　修改尺寸值

技术要点

修改修改尺寸的另一种方法是框选整个图形，使其加亮显示，右击，在如图 3-72 所示的快捷菜单中选择【修改】命令，打开如图 4-63 所示的【修改尺寸】对话框，双击尺寸文本框，对照图 4-64 所示的尺寸进行修改。

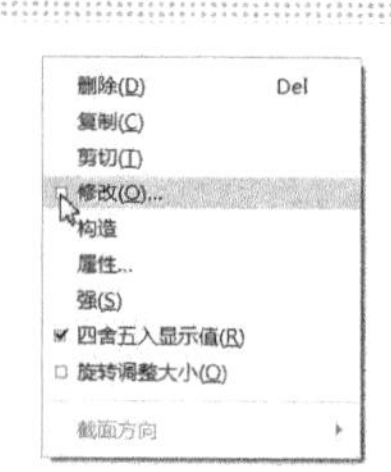

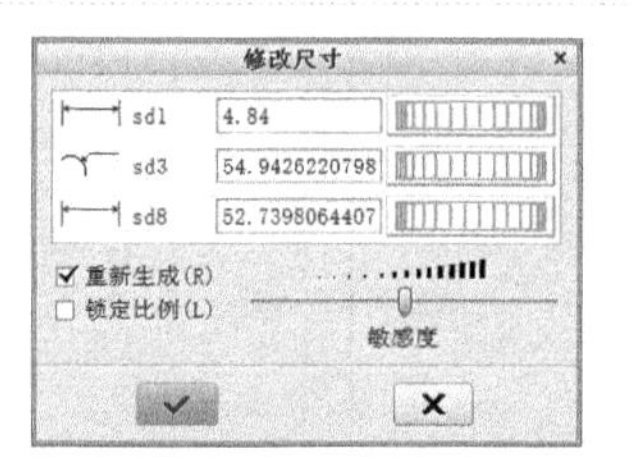

图 4-63　快捷菜单　图 4-64　【修改尺寸】对话框

07 单击【草绘】组中的【矩形】按钮□或选择【草绘】|【矩形】|【矩形】菜单命令，按照与绘制轮廓相同的方法绘制矩形，并对其进行定位及修改尺寸，如图 4-65 所示。

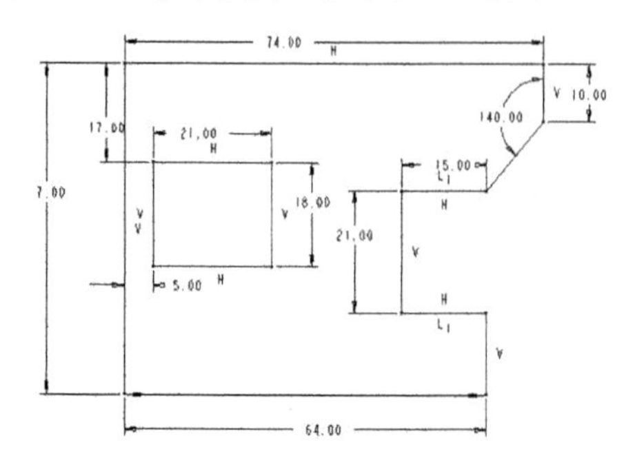

图 4-65　为矩形定位及修改尺寸后的效果

08 选择【草绘】|【线】|【线】菜单命令或者单击【草绘】组中的【线】按钮╲，绘制如图 4-66 所示的外部轮廓线及矩形内部的两处曲线，注意图中的各项尺寸值。

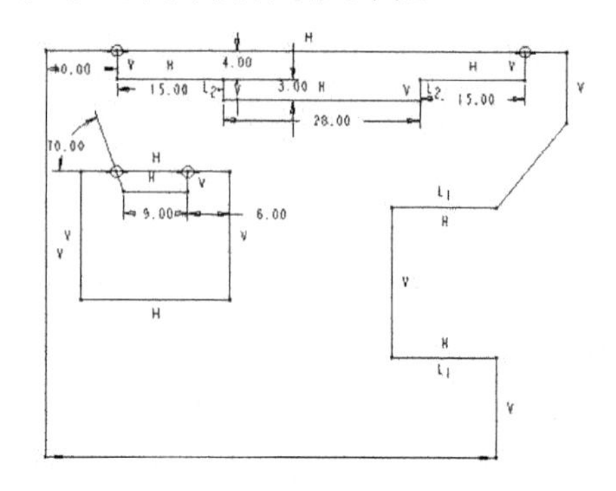

图 4-66　绘制图形并修改尺寸

09 绘制定位用的中心线。在【草绘】组中单击【中心线】按钮┆或者选择【草绘】|【线】|【中心线】菜单命令。绘制如图 4-67 所示的几条中心线。

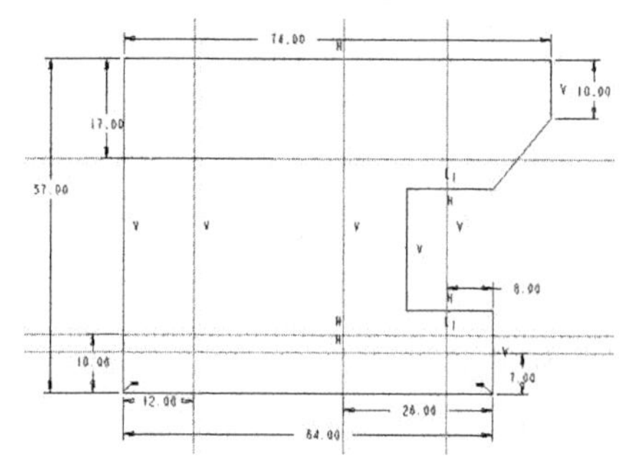

图 4-67　绘制中心线

10 单击【圆心和点】按钮○，在中心线的 3 个交点处绘制圆，直径分别为 8、6、6，如图 4-68 所示。

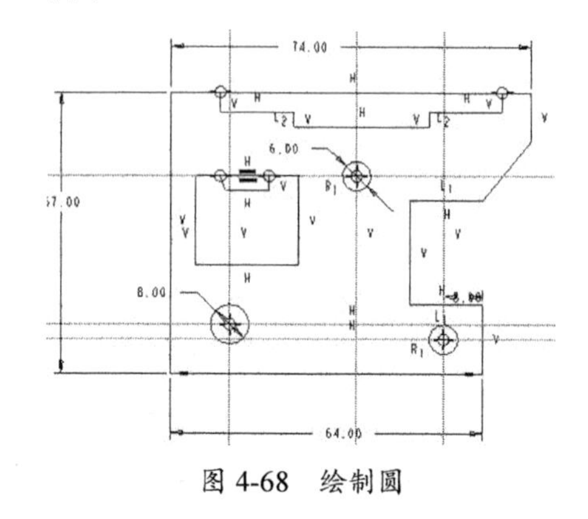

图 4-68　绘制圆

11 单击【草绘】组中的【线】按钮，分别由 3 个圆与中心线两侧的交点处向外引直线，如图 4-69 所示。

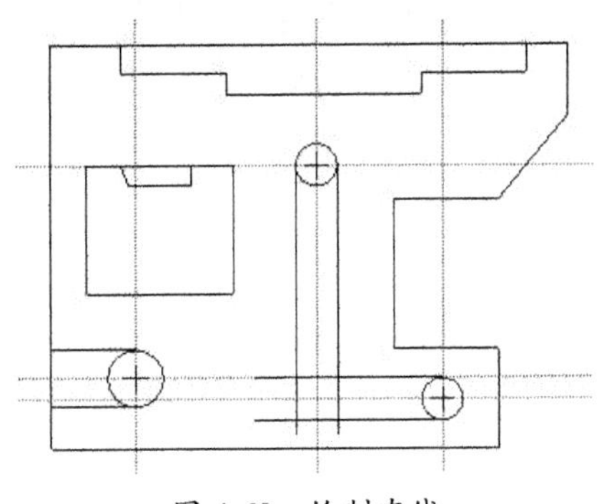

图 4-69　绘制直线

12 在【草绘】组中单击【删除段】按钮，删除多余的曲线，最终的效果如图 4-70 所示。

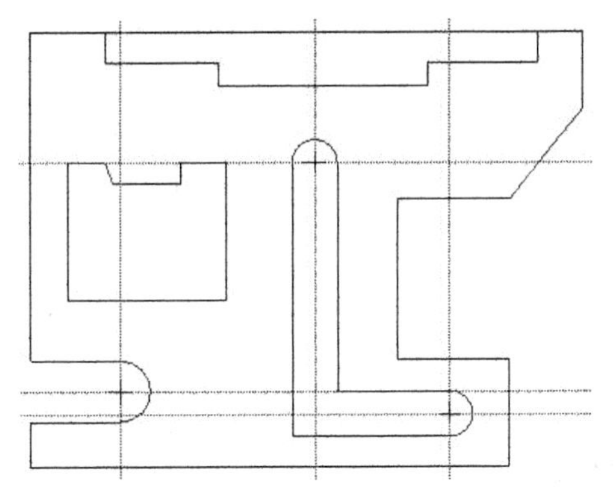

图 4-70　最终多余曲线的草图效果

4.6.2　绘制吊钩草图

◎ **结果文件：实例 \ 结果文件 \Ch04\ 吊钩草图 .prt**

◎ **视频文件：视频 \Ch04\ 吊钩草图 .avi**

在模型设计中，绘制的草图是很简单的，不需要复杂的草图轮廓。本实例通过绘制复杂的草图轮廓，让读者从中掌握草图的绘制步骤和操作方法。

本例绘制完成的吊钩草图如图 4-71 所示。

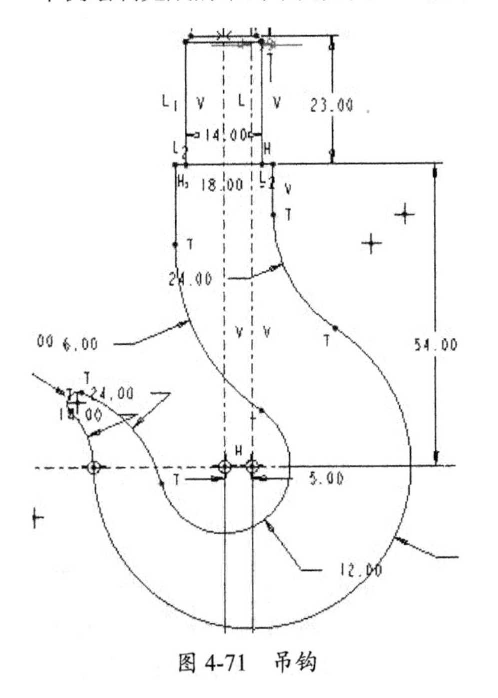

图 4-71　吊钩

操作步骤：

01 新建命名为【吊钩草图】的草图文件。设置工作目录。

02 单击【中心线】按钮，绘制如图 4-72 所示的垂直中心线并修改距离为 5。

03 单击【线】按钮，绘制如图 4-73 所示的直线段。

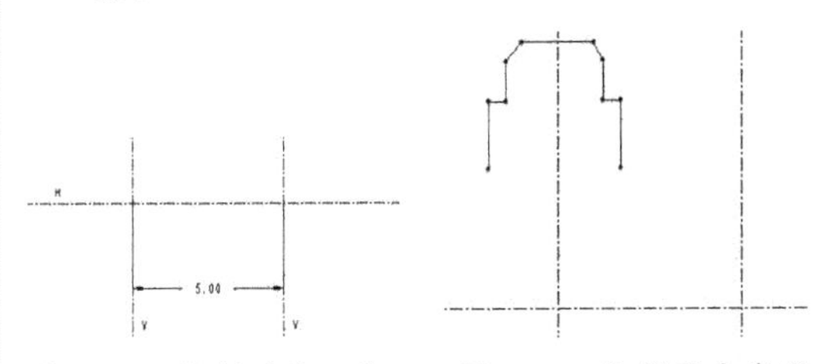

图 4-72　绘制的中心线　　图 4-73　绘制的直线段

04 单击【对称】按钮，将垂直中心线两侧的对应点进行对称约束。

05 单击【法向】按钮，对图形中的尺寸进行标注并修改，效果如图 4-74 所示。

06 单击【圆心和点】按钮，以中心线的交点为圆心绘制半径为 12 和 29 的两个圆，效果如图 4-75 所示。

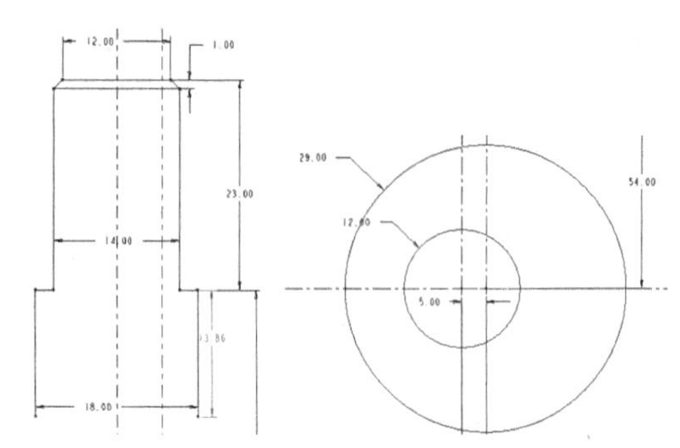

图 4-74　创建的约束　　图 4-75　绘制的圆

07 单击【圆形】按钮，绘制直线段与圆的过渡圆弧并修改半径，效果如图 4-76 所示。

08 单击【删除段】按钮，将多余的线段删除，效果如图 4-77 所示。

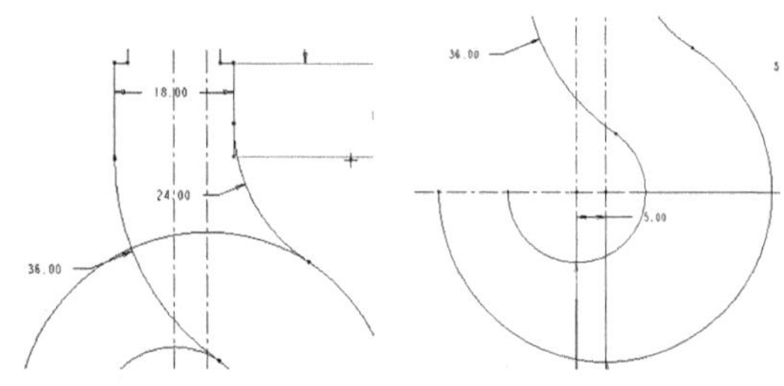

图 4-76　绘制的圆弧　图 4-77　删除多余线段

09 单击【圆心和点】按钮，绘制如图 4-78 所示的两个圆，两个圆与已有圆相切，并修改半径为 14 和 24。

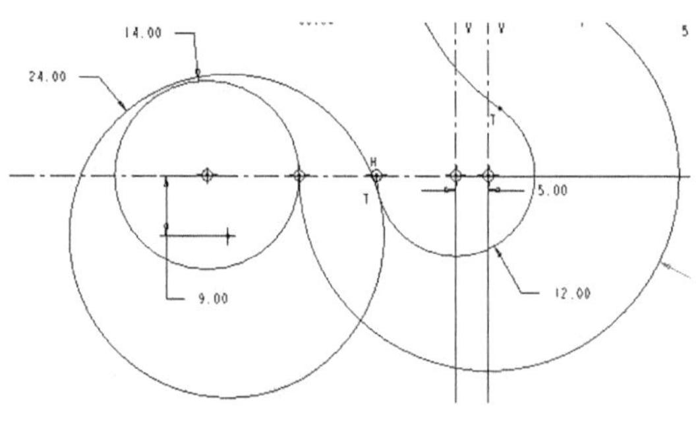

图 4-78　绘制的圆

10 单击【删除段】按钮，将多余的线段删除，效果如图 4-79 所示。

11 单击【圆心和点】按钮，绘制如图 4-80 所示的圆，使其与圆相切并修改其半径为 2。

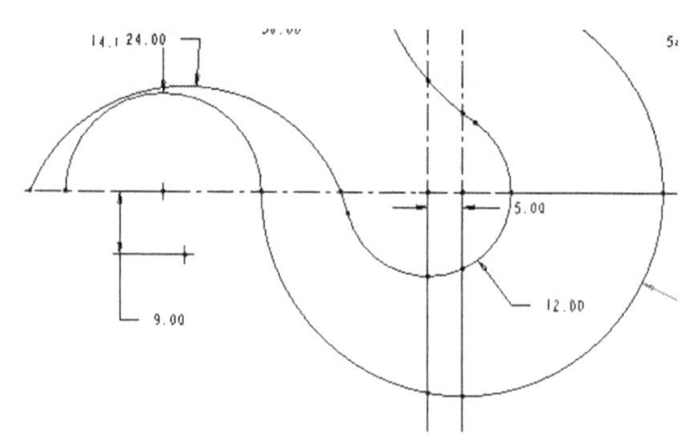

图 4-79　删除多余线段

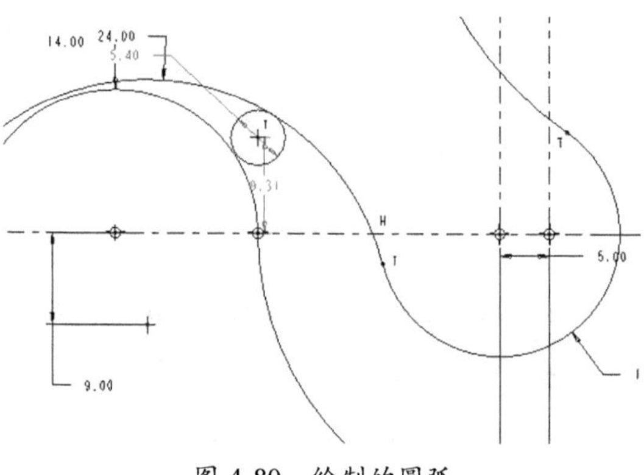

图 4-80　绘制的圆弧

12 单击【相切】按钮，创建圆与另一个圆的相切约束。

13 单击【删除段】按钮，将多余的线段删除，效果如图 4-81 所示。

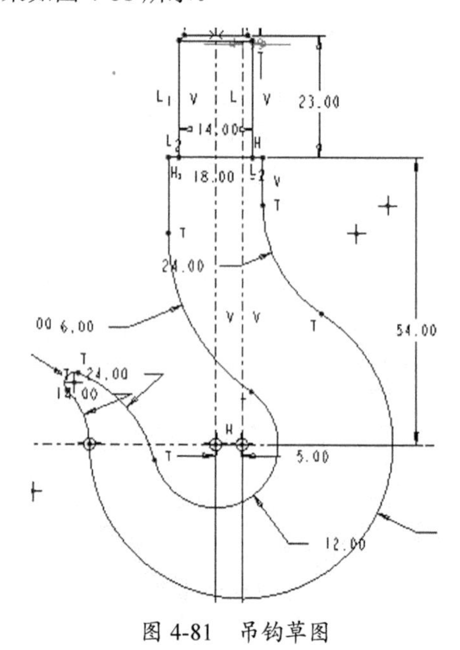

图 4-81　吊钩草图

4.7 练习题

1．绘制手轮轮廓图

在草图模式中绘制出如图 4-82 所示的手轮轮廓图。

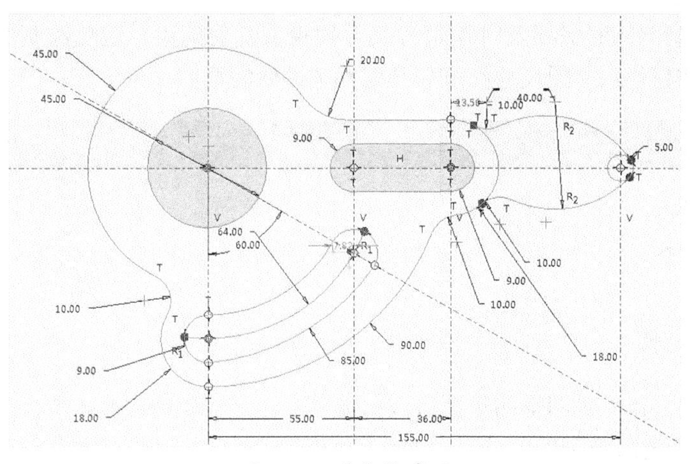

图 4-82　手轮轮廓图

2．绘制泵体截面草图

绘制如图 4-83 所示的泵体截面轮廓。

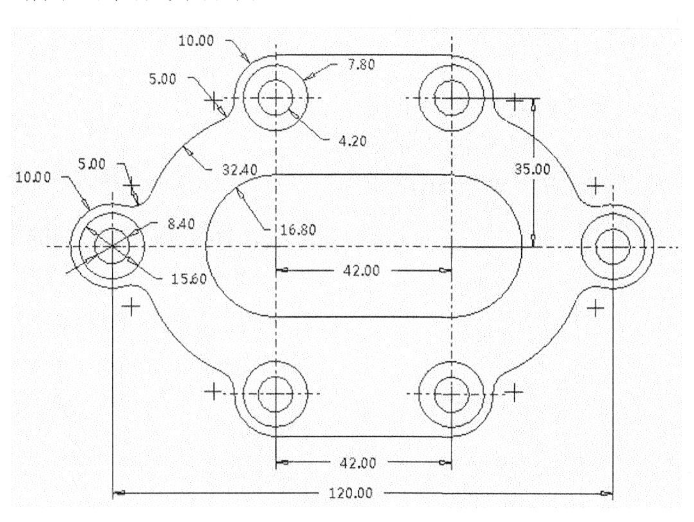

图 4-83　泵体截面轮廓

读书笔记

第 5 章　草图约束指令

在 Creo 中绘制草图时需要及时地进行尺寸约束或几何约束，避免绘制的图形产生变形。本章将详细介绍如何使用草图尺寸约束和几何约辅助绘制草图。

知识要点

- 尺寸标注
- 图元的约束

5.1 尺寸约束

在二维图形中，尺寸是图形的重要组成部分之一。尺寸驱动的基本原理就是根据尺寸数值的大小来精确确定模型的形状和大小。尺寸驱动简化了设计过程，增加了设计自由度，让设计者在绘图时不必为精确的形状斤斤计较，而只需画出图形的大致轮廓，然后通过尺来再生成准确的模型。本节主要介绍在图形上创建各种尺寸标注的方法。

在【草绘】选项卡下【尺寸】组中单击【法向】按钮|↔|，就能打开尺寸标注工具，如图 5-1 所示。

在讲述如何标注尺寸之前先了解一下尺寸的组成。如图 5-2 所示，一个完整的尺寸一般包括尺寸数字、尺寸线、尺寸界线和尺寸箭头等部分。

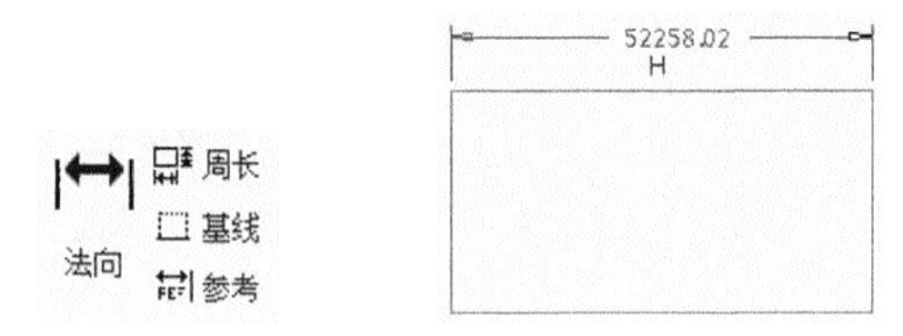

图 5-1　尺寸标注工具　　图 5-2　尺寸的组成

5.1.1 标注长度尺寸

长度尺寸常用于标记线段的长度或图元之间的距离等线性尺寸，其标注方法有以下 3 种：

1．标注单一线段的长度

首先选中该线段，然后在放置尺寸的线段侧单击鼠标中键，完成该线段的尺寸标注，如图 5-3 所示。

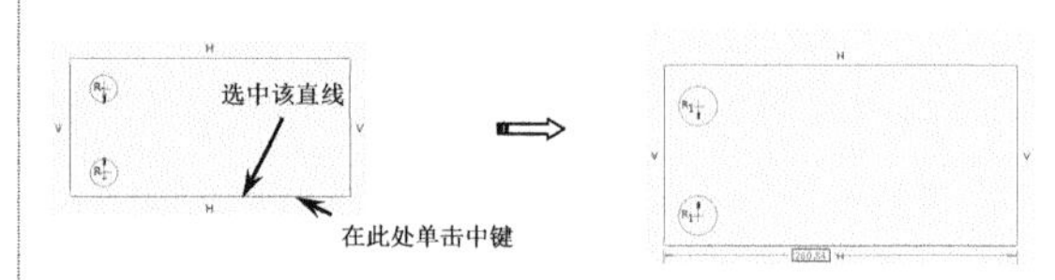

图 5-3　创建单一直线长度尺寸

2．标注平行线之间的距离

首先单击第一条直线，再单击第二条直线，最后在两条平行线之间的适当位置单击鼠标中键即可完成尺寸标注，如图 5-4 所示。

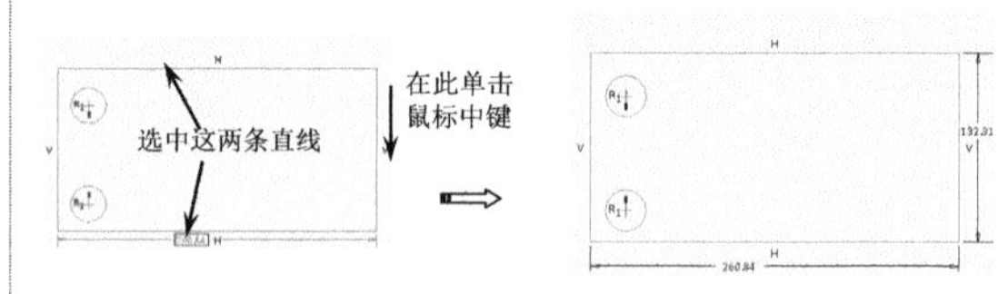

图 5-4　创建平行线间距离尺寸

3．标注两图元中心的距离

首先单击第一中心，然后单击第二中心，最后在两中心之间的适当位置单击鼠标中键，即可完成尺寸标注，如图 5-5 所示。

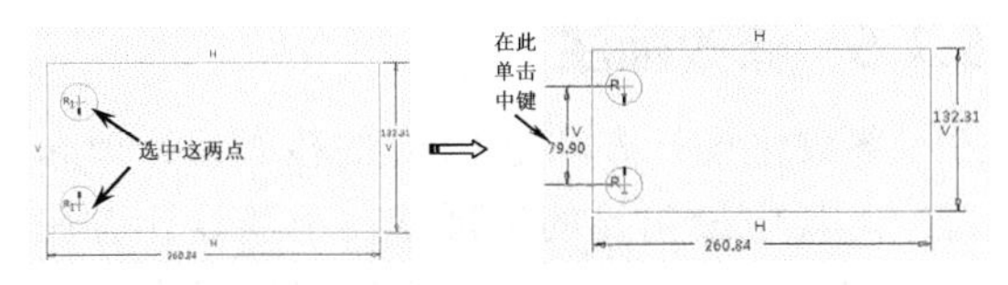

图5-5　创建中心距离尺寸

5.1.2　标注半径和直径尺寸

下面分别介绍直径和半径的标注方法。

1．半径的标注

选中圆弧，在圆弧外适当位置单击鼠标中键，即可完成半径尺寸的标注。通常对小于180°的圆弧进行半径标注。

2．直径的标注

直径标注的方法和半径稍有区别，双击圆弧，在圆弧外适当位置单击鼠标中键，即可完成直径尺寸的标注。通常对大于180°的圆弧进行直径标注。

两种标注的示例如图5-6所示。

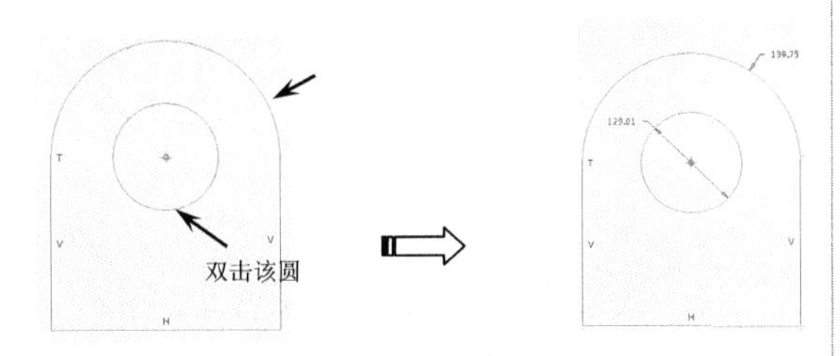

图5-6　标注直径尺寸

5.1.3　标注角度尺寸

标注角度尺寸时，先选中组成角度的两条边其中的一条，然后再单击另一条边，接着根据要标注的角度是锐角还是钝角选择放置角度尺寸的位置，如图5-7所示。

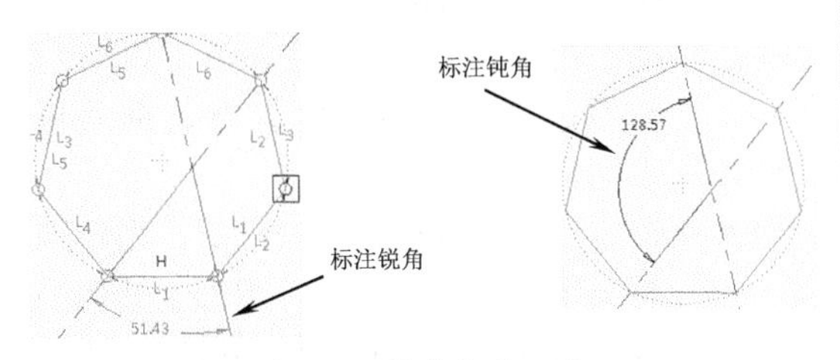

图5-7　创建角度尺寸

在放置尺寸时可以不必一步到位，可以在创建完所有尺寸后再根据全图对部分尺寸的放置位置进行调整，具体的方法如下：

单击工具箱上的【选择】按钮，然后选中需要调整的尺寸，拖动尺寸数字到合适位置，重新调整视图中各尺寸的布置，使图面更加整洁，如图5-8所示。

技术要点

如果不希望显示由系统自动标注的弱尺寸，可以选择【草绘】|【选项】菜单命令，打开【草绘器优先选项】对话框，在【显示】选项卡中取消选中【弱尺寸】复选框。

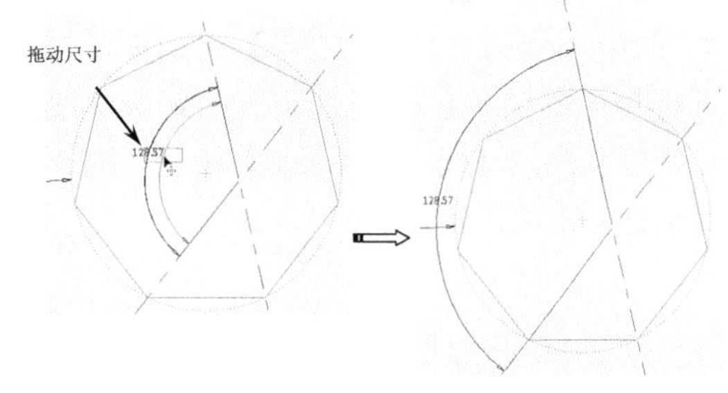

图5-8　调整尺寸位置

5.1.4　其他尺寸的标注

在菜单栏选择【草绘】|【尺寸】命令，在其下拉菜单中提供了4种尺寸标注形式。

1．法向标注

使用该命令运用前面所介绍的方法创建基本尺寸标注，如图5-9所示。

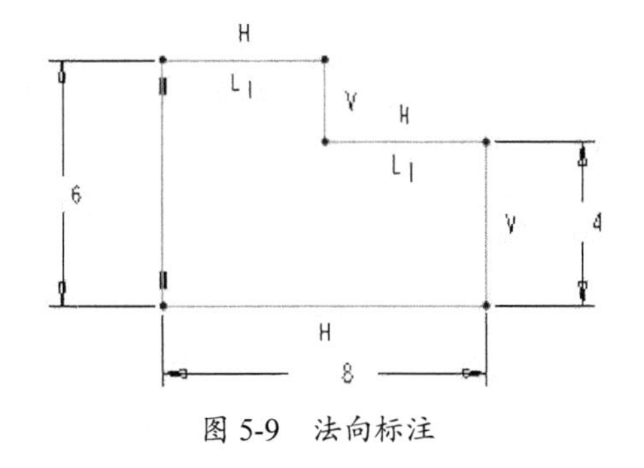

图5-9　法向标注

2．【参考】命令

使用该命令可以创建参考尺寸。参考尺寸仅用于显示模型或图元的尺寸信息，而不能像基本尺寸那样用作驱动尺寸，且不能直接修改该尺寸，但在修改模型尺寸后参考尺寸将自动更新。参考尺寸的创建方法与基本尺寸类似，为了同基本尺寸相区别，在参考尺寸后添加了【参考】的符号，如图5-10所示。

3. 【基线】命令

基线用来作为一组尺寸标注的公共基准线，一般来说基准线都是水平或竖直的。在直线、圆弧的圆心，以及线段几何端点处都可以创建基线，方法是选择直线或参考点后，单击鼠标中键，对于水平或竖直的直线，直接创建与之重合的基线；对于参考点，弹出如图5-11所示的【尺寸定向】对话框，该对话框用于确定是创建经过该点的水平基线还是竖直基线。基线上有【0.00】标记，图5-12是创建基线的示例。

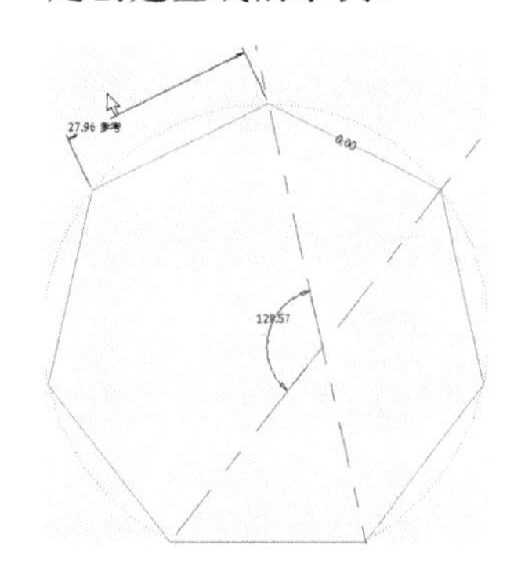

图5-10 参考尺寸示例

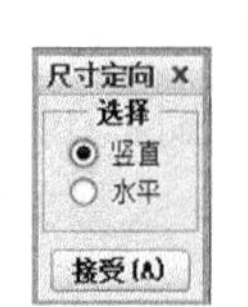

图5-11 【尺寸定向】对话框

4. 【解释】命令

单击某一尺寸标注后，在消息区给出关于该尺寸的功能解释。例如单击如图5-13所示的直径后，在消息区给出解释：【此尺寸控制加亮图元的直径】。

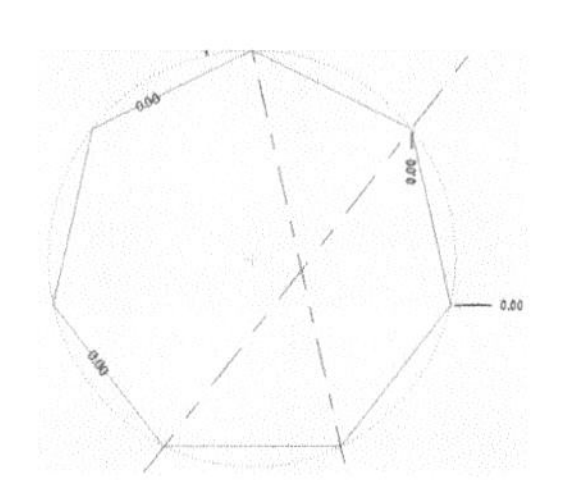

图5-12 创建基线

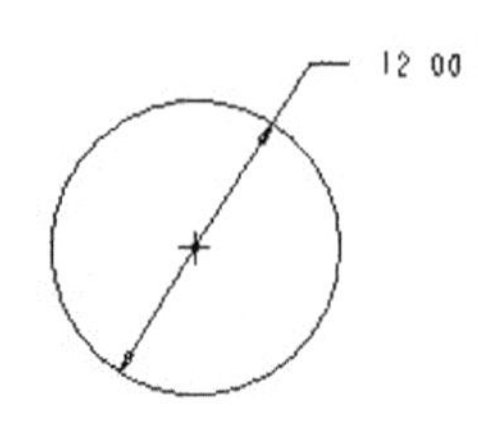

图5-13 直径尺寸示例

5.1.5 修改标注

参数化设计方法是Creo的核心设计理念之一，其中最明显的体现就在于当设计者在初步创建图元时，可以不用过多地考虑图元的尺寸精确性，而通过对创建好的尺寸的修改完成图元的最终绘制。

下面介绍修改图形尺寸的方法。提供了以下3个修改尺寸的途径。

1. 使用修改工具

选择要修改的尺寸，然后在【编辑】模板中单击【修改】按钮，将弹出如图5-14所示【修改尺寸】对话框，在该对话框中可以同时对多个尺寸进行修改。

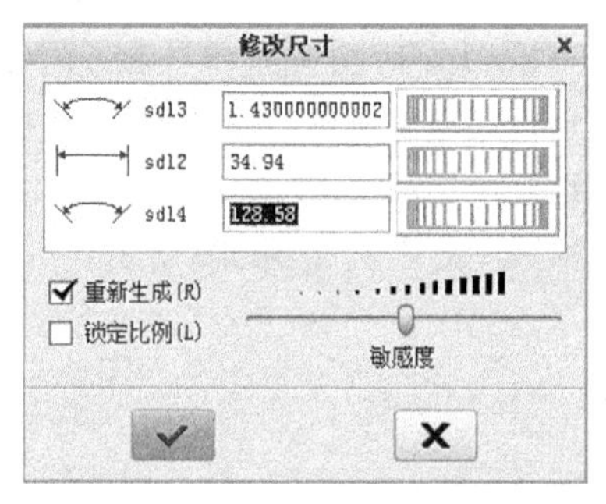

图5-14 【修改尺寸】对话框

【修改尺寸】对话框各选项含义如下：

- 修改尺寸数值：通过在尺寸文本框输入新的尺寸值或调节尺寸修改滚轮对尺寸值进行修改。
- 调节灵敏度：通过对灵敏度的调节可以改变滚动尺寸修改滚轮时尺寸数值增减量的大小。
- 重新生成：选中该复选框，会在每次修改尺寸标注后立即使用新尺寸动态再生图元，否则将在单击【确定】按钮关闭【修改尺寸】对话框后再生图形。
- 锁定比例：选中该复选框后，则在调整一个尺寸的大小时，图形上其他同种类型的尺寸同时被自动以同等比例进行调整，从而使整个图形上的同类尺寸被等比例缩放。

技术要点

在实际操作中，动态再生图形既有优点也有不足，优点是修改尺寸后可以立即查看修改效果，但是当一个尺寸修改前后的数值相差太大时，几何图形再生后变形严重，这不便于对图形的进一步操作。

2. 双击修改尺寸

直接在图元上双击尺寸数值，然后在打开的尺寸文本框中输入新的尺寸数值，再按下 Enter 键即可完成尺寸修改，同时立刻对图元进行再生，如图 5-15 所示。

3. 使用右键快捷菜单

在选定的尺寸上右击，然后在如图 5-16 所示的快捷菜单中选择【修改】命令，也可以打开【修改尺寸】对话框。

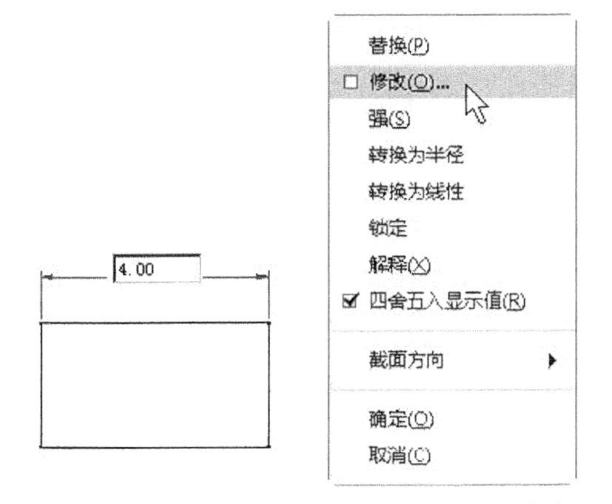

图 5-15　尺寸文本框　　图 5-16　快捷菜单

动手操作——绘制弯钩草图

下面以绘制如图 5-17 所示弯钩的二维图形为例来讲述绘制草图的步骤及操作方法，使用户进一步加深理解。

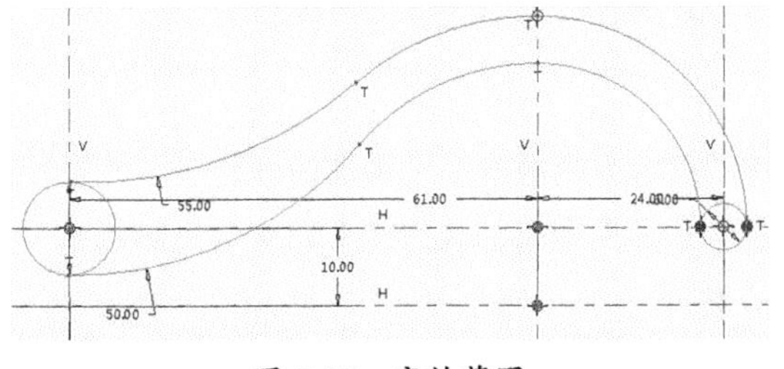

图 5-17　弯钩草图

操作步骤：

01 新建名称为【弯钩草图】的草图文件。单击【中心线】按钮，绘制如图 5-18 所示的中心线。

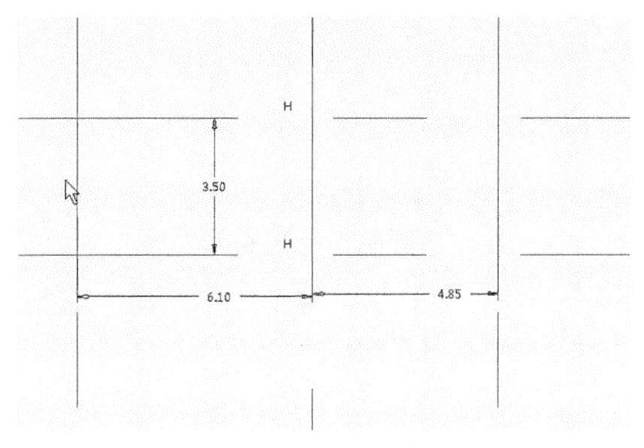

图 5-18　中心线

02 双击图形中的尺寸，并修改为如图 5-19 所示的尺寸。

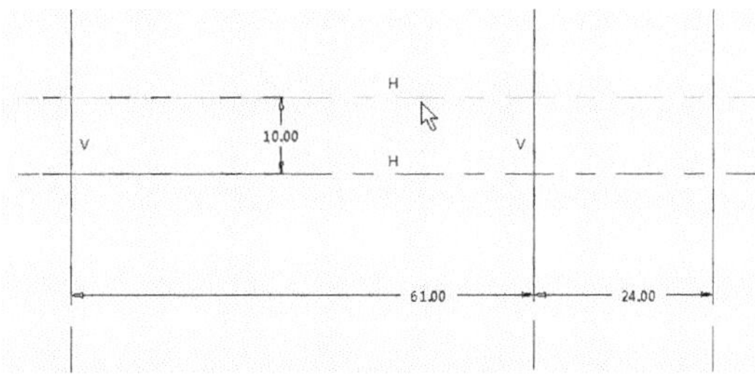

图 5-19　修改后的尺寸

03 单击【圆心和点】按钮，绘制如图 5-20 所示的圆。

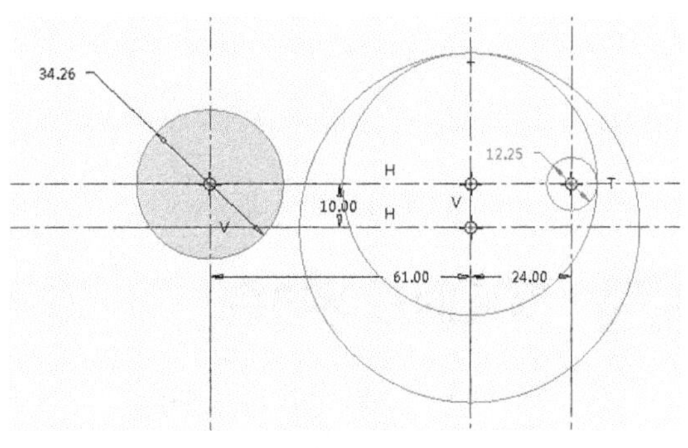

图 5-20　绘制圆

04 单击【删除段】按钮，将图形修剪为如图 5-21 所示的效果。

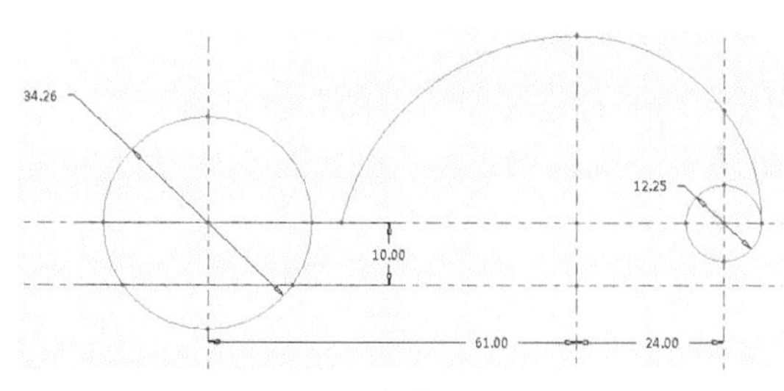

图 5-21 修剪后的图形

05 单击【修改】按钮，弹出【修改尺寸】对话框，修改两圆的半径为 6 和 3。

06 单击【圆形】按钮，绘制如图 5-22 所示的圆弧，并修改半径为 55。

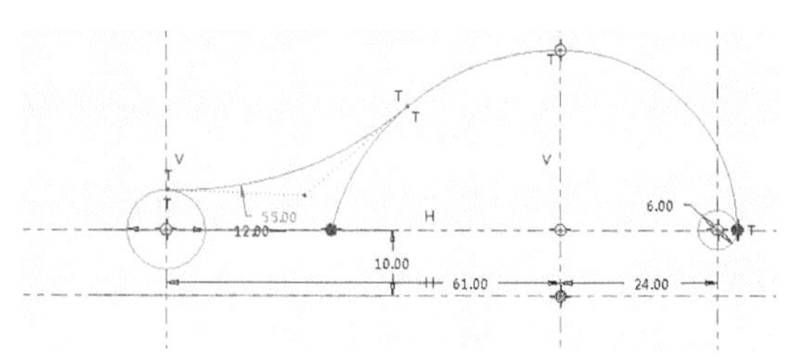

图 5-22 绘制圆弧

07 单击【圆心和点】按钮，绘制如图 5-23 所示的圆。

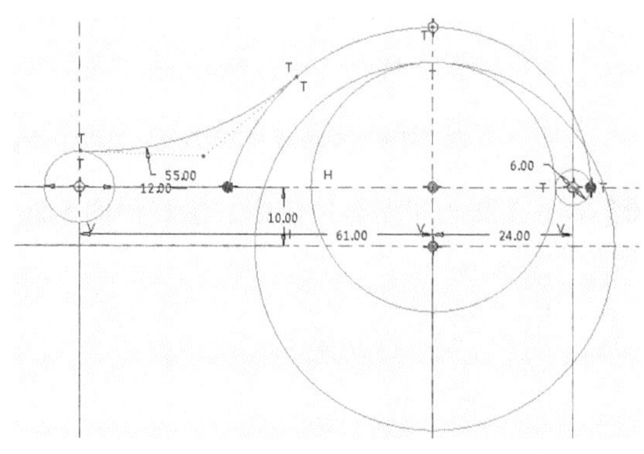

图 5-23 绘制圆

08 单击【删除段】按钮，将图形修剪为如图 5-24 所示的效果。

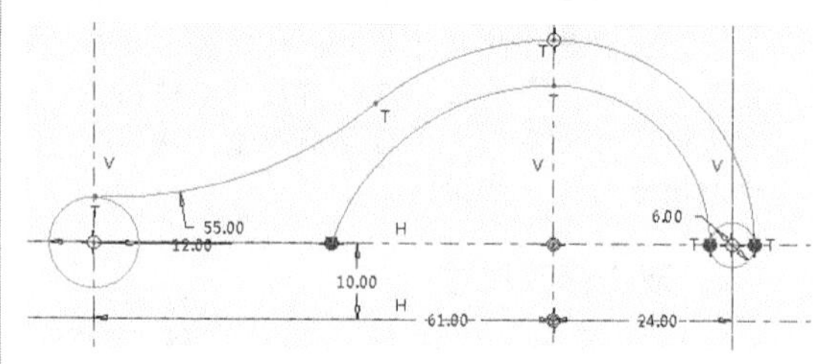

图 5-24 修剪后的图形

09 单击【圆形】按钮，绘制如图 5-25 所示的圆弧并修改半径为 50。

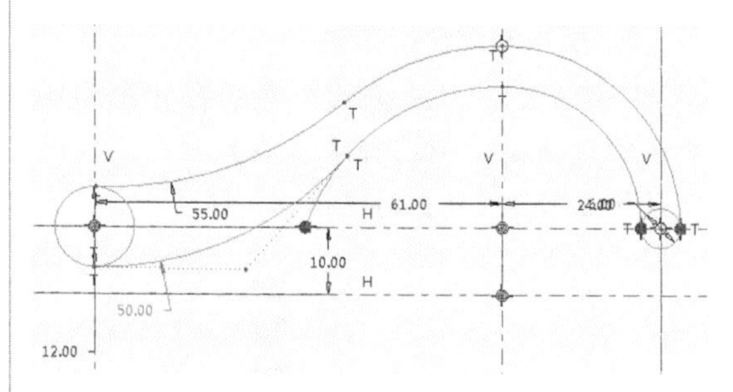

图 5-25 绘制圆弧

10 单击【删除段】按钮 ，将图形修剪为如图 5-26 所示的效果。

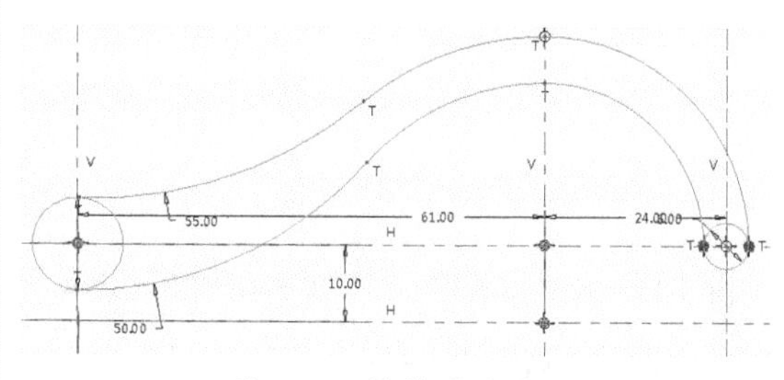

图 5-26 修剪后的图形

11 最后将弯钩草图保存在工作目录中。

5.2 图元的几何约束

在草绘环境下，程序有自动捕捉一些【约束】 的功能，用户还可以人为地控制约束条件来实现草绘意图。这些约束大大地简化了绘图过程，也使绘制的剖面准确而简洁。

建立约束是编辑图形必不可少的一步。在【草绘】选项卡中的【约束】组中有多种约束，如图 5-27 所示。下面将分别介绍每种约束的建立方法。

竖直　相切　对称
水平　中点　相等
垂直　重合　平行

图 5-27　约束的类型

5.2.1　建立竖直约束

单击【竖直】按钮，再选择要设为竖直的线，被选取的线成为竖直状态，线旁标有【V】标记，如图 5-28 所示。另外，也可以选择两个点，让它们处于竖直状态。

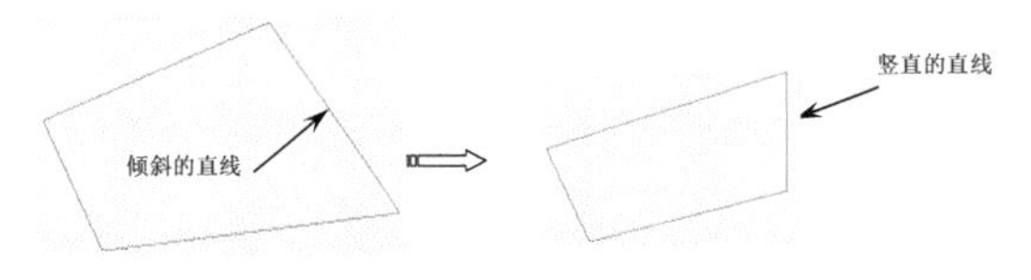

图 5-28　垂直约束

5.2.2　建立水平约束

单击【水平】按钮后，再选择要设为水平的线，被选取的线成为水平状态，线旁标有【H】标记，如图 5-29 所示。另外，也可以选择两个点，使它们处于水平状态。

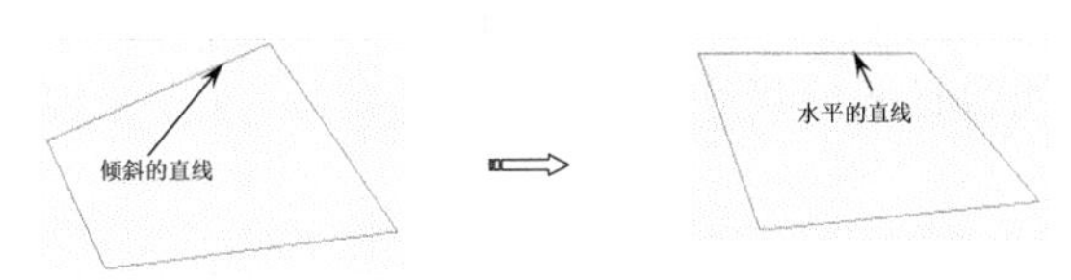

图 5-29　水平约束

5.2.3　建立垂直约束

单击【垂直】按钮后，再选择要建立垂直约束的两条线，被选取的两线则相互垂直。交叉垂直的两线旁标有【⊥ 1】标记，以拐角形式垂直则标有【⊥】标记，如图 5-30 所示。

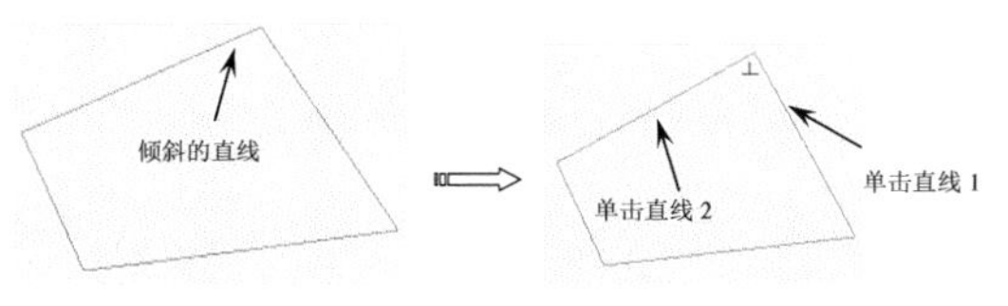

图 5-30　垂直约束

5.2.4　建立相切约束

单击【相切】按钮后，选择要建立相切约束的两图元，被选取的两图元建立相切关系，并在切点旁标有【T】标记，如图 5-31 所示。

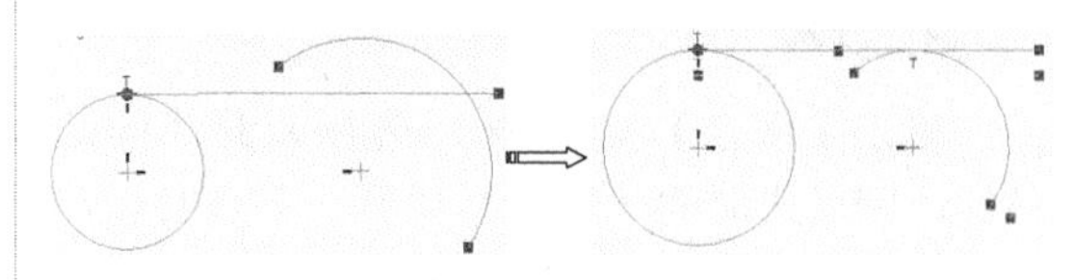

图 5-31　相切约束

5.2.5　对齐线的中点

单击【中点】按钮后，选择直线和要对齐在此线中点上的图元点，也可以先选择图元点再选取线。这样，所选择的点就对齐在线的中点上了，并在中点旁标有【*】标记，如图 5-32 所示。这里的图元点可以是端点、中心点，也可以是绘制的几何点。

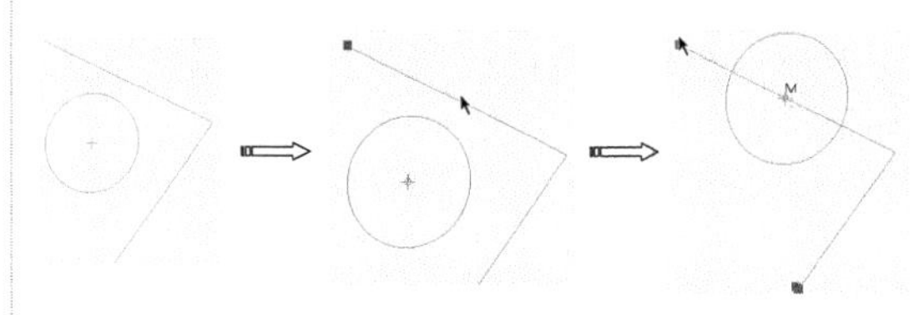

图 5-32　对齐到中点

5.2.6　建立重合约束

1．图元的端点或者中心对齐在图元的边上

单击【重合】按钮，选择要对齐的点和图元，即建立起对齐关系，并在对齐点上出现【⊙】标记，如图 5-33 所示。

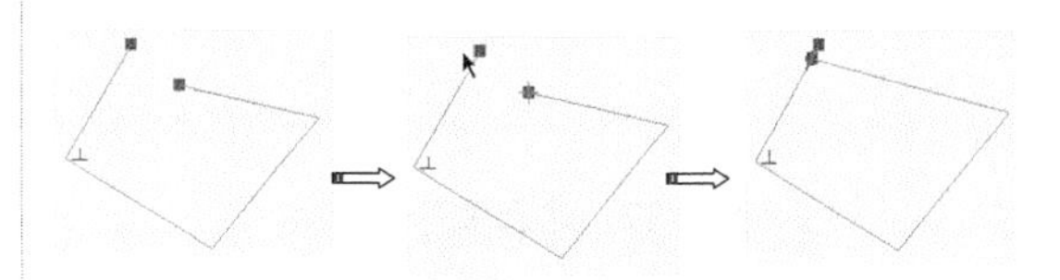

图 5-33　对齐在图元上

2．对齐在中心点或者端点上

单击【重合】按钮，选择两个要对齐的点，即建立起对齐关系，如图 5-34 所示。

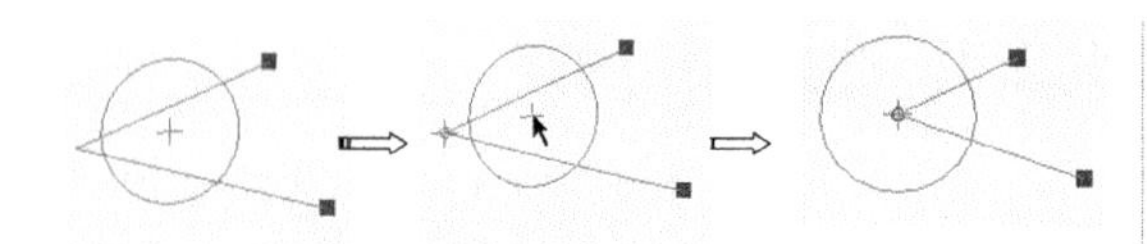

图 5-34　对齐在图元端点上

3．共线

单击【重合】按钮，选择要共线的两条线，则所选取的一条线会与另一条线共线，或者与另一条线的延长线共线，如图5-35所示。

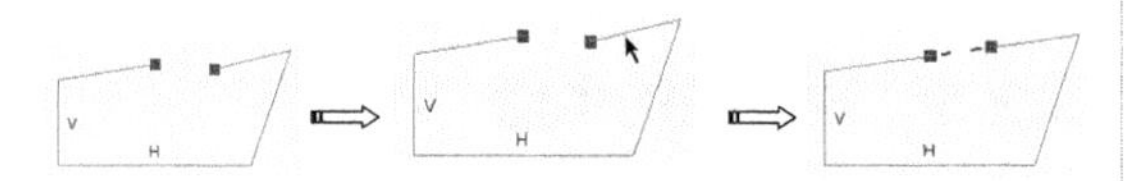

图 5-35　建立共线约束

5.2.7　建立对称约束

单击【对称】按钮后，程序会提示选取中心线和两顶点来使它们对称，选择顺序没有要求，选择完毕后被选两点即建立关于中心线的对称关系，对称两点上有【＞＜】标记符号，如图5-36所示。

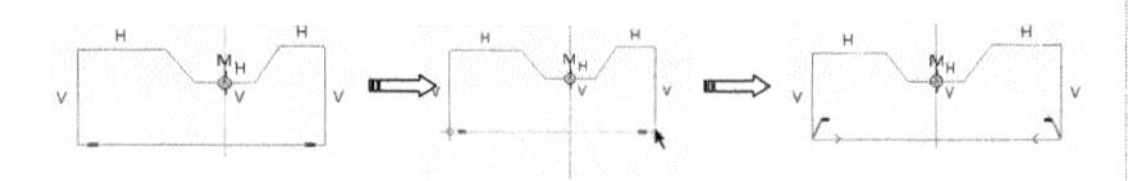

图 5-36　建立对称约束

5.2.8　建立相等约束

单击【相等】按钮 = 后，可以选取两条直线令其长度相等；或选取两个圆弧 / 圆 / 椭圆令其半径相等；也可以选取一个样条与一条线或圆弧，令它们曲率相等，如图5-37所示。

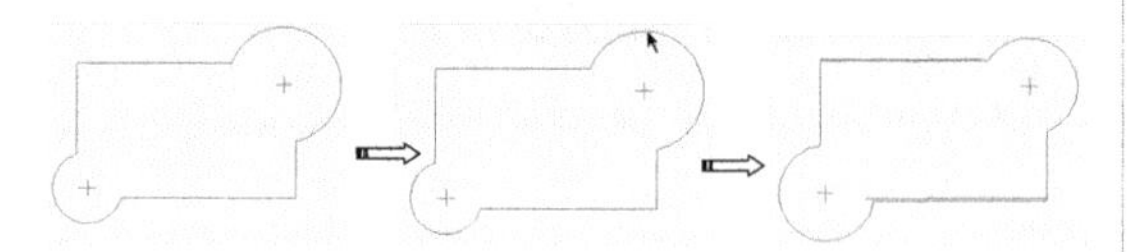

图 5-37　建立相等约束

5.2.9　建立平行约束

单击【使两线平行】按钮//后，选取要建立平行约束的两条线，相互平行的两条线旁都有一个相同的【||1】（1为序数）标记，如图5-38所示。

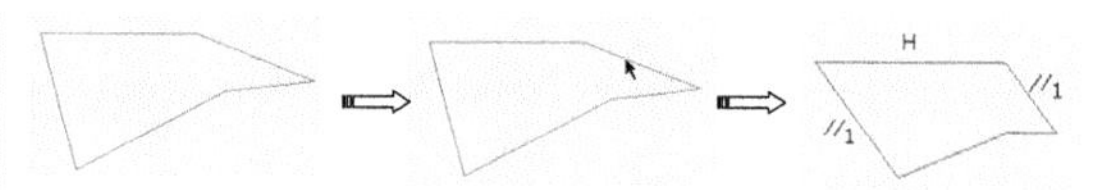

图 5-38　建立平行约束

动手操作——绘制调整垫片草图

下面以绘制如图5-39所示的调整垫片的二维图形为例来讲述绘制草图的步骤及操作方法，使用户进一步加深理解。

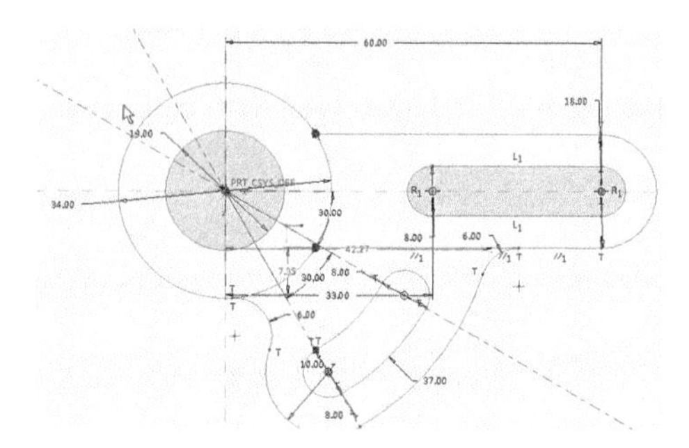

图 5-39　调整垫片

操作步骤：

01 新建名为【调整垫片】的草图文件。设置工作目录，并进入草绘模式。

02 单击【草绘】选项卡下【草绘】组中的【中心线】按钮，绘制如图5-40所示的中心线并修改角度尺寸。

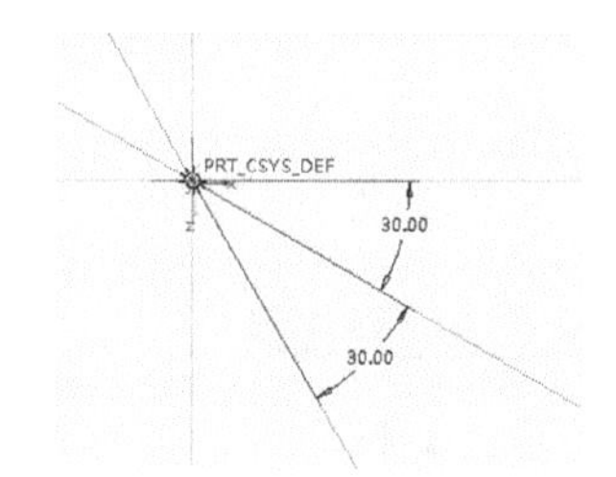

图 5-40　绘制中心线

03 单击【圆心和点】按钮，绘制如图5-41所示的圆并修改半径尺寸。

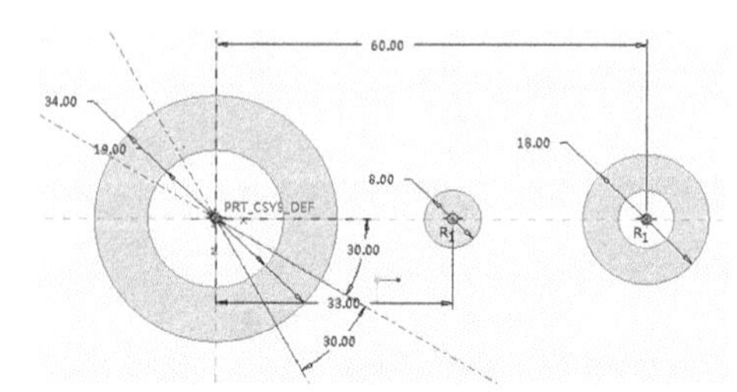

图 5-41　绘制圆

04 单击【线】按钮，绘制如图 5-42 所示的直线段。

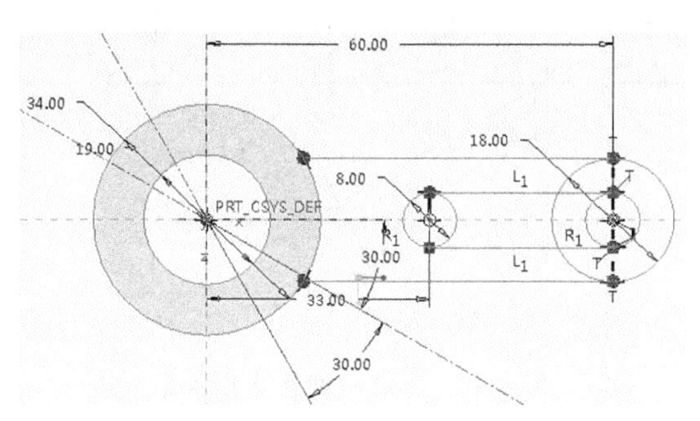

图 5-42　绘制直线段

05 单击【删除段】按钮，将图形修剪为如图 5-43 所示的效果。

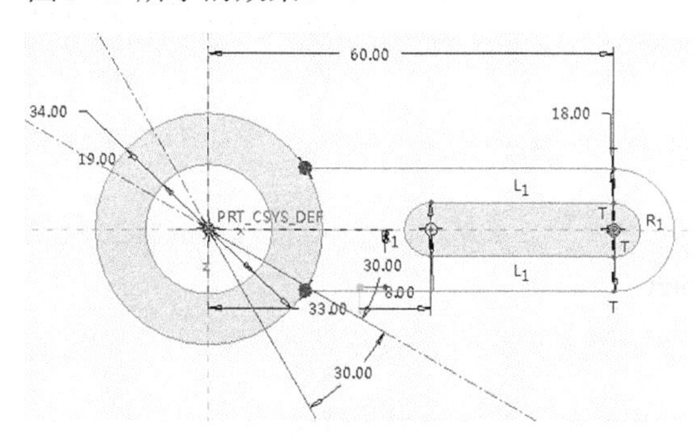

图 5-43　修剪图形

06 单击【圆心和点】按钮，绘制如图 5-44 所示的圆并修改半径尺寸。

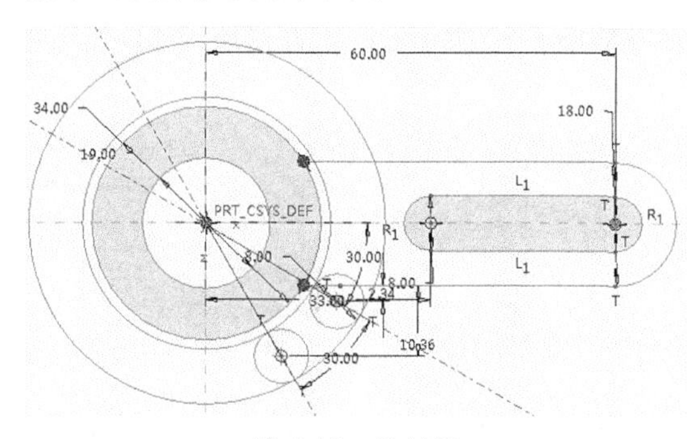

图 5-44　绘制圆

07 单击【相切】按钮，将刚才绘制的圆与已知圆进行相切约束，效果如图 5-45 所示。

08 单击【删除段】按钮，将图形修剪为如图 5-46 所示的效果。

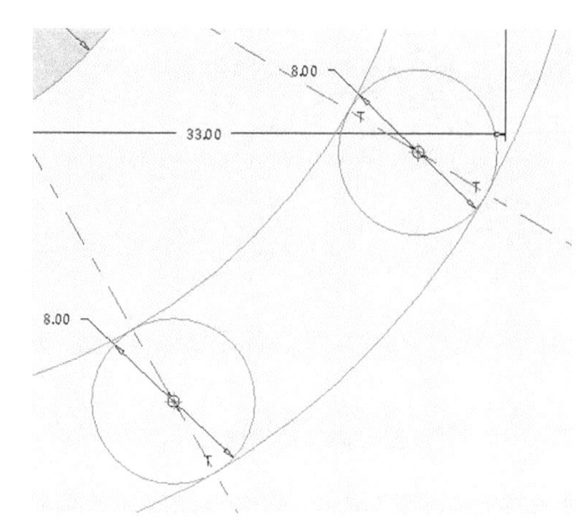

图 5-45　创建相切约束

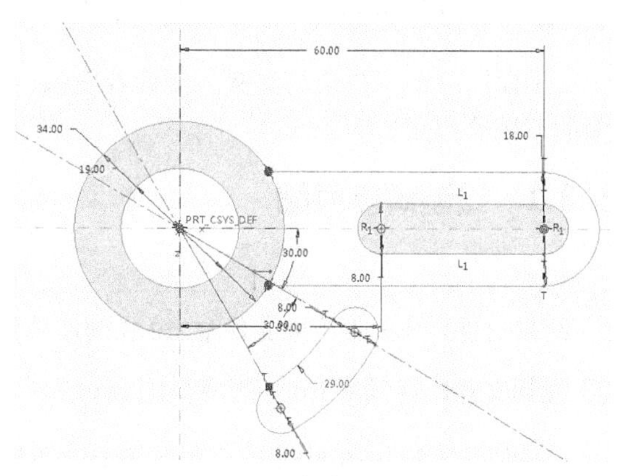

图 5-46　修剪后的图形

09 单击【圆心和点】按钮，绘制如图 5-47 所示的圆并修改半径尺寸。

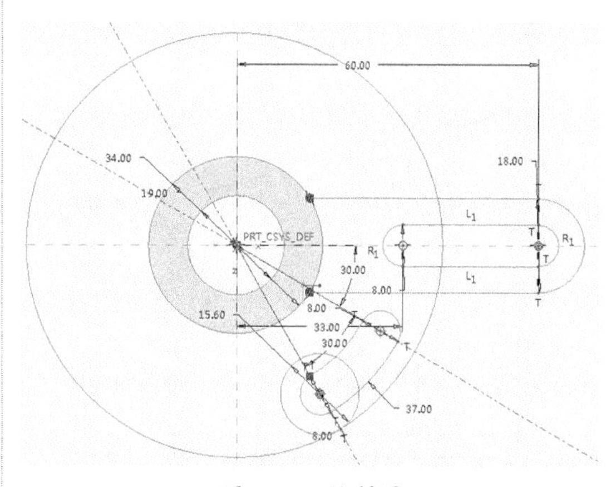

图 5-47　绘制圆

10 单击【圆形】按钮，绘制如图 5-48 所示的圆弧。

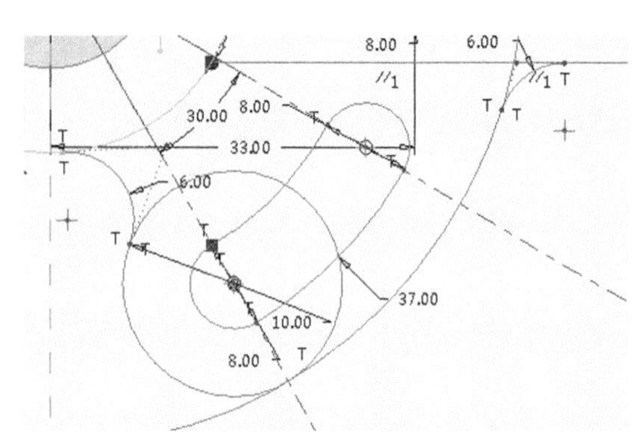

图 5-48 绘制圆弧

11 单击【删除段】按钮，将多余的线段修剪掉，最终效果如图 5-49 所示。

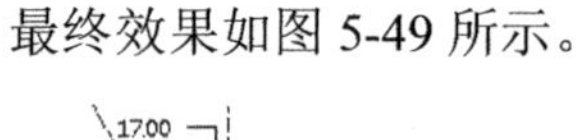
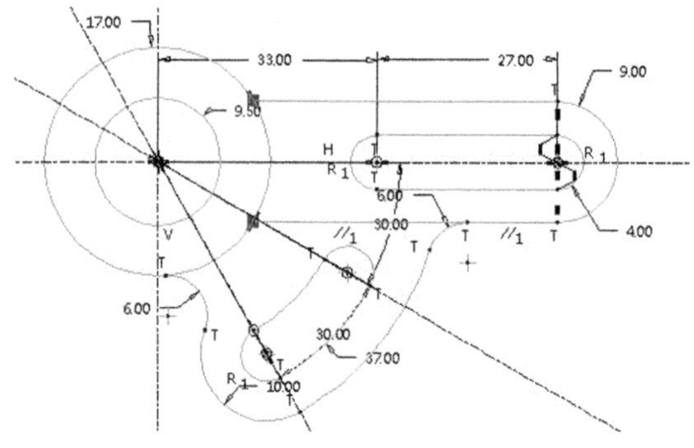

图 5-49 完成的调整垫片草图

5.3 拓展训练——草图绘制

下面以两个草图绘制案例，使读者熟悉、熟练利用草图功能绘制较为复杂的草图，温习前面的草图绘制知识。

5.3.1 绘制阀座草图

◎ **结果文件：实例 \ 结果文件 \Ch05\ 阀座草图 .prt**

◎ **视频文件：视频 \Ch05\ 阀座草图 .avi**

下面以绘制如图 5-50 所示阀座草图为例来讲述草图的绘制步骤及操作方法，使用户进一步加深理解。

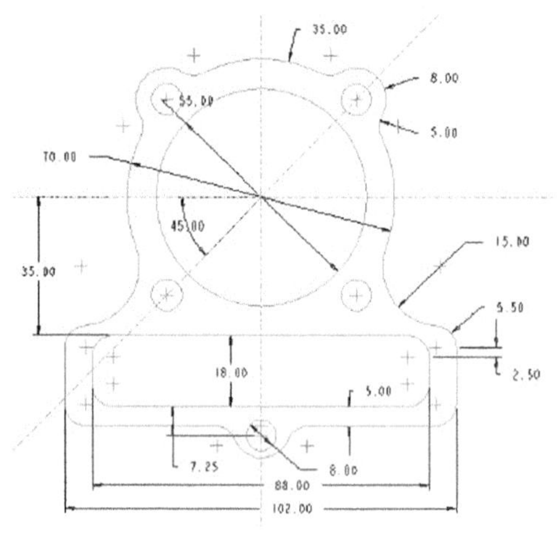

图 5-50 阀座草图

操作步骤：

01 新建名为【阀座草图】的草图文件，设置工作目录，并进入草图模式。

02 单击【中心线】按钮，绘制如图 5-51 所示的中心线。

03 单击【圆】按钮，选择【圆心和点】方式，绘制如图 5-52 所示的圆，并修改尺寸。

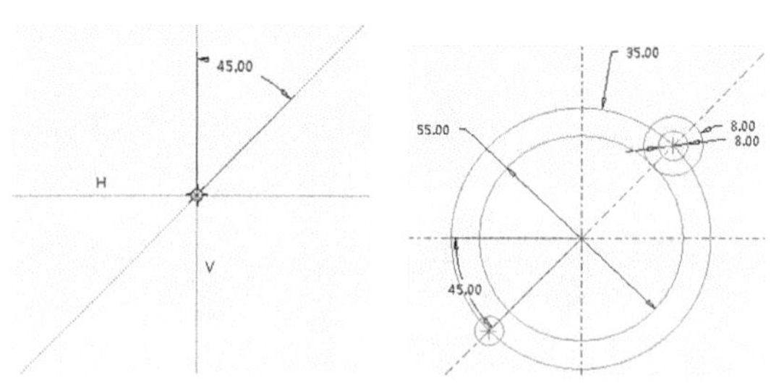

图 5-51 绘制中心线　　图 5-52 绘制圆

04 单击【圆角】按钮，选择【圆形】命令，绘制如图 5-53 所示的圆角。

05 选择图元后单击【镜像】按钮，然后选择中心线，如图 5-54 所示。

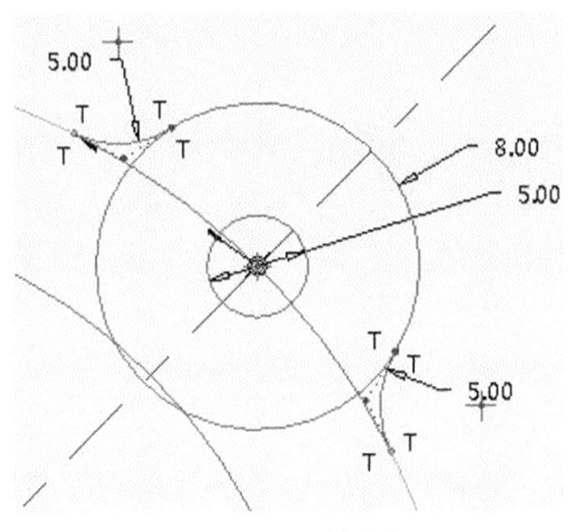

图 5-53　绘制圆角

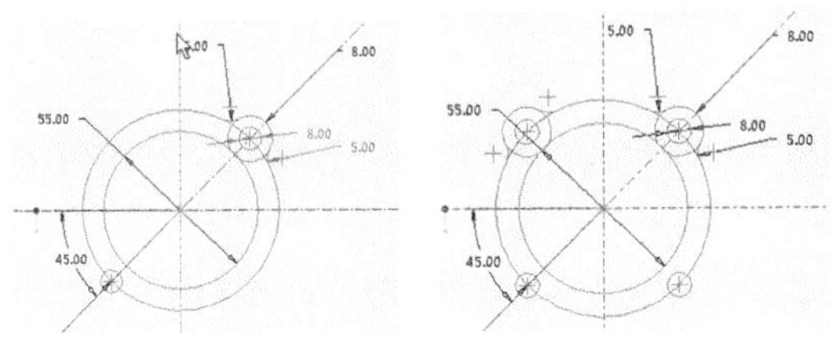

图 5-54　镜像前后的图形

06 单击【直线】按钮，绘制如图 5-55 所示的直线。

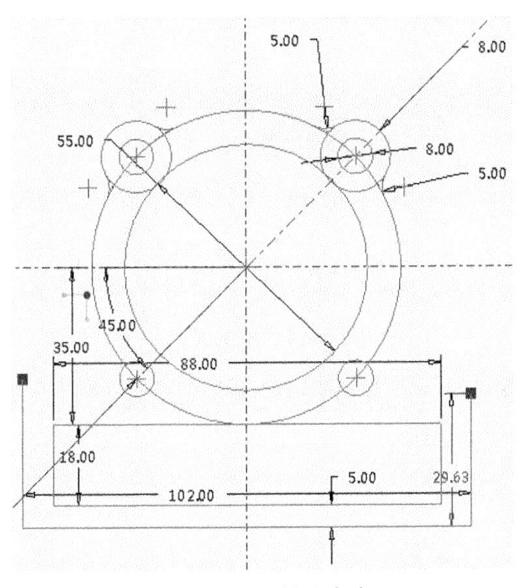

图 5-55　绘制的直线

07 单击【圆】按钮，选择【3 点】方式，绘制如图 5-56 所示的圆。

08 单击【圆角】按钮，选择【圆形】方式，绘制如图 5-57 所示的圆角。

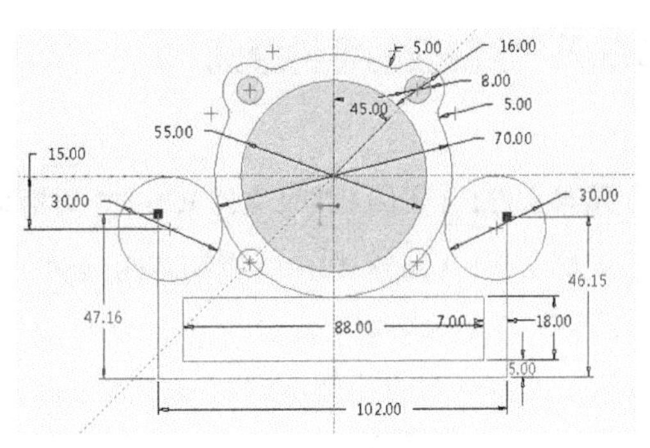

图 5-56　绘制圆

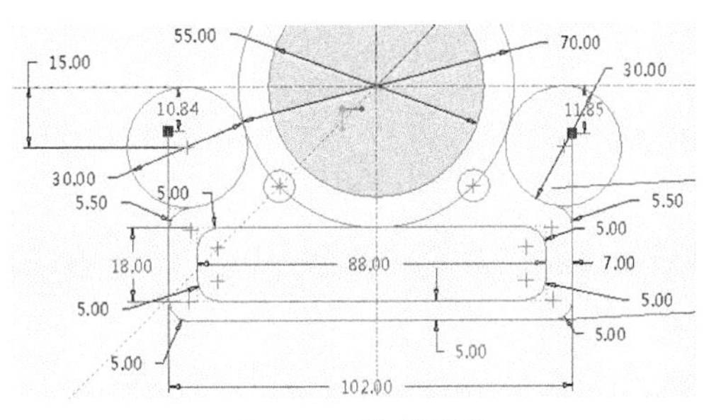

图 5-57　绘制圆角

09 单击【圆】按钮，选择【圆心和点】方式，绘制如图 5-58 所示的圆。

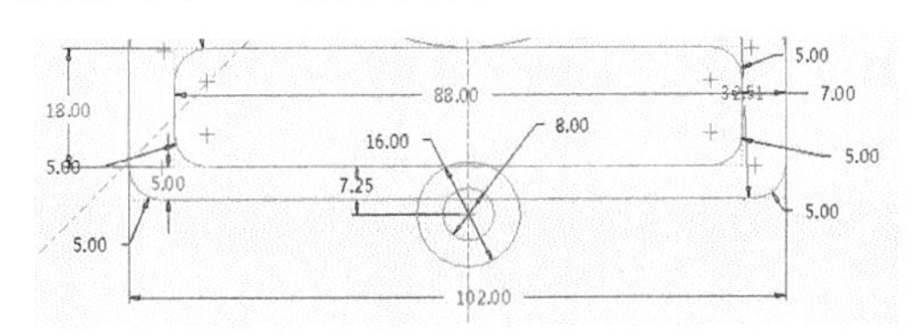

图 5-58　绘制的圆

10 在【草图】选项卡的【编辑】组中单击【删除段】按钮，删除多余的线段、弧。得到如图 5-59 所示的效果图。

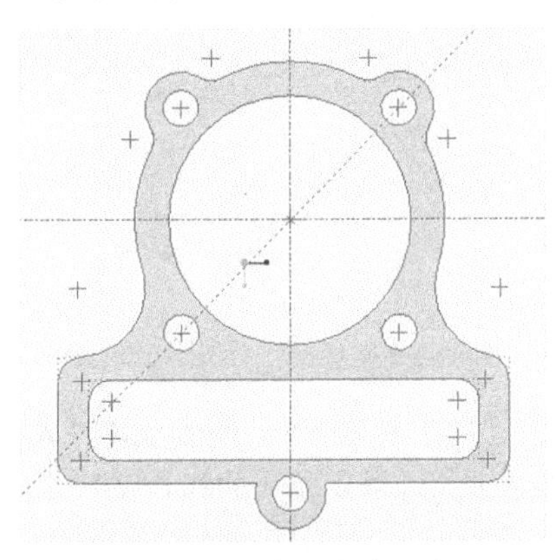

图 5-59　修剪后得到的图形

5.3.2　绘制摇柄零件草图

◎ **结果文件：\实例\结果文件\Ch05\摇柄草图.prt**

◎ **视频文件：\视频\Ch05\摇柄草图.avi**

下面以绘制如图5-60所示的摇柄轮廓图为例来讲述草图的绘制步骤及操作方法，使用户进一步加深理解。

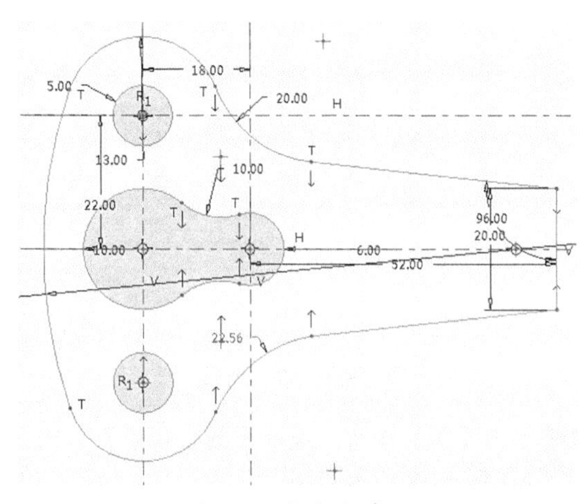

图5-60　摇柄轮廓图

操作步骤：

01 新建名为【摇柄草图】的草图文件。设置工作目录，并进入草绘模式。

02 单击【中心线】按钮，绘制如图5-61所示的中心线并修改距离为22和18。

03 单击【圆心和点】按钮，绘制如图5-62所示的圆并修改半径尺寸。

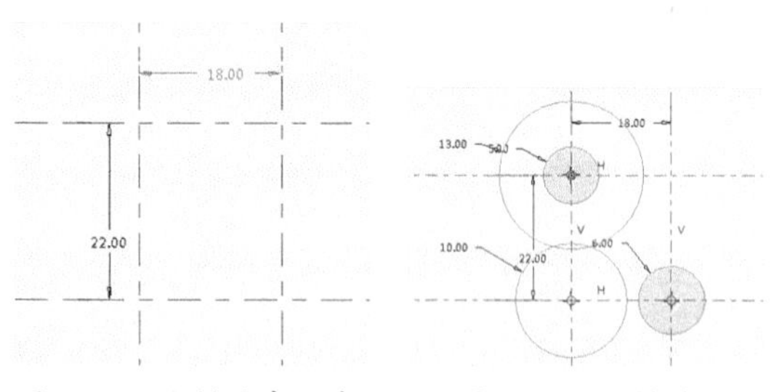

图5-61　绘制的中心线　　图5-62　绘制圆

04 单击【线】按钮，绘制如图5-63所示的直线段并修改其定位尺寸和长度尺寸。

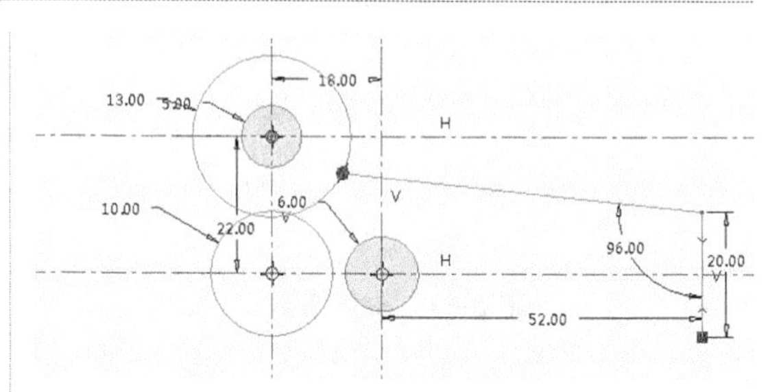

图5-63　绘制直线段

05 单击【圆形】按钮，绘制如图5-64所示的两圆弧并修改其半径为20和10。

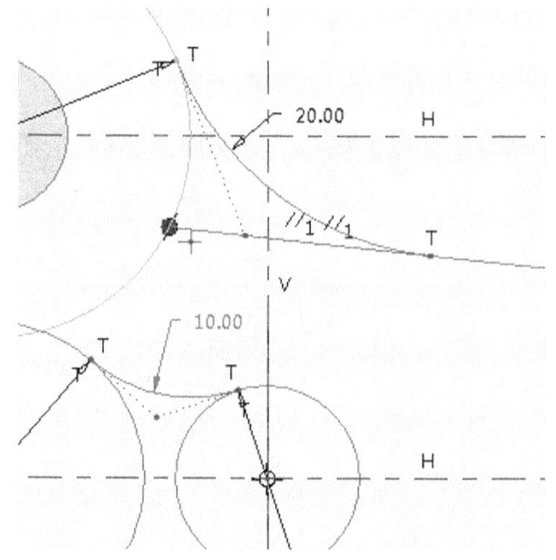

图5-64　绘制圆弧

06 单击【删除段】按钮，按照如图5-65所示修剪图形。

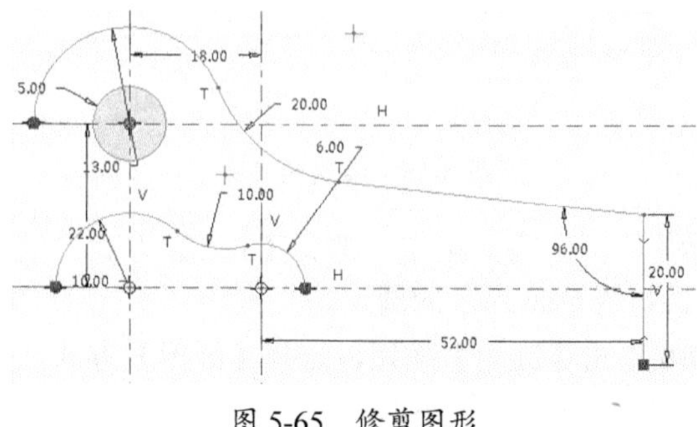

图5-65　修剪图形

07 选择前面绘制的圆弧和直线段，单击【镜像】按钮 ，从绘图区中选择水平轴线作为镜像轴线，完成镜像操作，效果如图 5-66 所示。

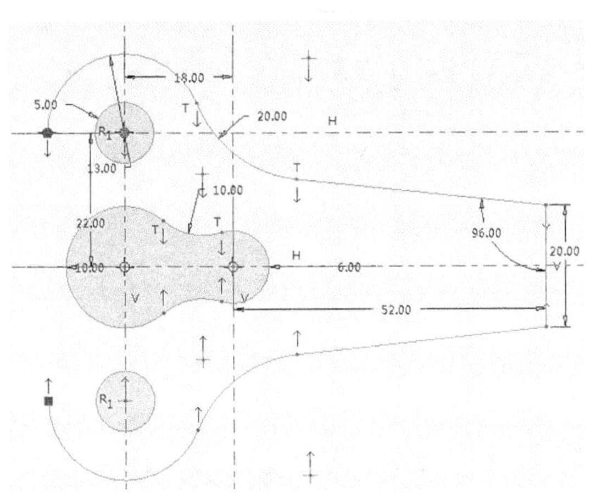

图 5-66　镜像图形

08 单击【圆心和点】按钮 ，绘制与左上左下两圆弧相切的圆并修改其半径为 80，效果如图 5-67 所示。

09 单击【删除段】按钮，将多余的线段修剪掉，效果如图 5-68 所示。

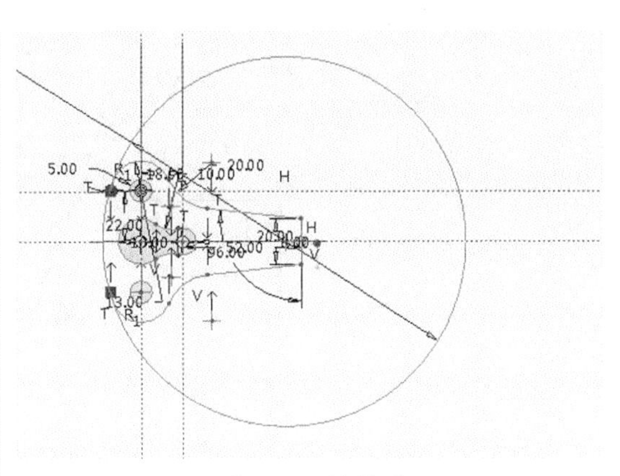

图 5-67　绘制圆

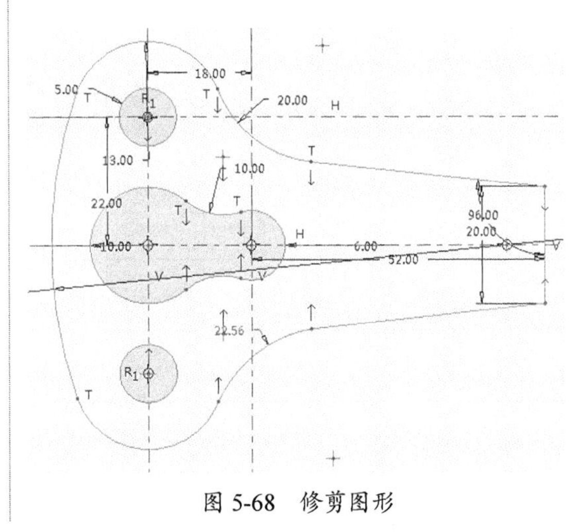

图 5-68　修剪图形

5.4　课后习题

1．绘制弯钩草图

在草图模式中绘制出如图 5-69 所示的弯钩草图。

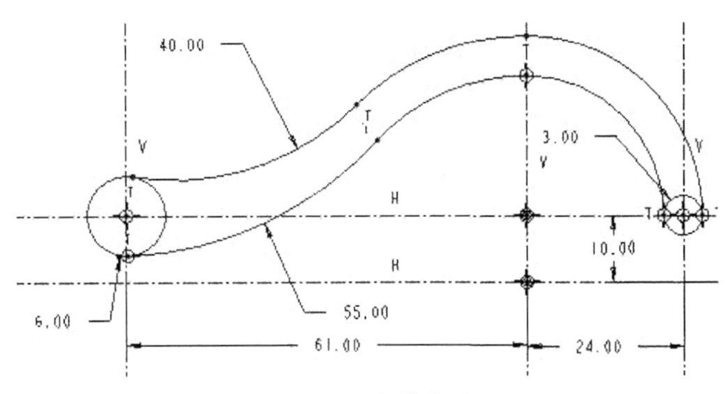

图 5-69　弯钩草图

2．绘制变速箱截面草图

绘制如图 5-70 所示的变速箱截面草图。

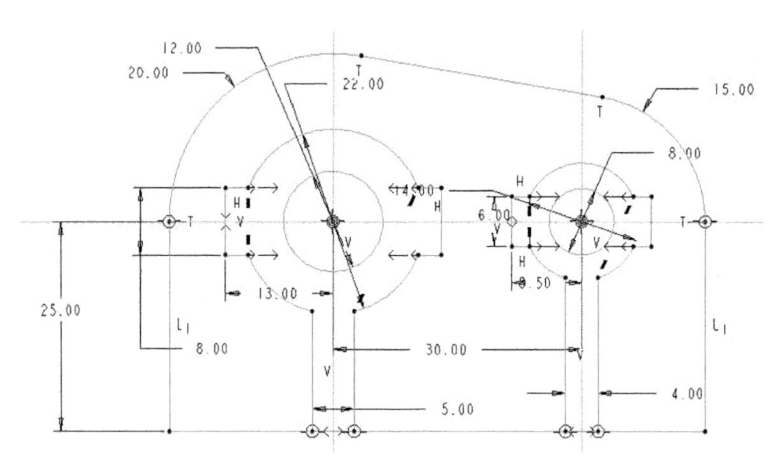

图 5-70　变速箱截面草图

读书笔记

第6章 形状特征设计

形状特征设计是初学者学习 Creo 4.0 的关键阶段，是入门的知识，可以帮助您了解软件的基本功能、基本应用及实战能力。本章主要讲解如何将二维草图变成三维实体，主要使用特征建模的方法。还将详细介绍拉伸特征和旋转特征、扫描特征和混合特征的创建方法，通过本章的学习，读者可以掌握在 Creo 4.0 中利用基本特征进行零件模型建模的方法和步骤。

知识要点

- 拉伸特征
- 旋转特征
- 扫描特征
- 混合特征

6.1 拉伸特征

拉伸特征是将一个截面沿着与截面垂直的方向延伸，进而形成实体的造型方法。拉伸特征适合创建比较规则的实体。拉伸特征是最基本和常用的特征造型方法，而且操作比较简单，工程实践中的多数零件模型，都可以看作是多个拉伸特征相互叠加或切除的结果。

6.1.1 【拉伸】操控板

单击【模型】选项卡下【形状】组中的【拉伸】按钮，可以打开如图 6-1 所示的【拉伸】操控板，使用拉伸方式建立实体特征。

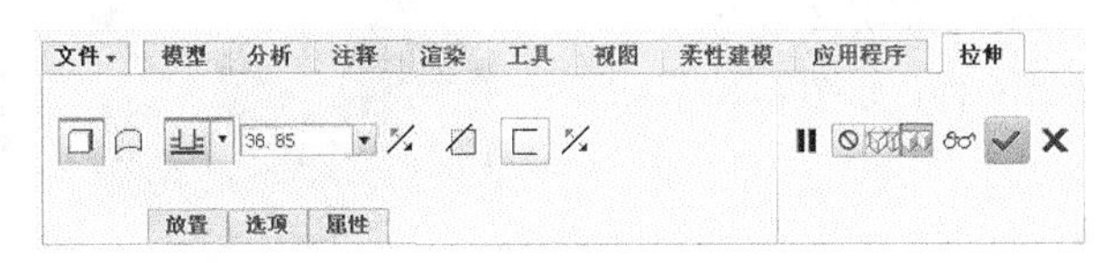

图 6-1 【拉伸】操控板

下面首先对【拉伸】操控板中的一些相关按钮、选项进行说明。

- 【拉伸为实体】按钮：用于生成实体特征。
- 【拉伸为曲面】按钮：用于生成曲面特征。
- 下拉列表：用于选择创建拉伸特征的拉伸方法。
- 数值框：用于输入拉伸长度。
- 按：用于选择拉伸方向。
- 【移除材料】按钮：用于选择去除材料。
- 【加厚草绘】按钮：用于选择生成薄壁特征。
- 【暂停】、【无预览】、【分离】、【连接】、【特征预览】、【应用并保存】、【关闭】按钮：可以预览生成的拉伸特征，进而完成或取消拉伸特征的建立。

打开【拉伸】操控板的【放置】选项卡，如图 6-2 所示，此时可以选择已有曲线作为拉伸特征的截面，也可以断开特征与草图之间的联系。

图 6-2 【放置】选项卡

【拉伸】操控板中的【选项】选项卡，如图 6-3 所示，在其中可以设置计算拉伸长度的方式和拉伸长度。

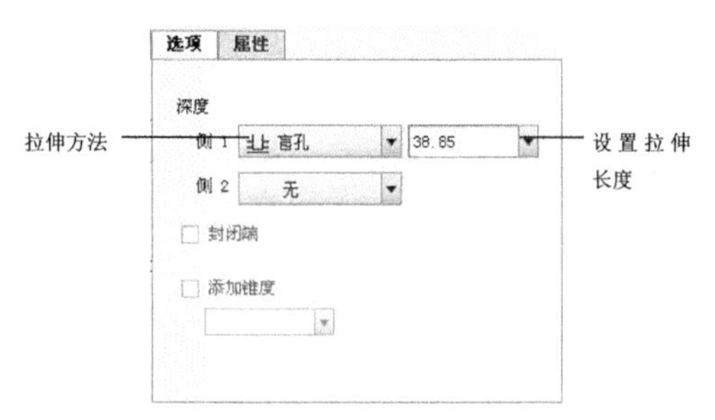

图 6-3 【选项】选项卡

【拉伸】操控板中的【属性】选项卡用于显示或更改当前拉伸特征的名称，单击【显示此特征的信息】按，可以显示当前拉伸特征的具体信息。

6.1.2 掌握【拉伸】方法

【拉伸】操控板中的拉伸方法其实就是指定特征的生长长度。在三维实体建模中，确定特征深度方法主要有 6 种，如图 6-4 所示。

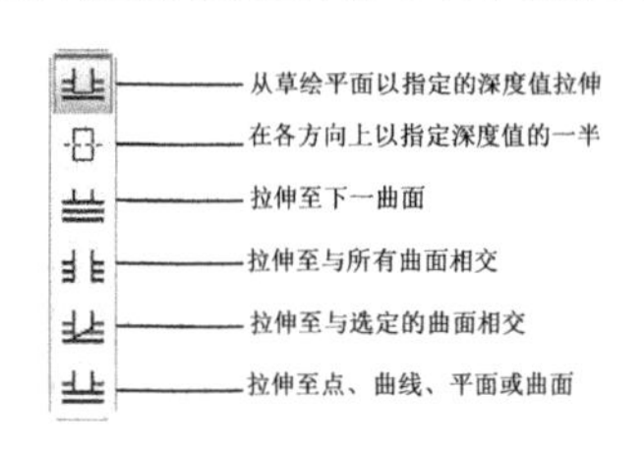

图 6-4 拉伸深度类型

1. 从草绘平面以指定的深度值拉伸

如图 6-5 所示为三种不同方法从草绘平面以指定的深度值拉伸。

2. 在各方向上以指定深度值的一半

此类型是在草绘截面两侧分别拉伸实体特征。在深度类型下拉列表中单击【在各方向上以指定深度值的一半】按钮，然后在文本框中输入数值，程序会将草绘截面以草绘基准平面往两侧拉伸，深度各为一半。如图 6-6 所示为单侧拉伸与双侧拉伸。

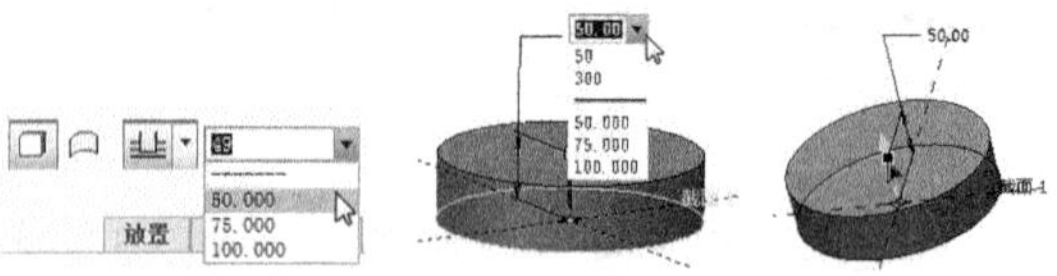

图 6-5 3 种数值输入方法设定拉伸深度

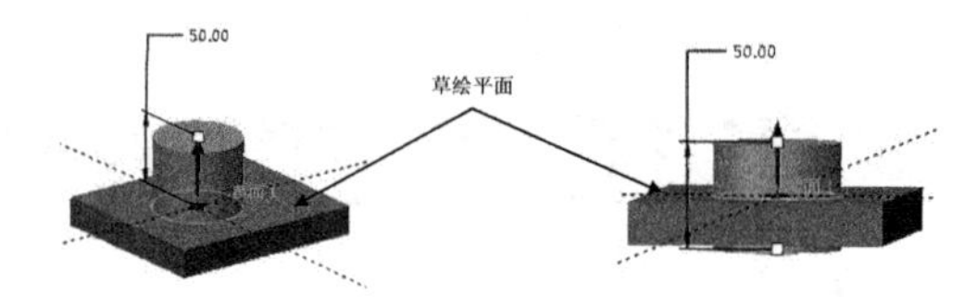

图 6-6 单侧拉伸和双侧拉伸

3. 拉伸至下一曲面

单击【拉伸至下一曲面】按钮后，实体特征拉伸至拉伸方向上的第一个曲面，如图 6-7 所示。

4. 拉伸至与所有曲面相交

选择【拉伸至与所有曲面相交】按钮后，可以创建穿透所有实体的拉伸特征，如图 6-8 所示。

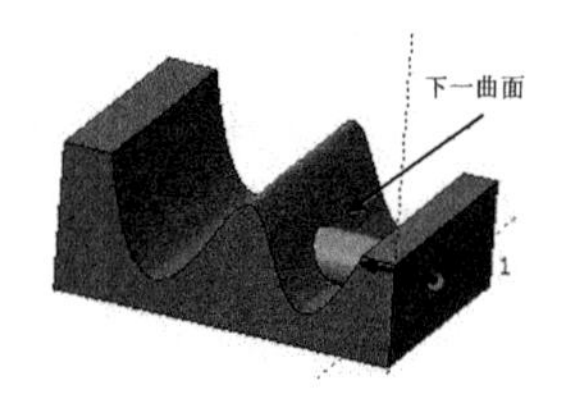

图 6-7 拉伸至下一个曲面

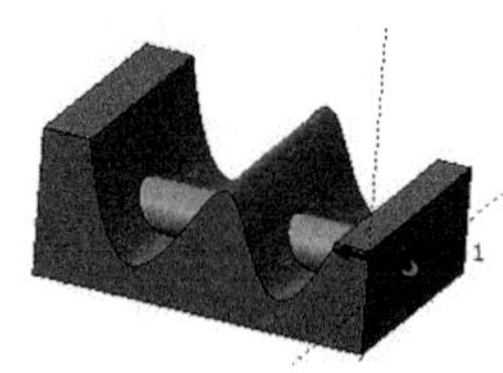

图 6-8 拉伸至与所有曲面相交

5. 拉伸至与选定的曲面相交

如果单击【拉伸至与选定的曲面相交】按钮，根据程序提示要相交的曲面，即可创建拉伸实体特征，如图 6-9 所示。

技术要点

此拉伸深度类型，只能选择在截面拉伸过程中所能相交的曲面。否则不能创建拉伸特征。如图 4-10 所示，选定没有相交的曲面，不能创建拉伸特征，并且强行创建特征会弹出【故障排除器】对话框。

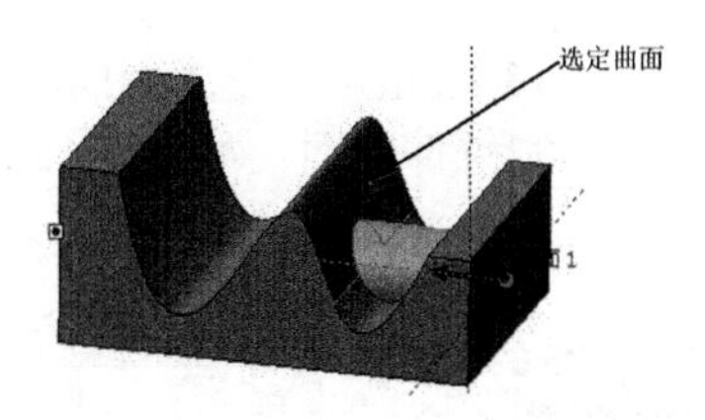

图 6-9　拉伸至与选定的曲面相交

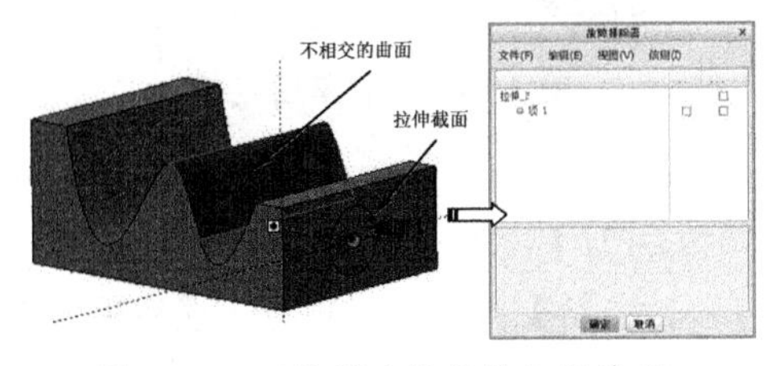

图 6-10　不能创建拉伸特征的情形

6．拉伸至点、曲线、平面或曲面

单击【拉伸至点、曲线、平面或曲面】按钮，将创建如图 6-11 所示的指定点、线、面为参考的实体模型。

> **技术要点**
>
> 如果是加材料拉伸草绘截面，程序总是将方向指向实体外部；如果是减材料拉伸，则总是指向内部的。

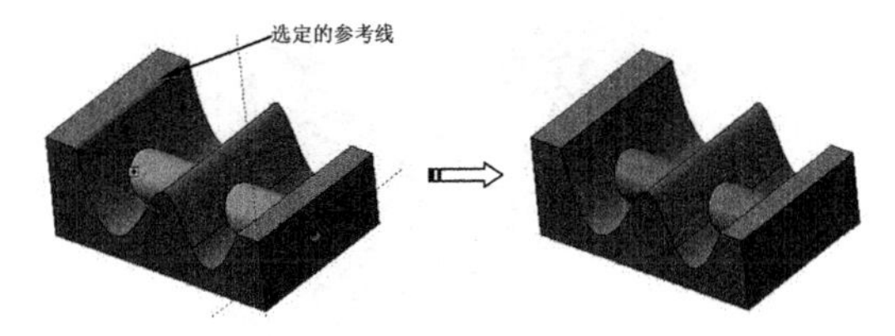

图 6-11　使用边线作为特征参考

6.1.3　拉伸截面

在实体拉伸截面过程中，需要注意以下几方面内容：

- 拉伸截面可以是封闭的，也可以是开放的。但零件模型的第一个拉伸特征的拉伸截面必须是封闭的。
- 如果拉伸截面是开放的，那么只能有一条轮廓线，所有的开放截面必须与零件模型的边界对齐。
- 封闭的截面可以是单个或多个不重叠的环线。
- 封闭的截面如果是嵌套的环线，最外面的环线被用作外环，其他环线被当作洞来处理。

若所绘截面不满足以上要求，通常不能正常结束草绘进入到下一步骤，如图 6-12 所示，草绘截面区域外出现了多余的图元，此时在所绘截面不合格的情况下若单击【确定】按钮，程序在信息区会出现错误提示框，此时单击【否】按钮，就可以继续编辑图形，将其修剪后再进行下一步。

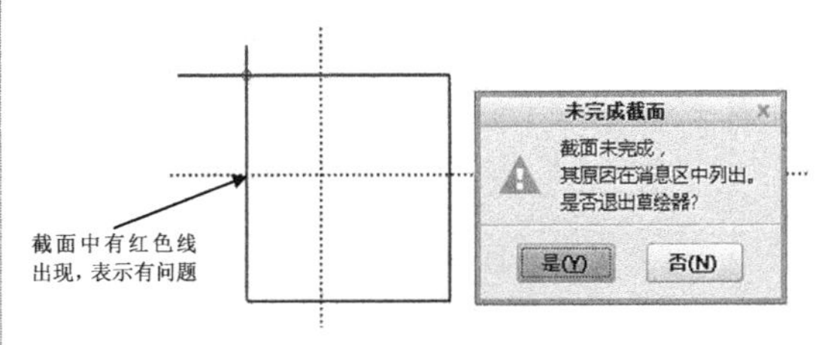

图 6-12　未完成截面

动手操作——创建拉伸特征

01 打开 Creo，设置工作目录。

02 单击【新建】按钮，打开【新建】对话框。新建名为【拉伸】的零件文件，选择公制模版后进入建模环境，如图 6-13 所示。

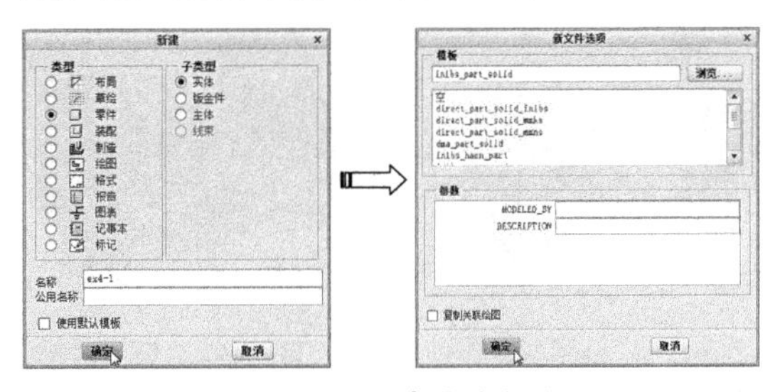

图 6-13　新建零件文件

03 在【模型】选项卡的【形状】组中单击【拉伸】按钮，弹出【拉伸】操控板。然后选择 TOP 基准平面作为草绘平面并自动进入到草绘环境中，如图 6-14 所示。

04 首先在坐标系原点位置绘制两条中心线，如图 6-15 所示。

> **技术要点**
>
> 只有绘制了中心线后，才能使用动态的【对称】约束。

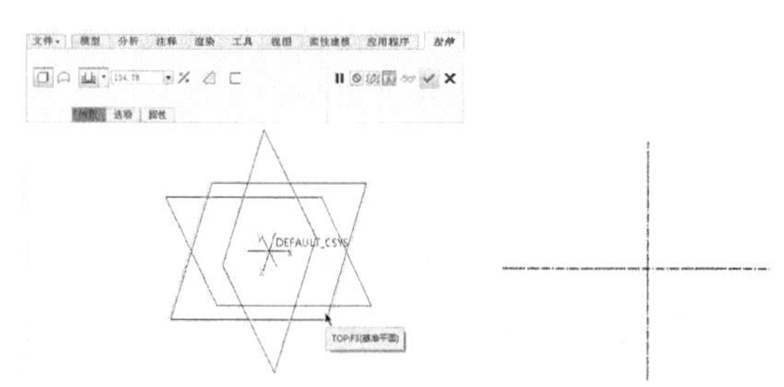

图 6-14　选择草绘平面　　　图 6-15　绘制中心线

05 使用草绘工具绘制拉伸截面。结果如图6-16所示。

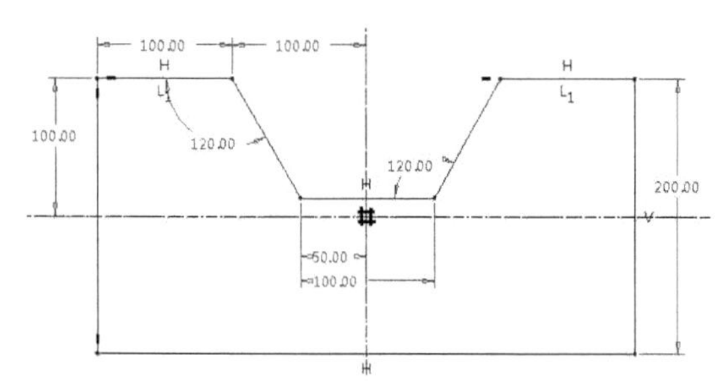

图 6-16　绘制拉伸截面

06 退出草绘环境，选择【指定深度值拉伸】模式，在深度文本框中输入值200，预览无误后单击【应用】按钮，完成拉伸实体的创建，如图6-17所示。

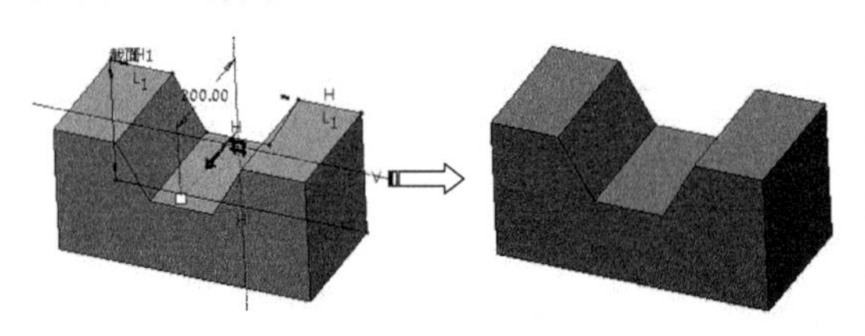

图 6-17　拉伸实体

07 单击【拉伸】按钮，选择图示平面作为草绘平面，绘制拉伸截面，如图6-18所示。

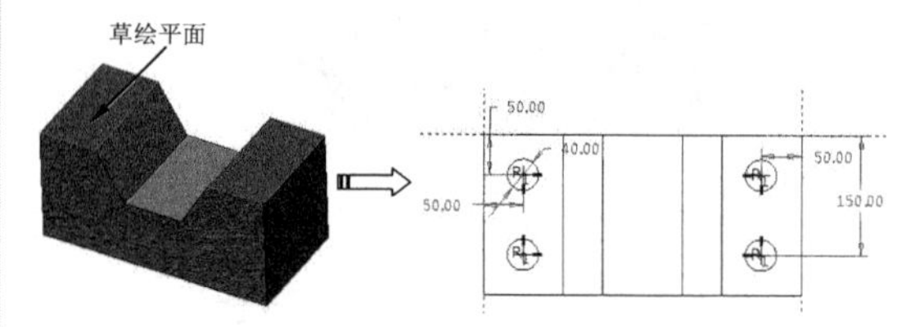

图 6-18　绘制草图截面

08 退出草绘环境后在【拉伸】操控板中设置拉伸方法为【拉伸至与所有曲面相交】，单击【移除材料】按钮，预览无误后单击【应用】按钮，完成拉伸创建，如图6-19所示。

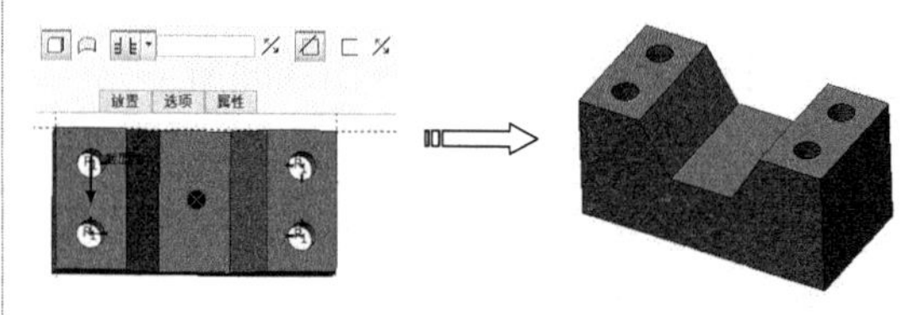

图 6-19　创建减材料特征

09 最后将创建拉伸零件保存到工作目录，最终效果如图6-20所示。

图 6-20　最终效果

6.2　旋转特征

使用【旋转】工具通过绕中心线旋转草绘的截面来创建特征。旋转几何可以是实体，也可以是曲面，可以添加或移除材料。旋转实体特征是指将草绘截面绕指定的旋转中心线旋转一定的角度后所创建的实体特征。

6.2.1　【旋转】操控板

创建旋转实体特征与创建拉伸实体特征的步骤基本相同。在【形状】组中单击【旋转】按钮。弹出如图6-21所示的操控板。

与拉伸实体特征类似，在创建旋转体特征时还可以用到以下几种工具，如单击【作为曲面旋转】按钮，可以创建旋转曲面特征；单击【移除材料】按钮，可以创建减材料旋转特征；

单击【加厚草绘】按钮□，可以创建薄壁特征。由于这些工具的用法与拉伸实体类似，这里也就不再赘述了。

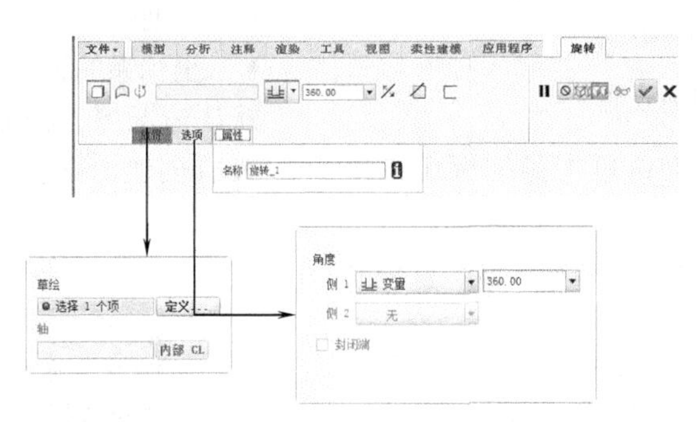

图 6-21　【旋转】操控板

6.2.2　旋转类型与角度

表 6-1 中列出了可用【旋转】工具创建的各种类型的几何。

表 6-1　旋转类型

旋转实体伸出项	
具有分配厚度的旋转伸出项（使用封闭截面创建）	
具有分配厚度的旋转伸出项（使用开放截面创建）	
旋转切口	
旋转曲面	

在构建旋转特征的草绘截面时应注意以下几点：

- 草绘截面时须绘制一条旋转中心线，此中心线不能利用基准中心线来创建，只能利用草绘的中心线工具。
- 截面轮廓不能与中心线交叉。
- 若创建实体类型，其截面必须是封闭的。
- 若创建薄壁或曲面类型，其截面可以是封闭的，也可以是开放的。

在创建旋转特征过程中，指定旋转角度的方法与拉伸深度的方法类似，旋转角度的方式有 3 种，如图 6-22 所示。

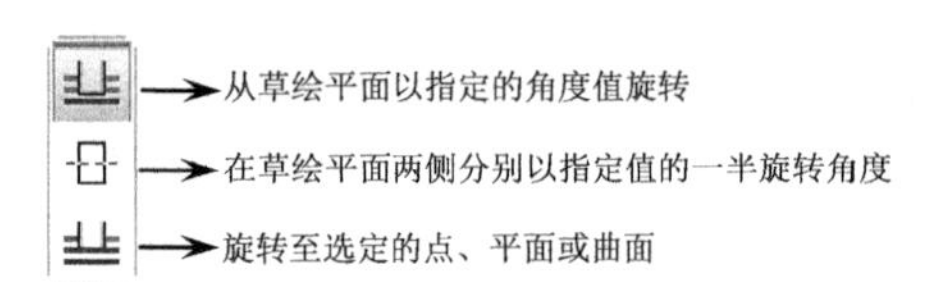

图 6-22 旋转角度的方式

- 设定旋转的方向：单击操控板上的【反向】按钮，也可以用鼠标接近图形上表示方向的箭头，当指针标识改变时单击鼠标左键。
- 设定旋转的角度：在操控板上输入数值，或者双击图形区域中的深度尺寸并在尺寸框中输入新的值进行更改；也可以用鼠标拖动此角度控制柄调整数值。

在如图 6-23 所示的图中，默认设置情况下，特征沿逆时针方向旋转到指定角度。单击操控板上的【反向】按钮，可以更改特征生成方向，草绘旋转截面完成后，在角度值输入框中输入角度值。

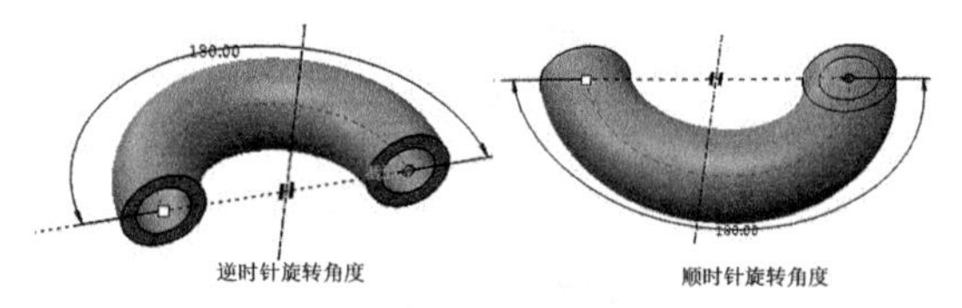

图 6-23 利用改变方向来创建旋转实体特征

如图 6-24 所示是在草绘两侧均产生旋转体，以及使用参考来确定旋转角度的示例，特征旋转到指定平面位置。

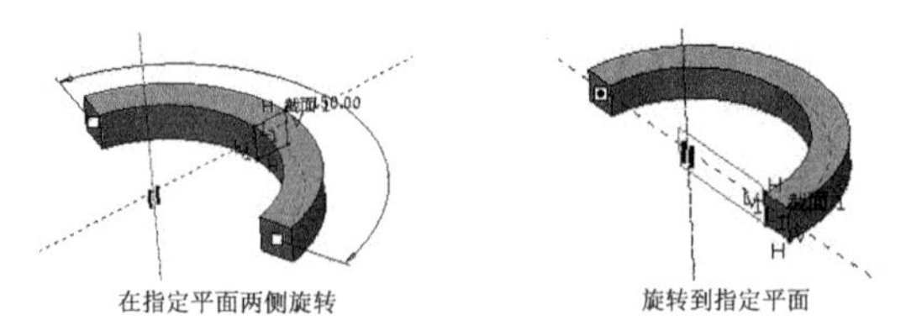

图 6-24 用两种旋转方式生成的旋转特征

6.2.3 旋转轴

旋转特征的旋转轴可以是外部参考，也可以是内部参考。

当选择【外部参考】时，可使用以下现有线性几何：

- 基准轴。
- 直边。
- 直曲线。
- 坐标系的轴。

默认情况下，Creo 使用内部参考，如果用户没有创建内部参考，在退出草绘环境后可选择外部参考，如图 6-25 所示。

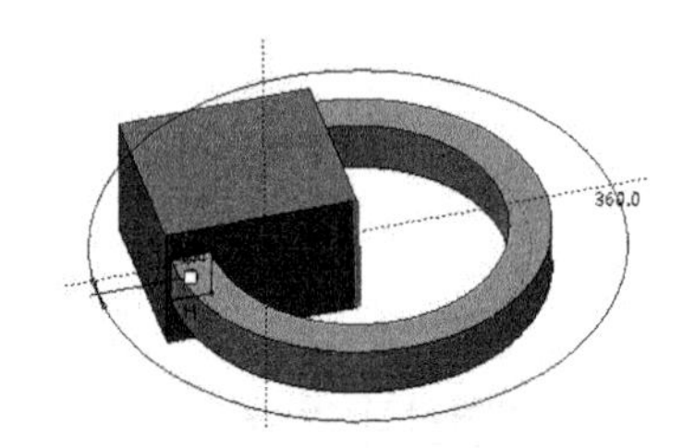

图 6-25 外部参考

【内部参考】是使用在【草绘器】中创建的几何中心线。这里所指的中心线是使用基准的【中心线】命令绘制的，草绘环境下的【草绘】组中的【中心线】命令所创建的中心线是不能作为旋转轴的。

创建的内部参考在退出草绘环境后会自动添加到【参考】收集器中。

技术要点

如果截面包含一条以上的几何中心线，则创建的第一条几何中心线作为旋转轴。旋转轴（几何参考或中心线）必须位于截面的草绘平面中。

动手操作——创建旋转特征

01 设置工作目录，新建命名为【旋转】的零件文件。

02 在【模型】选项卡的【形状】组中单击【旋转】按钮，弹出【旋转】操控板。按信息提示在选择 TOP 基准平面作为草绘平面，而自动进入草绘环境中。

技术要点

除在图形区中直接选择基准平面作为草绘平面外，还可以在模型树中选择基准平面。

03 首先使用基准中心线工具在坐标系原点位置绘制一条水平的参考中心线。

04 单击【线】按钮，绘制旋转轮廓截面，如图 6-26 所示。

05 单击【圆角】按钮，对基本草图进行圆角处理，如图 6-27 所示。

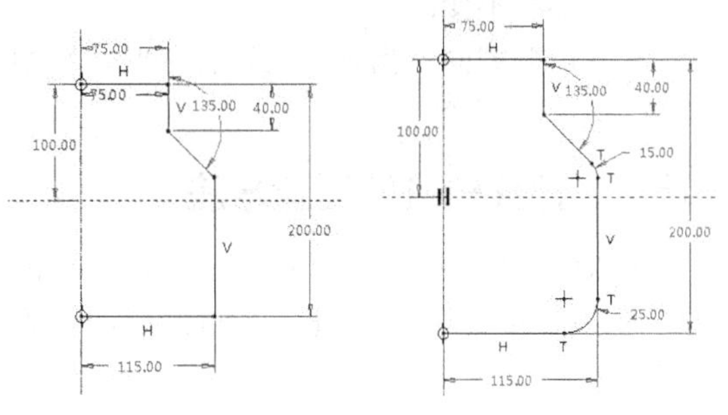

图 6-26　绘制截面图　　图 6-27　倒圆角修剪

06 退出草图环境，Creo 自动选择内部的基准中心线作为旋转轴，并显示旋转特征的预览，如图 6-28 所示。

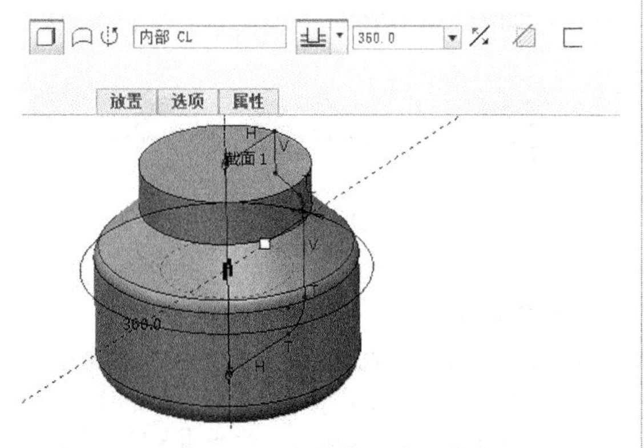

图 6-28　旋转特征的预览

07 单击【应用】按钮完成旋转特征的创建。再次单击【旋转】按钮，选择 TOP 平面为草绘平面，绘制旋转截面，退出草绘。单击【移除材料】按钮，预览无误后单击【应用】按钮完成旋转零件的创建，如图 6-29 所示。

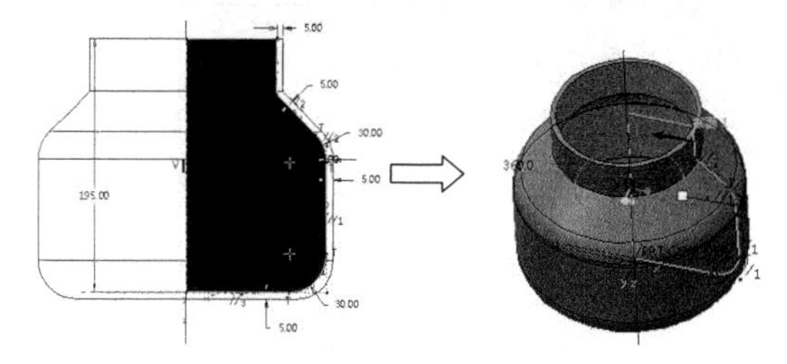

图 6-29　移除材料

08 保存到工作目录，结果如图 6-30 所示。

图 6-30　旋转特征

6.3 扫描特征

扫描特征主要由扫描轨迹和扫描截面构成，如图 6-31 所示。扫描轨迹可以指定现有的曲线、边，也可以进入草绘器进行草绘。扫描的截面包括恒定截面和可变截面。

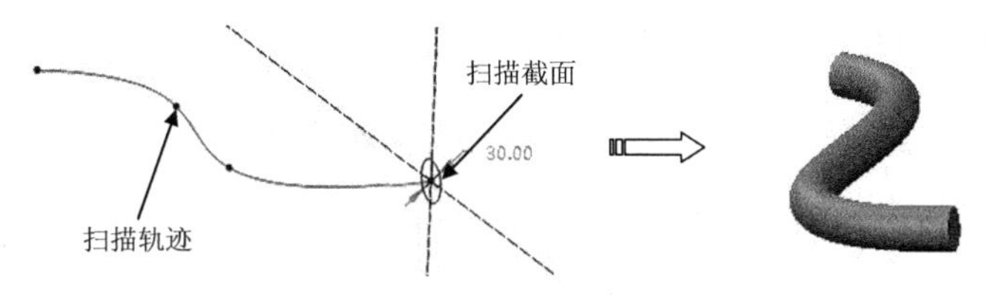

图 6-31　扫描特征的构成

6.3.1 【扫描】操控板

在【形状】组中单击【扫描】按钮，功能区弹出【扫描】操控板，如图 6-32 所示。

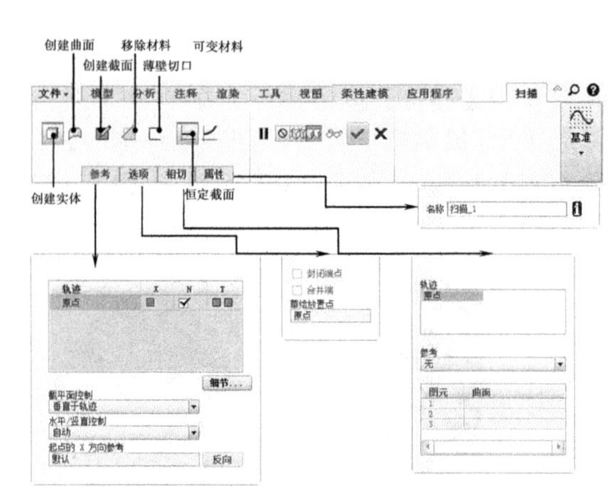

图 6-32 【扫描】操控板

除了使用操控板中的【参考】、【选项】、【相切】等选项卡来设置扫描特征的选项，还可以在图形区中右击来选择右键快捷菜单中的命令，如图 6-33 所示。

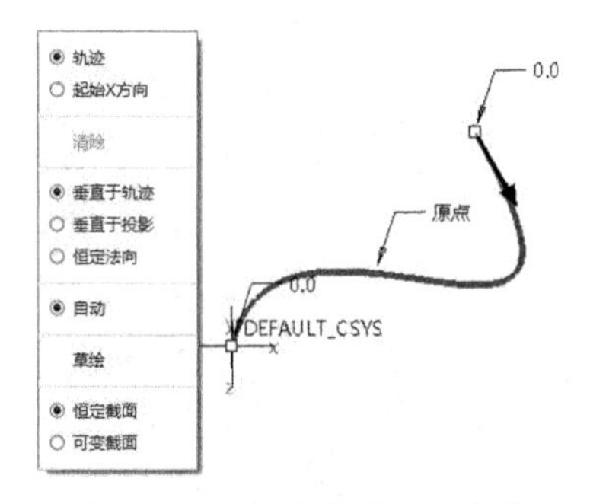

图 6-33 扫描的右键快捷菜单

各菜单命令含义如下：

- 轨迹：激活【轨迹】收集器。
- 起始 X 方向：激活【起点的 X 方向参考】收集器。
- 清除：清除活动收集器。不能清除原点轨迹参考或法向、X 和相切轨迹。
- 垂直于轨迹：将移动框架设置为始终垂直于指定轨迹。
- 垂直于投影：将移动框架的 Y 轴设置为平行于指定方向，并将 Z 轴设置为沿指定方向与原点轨迹的投影相切。
- 恒定法向：将移动框架的 Z 轴设置为平行于指定方向。
- 自动：将截平面设置为由 XY 方向自动定向。
- 草绘：打开内部截面【草绘器】。
- 恒定截面：指定沿轨迹扫描时，截面形状不变。
- 可变截面：指定沿轨迹扫描时，截面形状可变。

6.3.2 扫描轨迹的创建方法

扫描轨迹通常有两种方法：选取已有的基准曲线、边和草绘轨迹。下面讲解两种方法的特点。

1. 选取已有的模型边

在零件设计过程中，常常会在已有的模型上创建附加特征（子特征），那么对于子扫描特征，只能选取现有的模型边作为扫描轨迹，如图 6-34 所示。

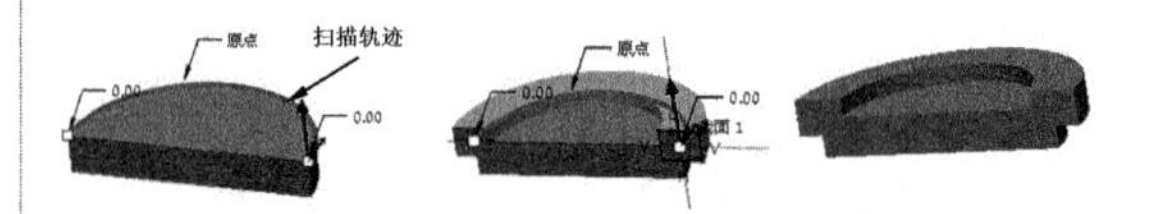

图 6-34 选取模型边作为扫描轨迹

技术要点

选取模型的边作为草绘轨迹的同时，您还可以用手动改变轨迹的长度。如图 4-35 所示，用光标拖动轨迹的端点，箭头由↖变为▶时，即可改变轨迹。

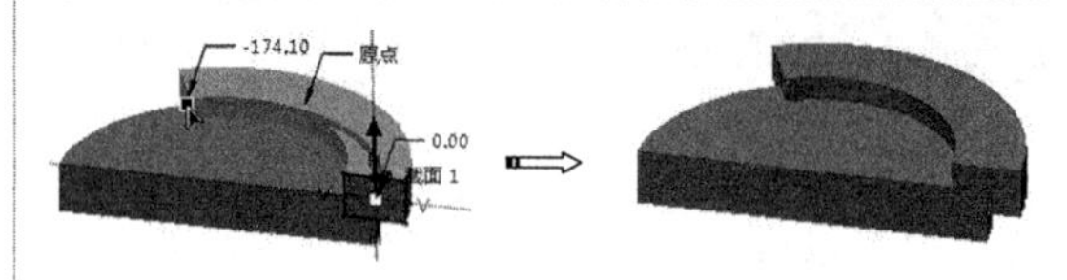

图 6-35 手动改变选取的扫描轨迹

技术要点

按住 Shift 键可以选择形成链的多个图元。如果需要，可单击【参考】选项卡上的【细节】按钮，打开【链】对话框来选择轨迹段。通过对话框须按 Ctrl 键进行选取，如图 6-36 所示。

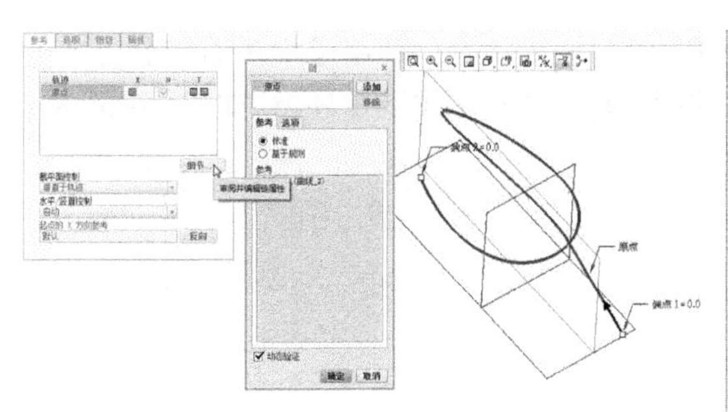

图 6-36　轨迹的选取方法

若选取扫描轨迹，所选的边或基准曲线一定是连续的。如图 6-37 所示为连续与不连续的轨迹所产生的结果。只要是模型的边，无论连续的轨迹还是不连续的轨迹都必须按住 Shift 键来选取。

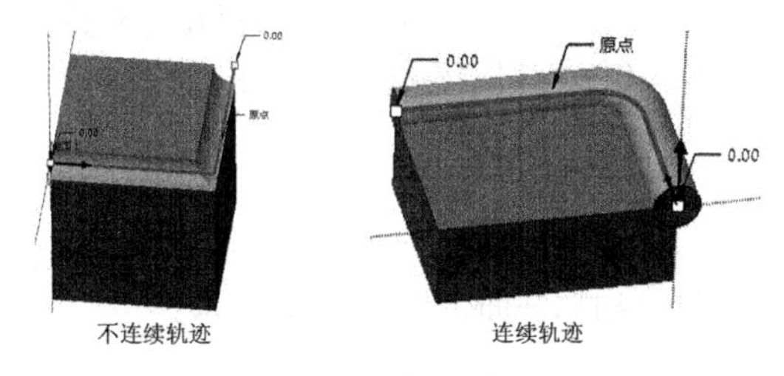

图 6-37　轨迹选取

2．选取基准曲线

若是创建主特征或单个独立的特征，可以先绘制基准曲线，然后再利用此曲线作为轨迹来创建扫描特征。基准曲线是利用【基准】组中的【草绘】命令和【曲线】命令来创建的。

【草绘】命令绘制的曲线是平面曲线，【曲线】命令绘制的曲线可以是平面曲线，也可以是空间的曲线，如图 6-38 所示。

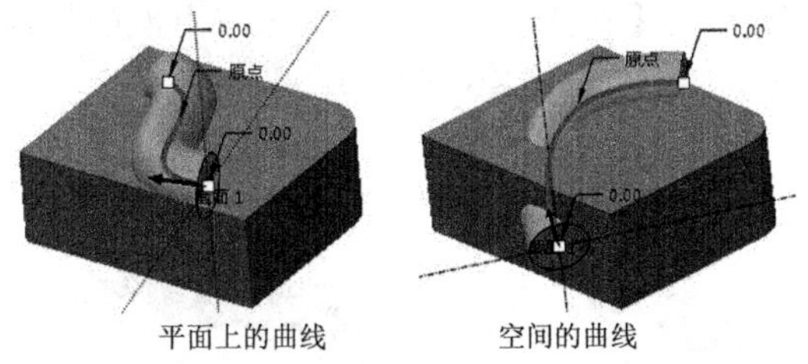

图 6-38　基准曲线的位置

如果出现以下情况，扫描可能会失败：

- 轨迹与自身相交。
- 将截面对齐或标注到固定图元，但在沿三维轨迹扫描时，截面定向将发生变化。
- 相对于该截面，弧或样条曲线半径过小，并且该特征通过该弧与自身相交，如图 6-39 所示。

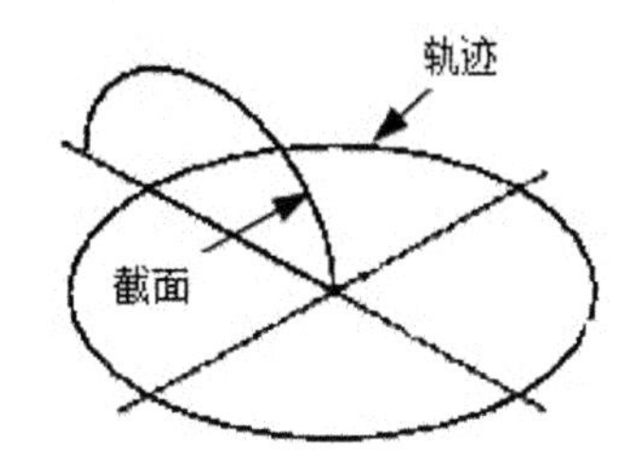

图 6-39　截面相交

3．草绘轨迹

草绘轨迹是通过操控板右侧【基准】命令菜单中的【草绘】、【曲线】命令进行绘制的。

草绘轨迹的方法与前面选取基准曲线的方法有些类似，都是进入草绘环境下绘制草图曲线，或者利用定义点来创建曲线。不同的是草绘轨迹是在打开【扫描】操控板之后进行操作的。

6.3.3　扫描截面的创建方法

扫描截面分恒定截面和可变截面。下面介绍恒定截面的创建方法。

恒定截面是指扫描特征的截面从轨迹起点至终点没有发生改变。截面的草绘平面包括 3 种控制方法：

- 垂直于轨迹。截平面在整个长度上保持与原点轨迹垂直，如图 6-40 所示。这也是默认的扫描截平面控制方式。前面所讲的皆为此方法。
- 恒定法向。Z 轴平行于指定的方向参考矢量，如图 6-41 所示。
- 垂直于投影。沿投影方向看去，截平面与指定的投影方向垂直。Z 轴与指定方向上的原点轨迹的投影相切，如图 6-42 所示。

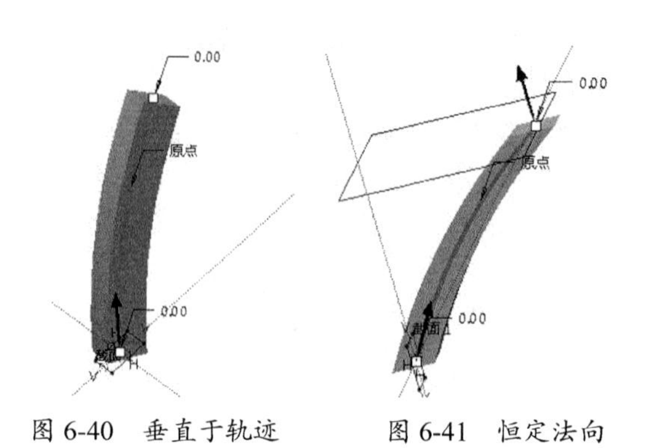

图 6-40　垂直于轨迹　　图 6-41　恒定法向

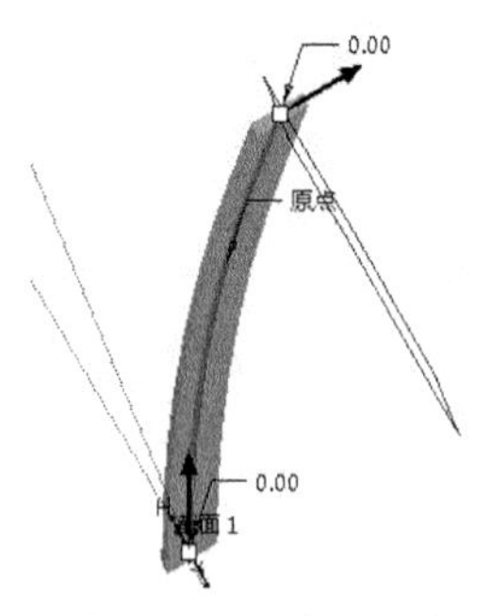

图 6-42　垂直于投影

对于扫描实体，截面必须是封闭的。否则在草绘环境中是不能直接退出的，直至做出正确处理以后。对于扫描曲面或扫描薄壁，截面可以封闭，也可以开放。

动手操作——创建扫描特征

01 新建一个名为【扫描】的新零件文件。

02 在【模型】选项卡的【形状】组中单击【扫描】按钮，打开【扫描】操控板。

03 首先单击【沿扫描草绘时截面保持不变】按钮。而后利用操控板右侧的【草绘】命令，选择 TOP 基准平面进入草绘环境中，如图 6-43 所示。

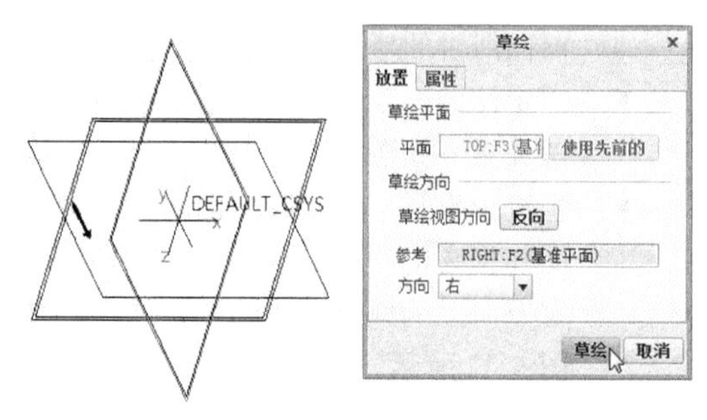

图 6-43　选择草绘平面

04 绘制扫描轨迹。利用【样条曲线】命令绘制曲线，完成后退出草绘环境，如图 6-44 所示。

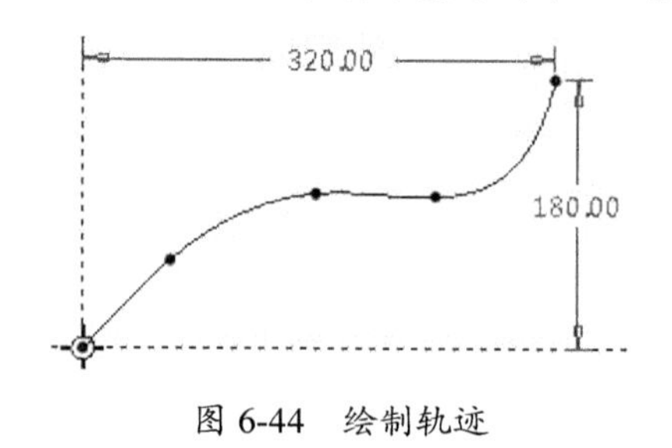

图 6-44　绘制轨迹

技术要点

扫描轨迹也可以先绘制好，在进入扫描模式后选取扫描轨迹。

05 退出草绘环境。选取样条曲线作为扫描轨迹。单击【继续】按钮，激活【扫描】操控板，如图 6-45 所示。

06 在操控板单击【创建或编辑扫描截面】按钮，然后进入草绘环境中。然后利用草绘工具绘制扫描截面，如图 6-46 所示。

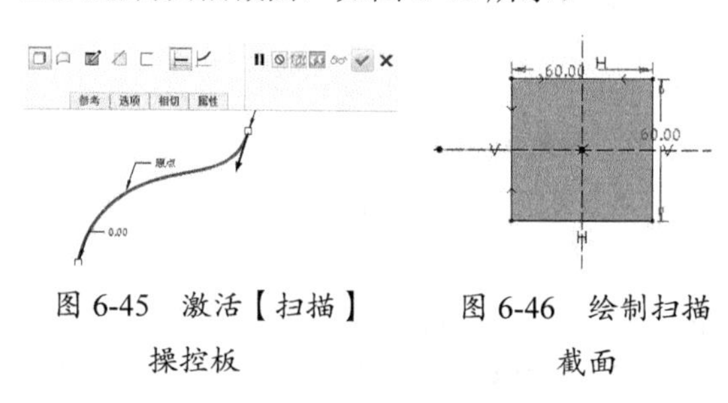

图 6-45　激活【扫描】操控板　　图 6-46　绘制扫描截面

07 退出草绘环境，预览扫描特征无误后单击【应用】按钮，完成扫描创建，如图 6-47 所示。

08 单击【扫描】按钮，选取上次的扫描轨迹作为扫描轨迹，如图 6-48 所示。

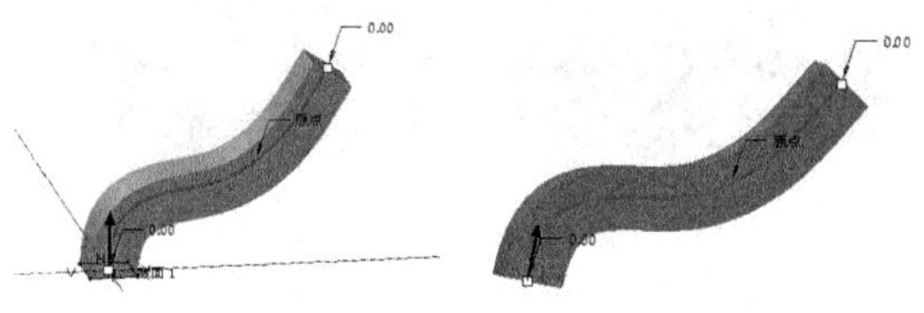

图 6-47　预览特征　　图 6-48　选取扫描轨迹

09 单击【创建或编辑截面】按钮，绘制扫描截面，如图 6-49 所示。

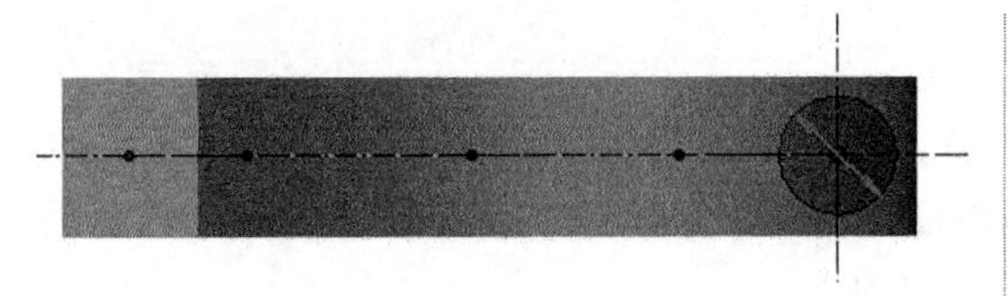

图 6-49　绘制截面

10 退出草绘环境，单击【移除材料】按钮，创建移除材料特征。预览无误后单击【应用】按钮，完成特征创建，如图 6-50 所示。

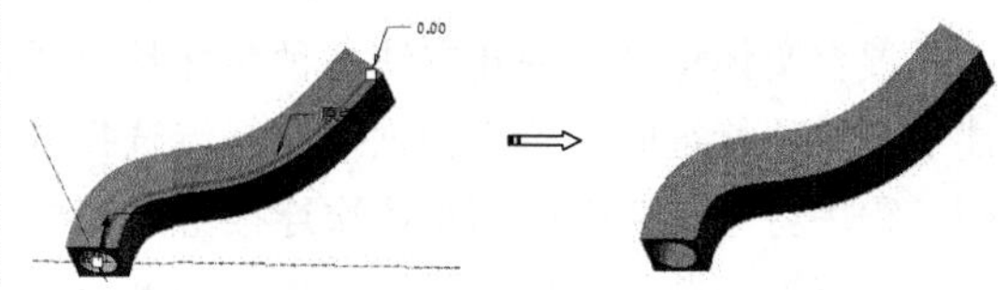

图 6-50　创建减材料特征

11 最后将结果保存到工作目录。

6.4 可变截面扫描特征

可变截面可用于创建实体、曲面或薄壁特征。可变截面需要绘制多条扫描轨迹。但是截面必须都在可变轨迹上，或者是与轨迹相交，如图 6-51 所示。

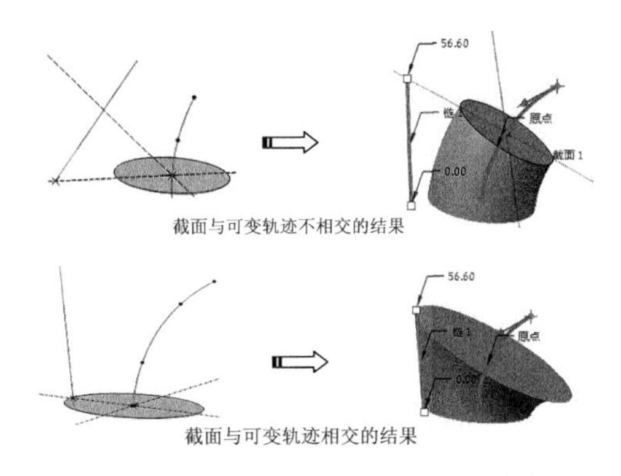

图 6-51　截面与可变轨迹相交情况

动手操作——创建可变截面扫描特征

01 设置工作目录，创建名为【可变截面扫描】的零件文件。

02 单击【扫描】按钮，打开【扫描】操控板，单击【允许截面根据参数化参考或沿扫描的关系进行变化】按钮，利用操控板中右侧的【草绘】命令绘制原点轨迹，如图 6-52 所示。

03 再次利用【草绘】命令绘制可变的轨迹（轨迹链），如图 6-53 所示。

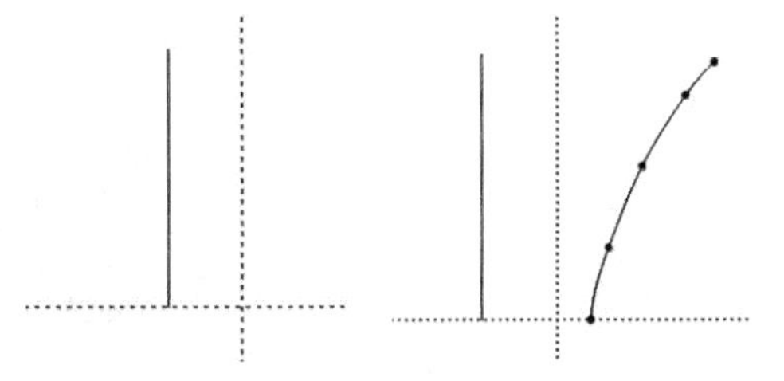

图 6-52　绘制原点轨迹　图 6-53　绘制轨迹链

04 退出草绘环境，单击【创建或编辑扫描截面】按钮，进入草绘环境，绘制扫描截面，如图 6-54 所示。

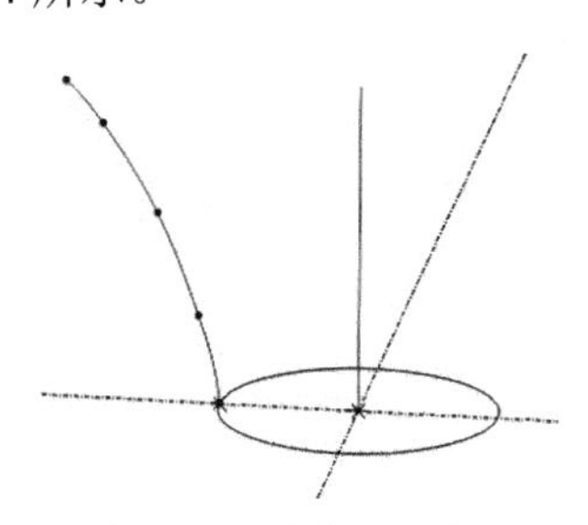

图 6-54　创建扫描截面

05 退出草绘环境，预览无误后单击【应用】按钮创建可变截面扫描特征，如图 6-55 所示。

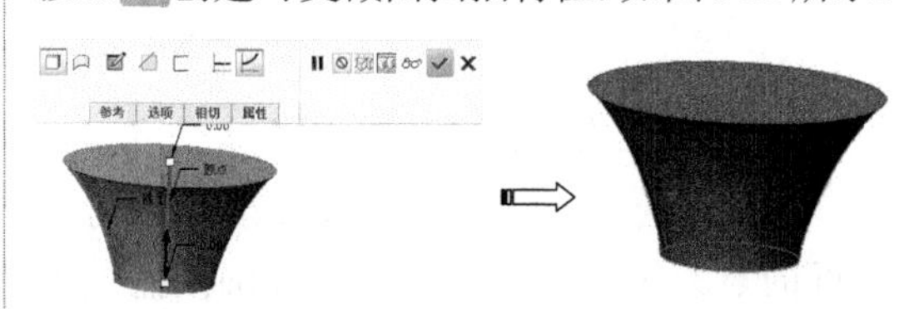

图 6-55　创建可变截面扫描特征

6.5 创建混合特征

混合实体特征的创建方法多种多样且灵活多变，是设计非规则形状物体的有效工具。在创建混合实体特征时，首先根据模型特点选择合适的造型方法，然后设置截面参数构建一组截面图，程序将这组截面的顶点依次连接生成混合实体特征。

所有混合截面都位于截面草绘中的多个平行平面上。

在【形状】组中单击【混合】按钮，打开如图6-56所示的【伸出项：混合】操控板。

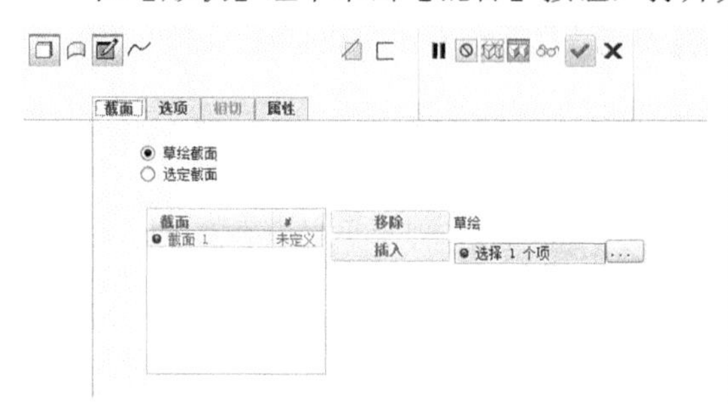

图 6-56 【伸出项：混合】操控板

从操控板的【截面】选项卡中可以得知，混合截面的创建方法有两种：草绘截面和选定截面。

6.5.1 草绘截面

如果是草绘截面，那么需要选取草绘平面。进入草绘环境后，对于截面还有以下要求：

1. 各截面的起点要一致，且箭头指示的方向也要相同

程序是依据起始点各箭头方向判断各截面上相应的点逼近的。若起始点的设置不同，得到的特征也会不同，比如使用如图6-57所示的混合截面上起始点的设置，得到一个扭曲的特征。

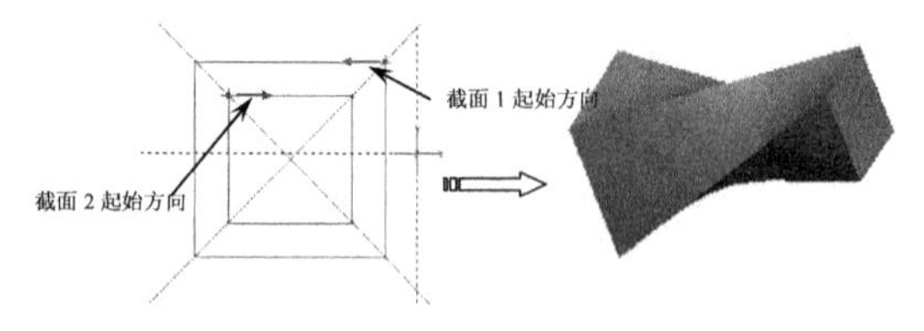

图 6-57 起始点设置不同导致扭曲

2. 各截面上图元数量要相同

有相同的顶点数，各截面才能找到对应逼近的点。如果截面是圆或者椭圆，需要将它分割，使它与其他截面的图元数相同，如图6-58所示，将图形中的圆分割为4段。

> **技术要点**
>
> 此单独的一个点可以作为混合的一个截面，可以把点看作是具有任意图元数的几何。但是单独的一个点不可以作为混合的中间截面，只能作为第一个或者是最后一个截面。

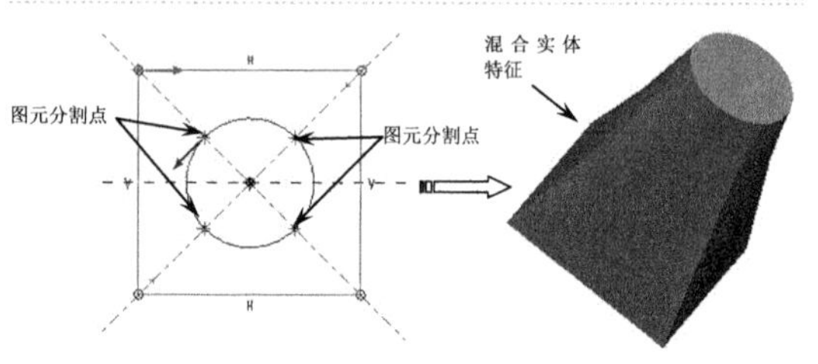

图 6-58 图元数相同

6.5.2 选择截面

选择截面方法是选取现有模型上的边或基准曲线来创建混合特征的方法。无论是选择截面还是草绘截面，都必须保证每个截面的段数是相等的。

如图6-59所示，按住Shift键依次选取第一模型的边，单击链的方向箭头可以改变链方向。选取第一模型的边后，必须在【截面】选项卡中单击【插入】按钮，才可以继续选择第二模型的边。

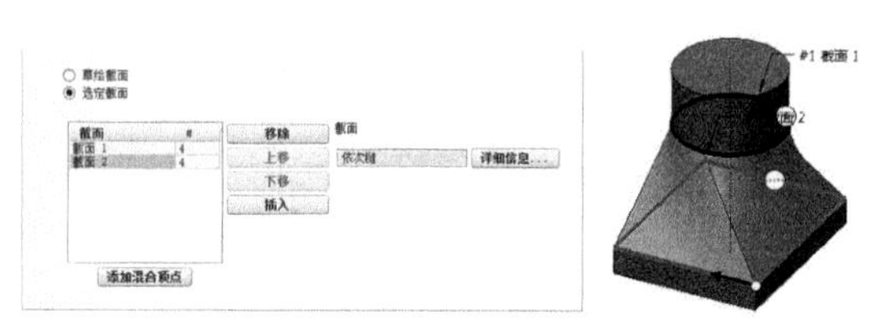

图 6-59 选定截面

技术要点

在选定截面过程中，圆形实体的边与矩形实体的边是相同的。这是因为建模时草绘圆形实体的截面中已经将截面打断成 4 部分。

动手操作——创建混合特征

01 设置工作目录，新建名为【混合】的零件文件。

02 单击【形状】组下拉按钮，单击【混合】按钮。打开【混合】操控板，如图 6-60 所示。

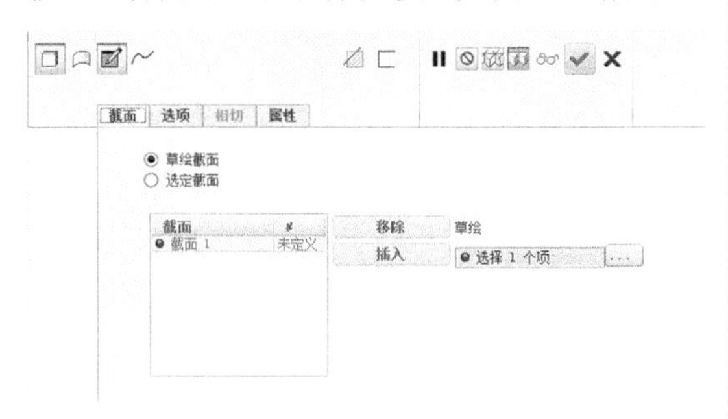

图 6-60　【混合】操控板

03 单击【截面】按钮，打开【截面】操控板，单击【定义内部草绘】按钮，选择 TOP 平面为草绘平面，绘制截面 1，如图 6-61 所示。

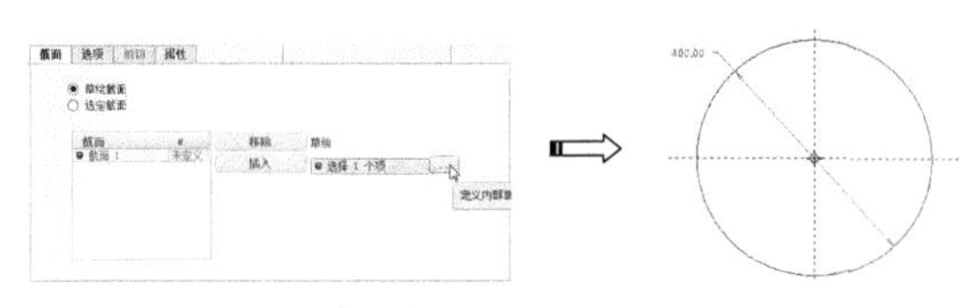

图 6-61　草绘截面 1

04 退出草绘环境。设置截面 1 与截面 2 之间的距离。如图 6-62 所示。

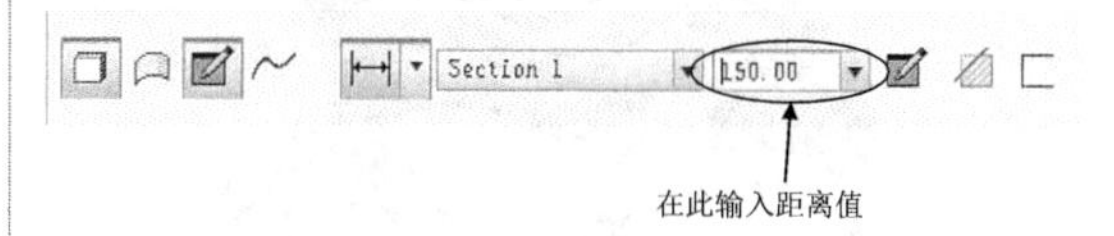

图 6-62　设置间距

05 打开【截面】操控板，单击【定义内部草会】按钮，绘制截面 2，如图 6-63 所示。

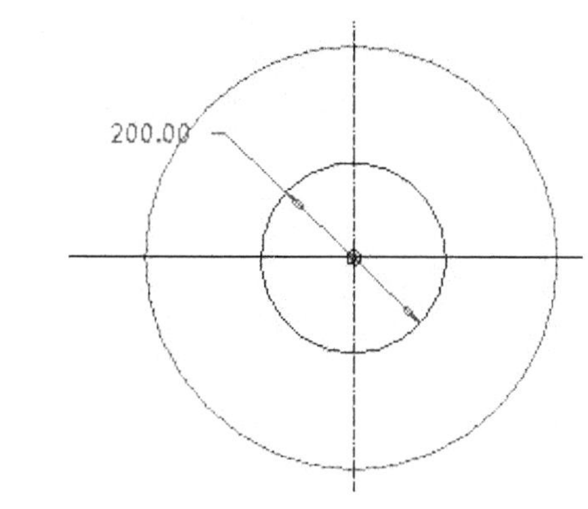

图 6-63　草绘截面 2

06 退出草绘环境。预览无误后单击【应用】按钮完成特征创建，如图 6-64 所示。

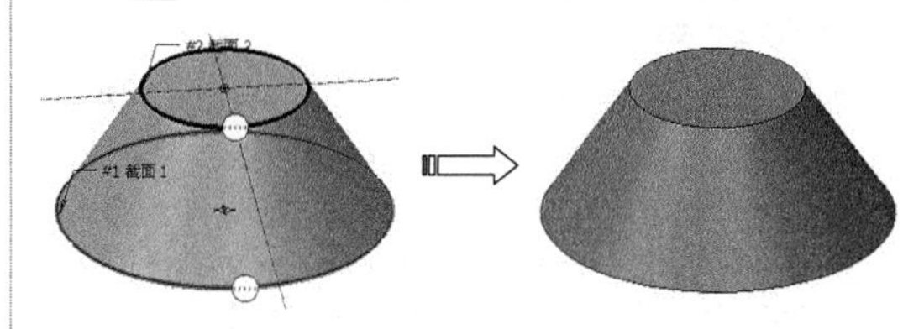

图 6-64　混合特征

6.6　综合实训

基本特征是构建模型的基本特征，也是初学者正式进入设计的重要环节。若要熟练掌握基础特征要领，除了熟悉各基本特征的命令外，在基本特征绘制的动手操作方面还要多加练习。下面以几个基本特征综合应用的动手操作来温习本章讲解的知识。

6.6.1　创建异形弹簧

◎ 结果文件：实例 \ 结果文件 \Ch06\ 异形弹簧 .prt

◎ 视频文件：视频 \Ch06\ 异形弹簧 .avi

异形弹簧主要是由方程式来绘制的参数曲线，再根据扫描命令来创建实体特征，结果如图 6-65 所示。

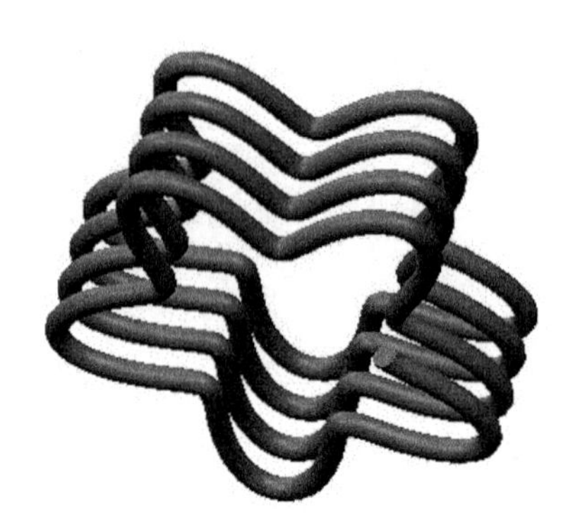

图 6-65　异形弹簧

01 新建名为【异形弹簧】的零件文件，如图6-66所示。

图 6-66　新建文件

技术要点

要想在Creo中创建或保存为中文名的文件，必须打开【C:\Program Files\Creo 4.0\Common Files\M010\text】文件，然后输入creo_less_restrictive_names yes字样并保存即可，但要重启Creo才能生效，如图6-67所示。

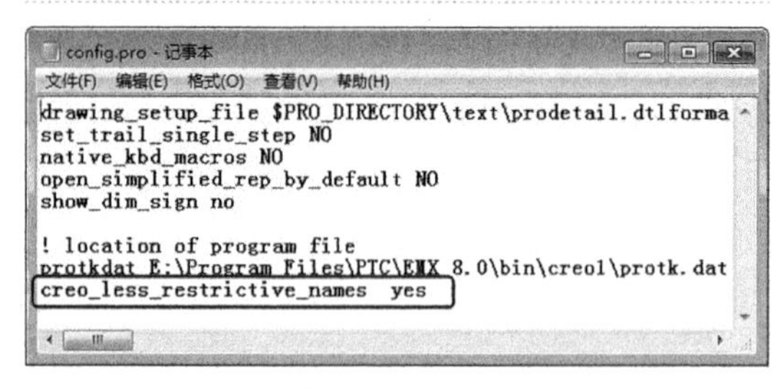

```
drawing_setup_file $PRO_DIRECTORY\text\prodetail.dtlforma
set_trail_single_step NO
native_kbd_macros NO
open_simplified_rep_by_default NO
show_dim_sign no

! location of program file
protkdat E:\Program Files\PTC\EMX 8.0\bin\creo1\protk.dat
creo_less_restrictive_names  yes
```

图 6-67　修改config.pro配置文件

02 单击【基准】组下的【曲线】按钮，选择【来自方程曲线】命令，打开【来自方程曲线】命令操控板，如图6-68所示。

03 在操控板中选择坐标系为【柱坐标】，单击【方程】按钮打开【方程】对话框。然后输入控制曲线的方程式，如图6-69所示。

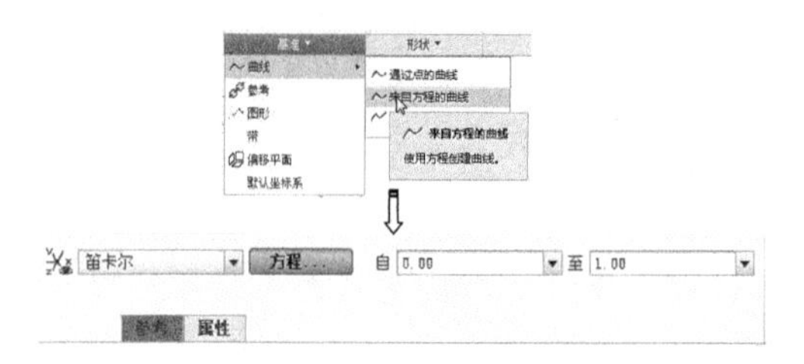

图 6-68　方程曲线操控板

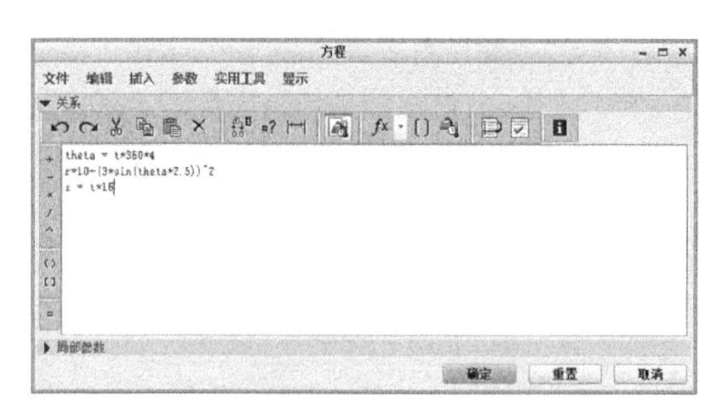

图 6-69　输入方程

04 单击【确定】按钮，完成方程式曲线的创建，如图6-70所示。

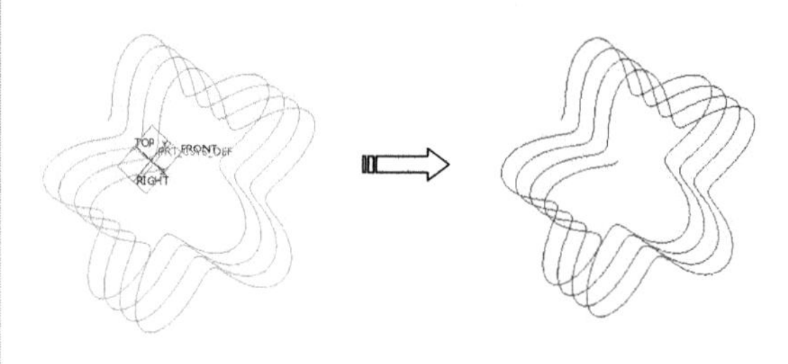

图 6-70　方程曲线

05 单击【扫描】按钮，打开【扫描】操控板，选择刚创建的曲线作为扫描轨迹，单击【创建或编辑草绘截面】按钮，草绘扫描截面。退出草绘环境，预览无误后单击【应用】按钮完成弹簧的创建，如图6-71所示。

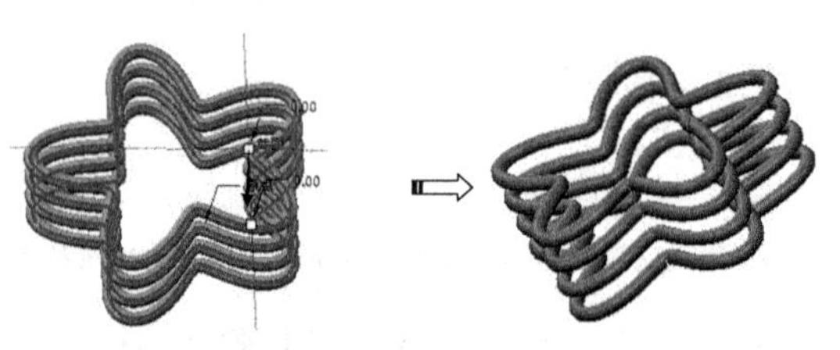

图 6-71　创建弹簧

06 最后将结果文件保存。

6.6.2　底座零件设计

◎ **结果文件：实例 \ 结果文件 \Ch06\ 底座 .prt**

◎ **视频文件：视频 \Ch06\ 底座 .avi**

底座零件主要是由拉伸、筋特征构成的，因此本训练的目的是通过这两种工具的结合使用来设计零件形状。底座零件如图 6-72 所示。

图 6-72　底座

操作步骤：

01 新建名为【底座】的零件文件。

02 单击【拉伸】按钮，选择 TOP 平面为草绘平面，进入草绘模式绘制拉伸截面。退出草绘环境，选择【拉伸至指定值】模式并输入拉伸高度值，预览无误后单击【应用】按钮完成拉伸，如图 6-73 所示。

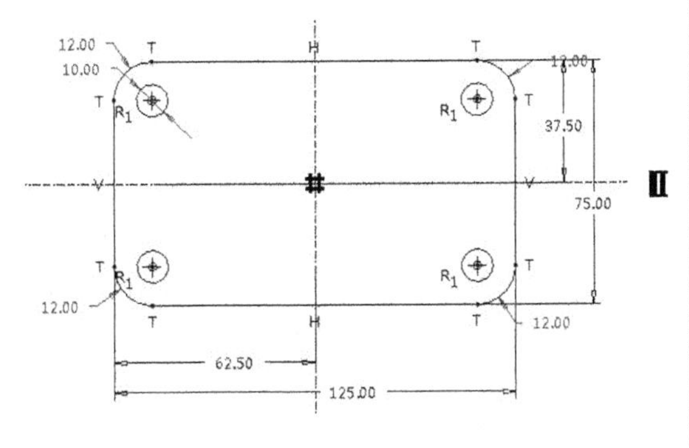

图 6-73　拉伸底座平台

03 单击【平面】按钮，打开【基准平面】对话框，选择平台的上表面和右端上侧的一条边作为放置参考绘制基准平面，如图 6-74 所示。

04 单击【拉伸】按钮，选择刚创建的基准平面作为草绘平面，绘制拉伸截面。退出草绘环境，选择【拉伸值所有曲面相交】模式，预览无误后单击【应用】按钮完成拉伸的创建，如图 6-75 所示。

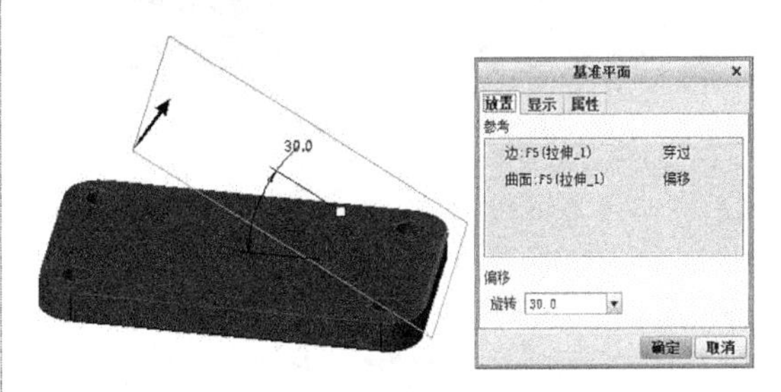

图 6-74　创建基准平面

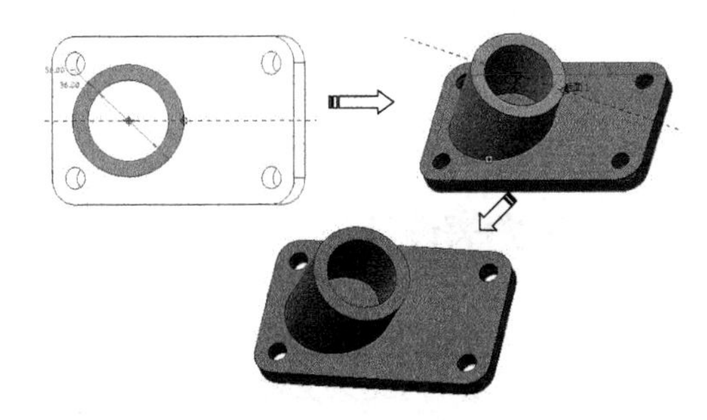

图 6-75　拉伸圆柱

技术要点

绘制圆管还可以使用扫描的方式。

05 单击【拉伸】按钮，选择刚创建的基准平面作为草绘平面，绘制拉伸截面，如图 6-76 所示。

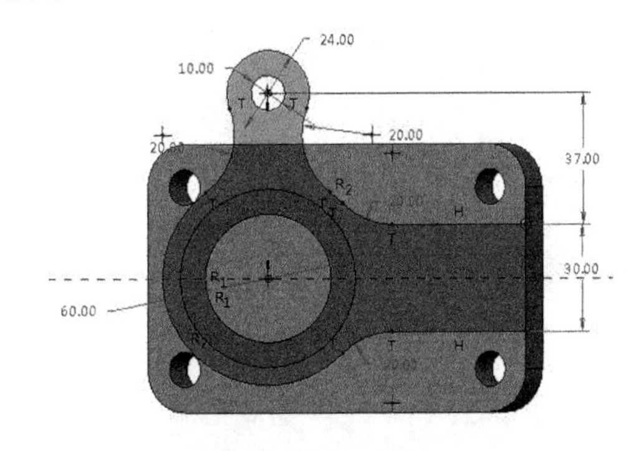

图 6-76　绘制截面

06 退出草绘环境，单击【反向】按钮，选择【指定拉伸值】模式输入拉伸值。预览无误后单击【应用】按钮，完成拉伸创建，如图 6-77 所示。

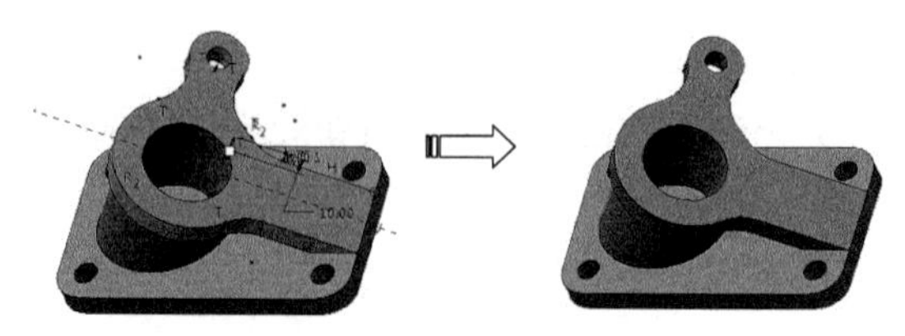

图 6-77　创建拉伸特征

07 单击【轮廓筋】按钮，选择 FRONT 平面作为参考平面，绘制筋轮廓。退出草绘环境，设置筋厚度为 10，预览无误后单击【应用】按钮完成筋的创建，如图 6-78 所示。

技术要点

在绘制筋轮廓的时候要注意不要把轮廓绘制为封闭的。

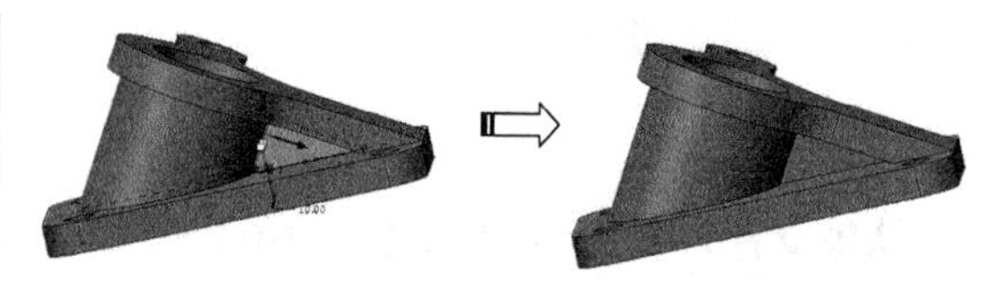

图 6-78　绘制筋

08 最后将结果保存，最终效果如图 6-79 所示。

图 6-79　底座

6.6.3　压力表设计

◎ **结果文件：实例 \ 结果文件 \Ch06\ 压力表 .prt**

◎ **视频文件：\ 视频 \Ch06\ 压力表 .avi**

本例的压力表主要用旋转、拉伸工具来设计主体，然后利用后面章节才讲解到的倒圆角、偏移等命令来设计局部细节。压力表模型如图 6-80 所示。

图 6-80　压力表模型

操作步骤：

01 新建名为【压力表】的零件文件。

02 单击【旋转】按钮，打开【旋转】操控板。

03 选择 FRONT 基准平面作为草绘平面，进入草绘模式，绘制如图 6-81 所示的草图。

04 退出草图模式后，保留默认的参数及选项设置，单击【应用】按钮，完成旋转特征的创建，结果如图 6-82 所示。

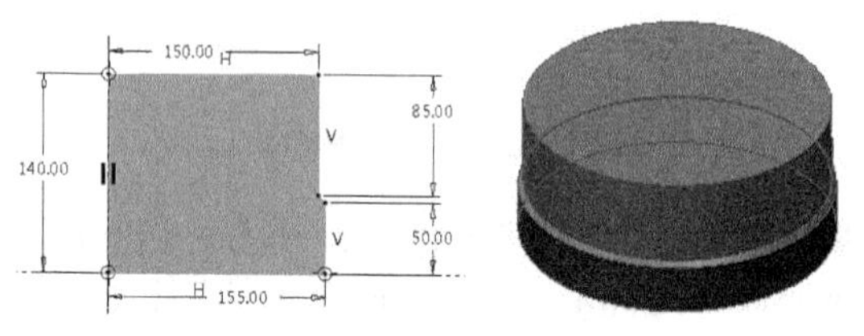

图 6-81　绘制旋转截面　　图 6-82　创建旋转特征

05 在窗口右下角选择【几何】过滤器，然后选择旋转特征上的一个面，如图 6-83 所示。

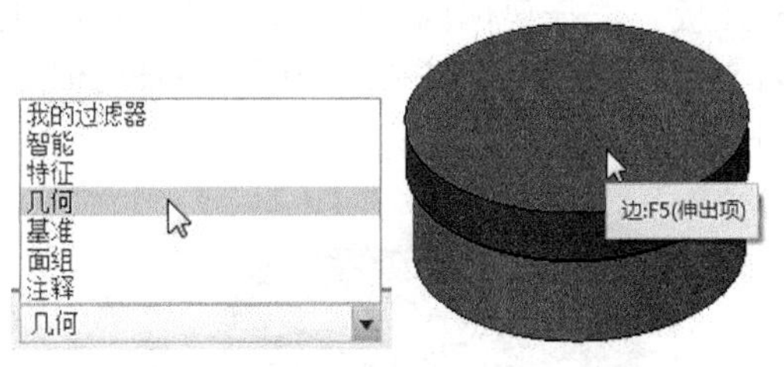

图 6-83　选择模型表面

06 在【编辑】组中单击【偏移】按钮 偏移，打开【偏移】操控板。然后选择偏移类型并定义草绘平面，如图 6-84 所示。

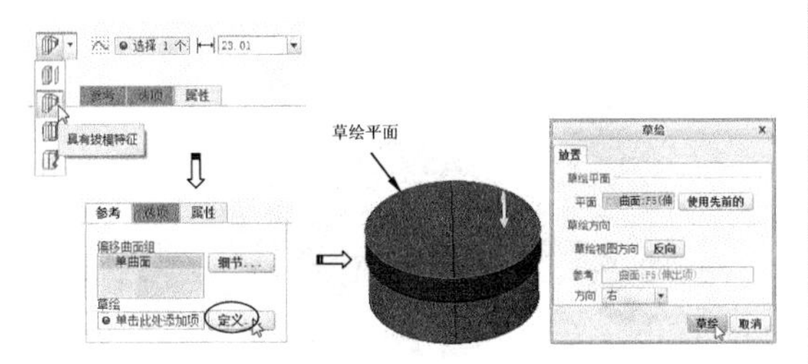

图 6-84　选择偏移类型并选择草绘平面

07 进入草绘模式中，绘制如图 6-85 所示的草图。完成后退出草图模式。

08 在操控板中设置偏移方向和拔模角度，如图 6-86 所示。

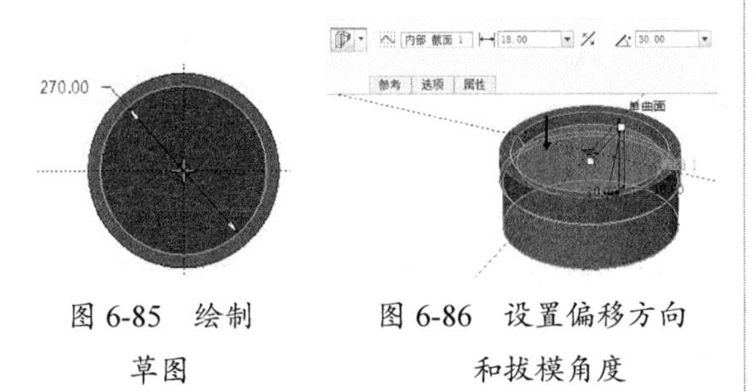

图 6-85　绘制草图　　图 6-86　设置偏移方向和拔模角度

09 单击【应用】按钮完成偏移特征的创建，如图 6-87 所示。

10 单击【拉伸】按钮，打开【拉伸】操控板。选择如图 6-88 所示的草绘平面。

图 6-87　创建偏移特征　　图 6-88　选择草绘平面

11 进入草绘模式，绘制如图 6-89 所示的草图。

12 退出草绘模式后，设置如图 6-90 所示的拉伸参数及选项。

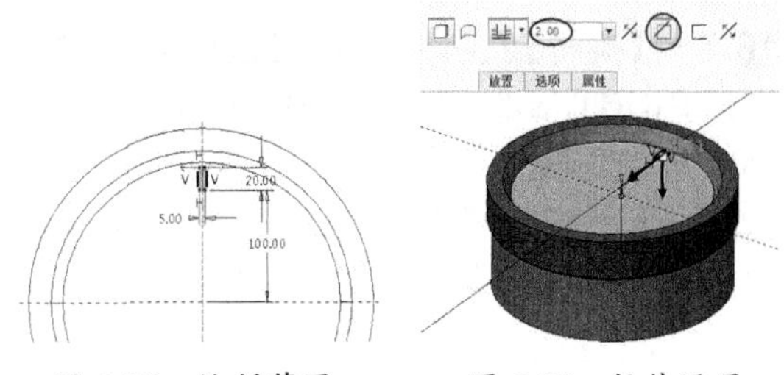

图 6-89　绘制草图　　图 6-90　拉伸设置

13 单击【应用】按钮，完成拉伸切除材料的创建，如图 6-91 所示。此特征为压力表的压力刻度。

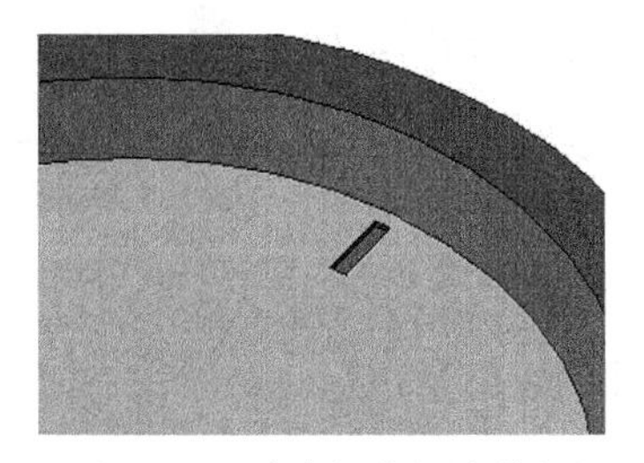

图 6-91　创建拉伸切除特征

14 同理，在相同的草绘平面上绘制草图，并创建拉伸切除材料特征，如图 6-92 所示。此特征为压力表的压力数。

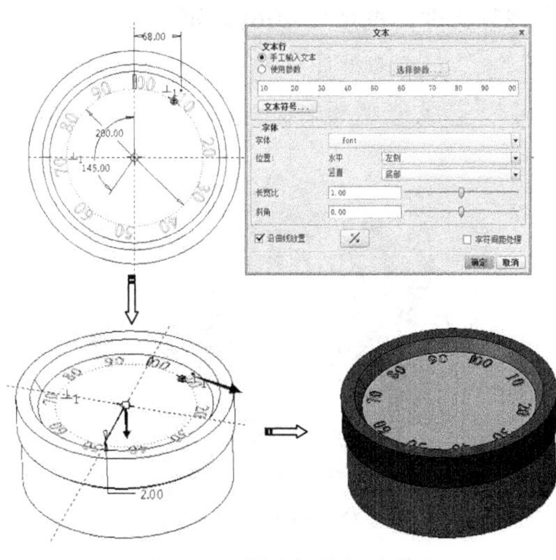

图 6-92　创建拉伸切除特征

15 接下来创建压力表的指针。利用【拉伸】命令，按如图 6-93 所示设置创建拉伸特征。

图 6-93　创建拉伸特征（指针）

16 单击【旋转】按钮，打开【旋转】操控板。选择 RIGHT 基准平面作为草绘平面，绘制如图 6-94 所示的草图。

17 退出草绘模式，保留默认选项设置，单击【应用】按钮完成旋转特征的创建，如图 6-95 所示。

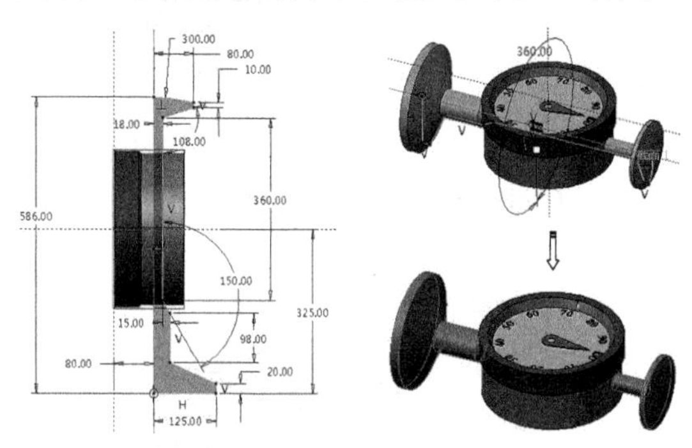

图 6-94　绘制旋转草图　图 6-95　创建旋转特征

18 单击【倒圆角】按钮，打开【倒圆角】操控板。选择要倒圆角的边，设置圆角半径为 5，单击【应用】按钮完成圆角特征的创建，如图 6-96 所示。

图 6-96　创建半径为 5 的圆角特征

19 同理，再创建圆角半径为 4 的圆角特征，如图 6-97 所示。

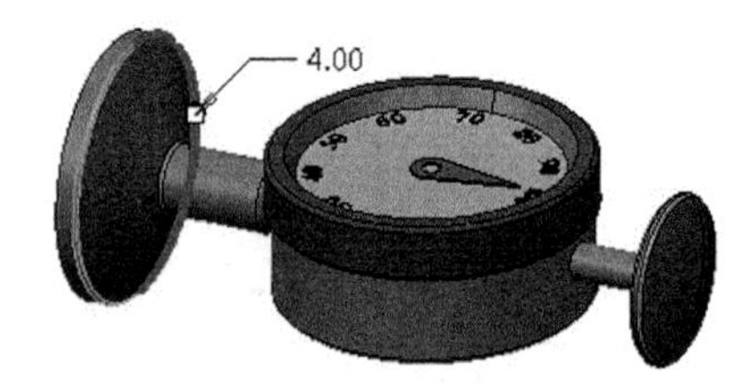

图 6-97　创建半径为 4 的圆角特征

20 最后将设计结果保存。

6.6.4　固定支架设计

◎ **结果文件：实例 \ 结果文件 \Ch06\ 固定支架 .prt**

◎ **视频文件：视频 \Ch06\ 固定支架 .avi**

固定支架零件比较简单，使用拉伸工具就可以完成造型设计。支座零件如图 6-98 所示。

图 6-98　固定支架零件

操作步骤：

01 新建名为【固定支架】的零件文件。

02 在【模型】选项卡的【形状】组中单击【拉伸】按钮，打开操控板。然后在图形区中选取标准基准平面 FRONT 作为草绘平面，如图 6-99 所示。进入二维草绘环境中，绘制如图 6-100 所示的拉伸截面。

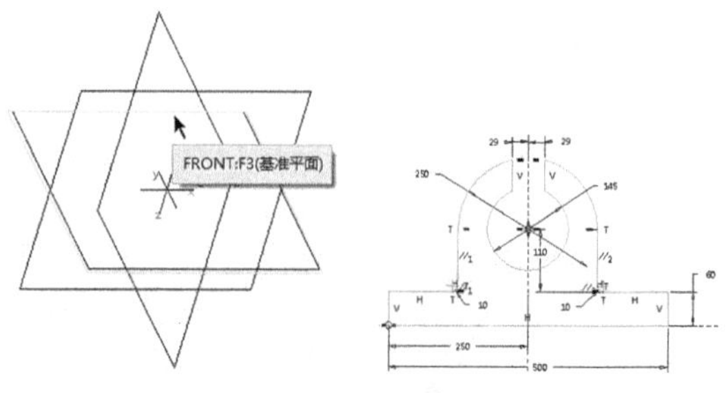

图 6-99　选取草绘平面　　图 6-100　绘制截面

03 绘制完成后退出草绘环境，然后预览模型。在操控板的深度文本框中输入值 220，预览无误后单击【确定】按钮，完成第一个拉伸实体特征的创建，如图 6-101 所示。

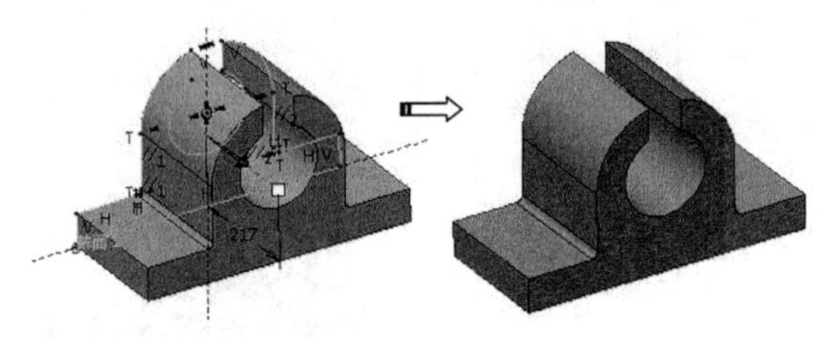

图 6-101　创建支座主体

04 单击【基准平面】按钮，打开【基准平面】对话框，选取 TOP 平面为参考平面往箭头所指定方向偏移 317.5，单击【确定】按钮，完成新基准平面的创建，如图 6-102 所示。

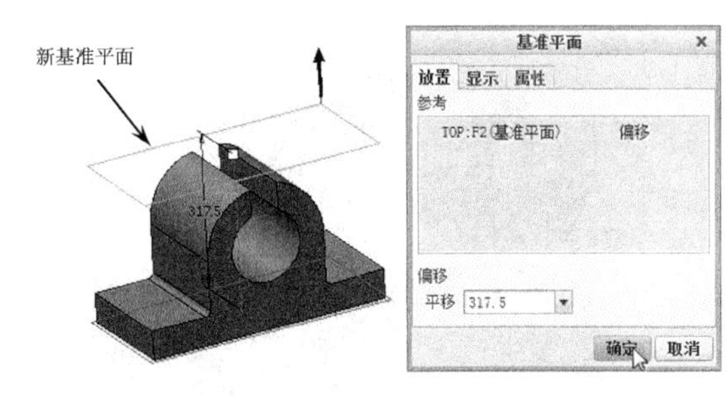

图 6-102　新建的 DTM1 基准平面

05 再单击【拉伸】工具按钮，设置新创建的 DTM1 为草绘平面，使用程序默认设置参考平面与方向，进入草绘环境中。单击【偏移】按钮，选取实体特征边线为选取的图元，再绘制如图 6-103 所示的草绘截面（大小相等且对称的两个矩形）。

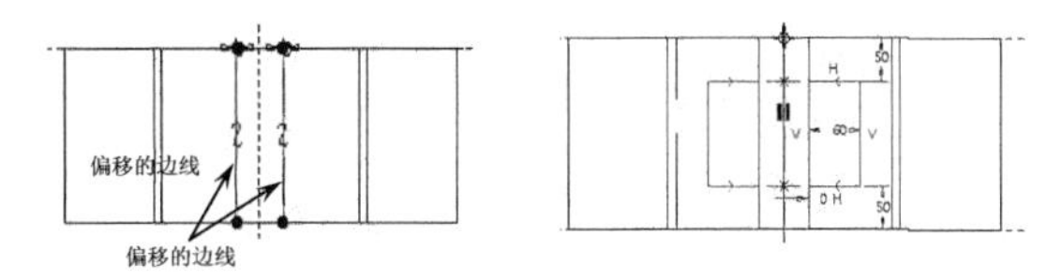

图 6-103　绘制拉伸草绘截面

06 单击【确定】按钮，在操控板上设置拉伸深度类型为【拉伸至下一曲面】。并单击【反向】按钮，改变拉伸方向，预览无误后单击【确定】按钮，结束第二次实体特征拉伸创建，如图 6-104 所示。

07 使用【拉伸】工具，选择如图 6-105 所示的模型平面作为草绘平面。然后绘制如图 6-106 所示的拉伸截面。

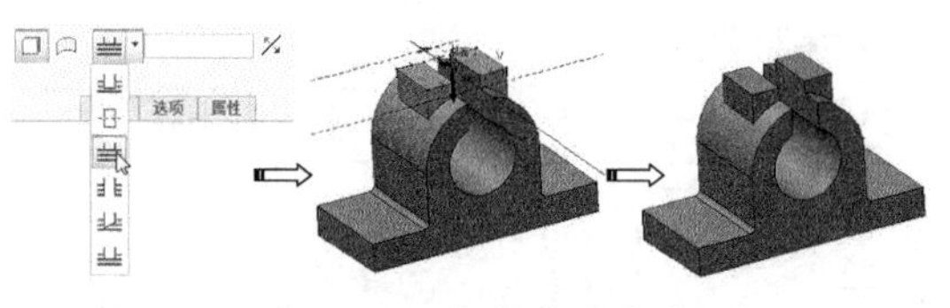

图 6-104　拉伸支座主体

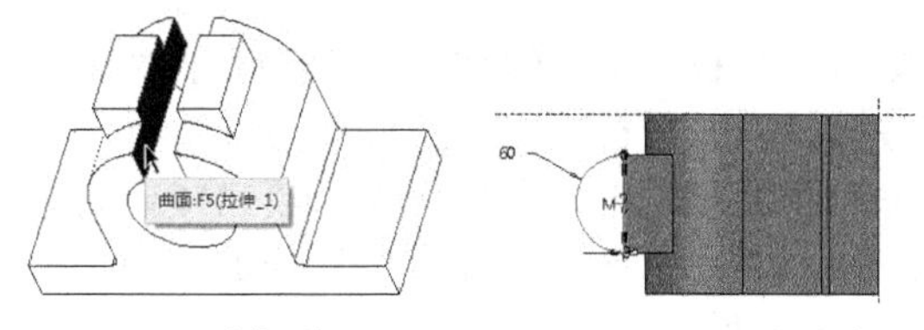

图 6-105　选择草绘平面　图 6-106　绘制拉伸截面

08 在操控板拉伸深度类型中单击【拉伸至选定的点、曲线、曲面】按钮，在实体特征上选取一个面作为选定曲面。确认无误后单击【确定】按钮，结束拉伸实体特征的创建，如图 6-107 所示。

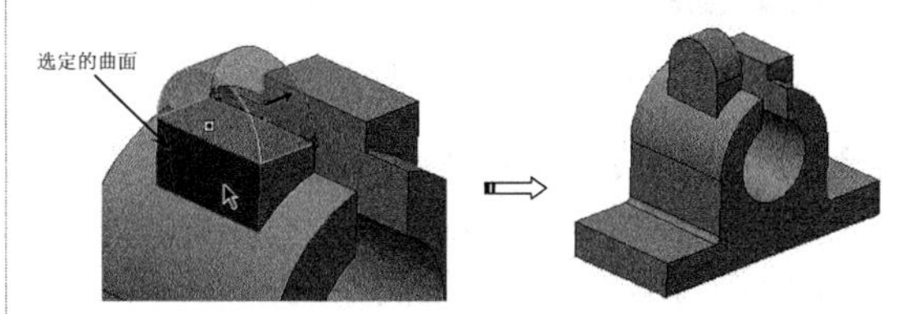

图 6-107　拉伸至指定平面

09 用类似方法创建在对称位置的第 4 个拉伸实体，结果如图 6-108 所示。

图 6-108　创建另一个对称的实体

10 用减材料方式拉伸实体创建第 5 个拉伸实体特征，选取实体特征上的的一个平面作为草绘平面，使用程序默认设置参考，进入草绘环境，使用【同心圆】工具绘制如图 6-109 所示的草绘截面。

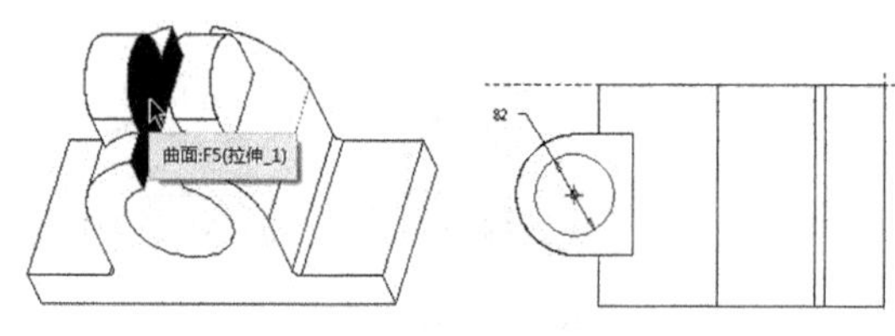

图 6-109　绘制拉伸截面

11 在操控板上单击【拉伸至与所有曲面相交】按钮，单击【反向】按钮，最后单击【移除材料】按钮，预览无误后单击【确定】按钮结束第 5 个拉伸实体特征的创建，如图 6-110 所示。

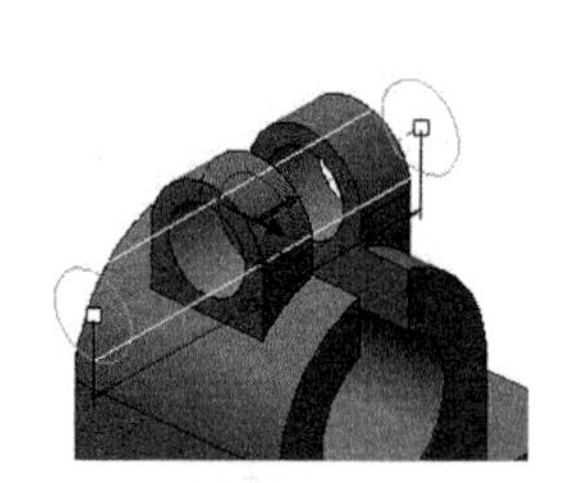

图 6-110　拉伸至与所有曲面相交

12 创建支座的 4 个固定孔，同样用拉伸减材料实体特征的方法来创建。选取底座上的一个平面作为草绘平面，绘制如图 6-111 所示的草绘截面，在操控板上单击【拉伸至与所有曲面相交】按钮，再单击【反向】按钮，最后单击【移除材料】按钮。

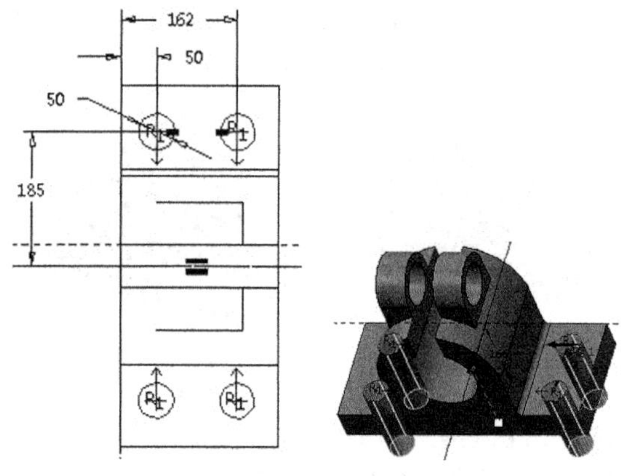

图 6-111　创建支座底部的 4 个固定孔

13 最后单击操控板上的【确定】按钮，完成整个支座零件的创建。如图 6-112 所示。

图 6-112　支座零件

14 最后将结果保存。

6.6.5　开瓶器设计

◎ **结果文件：实例 \ 结果文件 \Ch06\ 开瓶器 .prt**

◎ **视频文件：视频 \Ch06\ 开瓶器 .avi**

利用拉伸、螺旋扫描等方法来创建如图 6-113 所示的开瓶器金属钩。开瓶器由手柄和金属钩组成，手柄用拉伸工具创建。

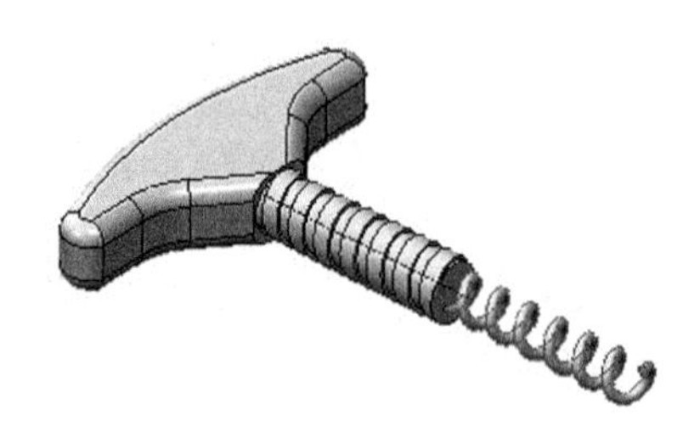

图 6-113　开瓶器

操作步骤：

01 按 Ctrl+N 组合键弹出【新建】对话框，新建名为【开瓶器金属钩】的螺距文件。

02 使用【拉伸】命令，选择 TOP 基准平面作为草绘平面，绘制如图 6-114 所示的截面。

03 退出草绘环境后，再创建出拉伸长度为 20 的实体特征，如图 6-115 所示。

04 利用【倒圆角】命令，创建拉伸实体特征上圆角半径为 5 的圆角特征，如图 6-116 所示（【倒圆角】命令将在下一章中详细介绍）。

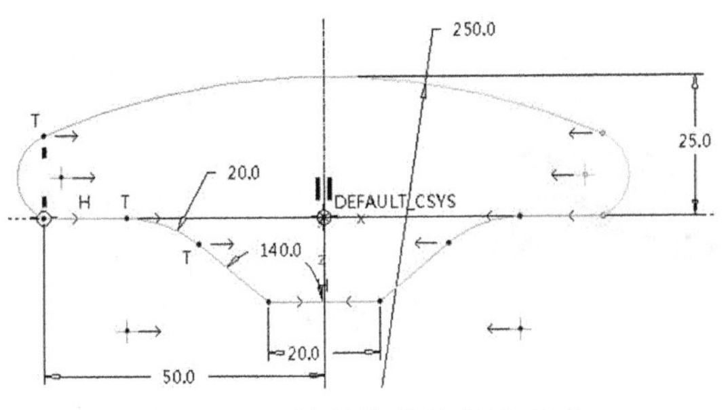

图 6-114　绘制拉伸的截面草图

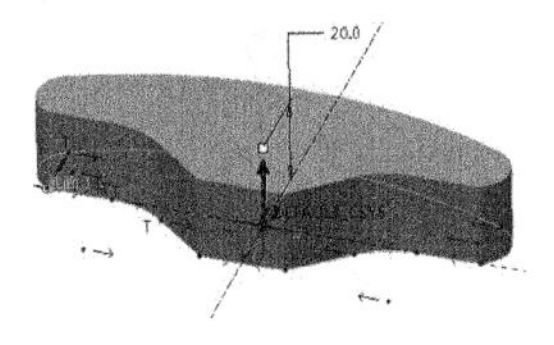
图 6-115　创建拉伸特征

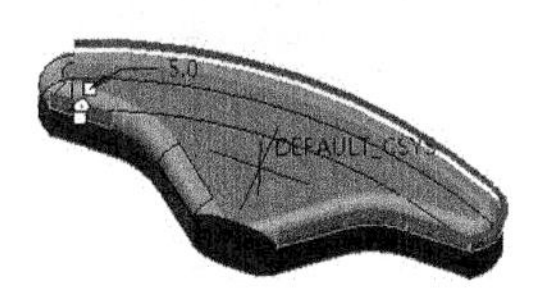
图 6-116　创建倒圆角

05 使用【拉伸】工具，在前面创建的拉伸特征上选择平面，并绘制如图 6-117 所示的草图截面，以及如图 6-118 所示的拉伸实体。

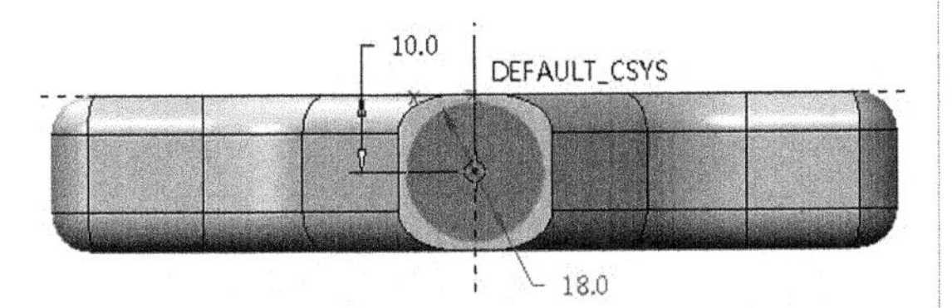

图 6-117　绘制草图截面

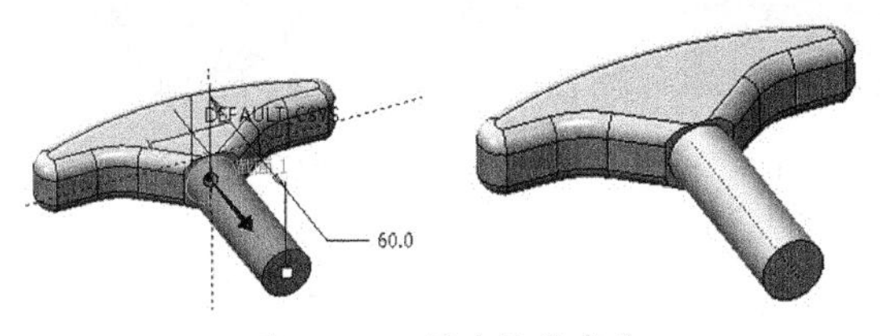

图 6-118　创建拉伸实体

06 在【形状】组中单击【螺旋扫描】按钮，弹出【螺旋扫描】操控板，然后选择 RIGHT 基准平面作为草绘平面，如图 6-119 所示。

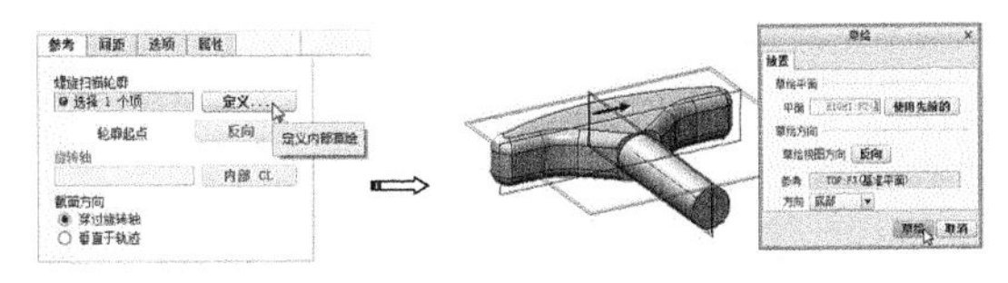

图 6-119　选择草绘平面

07 进入草绘环境，绘制如图 6-120 所示的扫描轮廓线。

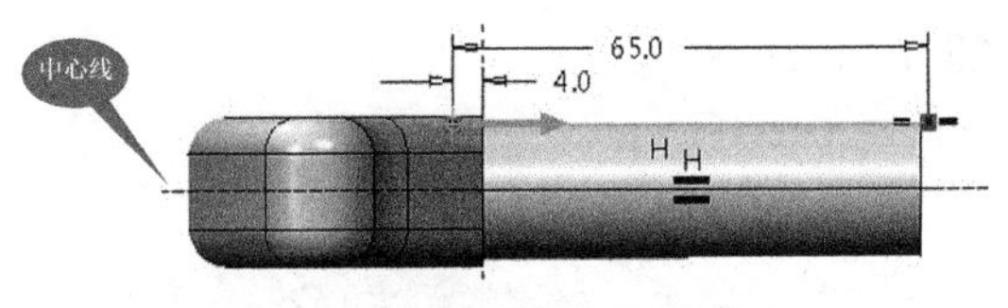

图 6-120　绘制扫描轮廓

技术要点

在草绘的扫描轮廓中，必须用基准中心线绘制旋转轴。

08 退出草绘环境后，在操控板上单击【创建或编辑扫描截面】按钮，然后再绘制如图 6-121 所示的扫描截面。

09 再退出草绘环境，并在操控板上单击【移除材料】按钮，然后设置螺距值为 9，按 Enter 键查看预览，如图 6-122 所示。

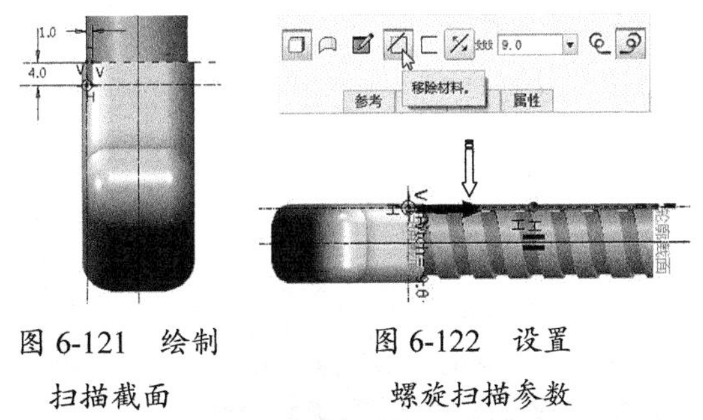

图 6-121　绘制扫描截面

图 6-122　设置螺旋扫描参数

10 最后单击操控板中的【应用】按钮，完成螺旋扫描特征的创建。

11 下面进行金属钩的创建。再单击【螺旋扫描】按钮，然后在 RIGHT 基准平面上绘制如图 6-123 所示的螺旋扫描轮廓和旋转中心线。

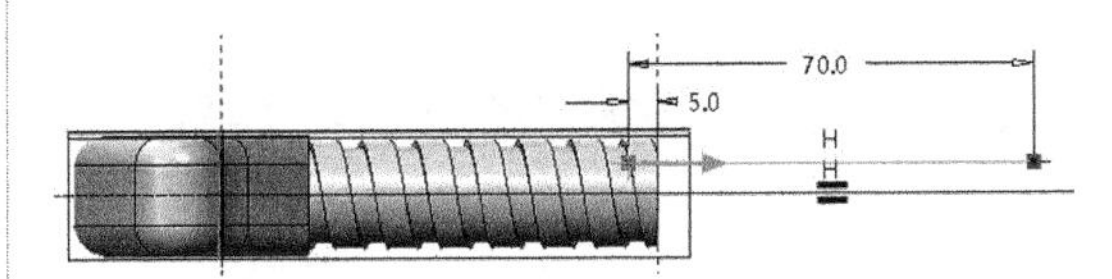

图 6-123　绘制扫描轮廓和中心线

技术要点

扫描轮廓必须穿过相连实体的接触面，否则在两实体相交位置可以看出有螺旋扫描的断面。

12 退出草绘环境后，在【螺旋扫描】操控板上设置螺距为 10，再单击【应用】按钮完成金属钩的创建，如图 6-124 所示。

13 最后将结果保存。

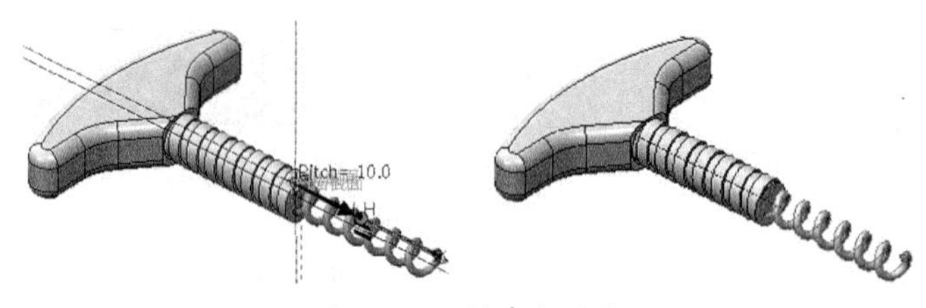

图 6-124　创建金属钩

6.7 课后习题

1. 零件一

利用【拉伸】命令设计如图6-125所示的零件。利用打开本练习结果文件，查看设计步骤。

2. 零件二

利用【拉伸】、【旋转】等命令，设计如图6-126所示的零件。

3. 零件三

利用【拉伸】、【孔】、【阵列】和【镜像】等命令，设计如图6-127所示的零件。

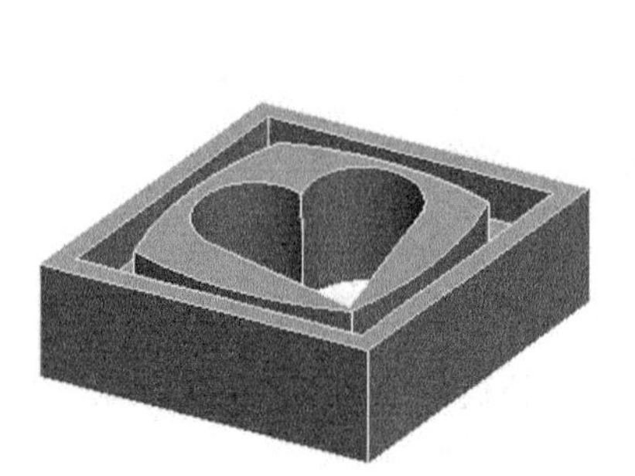

图 6-125　零件一

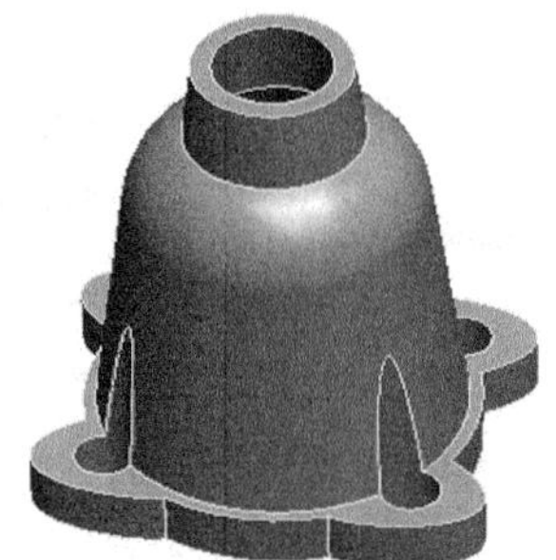

图 6-126　零件二

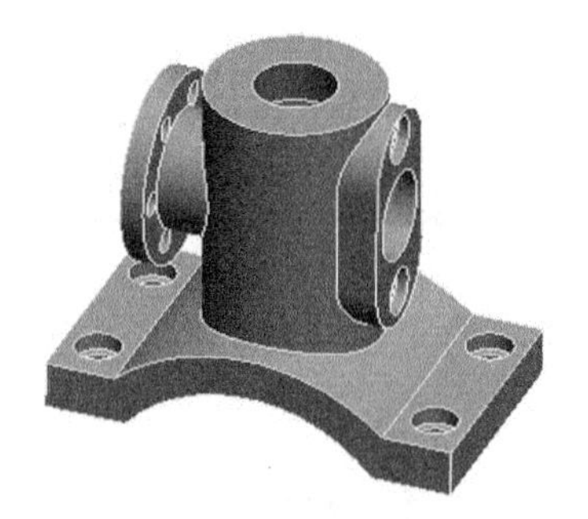

图 6-127　零件三

◇◇◇◇◇◇◇◇◇◇◇◇◇◇◇◇◇◇◇ 读书笔记 ◇◇◇◇◇◇◇◇◇◇◇◇◇◇◇◇◇◇◇◇

第 7 章　工程特征指令

工程特征是 Creo 4.0 帮助用户建立复杂零件模型的高级工具。常见的工程特征、构造特征及扭曲特征统称为高级特征。高级特征常用来进行零件结构设计和产品造型。

Creo 4.0 提供了丰富的特征编辑方法，设计的时候可以使用移动、镜像等方法快速创建与模型中已有特征相似的新特征，也可以使用阵列的方法大量复制已经存在的特征。

知识要点

- 倒角特征
- 孔特征
- 倒圆角特征
- 抽壳特征
- 筋特征
- 拔模特征

7.1　倒角和圆角特征

7.1.1　倒角

倒角是处理模型周围棱角的方法之一，操作方法与倒圆角基本相同。Creo 提供了边倒角和拐角倒角两种倒角类型，边倒角沿着所选择边创建斜面，拐角倒角在 3 条边的交点处创建斜面。

1．边倒角

单击【工程】组中的【倒角】按钮，打开【边倒角】操控板，如图 7-1 所示。

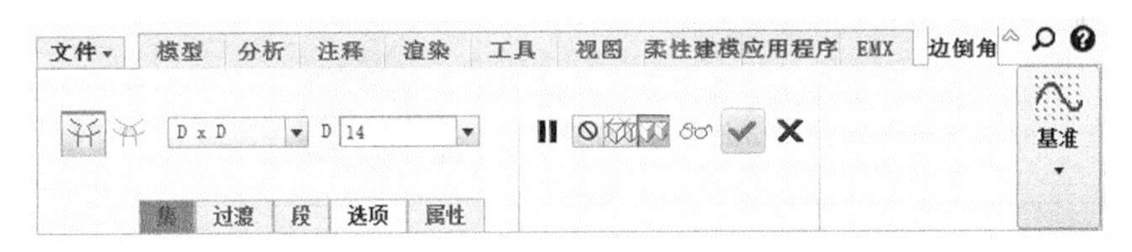

图 7-1　【边倒角】特征操控

下拉列表框

其中【D×D】是在各曲面上与参照边相距 D 处创建倒角，用户只需确定参照边和 D 值即可，系统默认选取此选项；【D1×D2】是在一个曲面距参照边 D1、在另一个曲面距参照边 D2 处创建倒角，用户需要分别确定参照边和 D1、D2 的数值；【角度 ×D】创建倒角距相邻曲面的参照边距离为 D，且与该曲面的夹角为指定角度，用户需要分别指定参照边、D 值和夹角数值；【45×D】：创建倒角与两个曲面都成 45° 角，且与各曲面上的边的距离为 D，用户需要指定参照边和 D 值，如图 7-2 所示。

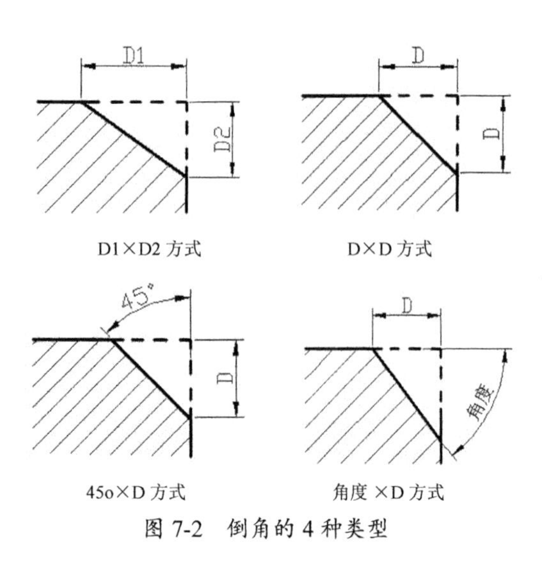

图 7-2 倒角的 4 种类型

【边倒角】操控板中各选项的作用及操作方法介绍如下：

- 按钮：激活【集】模式，可用来处理倒角集，Creo 默认选取此选项。
- 按钮：打开圆角过渡模式。
- 下拉列表框：指定倒角形式，包含基于几何环境的有效标注形式的列表。系统为用户提供了 4 种边倒角的创建方法。
- 【集】选项卡、【段】选项卡、【过渡】菜单及【属性】选项卡的内容及使用方法与建立圆角特征的内容相同。

在 Creo 中可创建不同的倒角，能创建的倒角类型取决于选择的放置参考类型。表 7-1 中说明了倒角类型和使用的放置参考。

表 7-1 倒角类型和使用的设置参考

参考类型	定义	示例	倒角类型
边或边链	边倒角从选定边移除平整部分的材料，以在共有该选定边的两个原曲面之间创建斜角曲面。 注意：倒角沿着相切的邻边进行传播，直至在切线中遇到断点。但是，如果使用“依次”链，则倒角不沿着相切的邻边进行传播	两个边 边链	边倒角
一个曲面和一个边	通过先选择曲面，然后选择边来放置倒角。该倒角与曲面保持相切。边参考不保持相切	曲面和边	曲面到边的倒角
两个曲面	通过选择两个曲面来放置倒角。 倒角的边与参考曲面仍保持相切	两个曲面	曲面到曲面的倒角
一个顶点参考和 3 个沿 3 条边定义顶点的距离值	拐角倒角从零件的拐角处移除材料，以在共有该拐角的三 3 个原曲面间创建斜角曲面	3 条边	拐角倒角

2．拐角倒角

利用【拐角倒角】工具，可以从零件的拐角处去除材料，从而形成拐角处的倒角特征。拐角倒角的大小是以每条棱线上开始倒角处和顶点的距离来确定的，所以通常要输入 3 个参数。

在【工程】组中单击【拐角倒角】命令，打开【拐角倒角】操控板，如图 7-3 所示。操控板中 D1、D2、D3 的值用来确定拐角倒角的 3 边距离。

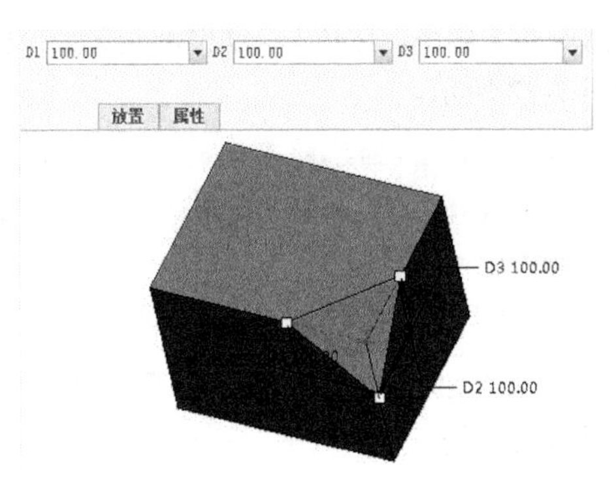

图 7-3 【拐角倒角】操控板

7.1.2 倒圆角

圆角特征是在一条或多条边、边链或曲面之间添加半径创建的特征。机械零件中圆角用来完成表面之间的过渡，增加零件强度。

单击【工程】组上的【倒圆角】按钮，打开【倒圆角】操控板，如图 7-4 所示。

图 7-4 【倒圆角】操控板

1. 倒圆角类型

使用【倒圆角】命令可以创建以下类型的倒圆角：

- 恒定：一条边上倒圆角的半径数值为恒定常数，如图 7-5 所示。
- 可变：一条边的倒圆角半径是变化的，如图 7-6 所示。

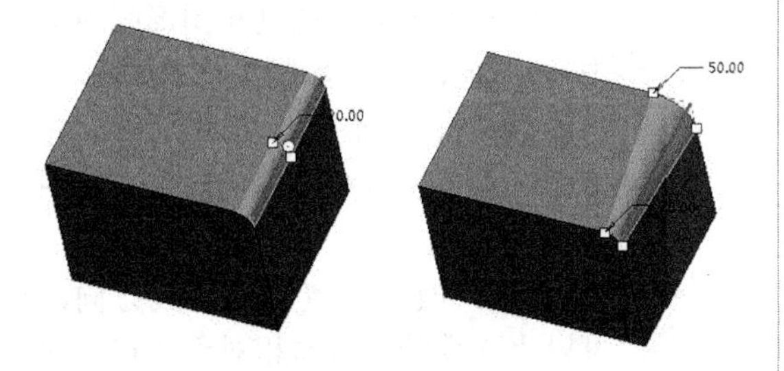

图 7-5 恒定倒圆角　　图 7-6 可变倒圆角

- 曲线驱动倒圆角：由基准曲线来驱动倒圆角的半径，如图 7-7 所示。

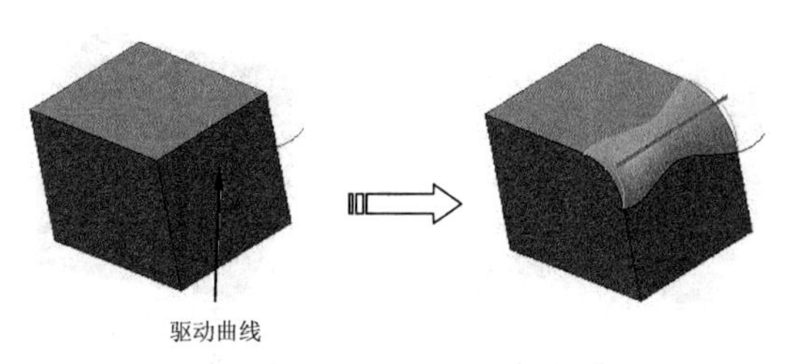

图 7-7 曲线驱动的倒圆角

2. 倒圆角参照的选取方法

- 边或者边链的选取：直接选取倒圆角放置的边或者边链（相切边组成链）。可以按住 Ctrl 键一次性选取多条边，如图 7-8 所示。

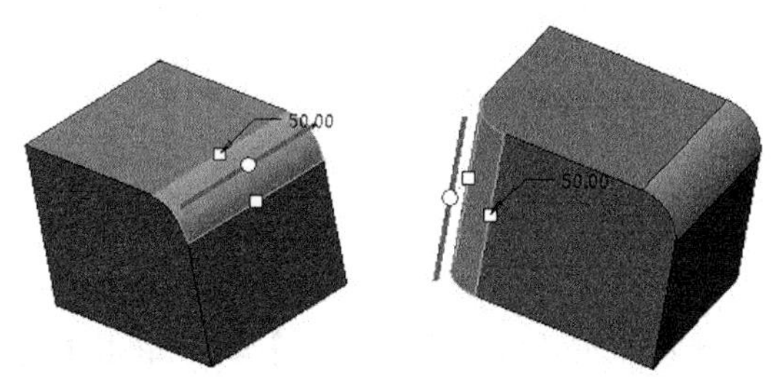

图 7-8 选取边单个边

技术要点

如果有多条边相切，在选取其中一条边时，与之相切的边链会同时被全部选中，进行倒圆角，如图 7-9 所示。

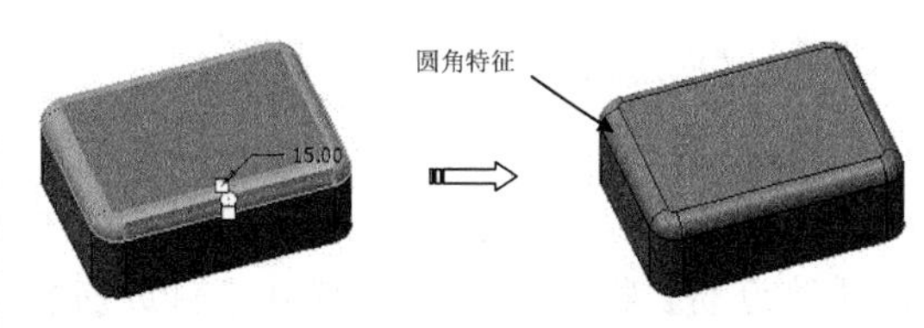

图 7-9 相切边链同时被选取

- 曲面到边：按住 Ctrl 键依次选取一个曲面和一条边来放置倒圆角，创建的倒圆角通过指定的边与所选曲面相切，如图 7-10 所示。
- 两个曲面：按住 Ctrl 键依次选取两个曲面来确定倒圆角的放置，创建的倒圆角与所选取的两个曲面相切，如图 7-11 所示。

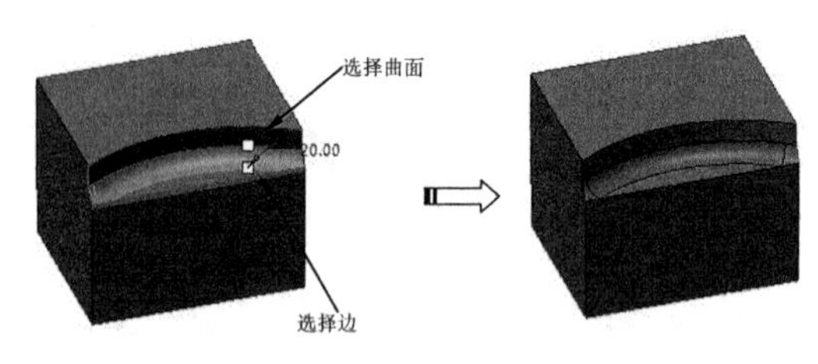

图 7-10 曲面到边的倒圆角

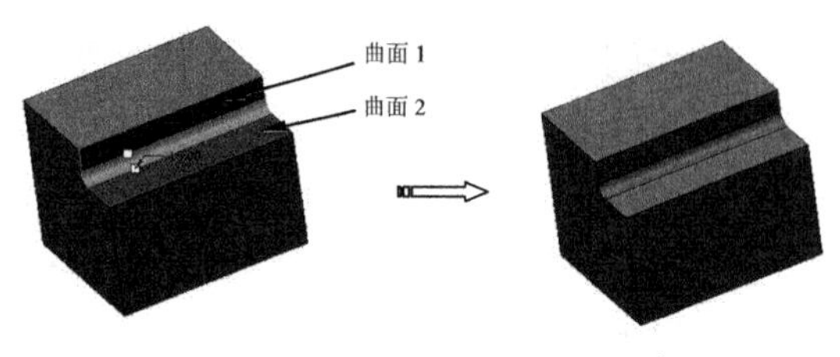

图 7-11 两个曲面的倒圆角放置参照

3. 自动倒圆角

自动倒圆角工具是针对图形区中所有实体或曲面进行自动倒圆角的工具。当需要对模型统一的尺寸倒圆角时，此工具可以快速地创建圆角特征。在【工程】组中单击【自动倒圆角】命令，打开【自动倒圆角】操控板，如图 7-12 所示。

图 7-12 【自动倒圆角】操控板

如图 7-13 所示为对模型中所有凹边进行倒圆角的范例。

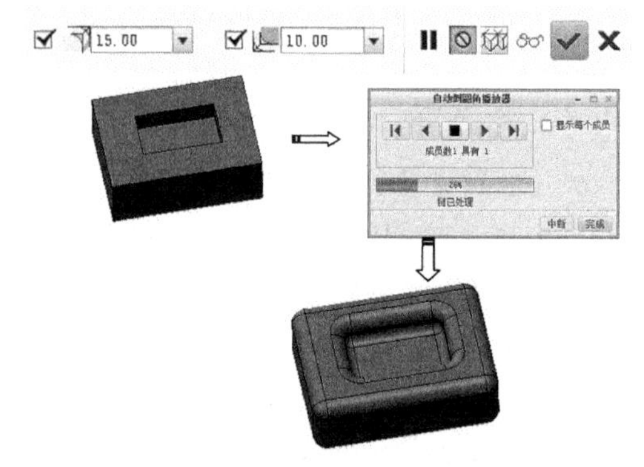

图 7-13 【自动倒圆角】操控板

7.2 筋特征

筋在零件中起到增加刚度的作用。在 Creo 可以创建两种形式的筋特征：直筋和旋转筋，当相邻的两个面均为平面时，生成的筋称为直筋，即筋的表面是一个平面；相邻的两个面中有一个为回转面时，草绘筋的平面必须通过回转面的中心轴，生成的筋为旋转筋，其表面为回转面。

Creo 提供了两种筋的创建工具：轨迹筋和轮廓筋。

7.2.1 轨迹筋

轨迹筋是沿着草绘轨迹，并且可以创建拔模、圆角的实体特征。单击【工程】组中的【轨迹筋】特征按钮，打开【轨迹筋】特征操控板，如图 7-14 所示。

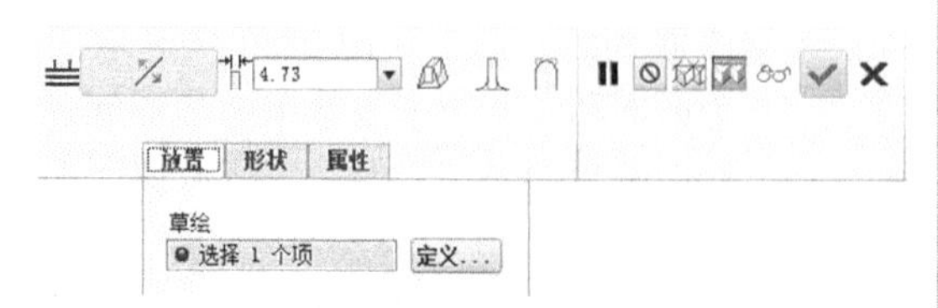

图 7-14 【轨迹筋】操控板

操控板中各选项的作用如下：

- 添加拔模：单击此按钮，可以创建带有拔模角度的筋。拔模角度可以通过在图形区中单击尺寸进行修改，如图 7-15（a）所示。
- 在内部边上添加倒圆角：单击此按钮，在筋与实体相交的边上创建圆角。圆角半径可以通过在图形区中单击尺寸进行修改。如图 7-15（b）所示。
- 在暴露边上添加倒圆角：单击此按钮，可在轨迹线上添加圆角。如图 7-15（c）所示。
- 按钮：改变筋特征的生成方向，可以更改筋的两侧面相对于放置平面之间的厚度。在指定筋的厚度后，连续单击按钮，可在对称、正向和反向 3 种厚度效果之间切换。

- 5.06 文本框：设置筋特征的厚度。
- 【属性】选项卡：在【属性】选项卡中，可以通过单击按钮预览筋特征的草绘平面、参照、厚度及方向等参数信息，并且能够对筋特征进行重命名。

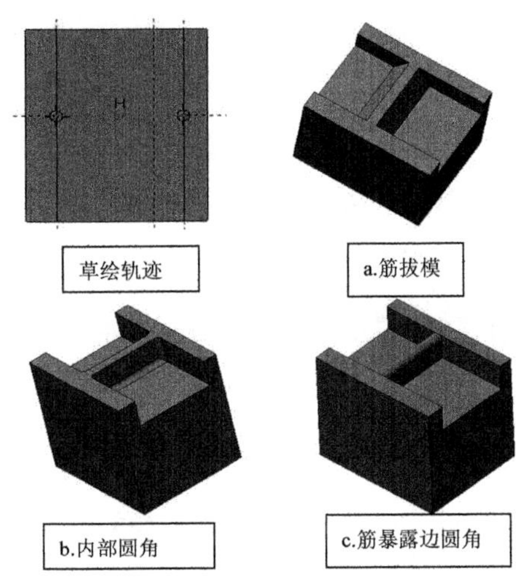

图 7-15　筋的附加特征

技术要点

有效的筋特征草绘必须满足如下规则：单一的开放环；连续的非相交草绘图元；草绘端点必须与形成封闭区域的连接曲面对齐。

7.2.2　轮廓筋

轮廓筋与轨迹筋不同的是，轮廓筋是通过草绘筋的形状轮廓来创建的。轨迹筋则是通过草绘轨迹来创建的扫描筋。

单击【工程】组中的【轮廓筋】特征按钮，打开【轮廓筋】特征操控板，如图 7-16 所示。

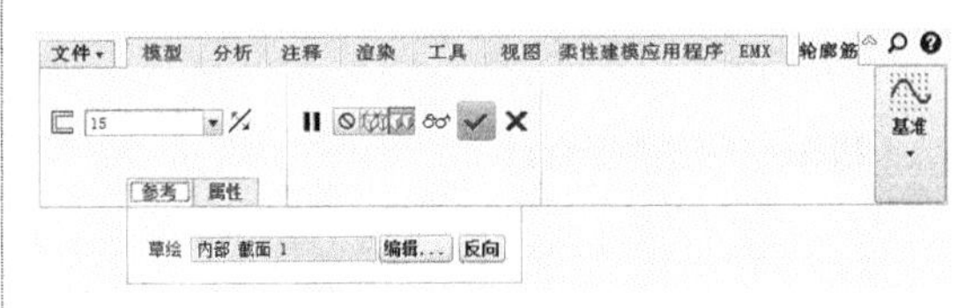

图 7-16　【轮廓筋】操控板

定义筋特征时，可在进入筋工具后草绘筋，也可在进入筋工具之前预先草绘筋。在任一情况下，【参考】收集器一次将只接受一个有效的筋草绘。

虽然对于直的筋特征和旋转筋特征而言操作步骤都是一样的，但是每种筋类型都具有特殊的草绘要求。表 7-2 中列出了直的筋与旋转筋的草绘要求。

表 7-2　直的筋与旋转筋的草绘要求

筋类型	直的	旋转
草绘要求	可以在任意点上创建草绘，只要其线端点连接到曲面，从而形成一个要填充的区域	必须在通过旋转曲面的旋转轴的平面上创建草绘。其线端点必须连接到曲面，从而形成一个要填充的区域
有效草绘实例	25.00	

技术要点

无论是创建内部草绘，还是用外部草绘生成筋特征，用户均可轻松地修改筋特征草绘，因为它在筋特征的内部。对原始种子草绘所做的任何修改（包括删除）都不会影响到筋特征，因为草绘的独立副本被存储在特征中。为了修改筋草绘几何，必须修改内部草绘特征，在“模型树”中，它是筋特征的一个子节点。

动手操作——法兰盘设计

本节要介绍的法兰盘如图 7-17 所示。

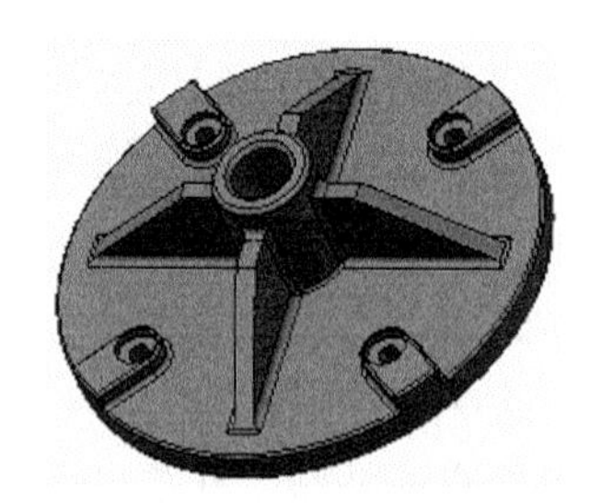

图 7-17　法兰盘效果图

操作步骤：

01 启动 Creo 后，创建一个名为“法兰”的零件文件。

02 在功能区【模型】选项卡的【形状】组中单击【旋转】按钮，弹出【旋转】操控板，选择 FRONT 基准面作为草绘平面，进入草绘模式，创建“旋转 1”，如图 7-18 所示。

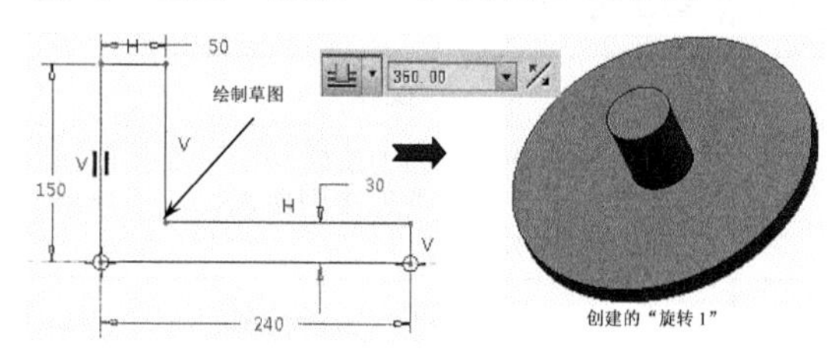

图 7-18　创建“旋转 1”

03 在功能区【模型】选项卡的【工程】组中单击【轮廓筋】按钮，弹出【轮廓筋】操控板，选择 FRONT 基准面作为草绘平面，进入草绘模式，创建“轮廓筋 1”，如图 7-19 所示。

04 在功能区【模型】选项卡的【工程】组中单击【倒圆角】按钮，创建“倒圆角 1”，其操作过程如图 7-20 所示。

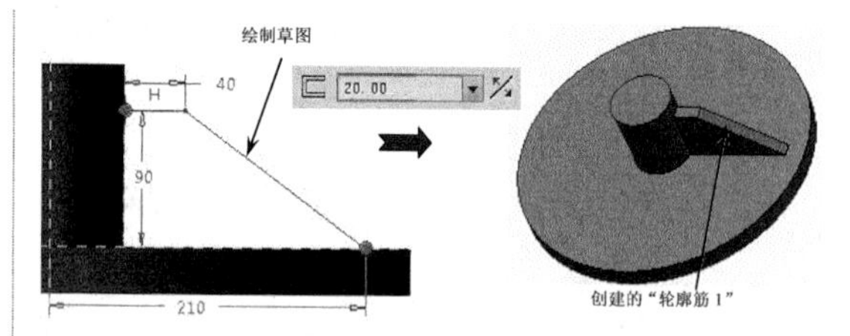

图 7-19　创建“轮廓筋 1”

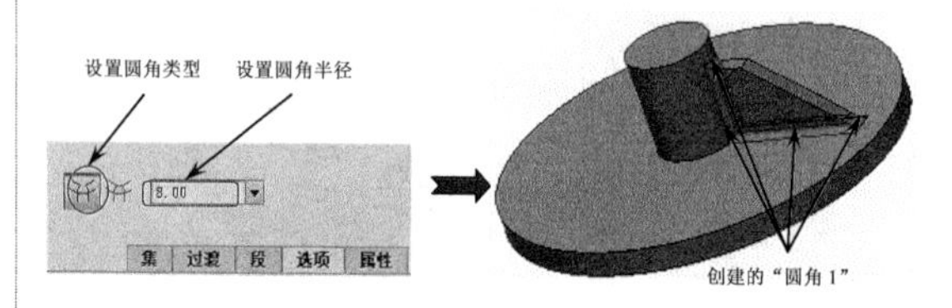

图 7-20　创建“圆角 1”

05 按住【Shift】键，在“设计树”中选中“轮廓筋 1”和“倒圆角 1”，右击，在快捷菜单中选取【组】，创建“组 1”，其操作过程如图 7-21 所示。

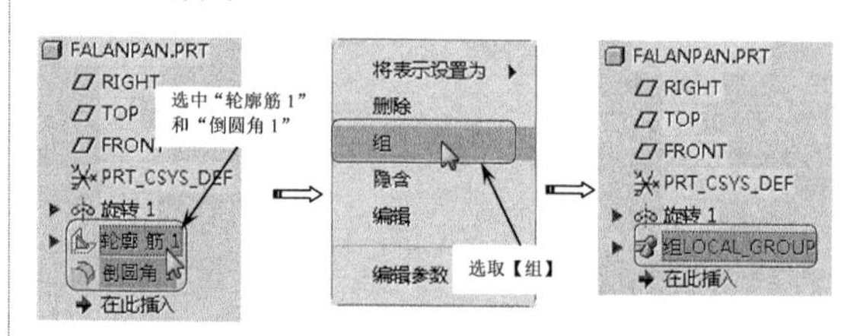

图 7-21　创建“组 1”

06 在“设计树”中选中“组 1”，在功能区【模型】选项卡的【编辑】组中单击【阵列】按钮，弹出【阵列】操控板，创建“阵列 1”，如图 7-22 所示。

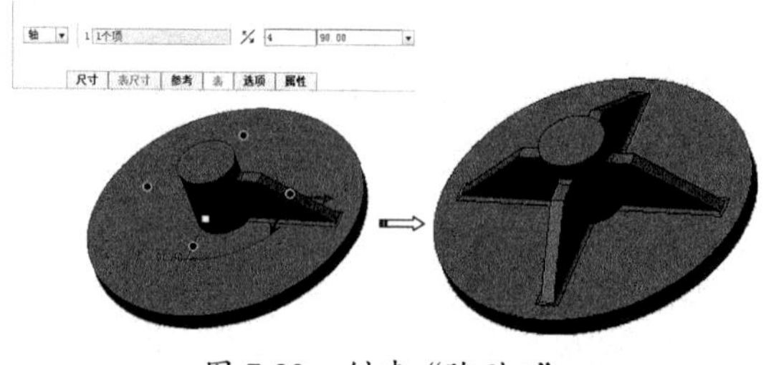

图 7-22　创建“阵列 1”

07 在功能区【模型】选项卡的【形状】组中单击【拉伸】按钮，弹出【拉伸】操控板，在“旋转 1”上选择一个面作为草绘平面，创建“拉伸 1”，其操作过程如图 7-23 所示。

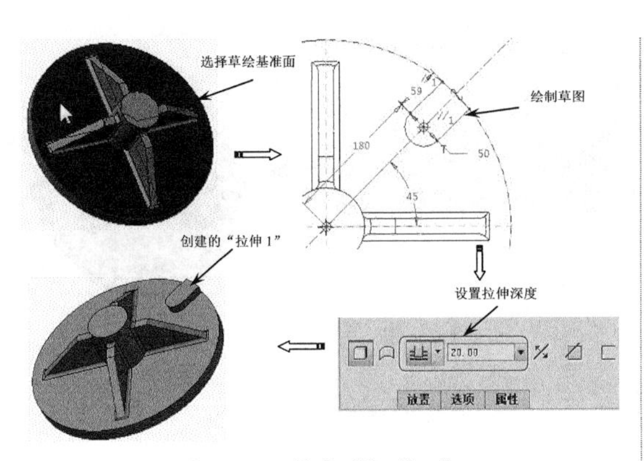

图 7-23　创建“拉伸 1”

08 在功能区【模型】选项卡的【工程】组中单击【孔】按钮，弹出【孔】操控板，创建“孔 1”，如图 7-24 所示。

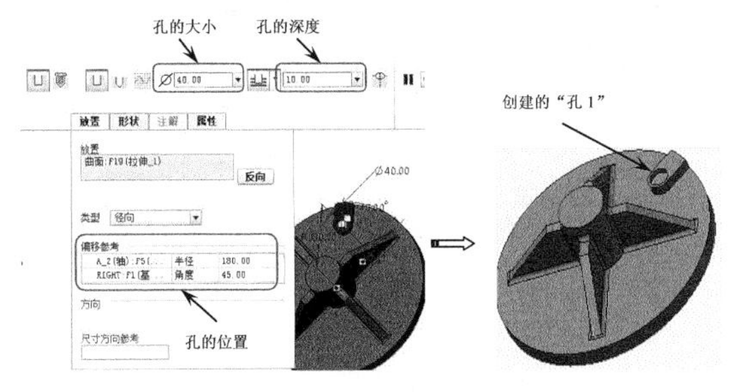

图 7-24　创建“孔 1”

09 在功能区【模型】选项卡的【工程】组中单击【孔】按钮，弹出【孔】操控板，创建“孔 2”，如图 7-25 所示。

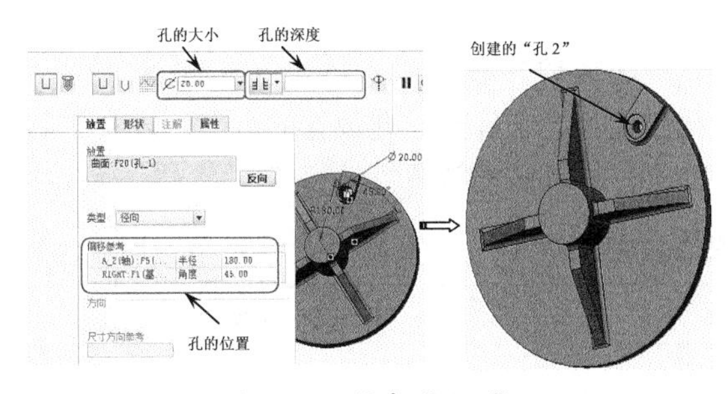

图 7-25　创建“孔 2”

10 在功能区【模型】选项卡的【工程】组中单击【倒圆角】按钮，创建“倒圆角 2”，其操作过程如图 7-26 所示。

11 在功能区【模型】选项卡的【工程】组中单击【倒圆角】按钮，创建“倒圆角 3”，其操作过程如图 7-27 所示。

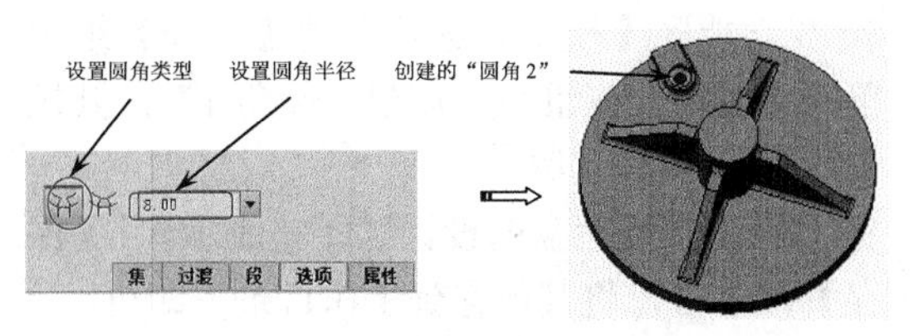

图 7-26　创建“圆角 2”

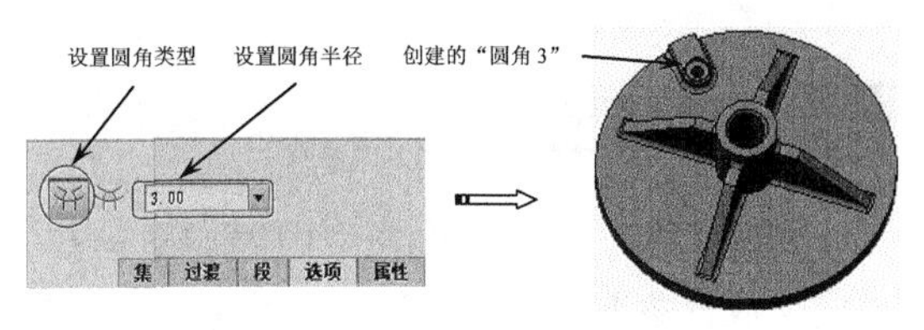

图 7-27　创建“圆角 3”

12 用创建“组 1”的方法，将“拉伸 1”、“孔 1”、“孔 2”、“倒圆角 2”和“倒圆角 3”，组成“组 2”。

13 在“设计树”中选中“组 2”，在功能区【模型】选项卡的【编辑】组中单击【阵列】按钮，弹出【阵列】操控板，创建“阵列 2”，如图 7-28 所示。

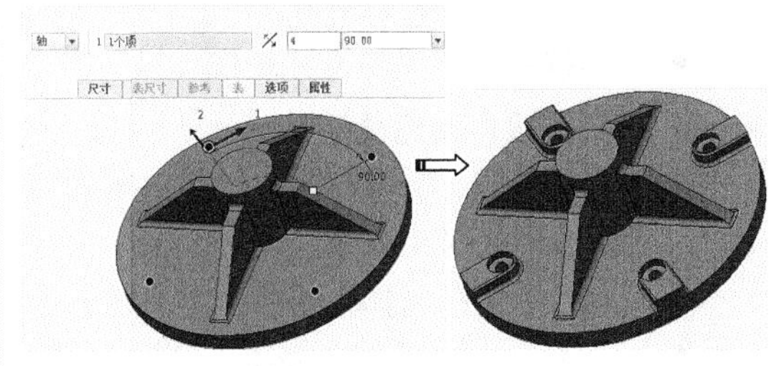

图 7-28　创建“阵列 2”

14 在功能区【模型】选项卡的【工程】组中单击【孔】按钮，弹出【孔】操控板，创建“孔 3”，如图 7-29 所示。

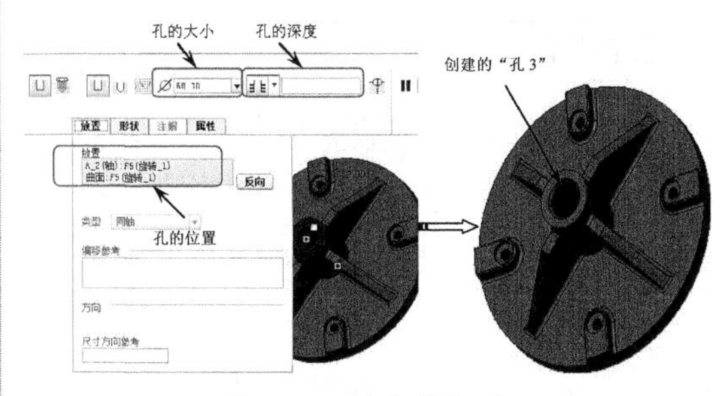

图 7-29　创建“孔 3”

15 在功能区【模型】选项卡的【工程】组中单击【倒角】按钮，创建“倒角 1”，其操作过程如图 7-30 所示。

16 到此整个法兰盘的设计已经完成，单击【保存】按钮，将其保存到工作目录下即可。

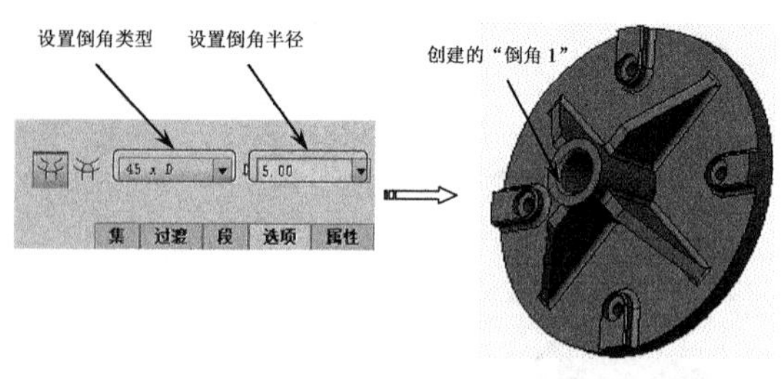

图 7-30 创建“倒角 1”

7.3 孔特征

利用“孔”工具可向模型中添加简单孔、自定义孔和工业标准孔。Creo 的孔工具可以通过定义放置参考、设置偏移参考及定义孔的具体特性来添加孔。

单击【工程】组中的按钮，打开【孔】操控板，操控板中各图标的功能如图 7-31 所示。

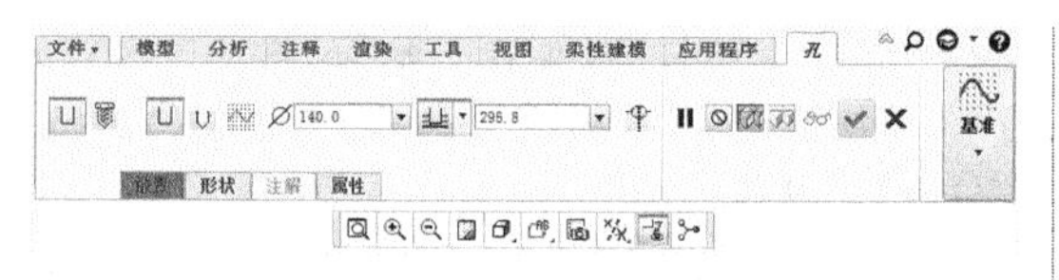

图 7-31 【孔】特征操控板

在【孔】操控板中的常用选项功能如下：

- 按钮：创建简单孔。
- 按钮：创建标准孔。
- 按钮：定义标准孔轮廓。
- 按钮：创建草绘孔。
- 140.0 下拉列表框：显示或修改孔的直径尺寸。
- 按钮：选择孔的深度定义形式。
- 295.8 下拉列表框：显示或修改孔的深度尺寸。

1. 孔的放置方法

【放置】选项板用来设置孔的放置方法、类型，以及放置参考等选项，如图 7-32 所示。孔放置类型有 6 种，分别是：同轴、线性、线性参考轴、径向、直径、在点上。

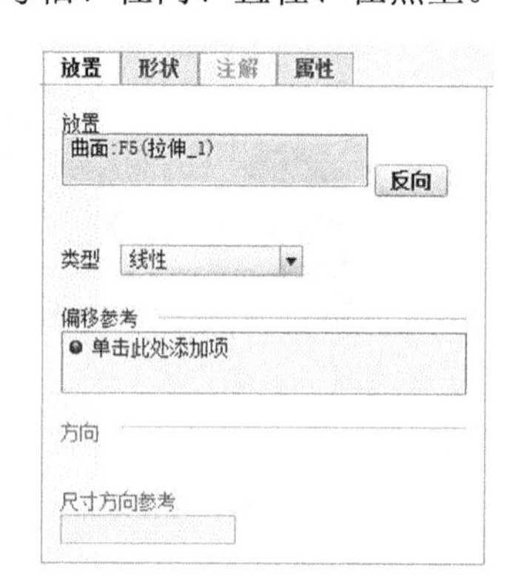

图 7-32 【放置】选项板

选择放置参考后，可定义孔放置类型。孔放置类型允许定义孔放置的方式。表 7-3 中列出了 5 种孔的放置方法。

表 7-3 孔的放置类型

孔放置类型	说明	示例
线性	使用两个线性尺寸在曲面上放置孔。 如果您选择平面、圆柱体或圆锥实体曲面，或是基准平面作为主放置参考，可使用此类型。 如果选择曲面或基准平面作为主放置参考，Creo Parametric 默认选择此类型	
线性参考轴	通过参考基准轴或位于同一曲面上的另一个孔的轴来放置孔。轴应垂直于新创建的孔的主放置参考	1正交尺寸 2新创建的孔 3选择作为次参考的轴

续表

孔放置类型	说明	示例
径向	使用一个线性尺寸和一个角度尺寸放置孔。 如果您选择平面、圆柱体或圆锥实体曲面，或是基准平面作为主放置参考，可使用此类型	
直径	通过绕直径参考旋转孔来放置孔。此放置类型除了使用线性和角度尺寸之外还将使用轴。 如果选择平面实体曲面或基准平面作为主放置参考，可使用此类型	
同轴	将孔放置在轴与曲面的交点处。注意，曲面必须与轴垂直。此放置类型使用线性和轴参考。 如果选择曲面、基准平面或轴作为主放置参考，可使用此类型	
在点上	将孔与位于曲面上的或偏移曲面的基准点对齐。此放置类型只有在选择基准点作为主放置参考时才可用。 如果主放置参考是一个基准点，则仅可用该放置类型	

技术要点

因所选的放置参考不同，会显示不同的放置类型。

2. 孔的形状设置方法

在【形状】选项板中可以设置孔的形状参数，如图 7-33 所示。单击该选项板中的孔深度文本框，即可从打开的深度下拉列表的 6 个选项中选取所需选项（如图 7-34 所示），进行孔深度、直径及锥角等参数的设置，从而确定孔的形状。

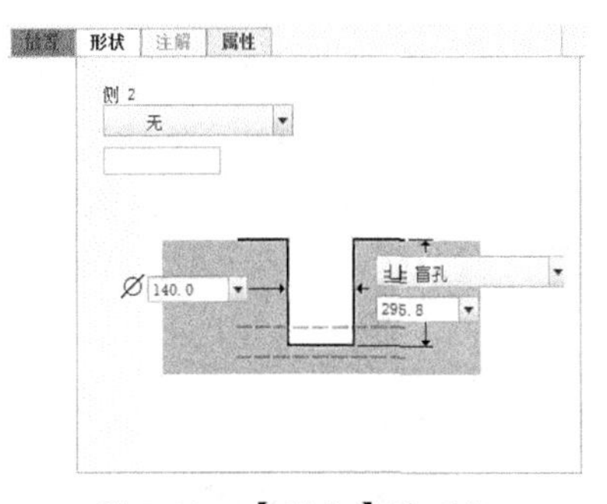

图 7-33　【形状】选项板

图 7-34　6 个孔深度选项

这 6 个选项与拉伸特征的深度选项是相同的。孔也是拉伸特征的一种特例，是移除材料的拉伸特征。

3. 孔类型

在 Creo 中可创建的孔的类型有简单孔、草绘孔和标准孔，如表 7-4 所示。

表 7-4　孔类型

简单孔	草绘孔	标准孔
由带矩形剖面的旋转切口组成。可使用预定义矩形或标准孔轮廓作为孔轮廓，也可以为创建的孔指定埋头孔、扩孔和角度	使用草绘器创建不规则截面的孔	创建符合工业标准螺纹孔。对于标准孔，会自动创建螺纹注释

技术要点

在草绘孔时，旋转轴只能是基准中心线，不能是草图曲线中的中心线。否则不能创建孔特征。

动手操作——塑料壳体设计

如图 7-35 所示，此塑料壳体零件结构较简单，主要由壳体特征和 BOSS（壳体中的支撑柱）构成。所使用的创建方法包括拉伸、孔、圆角等。

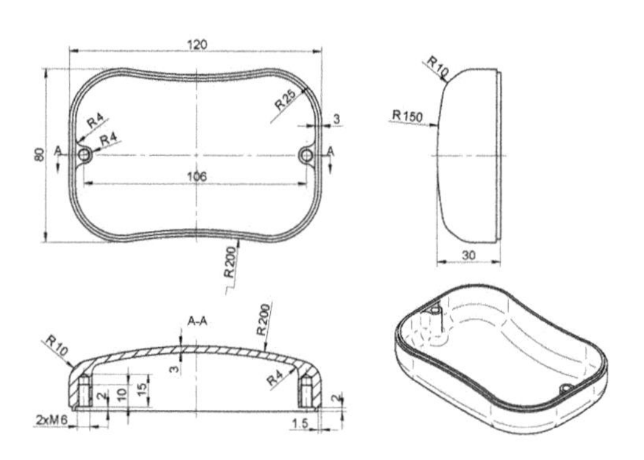

图 7-35　塑料壳体零件

操作步骤：

01 按 Ctrl+N 组合键弹出【新建】对话框。新建名为“塑料壳体”的零件文件，并用公制模板进入建模环境。

02 首先使用【拉伸】命令，选择 TOP 基准平面作为草绘平面并自动进入到草绘环境中，然后绘制如图 7-36 所示的拉伸截面。

03 退出草绘环境后，保留默认的拉伸方法，在操控板中设置拉伸深度为 30，单击【应用】按钮后创建拉伸特征，如图 7-37 所示。

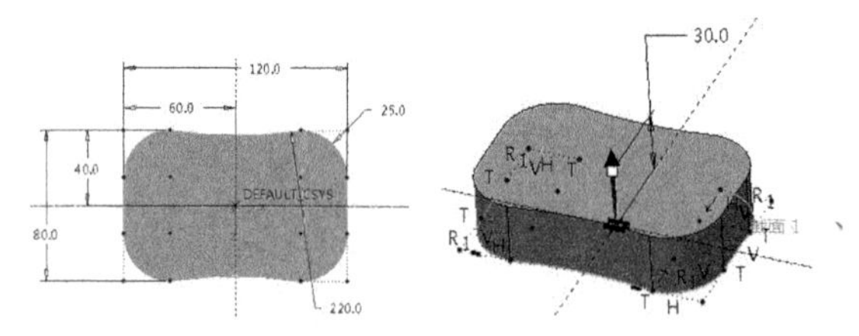

图 7-36　绘制拉伸截面　　图 7-37　创建拉伸特征

04 继续创建拉伸特征。选择 RIGHT 基准平面作为草绘平面，绘制第二个拉伸特征的截面，如图 7-38 所示。

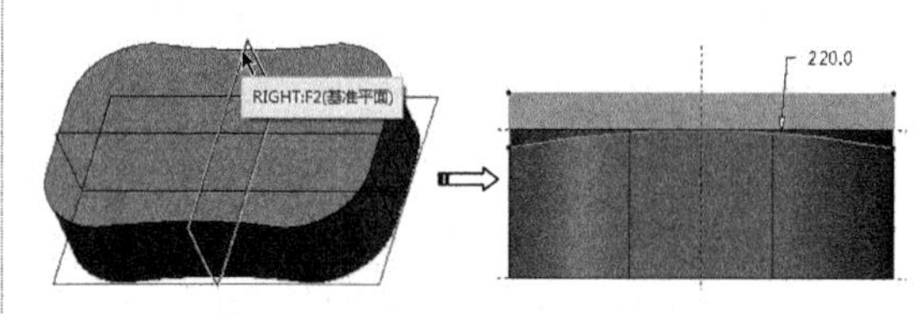

图 7-38　绘制第二个拉伸截面

05 退出草绘环境后，以默认的【指定深度值一半】方法，创建深度为 140 的拉伸特征，再单击【移除材料】按钮，完成拉伸特征的创建，如图 7-39 所示。

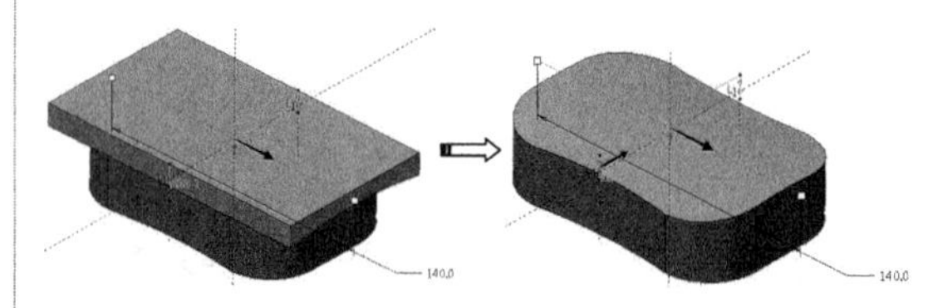

图 7-39　创建移除材料的拉伸特征

06 使用【倒圆角】工具，对拉伸特征倒圆角，圆角半径为 10，创建的圆角特征如图 7-40 所示。

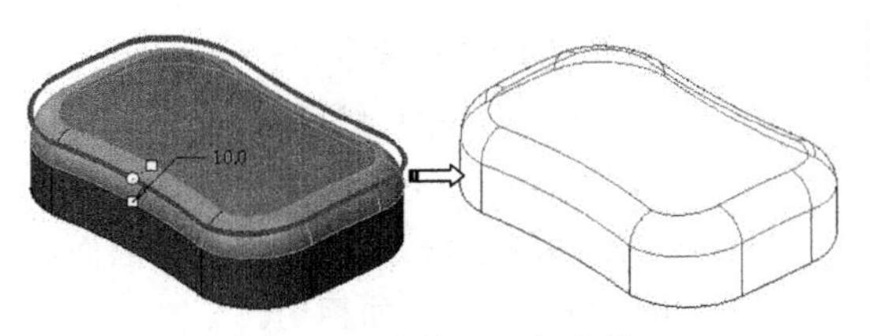

图 7-40 创建第 2 个拉伸特征

07 使用【壳】工具，选择如图 7-41 所示的模型面，创建厚度为 3 的壳体。

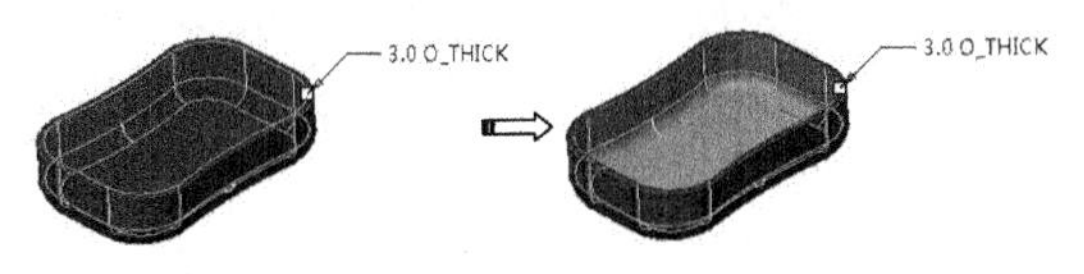

图 7-41 创建壳体特征

08 使用【拉伸】工具，选择壳体上的平面，绘制出如图 7-42 所示的拉伸截面。

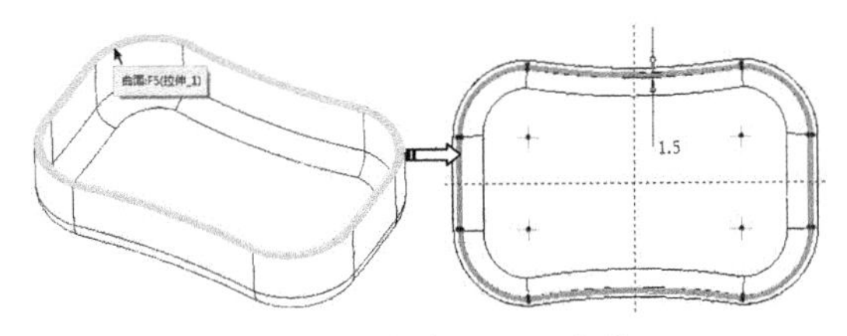

图 7-42 创建第 3 个拉伸特征

09 退出草绘环境后以默认的拉伸方法，创建拉伸深度为 2 的实体特征，如图 7-43 所示。

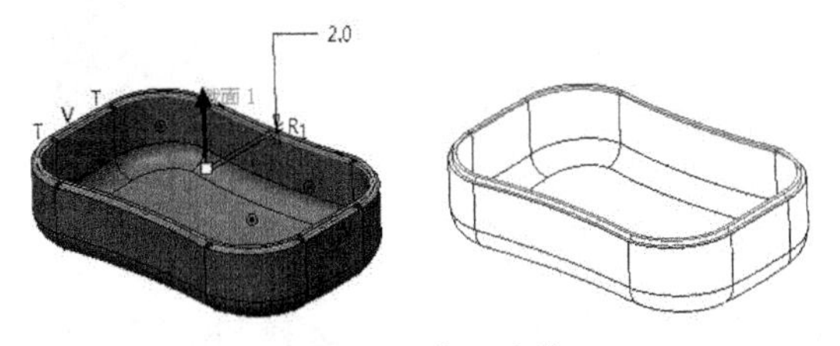

图 7-43 创建拉伸特征

10 继续创建拉伸特征——BOSS 特征。选择上步创建的特征表面作为草绘平面，并绘制出如图 7-44 所示的拉伸截面草图。

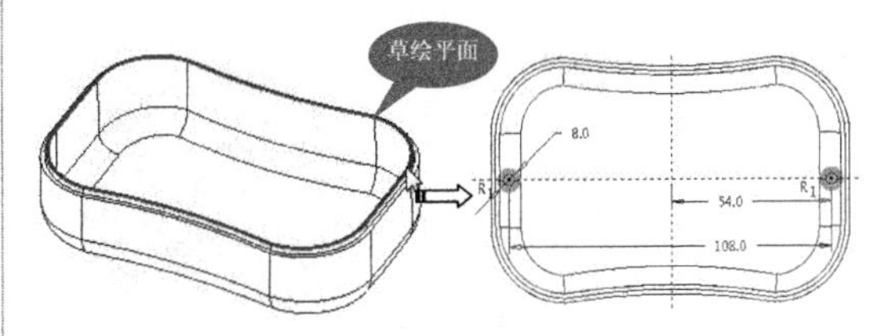

图 7-44 绘制拉伸截面

11 退出草绘环境，设置拉伸方法为【拉伸至下一曲面】，然后单击按钮改变拉伸方向，创建的拉伸特征如图 7-45 所示。

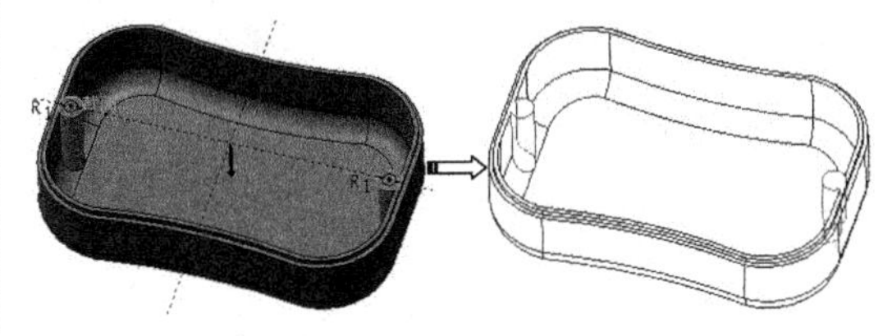

图 7-45 创建拉伸特征

12 使用【倒圆角】工具对 BOSS 柱倒圆角，且半径为 4，结果如图 7-46 所示。

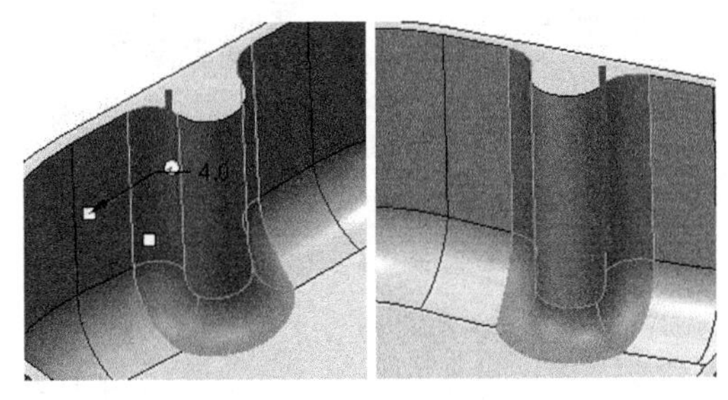

图 7-46 创建倒圆角特征

7.4 抽壳设计

壳特征就是将实体内部掏空，变成指定壁厚的壳体，主要用于塑料和铸造零件的设计。单击【工程】组中的按钮，打开【壳】操控板，如图 7-47 所示。

图 7-47 【壳】特征操控板

1. 选择实体上要移除的表面

在模型上选取要移除的曲面，当要选取多个移除曲面时需按住 Ctrl 键。选取的曲面将显示在操控板的【参考】选项板中。

当要改变某个移除面侧的壳厚度时，可以在【非默认厚度】收集器中选取该移除面，然后修改厚度值，如图 7-48 所示。

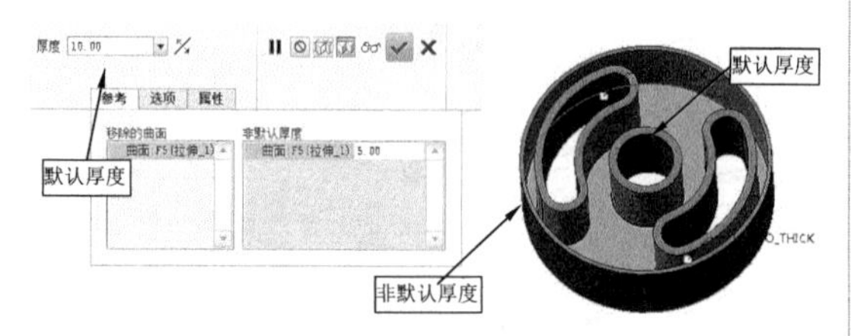

图 7-48　选取要移除的曲面

技术要点

要改变某移除面的厚度，也可以执行右键菜单中的【非默认厚度】命令。在模型上选择该曲面，如图 7-49 所示。曲面上会出现一个控制厚度的图柄和表示厚度的尺寸数值，双击图形上的尺寸数值，更改其厚度值即可。

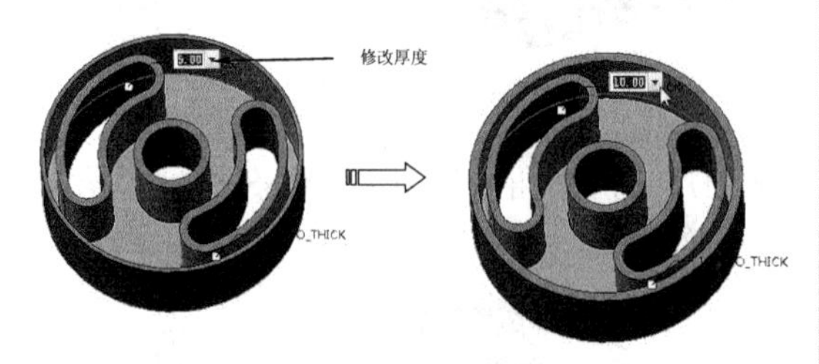

图 7-49　执行右键菜单中的命令来修改壳厚度

2. 其他设置方法

在【壳】操控板中还可以将厚度侧设为反向，也就是将壳的厚度加在模型的外侧。方法是设置厚度数值为负数，或者单击操控板上的【更改厚度方向】按钮。

如图 7-50 所示，深色线为实体的外轮廓线，左图为薄壳的生成侧在内部，右图为薄壳的生成侧在外部。

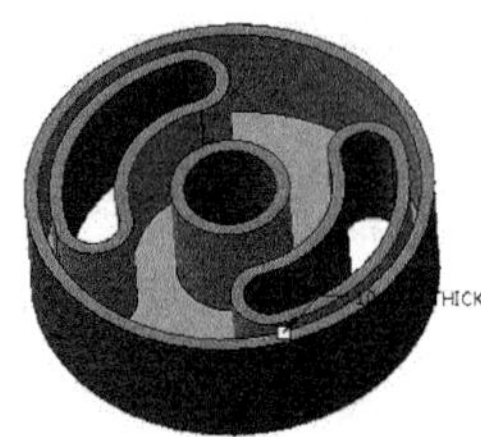

薄壳生成侧在内部

薄壳生成侧在外部

图 7-50　不同的薄壳生成侧

3. 薄壳操作的注意事项

- 当模型上某处的材料厚度小于指定的壳体厚度时，不能建立薄壳特征。
- 建立壳特征时，选取要移除的曲面不可以与邻接的曲面相切。
- 建立壳特征时，选取要移除的曲面不可以有一个顶点是由 3 个曲面相交所形成的交点。
- 若实体有一个顶点是由 4 个以上的实体表面所形成的交点，可能无法建立壳特征，因为 4 个相交于一点的曲面在偏移后不一定会再相交于一点。
- 所有相切的曲面都必须有相同的厚度值。

动手操作——充电器外壳设计

操作步骤：

01 新建名为【充电器外壳】的零件文件。

02 单击【拉伸】按钮，选择 TOP 平面作为草绘平面绘制拉伸截面，退出草绘环境，选择【指定拉伸值】模式并输入值。预览无误后单击【应用】按钮完成拉伸实体的创建，如图 7-51 所示。

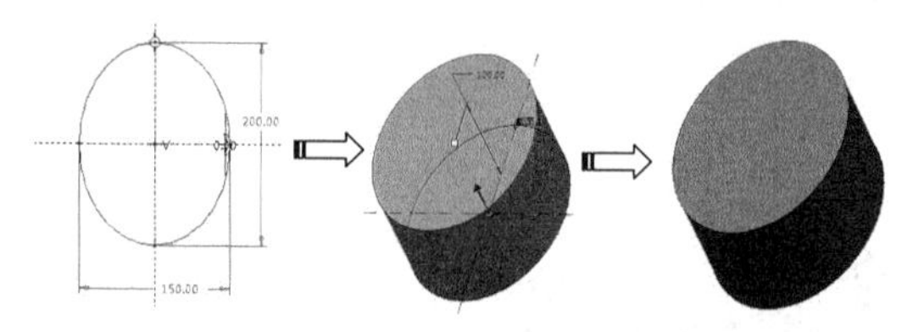

图 7-51　拉伸椭圆主体

03 单击【拉伸】按钮，选择 FRONT 平面作为草绘平面，绘制拉伸截面。退出草绘环境，单击【移除材料】按钮，选择【向两侧拉伸】模式，预览无误后单击【应用】按钮，完成移除材料特征，如图 7-52 所示。

04 单击【壳】按钮，打开【壳】操控板，单击【移除曲面】按钮，打开【参考】选项板。单击【非默认厚度】收集器，选择非默认厚度的面并设置值。预览无误后单击【应用】按钮，完成壳的创建，如图 7-53 所示。

05 单击【拉伸】按钮，选择模型的内侧底面作为草绘平面，绘制拉伸截面，单击【反向】

按钮更改拉伸方向，单击【移除材料】按钮，选择【拉伸至与所有曲面相交】模式，预览无误后单击【应用】按钮，完成移除材料特征的创建，如图 7-54 所示。

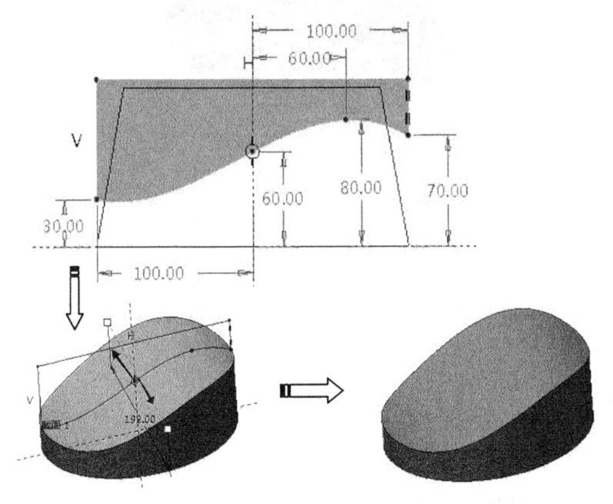

图 7-52　移除材料

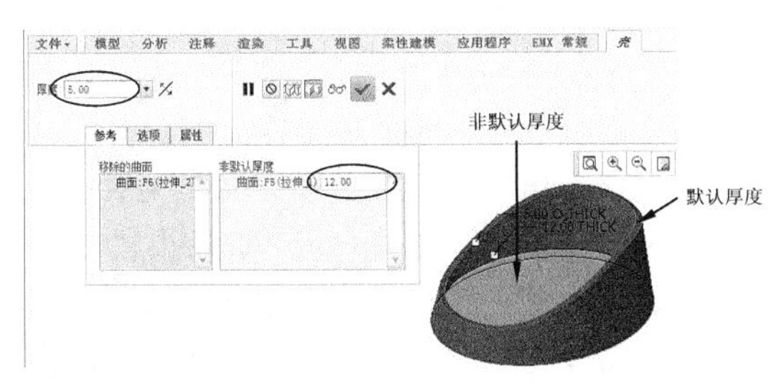

图 7-53　创建壳特征

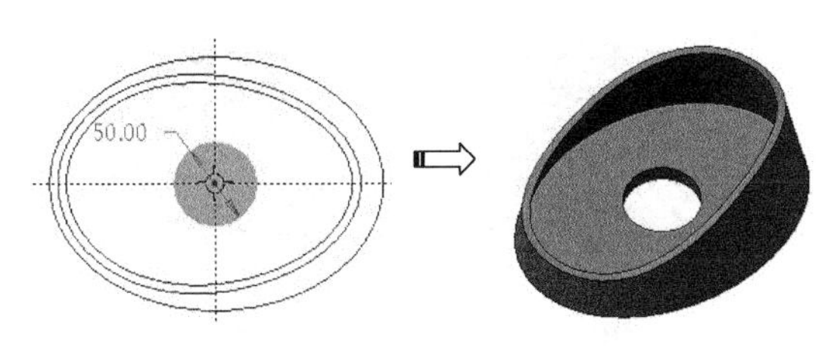

图 7-54　创建拉伸移除材料特征

06 单击【拉伸】按钮，选择模型内侧底面作为草绘平面，绘制拉伸截面。退出草绘环境，单击【反向】按钮更改拉伸方向，单击【移除材料】按钮，打开【选项】选项卡，选中【添加锥度】复选框并设置数值为 10。

07 预览无误后单击【应用】按钮完成特征的创建，如图 7-55 所示。

08 单击【倒圆角】按钮，打开【倒圆角】操控板，创建圆角半径值为 5 的倒圆角特征，如图 7-56 所示。

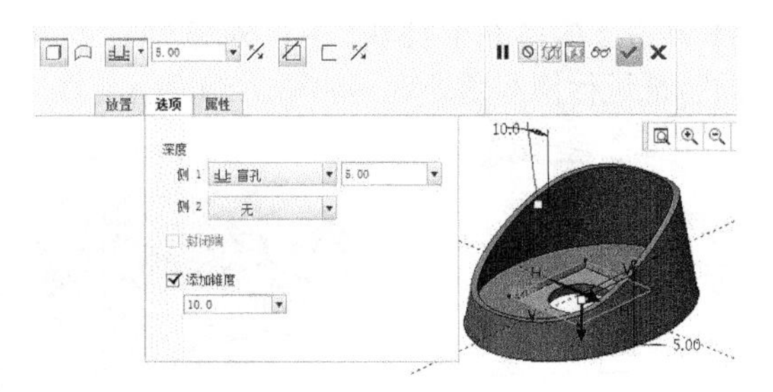

图 7-55　创建拉伸减材料拔模特征

技术要点

拔模斜度在－30°～30°之间。

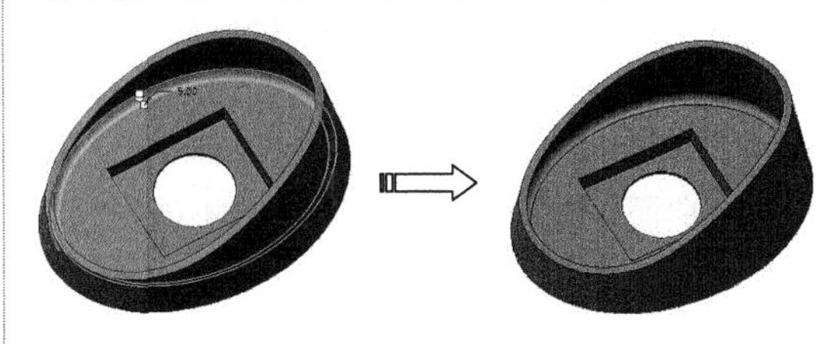

图 7-56　倒圆角

09 单击【倒圆角】按钮，按上述方法创建半径为 2 的倒圆角特征，如图 7-57 所示。

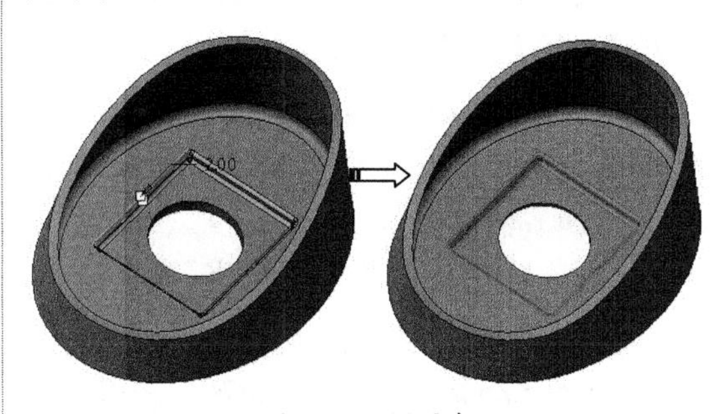

图 7-57　倒圆角

10 单击【拉伸】按钮，选择模型底面作为草绘平面，绘制拉伸截面，退出草绘环境，单击【反向】按钮，选择【指定拉伸值】模式，单击【移除材料】按钮，预览无误后单击【应用】按钮完成拉伸创建，如图 7-58 所示。

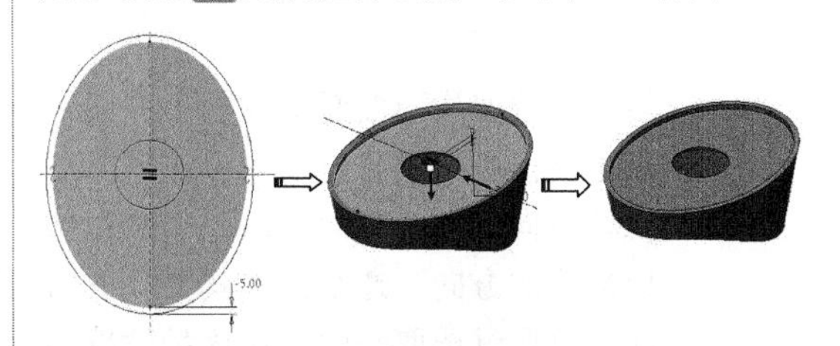

图 7-58　创建移除材料特征

11 单击【倒圆角】按钮，对刚创建的底面特征进行倒圆角处理，如图7-59所示。

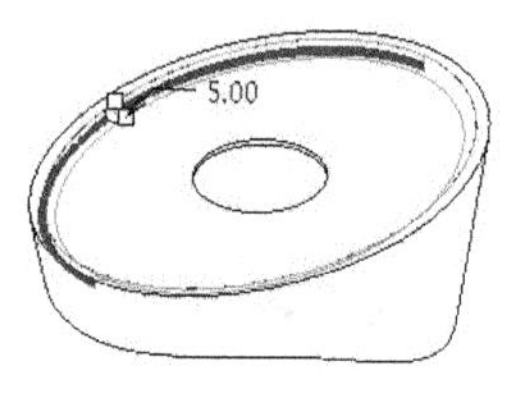

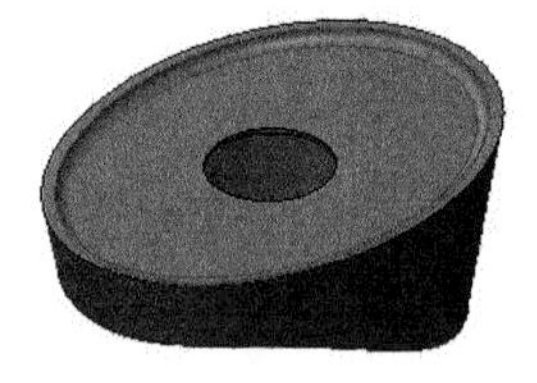

图7-59 倒圆角

12 保存结果文件。最终效果图如图7-60所示。

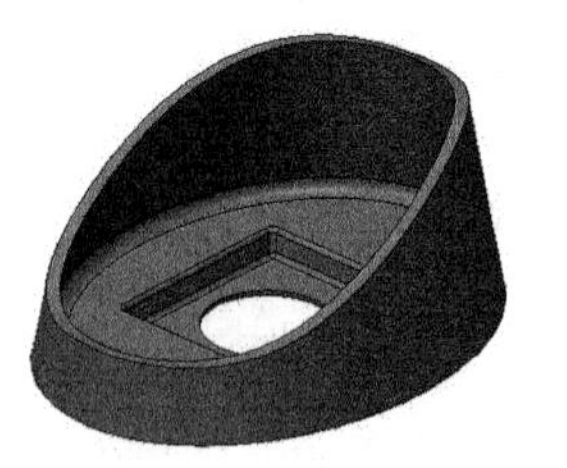

图7-60 充电器外壳

7.5 拔模特征

在塑料拉伸件、金属铸造件和锻造件中，为了便于加工脱模，通常会在成品与模具型腔之间引入一定的倾斜角，称为【拔模角度】。

拔模特征就是为了解决此类问题，将单独曲面或一系列曲面中添加一个-30°～30°的拔模角度。可以选择的拔模曲面有平面或圆柱面，并且当曲面为圆柱面或平面时，才能进行拔模操作。曲面边的边界周围有圆角时不能拔模，但可以先拔模，再对边进行圆角操作。

Creo中拔模特征有4种创建方法：基本拔模、可变拔模、可变拖拉方向拔模和分割拔模。

7.5.1 基本拔模

基本拔模就是创建一般的拔模特征。

在【工程】组中单击【拔模】按钮，打开【拔模】操控板，如图7-61所示。

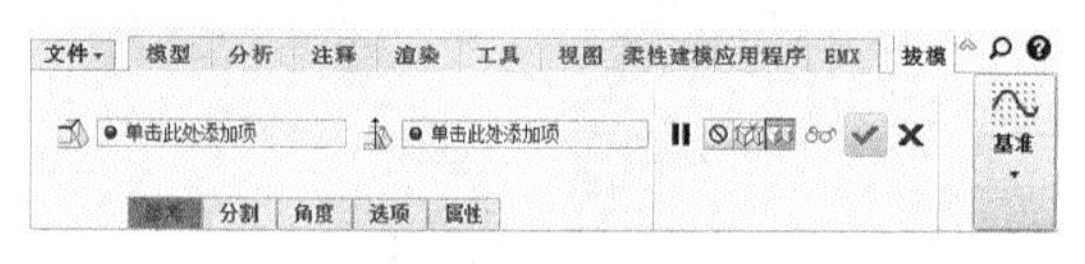

图7-61 【拔模】操控板

要使用拔模特征，需先了解拔模的几个术语。如图7-62所示为拔模术语的图解表达。图中所涉及的拔模概念解释如下：

- 拔模曲面：选择要拔模的模型的曲面。可以拔模的曲面有平面和圆柱面。
- 拔模枢轴：选择曲面围绕其旋转的拔模曲面上的线或曲线（也称为中立曲线）。可通过选取平面（在此情况下拔模曲面围绕它们与此平面的交线旋转）或选取拔模曲面上的单个曲线链来定义拔模枢轴。
- 拖动方向（拔模方向）：用于测量拔模角度的方向。通常为模具开模的方向。可通过选取平面（在这种情况下拖动方向垂直于此平面）、直边、基准轴或坐标系的轴来定义它。
- 拔模角度：设置拔模方向与生成的拔模曲面之间的角度。如果拔模曲面被分割，则可为拔模曲面的每侧定义两个独立的角度。拔模角度必须在-30°～30°范围内。

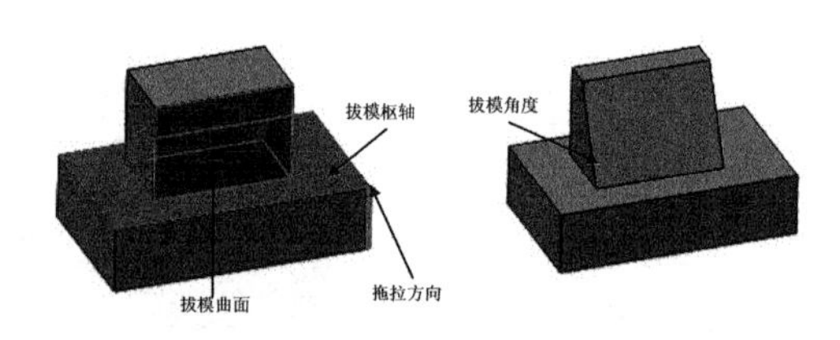

图7-62 拔模特征的图解

下面介绍两种基本拔模的特殊处理方法。

1. 排除曲面环

如图7-63所示的模型。所选的拔模面其实是单个曲面，非两个曲面组合。因为它们是由一个拉伸切口得到的。但此处仅拔模其中一个凸起的面，那么就需要在【拔模】操控板的【选项】选项板中激活【排除面】收集器，并选择要排除的面，如图7-64所示。

选择要排除的面后，只能对其中一个面进行拔模，如图7-65所示。

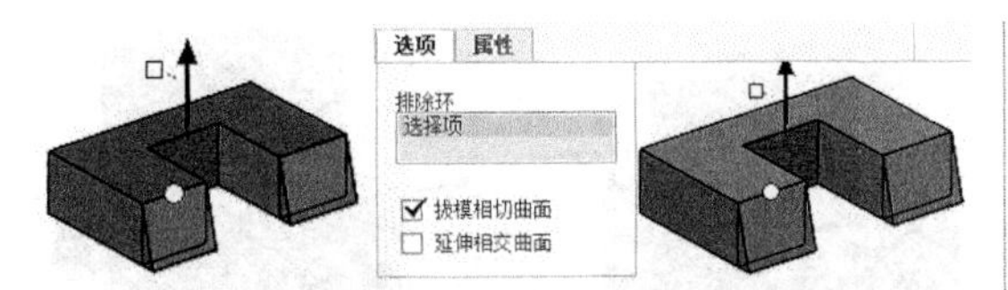

图 7-63　要拔模的面　图 7-64　选择要排除的曲面

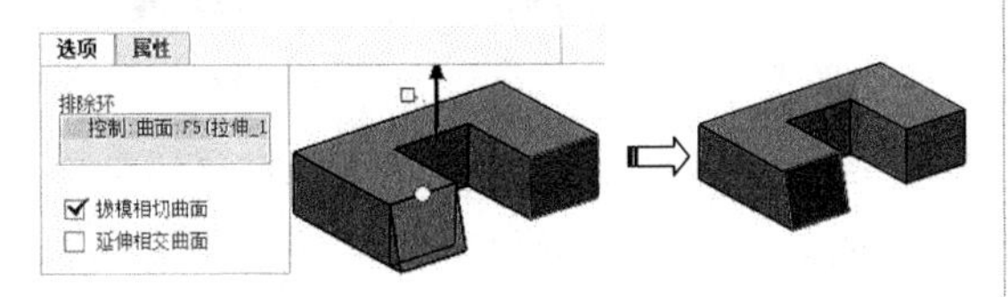

图 7-65　拔模单个曲面

技术要点

按 Ctrl 键连续选择的多个曲面是不能使用【排除曲面环】方法的。因为程序只能识别单个曲面中的环。

2. 延伸相交曲面

当要拔模的曲面在拔模后与相邻的曲面产生错位时，可以使用【选项】选项板中的【延伸相交曲面】复选框，使之与模型的相邻曲面相接触。

如图 7-66 所示，需要对图中的圆形凸台进行拔模，但未使用【延伸相交曲面】复选框进行拔模。

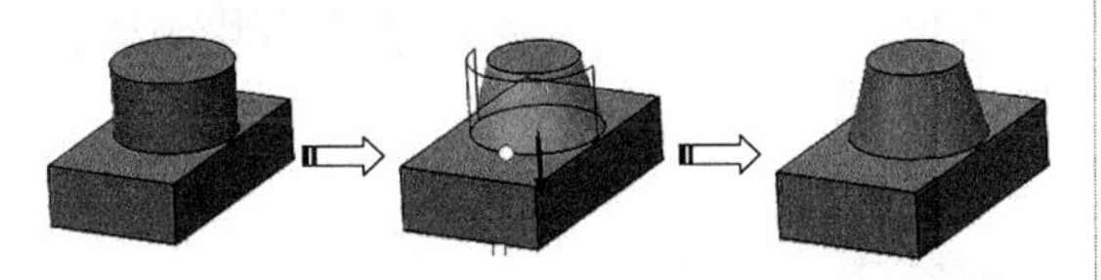

图 7-66　未使用【延伸相交曲面】复选框的拔模

如果使用了【延伸相交曲面】复选框进行拔模，其结果如图 7-67 所示。

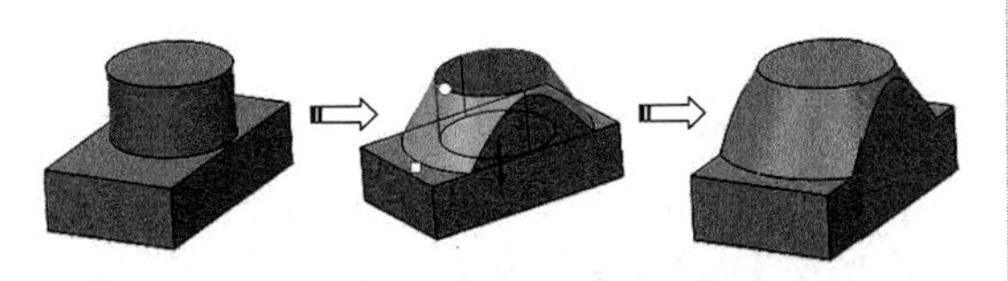

图 7-67　使用【延伸相交曲面】复选框的拔模

如图 7-68 所示为对图中的矩形实体进行拔模的情况。包括未使用和使用【延伸相交曲面】复选框的两种情形。

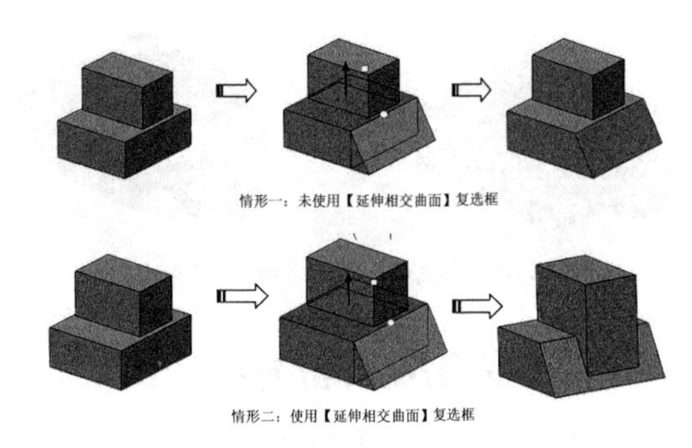

图 7-68　延伸至相交曲面的另一情形

7.5.2　可变拔模

上面介绍的基本拔模属于恒定角度的拔模。但在【可变】拔模中，可沿拔模曲面将可变拔模角应用于各控制点：

- 如果拔模枢轴是曲线，则角度控制点位于拔模枢轴上
- 如果拔模枢轴是平面或面组，则角度控制点位于拔模曲面的轮廓上

可变拔模的关键在于角度的控制。例如，当选择了拔模曲面、拔模枢轴及拖拉方向后，通过在【拔模】操控板的【角度】选项板中，添加角度来控制拔模的可变性。如图 7-69 所示为恒定拔模与可变拔模的范例。

技术要点

您可以按住 Ctrl 键然后拖动拔模的圆形滑块，将控制点移动至所需位置，如图 7-70 所示。

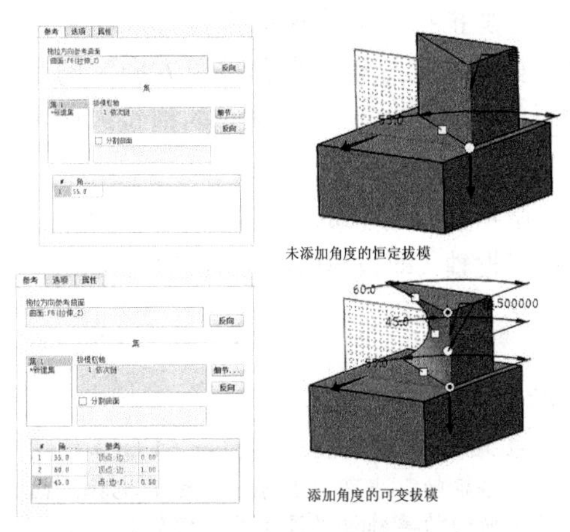

图 7-69　恒定拔模与可变拔模

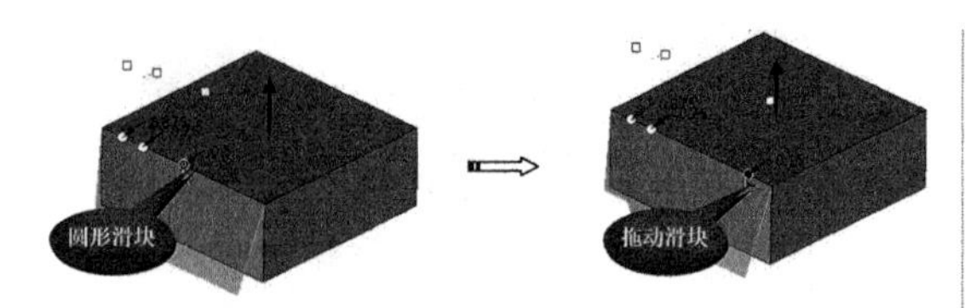

图 7-70　拖动圆形滑块改变控制点

7.5.3　可变拖拉方向拔模

可变拖拉方向拔模与基本拔模、可变拔模所不同的是，拔模曲面不再仅仅是平面，曲面同样可以拔模。此外，拔模曲面不用再选择，而是定义拔模曲面的边——也是拔模枢轴（拔模枢轴是拔模曲面的固定边）。

在【形状】组中单击【可变拖拉方向拔模】按钮，打开【可变拖拉方向拔模】操控板，如图 7-71 所示。

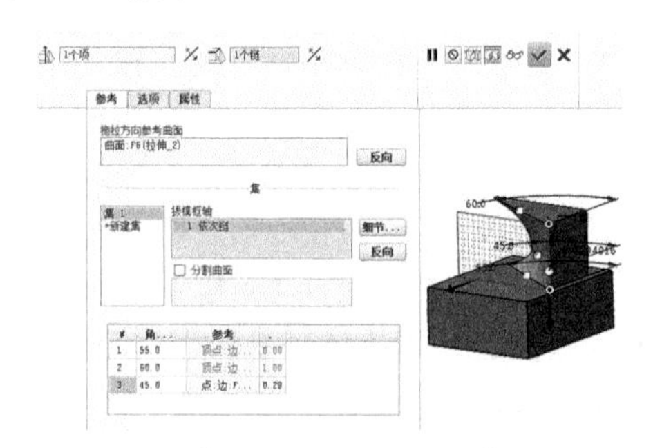

图 7-71　【可变拖拉方向拔模】操控板

下面用一个零件的拔模来说明可变拖拉方向拔模的用法。

1．拔模枢轴的选取

可变拖拉方向拔模的拖拉方向参考曲面也是拖拉方向（有时也称拔模方向）的参考曲面。如图 7-72 所示为选择的拖拉方向参考曲面。

激活拔模枢轴的收集器。然后为拔模选取拔模枢轴（即拔模曲面上固定不变的边），如图 7-73 所示。

> **技术要点**
>
> 在选取拔模枢轴时，可以按 Ctrl 键连续选取多个枢轴。当然，也可以在远离拖拉方向参考曲面的单独位置设置拔模枢轴。

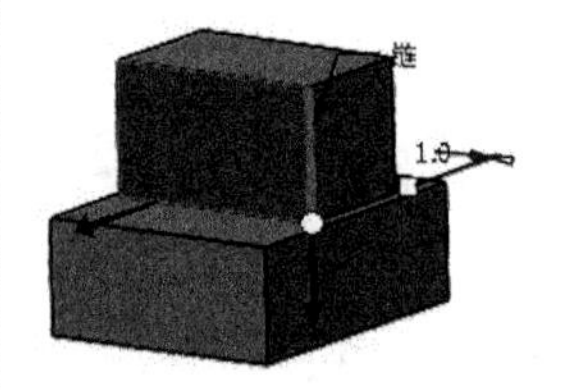

图 7-72　选择拖拉方向参考曲面

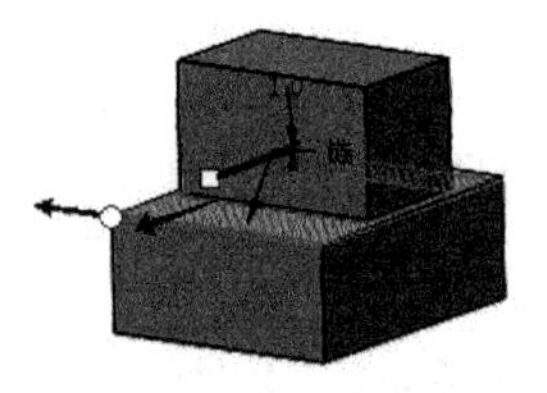

图 7-73　选择拔模枢轴

选择拔模枢轴后，您可以看见拔模的预览。拖动圆形控制滑块可以手动改变拔模的角度，如果需要精确控制拔模角度，必须在【参考】选项板最下面的选项组中设置角度，如图 7-74 所示。

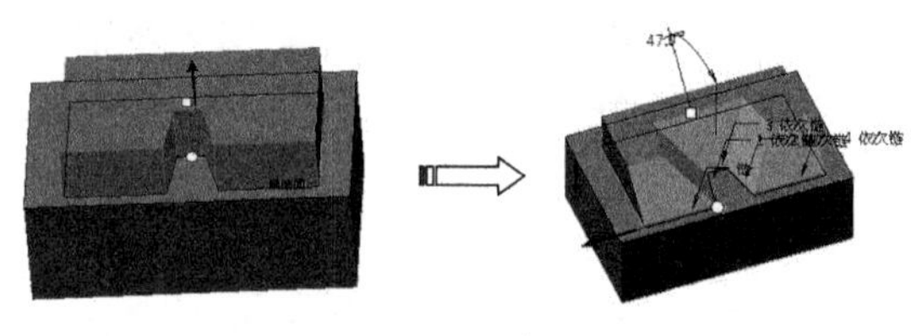

图 7-74　简化表示对象

2．使拔模角度成为变量

默认情况下拔模角度是恒定的，可以选择右键菜单中的【成为变量】命令，将拔模角度设为可变。如图 7-75 所示，设为变量后，可以在【参考】选项板最下方编辑每个控制点的角度，也可以手动拖动方形滑块来改变拔模角度。

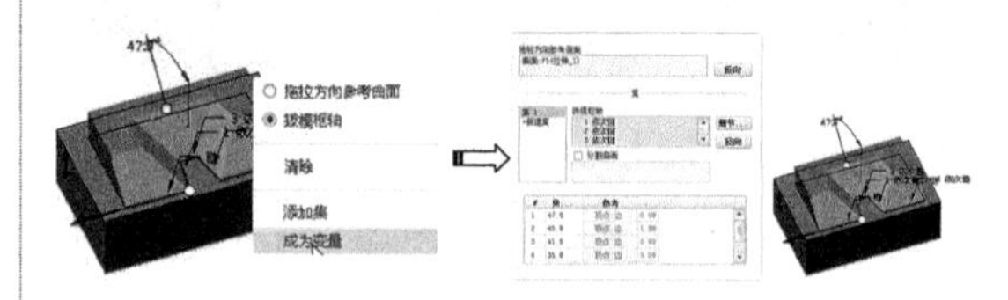

图 7-75　使拔模角成为变量

> **技术要点**
>
> 在要恢复为恒定拔模，可右击并选取快捷菜单中的【成为常数】命令，将删除第一个拔模角以外的所有拔模角。

3．创建分割拔模

在这里不仅仅可以分割拔模，其他类型的拔模方式也可以创建分割拔模特征。当选择了拖拉方向参考曲面和拔模枢轴后，在【参考】选项板中选中【分割曲面】复选框，然后选择分割曲面，此曲面可以是平面、基准平面和曲面，如图 7-76 所示。

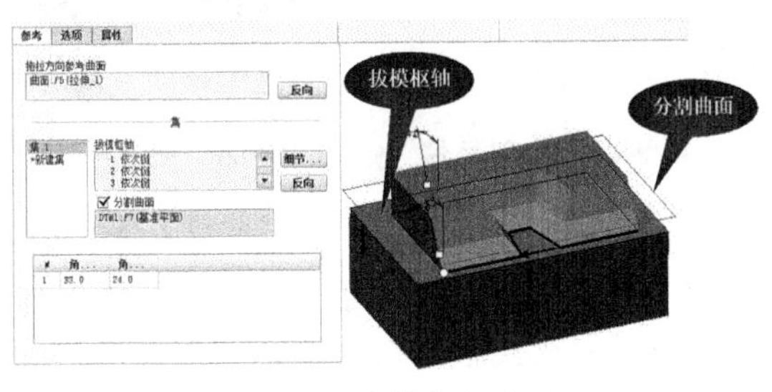

图 7-76　选择分割曲面

如果将图形放大，即可看见预览中有两个拔模控制滑块，其中一个控制滑块是控制整体拔模角度的，另一个滑块是控制被曲面分割后的拔模角度，如图 7-77 所示。通过调整两个拔模控制滑块的位置，可以任意改变拔模角度。

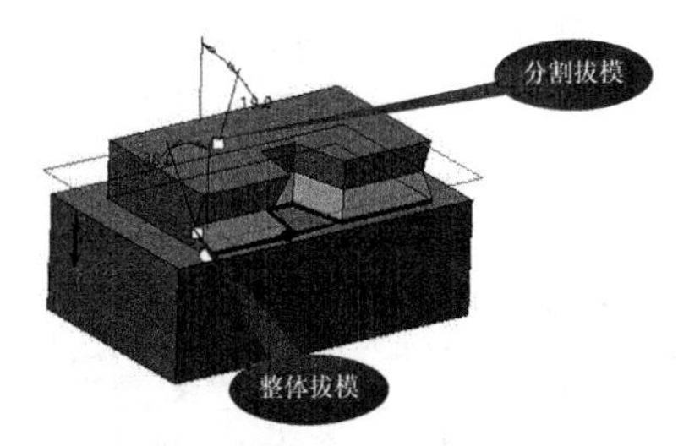

图 7-77　分割曲面后的拔模控制滑块

动手操作——机械零件设计

如图 7-78 所示，此机械零件主要由拉伸实体特征和拔模特征共同组合而成。

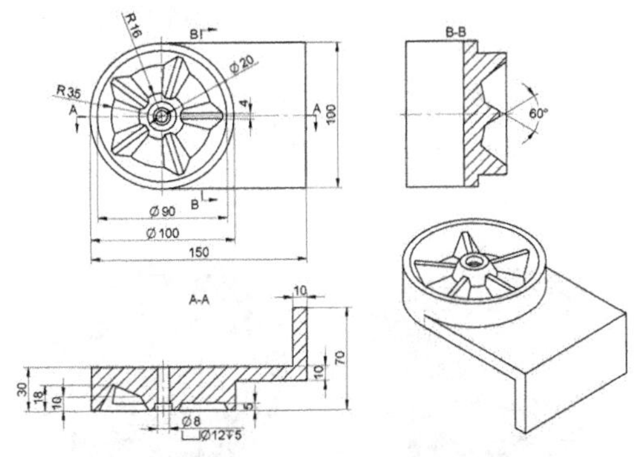

图 7-78　机械零件

操作步骤：

01 按 Ctrl+N 组合键弹出【新建】对话框。新建名为【连接件】的零件文件，并用公制模板进入建模环境。

02 首先使用【拉伸】命令，选择 FRONT 基准平面作为草绘平面，并自动进入到草绘环境中，然后绘制如图 7-79 所示的拉伸截面。

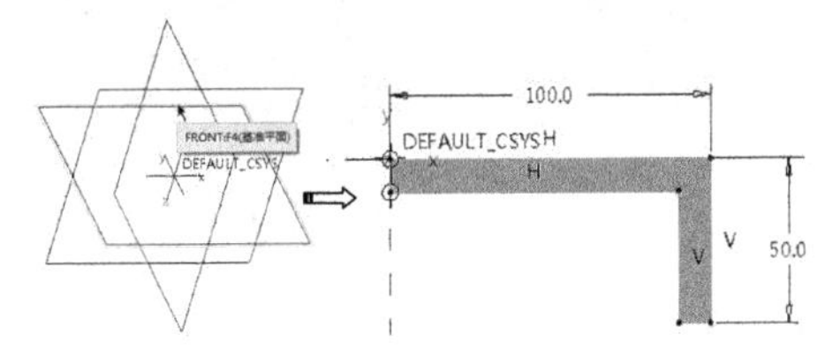

图 7-79　选择草绘平面并绘制拉伸截面

03 退出草绘环境后，在操控板中设置拉伸方法为【在各方向上以指定拉伸值一半】拉伸草绘平面的双侧，并输入拉伸深度 100，单击【应用】按钮后创建拉伸特征，如图 7-80 所示。

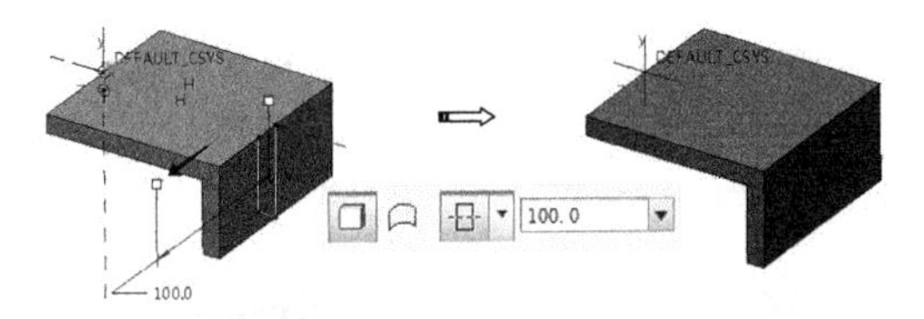

图 7-80　创建拉伸特征

04 继续创建拉伸特征。在如图 7-81 所示的面上绘制第 2 个拉伸特征的截面。

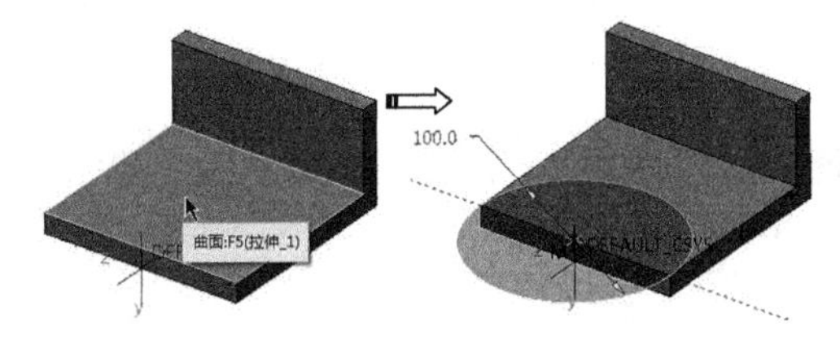

图 7-81　绘制第 2 个拉伸截面

技术要点

在绘制圆时，圆形必须与实体边的中点重合。

05 退出草绘环境后，以默认的【从草绘平面以指定的深度值拉伸】方法，创建深度为 30 的拉伸实体，并设置反向拉伸，结果如图 7-82 所示。

06 接下来创建第3个拉伸特征，此特征是移除材料的拉伸。草绘平面及拉伸的截面如图7-83所示。

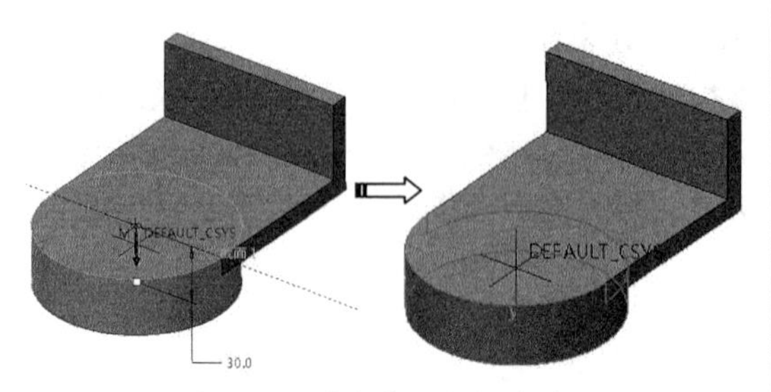

图7-82 创建第2个拉伸特征

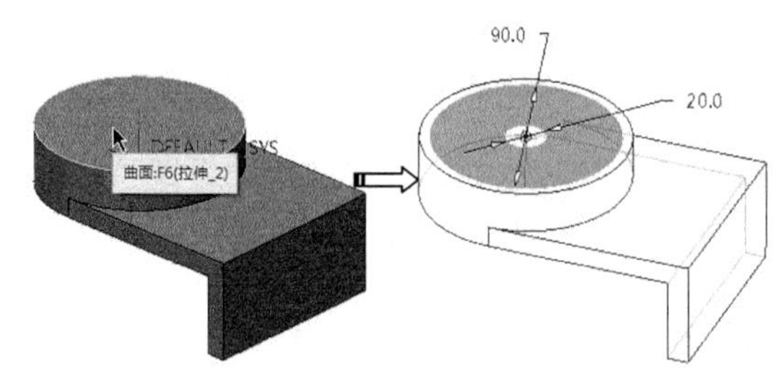

图7-83 第3个拉伸特征的草绘平面及拉伸截面

07 退出草绘环境，在【拉伸】操控板上以默认拉伸方法，创建出移除材料的拉伸特征，且拉伸深度为20，如图7-84所示。

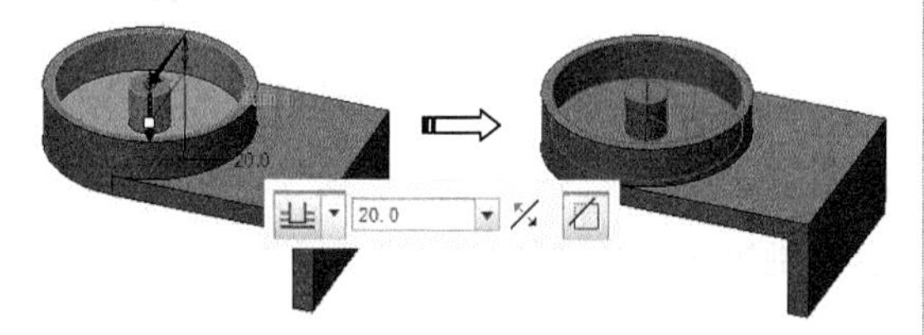

图7-84 创建第3个拉伸特征

08 继续创建第4个拉伸特征——筋特征。选择的草绘平面及绘制的拉伸截面草图如图7-85所示。

技术要点

具有筋特性的拉伸截面的绘制方法是，首先绘制其中一个小截面——矩形，然后使用复制、粘贴功能，再使用【旋转调整大小】命令将小截面依次进行旋转，即可得到整个截面。

09 退出草绘环境，设置拉伸深度为15，创建的拉伸特征如图7-86所示。

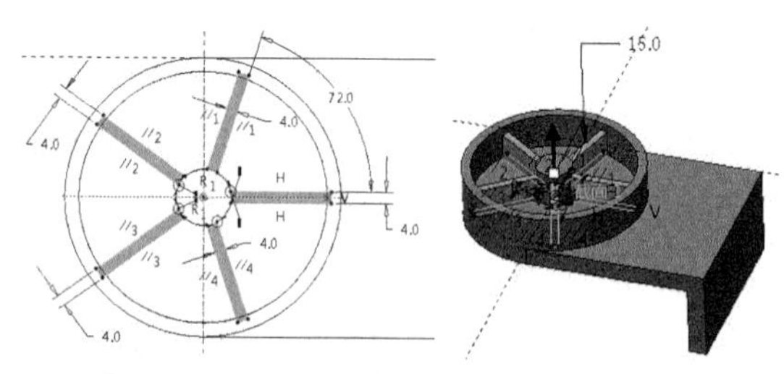

图7-85 绘制拉伸截面　　图7-86 创建第4个拉伸调整

10 接着拔模特征。单击【拔模】按钮，打开【拔模】操控板。依次选择拔模曲面、拔模枢轴，并输入拔模角度30，创建的圆柱面拔模特征如图7-87所示。

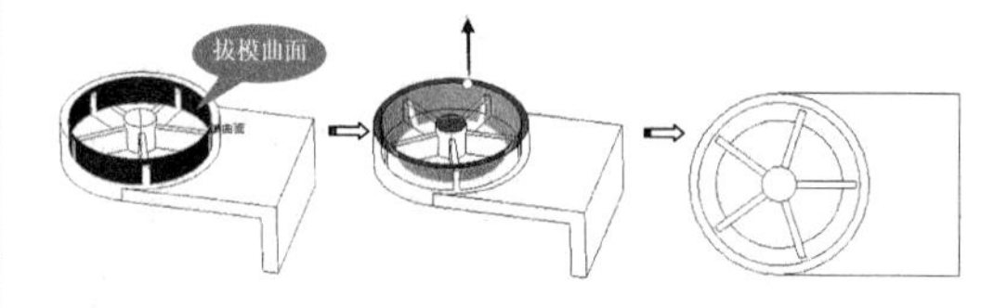

图7-87 创建拔模特征

11 同理，再依次创建出如图7-88所示的一个筋特性的拔模特征，且拔模角度为30。

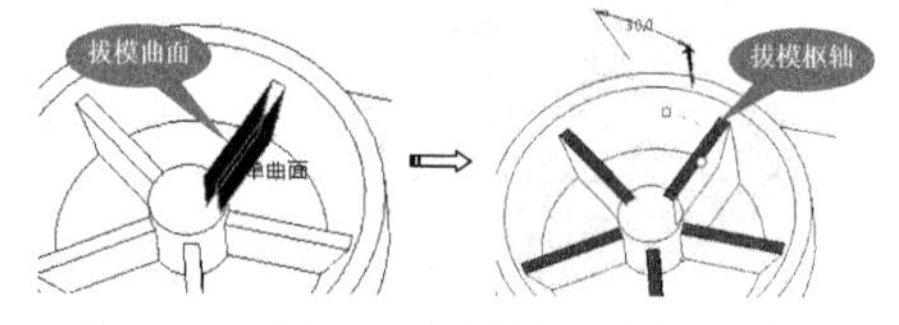

图7-88 创建一个筋特征的拔模特征

12 同理，一次性创建出其余筋的拔模特征，结果如图7-89所示。

技术要点

5个筋特征的拔模特征不能一次性完成，因为会形成交叉曲面。所以Creo不能识别拔模曲面。方法是先创建其中的一个，然后再一次性地创建其他4个拔模特征。

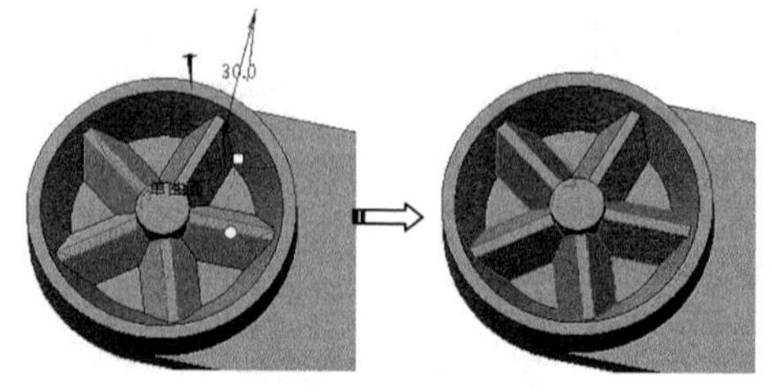

图7-89 创建完成其余的拔模特征

13 接下来对中间的圆柱进行 30° 角的拔模，如图 7-90 所示。

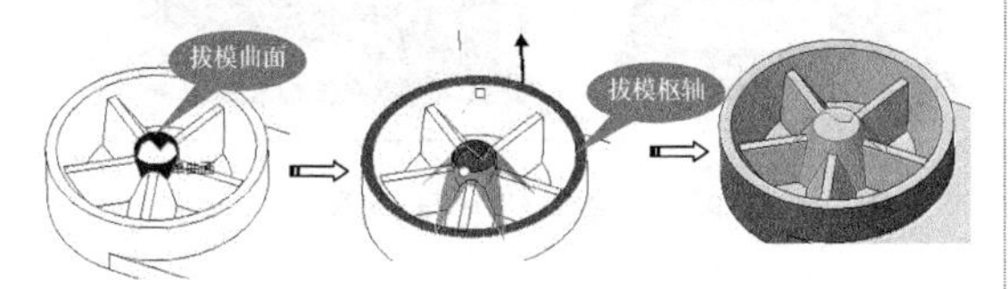

图 7-90　创建中间圆柱的拔模特征

14 使用【旋转】工具，选择 FRONT 基准平面作为草绘平面，进入草绘环境绘制出如图 7-91 所示的截面。

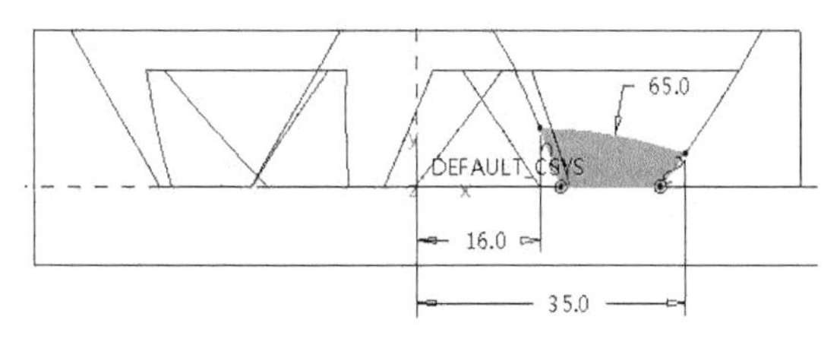

图 7-91　绘制旋转截面

15 绘制截面后退出草绘环境，然后创建出如图 7-92 所示的旋转实体。

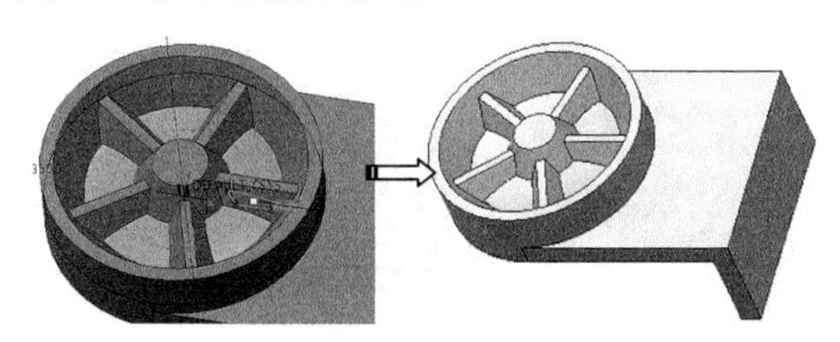

图 7-92　创建旋转特征

16 最后在圆柱上创建沉孔特征。单击【孔】按钮，打开【孔】操控板。单击【创建标准孔】按钮，再单击【添加沉孔】按钮。然后选择圆柱顶部平面来放置孔，再选择 RIGHT 和 FRONT 基准平面作为偏移参考，如图 7-93 所示。

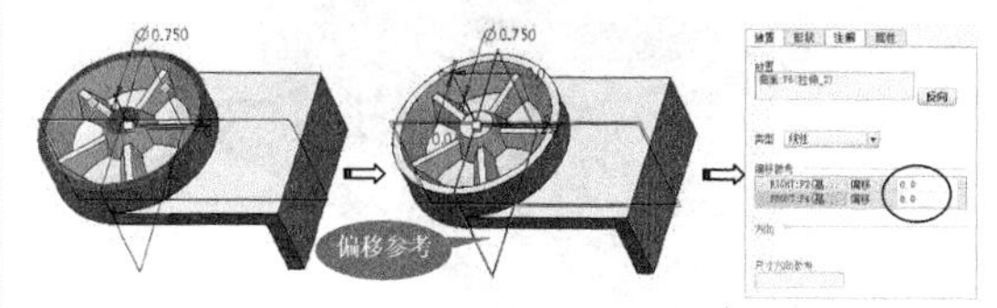

图 7-93　选择孔的放置参考和偏移参考

17 在操控板中选择孔规格为【M8×.75】，将孔深度设为 50，然后在【尺寸】选项板中设置沉孔深度为 5，直径为 12，取消选中【包括螺纹曲面】复选框，如图 7-94 所示。

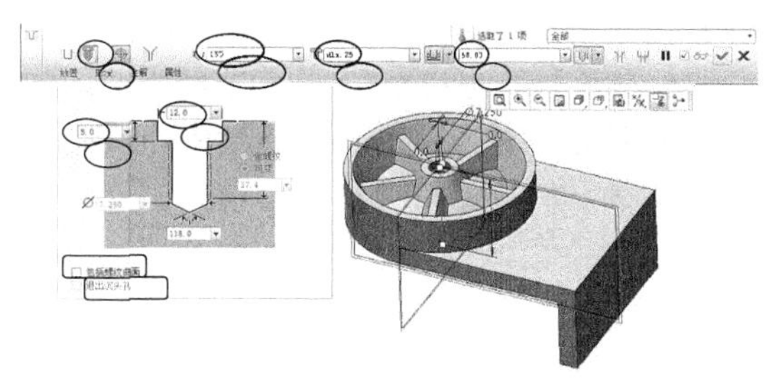

图 7-94　设置沉孔参数

18 再单击【应用】按钮，完成沉孔的创建，结果如图 7-95 所示。

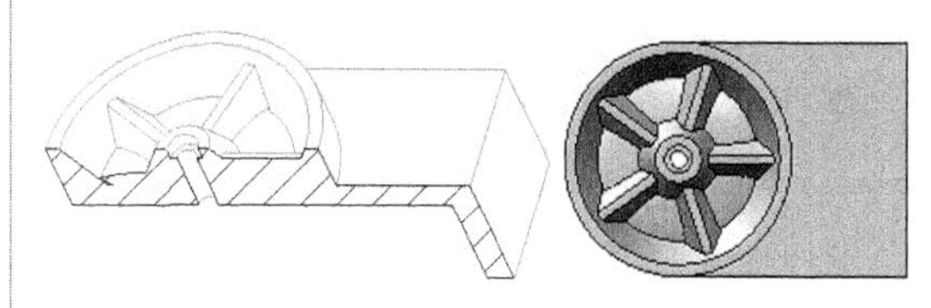

图 7-95　创建完成的机械零件

19 最后将设计结果保存。

7.6　综合实训——减速器下箱体设计

◎ **结果文件：实例 \ 结果文件 \Ch07\ 减速器下箱体 .prt**

◎ **视频文件：视频 \Ch07\ 减速器下箱体 .avi**

下箱体的结构设计要使用【拉伸】、【轮廓筋】等工具来共同完成。如图 7-96 所示为下箱体零件。

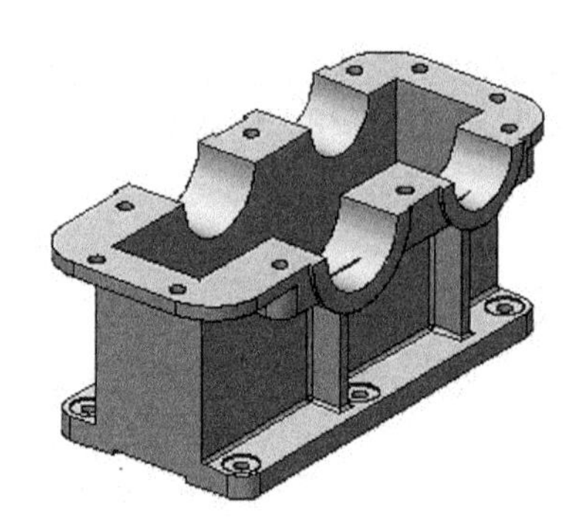

图 7-96　减速器下箱体零件

操作步骤：

01 新建名为【减速器下箱体】的零件文件。

02 在【模型】选项卡的【形状】组中单击【拉伸】按钮，打开操控板。然后在图形区中选取标准基准平面FRONT作为草绘平面，如图7-97所示。进入二维草绘环境中，绘制如图7-98所示的拉伸截面。

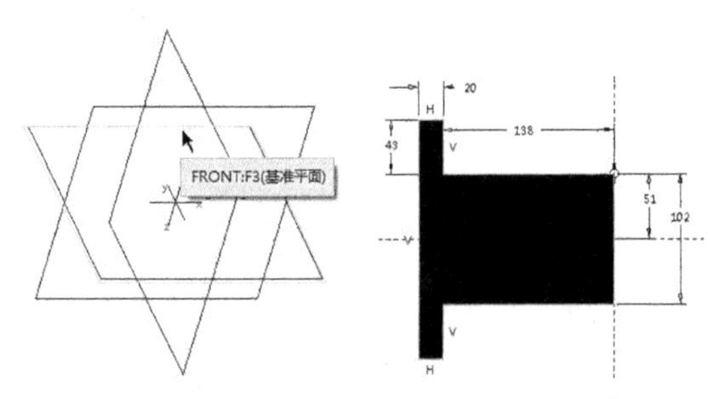

图 7-97　选取草绘平面　图 7-98　绘制截面

03 绘制完成后退出草绘环境，然后预览模型。在操控板选择【在各方向上以指定深度值的一半】深度类型，并在深度值文本框中输入值368，预览无误后单击【确定】按钮完成第一个拉伸实体特征的创建，如图7-99所示。

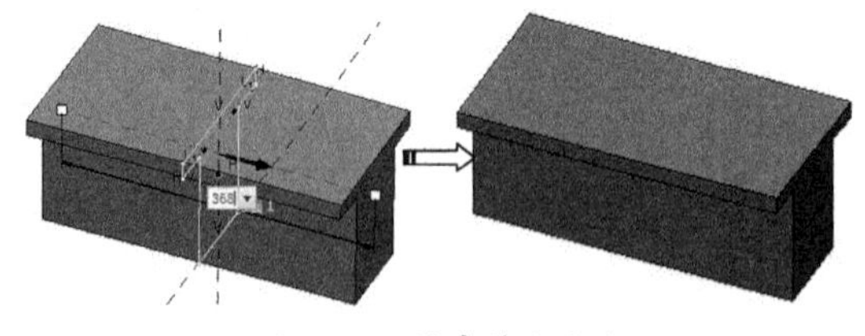

图 7-99　创建箱体主体

04 再执行【拉伸】命令，以主体表面作为草绘平面进入草图环境，绘制如图7-100所示的拉伸截面。

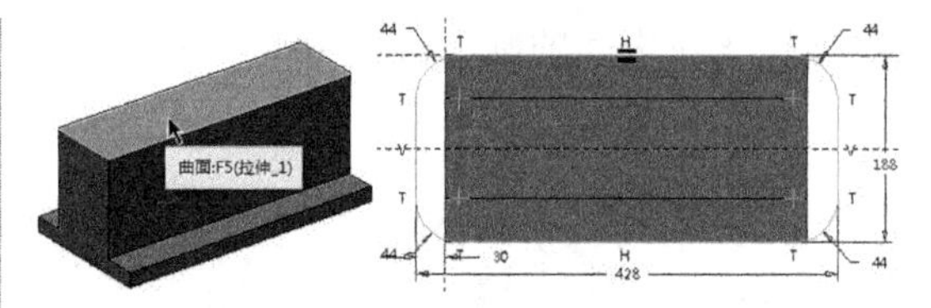

图 7-100　绘制拉伸截面

05 在操控板深度值文本框中输入值12，最后单击【应用】按钮完成拉伸实体的创建，如图7-101所示。

06 利用【倒圆角】命令，对实体边进行倒圆角，圆角半径为18，如图7-102所示。

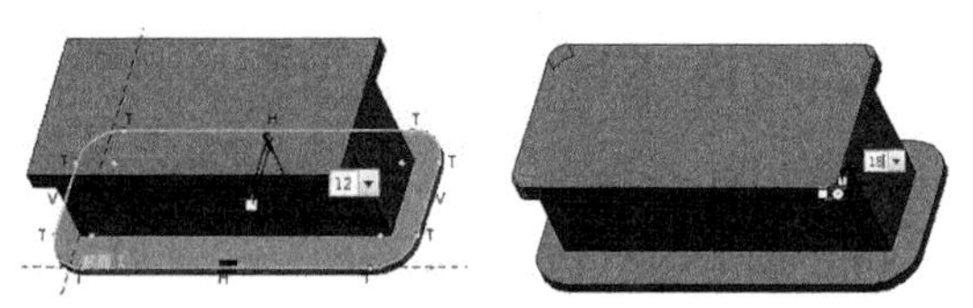

图 7-101　创建第2个拉伸实体　图 7-102　创建倒圆角

07 利用【拉伸】命令，以如图7-103所示的实体平面为草绘平面，绘制拉伸截面。

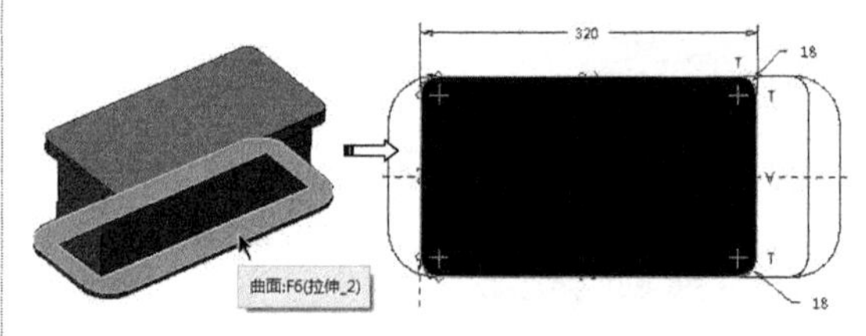

图 7-103　绘制草图截面

08 退出草图环境后，再创建出拉伸厚度为25的实体，如图7-104所示。

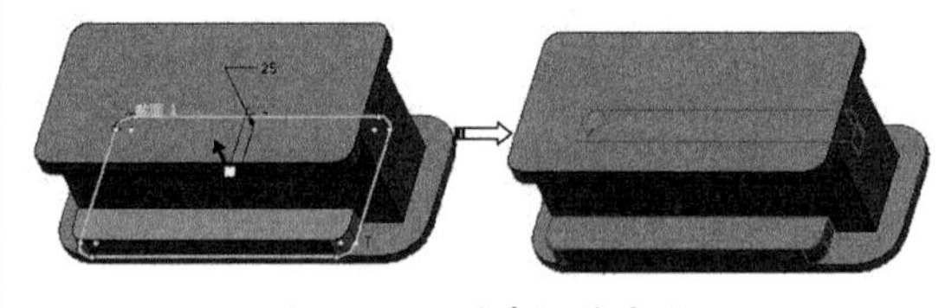

图 7-104　创建拉伸实体

09 利用【拉伸】命令，以FRONT为草绘平面，创建如图7-105所示的厚度为196的半圆实体。

10 用【拉伸】命令，以实体表面为草绘平面，创建如图7-106所示的拉伸厚度为150的减材料特征。

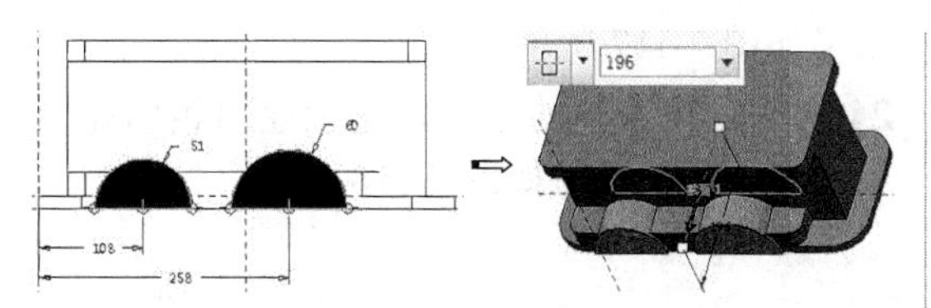

图 7-105　创建半圆实体

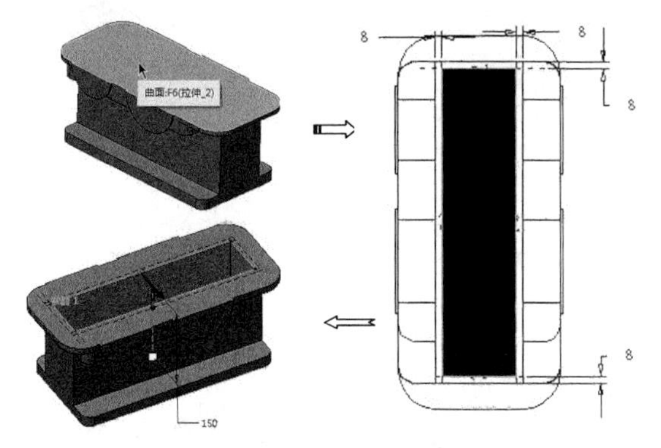

图 7-106　创建减材料特征

11 同理，在 FRONT 基准平面中再绘制草图，创建如图 7-107 所示的减材料特征。

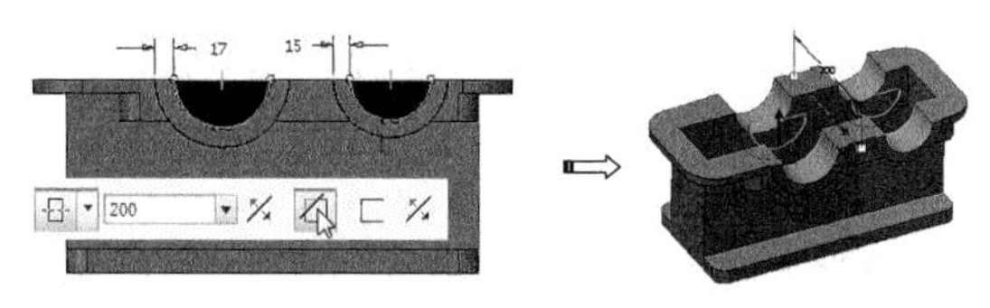

图 7-107　创建减材料特征

12 利用【拉伸】命令，在如图 7-108 所示的平面上创建拉伸减材料实体。

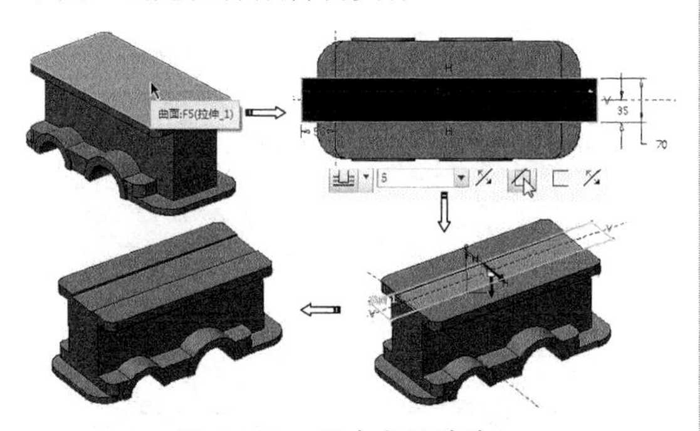

图 7-108　创建减材料特征

13 利用【基准平面】命令，以 RIGHT 基准平面为参考，创建偏移实体，距离分别为 106（参考平面左侧）和 44（参考平面右侧），如图 7-109 所示。

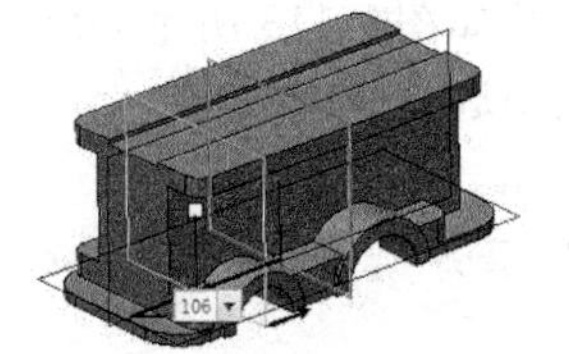

图 7-109　创建两个基准平面

14 在【工程】组中单击【轮廓筋】按钮，打开【轮廓筋】操控板。首先选择第一个新基准平面作为草绘平面，绘制如图 7-110 所示的轮廓。

15 绘制轮廓后，在操控板的【参考】选项板中单击【反向】按钮，更改草绘方向以生成轮廓筋的预览。最后输入筋厚度值 10，并单击【应用】按钮完成筋的创建，如图 7-111 所示。

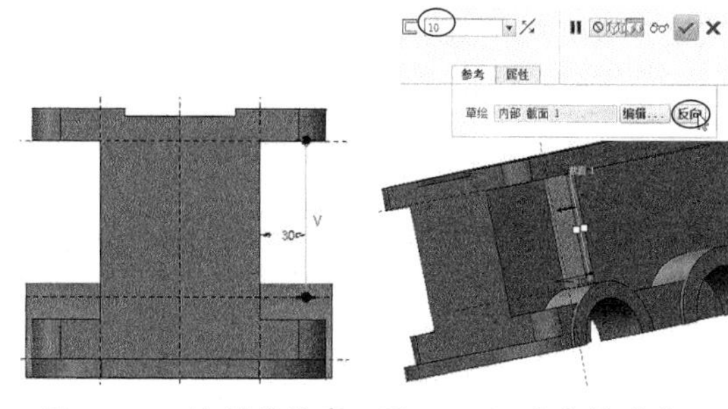

图 7-110　绘制筋轮廓　图 7-111　完成轮廓筋

技术要点

当草绘截面完成后，如果草绘是正确的，在预览不可见的情况下，更改草绘方向。除此之外，也可以在图形区中单击方向箭头来更改。

16 同理，以相同的操作步骤在另外 3 个圆拱上也创建厚度为 10 的轮廓筋。结果如图 7-112 所示。

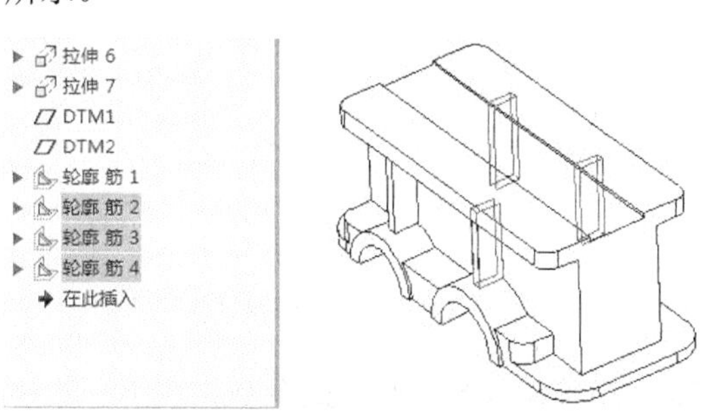

图 7-112　创建其余的轮廓筋

17 在【工程】组中单击【孔】按钮，打开【孔】

操控板。在操控板中设置如图 7-113 所示的选项及参数，然后在模型中选择放置面。

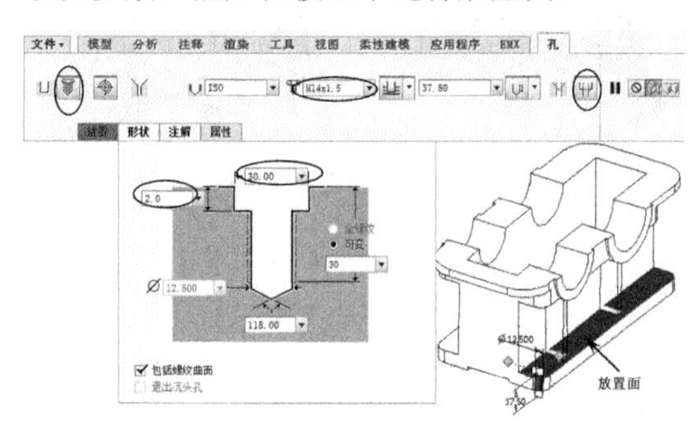

图 7-113 选择孔放置面及设置孔参数

18 在【放置】选项板中激活【偏移参考】收集器，然后选取如图 7-114 所示的两条边作为偏移参考，并输入偏移值。最后单击【应用】按钮完成沉头孔的创建。

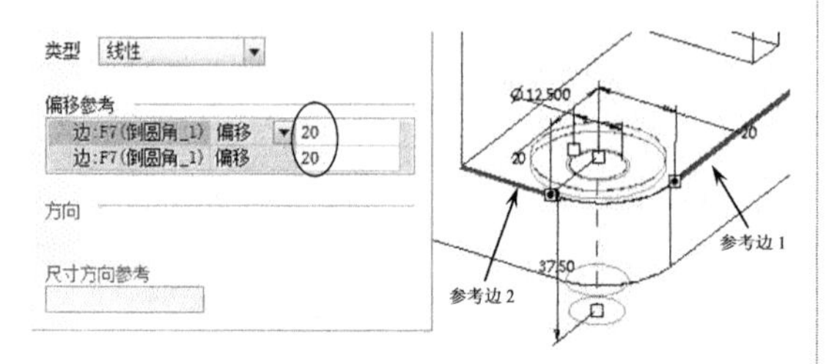

图 7-114 设置偏移参考并完成孔的创建

19 同理，再以相同的参数及步骤，创建出同侧的其余两个沉头孔。中间孔的参数及偏移参考如图 7-115 所示。最后一个孔与第一个孔的参数及偏移参考设置是相同的，如图 7-116 所示。

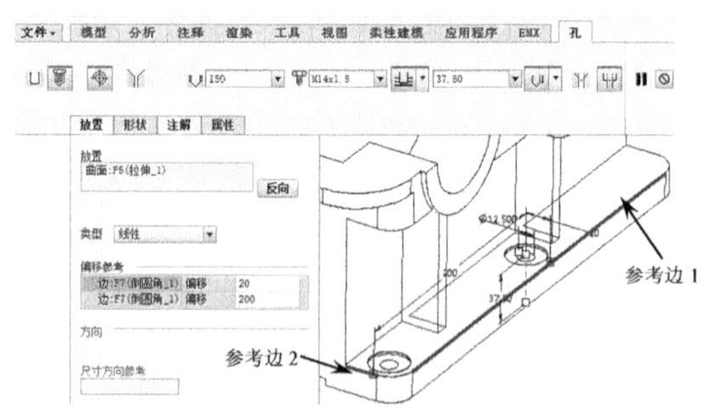

图 7-115 创建中间沉头孔

20 利用【镜像】命令（此命令将在下一章中详细介绍）将创建的 3 个沉头孔，以 FRONT 基准平面为镜像平面，镜像至箱体的另一侧，结果如图 7-117 所示。

21 同理，在箱体的顶部，也创建出相同孔参数的 6 个沉头孔，如图 7-118 所示。

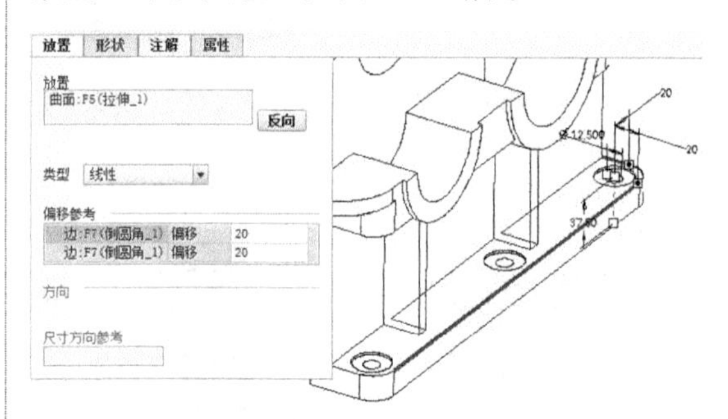

图 7-116 创建同侧的最后一个沉头孔

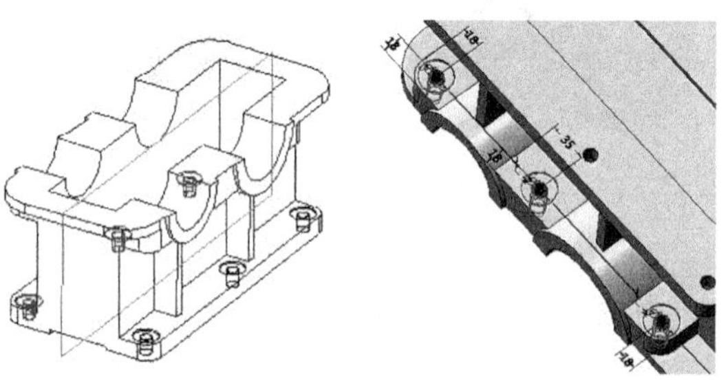

图 7-117 镜像孔特征　　图 7-118 在箱体顶部创建相同参数的 6 孔

22 再使用【孔】工具。创建出如图 7-119 所示的 4 个小沉头孔。

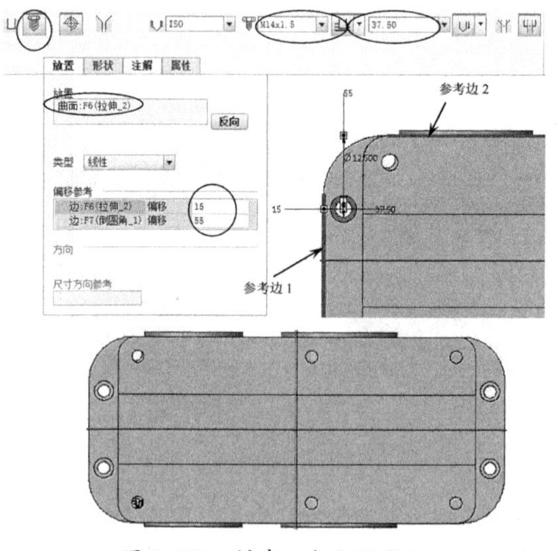

图 7-119 创建 4 个小沉头孔

23 利用【倒圆角】命令，对上箱体零件的边倒圆角，半径为 3，如图 7-120 所示。

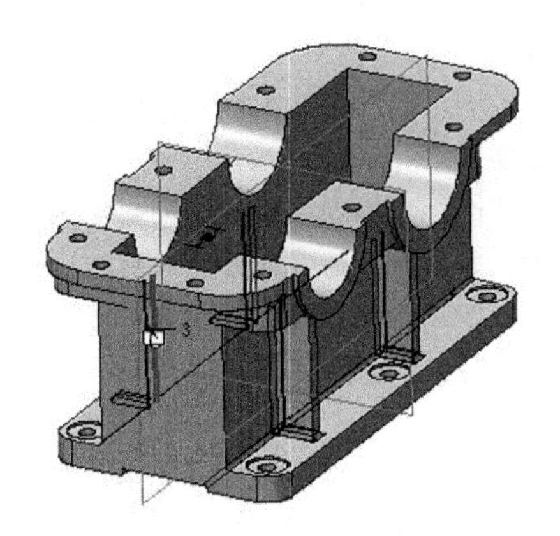

图 7-120　倒圆角处理

24 至此，减速器下箱体设计完成，最后将结果保存在工作目录中。

7.7 练习题

1. 皮带轮建模

本练习为皮带轮建模，皮带轮实体模型如图 7-121 所示。

练习内容及步骤：

（1）绘制截面草图，旋转生成皮带轮零件的主体框架结构。

（2）通过异型孔向导或通过草图拉伸生成孔特征。

（3）绘制键槽拉伸切除草图，由草图拉伸切除生成键槽特征。

（4）绘制侧面腔孔截面草图，由草图旋转切除生成侧面腔孔特征。

（5）进行必要的倒角或圆角操作，完善模型。

2. 减速器壳体建模

本练习为减速器壳体建模，减速器壳体实体模型如图 7-122 所示。

图 7-121　皮带轮实体模型

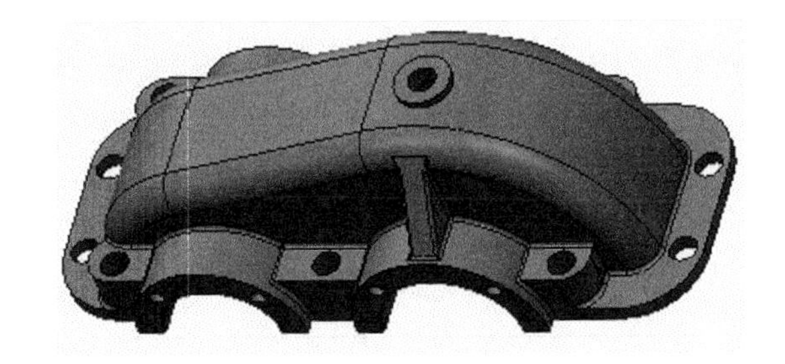

图 7-122　减速器壳体实体模型

练习内容及步骤：

（1）绘制草图，拉伸生成上减速器壳体基体。

（2）绘制草图，拉伸生成减速器壳体装配凸缘。

（3）对减速器壳体进行圆角处理。

（4）对减速器壳体进行抽壳。

（5）添加草图基准平面，绘制草图，拉伸生成减速器壳体轴承安装孔凸缘。

（6）绘制草图，拉伸生成减速器壳体侧面凸台。

（7）绘制拉伸切除安装孔草图，拉伸切除生成减速器壳体轴承安装孔。

（8）利用异型孔向导生成上减速器壳体螺栓连接安装孔。

（9）绘制端盖安装螺纹孔位置草图，利用异型孔向导生成端盖安装螺纹孔。

（10）绘制加强筋草图，生成减速器壳体加强筋。

（11）创建镜像特征。

（12）绘制减速器壳体上盖安装螺纹孔位置草图，拉伸切除生成减速器壳体上表面方孔。

（13）利用异型孔向导生成减速器壳体上盖安装螺纹孔。

（14）对减速器壳体进行倒角。

（15）对减速器壳体进行圆角。

（16）保存零件。

读书笔记

第 8 章　构造特征指令

在 Creo 中，构造特征工具常用来创建一些标准零件的特殊结构，比如退刀槽、槽、法兰、修饰特征等，下面逐一介绍。

知识要点

- 调出构造特征指令
- 修饰特征
- 槽特征
- 轴
- 法兰
- 管道

8.1 调出构造特征指令

在 Creo 中，由于构造特征较少应用，因此多数构造特征并没有显示在功能区的命令选项卡中。需要将创建构造特征的相关命令添加到选项卡中。

8.1.1 选项配置

动手操作——选项配置

要使用构造特征，必须在【PTC Creo Parametric 选项】对话框的【配置编辑器】设置界面，将 allow_anatomic_features 配置选项设置为 yes，否则这些命令不可用。

操作步骤：

01 新建零件文件，进入建模环境后，在功能区选择【文件】|【选项】命令，打开【PTC Creo Parametric 选项】对话框，如图 8-1 所示。

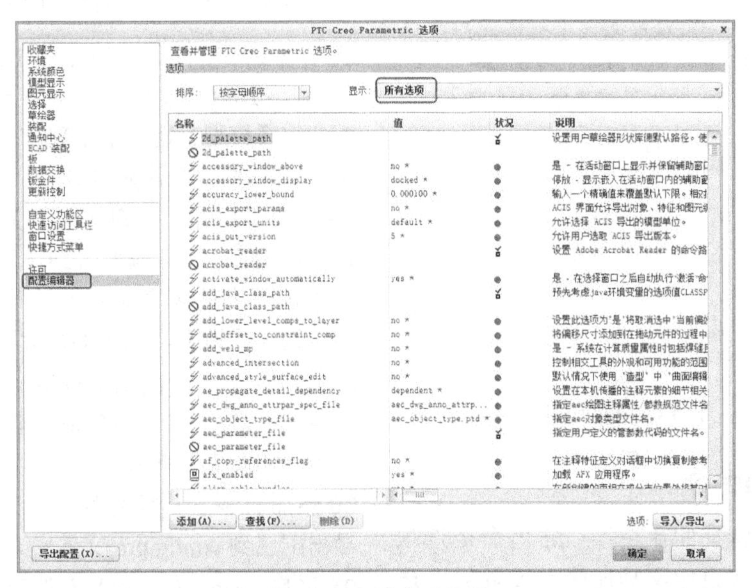

图 8-1　配置选项设置

02 在对话框左侧选项区内选择【配置编辑器】选项，然后在右侧显示的配置选项区域的【显示】下拉列表中选择【所有选项】选项。

03 单击【添加】按钮，打开【添加选项】对话框。输入选项名称 allow_anatomic_features。再设置【选项值】为 yes，完成后单击【确定】按钮，如图 8-2 所示。

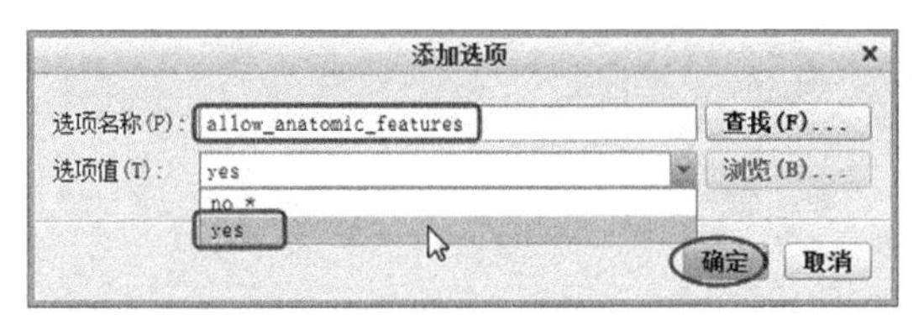

图 8-2　添加配置选项

技术要点

添加选项后必须导出配置（导出到 config.pro 文件中），否则重启 Creo 软件后，会返回原来的默认设置状态中。

04 添加选项后，在【PTC Creo Parametric 选项】对话框左下方单击【导出配置】按钮，打开【另存为】对话框。然后将配置导出到 config.pro 文件中（或者直接另存为 config.pro），如图 8-3 所示。

05 重启 Creo 4.0，所设置的选项全部生效。

技术要点

请记住，在 Creo 中每次完成选项配置后都要导出 config.pro 文件，或者导出为其他文件（如颜色文件、显示文件等）。

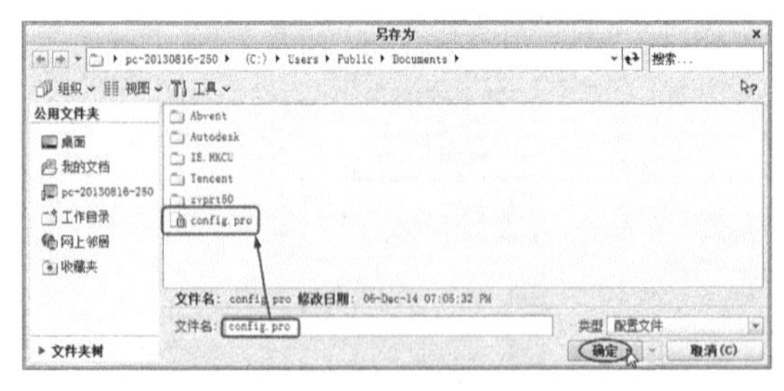

图 8-3　导出 config.pro 文件

8.1.2　添加命令

由于构造特征的命令不在常用命令选项卡中，所以在【自定义功能区】设置界面选择【不在功能区的命令】选项，然后才能找到这些命令。但还需创建新的组，才能放置用户自定义的命令。

动手操作——添加构造特征指令

操作步骤：

01 重新打开【PTC Creo Parametric 选项】对话框。

02 在【PTC Creo Parametric 选项】对话框左侧选择【自定义功能区】选项，右侧区域显示自定义功能区的选项。在右侧选项区域内的【从下列位置选取命令】下拉列表中选择【More Commands】选项，显示选项的状态如图 8-4 所示。

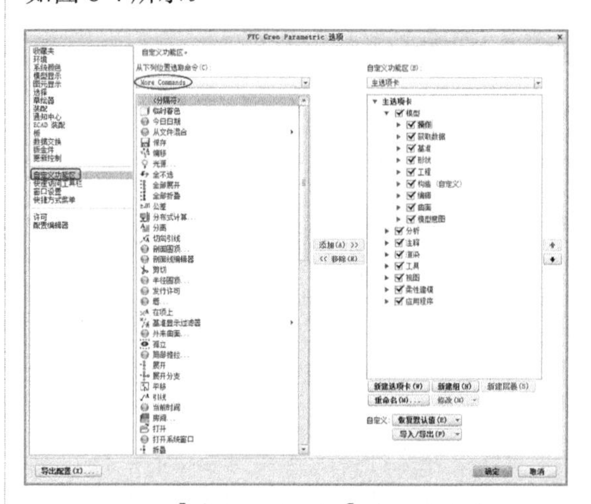

图 8-4　【自定义功能区】选项设置界面

03 在最右侧的列表框内，先选中主选项卡下的【模型】选项卡，然后再单击下方的【新建组】按钮，【模型】选项卡下新增了【新建组（自定义）】组，如图 8-5 所示。

04 选中【新建组（自定义）】组，通过单击最右侧 按钮下调位置到【工程】组后面。再单击下方的【重命名】按钮，重命名新建的组为【构造】，如图 8-6 所示。

05 接下来将左边的构造特征命令如槽、法兰、环形槽、管道、耳、轴等添加到新建的【构造】组中。如图 8-7 所示。

06 添加命令后，需要单击【导出配置】按钮导出配置到 config.pro 文件中。

07 重启 Creo 4.0，进入零件建模环境中可以

看见【模型】选项卡中增加了【构造】组及构造特征命令，如图 8-8 所示。

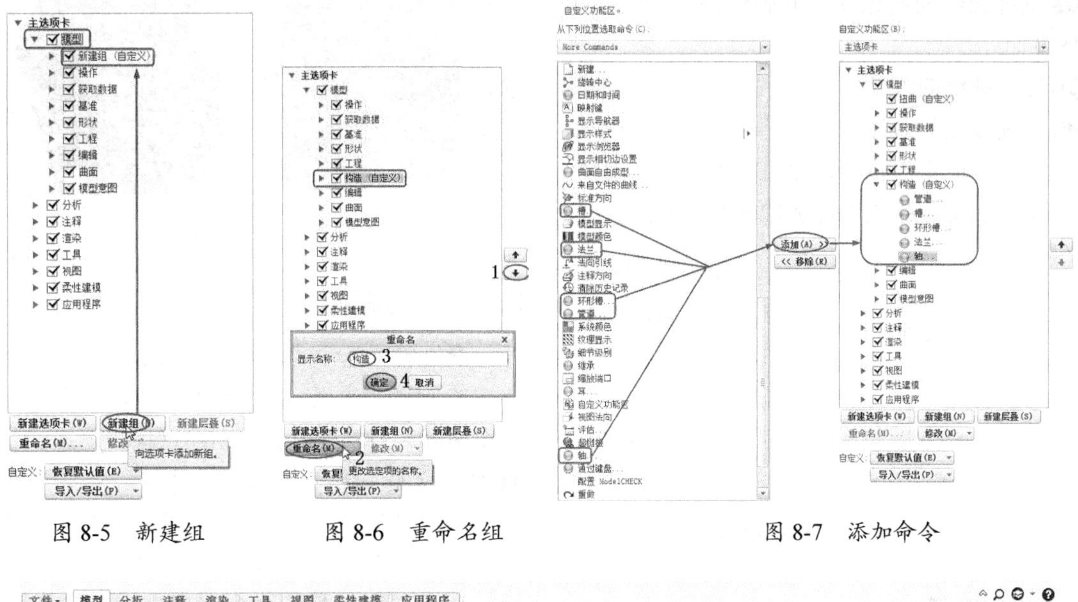

图 8-5　新建组　　　　图 8-6　重命名组　　　　图 8-7　添加命令

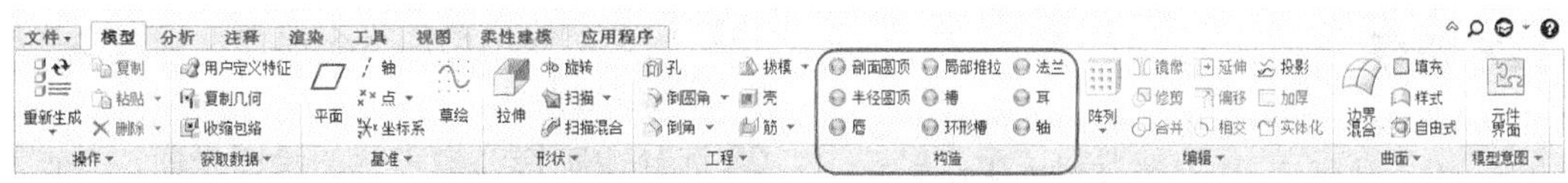

图 8-8【构造】组及构造特征命令

8.2 修饰特征

修饰特征是在其他特征上绘制的集合图形，如螺纹示意线、铭牌等。修饰特征是以线框来表达实际定义的特征，它没有实际图形。

8.2.1 修饰螺纹

添加的螺纹修饰能够在工程图中显示和打印，避免了使用螺旋扫描方法创建的螺纹特征在生成工程图时显示螺纹牙形，不符合制图标准的问题。

在【工程】组中单击【工程】按钮，在展开的下拉列表中选择【修饰螺纹】选项，打开【螺纹】操控板，如图 8-9 所示。

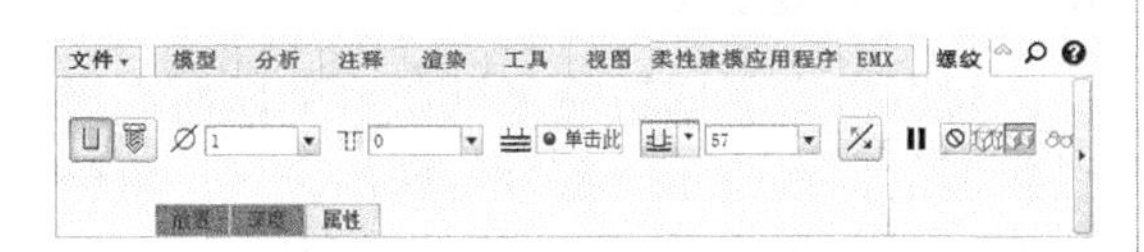

图 8-9　【螺纹】操控板

修饰螺纹也分简单螺纹和标注螺纹两种。通过【放置】选项板和【深度】选项板来定义螺纹特征附着的圆柱曲面，以及螺纹的深度，如图 8-10 所示。

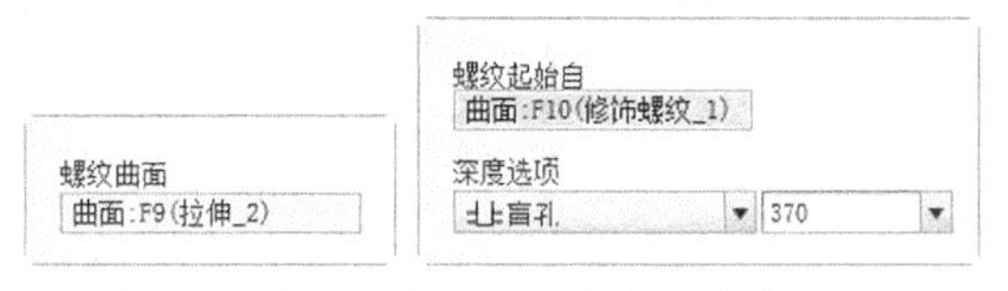

图 8-10　【放置】选项板和【深度】选项板

在操控板中，可以输入螺纹的直径和螺纹的间距。对于标准螺纹，可以选择 ISO 国际标准、美国标准等系列的螺纹。

定义螺纹修饰的主要步骤如下：

01 选择【修饰螺纹】命令，打开【螺纹】操控板。

02 选择添加螺纹修饰的曲面。

03 选择螺纹的起始面，并确定修饰螺纹的生成方向。

04 定义螺纹的长度。

05 定义螺纹的直径。

06 单击【应用】按钮，完成螺纹修饰的创建。

07 创建的螺纹修饰特征如图 8-11 所示。

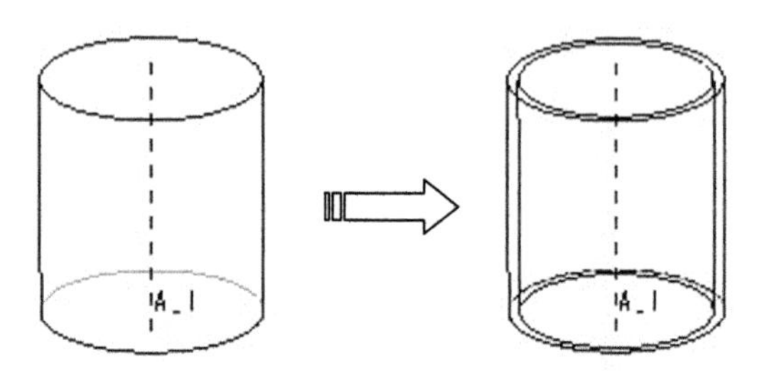

图 8-11 螺纹修饰特征

> **技术要点**
>
> 对于内螺纹，默认直径值比孔的直径值大 10%；对于外螺纹，默认直径值比轴的直径值小 10%。

8.2.2 修饰草绘

草绘特征被绘制在零件的表面上，可以为特征表面的不同区域设置不同的线型和颜色属性。选择【修饰草绘】命令，打开【修饰草绘】对话框，如图 8-12 所示。

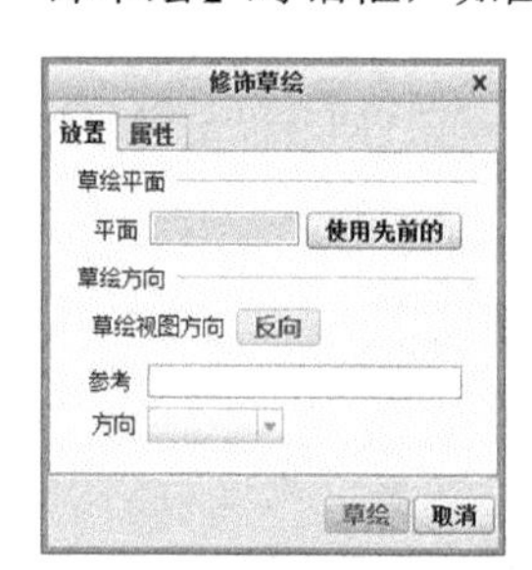

图 8-12 【修饰草绘】对话框

选择一个草绘平面，即可进入草图环境绘制草图。退出草绘环境完成【修饰草绘】的绘制。如图 8-13 所示。

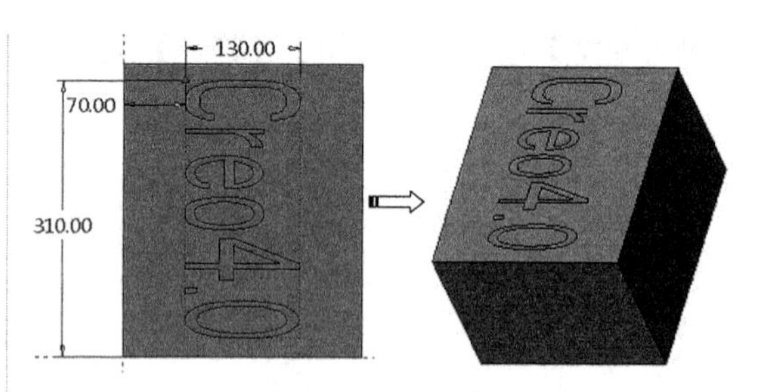

图 8-13 修饰草绘

8.2.3 修饰槽

修饰槽是一种投影修饰特征，通过草绘方式绘制图形并将其投影到曲面上，常用于制作铭牌。修饰槽特征的创建过程如下：

01 选择【修饰槽】命令，打开【特征参考】菜单，如图 8-14 所示。其中的【添加】、【移除】、【全部移除】、【替换】命令用于选择、移除和替换修饰槽的投影曲面，确定修饰槽特征的放置曲面。

02 选择绘制修饰槽形状的绘图平面，并在草图环境下绘制修饰槽的形状图形。

03 完成修饰槽绘制，返回零件模式，同时完成了修饰槽的创建。

04 创建的修饰槽特征如图 8-15 所示。

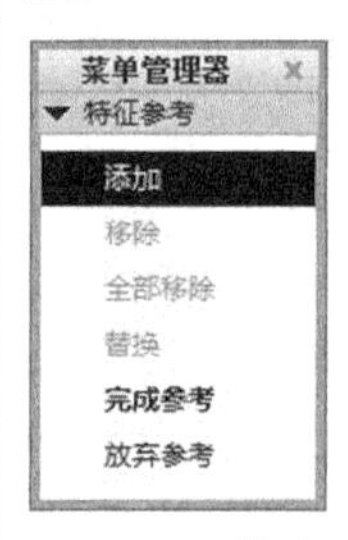

图 8-14 【特征参考】菜单

图 8-15 修饰槽特征

8.2.4 指定区域

利用指定区域功能可以在一个曲面上通过封闭的曲线指定一部分特殊的区域，将整个曲面分成不同的部分，可以给不同的区域施以不同的颜色，以示区分和强调。

修饰槽特征的创建过程如下：

01 在要创建指定区域特征的曲面上通过草绘等方法创建封闭的曲线。

02 选择【指定区域】命令。

03 选择所创建的封闭曲线，完成指定区域特征的创建。

创建的指定区域特征如图 8-16 所示。

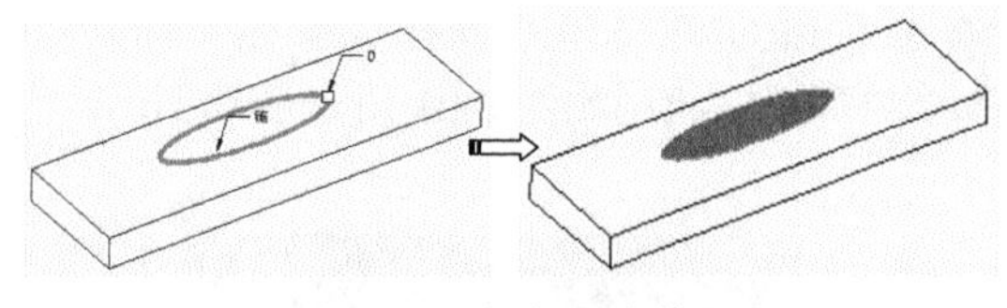

图 8-16　指定区域特征

8.3 槽特征

在 Creo 中，构造特征工具常用来创建一些标准零件的特殊结构，比如槽、圆顶、法兰、轴、唇和耳等，下面逐一介绍。

8.3.1 槽

Creo 的【槽】命令只能创建旋转一定角度的退刀槽。但接下来要介绍的【槽】命令却可以创建各种形状的槽特征，例如矩形槽、半圆形槽、U 形槽、燕尾槽等，其创建形式有拉伸、旋转、扫描、混合、使用面组、高级等。

在【模型】选项卡的【构造】组中单击【槽】按钮，打开【实体选项】菜单管理器，如图 8-17 所示。

图 8-17　【实体选项】菜单管理器

槽可以是实体，也可以是薄板。在【实体选项】菜单管理器中选择创建形式选项和实体选项后，单击【完成】按钮会弹出【开槽：拉伸】对话框和【属性】子菜单，如图 8-18 所示。

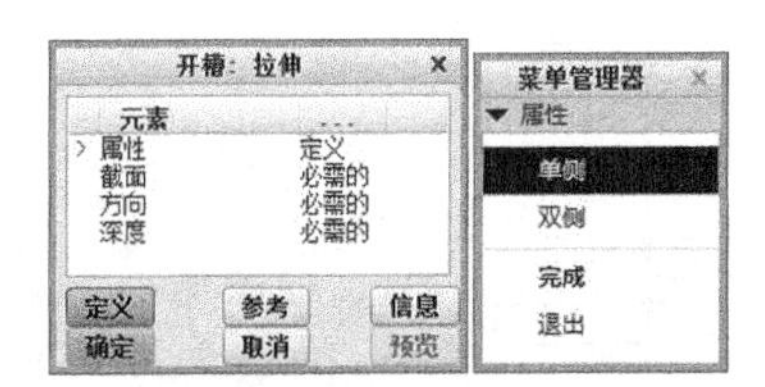

图 8-18　【开槽：拉伸】对话框和【属性】子菜单

完成属性定义后，执行如图 8-19 所示的选项命令后，进入草绘模式中绘制槽特征的截面轮廓。

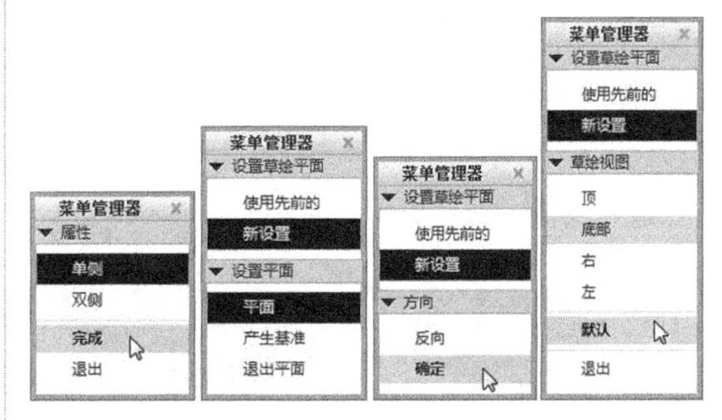

图 8-19　设置生成方向、草绘平面及方向的选项命令

技术要点

对于槽特征的截面轮廓，如果是【拉伸】、【混合】定义，其轮廓边界必须是封闭的。如果是【旋转】、【扫描】定义，其轮廓边界开放与封闭皆可。

动手操作——装夹工作台设计

本例要设计的装夹工作台如图 8-20 所示。

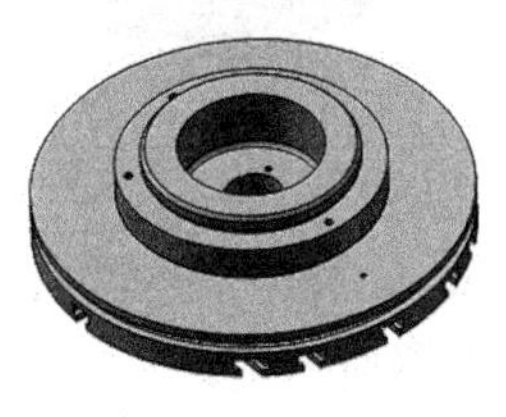

图 8-20　装夹工作台

操作步骤：

01 新建名为【装夹工作台】的零件文件。

02 在【模型】选项卡的【形状】组中单击【旋转】按钮，打开【旋转】操控板。

03 选择 FRONT 基准平面作为草图平面，进入草绘环境，绘制如图 8-21 所示的草图。

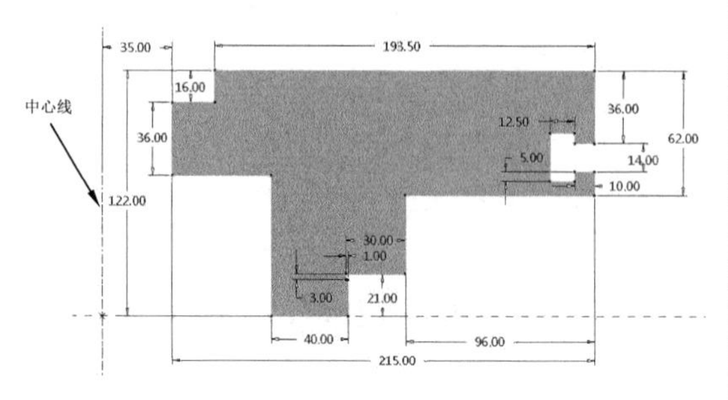

图 8-21　绘制旋转草图

04 退出草绘环境后，保留操控板中的默认选项设置，单击【确定】按钮完成旋转特征的创建，如图 8-22 所示。

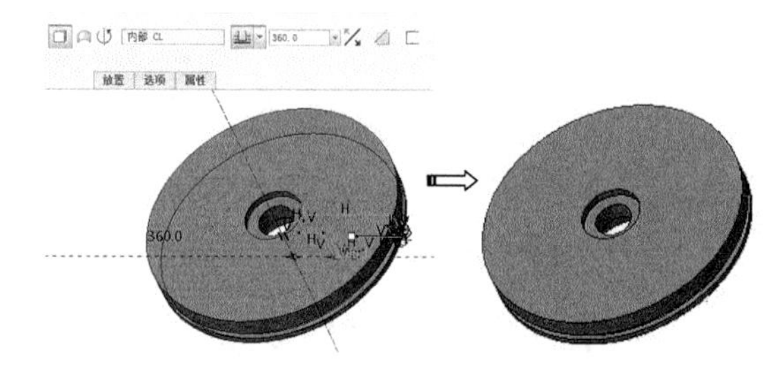

图 8-22　创建旋转特征

05 单击【基准】组中的【草绘】按钮，选择旋转特征上表面作为草绘平面进入草绘环境中，如图 8-23 所示。

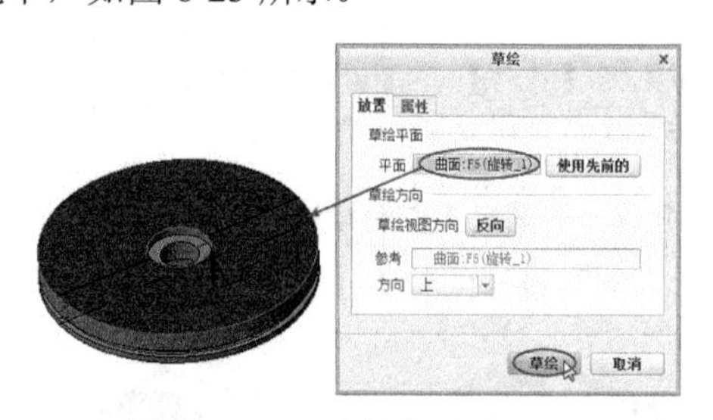

图 8-23　选择草绘平面

06 在草绘环境中绘制如图 8-24 所示的曲线，完成后退出草绘环境。

07 单击【槽】按钮，打开菜单管理器。然后依次选择【扫描】|【实体】|【完成】命令，弹出【开槽：扫描】对话框和【扫描轨迹】子菜单，接着再选择【选择轨迹】命令，并选择先前绘制的一条曲线作为扫描轨迹，如图 8-25 所示。

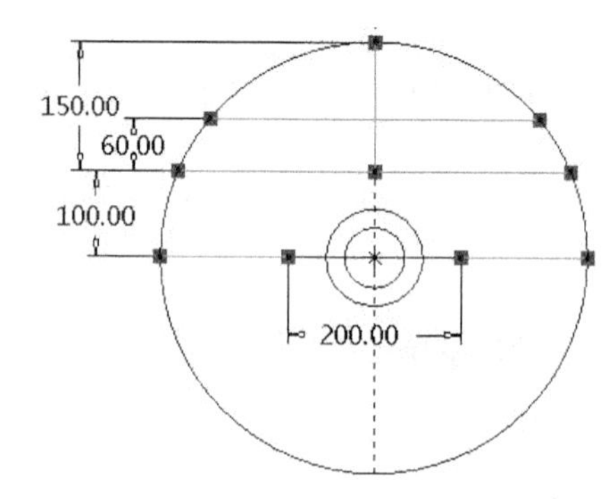

图 8-24　绘制草图曲线

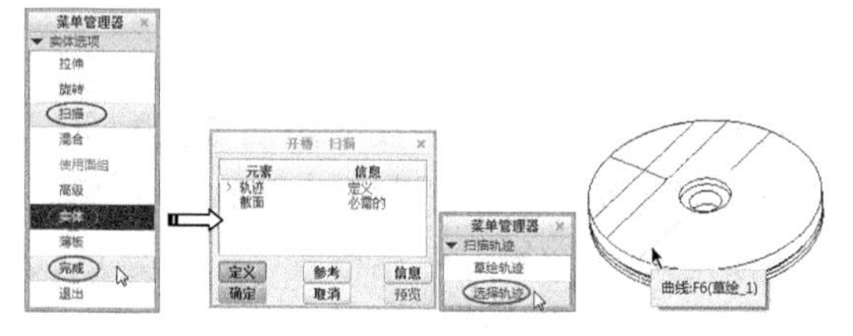

图 8-25　执行【槽】命令过程

08 选择【链】|【完成】菜单命令，接着再选择【属性】|【自由端】|【完成】菜单命令进入草绘环境中，如图 8-26 所示。

09 单击【草绘】组中的【坐标系】按钮，添加草绘坐标系到原点，如图 8-27 所示。

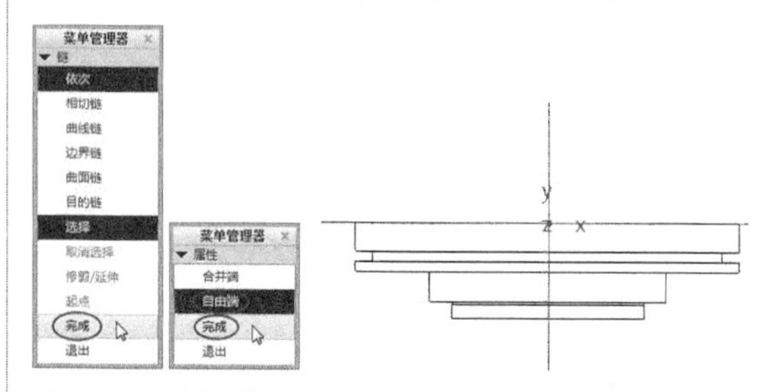

图 8-26　选择属性　　图 8-27　添加草绘坐标系

10 在【草绘】组中单击【选项板】按钮，打开【草绘器调色板】对话框。选择【轮廓】选项卡下的【T 形轮廓】并拖动到图形区中，如图 8-28 所示。随后关闭【草绘器调色板】对话框。

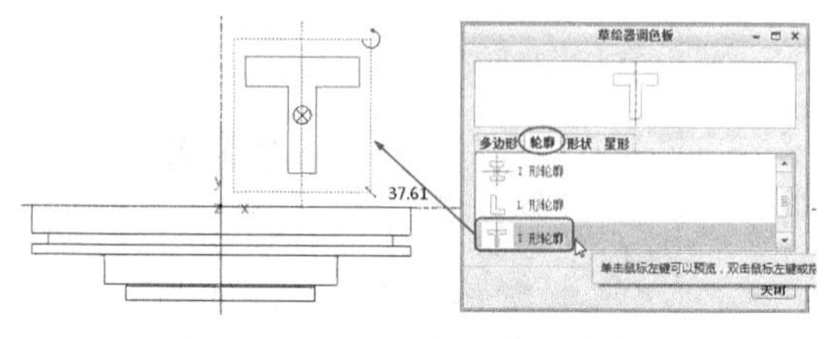

图 8-28　拖动 T 形轮廓到草图中

11 旋转 T 形轮廓 180°，如图 8-29 所示。

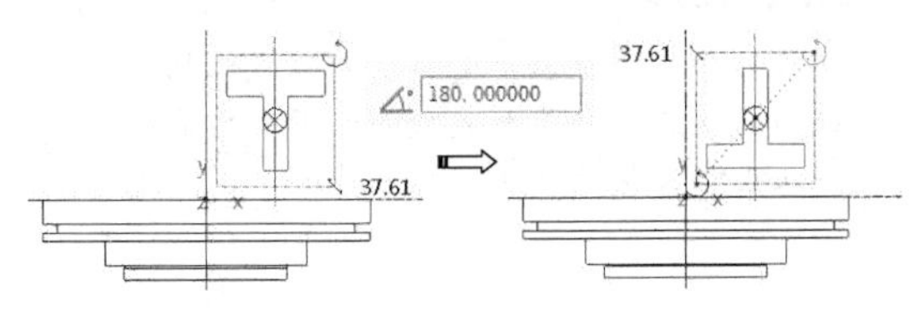

图 8-29　旋转 T 形轮廓

12 按住鼠标右键不放，将轮廓的参考点⊗向上移动到 T 形轮廓的顶部，如图 8-30 所示。

13 然后拖动 T 形轮廓到新的位置，如图 8-31 所示。

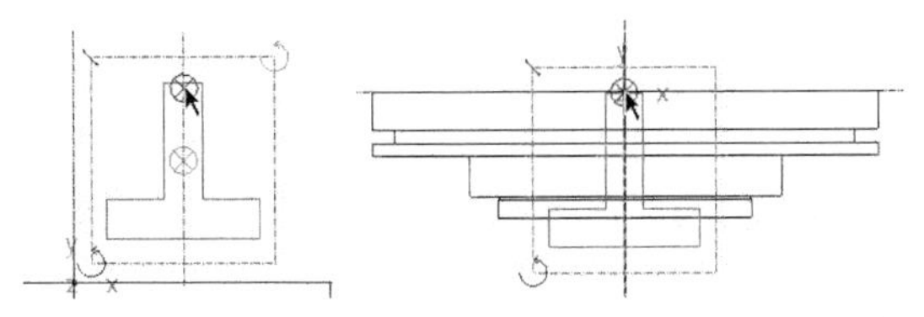

图 8-30　移动参考点　　　　图 8-31　移动 T 形轮廓

14 关闭【导入截面】操控板。然后编辑 T 形轮廓的尺寸，如图 8-32 所示。

15 单击【草绘】选项卡中的【确定】按钮✔，退出草绘环境。最后单击【开槽：扫描】对话框中的【确定】按钮，完成槽的创建。结果如图 8-33 所示。

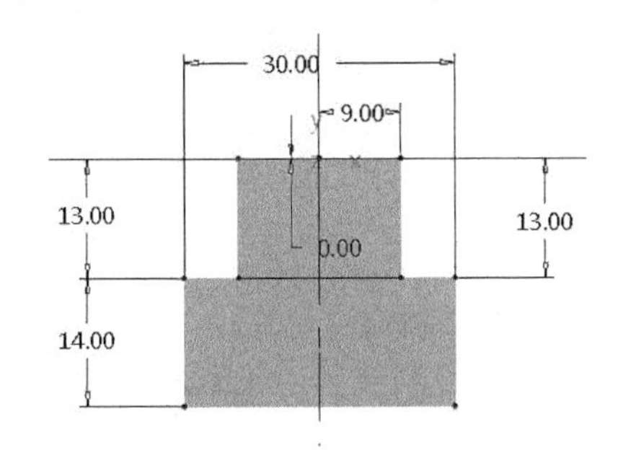

图 8-32　编辑 T 形轮廓尺寸

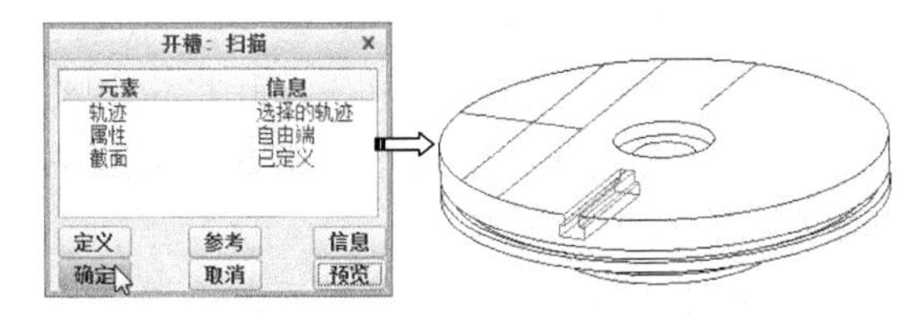

图 8-33　完成槽的创建

16 同理，依次创建出其余曲线位置的 T 形槽。结果如图 8-34 所示。

17 利用【镜像】工具，将创建的 T 形槽镜像到 FRONT 基准平面的另一侧，完成整个装夹工作台的设计，如图 8-35 所示。

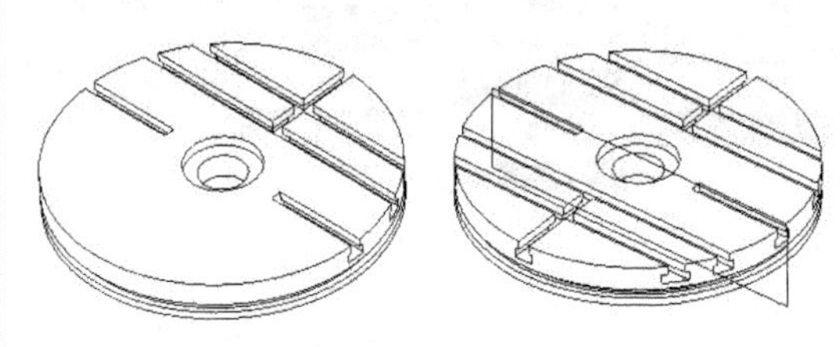

图 8-34　创建其余 T 形槽　　图 8-35　镜像 T 形槽

8.3.2　退刀槽

退刀槽是一种特殊的旋转槽，它绕着旋转零件或特征创建槽。在 Creo 中，创建退刀槽的命令为【环形槽】，仅当用户创建了父特征后，此命令才可用。

技术要点

环形槽命令只能应用在圆柱体或球体上。

在【模型】选项卡的【构造】组中单击【环形槽】按钮 环形槽，打开【选项】菜单管理器，如图 8-36 所示。

菜单管理器中的【可变】命令，用于创建任意旋转角度的环形槽特征。其他标准角度选项只能创建所选角度的环形槽特征。选择【单侧】命令表示在草绘平面的正方向侧生成槽特征，而选择【双侧】命令则表示在草绘平面的正反方向侧生成槽特征，如图 8-37 所示。

选择旋转角度选项和方向选项后，单击【完成】按钮，会弹出如图 8-38 所示的子菜单选项，以此确定槽的截面草绘平面与草绘方向。

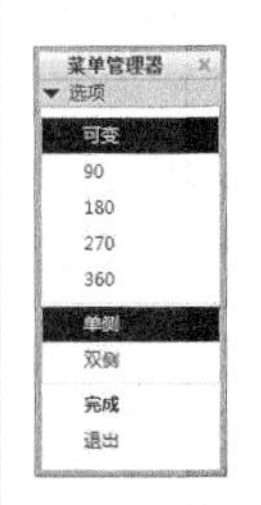

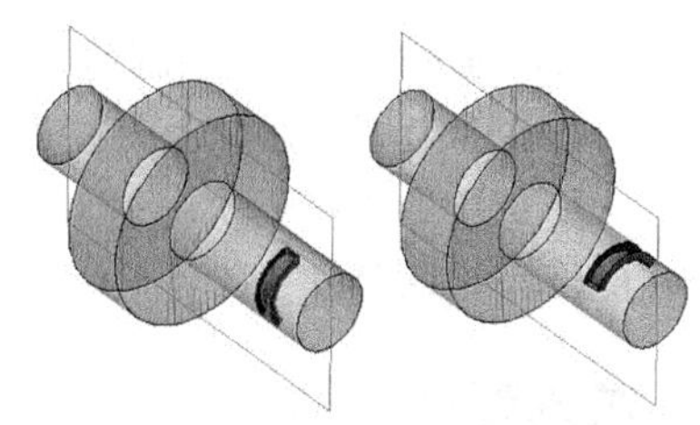

图 8-36　【选项】菜单管理器　　图 8-37　生成槽特征的单侧与双侧

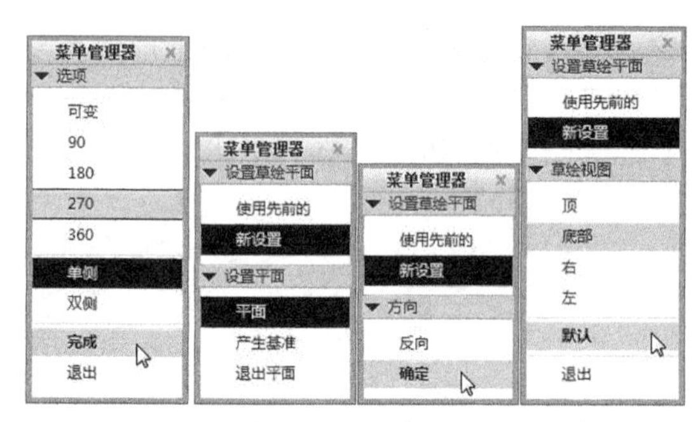

图 8-38　设置草绘平面与草绘方向的菜单选项

环形槽的截面可以是任意形状，但截面轮廓绝对不能封闭，否则不能创建槽特征。

技术要点

创建环形槽的截面注意事项同样也包括法兰截面的3点，但是开放截面的开口方向恰好相反，如图8-39所示。

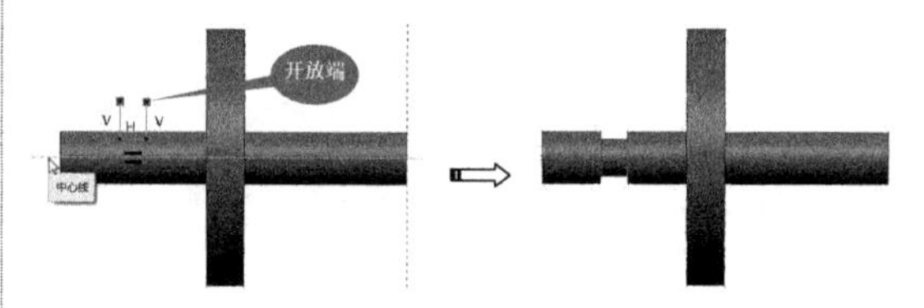

图 8-39　创建环形槽的截面开放端

8.4 轴

【轴】特征不仅仅可以创建旋转实体，而且还可以进行精确定位。创建【轴】特征无须草绘平面，也就是说可以将轴定位在空间的任意位置。

单击【轴】按钮，弹出【位置】菜单管理器，如图8-40所示。

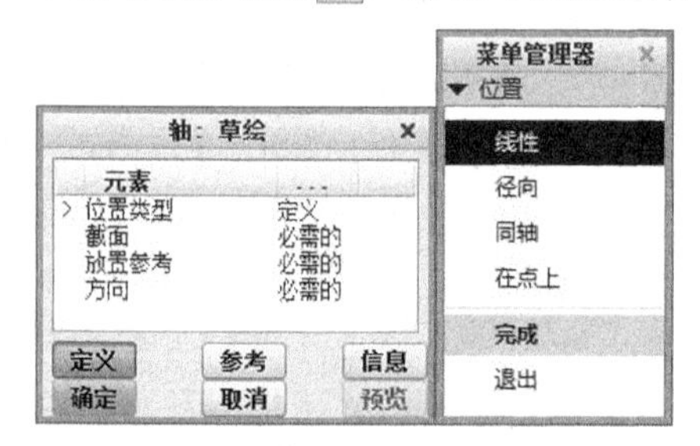

图 8-40　【位置】菜单管理器

从菜单管理器中可以看出，轴的定位方式有4种。下面讲讲定位的方法。

1．方法一：线性定位

线性定位就是指定轴的水平尺寸和竖直尺寸。创建过程是：先绘制截面，接着指定轴的放置平面，最后再指定线性尺寸参考。如图8-41所示，选择菜单管理器中的【完成】命令后，进入草绘环境绘制轴截面。

退出草绘环境后，Creo提示用户进行的下一步骤是【选择放置平面】，此处选择如图8-42所示的基准平面。

技术要点

轴的截面绘制需要注意以下几点：

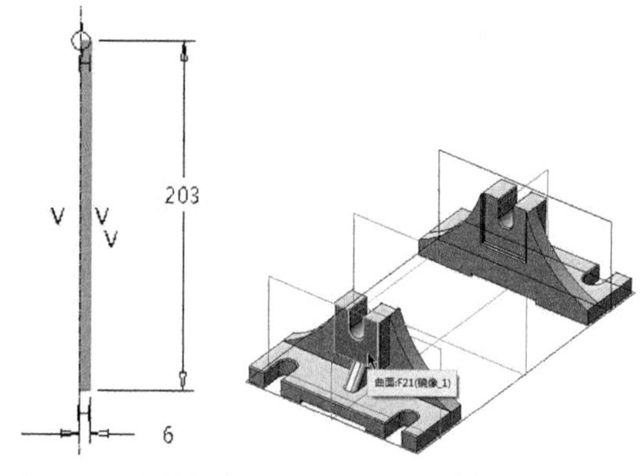

图 8-41　绘制轴截面　　图 8-42　选择放置平面

- 截面必须是封闭的。
- 必须绘制旋转中心线——基准中心线。
- 轴的旋转中心线必须竖直，水平的中心线不会创建轴。

然后再选择轴的线性定位尺寸指定参考边、轴、平面或基准平面，这里选择基准平面和平面，如图8-43所示。

指定尺寸标注的参考平面后，需要输入定位尺寸。

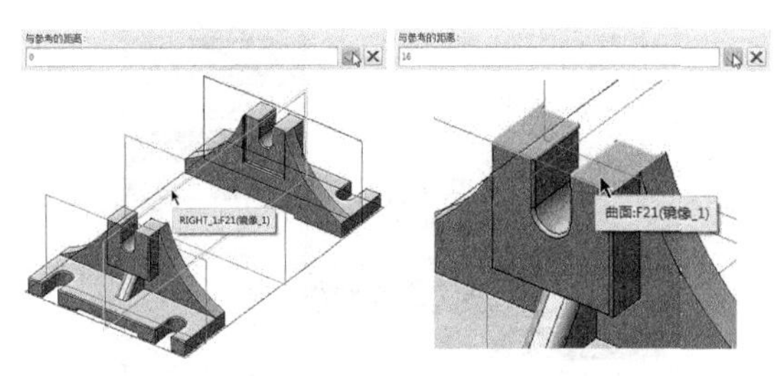

图 8-43　指定定位尺寸参考

技术要点

请注意，指定的两个参考必须是与放置平面两两相互垂直的。不能重复选择同一参考或与放置平面平行的参考。

所有元素都定义完成后，可以先查看预览，如图 8-44 所示。如果轴的方向相反，需要在【轴：草绘】对话框中重新定义【方向】元素。

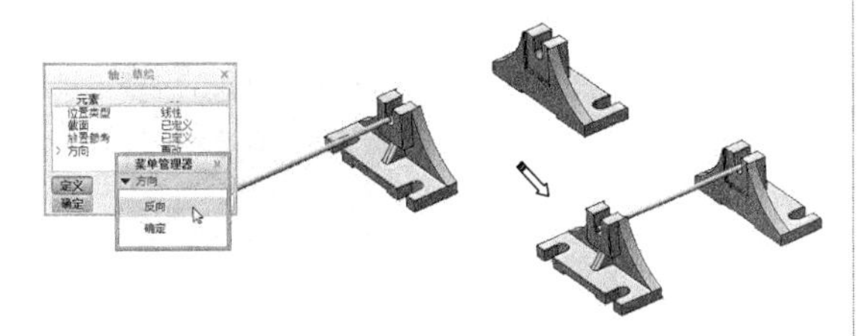

图 8-44　重新定义方向

2．方法二：径向定位

径向定位与线性定位的相同之处在于：放置平面、参考轴和径向角度参考平面都是两两相互垂直，如图 8-45 所示。

径向定位还可以定义轴特征与参考轴之间的距离。角度由径向角度的参考平面来决定，放置平面只能是基准平面、平面。

3．方法三：同轴定位

同轴定位只需要轴特征放置平面和参考轴。如图 8-46 所示。

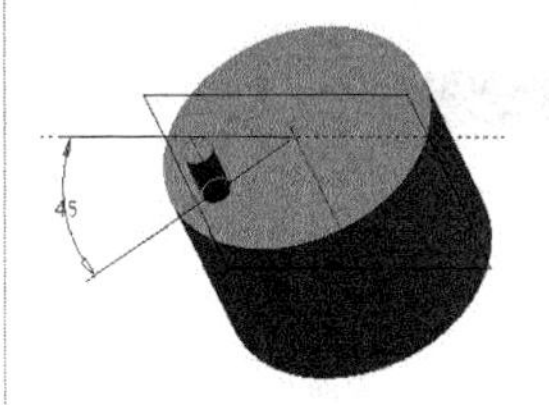

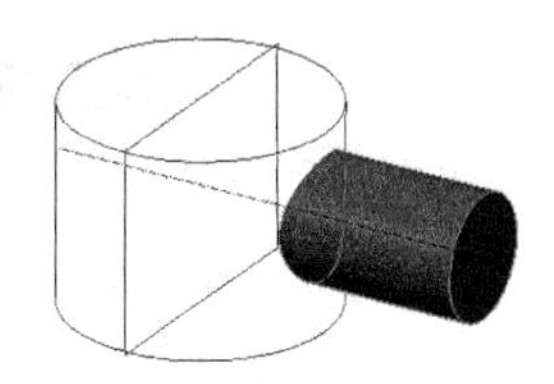

图 8-45　径向定位　图 8-46　同轴定位

4．方法四：在点上定位

在点上定位只有一个参考，那就是基准点。但是基准点必须在父特征的平面或曲面上，轴特征与所在平面或曲面是法向垂直的，如图 8-47 所示。

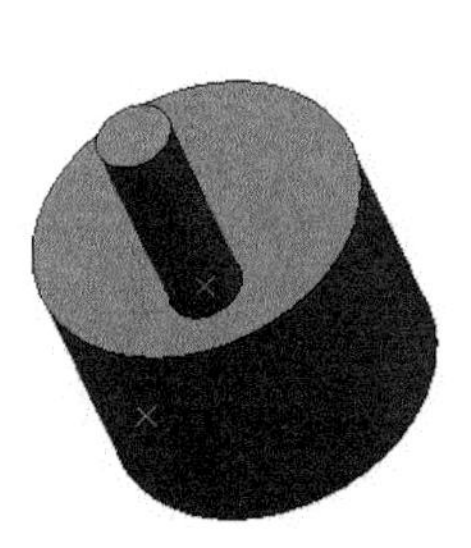

图 8-47　在点上定位

8.5 法兰

法兰（Flange）又叫法兰盘或凸缘盘。法兰是使管子与管子相互连接的零件，连接于管端。法兰连接或法兰接头，是指由法兰、垫片及螺栓三者相互连接作为一组组合密封结构的可拆连接；管道法兰系指管道装置中配管用的法兰，用在设备上系指设备的进出口法兰。法兰上有孔眼，螺栓使两法兰紧连。如图 8-48 所示为机械装配件中的管道法兰。

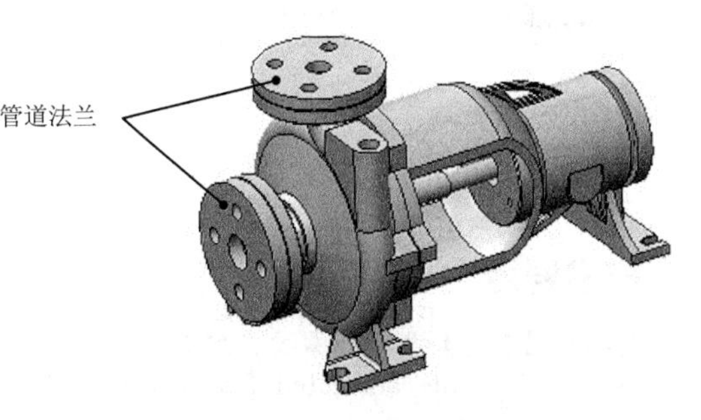

图 8-48　法兰

Creo 中法兰与退刀槽类似，不同之处在于它对旋转实体添加材料。单击【法兰】按钮，弹出【选项】菜单管理器，如图 8-49 所示。

菜单管理器
▼ 选项
可变
90
180
270
360
单侧
双侧
完成
退出

图 8-49 【选项】菜单管理器

由该菜单管理器可以看出，法兰就是一般的旋转特征或旋转扫描特征。在【选项】菜单管理器选择【可变】命令，即可创建旋转扫描特征。若是选择 90、180、270、360 等，则只能创建旋转实体。【单侧】和【双侧】表示是在草绘平面的单侧和双侧创建旋转实体。

选择相应命令后，单击【完成】按钮，再指定草绘平面、草绘方向及草绘视图，即可进入草绘环境绘制法兰截面，如图 8-50 所示。

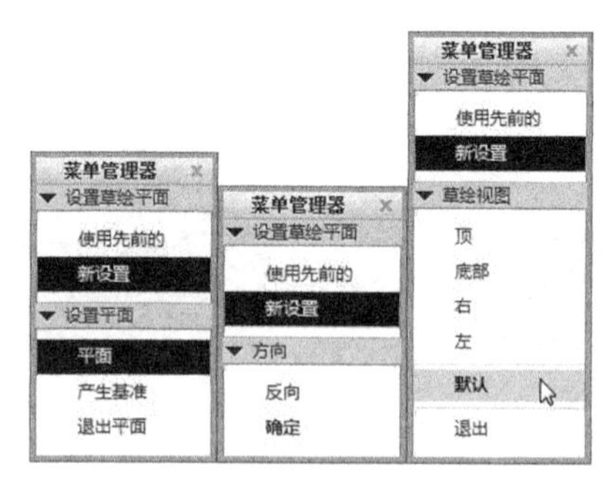

图 8-50 选择相应命令进入草绘环境

技术要点

要创建法兰，有 3 点值得注意。第一，法兰的截面必须是开放的，开口方向在旋转轴端。第二，截面中必须绘制基准中心线。第三，截面旋转后必须与参考实体相交，否则不能创建法兰。如图 8-51 所示。

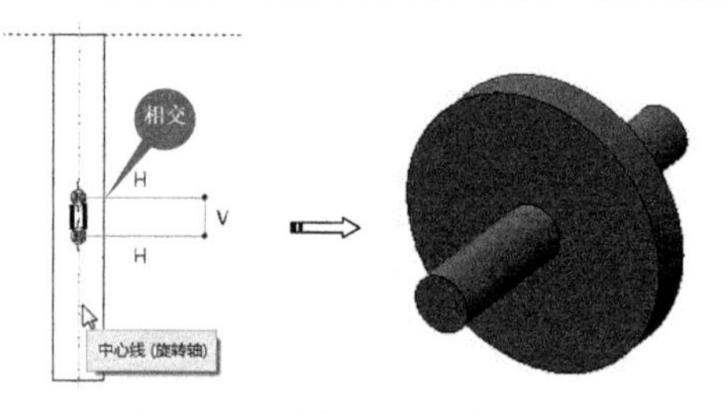

图 8-51 创建法兰的截面要求

8.6 管道

管道是具有一定厚度的圆形实体特征。管道有实心的或空心的。单击【管道】按钮，弹出【选项】菜单管理器，如图 8-52 所示。

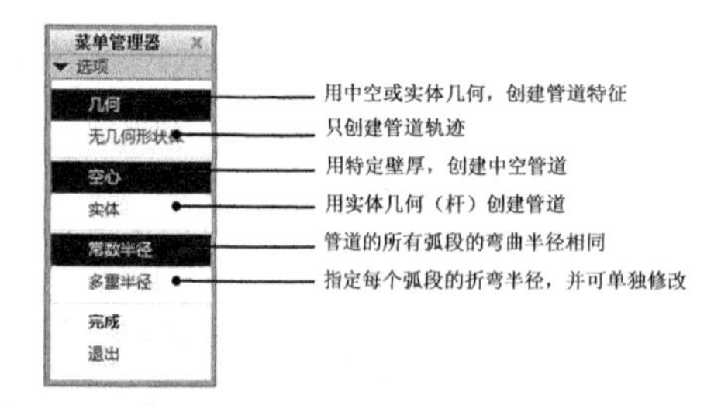

图 8-52 【选项】菜单管理器

技术要点

要添加【管道】指令，需要在配置过滤器中添加选项 enable_obsoleted_features 并设置成 yes。如图 8-53 所示。

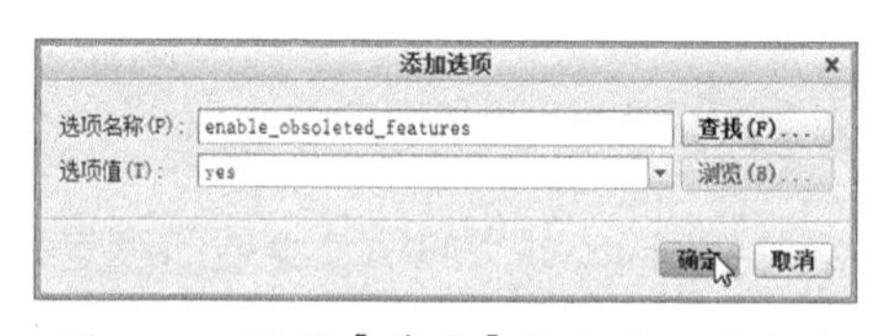

图 8-53 设置【管道】指令的配置选项

如果是选择了【空心】命令，则需要设置管外径和壁厚。单击【完成】按钮，弹出如图 8-54 所示的【连接类型】子菜单。

管道特征无须父特征，可以单独创建。要创建管道，必须先创建确定管道轨迹的参考点，参考点可以是基准点，也可以是草绘的点，如图 8-55 所示。

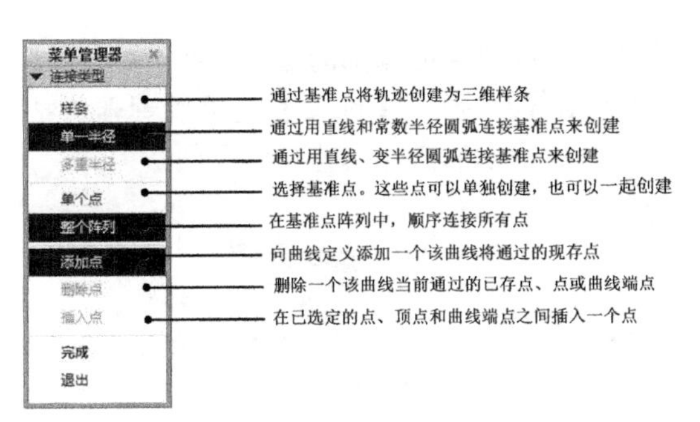

图 8-54　【选项】菜单管理器

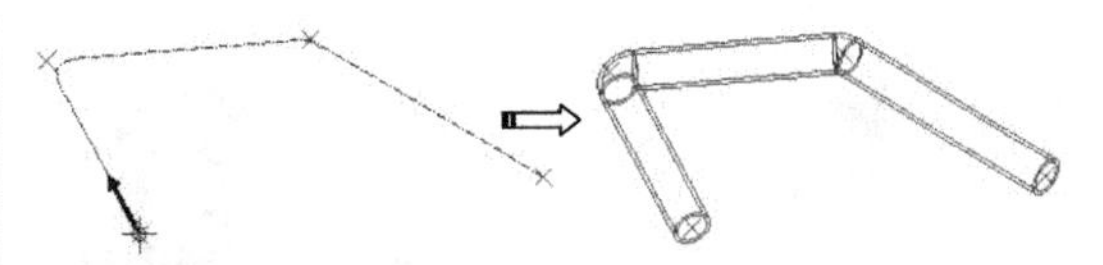

图 8-55　选择参考点创建轨迹并生成管道特征

> **技术要点**
>
> 选择了基准点后，系统构造管道段特征。如果某一段无法构造，那么 Creo Parametric 忽略最后选择的基准点。

8.7 综合实训——管件设计

◎ **结果文件：实例 \ 结果文件 \Ch08\ 管件 .prt**

◎ **视频文件：视频 \Ch08\ 管件设计 .avi**

本例设计的管件主要应用法兰、管道和槽命令，如图 8-56 所示。

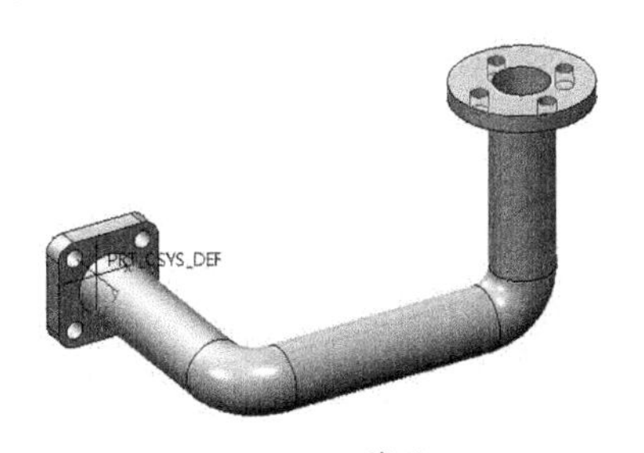

图 8-56　管件

操作步骤：

01 按 Ctrl+N 组合键弹出【新建】对话框。新建名为【管件】的零件文件。

02 在【形状】组中单击【拉伸】按钮，然后在 TOP 基准平面绘制拉伸草图，退出草绘环境后设置拉伸深度为 50，最终创建的拉伸特征如图 8-57 所示。

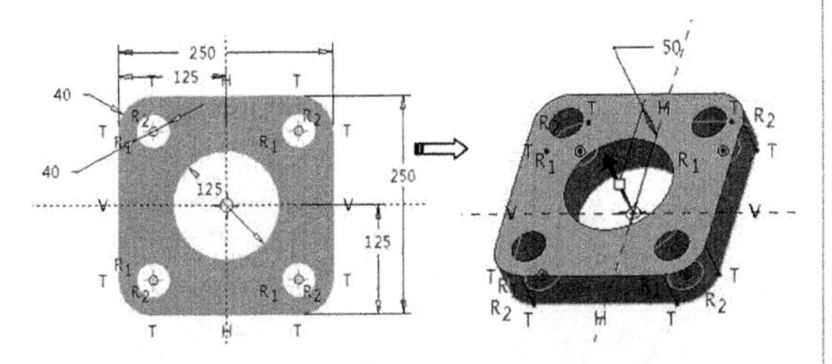

图 8-57　选择草绘平面创建拉伸特征

03 接下来为创建管道特征设计基准点。如图 8-58 所示，使用【基准】组中的【点】工具创建第 1 个参考点。

04 在【基准点】对话框中单击【新点】选项，然后选择 FRONT 基准平面作为放置平面，激活【偏移参考】收集器，按住 Ctrl 键再选择 TOP 和 RIGHT 基准平面作为偏移参考，并输入偏移距离，如图 8-59 所示。

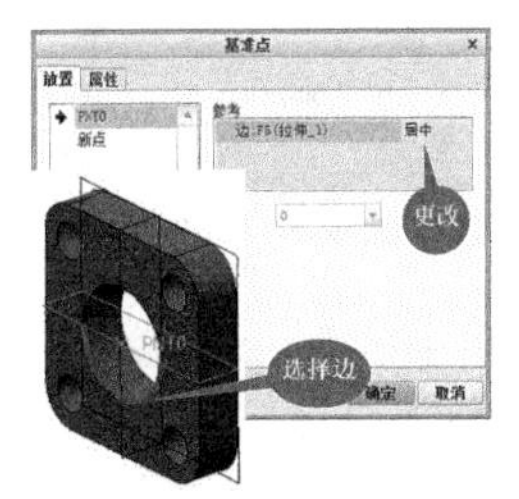

图 8-58　创建第 1 个参考点

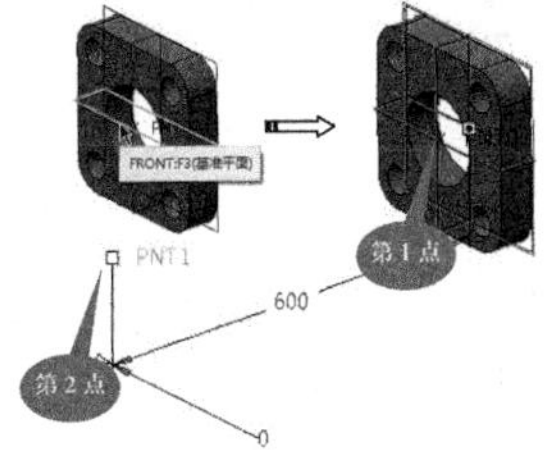

图 8-59　创建第 2 个参考点

05 单击【新点】选项。然后选择 FRONT 基准平面为放置平面、TOP 和 RIGHT 基准平面作为偏移参考，第 3 个参考点如图 8-60 所示。

06 第 4 个参考点需要在新的基准平面上创建。使用【基准平面】工具，以基准点 3 和 TOP 基准平面为参考，创建新的基准平面，如图 8-61 所示。

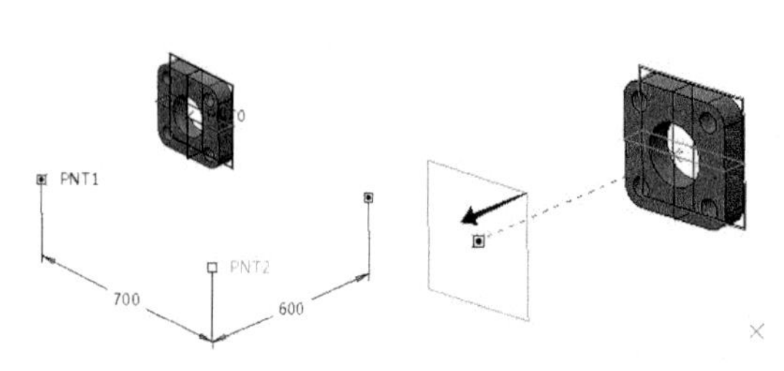

图 8-60　创建第 3 个参考点　　图 8-61　创建新基准平面

07 再使用【点】工具，在新基准平面上绘制第 4 个参考点，如图 8-62 所示。

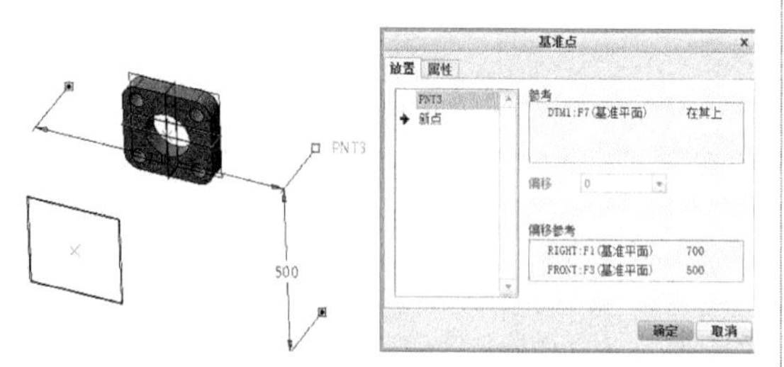

图 8-62　创建第 4 个参考点

08 单击【管道】按钮，弹出【选项】菜单管理器。然后选择菜单中的命令，依次选择 4 个参考点来创建如图 8-63 所示的管道轨迹。

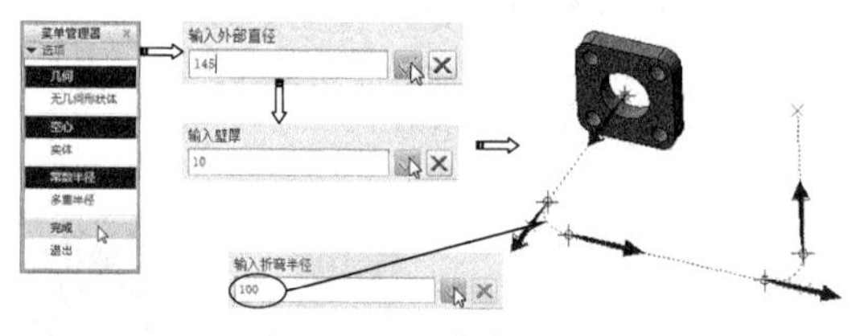

图 8-63　创建管道轨迹

09 单击【连接类型】子菜单中的【完成】命令，创建出管道特征，如图 8-64 所示。

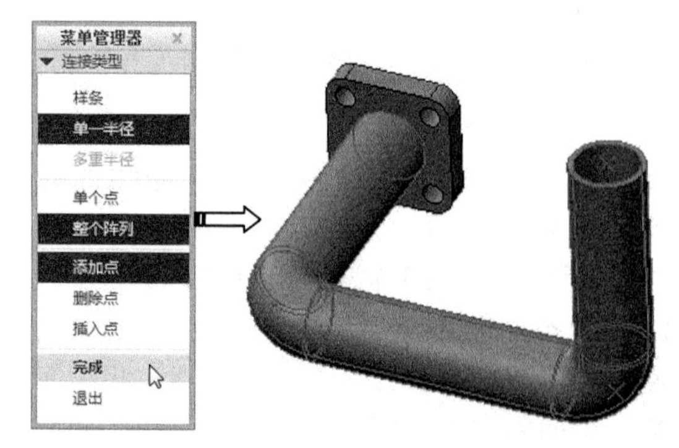

图 8-64　创建管道特征

10 接下来创建管道端部的法兰特征。单击【法兰】按钮，弹出【选项】菜单管理器。按如图 8-65 所示的操作选择草绘平面。

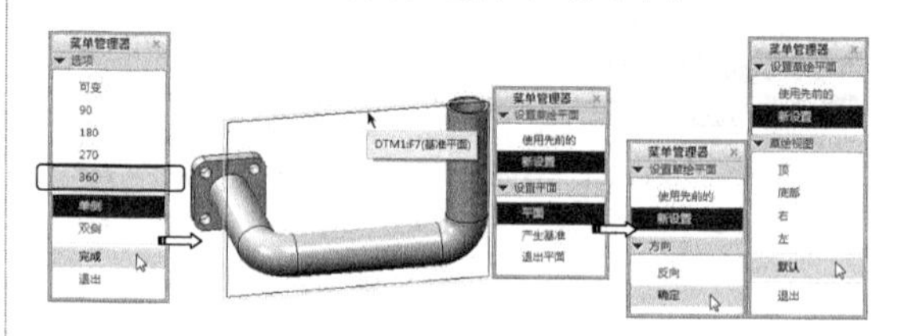

图 8-65　选择草绘平面

11 进入草绘环境，绘制如图 8-66 所示的法兰截面，退出草绘环境后 Creo 自动创建法兰。

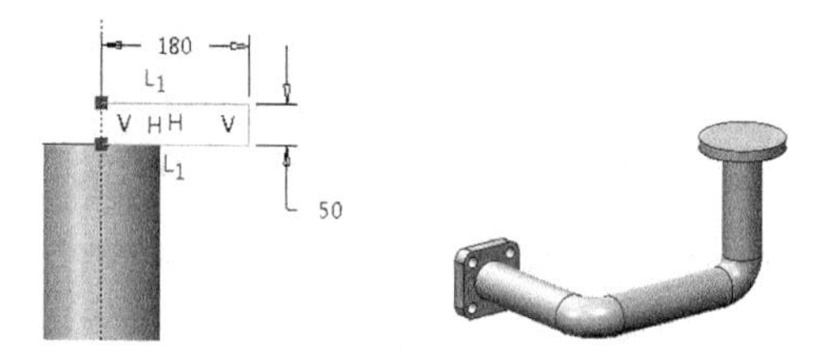

图 8-66　选择草绘平面

12 单击【槽】按钮，然后按如图 8-67 所示的操作步骤，选择所需的菜单命令。

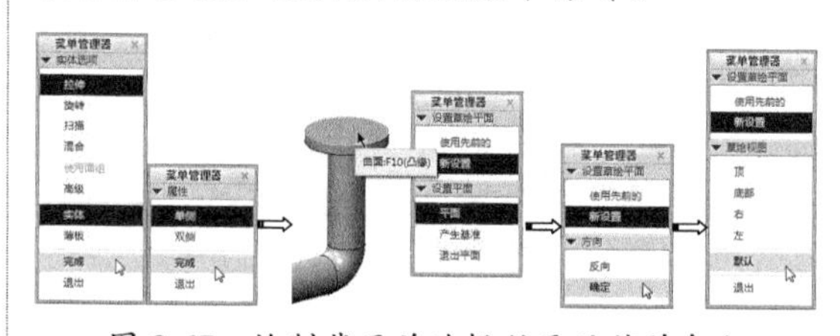

图 8-67　绘制截面前选择所需的菜单命令

13 进入草绘环境后，由于欠参考，所以选择坐标系作为增加的参考。然后再绘制如图 8-68 所示的截面。

14 退出草绘环境后，选择【指定到】子菜单中的【完成】命令，并输入深度值 55，最后单击【开槽：拉伸】对话框中的【确定】按钮，创建出槽特征，如图 8-69 所示。

图 8-68　添加参考并绘制截面

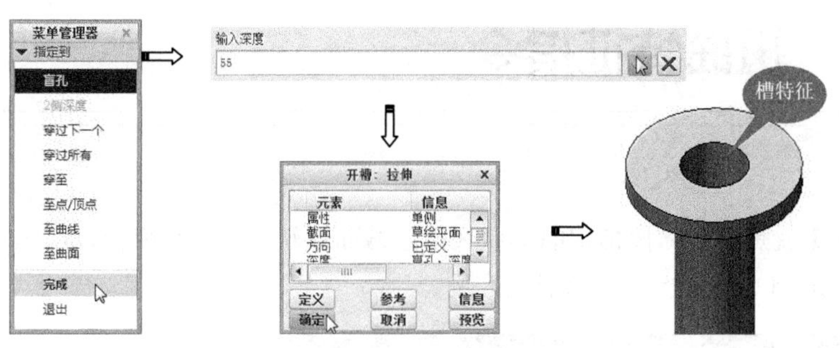

图 8-69　创建槽特征

15 同理，在法兰上创建出 4 个直径为 40 的圆形槽特征，结果如图 8-70 所示。

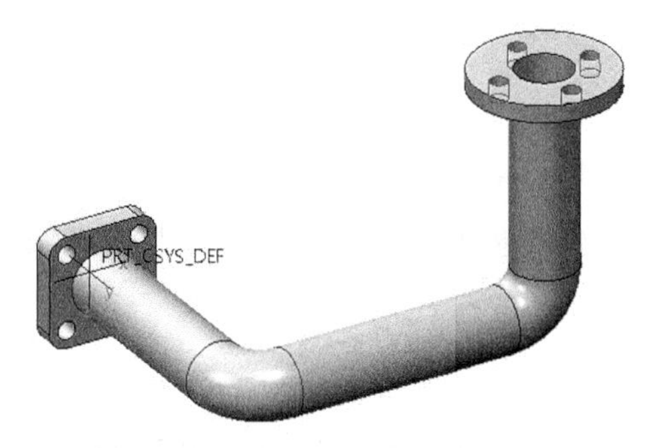

图 8-70　创建 4 个圆形槽特征

16 最后将创建的管道零件保存。

读书笔记

第9章 扭曲特征指令

所谓【扭曲】就是将实体按指定的形状（草绘截面或轨迹）进行变换，得到新的弯曲实体。本章详细讲解 Creo 4.0 扭曲指令的功能及应用。

知识要点

- 折弯
- 圆顶
- 局部推拉
- 唇和耳

9.1 折弯

将实体进行折弯可以得到新的造型，包括环形折弯、骨架折弯和折弯实体。

9.1.1 环形折弯

【环形折弯】操作将实体、曲面或基准曲线在 0.001°~360° 范围内折弯成环形，可以使用此功能将平整几何体创建成汽车轮胎、瓶子等，如图 9-1 所示。

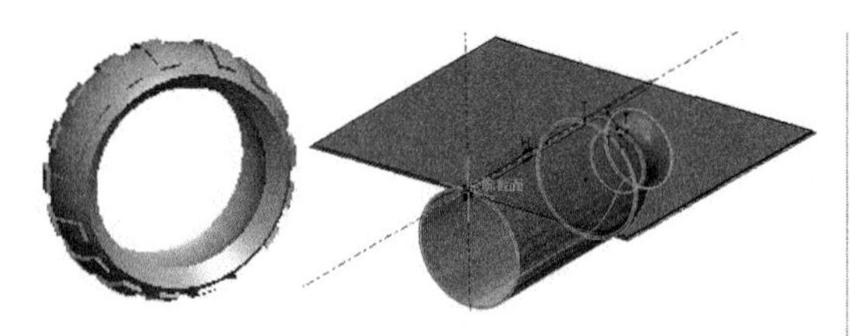

图 9-1 环形折弯的范例

用于定义环形折弯特征的强制参数包括截面轮廓、折弯半径及折弯几何。

在【工程】组中依次单击【工程】|【环形折弯】按钮，打开【环形折弯】操控板进行环形折弯操作，如图 9-2 所示。

图 9-2 【环形折弯】操控板

1. 折弯参考

要创建折弯特征，必须满足【参考】选项板中的选项设置，如图 9-3 所示，如果是折弯实体，必须指定【面组】和指定（或草绘）【轮廓截面】。

【面组】就是要折弯的实体表面，可以采用复制、粘贴的办法来获取参考面组。

如果要草绘【轮廓截面】，必须指定草绘平面，并进入草绘环境中绘制截面。绘制截面有以下几点要求：

- 截面可以是一条平直的直线，如图 9-4 所示。

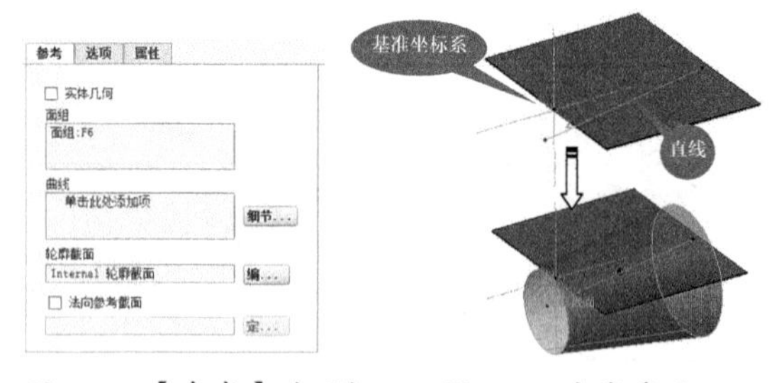

图 9-3 【参考】选项板　　图 9-4 直线截面

技术要点

在【参考】选项板中，若选中【实体几何】复选框，将创建折弯的实体特征。若取消选中，则创建折弯的曲面。【曲线】收集器用于收集所有属于折弯几何特征的曲线。

- 截面必须是相切连续的曲线，如图 9-5 所示。

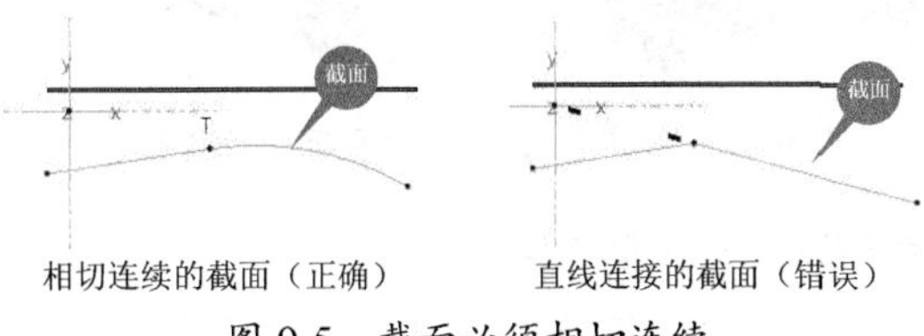

相切连续的截面（正确）　　直线连接的截面（错误）

图 9-5　截面必须相切连续

- 截面曲线的起点必须超出要折弯的实体或曲线，否则不能创建折弯，如图 9-6 所示。

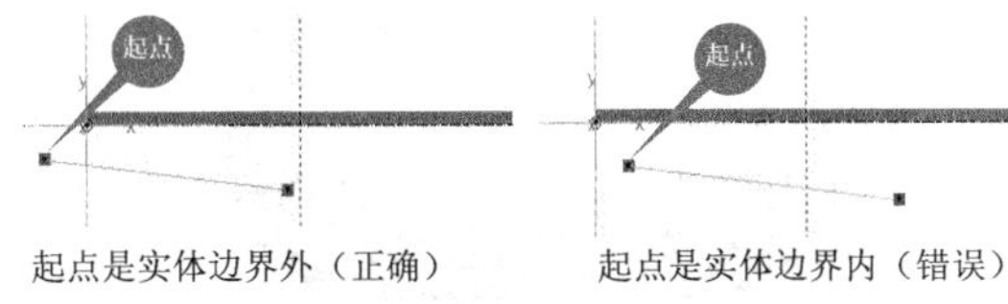

起点是实体边界外（正确）　　起点是实体边界内（错误）

图 9-6　截面曲线的起点必须在实体或曲线外

- 截面草图中必须创建基准坐标系，但【草绘】组中的【坐标系】命令不可以。
- 截面轮廓的起点决定了折弯的旋转中心轴，所以截面轮廓的起始位置要确定。

2．曲线折弯

当用于折弯曲线时，在操控板的【选项】选项板中可以设置曲线折弯的多个选项，如图 9-7 所示。

各选项含义如下：

- 标准：根据环形折弯的标准算法对曲线（链）进行折弯，如图 9-8 所示。

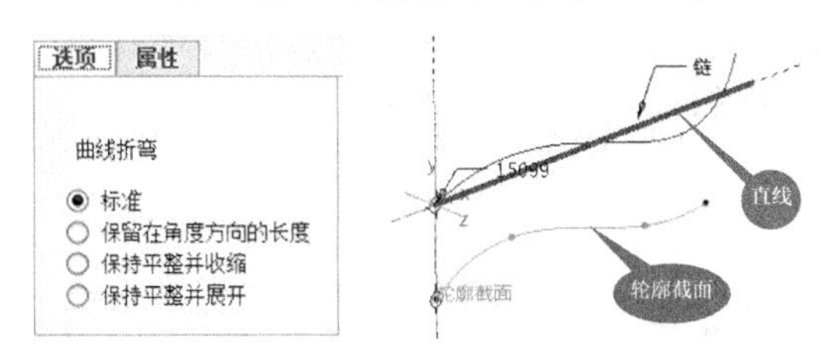

图 9-7　【选项】选项板　图 9-8　【标准】的折弯

- 保留在角度方向的长度：对曲线（链）进行折弯，折弯后的曲线与原直线长度相等，如图 9-9 所示。
- 保持平整并收缩：使曲线链保持平整并位于中性平面内，原曲线（链）上的点到轮廓截面平面的距离收缩。此选项主要针对多条直线折弯的情形，如图 9-10 所示，第 2 条直线才会产生距离收缩现象。

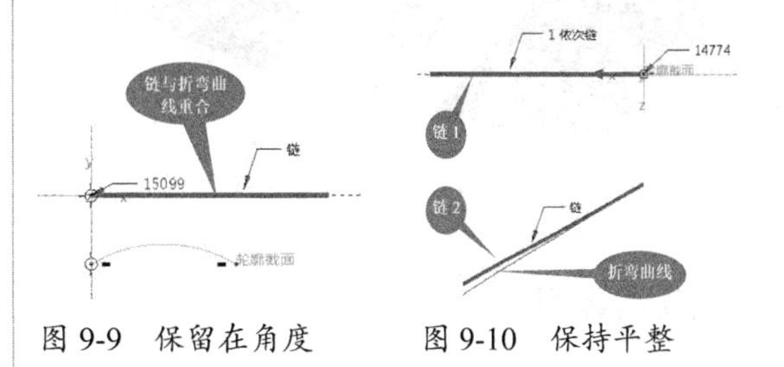

图 9-9　保留在角度方向的长度　　图 9-10　保持平整并收缩

- 保持平整并展开：使曲线（链）保持平整并位于中性平面内。曲线上的点到轮廓截面平面的距离增加。

技术要点

如果使用【标准】选项创建另一个环形折弯，则其结果等效于使用【保留在角度方向的长度】选项创建单个环形折弯。

3．折弯方法

操控板的折弯方法下拉列表中包含有 3 种折弯方法：折弯半径、折弯轴和 360 度折弯。

（1）方法一：折弯半径。

折弯半径是通过设置折弯的半径值来折弯实体或曲面的。默认情况下，Creo 给定最大的折弯半径值，用户修改半径值即可，如图 9-11 所示。

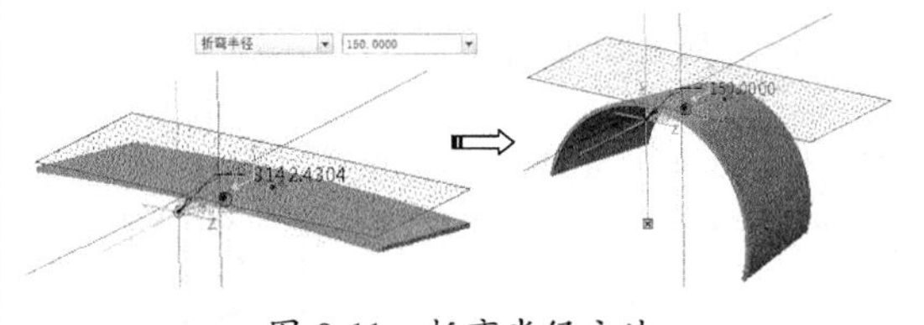

图 9-11　折弯半径方法

技术要点

折弯半径的值最小为 0.0524，最大不超过 1000000。

（2）方法二：折弯轴。

折弯轴方法是参考选定的轴来折弯曲面。

此方法对实体无效。如图9-12所示，旋转轴应在曲面一侧，轴必须是基准轴，内部草绘的中心线不可用。

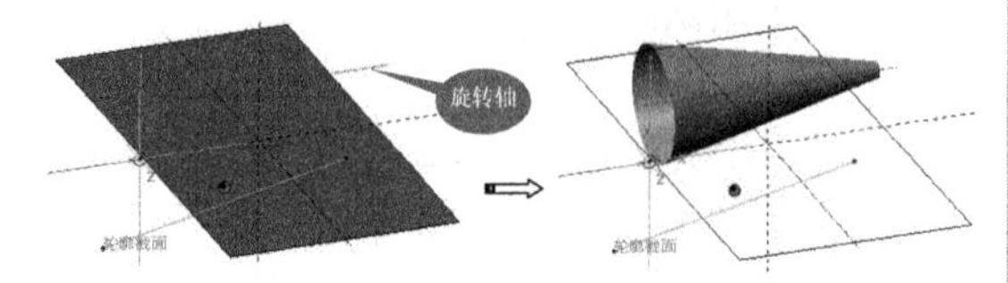

图9-12　折弯轴方法

技术要点

折弯的旋转轴不能与轮廓截面重合。而且轴不能在曲面上，否则会使折弯变形。

（3）方法三：360度折弯。

此方法可以折弯实体或曲面。要创建360度的折弯特征，除了参考面组、截面轮廓外，还必须指定平面曲面或基准平面来确定折弯特征的长度。

如果是实体，须指定实体的两个侧面平面，如图9-13所示。

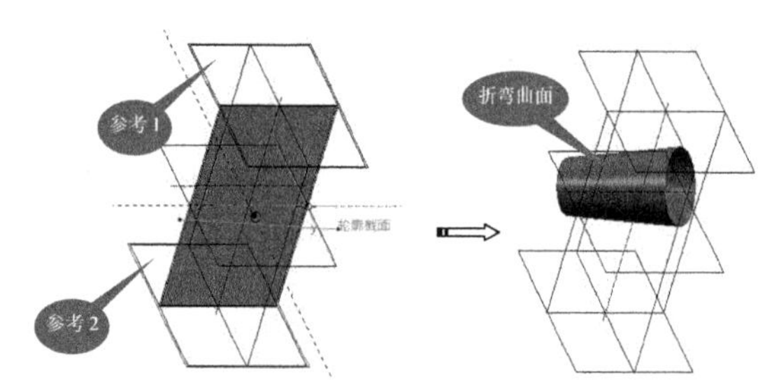

图9-13　确定曲面折弯长度的两个参考平面

如果是创建360度折弯实体，则必须指定实体的侧面，如图9-14所示。

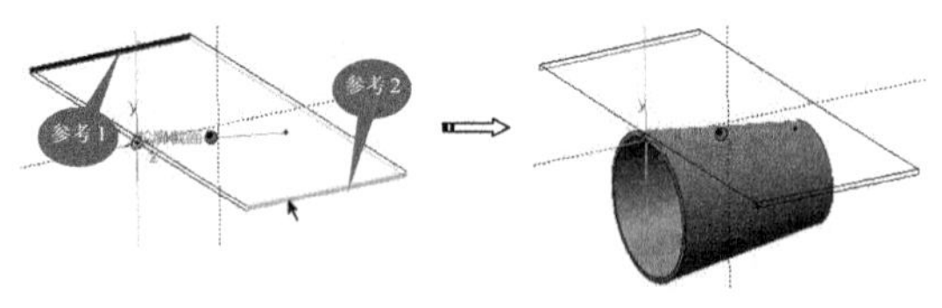

图9-14　确定实体折弯长度的两个参考平面

技术要点

如果确定长度的参考平面在实体边界内，或者是在边界外，同样可以折弯，但长度发生了变化，如图9-15所示。

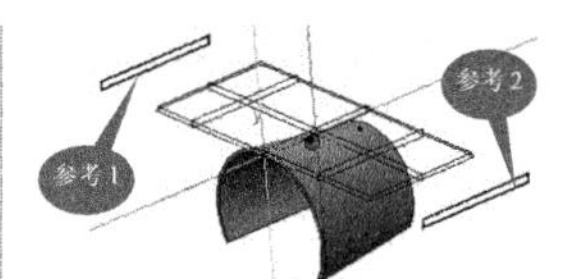

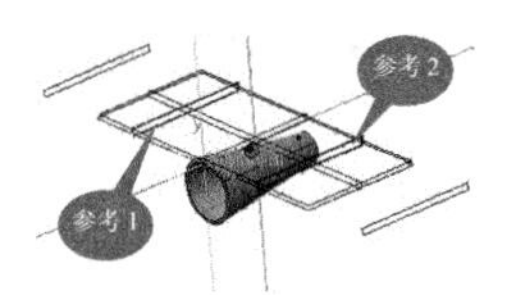

图9-15　确定长度的参考平面的位置情况

动手操作——轮胎设计

本动手操作练习设计轮胎，主要利用环形折弯功能进行设计，如图9-16所示。

图9-16　轮胎设计

操作步骤：

01 新建一个名为【轮胎】的零件文件。

02 使用【拉伸】工具，选择FRONT基准平面作为草绘平面，进入草绘环境，绘制如图9-17所示的截面。

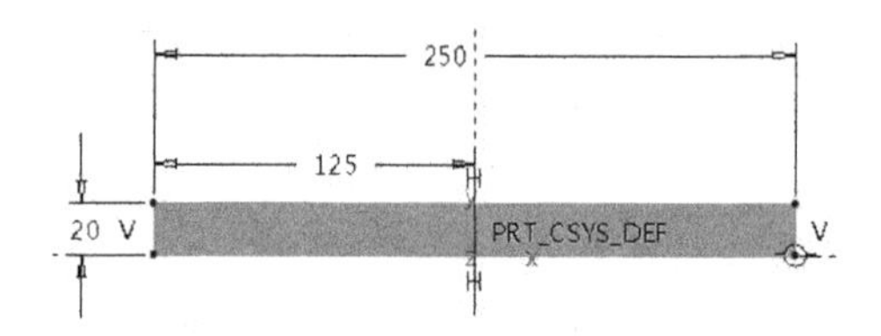

图9-17　选择草绘平面并绘制截面

03 退出草绘环境，然后创建出拉伸深度为2200的拉伸实体，如图9-18所示。

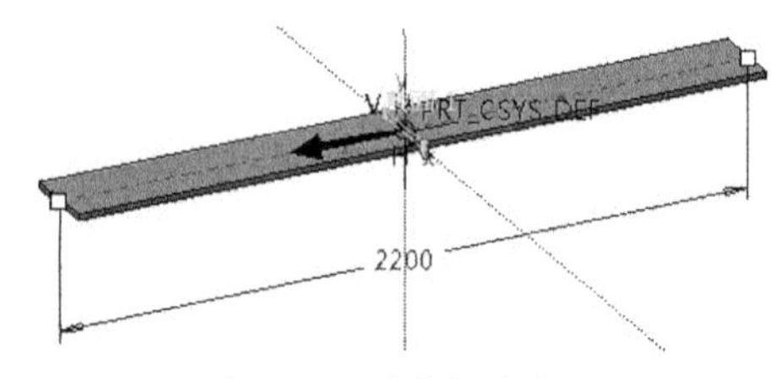

图9-18　创建拉伸实体

04 再使用【拉伸】工具，在上步创建的拉伸特征表面上，以切除材料的方式，创建如图9-19所示的拉伸移除材料特征。

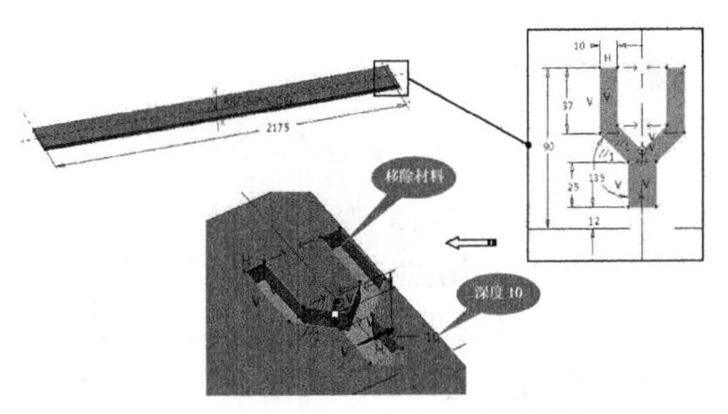

图 9-19　创建拉伸移除材料特征

05 阵列移除材料特征。在【编辑】组中单击【几何阵列】按钮，打开【几何阵列】操控板，然后选择拉伸实体的一条长边作为参考，并输入阵列个数及间距，完成的阵列如图 9-20 所示。

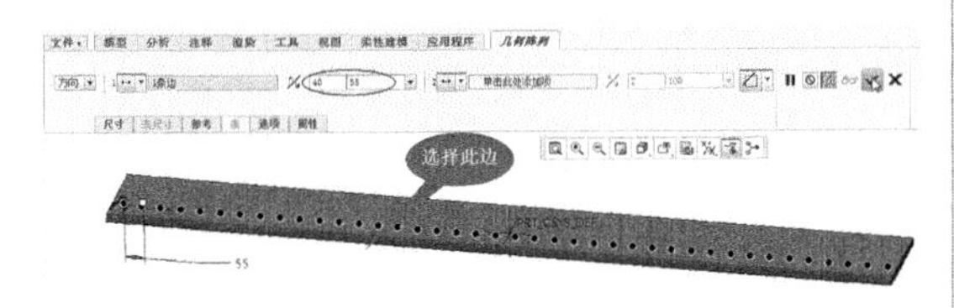

图 9-20　创建阵列特征

06 阵列特征后，再使用【镜像】工具，将所有阵列的特征全部镜像至 RIGHT 基准平面的另一侧。方法是先选择要镜像的所有阵列特征，然后再执行【镜像】命令，最后选择镜像平面——RIGHT 基准平面，即可创建镜像特征，如图 9-21 所示。

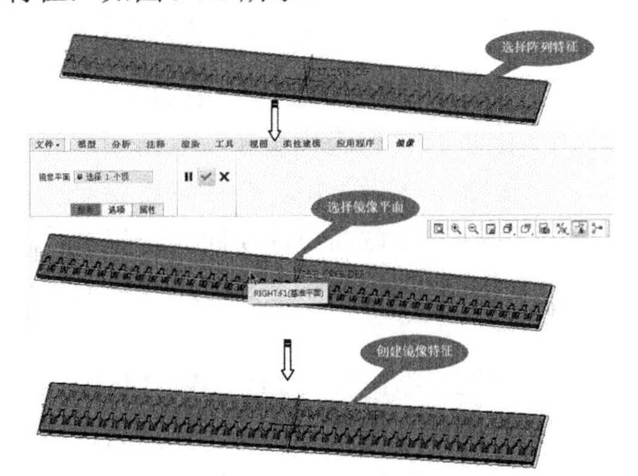

图 9-21　创建镜像特征

技术要点

【阵列】命令和【镜像】命令将在下一章中详细讲解。这里仅仅是调用这两个命令来创建所需的特征。

07 在【工程】组中单击【环形折弯】命令，打开【环形折弯】操控板。在操控板的【参考】选项板中选中【实体几何】复选框，单击【定义内部草绘】按钮定...，弹出【草绘】对话框，并选择如图 9-22 所示的拉伸特征端面作为草绘平面。

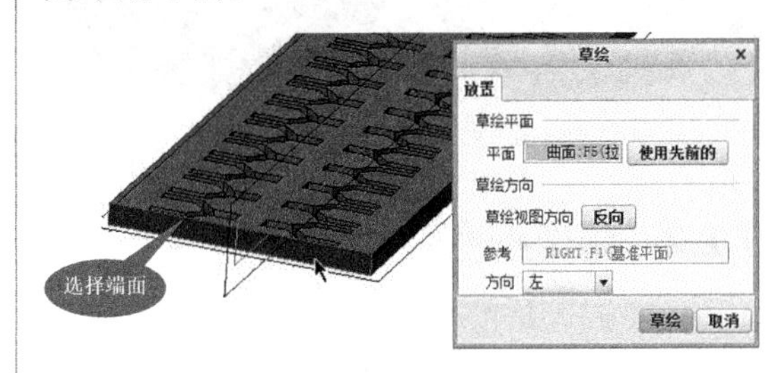

图 9-22　选择草绘平面

08 进入草绘环境，绘制如图 9-23 所示的轮廓截面。截面中必须绘制基准坐标系。

技术要点

只需保证 140 长度的直线尺寸，竖直方向的长度尺寸只要超出拉伸实体范围即可，无须精确。草图必须在实体下方，否则不能正确地创建折弯。

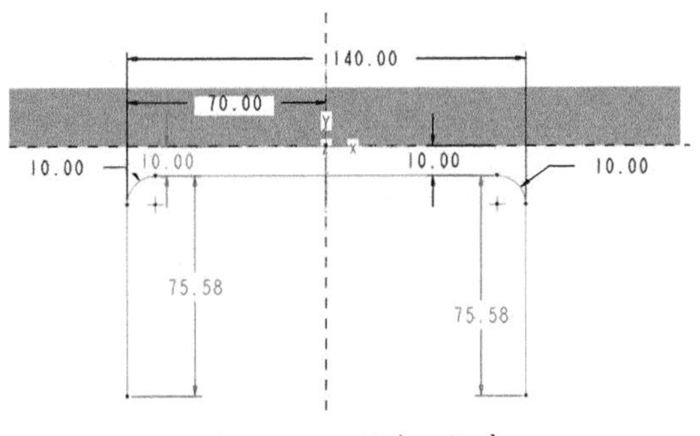

图 9-23　绘制截面轮廓

09 退出草绘环境后，在操控板中选择【360 度折弯】方法，然后选择如图 9-24 所示的拉伸实体的两个端面作为折弯长度参考。

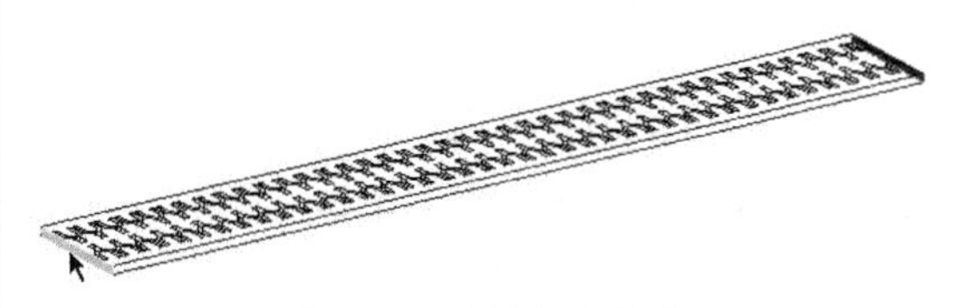

图 9-24　选择折弯参考

10 随后 Creo 自动生成环形折弯的预览，最后单击操控板中的【应用】按钮，完成轮胎的设计，如图 9-25 所示。

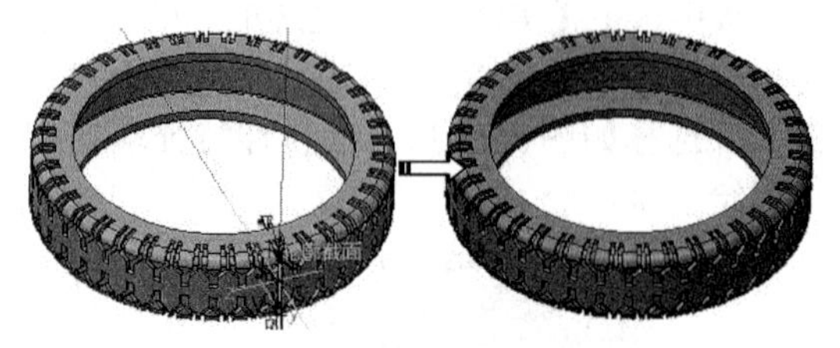

图 9-25　完成轮胎设计

9.1.2　骨架折弯

骨架折弯是以具有一定形状的曲线作为参考，将创建的实体或曲面沿着曲线进行弯曲，得到所需要的造型。

在【工程】组中单击【骨架折弯】按钮，打开【样条折弯】操控板，如图 9-26 所示。

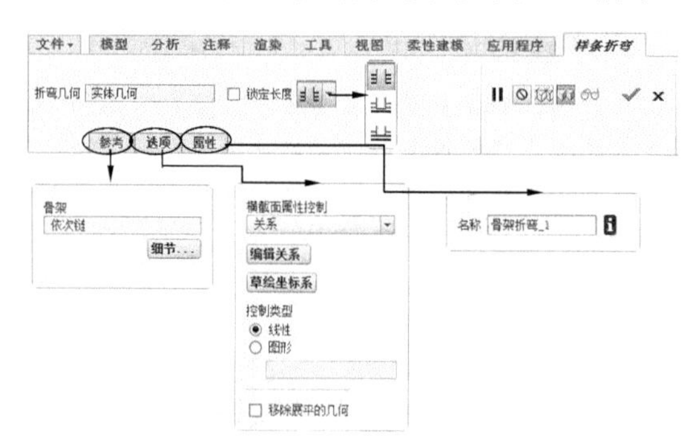

图 9-26　【样条折弯】操控板

操控板的【参考】、【选项】选项板中的选项含义如下：

- 折弯几何：激活收集器后选择要折弯的几何体，包括实体、曲面或曲线。
- 锁定长度：在折弯几何后，选中此复选框可以保持几何的原始长度。
- 折弯类型：包括 3 种折弯类型——从骨架的起点至终点折弯几何、从骨架的起点至指定深度折弯几何和将几何折弯至选定参考。
- 依次链：激活此收集器，选取已有的曲线作为骨架线。

技术要点

骨架曲线必须为 G1 相切连续。

- 细节：单击此按钮，将弹出【链】对话框，如图 9-27 所示。可以根据标准参考或基于规则的参考来选取链。
- 截面属性控制：弯曲效果受骨架线控制，包括无、面积、关系、Ixx 等，如果选择【无】，弯曲效果不受骨架线控制。
- 编辑关系：如果在【截面属性控制】下拉列表下选择【关系】选项，此按钮亮显变为可用。单击此按钮，将弹出【关系】对话框，如图 9-28 所示。可以输入关系式或编辑关系式来控制截面的形状。

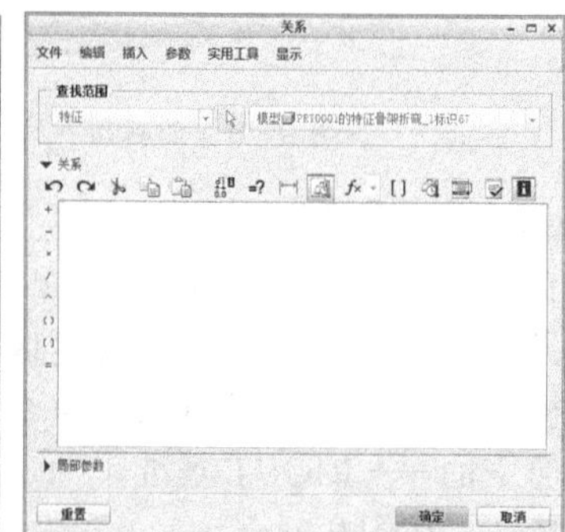

图 9-27　【链】对话框　图 9-28　【关系】对话框

- 草绘坐标系：如果在【截面属性控制】下拉列表下选择【关系】选项，此按钮亮显变为可用。在计算需要原点和方向的横截面属性期间使用坐标系。该坐标系将被投影到每个横截面平面上。
- 控制类型：包括【线性】和【图形】。线性类型是配合截面属性控制选项，骨架线线性变化；图形类型是配合截面属性控制选项，骨架线随图形变化。
- 移除展平的几何：选中此复选框，移除位于折弯区域以外的几何。

骨架线可以选择现有的，也可以利用操控板右侧的【基准】面板中的【草绘】命令进入草绘环境进行绘制。要草绘骨架线，必须执行如图 9-29 所示的操作。

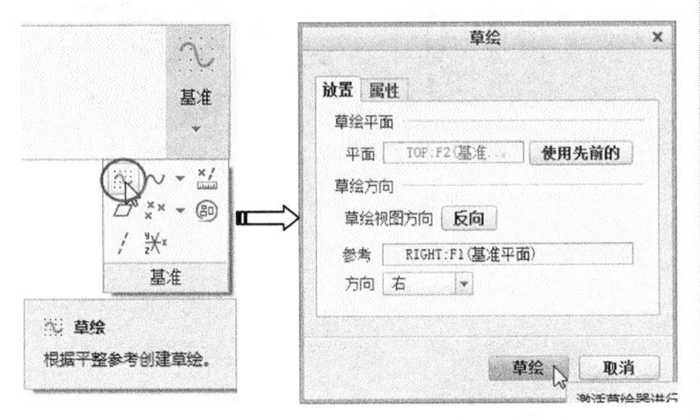

图 9-29　要草绘骨架线执行的操作

技术要点

选择要折弯的实体或面组，都可以将实体或曲面按用户绘制的骨架曲线进行骨架折弯。骨架折弯主要用于各种钣金件设计。

草绘的骨架线必须是开放的，而且还必须注意骨架线的起点。如图 9-30 所示，同一条骨架曲线因起点方向不同，产生的结果也会有所不同。

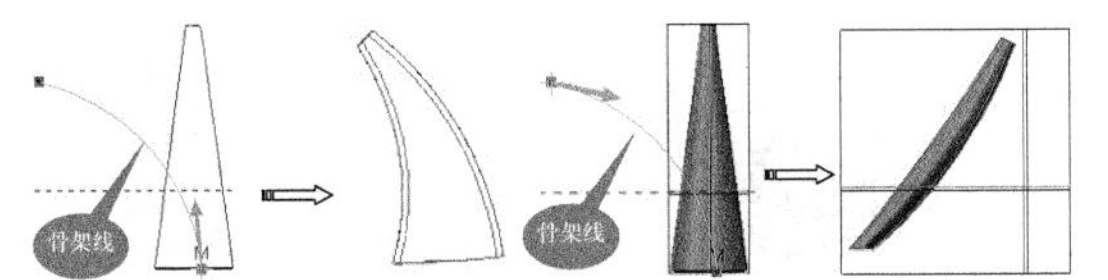

结果一：起点在实体内部　　结果二：起点在实体外部

图 9-30　骨架线的起点

技术要点

多段曲线构成的骨架线要求是相切连续。否则不能正确创建特征。

动手操作——风车设计

本动手操作练习设计一个风车，如图 9-31 所示。方法是利用【骨架折弯】命令来操作。

图 9-31　风车设计

操作步骤：

01 新建一个名为【风车】的零件文件。

02 使用【拉伸】工具，选择 TOP 基准平面作为草绘平面，进入草绘环境中绘制如图 9-32 所示的截面。

03 退出草绘环境然后创建出拉伸深度为 5 的拉伸实体，如图 9-33 所示。

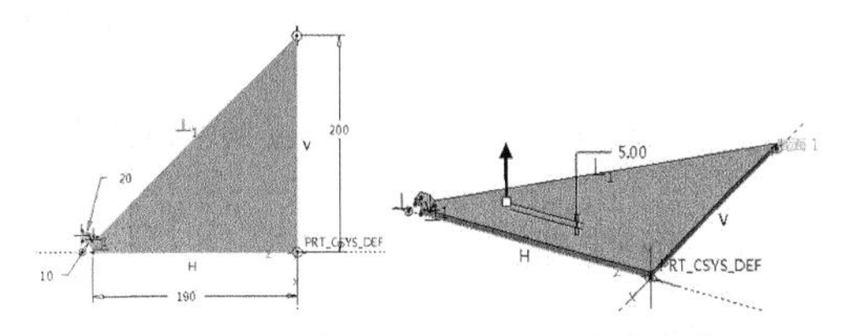

图 9-32　绘制截面　图 9-33　创建拉伸实体

04 使用【草绘】工具，在 RIGHT 基准平面上绘制如图 9-34 所示的曲线。

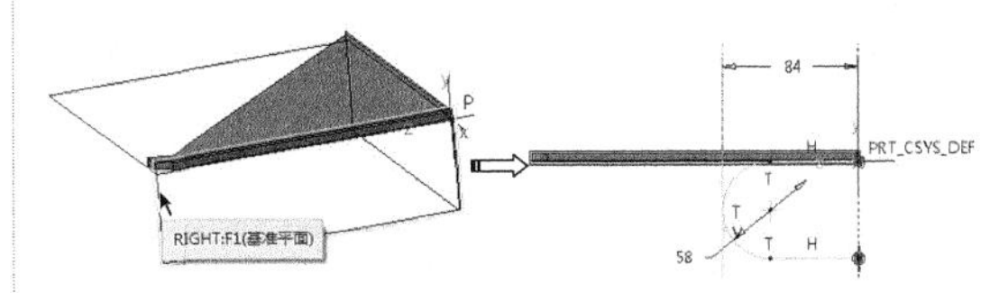

图 9-34　创建曲线

05 在【工程】组中单击【骨架折弯】按钮，弹出【样条折弯】操控板。首先选择拉伸实体作为要折弯的实体几何，然后在【参考】选项板下激活骨架【依次链】收集器，随后在图形区选择上步绘制的曲线（骨架线），随后显示骨架折弯的预览，如图 9-35 所示。

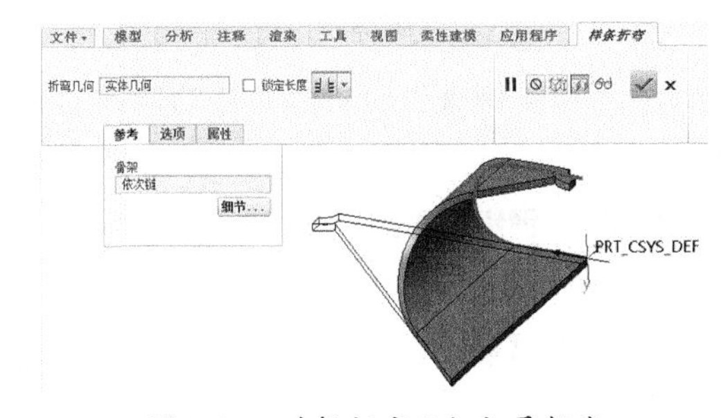

图 9-35　选择折弯几何与骨架线

06 最后单击操控板中的【确定】按钮✔，完成骨架折弯实体的创建。

07 由于风车是 4 个折弯实体组合而成的，因此调用【几何阵列】命令，创建出如图 9-36 所示的风车。

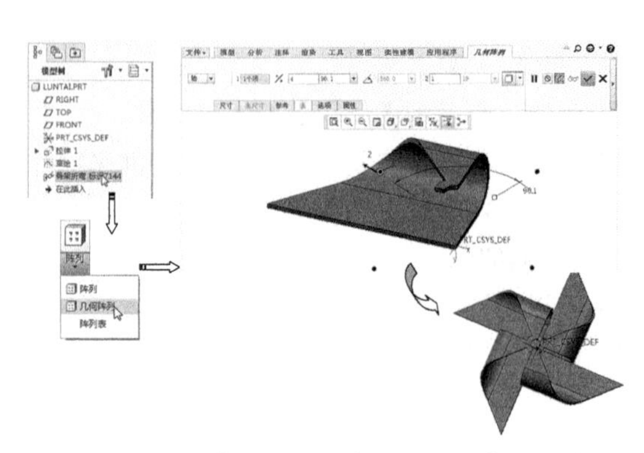

图 9-36　创建几何阵列特征完成风车的设计

9.1.3　折弯实体

折弯实体是使用展平面组特征的参考来折弯实体或曲线的。在 Creo 4.0 中，折弯实体功能被融合进【模型】选项卡下【曲面】组的【展平面组变形】命令中。如图 9-37 所示为执行【展平面组变形】命令后打开的【展平面组变形】操控板。

图 9-37　折弯实体功能在【展平面组变形】操控板中

下面用实例来说明折弯实体功能的具体应用。

动手操作——创建折弯字体

操作步骤：

01 新建名为【折弯字体】的零件文件，并进入到零件设计模式中。

02 利用【旋转】命令，创建如图 9-38 所示的球体。

03 在【模型】选项卡下【基准】组中单击【点】按钮 点 ，然后创建一个基准点，如图 9-39 所示。

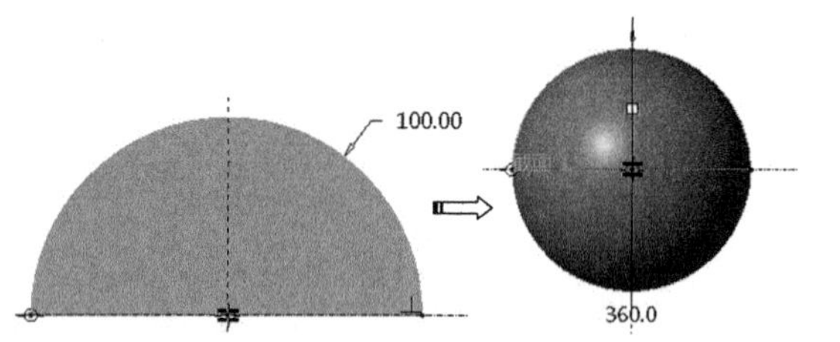

图 9-38　创建球体

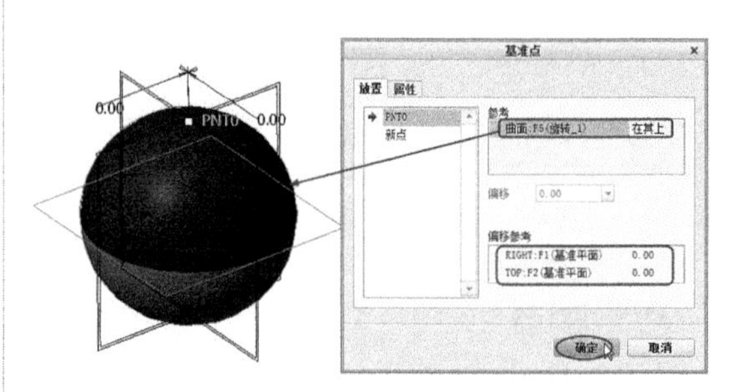

图 9-39　创建基准点

04 在【模型】选项卡下【曲面】组中单击【展平面组】按钮，打开【展平面组】操控板。然后创建出如图 9-40 所示的展平面组。

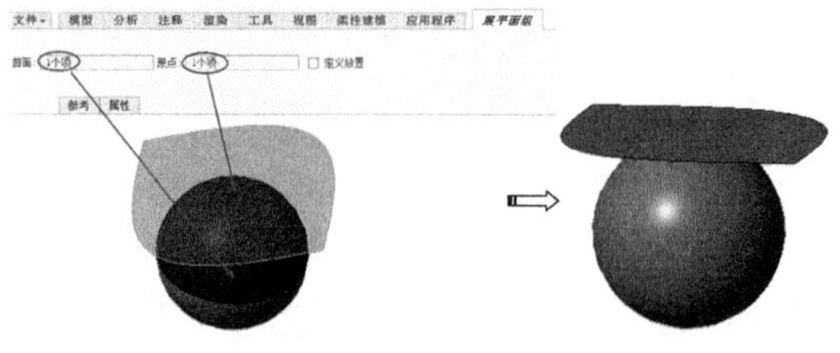

图 9-40　创建展平面组

05 利用【拉伸】命令在展平面组上创建文字实体特征，如图 9-41 所示。

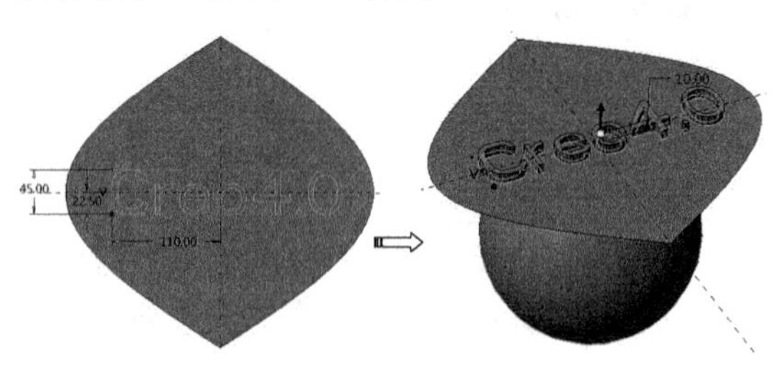

图 9-41　创建文字实体

06 单击【展平面组变形】按钮，打开【展平面组变形】操控板。在【参考】选项板中选中【实体几何】复选框，然后选择展平面组，随后显示折弯实体的预览，如图 9-42 所示。

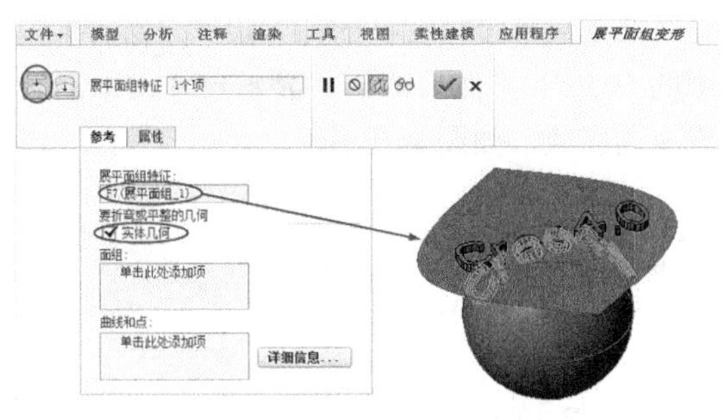

图 9-42　设置展平面组变形选项

07 最后单击操控板中的【确定】按钮，完成折弯实体操作，结果如图 9-43 所示。

图 9-43　折弯实体的结果

9.2 局部推拉

【局部推拉】工具可在实体表面上绘制局部草图后沿表面垂直方向拉出，得到凸起特征。

【局部推拉】工具仅在已有模型上应用。在【扭曲】组中单击【局部推拉】按钮，弹出【设置草绘平面】菜单管理器，如图 9-44 所示。

图 9-44　【设置草绘平面】菜单管理器

菜单管理器中各命令含义如下：

- 使用先前的：选择此命令，将前一特征中草绘参考的平面作为当前局部推拉特征的草绘平面。
- 新设置：重新设置局部推拉的草绘平面。
- 平面：可以选择基准平面、模型平面作为草绘平面。
- 产生基准：选择此命令，可以通过新建基准平面的方法得到草绘平面，如图 9-45 所示。

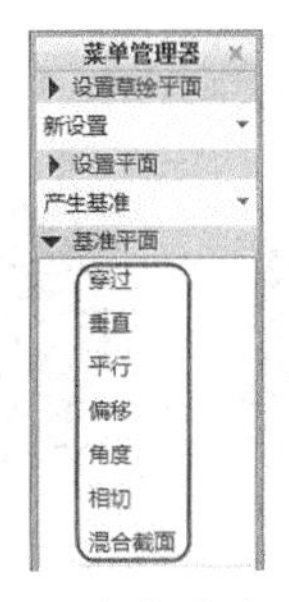

图 9-45　产生基准的方法

- 退出平面：选择此命令，将结束创建局部推拉的操作。

指定草绘平面后，【设置草绘平面】菜单管理器中显示 4 种草绘视图，如图 9-46 所示。选择一个草绘视图或选择【默认】命令，将进入草绘模式中。

允许草绘局部推拉的边界命令仅仅有【矩形】、【圆】、【偏移】和【加厚】，也就表示只能通过这 4 个命令来绘制封闭的边界，如图 9-47 所示。

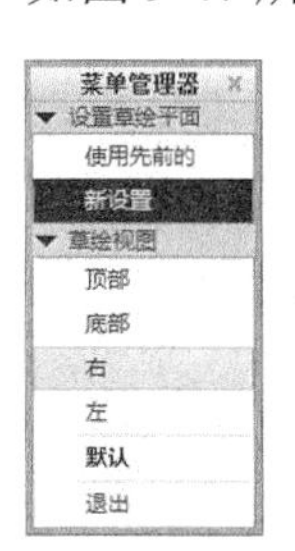

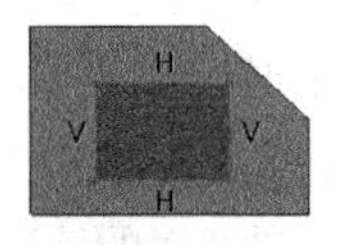

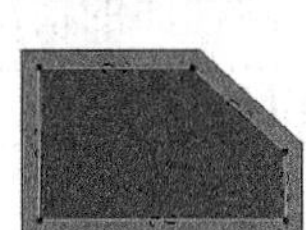

图 9-46　草绘视图　图 9-47　4 种命令绘制的边界

草绘边界完成后，随后单击【确定】按钮可退出草绘模式，此刻在绘图区下方的信息栏中会提示【选择受拉伸影响的曲面】。选择要创建局部推拉特征的放置面，如图 9-48 所示，随即自动生成局部推拉特征。

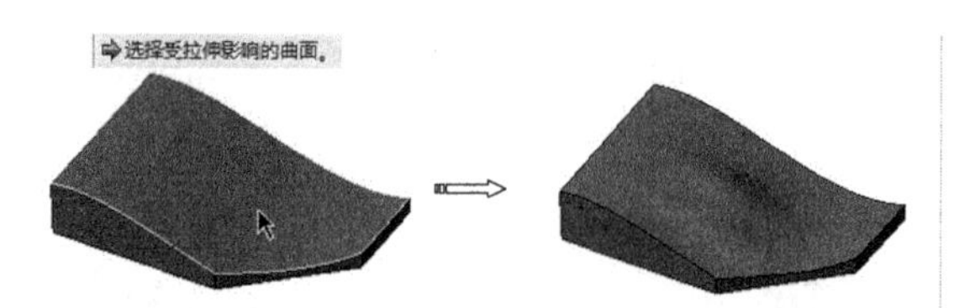

图 9-48　指定放置面生成局部推拉特征

局部推拉特征可以更改推拉高度值。在模型树中生成的局部推拉特征上右击，然后再选择快捷菜单中的【编辑】命令，图形区模型中将显示所有关于此模型的尺寸，如图9-49所示。

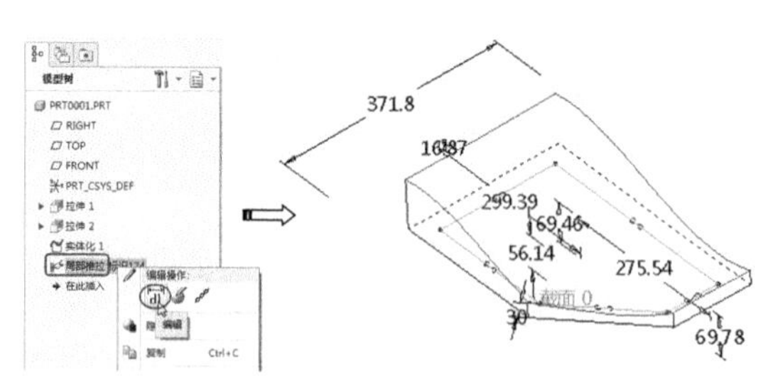

图 9-49　显示模型尺寸

找到局部推拉特征的高度尺寸（如图9-47中的69.46），然后双击，显示尺寸文本框后更改高度值，如图9-50所示。

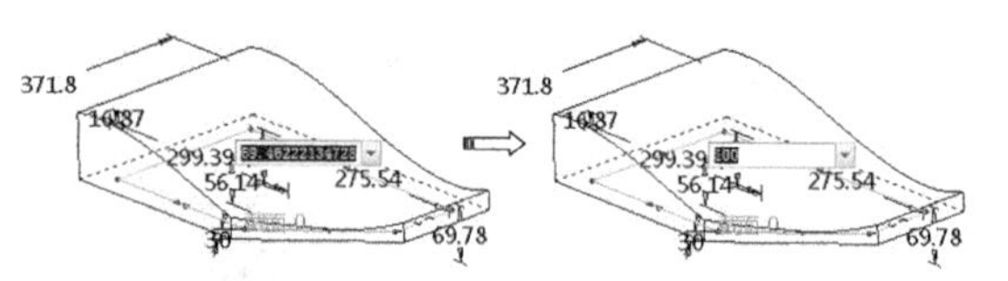

图 9-50　更改局部推拉特征高度

如图9-51所示为更改推拉高度前后对比。

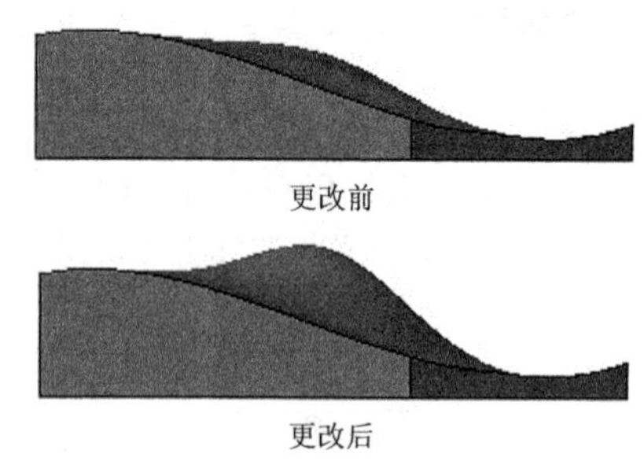

图 9-51　更改推拉高度的前后对比

9.3 圆顶

圆顶是通过对所选模型表面进行曲面变形得到的扭曲变形特征。Creo圆顶特征包括半径圆顶和截面圆顶。

圆顶特征和局部推拉特征一样，都是在模型表面上产生凸起。

9.3.1 半径圆顶

【半径圆顶】是在已有实体的表面上形成圆形的面。半径圆顶只能在实体面是平面、圆环面、圆锥面或圆柱面的情况下才产生。

动手操作——创建半径圆顶

操作步骤：

01 新建名为【半径圆顶】的零件文件，并进入到零件设计模式中。

02 利用【拉伸】命令，在TOP基准平面上绘制草图，然后创建出拉伸深度为50的实体特征，如图9-52所示。

03 在【扭曲】组中单击【半径圆顶】按钮，然后按信息栏的提示，选择要创建半径圆顶的曲面，如图9-53所示。

04 接下来再按信息提示选择基准平面或边。如图9-54所示。

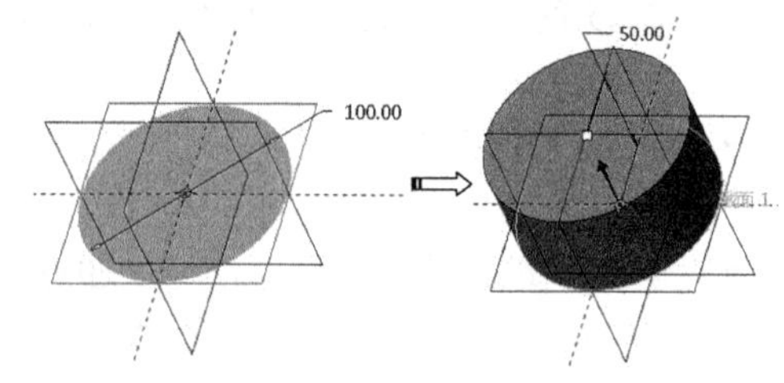

图 9-52　创建拉伸实体

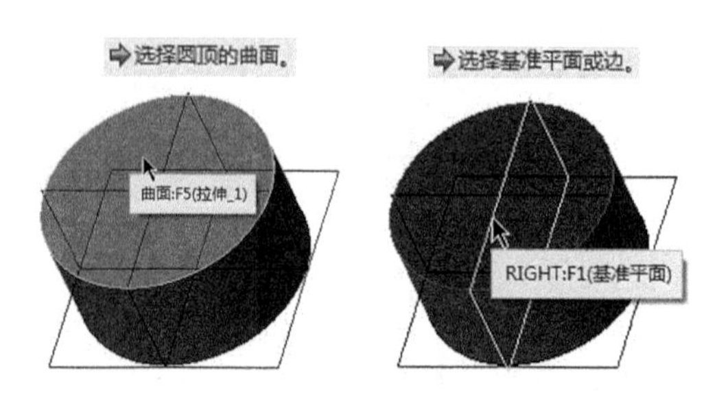

图 9-53　选择圆顶曲面　　图 9-54　选择基准平面

技术要点

选择的基准平面或平面必须与所选圆顶面是垂直的，边必须与圆顶面同面或平行，如图 9-55 所示。

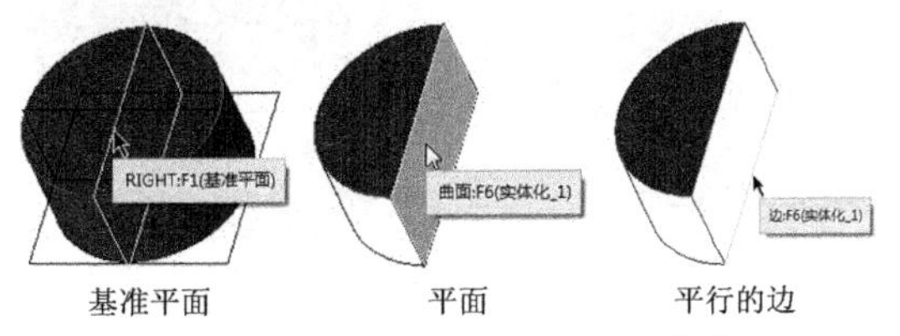

图 9-55 圆顶草绘平面的 3 种参考

05 然后在图形区顶部显示的【圆盖的半径】文本框内输入值【100】，单击【接受值】按钮✓后自动创建半径圆顶特征，如图 9-56 所示。

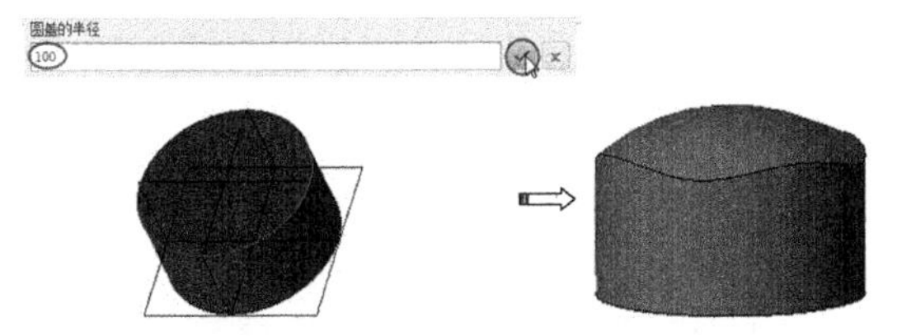

图 9-56 创建半径圆顶特征

9.3.2 剖面圆顶

【剖面圆顶】是通过扫描截面或混合截面来创建有轮廓或无轮廓的圆顶形状。

要创建剖面圆顶，必须注意以下限制：

- 当草绘截面时要加圆盖的面必须是平面，如图 9-57 所示。

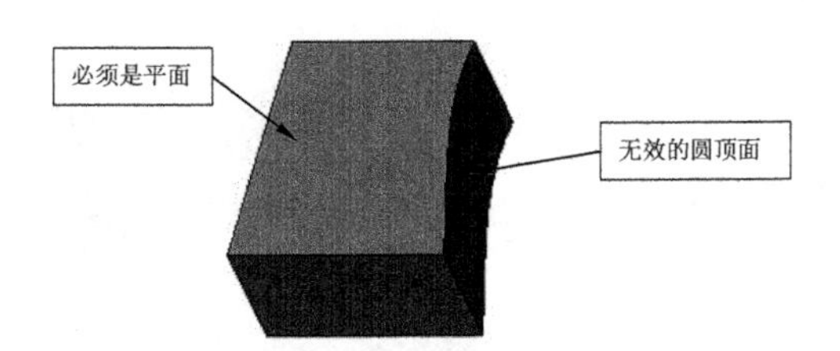

图 9-57 圆顶面必须是平面

- 为截面圆盖指定草绘平面，就像通常在零件上草绘一样。由于横截面必须垂直于轮廓，因此有必要在草图之间用【视图】（View）选项对视图重新定位。
- 根据相对于指定的曲面截面草绘位置的高或低，确定在创建截面圆顶时是添加还是移除材料。例如，如果截面连接到曲面上，边周围的一些材料将被移除。
- 截面不应与零件的边相切。
- 不能将圆盖添加到沿着任何边有过渡圆角的曲面上。如果需要圆角，首先添加圆盖，然后对边界圆角过渡。
- 每个截面段数不必相同。
- 截面至少应和曲面等长且不必连接到曲面上。
- 截面必须是开放的。

在【扭曲】组中单击【剖面圆顶】按钮，弹出【选项】菜单管理器，如图 9-58 所示。

图 9-58 【选项】菜单管理器

各命令含义如下：

- 扫描：沿着第二个轮廓扫描第一个轮廓，同时沿着第一个轮廓扫描第二个轮廓，然后用两个曲面的算术平均，来创建圆顶。
- 混合：通过混合两个或更多截面创建圆顶。
- 无轮廓：创建混合圆顶时不使用轮廓。
- 一个轮廓：使用一个参考轮廓创建圆顶特征。

动手操作——创建有一个轮廓的扫描剖面圆顶

操作步骤：

01 新建名为【扫描剖面圆顶】的零件文件，并进入到零件设计模式中。

02 利用【拉伸】命令在 TOP 基准面上绘制矩形草图，然后创建出拉伸深度为 50 的实体特征。如图 9-59 所示。

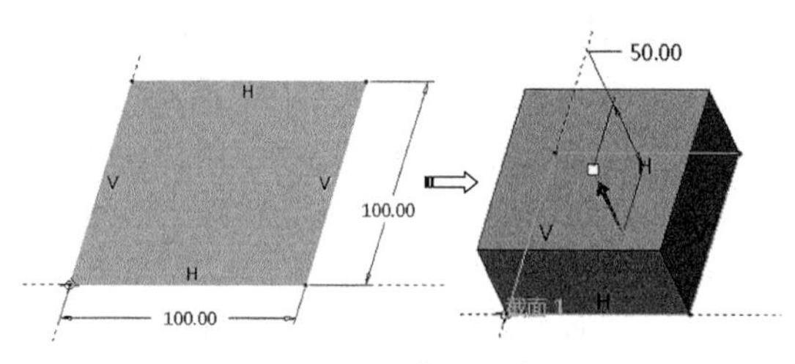

图 9-59 创建拉伸特征

03 在【扭曲】组中单击【剖面圆顶】按钮，弹出【选项】菜单管理器。依次选择【扫描】、【一个轮廓】、【完成】命令，然后选择圆顶曲面，如图 9-60 所示。

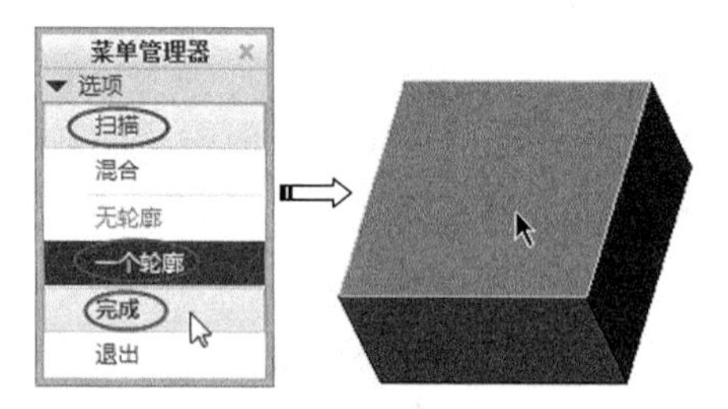

图 9-60 选择圆顶曲面

04 随后弹出【设置平面】子菜单，按信息提示选择草绘平面来绘制轮廓，并进入草绘模式，如图 9-61 所示。

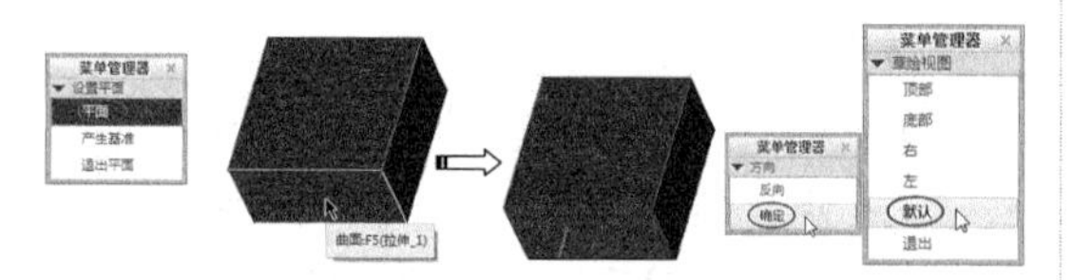

图 9-61 选择要绘制轮廓的草绘平面

05 绘制如图 9-62 所示的轮廓曲线并退出草绘模式。

06 随后再按信息提示选择要绘制截面的草绘平面，并再次进入到草绘模式中，如图 9-63 所示。

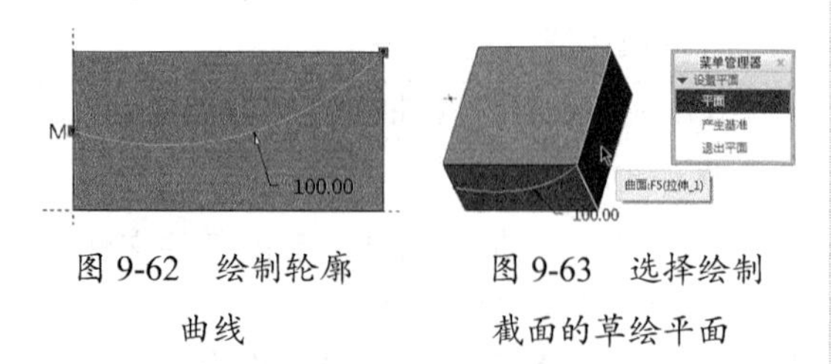

图 9-62 绘制轮廓曲线　　图 9-63 选择绘制截面的草绘平面

07 绘制如图 9-64 所示的截面曲线，完成后退出草绘模式。

08 随后自动创建扫描的圆顶特征，如图 9-65 所示。

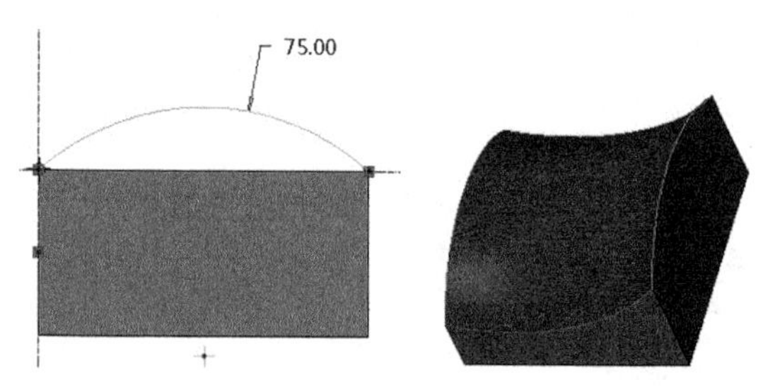

图 9-64 绘制截面曲线　图 9-65 创建的圆顶特征

动手操作——创建无轮廓的混合剖面圆顶

操作步骤：

01 新建名为【混合剖面圆顶】的零件文件，并进入到零件设计模式中。

02 利用【拉伸】命令在 TOP 基准面上绘制矩形草图，然后创建出拉伸深度为 50 的实体特征。如图 9-66 所示。

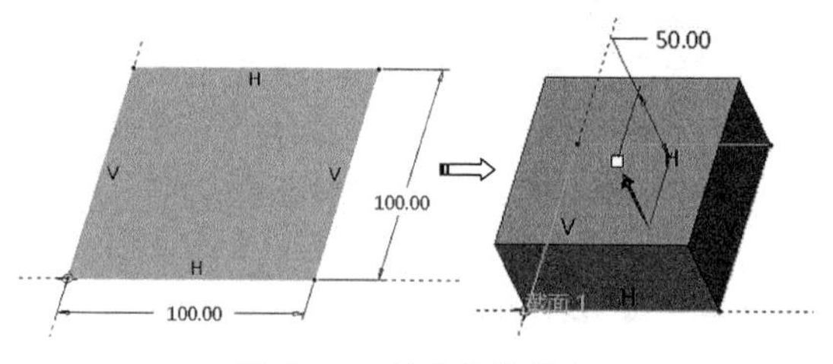

图 9-66 创建拉伸特征

03 在【扭曲】组中单击【剖面圆顶】按钮，弹出【选项】菜单管理器。依次选择【扫描】、【一个轮廓】、【完成】命令，然后选择圆顶曲面，如图 9-67 所示。

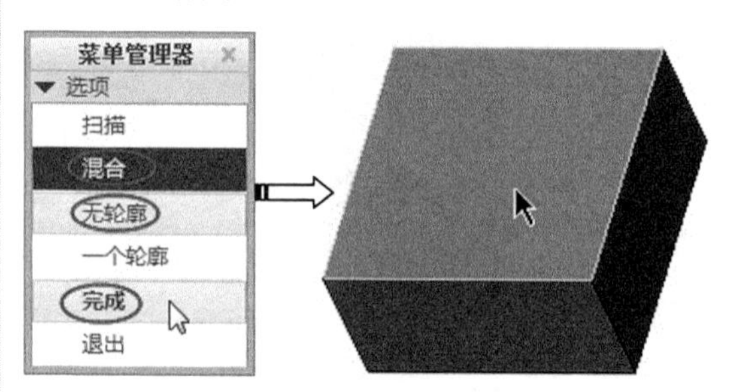

图 9-67 选择圆顶曲面

04 随后弹出【设置平面】子菜单，按信息提示选择草绘平面来绘制截面曲线，并进入草绘模式，如图 9-68 所示。

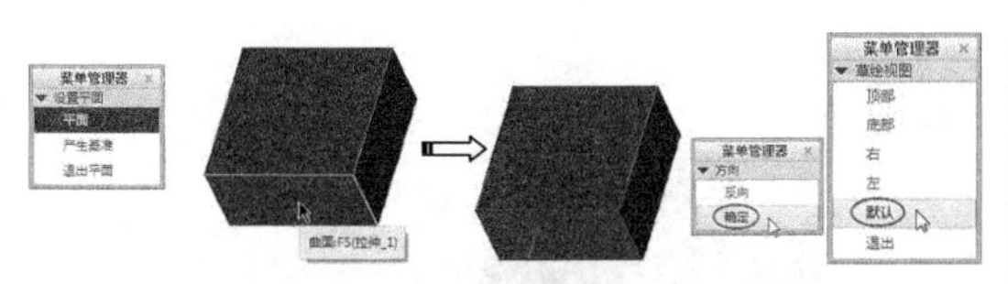

图 9-68　选择要绘制轮廓的草绘平面

05 绘制如图 9-69 所示的截面曲线后并退出草绘模式。

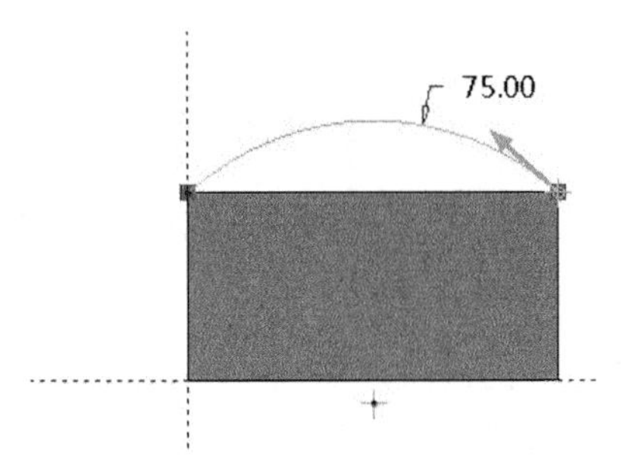

图 9-69　绘制截面曲线

06 按信息提示选择偏移方式，这里选择【输入值】命令，然后在顶部【输入对下一截面的偏移】文本框中输入值 50，单击【接受值】按钮，如图 9-70 所示。

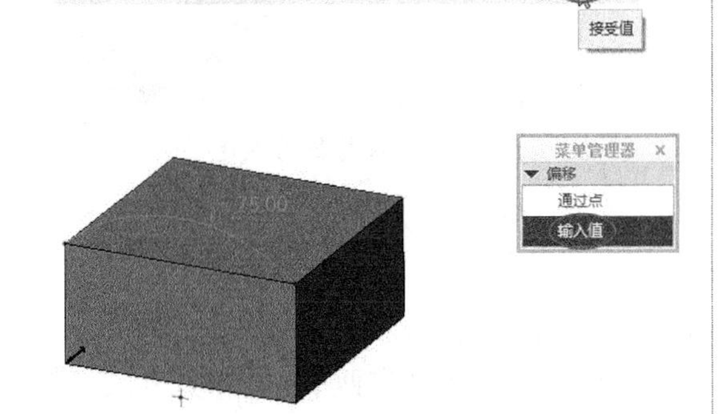

图 9-70　设置并输入截面偏移值

技术要点

这个截面的偏移目的是将草绘平面偏移，然后在新的平面上绘制第二截面曲线。

07 选择如图 9-71 所示的与截面曲线垂直的两个平面作为此次标注参考，完成后退出草绘模式。

08 接下来绘制第二截面曲线，如图 9-72 所示。

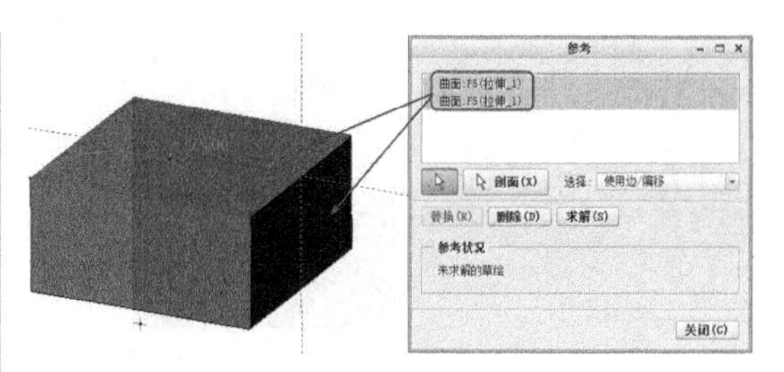

图 9-71　添加尺寸标注参考平面

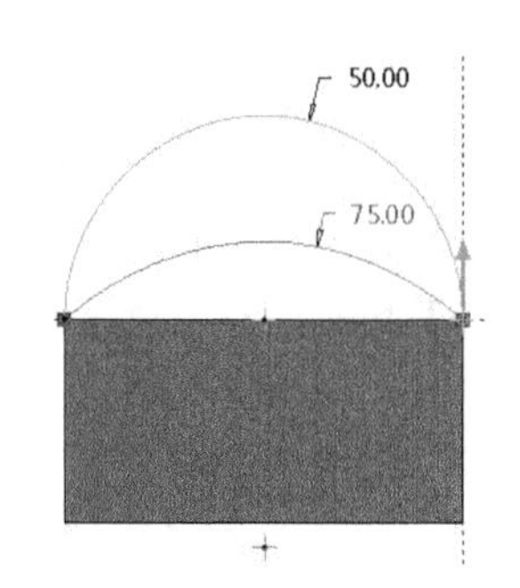

图 9-72　绘制第二截面曲线

技术要点

第二截面曲线的起点方向要与第一截面曲线的起点方向相同，否则将创建极度扭曲的效果。

09 退出草绘模式后，在【确认】对话框中单击【是】按钮，将重新按步骤 06 的信息提示，继续为第三截面的草绘平面指定偏移，如图 9-73 所示。

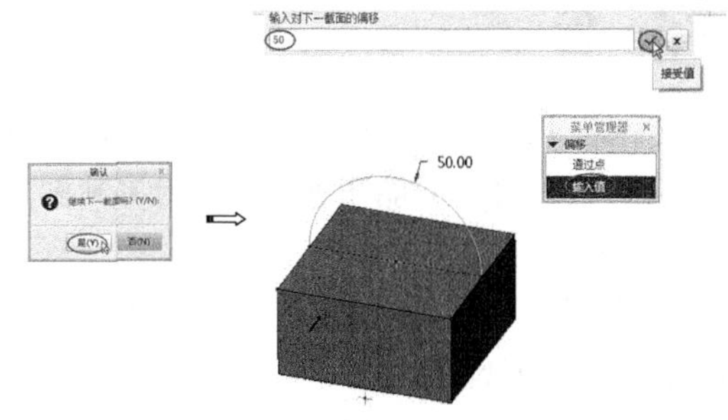

图 9-73　创建的圆顶特征

10 同理进入草绘模式后再选择两个指定尺寸标注参考平面，并绘制出如图 9-74 所示的第三截面曲线。

11 退出草绘模式后单击【确认】对话框中的【否】按钮，将自动创建出剖面圆顶特征，如图 9-75 所示。

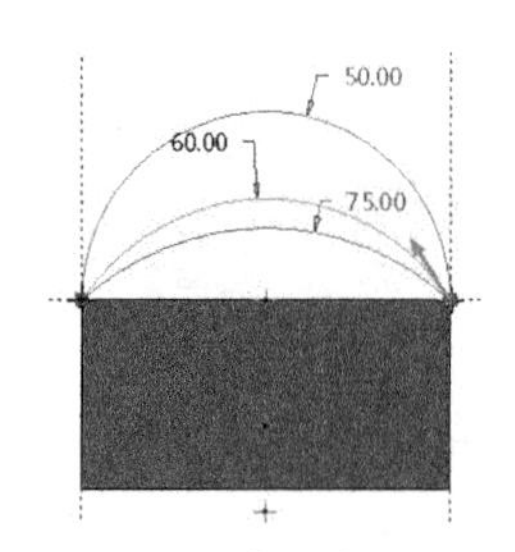

图 9-74 绘制第三截面曲线

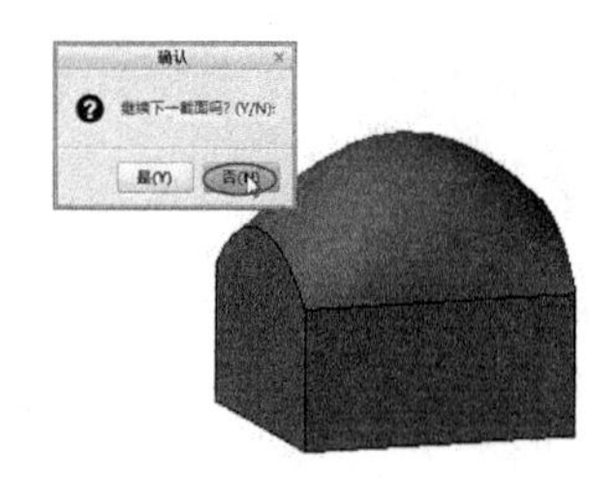

图 9-75 创建的混合剖面圆顶

9.4 耳

【耳】特征是钣金件中常用的一种特征创建命令，在建模环境中常用来设计折弯的实体特征。单击【耳】按钮，弹出【选项】菜单管理器，如图 9-76 所示。

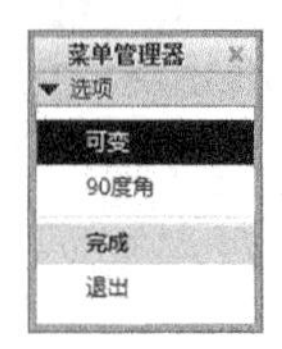

图 9-76 【选项】菜单管理器

选择【可变】命令可以创建任意角度的耳特征，选择【90 度角】命令仅创建与草绘平面呈 90° 的耳特征。如图 9-77 所示为创建耳的过程。

草绘耳截面时，请记住下列规则：

- 草绘平面必须垂直于将要连接耳的曲面。
- 耳的截面必须开放且其端点应与将要连接耳的曲面对齐。
- 连接到曲面的图元必须互相平行，且垂直于该曲面，其长度足以容纳折弯。

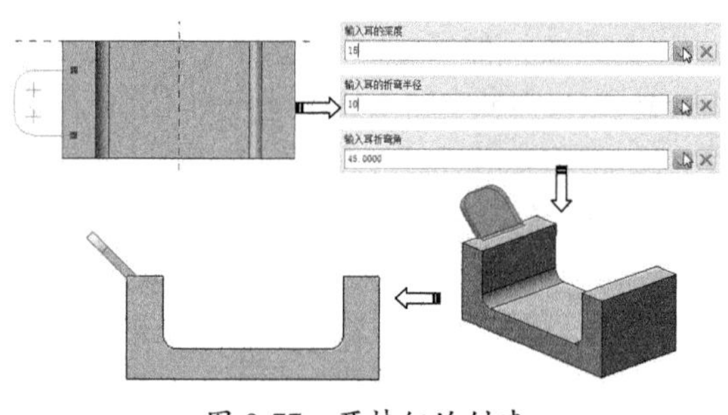

图 9-77 耳特征的创建

9.5 唇

唇特征用于塑料设计中的唇缘和凹槽。缘和凹槽用来对齐、配合和扣合两个塑料零件。唇特征不是装配体，只能在每个零件上单独创建。可以通过关系和参数在两个零件的尺寸之间设立适当的连接。

下面用案例来说明【唇】命令的应用。

动手操作——设计塑件外壳

操作步骤：

01 新建名为【塑件外壳】的零件文件，并进入到零件设计模式中。

02 利用【拉伸】命令在 TOP 基准面上绘制矩形草图，然后创建出拉伸深度为 30 的实体特征。如图 9-78 所示。

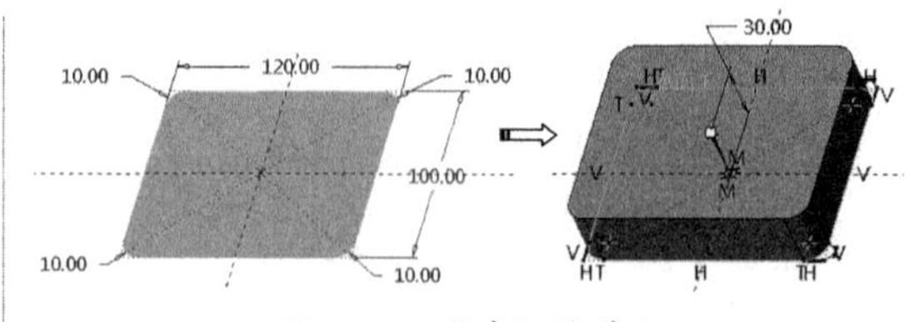

图 9-78 创建拉伸特征

03 单击【倒圆角】按钮，打开【倒圆角】操控板。选择拉伸实体底边作为要倒圆角的边，在操控板上输入圆角半径 5，单击【确定】按钮完成倒圆角，如图 9-79 所示。

图 9-79　创建圆角

04 利用【壳】命令，选择倒圆角后的实体顶平面，创建壳体特征，壳体厚度为3，如图 9-80 所示。

图 9-80　创建壳体

05 在【扭曲】组中单击【唇】按钮，弹出【边选取】菜单管理器。选择菜单中的【链】命令，然后选择壳体外边缘作为唇特征的轨迹，如图 9-81 所示。

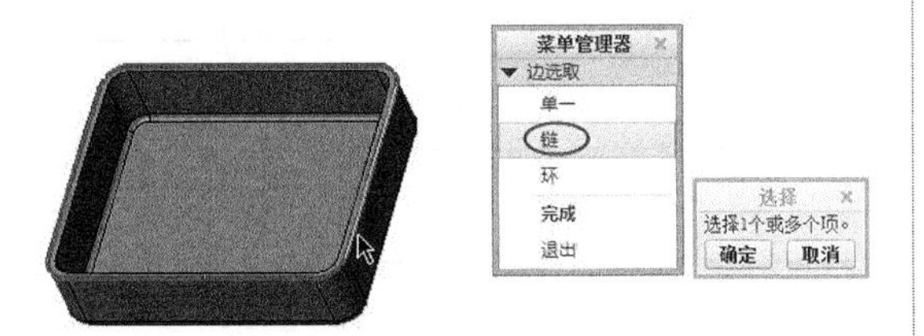

图 9-81　选择唇特征的轨迹

技术要点

注意选择的轨迹，如果是选择外部边缘，将创建凹槽的唇，若是选择内部边缘，将创建凸起的唇。如图 9-82 所示。

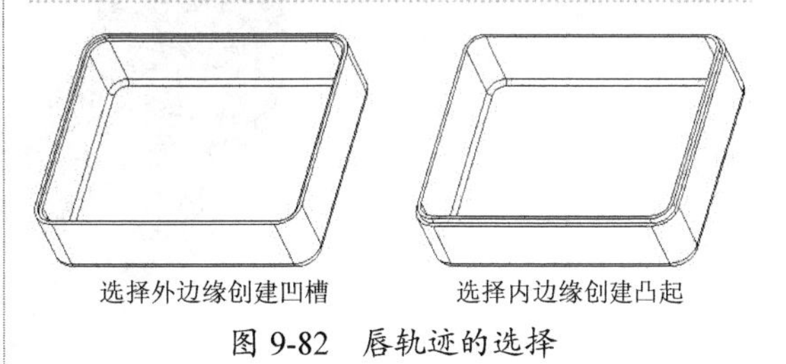

图 9-82　唇轨迹的选择

06 随后按信息提示选择匹配曲面（要被偏移的曲面），如图 9-83 所示。

07 依次在图形区顶部显示的文本框内输入偏移值（唇厚度）3、从边到拔模曲面的距离（唇的宽度）1.5，最后选择拔模参考曲面（与匹配曲面一致），如图 9-84 所示。

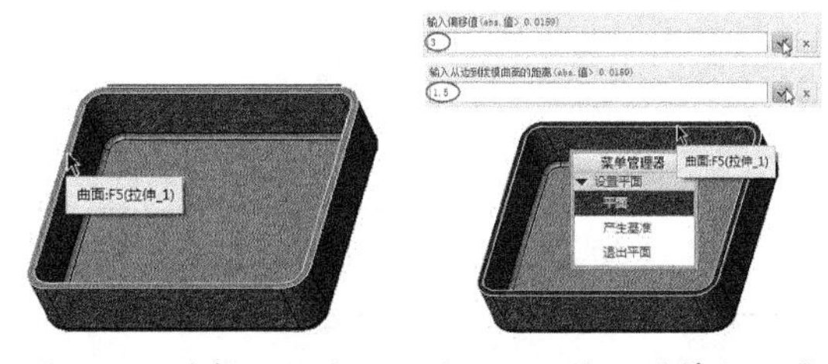

图 9-83　选择匹配曲面　图 9-84　输入唇特征尺寸

08 选择拔模参考曲面后需要在顶部显示的【输入拔模角】文本框内输入拔模角度 1，最后单击【接受值】按钮，完成唇的创建，如图 9-85 所示。

图 9-85　创建的唇

9.6　练习题

利用【拉伸】、【镜像】、【几何阵列】和【环形折弯】命令，设计如图 9-86 所示的轮胎。

图 9-86　轮胎

读书笔记

第 10 章　特征编辑指令

本章主要介绍 Creo 4.0 中提供的丰富的特征编辑方法，特征的编辑与修改基于工程特征、构造特征的模型操作与编辑命令，如阵列、镜像、偏移、加厚、修剪、合并、相交等。另外，Creo 4.0 还提供了基于模型的修改命令，您可以直接在模型上选择面进行拉伸、偏移等操作。

本章将详细讲解这些特征的编辑与修改命令。巧用这些命令能帮助用户快速建模，提高工作效率。

知识要点

- 复制指令
- 阵列指令
- 偏置指令
- 修改和重定义特征
- 删除、隐含、隐藏特征

10.1 复制指令

编辑特征中的部分命令具有复制特征的功能，包括常见的镜像、复制与粘贴、选择性粘贴等。这些工具可以帮助用户快速、高效地设计模型。

10.1.1 镜像特征

利用特征镜像工具，可以产生一个相对于对称平面对称的特征。镜像工具的镜像方法包括特征镜像和几何镜像。

在该操作之前，必须首先选中所要镜像的特征，然后在【模型】选项卡中的【编辑】组中单击【镜像】按钮。

弹出如图 10-1 所示的特征【镜像】操控板，其各选项含义如下：

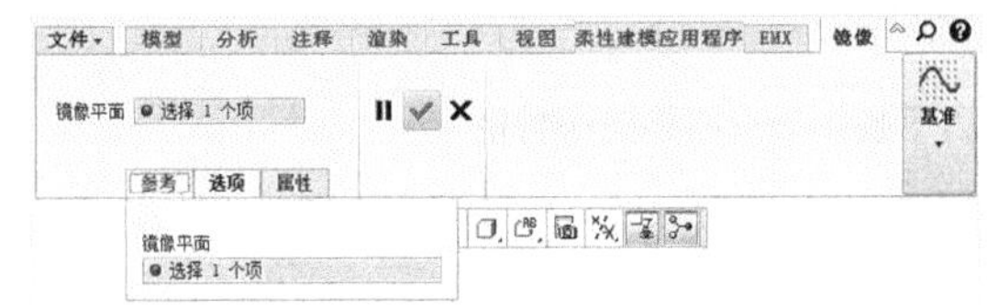

图 10-1　【镜像】操控板

- 【参考】选项板：定义镜像平面。
- 【选项】选项板：选择镜像的特征与原特征间的关系，即独立或从属关系。

技术要点

使用镜像工具不但镜像特征，还可以镜像所有特征阵列、组阵列和阵列化阵列。

1. 特征镜像

特征镜像使完全从属的镜像项仅在用户镜像特征时可用，此方法主要用于实体、曲面及基准特征的镜像。

选择的特征可以是所有包含的特征，也可以是自行选择的单个特征或特征组合。如图 10-2 所示说明了使用镜像工具从数量相对较少的几何创建复杂设计的方法。

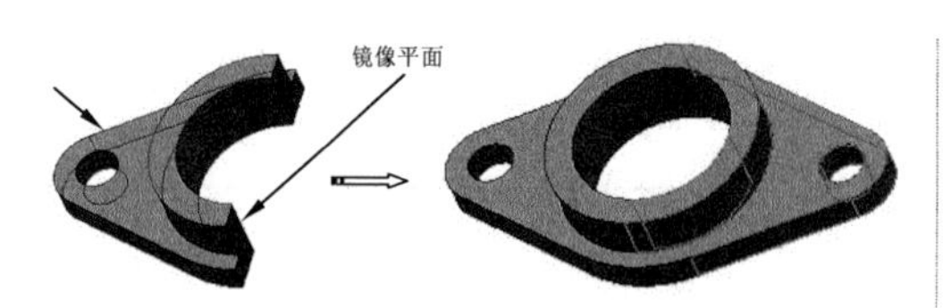

图 10-2　特征镜像

2．几何镜像

对于几何的镜像，需要在 Creo 窗口右下角的选择过滤器中选择【几何】选项，然后在窗口中任选几何进行镜像。如图 10-3 所示。

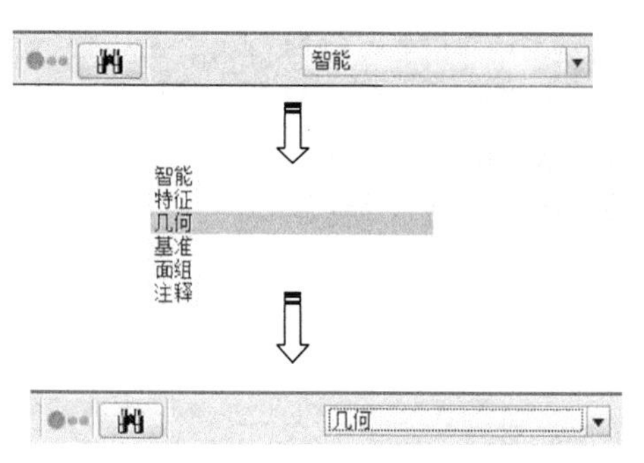

图 10-3　几何过滤

技术要点

这里所说的【几何】指的是独立几何。单个模型中的面和边不是独立的几何，所以不能镜像。

动手操作——创建镜像特征

01 打开本例源文件【ex10-1.prt】，如图 10-4 所示。

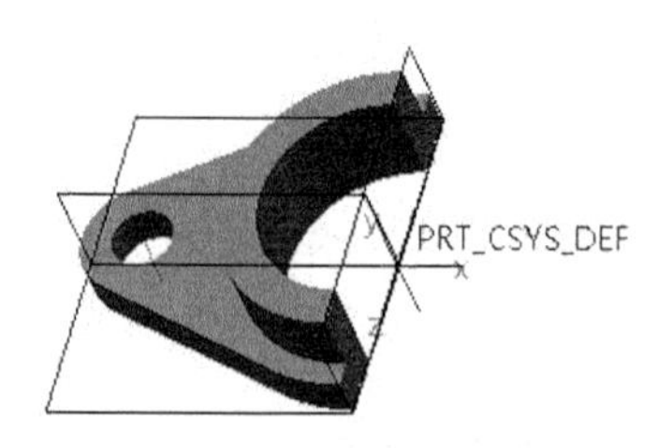

图 10-4　打开源文件

02 在模型树中按住 Ctrl 键全部选中要镜像的特征，然后在【编辑】组中单击【镜像】按钮 镜像，打开【镜像】操控板，如图 10-5 所示。

03 然后选择 RIGHT 平面作为参考平面，单击操控板中的【应用】按钮。得到如图 10-6 所示的结果。

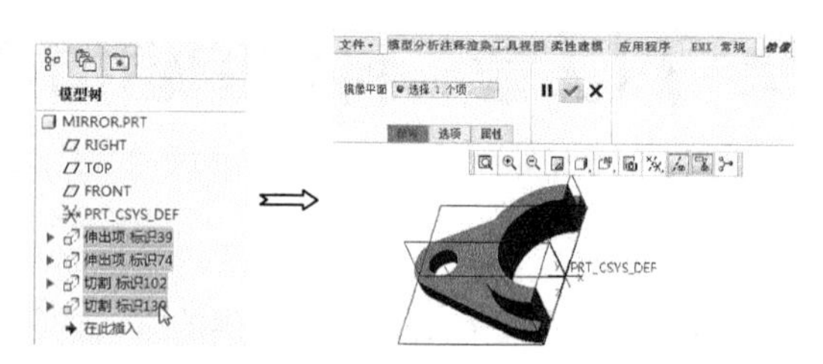

图 10-5　选择要镜像的特征并执行【镜像】命令

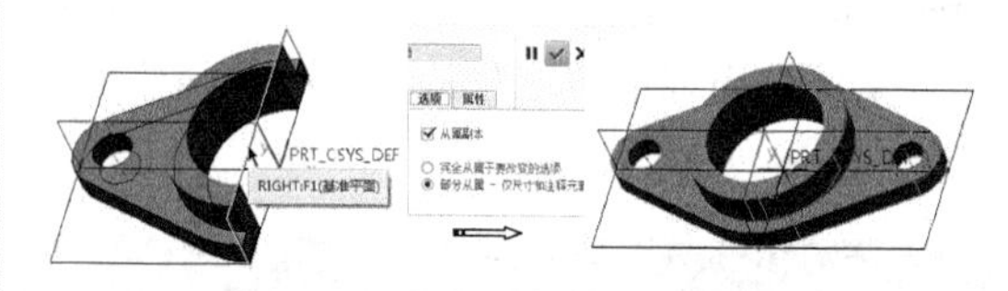

图 10-6　通过镜像得到的特征

10.1.2　复制与粘贴特征的创建

复制与粘贴命令在许多应用软件中都存在，相信大家不会陌生。在 Creo 中，常使用【复制】（Copy）、【粘贴】（Paste）和【选择性粘贴】（Paste Special）命令在同一模型内或跨模型复制并放置特征或特征集、几何、曲线和边链。

使用【复制】、【粘贴】功能，可以完成以下操作：

- 只要剪贴板上存在复制的特征、特征集或几何，就可以在每次粘贴操作后，在不复制特征或几何的情况下，创建特征、特征集或几何的许多实例。
- 在两个不同的模型之间或同一零件的两个不同版本之间复制并粘贴特征。
- 创建原始特征或特征集的独立的、部分从属的或完全从属的实例。
- 在原始特征副本的一个或所有实例中保留或更改原始特征的参考、设置和尺寸。
- 创建相关副本并改变属性和元素（例如：尺寸、草绘、注释、参考和参数）的相关性。

要使用【复制】功能，需首先选择要复制的特征，然后在【模型】选项卡的【操作】组中单击【复制】按钮与【粘贴】按钮，可打开如图 10-7 所示的【曲面：复制】操控板。

图 10-7　【曲面：复制】操控板

在操控板的【选项】选项板中，有以下 3 个选项：

- 按原样复制所有曲面：选择此单选按钮，将复制用户选择的特征，且复制的特征与原特征相同。
- 排除曲面并填充孔：选择此单选按钮，将所选曲面中的孔自动修补，如图 10-8 所示。

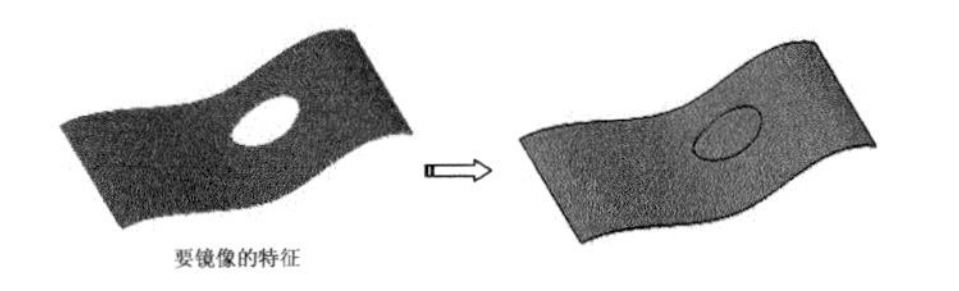

图 10-8　排除曲面并填充孔

- 复制内部边界：选择此单选按钮，将会复制用户自定义边界内部所包含的曲面，如图 10-9 所示。

当复制特征或几何时，默认情况下，会将其复制到剪贴板中，并且可连同其参考、设置和尺寸一起进行粘贴，直到将其他特征复制到剪贴板中为止。当在多个粘贴操作期间（没有特征的间断复制）更改一个实例或所有实例的参考、设置和尺寸时，剪贴板中的特征会保留其原始参考、设置和尺寸。在不同的模型中粘贴特征也不会影响剪贴板中复制特征的参考、设置和尺寸。

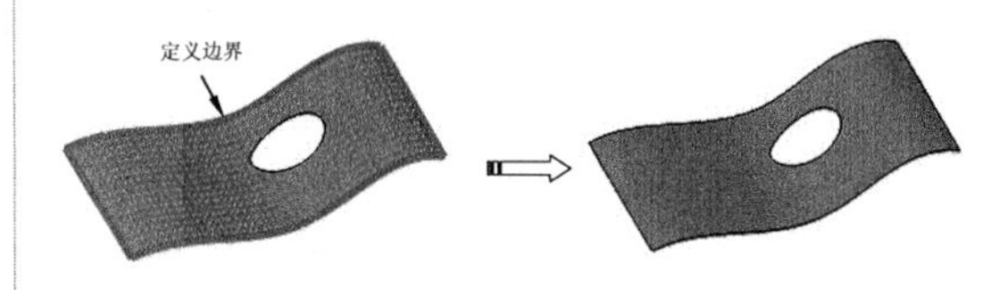

图 10-9　复制内部边界

10.2　阵列指令

特征的阵列命令用于创建一个特征的副本，阵列的副本称为“实例”。阵列可以是方向阵列也可以是轴阵列，如图 10-10 所示。在阵列时，各个实例的大小也可以递增变化。

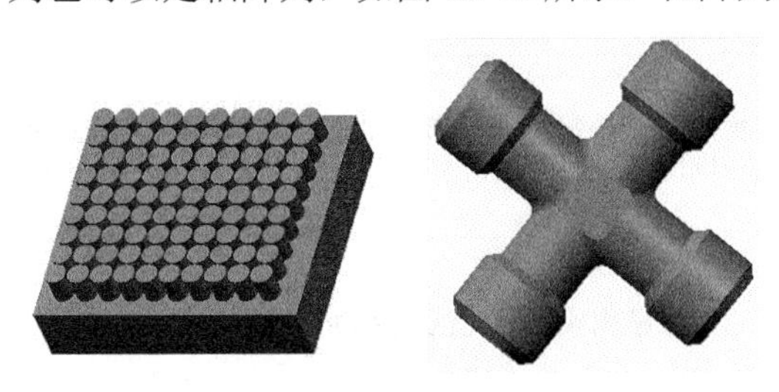

图 10-10　方向阵列和轴阵列

阵列有如下优点：

- 创建阵列是重新生成特征的快捷方式。
- 阵列是受参数控制的。因此，通过更改阵列参数，比如实例数、实例之间的间距和原始特征尺寸，可修改阵列。
- 修改阵列比分别修改特征更为有效。在阵列中更改原始特征尺寸时，整个阵列都会被更新。
- 对包含在一个阵列中的多个特征同时执行操作，比操作单独特征更为方便和高效。例如，隐含阵列或将其添加到层。

Creo 中主要有特征阵列、几何阵列和阵列表。特征阵列和几何阵列的选项操控板的功能是相同的，因此下面仅仅介绍特征阵列的操控板功能。

1. 特征阵列操控板

在【模型】选项卡中的【编辑】组上单击【阵列】按钮，弹出【阵列】操控板，如图 10-11 所示。

其中，下拉列表框用于选择阵列类型。

在操控板中单击【选项】选项卡，其中的内容随着阵列类型的不同而略有不同，但均包括【相同】、【可变】和【常规】3 个阵列再生选项。

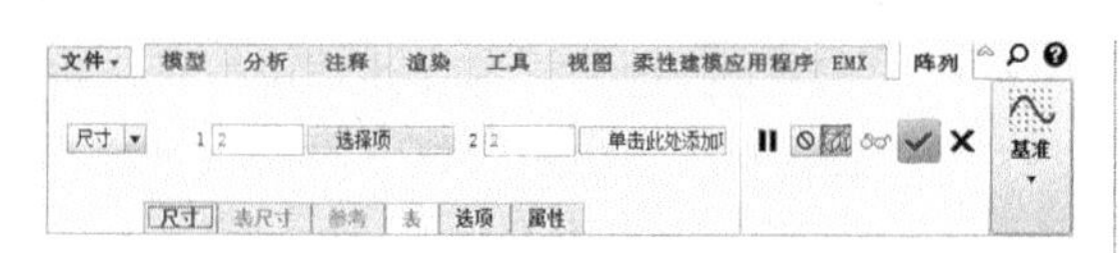

图 10-11 【阵列】操控板

相同阵列是最简单的一种类型，使用这种阵列方式建立的全部实例都有具有完全相同的尺寸，使用相同阵列系统的计算速度是 3 种类型中最快的。

技术要点

在进行相同阵列时必须位于同一个表面且此面必须是一个平面，阵列的实例不能和平面的任何一边相交，例彼此之间也不能有相交。

可变阵列的每个实例可以有不同的尺寸，每个实例可以位于不同的曲面上，可以和曲面的边线相交，但实例彼此之间不能交截。可变阵列系统先分别计算每个单独的实例，最后统一再生，所以它的运算速度比相同阵列慢。

常规阵列和可变阵列大体相同，最大的区别在于阵列的实例可以互相交截，且交截的地方系统自动实行交截处理以使交截处不可见，这种方式的再生速度最慢，但是最可靠，Creo 系统默认采用这种方式。

2. 阵列类型

特征阵列主要包括如表 10-1 所示的类型。

表 10-1 阵列类型

阵列类型	图解	文字说明
尺寸阵列		通过使用驱动尺寸并指定阵列的增量变化来创建阵列
方向阵列		通过指定方向并使用拖动控制滑块设置阵列增长方向和增量创建阵列
轴阵列		通过使用拖动控制滑块设置阵列的角增量和径向增量来创建径向阵列，也可将阵列拖动成为螺旋形
填充阵列		根据选定栅格用实例填充区域来创建阵列
表阵列		通过使用阵列表并为每一阵列实例指定尺寸值来创建阵列
参考阵列		通过参考另一阵列来创建阵列
曲线阵列		沿草绘的曲线或基准曲线创建特征实例
点阵列		通过将阵列成员放置在点或坐标系上来创建一个阵列

10.2.1 尺寸阵列

尺寸阵列是通过使用驱动尺寸并指定阵列的增量变化来创建阵列的。尺寸阵列可以是单向阵列（如孔的线性阵列），也可以是双向阵列（如孔的矩形阵列）。换句话说，双向阵列将实例放置在行和列中。

当选择要创建阵列的对象时，Creo会自动生成对象的驱动尺寸，这些尺寸包括自身的建模尺寸，也包括定位尺寸。定位尺寸始终以基准平面作为参考，如图10-12所示。

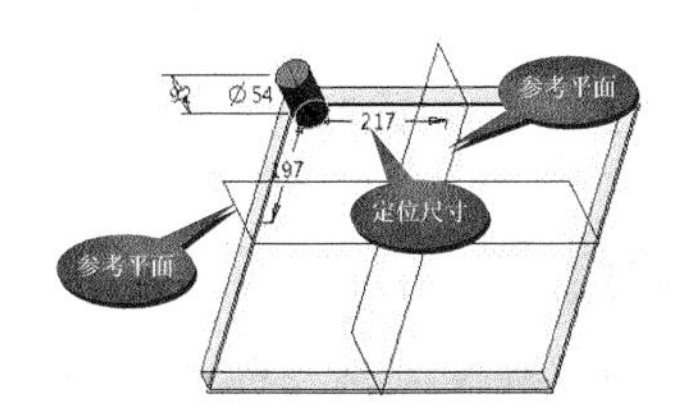

图10-12 定位尺寸的参考

若只创建一行阵列，仅在操控板的【第一方向的阵列尺寸】收集器中添加一个定位尺寸即可，此时被选中的定位尺寸处于可编辑状态，编辑这个尺寸，阵列成员之间的间距也就确定下来了，如图10-13所示。如果要编辑阵列尺寸，可以通过【尺寸】选项板中的【增量】下拉列表进行更改，如图10-14所示。

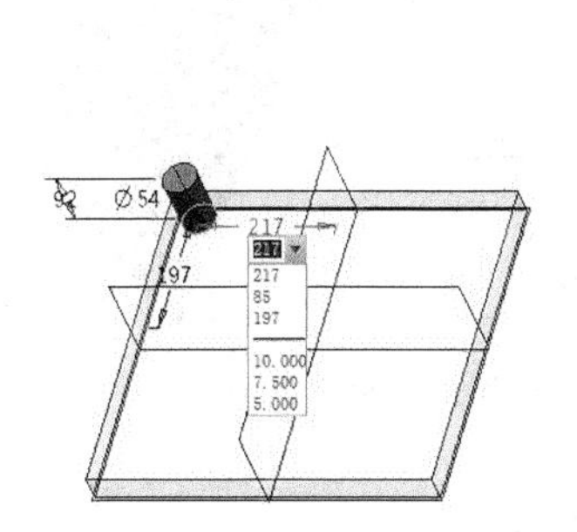

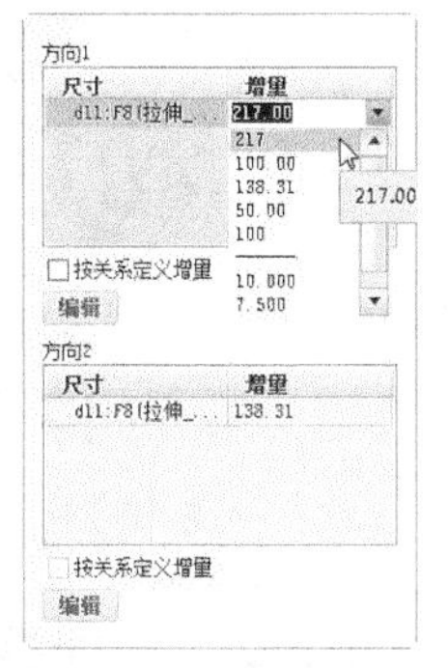

图10-13 添加第一方向尺寸　图10-14 编辑尺寸

技术要点

在定位尺寸中编辑阵列尺寸后，该阵列尺寸只能显示在【尺寸】选项板中。而定位尺寸虽然可以编辑，但最终显示的还是定位尺寸。

动手操作——创建尺寸阵列

在本次任务中，将设计一螺旋状楼梯，如图10-15所示。主要方法是利用阵列工具中的轴阵列方法。然后通过修改径向尺寸和轴尺寸即可创建螺旋阵列特征。

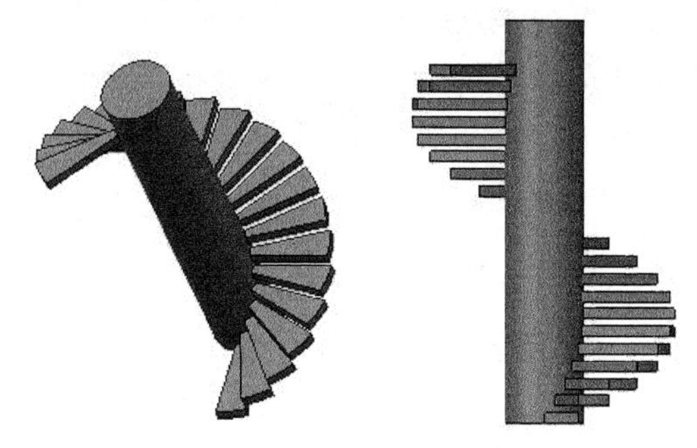

图10-15 螺旋状楼梯

操作步骤：

01 按Ctrl+N组合键弹出【新建】对话框。新建名为【尺寸阵列】的零件文件，并用公制模板进入建模环境。

02 首先使用【拉伸】命令，在TOP基准平面上绘制拉伸截面，并创建出拉伸深度为3000的楼梯中心立柱，如图10-16所示。

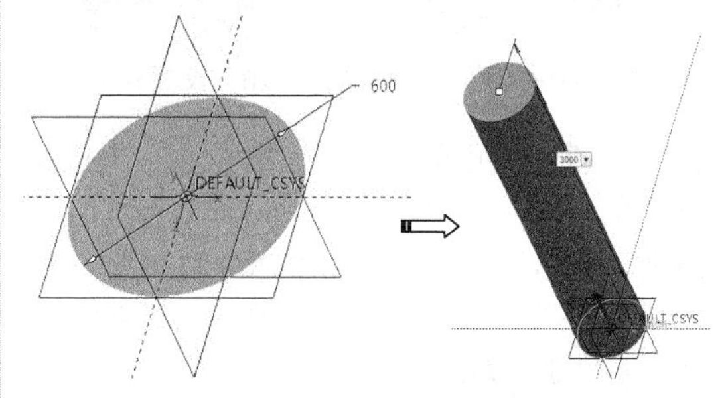

图10-16 创建立柱拉伸特征

03 再次利用拉伸工具，创建如图10-17所示的梯步特征。

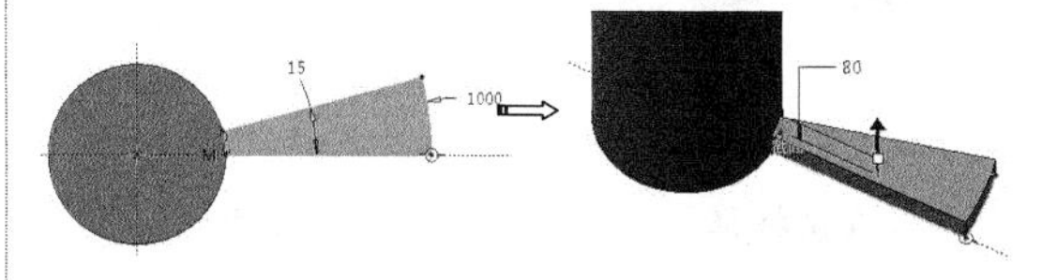

图10-17 创建梯步特征

04 选中梯步特征，单击【复制】按钮，再选择【选择性粘贴】命令，弹出【选择性粘贴】

对话框。选中【对副本应用移动/旋转变换】复选框，并单击【确定】按钮，如图10-18所示。

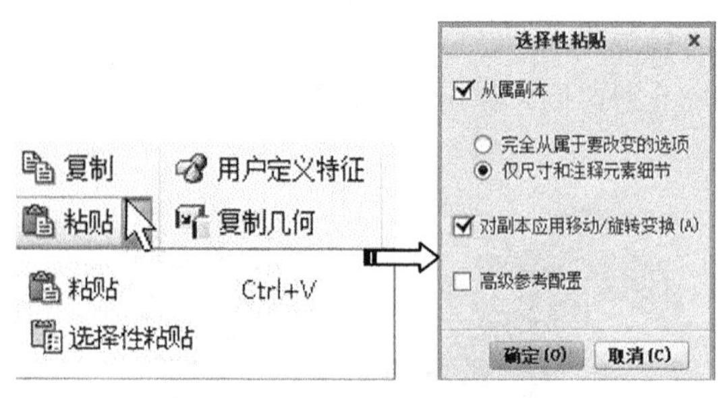

图 10-18　复制梯步特征

05 随后打开【移动（复制）】操控板。首先利用旋转复制，以轴为参考，设置旋转角度为15°，如图10-19所示。

06 添加新移动，利用【移动】复制，选择参考平面后，输入移动距离值130，如图10-20所示。

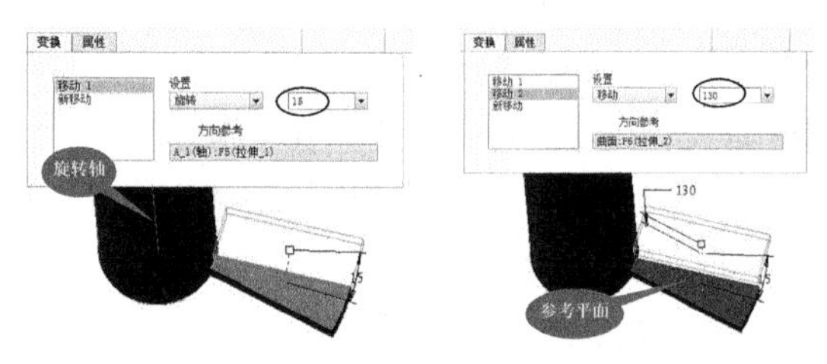

图 10-19　设置旋转　图 10-20　设置移动

07 单击操控板中的【应用】按钮，完成梯步的旋转复制，如图10-21所示。

08 选中梯步特征，然后单击【阵列】按钮，打开【阵列】操控板。从图中可以看到自动显示的尺寸，如图10-22所示。

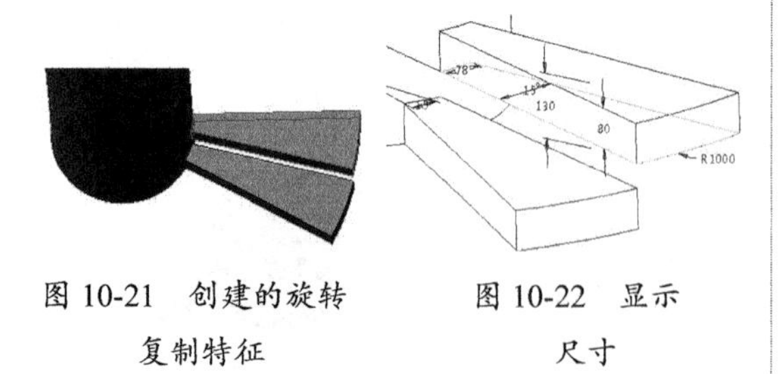

图 10-21　创建的旋转复制特征　　图 10-22　显示尺寸

09 下面要为螺旋阵列选择参考尺寸。参考尺寸不能选择梯步内部的形状尺寸，只能选择第二个梯步与第一个梯步的定位参考尺寸，即选择性粘贴时的参考尺寸。在【尺寸】选项板中激活【方向1】的收集器，然后按住Ctrl键选择如图10-23所示的参考尺寸（角度尺寸为15°，高度尺寸为130）。

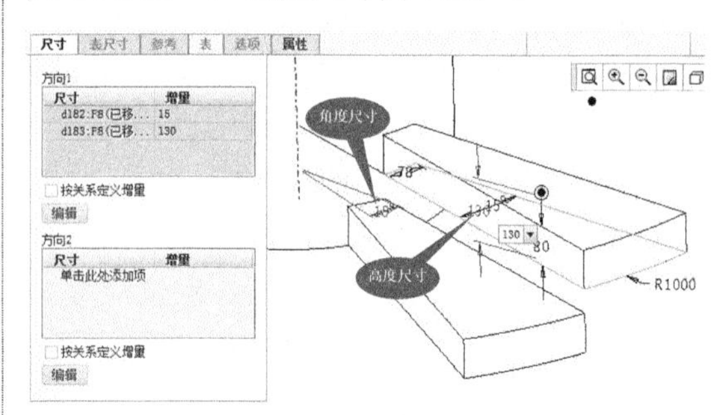

图 10-23　选择两个参考尺寸

技术要点

如果选择梯步内部特征尺寸，可能创建出错误的阵列特征，或者不能创建特征。

10 输入第一方向成员数目20，按Enter键可以预览，最后单击【应用】按钮，完成整个楼梯梯步的螺旋阵列复制，结果如图10-24所示。

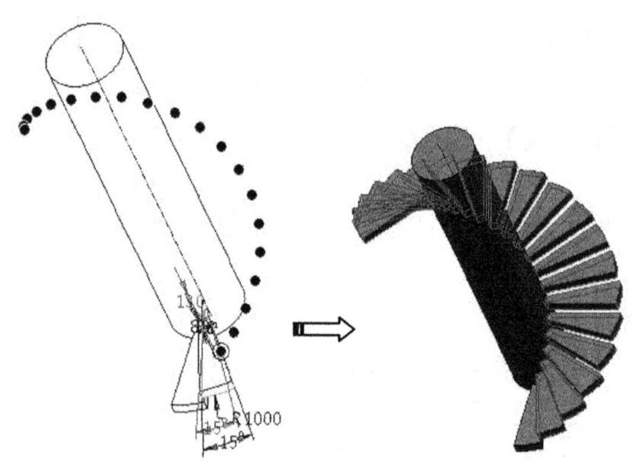

图 10-24　完成螺旋楼梯的阵列

10.2.2 方向阵列

【方向阵列】是通过指定阵列方向的参考来确定阵列的方向与间距。这个方法与尺寸方法是类似的，只是阵列方向的参考由自动选择的基准平面变成手动选择的模型边、基准平面、基准曲线及基准轴，如图10-25所示。

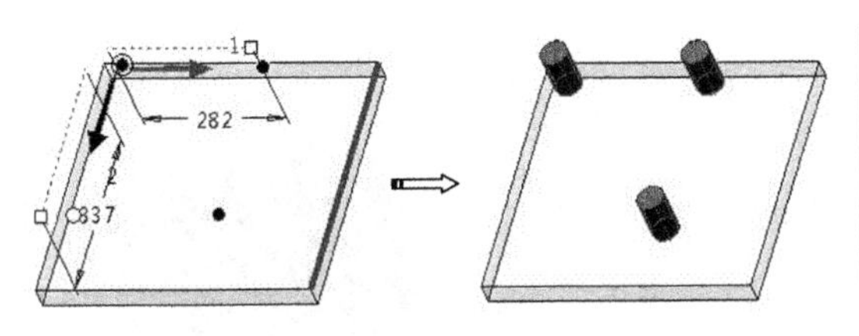

图 10-25　方向阵列

动手操作——方向阵列

01 从本例素材文件中打开源文件【ex10-3.prt】。

02 在【分析】选项卡的【测量】组中单击【测量】按钮，按住 Ctrl 键分别选中 TOP 基准面和孔的象限点。如图 10-26 所示。

图 10-26　测量定位尺寸 1

03 使用同样的方法按住 Ctrl 键分别选中 RIGHT 基准面和圆的边界点，如图 10-27 所示。

图 10-27　测量定位尺寸 2

技术要点

以上测量尺寸用于阵列偏移。

04 在模型树中选择【孔 1】，在【模型】选项卡的【编辑】组中单击【阵列】按钮，弹出阵列对话框，选中如图所示的参考边并输入偏移量。

05 单击【确定】按钮，完成阵列，如图 10-28 所示。

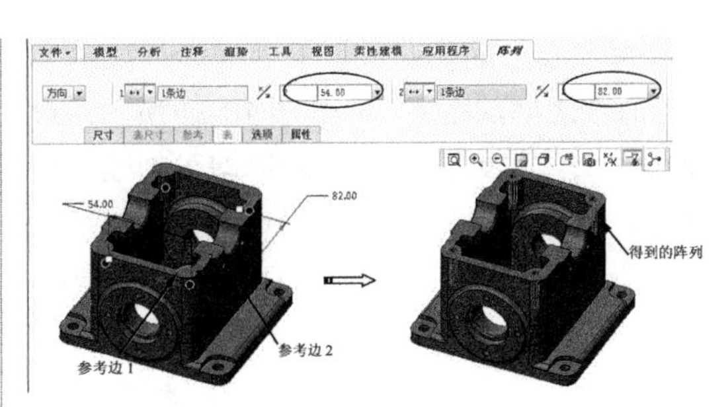

图 10-28　得到的阵列效果图

10.2.3　轴阵列

【轴阵列】是通过选择轴来创建旋转特征的阵列方法。此方法允许用户设置角度和径向来创建阵列成员。

轴可以是坐标系的轴，也可以是基准轴。有两种方法可将阵列成员放置在角度方向：

- 指定成员数（包括第一个成员）及成员之间的距离（增量）。
- 指定角度范围及成员数（包括第一个成员）。角度范围是–360°～+360°。阵列成员在指定的角度范围内等间距分布。

如图 10-29 所示，选择轴作为第一方向，输入成员数后将创建旋转特征。

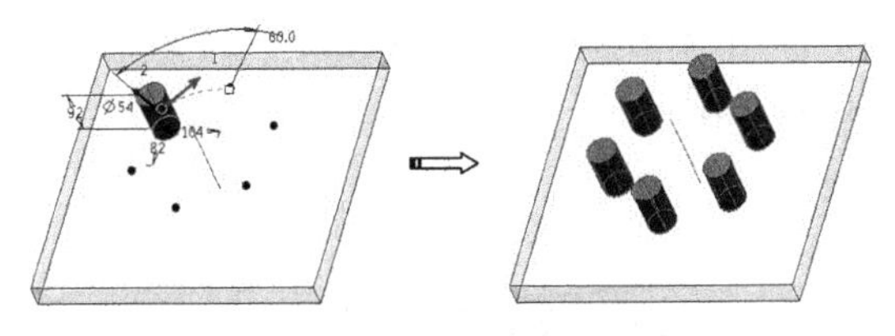

图 10-29　选择旋转轴创建旋转阵列特征

在【输入第 2 方向阵列成员数】文本框中输入数值后，可以创建如图 10-30 所示的径向阵列。

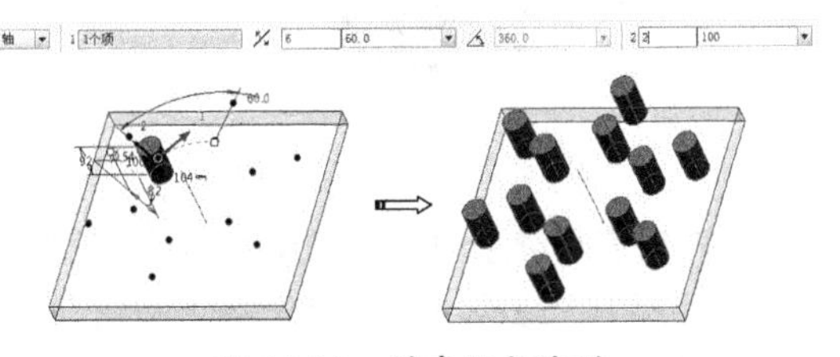

图 10-30　创建径向阵列

如果要创建螺旋阵列，请使用轴阵列并

更改每个成员的径向放置尺寸（阵列成员和中心轴线之间的距离）。如图10-31所示，选择尺寸82，编辑值（输入20）即可创建螺旋阵列。

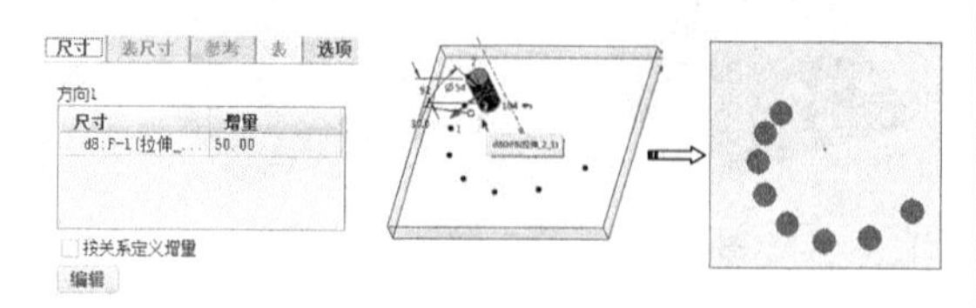

图 10-31　创建螺旋阵列

在操控板的【选项】选项板中选中【绕轴旋转】复选框，阵列成员将绕轴旋转，结果如图10-32所示。若取消选中，则朝同一方向阵列，如图10-33所示。

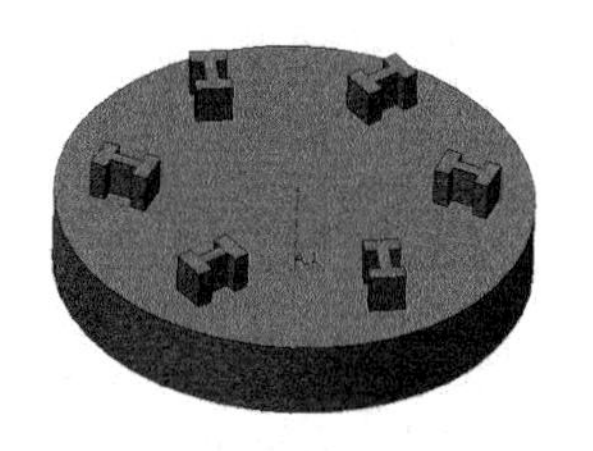

图 10-32　绕轴旋转　图 10-33　不绕轴旋转

动手操作——创建轴阵列

01 打开本例源文件【ex10-4.prt】，如图10-34所示。

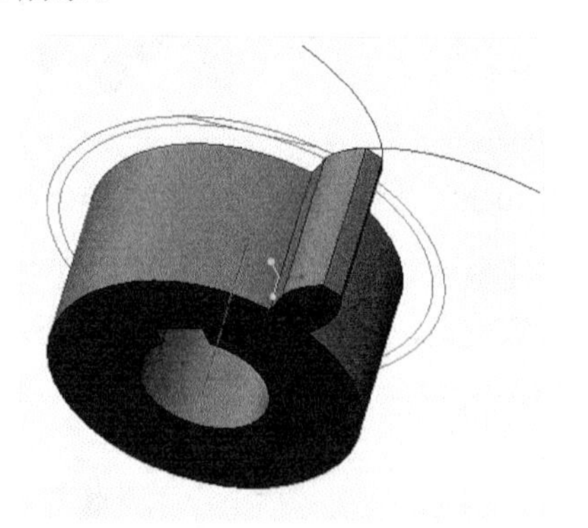

图 10-34　打开源文件

02 在阵列表中选择【拉伸1】，在【模型】选项卡的【编辑】组中单击【阵列】按钮，弹出操控板。如图10-35所示。

03 单击【确定】按钮。

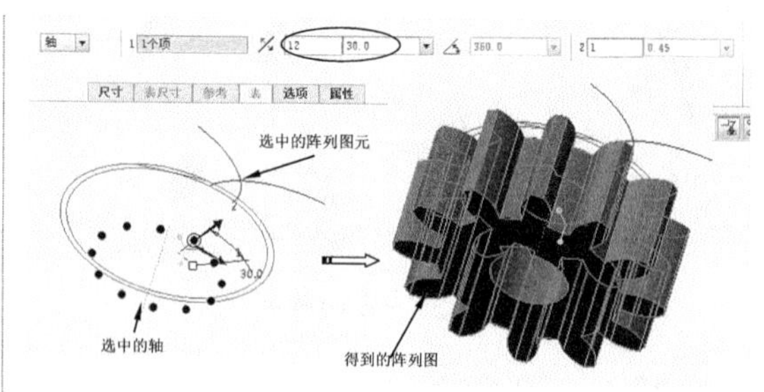

图 10-35　设置阵列参数

10.2.4　填充阵列

填充阵列是在草绘的区域内创建阵列特征。区域形状可以是三角形、圆形、矩形或多边形。绘制区域后，有以下阵列方式帮助用户完成填充阵列：

- 方形阵列：阵列成员之间呈方形分布。如图10-36所示。
- 菱形阵列：阵列成员之间呈六边形分布。如图10-37所示。

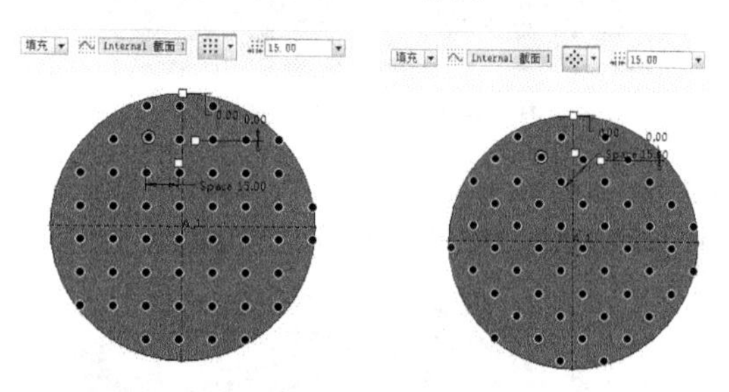

图 10-36　方形阵列　图 10-37　菱形阵列

- 六边形阵列：阵列成员之间呈六边形分布。如图10-38所示。
- 同心圆阵列：阵列成员之间以同心阵列形式分布。如图10-39所示。

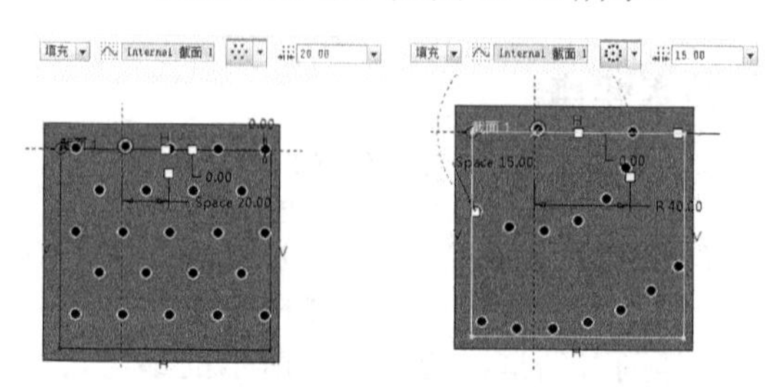

图 10-38　六边形阵列　图 10-39　同心圆阵列

- 螺旋线阵列：以螺旋的形式隔离个成员，如图10-40所示。

- 沿草绘曲线阵列：沿草绘的区域边进行阵列，如图 10-41 所示。

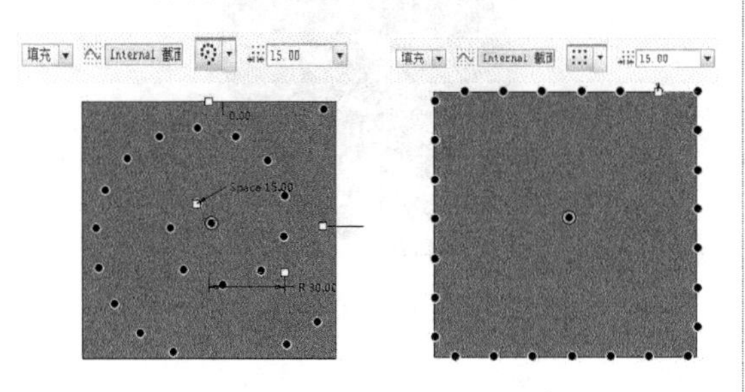

图 10-40　螺旋线阵列　图 10-41　沿草绘曲线阵列

动手操作——创建填充阵列

01 从素材文件中打开源文件【ex10-5.prt】，如图 10-42 所示。

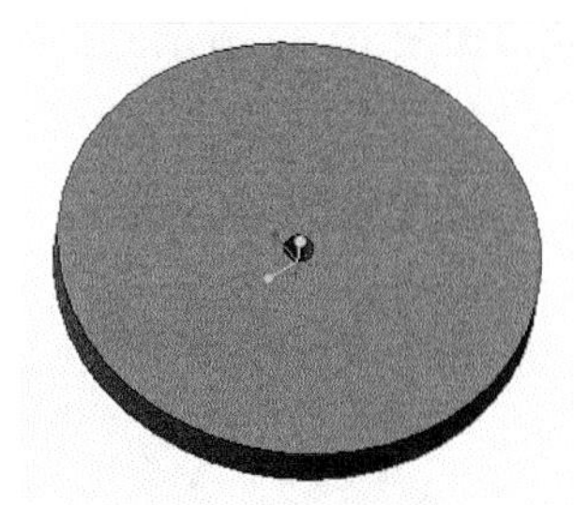

图 10-42　打开源文件

02 在模型树中选中【孔 1】，在【模型】选项卡的【编辑】组中单击【阵列】按钮，弹出操控板，选择填充阵列，如图 10-43 所示。

图 10-43　弹出的阵列操控板

03 单击【参考】选项板，单击【定义】按钮绘制填充区域，如图 10-44 所示。

图 10-44　绘制的填充区域

04 单击【确定】按钮，在阵列操控板中选择填充图形并输入参数。如图 10-45 所示。

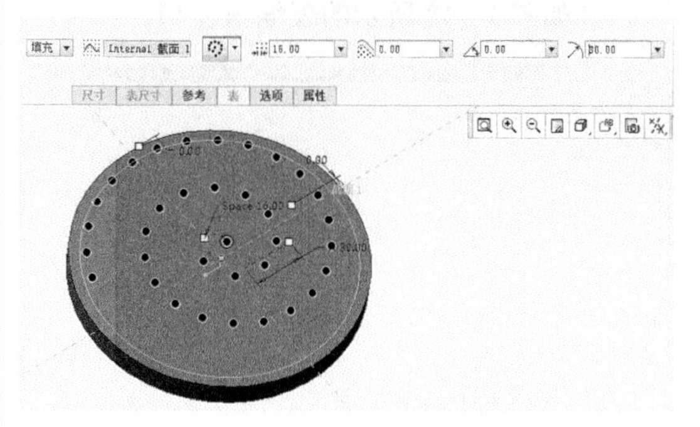

图 10-45　设置阵列参数

05 单击【确定】按钮，得到阵列效果图，如图 10-46 所示。

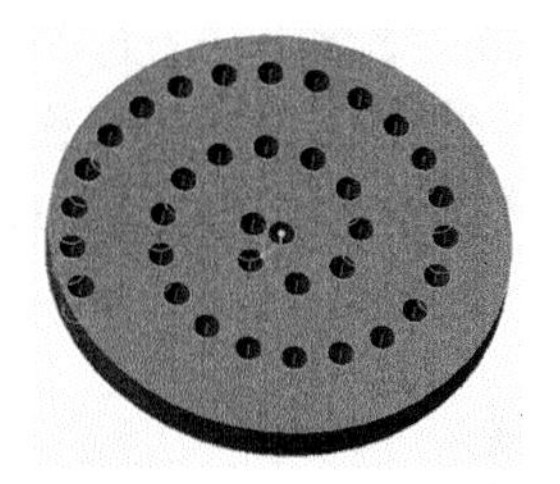

图 10-46　得到的效果图

10.2.5　表阵列

【表阵列】是通过一个可编辑表，为阵列的每个实例指定唯一尺寸的方法。在创建阵列之后，可随时修改阵列表。

技术要点

阵列表不是族表。阵列表只能驱动阵列尺寸，如果不取消阵列，阵列实例就无法独立。

要创建表阵列就要按住 Ctrl 键选择可用于定位的尺寸，然后将其添加到【表尺寸】选项板的收集器中，如图 10-47 所示。

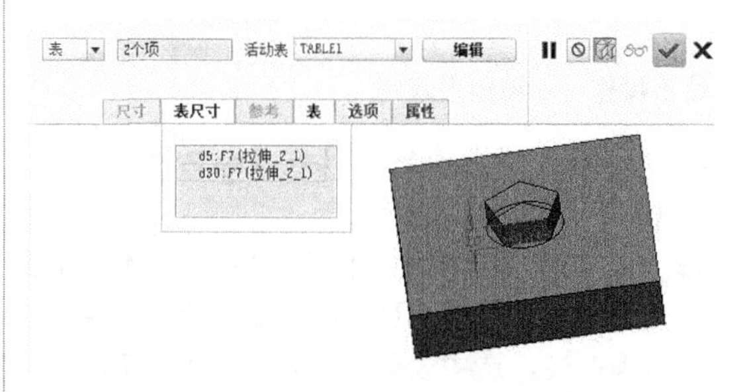

图 10-47　添加定位的表尺寸

在【阵列】操控板中单击【编辑】按钮，可打开如图10-48所示的表编辑窗口。

图10-48 打开的表编辑窗口

窗口中idx（距离）一行即是前面选取的4个表尺寸，在对应的表尺寸下面选中单元格并右击可输入新值，创建出如图10-49所示的阵列表。

技术要点

表中的12、13、14表示每个成员的名称，在输入值时，一定要按照事先计算好的数值，否则不能达到阵列要求。相同的值（与所选尺寸）仅输入【*】。

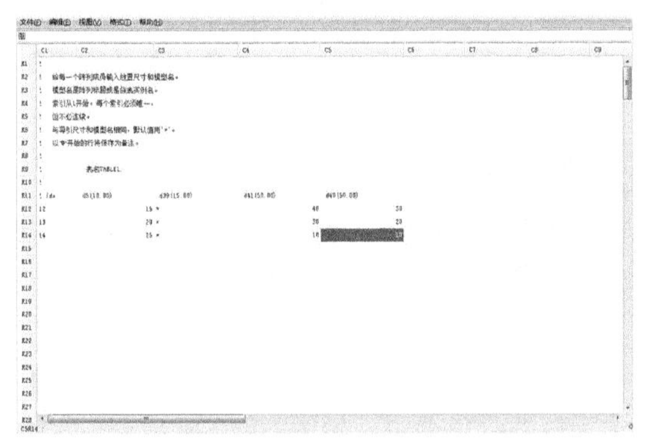

图10-49 编辑表

动手操作——创建表阵列

01 从素材中打开本例源文件【ex10-6.prt】如图10-50所示。

02 在模型树中选中【孔标识98】，在【模型】选项卡的【编辑】组中单击【阵列】按钮，弹出操控板，选中表阵列，如图10-51所示。

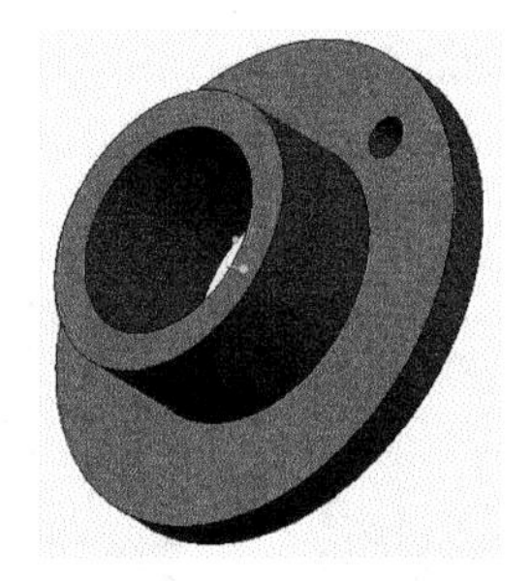

图10-50 打开的操控板

图10-51 弹出的阵列操控板

03 单击【表尺寸】选项板，按住Ctrl键，选择定位尺寸，如图10-52所示。

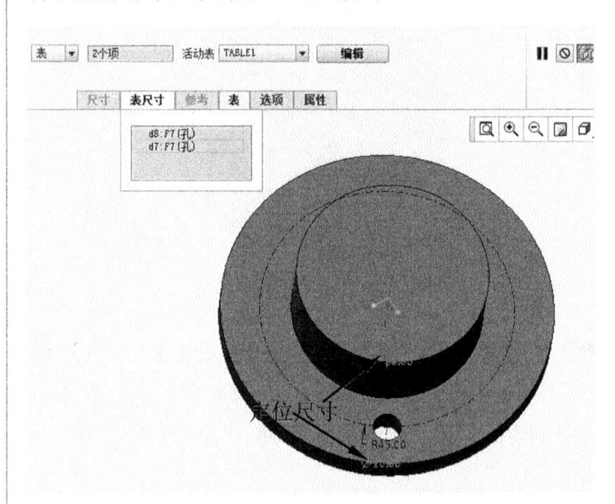

图10-52 【表尺寸】选项卡

04 单击【编辑】按钮，弹出编辑窗口，创建如图10-53所示的阵列表并关闭窗口。

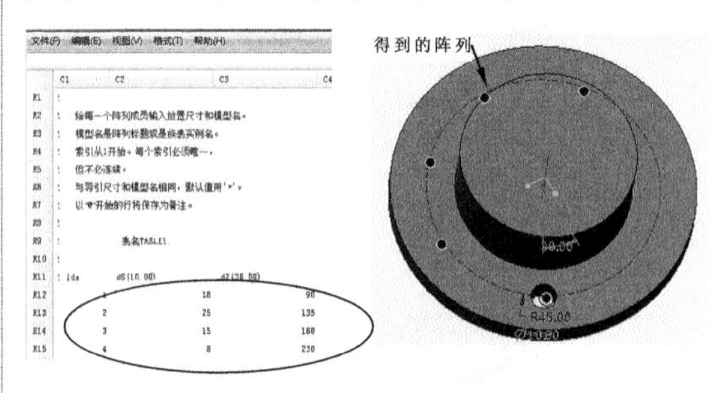

图10-53 弹出编辑窗口

05 单击【确定】按钮得到最后的阵列效果图，如图10-54所示。

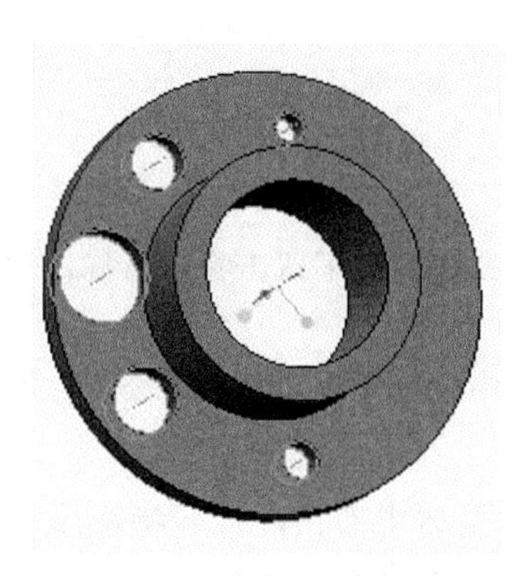

图 10-54　得到的阵列效果图

10.2.6　参考

【参考】阵列是将特征阵列到其他相同的阵列成员上，如图 10-55 所示为创建参考阵列的操作过程。当创建了阵列以后，所有阵列特征将不能再创建阵列了，因此，当选择了倒角特征后，打开【阵列】操控板时，Creo 自动选择阵列方法为【参考】。

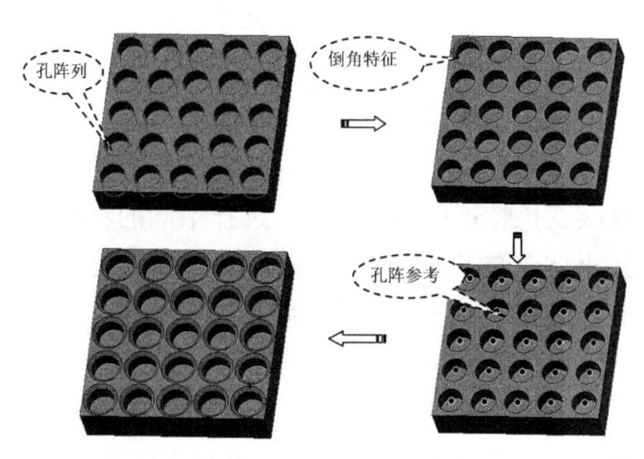

图 10-55　创建参考阵列

10.2.7　曲线阵列

【曲线】阵列是沿草绘的曲线或基准曲线创建特征实例。如图 10-56 所示，选择阵列方法为【曲线】后，需要为阵列创建参考曲线，当然也可以选择现有的基准曲线或边。

草绘曲线后，在操控板中可以为曲线阵列输入成员个数和成员之间的间距。要输入值，必须单击【输入间距】按钮和【输入阵列成员数目】按钮。如图 10-57 所示，输入值后即可创建曲线阵列。

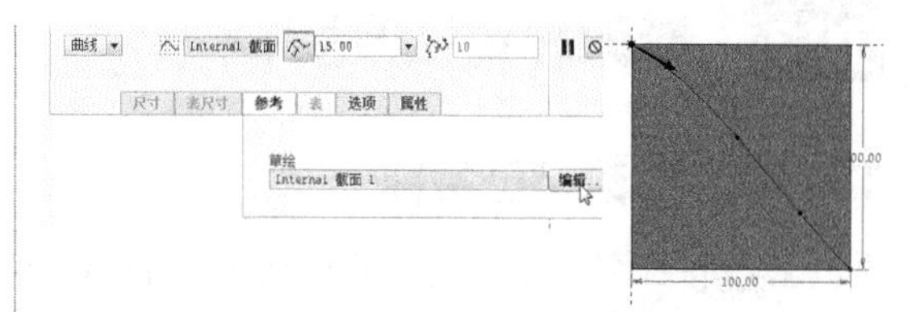

图 10-56　为曲线阵列草绘曲线

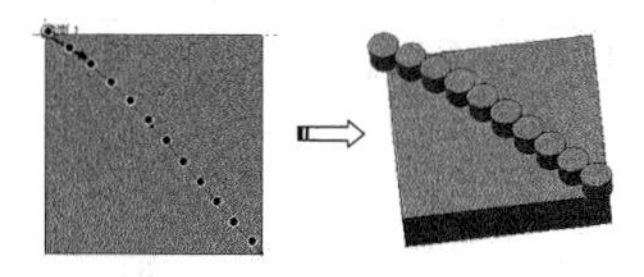

图 10-57　创建曲线阵列

10.2.8　点阵列

【点阵列】是通过草绘基准点或选择现有基准点来创建特征的阵列。如图 10-58 所示，草绘截面中允许创建点和曲线，点用来确定阵列成员的位置，曲线用来控制成员的阵列方向。

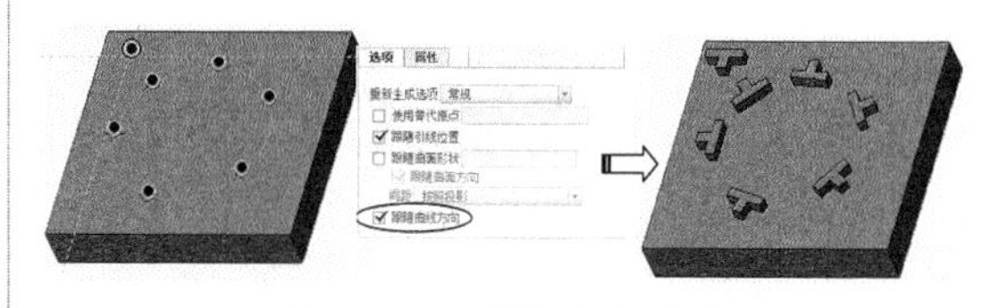

图 10-58　草绘点和曲线

图 10-58 是在【选项】选项板中选中了【跟随曲线方向】复选框的结果。若取消选中，则将得到如图 10-59 所示的结果。

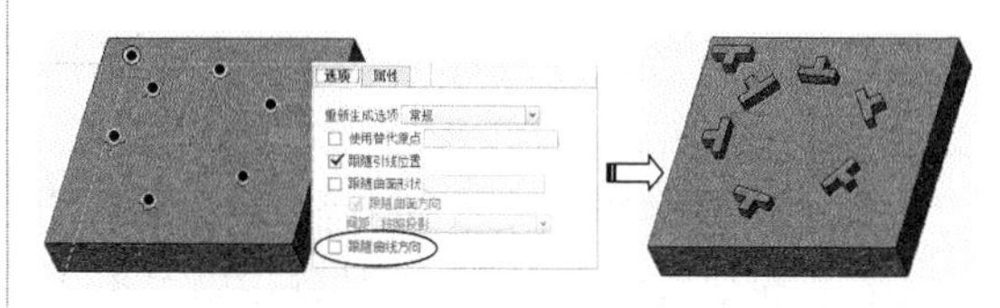

图 10-59　不跟随曲线方向阵列

如果仅绘制基准点，无草绘曲线，则得到图 10-60 所示的结果。

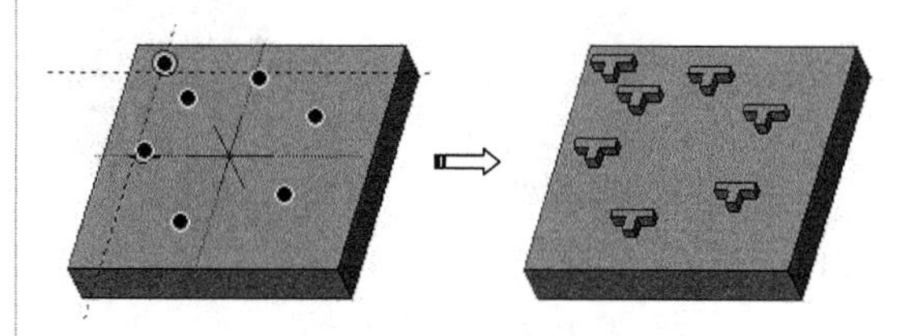

图 10-60　无草绘曲线的点阵列

10.3 修改和重定义特征

10.3.1 修改特征名称

修改特征名称主要用于修改所创建的模型的某一步。在模型树下双击特征名称，然后在弹出的小文本框中输入新名称。

在模型树中选择特征，然后右击，在弹出的快捷菜单中选择【重命名】命令，并输入新名称。如图 10-61 所示。

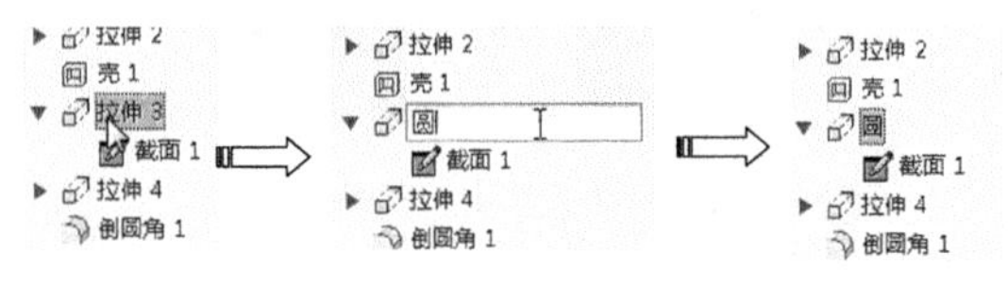

图 10-61 修改特征名称

10.3.2 修改特征属性为只读

单击【操作】组下的【只读】按钮，弹出如图 10-62 所示的【只读特征】菜单管理器。该菜单可以实现对模型的只读操作。

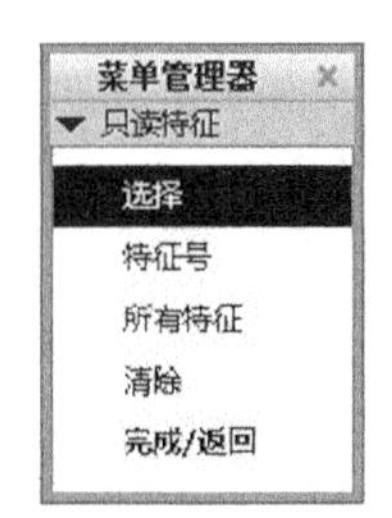

图 10-62 【只读特征】菜单管理器

10.3.3 修改特征尺寸

在需要修改尺寸的特征上双击，系统将显示该特征所有尺寸。

选取模型中需要修改的特征，待特征显示为红色轮廓线时右击，打开特征编辑菜单，选择【编辑】命令，系统将显示该特征所有尺寸。如图 10-63 所示。

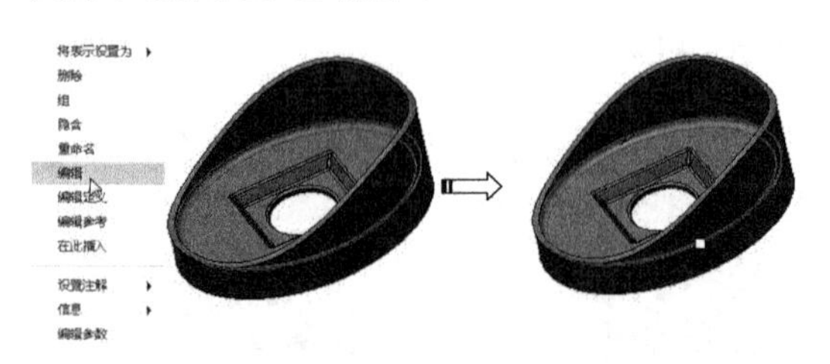

图 10-63 编辑尺寸

在模型树中右击，打开特征编辑菜单，选择【编辑】命令，系统将显示该特征所有尺寸。 如图 10-64 所示。

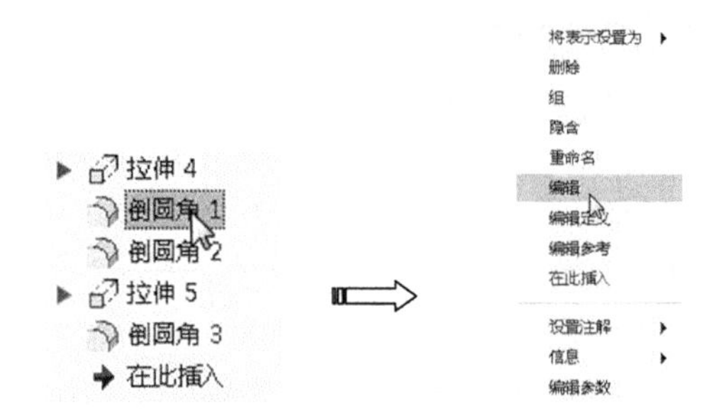

图 10-64 编辑尺寸

10.3.4 重定义特征

Creo 4.0 中允许用户重新定义已有特征，以改变该特征的创建过程。选择不同的特征，其重定义的内容也不同。例如，对使用一个截面拉伸或旋转而成的特征，用户可以重新定义该截面或者是重定义该特征的参考。

在模型树中或模型中选择要重新定义的特征，右击，弹出快捷菜单，选择【编辑定义】命令来重新定义特征。如图 10-65 所示。

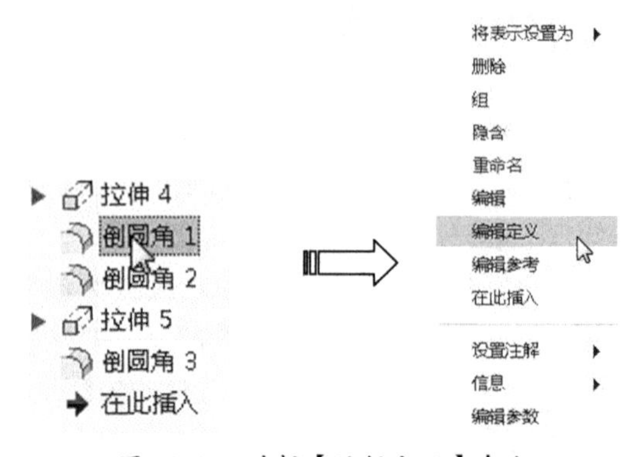

图 10-65 选择【编辑定义】命令

10.4 其他特征编辑指令

除了上述介绍的编辑指令，还包括不常用的其他编辑指令，如特征删除、隐含和隐藏、特征的重新排序和参考。

10.4.1 特征的删除

在如图 10-66 所示的快捷菜单中，选择【删除】命令，可删除所选的特征。如果要删除的特征中包含有子特征，系统将弹出如图 10-67 所示的【删除】对话框，同时在模型树上加亮显示该特征的所有子特征。单击对话框中【确定】钮，则删除该拉伸特征及其所有子特征。

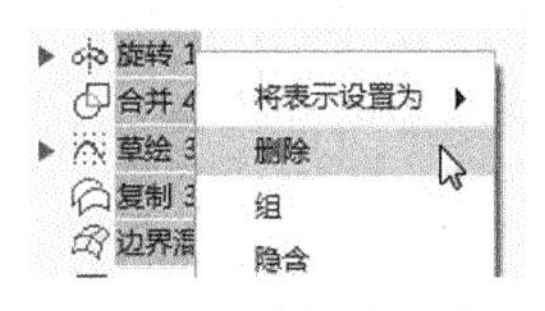

图 10-66　选择要删除的子特征

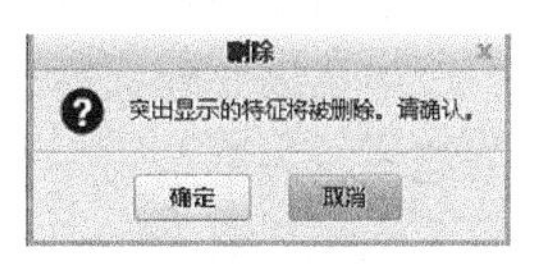

图 10-67　【删除】对话框

10.4.2 隐含和隐藏

Creo 允许用户对产生的特征进行隐含或删除。隐含的特征可通过【恢复】命令进行恢复，而删除的特征将不可恢复。

隐含特征就是将特征从模型中暂时隐藏，但仍然包含在模型中。如果要隐含的特征包含有子特征，子特征也会一同被隐含。

一般情况下，特征被隐含后，模型树中将不再显示该特征。若是希望显示被隐含的特征对象，可以在模型树中选择【设置】|【树过滤器】命令，打开【模型树项】对话框，如图 10-68 所示。

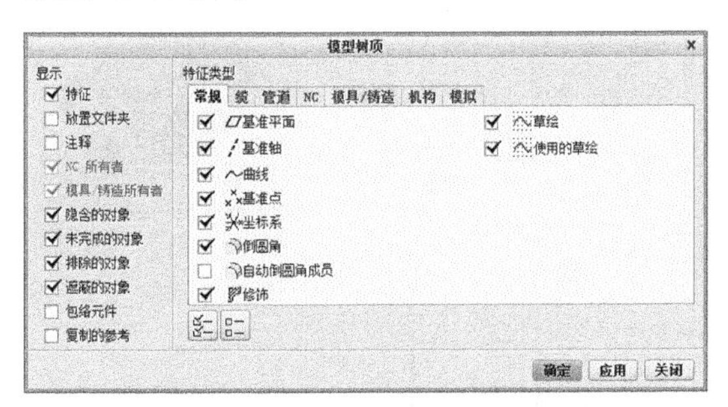

图 10-68　【模型树项】对话框

选中该对话框的【隐含的对象】复选框，即可显示被隐含的特征，注意被隐含的特征各附有一个填黑的小正方形标记，如图 10-69 所示。

如果想要恢重被隐含的特征，可在模型树中右击隐含特征名，再在弹出的快捷菜单中选择【恢复】命令即可，如图 10-70 所示。

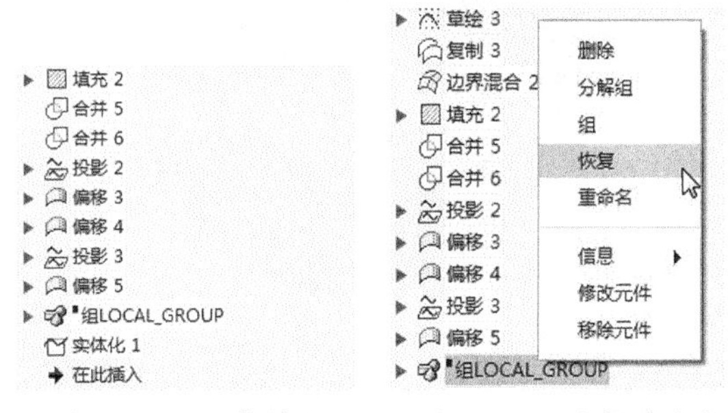

图 10-69　隐含特征的标记　　图 10-70　恢复被隐含的特征

10.4.3 特征的重新排序和参考

特征顺序是指特征在模型树中的顺序，重新排列特征的生成顺序可以增加设计的灵活性。在特征排序时需要注意的是特征的父子关系，父特征不能移到子特征之后，同样子特征也不能移到父特征之前。如图 10-71 所示。

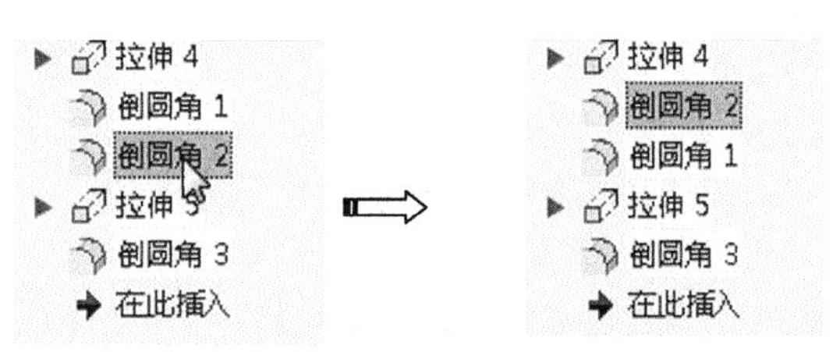

图 10-71　特征排序

10.5 综合实训——电风扇底座设计

◎ **结果文件：实例 \ 结果文件 \Ch10\ 电风扇底座 .prt**

◎ **视频文件：视频 \Ch10\ 电风扇底座设计 .avi**

下面介绍设计家用电风扇底座模型的步骤，其完成后效果如图 10-72 所示。

电风扇底座模型主要由基座、支柱，以及旋钮、文字等修饰特征组成，其中基座、支柱部分建模较为复杂。

底座设计综合运用了混合、截面圆顶、偏移、合并、实体化等复杂建模指令。

图 10-72　电风扇底座模型

操作步骤：

01 新建名为【电风扇底座】的零件文件，进入零件设计模式。

02 在【模型】选项卡的【形状】组中单击【拉伸】按钮，弹出【拉伸】特征操控板，单击【拉伸为曲面】按钮，选 FRONT 平面为草绘平面，创建底座基座部分，其操作过程如图 10-73 所示。

03 在【模型】选项卡的【基准】组中单击【平面】按钮，打开【基准平面】对话框，选择 FIGHT 基准平面作为参考，创建 DTM1 基准平面，其操作过程如图 10-74 所示。

04 用同样的方法创建 DTM2 基准平面，参考和偏移距离与 DTM1 一样，只是方向相反，完成结果如图 10-75 所示。

05 在【模型】选项卡的【基准】组中单击【草绘】按钮，选择底座前端平面作为草绘平面，绘制草图，其操作过程如图 10-76 所示。

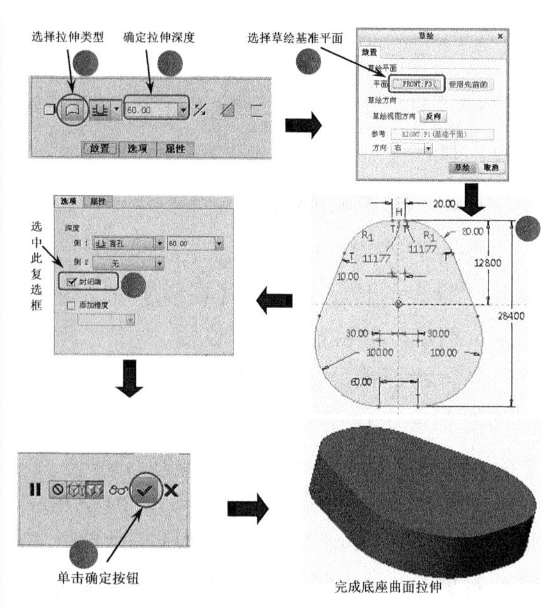

图 10-73　创建底座曲面拉伸

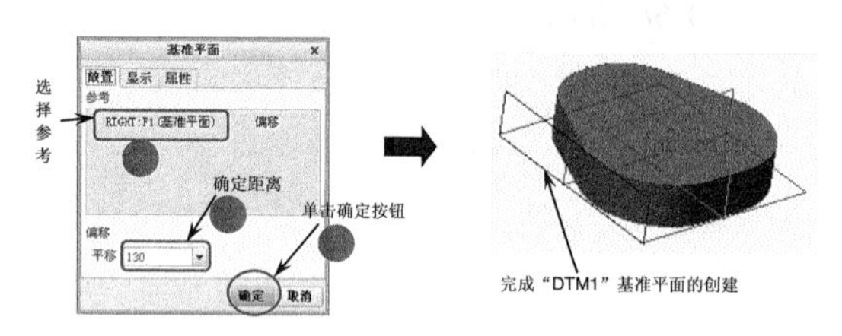

图 10-74　创建 DTM1 基准平面

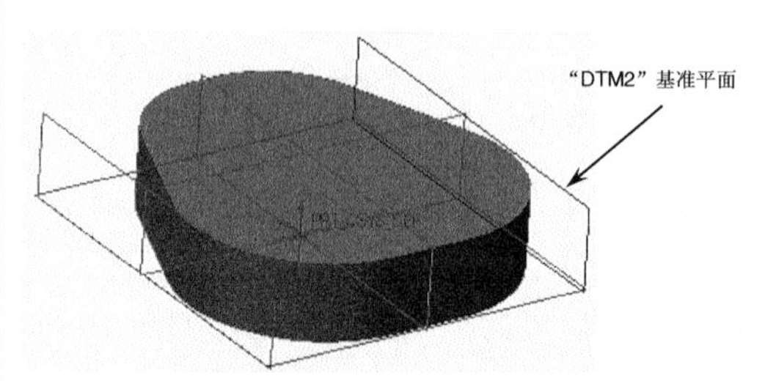

图 10-75　创建 DTM2 基准平面

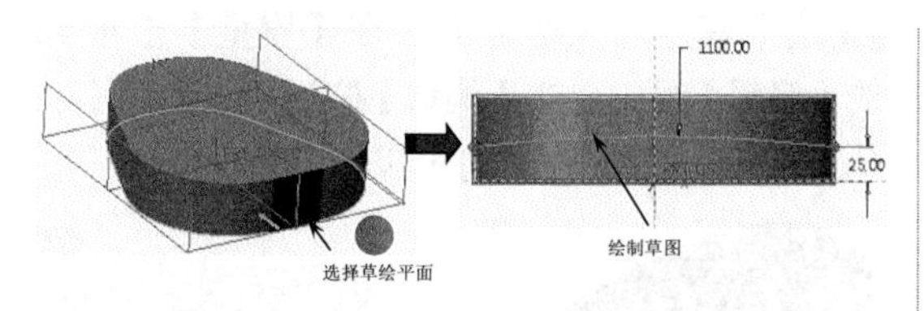

图 10-76　绘制【草图 1】

06 用同样的方法在底座的后端面、TOP、RIGHT、DTM1 和 DTM2 基准平面上分别绘制【草图 2】、【草图 3】、【草图 4】、【草图 5】和【草图 6】，完成结果如图 10-77a、10-90b、10-90c、10-90d 和 10-90e 所示。

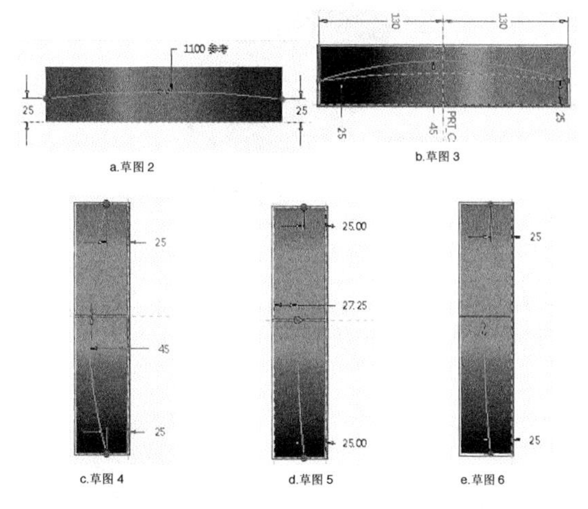

图 10-77　绘制草图

07 在【模型】选项卡的【曲面】组中单击【边界混合】按钮，创建【边界混合 1】，其操作过程如图 10-78 所示。

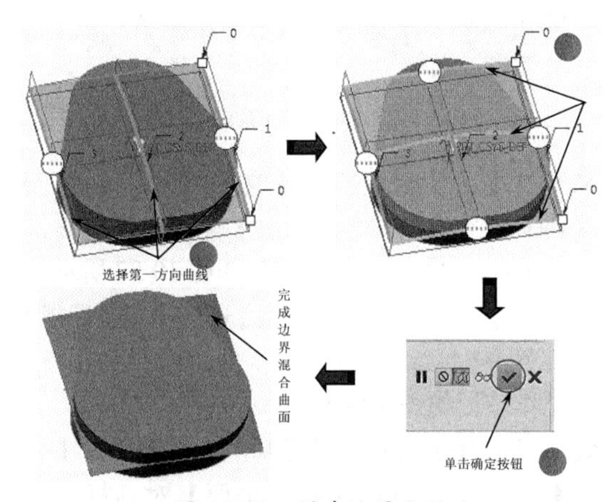

图 10-78　创建边界曲面

08 在【模型树】内选中【拉伸 1】和【边界混合 1】，在【模型】选项卡的【编辑】组中单击【合并】按钮，创建【合并 1】，其操作过程如图 10-79 所示。

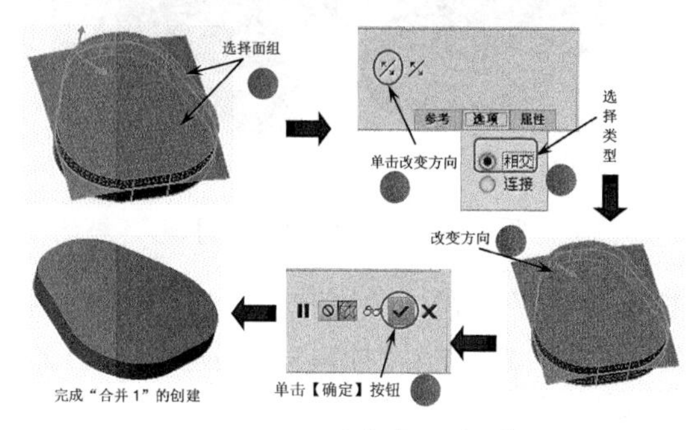

图 10-79　创建【合并 1】

09 在【模型树】内选中【合并 1】，在【模型】选项卡的【编辑】组中单击【实体化】按钮，创建【实体化 1】，其操作过程如图 10-80 所示。

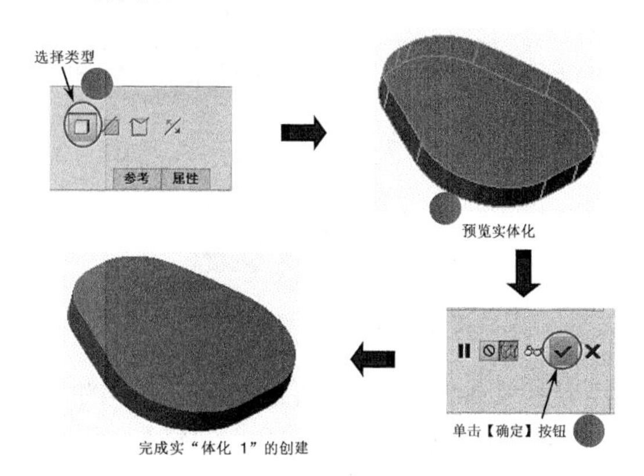

图 10-80　创建【实体化 1】

10 在【模型】选项卡的【基准】组中单击【平面】按钮，打开【基准平面】对话框，选择 FRONT 基准平面作为参考，创建 DTM3 基准平面，其操作过程如图 10-81 所示。

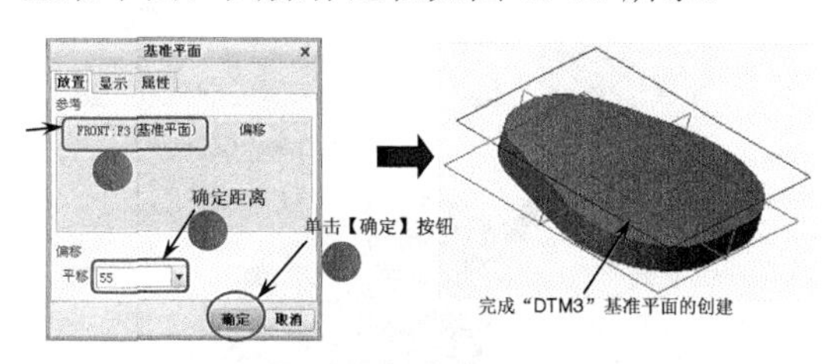

图 10-81　创建 DTM3 基准平面

11 在【模型】选项卡的【基准】组中单击【草绘】

按钮，选择DTM3基准平面作为草绘平面，绘制草图，其操作过程如图10-82所示。

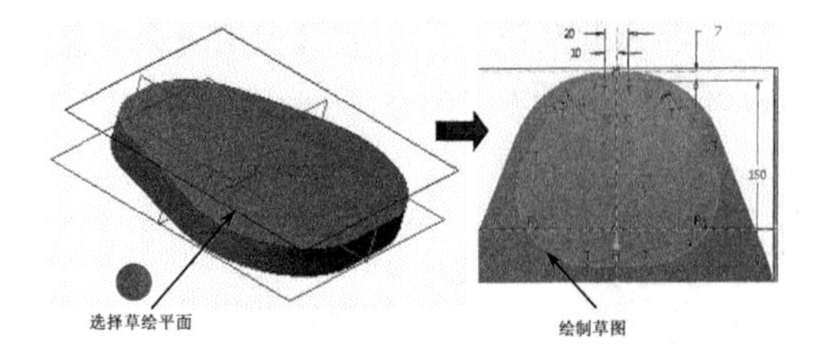

图10-82 绘制【草图7】

12 选中【草图7】，在【模型】选项卡的【编辑】组中单击【投影】按钮，创建【投影1】，其操作过程如图10-83所示。

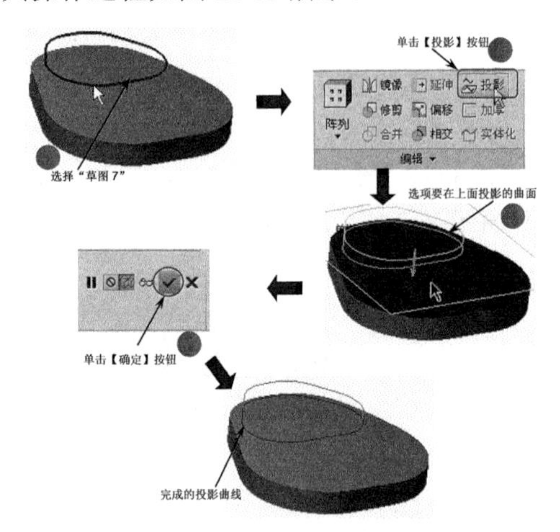

图10-83 创建【投影1】

13 选中【投影1】，在【模型】选项卡的【编辑】组中单击【偏移】按钮，创建【偏移1】，其操作过程如图10-84所示。

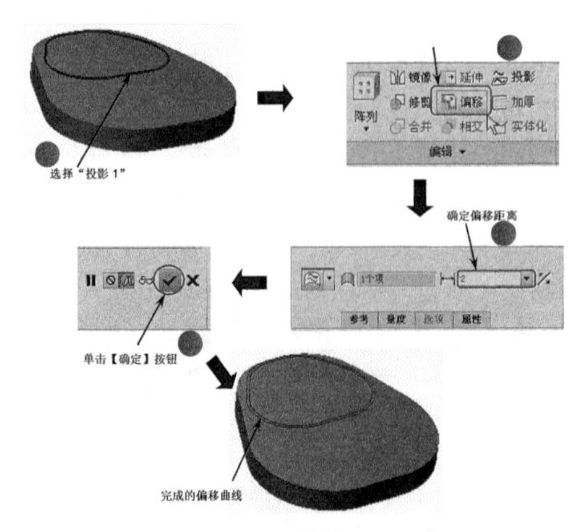

图10-84 创建【偏移1】

14 选中底座的上端曲面，在【模型】选项卡的【编辑】组中单击【偏移】按钮，创建【偏移2】，其操作过程如图10-85所示。

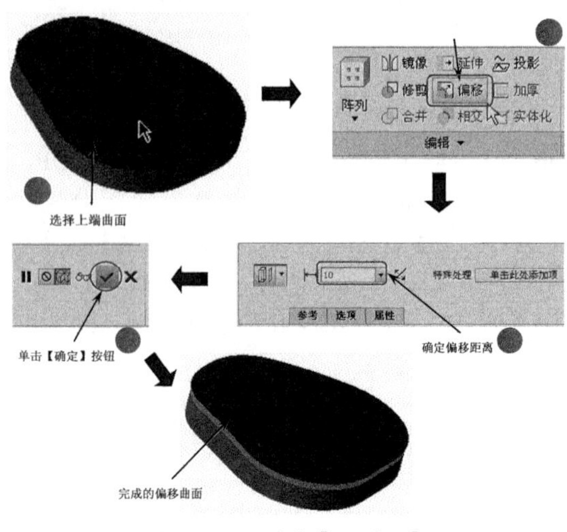

图10-85 创建【偏移2】

15 在【模型】选项卡的【曲面】组中单击【边界混合】按钮，创建【边界混合2】，其操作过程如图10-86所示。

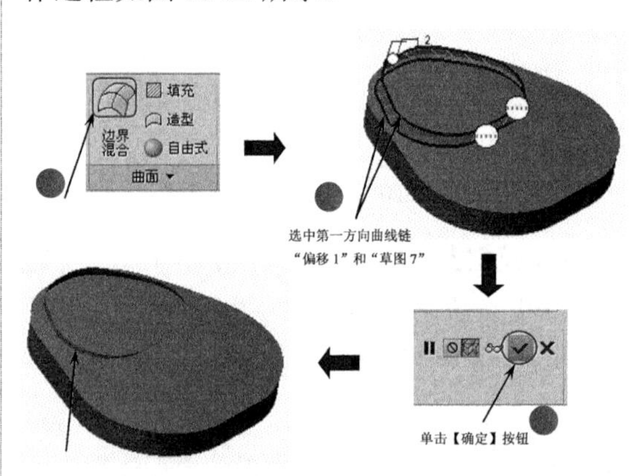

图10-86 创建【边界混合2】

16 选中【边界混合2】和【偏移2】，在【模型】选项卡的【编辑】组中单击【合并】按钮，创建【合并2】，其操作过程如图10-87所示。

17 选中【合并2】，在【模型】选项卡的【编辑】组中单击【实体化】按钮，创建【实体化2】，其操作过程如图10-88所示。

18 在【模型】选项卡的【基准】组中单击【平面】按钮，打开【基准平面】对话框，选择FRONT基准平面作为参考，创建DTM4

基准平面，其操作过程如图 10-89 所示。

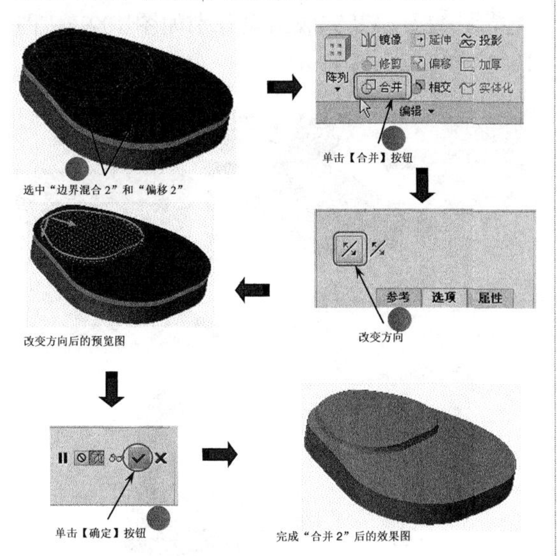

图 10-87　创建【合并 2】

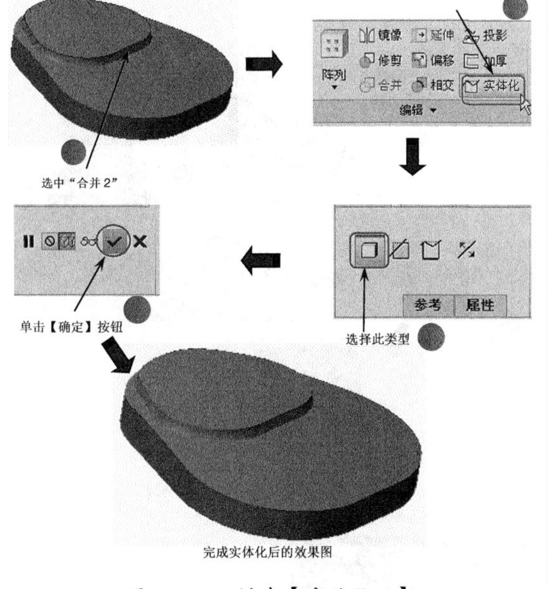

图 10-88　创建【实体化 2】

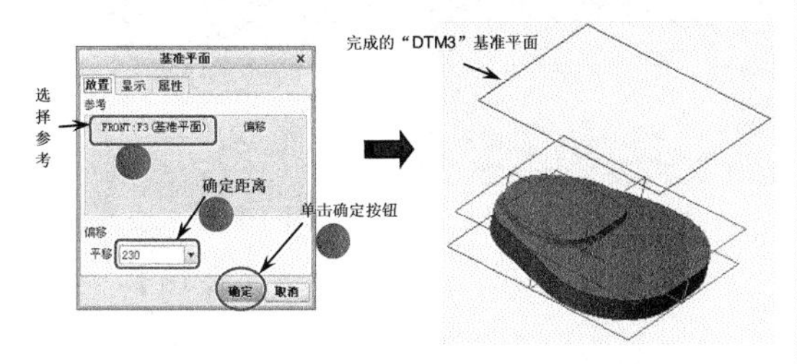

图 10-89　创建 DTM3 基准平面

19 在【模型】选项卡的【基准】组中单击【草绘】按钮，选择 DTM4 基准平面作为草绘平面，绘制草图，其操作过程如图 10-90 所示。

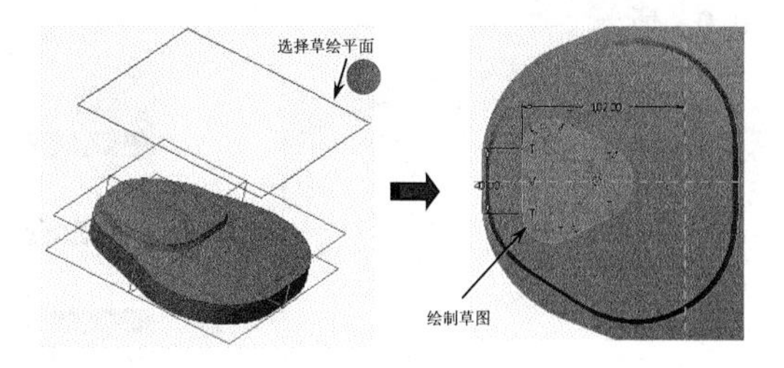

图 10-90　绘制【草图 8】

20 选中【草图 8】，在【模型】选项卡的【编辑】组中单击【投影】按钮，创建【投影 2】，其操作过程如图 10-91 所示。

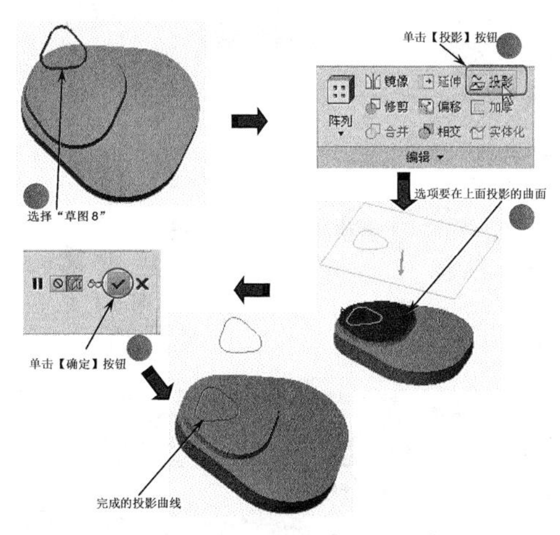

图 10-91　创建【投影 2】

21 选中【投影 2】，在【模型】选项卡的【编辑】组中单击【偏移】按钮，创建【偏移 3】，其操作过程如图 10-92 所示。

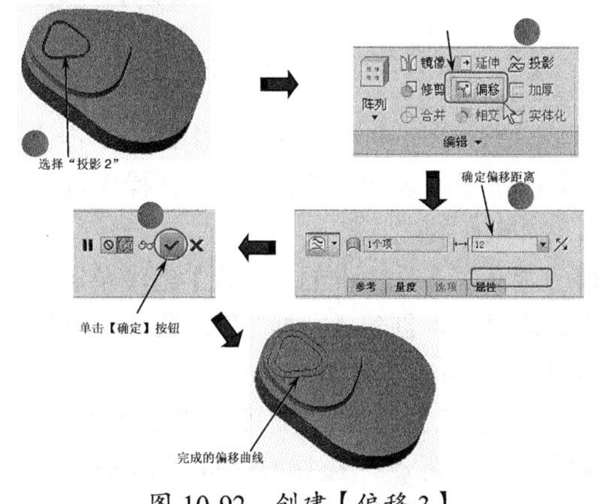

图 10-92　创建【偏移 3】

22 在【模型】选项卡的【形状】组中单击【混合】按钮，打开下拉菜单，选择【伸出项】命令，创建【伸出项】，其操作过程如图 10-93 所示。

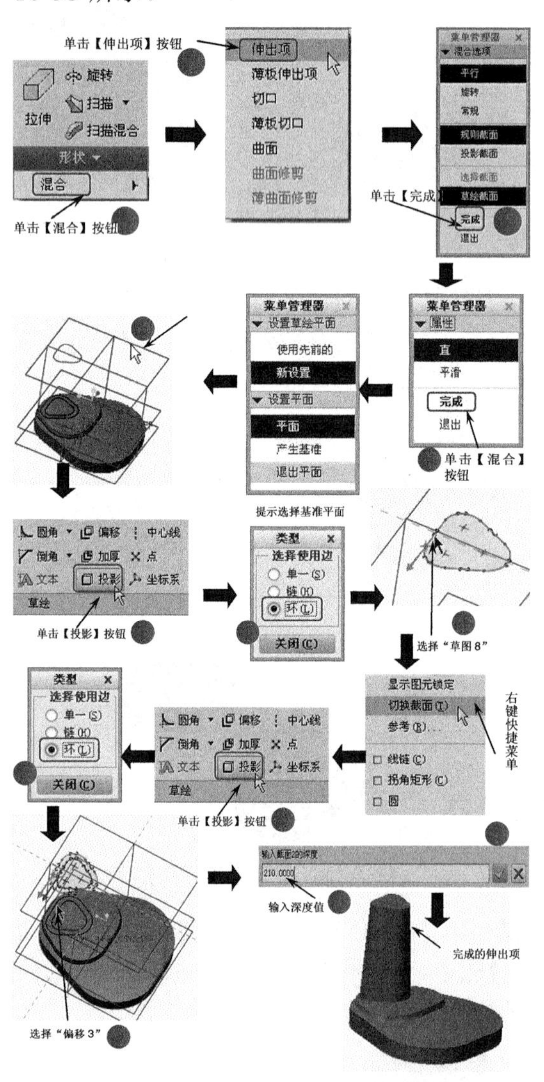

图 10-93 创建【伸出项】

23 在【模型】选项卡的【形状】组中单击【拉伸】按钮，创建【拉伸 2】，其操作过程如图 10-94 所示。

24 在【模型】选项卡的【形状】组中单击【拉伸】按钮，创建【拉伸 3】，其操作过程如图 10-95 所示。

25 在【模型】选项卡的【基准】组中单击【草绘】按钮，选择 DTM4 基准平面作为草绘平面，绘制【草图 9】、【草图 16】和【草图 11】，其完成结果分别如图 10-96、图 10-97 和图 10-98 所示。

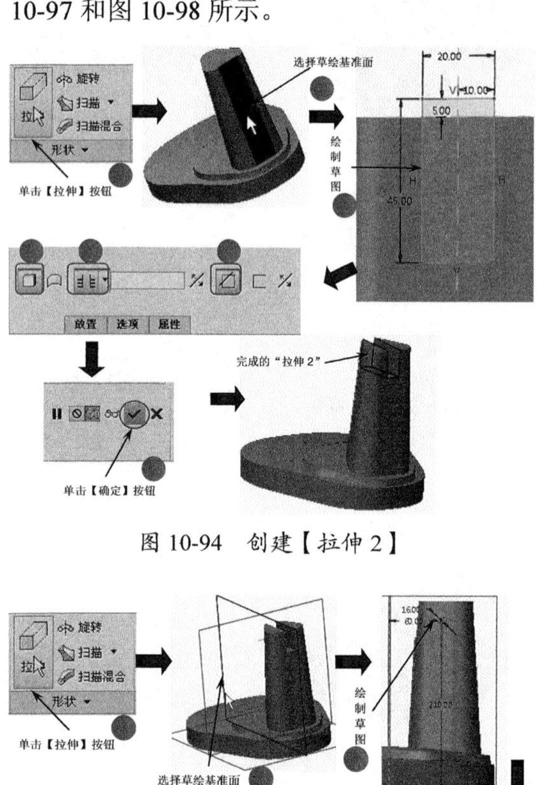

图 10-94 创建【拉伸 2】

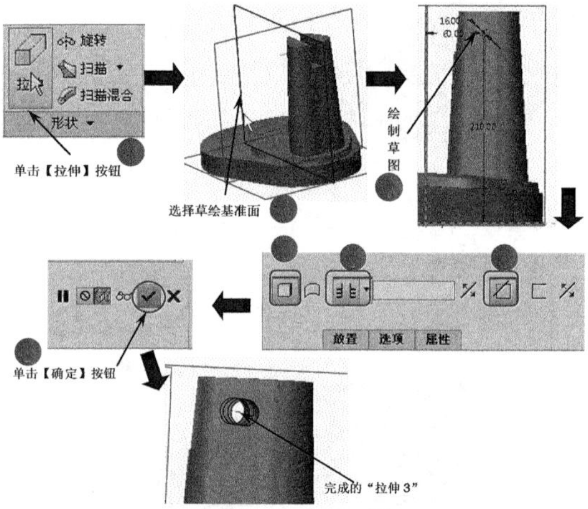

图 10-95 创建【拉伸 3】

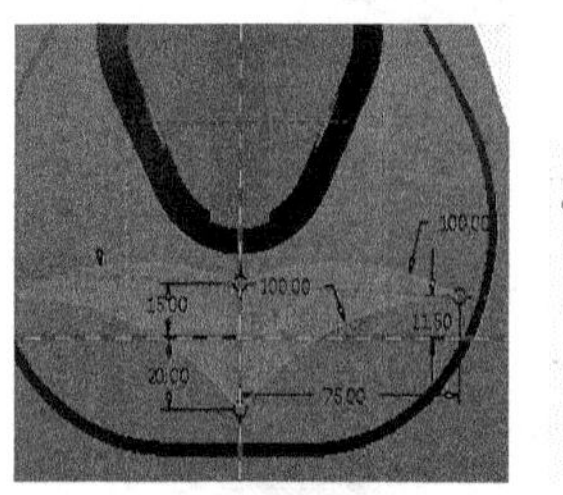

图 10-96 绘制【草图 9】

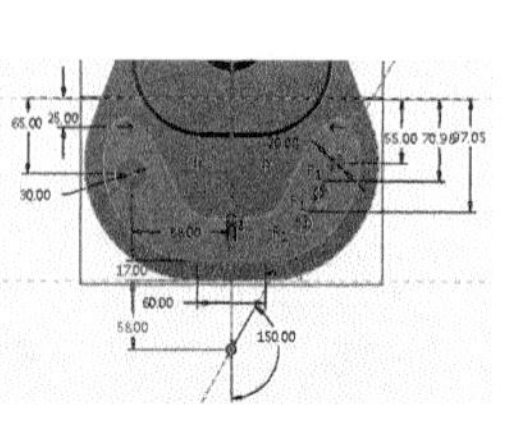

图 10-97 绘制【草图 16】

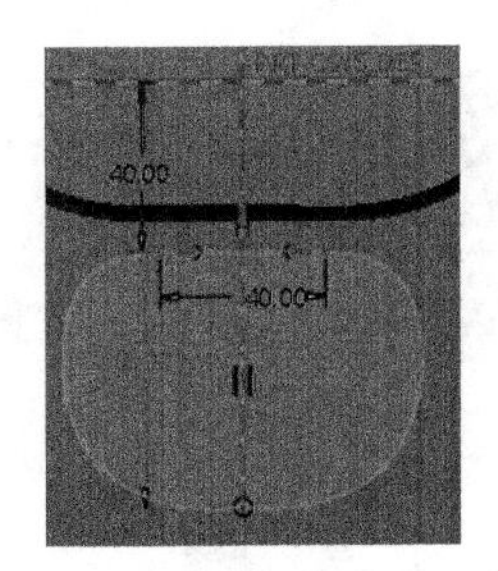

图 10-98　绘制【草图 11】

26 在【模型】选项卡的【形状】组中单击【拉伸】按钮，创建【拉伸 4】，其操作过程如图 10-99 所示。

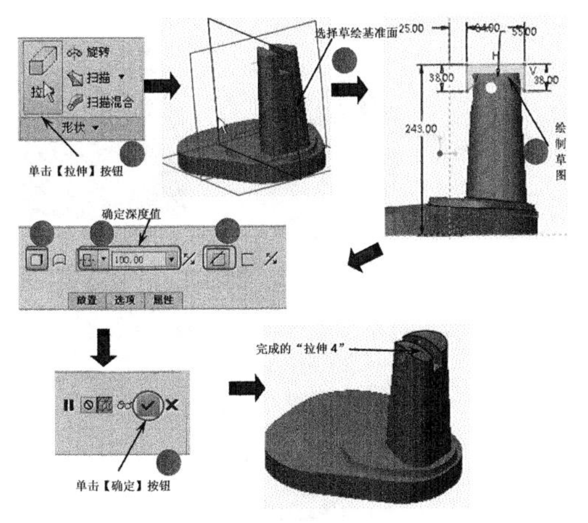

图 10-99　创建【拉伸 4】

27 在【模型】选项卡的【形状】组中单击【拉伸】按钮，创建【拉伸 5】，其操作过程如图 10-100 所示。

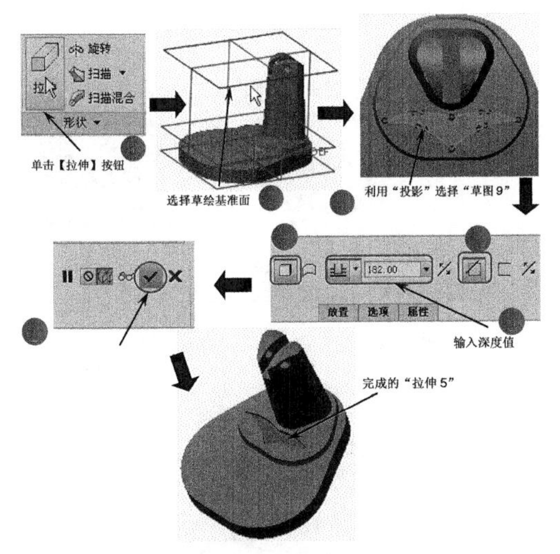

图 10-100　创建【拉伸 5】

28 选中底座的上端曲面，在【模型】选项卡的【编辑】组中单击【偏移】按钮，创建【偏移 4】，其操作过程如图 10-101 所示。

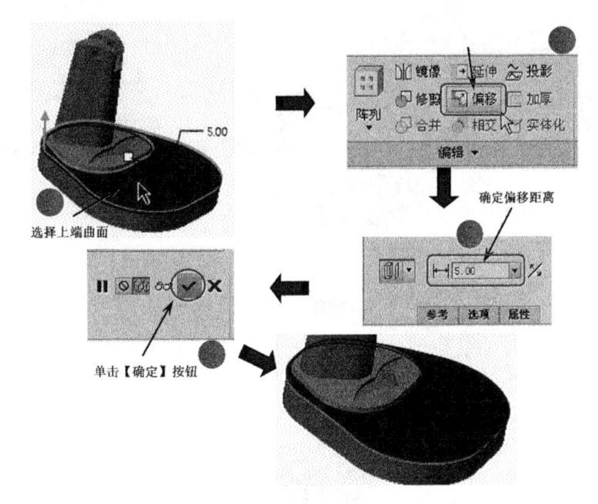

图 10-101　创建【偏移 4】

29 用同样的方法，选择相同的曲面创建【偏移 5】和【偏移 6】，偏移的距离分别是 15mm 和 30mm，完成结果分别如图 10-102 和图 10-103 所示。

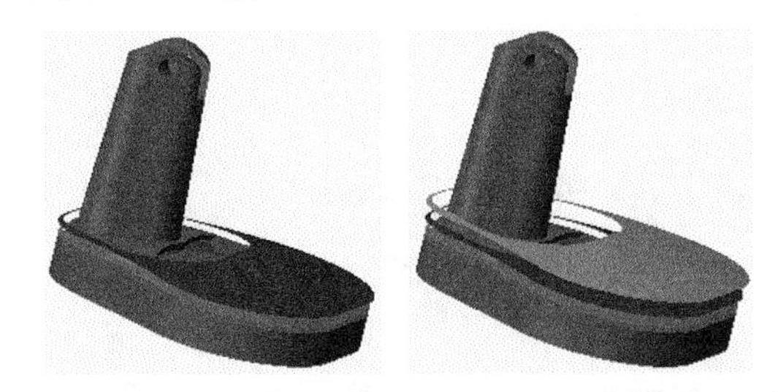

图 10-102　创建【偏移 5】图 10-103　创建【偏移 6】

30 在【模型】选项卡的【形状】组中单击【拉伸】按钮，创建【拉伸 6】，其操作过程如图 10-104 所示。

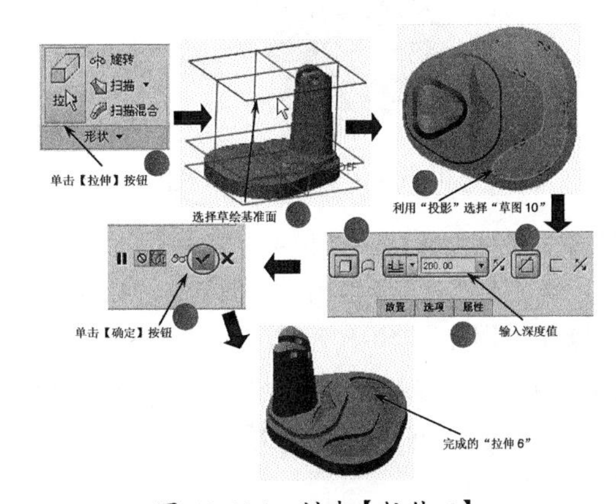

图 10-104　创建【拉伸 6】

31 在【模型】选项卡的【形状】组中单击【拉伸】按钮，创建【拉伸 7】，其操作过程如图 10-105 所示。

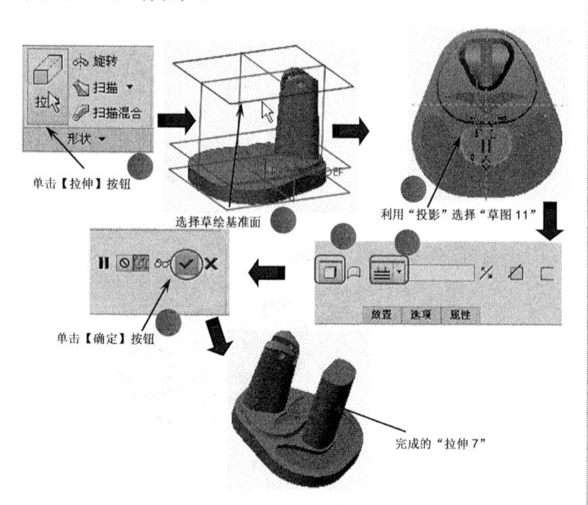

图 10-105 创建【拉伸 7】

32 在【模型】选项卡的【形状】组中单击【拉伸】按钮，创建【拉伸 8】，其操作过程如图 10-106 所示。

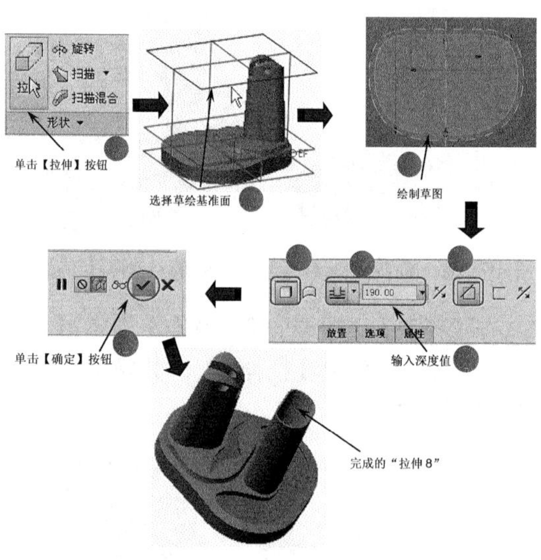

图 10-106 创建【拉伸 8】

33 选中【偏移 4】，在【模型】选项卡的【编辑】组中单击【实体化】按钮，创建【实体化 3】，其操作过程如图 10-107 所示。

34 在【模型】选项卡的【形状】组中单击【拉伸】按钮，创建【拉伸 9】，其操作过程如图 10-108 所示。

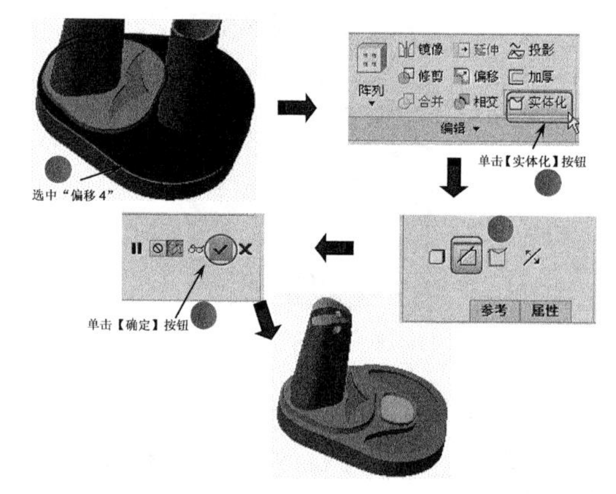

图 10-107 创建【实体化 3】

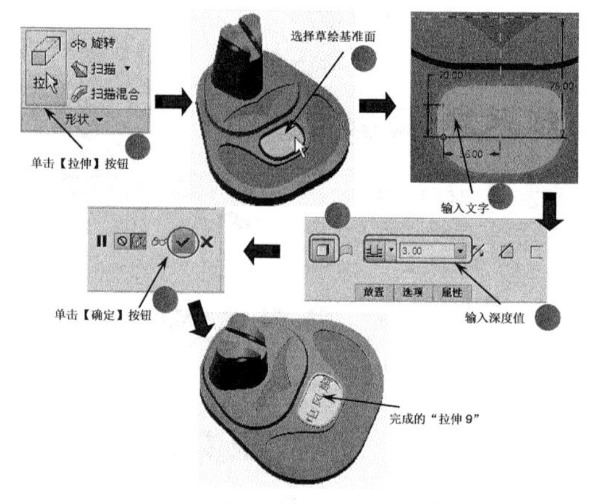

图 10-108 创建【拉伸 9】

35 在【模型】选项卡的【形状】组中单击【拉伸】按钮，创建【拉伸 6】，其操作过程如图 10-109 所示。

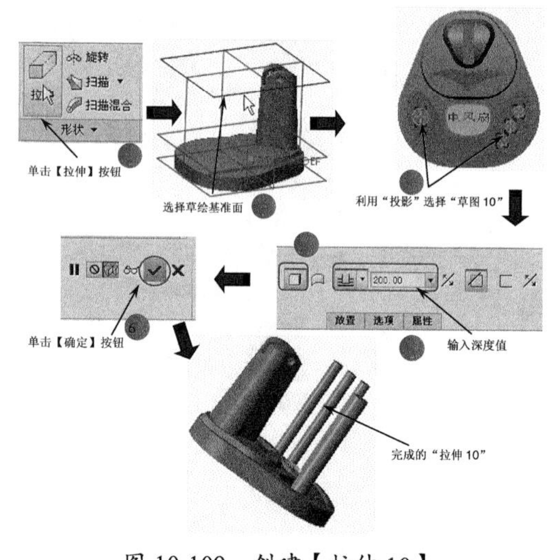

图 10-109 创建【拉伸 10】

36 选中【偏移 5】，在【模型】选项卡的【编辑】组中单击【实体化】按钮，创建【实体化 4】，其操作过程如图 10-110 所示。

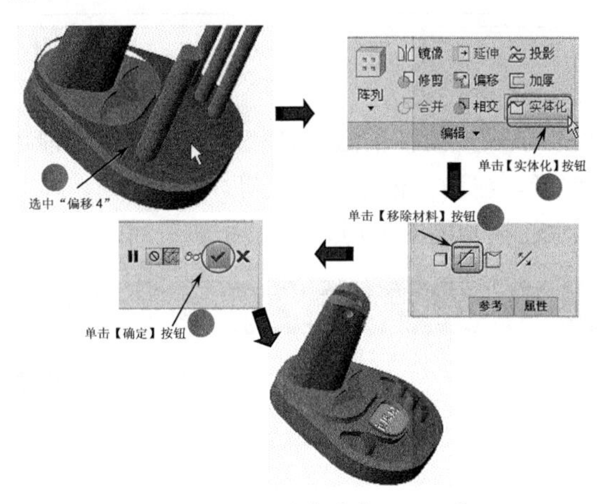

图 10-110　创建【实体化 4】

10.6 课后习题

1．篮子建模

本练习中的篮子是一个壳体特征，以曲面转变到实体的建模方式进行。主要通过拉伸、加厚、圆角、阵列等命令来共同完成模型的设计，篮子模型如图 10-111 所示。

2．发动机零件

本练习的发动机零件模型如图 10-112 所示。其建模方式为实体建模方式，即由基体特征开始，再到附加特征的设计。

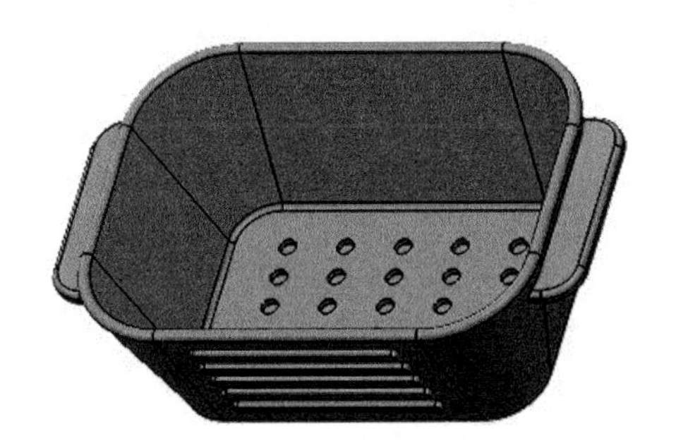

图 10-111　篮子

图 10-112　发动机零件模型

◇◇◇◇◇◇◇◇◇◇◇◇◇◇◇◇◇◇◇ 读书笔记 ◇◇◇◇◇◇◇◇◇◇◇◇◇◇◇◇◇◇◇

第 11 章　柔性建模指令

强大的 Creo 向用户提供了操控简便的直接建模功能。这个功能可以使以后在完成建模后直接进行模型的修改，如镜像、移动、偏移、替代等。

本章主要介绍 Creo 柔性建模功能的使用方法。

知识要点

- 柔性建模概述
- 识别和选择
- 变换
- 识别阵列和对称
- 编辑特征

11.1 柔性建模概述

柔性建模是在 Creo 的【零件】模式下创建的零件几何的操控。其中提供了有关如何在保留原始零件中创建的阵列和对称的同时移动和更改几何的信息。

Creo 柔性建模功能在建模环境中与基本建模功能结合使用。【柔性建模】选项卡如图 11-1 所示。

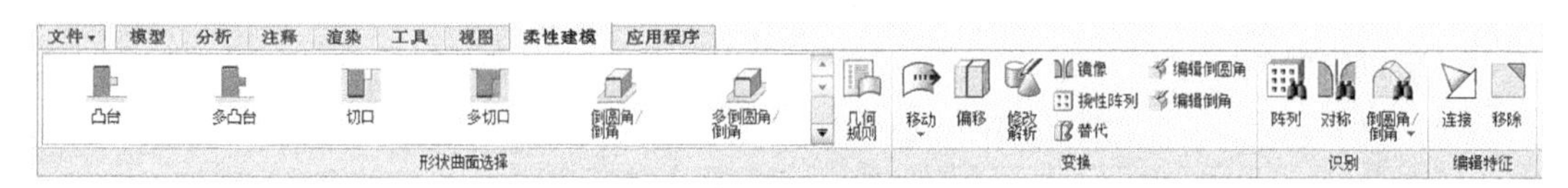

图 11-1　【柔性建模】选项卡

要完全利用 Creo 柔性建模功能，还需要在配置编辑器中设置【柔性建模】配置选项。例如，当将 propagate_by_default 选项设置为 yes 时，Creo 可以自动识别模型中的阵列、对称或镜像特征。如图 11-2 所示为在【Creo Parametric 选项】对话框中设置柔性建模配置选项。

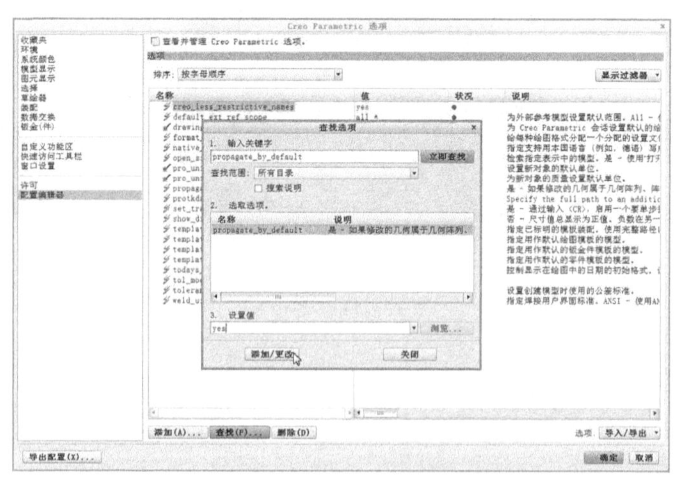

图 11-2　设置柔性建模配置选项

通过【柔性建模】可在无须提交更改的情况下对设计进行试验。可对选定几何进行显式修改，并忽略预先存在的各个关系。

11.2 形状曲面选择

利用【柔性建模】选项卡的【形状曲面选择】组中的各个按钮，可以识别模型中的组成特征。要利用识别功能，应先选中模型中的某个特征。

技术要点

当将鼠标移动到识别按钮上方时，图形窗口中的几何便会突出显示。单击该按钮后，该几何便被选定，如图 11-3 所示。

【形状曲面选择】组中各按钮的含义如下：

- 凸台：选择构成凸台的曲面。
- 多凸台：选择构成一个凸台及其他凸台的曲面。
- 切口：选择构成切口的曲面。
- 多切口：选择构成一个切口及其他切口的曲面。
- 倒圆角 / 倒角：选择构成倒圆角的曲面。
- 多倒圆角 / 倒角：选择构成一个倒圆角及其他倒圆角的曲面。
- 几何规则：单击此按钮，将打开【几何规则】对话框，如图 11-4 所示。此对话框用来设置几何规则。

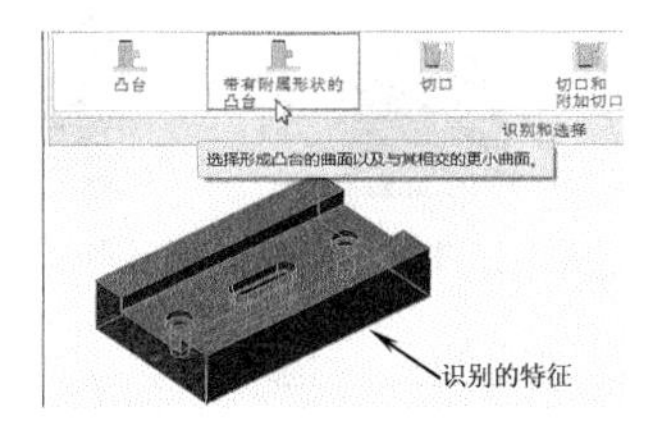

图 11-3　自动识别特征

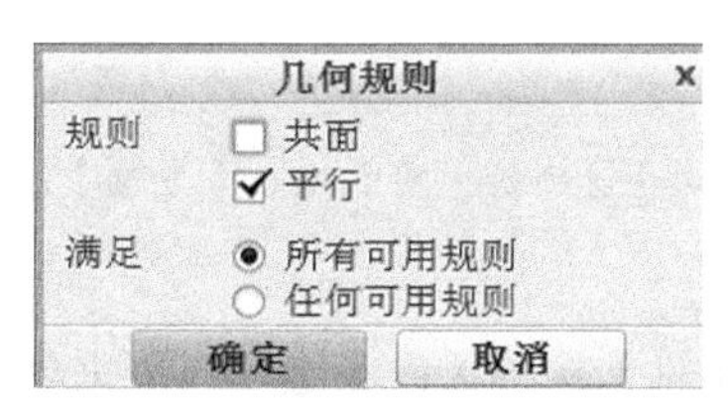

图 11-4　【几何规则】对话框

11.3 变换

利用【变换】组中的命令可以修改模型的几何（包括曲面、曲线和基准），下面详细介绍。

11.3.1 移动变换

利用移动变换命令可以删除选取的几何并将其放置在新位置，还可以创建选定几何的副本，并将该副本移动到新位置。

移动变换分 3 种：使用拖动器移动、按尺寸移动和使用约束移动。

1．使用拖动器移动

使用拖动器移动是利用拖动器来拖动模型表面来改变形状，如图 11-5 所示。

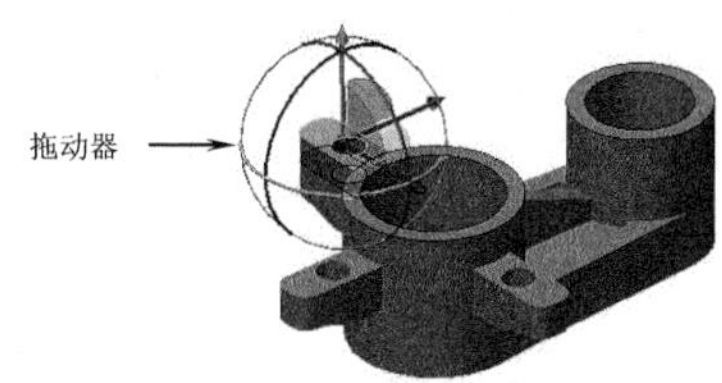

图 11-5　拖动器

【移动】工具仅对单个几何选择起作用，要移动另一个几何选择，必须创建新的移动特征。

然后在【变换】组中单击【使用拖动器移动】按钮，弹出【移动】操控板，如图 11-6 所示。

技术要点

可以多次移动同一个几何，并在该特征中堆叠多个移动步骤。一次平移和一次旋转移动可包含在一个步骤中，因为它们彼此独立。

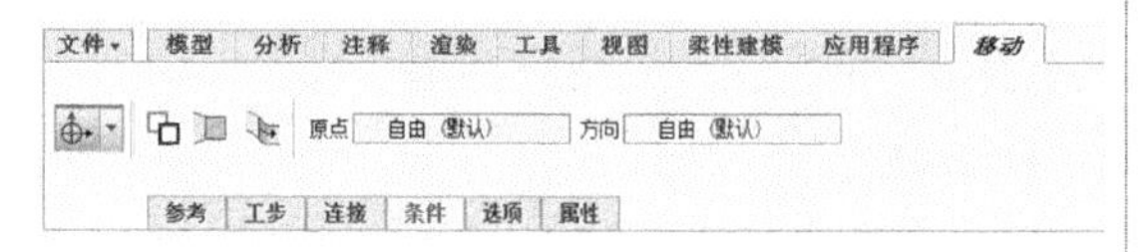

图 11-6 【移动】操控板

操控板中包含 5 个选项板，介绍如下：

- 【参考】选项板：此选项板主要用于确定变换对象的参考，如图 11-7 所示。
- 【步骤】选项板：此选项板主要用于确定控标的放置位置，如图 11-8 所示。

图 11-7 【参考】选项板 图 11-8 【步骤】选项板

- 【附件】选项板：此选项板用来创建移动变换中附带的几何，如创建侧曲面，如图 11-9 所示。
- 【选项】选项板：此选项板用来设置对象的阵列或对称，如图 11-10 所示。

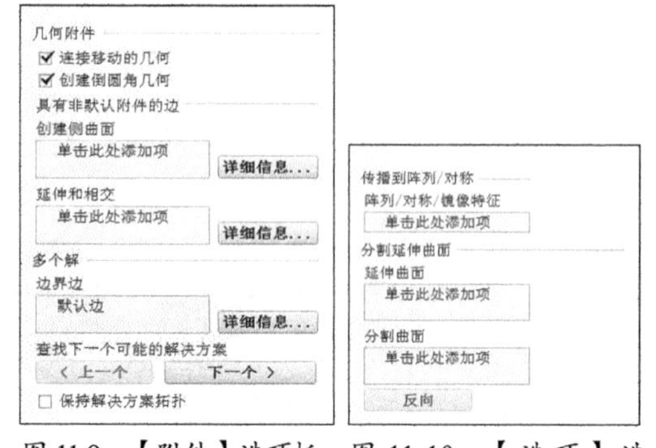

图 11-9 【附件】选项板 图 11-10 【选项】选项板

- 【属性】选项板：显示特征的名称。

使用拖动器移动特征时，选择曲面和不同连接选项后移动几何的示例表示如下：

- 选中【连接移动的几何】复选框，在这种情况下，移动的几何仍连接到原始几何，如图 11-11 所示。

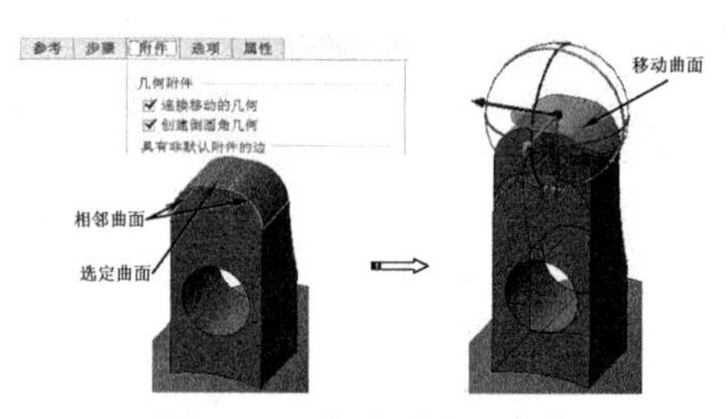

图 11-11 连接移动的几何

- 在未选择任何连接选项时移动几何：在这种情况下，仅移动所选曲面，如图 11-12 所示。

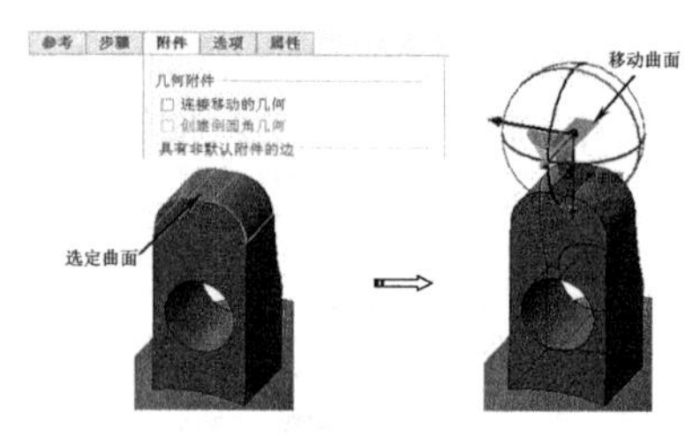

图 11-12 无连接移动的几何

需要说明的是：拖动器具有平移、旋转、缩放和空间移动 4 个功能，如图 11-13 所示。拖动器各组成表示如下：

- 句柄：拖动它可以旋转对象。
- 中心球：拖动它可以缩放对象。
- 轴：拖动它可以轴向平移对象。
- 侧翼：拖动能在空间中任意放置对象。

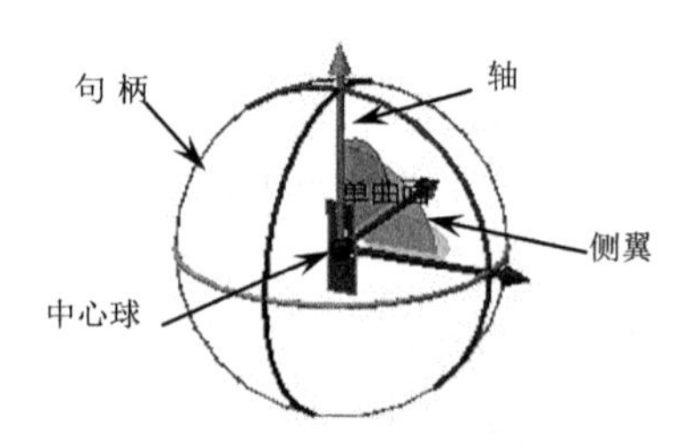

图 11-13 拖动器

移动曲面并选择要移动的相切曲面。在这种情况下，在创建侧壁时移动整个曲面，如图 11-14 所示。

使用连接选项【创建侧曲面】移动曲面。在这种情况下，当原始几何移动时，相邻曲面仍在原位。创建侧曲面以将移动几何连接到原始几何，如图 11-15 所示。

图 11-14 移动整个曲面

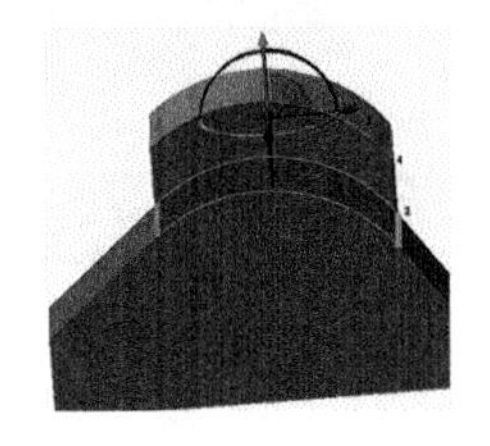

图 11-15 仅移动所选曲面

2. 按尺寸移动

【按尺寸移动】通过可修改的一组尺寸来移动选定几何。单个移动特征中可包含最多 3 个非平行的线性尺寸或一个角度（旋转）尺寸。如图 11-16 所示为【使用尺寸移动】的【尺寸】选项板。

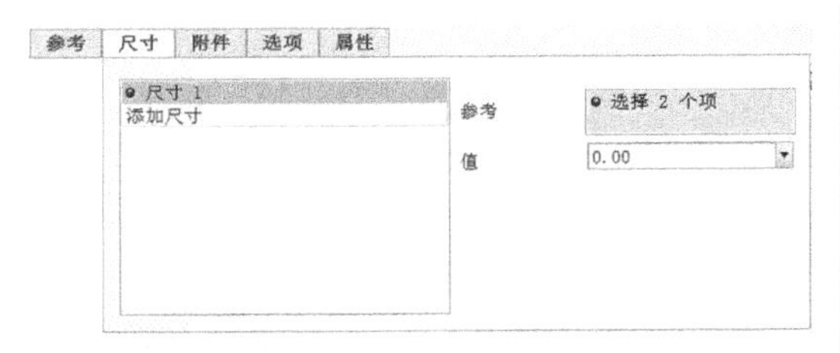

图 11-16 【尺寸】选项板

技术要点

3 种移动变换类型的操控板的设置选项板中，【参考】选项板、【附件】选项板、【选项】选项板和【属性】选项板的选项设置是完全相同的。

下面用一个案例来说明【按尺寸移动】来变换对象的操作方法。

动手操作——按尺寸移动

01 打开本例素材文件【ex11-1.prt】。

02 首先在图形区选择模型中的一个面，如图 11-17 所示。

03 在【识别和选择】组中单击【多凸台】按钮，以便在模型中所选面位置，识别多凸台特征，如图 11-18 所示。

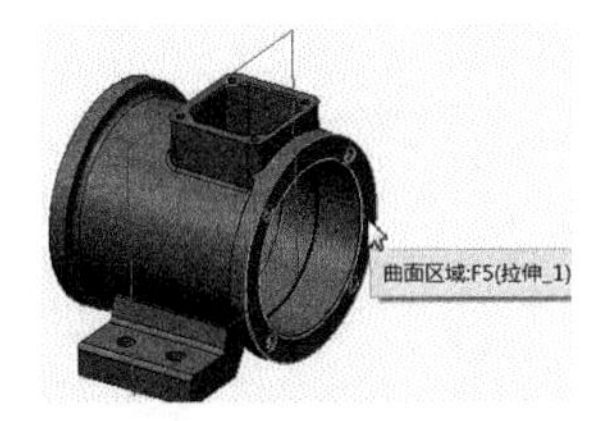

图 11-17 选择要移动的面

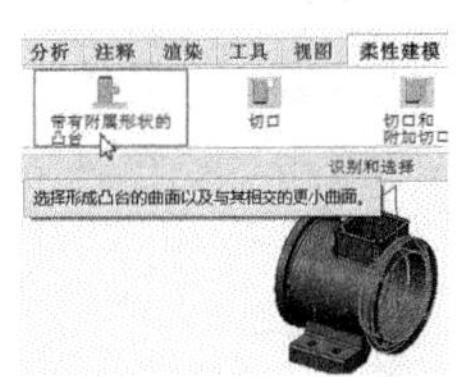

图 11-18 识别特征

04 随后在【变换】组中单击【按尺寸移动】按钮，弹出【移动】操控板。

05 在操控板的【尺寸】选项板中，尺寸参考收集器被自动激活。按信息提示按 Ctrl 键选取如图 11-19 所示的识别特征中的曲面和基准平面 FRONT 作为尺寸参考，并输入偏置值 100。

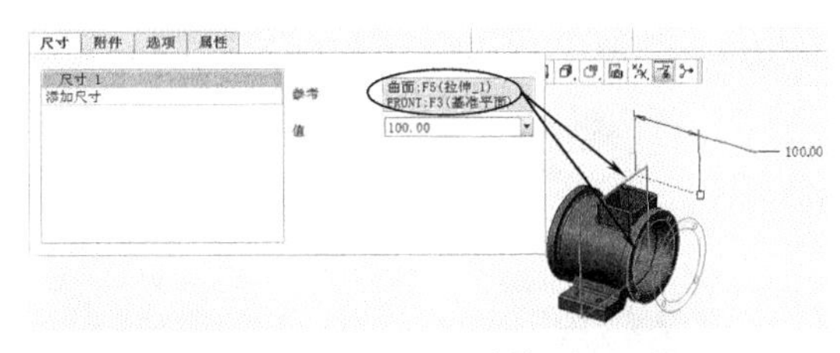

图 11-19 收集尺寸参考并设置值

06 在【附件】选项板中取消选中【连接移动的几何】复选框。再单击操控板上的【应用】按钮完成对象的移动，如图 11-20 所示。

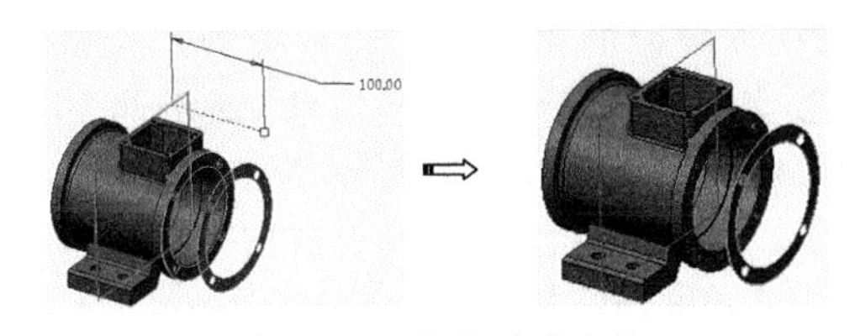

图 11-20 完成移动变换

技术要点

在识别的特征中，若移动曲面致使部分特征为空，是不能完成新特征的创建的。也就是说可以单独移动所选曲面，但不能移动曲面的连接部分的几何。

3. 使用约束移动

【使用约束移动】方式可以使用一组完全定义了几何选择的位置和方向的约束来移动选定几何。如图 11-21 所示为【使用约束移动】的【放置】选项板。

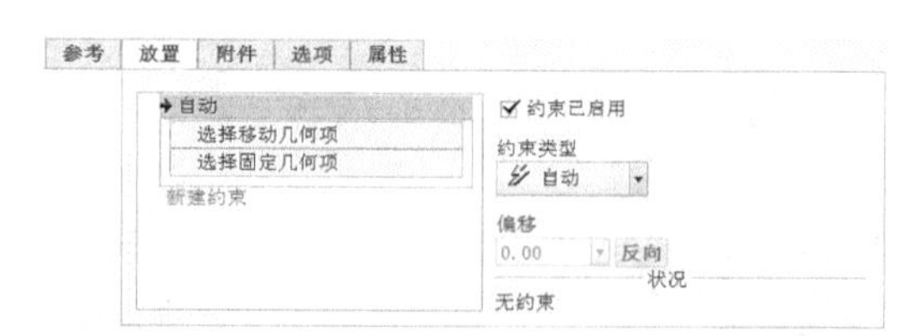

图 11-21 【放置】选项板

下面用案例来说明其操作过程。

动手操作——使用约束移动

01 打开本例素材文件【ex11-2.prt】。

02 在图形区选择模型中要移动的一个面，如图 11-22 所示。

03 然后在【识别和选择】组中单击【多凸台】按钮，以便在模型中所选面位置识别多凸台特征，如图 11-23 所示。

图 11-22 选择要移动的面 图 11-23 识别特征

04 随后在【变换】组中单击【按约束移动】按钮，弹出【移动】操控板。

05 在操控板的【放置】选项板中，约束参考收集器被自动激活。按信息提示选取如图 11-24 所示的识别特征中的曲面作为【移动参考】，然后在【放置】选项板中设置约束类型为【角度偏移】。

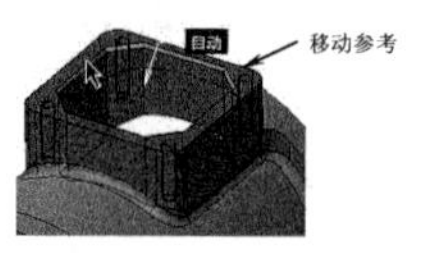

图 11-24 选择移动参考

06 在模型中继续选取作为【固定参考】的曲面（竖直的平面或 RIGHT 基准平面），如图 11-25 所示。并在【放置】选项板中输入偏移角度 35°。

技术要点

如果是【角度偏移】约束类型，作为固定参考则一定是平面 / 基准平面或轴 / 边。不能为圆弧曲面，否则将自动约束为【相切】。

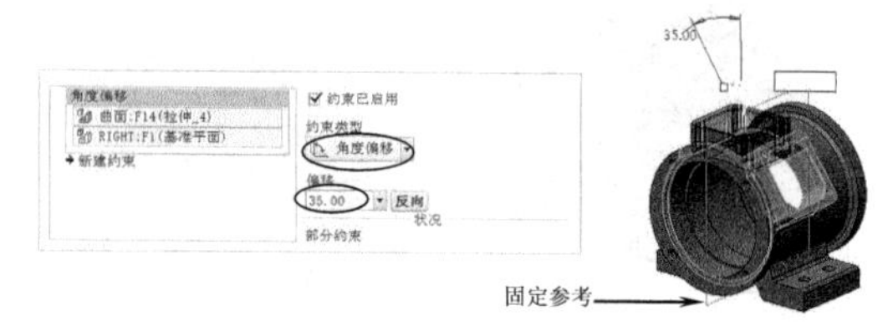

图 11-25 选取固定参考

技术要点

选取作为角度偏移的两个参考后，操控板中的状态仍然显示为【部分约束】，即当前的移动对象并没有完全约束，是不能完成移动变换的。

07 在【放置】选项板的参考收集器区域单击➜新建约束命令，并设置约束类型为【固定】，如图 11-26 所示。

08 最后单击操控板上的【应用】按钮完成对象的移动，如图 11-27 所示。

图 11-26 添加新的约束 图 11-27 完成约束移动

11.3.2 偏移变换

【偏移】命令相对于选定面组以指定方向进行延伸，并将其连接到该实体或面组中。

技术要点

如果是向某单个方向偏移，【偏移】命令与【移动】命令的操作结果是相同的。如果是向多个方向偏移，【偏移】命令将创建同时缩放的新几何。

偏移变换仅仅针对单个几何，要偏移另一几何选择，必须创建新的偏移几何特征。

在【变换】组中单击【偏移】按钮，弹出【偏移几何】操控板，如图 11-28 所示。

图 11-28　【偏移几何】操控板

【偏移几何】操控板上各选项板中的选项设置与【移动】操控板中的选项设置是相同的，这里不重复介绍了。下面通过一个偏移几何的案例来说明【偏移】功能的应用及技巧。

动手操作——偏移变换

01 打开本例素材文件【ex11-3.prt】。

02 在【变换】组中单击【偏移】按钮，打开【偏移几何】操控板。

03 在操控板【参考】选项板的【偏移参考集】收集器自动激活的状态下，选取模型中要偏移的曲面，如图 11-29 所示。

04 在操控板的偏移值文本框内输入 -10，并按 Enter 键查看结果，如图 11-30 所示。

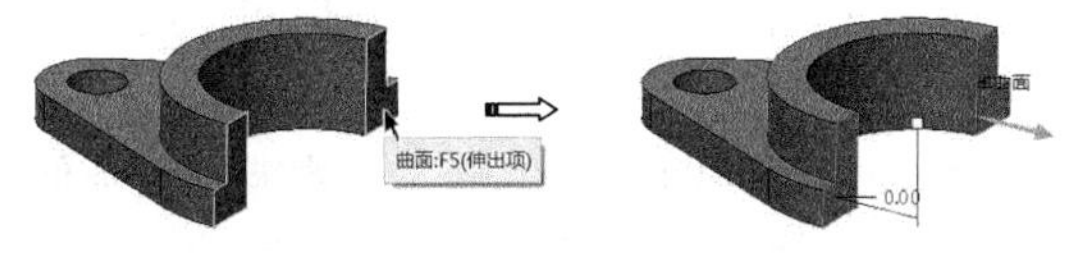

图 11-29　选取要偏移的曲面

05 最后单击【应用】按钮，完成偏移操作，结果如图 11-31 所示。

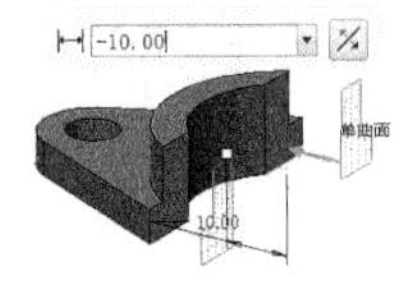

图 11-30　输入偏移距离

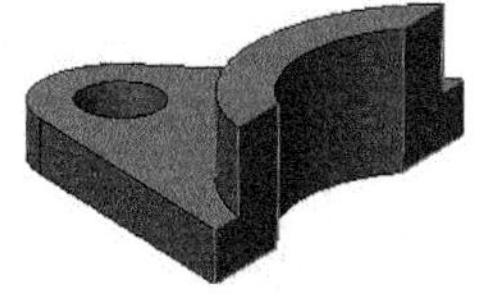

图 11-31　偏移结果

技术要点

像这样呈对称的零件，如果是向相反方向偏移，偏移距离值为半径值时，将会创建出圆形特征的另一半，如图 11-32 所示。

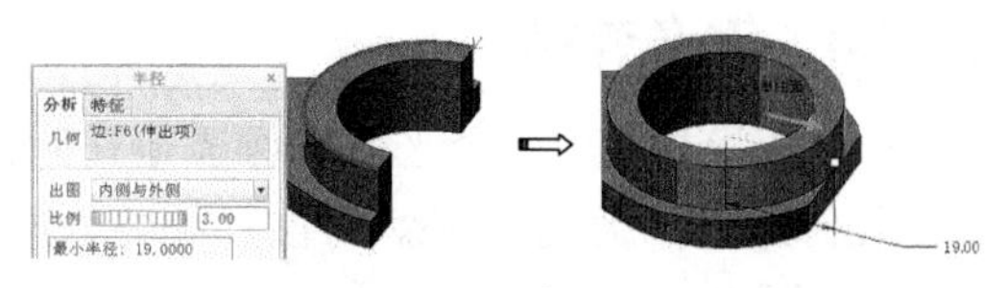

图 11-32　创建完整圆形

11.3.3　修改解析曲面

【修改解析曲面】特征允许编辑驱动解析曲面的基本尺寸。主要修改圆柱、圆环或圆锥的某些尺寸：

- 圆柱：半径；轴仍然固定。
- 圆环：圆的半径及圆的中心到旋转轴的半径；旋转轴仍然固定。
- 圆锥：角度；圆锥的轴和顶点仍然固定。

在【变换】组中单击【修改解析曲面】按钮，弹出【修改解析曲面】操控板，如图 11-33 所示。

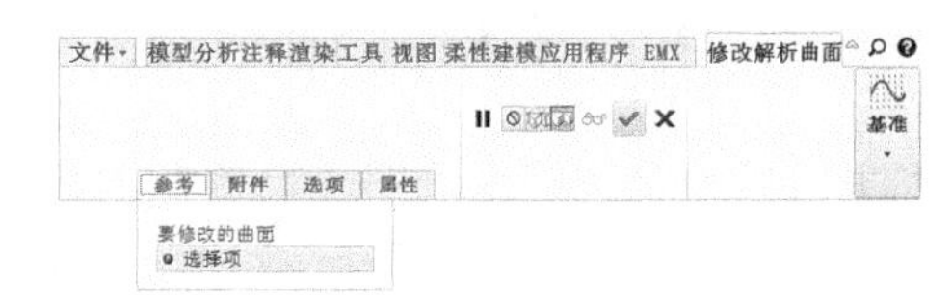

图 11-33　【修改解析曲面】操控板

操控板中【附件】选项板、【选项】选项板和【属性】选项板与前面所介绍的【移动】操控板是相同的。【参考】选项板主要用来收集要修改的曲面集合。

技术要点

对于单个的圆柱、圆环或圆锥几何，修改值最大为【无限大】，最小值为 0。但对于模型中的圆弧曲面来说，其最大值与最小值取决于圆弧曲面所在的模型的最大尺寸或最小尺寸。在如图 11-34 所示的图中，待修改的圆弧曲面高亮显示，其修改的最大值与最小值都是受限制的。

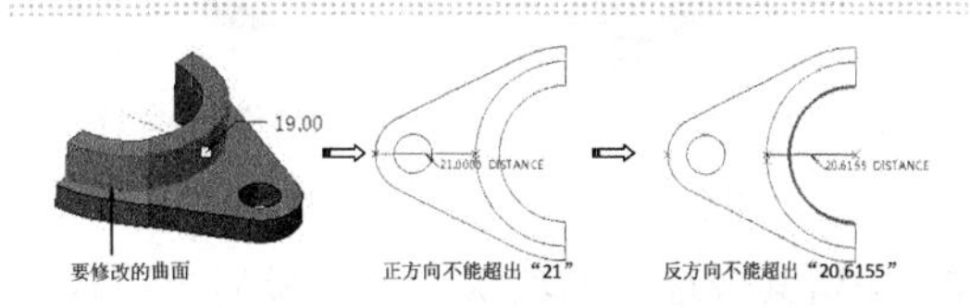

图 11-34　圆弧曲面的修改限制

11.3.4 镜像变换

镜像变换相对于一个平面镜像选定几何。原始几何的副本被镜像到新的位置，并与同一几何或面组连接。

镜像变换可以镜像单个几何，也可以镜像一个完整特征的几何。

在【变换】组中单击【镜像】按钮，弹出【镜像】操控板，如图 11-35 所示。

图 11-35 【镜像几何】操控板

> **技术要点**
>
> 如果是镜像单个几何，为防止【镜像几何】特征失败，可取消选中【连接】组中的【连接镜像几何】和/或【创建倒圆角几何】复选框。

下面以一个案例来说明【镜像】命令的应用。

动手操作——镜像变换

01 打开本例素材文件【ex11-4.prt】。

02 在【变换】组中单击【镜像】按钮，弹出【镜像】操控板。

03 在操控板激活【镜像平面】收集器，然后选择一个镜像平面（基准平面），如图 11-36 所示。

04 选择镜像平面后，在【参考】选项板中激活【曲面】收集器，按住 Ctrl 键再选取如图 11-37 所示的多个曲面作为要镜像的几何。

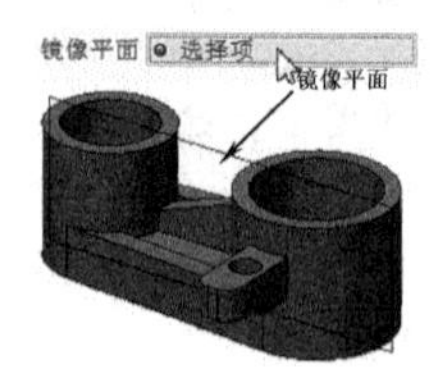

图 11-36 选取镜像平面

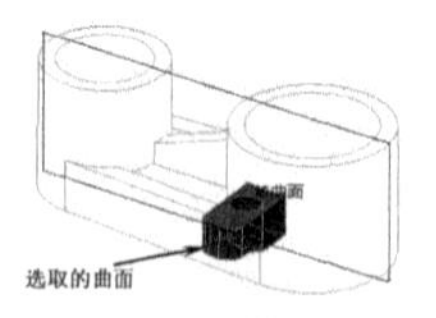

图 11-37 选取要镜像的曲面

05 保留其余选项的默认设置，最后单击操控板中的【应用】按钮，完成选定几何的镜像。镜像后的几何则为实体，如图 11-38 所示。

> **技术要点**
>
> 如果是选取一个特征的所有几何，则在【连接】选项板中取消选中【连接镜像几何】复选框后，将创建为曲面，如图 11-39 所示。不取消选中此复选框则创建为实体。

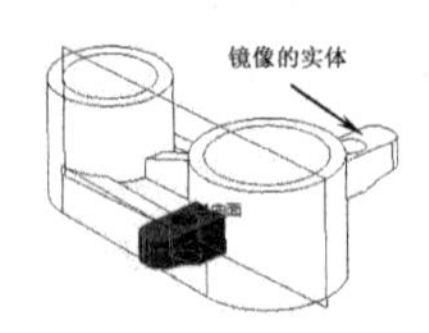

图 11-38 镜像几何

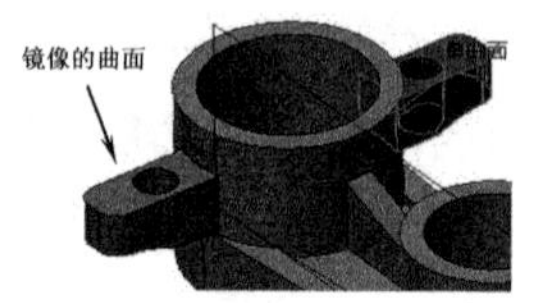

图 11-39 不连接几何则生成曲面

11.3.5 替代变换

【替代】是将对象几何替换成选定的曲面形状，替换曲面和模型之间的倒圆角几何将在连接替换几何后重新创建。

在使用替代变换时，要注意以下几点：

- 几何选择中的所有替代曲面必须属于特定的实体几何或属于同一面组。
- 几何选择不可与相邻几何相切或与倒圆角几何相连。
- 替换曲面必须足够大，才能无须延伸替换曲面便可连接相邻几何。

在【变换】组中单击【替代】按钮，弹出【替代】操控板，如图 11-40 所示。

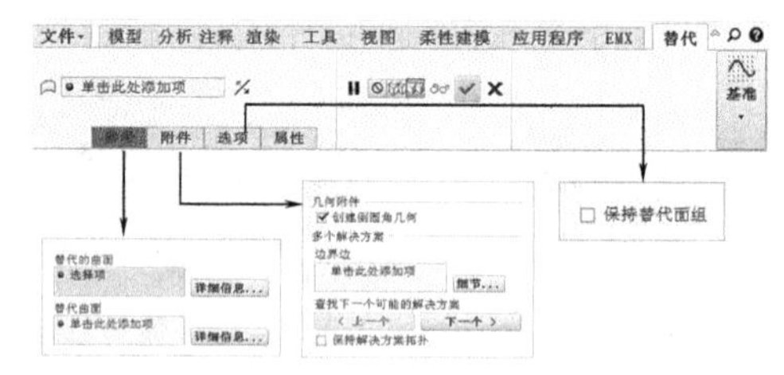

图 11-40 【替代】操控板

下面以一个案例来说明【替代】命令的应用。

动手操作——替代变换

01 打开本例素材文件【ex11-5.prt】。

02 在【变换】组中单击【替代】按钮，弹出【替代】操控板。

03 在【参考】选项板中激活【替代的曲面】收集器，然后选择如图 11-41 所示的面。

04 再激活【替代曲面】收集器，并选择如图 11-42 所示的曲面作为替代曲面。

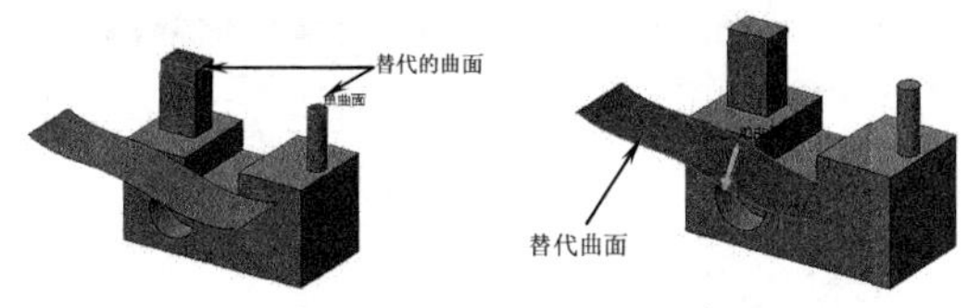

图 11-41　选择要替代的曲面　图 11-42　选择替代曲面

05 单击【更改】按钮，查看替代预览，确认无误后单击【应用】按钮完成曲面的替代，结果如图 11-43 所示。

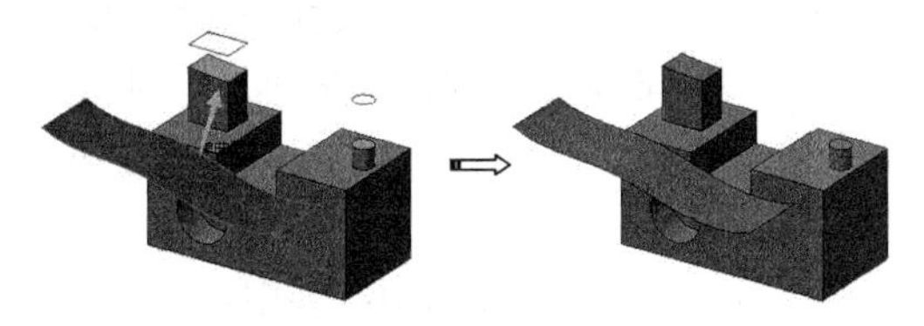

图 11-43　完成替代操作

11.3.6　编辑倒圆角

利用【编辑倒圆角】命令，可以编辑已识别的恒定和可变半径倒圆角几何的半径，或移除倒圆角几何。

在【变换】组中单击【编辑倒圆角】按钮，弹出【编辑倒圆角】操控板，如图 11-44 所示。

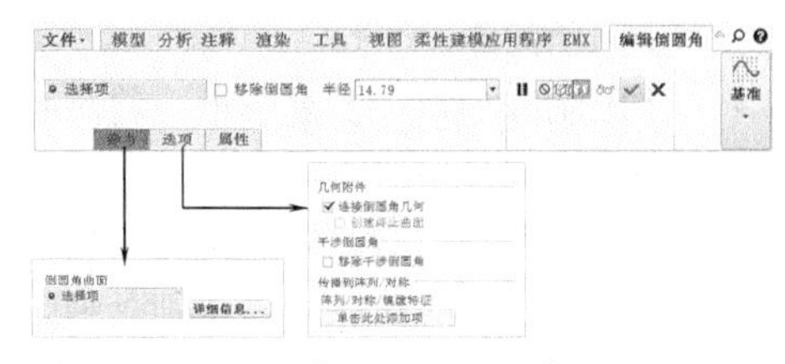

图 11-44　【编辑倒圆角】操控板

如图 11-45 所示为编辑倒圆角的操作过程。

图 11-45　编辑倒圆角的操作过程

11.4 识别阵列和对称

Creo 提供了帮助用户识别阵列中的相同几何的功能和识别具有对称的相似或相同的几何。下面详细介绍。

11.4.1　识别阵列

可选择几何并使用阵列识别工具识别与所选几何相同或相似的几何。保存已识别几何时，将创建【阵列识别】特征。

首先，在模型中的阵列特征上选择一个面，然后在【识别】组中单击【Pattern Recogniton】按钮，弹出【阵列】操控板，如图 11-46 所示。

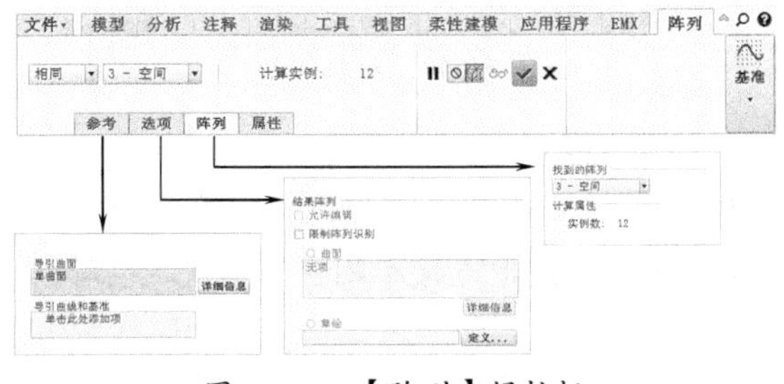

图 11-46　【阵列】操控板

此时，Creo 将识别出该模型中其余阵列的特征，并以黑色亮点来表示，如图 11-47 所示。

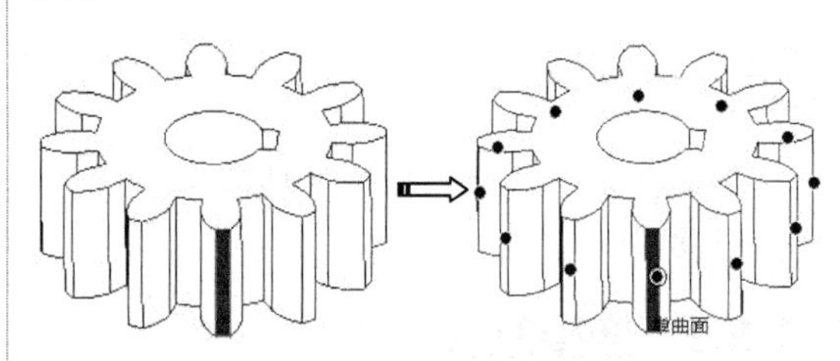

图 11-47　识别其余阵列特征

各选项板中的选项含义如下：

- 导引曲面：激活定义了要识别的几何阵列导引的曲面集合。
- 导引曲线和基准：激活定义了要识别的几何阵列导引的曲线和基准集合。无法选择基准坐标系。
- 【允许编辑】复选框：允许编辑阵列成员的数量和方向或轴阵列的阵列成员间的间距。
- 【限制阵列识别】复选框：将阵列识别限制在模型的选定区域。
- 【曲面】收集器：显示定义了所需阵列识别区域的曲面。已识别几何阵列的成员必须与选定曲面相交。单击【细节】按钮，可打开【曲面集】对话框。
- 【草绘】收集器：显示定义了所需阵列识别区域的草绘。当拉伸草绘时，已识别几何阵列的成员必须位于草绘的拉伸区域之内。单击【定义】按钮，可打开【草绘】对话框。
- 【找到的阵列】下拉列表框：选择已经是已识别阵列的几何阵列。可用阵列类型为【方向】、【轴】或【空间】。
- 计算属性：显示选定已识别阵列的计算属性。
- 方向：显示阵列类型、成员数量及第一方向和第二方向上成员间的间距。
- 轴：显示成员数量及角度方向和径向方向上成员之间的间距。
- 空间：显示成员数量。

11.4.2 对称识别

使用【对称识别】功能可选择几何或基准平面，并识别与所选几何对称相同或相似的几何。

在【识别】组中单击【Symmetry Recognition】按钮，弹出【对称识别】操控板，如图 11-48 所示。

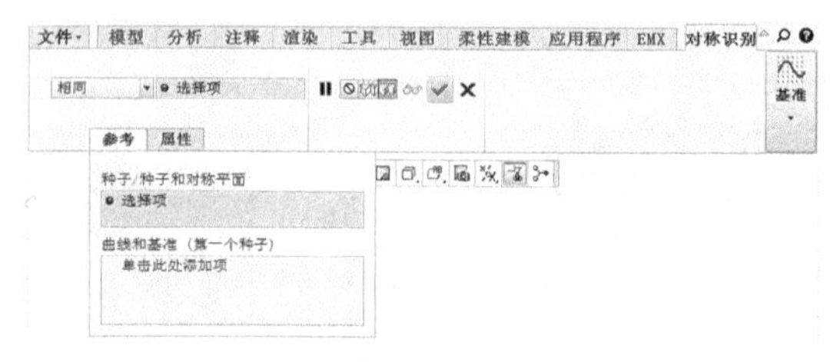

图 11-48 【对称识别】操控板

【对称识别】特征可以具有两个可能的参考集。

- 选择一个种子曲面或种子区域和对称平面时，将识别对称平面另一侧的对称曲面或曲面区域。连接到选定种子曲面的曲面或曲面区域也将作为特征的一部分进行识别，其中，选定种子曲面相对于对称平面对称。
- 选择两个对称相同或相似的种子曲面或曲面区域时，将识别对称平面。连接到选定种子曲面的曲面或曲面区域也将作为特征的一部分进行识别，其中，选定种子曲面相对于对称平面对称。

如图 11-49 所示为对称识别中相同几何和相似几何的 3 种情况。

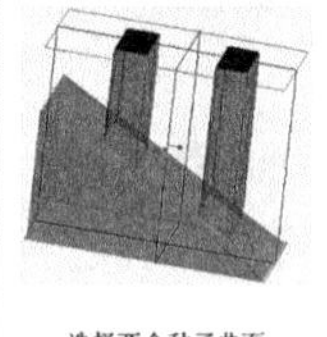

选择两个种子曲面

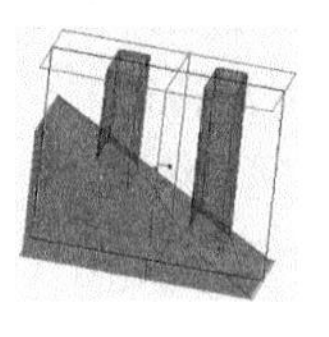

选择"相同"选项

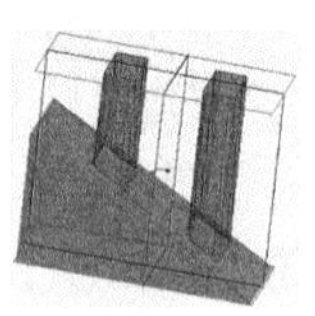

选择"相似"选项

图 11-49 对称识别

11.5 编辑特征

Creo 提供了【编辑特征】功能，利用此功能用户可以快速地连接不相交的几何，也可以连接已移除的几何。

11.5.1 连接面组

在【柔性建模】中，当开放面组与几何不相交时，使用【连接】特征功能可将开放面组连接到实体或面组几何。开放面组会一直延伸，直至其连接到要合并到的面组或曲面。

技术要点

【连接】特征功能可用来重新连接已经移动到新位置的已移除几何。

在【编辑特征】组中单击【连接】按钮，弹出【连接】操控板，如图 11-50 所示。

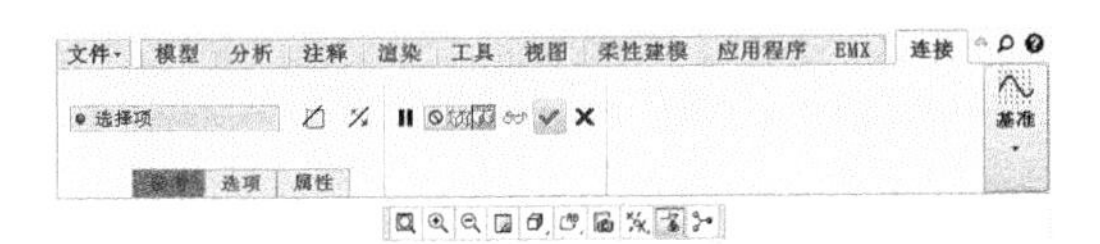

图 11-50　【连接】操控板

【参考】选项板和【选项】选项板中选项含义如下：

- 【要修剪 / 延伸的面组】收集器：显示先修剪或延伸然后连接到实体或面组的开放面组。
- 【要合并的面组】收集器：显示先修剪或延伸然后连接到的面组或实体几何。
- 【修剪 / 延伸并且不进行连接】复选框：修剪或延伸开放面组，但防止开放面组连接到实体几何或面组。
- 【边界边】收集器：显示用作几何边界的边。
- 【细节】按钮：单击此按钮，可打开【链】对话框。
- 上一个：存在多个解决方案时查找上一个解决方案。
- 下一个：存在多个解决方案时突出显示下一个解决方案。
- 【保持解决方案拓扑】复选框：当模型更改时，强制模型重新构建相同的解决方案类型，如果不能重新构建相同的解决方案类型，则该特征失败。

技术要点

【柔性建模】提供了创建【连接】特征的不同种解决方案。使用【选项】选项卡上的【上一个】和【下一个】，即可在各个可用的解决方案之间进行切换，以便选择最符合要求的解决方案。

11.5.2　移除曲面

使用【移除曲面】功能，可以移除不改变历史特征的曲面，不需要重定参考或重新定义一些其他特征。

选中要移除的曲面，然后在【编辑特征】组中单击【移除】按钮，弹出【移除曲面】操控板，如图 11-51 所示。

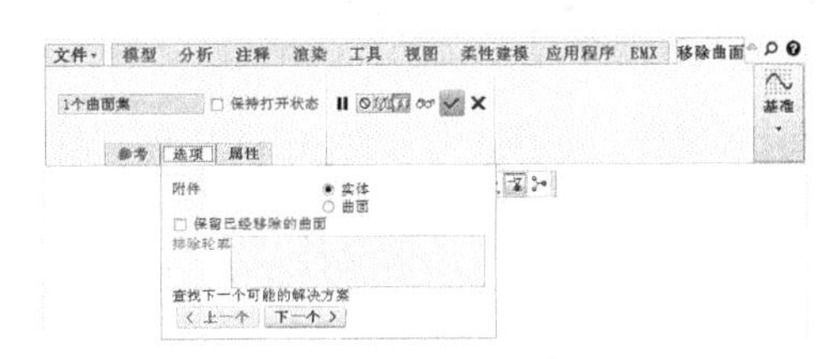

图 11-51　【移除曲面】操控板

【参考】选项板和【选项】选项板中各选项含义如下：

- 【要移除的曲面】收集器：显示要移除的曲面集或区域。
- 【细节】按钮：单击此按钮可打开【曲面集】对话框。
- 【要移除的边】收集器：显示要移除的边。
- 【细节】按钮：单击此按钮可打开【链】对话框。
- 实体：创建特征作为实体。
- 曲面：创建特征作为曲面。

技术要点

只有在选择曲面、曲面集或区域作为【移除曲面】特征的参考时，【实体】和【曲面】选项才可用。

- 相同面组：延伸现有面组。
- 新面组：将新面组连接到现有面组。

技术要点

【相同面组】和【新面组】仅在选择单个封闭环链时才可用。

- 【保留已经移除的曲面】复选框：将已移除的曲面保留为单独的面组。
- 【排除轮廓】收集器：显示要从多轮廓曲面的【移除曲面】特征中排除的轮廓。

技术要点

如果选择了链或未选择多轮廓曲面作为【移除曲面】特征的参考，则此收集器不可用。

11.6 综合实训

下面以几个实例来温习本章介绍的知识。

11.6.1 连接件的修改

◎ **引入文件：实例\源文件\Ch11\连接件.sprt**

◎ **结果文件：实例\结果文件\Ch11\修改连接件.prt**

◎ **视频文件：视频\Ch11\修改连接件.avi**

连接件的主要作用就是起连接作用，将两个或两个以上的零部件连接到一起。在此主要介绍对连接件的修改。

修改完成的连接件如图11-52所示。

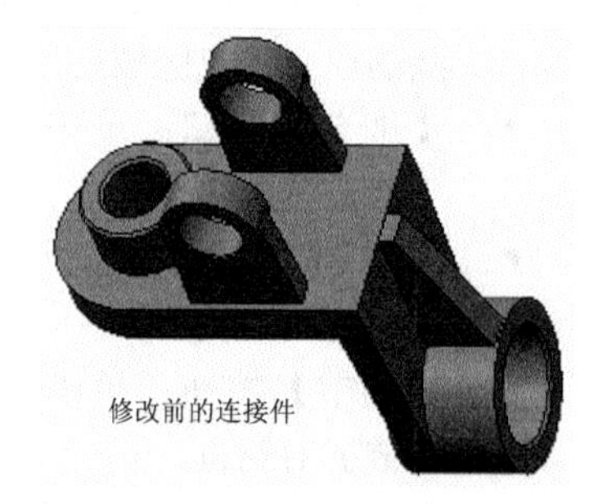

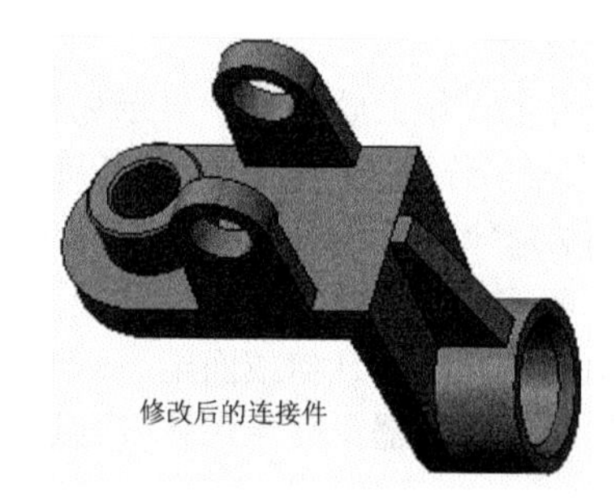

图11-52　连接件

01 从素材中打开连接件模型。

02 首先在图形区选择模型中的一个面，如图11-53所示。

03 在【识别和选择】组中单击【多凸台】按钮，以便在模型中所选面位置识别多凸台特征，如图11-54所示。

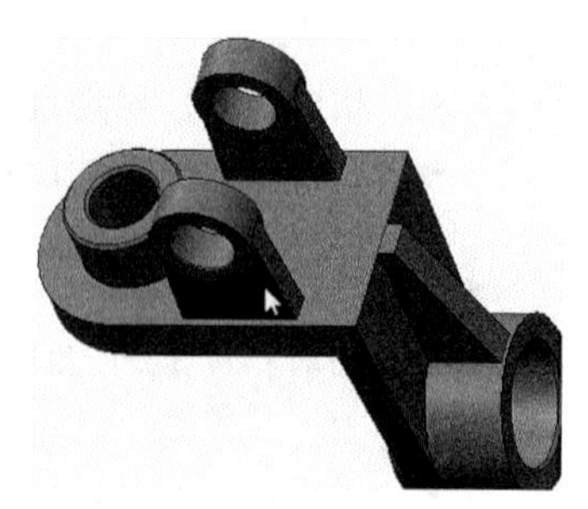

图11-53　选择要移动的面

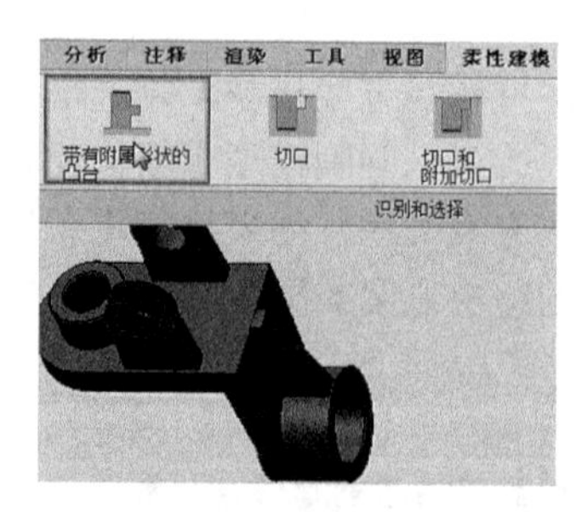

图11-54　识别特征

04 在【变换】组中单击【按尺寸移动】按钮，弹出【移动】操控板。

05 在操控板的【尺寸】选项板中，尺寸参考收集器被自动激活。按信息提示按 Ctrl 键选取如图 11-55 所示的识别特征中的曲面和基准平面 FRONT 作为尺寸参考，并输入偏置值 60。

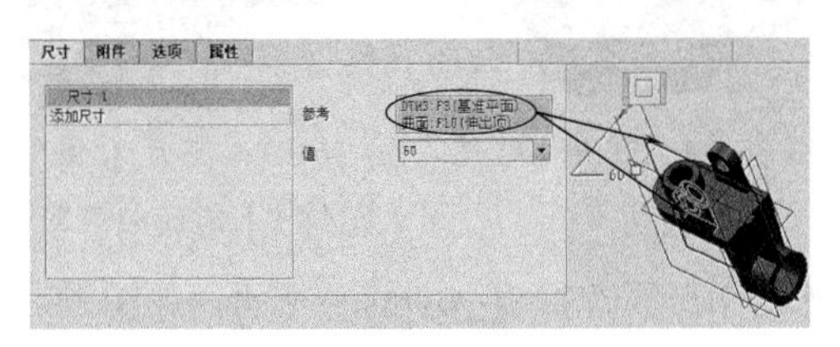

图 11-55　收集尺寸参考并设置值

06 单击操控板上的【应用】按钮完成对象的移动，如图 11-56 所示。

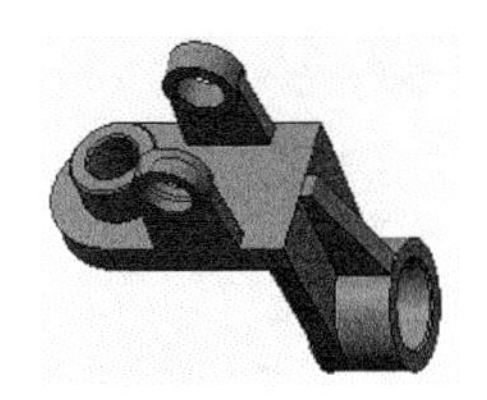
图 11-56　完成【移动 1】后的效果图

07 在图形区选择模型中的一个面，如图 11-57 所示。

08 在【识别和选择】组中单击【多凸台】按钮，以便在模型中所选面位置识别多凸台特征，如图 11-58 所示。

图 11-57　选择要移动的面

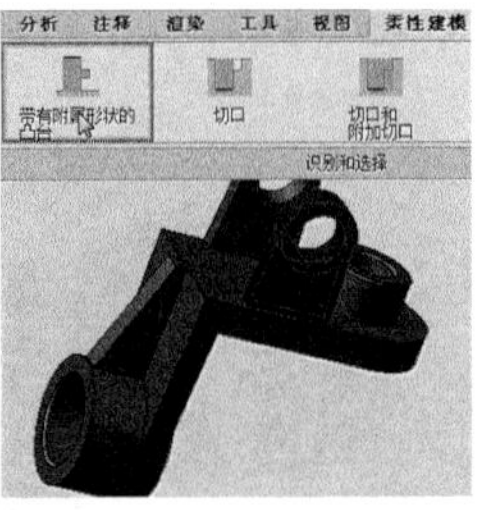

图 11-58　识别特征

09 在【变换】组中单击【按尺寸移动】按钮，弹出【移动】操控板。

10 在操控板的【尺寸】选项板中，尺寸参考收集器被自动激活。按信息提示按 Ctrl 键选取如图 11-59 所示的识别特征中的曲面和基准平面 FRONT 作为尺寸参考，并输入偏置值 60。

图 11-59　收集尺寸参考并设置值

11 单击操控板上的【应用】按钮完成对象的移动，如图 11-60 所示。

12 在图形区选择模型中的一个面，如图 11-61 所示。

图 11-60　完成【移动 2】后的效果图

图 11-61　选择要移动的面

13 在【变换】组中单击【按尺寸移动】按钮，弹出【移动】操控板。

14 在操控板的【尺寸】选项板中，尺寸参考收集器被自动激活。按信息提示按 Ctrl 键选取如图 11-62 所示的识别特征中的曲面和基准平面 FRONT 作为尺寸参考，并输入偏置值 60。

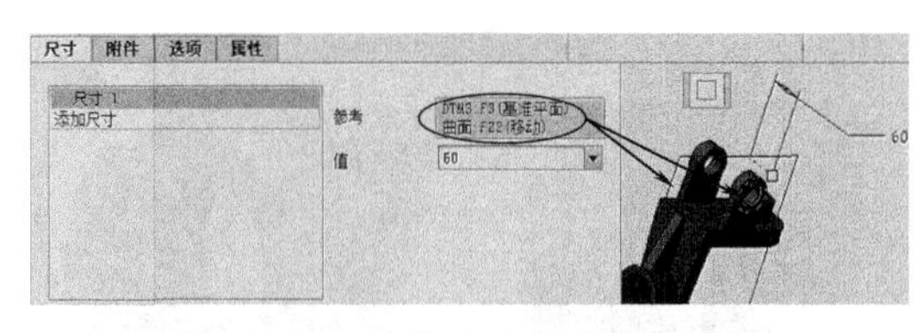

图 11-62　收集尺寸参考并设置值

15 单击操控板上的【应用】按钮完成对象的移动，如图 11-63 所示。

16 用相同的方法将另一侧的小土台也进行移动，移动的距离也是 60，完成结果如图 11-64 所示。

图 11-63　完成【移动 3】后的效果图

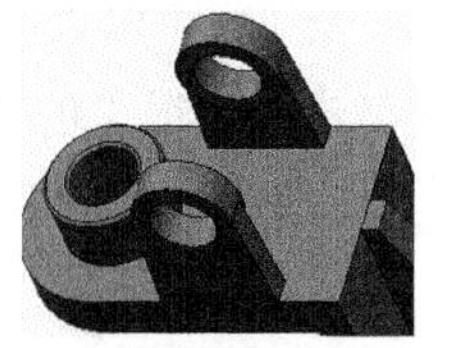
图 11-64　完成【移动 4】后的效果图

17 在图形区选择模型中的一个面，如图 11-65 所示。

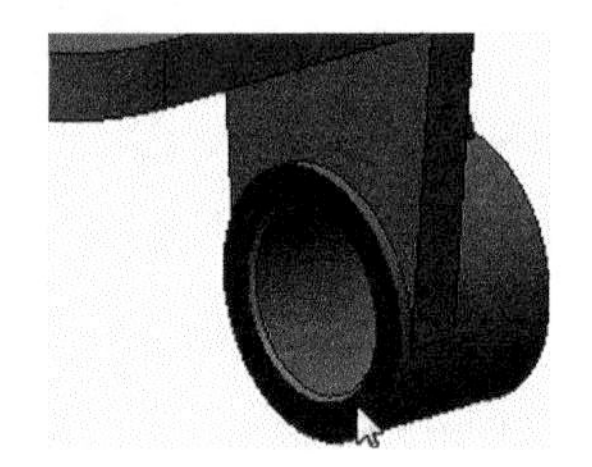

图 11-65　选择要移动的面

18 在【变换】组中单击【按尺寸移动】按钮，弹出【移动】操控板。

19 在操控板的【尺寸】选项板中，尺寸参考收集器被自动激活。按信息提示按 Ctrl 键选取如图 11-66 所示的识别特征中的曲面和基准平面 DTM1 作为尺寸参考，并输入偏置值 5。

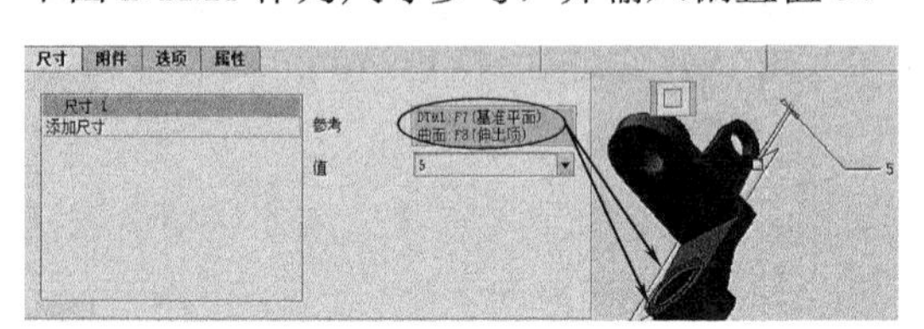

图 11-66　收集尺寸参考并设置值

20 单击操控板上的【应用】按钮完成对象的移动，如图 11-67 所示。

21 在图形区选择模型中的一个面，如图 11-68 所示。

图 11-67　完成【移动 5】后的效果图

图 11-68　选择要偏移的曲面

22 在【变换】组中单击【偏移】按钮，弹出【偏移几何】操控板。

23 在操控板中输入偏移值 7，如图 11-69 所示。

24 单击操控板上的【应用】按钮完成对象的偏移，如图 11-70 所示。

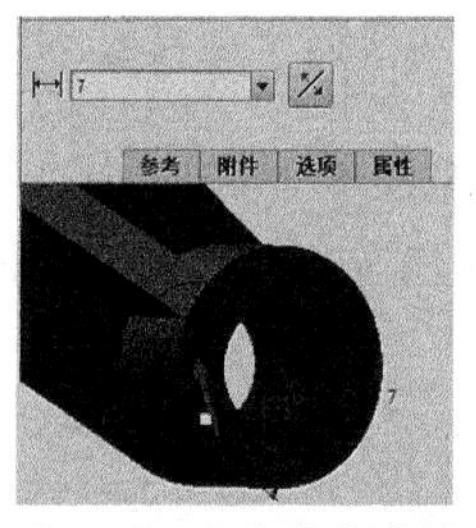

图 11-69　设置偏移值

图 11-70　完成【偏移几何 1】后的效果图

25 在图形区选择模型中的一个面，如图 11-71 所示。

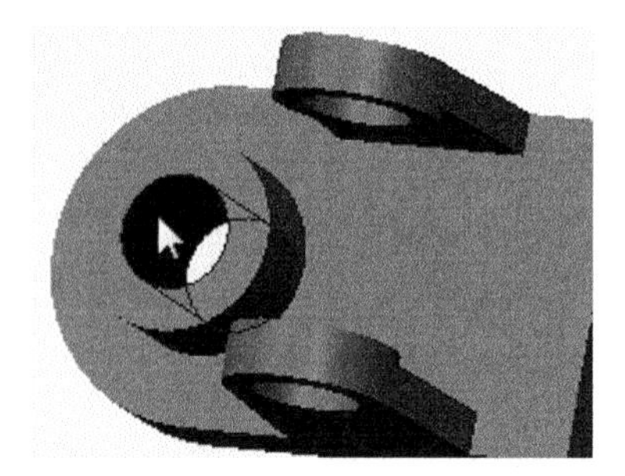

图 11-71　选择要偏移的曲面

26 在【变换】组中单击【偏移】按钮，弹出【偏移几何】操控板。

27 在操控板中输入偏移值 5，如图 11-72 所示。

28 单击操控板上的【应用】按钮完成对象的偏移，如图 11-73 所示。

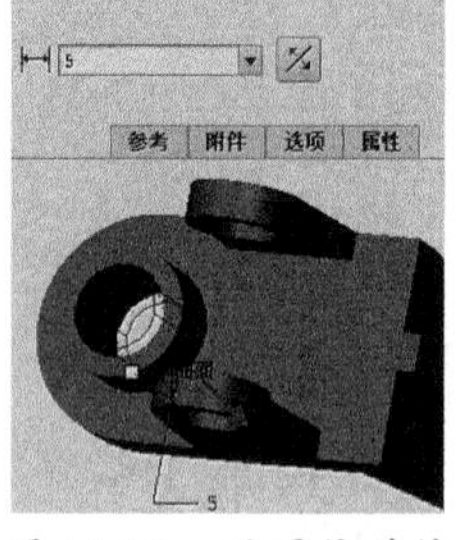

图 11-72　设置偏移值

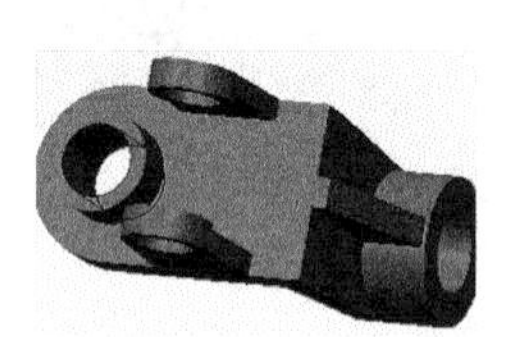

图 11-73　完成【偏移几何 2】后的效果图

29 到此，整个连接件的修改已经完成，单击【保存】按钮，将其保存到工作目录下即可。

11.6.2　支架的修改

◎ 引入文件：实例 \ 源文件 \Ch11\ 支架 .prt

◎ 结果文件：实例 \ 结果文件 \Ch11\ 修改支架 .drw

◎ 视频文件：视频 \Ch11\ 修改支架 .avi

支架的主要作用就是用来支撑东西，在此主要介绍对支架的修改。

修改完成的支架如图 11-74 所示。

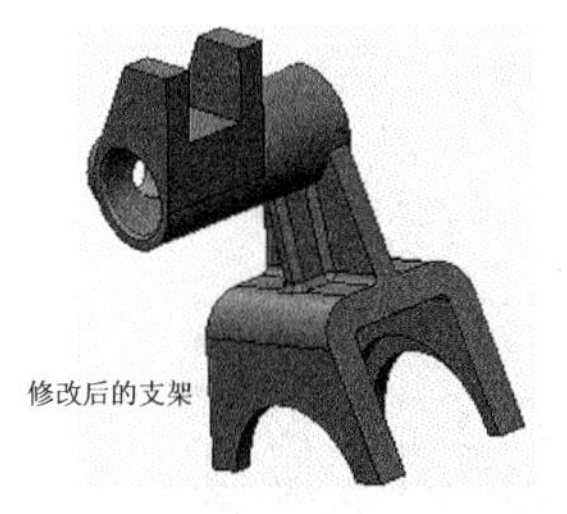

图 11-74　修改后支架效果图

01 从素材中打开支架模型。

02 首先在图形区选择模型中的一个面，如图 11-75 所示。

图 11-75　选择要移动的面

03 在【变换】组中单击【按尺寸移动】按钮，弹出【移动】操控板。

04 在操控板的【尺寸】选项板中，尺寸参考收集器被自动激活。按信息提示按 Ctrl 键选取如图 11-76 所示的识别特征中的曲面和基准平面 FRONT 作为尺寸参考，并输入偏置值 0。

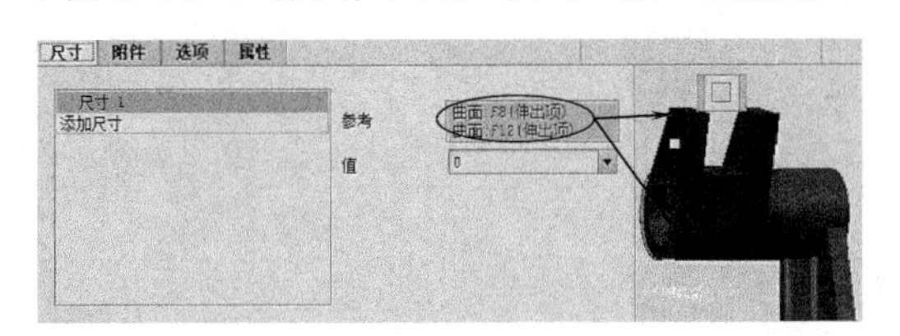

图 11-75　收集尺寸参考并设置值

05 单击操控板上的【应用】按钮完成对象的移动，如图 11-77 所示。

图 11-77　完成【移动 1】后的效果图

06 在图形区选择模型中的一个面，如图 11-78 所示。

图 11-78　选择要偏移的曲面

07 在【变换】组中单击【偏移】按钮，弹出【偏移几何】操控板。

08 在操控板中输入偏移值 1。如图 11-79 所示。

09 单击操控板上的【应用】按钮完成对象的偏移，如图 11-80 所示。

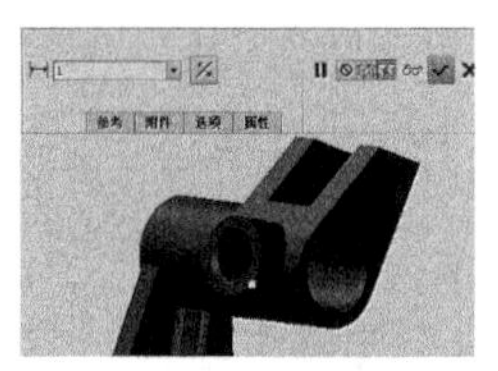

图 11-79 设置偏移值

图 11-80 完成【偏移几何 1】后的效果图

10 在图形区选择模型中的一个面，如图 11-81 所示。

图 11-81 选择要偏移的曲面

11 在【变换】组中单击【偏移】按钮，弹出【偏移几何】操控板。

12 在操控板中输入偏移值 1。如图 11-82 所示。

13 单击操控板上的【应用】按钮完成对象的偏移，如图 11-83 所示。

图 11-82 设置偏移值

图 11-83 完成【偏移几何 2】后的效果图

14 首先在图形区选择模型中的一个面，如图 11-84 所示。

图 11-84 选择要移动的面

15 在【变换】组中单击【按尺寸移动】按钮，弹出【移动】操控板。

16 在操控板的【尺寸】选项板中，尺寸参考收集器被自动激活。按信息提示按 Ctrl 键选取如图 11-85 所示的识别特征中的曲面和基准平面 FRONT 作为尺寸参考，并输入偏移值 45。

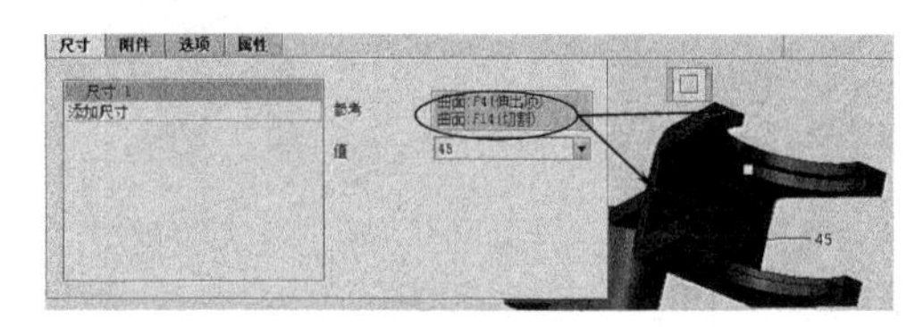

图 11-85 收集尺寸参考并设置值

17 单击操控板上的【应用】按钮完成对象的移动，如图 11-86 所示。

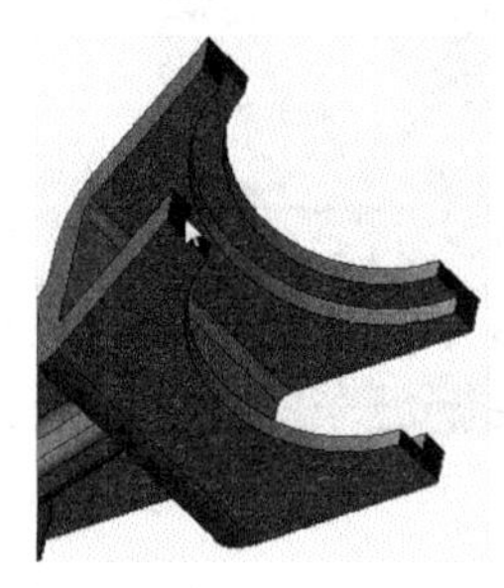

图 11-86 完成【移动 2】后的效果图

18 到此，整个支架的修改已经完成，单击【保存】按钮，将其保存到工作目录下即可。

11.7 课后习题

1. 修改泵后盖效果图

本练习的泵后盖修改前后效果对比如图 11-87 所示。

图 11-87　泵后盖修改效果图

练习要求与步骤：

（1）从素材中打开泵后盖模型。

（2）使用偏移工具将泵后盖主体进行偏移。

（3）使用偏移工具将泵后盖阶梯孔进行偏移。

（4）使用偏移工具将泵后盖阶梯孔外端进行偏移。

（5）使用偏移工具将泵后盖支撑孔内圆进行偏移。

（6）使用偏移工具将泵后盖支撑外圆进行偏移。

2. 修改法兰盘

本练习的法兰盘修改前后效果对比如图 11-88 所示。

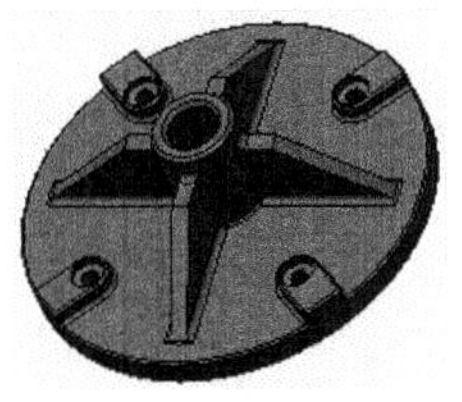

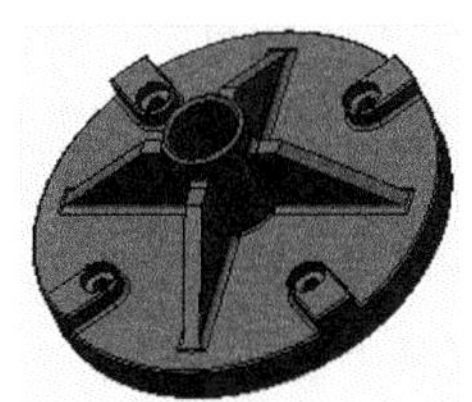

图 11-88　法兰盘修改效果图

练习要求与步骤：

（1）从素材中打开法兰盘模型。

（2）使用移动工具将 4 个加强筋向上移动。

（3）使用移动工具将上端面向上移动。

（4）使用偏移工具将圆孔进行偏移。

（5）使用偏移工具将 4 个固定台进行偏移。

（6）使用偏移工具将主体下端面进行偏移

读书笔记

第12章　零件参数化设计

参数化设计是Creo重点强调的设计理念。参数是参数化设计中的核心概念，在一个模型中，参数是通过【尺寸】的形式来体现的。参数化设计的突出优点在于可以通过变更参数的方法来方便地修改设计意图，从而修改设计结果。关系式是参数化设计中的另外一项重要内容，它体现了参数之间相互制约的【父子】关系，本章将全面介绍参数化设计的基本方法和设计过程。

知识要点

- 关系式及其应用
- 参数及其应用
- 插入2D基准图形
- 特征再生失败及其处理

12.1 关系

关系是参数化设计的一个重要要素，通过定义关系可以在参数和对应模型之间引入特定的【父子】关系。当参数值变更后，通过这些关系来规范模型再生后的形状和大小。

12.1.1 【关系】对话框

在【工具】选项卡的【模型意图】组中单击【选择】按钮d=，可以打开如图12-1所示的【关系】窗口。

如果单击窗口底部的【局部参数】按钮，可以在对话框底部显示参数界面，用于显示模型上已经创建的参数，如图12-2所示。

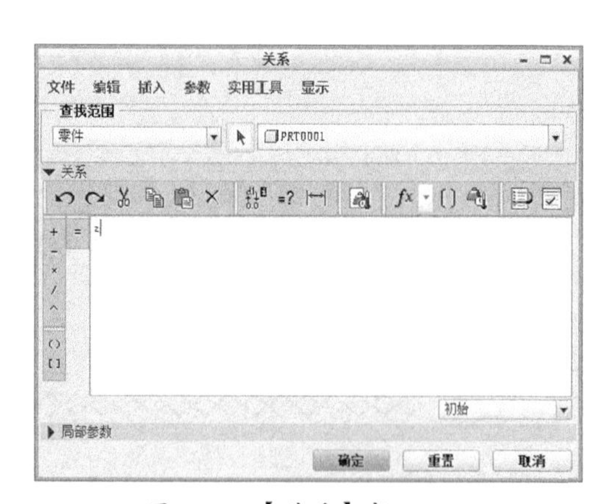

图12-1　【关系】窗口

图12-2　参数界面

12.1.2 将参数与模型尺寸相关联

在参数化设计中，通常需要将参数和模型上的尺寸相关联，这主要是通过在【参数】窗口中编辑关系式来实现的。

下面介绍基本设计步骤。

1. 创建模型

按照前面的介绍，在为长方体模型创建了 L、W 和 H 这 3 个参数后，再使用拉伸的方法创建如图 12-3 所示的模型。

2. 显示模型尺寸

要在参数和模型上的尺寸之间建立关系，首先必须显示模型尺寸。简单快捷地显示模型尺寸的方法是在模型树窗口相应的特征上右击，然后在弹出的快捷菜单中选择【编辑】命令，如图 12-4 所示。图 12-5 是显示模型尺寸后的结果。

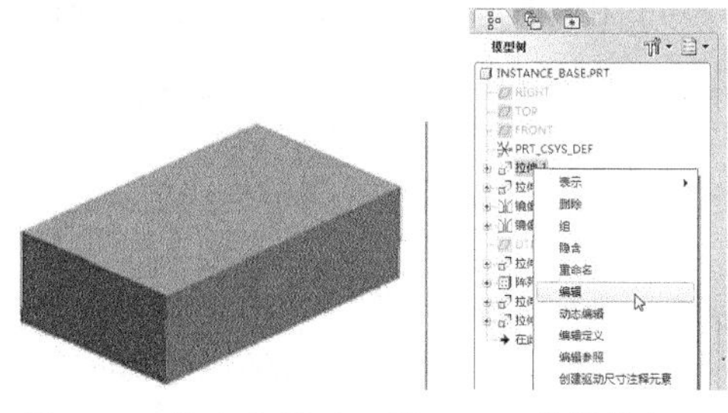

图 12-3 长方体模型 图 12-4 编辑特征

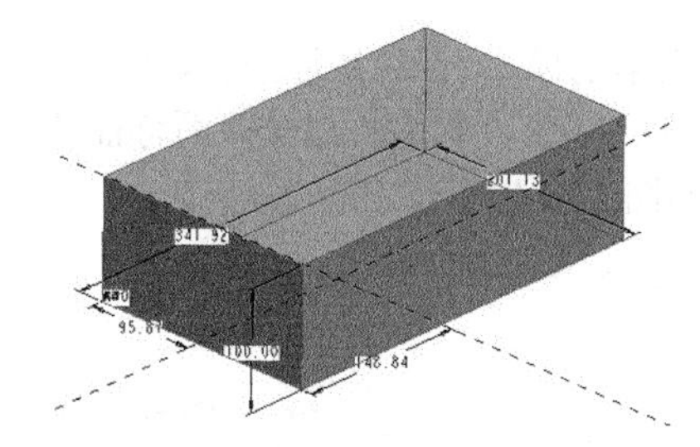

图 12-5 显示特征尺寸

3. 在特征尺寸和参数之间建立关系

按照下列步骤在特征尺寸和参数之间建立关系。

（1）打开【关系】对话框。

当模型上显示特征尺寸后，可以按照前述方法，在【工具】选项卡的【模型意图】组中单击【关系】按钮，打开【关系】窗口。

技术要点

注意此时模型上的尺寸将以代号形式显示。

（2）编辑关系式。

接下来就可以编辑关系了。设计者可以直接利用键盘输入关系，也可以单击模型上的尺寸代号并配合【关系】窗口左侧的运算符号按钮来编辑关系。按照如图 12-6 所示为长方体的长、宽、高 3 个尺寸与 L、W 和 H 等 3 个参数之间建立关系。编辑完后，单击窗口中的【确定】按钮保存关系。

（3）再生模型。

在【编辑】主菜单中选择【再生】命令或在工具栏中单击 按钮再生模型。系统将使用新的参数值（L = 30、W = 40 和 H = 50）更新模型，结果如图 12-7 所示。

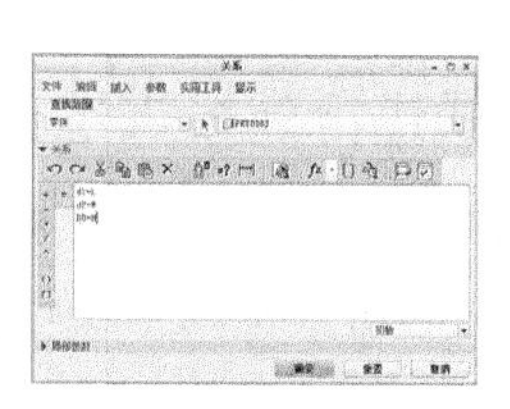

图 12-6 编辑关系 图 12-7 再生后的模型

（4）增加关系。

如果希望将该长方体模型改为正方体模型，可以再次打开该窗口，继续添加如图 12-8 所示的关系即可。如图 12-9 所示是再生后的模型。

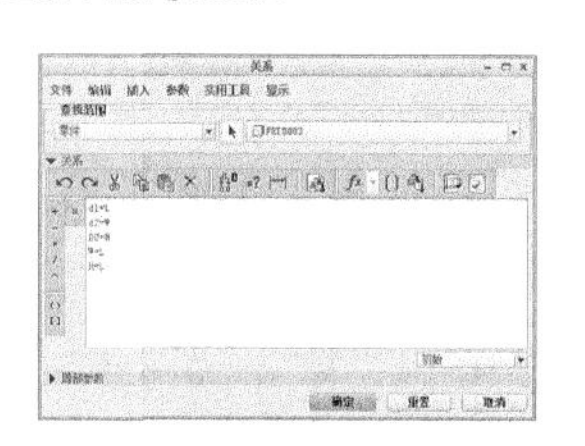

图 12-8 添加关系 图 12-9 再生后的模型

技术要点

注意关系【W = L】与关系【L = W】的区别，前者用参数 L 的值更新参数 W 的值，建立该关系后，参数 W 的值被锁定，只能随参数 L 的改变而改变，如图 12-10 所示。后者的情况刚好相反。

图 12-10 【关系】窗口

12.1.3 利用关系式进行建模训练

学习了【关系】的理论知识，下面通过几个小案例来熟悉如何利用关系式来设计特殊形状的模型。

动手操作——利用关系式设计麻花绳子

01 新建【利用关系式设计麻花绳子】模型文件。

02 以 TOP 作为草图平面，利用【样条曲线】工具，在平面上绘制如图 12-11 所示的封闭样条曲线。

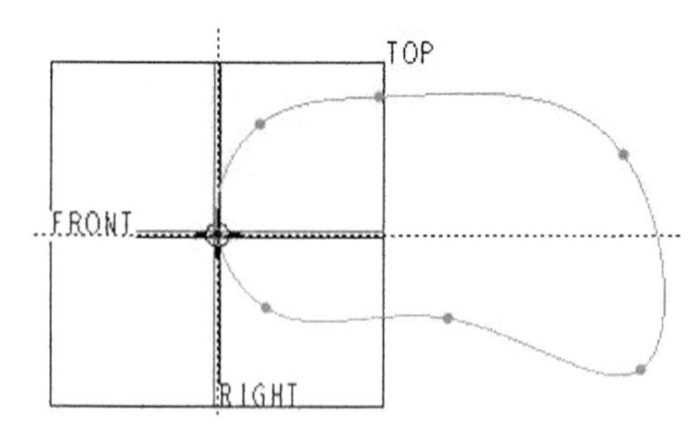

图 12-11 绘制曲线

03 单击【扫描】按钮，打开操控板。选择曲线作为扫描轨迹，然后单击【创建或编辑扫描剖面】按钮进入草绘模式中。绘制出如图 12-12 所示的等边三角形截面。

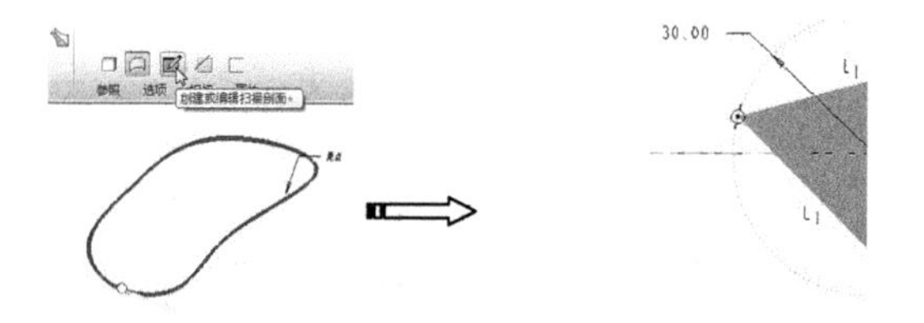

图 12-12 绘制等边三角形截面

技术要点

注意标注角度的参考斜线不要用中心线绘制，用直线绘制后右击，选择【构建】命令即可。

04 在草绘模式下，在【工具】选项卡的【模型意图】组中单击【关系】按钮，为角度尺寸为 45 图形的添加关系式，如图 12-13 所示。

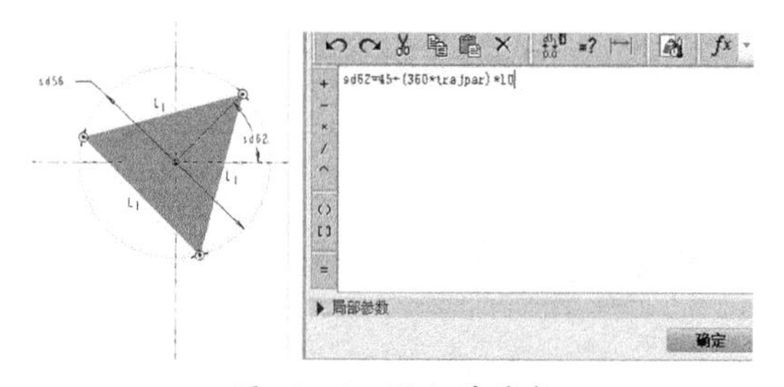

图 12-13 添加关系式

05 退出草绘模式，查看特征预览，然后单击【应用】按钮，完成可变截面扫描曲面特征的创建。结果如图 12-14 所示。

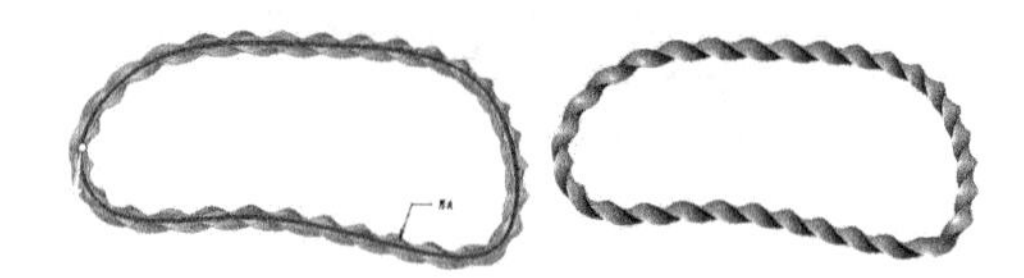

图 12-14 创建可变截面扫描曲面特征

06 再利用【扫描】构建，选择扫描曲面的一条边线作为折弯扫描轨迹，如图 12-15 所示，选择扫描轨迹。然后进入草绘模式中绘制如图 12-16 所示的截面。

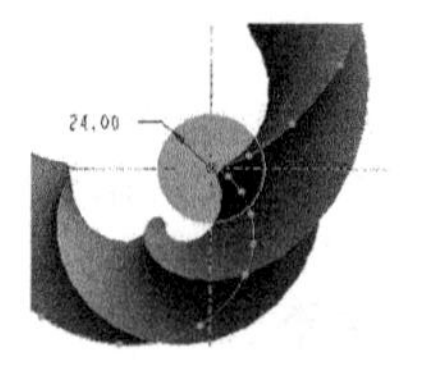

图 12-15 选择扫描轨迹　图 12-16 绘制截面

07 退出草绘模式后单击【应用】按钮完成扫描实体特征的创建。如图 12-17 所示。

08 同理，在可变扫描曲面特征的另外两条边线上，也分别创建出扫描实体特征。最终结果如图 12-18 所示。

图 12-17　完成扫描实体特征的创建

图 12-18　完成的麻花绳

12.2 参数

参数用于提供关于设计对象的附加信息，是参数化设计的重要要素之一。参数与模型一起存储，参数可以标明不同模型的属性，例如在一个【族表】中创建参数【成本】后，对于该族表中的不同实例可以为其设置不同的值，以示区别。

参数的另一个重要用法就是配合关系的使用来创建参数化模型，通过变更参数的数值来变更模型的形状和大小。

12.2.1 参数概述

在前面的建模过程中，我们已经初步掌握了通过尺寸来约束特征形状和位置的一般方法，并且理解了【尺寸驱动】的含义，也进一步体会了通过【尺寸驱动】的方法来创建模型的优势和特点。

在实际设计中，常常会遇到这样的问题：有时候需要创建一种系列产品，这些产品在结构特点和建模方法上都有极大的相似之处，例如一组不同齿数的齿轮、一组不同直径的螺钉等。如果能够对一个已经设计完成的模型进行最简单的修改，就可以获得另外一种设计结果（例如将一个具有 30 个轮齿的齿轮改变为具有 40 个轮齿的齿轮），那么将会大大节约设计时间，增加模型的利用率。要实现这种设计方法，可以借助【参数】来实现。

技术要点

要完全确定一个长方形模型的形状和大小，需要怎么样的尺寸？当创建完成一个长方体模型后，怎样更改其形状和大小呢？

不难知道，只要给出一个长方体模型的长、宽和高 3 个尺寸，就可以完全确定该模型的形状和大小。而要更改其形状和大小，则需要使用编辑或重定义模型的方法通过修改相关尺寸来实现。那么是否还有更加简便的方法呢？

在 Creo 中，可以将长方体模型的长、宽和高等 3 个数据设置为参数，将这些参数与图形中的尺寸建立关联关系后，只要变更参数的具体数值，就可以轻松改变模型的形状和大小，这就是参数在设计中的用途。

12.2.2 参数的设置

在Creo中，可以方便地在模型中添加一组参数，通过变更参数值来实现对设计意图的修改。新建零件文件后，在【工具】选项卡的【模型意图】组中单击【参数】按钮，将打开如图12-19所示【参数】窗口，使用该窗口在模型中创建或编辑用户定义的参数。

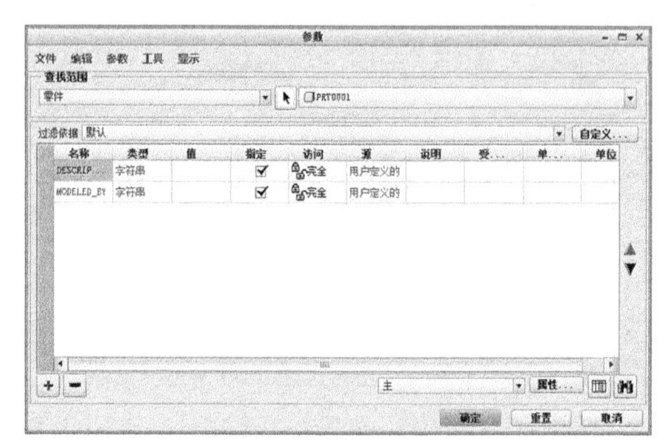

图12-19 【参数】窗口

12.2.3 添加参数

进行参数化设计的第一个步骤就是添加参数。在【参数】窗口左下角单击【添加】按钮，或者在对话框中的【参数】菜单中选择【添加参数】命令，在【参数】窗口中都将新增一行内容，依次为参数设置以下属性项目。

（1）名称。

参数的名称和标识用于区分不同的参数，是引用参数的根据。注意，Creo的参数不区分大小写，例如参数【D】和参数【d】是同一个参数。参数名不能包含非字母数字字符，如!、"、@和#等。

技术要点

用于关系的参数必须以字母开头，而且一旦设定了用户参数的名称，就不能对其进行更改。

（2）类型。

为参数指定类型时，可以选用的类型如下：

- 整数：整型数据，例如齿轮的齿数等。
- 实数：实数数据，例如长度、半径等。
- 字符串：符号型数据，例如标识等。
- 是/否：二值型数据，例如条件是否满足等。

（3）值。

为参数设置一个初始值，该值可以在随后的设计中修改，从而变更设计结果。

（4）指定。

选中列表中的复选框可以使参数在产品数据管理（Product Data Management，PDM）系统中可见。

（5）访问。

为参数设置访问权限。可以选用的访问权限如下：

- 完全：无限制的访问权限，用户可以随意访问参数。
- 限制：具有限制权限的参数。
- 锁定：锁定的参数，这些参数不能随意更改，通常由关系决定其值。

（6）源。

用于指明参数的来源，常用的来源如下：

- 用户定义的：用户定义的参数，其值可以自由修改。
- 关系：由关系驱动的参数，其值不能自由修改，只能由关系来确定。

技术要点

在参数之间建立关系后可以将由用户定义的参数变为由关系驱动的参数。

（7）增删参数的属性项目。

前面介绍的参数包含上述属性项目，设计者在使用时可以根据个人爱好删除以上属性中除【名称】之外的其他属性项目，具体操作步骤如下：

01 打开【参数表列】窗口。

02 在【参数表列】窗口中选择不显示的项目，如图12-20所示。

图 12-20　选取不显示的项目

12.2.4　编辑属性参数项目

增加新的参数后，可以在参数列表中直接编辑该参数，为各个属性项目设置不同的值。也可以在【参数】窗口右下角单击【属性】按钮，打开如图 12-21 所示的【参数属性】对话框进行编辑。

12.2.5　向特定对象中添加参数

在【参数】窗口中的【查找范围】下拉列表中，选择想要对其添加参数的对象类型。这些对象主要有以下内容：

- 【组件】：在组件中设置参数。
- 【骨架】：在骨架中设置参数。
- 【元件】：在元件中设置参数。
- 【零件】：在零件中设置参数。
- 【特征】：在特征中设置参数。
- 【继承】：在继承关系中设置参数。
- 【面组】：在面组中设置参数。
- 【曲面】：在曲面中设置参数。
- 【边】：在边中设置参数。
- 【曲线】：在曲线中设置参数。
- 【复合曲线】：在复合曲线中设置参数。
- 【注释元素】：存取为注释特征元素定义的参数。

如果在特征上创建参数，可以在模型树中选定的特征上右击，然后在右键快捷菜单中选择【编辑参数】命令，如图 12-22 所示，也将打开【参数】窗口进行参数设置。如果选取多个对象，则可以编辑所有选取对象中的公用参数。

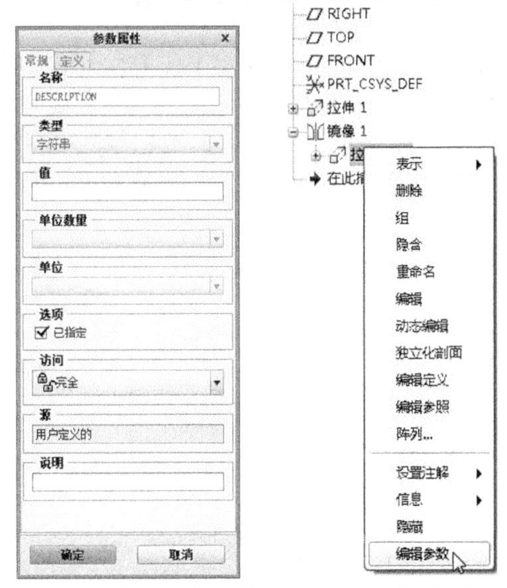

图 12-21　【参数属性】对话框　　图 12-22　编辑特征参数

12.2.6　删除参数

如果要删除某个参数，可以首先在【参数】窗口的参数列表中选中该参数，然后在对话框底部单击【删除】按钮删除该参数。但是不能删除由关系驱动的或在关系中使用的用户参数。对于这些参数，必须先删除其中使用参数的关系，然后再删除参数。

动手操作——利用参数定义机械零件

01 新建名为【利用参数定义机械零件】的模型文件。

02 利用【旋转】工具，在 FRONT 基准平面上绘制草图，并完成旋转特征的创建，如图 12-23 所示。

技术要点

建立参数之前，先任意绘制旋转截面。

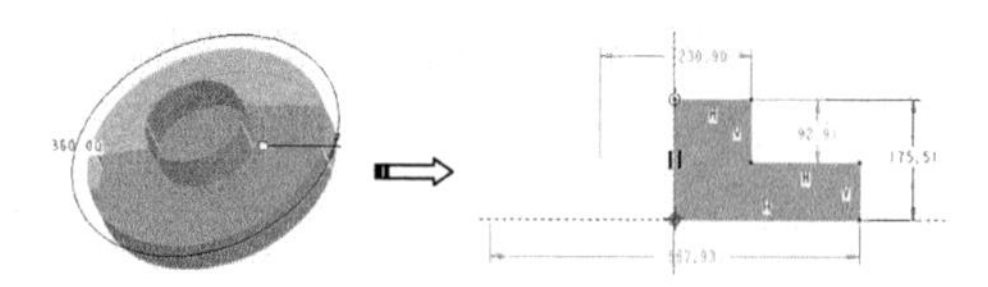

图 12-23　创建旋转特征

03 利用【孔】工具，打开【孔】操控板。选择模型上表面作为孔的放置面，然后再选择偏移参考，最后单击【应用】按钮☑完成孔 1 的创建（孔直径取任意值），如图 12-24 所示。

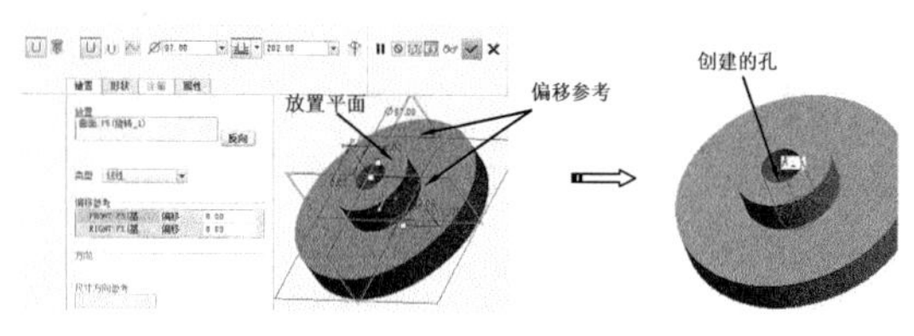

图 12-24　创建孔 1

04 同理，再利用【孔】工具，在模型台阶面上创建孔特征 2，偏移参考为 RIGHT 基准平面与 FRONT 基准平面，结果如图 12-25 所示。

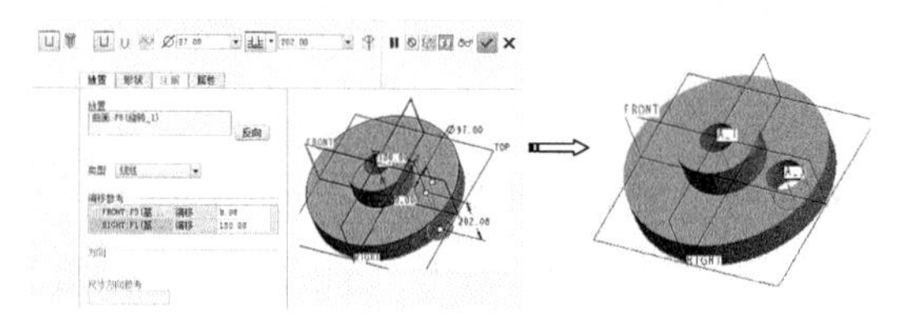

图 12-25　创建孔特征 2

05 利用【阵列】工具，选择孔特征 2 进行轴阵列，阵列设置及结果如图 12-26 所示。

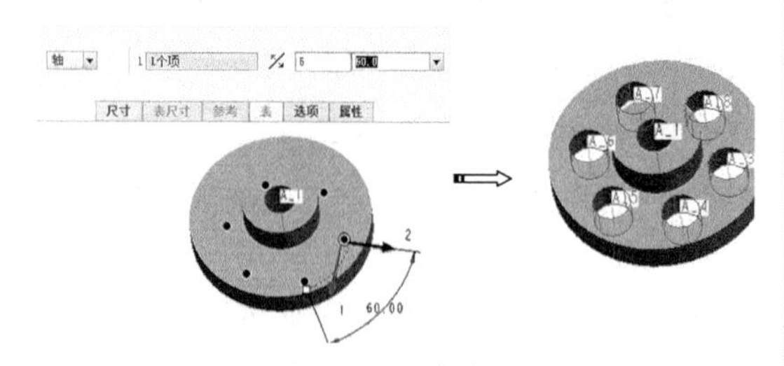

图 12-26　阵列孔

06 设置参数。在【工具】选项卡的【模型意图】组中单击【参数】按钮，打开【参数】对话框。然后输入模型整体直径 D=300、高度 H=100、阵列小孔直径 DL=50、阵列成员数 N=6、阵列中心距 DM=112.5、中心孔直径 DZ=100、中心孔高度 DH=100、凸台直径 DT=150、高度 DTH=50，如图 12-27 所示。

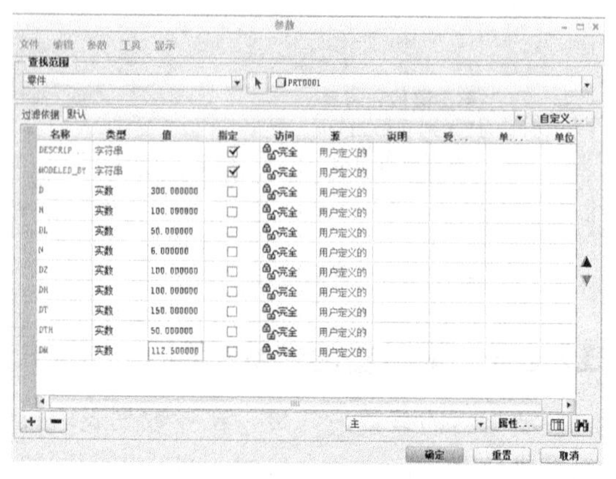

图 12-27　输入参数

07 设置参数后，还要建立参数与图形尺寸之间的关系，即创建尺寸驱动。在【工具】选项卡的【模型意图】组中单击【关系】按钮，打开【关系】窗口。首先在窗口中输入旋转特征中如图 12-28 所示的尺寸关系。

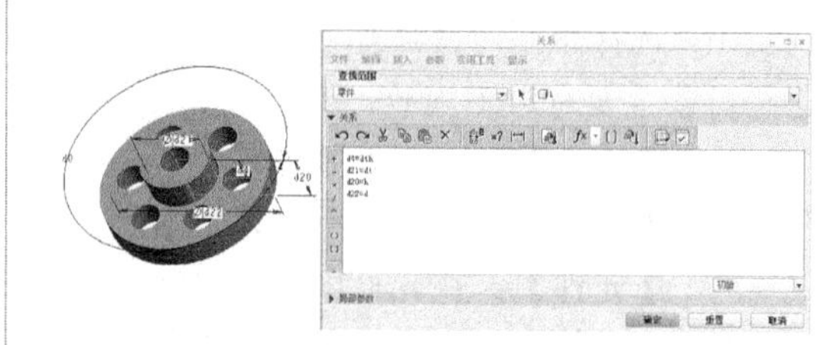

图 12-28　输入旋转特征的尺寸关系

技术要点

要想显示尺寸，要在模型树中选中该特征，并选择右键快捷菜单中的【编辑】命令。

08 接着输入中心孔直径和高度的尺寸关系，如图 12-29 所示。

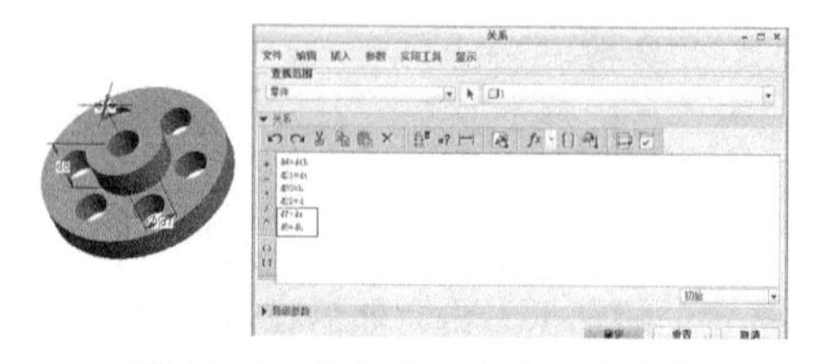

图 12-29　添加中心孔的尺寸关系

09 最后再输入阵列孔的直径和阵列个数的尺寸关系，如图 12-30 所示。

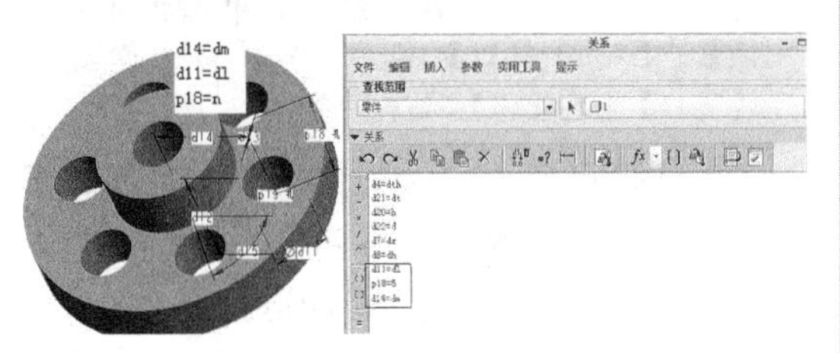

图 12-30　输入阵列小孔的尺寸关系

10 创建尺寸关系后，还要设置程序，便于用户通过输入新尺寸来再生零件。在【工具】选项卡中单击【程序】按钮，打开【程序】菜单管理器。选择【编辑设计】命令，打开记事本文档，如图 12-31 所示。

11 在记事本中的 INPUT 和 END　INPUT 之间插入如图 12-32 所示的字符。

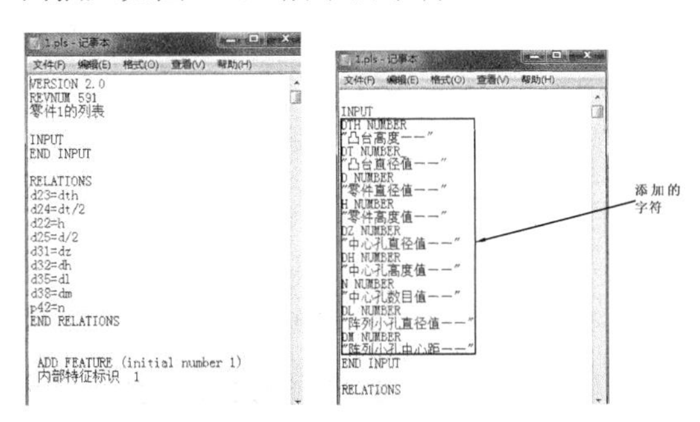

图 12-31　打开的记事本文档　图 12-32　插入字符

12 完成后关闭记事本，然后单击【确认】对话框的【是】按钮，再选择菜单中的【当前值】命令，零件模型随即自动更新至参数化后的尺寸。如图 12-33 所示。

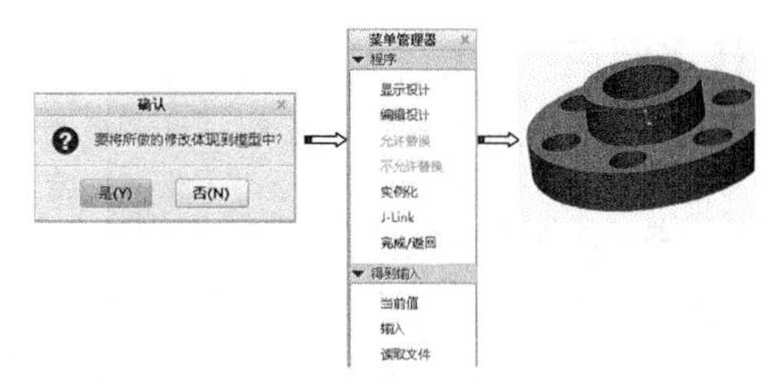

图 12-33　完成程序的指定

13 在模型树的顶层部件上右击，并选择快捷菜单中的【再生】命令，打开菜单管理器。选择【输入】命令，可以选中相应的复选框，进行参数设置，以此创建新的零件，如图 12-34 所示。

14 如图 12-35 所示为更改阵列小圆直径 DL 和中心孔直径 DZ 参数后重新再生的零件模型。

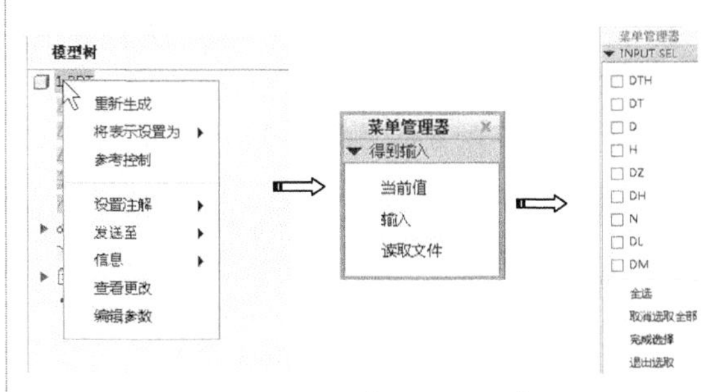

图 12-34　使用参数化设置命令

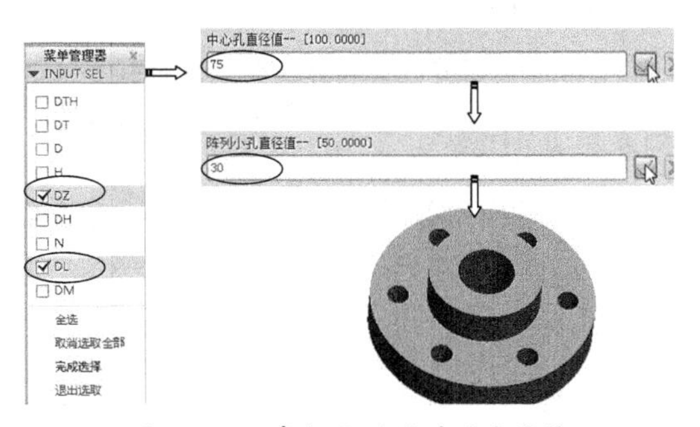

图 12-35　参数化设置并再生零件

12.3　插入 2D 基准图形关系

利用 Creo 创建具有变化截面的特征，通常会利用 2D 基准图形的功能，创建可变的截面。前面所讲解的【关系】应用，在没有插入 2D 基准图形前，仅仅是创建可变的轨迹。

12.3.1　什么是 2D 基准图形关系

2D 基准图形实际是一个函数，主要是用来补充非线性变化的。2D 基准图形（Graph）主要是利用函数的概念来控制截面变化的。

技术要点

注意通过Graph所绘制的函数一定不能是多值(即：坐标平面上的每一个x值只能有唯一的y值与之对应)。

另外，在Graph里面所绘制的函数不一定是标准函数，大部分都是我们自己根据实际来创建的——需要怎样的形状，以及需要形状在什么范围内变化是绘制Graph的目的。而关系就实现就在Graph上面。

2D基准图形通常与可变截面扫描工具结合使用。

12.3.2 2D基准图形的应用

在菜单栏选择【插入】|【模型基准】|【图形】命令，Creo提示用户需要为创建的特征输入一个名字，如图12-36所示。命名的规则必须是英文命名，也可以输入G1、G2、G3等代号。

图12-36　为2D基准图形命名

技术要点

由于在用于创建特征时的函数关系式中不能出现中文名称，所以必须是英文命名或代码命名。

单击【应用】按钮，将会弹出新的草绘窗口，如图12-37所示。

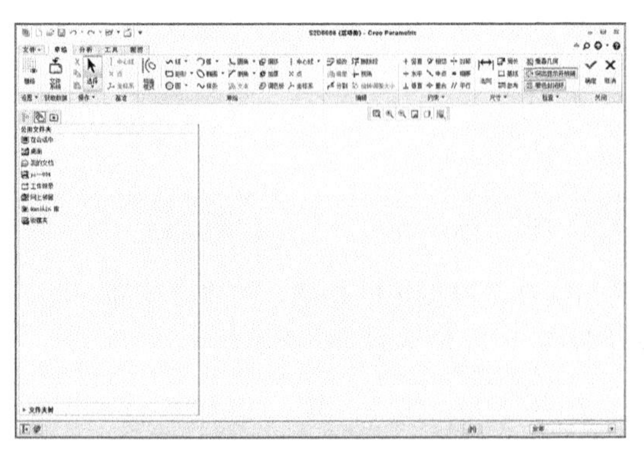

图12-37　新的草绘窗口

技术要点

要关闭窗口，需要在草绘窗口中选择【文件】|【关闭窗口】菜单命令，或者需要【窗口】|【关闭】菜单命令。

在草绘窗口下，绘制图形前必先创建草绘模式中的坐标系作为参考。否则，将不能为函数添加关系式，甚至不能退出草绘窗口。

正确的2D基准图形包括以下几个要素（如图12-38所示）：

- 必先创建草绘坐标系（非几何坐标系）。
- 创建坐标系后需绘制用于标注参考的中心线（非几何中心线）。
- 截面必须是开放的，不能封闭。

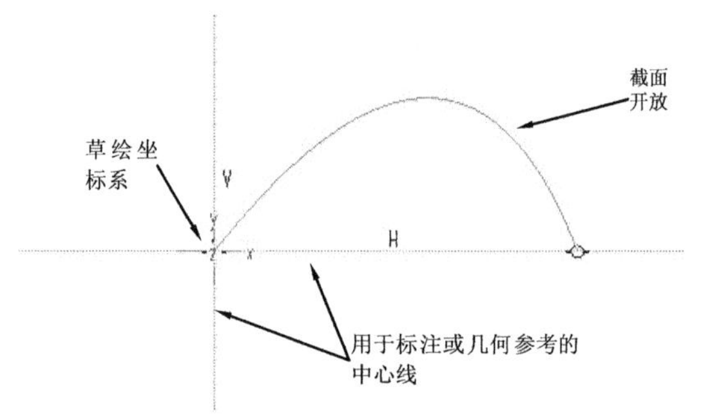

图12-38　2D基准图形的3个要素

为了更好地表达出2D基准图形的应用方法，下面以实例来说明操作过程。

动手操作——利用2D基准图形设计【田螺】造型

本次小练习是用田螺的外壳造型来说明2D基准图形与可变截面扫描工具巧妙结合应用的方法，如图12-39所示。

01 新建命名为【利用2D基准图形设计田螺造型】的模型文件。

02 在【模型】选项卡的【基准】组中单击【基准】|【图形】按钮，然后输入图形的名称G1，在新的草绘窗口中绘制如图12-40所示的图形。

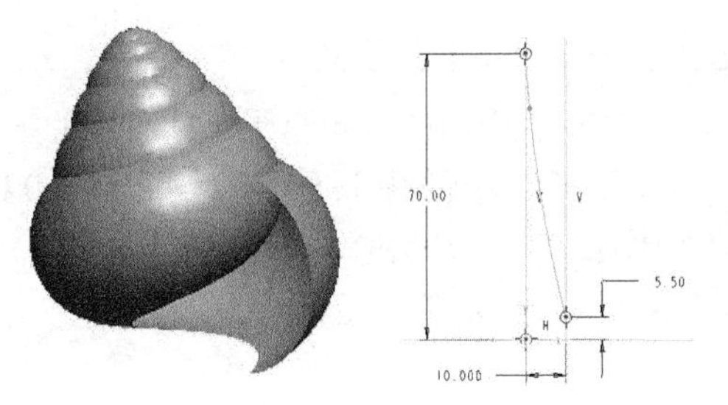

图 12-39　田螺外壳造型　图 12-40　绘制草图

03 在【模型】选项卡的【形状】组中单击【扫描】|【螺旋扫描】按钮，单击【参考】选项卡，单击【定义】按钮，选择草绘平面进入草绘模式，如图 12-41 所示。

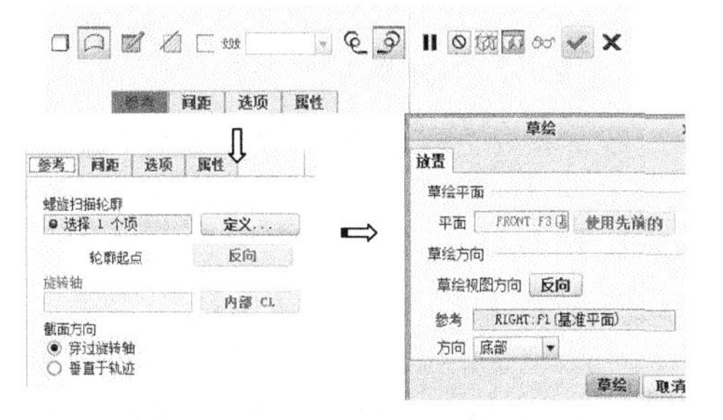

图 12-41　选择创建螺旋扫描曲面的相关命令

04 进入草绘模式后，绘制如图 12-42 所示的扫描轨迹。

> **技术要点**
>
> 绘制开放的轨迹时，还需要绘制中心线。否则截面不完整。

05 退出草绘模式后，输入起点的螺距值和终点的螺距值，如图 12-43 所示。

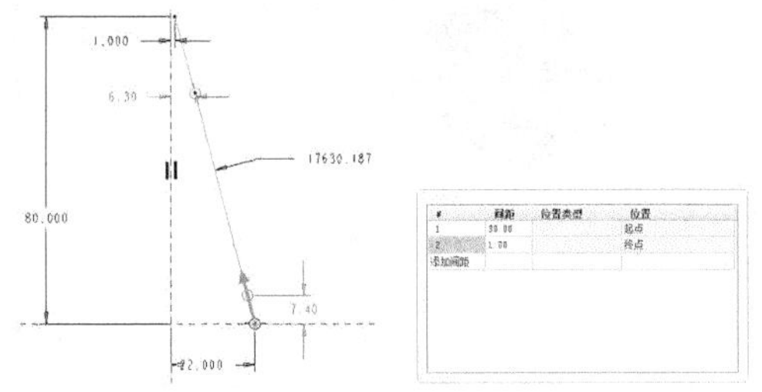

图 12-42　绘制扫描轨迹　图 12-43　设置起点和终点的螺距值

06 在轨迹线上依次选取节点作为参考点，然后输入该点的螺距值。如图 12-44 所示。

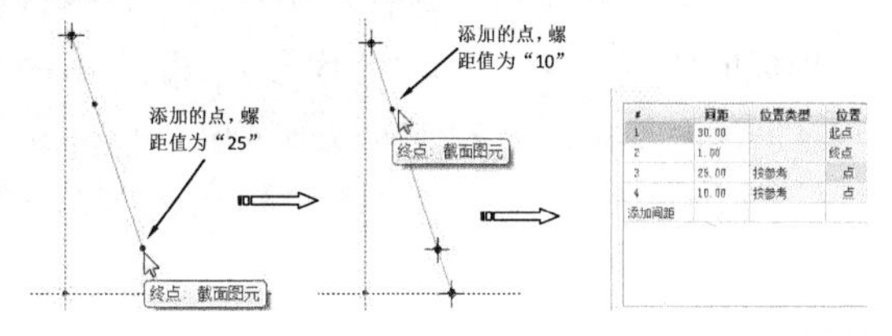

图 12-44　添加点设置螺距

07 单击【绘制扫描截面】按钮，绘制如图 12-45 所示的扫描截面。

08 利用【关系】命令，将尺寸添加到关系式，如图 12-46 所示。

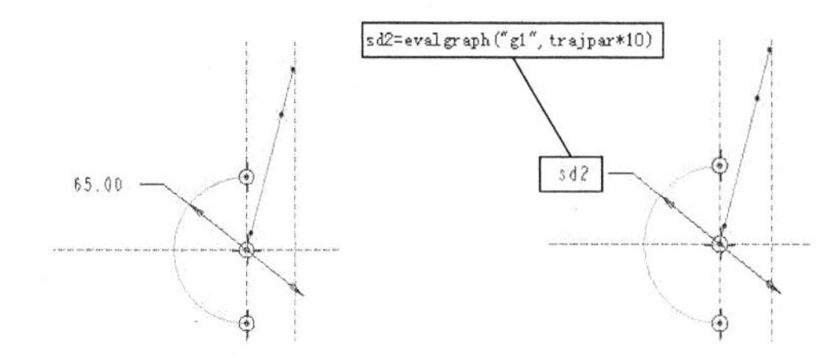

图 12-45　绘制扫描截面　图 12-46　添加关系式

> **技术要点**
>
> 截面的尺寸为任意，此尺寸由驱动尺寸控制。

09 退出草绘模式，在【曲面：螺旋扫描】对话框中单击【确定】按钮，完成螺旋曲面的创建，如图 12-47 所示。

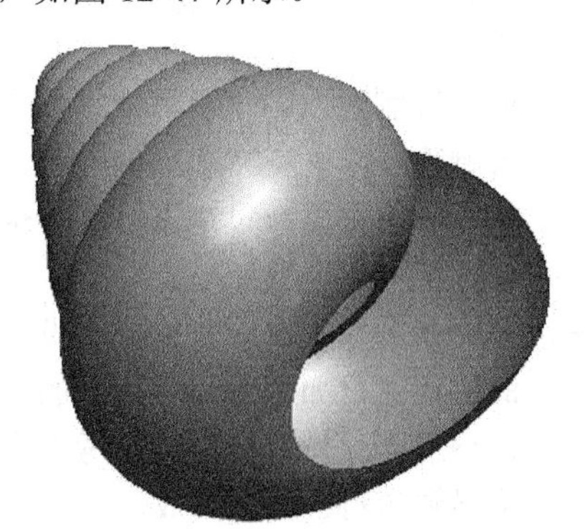

图 12-47　创建完成的田螺

关于【sd2=evalgraph("g1",trajpar*10)】关系式

此关系式表达了这样一个意思：将基准图形 G1 特定范围内的每一个横坐标对应的纵坐标的值赋给 sd2（为尺寸代号）。【Trajpar*10】含义为在 G1 图形中取【X=0】与【X=100】之间所对应的纵坐标作为取值范围。Trajpar 取值范围是 [0,1]，开始取 0，结束取 1。

【Trajpar*100】中的【10】为变量值，实际上控制 sd1 可取值的范围。

12.4 特征再生失败及其处理

在使用 Creo 进行三维建模时，每当设置完特征参数或更新特征参数后，系统都会按特征创建顺序，并根据特征间父子关系的层次逐个重新创建模型特征。但是，并不是随意指定参数都可以获得正确的设计结果，不合适的参数或操作可能导致再生特征失败。这时就需要对失败的特征进行解决以获得正确的结果。

12.4.1 特征再生失败的原因

导致特征再生失败的原因很多，归纳起来主要有以下几种情况：

- 在创建实体模型时，指定了不合适的尺寸参数。例如在创建扫描实体（曲面）特征时，如果扫描轨迹线的转折过急，而剖面尺寸较大时将导致特征生成失败。
- 在创建实体模型时，指定了不合适的方向参数。例如创建筋特征时指定了不合理的材料填充方向；创建减材料特征时指定了不正确的特征生成方向。
- 设计者删除或隐含了特征。如果设计者删除或隐含了特征，却并未为该特征的子特征重新设定父特征，也将导致特征再生失败。
- 设计参考缺失。在变更模型设计意图的过程中，如果对其他特征的修改操作导致某一特征的设计参考丢失，也将导致该特征再生失败。

特征再生失败后，Creo 首先弹出警示对话框，随后自动进入【解决】环境（也称【修复模型模式】）。【解决】环境具有以下特点：

- 【文件】|【保存】功能不再可用。
- 失败的特征和所有随后的特征均不会再生。当前模型只显示再生特征在其最后一次成功再生时的状态。
- 如果当前正在使用特征设计工具创建特征，此时系统会打开【故障排除器】对话框，以便给出特征再生失败的相关信息。通过显示的注解，可以找出问题的解决方法，如图 12-48 所示。
- 如果当前并未使用特征设计工具创建特征，系统将直接打开【特征诊断】对话框和【求解特征】菜单管理器解决再生失败问题。

对于再生失败的模型，可以通过模型诊断来发现问题所在，然后再根据问题的特点采用适当的方法来修复模型。

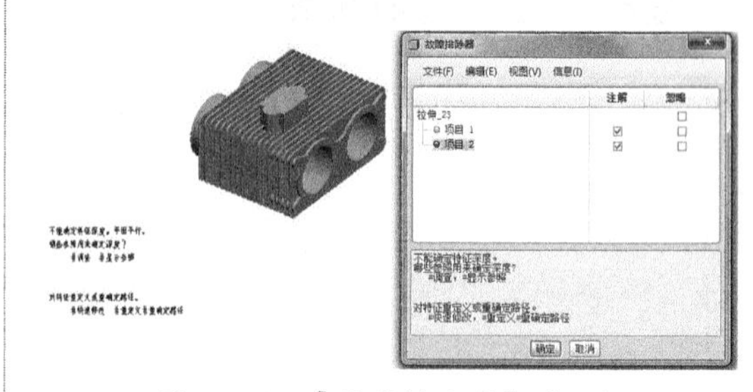

图 12-48 【故障排除器】对话框

12.4.2 【故障排除器】对话框

当特征再生失败后，可以打开【故障排除器】对话框查看再生过程中遇到的警告及错误信息，加亮这些项目还可以在模型中为错误信息定位。

1．打开【故障排除器】对话框的方法

在使用特征工具的过程中，可使用下列方法之一来访问【故障排除器】对话框：

- 对于某些特征，完成参数设置后单击【确定】按钮创建特征时。如果使用当前参数不能够创建特征，【故障排除器】对话框会自动打开。
- 在为特征设置参数时，如果参数收集中包含红点（错误的参数）或黄点（警告参数），则在其上右击，然后从快捷菜单中选择【错误内容】命令，也将打开【故障排除器】对话框。

2．【故障排除器】对话框的使用

在【故障排除器】对话框中将列出再生失败的特征，其下跟有包含错误的项目。每一项目前面均带有【。】（警告信息）或【●】（错误信息），如图 12-49 所示。

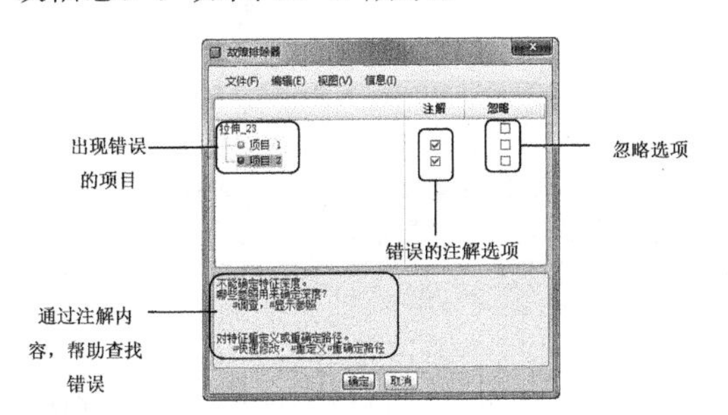

图 12-49　【故障排除器】对话框

3．查看错误项目

在【故障排除器】对话框中选中错误项目，在其下的列表框中将显示一条描述该问题的消息。如果几何存在，便会在模型中加亮显示，如图 12-50 所示。

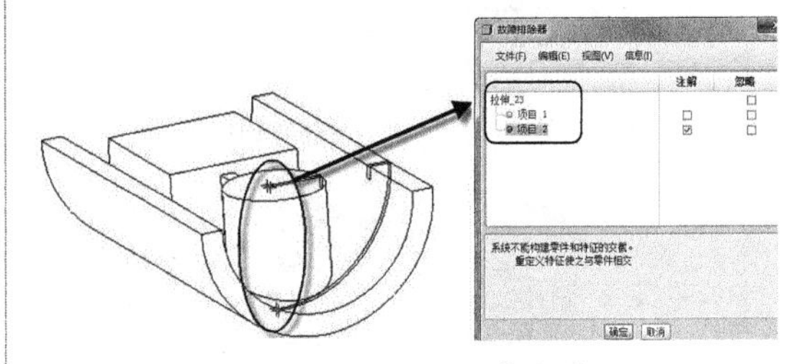

图 12-50　显示故障位置

4．处理错误项目

查看错误信息后，可以在该项目右侧的对应复选框中选取处理方法，选中【注解】复选框将在模型上为该错误项目添加注释，选中【忽略】复选框将忽略该错误。

使用【故障排除器】对话框查看完相关信息后，单击【确定】按钮，如果此时尚在使用设计工具进行设计，既可以单击操控板上的按钮进一步修改设计参数。

12.5 综合实训

本节用圆柱直齿轮和蜗轮蜗杆传动的参数化建模案例让大家练习，目的是让大家熟练掌握参数化设计的技巧。

12.5.1　圆柱直齿轮参数化设计

◎ **结果文件：实例\结果文件\Ch12\圆柱直齿轮.prt**

◎ **视频文件：视频\Ch12\参数化圆柱直齿轮设计.avi**

在创建参数化的齿轮模型时，首先创建参数，然后创建组成齿轮的基本曲线，最后创建齿轮模型，设计通过在参数间引入关系的方法使模型具有参数化的特点。其基本建模过程如图 12-51 所示。

在本例建模过程中，注意把握以下要点：

- 参数化建模的基本原理。
- 创建参数的方法。
- 创建关系的方法。
- 通过参数变更模型的方法。

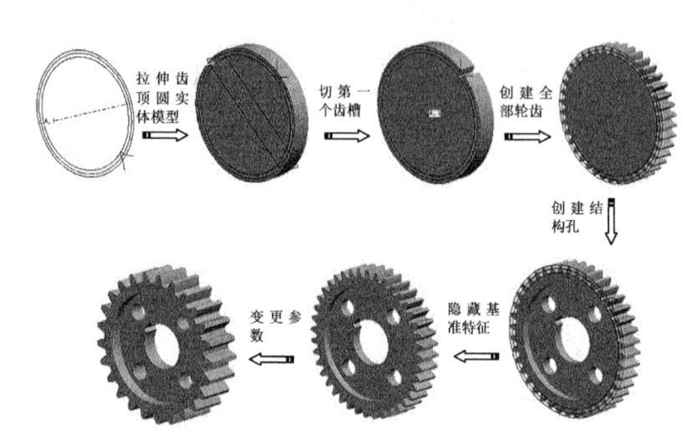

图 12-51 基本建模过程

1. 创建齿轮参数曲线

01 单击【新建】按钮，打开【新建】对话框，在【类型】选项组中选择【零件】单选按钮，在【子类型】选项组中选择【实体】单选按钮，在【名称】文本框中输入【圆柱直齿轮】。

02 取消选中【使用默认模板】复选框。单击【确定】按钮打开【新文件选项】对话框，选择其中的【mmns_part_solid】选项，如图 12-52 所示，单击【确定】按钮，进入三维实体建模环境。

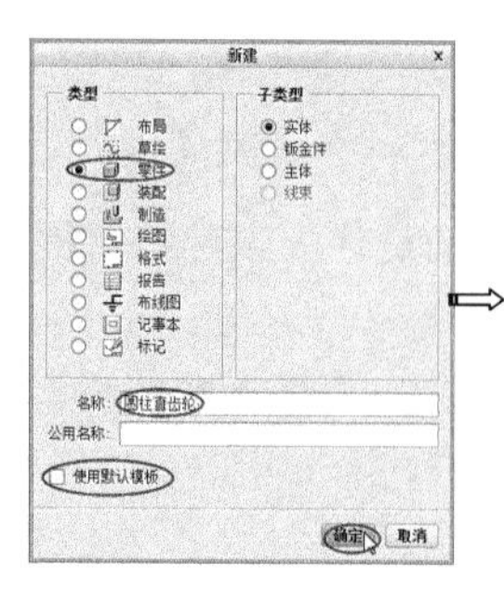

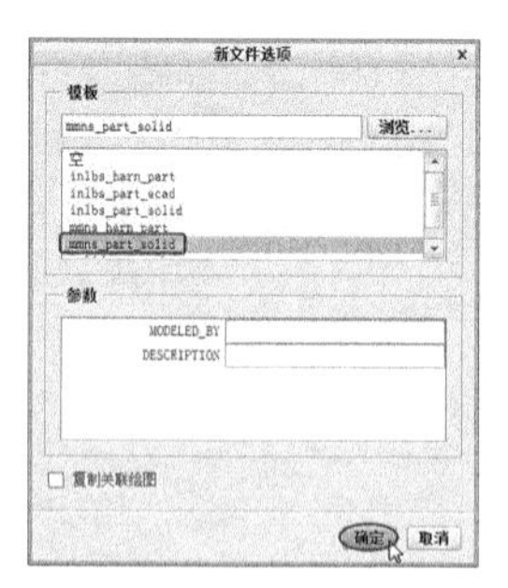

图 12-52 创建新文件

03 在【工具】选项卡的【模型意图】组中单击【参数】按钮，打开【参数】对话框。

04 在对话框中单击 + 按钮，然后将齿轮的各参数依次添加到参数列表框中，添加的具体内容如表 12-1 所示。添加完参数的【参数】窗口如图 12-53 所示。完成齿轮参数添加后，单击【确定】按钮关闭窗口保存参数设置。

图 12-53 【参数】窗口

技术要点

在设计标准齿轮时，只需确定齿轮的模数 M 和齿数 Z 这两个参数，分度圆上的压力角 Alpha 为标准值 20，齿顶高系数 Hax 和顶隙系数 Cx 国家标准明确规定分别为 1 和 0.25。而齿根圆直径 Df、基圆直径 Db、分度圆直径 D，以及齿顶圆直径 Da 可以根据关系式计算得到。

05 在右工具栏中单击【草绘】按钮，打开【草绘】对话框。在草绘平面中选取 FRONT 基准平面作为草绘平面，接受其他参考设置，进入草绘模式，如图 12-54 所示。

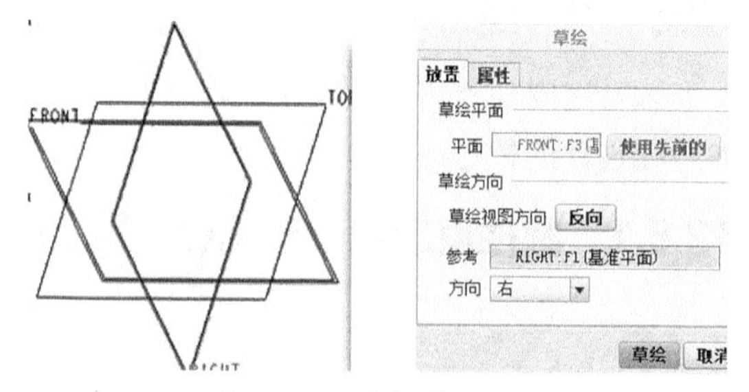

图 12-54 选择草绘平面

06 在草绘平面内绘制任意尺寸的 4 个同心圆，如图 12-55 所示。

表 12-1 增加的参数

（13）序号	（14）名称	（15）类型	（16）数值	（17）说明
1	M	实数	2	模数
2	Z	实数	25	齿数
3	Alpha	实数	20	压力角
4	Hax	实数	1	齿顶高系数
5	Cx	实数	0.25	顶隙系数
6	B	实数	30	齿宽
7	Ha	实数		齿顶高
8	Hf	实数		齿根高
9	X	实数		变位系数
10	Da	实数		齿顶圆直径
11	Db	实数		基圆直径
12	Df	实数		齿根圆直径
13	D	实数		分度圆直径

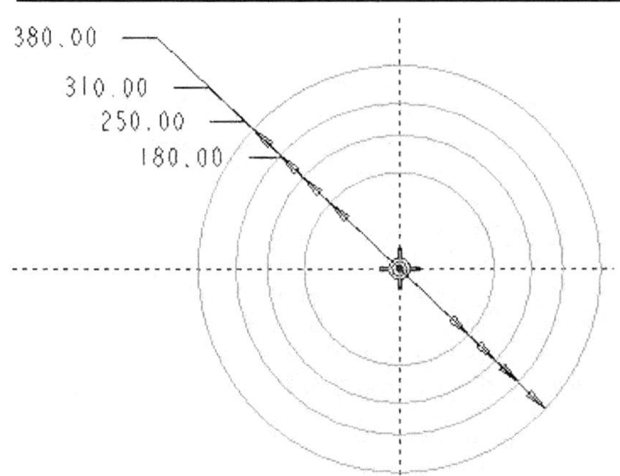

图 12-55 绘制任意尺寸的 4 个同心圆

技术要点

绘制草图后，暂时不要退出草绘环境。接下来会创建函数关系式。

07 在【工具】选项卡的【模型意图】组单击【关系】命令按钮，打开【关系】窗口。按照如图 12-56 所示在【关系】窗口中分别添加齿轮的分度圆直径、基圆直径、齿根圆直径及齿顶圆直径的关系式，通过这些关系式及已知的参数来确定上述参数的数值。

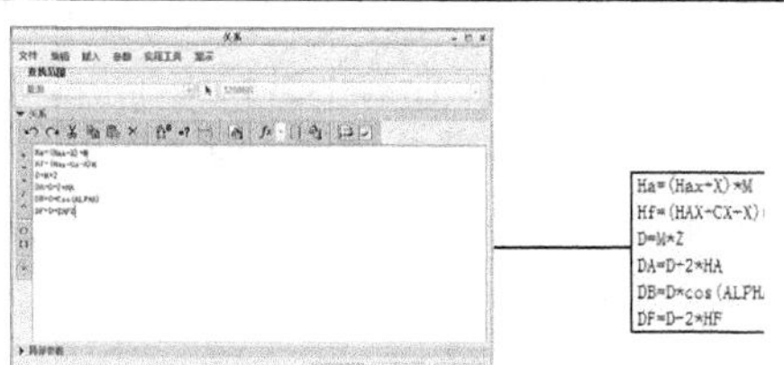

图 12-56 设置关系

技术要点

可以单击符号栏中的【从列表中插入参数名称】按钮 []，选择参数插入到关系式中，避免手工书写。如果是函数式，可单击【从列表中插入函数】按钮 *fx*，打开【插入函数】对话框，选择要插入的函数，如图 12-57 所示。

08 创建关系后单击符号栏中的【执行】按钮 ☑，此时图形上的尺寸将以代号的形式显示，如图 12-58 所示。

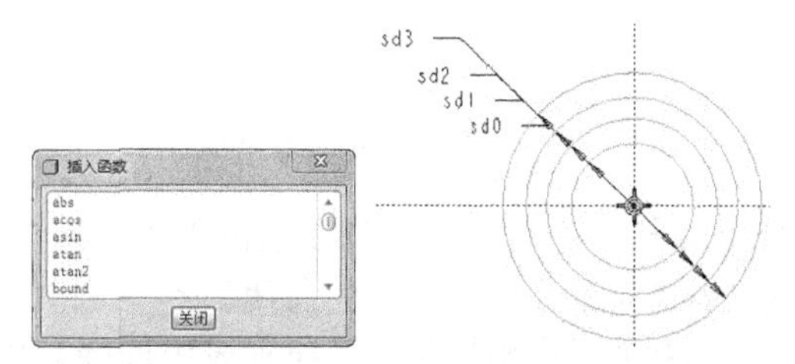

图 12-57 【插入函数】对话 图 12-58 显示代号尺寸

09 接下来将参数与图形上的尺寸相关联。在图形上单击选择尺寸代号，将其添加到【关系】窗口，再编辑关系式，添加完毕后的【关系】窗口如图 12-59 所示，其中为尺寸 sd0、sd1、sd2 和 sd3 新添加了关系，将这 4 个圆依次指定为基圆、齿根圆、分度圆和齿顶圆。

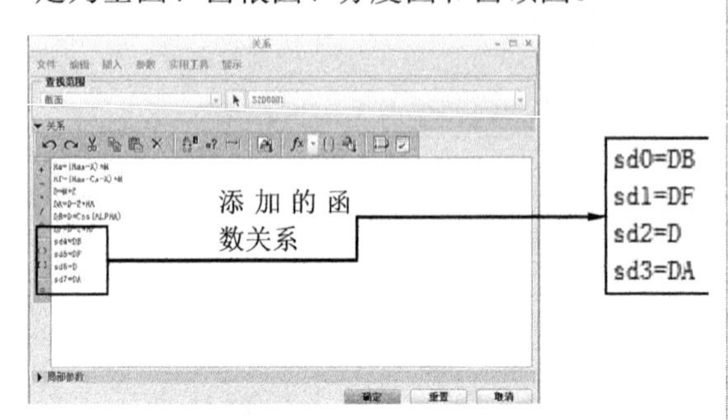

图 12-59　添加函数关系

10 在【关系】窗口中单击【确定】按钮，系统自动根据设定的参数和关系式再生模型并生成新的基本尺寸。最终生成如图 12-60 所示的标准齿轮基本圆。在右工具栏中单击【完成】按钮，创建的基准曲线如图 12-61 所示。

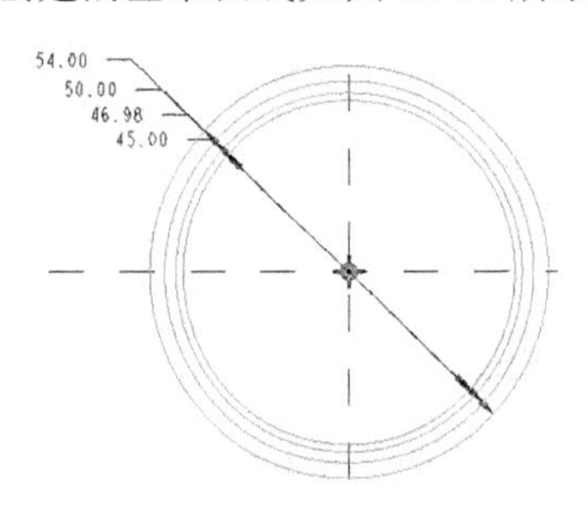

图 12-60　标准齿轮基本圆

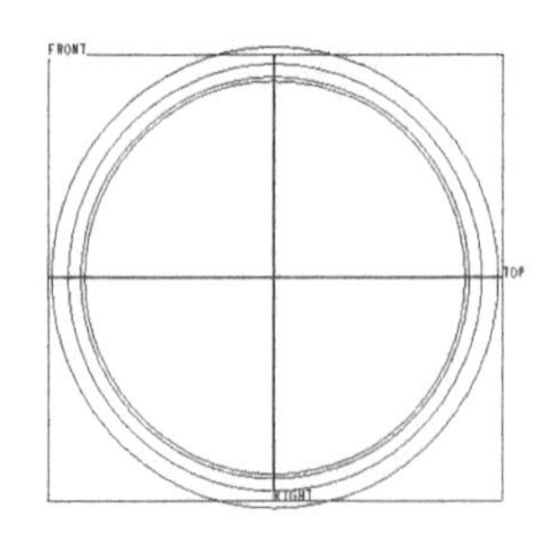

图 12-61　最后创建的基准曲线

11 在【模型】选项卡中的【基准】组中单击【曲线】下的【来自方程的曲线】按钮，打开操控板，在坐标类型下拉列表中选择【笛卡儿】坐标系，并选择坐标系，如图 12-62 所示。

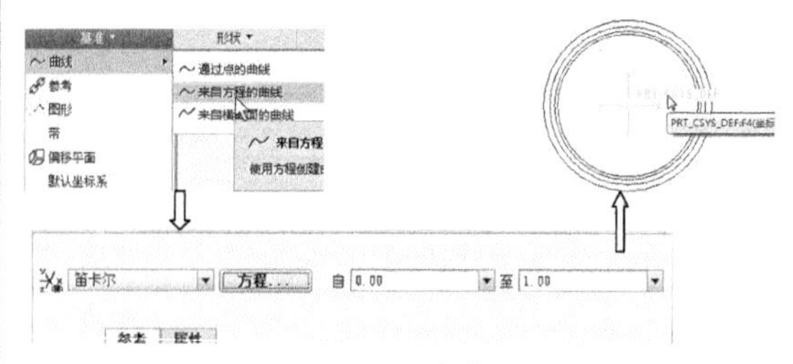

图 12-62　选择参考坐标系

12 然后单击【方程】按钮弹出方程窗口，在记事本中添加如图 12-63 所示的渐开线方程式，完成后单击【确定】按钮，如图 12-63 所示。

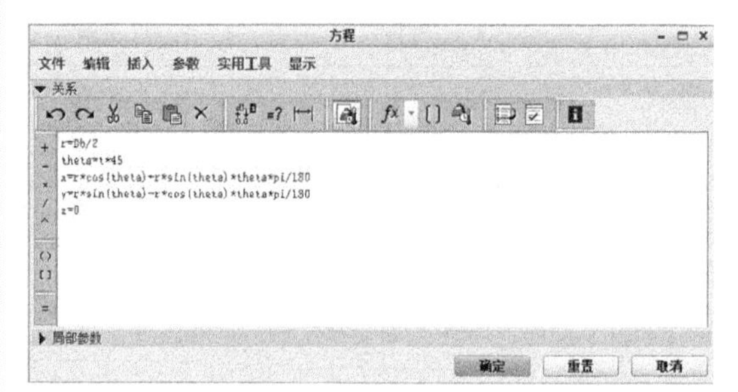

图 12-63　添加渐开线方程式

技术要点

若选择其他类型的坐标系生成渐开线，则此方程不再适用。

13 单击【曲线：从方程】对话框中的【确定】按钮，生成如图 12-64 所示的齿廓曲线——齿轮单侧渐开线。

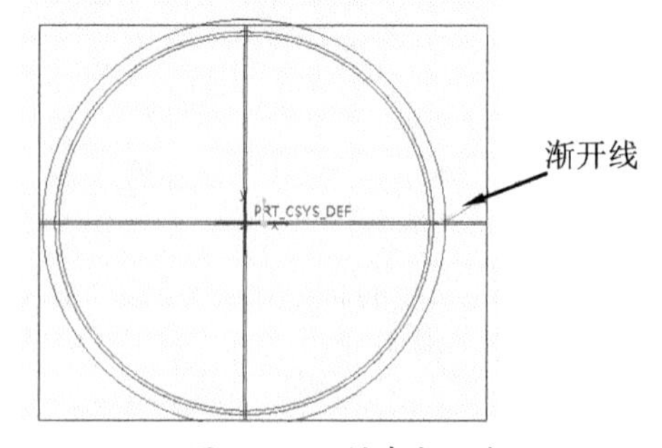

图 12-64　创建渐开线

14 创建基准点 PNT0。在右工具栏中单击【点工具】按钮，打开【基准点】对话框，选择两条曲线作为基准点的放置参考（选择时按住 Ctrl 键），创建的基准点 PNT0 如图 12-65 所示。

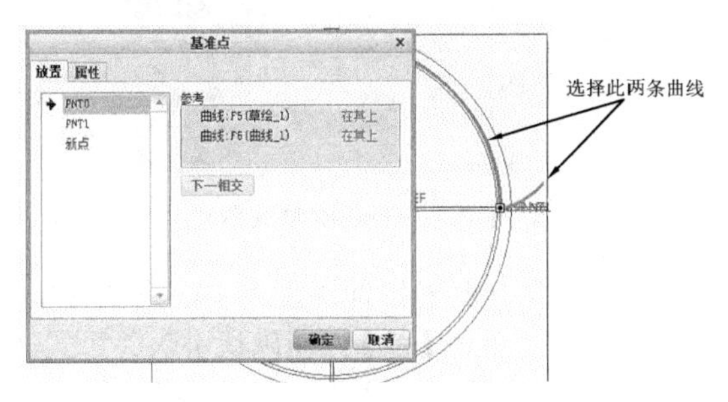

图 12-65　新建基准点

15 创建基准轴 A_1。在右工具栏中单击【轴】按钮 ，打开【基准轴】对话框，选取 TOP 和 RIGHT 基准平面作为参考（选择时按住 Ctrl 键），创建的基准轴线 A_1 如图 12-66 所示。

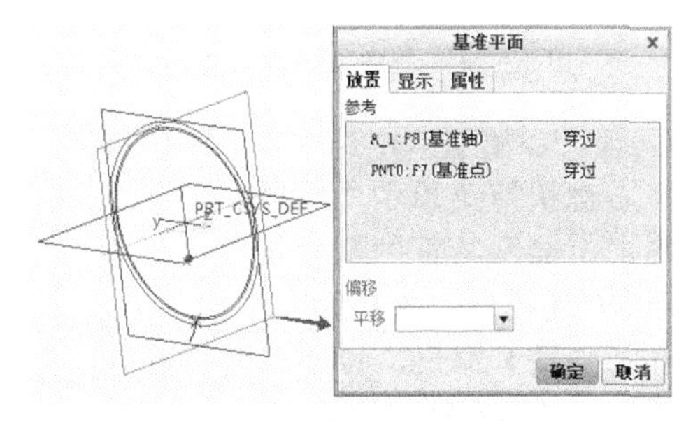

图 12-66　新建基准轴

16 创建基准平面 DTM1。在右工具栏中单击【平面】按钮 ，打开【基准平面】对话框。选取前面已经创建的基准点 PNT0 和基准轴 A_1 作为参考（选择时按住 Ctrl 键），创建的基准平面如图 12-67 所示。

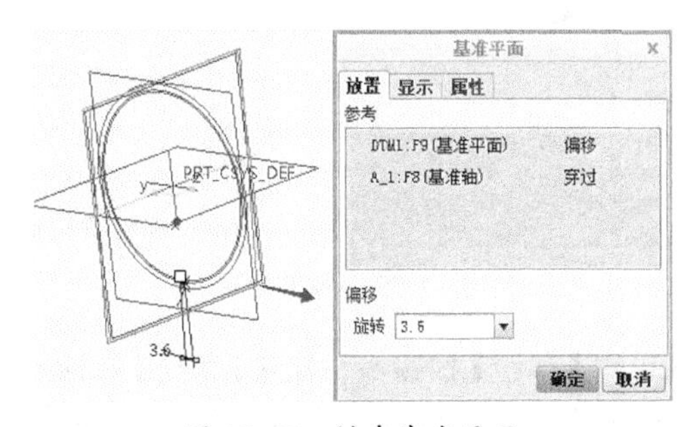

图 12-67　创建基准平面

17 创建基准平面 DTM2。单击【平面】按钮 ，打开【基准平面】对话框。在参考中选择基准平面 DTM1 和基准轴 A_1 作为参考，然后在【旋转】文本框中输入【-360/(4*z)】，创建的基准平面如图 12-68 所示。

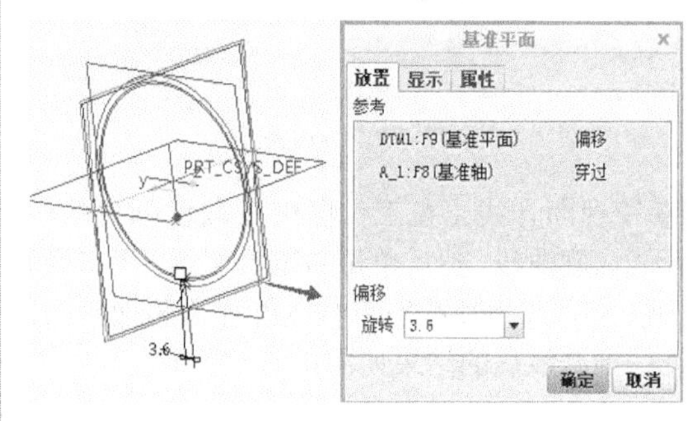

图 12-68　创建 DTM2 基准平面

18 在模型树中右击基准平面 DTM2，并在弹出的右键快捷菜单中选择【编辑】命令，显示创建该平面时的角度参数（DTM1 与 DTM2 的夹角），如图 12-69 所示。

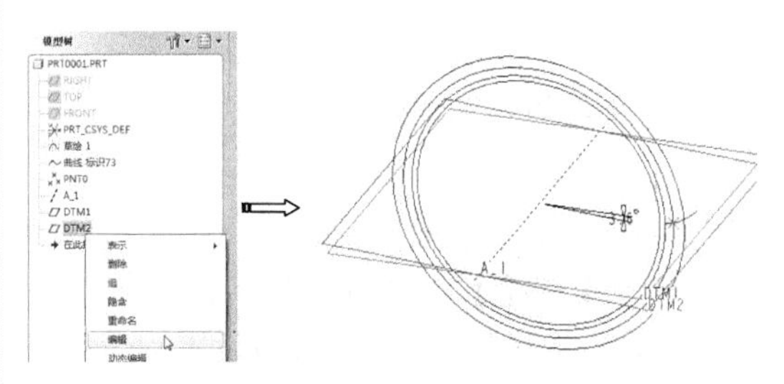

图 12-69　编辑 DTM2 基准平面

19 在【工具】选项卡的【模型意图】组中单击【关系】按钮，打开【关系】窗口，此时上图中显示的角度参数将以符号形式显示（本实例中为 d13），为该参数添加关系式【d13=360/(4*z)】，如图 12-70 所示。然后单击【确定】按钮。

技术要点

添加这些关系式的目的在于，当改变齿数 Z 时，DTM2 与 DTM1 的旋转角度会自动根据此关系式做出调整，从而保证齿廓曲线的标准性，这也是参数化设计思想的重要体现。

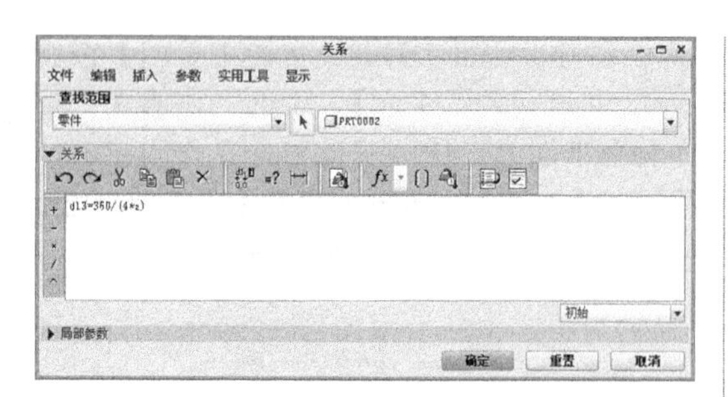

图 12-70 添加关系

20 镜像渐开线。在工作区中选取已创建的渐开线齿廓曲线，然后单击右工具栏中的【镜像】按钮，选择基准平面 DTM2 作为镜像平面，镜像渐开线后的结果如图 12-71 所示。

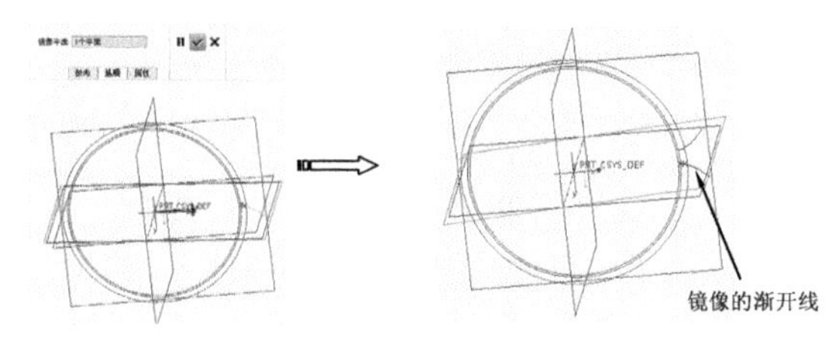

图 12-71 镜像渐开线

2．创建齿轮实体模型

01 单击【拉伸】按钮，打开【拉伸】操控板。在操控板的【放置】选项板中单击【定义】按钮打开【草绘】对话框。然后选择基准平面 FRONT 作为草绘平面，其他设置接受系统默认参数，最后单击【草绘】按钮进入二维草绘模式，如图 12-72 所示。

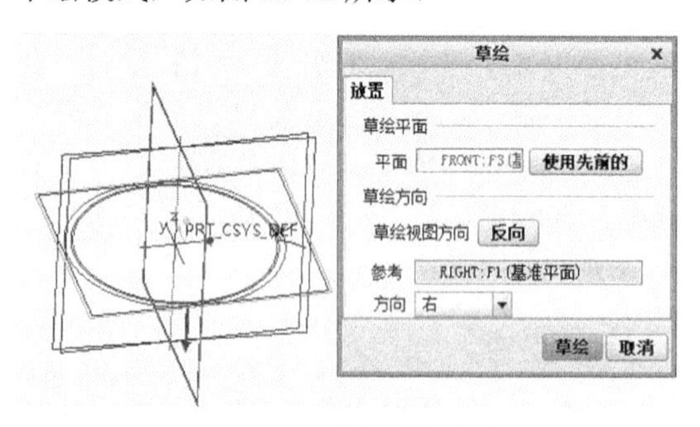

图 12-72 选择草绘平面

02 在【草绘】选项卡的【草绘】组中单击【投影】按钮，打开【类型】对话框，选择其中的【环】单选按钮，然后在工作区中选择图 12-73 所示的曲线作为草绘剖面，最后单击【确定】按钮，退出草绘模式。

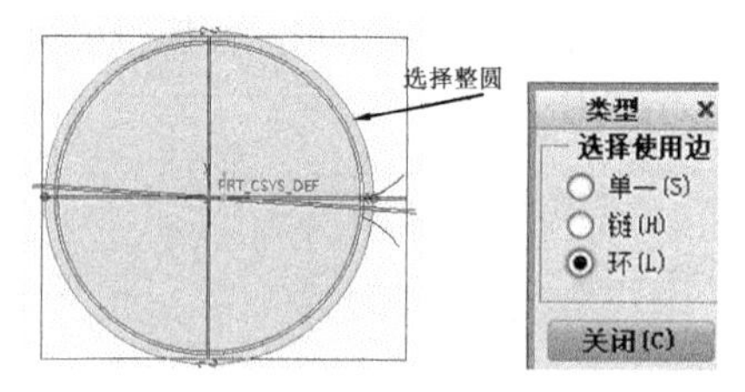

图 12-73 选择曲线环

03 在操控板中设置拉伸深度为 B，系统弹出询问对话框，单击【是】按钮确认引入关系式。单击操控板中的【应用】按钮完成齿顶圆实体的创建，如图 12-74 所示。

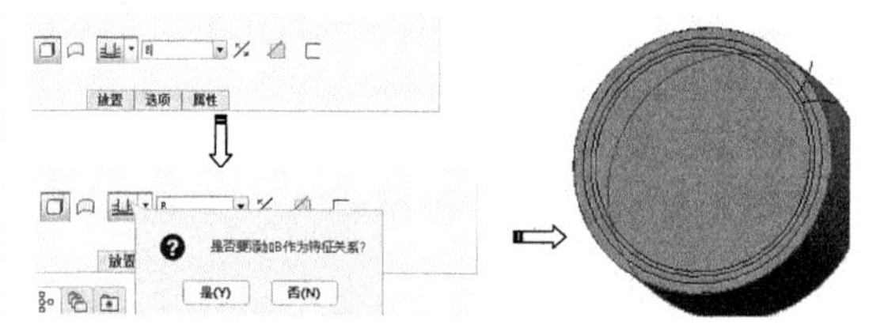

图 12-74 创建齿顶圆实体特征

04 同理，在模型树中选中拉伸实体特征，并选择右键快捷菜单中【编辑】命令，此时将在图形上显示特征的深度参数。在【工具】选项卡的【模型意图】组中单击【关系】按钮，打开【关系】窗口，拉伸深度参数将以符号形式显示（本实例中为 d17）。

05 仿照前面介绍的方法将拉伸深度参数添加到【关系】窗口中，并编辑关系式【d17=B】，如图 12-75 所示。单击【确定】按钮关闭窗口。

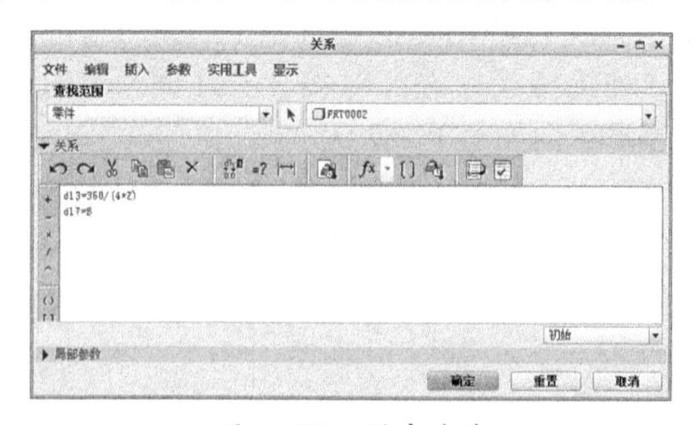

图 12-75 创建关系

06 单击【草绘】按钮，打开【草绘】对话框。选取基准平面 FRONT 作为草绘平面，单击【反向】按钮，确保草绘视图方向指向实体特征，接受其他系统默认参考后进入草绘模式。

07 在草绘模式中单击【使用】按钮，打开【类型】对话框，选择其中的【单个】单选按钮，使用和按钮结合绘图工具绘制如图 12-76 所示的二维图形（在两个圆角处添加等半径约束）。单击右工具栏中的【完成】按钮，退出二维草绘模式。

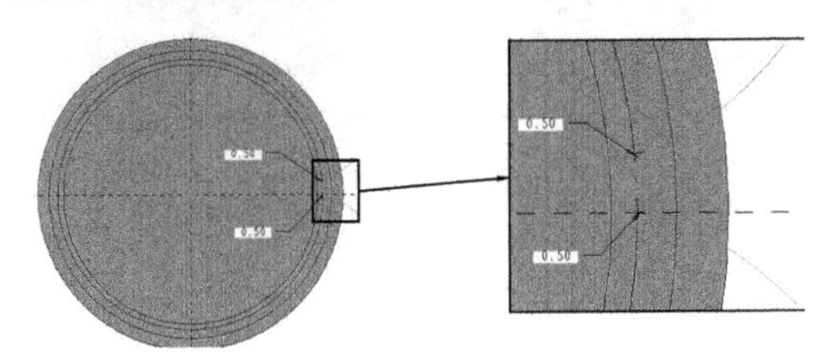

图 12-76　草绘曲线

08 同理，为上步绘制的草绘曲线创建关系，如图 12-77 所示。

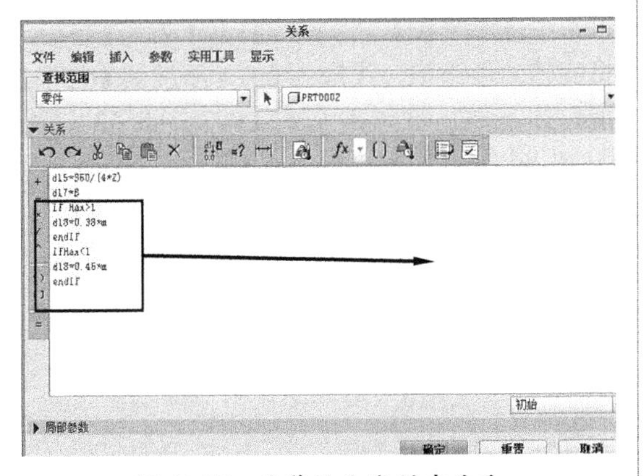

图 12-77　为草绘曲线创建关系

09 单击【拉伸】按钮，打开【拉伸】操控板。在【放置】选项板中激活【草绘】收集器，然后选择上一步所创建的草绘曲线作为拉伸特征的截面。最后按照如图 12-78 所示设置特征参数，单击【完成】按钮，创建第一个齿槽。

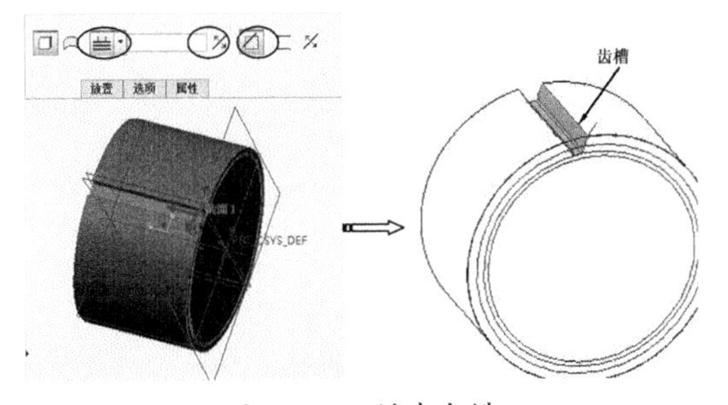

图 12-78　创建齿槽

10 在模型树中选中【拉伸 2】。在【模型】选项卡的【操作】组中单击【复制】按钮，然后单击【粘贴】按钮，选择【选择性粘贴】命令，弹出操控板，如图 12-79 所示。

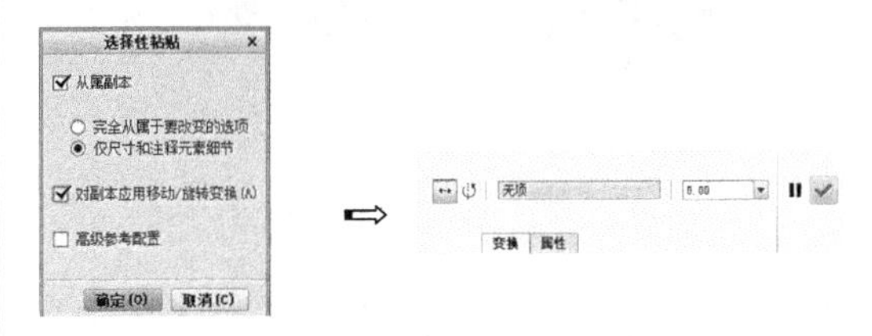

图 12-79　选择要操作的特征

11 在操控板中单击【旋转】按钮，随后在模型树窗口中选取轴 A_1，在操控板中输入旋转角度【360/Z】，在弹出的信息框中单击【是】按钮，如图 12-80 所示。

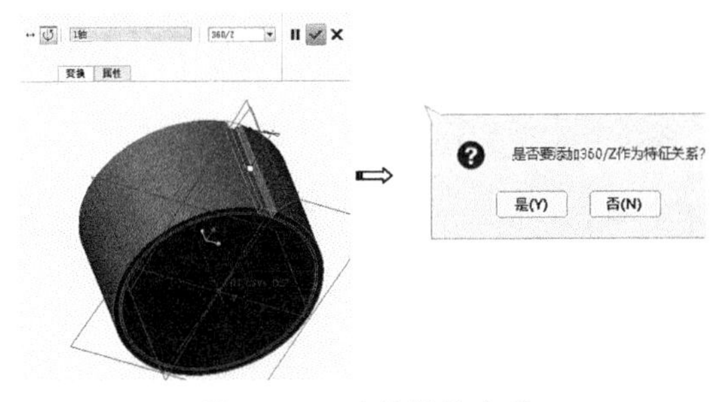

图 12-80　选择操作选项

12 然后单击【确定】按钮，生成第二个齿槽，如图 12-81 所示。

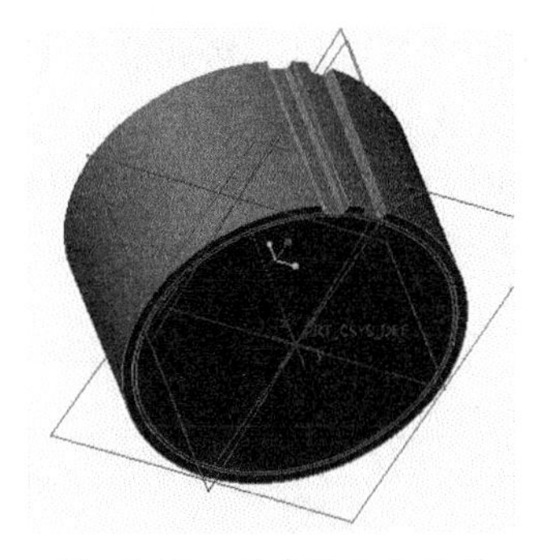

图 12-81　创建第二个齿槽

13 在模型树中选择刚创建的组特征（复制后的齿槽），在其上右击，并在弹出的右键快捷菜单中选择【编辑】命令，此时在模型上将显示创建复制特征时的基本参数，如图 12-82 所示。

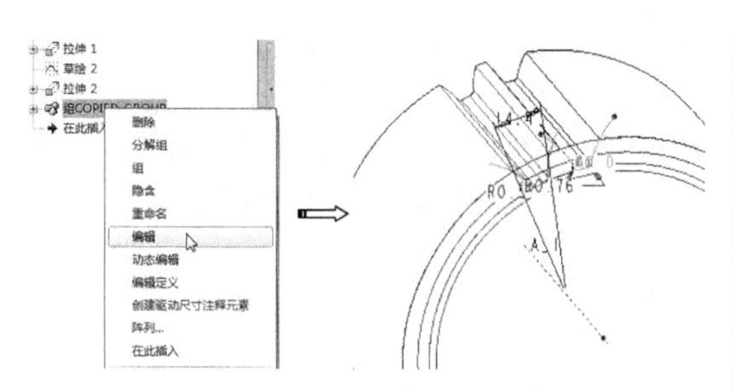

图 12-82　编辑第二个齿槽

14 在【工具】选项卡的【模型意图】组中单击【关系】按钮，弹出【关系】窗口，此时复制特征时的旋转角度参数以符号形式显示（此处代号为 d25），将其添加到【关系】对话框中，然后编辑关系式【d25=360/Z】，如图 12-83 所示。

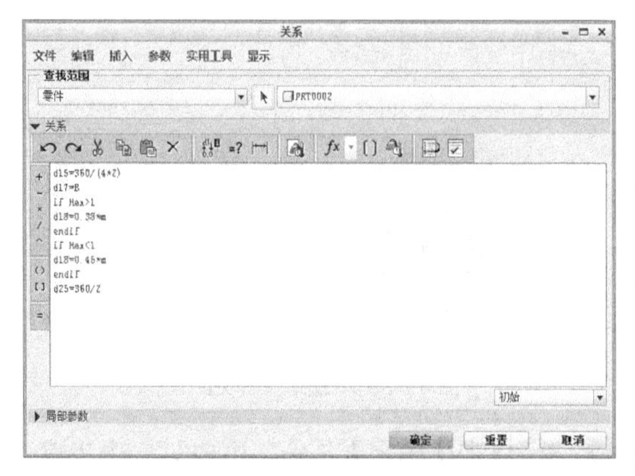

图 12-83　创建关系

15 在模型树中选中组，然后单击【阵列】按钮，打开【阵列】操控板。在工作区中选中复制特征时的旋转角度参数作为驱动尺寸，如图 12-84 所示。

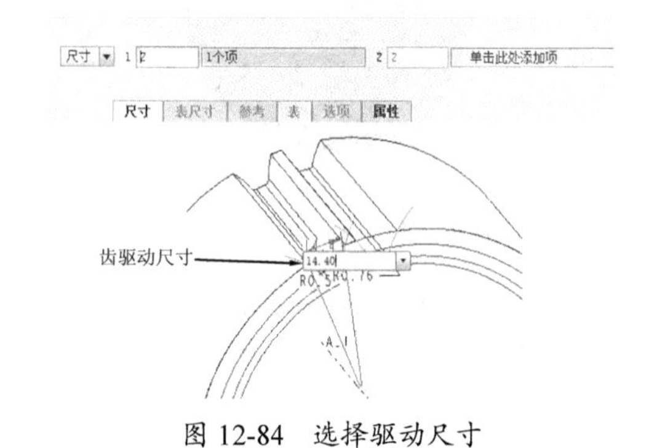

图 12-84　选择驱动尺寸

16 在操控板的【尺寸】选项板中设置第一个方向上阵列驱动尺寸增量 14.4，在操控板上输入阵列特征总数 24，单击【完成】按钮后生成齿轮模型。如图 12-85 所示。

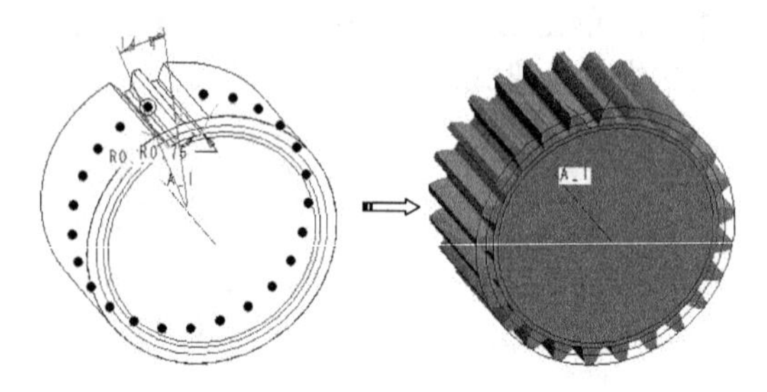

图 12-85　阵列后的齿轮

17 在模型树中选择刚创建的阵列特征，在其上右击，并在弹出的右键快捷菜单中选择【编辑】命令。在【工具】选项卡的【模型意图】组中单击【关系】命令按钮打开【关系】窗口，将旋转角度参数（代号为 d27）添加到【关系】窗口中，然后输入关系式【d27=360/Z】，如图 12-86 所示。

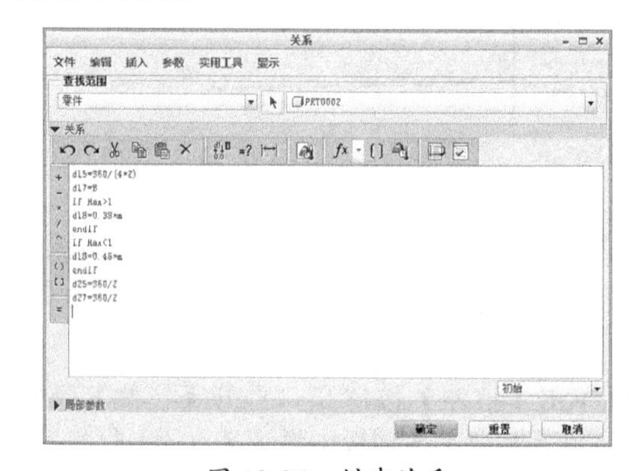

图 12-86　创建关系

18 继续将阵列特征总数（代号为 p28）添加到【关系】窗口中，然后输入关系式【p28=Z-1】，如图 12-87 所示。至此齿轮创建完毕。

技术要点

此处如果采用轴阵列方法阵列齿槽结构，可以省去复制齿槽的操作，操作更加简便，读者可以自行练习。

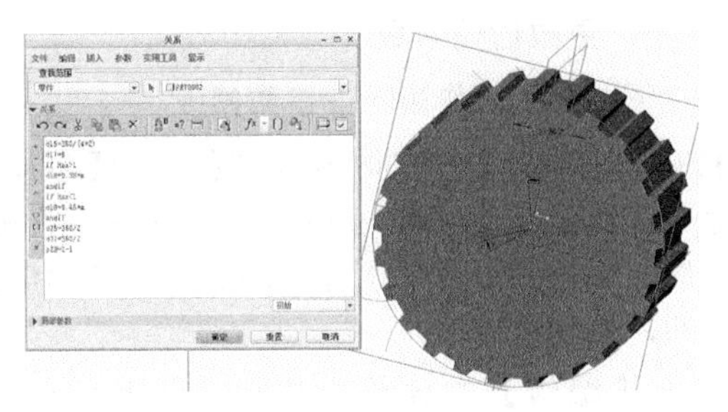

图 12-87 创建关系

19 单击按钮打开操控板板，在操控板中单击【放置】按钮打开【草绘】组，选择齿轮表面作为草绘平面。如图 12-88 所示。

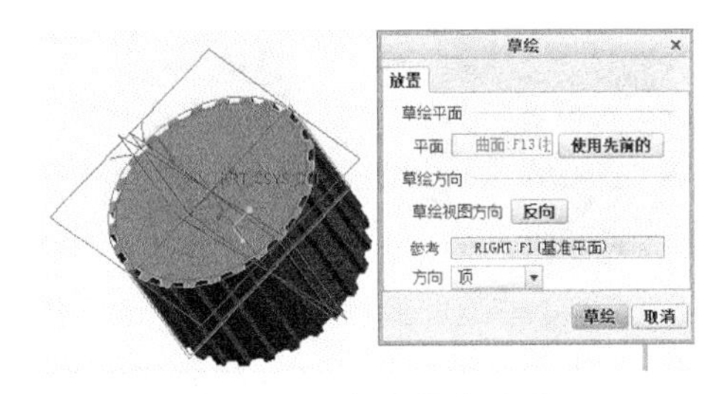

图 12-88 指定草绘平面

20 在草绘平面中绘制直径为 42 的圆，创建减材料拉伸实体特征，拉伸深度为 9，生成如图 12-89 所示的结构。

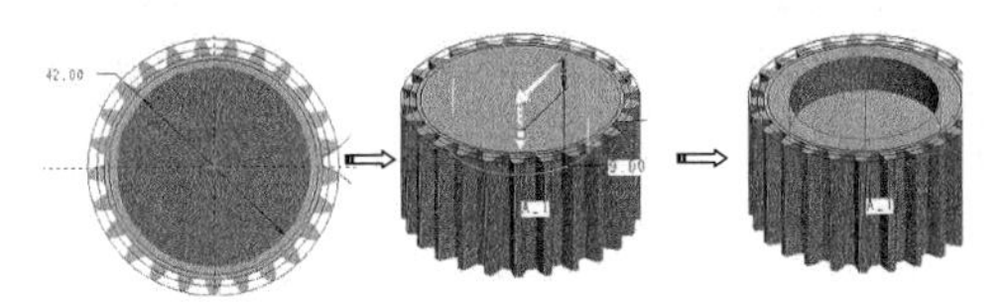

图 12-89 在齿轮上创建切减材料特征

21 在模型树中选中刚刚创建的特征，右击，在右键快捷菜单中选择【编辑】命令，再在【工具】选项卡的【模型意图】组中单击【关系】按钮，打开【关系】窗口，为拉伸实体特征的两个尺寸输入关系，如图 12-90 所示。

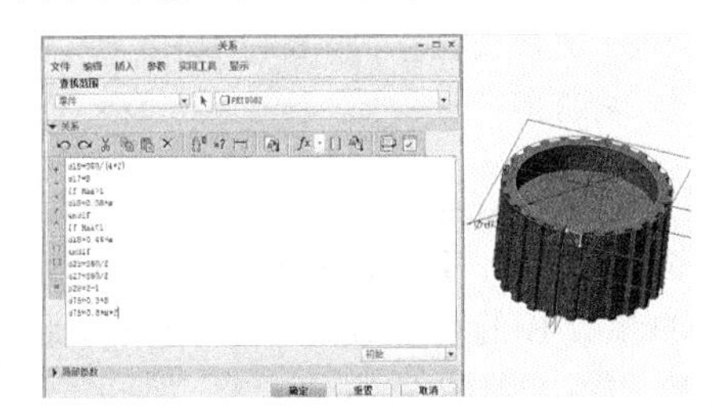

图 12-90 创建关系

22 单击【平面】按钮，打开【基准平面】对话框，选取基准平面 FRONT 作为参考，在【平移】文本框中输入 B/2，创建新的基准平面 DTM3，如图 12-91 所示。

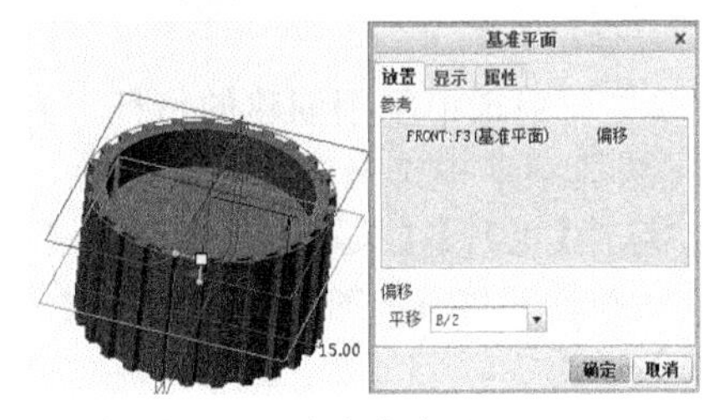

图 12-91 创建基准平面 DTM3

23 选取前面创建的减材料拉伸特征，然后选择【编辑】|【镜像】命令，选取新建基准平面 DTM3 作为镜像平面，在齿轮另一侧创建相同的减材料特征。如图 12-92 所示。

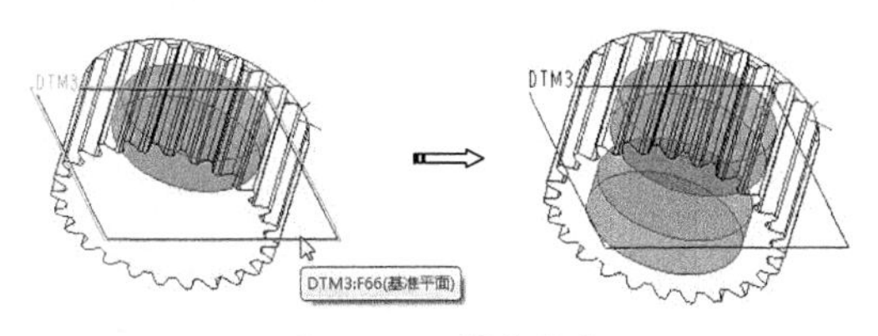

图 12-92 镜像特征

24 单击【拉伸】按钮，打开【拉伸】操控板。选择如图 12-93 所示平面作为草绘平面。

25 在草绘平面内绘制图形。退出草绘模式后设置拉伸深度为【穿透】，创建如图 12-94 所示减材料特征。

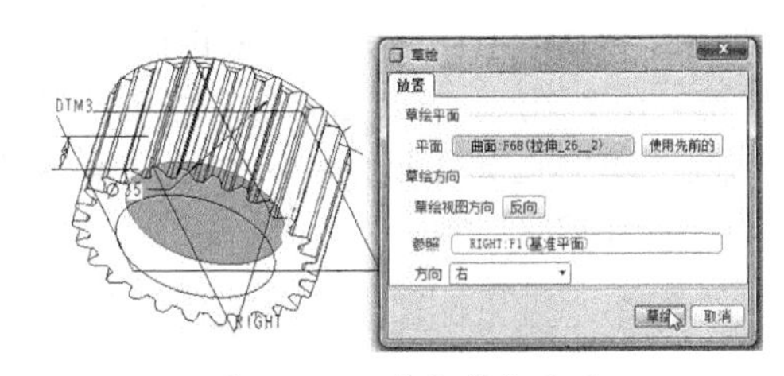

图 12-93 选取草绘平面

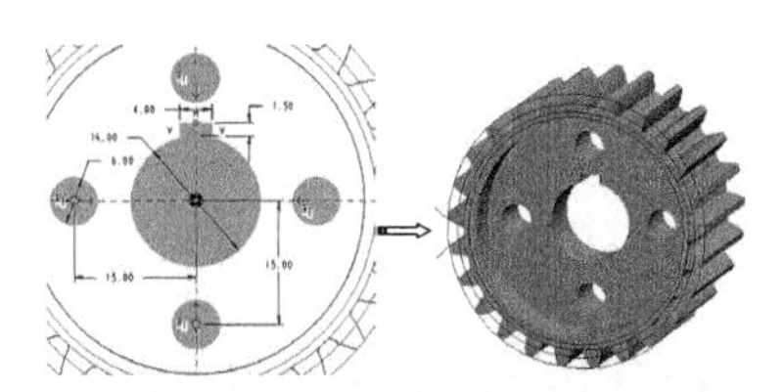

图 12-94 创建减材料特征

技术要点

为了减少关系数量，在绘制4个小圆时要在半径之间加入相等约束条件。另外，绘制左方和下方两个圆后，再使用镜像复制的方法创建另外两个圆。

26 在模型树中选中刚刚创建的特征，右击，在右键快捷菜单中选择【编辑】命令，再在菜单栏选择【工具】|【关系】命令，打开【关系】窗口，为拉伸实体特征的下列尺寸编辑关系，如图12-95所示。

- 中心圆孔直径：d66=0.32*M*Z。
- 键槽高度：d68=0.03*M*Z。
- 键槽宽度：d67=0.08*M*Z。
- 小圆直径：d63=0.12*M*Z。
- 小圆圆心到大圆圆心的距离：d64=0.3*M*Z，d65=0.3*M*Z。

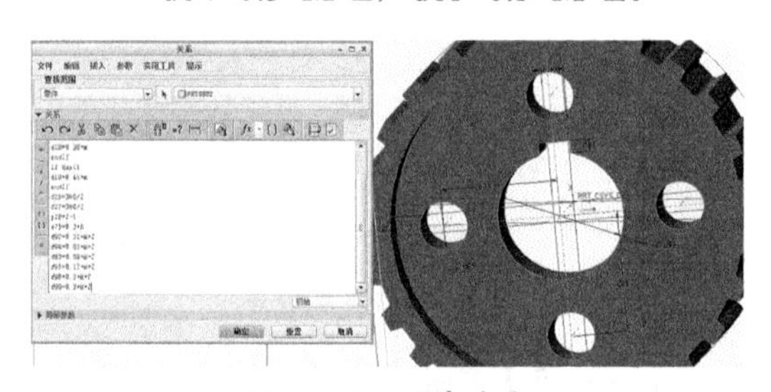

图12-95 创建关系

27 在模型树的工具栏中单击按钮，打开层树，如图12-96所示。

28 在模型树窗口中分别选中03_PRT_ALL_CURVES和04_PRT_ALL_DTM_PNT（按住Ctrl键）两个图层，在其上右击，在弹出的右键快捷菜单中选择【隐藏】命令，隐藏这些基准，如图12-97所示。

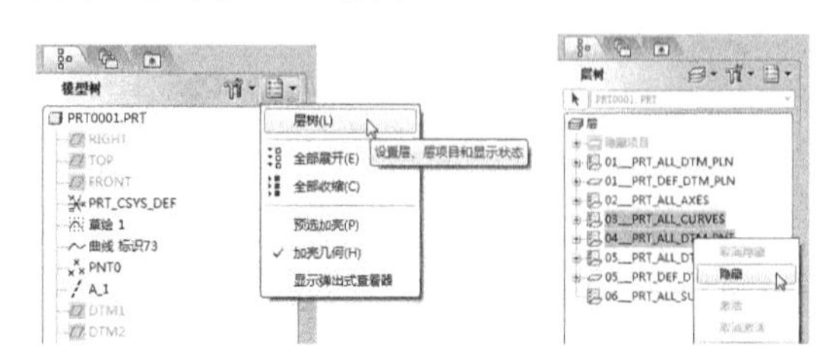

图12-96 打开层数　　图12-97 选择隐藏的层

29 关闭某些图层后，返回模型树窗口中。

3. 更改齿轮参数

下面介绍操作齿轮的参数修改。

01 更改齿数Z。在菜单栏中选择【工具】|【参数】命令，打开【参数】窗口。将与齿轮齿数相对应的参数Z的值更改为40，然后单击【确定】按钮，关闭窗口。

02 在【编辑】主菜单中选择【再生】命令或者在上工具栏中单击按钮，按照修改后的齿数再生模型，结果对比如图12-98和图12-99所示。

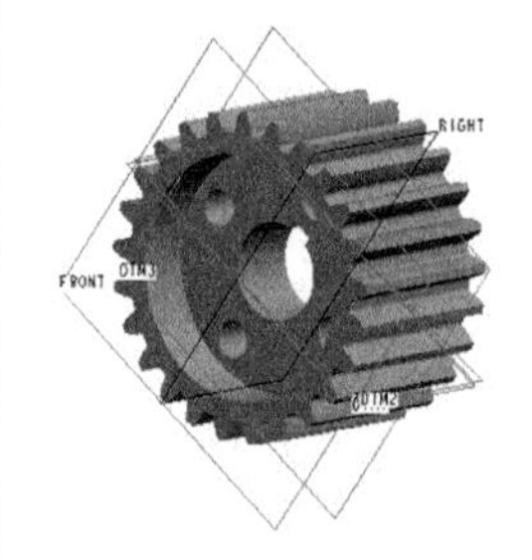

图12-98 更改齿数前的齿　　图12-99 更改齿数后的齿轮

03 更改齿轮模数M。在主菜单中依次选择【工具】|【参数】命令，打开【参数】窗口。将与齿轮模数相对应的参数M的值更改为3。再生后可以看到齿轮变大了（通过与齿厚的对比可以看出），结果对比如图12-100和图12-101所示。

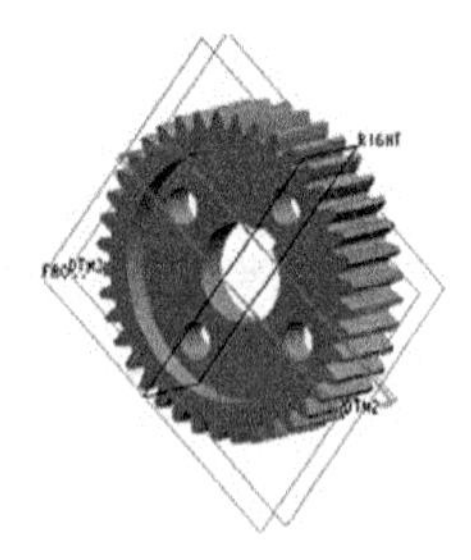

图12-100 更改模数前的齿轮　　图12-101 更改模数后的齿轮

04 更改齿宽。在菜单栏中选择【工具】|【参数】命令，打开【参数】窗口。将与齿宽相对应的参数B的值更改为20，结果对比如图12-102和图12-103所示。

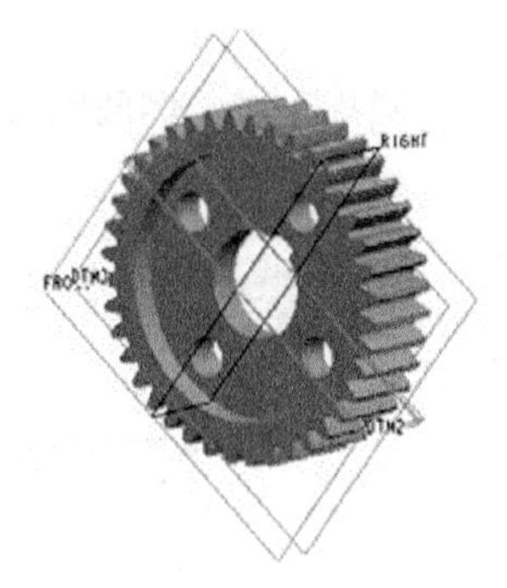

图 12-102　更改齿宽前的齿轮

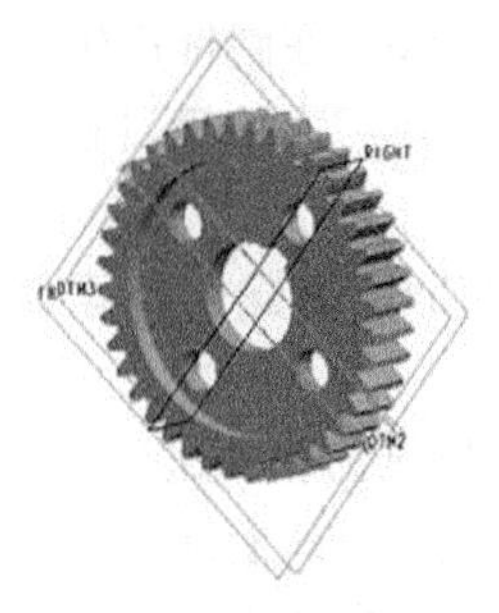

图 12-103　更改齿宽后的齿轮

12.5.2　锥齿轮参数化设计

◎ **结果文件：实例 \ 结果文件 \Ch12\ 锥齿轮 .prt**

◎ **视频文件：视频 \Ch12\ 参数化锥齿轮设计 .avi**

锥齿轮的建模方法基本上与直齿轮的建模方法相同，不同的是锥齿轮有两个端面，因此参数也会不同。本例要完成设计的锥齿轮模型如图 12-104 所示。

直齿圆锥齿轮相交两轴间的传动，在理论上由两圆锥的摩擦传动来实现。圆锥齿轮除了有节圆锥之外，还有齿顶锥、齿根锥及产生齿廓球面渐开线的基圆锥等。圆锥齿轮的齿廓曲线为球面渐开线，但是由于球面无法展开成为平面，以致在设计甚至在制造及齿形的检查方面均存在很多困难，本文采用背锥作为辅助圆锥（背锥与球面相切于圆锥齿轮大端的分度圆上，并且与分度圆锥相接成直角，球面渐开线齿廓与其在背锥上的投影相差很小）。基于背锥可以展成平面，本小节相关参量的计算均建立在背锥展成平面的当量齿轮上进行。如图 12-105 所示为圆锥齿轮的结构与尺寸关系图。

图 12-104　锥齿轮

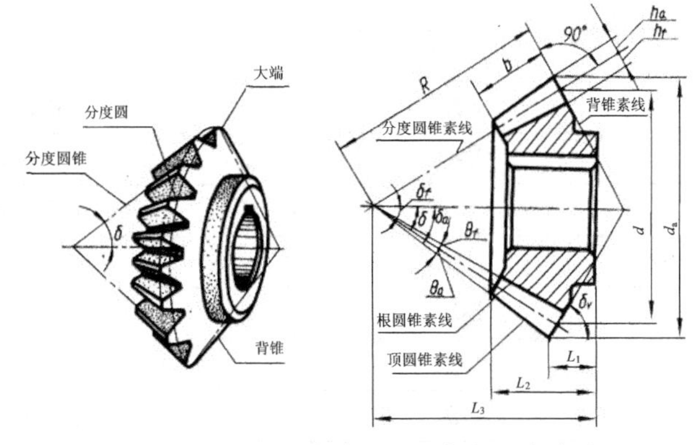

图 12-105　圆锥齿轮的结构与尺寸关系

基于以上分析和简化确定建立该模型所需的参数：

（1）分度圆锥角 δ：分度圆锥锥角的 1/2 即为分度圆锥角。

（2）外锥距 R：圆锥齿轮节锥的大端至锥顶的长度。

（3）大端端面模数 m。

（4）分度圆直径 d：在圆锥齿轮大端背锥上的这个圆周上，齿间的圆弧长与齿厚的弧长正好相等，这一特点在后面建模过程中得到利用。

（5）齿高系数 h*、径向间隙系数 c*、齿高 h。

（6）压力角：圆锥齿轮的压力角是指圆锥齿轮的分度圆位置上，球面渐开线尺廓面上的受力方向与运动方向所夹的角，按照我国的标准一般取该值为20°。

1. 建立锥齿轮的参数曲线

01 新建名为【锥齿轮】的模型文件，而后设置工作目录。

02 在【工具】选项卡的【模型意图】组中单击【参数】按钮，打开【参数】窗口。

03 在窗口中单击 + 按钮，然后将齿轮的各参数依次添加到参数列表框中，添加的具体内容如表 12-2 所示。添加完参数的【参数】窗口如图 12-106 所示。完成齿轮参数添加后，单击【确定】按钮关闭窗口保存参数设置。

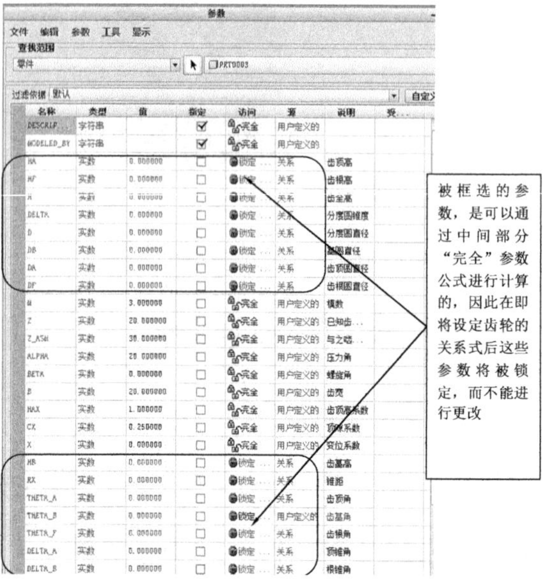

图 12-106 【参数】窗口

技术要点

锥齿轮参数化建模需已知锥齿轮齿数Z、模数M、与之啮合的齿轮齿数Z_ASM、齿宽B等参数，可通过参数直接输入数值；直齿锥齿轮渐开线的标准化的参数也需要输入数值，例如压力角ALPHA为20、齿顶高系数HAX为1.0、顶隙系数CX为0.25等。其他参数如分锥角、分度圆直径等可通过关系表达式计算，为非输入性参数，详见表12-2所示。对于需输入的参数，本例以参数Z=20、Z_ASM=30、B=20、ALPHA=20、HAX=1．0、CX=0.25为例进行参数化建模。

表 12-2 参数关系表

名　　称	类　　型	数　　值	说　　明	关系表达式
HA	实数		齿顶高	M*HAX
HF	实数		齿根高	M*(HAX+CX)
H	实数		齿全高	(2*HAX+CX)*M
DELTA	实数		分度圆锥角	ATAN(Z/Z_ASM)
D	实数		分度圆直径	M*Z
DB	实数		基圆直径	D*COS(ALPHA)
DA	实数		齿顶圆直径	D+2*HA*COS(DELTA)
DF	实数		齿根圆直径	D−2*HF*COS(DELTA)
M	实数	3	模数	
Z	实数	20	已知齿轮齿数	

续表

名　　称	类　　型	数　　值	说　　明	关系表达式
Z_ASM	实数	30	与之啮合齿轮齿数	
ALPHA	实数	20	压力角	
BETA	实数	0	螺旋角	
B	实数	20	齿宽	
HAX	实数	1	齿顶高系数	
CX	实数	0.25	顶隙系数	
X	实数	0	变位系数	
HB	实数		齿基高	(D−DB)/2/COS(DELTA)
RX	实数		锥距	D/SIN(DELTA)
THETA_A	实数		齿顶角	ATAN(HA/RX)
THETA_B	实数		齿基角	ATAN(HB/RX)
THETA_F	实数		齿根角	ATAN(HF/RX)
DELTA_A	实数		顶锥角	DELTA +THETA_A
DELTA_B	实数		根锥角	DELTA−THETA_F
DELTA_F	实数		基锥角	DELTA−THETA_B
BA	实数		齿顶宽	B/COS(FHETA_A)
BB	实数		齿基宽	B/COS(THETA_B)
BF	实数		齿根宽	B/COS(I’ HETA_F)

04 设置锥齿轮参数后，还需要定义关系式。以此自动计算并生成上表中没有填写的数值。在【工具】选项卡的【模型意图】组中单击【关系】按钮，打开【关系】窗口。然后把上表中列出的关系表达式全部输入到【关系】窗口中，如图 12-107 所示。

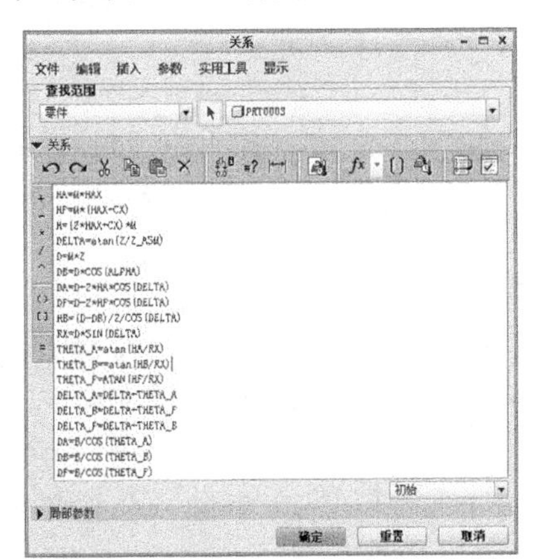

图 12-107　添加关系式

05 在【模型】选项卡的【基准】组中单击【草绘】按钮，打开【草绘】对话框。在草绘平面中选取 TOP 基准平面作为草绘平面，接受其他参考设置，进入草绘模式，如图 12-108 所示。

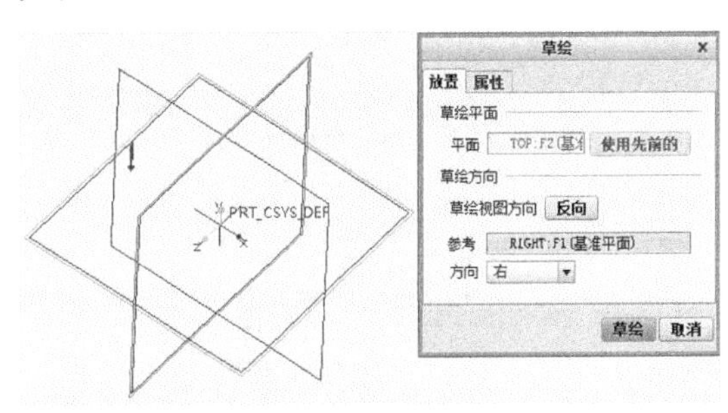

图 12-108　选择草绘平面

06 在草绘平面内绘制任意尺寸的 4 个同心圆，如图 12-109 所示。完成后直接退出草绘模式。

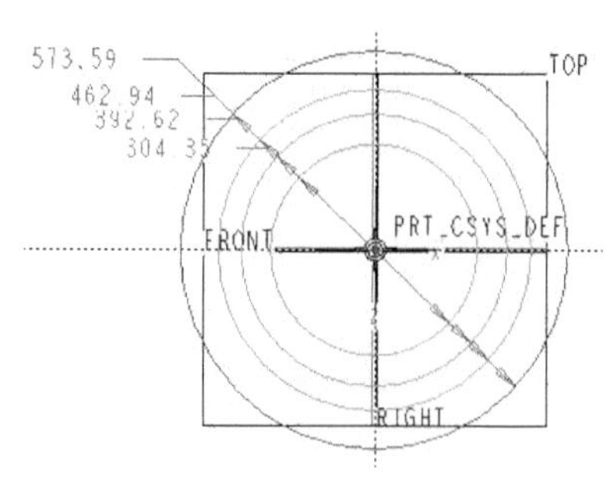

图 12-109　绘制任意尺寸的 4 个同心圆

07 在模型树中右击草绘的特征，再选择【编辑】命令，曲线上会显示标注的尺寸，如图 12-110 所示。

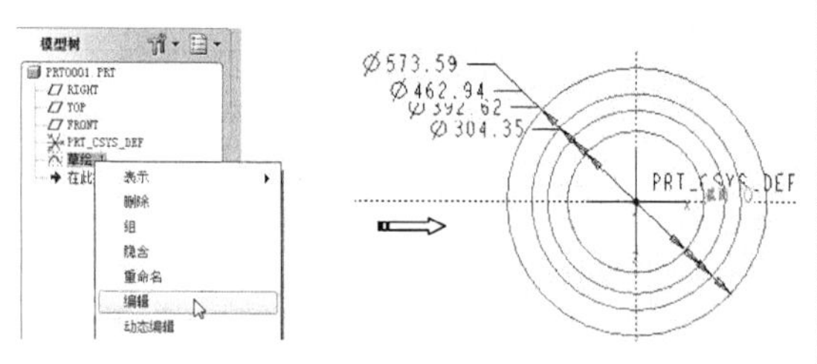

图 12-110　编辑曲线

08 然后在【工具】选项卡的【模型意图】组中单击【关系】按钮，打开【关系】窗口。按照如图 12-111 所示在【关系】窗口中分别添加齿轮的分度圆直径、基圆直径、齿根圆直径及齿顶圆直径的关系式。

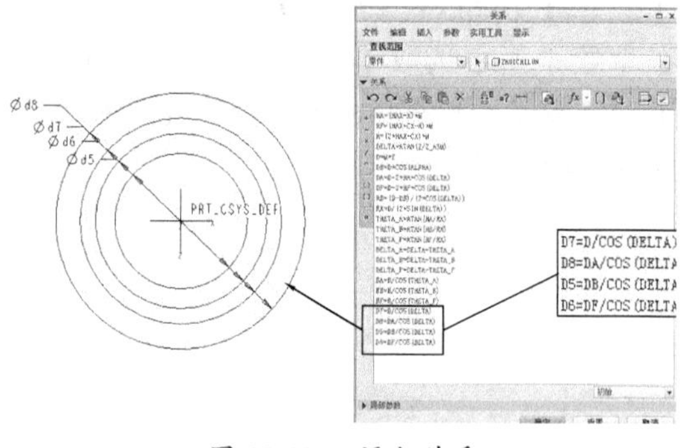

图 12-111　添加关系

09 添加关系式后，在模型树再生整个零件，绘制的曲线尺寸发生变化（按关系式进行自动计算的），如图 12-112 所示。

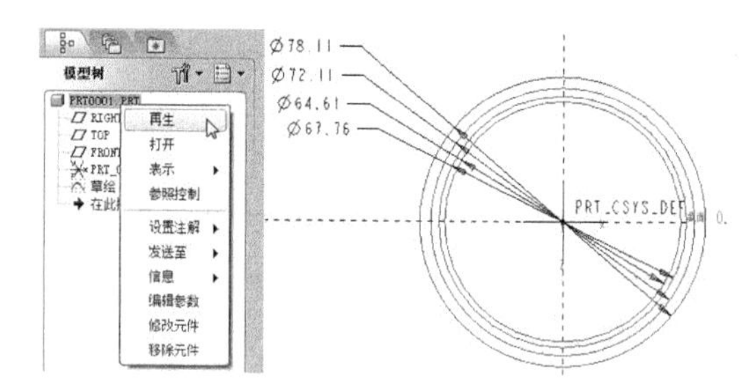

图 12-112　再生尺寸

10 再利用【草绘】工具，在 FRONT 基准平面上绘制如图 12-113 所示的曲线。

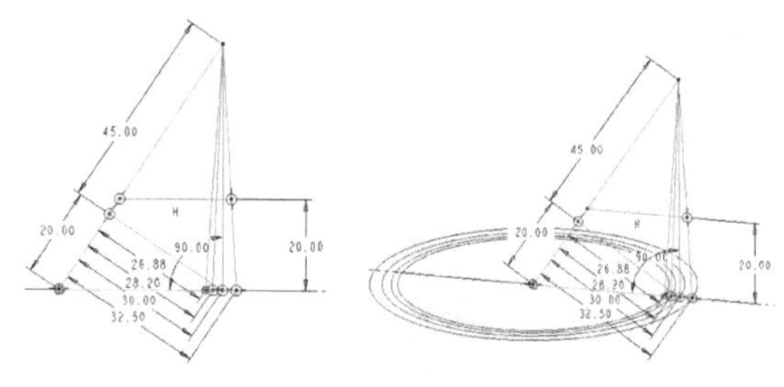

图 12-113　绘制曲线

技术要点

草图中的尺寸必须按照上图的样式给标注出来，否则添加关系式时找不到尺寸。

11 退出草绘模式后，再执行【关系】命令，打开【关系】窗口，然后添加如图 12-114 所示的关系式。

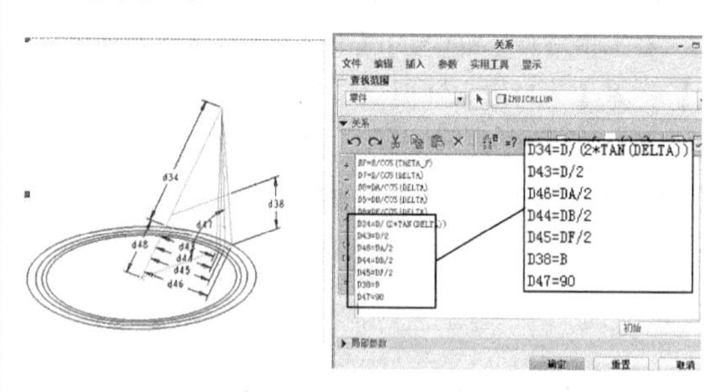

图 12-114　添加关系

技术要点

尺寸序号跟用户标注尺寸的先后顺序有关。所以并非每次设计齿轮都是这些编号，如【D35】。

12 利用【平面】工具，新建一个基准平面，如图 12-115 所示。

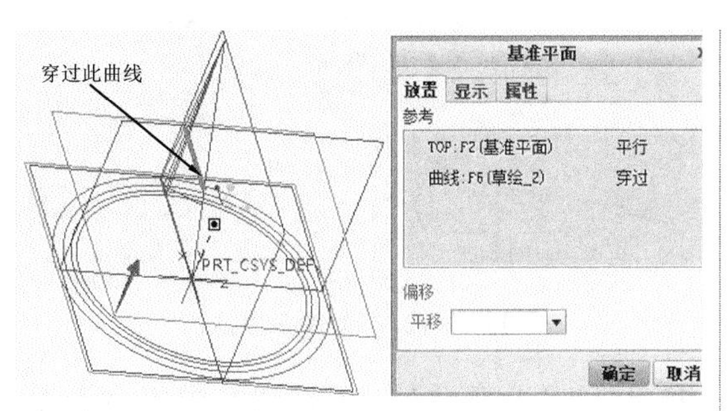

图 12-115　创建参考平面

13 利用【草绘】命令，在新建的基准平面上绘制如图 12-116 所示的圆曲线（不管尺寸大小）。完成后退出草绘模式。

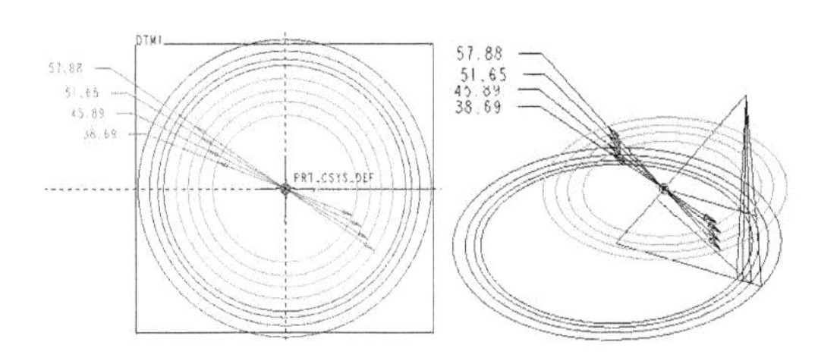

图 12-116　绘制圆曲线

14 打开【关系】窗口，添加完毕后的【关系】窗口如图 12-117 所示。

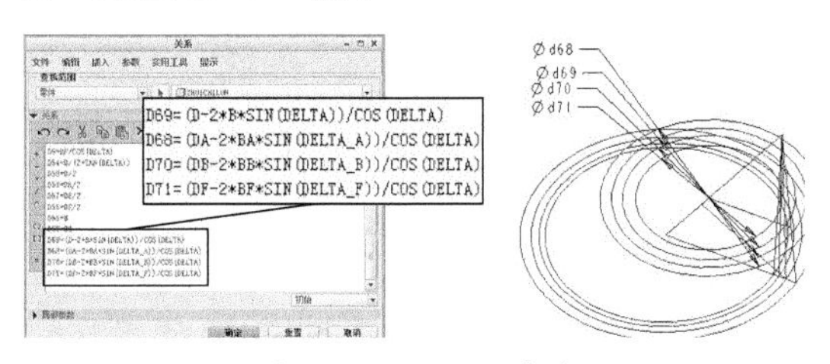

图 12-117　添加关系

15 在新建的基准平面 DTM1 上绘制如图 12-118 所示的曲线。然后在 TOP 基准平面上绘制如图 12-119 所示的曲线。

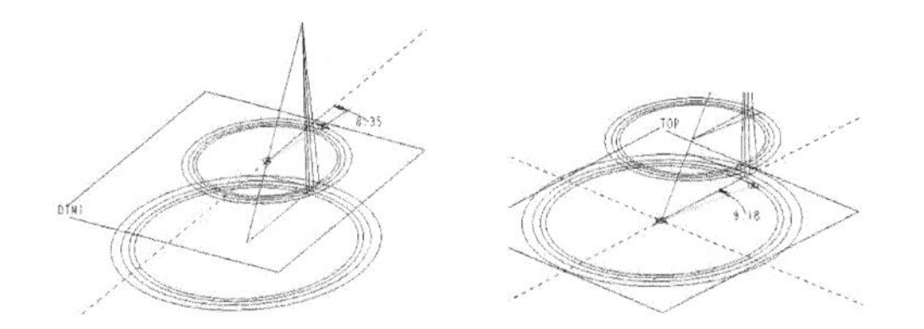

图 12-118　绘制小端曲线　图 12-119　绘制大端曲线

16 将绘制的两条曲线中的角度尺寸添加到关系式表中，如图 12-120 所示。

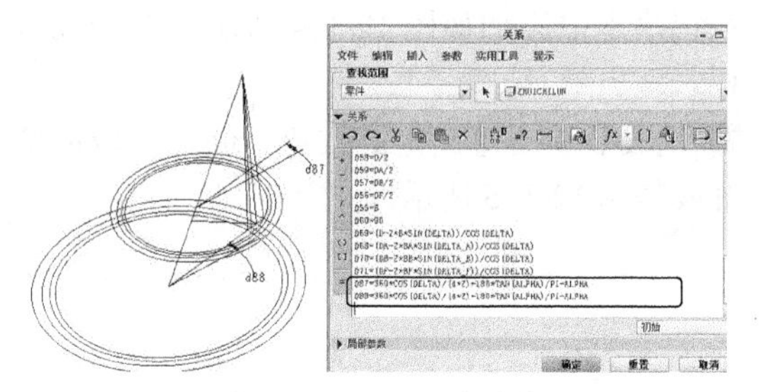

图 12-120　添加关系式

17 单击【坐标系】按钮，然后创建如图 12-121 所示的参考坐标系。

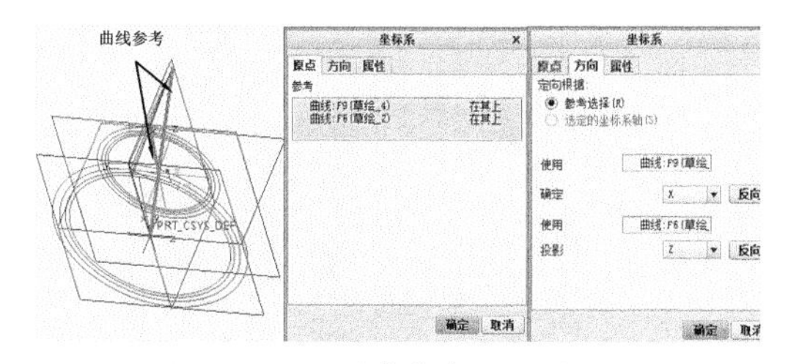

图 12-121　创建参考坐标系 CS0

18 同理，再创建如图 12-122 所示的坐标系。

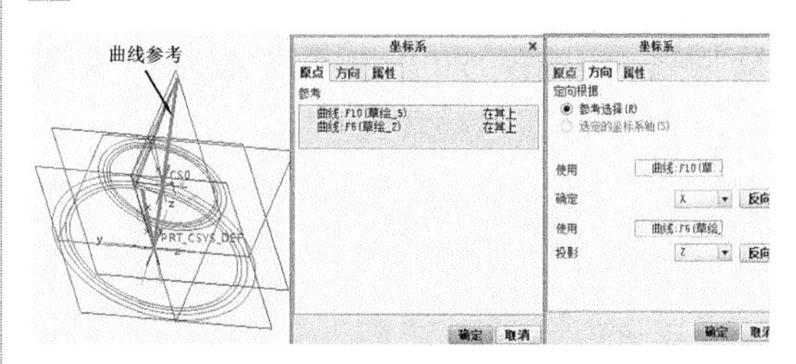

图 12-122　创建参考坐标系 CS1

19 在右工具栏中单击按钮打开【曲线选项】菜单管理器，选择【从方程】命令，然后选择【完成】命令。系统提示选取坐标系，在模型树窗口中选择坐标系 CS1，如图 12-123 所示。

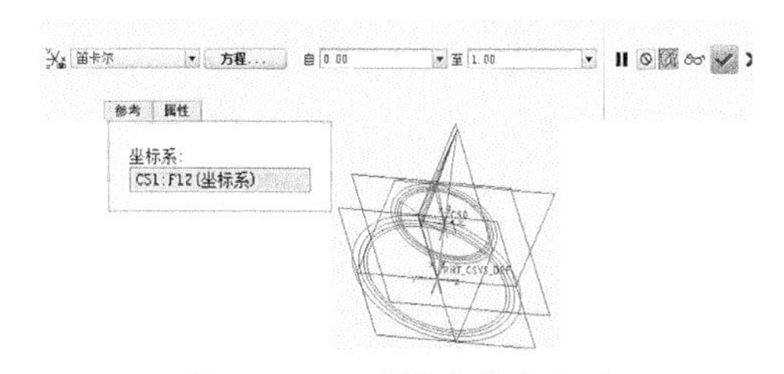

图 12-123　选择参考坐标系

20 然后在设置坐标类型下拉列表中选择【笛卡儿】选项，系统打开一个记事本编辑器。

在记事本中添加如图 12-124 所示的渐开线方程式。

21 完成后单击【确定】按钮。创建完成的渐开线如图 12-125 所示。

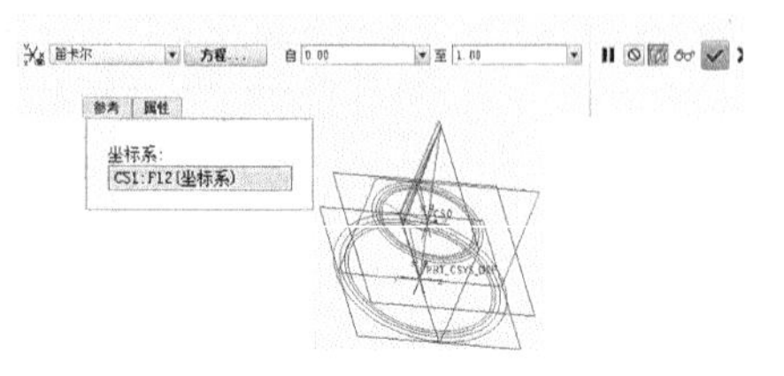

图 12-124 添加渐开线方程式

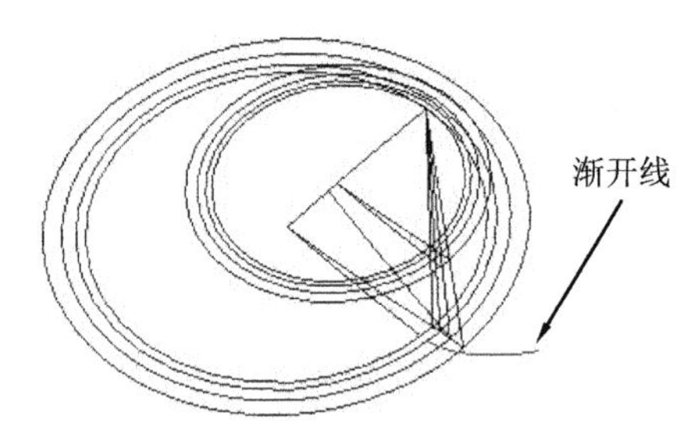

图 12-125 创建完成的渐开线

22 同理，再选择 CS0 坐标系来创建另一渐开线，结果如图 12-126 所示。

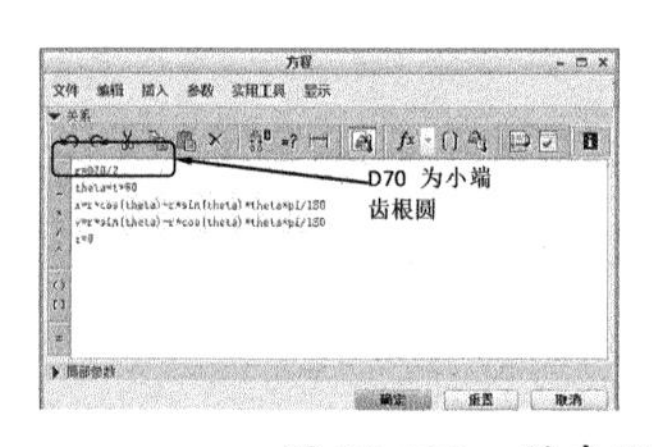

图 12-126 创建另一渐开线

23 利用【轴】工具，选择 CS1 坐标系的 Z 轴为参考，创建如图 12-127 所示的轴。

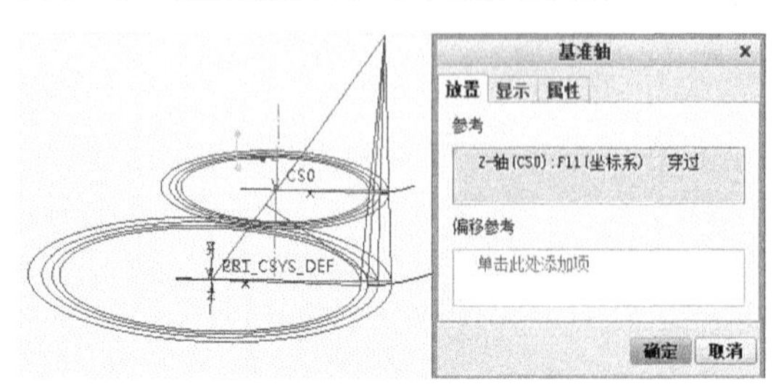

图 12-127 创建参考轴

24 利用【点】工具，创建如图 12-128 所示的基准点。

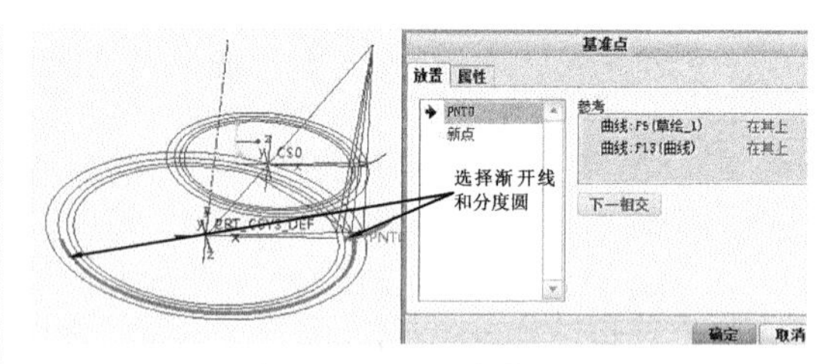

图 12-128 创建基准点

25 再利用【平面】工具，选择参考轴和上步创建的基准点，然后创建基准平面。如图 12-129 所示。

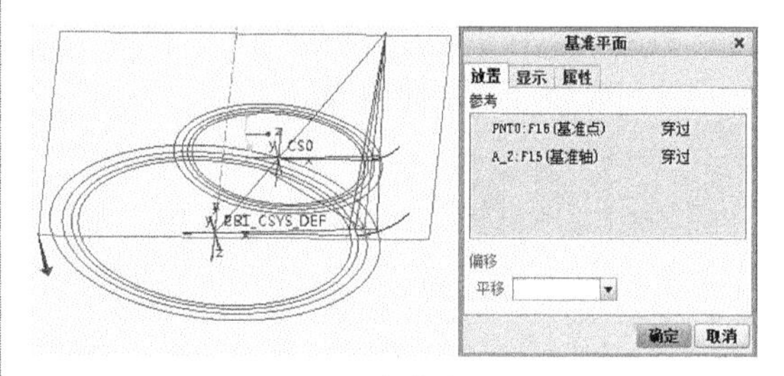

图 12-129 创建基准平面 DTM2

26 接着以此基准平面和参考轴为组合参考，再创建出如图 12-130 所示的基准平面。

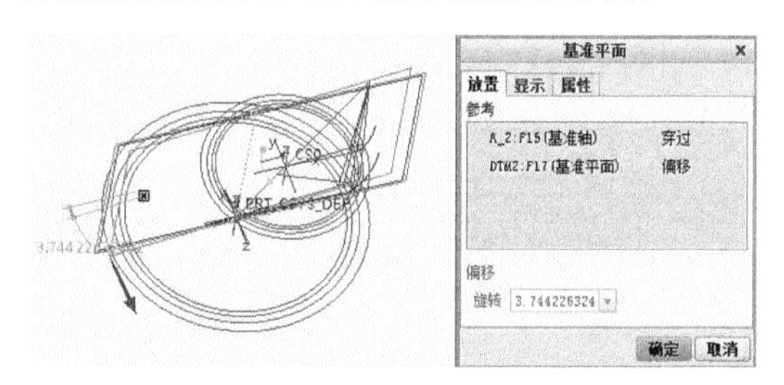

图 12-130 创建基准平面 DTM3

技术要点

DTM2 与 FRONT 基准平面是重合的，那么为什么不直接利用参考轴和 FRONT 来创建 DTM3 呢？这是因为 FRONT 是固定平面，其他平面如果参考它，将不会出现旋转的选项，只有【法向】和【平行】选项。那么 DTM2 也是不能参考 FRONT 来创建的，否则 DTM3 也不能创建旋转。这个旋转的尺寸就是齿厚的关系式尺寸。

27 将 DTM3 的旋转角度添加到关系式列表框中，如图 12-131 所示。

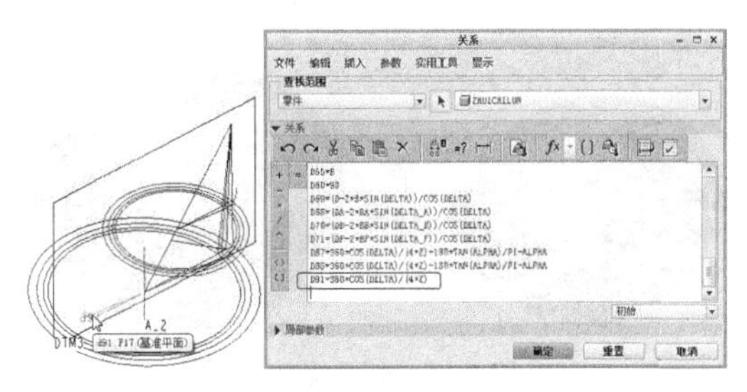

图 12-131　添加关系式

28 在模型树中选中曲线特征（两条渐开线），然后单击【镜像】按钮，创建镜像的渐开线。如图 12-132 所示。

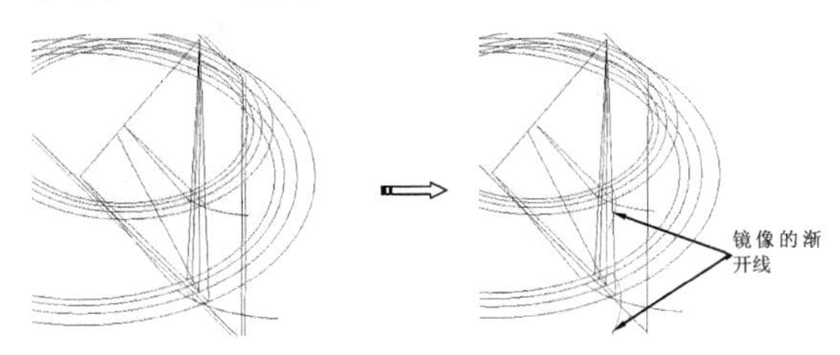

图 12-132　创建镜像的渐开线

2．齿轮建模

01 利用【旋转】工具，选择 FRONT 基准平面作为草图平面，绘制如图 12-133 所示的草图，退出草绘模式后保留默认设置，单击【应用】按钮完成旋转特征的创建。

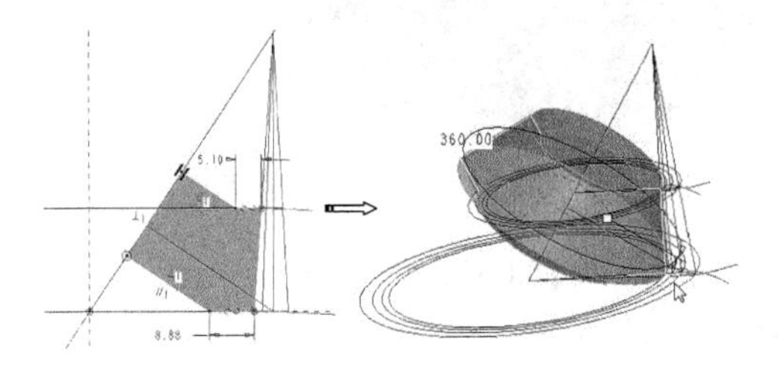

图 12-133　创建草图并完成旋转特征的创建

02 将草图中的尺寸添加到关系式列表框中，如图 12-134 所示。

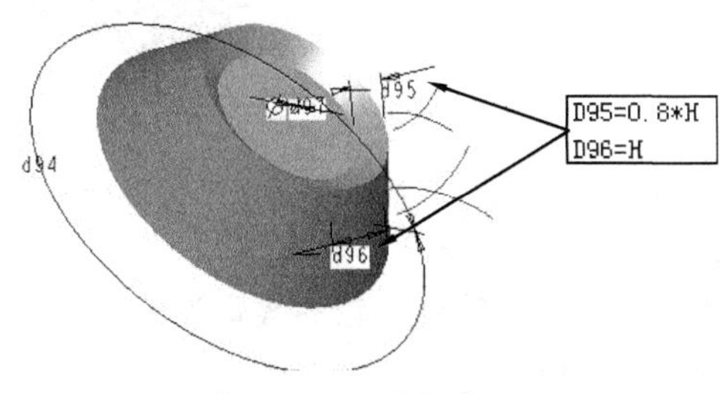

图 12-134　添加关系

03 利用【草绘】轨迹，在 TOP 基准平面上绘制如图 12-135 所示的曲线（在大端）。

04 同理，在 DTM1 平面上绘制如图 12-136 所示的曲线（在小端）。

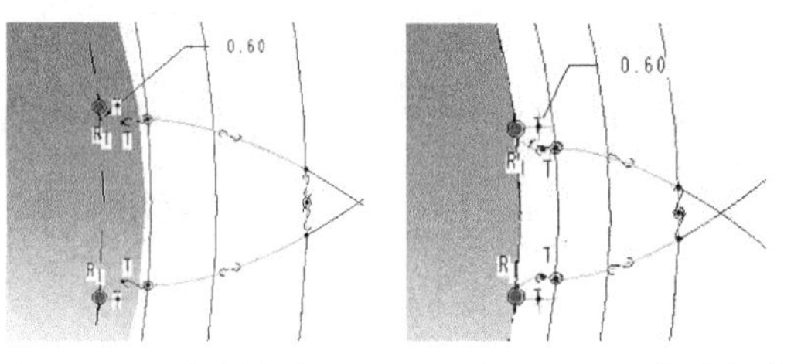

图 12-135　绘制大端的曲线　　图 12-136　绘制小端的曲线

05 将两个草绘曲线的尺寸添加到关系式中，如图 12-137 所示。

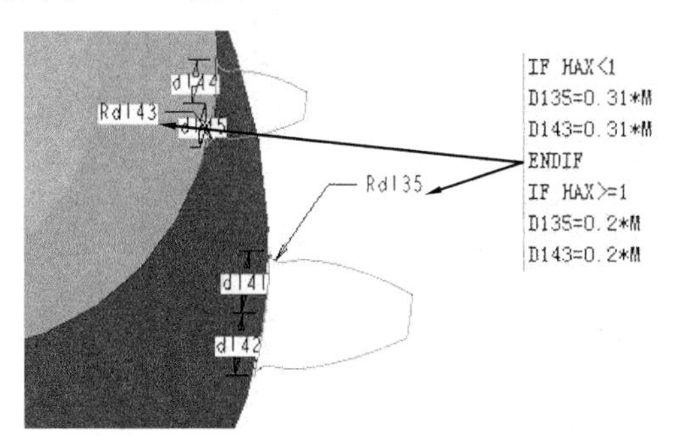

图 12-137　添加关系式

06 利用复制、粘贴命令，复制如图 12-138 所示的曲面。

07 将复制的曲面分别进行延伸，如图 12-139 和图 12-140 所示。

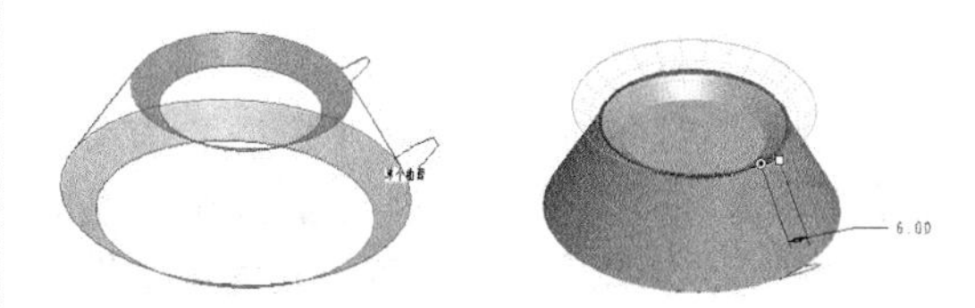

图 12-138　复制曲面　　图 12-139　延伸小端曲面

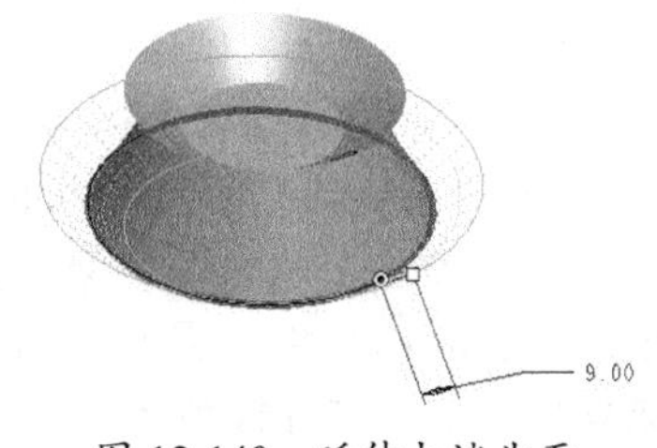

图 12-140　延伸大端曲面

08 将前面绘制的大端曲线和小端曲线分别投影到大端和小端各自的延伸曲面上，如图12-141所示。

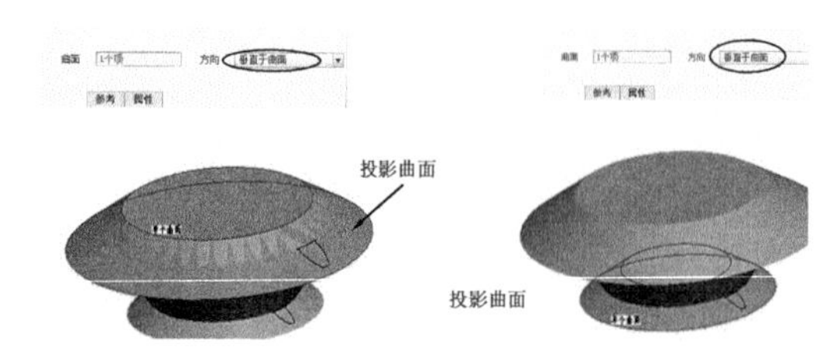

图 12-141　将曲线投影到延伸曲面上

09 利用【边界混合】工具，选择大端和小端的投影曲线作为截面链，再单击【应用】按钮完成曲面的创建，如图12-142所示。

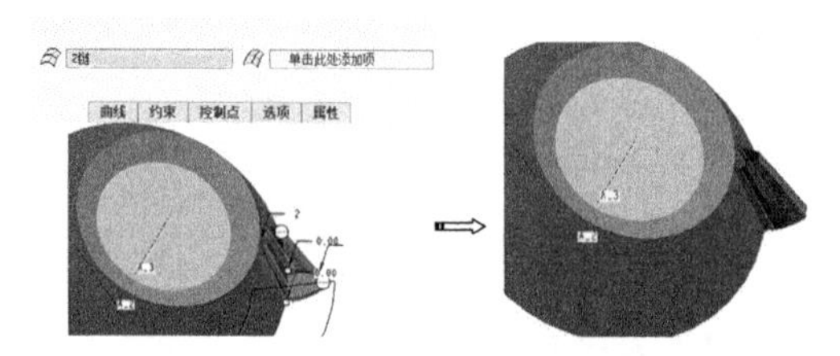

图 12-142　选择第一方向链

10 选中延伸曲面和扫描混合的曲面，然后执行【合并】命令，进行合并与修剪，结果如图12-143所示。

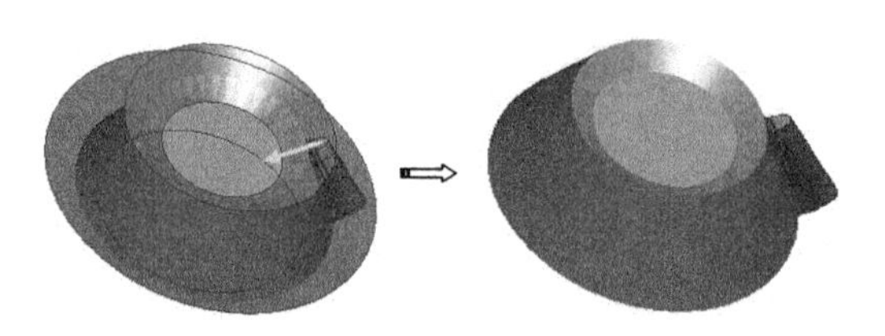

图 12-143　合并曲面

11 选中合并的曲面，然后在【模型】选项卡的【编辑】组中单击【实体化】按钮，将曲面转换成实体，此实体就是锥齿轮的单个齿。

12 选中实体化的特征，然后单击【复制】按钮和【选择性粘贴】按钮，打开【选择性粘贴】对话框，选中【对副本应用移动/旋转变换】复选框，单击【确定】按钮。

13 在随后弹出的【复制】操控板中单击【相对选定参考旋转特征】按钮，然后选择旋转轴，设置旋转角度为18°，最后单击【应用】按钮完成复制，如图12-144所示。

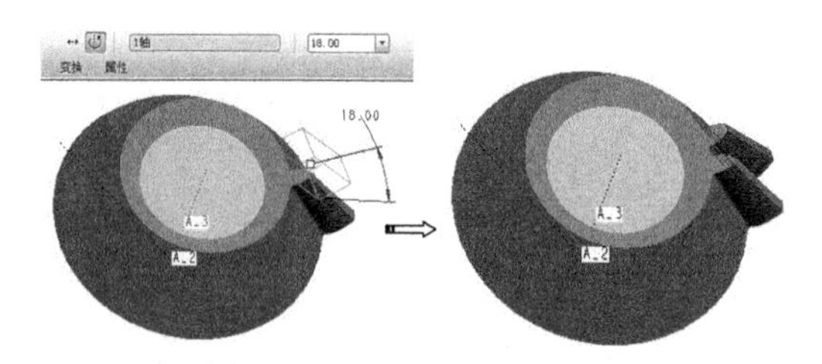

图 12-144　创建复制特征

14 选中复制的单齿特征，然后进行阵列。阵列操控板的设置与阵列结果如图12-145所示。

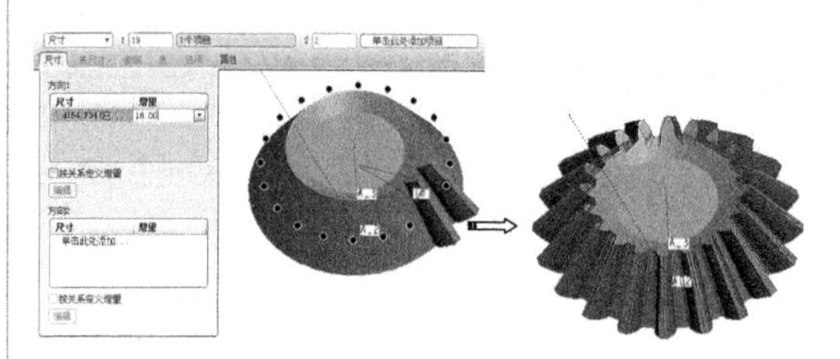

图 12-145　阵列齿

15 阵列后，将尺寸添加到关系式列表框中，如图12-146所示。

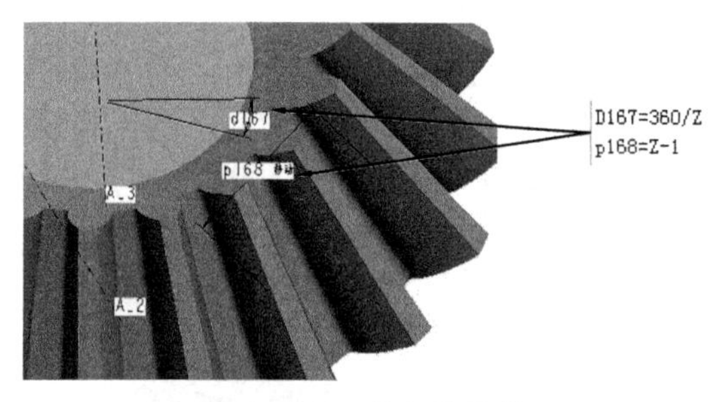

图 12-146　添加关系式

16 利用【孔】工具，创建直径为15的孔，如图12-147所示。

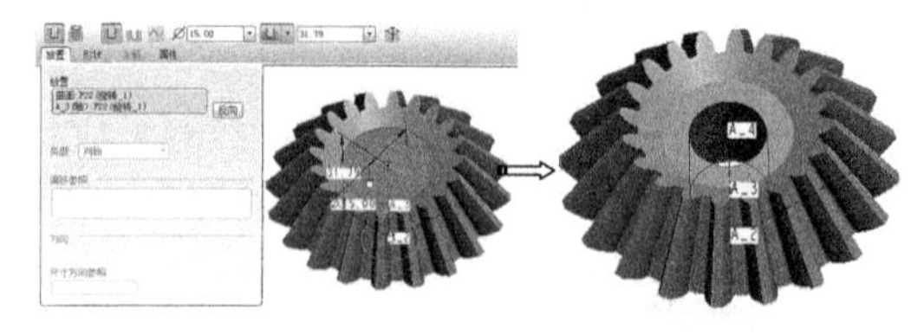

图 12-147　创建孔

17 利用【拉伸】工具，创建如图12-148所示的拉伸切除材料特征。

18 至此，本例的锥齿轮参数化设计完成，最后将结果保存。

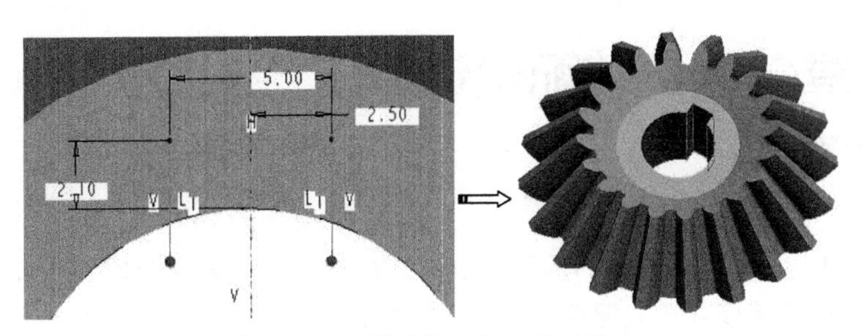

图 12-148　创建拉伸切除材料特征

12.6　课后习题

1. 简答题

（1）简述参数化建模的基本原理。

（2）是否可以随意删除一个模型上的参数？

（3）简述编辑关系式的基本步骤。

2. 操作题

自己动手创建一个蜗轮蜗杆参数化模型，如图 12-149 所示。

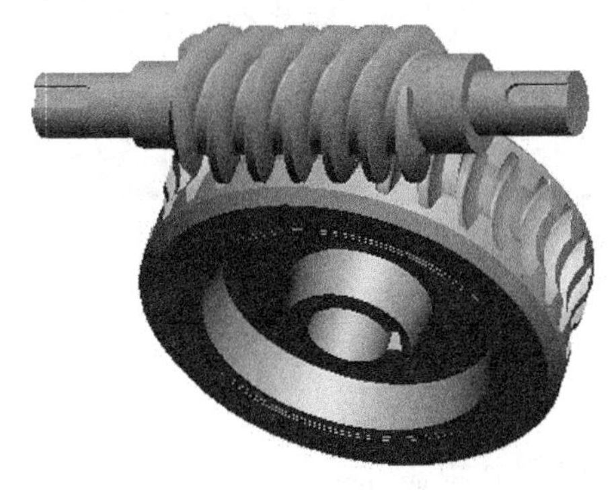

图 12-149　蜗轮蜗杆参数化模型

读书笔记

第13章　零件装配设计

零件装配设计是三维模型设计的重要工作内容之一。完成零件设计后，将设计的零件按设计要求的约束条件或连接方式装配在一起，才能形成一个完整的产品或机构装置。Creo中零件装配是通过定义零件模型之间的装配约束来实现的，也就是在各零件之间建立一定的连接关系，并对其进行约束，从而确定各零件在空间的具体位置关系。一般情况下，在Creo中的零件装配过程与生产实际的装配过程相同。本讲主要介绍装配模块、装配的约束设置、装配的设计修改、分解视图等内容。通过本章的学习，初学者可基本掌握装配设计的实用知识和应用技巧，为以后的学习应用打下扎实的基础。

知识要点

- 装配概述
- 无连接接口的装配约束
- 有连接接口的装配约束
- 装配相同零件
- 建立爆炸视图

13.1 装配模块概述

在Creo的装配模式下，不但可以实现对装配的操作，还可以对装配体进行修改、分析和分解。如图13-1所示为一个减速器总装配示意图。

下面就装配的模式、装配的约束形式、装配的设计环境及装配工具做简要介绍。

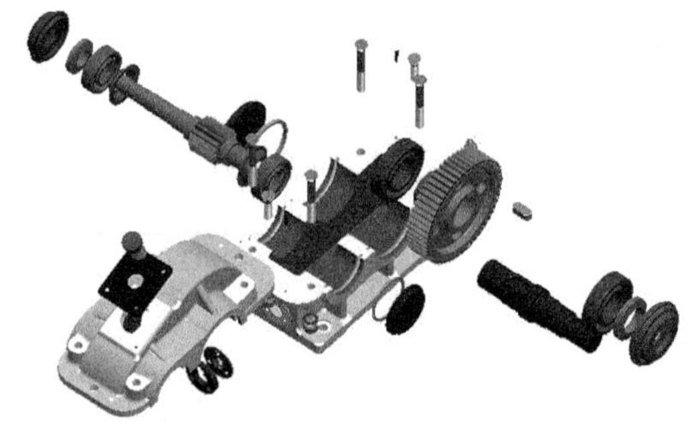

图13-1　减速器总装配示意图

13.1.1 两种装配模式

主要有两种装配模式，下面分别介绍。

1. 自底向上装配

自底向上装配时，首先创建好组成装配体的各个元件，在装配模式下将已有的零件或子装配体按相互的配合关系直接放置在一起，组成一个新的装配体，也就是装配元件的过程。

2. 自顶向下装配

自顶向下的装配设计与自底向上的设计方法正好相反。设计时，首先从整体上勾画出产品的整体结构关系或创建装配体的二维零件布局关系图，然后再根据这些关系或布局逐一设计出产品的零件模型。

技术要点

前者常用于产品装配关系较为明确，或零件造型较为规范的场合。后者多用于真正的产品设计，即先要确定产品的外形轮廓，然后逐步对产品进行设计上的细化，直至细化到单个的零件。

13.1.2　两种装配约束形式

约束是施加在各个零件间的一种空间位置的限制关系，从而保证参与装配的各个零件之间具有确定的位置关系。主要有两种装配约束形式，下面分别介绍。

1．无连接接口的装配约束

使用无连接接口的装配约束的装配体上各零件不具有自由度，零件之间不能做任何相对运动，装配后的产品成为具有层次结构且可以拆卸的整体，但是产品不具有【活动】零件。这种装配连接称为约束连接。

2．使用有连接接口的装配约束

这种装配连接称为机构连接，是使用 Creo 进行机械仿真设计的基础。

13.1.3　进入装配环境

零件装配是在装配模式下完成的，可通过以下方法进入装配环境。操作步骤如下：

01 在功能区选择【文件】|【新建】命令，或者单击快速访问工具栏中的【新建】按钮，弹出【新建】对话框。

02 选择【新建】对话框中【类型】选项组中的【装配】单选按钮。

03 在【名称】文本框中输入装配文件的名称，并取消选中【使用默认模板】复选框，单击【确定】按钮，如图 13-2 所示。

04 此时弹出【新文件选项】对话框，选择【mmns_asm_design】模板（公制模板），如图 13-3 所示。

图 13-2　【新建】对话框

图 13-3　选择公制模板

05 单击【确定】按钮，即可进入装配环境，如图 13-4 所示。

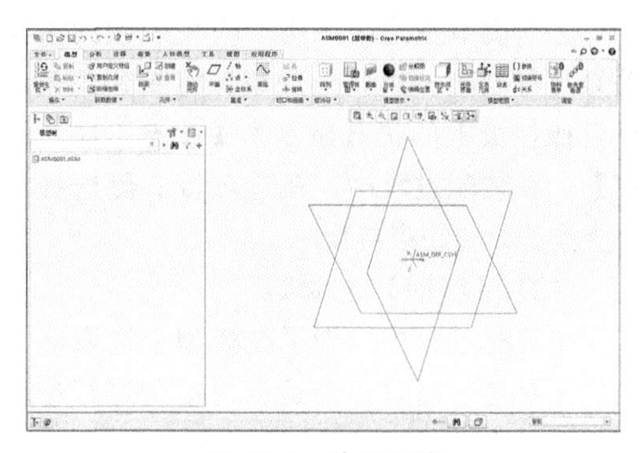

图 13-4　装配环境

13.1.4　装配工具

在【模型】选项卡的【元件】组中单击【组装】下拉按钮，打开如图 13-5 所示的元件装配下拉菜单，其中有 4 个装配工具。

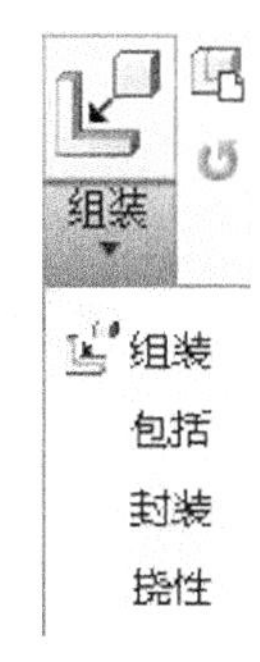

图 13-5　元件装配下拉菜单

1．组装

单击窗口右侧工具栏的【装配】按钮，弹出【打开】对话框，选择需要装配的零件打开后，窗口将出现装配操控板，用来为元件指定放置约束，以确定其位置。

（1）【放置】选项板。

在【放置】选项板中设置各项参数，可以为新装配元件指定约束类型和约束参考以实现装配过程，如图 13-6 所示。

图 13-6　【放置】选项板

选项板中左边区域用于收集装配约束的关系，每创建一组装配约束，将新建约束，直至操控板中的状态显示为【状态：完全约束】。在装配过程中，在选项板右侧选择约束类型并设置约束参数。

（2）【移动】选项板。

在装配过程中，为了在模型上选取确定的约束参考，有时需要适当对模型进行移动或旋转操作，这时可以打开如图13-7所示的【移动】选项板，选取移动和旋转模型的参考后，即可将其重新放置。

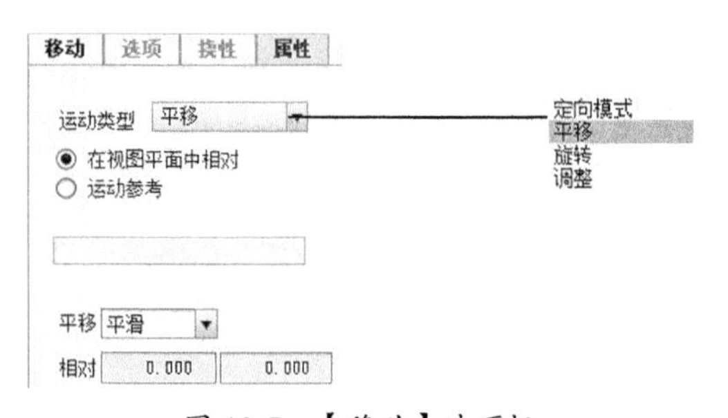

图13-7 【移动】选项板

2. 包括

可以在活动的组件中包括未放置的元件。

3. 封装

向组件添加元件时可能不知道将元件放置在哪里最好，或者也可能不希望相对于其他元件的几何进行定位。可以使这样的元件处于部分约束或不约束状态。此种元件被视为封装元件，它是一种非参数形式的元件装配。

4. 挠性

挠性元件易于满足新的、不同的或不断变化的要求，可以在各种状态下将其添加到组件中。例如弹簧在组件的不同位置处可以具有不同的压缩条件。

5. 创建

【创建】装配方式就是【自顶向下】的装配模式。在【模型】选项卡的【元件】组中单击【创建】按钮，弹出【元件创建】对话框，如图13-8所示。

图13-8 【元件创建】对话框

13.2 无连接接口的装配约束

约束装配用于指定新载入的元件相对于装配体指定元件的放置方式，从而确定新载入的元件在装配体中的相对位置。在元件装配过程中，控制元件之间的相对位置时，通常需要设置多个约束条件。

载入元件后，单击【元件放置】操控板中的【放置】按钮，打开【放置】选项板，其中包含匹配、对齐、插入等11种类型的放置约束，如图13-9所示。

关于装配约束，请注意以下几点：

- 一般来说，建立一个装配约束时，应选取元件参考和组件参考。元件参考和组件参考是元件和装配体中用于约束定位和定向的点、线、面。例如，通过对齐（Align）约束将一根轴放入装配体的一个孔中，轴的中心线就是元件参考，而孔的中心线就是组件参考。

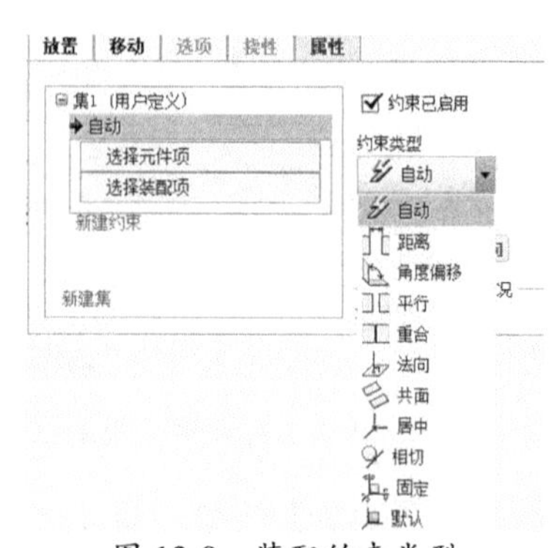

图13-9 装配约束类型

- 系统一次只添加一个约束。例如，不能用一个【对齐】约束将一个零件上两个不同的孔与装配体中的另一个零件上的两个不同的孔对齐，必须定义两个不同的对齐约束。
- 要使一个元件在装配体中完整地指定放置和定向（即完整约束），往往需要定义数个装配约束。
- 在 Creo 中装配元件时，可以将多于所需的约束添加到元件上。即使从数学的角来说，元件的位置已完全约束，还可能需要指定附加约束以确保装配件达到设计意图。建议将附加约束限制在 10 个以内，系统最多允许指定 50 个约束。

技术要点

在这 11 种约束类型中，如果使用【自动】类型进行元件的装配，则仅需要选择一个约束参考；如果使用【固定】或【默认】约束类型，则只需要选取对应列表项，而不需要选择约束参考。使用其他约束类型时，需要给定两个约束参考。

13.2.1　配对约束

两个曲面或基准平面贴合，且法线方向相反。另外，还可以对配对约束进行偏距、定向和重合的定义。

配对约束 3 种偏移方式含义如下：

- 重合：两个平面重合，法线方向相反，如图 13-10a 所示。
- 定向：两个平面法线方向相反，互相平行，忽略二者之间的距离，如图 13-10b 所示。
- 偏距：两个平面法线方向相反，互相平行，通过输入的间距值控制平面之间距离，如图 13-10c 所示。

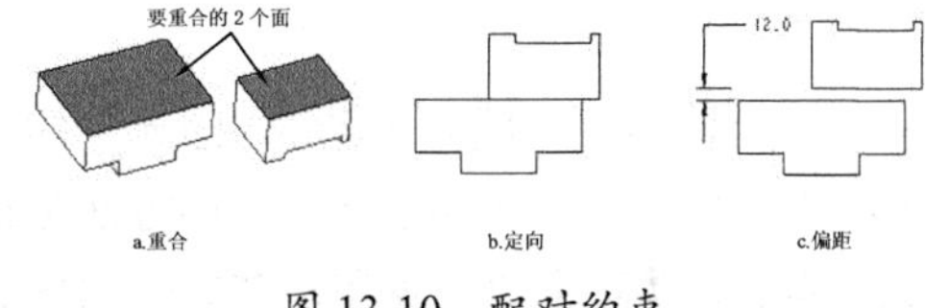

图 13-10　配对约束

13.2.2　对齐约束

对齐约束使两个平面共面重合、两条轴线同轴或使两个点重合。对齐约束可以选择面、线、点和回转面作为参考，但是两个参考的类型必须相同。对齐约束的参考面也有 3 种偏移方式，即重合、定向和偏距，其含义与配对约束相同。如图 13-11a、图 13-11b 和图 13-11c 所示为 3 种对齐约束的偏移方式。

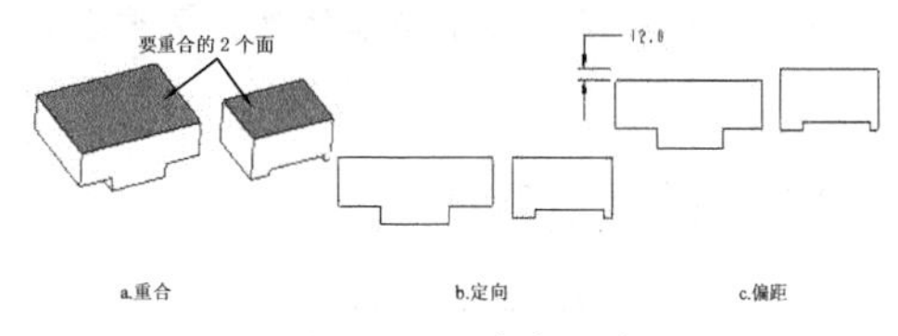

图 13-11　对齐约束

技术要点

使用【匹配】和【对齐】时，两个参考必须为同一类型（例如，平面对平面、旋转对旋转、点对点、轴线对轴线）。旋转曲面指的是通过旋转一个截面，或者拉伸一个圆弧 / 圆而形成的一个曲面。只能在放置约束中使用下列曲面：平面、圆柱、圆锥、环面、球面。

13.2.3　插入约束

当轴选取无效或选取不方便时可以用这个约束。使用插入约束可以将一个旋转曲面插入另一旋转曲面中，实现孔和轴的配合，且使它们的轴线重合。插入约束一般选择孔和轴的旋转曲面作为参考面，如图 13-12 所示。

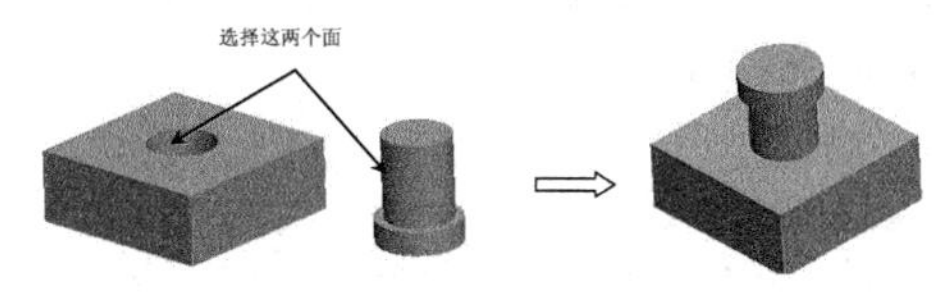

图 13-12　插入约束

13.2.4　坐标系约束

使用【坐标系】约束，可将两个元件的坐标系对齐，或者将元件的坐标系与装配件的坐标系对齐，即一个坐标系中的 X 轴、Y 轴、Z 轴与另一个坐标系中的 X 轴、Y 轴、Z 轴分别对齐，如图 13-13 所示。

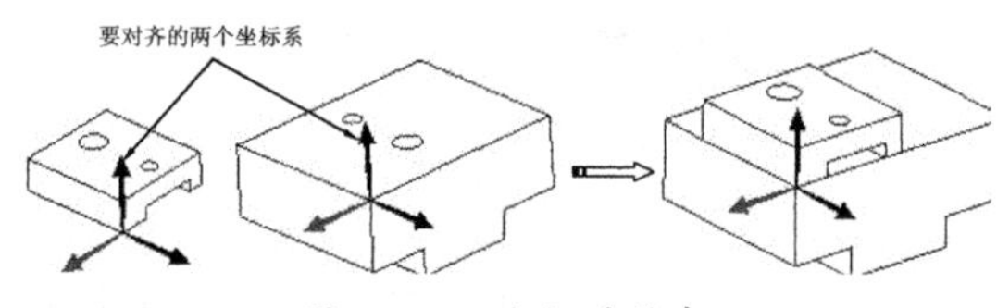

图 13-13　坐标系约束

技术要点

坐标系约束是比较常用的一种方法。特别是在数控加工中，装配模型时大都选择此种约束类型，即加工坐标系与零件坐标系重合/对齐。

13.2.5　相切约束

相切约束控制两个曲面在切点的接触。该约束的功能与配对功能相似，但该约束配对曲面，而不对齐曲面。该约束的一个应用实例为轴承的滚珠与其轴承内外套之间的接触点。相切约束需要选择两个面作为约束参考，如图 13-14 所示。

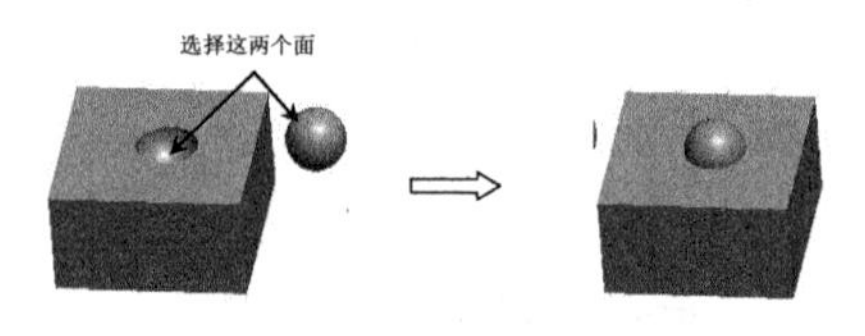

图 13-14　相切约束

13.2.6　直线上的点约束

用直线上的点约束可以控制边、轴或基准曲线与点之间的接触。点可以是基准点或顶点，线可以是边、轴、基准轴线。线上点约束如图 13-15 所示。

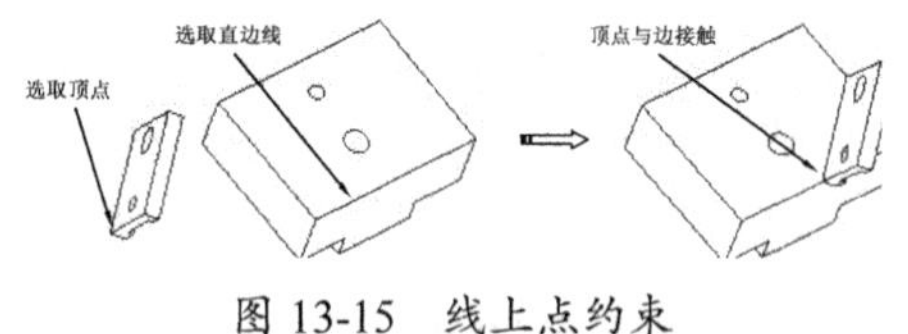

图 13-15　线上点约束

13.2.7　曲面上的点约束

用曲面上的点约束控制曲面与点之间的接触。点可以是基准点或顶点，面可以是基准面、零件的表面。曲面上的点约束如图 13-16 所示。

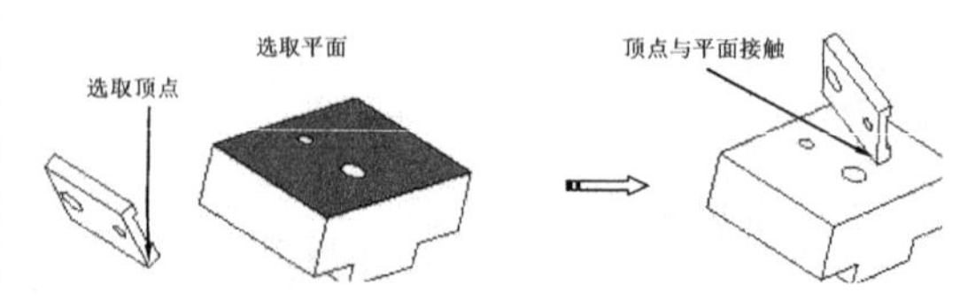

图 13-16　曲面上的点约束

13.2.8　曲面上的边约束

使用曲面上的边约束可控制曲面与平面边界之间的接触。面可以是基准面、零件的表面，边为零件或者组件的边线。曲面上的边约束如图 13-17 所示。

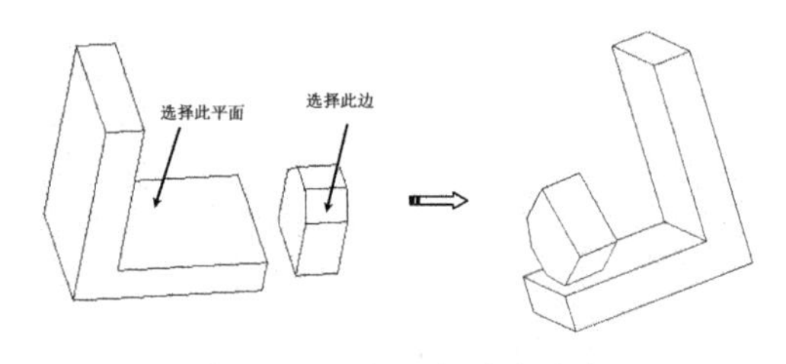

图 13-17　曲面上的边约束

13.2.9　固定约束

将元件固定在当前位置。组件模型中的第一个元件经常使用这种约束方式。

13.2.10　默认约束

默认约束将系统创建的元件的默认坐标系与系统创建的组件的默认坐标系对齐。

13.3　有连接接口的装配约束

传统的装配元件方法是给元件加入各种固定约束，将元件的自由度减少到 0，因元件的位置被完全固定，这样装配的元件不能用于运动分析（基体除外）。另一种装配元件的方法是给元件加入各种组合约束，如【销钉】、【圆柱】、【刚体】、【球】等，使用这些组合约束装配的元件，因自由度没有完全消除（刚体、焊接、常规除外），元件可以自由移动或旋转，这样装配的元件可用于运动分析。这种装配方式称为连接装配。

在【元件放置】特征操控板中，打开【用户定义】下拉列表，弹出系统定义的连接装配约束形式，如图 13-18 所示。对选定的连接类型进行约束设定时的操作与上一小节的约束装配操作相同，因此以下内容着重介绍各种连接的含义，以便在进行机构模型的装配时选择正确的连接类型。

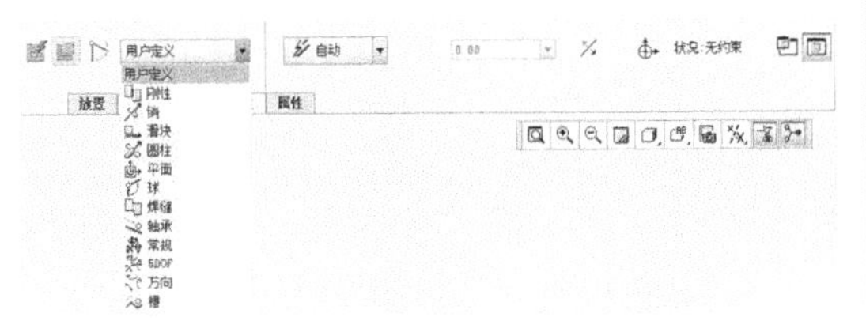

图 13-18 连接装配的约束类型

1. 刚性连接

刚性连接用于连接两个元件，使其无法相对移动，连接的两个元件之间自由度为 0。连接后，元件与组件成为一个主体，相互之间不再有自由度，如果刚性连接没有将自由度完全消除，则元件将在当前位置被“粘”在组件上。如果将一个子组件与组件用刚性连接，子组件内各零件也将一起被“粘”住，其原有自由度不起作用，总自由度为 0，如图 13-19 所示。

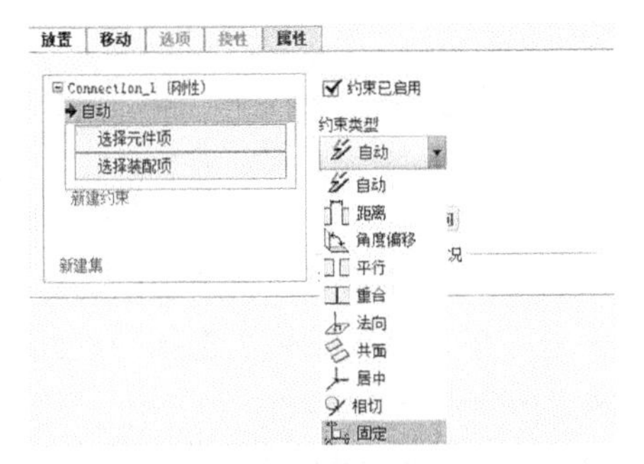

图 13-19 【刚性】连接类型

2. 销钉连接

销钉连接由一个轴对齐约束和一个与轴垂直的平移约束组成。元件可以绕轴旋转，具有一个旋转自由度，总自由度为 1。轴对齐约束可选择直边或轴线或圆柱面，可反向；平移约束可以是两个点对齐，也可以是两个平面的对齐 / 配对，平面对齐 / 配对时，可以设置偏移量，如图 13-20 所示。

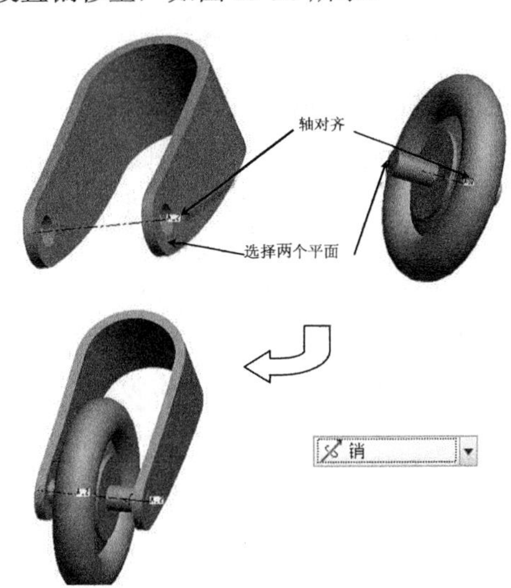

图 13-20 【销钉】连接类型

3. 滑块连接

滑块连接形式由一个轴对齐约束和一个旋转约束（实际上就是一个与轴平行的平移约束）组成。元件可滑轴平移，具有一个平移自由度，总自由度为 1。轴对齐约束可选择直边、轴线或圆柱面，可反向。旋转约束选择两个平面，偏移量根据元件所处位置自动计算，可反向，如图 13-21 所示。

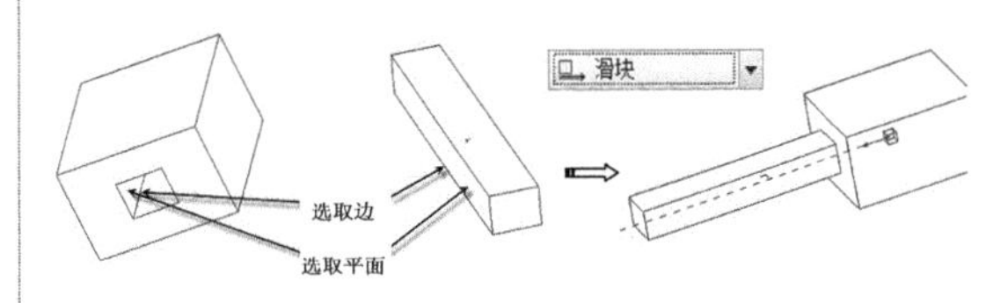

图 13-21 【滑块】连接类型

4. 圆柱连接

圆柱连接由一个轴对齐约束组成。比销钉约束少了一个平移约束，因此元件可绕轴旋转的同时沿轴向平移，具有一个旋转自由度和一个平移自由度，总自由度为 2。轴对齐约束可选择直边、轴线或圆柱面，可反向，如图13-22所示。

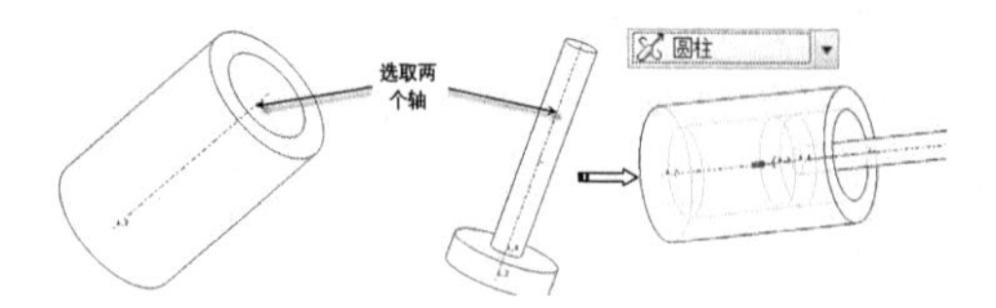

图13-22 【圆柱】连接类型

5. 平面连接

平面连接由一个平面约束组成，也就是确定了元件上某平面与组件上某平面之间的距离（或重合）。元件可绕垂直于平面的轴旋转并在平行于平面的两个方向上平移，具有一个旋转自由度和两个平移自由度，总自由度为3。可指定偏移量，可反向，如图13-23所示。

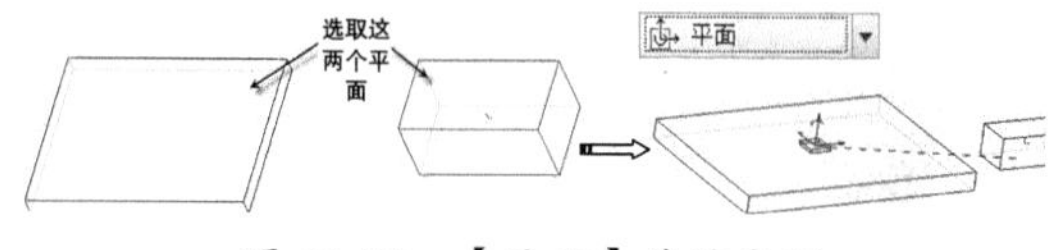

图13-23 【平面】连接类型

6. 球连接

球连接由一个点对齐约束组成。元件上的一个点对齐到组件上的一个点，比轴承连接小了一个平移自由度，可以绕着对齐点任意旋转，具有3个入旋转自由度，总自由度为3，如图13-24所示。

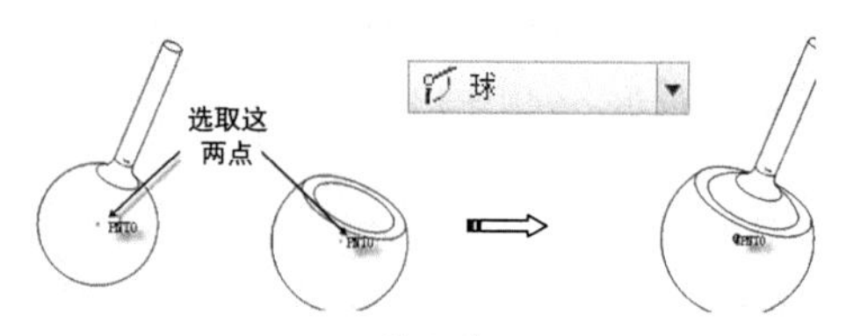

图13-24 【球】连接类型

7. 焊缝连接

焊缝连接使两个坐标系对齐，元件自由度被完全消除，总自由度为0。连接后，元件与组件成为一个主体，相互之间不再有自由度。如果将一个子组件与组件用焊缝连接，子组件内各零件将参考组件坐标系按其原有自由度的作用，如图13-25所示。

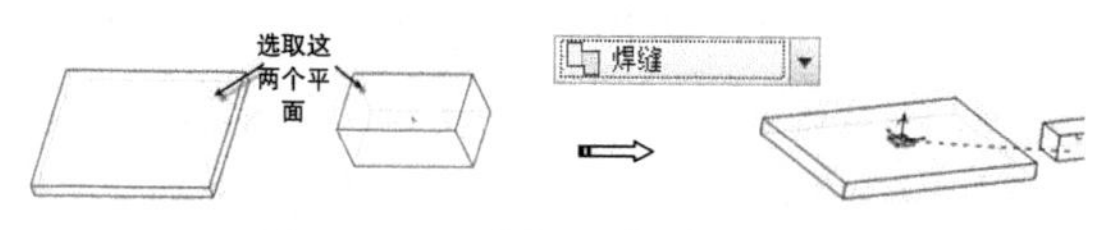

图13-25 【焊缝】连接类型

8. 轴承连接

轴承连接由一个点对齐约束组成。它与机械上的【轴承】不同，它是元件（或组件）上的一个点对齐到组件（或元件）上的一条直边或轴线上，因此元件可沿轴线平移并在任意方向旋转，具有一个平移自由度和三个旋转自由度，总自由度为4，如图13-26所示。

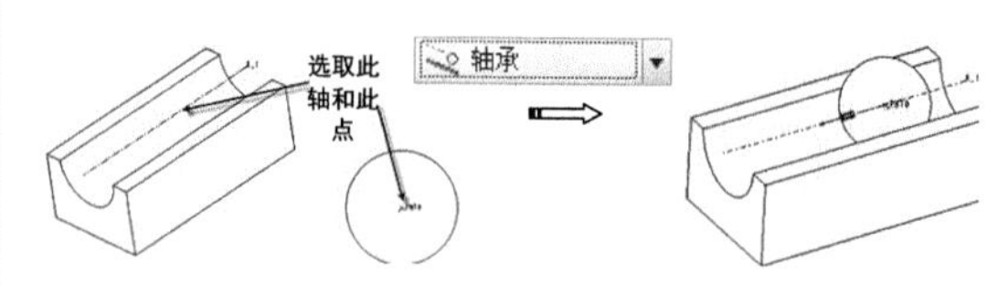

图13-26 【轴承】连接类型

9. 一般连接

一般连接选取自动类型约束的任意参考以建立连接，有一个或两个可配置约束，这些约束和用户定义集中的约束相同。【相切】、【曲线上的点】和【非平面曲面上的点】不能用于此连接。

10. 6DOF连接

6DOF连接需满足【坐标系对齐】约束关系，不影响元件与组件相关的运动，因为未应用任何约束。元件的坐标系与组件中的坐标系对齐。X、Y和Z组件轴是允许旋转和平移的运动轴。

11. 槽连接

槽连接包含一个【点对齐】约束，允许沿一条非直的轨迹旋转。此连接有4个自由度，其中点在3个方向上遵循轨迹运动。对于第一个参考，在元件或组件上选择一点。所参考的点遵循非直参考轨迹。

动手操作——装配曲柄滑块机构

本例以曲柄滑块机构的装配设计为例介绍各种连接接口在组件装配中的应用，装配完成的曲柄滑块机构如图13-27所示。

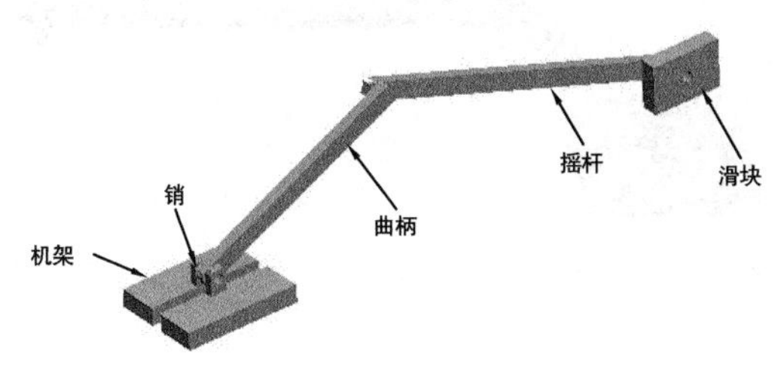

图 13-27　曲柄滑块机构的装配过程

技术要点

在进行曲柄滑块机构装配时须注意以下设计要点：

熟练使用【销钉】连接。在有连接接口的装配设计中，【销钉】连接类型最常用。

注意有连接接口装配和无连接接口装配在实质上的区别。在有连接接口装配中，连接的两个元组件间有一定的运动关系，主要用于运动机构之间的连接；在无连接接口装配中，装配的两个元组件之间则没有运动关系，即装配的两个元组件间的相对位置是固定不变的。

在进行装配设计之前，设计者首先应该了解该产品的运动状况，只有了解机构的运动情况，才能正确地选择连接接口类型。

01 创建工作目录。

02 单击【新建】按钮，打开【新建】对话框。然后新建命名为【曲柄滑块装配】的组件设计文件。选取公制模板【mmns_asm_design】并进入装配模式中。如图 13-28 所示。

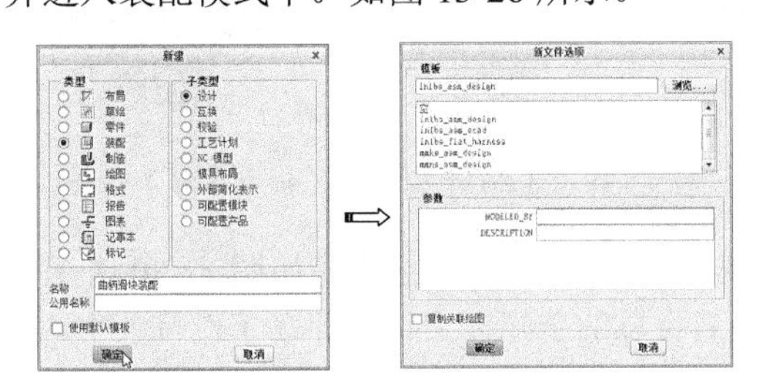

图 13-28　新建组件装配文件

03 单击右工具栏中的【装配】按钮，打开本例素材中的曲柄滑块机构零件文件【\ 实例 \ 源文件 \Ch13\ 曲柄滑块装配 \work.prt】。

04 在打开的【装配】操控板中，选择无连接接口的装配约束为【默认】，把曲柄滑块机构机架固定在系统默认的位置，再单击【应用】按钮，完成曲柄滑块机构机架的装配，如图 13-29 所示。

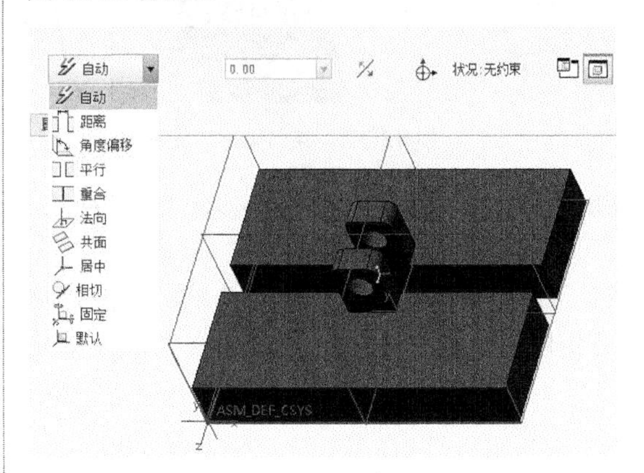

图 13-29　默认装配机架

05 单击【装配】按钮，将 brace（曲柄）组件打开。

06 在操控板有连接接口的下拉列表中选择【销钉】连接类型，然后分别选取如图 13-30 所示的两轴作为轴对齐约束参考。

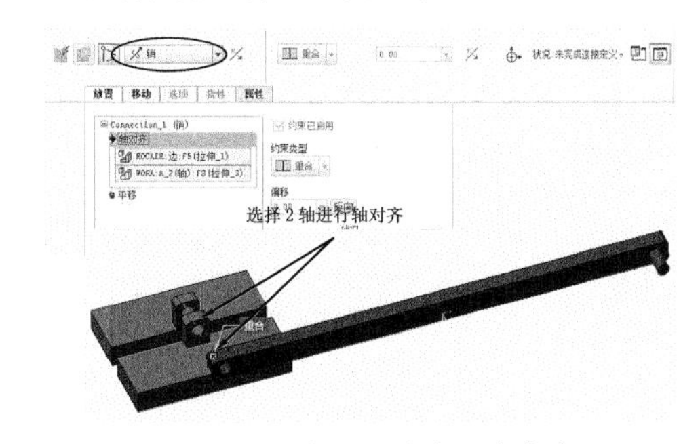

图 13-30　选取轴对齐约束参考

07 再选择曲柄上的侧面和机架轴孔侧面作为一组【平移】约束，进行重合装配，结果如图 13-31 所示。

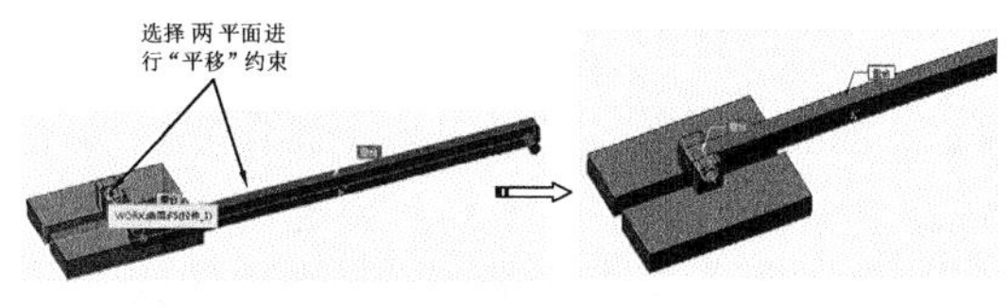

图 13-31　选择两个平面进行【平移】约束

08 两组约束后完成连接定义，可以通过定义【移动】选项板中的运动类型【旋转】，使曲柄绕机架旋转一定角度，如图 13-32 所示。

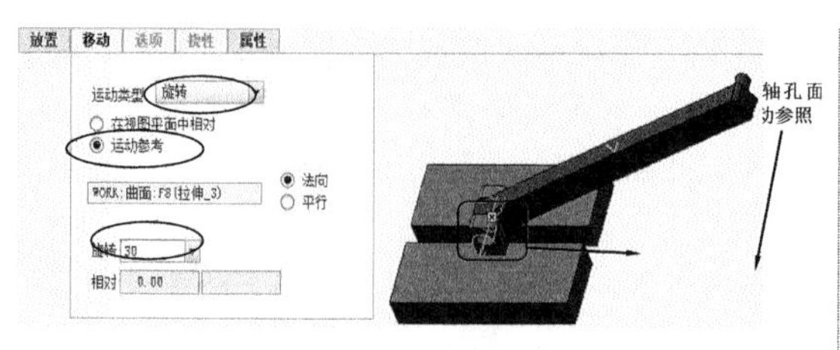

图 13-32　旋转曲柄

09 接下来装配销钉。单击【装配】按钮，打开 pin（销钉）组件文件。

10 同理，销钉的装配约束与曲柄的装配约束是相同的，也是【销钉】约束类型，并分别进行轴对齐约束（如图 13-33 所示）和平移约束（如图 13-34 所示）。

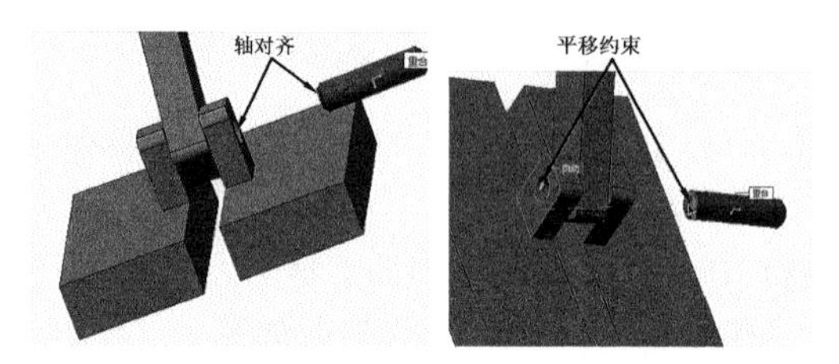

图 13-33　轴对齐约束　图 13-34　平移约束

11 平移约束时，将【重合】改为【偏移】，并输入偏移值 2.5，最后单击【应用】按钮完成装配，结果如图 13-35 所示。

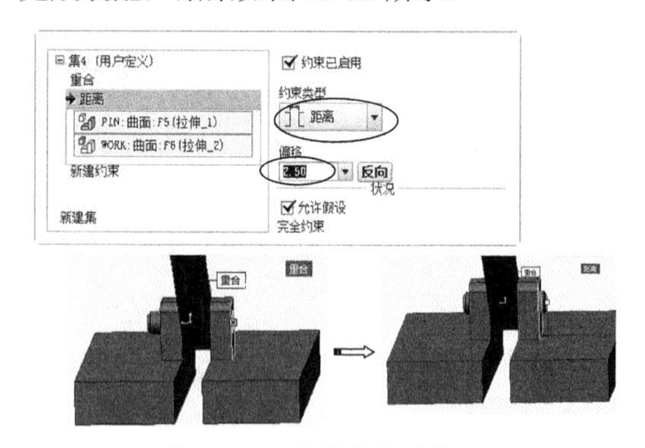

图 13-35　完成销钉的装配

12 下面装配摇杆。将 rocker（摇杆）组件文件打开。然后使用【销钉】装配约束类型，将其与曲柄进行轴对齐约束和平移约束，装配结果如图 13-36 所示。

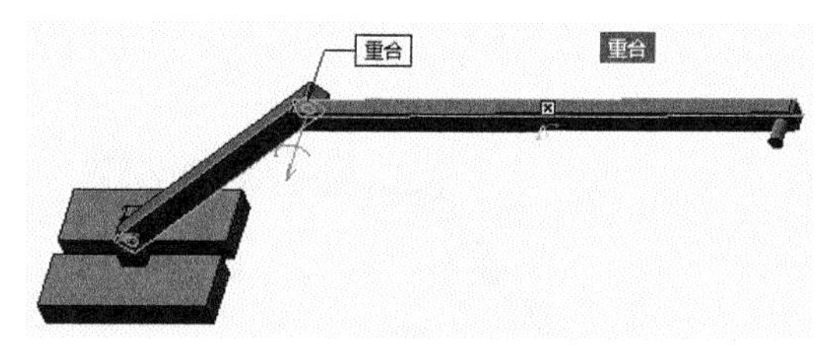

图 13-36　为装配摇杆添加【轴对齐】和【平移】约束

13 在【装配】操控板的【移动】选项板中，将摇杆绕曲柄旋转一定角度，并完成摇杆的装配，如图 13-37 所示。

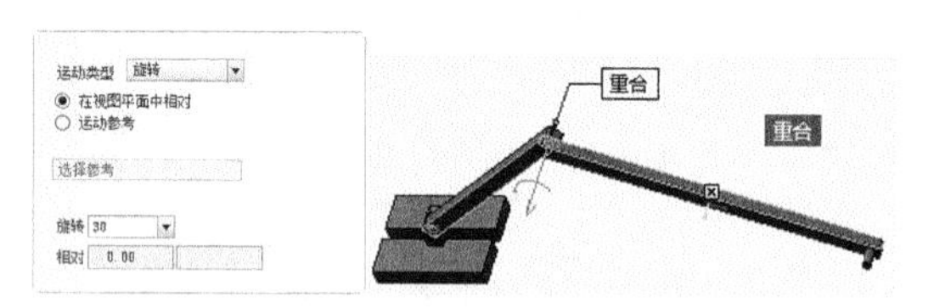

图 13-37　旋转摇杆并完成装配

技术要点

如果两组件之间已经存在旋转轴（上图中可以看见旋转的箭头示意图）。可以按【在视图平面中相对】的方法来手动旋转组件。

14 最后装配滑块，打开组件文件【talc.prt】。在操控板中选择【销钉】约束类型，然后对滑块与摇杆之间进行轴对齐约束和平移约束，如图 13-38 所示。

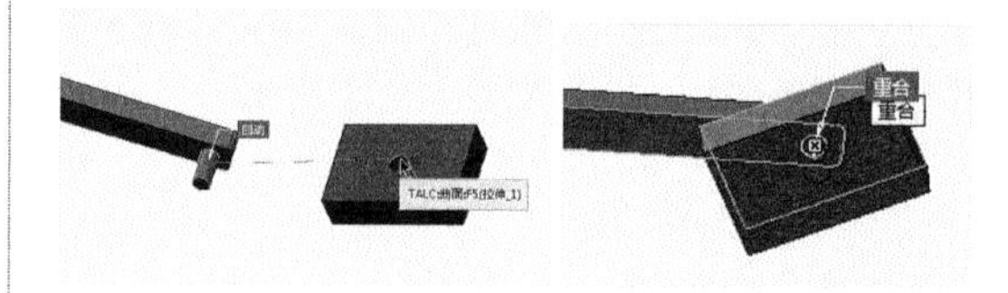

图 13-38　【轴对齐】约束和【平移】约束

15 最终装配完成后的结果如图 13-39 所示。最后将总的装配体文件保存在工作目录中。

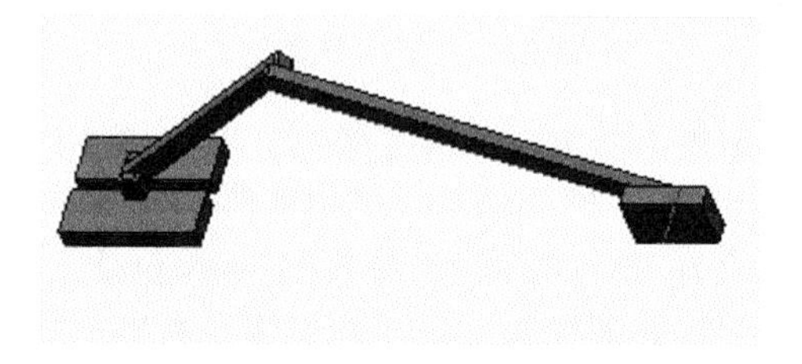

图 13-39　最终的装配结果

13.4 装配相同零件

有些元件（如螺栓、螺母等）在产品的装配过程中不只使用一次，而且每次装配使用的约束类型和数量都相同，仅仅参考不同。为了方便这些元件的装配，系统为用户设计了重复装配功能，通过该功能就可以迅速地装配这类元件。在 Creo 中，如果需要同时多次装配同一零件，则没必要每次都单独设置约束关系，而利用系统提供的重复元件功能，可以比较方便地多次重复装配相同零件。

装配零件后，在模型树中选取该零件，并右击，然后从快捷菜单中选择【重复】命令，或在【模型】选项卡的【元件】组中单击【重复】按钮，打开【重复元件】对话框，如图 13-40 所示。利用该对话框，可以多次重复装配相同零件。

图 13-40　【重复元件】对话框

其中各主要选项组的含义如下：

- 【元件】：选取需要重复装配的零件。
- 【可变装配参考】：选取需要重复的约束关系，并可对约束关系进行编辑。
- 【放置元件】：选取与重复装配零件匹配的零件。

动手操作——装配螺钉

下面通过简单的螺钉装配案例，详解如何进行重复装配。

01 新建工作目录。

02 新建一个名为【螺钉装配】的组件装配文件，并选择公制模板进入装配环境中。

03 单击【装配】按钮，将第一个组件【repeat1】打开。

04 在操控板中选择一般装配约束类型为【默认】，然后单击【应用】按钮完成装配定义，如图 13-41 所示。

技术要点

装配第一个组件大都采用默认的装配方式。第一个组件也是总装配体中的主组件，其余的组件均由此组件进行约束参考。

图 13-41　默认装配第一个组件

05 打开第二个组件【repeat2】，在操控板中首先选择【重合】约束，然后再选择螺钉的台阶端面和第一个组件平面进行平行，并单击【反向】按钮更改装配方向，如图 13-42 所示。

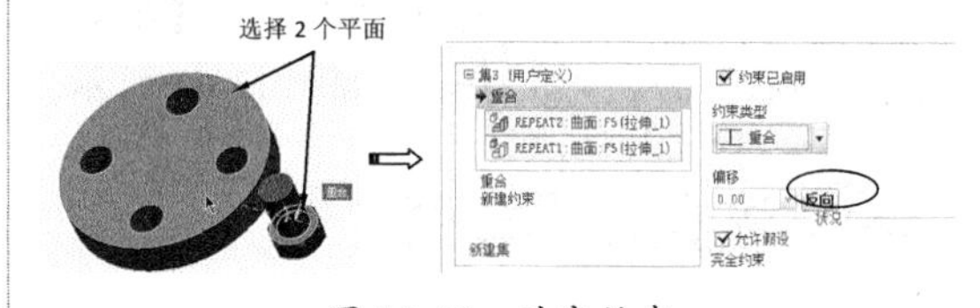

图 13-42　对齐约束

技术要点

当更改装配方向后，【重合约束】自动转变为【配对】约束。因为螺钉台阶面不但与第一个组件重合，而且还约束了装配方向。

06 更改的方向如图13-43约束，并选择螺钉柱面和第一个组件上的内孔面进行配对，如图13-44所示。

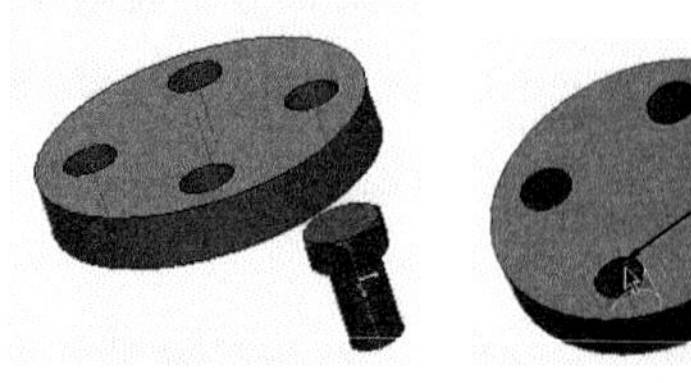

图13-43　更改装配方向后　　图13-44　选择配对约束的条件

07 最后单击操控板上的【应用】按钮✔，完成螺钉的装配。如图13-45所示。

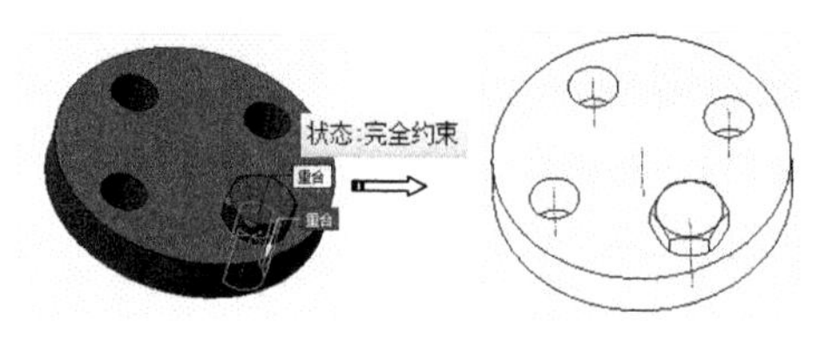

图13-45　完成螺钉的装配

08 在模型树中选中螺钉并右击，然后选择右键快捷菜单中的【重复】命令，打开【重复元件】对话框，如图13-46所示。

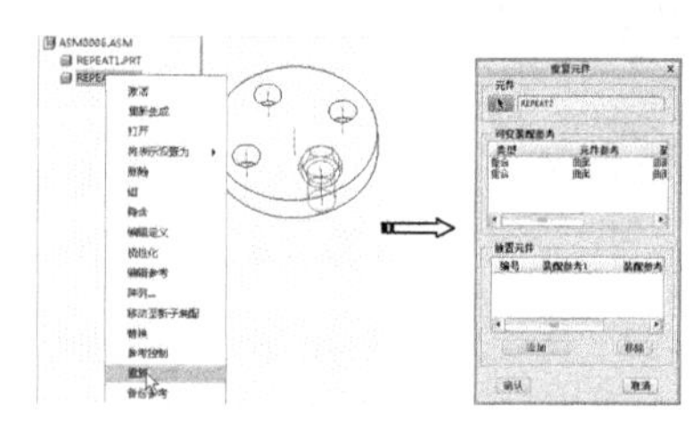

图13-46　执行【重复】装配命令

09 在【重复元件】对话框中，按住Ctrl键选择【可变组件参考】选项组中的第二个【配对】约束，然后单击【添加】按钮，如图13-47所示。

技术要点

这里有两个约束可以选择，一个是对齐约束，另一个是配对约束。对齐约束无法保证第二个螺钉的具体位置，因此只能选择第二个约束——配对约束作为新元件的参考。

10 然后为新元件指定匹配曲面，这里选择主装配部件中其余孔的柱面，选择后自动复制新元件到指定的位置，如图13-48所示。

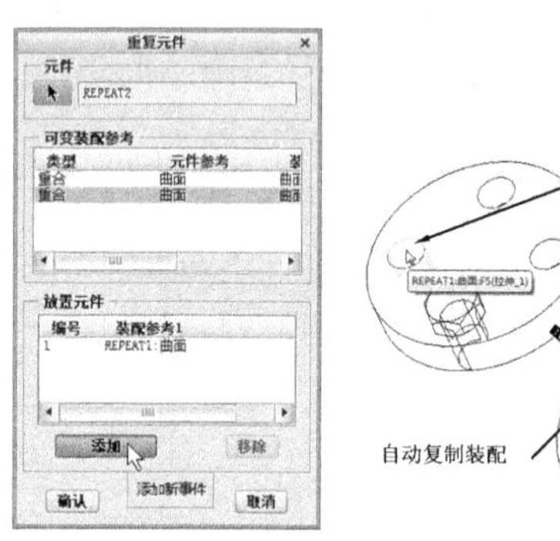

图13-47　添加新事件　　图13-48　选择新元件的匹配曲面

11 同理，继续其余孔的柱面并完成所有螺钉的重复装配，结果如图13-49所示。最后单击【确定】按钮，关闭【重复元件】对话框。

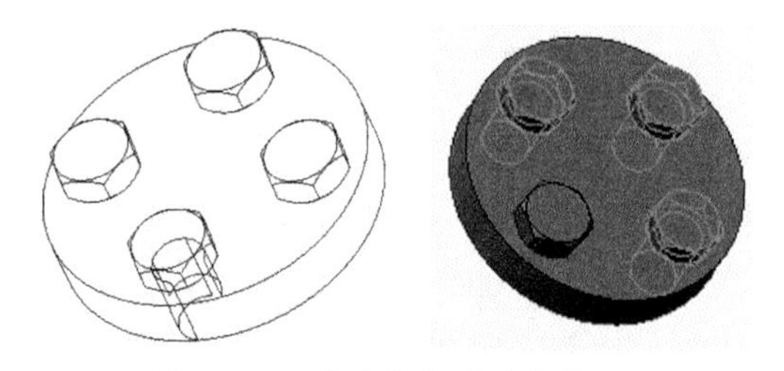

图13-49　完成螺钉的重复装配

12 将装配的结果保存在工作目录中。

13.5 建立爆炸视图

装配好零件模型后，有时候需要分解组件来查看组件中各个零件的位置状态，称为分解图，又叫爆炸图，是将模型中的元件沿着直线或坐标轴旋转、移动得到的一种表示视图，如图13-50所示。

图 13-50　爆炸视图

通过爆炸图可以清楚地表示装配体内各零件的位置和装配体的内部结构，爆炸图仅影响装配体的外观，并不改变装配体内零件的装配关系。对于每个组件，系统会根据使用的约束产生默认的分解视图，但是默认的分解图通常无法贴切地表现各元件的相对方位，必须通过编辑位置来修改分解位置，这样不仅可以为每个组件定义多个分解视图，以便随时使用任意一个已保存的视图，还可以为组件的每个绘图视图设置一个分解状态。

生成指定分解视图时，系统将按照默认方式执行分解操作。在创建或打开一个完整的装配体后，在【模型】选项卡的【显示】组中单击【分解图】按钮，系统将执行自动分解操作。

系统根据使用的约束产生默认的分解视图后，通过自定义分解视图，可以把分解视图的各元件调整到合适的位置，从而清晰地表现出各元件的相对方位。在【模型】选项卡的【显示】组中单击【编辑位置】按钮，打开【分解工具】操控板，如图 13-51 所示。

图 13-51　【分解工具】操控板

利用该特征操控板，选定需要移动或旋转的零件及运动参考，适当调整各零件位置，得到新的组件分解视图，如图 13-52 所示。

在分解视图中建立零件的偏距线，可以清楚地表示零件之间的位置关系，利用此方法可以制作产品说明书中的插图，如图 13-53 为使用偏距线标注零件安装位置的示例。

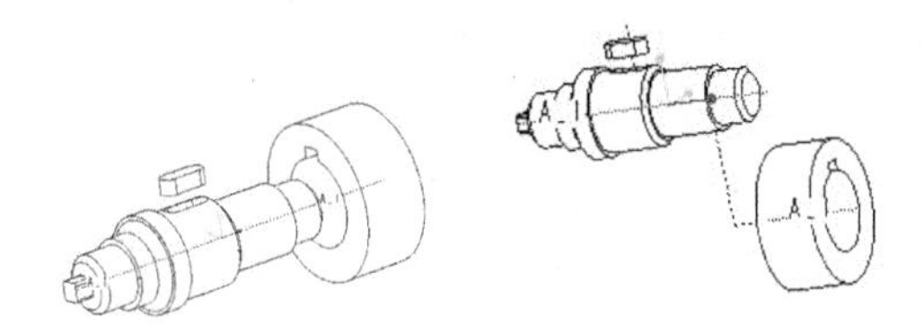

图 13-52　编辑视图位置　图 13-53　分解视图偏距线

动手操作——创建球阀装配体的爆炸视图

这里要装配的 5 个零件都已经完成，分别为机壳、阀门、阀轴、盖及手柄，如图 13-54 所示。

图 13-54　要装配的 5 个零组件

01 为了便于观察组成装配体的零部件的数目和分布情况，使装配图变得易于辨认，可把生成的装配体分解为单个元件，生成该装配体的分解视图。

02 打开本例素材文件 qiufazhuangpei.asm。

03 在【模型】选项卡的【模型显示】组中单击【分解视图】按钮，可自动创建该装配体的分解视图。这时系统会按照默认的位置将装配体进行分解，在工作窗口中显示球阀装配体的分解视图。如图 13-55 所示为系统自动生成的分解视图。

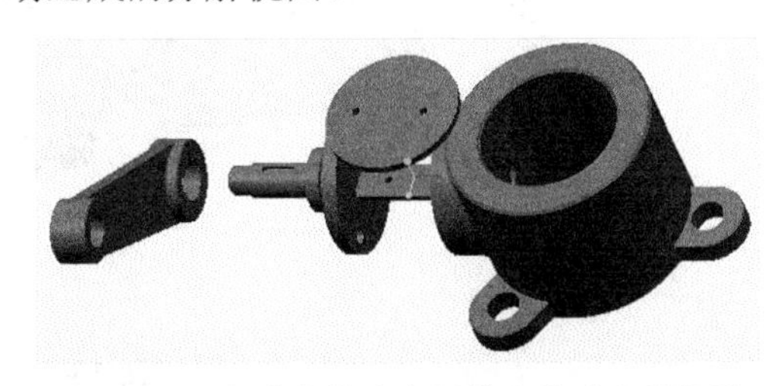

图 13-55　自动生成的球阀装配体的分解视图

技术要点

系统按照默认位置生成的分解视图，各零件的位置通常都不是用户所需要的。这时，用户需要将每个零件放置到合适的位置。

04 通过执行【编辑位置】命令，弹出【分解位置】操控板。这里仅介绍其中一个组件的位置编辑过程。选择要编辑的组件，然后在显示的坐标系中选取轴（选中此轴表示只能在此轴上进行轴向移动），将其拖动到合适位置，如图13-56所示。

05 同理，在工作区里继续移动其他零件，直到分解状态结束。用户可以改变零件的运动类型和运动参考，更方便地放置零件。如图13-57所示，是执行更改后的装配体分解视图。

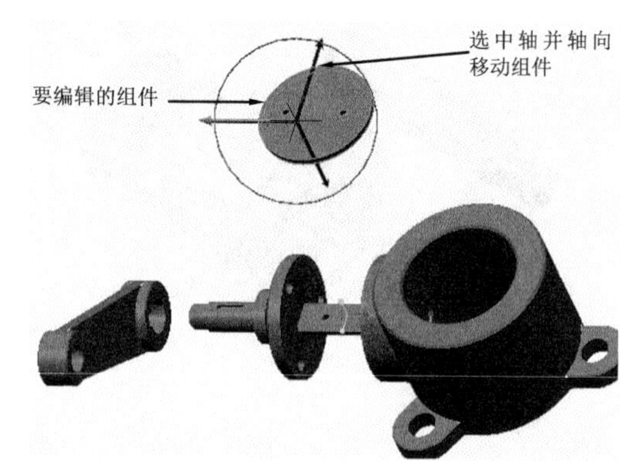

图 13-56　编辑组件的位置

图 13-57　修改后的分解视图

13.6 综合实训——电机装配

◎ **引入文件：实例\源文件\Ch13\电机装配\dinzi1.prt**

◎ **结果文件：实例\结果文件\Ch13\电机装配\电机.asm**

◎ **视频文件：视频\Ch13\电机装配.avi**

本案例中的装配体结构复杂，装配顺序与拆分时的顺序相反，这样不宜出错。装配体中的零件繁多，其中螺钉与螺母的装配可以用到装配阵列的方法以减少工作量。当我们对于各零件之间的相互关系比较难以把握时，为避免在装配后发现问题而再到零件中去修改，可以在装配模式下直接定义新零件，以提高工作效率。

电机装配图如图13-58所示。

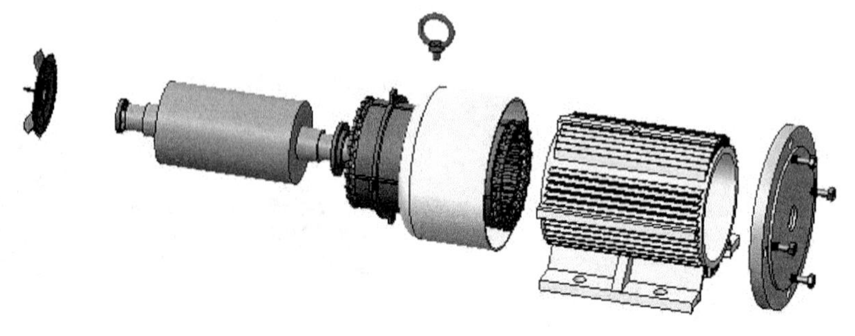

图 13-58　电机装配图

组件装配特征制作思路如下：

- 使用默认的方法进行装配。
- 使用坐标系约束的方法进行装配。
- 使用配对约束的方法进行装配。
- 使用对齐约束的方法进行装配。
- 使用插入约束的方法进行装配。
- 使用组合的方法进行装配。
- 元件的复制操作。
- 装配阵列。
- 创建新元件。

1．创建工作目录和装配文件

01 启动 Creo 4.0，设置工作目录。

02 单击【新建】按钮，打开【新建】对话框，选择【类型】为【组件】，在【名称】文本框中输入名称为【电机】，单击【确定】按钮打开【新文件选项】对话框，选择【模板】为【mmns_asm_design】，如图 13-59 所示。

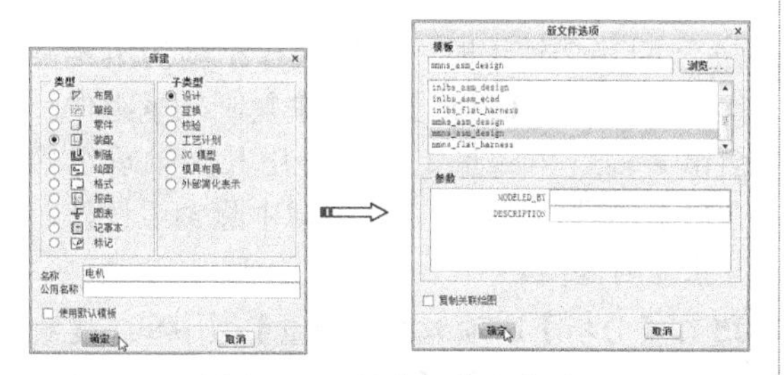

图 13-59　创建新装配文件

2．装配定子、线圈绕组和轴

01 在【模型】选项卡的【元件】组中单击【组装】按钮。弹出【打开】对话框，然后从素材中打开本例的第一个组件 dinzi1.prt，如图 13-60 所示。

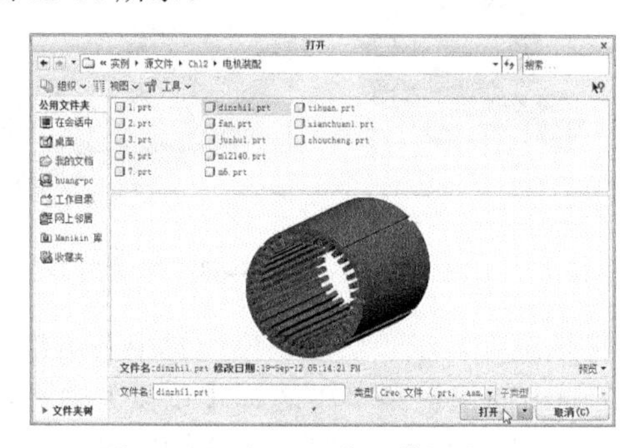

图 13-60　打开组装的第一个文件

02 打开【装配】操控板，在约束中选择【默认】类型。单击【应用】按钮，完成第一个组件的装配，如图 13-61 所示。

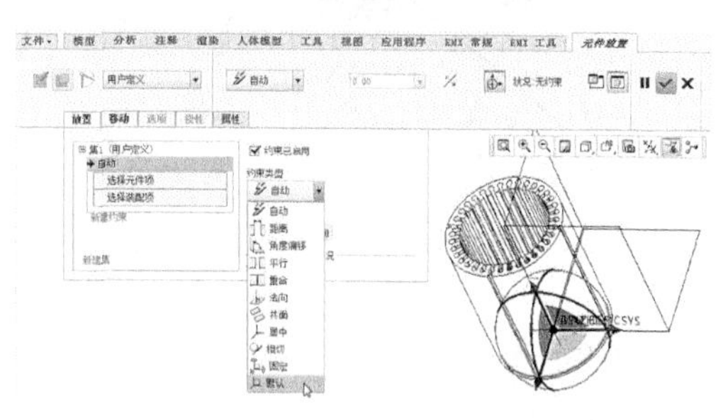

图 13-61　装配第一个组件

03 组装第二个组件。单击【组装】按钮。弹出【打开】对话框，然后从素材中打开本例的第二个组件 xianchuan1.prt，并将其与第一个组件进行坐标系的重合装配，如图 13-62 所示。单击【应用】按钮，完成第二个组件的装配。

技术要点

坐标系重合装配就是先选择第一个组件的零件坐标系（不能是装配坐标系），接着选择第二个组件的零件坐标系。再设置为【重合】即可。如果两组件的坐标系的方向本身就是相同的，也可以选择【默认】类型进行装配。

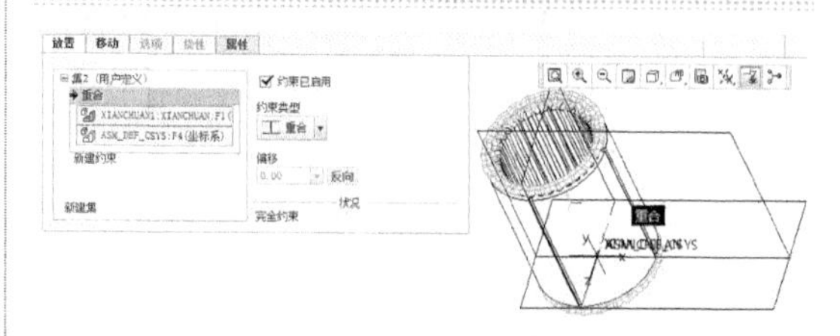

图 13-62　装配第二个组件

04 组装第三个组件——轴。单击【组装】按钮，弹出【打开】对话框，然后从素材中打开本例的第三个组件 juzhu1.prt。

05 在随后弹出的【装配】操控板中，选择【重合】类型或【平行】类型。然后选择轴上平面与定子的端面进行【重合】或者【平行】，如图 13-63 所示。

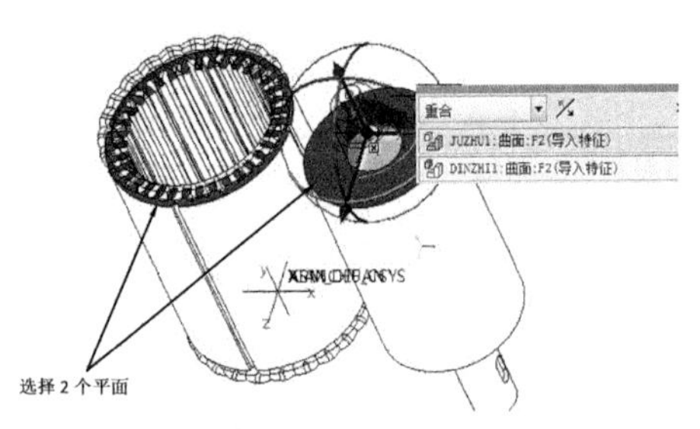

图 13-63　选择两个平面设置【重合】约束

技术要点

虽然【重合】与【平行】都能使所选的两个平面约束为同一平面，但【重合】约束会使两个组件在一定程度上比【平行】约束多一个约束。

06 在操控板的【放置】选项板中新建约束，继续选择如图 13-64 所示的两个组件中的圆柱面约束为【居中】。

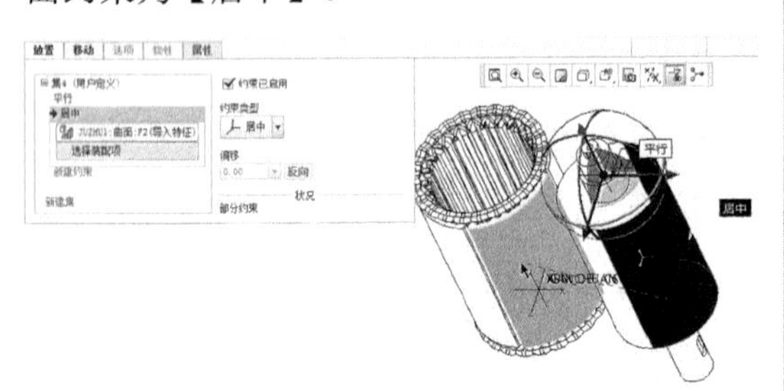

图 13-64　居中约束两个组件

07 单击【应用】按钮✔，完成第三个组件的装配。

3. 装配轴承

装配轴承时，只需一个组件，就可以反复多次进行组装。

01 单击【组装】按钮，弹出【打开】对话框，然后从素材中打开本例的第四个组件 zhoucheng.prt。

02 在随后弹出的【装配】操控板中，选择【重合】类型。然后选择轴承端面与轴的端面进行【重合】，如图 13-65 所示。

03 在【放置】选项板中新建约束。然后将轴与轴承约束为【居中】，如图 13-66 所示。最后单击【应用】按钮✔，完成第四个组件的装配。

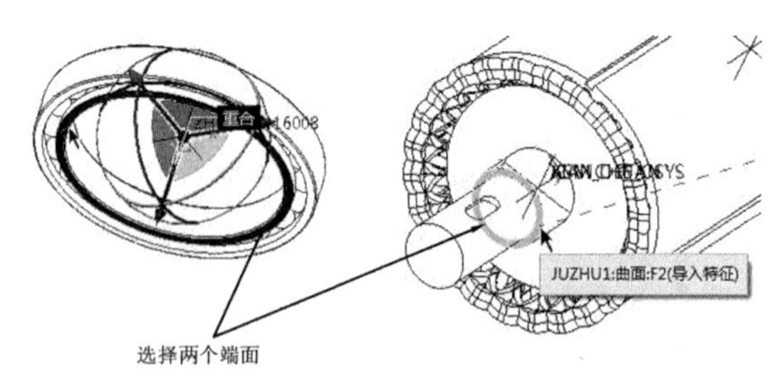

图 13-65　选择轴承与轴的端面设置【重合】约束

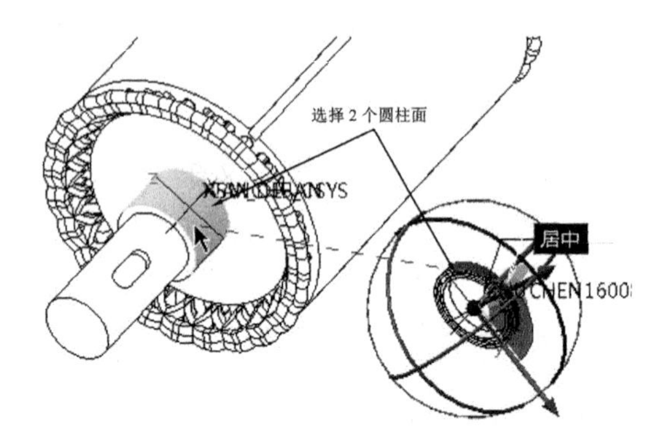

图 13-66　居中约束轴承与轴

04 装配其余轴承时，无须执行相同的组装操作。可以使用【重复】命令来复制轴承组件。但组装前使用测量工具测量出其余轴承组件在轴上的具体位置。在模型树中除轴组件外，其余暂时隐藏。

05 在【分析】选项卡的【测量】组中单击【测量】按钮，打开【测量：总汇】对话框。然后选择如图 13-67 所示的边和基准平面进行测量。

06 继续选择边与基准平面进行测量，如图 13-68 所示。

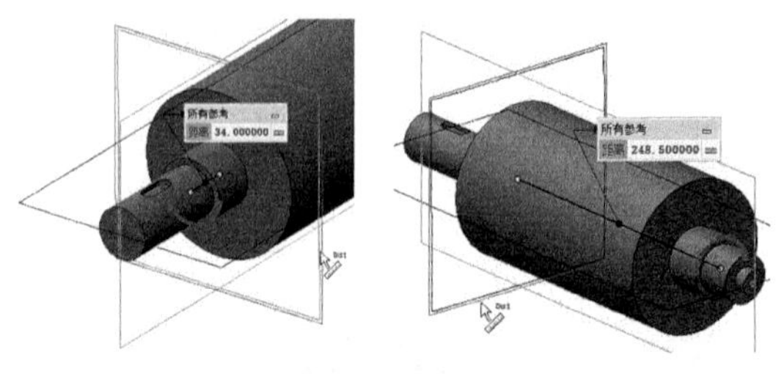

图 13-67　测量第一组　图 13-68　测量第二组

07 将轴组件显示。然后在模型树中右击轴，并在弹出的快捷菜单中选择【重复】命令，打开【重复元件】对话框，如图 13-69 所示。

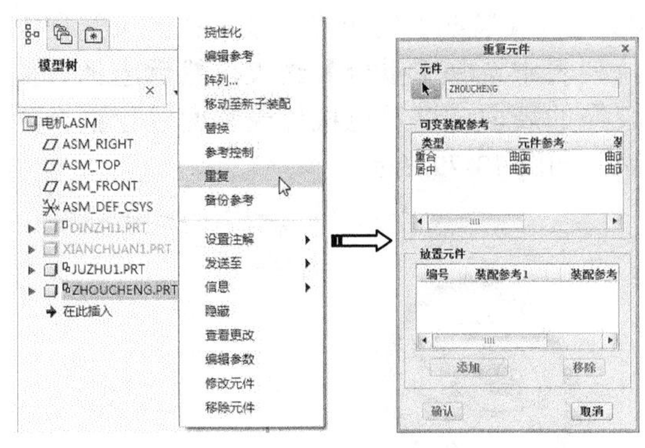

图 13-69　执行【重复】命令

08 在对话框的【可变装配参考】选项组中选择【重合】约束，并单击下面的【添加】按钮，然后在图形区选择另一端阶梯端面以完成轴承的添加，如图 13-70 所示。

09 装配重复轴承的结果如图 13-71 所示。

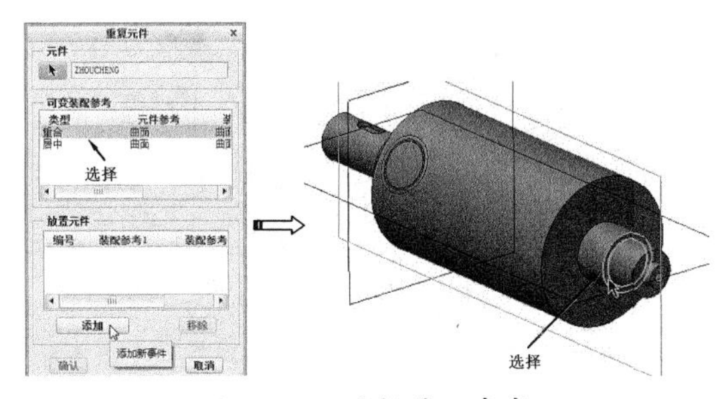

图 13-70　选择装配参考

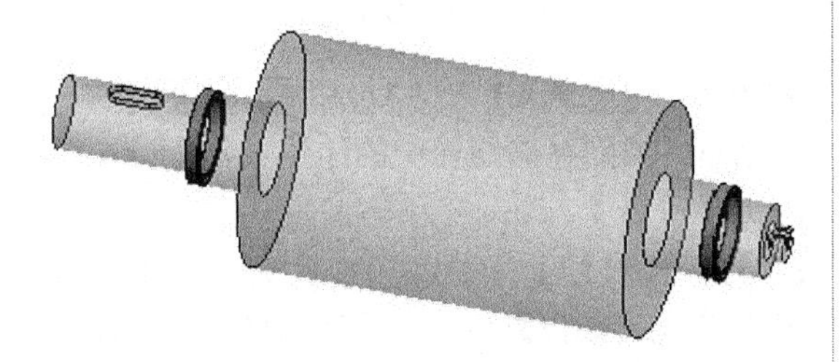

图 13-71　装配重复的轴承

4. 装配外壳

01 单击【组装】按钮，弹出【打开】对话框。找到存储路径中的文件【1. prt】，单击【打开】按钮。

02 打开【装配】操控板，在约束类型下拉列表中选择【重合】类型，然后选择零件上如图 13-72 所示的表面，再选择装配体的表面进行约束。

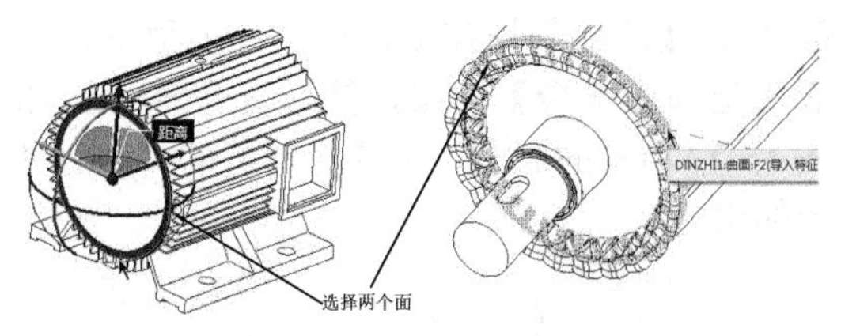

图 13-72　重合约束

03 重合约束后，但并非所需的方向，如图 13-73 所示。需要在【放置】选项板中单击【反向】按钮，完成方向的调整。

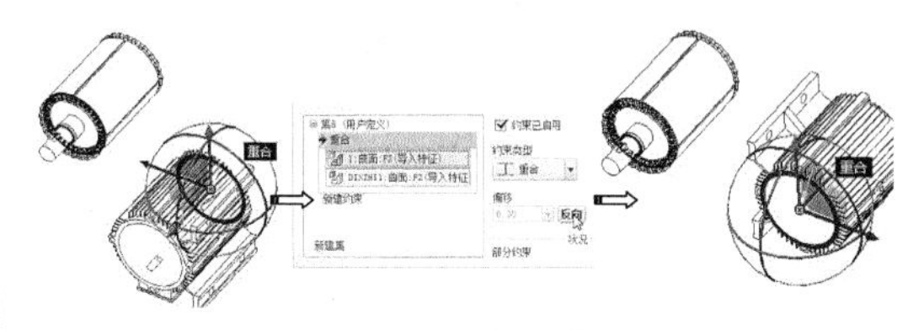

图 13-73　调整约束方向

04 新建【居中】约束，选择 1.prt 组件的圆柱面和定子的圆柱面进行居中约束，如图 13-74 所示。

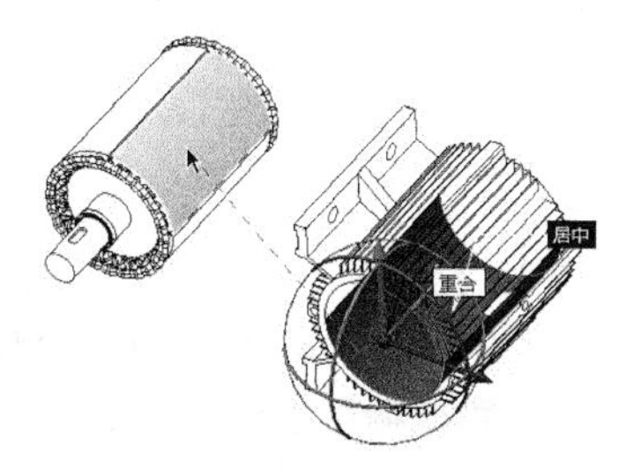

图 13-74　居中约束

05 在【放置】选项板中修改【重合】约束为【距离】约束，并输入距离 20，按 Enter 键查看预览，如图 13-75 所示。

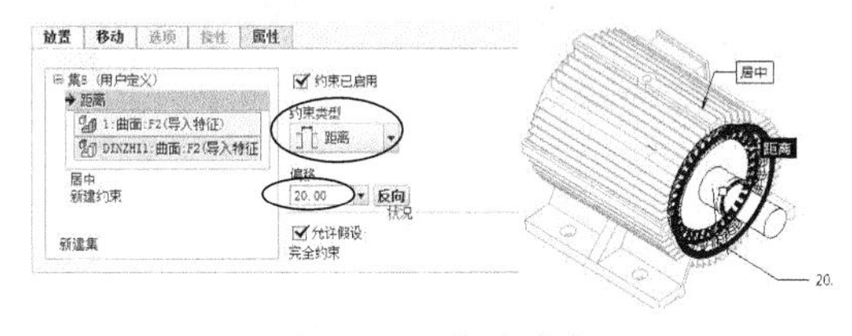

图 13-75　修改约束

06 最后单击【应用】按钮，完成外壳的装配。

07 接着装配端盖。单击【组装】按钮，弹出【打开】对话框。找到存储路径中的文件【2.prt】，单击【打开】按钮，如图 13-76 所示。

08 打开【装配】操控板，在约束类型下拉列表中选择【重合】约束，然后选择零件上如图 13-77 所示的表面，再选择装配体的表面进行约束。

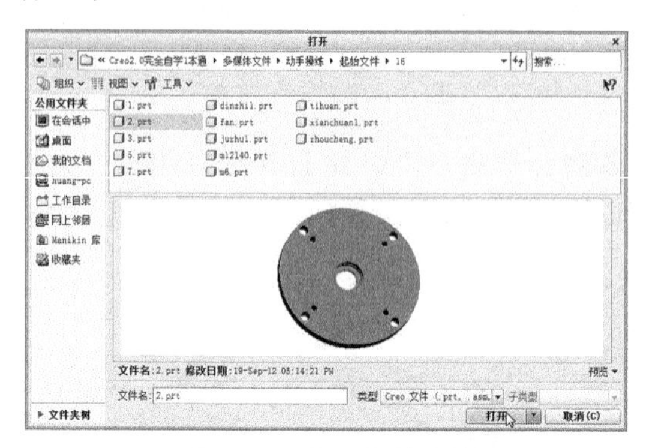

图 13-76 打开组件文件

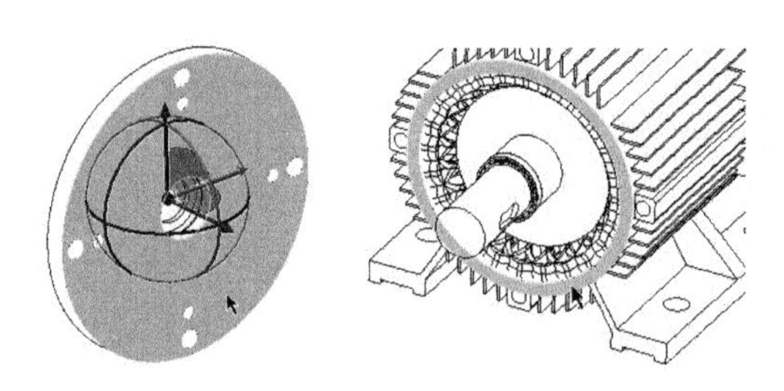

图 13-77 重合约束

09 新建【居中】约束，选择两个组件的圆柱面进行约束，如图 13-78 所示。最后单击【应用】按钮✔，完成端盖组件的装配。

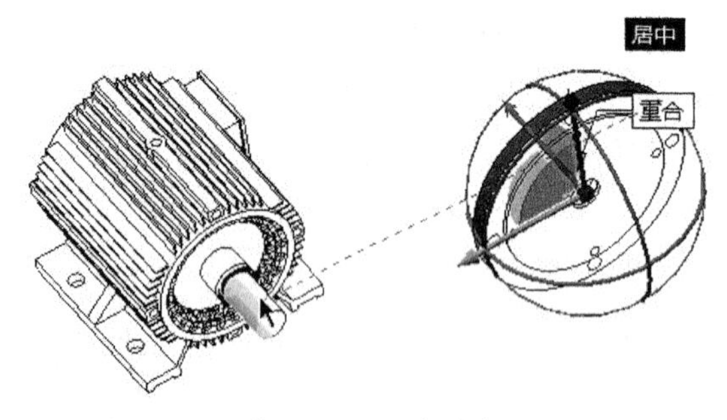

图 13-78 居中约束

5．装配后盖和风扇

后盖与风扇的装配过程与前面的组件装配过程是完全相同的。

01 单击【组装】按钮，弹出【打开】对话框。找到存储路径中的后盖文件【3.prt】，单击【打开】按钮。

02 打开【装配】约束操控板，在约束类型下拉列表中选择【重合】约束，然后选择后盖表面的表面，以及电机外壳端面进行重合约束，如图 13-79 所示。

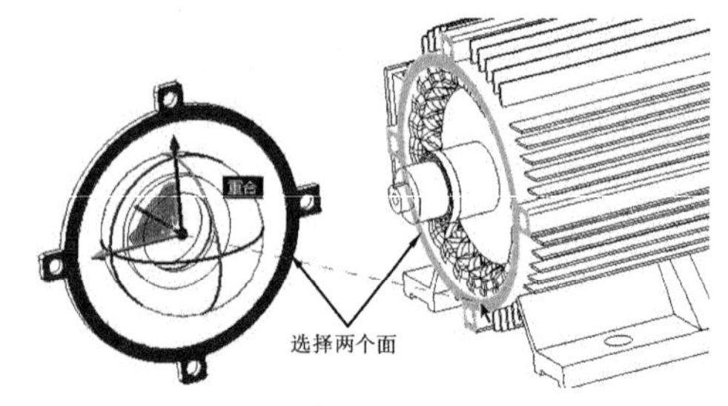

图 13-79 重合约束

03 新建【居中】约束，选择两个组件的圆柱面进行约束，如图 13-80 所示。最后单击【应用】按钮✔，完成后盖组件的装配。

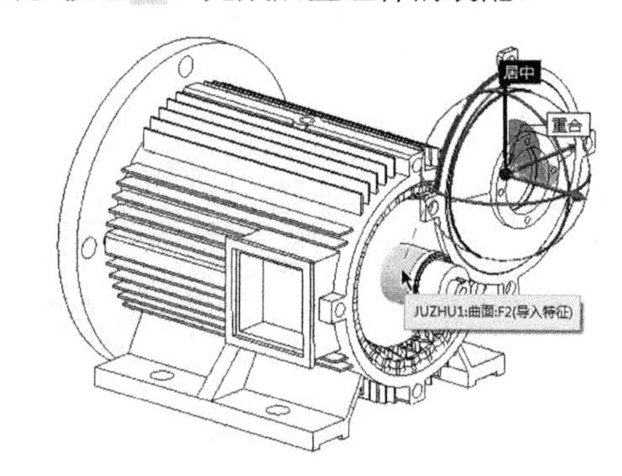

图 13-80 居中约束

04 装配法兰。单击【组装】按钮，弹出【打开】对话框。找到存储路径中的法兰文件【5.prt】，单击【打开】按钮。

05 打开【装配】操控板，在约束类型下拉列表中选择【重合】约束，然后选择后盖表面，以及电机外壳端面进行重合约束，如图 13-81 所示。

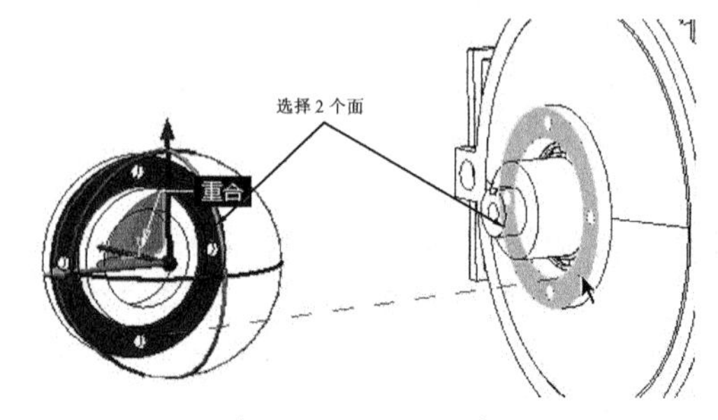

图 13-81 重合约束

06 新建【居中】约束，选择两个组件的圆柱面进行约束，如图 13-82 所示。最后单击【应用】按钮✓，完成法兰组件的装配。

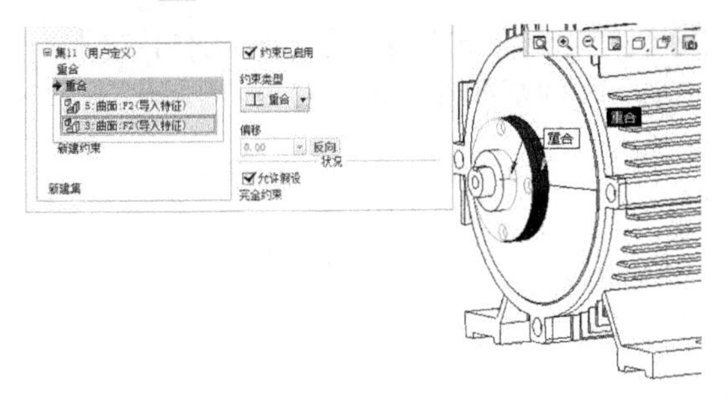

图 13-82　居中约束

07 装配风扇。单击【组装】按钮，弹出【打开】对话框。找到存储路径中的风扇文件【5.prt】，单击【打开】按钮。

08 打开【装配】操控板，在约束类型下拉列表中选择【重合】约束，然后选择风扇侧面的一个表面，以及法兰端面进行重合约束，如图 13-83 所示。

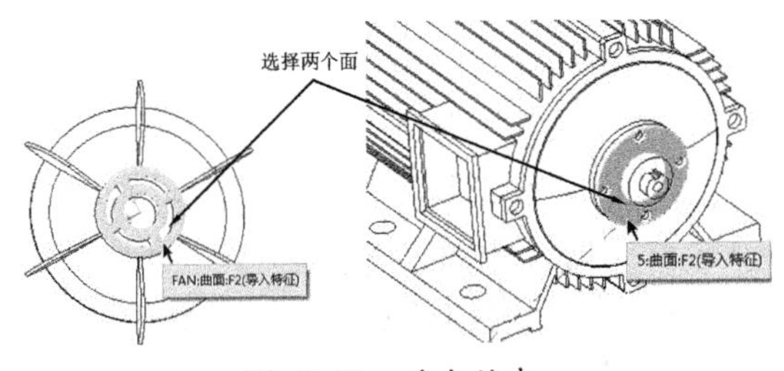

图 13-83　重合约束

09 新建【居中】约束，选择两个组件的圆柱面进行约束，如图 13-84 所示。

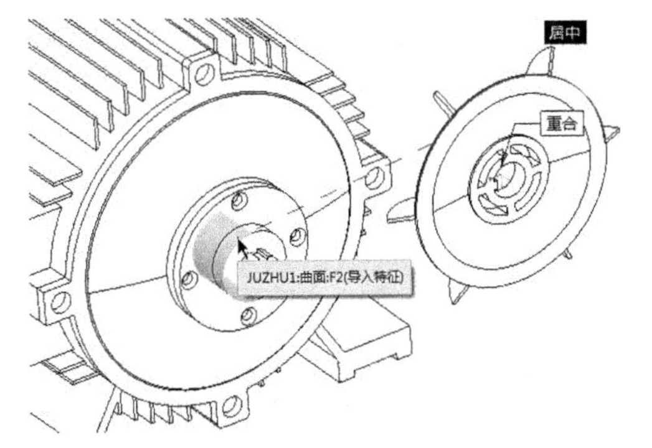

图 13-84　居中约束

10 应用两个约束后，虽然是完全约束，但是风扇中的销与电机轴的键槽没有形成配合，还需要对风扇进行旋转，如图 13-85 所示。

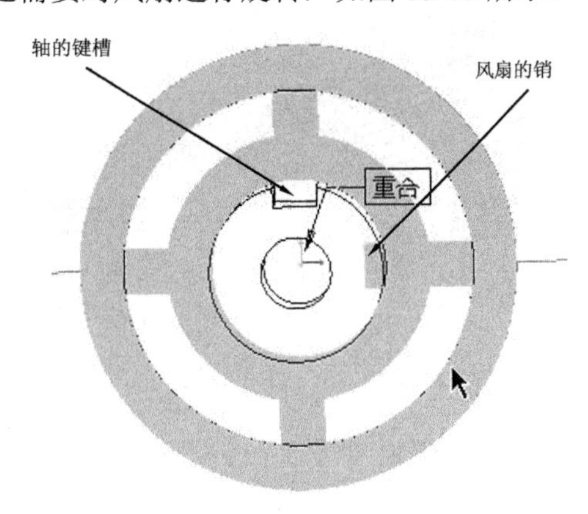

图 13-85　键槽与销不配合

技术要点

但是已经完全约束的组件是不能再做旋转或平移操作的，需要将【居中约束】暂时删除。

11 在【放置】选项板中删除居中约束，如图 13-86 所示。

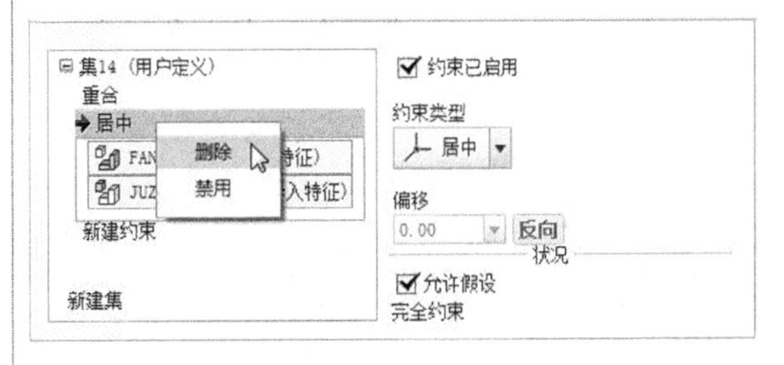

图 13-86　删除居中约束

12 再在【移动】选项板中选择【旋转】运动类型，然后在图形区中单击，手动旋转风扇组件（旋转 90°），旋转至所需的方向后再单击鼠标确认，如图 13-87 所示。

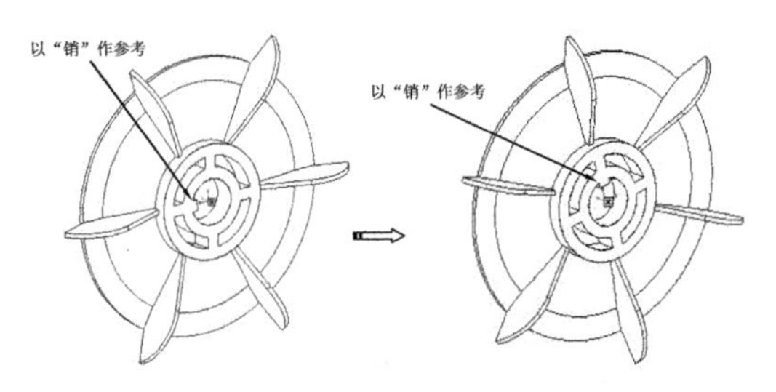

图 13-87　旋转风扇组件

13 旋转后，再在【放置】选项板新建居中约束，将风扇装配到轴上，如图 13-88 所示。

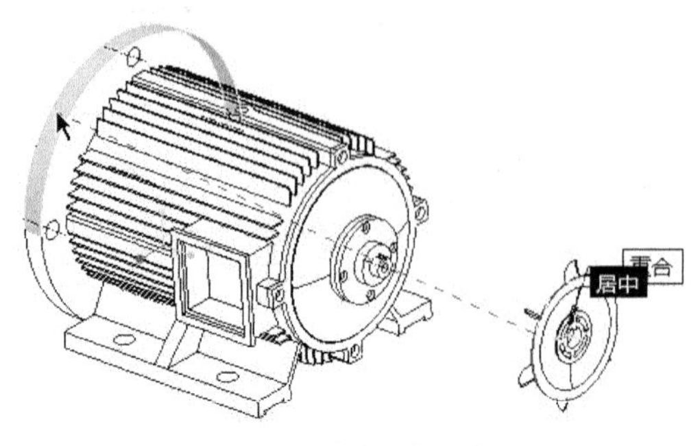

图 13-88 居中约束

6. 装配螺栓和螺钉及装配阵列

装配螺钉的方法也同前面的一致，但其余的螺钉可以使用阵列工具阵列出多个同类型的螺钉。

01 单击【组装】按钮，弹出【打开】对话框。找到存储路径中的螺钉文件【m12l40.prt】，单击【打开】按钮。

02 打开【装配】操控板，在约束类型下拉列表中选择【重合】约束，然后选择螺钉内侧表面和电机外壳端盖面进行重合约束，如图13-89所示。

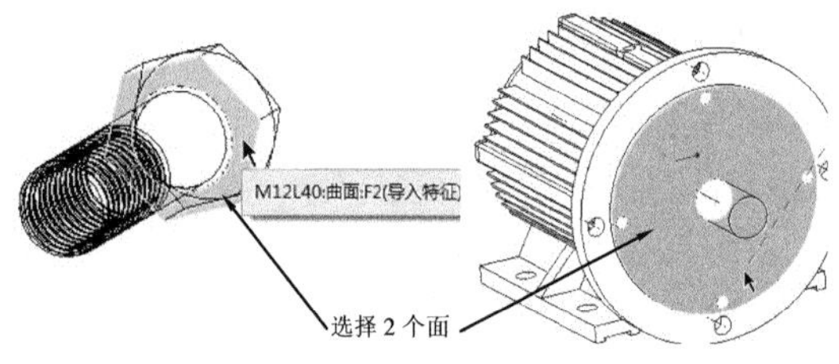

图 13-89 重合约束

03 新建【居中】约束，选择两个组件的圆柱面进行约束，如图13-90所示。最后单击【应用】按钮，完成螺钉组件的装配。

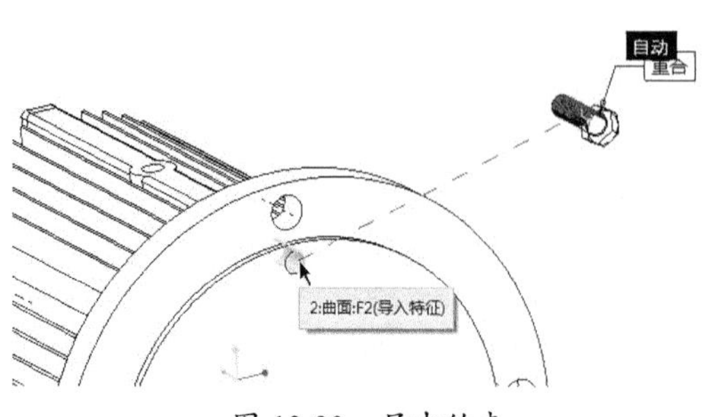

图 13-90 居中约束

04 在模型树中选择零件【m12l40.prt】，单击特征工具栏中的【阵列】按钮，打开【阵列】操控板。

05 选择阵列方式为【轴】，在工作区选择与主轴平行的基准轴，如图13-91所示。

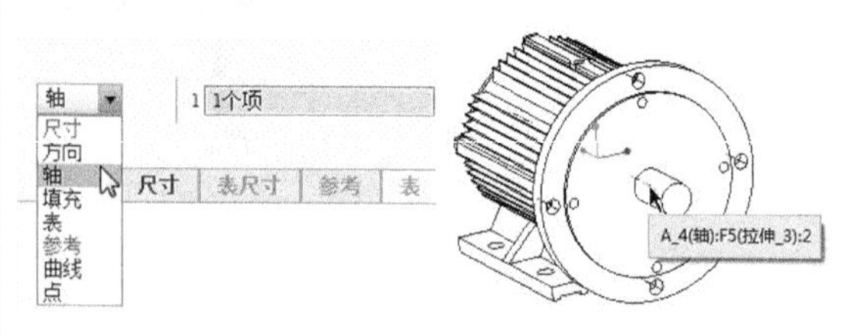

图 13-91 选择旋转轴

06 输入阵列数目4、阵列角度90，单击【应用】按钮。创建的阵列特征如图13-92所示。

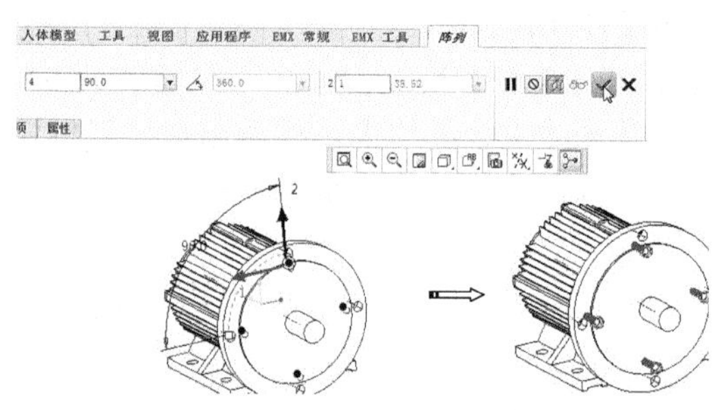

图 13-92 创建螺钉组件的阵列

07 暂时隐藏风扇组件【fan.prt】，然后装配沉头螺钉。单击【组装】按钮，弹出【打开】对话框。找到存储路径的沉头螺钉文件【m6.prt】，单击【打开】按钮。

08 打开【装配】操控板，在约束类型下拉列表中选择【重合】约束，然后选择沉头螺钉内侧圆锥表面和法兰沉孔圆锥面进行重合约束，如图13-93所示。

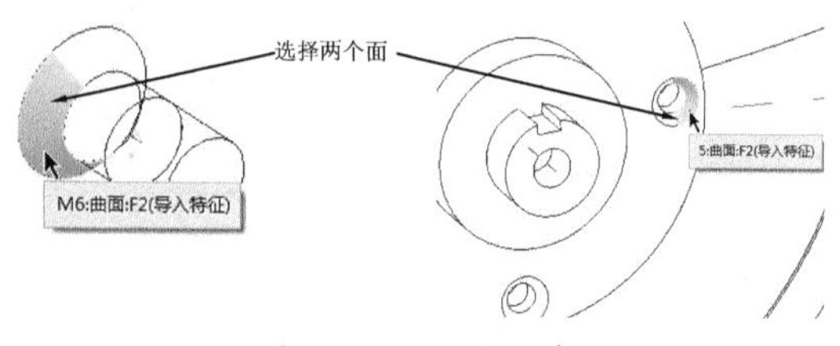

图 13-93 重合约束

09 新建【居中】约束，选择两个组件的圆柱面进行约束，如图13-94所示。

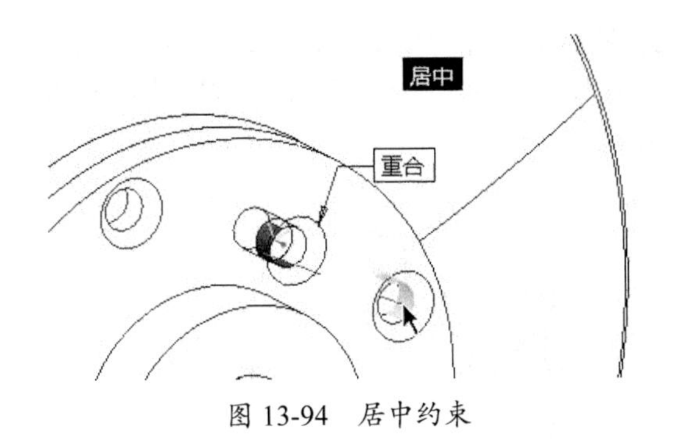

图 13-94　居中约束

10 再新建【重合】约束，选择沉头螺钉端面与法兰端面进行约束，如图 13-95 所示。最后单击【应用】按钮✔，完成沉头螺钉组件的装配。

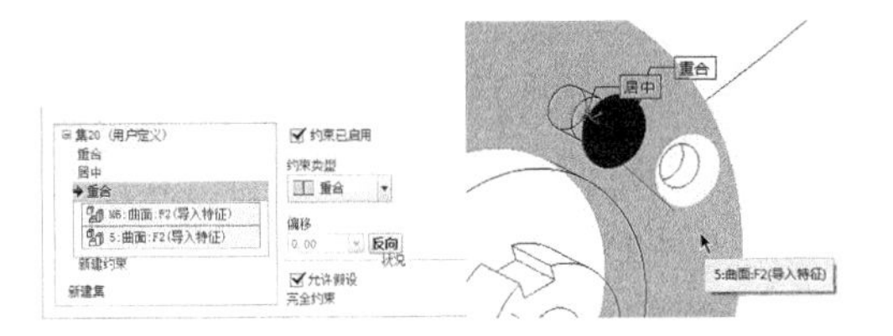

图 13-95　重合约束沉头螺钉端面与法兰端面

11 同理，对装配的沉头螺钉进行轴阵列，阵列参数与先前阵列螺钉的参数相同，阵列的沉头螺钉如图 13-96 所示。

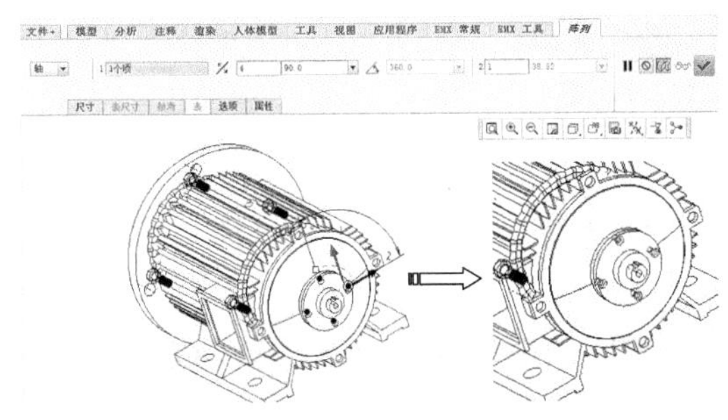

图 13-96　轴阵列沉头螺钉

7. 装配提环和电机风扇罩

01 单击【组装】按钮，弹出【打开】对话框。找到存储路径中的提环文件【tihaun.prt】，单击【打开】按钮。

02 打开【装配】操控板，在约束类型下拉列表中选择【重合】约束，然后选择提环内侧表面和电机顶部的平面进行重合约束，如图 13-97 所示。

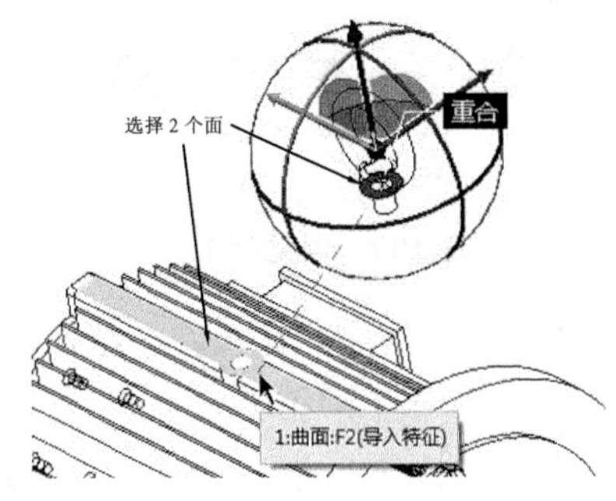

图 13-97　重合约束

03 新建【居中】约束，选择两个组件的圆柱面进行约束，如图 13-98 所示。最后单击【应用】按钮✔，完成提环组件的装配。

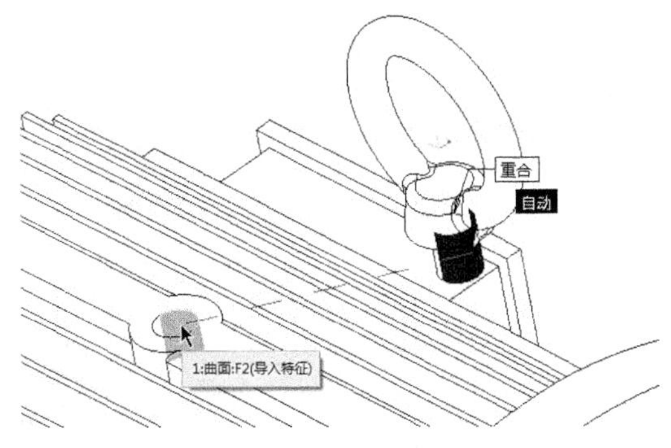

图 13-98　居中约束装配提环

04 装配风扇罩。将电机外壳【1. prt】组件隐藏。单击【组装】按钮，弹出【打开】对话框。找到存储路径中的风扇罩文件【7. prt】，单击【打开】按钮。

05 打开【装配】操控板，在约束类型下拉列表中选择【重合】约束，然后选择提环内侧表面和电机顶部的平面进行重合约束，如图 13-99 所示。

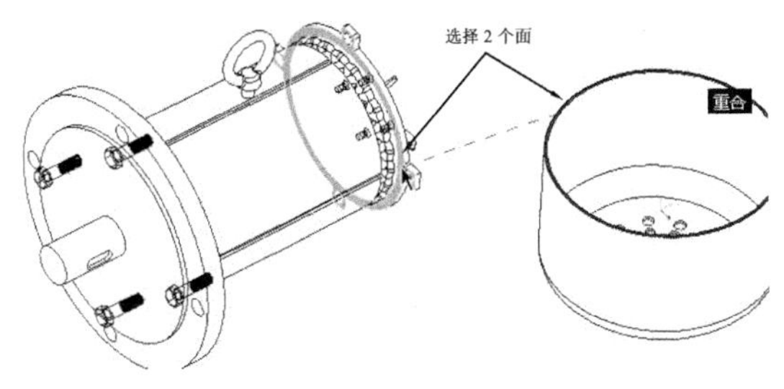

图 13-99　重合约束

06 重合约束后单击【反向】按钮调整装配反向，如图 13-100 所示。

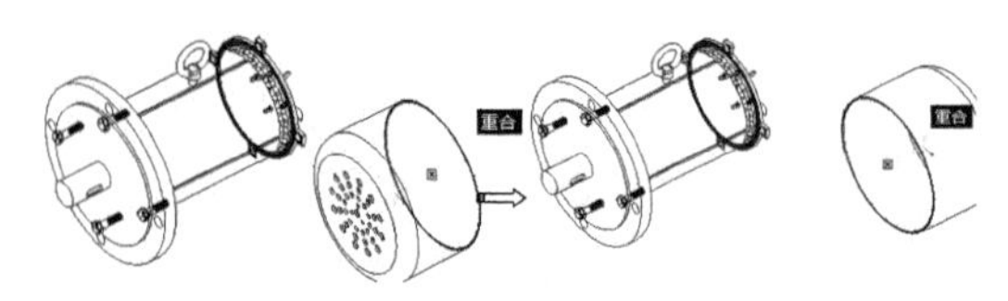

图 13-100　调整约束方向

07 新建【居中】约束，选择两个组件的圆柱面进行约束，如图 13-101 所示。

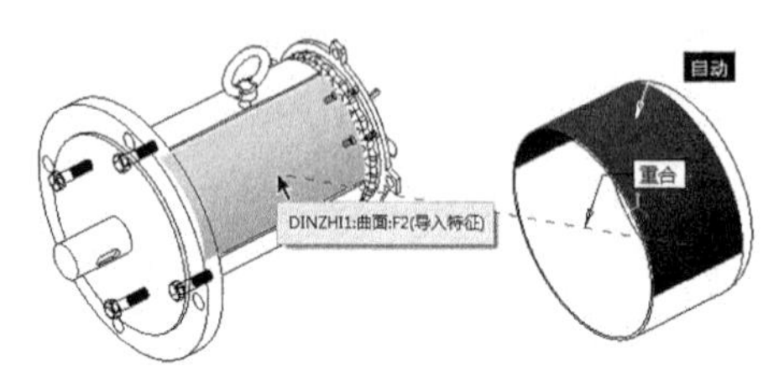

图 13-101　居中约束风扇罩

08 最后单击【应用】按钮✔，完成风扇罩组件的装配。电机装配完成的结果如图 13-102 所示。

图 13-102　最终装配完成的电机

13.7 课后习题

本练习是对减速器组件进行总装配，总装配效果如图 13-103 所示。

图 13-103　减速器装配效果图

读书笔记

第 14 章　机构仿真设计

Creo 中的机构运动仿真模块 Mechanism 可以进行装配模型的运动学分析和仿真，使得原来在二维图纸上难以表达和设计的运动变得非常直观和易于修改，并且能够大大简化机构的设计开发过程，缩短开发周期，减少开发费用，同时提高产品质量。

本章主要介绍基于 Creo 4.0 的机构运动仿真的工作流程，然后以机构设计及运动分析的基本知识为基础，用大量基本和复杂机构的实例详尽地讲解了 Creo Mechanism 模块的基本操作方法。

知识要点

- Creo 运动仿真概述
- Creo 机构运动仿真环境
- Mechanism 基本操作与设置
- 连杆机构仿真与分析
- 凸轮机构仿真与分析
- 齿轮传动机构仿真与分析

14.1　运动仿真概述

在 Creo 中，运动仿真的结果不但可以以动画的形式表现出来，还可以以参数的形式输出，从而可以获知零件之间是否干涉、干涉的体积有多大等。根据仿真结果对所设计的零件进行修改，直到不产生干涉为止。

可以应用电动机来生成要进行研究的运动类型，并可使用凸轮和齿轮设计功能扩展设计。当准备好要分析运动时，可观察并记录分析，或测量诸如位置、速度、加速度或力等，然后以图形表示这些测量结果；也可以创建轨迹曲线和运动包络，用物理方法描述运动。

14.1.1　机构的定义

机构是由构件组合而成的，而每个构件都以一定的方式至少与另一个构件相连接。这种连接，既使两个构件直接接触，又使两个构件能产生一定的相对运动。如图 14-1 所示为某型号内燃机的机构运动视图与简图。

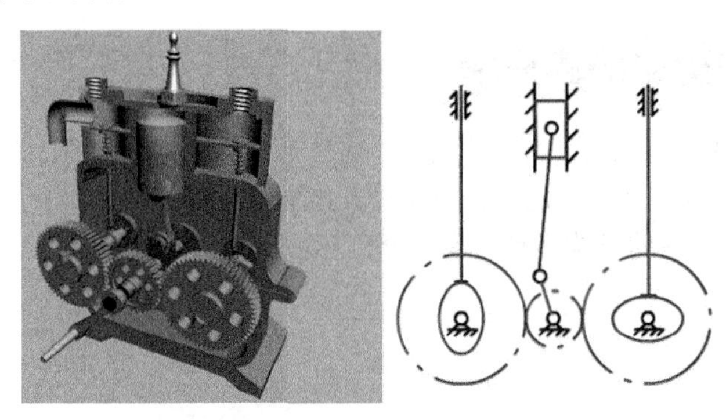

图 14-1　内燃机机构运动视图与简图

进行机构运动仿真的前提是创建机构。创建机构与零件装配都是将单个零部件组装成一个完整的机构模型，因此两者之间有很多相似之处。

14.1.2 Creo 机构运动仿真术语

为了便于理解，在介绍机构运动仿真之前，先讲解仿真中常用的基本术语。

- LCS：与主体相关联的局部坐标系。LCS 是与主体中定义的第一个零件相关的默认坐标系。
- UCS：用户坐标系。
- WCS：组件的全局坐标系，它包括用于组件及该组件内所有主体的全局坐标系。
- 放置约束：组件中放置元件并限制该元件在组件中运动的图元。
- 环连接：添加后使连接主体链中形成环的连接。
- 自由度：确定一个系统的运动（或状态）所必需的独立参变量。连接的作用是约束主体之间的相对运动，减少系统可能的总自由度。
- 主体：机构模型的基本元件。主体是受严格控制的一组零件，在组内没有自由度。
- 基础：不运动的主体，即大地或者机架。其他主体相对于基础运动，在仿真时，可以定义多个基础。
- 预定义的连接集：预定义的连接集可以定义使用哪些放置约束在模型中放置元件、限制主体之间的相对运动、减少系统可能的总自由度及定义元件在机构中可能具有的运动类型。
- 拖动：在图形窗口上，用鼠标拾取并移动机构。
- 回放：记录并重放分析运行的操作的功能。
- 伺服电动机：定义一个主体相对于另一个主体运动的方式。
- 执行电动机：作用于旋转或平移运动轴上引起运动的力。

14.1.3 机构连接装配方式

在 Creo 的装配模式中，装配分无连接接口装配和有连接接口的装配。本章所介绍的机构仿真所涉及的装配是有连接接口的装配，如图 14-2 所示。由于在本书第 13 章中已经详细介绍了装配约束方式，这里就不再重述。

在决定采用何种连接装约束方式之前，可以先了解如何使用放置约束和自由度来定义运动，然后可以选取相应的连接使机构按照希望的运动方式运动。

图 14-2 有连接接口的装配约束

14.2 Creo 机构运动仿真环境

机构运动仿真模块非单独建立文件才进入，是基于组件装配完成后，在【应用程序】选项卡的【运动】组中单击【机构】按钮，方可进入机构仿真模式。

如图 14-3 所示，Creo 的机构运动仿真与分析环境包括菜单命令、工具栏命令、模型树、机构树、窗口界面等。

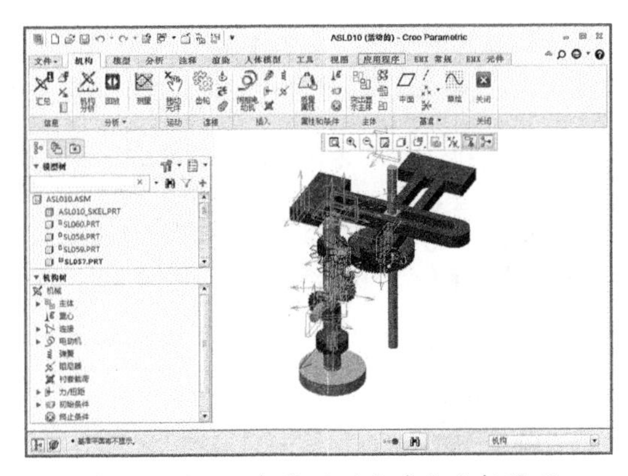

图 14-3　Creo 机构运动仿真与分析界面

14.3　Mechanism 基本操作与设置

要利用 Creo Mechanism 进行仿真与分析，必须了解其基本操作和选项设置。

要学习的基本操作内容包括加亮主体、机构显示和信息查看等。

1．加亮主体

【突出显示主体】工具用来高亮显示机构中的主体，特别是在大型机构中，以此快速找出并显示用户定义的机构运动主体。在上工具栏单击【突出显示主体】按钮，机构中的主体将高亮显示，如图 14-4 所示。

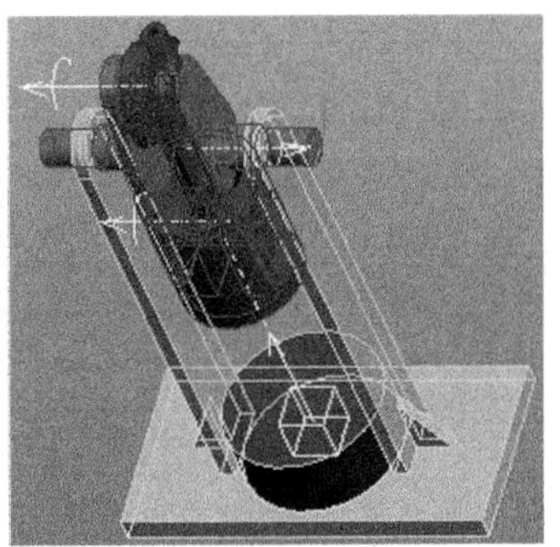

加亮前　加亮后

图 14-4　加亮显示主体

其中主体中的基础总是加亮为浅蓝色。

2．机构显示

【机构显示】工具用来控制机构中各组件单元的显示。在【机构】选项卡的【信息】组中单击【机构显示】按钮，弹出【显示图元】对话框，如图 14-5 所示。在默认条件下，除 LCS 外，所有图标均可见。

例如，通过对话框显示【接头】，选中【接头】复选框后将在机构中显示所有的接头，如图 14-6 所示。

图 14-5 【显示图元】对话框

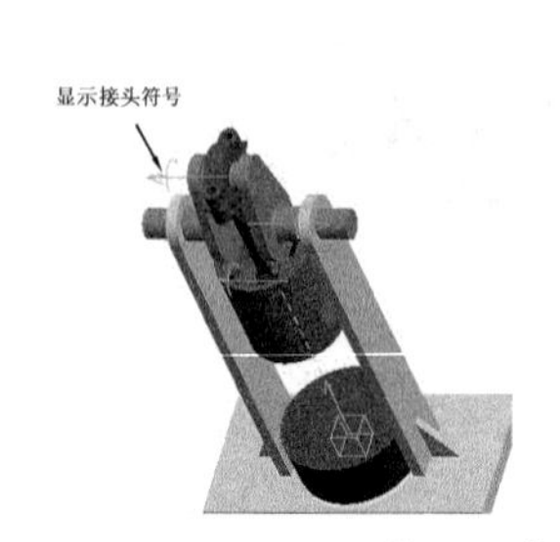

图 14-6 显示【接头】

3. 查看信息

在【机构】选项卡的【信息】组中单击【汇总】按钮，可以查看机构运动仿真与分析过后的摘要情况，如图 14-7 所示。

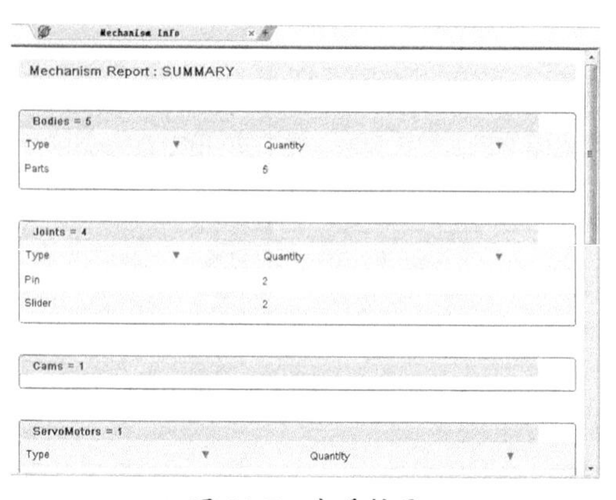

图 14-7 查看摘要

14.4 连杆机构仿真与分析

机构有平面机构与空间机构之分。

- 平面机构：各构件的相对运动平面互相平行（常用的机构大多数为平面机构）。
- 空间机构：至少有两个构件能在三维空间中相对运动。

连杆机构经常根据其所含构件数目的多少来命名，如四杆机构、五杆机构等。其中平面四杆机构不仅应用特别广泛，而且大多是多杆机构的基础，所以本节将重点讨论平面四杆机构的有关基本知识，并对其进行运动仿真研究。

14.4.1 常见的平面连杆机构

平面连杆机构就是用低副连接而成的平面机构。特点是：

- 运动副为低副，面接触。
- 承载能力大。
- 便于润滑，寿命长。
- 几何形状简单——便于加工，成本低。

下面介绍几种常见的连杆机构。

1. 铰链四杆机构

铰链四杆机构是平面四杆机构的基本形式，其他形式的四杆机构均可以看作是此机构的演化。如图 14-8 所示为铰链四杆机构示意图。

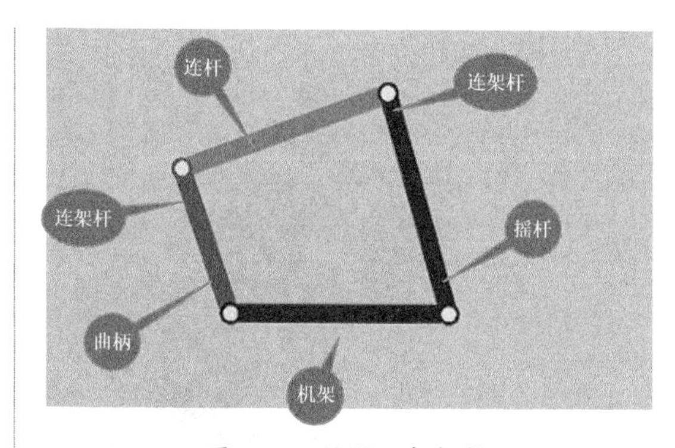

图 14-8 铰链四杆机构

铰链四杆机构根据其两连架杆的不同运动情况，可以分为以下 3 种类型：

- 曲柄摇杆机构。铰链四杆机构的两个连架杆中，若其中一个为曲柄，另一个为摇杆，称其为曲柄摇杆机构。当以曲柄为原动件时，可将曲柄的连续转动转变为摇杆的往复摆动。如图 14-9 所示。
- 双摇杆机构。若铰链四杆机构中的两个连架杆都是摇杆，称其为双摇杆机构，如图 14-10 所示。

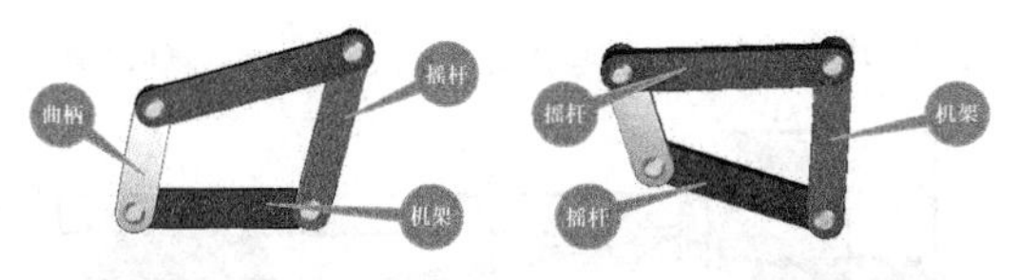

图 14-9　曲柄摇杆机构　图 14-10　双摇杆机构

技术要点

在铰链四杆机构中，与机架相连的构件能否成为曲柄的条件如下：

- 最短杆长度＋最长杆长度≤其他两杆长度之和（杆长条件）。
- 【机架长度－被考察的连架杆长度】≥【连杆长度－另一连架杆长度】。

上述条件表明，如果铰链四杆机构满足杆长条件，则最短杆两端的转动副均为周转副。此时，若取最短杆为机架，则可得到双曲柄机构；若取最短杆相邻的构件为机架，则得到曲柄摇杆机构；取最短杆的对边为机架，则得到双摇杆机构。如果铰链四杆机构不满足杆长条件，则以任意杆为机架得到的都是双摇杆机构。

- 双曲柄机构。若铰链四杆机构中的两个连架杆均为曲柄，则称其为双曲柄机构。在双曲柄机构中，若相对两杆平行且长度相等，则称其为平行四边形机构。它的运动有两个显著特征：一是两曲柄以相同的速度同向转动；二是连杆作平动。这两个特性在机械工程上都得到了广泛应用。如图 14-11 所示。

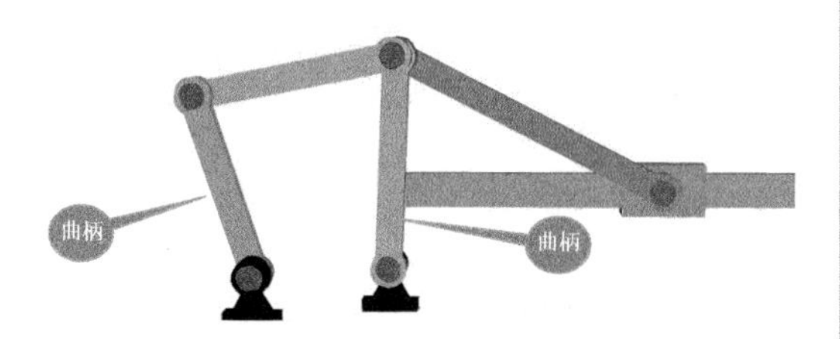

图 14-11　双曲柄机构

2．其他演变机构

其他由铰链四杆机构演变而来的机构还包括常见的曲柄滑块机构、导杆机构、摇块机构和定块机构、双滑块机构、偏心轮机构、天平机构及牛头刨床机构等。

组成移动副的两活动构件，画成杆状的构件称为导杆，画成块状的构件称为滑块。如图 14-12 所示为曲面滑块机构。

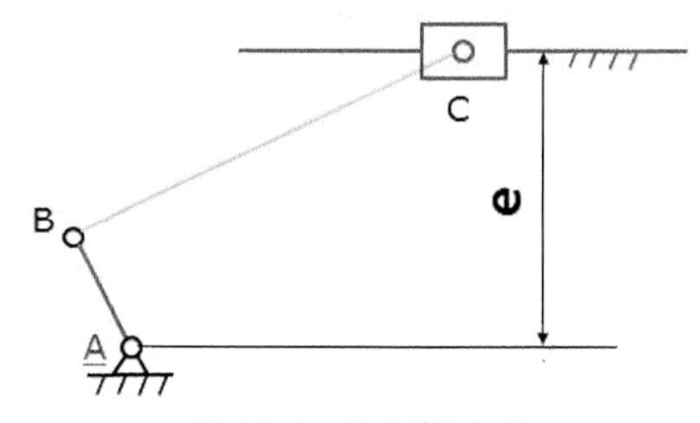

图 14-12　曲面滑块机构

导杆机构、摇块机构和定块机构是由在曲柄滑块基础上分别固定的对象不同而演变的新机构。如图 14-13 所示。

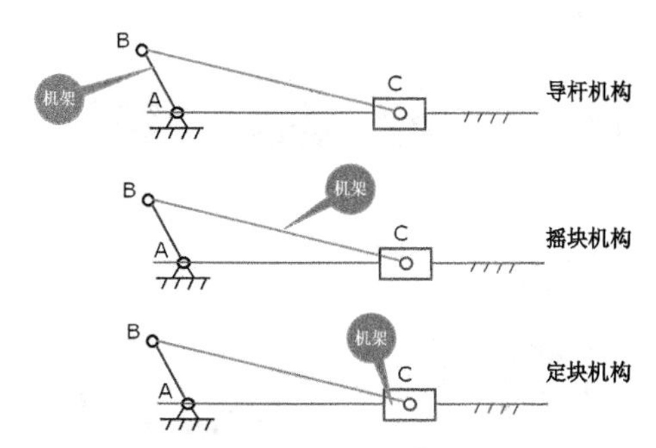

图 14-13　导杆机构、摇块机构和定块机构

14.4.2　空间连杆机构

在连杆机构中，若各构件不都在相互平行的平面内运动，则称其为空间连杆机构。

空间连杆机构，从动件的运动可以是空间的任意位置，机构紧凑、运动多样、灵活可靠。

1．常用运动副

组成空间连杆机构的运动副除转动副 R 和移动副 P 外，还常有球面副 S、球销副 S'、圆柱副 C 及螺旋副 H 等。在科学研究和实际应用中，常以机构中所含运动副的代表符号来命名各种空间连杆机构，如图 14-14 所示。

2. 万向联轴节

传递两相交轴的动力和运动，而且在传动过程中两轴之间的夹角可变。如图14-15所示为万向联轴节的结构示意图。

万向联轴节分单向和双向。

- 单向万向联轴节：输入/输出轴之间的夹角180-α，特殊的球面四杆机构。主动轴匀速转动，从动轴做变速转动。随着α的增大，从动轴的速度波动也增大，在传动中将引起附加的动载荷，使轴产生振动。为消除这一缺点，通常采用双万向联轴节。
- 双向万向联轴节：一个中间轴和两个单万向联轴节。中间轴采用滑键连接，允许轴向距离有变动。如图14-16所示。

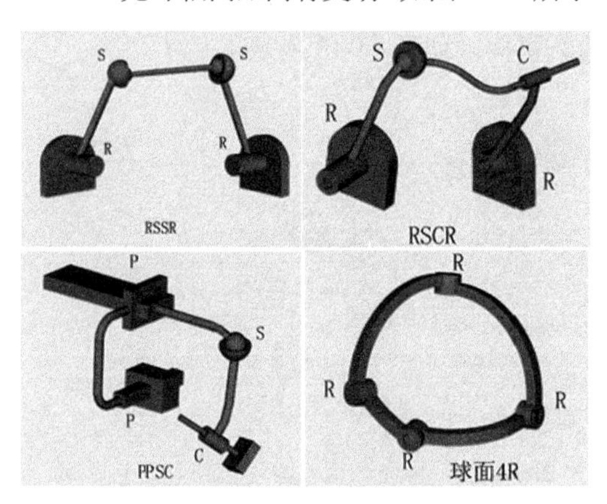

图14-14 常见运动副

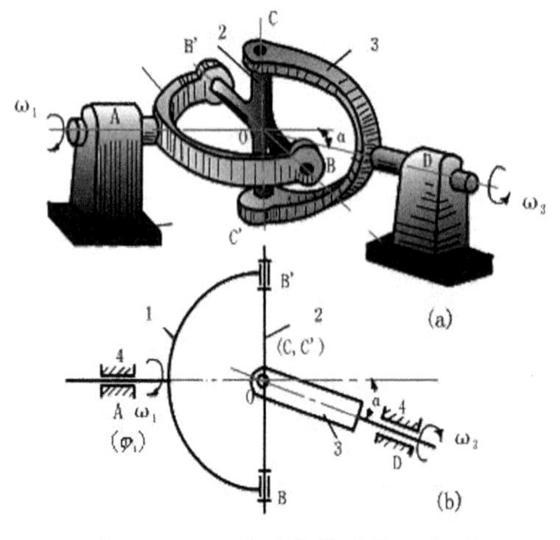

图14-15 万向联轴节结构示意图

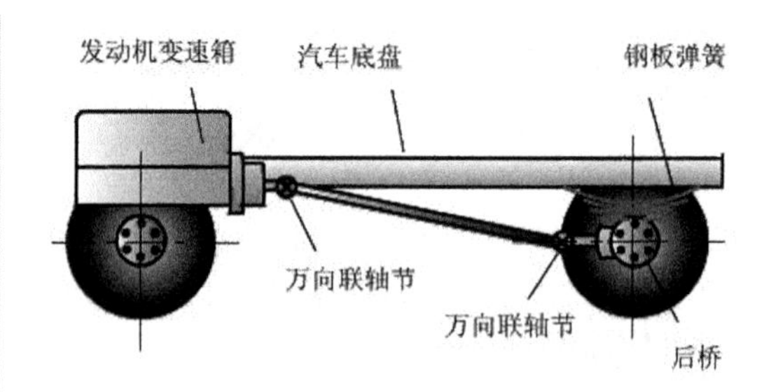

图14-16 双向万向联轴节

动手操作——平面铰链四杆机构仿真与分析

下面以一个平面铰链四杆机构的机构仿真与分析全过程为例，详解从装配到仿真的操作步骤及方法。如图14-17所示为四杆机构。

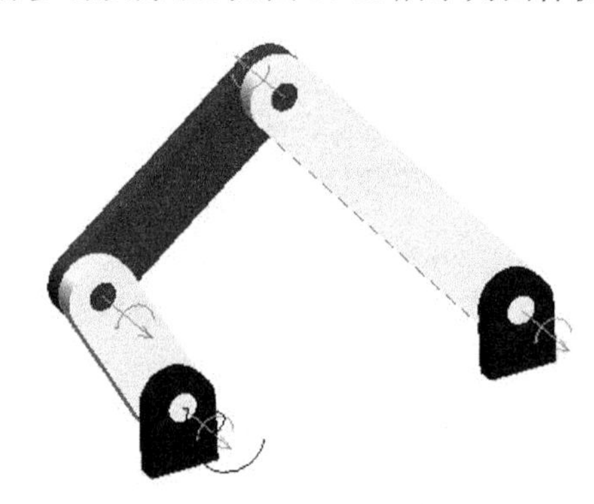

图14-17 平面铰链四杆机构

1. 装配过程

01 启动Creo，然后在基本环境中新建名为【crankrocker】的组件装配文件，如图14-18所示。进入组件装配环境后再设置工作目录。

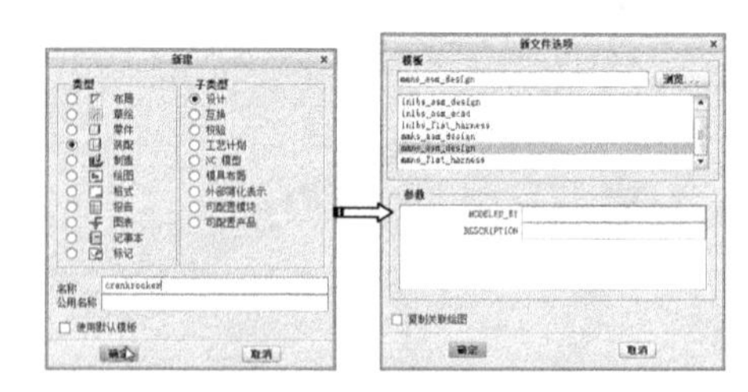

图14-18 创建组件装配文件

02 单击【装配】按钮，然后从素材文件夹中打开第1个模型ground.prt，此模型为固定的主模型。在装配操控板中以【默认】的装配方式装配此模型，如图14-19所示。

图 14-19　装配第 1 个模型

03 以主模型为基础，接下来装配第 2 个组件模型。第 2 个组件模型与第 1 个组件模型是相同的，装配第 2 个组件模型的过程如图 14-20 所示。

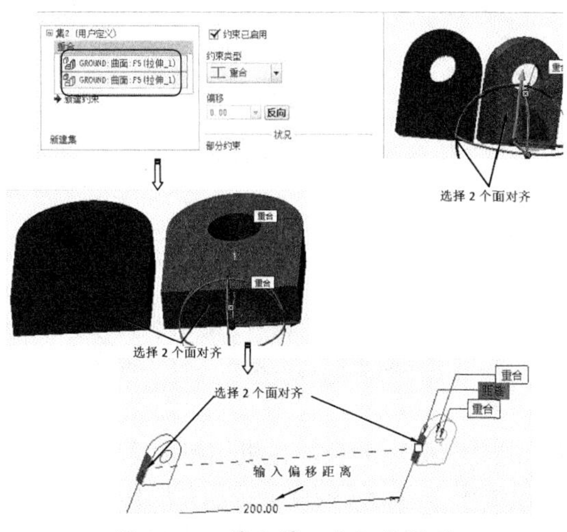

图 14-20　装配第 2 个组件模型

04 前面两个组件采用的是无连接接口的装配约束方式进行装配的，第 3 个、第 4 个和第 5 个组件则是采用有连接接口的装配约束方式。装配第 3 个组件模型 crank.prt 的过程如图 14-21 所示。

05 装配第 4 个组件模型 connectingrod.prt 的过程与装配方式与装配第 3 个组件相同，如图 14-22 所示。

06 装配第 5 个组件模型 rocker.prt。此模型与第 2 个组件模型和第 4 个组件模型都存在装配约束关系。与第 2 个组件模型的装配约束关系如图 14-23 所示。

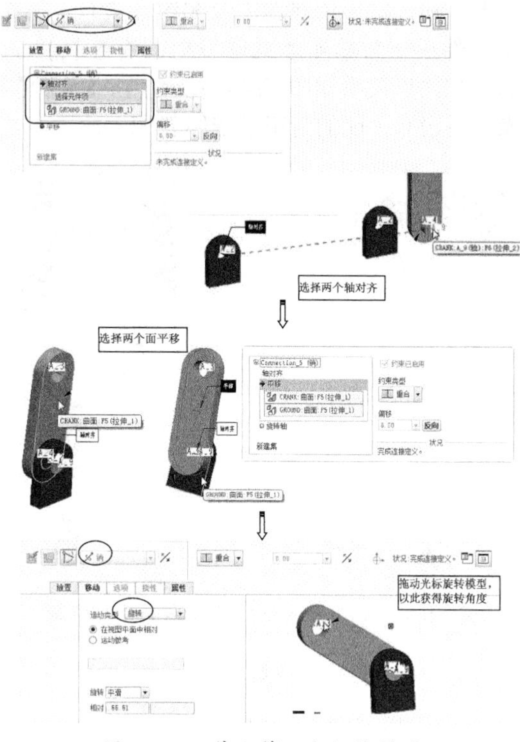

图 14-21　装配第 3 个组件模型

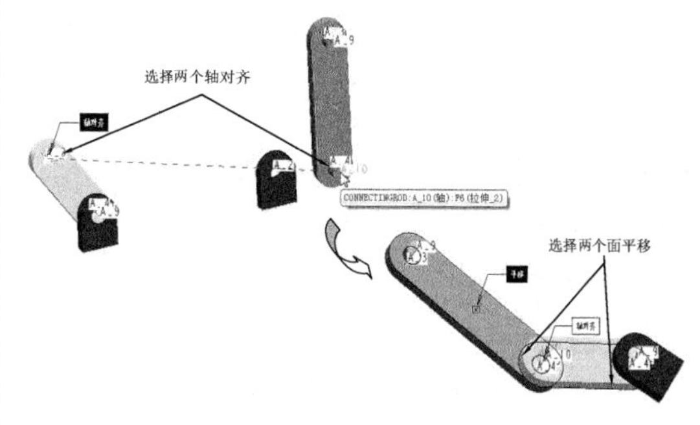

图 14-22　装配第 4 个组件模型

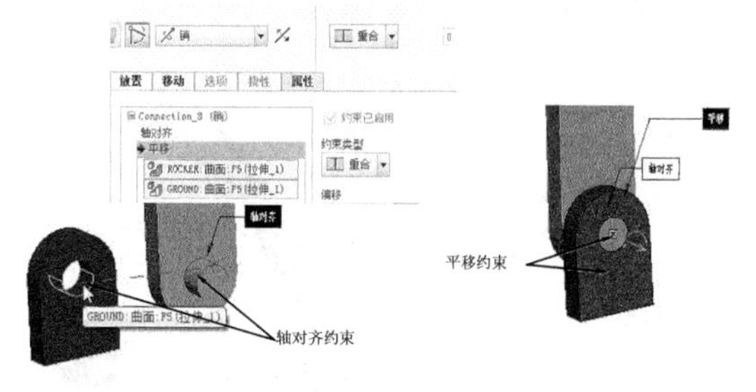

图 14-23　第 5 个组件与第 2 个组件的无连接接口的装配

07 在操控板的【放置】选项板中单击【新建

集】按钮，然后创建新的装配约束关系。第5个组件模型与第4个组件模型的有连接接口的装配约束关系如图14-24所示（在【装配】操控板没有关闭的情况下继续装配）。

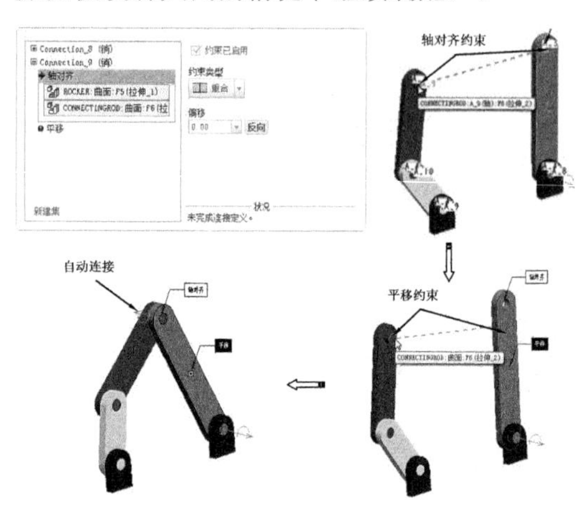

图 14-24　完成第5个组件模型的连接装配

2．机构仿真与分析

01 在【应用程序】选项卡的【运动】组中单击【机构】按钮，进入机构仿真分析模式。

02 在【机构】选项卡的【主体】组中单击【重新连接】命令，打开【连接装配】对话框。单击【运行】按钮，会弹出【确认】对话框，检测各组件之间是否完全连接。如图14-25所示。

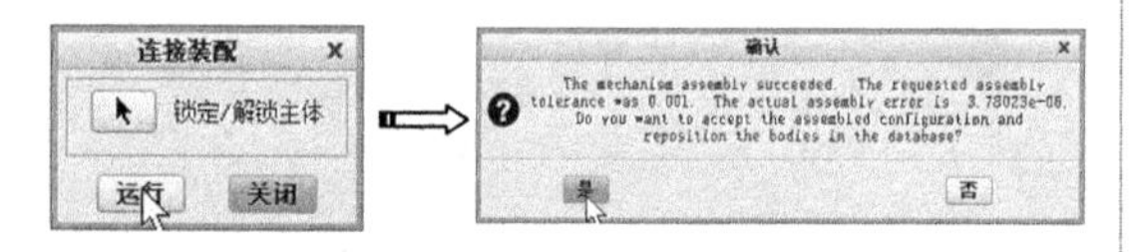

图 14-25　检测装配连接

03 检测装配连接后，通过机构树查看装配连接中哪些属于基础、哪些是主体。如图14-26所示。

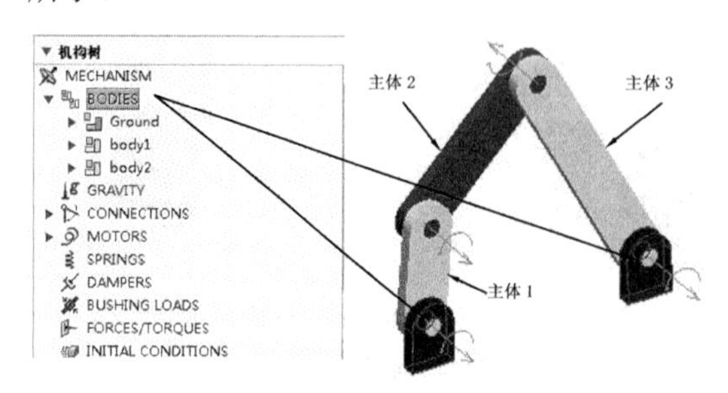

图 14-26　查看机构的基础与主体

04 在上工具栏中单击【拖动元件】按钮，打开【拖动】对话框和【选择】对话框。在机构中选取要拖动的主体元件，移动后关闭，检查机构是否按照设计意图进行运动，如图14-27所示。

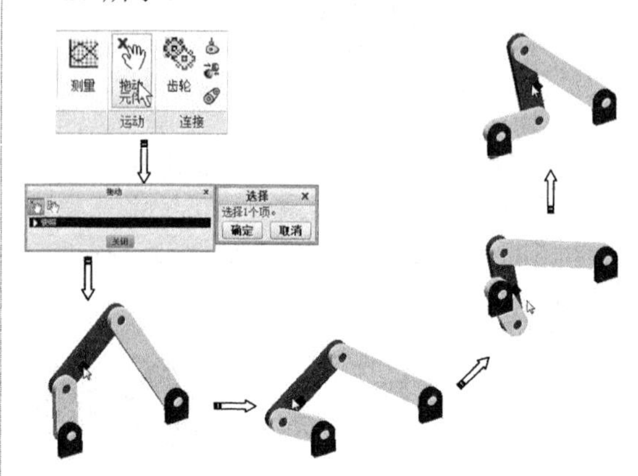

图 14-27　拖动元件

> **技术要点**
>
> 可以在几个主体元件中任意选取边、面。单击后即可拖动元件。这个过程与前面的重新连接检测是必须的，是完成机构仿真的必要前提。

05 定义伺服电动机。在机构树的【电动机】选项组中，右击【伺服】选项并选择【新建】命令，打开【伺服电动机定义】对话框。

> **技术要点**
>
> 使用伺服电动机可规定机构以特定方式运动。伺服电动机引起在两个主体之间、单个自由度内的特定类型的运动。

06 保留默认的名称，然后按信息提示选择从动图元——连接轴作为运动轴，如图14-28所示。

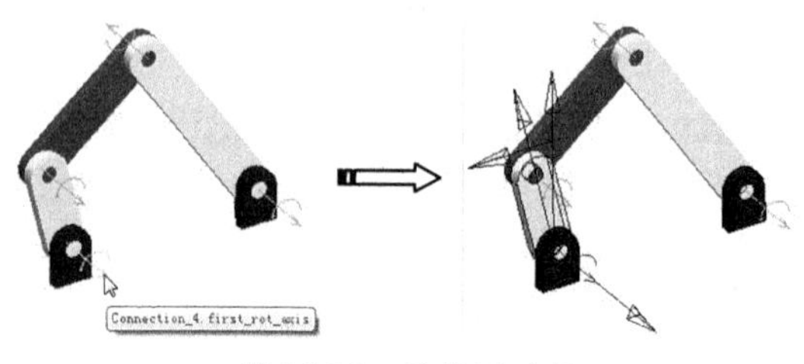

图 14-28　选择运动轴

07 在对话框的【轮廓】选项卡中，设置伺服电动机的转速常量 8000deg/sec。单击图标可以查看电动机的工作轮廓曲线。如图 14-29 所示。

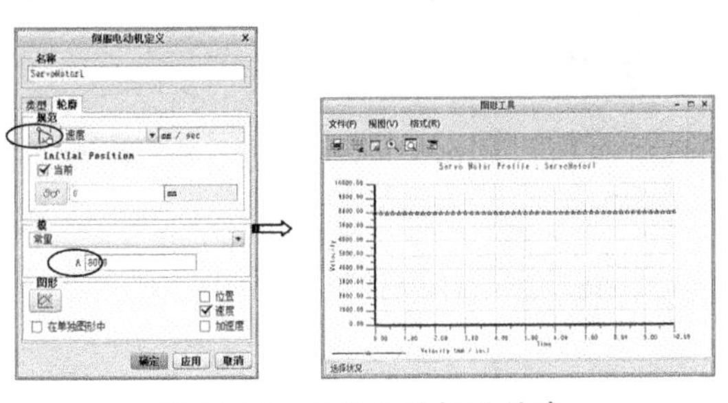

图 14-29 定义电动机的转速

08 最后单击【伺服电动机定义】对话框的【应用】按钮，将电动机添加到机构中，如图 14-30 所示。

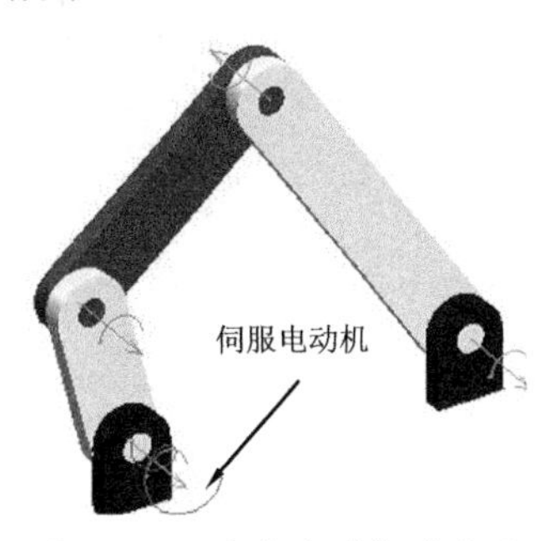

图 14-30 完成电动机的定义

电动机轮廓的类型

如图 14-31 所示，图中绘出了由电动机创建的不同类型的运动。

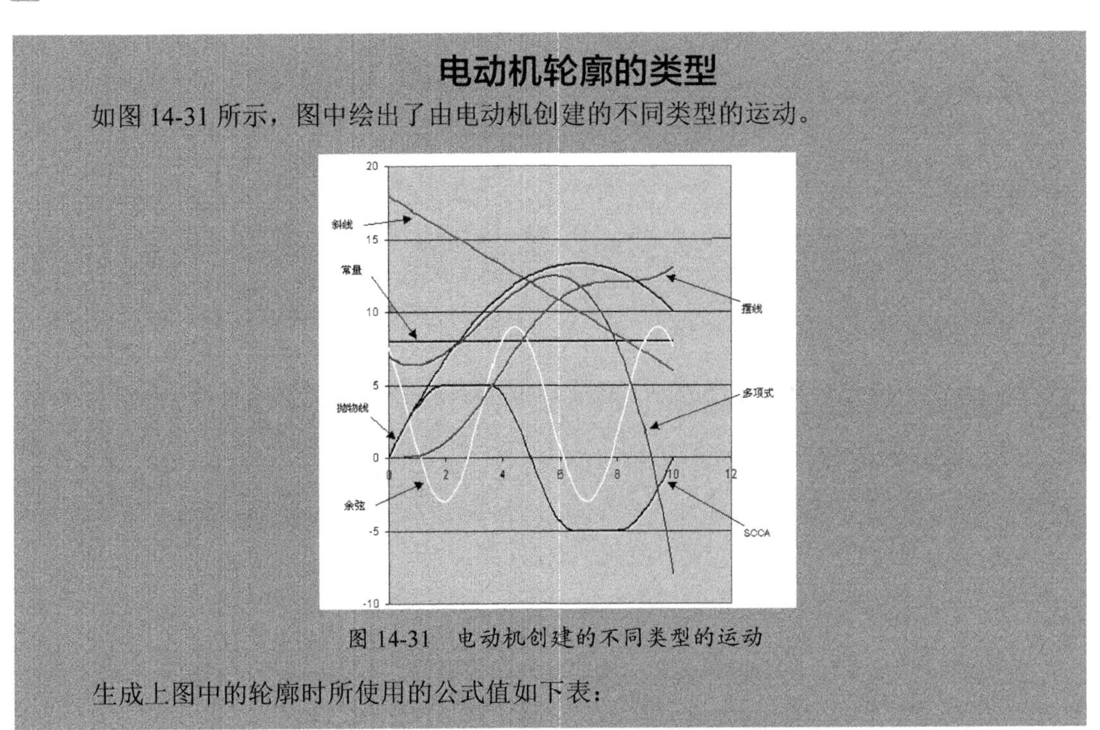

图 14-31 电动机创建的不同类型的运动

生成上图中的轮廓时所使用的公式值如下表：

恒定	线性	余弦	摆线	SCCA	抛物线	多项式
A=8	A=18	A=6	L=12	0.4	A=4	A=7
	B=-1.2	B=40	T=8	0.3	B=-0.6	B=-1.5
		C=3		5		C=1
		T=5		10		D=-0.1

09 在右工具栏单击【机构分析】按钮，打开【分析定义】对话框。在【电动机】选项卡中查看是否存在先前定义的伺服电动机，如图 14-32 所示。如果没有，可以单击【添加所有电动机】按钮，重新定义电动机。

10 在【类型】选项中，选择【运动学】选项，输入 End Time（终止时间）为 20，然后单击【运行】按钮，完成机构的仿真。如图 14-33 所示。

图 14-32　查看定义的电动机

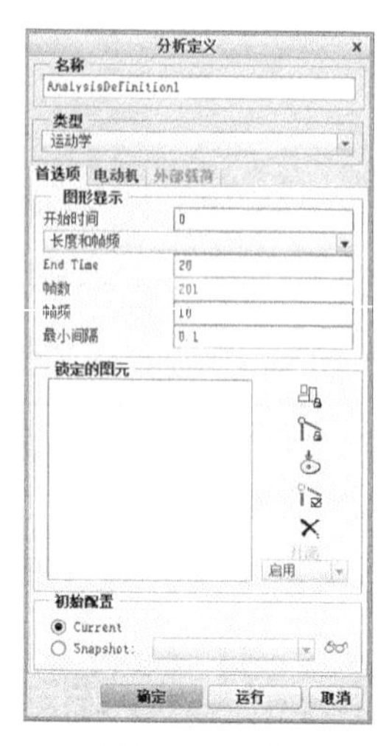

图 14-33　运行仿真

技术要点

默认的初始配置状态为组件装配完成时的状态。您可以定义初始配置，即创建快照的方式。快照也就是使用相机功能将某个状态临时拍下来作为初始的配置。

11 最后将结构仿真分析的结果保存。

14.5 凸轮机构仿真与分析

凸轮传动是通过凸轮与从动件间的接触来传递运动和动力的，是一种常见的高副机构，结构简单，只要设计出适当的凸轮轮廓曲线，就可以使从动件实现任何预定的复杂运动规律。

如图 14-34 所示为常见的凸轮传动机构示意图。

14.5.1 凸轮机构的组成

凸轮机构是由凸轮、从动件和机架构成的三杆高副机构，如图 14-35 所示。

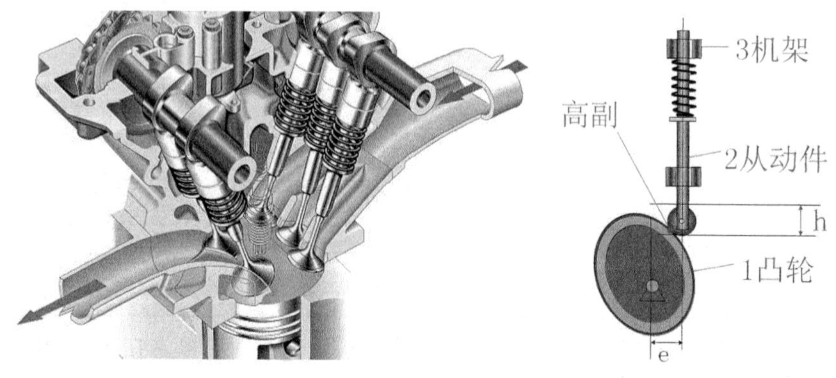

图 14-34　凸轮传动机构　　图 14-35　凸轮的组成

凸轮机构的优点：

- 只要适当地设计凸轮的轮廓曲线，便可使从动件获得任意预定的运动规律，且机构简单、紧凑。

凸轮机构的缺点：

- 凸轮与从动件是高副接触，比压较大，易于磨损，故这种机构一般仅用于传递动力不大的场合。

14.5.2　凸轮机构的分类

凸轮机构的分类方法大致有 4 种，下面分别介绍。

1．按从动件的运动分类

凸轮机构按从动件的运动进行分类，可以分为直动从动件凸轮机构和摆动从动件凹槽凸轮机构，如图 14-36 所示。

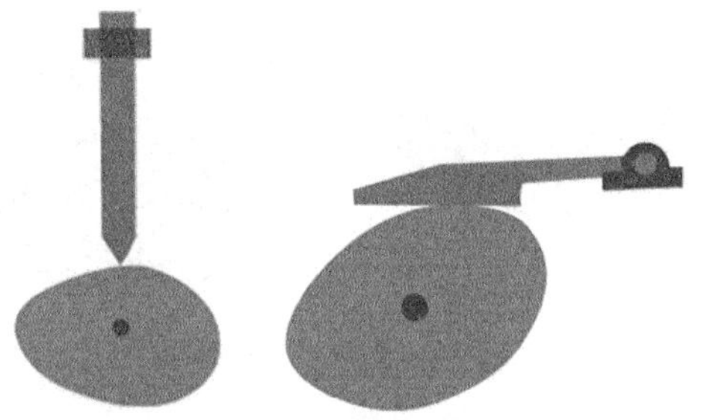

图 14-36　按从动件的运动进行分类的凸轮机构

2．按从动件的形状分类

凸轮机构按从动件的形状进行分类，可分为滚子从动件凸轮机构、尖顶从动件凸轮机构和平底从动件凸轮机构，如图 14-37 所示。

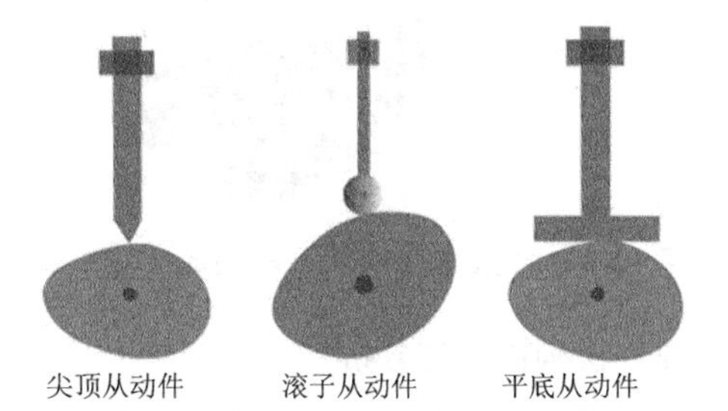

图 14-37　按从动件的形状进行分类的凸轮机构

3．按凸轮的形状分类

凸轮机构根据其形状不同可以分为盘形凸轮机构、移动（板状）凸轮机构、圆柱凸轮机构和圆锥凸轮机构，如图 14-38 所示。

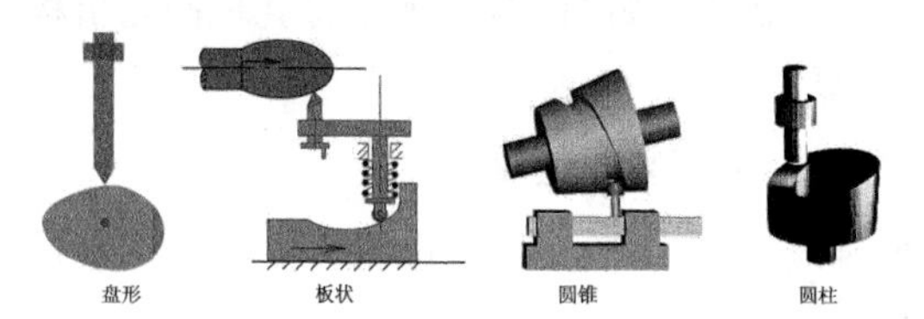

图 14-38　按凸轮形状进行分类的凸轮机构

4．按高副维持接触的方法分类

根据高副维持接触的方法不同可以分成力封闭的凸轮机构和形封闭的凸轮机构。

力封闭的凸轮机构利用重力、弹簧力或其他外力使从动件始终与凸轮保持接触。如图 14-39 所示。

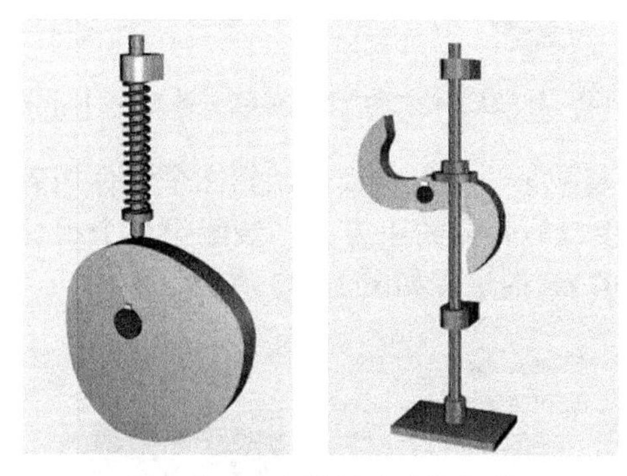

图 14-39　力封闭的凸轮机构

形封闭的凸轮机构利用凸轮与从动件构成高副的特殊几何结构使凸轮与推杆始终保持接触。如图 14-40 所示为常见的几种形封闭的凸轮机构。

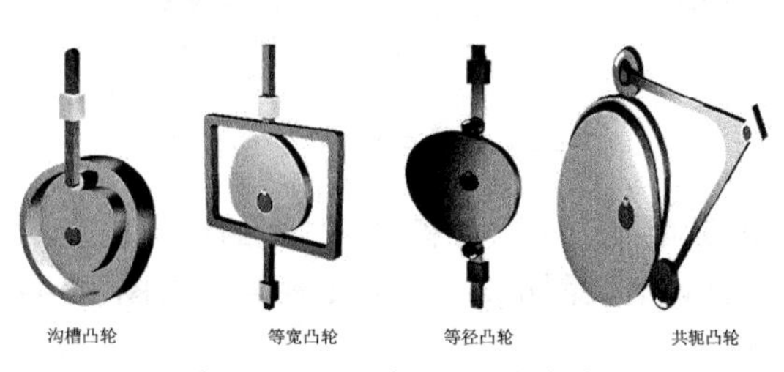

图 14-40　形封闭的凸轮机构

动手操作——打孔机凸轮机构仿真与分析

本例主要使用销钉连接、滑动杆连接、凸轮从动机构连接、弹簧、阻尼器、伺服电动机、动态分析等工具完成打孔机凸轮机构的运动仿真，如图 14-41 所示打孔机凸轮机构示意图。

1. 连接装配过程

01 新建组件装配文件。进入组件装配环境后再设置工作目录。

02 单击【装配】按钮，然后从素材文件夹中打开第 1 个模型文件 01.prt，此模型为固定的主模型。在【装配】操控板中以【默认】的装配方式装配此模型，如图 14-42 所示。

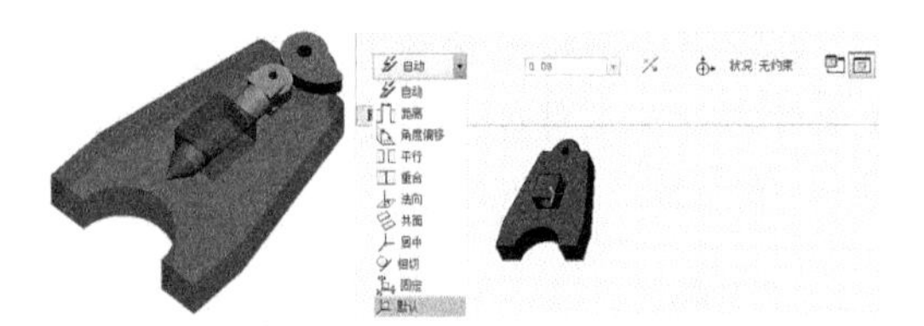

图 14-41 打孔机凸轮机构　图 14-42 装配第 1 个模型

03 装配第 2 个组件模型。第 2 个组件用有连接接口的装配约束方式。装配第 2 个组件模型 02.prt 的过程如图 14-43 所示。

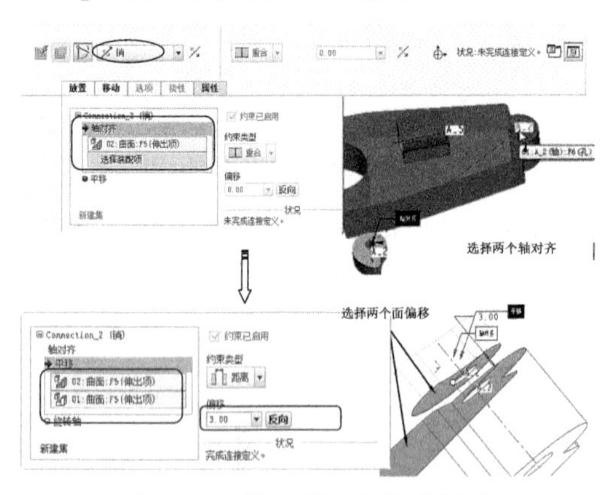

图 14-43 装配第 2 个组件模型

04 装配第 3 个组件模型 03.prt 的过程与装配方式，与装配第 2 个组件的相同，如图 14-44 所示。

05 通过切换到操控板的【移动】选项卡，选中第 3 个组件模型，平移至如图 14-45 所示的位置。

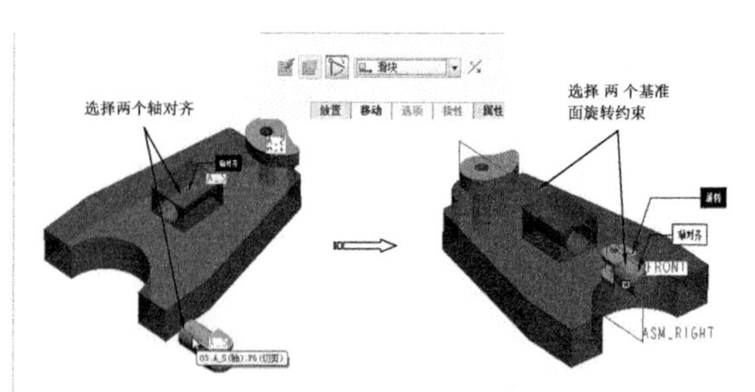

图 14-44 装配第 3 个组件模型

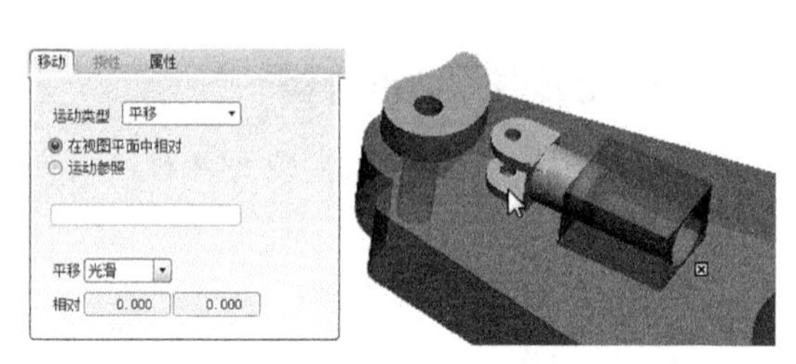

图 14-45 平移组件

06 以【销】装配方式，装配第 4 个组件模型 04.prt，过程如图 14-46 所示。

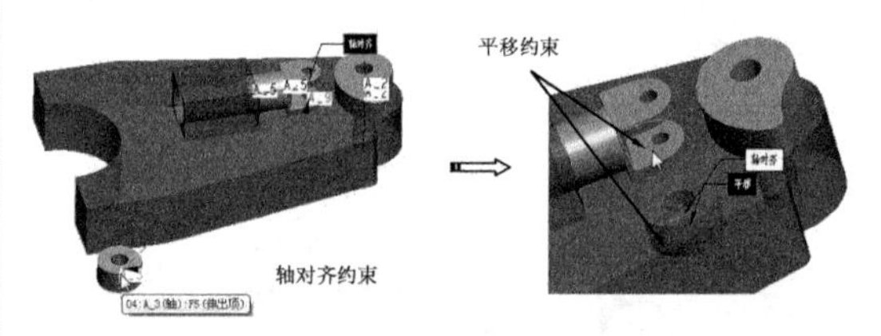

图 14-46 装配第 4 个组件

07 以【滑块】装配约束方式装配第 5 个组件，如图 14-47 所示。

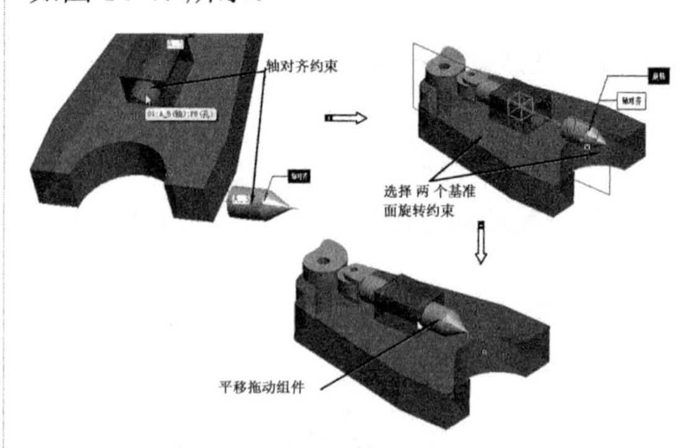

图 14-47 完成第 5 个组件模型的连接装配

2. 机构仿真与分析

01 在【应用程序】选项卡的【运动】组中单击【机构】按钮，进入机构仿真分析模式。

02 在【机构】选项卡的【主体】组中单击【重新连接】按钮，打开【连接装配】对话框。单击【运行】按钮，会弹出【确认】对话框，检测各组件之间是否完全连接。如图 14-48 所示。

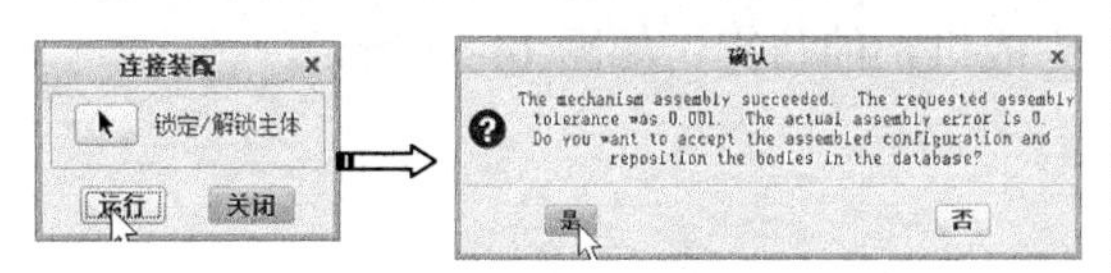

图 14-48　检测装配连接

03 定义凸轮。单击【凸轮】按钮，打开【凸轮从动机构连接定义】对话框。在【凸轮 1】选项卡中单击【选取凸轮曲线或曲面】按钮，然后选择组件 02 的圆弧曲面作为凸轮 1 的代表，如图 14-49 所示。

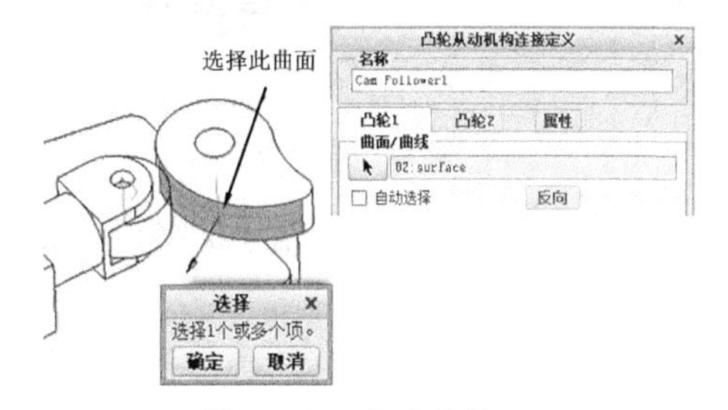

图 14-49　定义凸轮 1

技术要点

可以选取组件上的边或者是曲面。若选中【自动选取】复选框，选取边或曲面后，会自动拾取整个组件。

04 在【凸轮 2】选项卡中，再单击【选取凸轮曲线或曲面】按钮，然后选择组件 04 的圆弧曲面作为凸轮 2 的代表，如图 14-50 所示。

05 在【属性】选项卡中取消选中【启用升离】复选框，然后单击对话框中的【确定】按钮，完成凸轮机构的连接定义。如图 14-51 所示。

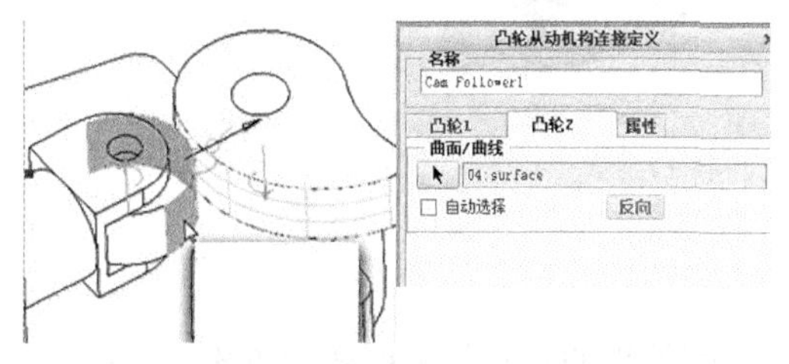

图 14-50　定义凸轮 2

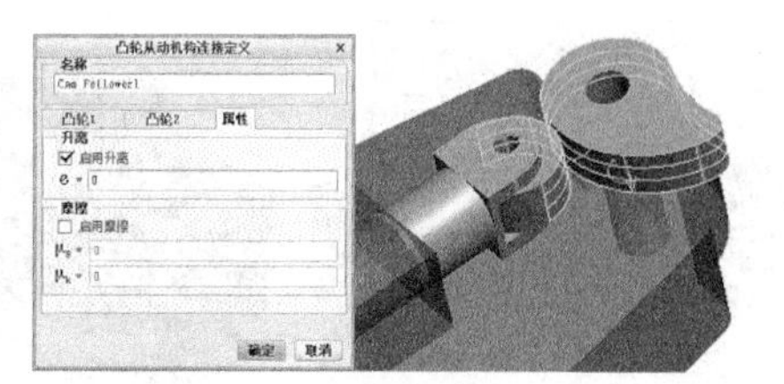

图 14-51　完成凸轮机构的连接定义

06 定义弹簧。在右工具栏中单击【弹簧】按钮，打开【弹簧定义】操控板。按住 Ctrl 键选取组件 3 和组件 5 上的点作为弹簧长度参考，如图 14-52 所示。

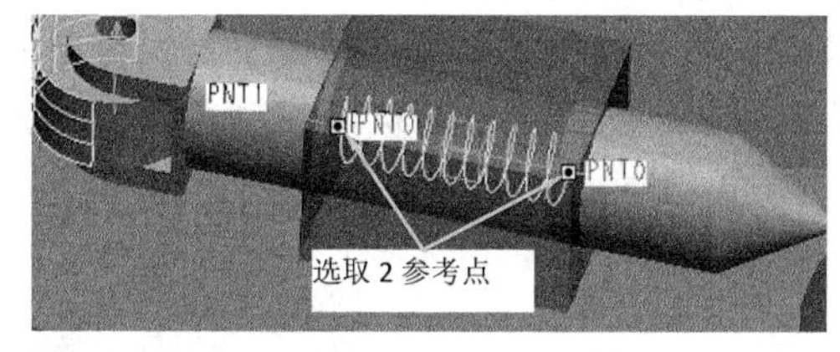

图 14-52　选取弹簧长度参考点

07 在操控板中输入刚度系数 K 值 30，平衡位移的距离为默认，单击【应用】按钮完成弹簧的定义，如图 14-53 所示。

图 14-53　定义弹簧刚度系数

08 定义阻尼器。单击【阻尼器】按钮，弹出【阻尼器定义】操控板。然后按住 Ctrl 键选取组件 3 和组件 5 上的点作为参考，并输入阻尼系数 C 的值 10，如图 14-54 所示。

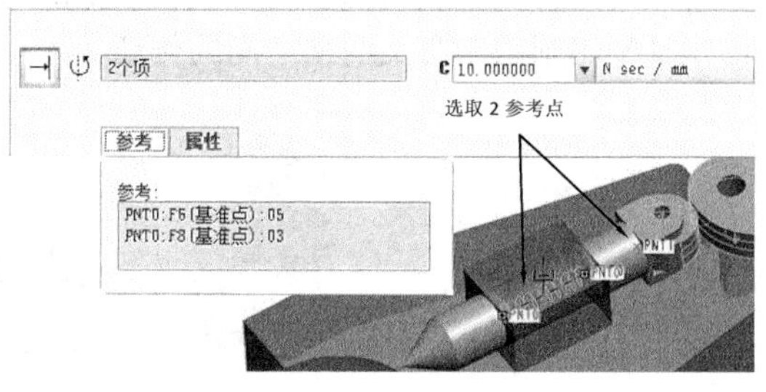

图 14-54　定义阻尼器

09 定义伺服电动机。在机构树的【电动机】选项组中，右击【伺服】选项并选择【新建】命令，打开【伺服电动机定义】对话框。

10 保留默认的名称，然后按信息提示选择从动图元——连接轴作为运动轴，如图 14-55 所示。

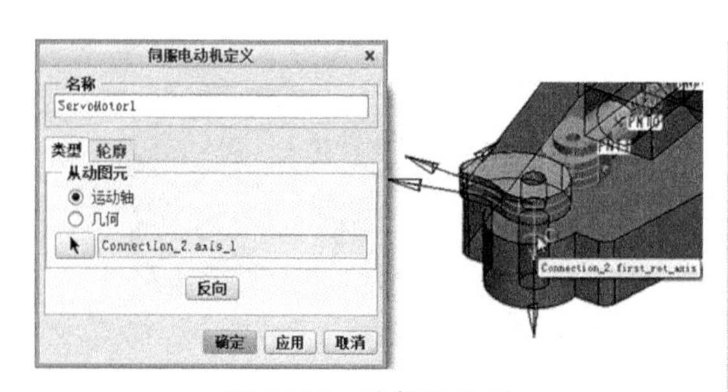

图 14-55　选择运动轴

11 在对话框的【轮廓】选项卡中，设置伺服电动机的转速为常量100。单击图标可以查看电动机的工作轮廓曲线。

12 最后单击【伺服电动机定义】对话框中的【应用】按钮，将电动机添加到机构中，如图14-56所示。

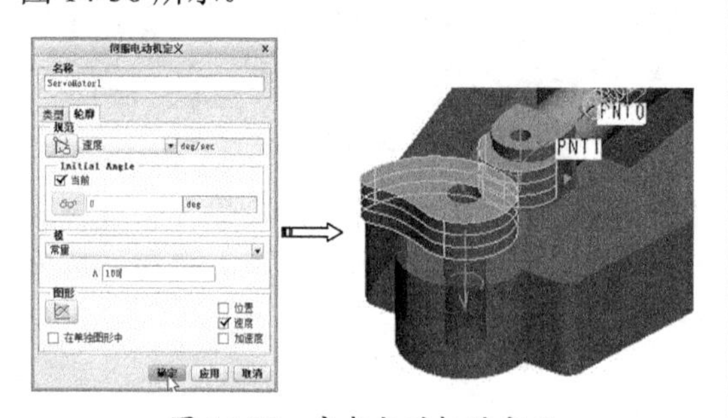

图 14-56　完成电动机的定义

13 在右工具栏中单击【机构分析】按钮，打开【分析定义】对话框。

14 在【首选项】选项卡中，选择【运动学】类型，输入终止时间为20，然后单击【运行】按钮，完成机构的仿真。如图14-57所示。

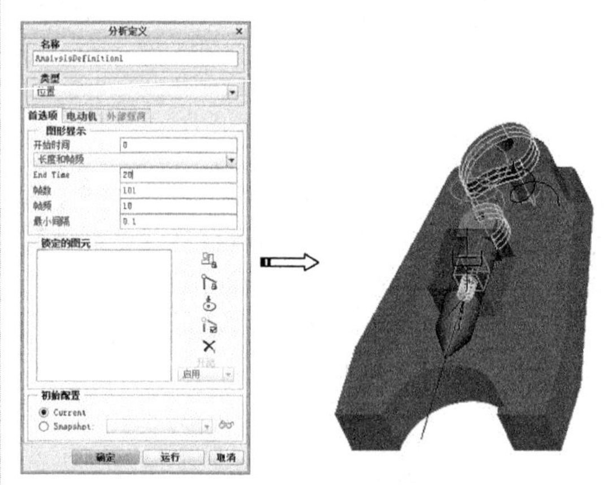

图 14-57　运行仿真

15 最后将结构仿真分析的结果保存。

14.6 齿轮传动机构仿真与分析

齿轮是用于机器中传递动力、改变旋向和改变转速的传动件。根据两啮合齿轮轴线在空间的相对位置不同，常见的齿轮传动可分为3种形式，如图14-58所示。其中，图a所示的圆柱齿轮用于两平行轴之间的传动；图b所示的圆锥齿轮用于垂直相交两轴之间的传动；图c所示的蜗杆蜗轮则用于交叉两轴之间的传动。

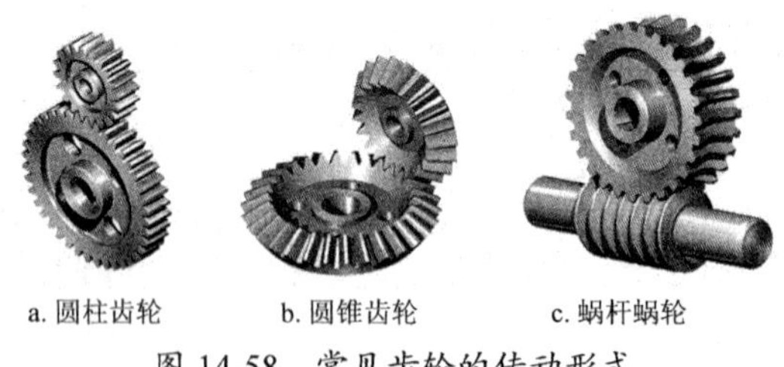

图 14-58　常见齿轮的传动形式

14.6.1 齿轮机构

齿轮机构就是由在圆周上均匀分布着某种轮廓曲面的齿的轮子组成的传动机构。齿轮机构是各种机械设备中应用最广泛、最多的一种机构，因而是最重要的一种传动机构。比如机床中的主轴箱和进给箱、汽车中的变速箱等部件的动力传递和变速功能，都是由齿轮机构实现的。

齿轮机构之所以成为最重要的传动机构是因为其具有以下优点：

- 传动比恒定，这是最重要的特点。
- 传动效率高。
- 其圆周速度和所传递功率范围大。
- 使用寿命较长。
- 可以传递空间任意两轴之间的运动。
- 结构紧凑。

14.6.2　平面齿轮传动

平面齿轮传动形式一般分以下 3 种：平面直齿轮传动、平面斜齿轮传动和平面人字齿轮传动。

其中，平面直齿轮传动又分 3 种类型，如图 14-59 所示。

外啮合齿轮传动

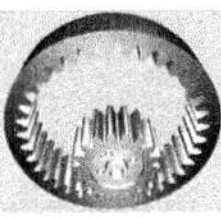

内啮合齿轮传动

齿轮齿条传动

图 14-59　平面直齿轮传动

平面斜齿轮（轮齿与其轴线倾斜一个角度）传动如图 14-60 所示。

平面人字齿轮（由两个螺旋角方向相反的斜齿轮组成）传动如图 14-61 所示。

图 14-60　平面斜齿轮传动

图 14-61　平面人字齿轮传动

14.6.3　空间齿轮传动

常见的空间齿轮传动包括圆锥齿轮传动、交错轴斜齿轮传动和蜗轮蜗杆传动。

圆锥齿轮传动（用于两相交轴之间的传动）如图 14-62 所示。

交错轴斜齿轮传动（用于传递两交错轴之间的运动）如图 14-63 所示。

蜗轮蜗杆传动（用于传递两交错轴之间的运动，其两轴的交错角一般为 90º）如图 14-64 所示。

图 14-62　圆锥齿轮传动

图 14-63　交错轴斜齿轮传动

图 14-64　蜗轮蜗杆传动

动手操作——二级齿轮减速器运动仿真

本例主要使用销钉连接、平面连接、圆柱连接、齿轮副、伺服电动机、动态分析等工具完成二级齿轮减速机构的运动仿真。如图 14-65 所示为装配的二级齿轮减速机构。

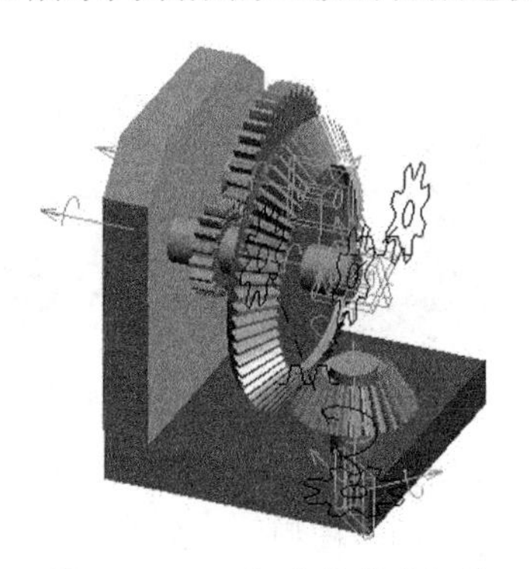

图 14-65　二级齿轮减速机构

1．齿轮机构装配

01 新建名为 chilunjigou.prt 的组件装配文件，然后设置工作目录。

02 单击【组装】按钮，然后从素材文件夹中打开第1个模型01.prt，此模型为固定的主模型。在【装配】操控板中以【默认】的装配方式装配此模型，如图14-66所示。

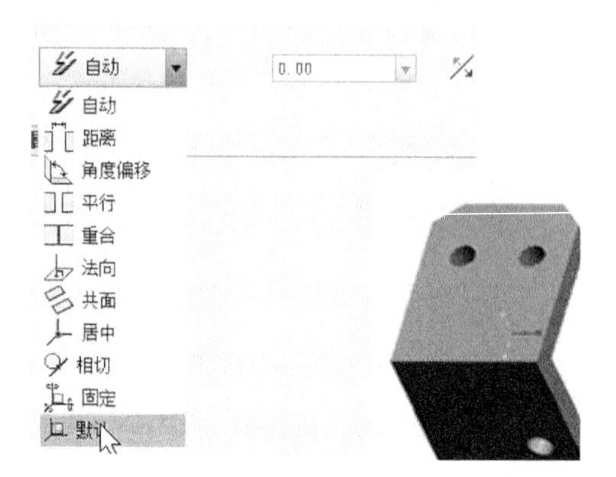

图14-66　装配第1个模型

03 装配第2个组件模型。第2个组件使用有连接接口的装配约束方式。装配第2个组件模型02.prt的过程如图14-67所示。

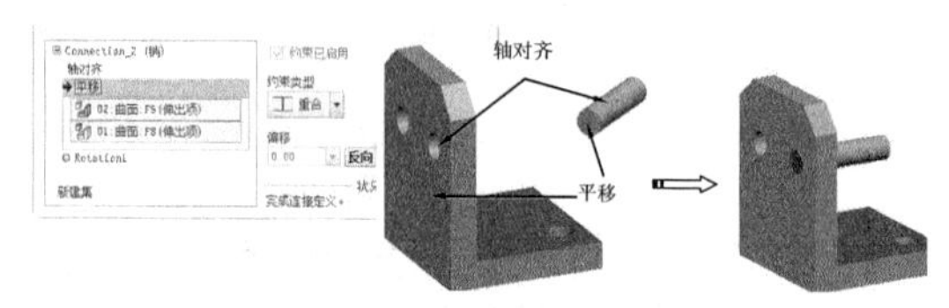

图14-67　装配第2个组件

04 装配第3个组件模型03.prt的过程与装配方式，与装配第2个组件的相同，如图14-68所示。

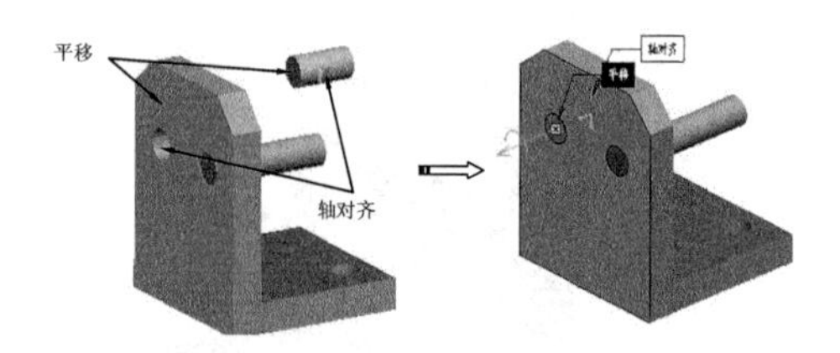

图14-68　装配第3个组件模型

05 同理，再装配第4个组件（第4个组件与第3个组件为同一模型），如图14-69所示。

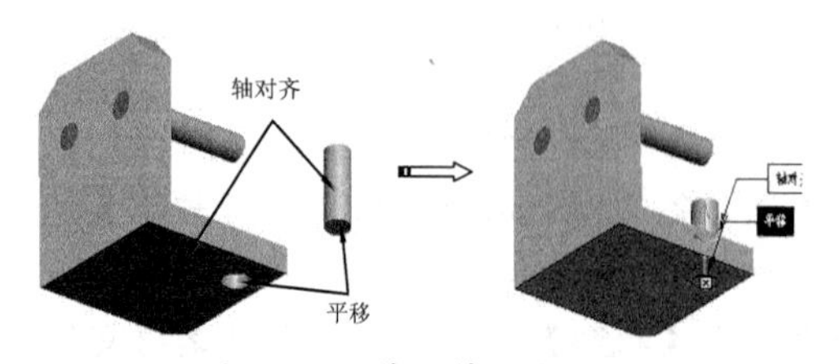

图14-69　装配第4个组件

06 先以【圆柱】装配约束方式装配第5个组件。然后在【放置】选项板中单击【新建集】命令，再新建一个平面约束，如图14-70所示。

07 在【移动】选项板中设置【运动类型】为【平移】，然后拖动第5个组件到第3个组件的中间位置，如图14-71所示。

技术要点

当齿轮与轴装配在一起时，齿轮应该与轴一起旋转，并能沿轴滑动，而在【齿轮副】的定义中，所选的连接轴要求是旋转轴，故在装配中选取一个【圆柱】连接和一个【平面】连接。

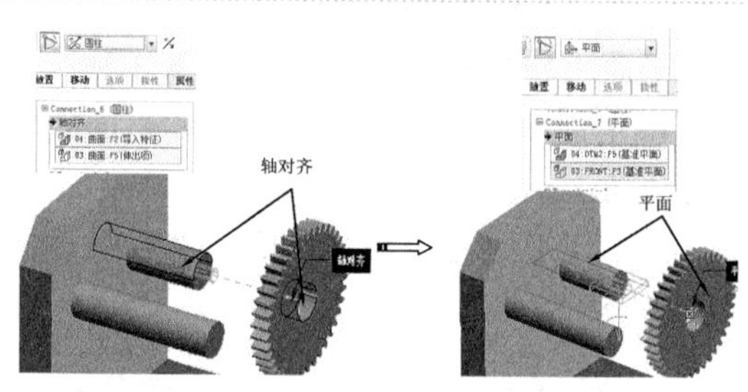

图14-70　装配第5个组件

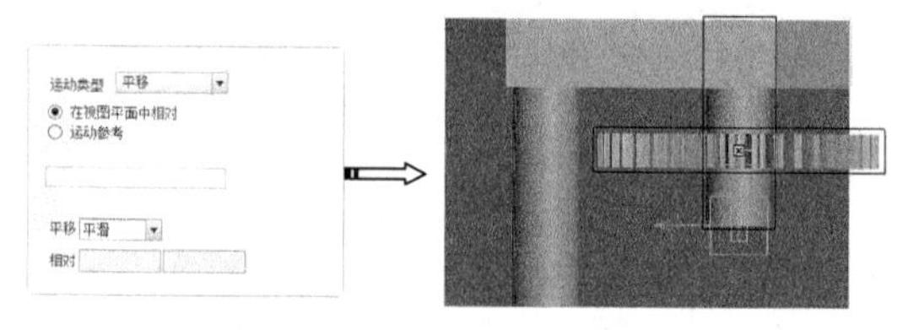

图14-71　移动第5个组件

08 装配第6个组件。其装配方法与第5个组件相同。如图14-72所示。

09 装配第7个组件。其装配方法也与第5个组件相同。如图14-73所示。

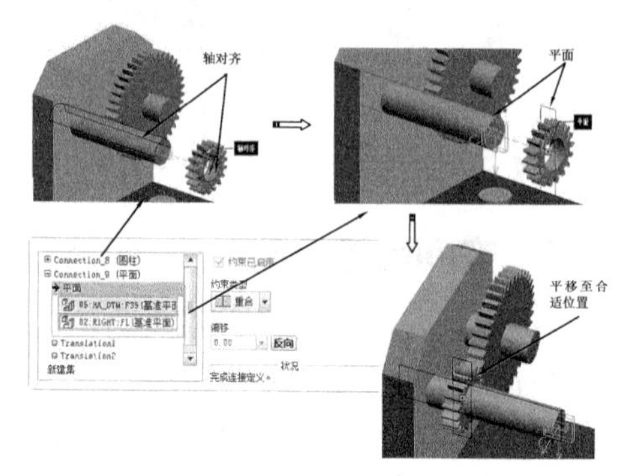

图14-72　装配第6个组件

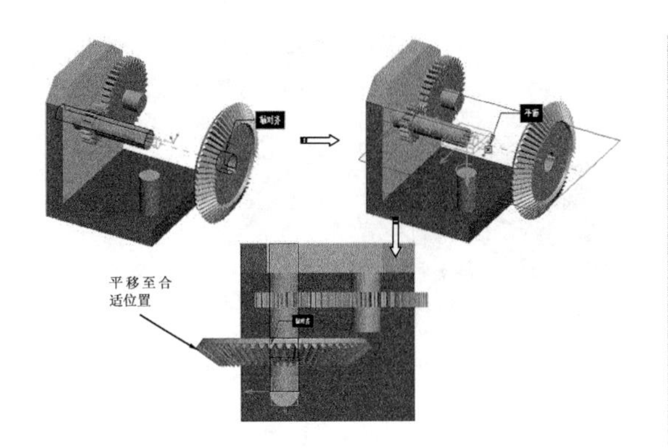

图 14-73　装配第 7 个组件

10 装配第 8 个组件，也是最后的组件，如图 14-74 所示。

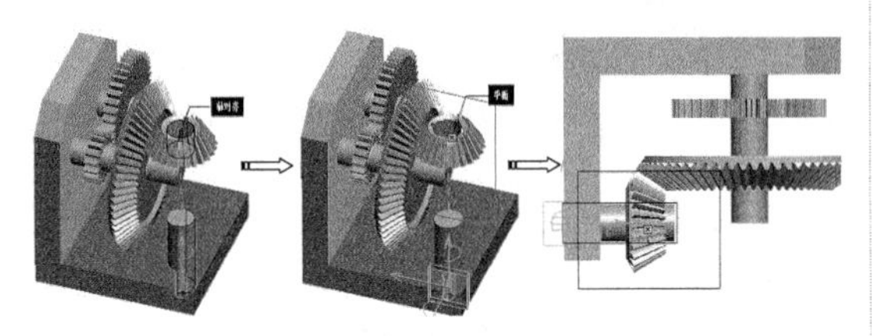

图 14-74　装配第 8 个组件

技术要点

若两个锥齿轮间存在接触间隙，可以适当平移两个锥齿轮，直至接触。

2. 运动仿真

01 在【应用程序】选项卡的【运动】组中单击【机构】按钮，进入机构仿真分析模式。

02 在【机构】选项卡的【主体】组中单击【重新连接】按钮，打开【连接装配】对话框。单击【运行】按钮，会弹出【确认】对话框，检测各组件之间是否完全连接。如图 14-75 所示。

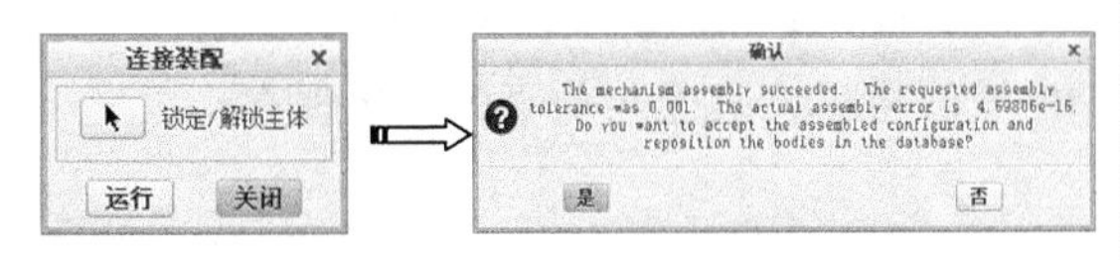

图 14-75　检测装配连接

03 定义齿轮副。在【连接】组中单击【齿轮】按钮，打开【齿轮副定义】对话框。在【Gear1】选项卡（齿轮 1）中定义组件 7 为齿轮副的齿轮 1，如图 14-76 所示。

技术要点

由于第 7 个组件与第 1 个组件的运动轴重合，为了便于选取，可以右击进行切换选取，也可以在运动轴位置右击，并选择右键快捷菜单中的【通过列表拾取】命令，打开拾取对话框，从中选择需要的运动轴即可。如图 14-77 所示。

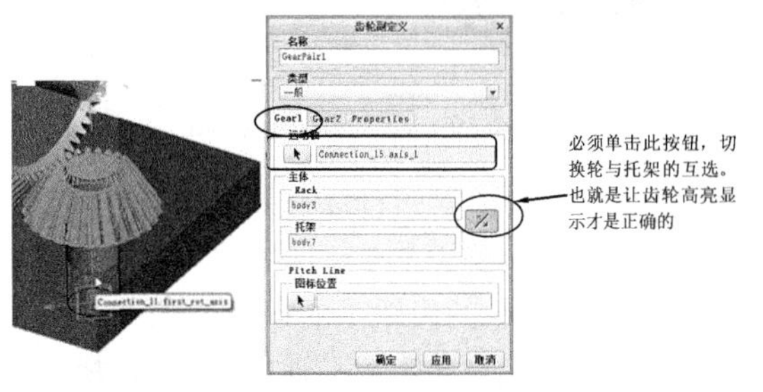

图 14-76　选择运动轴定义齿轮 1

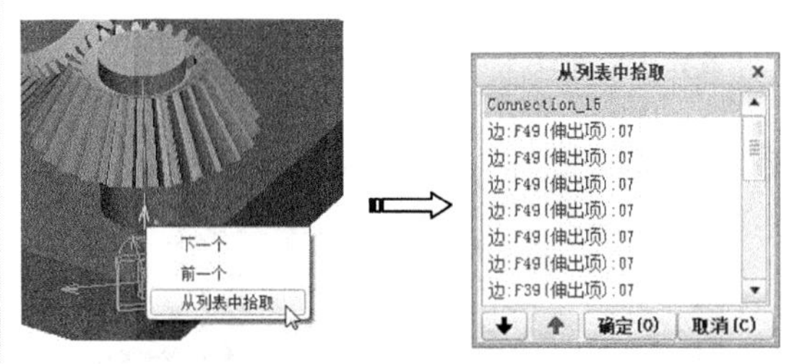

图 14-77　运动轴的选取方法

04 在【Gear2】选项卡中单击【选取一个运动轴】按钮，然后选择大锥齿轮的运动轴来定义齿轮 2，如图 14-78 所示。

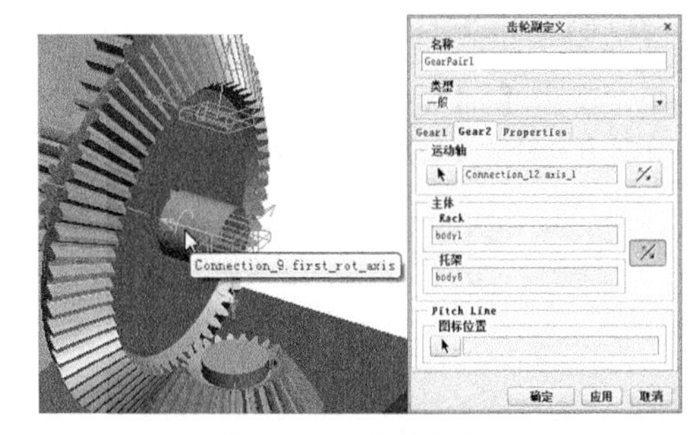

图 14-78　定义齿轮 2

05 在【属性】选项卡中设置齿轮副的直径比，如图 14-79 所示。单击【齿轮副定义】对话框中的【确定】按钮，完成齿轮副的定义。

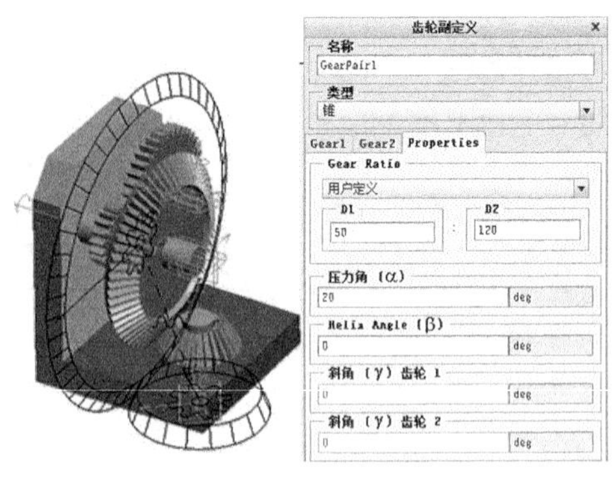

图 14-79　设定齿轮直径比

06 同理，需要定义组件 4 和组件 5 为另一齿轮副。在【齿轮副定义】对话框中选择【类型】为【正】。所选的齿轮 1 的运动轴如图 14-80 所示，所选的齿轮 2 的运动轴如图 14-81 所示。

技术要点

齿轮 1 必须是齿轮副传动的主齿轮。

图 14-80　定义齿轮 1　图 14-81　定义齿轮 2

07 在【属性】选项卡中定义齿轮的直径比为 36 ∶ 80，最后单击【确定】按钮完成齿轮副的定义。如图 14-82 所示。

08 定义伺服电动机。单击【伺服电动机】按钮，弹出【伺服电动机定义】对话框。然后指定电动机的运动轴，如图 14-83 所示。

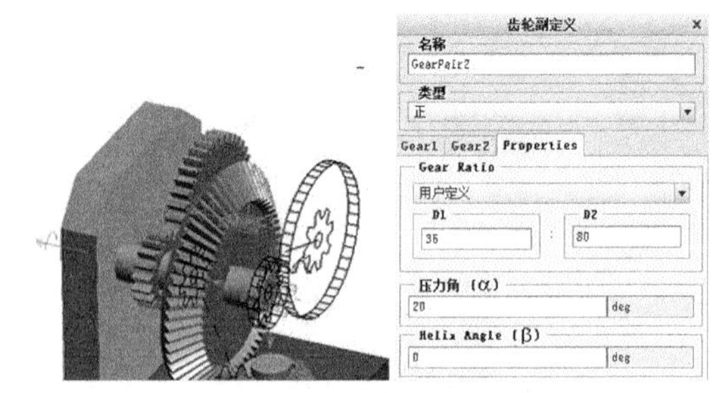

图 14-82　设定齿轮直径比

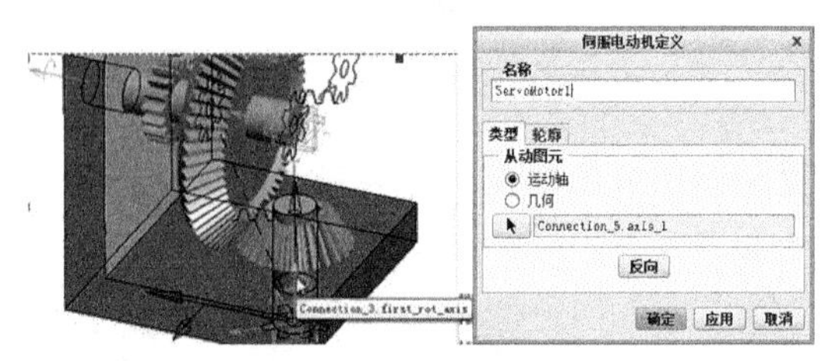

图 14-83　指定运动轴

09 在【轮廓】选项卡中设定电动机主轴速度为常量 200，单击【确定】按钮完成伺服电动机的定义，如图 14-84 所示。

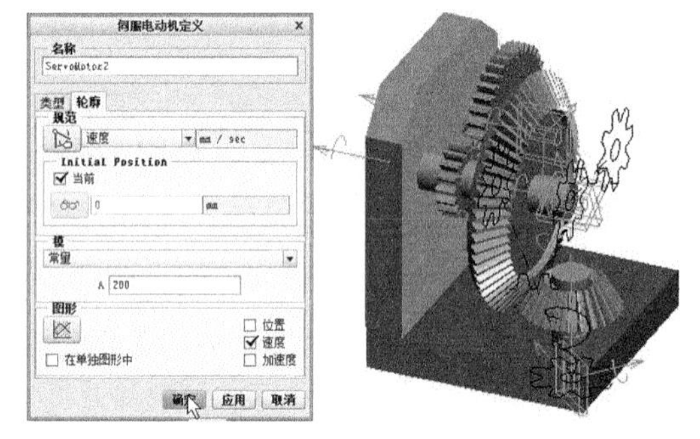

图 14-84　定义电动机的速度

10 最后单击【机构分析】按钮，设置终止时间为 50，单击【运行】按钮，进行机构仿真。成功后单击【确定】按钮关闭对话框。

11 最后将机构装配与仿真的结果保存。

14.7　课后习题

1．螺杆式坐标仪齿轮滑槽机构仿真

本练习的螺杆式坐标仪齿轮滑槽机构如图 14-85 所示。

2．凸轮机构仿真

本练习的凸轮机构如图 14-86 所示。

图 14-85　螺杆式坐标仪齿轮滑槽机构

图 14-86　凸轮机构

读书笔记

第15章　工程图设计

三维实体模型和真实事物一致，在表达零件时直观、明了，因此是表达复杂零件的有效手段。但是在实际生产中，有时需要使用一组二维图形来表达一个复杂零件或装配组件，此种二维图形就是工程图。

在机械制造行业的生产第一线常用工程图来指导生产过程。Creo 具有强大的工程图设计功能，在完成零件的三维建模后，使用工程图模块可以快速方便地创建工程图。本章将介绍工程图设计的一般过程。

知识要点

- 工程图概述
- 工程图的组成
- 定义绘图视图
- 工程图的标注与注释

15.1 工程图概述

Creo 的工程图模块不仅大大简化了选取指令的流程，更重要的是加入了与 Windows 操作整合的【绘图视图】对话框，用户可以轻松地通过【绘制视图】对话框完成视图的创建，而不必为找不到指令伤透脑筋。

下面介绍 Creo 的工程图概论知识，便于大家认识与理解工程图。

15.1.1 进入工程图设计模式

与零件或组件设计相似，在使用工程图模块创建工程图时首先要新建工程图文件。

首先在菜单栏选择【文件】|【新建】命令，或者在上工具栏中单击【新建】按钮，将弹出【新建】对话框，在【新建】对话框中选取【绘图】类型，如图 15-1 所示。

然后在【名称】文本框中输入文件名称，单击【确定】按钮，随后弹出如图 15-2 所示的【新建绘图】对话框。按照稍后的介绍完成【新建绘图】对话框中相关选项的设置后，单击按钮【确定】按钮即可进入工程图设计环境。

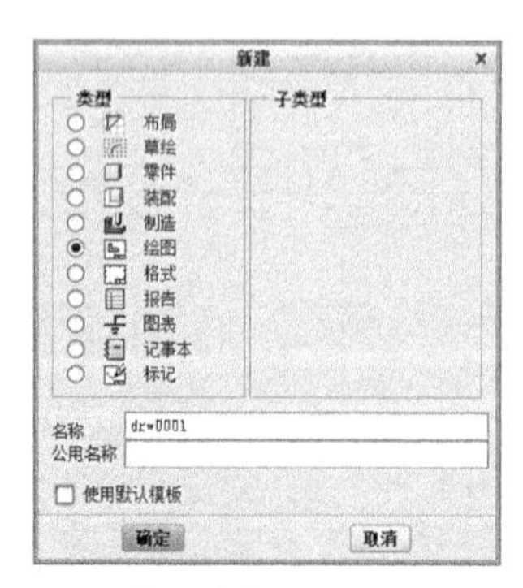

图 15-1　【新建】对话框

图 15-2　【新建绘图】对话框

技术要点

如果选中【使用默认模板】复选框，将使用 Creo 提供的工程图模板来设计工程图。

15.1.2 设置绘图格式

【新建绘图】对话框有【默认模型】、【指定模板】、【方向】和【大小】4 个选项组，下面介绍各个选项组的具体设置和功能。

1. 【默认模型】选项组

该选项组显示的是用于创建工程图的三维模型名称。一般情况下，系统自动选取目前活动窗口中的模型作为默认工程图模型。也可以单击【浏览】按钮，以浏览的方式打开模型来创建工程图。

2. 【指定模板】选项组

创建工程图的格式共有 3 种，下面分别介绍。

（1）【使用模板】单选按钮。

模板是系统经过格式优化后的设计样板。如果用户在【新建】对话框选中了【使用默认模版】复选框，那么将直接使用这些系统模板，如图 15-3 所示。

用户也可以单击【浏览】按钮导入自定义模板文件。如图 15-4 所示为选择一个模板后进入工程图制图模式的界面环境。

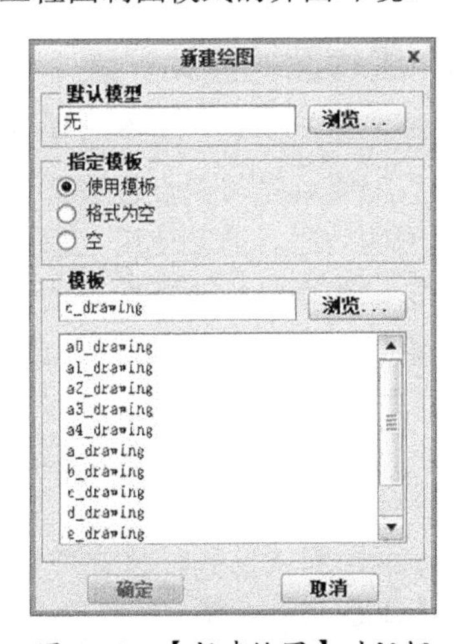

图 15-3 【新建绘图】对话框

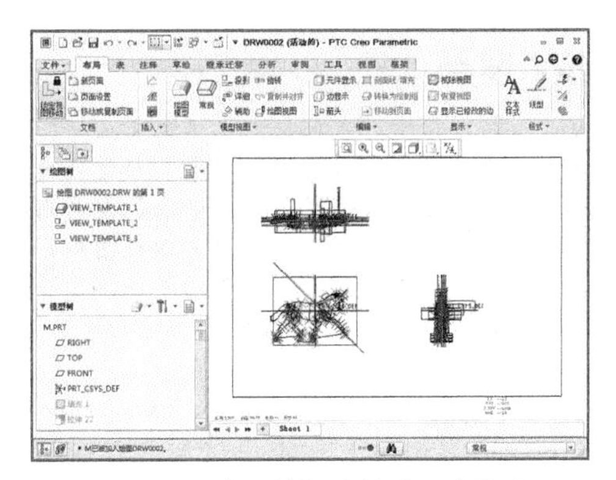

图 15-4 使用模板的制图环境界面

技术要点

要新建绘图，您必须先于创建工程制图前将模型加载到零件设计模型中，或者在【默认模型】选项组中单击【浏览】按钮，从文件所在路径中打开零件模型，否则不能创建工程图文件。

（2）【格式为空】单选按钮。

使用此单选按钮无须先导入模型，可以打开 Creo 向用户提供的多种标准格式图框进行设计，如图 15-5 所示。如图 15-6 所示为选择【使用格式】的制图环境界面。

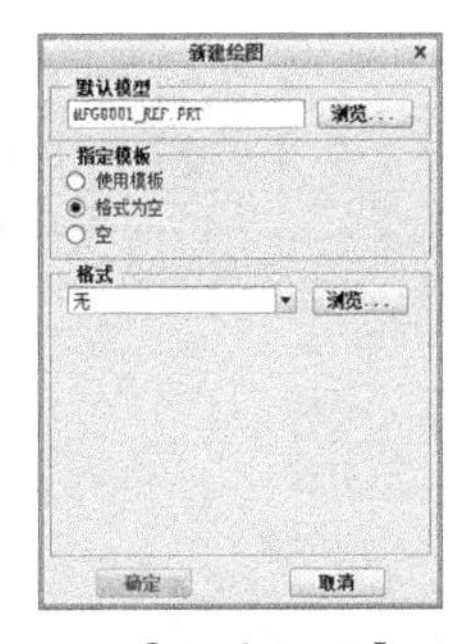

图 15-5 【新建绘图】对话框

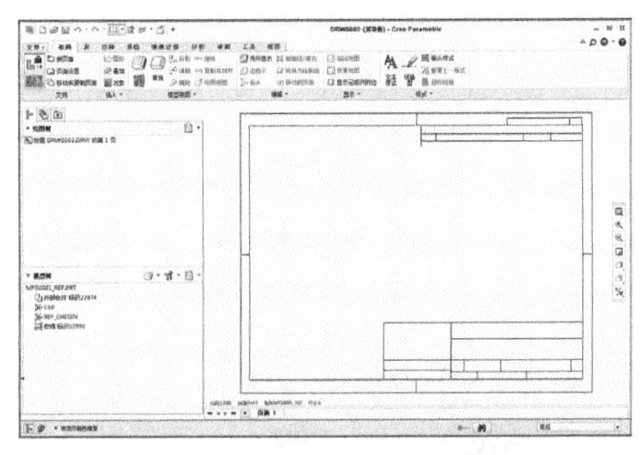

图 15-6 使用格式的制图环境界面

技术要点

使用模板与格式为空的区别在于前者必须先添加模型，然后进入制图模式中，系统会自动在模板中生成3视图。而后者仅仅是利用了Creo的标准制图格式（仅仅是图纸图框）进入制图模式中，需要用户手动添加模型并创建三视图。

单击【浏览】按钮，可以搜索系统提供的图框文件（FRM），也可以导入自定义图框文件，如图15-7所示。

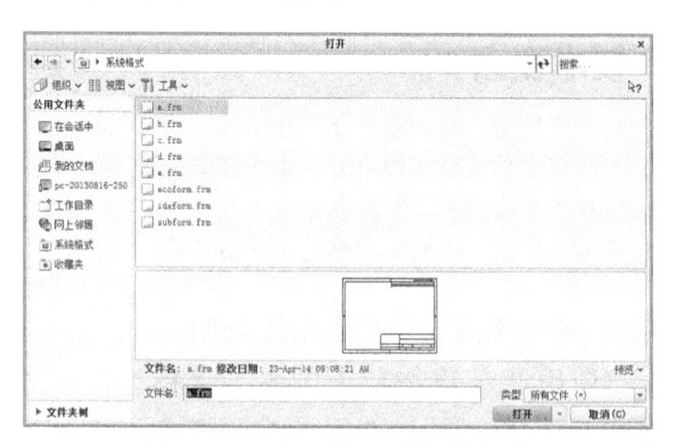

图 15-7　系统提供的格式文件

技术要点

当然，如果用户只是利用格式文件来设计工程图，那么可以从【新建】对话框中直接选择【格式】类型，以此创建格式文件并进入工程图模式中，如图15-8所示。

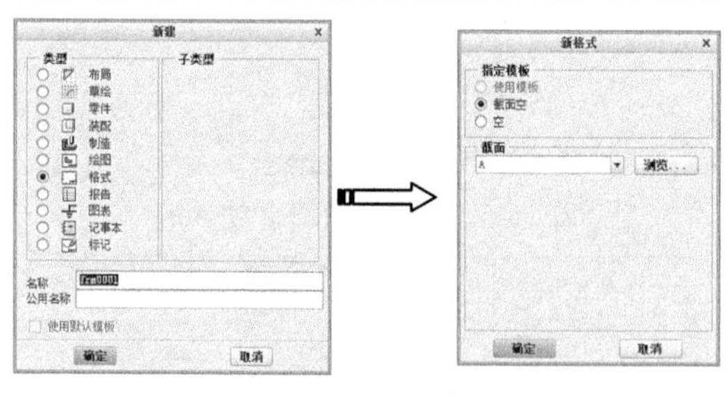

图 15-8　可以直接创建格式文件

（3）【空】单选按钮。

选取此单选按钮后可以自定义图纸格式并创建工程图，此时【方向】和【大小】选项组将被激活，如图15-9所示。自定义的图纸格式包括选择模板、图幅、单位等内容。

下面简要介绍在其下面两个选项组中设置参数的方法。

- 【方向】选项组：用来设置图纸布置方向，此选项组有3个按钮，分别是纵向、横向和可变。单击前两个按钮可以使用纵向和横向布置的标准图纸；单击最后一个按钮可以自定义图纸的长度和宽度。
- 【大小】选项组：此选项组用来设置图纸的大小，当在【方向】选项组中单击【纵向】或【横向】按钮时，仅能选择系统提供的标准图纸，分为A0～A4（公制）与A～F（英制）等类型。单击【可变】按钮后，可以自由设置图纸的大小和单位，如图15-10所示。

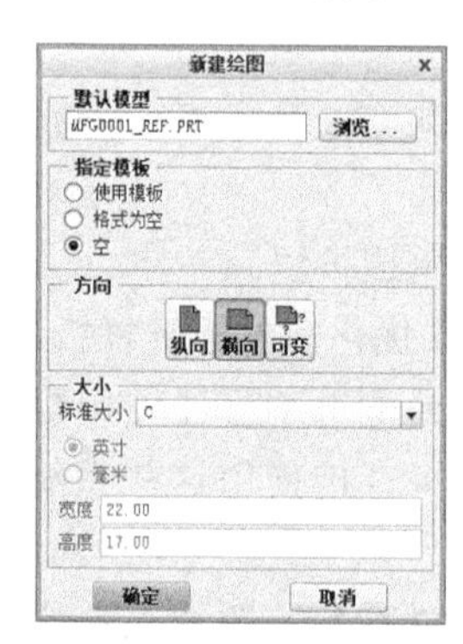

图 15-9　激活【方向】和【大小】选项组

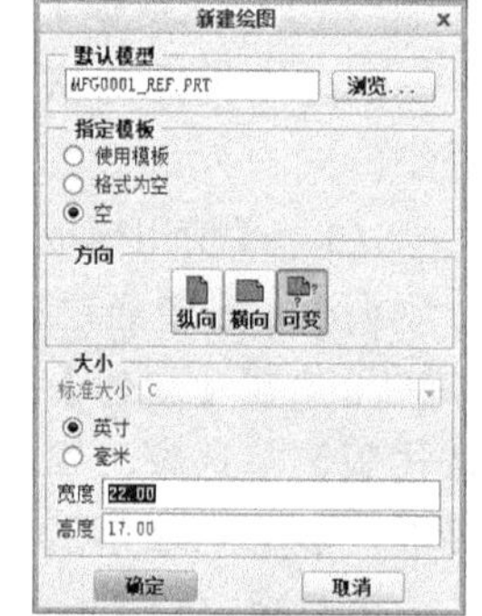

图 15-10　设置图纸大小和单位

15.1.3　工程图的相关配置

在工程图中，通常有两个非常重要的配置文件，其配置合理与否直接关系到最后创建的工程图的效果。通常使用工程图模块进行设计之前，都要对这两个配置文件的相关参数进行设置，以便使用户创建出更符合行业标准的工程图。下面介绍这两个文件。

- 配置文件Config.pro：用来配置整个Creo的工作环境。
- 工程图配置文件：该文件以扩展名【.dtl】进行存储。

用户可以根据自己的需要来配置这两个文件。工程图配置文件主要用来设置工程图模块下的具体选项，例如剖面线样式、箭头样式及其文件高度等。

1. 配置文件 Config.pro

对于文件 Config.pro 的配置和使用方法读者不会感到不陌生，Config.pro 文件用于配置整个设计环境，当然工程图模块也不例外。首先要打开配置对话框，方法为选择【工具】|【选项】命令，系统将打开 Config.pro 文件配置环境，即【Creo Parametric 选项】对话框。

Config.pro 文件配置好后，以扩展名【.pro】保存在 Creo 软件的启动位置，以后打开 Creo 软件时，系统会自动加载相关配置，无须重复配置。当然，Config.pro 文件对工程图模块的配置有限，要做一张符合国家标准的工程图，设计者应该花费大量的时间进行工程图配置文件的配置，下面将详细讲述工程图配置文件的配置方法。

2. 工程图配置文件

下面介绍工程图配置文件的用法。

首先按照以下步骤打开该文件：在工程图环境中，选择【文件】|【选项】命令，打开【Creo Parametric 选项】对话框，在对话框的左侧选择【配置编辑器】选项，如图 15-11 所示。

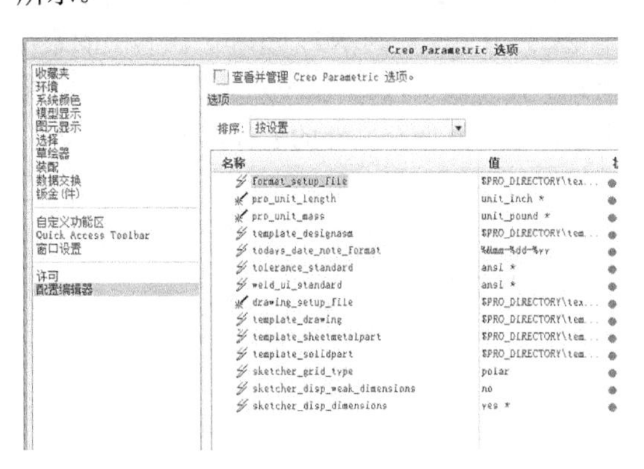

图 15-11　【选项】对话框

在【Creo Parametric 选项】对话框中，可以设置配置选项列表的排序方式。这里共有 3 种排列方式供设计者选择，如图 15-12 所示。

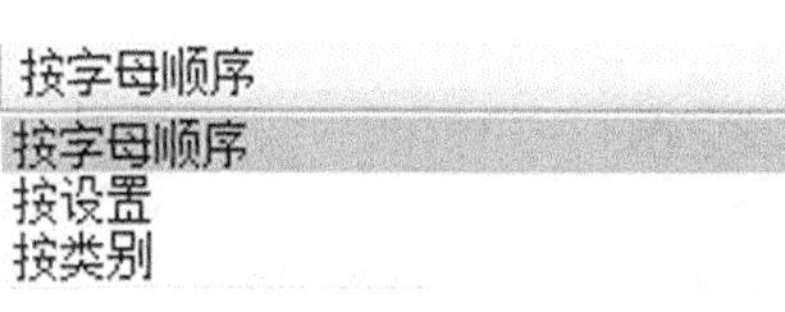

图 15-12　排序列表

- 【按类别】：按照配置选项的功能类别排序。例如要修改箭头宽度，此时可以使用【按类别】排序，在列表中找到【这些选项控制横截面和它们的箭头】类别，在其下修改需要的选项即可。
- 【按字母】：按照配置选项对应的英文名称排序。
- 【按设置】：按通常工程图配置文件设置的先后顺序进行排序。

技术要点

单击按钮可以打开已经保存过的配置文件，单击按钮可以保存修改过的配置文件。

15.1.4　图形交换

Creo 的工程图模块提供了类型丰富且多元化的图形文件格式，以便与其他同类软件进行信息交互。Creo 的工程图模块可以和 10 余种 CAD 软件进行文件交互，下面以 AutoCAD 与 Creo 进行文件交互为例说明具体操作方法。

1. 导入 DWG 文件

将在 AutoCAD 中创建的 DWG 文件导入 Creo，有以下两种方法：

（1）方法一。

在菜单栏中选择【文件】|【打开】命令，打开【文件打开】对话框，在【类型】下拉列表中选取【DWG(*.dwg)】文件类型，然后选取要打开的 DWG 文件，完成后在【文件打开】对话框上单击【打开】按钮，如图 15-13 所示。

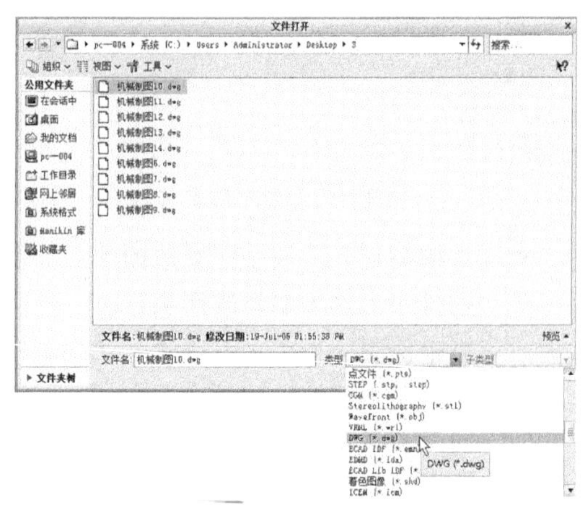

图 15-13 打开以 *.dwg 为扩展名的 AutoCAD 文件

系统将打开【导入新模型】对话框，如图 15-14 所示。在其【类型】选项组选择【绘图】单选按钮，然后单击【确定】按钮。

系统打开【导入 DWG】对话框，如图 15-15 所示，通常接受该对话框的默认设置即可，然后单击【确定】按钮打开 DWG 文件。

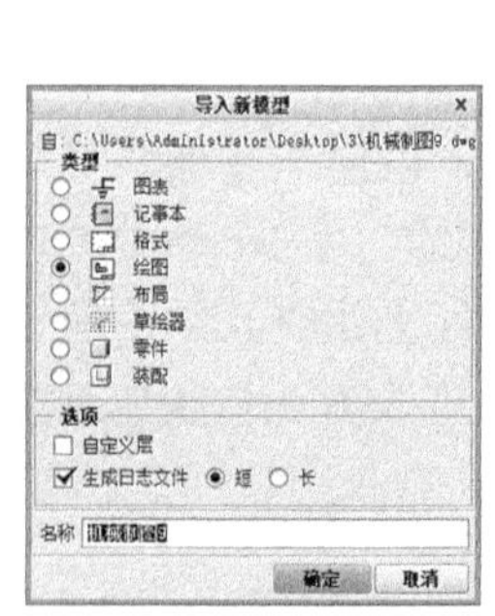

图 15-14 【导入新模型】对话框

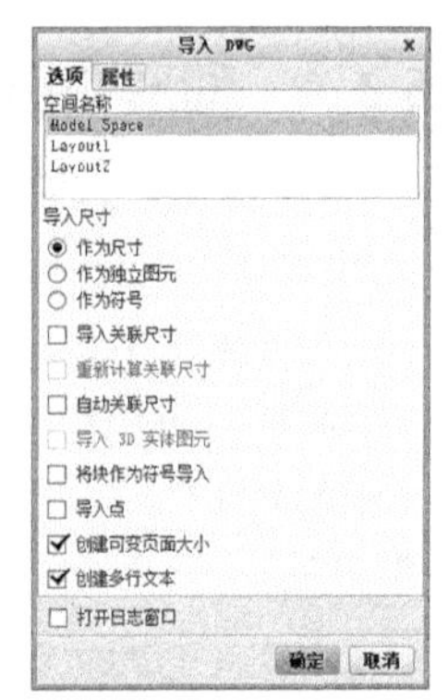

图 15-15 【导入 DWG】对话框

（2）方法二。

创建工程图后，在【布局】选项卡的【插入】组中单击【对象】按钮，弹出对话框，选择由【文件创建】选项，单击【浏览】按钮，选择要打开的文件，然后单击【打开】按钮，最后单击【确定】按钮。

在 Creo 中导入 DWG 文件的操作比较简单，同时【导入 DWG】对话框中的选项浅显易懂，因此这里不再赘述，不过设计中还应该注意以下几个要点：

- 在导入 DWG 文件时，系统以图纸左下角作为基准点来放置文件。
- 如果导入的 DWG 文件的页面大小与所创建的工程图页面不一致，系统会自动修正 DWG 文件，使之符合工程图的页面大小。
- 在导入 DWG 文件时，使用 DWG 文件中指定的单位。如 Creo 工程图默认的单位为英寸，而 DWG 文件的单位为毫米，则在导入 DWG 文件过程时，系统将使用毫米单位。

如图 15-16 所示为导入到 Creo 后的结果。

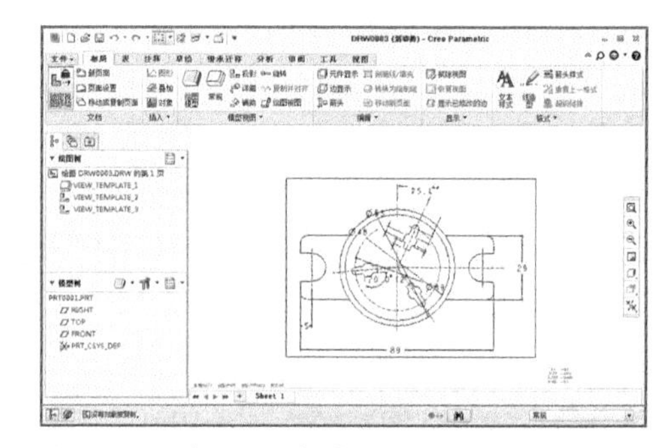

图 15-16 在 Creo 中导入 AutoCAD 图形文件

2. 输出 DWG 文件

从 Creo 中输出 DWG 文件也非常方便。下面简要介绍其操作方法。

在菜单栏中选择【文件】|【保存副本】命令，打开【保存副本】对话框。在其中的【类型】下拉列表中选择【DWG（*.dwg）】文件类型，输入要保存文件的名称，单击【确定】按钮。如图 15-17 所示。

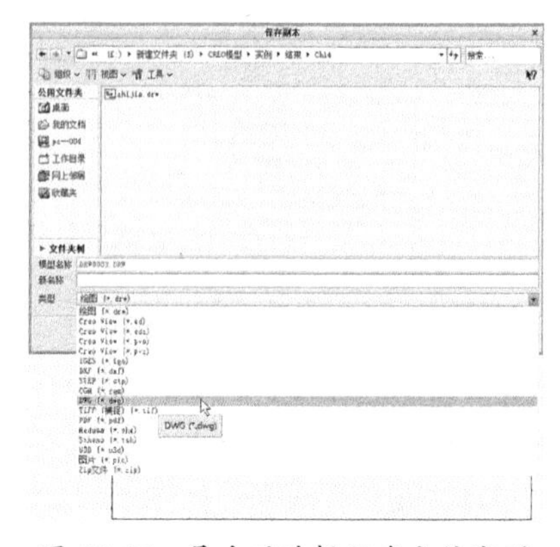

图 15-17 导出时选择保存文件类型

随后系统打开【DWG 的导出环境】对话框，如图 15-18 所示。对【DWG 的导出环境】对话框上的相关参数进行设置，一般情况下使用系统默认设置即可。完成后单击【确定】按钮输出 DWG 文件。

如图 15-19 为在 AutoCAD 中显示的文件。

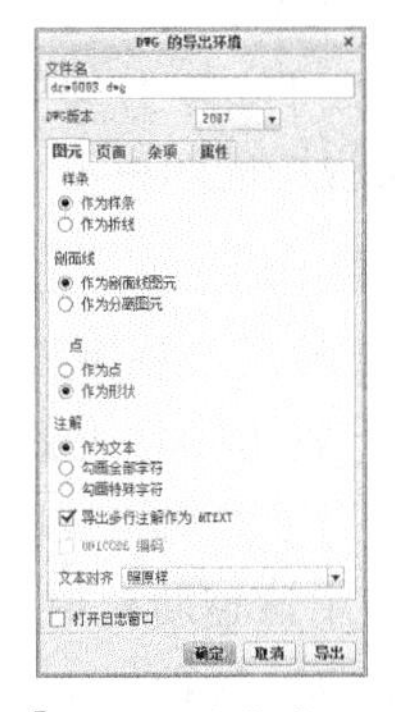

图 15-18 【DWG 的导出环境】对话框

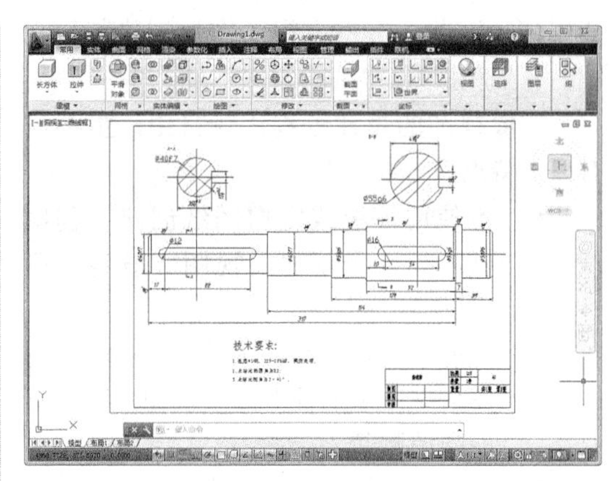

图 15-19 在 AutoCAD 中打开 Creo 制图文件

15.2 工程图的组成

工程图是使用一组二维平面图形来表达一个三维模型的。在创建工程图时，根据零件复杂程度的不同，可以使用不同数量和类型的平面图形来表达零件。工程图中的每一个平面图形被称为一个视图，视图是工程图中最重要的结构之一，Creo 提供了多种类型的视图。设计者在表达零件时，在确保把零件表达清楚的条件下，又要尽可能减少视图数量，因此视图类型的选择是关键。

15.2.1 基本视图类型

Creo 中的视图类型比较丰富，根据视图使用目的和创建原理的不同，对视图进行分类。

1. 一般视图（主视图）

常规视图是系统默认的视图类型，是为模型创建的第一个视图，也称为主视图。一般视图是按照一定投影关系创建的一个独立正交视图，如图 15-20 所示。

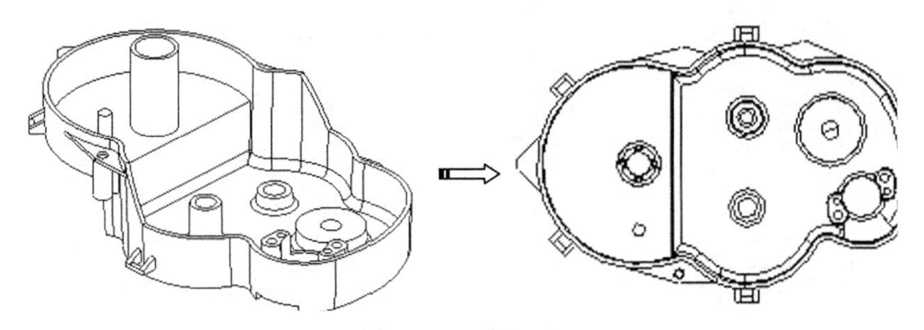

图 15-20 主视图

当然，由同一模型可以创建出多个不同结果的一般视图，这与选定的投影参考和投影方向有关。通常用一般视图来表达零件最主要的结构，通过一般视图可以最直观地看出模型的形状和组成。因此，常将主视图作为创建其他视图的基础和根据。

一般视图的设计过程比较自由，主要具有以下特点：

- 不使用模板或空白图纸创建工程图时，第一个创建的视图一般为一般视图。
- 一般视图是投影视图及其他由一般视图衍生出来的视图的父视图，因此不能随便删除。
- 除了详细视图外，一般视图是唯一可以进行比例设定的视图，而且其比例大小直接决定了其他视图的比例。因此，修改工程图的比例可以通过修改一般视图的比例来实现。
- 一般视图是唯一一个可以独立放置的视图。

2. 投影视图

对于同一个三维模型，如果从不同的方向和角度进行观察，其结果也不一样。在创建一般视图后，还可以在正交坐标系中从其余角度观察模型，从而获得符合一般视图投影关系的视图，这些视图称为投影视图。如图 15-21 所示是在一般视图上添加投影视图的结果，这里添加了 4 个投影视图。但是在实际设计中，仅添加设计需要的投影视图即可。

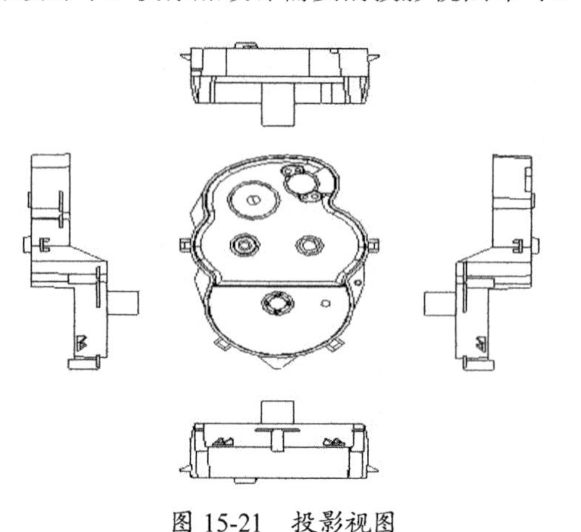

图 15-21　投影视图

在创建投影视图时，注意以下要点：

- 投影视图不能作为工程图的第一个视图，在创建投影视图时必须指定一个视图作为父视图。
- 投影视图的比例由其父视图的比例决定，不能为其单独指定比例，也不能为其创建透视图。
- 投影视图的放置位置不能自由移动，受到父视图的约束。

3. 辅助视图

辅助视图是对某一视图进行补充说明的视图，通常用于表达零件上的特殊结构。如图 15-22 所示，为了看清主视图在箭头指示方向上的结构，使用该辅助视图。

辅助视图的创建流程如下：

- 在【布局】选项卡的【模型视图】组中单击【辅助】按钮。
- 在指定的父视图上选择合适的边、基准面或轴作为参考。
- 为辅助视图指定合适的放置位置。

4. 详细视图

详细视图是使用细节放大的方式来表达零件上的重要结构的。如图 15-23 所示，图中使用详细视图表达了齿轮齿廓的形状。

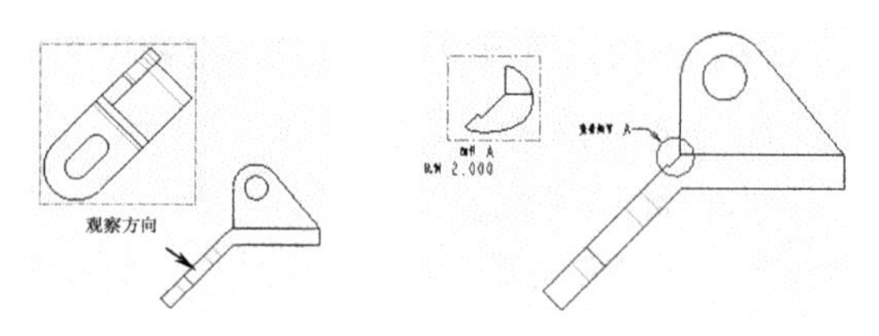

图 15-22　辅助视图示例　图 15-23　详细视图示例

5. 旋转视图

旋转视图是指定视图的一个剖面图，绕切割平面投影旋转 90°。如图 15-24 所示的轴类零件，为了表达键槽的剖面形状，在这里创建了旋转视图。

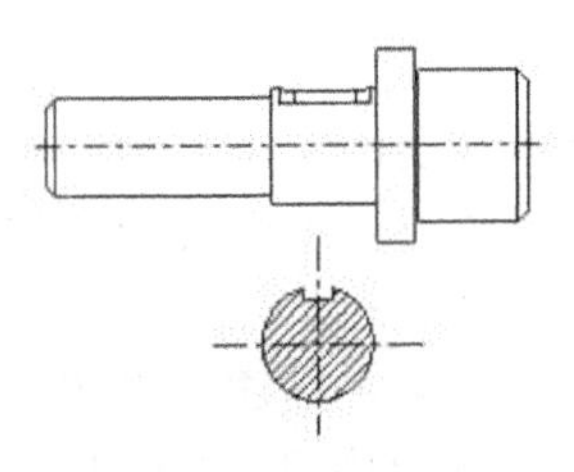

图 15-24　旋转视图

15.2.2　其他视图类型

根据零件表达细节的方式和范围的不同，对视图还可以进行以下分类：

1. 全视图

全视图则以整个零件为表达对象，视图范围包括整个零件的轮廓。例如对于图 15-25 所示的模型，使用全视图表达的结果如图 15-26 所示。

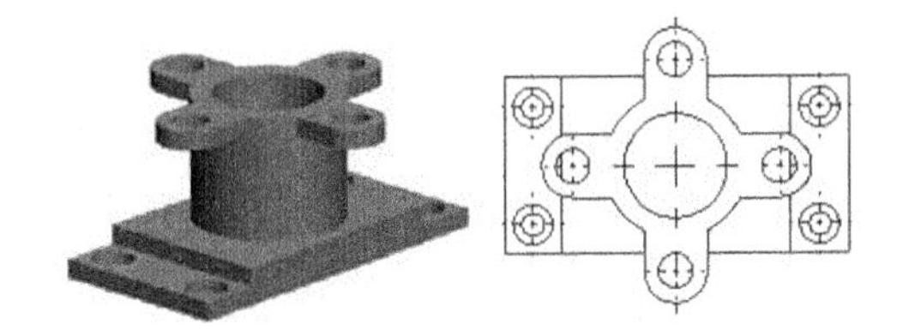

图 15-25　实体模型　　图 15-26　模型的全视图

2. 半视图

对于关于对称中心完全对称的模型，只需要使用半视图表达模型的一半即可，这样可以简化视图的结构。如图 15-27 所示是使用半视图表达图 15-25 中模型的结果。

3. 局部视图

如果需要表达一个模型的局部结构，可以为该结构专门创建局部视图。如图 15-28 所示是模型上部凸台结构的局部视图。

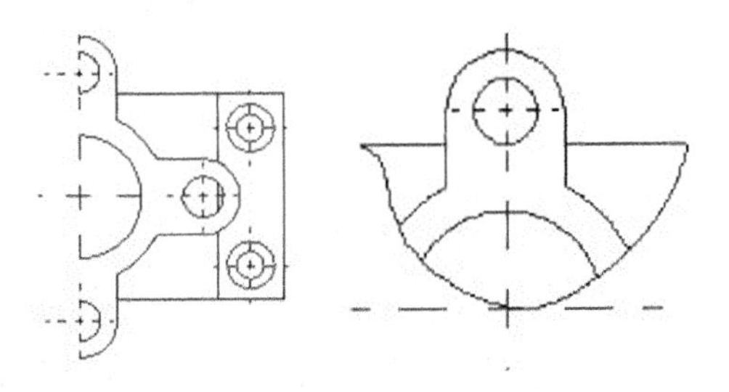

图 15-27　模型的半视图　图 15-28　模型的局部视图

4. 破断视图

对于结构单一且尺寸冗长的零件，可以根据设计需要使用水平线或竖直线将零件剖断，然后舍弃零件上的部分结构以简化视图，这种视图就是破断视图。如图 15-29 所示的长轴零件，其中部结构单一且很长，因此可以将轴的中部剖断，创建如图 15-30 所示的破断视图。

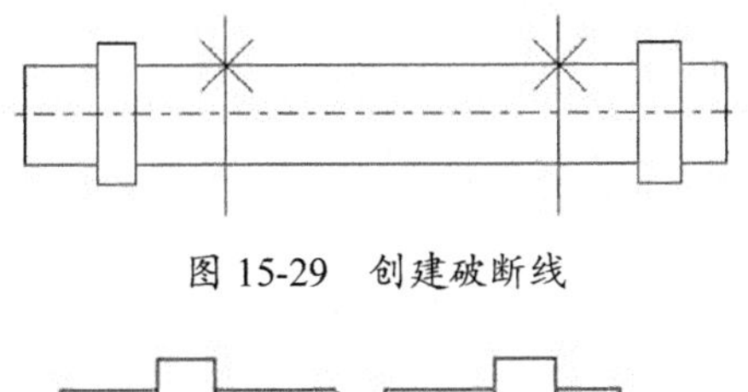

图 15-29　创建破断线

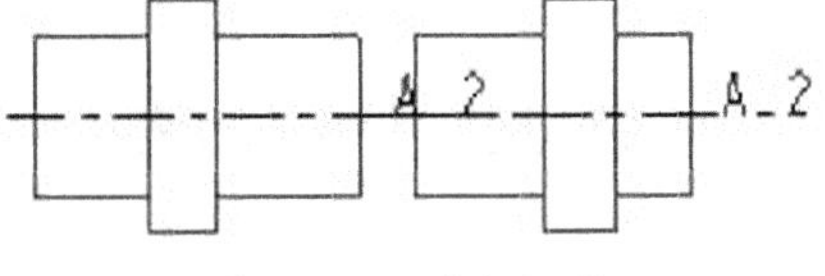

图 15-30　破断视图

5. 剖视图

此外，还有一种表达零件内部结构的视图——剖视图。在创建剖视图时首先沿指定剖截面将模型剖开，然后创建剖开后模型的投影视图，在剖面上用阴影线显示实体材料部分。剖视图又分为全剖视图、半剖视图和局部剖视图等类型。

在实际设计中，常常将不同视图类型进行结合来创建视图。如图 15-31 是将全视图和全剖视图结合的结果；如图 15-32 是将全视图和半剖视图结合的结果；如图 15-33 是局部剖视图结合的结果。

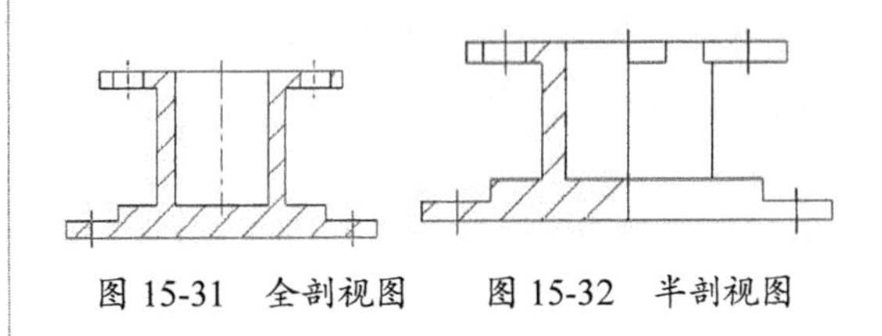

图 15-31　全剖视图　　图 15-32　半剖视图

技术要点

另外，注意剖面图和剖视图的区别，剖面图仅表达使用剖截面剖切模型后剖面的形状，而不考虑投影关系，如图 15-34 所示。

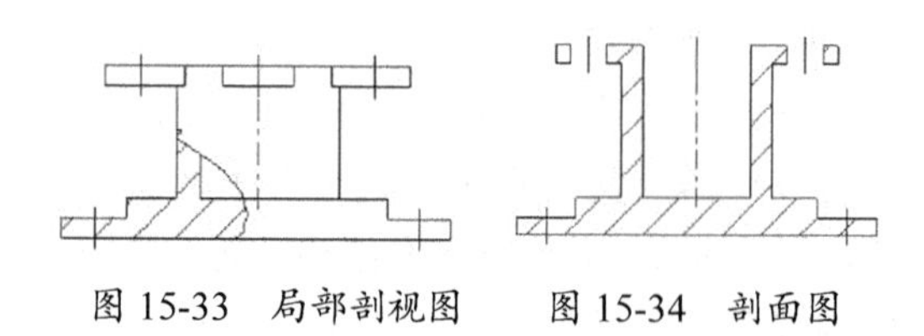

图 15-33　局部剖视图　　图 15-34　剖面图

15.2.3　工程图上的其他组成部分

一张完整的工程图除了包括一组适当数量的视图外，还应该包括以下一些内容：

- 必要的尺寸：对于单个零件，必须标出主要的定形尺寸；对于装配组件，必须标出必要的定位尺寸和装配尺寸。
- 必要的文字标注：视图上剖面的标注、元件的标识、装配的技术要求等。
- 元件明细表：对于装配组件，还应该使用明细表列出组件上各元件的详细情况。

15.3　定义绘图视图

在学习具体的视图创建方法之前，首先介绍【绘图视图】对话框的用法。在 Creo 中，【绘图视图】对话框几乎集成了创建视图的所有命令。

15.3.1　【绘制视图】对话框

新建绘图文件后，在上工具栏中单击【常规】按钮，在绘图区中选取一点放置视图后，即可打开【绘图视图】对话框，如图 15-35 所示。

图 15-35　【绘图视图】对话框

在【绘图视图】对话框中有 8 种不同的设计类别，这些设计类别显示在对话框左侧的【类别】列表框中。选中一种类别后，在对话框右侧的窗口中可以设置相关参数。这 8 种设计类别各自的用途如下：

- 【视图类型】：定义所创建视图的视图名称、视图类型（一般、投影等）和视图方向等内容。
- 【可见区域】：定义视图在图纸上的显示区域及其大小，主要有【全视图】、【半视图】、【局部视图】和【破断视图】4 种显示方式。
- 【比例】：定义视图的比例和透视图。
- 【截面】：定义视图中的剖面情况。
- 【视图状态】：定义组件在视图中的显示状态。
- 【视图显示】：定义视图图素在视图中的显示情况。
- 【原点】：定义视图中心在图纸中的放置位置。
- 【对齐】：定义新建视图与已建视图在图纸中的对齐关系。

技术要点

在具体创建一个视图时，并不一定需要一一确定以上 8 个方面的设计内容，通常只需根据实际需要确定需要的项目即可。完成某一设计类别对应的参数定义后，单击【应用】按钮可以使之生效。然后继续定义其他设计类别对应的参数。完成所需参数定义后单击【确定】按钮关闭对话框。

15.3.2　定义视图状态

在【绘图视图】对话框中选中【视图状态】类别时，【绘图视图】对话框右边将显示【分解视图】选项组和【简化表示】选项组，如

图 15-36 所示。

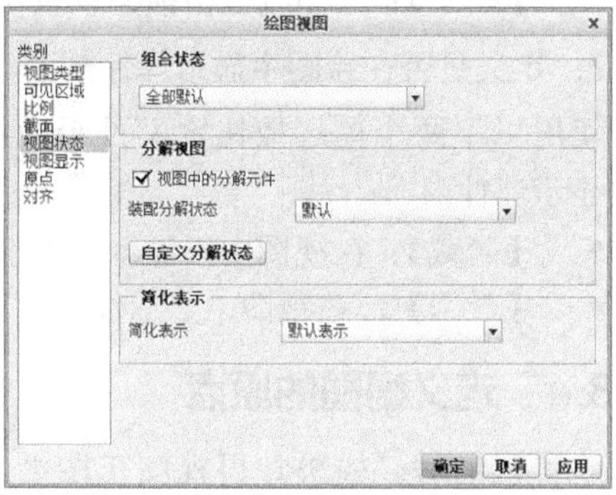

图 15-36　【视图状态】类别

技术要点

当加载的模型为装配体时，【视图状态】类别右侧的【组合状态】下拉列表中才会有【全部默认】选项，而其余的选项设置被激活。

1. 【分解视图】选项组

该选项组用于创建组件在工程图中的分解视图，如图 15-37 所示的就是某装配体模型在工程图中的分解视图。这里系统提供给用户两种视图分解方式。

- 在【分解视图】选项组中选中【视图中的分解元件】复选框，然后在默认状态下创建分解视图。
- 在【分解视图】选项组中选中【视图中的分解元件】复选框，然后单击【自定义分解状态】按钮打开如图 15-38 所示的【分解位置】对话框来创建分解视图。

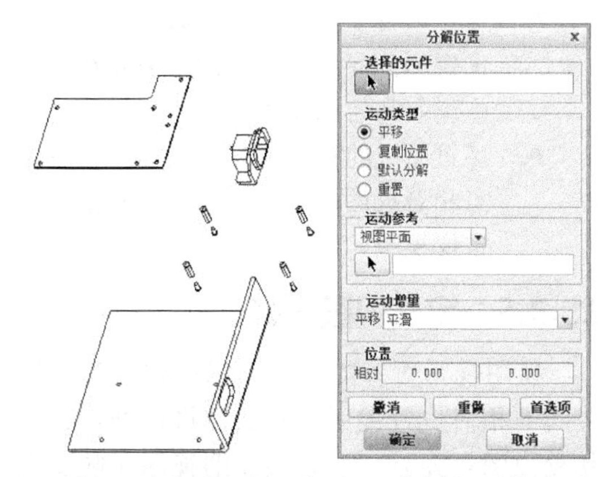

图 15-37　分解视图　图 15-38　【分解位置】对话框

2. 【简化表示】选项组

【简化表示】选项组主要用来处理大型组件工程图。虽然现在硬件的速度发展很快，但如果一个大型组件具有上千个零件，计算机性能再好，系统的效能也会大大下降，为了解决这一问题，在设计大型工程图时常常需要使用简化表示的方法来进行设计。在 Creo 中常用的简化表示方法是几何表示，系统检索几何表示的时间比检索实际零件要少，因为系统只检索几何信息，不检索任何参数化信息。

Creo 为用户提供了 3 种组件简化表示方法，它们分别是【几何表示】、【主表示】和【默认表示】，在没有给组件模型创建简化表示方法时，系统默认使用【主表示】。

15.3.3　定义视图显示

读者可能已经发现前面创建的视图线条很多，因此显得很凌乱，这并不符合我国的工程图标准，这时可以定义视图中的显示方式。在【绘图视图】对话框中选择【视图显示】类别后，即可在如图 15-39 所示的对话框中设置视图显示方式。

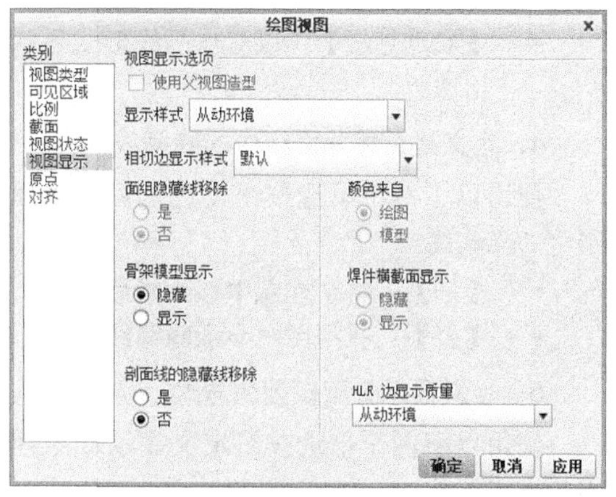

图 15-39　【视图显示选项】选项组

下面依次介绍设置视图显示方式的基本操作。

2. 定义显示线型

在【显示线型】下拉列表中有以下4个选项用来设定图形中的线型。

- 【从动环境】：显示系统默认状态下定义的线型。
- 【线框】：以线框形式显示所有边。
- 【隐藏线】：以隐藏线形（比正常图线颜色稍浅）方式显示所有看不见的边线。
- 【消隐】：不显示看不见的边线。
- 【着色】：使视图以【着色】方式显示。

3. 定义显示相切边的方式

在【相切边显示样式】下拉列表中设置显示相切边的方式。

- 【默认】：为系统配置所默认的显示方式。
- 【无】：关闭相切边的显示。
- 【实线】：显示相切边，并以实线形式显示相切边。
- 【灰色】：以灰色线条的形式显示相切边。
- 【中心线】：以中心线形式显示相切边。
- 【双点划线】：以双点画线形式显示相切边。

4. 定义是否移除面组中的隐藏线

使用以下两个单选按钮设置是否移除面组中的隐藏线：

- 【是】：将从视图中移除隐藏线。
- 【否】：在视图中显示隐藏线。

5. 定义显示骨架模型的方式

使用以下两个单选按钮定义显示骨架模型的方式：

- 【隐藏】：在视图中不显示骨架模型。
- 【显示】：在视图中显示骨架模型。

6. 定义绘图时设置颜色的位置

使用以下两个单选按钮定义绘图时设置颜色的位置：

- 【绘图】：绘图颜色由绘图设置决定。
- 【模型】：绘图颜色由模型设置决定。

7. 定义是否在绘图中显示焊件剖面

使用以下两个单选按钮定义是否应在绘图中显示焊件剖面：

- 【隐藏】：在视图中不显示焊件剖面。
- 【显示】：在视图中显示焊件剖面。

15.3.4 定义视图的原点

放置视图后，如果觉得视图在图纸上的放置位置不合适，可以在【绘图视图】对话框中选择【原点】类别，然后通过调整视图原点来改变放置位置。Creo为用户提供了3种定义视图原点的方式，如图15-40所示。

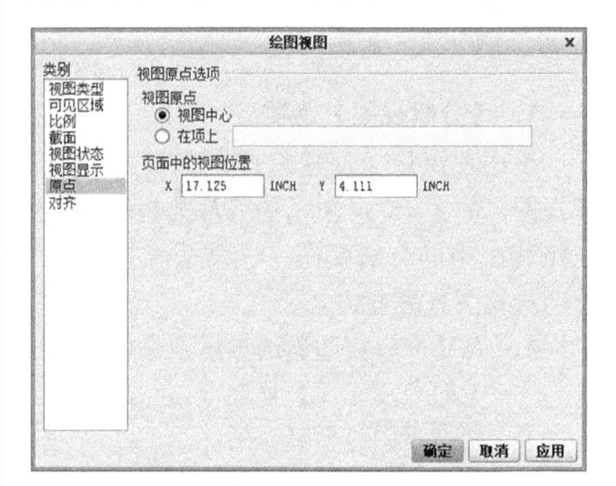

图15-40 【原点】设置界面

3种定义视图原点的方法如下：

- 【视图中心】：将视图原点设置到视图中心，是系统的默认选项。
- 【在项目上】：将视图原点设置到所选定的几何图元上，此时需要在视图中选取几何图元作为参考。
- 【页面中的视图位置】：输入视图原点相对页面原点的X、Y坐标来重新定位视图。

15.3.5 定义视图对齐

使用视图对齐的方法可以确定一组视图之间的相对位置关系。例如，将详细视图与其父视图对齐后可以确保详细视图跟随父视图移动。用户可以在【绘图视图】对话框中选择【对齐】类别来定义视图间的对齐关系，此时需要定义视图的对齐方式和对齐参考，如图 15-41 所示。

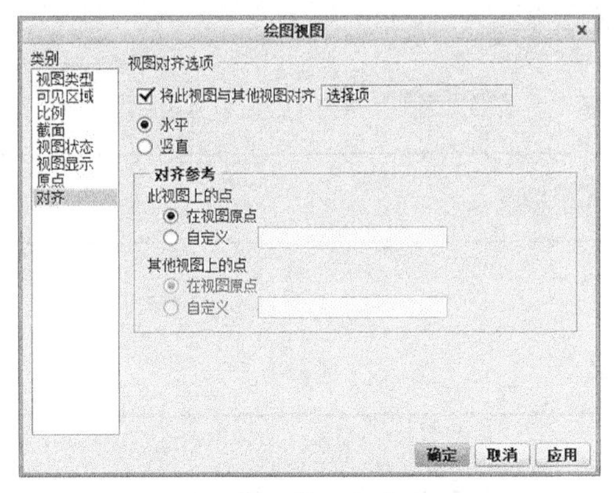

图 15-41　【对齐】类别

对齐视图时，首先选中【将此视图与其他视图对齐】复选框，然后再选取与之对齐的视图，该视图的名称将显示在复选框右侧的文本框中。

以下两个单选按钮用于设置对齐方式：

- 【水平】：对齐的视图将位于同一水平线上。如果与此视图对齐的视图被移动，则该视图将随之移动，以便保持水平对齐关系。
- 【竖直】：对齐的视图将位于同一竖直线上。如果与此视图对齐的视图被移动，则该视图将随之移动，以便保持竖直对齐关系。

在【对齐参考】选项组中设置合适的对齐参考，从而完成视图对齐操作。

将一个视图与另一个视图对齐后，该视图将始终保持与其父视图的对齐关系，就像投影视图一样跟随其父视图的移动，直到取消对齐关系为止。如果需要取消对齐，只需取消选中【视图对齐选项】选项组中的【将此视图与其他视图对齐】复选框即可。

15.4　工程图的标注与注释

工程图设计的一个重要环节是工程图标注与注释。对于一幅完整的工程图来说，尺寸的标注和添加必要的注释是必不可少的。具体内容包括：自动标注和手动标注尺寸、设置几何公差和粗糙度、文字注释等。

在工程图模式下，尺寸的标注可以根据 Creo 的全相关性自动地显示出来，也可以手动创建尺寸。

15.4.1　自动标注尺寸

在功能区选择【注释】选项卡，单击组中的【显示模型注释】按钮，或者在绘图区右击，在弹出的快捷菜单中选择【显示模型注释】命令，打开如图 15-42 所示的【显示模型注释】对话框。

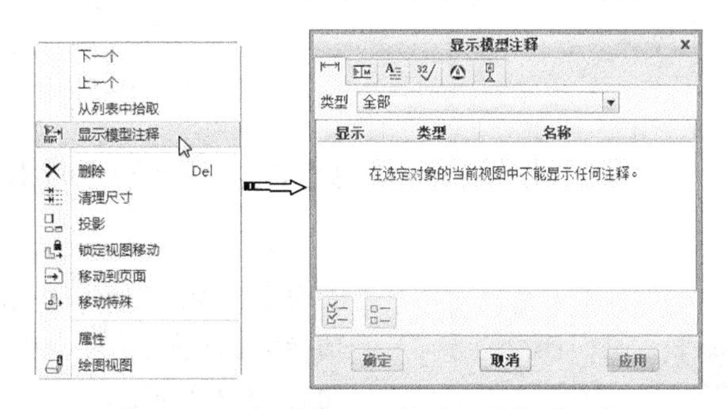

图 15-42　打开【显示模型注释】对话框

【显示模型注释】对话框中具有 6 个基本选项卡，各选项卡的功能如表 15-2 所示。

表 15-2 【显示模型注释】中各选项卡的功能

符 号	含 义
	显示 / 拭除模型尺寸
	显示 / 拭除模型几何公差
	显示 / 拭除模型注释
	显示 / 拭除模型表面粗糙度
	显示 / 拭除模型符号
	显示 / 拭除模型基准

技术要点

在设置某些项目显示的过程中，可以根据实际情况设置其显示类型。例如，在设置显示尺寸项目的过程中，可以从【类型】下拉列表中选择【全部】、【驱动尺寸注释元素】、【所有驱动尺寸】、【强驱动尺寸】或【从动尺寸】。

在选项卡中设置好模型注释的显示项目及其具体类型后，选取主视图，单击按钮，表示列表中的选项都被选中，如图 15-43 所示。

不需要显示的尺寸可以取消选中其对应的复选框。单击【应用】按钮，完成了尺寸的标注，如图 15-44 所示。

图 15-43 【显示模型注释】对话框

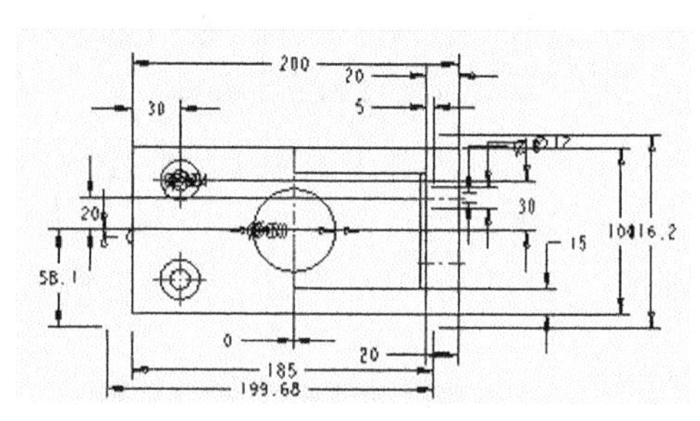

图 15-44 去掉尺寸

由于显示了整个视图的所有尺寸，画面显得零乱，因此不建议这样标注。可以标注某一特征的尺寸，如图 15-45 所示。

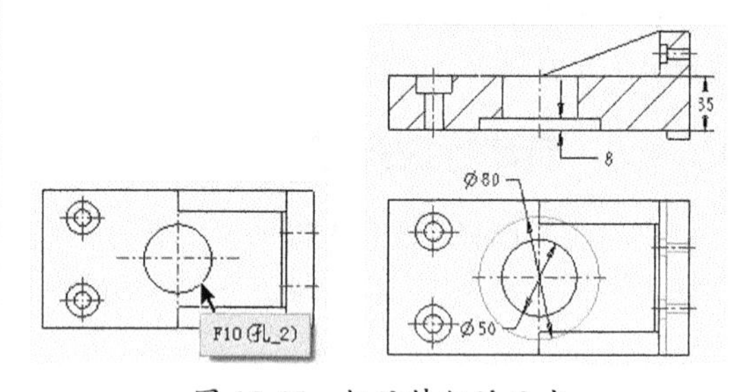

图 15-45 标注特征的尺寸

15.4.2 手动标注尺寸

为了符合机械图样中关于合理标注尺寸的有关规则，需要手动自定义标注尺寸。在功能区【注释】选项卡中有几种尺寸标注工具，如表 15-3 所示。

表 15-3　创建尺寸工具类型

类　型	符　号	功能含义
尺寸		根据一个或两个选定新参考来创建尺寸
纵坐标尺寸		创建纵坐标尺寸
自动标注纵坐标		在零件和钣金零件中自动创建纵坐标尺寸
参考尺寸		创建参考尺寸

1．尺寸 - 新参考

使用此命令可以标注水平尺寸、竖直尺寸、对齐尺寸及角度尺寸等。单击【尺寸】按钮，打开如图 15-46 所示的【选择参考】对话框。此时鼠标光标由箭头变为笔形。

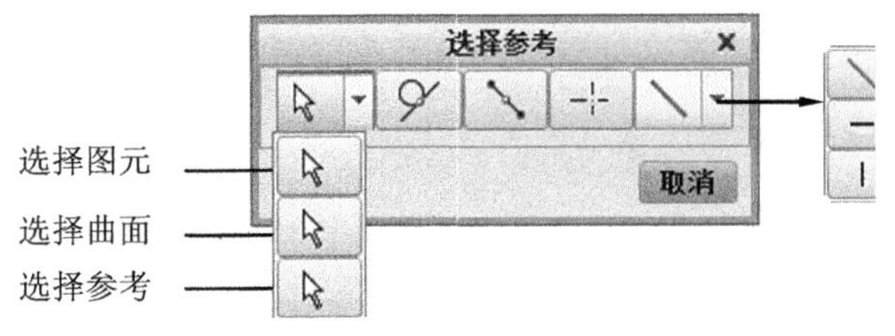

图 15-46　【选择参考】对话框

- 选择图元：在工程图上选取一个或两个图元来标注。选取需要标注的边，按鼠标中键确定。如图 15-47 所示为选取一个图元进行长度标注的结果。如图 15-48 所示为按住 Ctrl 键选取两个图元进行距离标注的结果。

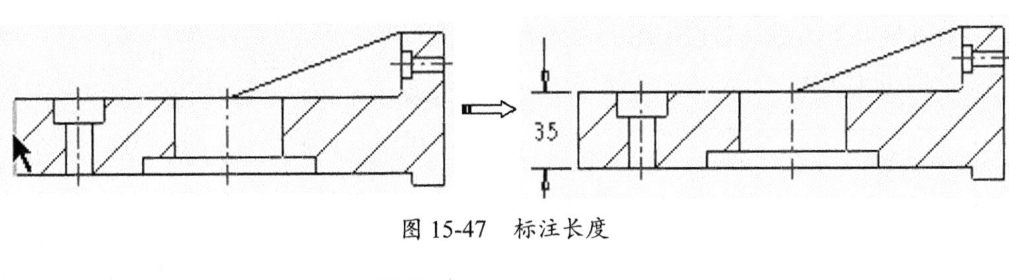

图 15-47　标注长度

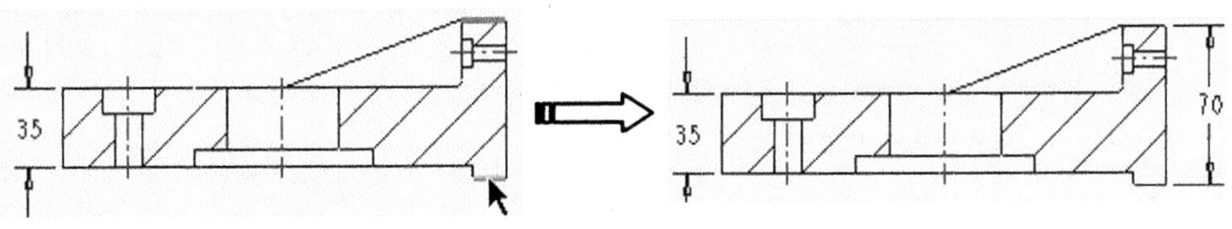

图 15-48　标注距离

- 选择曲面：通过选取曲面进行标注。选取同心轴上的第一曲面，再选取第二个曲面，单击鼠标中键确定创建如图 15-49 所示的尺寸标注。

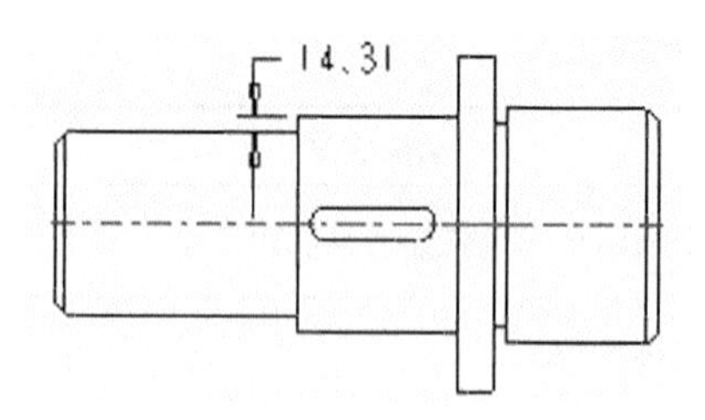

图 15-49　尺寸标注

- 选择参考：这种标注实际上包括【选择图元】和【选择曲面】两种。
- 选择边或图元中点：通过捕捉对象的中点来标注尺寸。选取第一条线段，再选取第二条线段，单击鼠标中键放置尺寸，如图 15-50 所示。

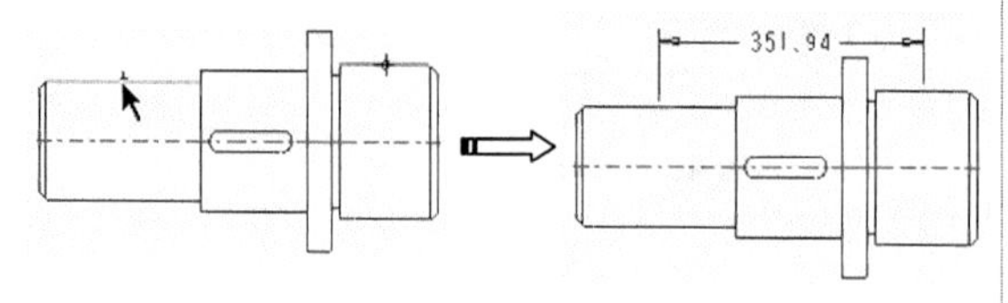

图 15-50　边或图元中点标注

- 选择圆或圆弧的切线：通过捕捉圆或圆弧的中心来标注尺寸。选取第一个圆，再选取第二个圆，单击鼠标中键确定。在弹出的菜单管理器中选择【竖直】命令，创建如图 15-51 所示的尺寸标注。

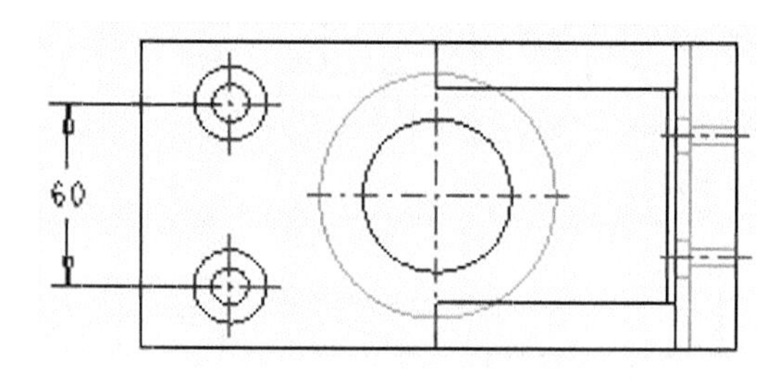

图 15-51　圆及圆弧中心尺寸标注

- 选择由两个对象定义的相交：通过捕捉两图元的交点来标注尺寸，交点可以是虚的。按住 Ctrl 键选取 4 条边线，单击鼠标中键确定。在弹出的菜单管理器中选择【倾斜】命令，系统将在交叉点位置标注尺寸，如图 15-52 所示。

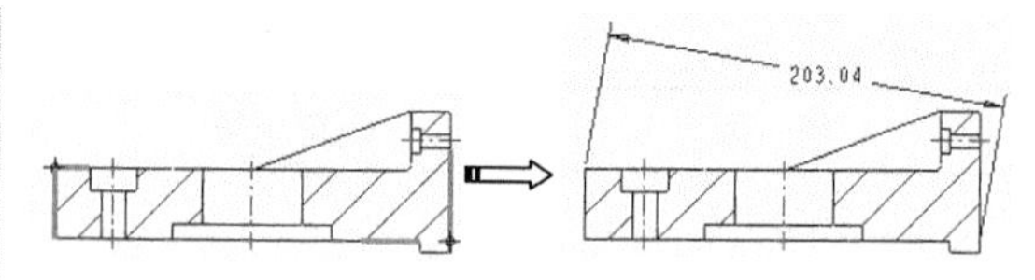

图 15-52　在交叉点标注尺寸

- 做线：有以下 3 种方式标注尺寸，如图 15-53 所示。通过指定点绘制水平虚线来创建的尺寸标注如图 15-54 所示；通过指定点绘制竖直虚线来创建的尺寸标注如图 15-55 所示。

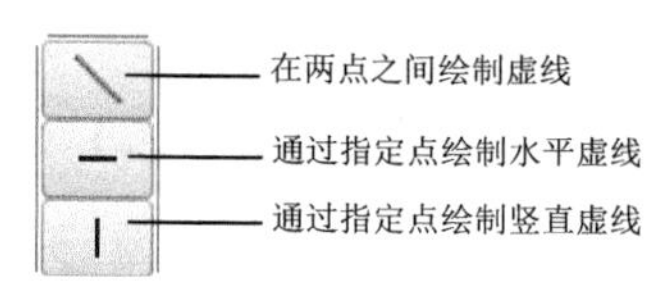

图 15-53　做线

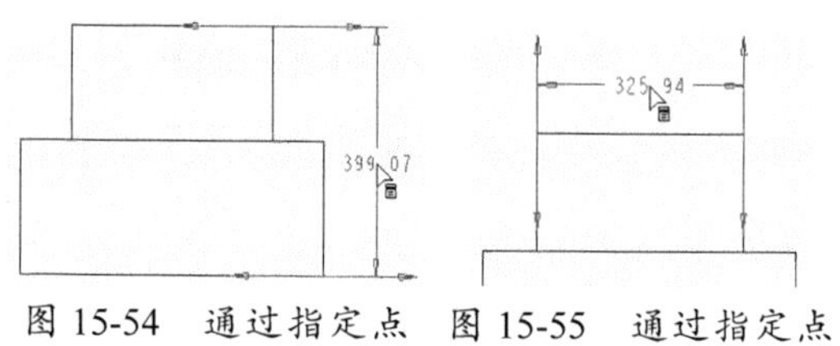

图 15-54　通过指定点绘制水平虚线　图 15-55　通过指定点绘制竖直虚线

2. 纵坐标尺寸

Creo 中的纵坐标尺寸可使用不带引线的单一的尺寸界线，并与基线参考相关。所有参考相同基线的尺寸，必须共享一个公共平面或边。操作步骤如下：

01 从【注释】选项卡中单击【纵坐标尺寸】按钮，打开如图 15-56 所示的【选择参考】对话框，并单击对话框中的【选择图元】标注按钮。

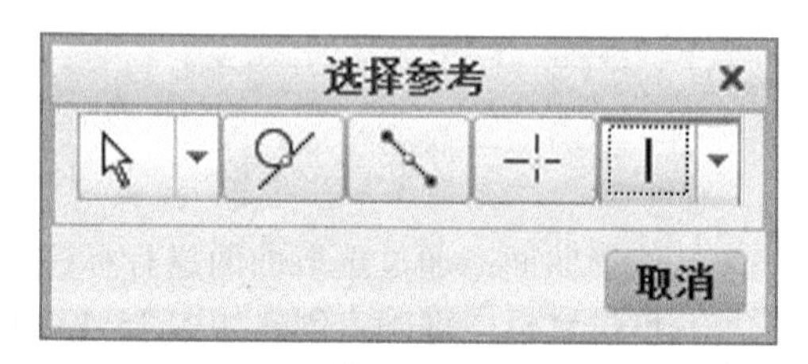

图 15-56　【选择参考】对话框

02 图形区底部的状态栏提示【在几何上选择以创建基线，或选择纵坐标尺寸，以使用现有的基线】，然后选取如图 15-57 所示的轮廓线作为基线参考。

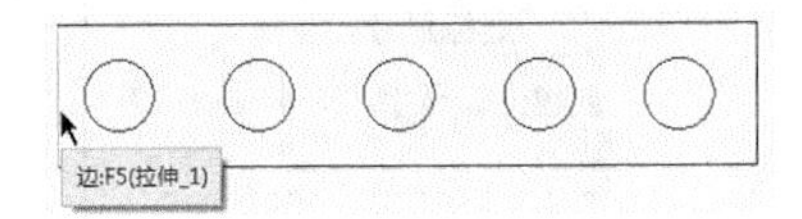

图 15-57　选取轮廓线

03 按住 Ctrl 键选择第一个圆，如图 15-58 所示。

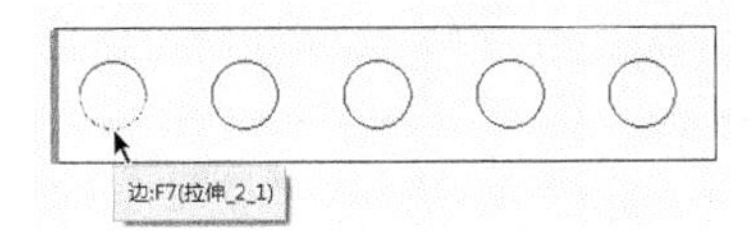

图 15-58　选择标注的图元

04 选择标准图元后，显示纵坐标尺寸预览，如图 15-59 所示。

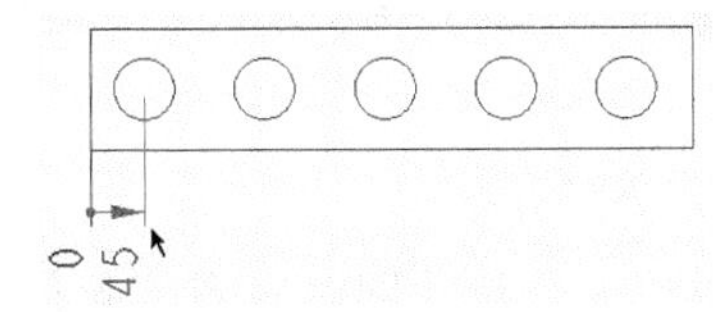

图 15-59　纵坐标尺寸预览

05 在合适的位置单击鼠标中键来放置纵坐标尺寸，如图 15-60 所示。

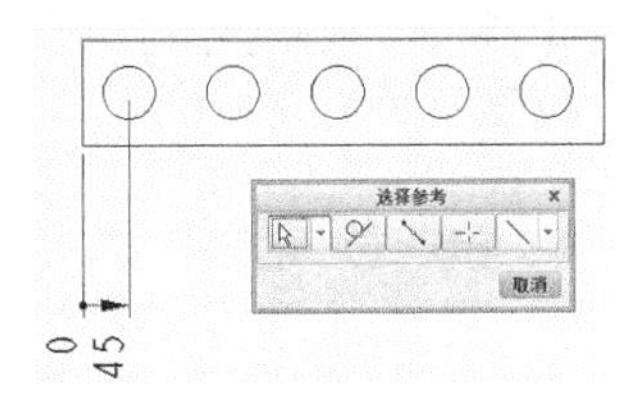

图 15-60　放置纵坐标尺寸

06 按住 Ctrl 键继续选择第二个圆作为要标注的图元。然后在合适的位置单击鼠标中键来放置纵坐标尺寸，如图 15-61 所示。

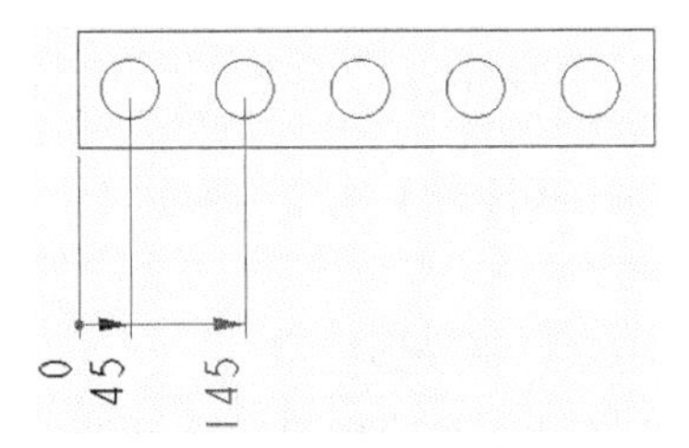

图 15-61　继续选择图元，自动标注纵坐标尺寸

07 用同样的方法，创建其他纵坐标尺寸，如图 15-62 所示。

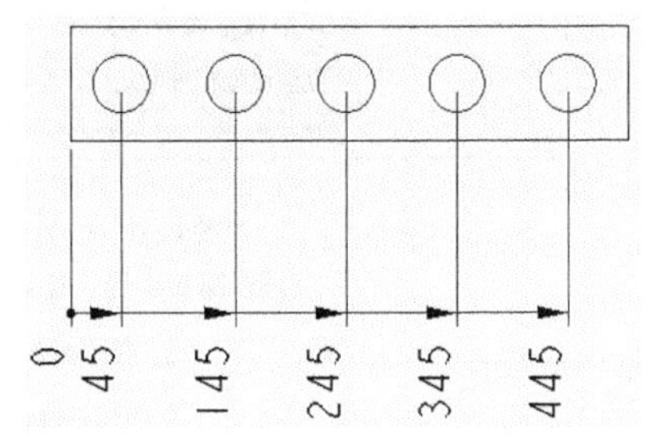

图 15-62　创建其他纵坐标尺寸

3. 参考尺寸

参考尺寸的创建方式与前面所述的几种方式一样，唯一不同的是，创建参考尺寸后，会在尺寸后面加上【参考】两个字。如图 15-63 所示。

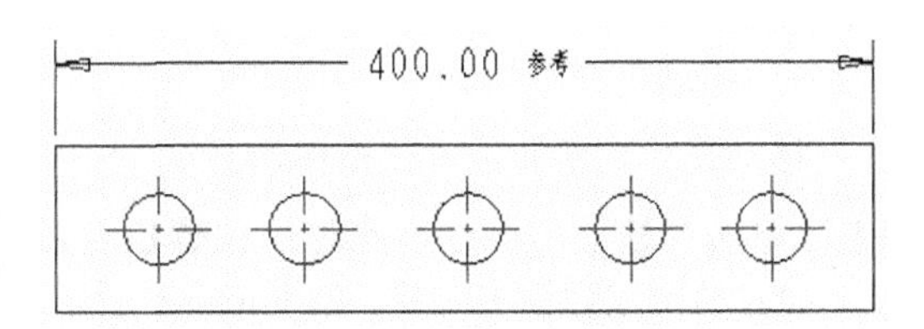

图 15-63　参考尺寸

技术要点

通过更改系统配置文件中【parenthesize_ref_dim】的值，可以设置参考尺寸是以文字表示还是以括号表示，注意只对设置以后生成的参考尺寸有效。

4. 其他尺寸标注工具

在【注释】下拉菜单中还有另外几种尺寸的创建工具，如图 15-64 所示。这些标注尺寸工具的功能含义如表 15-4 所示。

图 15-64　【注释】下拉菜单

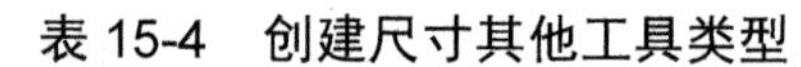
表 15-4　创建尺寸其他工具类型

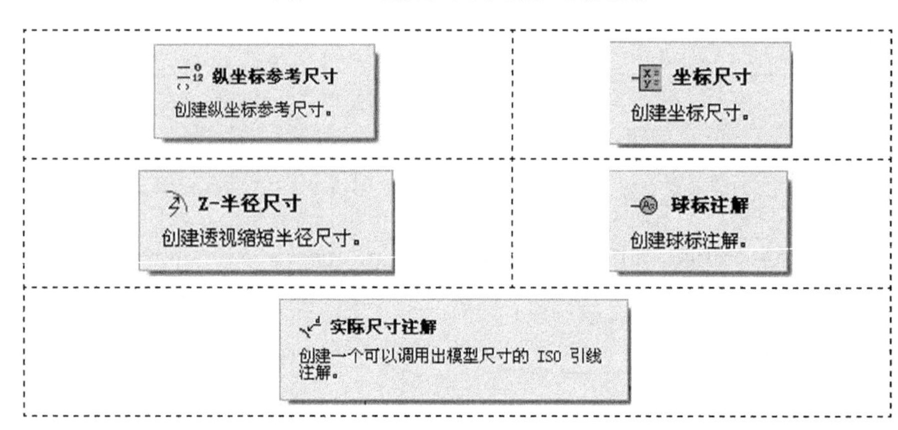

15.4.3　尺寸的整理与操作

为了使工程图尺寸的放置符合工业标准，图幅页面整洁，并便于工程人员读取模型信息，通常需要整理绘图尺寸，进行一些尺寸的操作是必不要少的。下面介绍移动尺寸、将尺寸移动到其他视图、反向箭头等关于尺寸的操作。

1．移动尺寸

移动尺寸到新的位置，操作步骤如下：

01 选取需要移动的尺寸，此时尺寸颜色会改变，而且周围出现许多方块，如图 15-65 所示。

图 15-65　移动尺寸

02 当将鼠标指针靠近尺寸时，就可以看到不同的指针图案，而这些指针图案代表可以移动的方向，此时按住鼠标左键并移动，就可以移动尺寸或尺寸线。

03 可以按住 Ctrl 键选取多个尺寸，或直接用矩形框选取多个尺寸，再同时移动多个尺寸。

↕：尺寸文本、尺寸线与尺寸界线在竖直方向上移动，如图 15-66 所示。

⟷：尺寸文本、尺寸线与尺寸界线在水平方向上移动。

✥：尺寸文本、尺寸线与尺寸界线可以自由移动。

图 15-66　同时移动多个尺寸

2．对齐尺寸

可以使多个尺寸同时对齐，并且使多个尺寸之间的间距保持不变，操作步骤如下：

01 按住 Ctrl 键选择要对齐的尺寸。

02 在尺寸上右击，在弹出的快捷菜单中选择【对齐尺寸】命令，则尺寸与第一个选定的尺寸对齐，效果如图 15-67 所示。

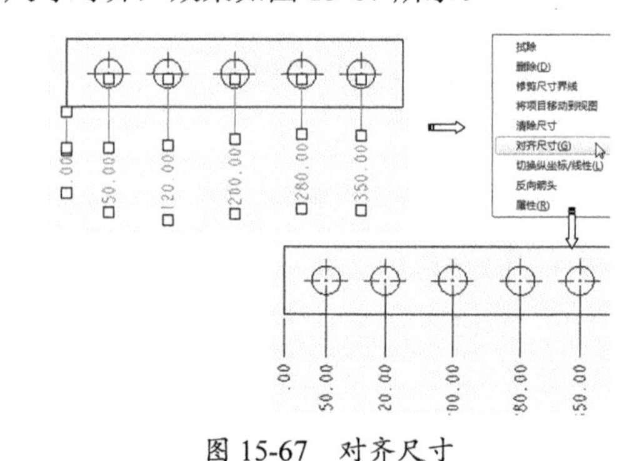

图 15-67　对齐尺寸

03 或者单击【注释】选项卡中的【对齐尺寸】按钮。

3．将项目移动到视图

可以将尺寸移动到另一个视图。首先选取要转换视图的尺寸，然后右击，在弹出的快捷菜单中选择【移动到视图】命令，接着选择要放置的视图，尺寸便会转换到新的视图上。如图 15-68 所示。

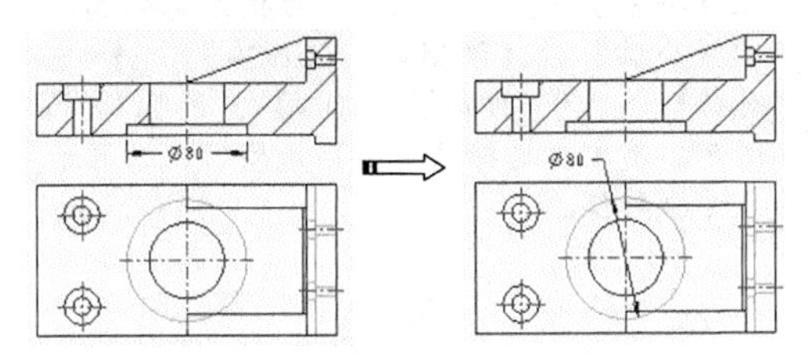

图 15-68　将项目移动到新视图

4. 清理尺寸

首先选中要清理的尺寸，然后单击【注释】选项卡中的【清除尺寸】按钮，或者右击，在弹出的快捷菜单中选择【清除尺寸】命令，系统打开【清除尺寸】对话框，如图 15-69 所示。在对话框中设置好参数后，清理尺寸后的结果如图 15-70 所示。

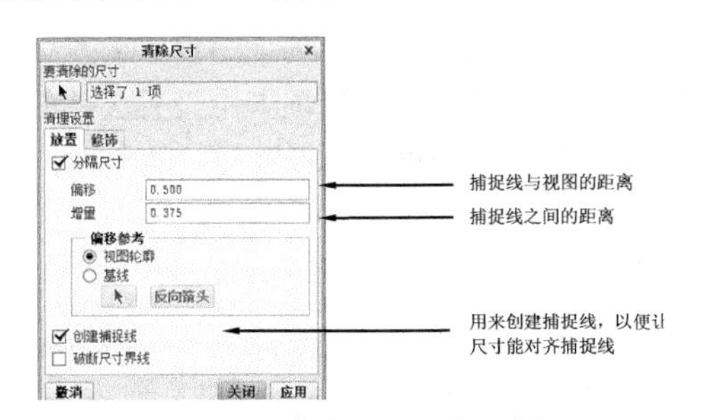

图 15-69　【清除尺寸】对话框

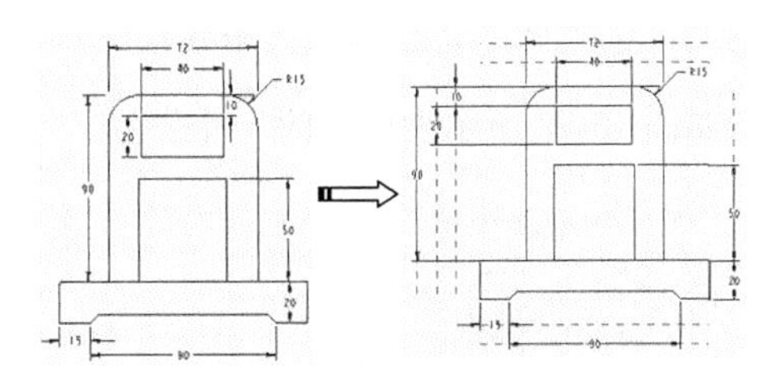

图 15-70　清理尺寸结果图

5. 角拐

【角拐】工具用来折弯尺寸界线。单击【角拐】按钮，系统提示选择尺寸（或注释），在尺寸界线上选择断点位置，移动鼠标来重新放置尺寸，创建的角拐尺寸如图 15-71 所示。

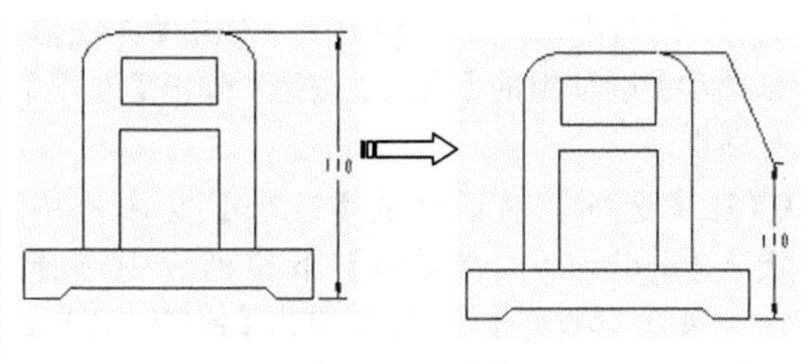

图 15-71　角拐

6. 断点

【断点】工具用来在尺寸界线与图元相交处切断尺寸界线。单击【断点】按钮，系统提示在尺寸边界线上选择两断点，断点之间的线段被删除，创建的断点尺寸如图 15-72 所示。

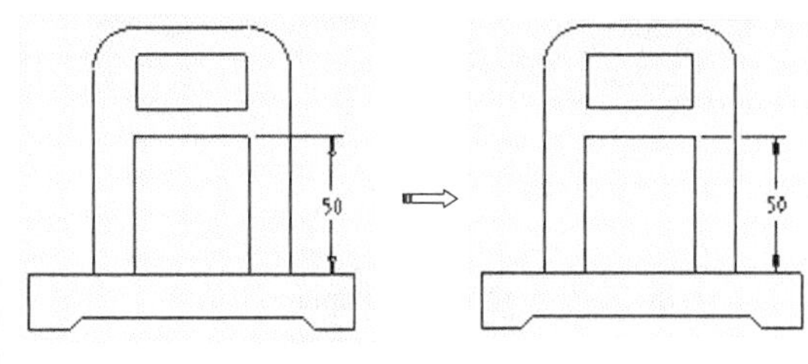

图 15-72　断点

7. 拭除和删除尺寸

尺寸可以被拭除或删除。拭除尺寸只暂时将尺寸从视图中移除，还可以恢复。删除尺寸会将其从视图中永久地移除。

操作步骤如下：

01 选取要从视图中拭除和删除的尺寸。

02 右击并选择快捷菜单中的【拭除】或【删除】命令，尺寸即被拭除或删除。

15.4.4 尺寸公差标注

尺寸公差是工程图设计的一项基本要求，对于模型的某些重要配合尺寸，需要考虑合适的尺寸公差。

在默认情况下，Creo 软件不显示尺寸的公差。我们可以先将其显示出来，然后标注公差，操作步骤如下：

01 在功能区选择【文件】|【准备】|【绘图属性】命令，弹出【绘图属性】对话框。

02 在【绘图属性】对话框中，单击【详细信息选项】选项组的【更改】按钮，弹出【选项】对话框。

03 在【选项】对话框的【选项】文本框中输入 tol_display，在【值】下拉列表中选择 yes，如图 15-73 所示，然后单击【添加 / 更改】按钮。

图 15-73　修改 tol_display 选项值

04 选取要标注公差的尺寸后右击，在弹出的快捷菜单中选择【属性】命令，或者在图纸上双击要标注公差的尺寸，打开【尺寸属性】对话框。

05 在【值和显示】选项组中，将【小数位数】设置为 3；在【公差模式】下拉列表中选择一种模式（比如【加 - 减】模式），并相应地设置【上公差】为【+0.036】、【下公差】为【-0.010】；如图 15-74 所示。

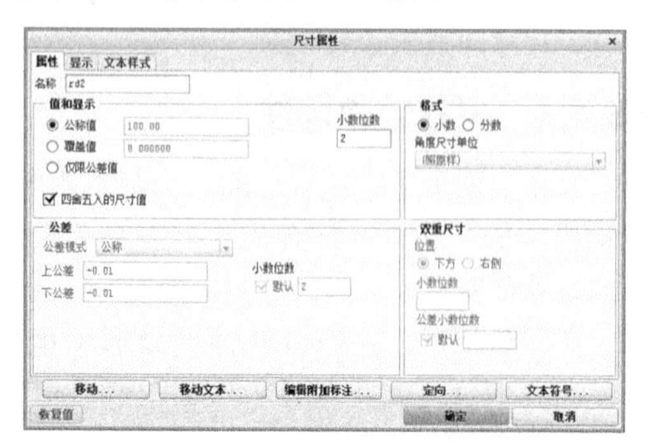

图 15-74　设置尺寸属性

06 单击【确定】按钮完成设置，完成的公差标注如图 15-75 所示。

技术要点

在【公差模式】下拉列表中可供选择的选项有【公称】、【限制】、【加减】、【+ -对称】、【+ -对称（上标）】，如图 13-76 所示。其中，选择【公称】选项时，只显示尺寸公称值。

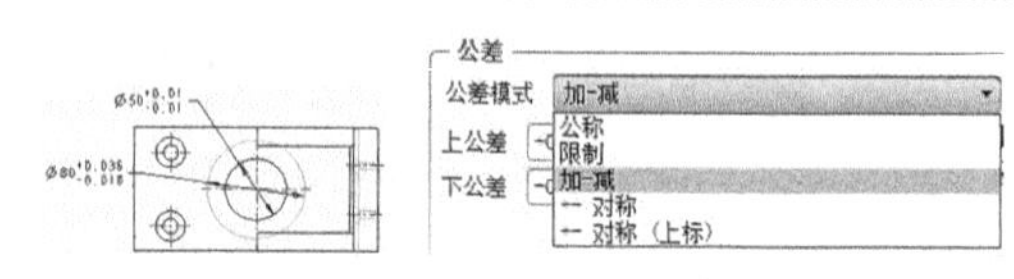

图 15-75　公差标注　　图 15-76　公差模式

15.4.5　几何公差标注

在功能区的【注释】选项卡中，单击【几何公差】按钮，打开如图 15-77 所示的【几何公差】对话框。

在【模型参考】选项卡中设置公差标注的位置；在【基准参考】选项卡中设置公差标注的基准；在【公差值】选项卡中设置公差的数值；在【符号】选项卡中设置公差的符号。

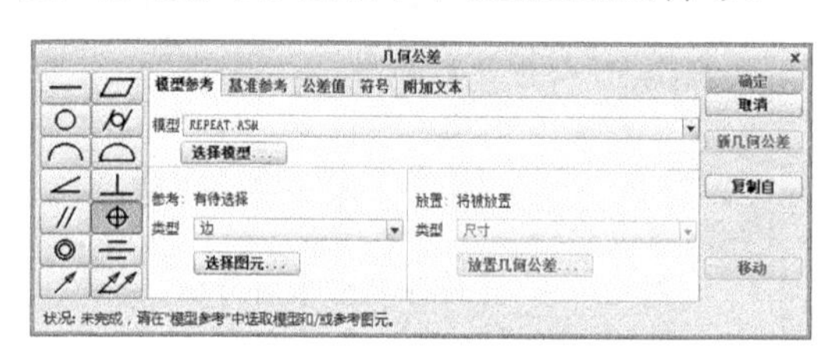

图 15-77　【几何公差】对话框

如图 15-78 所示为标注的尺寸公差。

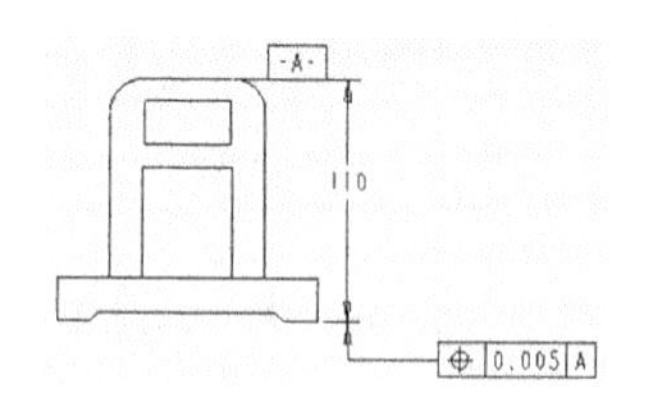

图 15-78　平行度公差

技术要点

有些公差还需要指定额外的符号，如同轴度需要指定直径符号。在【几何公差】对话框中选择【符号】选项卡，可以添加各种符号。创建一个几何公差后，单击【新几何公差】按钮可以创建新几何公差。

15.5 拓展训练——型腔零件工程图设计

◎ **引入文件：实例 \ 源文件 \Ch15\　cavity.prt**

◎ **结果文件：实例 \ 结果文件 \Ch15\　cavity.dwg**

◎ **视频文件：视频 \Ch15\ 型腔零件工程图 .avi**

在机械工程图中，三视图是最重要的视图，它反映了零件的大部分信息。在三视图中，主视图可以使用 Creo 的一般视图来建立，俯视图和左视图可以使用投影视图来建立。

1. 创建工程图参考基准平面

01 启动 Creo，然后将工作目录设置在原始模型文件夹中。然后从素材中打开本练习模型文件 cavity.prt。

02 在【模型】选项卡的【基准】组中选择【默认坐标系】命令，创建一个基于模型中心的参考坐标系，如图 15-79 所示。

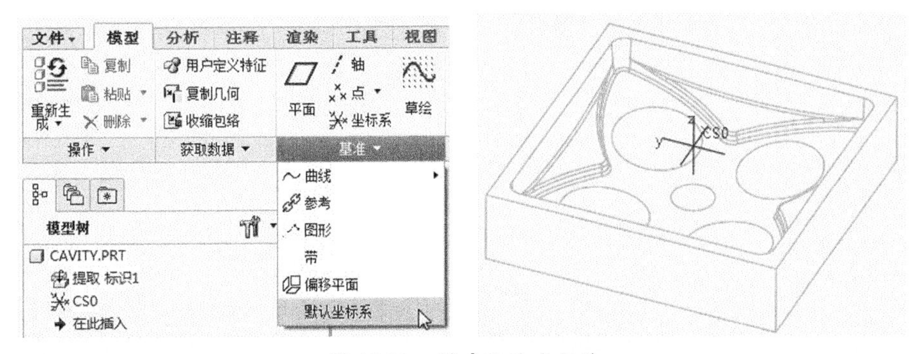

图 15-79　创建默认坐标系

03 单击【平面】按钮，弹出【基准平面】对话框，在绘图区中选取零件坐标系作为参考，程序默认创建一个 X 方向上的参考平面，再单击【确定】按钮完成新基准平面的创建。如图 15-80 所示。

> **技术要点**
>
> 从工作目录中打开的定模仁模型文件可以看出，没有参考基准平面，这在创建工程图的剖面图时极不方便。因此，视模型的形状而定，需要创建多少个剖面才能正确地表达零件，那么就要创建多少个基准平面。本例的定、动模仁结构较简单，只需两个剖面就能完全表达模型结构。

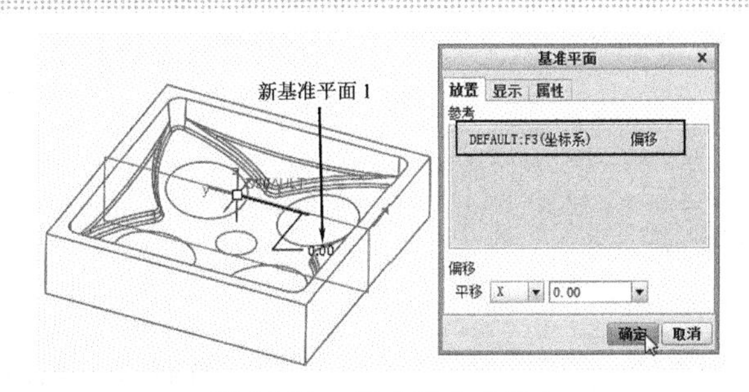

图 15-80　创建基准平面 1

04 同理，再创建一个选择两条棱边作为参考的基准平面2，如图15-81所示。

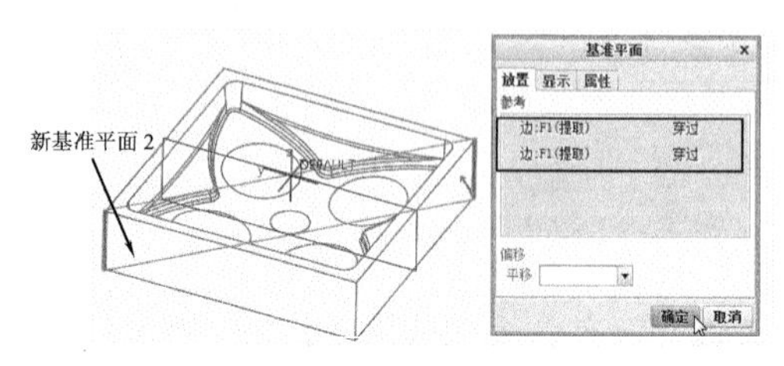

图15-81　创建基准平面2

2. 创建主视图及投影视图

01 在快速访问工具栏上单击【新建】按钮，程序弹出【新建】对话框。然后按如图15-82所示的设置来创建制图文件。

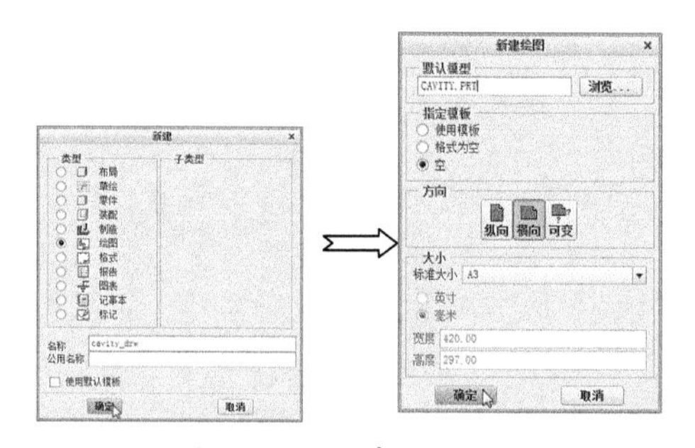

图15-82　新建制图文件

02 在制图模式界面中右击，在弹出的快捷菜单中选择【常规】命令，弹出【选择组合状态】对话框，保留默认设置单击【确定】按钮关闭对话框，如图15-83所示。

03 在界面内（不超过图框）选取一点作为视图的中心点，此时程序自动弹出【绘图视图】对话框。在对话框的【默认方向】下拉列表中选择【用户定义】选项，在制图界面中插入的默认视图自动转变为主视图。如图15-84所示。

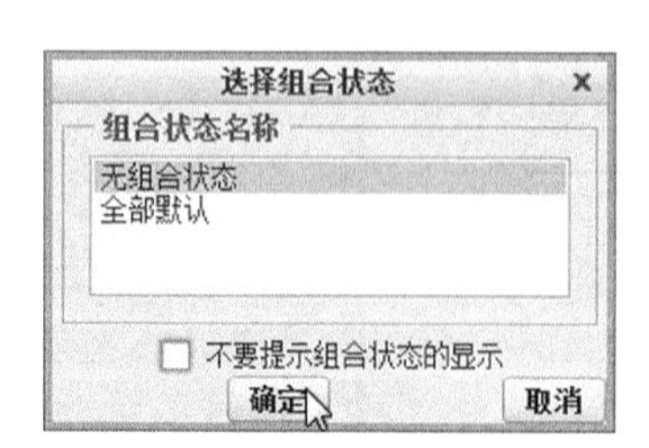

图15-83　选择组合状态

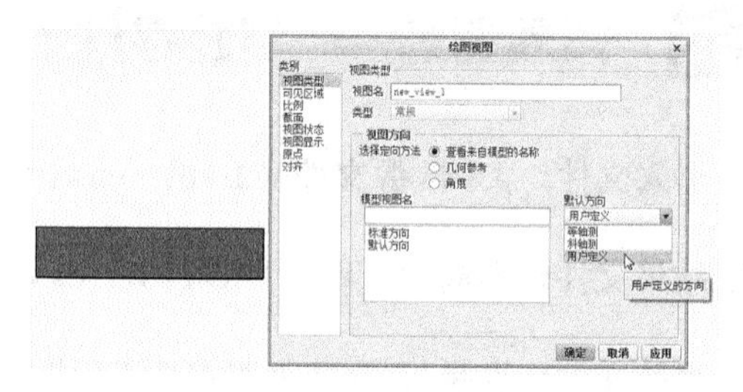

图15-84　设置视图方向

04 在【类别】列表框中选择【视图显示】类型，在弹出的【视图显示选项】选项组的【显示线形】下拉列表中选择【线框】选项，制图界面中视图由着色显示转变为线框显示，再单击对话框的【关闭】按钮完成视图插入操作。如图15-85所示。

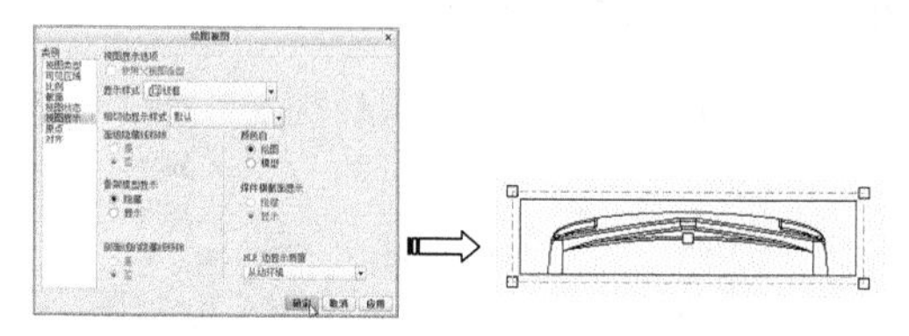

图15-85　更改视图的显示类型

技术要点

创建主视图后，主视图中出现红色的虚线边框，意味着视图处于激活状态，可再次进行视图编辑操作。

05 在主视图处于激活状态下右击，并选择快捷菜单中的【投影】命令，接着在主视图的下方放置模型的俯视图，在主视图的右边放置模型的侧视图。

06 但插入的两个视图为着色显示，双击俯视图，在弹出的【绘图视图】对话框中将视图的显示类型设置为【线框】，单击对话框的【关闭】按钮完成俯视图的显示更改。同理，将侧视图的着色显示也更改为线框显示。如图15-86所示。

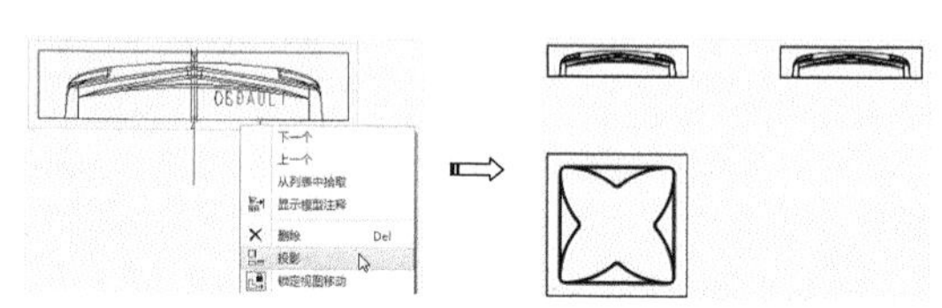

图15-86　更改显示类型视图

07 有时各视图之间的位置并不适宜尺寸的标注和注释，需要重新布置视图的位置。在制图界面的右键快捷菜单中选择【锁定视图移动】命令后，如图 15-87 所示。激活三视图中的其中之一，就可将视图平移至合适位置了。

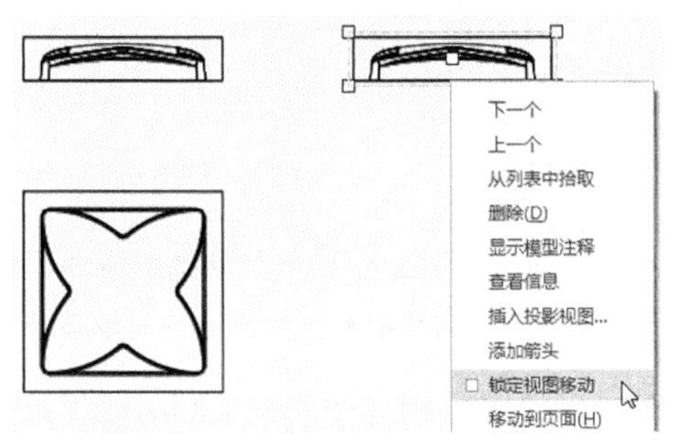

图 15-87 取消视图移动的锁定

3. 建立剖面视图

一幅完整的 3D 模型二维工程图中应包括模型的剖面视图，这是为了能清楚地表达模型的内部结构特征。

01 在前导工具栏中显示模型基准平面。双击右侧的投影视图，程序弹出【绘图视图】对话框。

02 在对话框【类型】列表框中选择【截面】类型。在【剖面选项】选项组中选择【2D 截面】单选按钮，再单击【将横截面添加到视图】按钮，选择 A 作为视图名称，如图 15-88 所示。

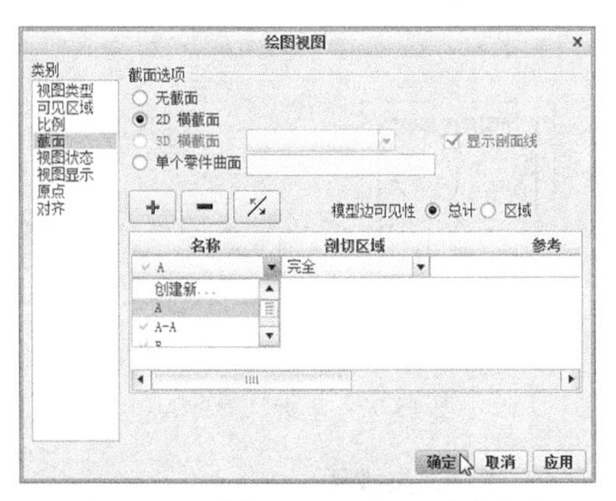

图 15-88 创建剖面视图所设置的选项

03 单击【确定】按钮，程序自动生成剖视图，如图 15-89 所示。

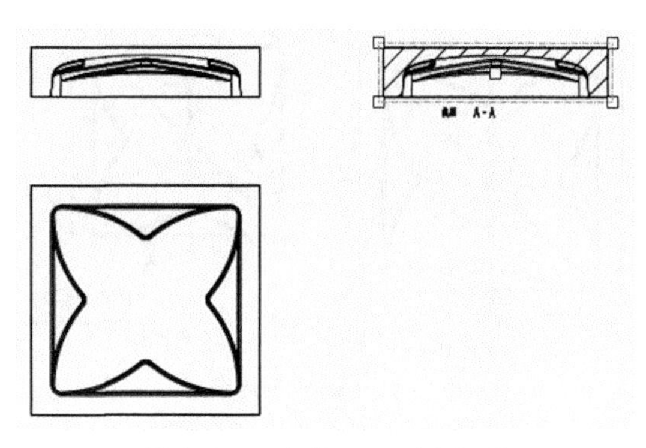

图 15-89 生成 A-A 剖面视图

04 选中剖面视图 A-A 的剖面线，右击，在弹出的快捷菜单中选择【属性】命令，程序弹出【修改剖面线】菜单管理器，在菜单管理器中选择【间距】|【半倍】命令，剖切线修改结果如图 15-90 所示。

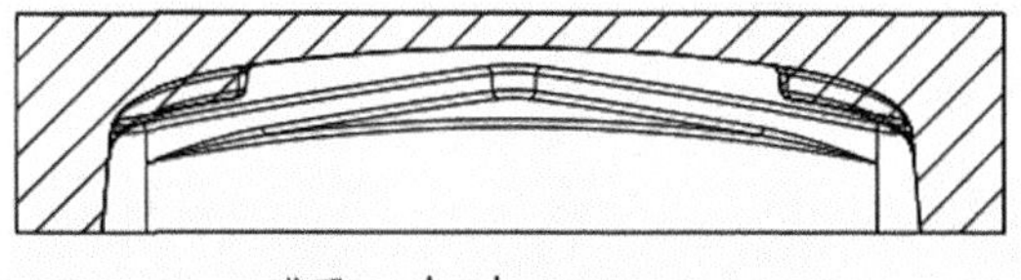

图 15-90 修改 A-A 剖视图的剖面线密度

05 选中主视图，然后在【布局】选项卡的【模型视图】组中单击【常规】按钮，弹出【选择组合状态】对话框，然后单击【确定】按钮，如图 15-91 所示。

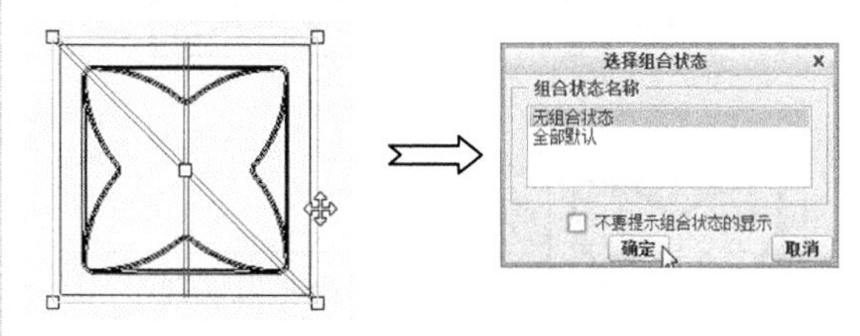

图 15-91 选择组合状态

06 在图框中选择视图放置点后，此时程序自动弹出【绘图视图】对话框。在【视图类型】的【视图方向】选项组中选择【几何参考】单选按钮，并选择 DTM2 基准平面作为【前】曲面，选择俯视图中的一个平面作为【上】曲面，如图 15-92 所示。

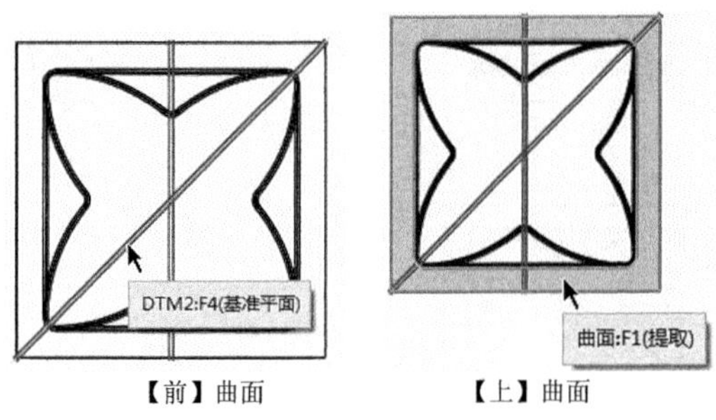

【前】曲面　　【上】曲面

图 15-92　选择几何参考

07 选择的两个几何参考曲面自动显示在参考收集器中，如图 15-93 所示。

08 在对话框中设置视图的显示状态为【线框】显示。再单击【应用】按钮完成视图的插入，如图 15-94 所示。

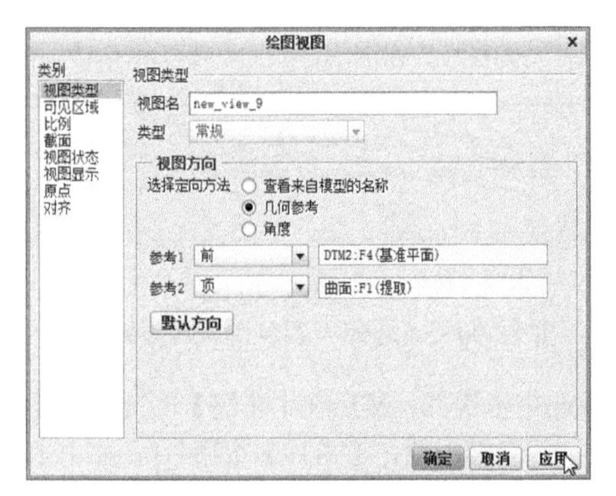

图 15-93　【绘图视图】对话框

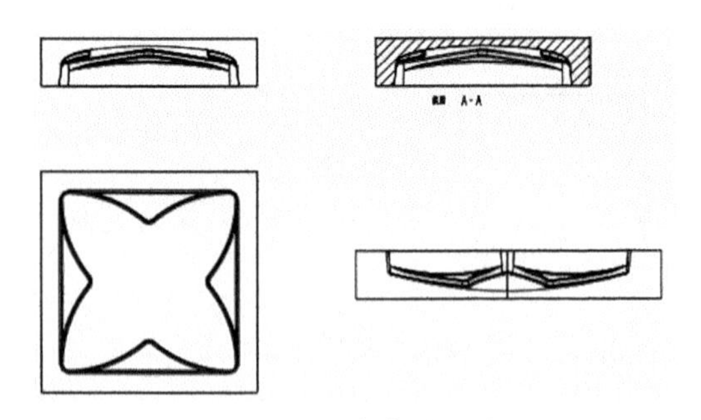

图 15-94　生成的视图

09 在【绘图视图】对话框没有关闭的情况下选择【截面】类型，在【截面选项】选项组中选择【2D 横截面】单选按钮，再单击【将横截面添加到视图】按钮，然后选择B视图，如图 15-95 所示。

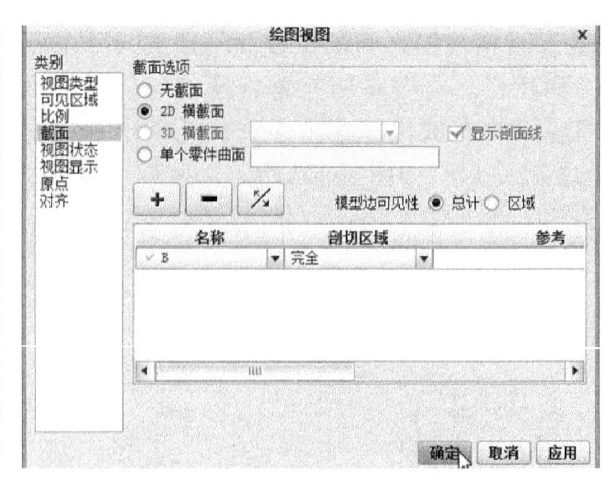

图 15-95　创建剖面视图所选择的命令

10 然后单击【绘图视图】对话框中的【确定】按钮，B-B 剖面图创建完成。如图 15-96 所示。

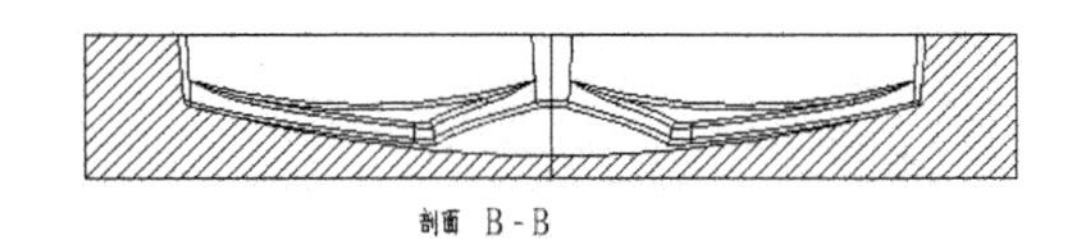

图 15-96　创建的 B-B 剖视图

11 选中 B-B 剖面图，在右键快捷菜单中选择【添加箭头】命令，选择俯视图作为投影箭头的放置视图，程序在俯视图中自动生成投影箭头。

12 同理，添加 A-A 剖面图的投影箭头，投影箭头完成的效果如图 15-97 所示。

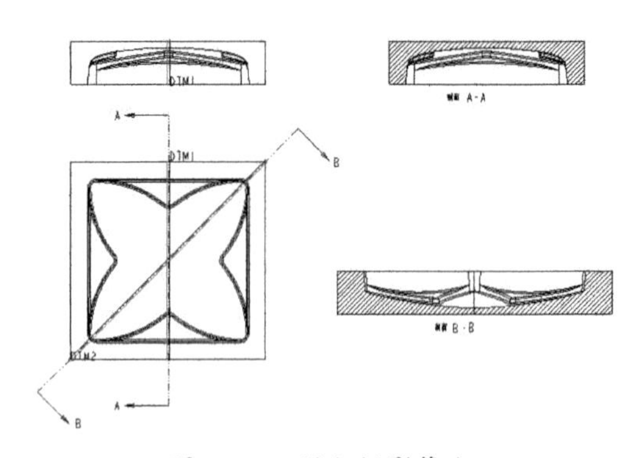

图 15-97　添加投影箭头

4. 建立详细视图

当零件视图中有过小的形状区域时，是不便于尺寸标注的，这需要局部放大图即详细视图，以便清晰地观察。

01 在【布局】选项卡的【模型视图】组中单击【详细】按钮，然后按信息提示在主视图的边角区域有过小特征线条处设置点，如图 15-98 所示。

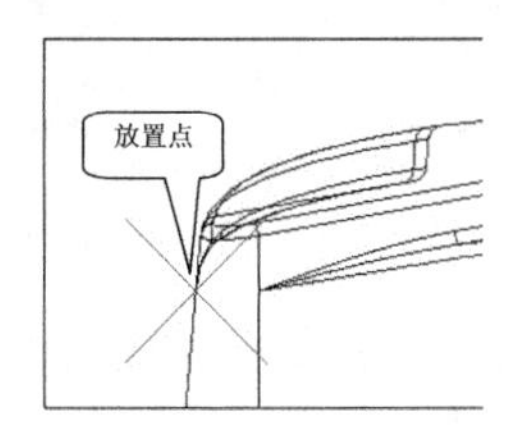

图 15-98　放置查看区域中心点

02 新点放置后，在中心点外围手动绘制如图 15-99 所示的封闭区域轮廓，并按鼠标中键结束草绘操作。

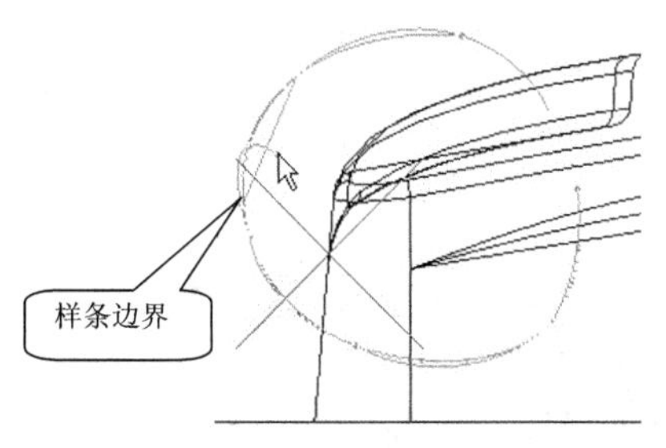

图 15-99　绘制查看区域样条边界

03 轮廓绘制完成后单击鼠标左键以确认，此时在单击位置处生成一个绘制轮廓放大的视图，并拖动此详细视图至模板的合适位置。如图 15-100 所示。

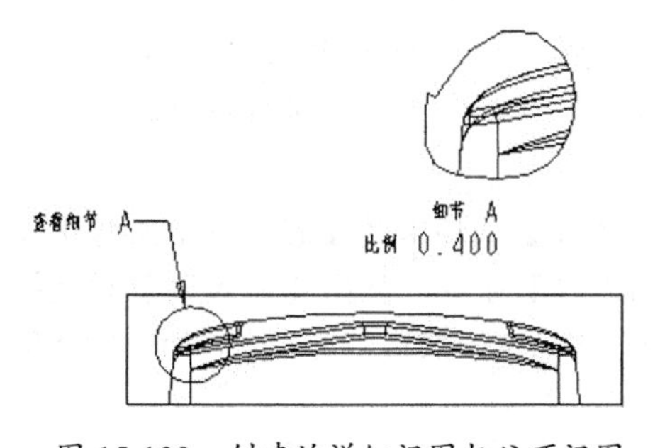

图 15-100　创建的详细视图与父项视图

04 双击详细视图，在弹出的【绘图视图】对话框中选择【比例】类型，输入自定义比例值 1，再单击【确定】按钮完成详细视图的比例调整。如图 15-101 所示。

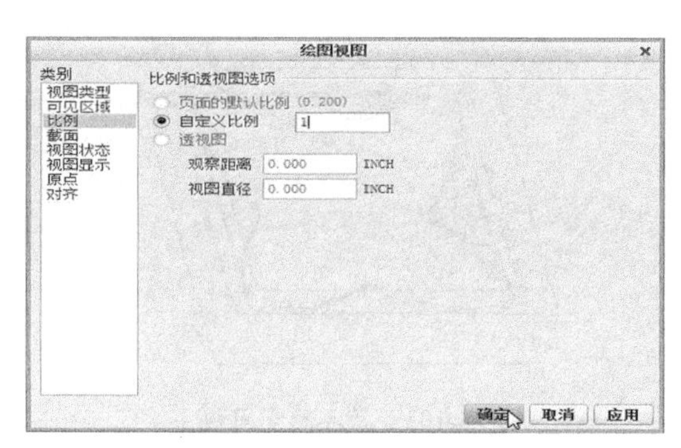

图 15-101　调整视图比例

05 同理，在 A-A 剖面视图中也创建一个详细视图，最终完成的详细视图布局如图 15-102 所示。

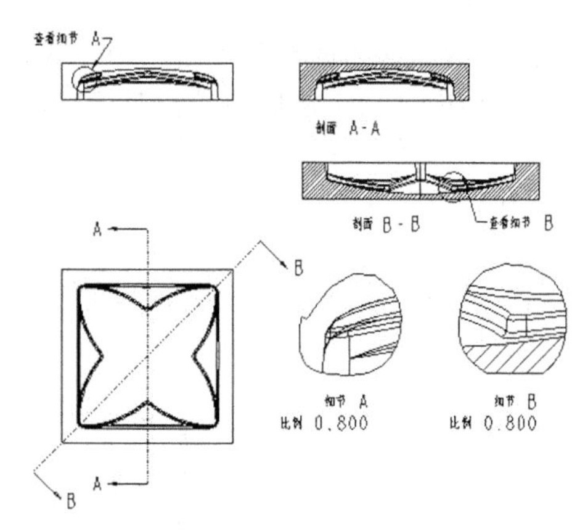

图 15-102　创建完成的视图布局

5. 插入自定义的空间视图

01 在图纸模板空白处右击，在弹出的快捷菜单中选择【常规】命令，选择视图放置点后，此时程序自动弹出【绘图视图】对话框。

02 在【视图方向】选项组的【默认方向】列表框中选择【用户定义】选项，并在下面的 X 角度框中输入值 230，在 Y 角度框中输入值 -20，选择【视图显示】类型后，将视图的显示状态设置为【线框】显示。再单击【确定】按钮完成空间视图的插入。如图 15-103 所示。

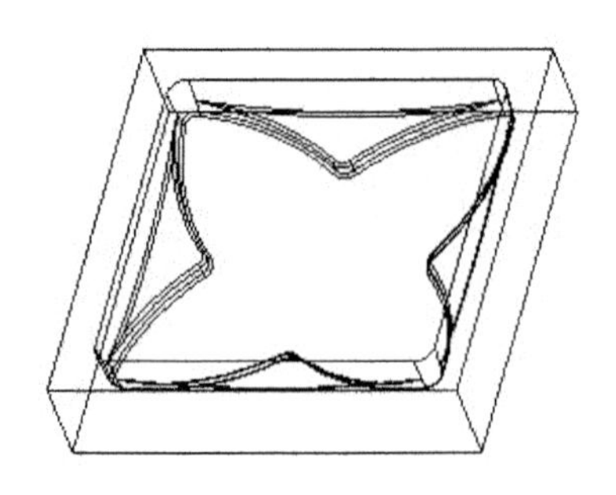

图 15-103 插入的空间视图

6. 尺寸的标注

在 Creo 绘图模式中，尺寸的标注与在建模环境的草绘模式中的标注是一样的。为了便于尺寸的标注，需要在视图中创建中心轴。

01 在【草绘】选项卡的【草绘】组中单击【线】按钮，程序弹出【捕捉参考】对话框，单击对话框中的【选取参考】按钮，并在俯视图中选择模型的 4 条边界作为参考，接着关闭该对话框。捕捉参考边界的中点作为直线的起点与终点，并按鼠标中键完成绘制。如图 15-104 所示。

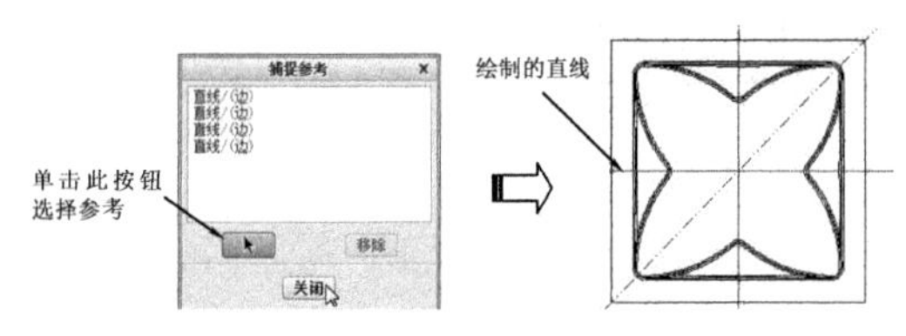

图 15-104 绘制直线

02 直线绘制后需将直线转换成中心线。选中直线并在右键快捷菜单中选择【线型】命令，弹出【修改线型】对话框，在【样式】下拉列表中选择【中心线】选项，再单击【应用】按钮，直线线型自动转变为中心线线型。如图 15-105 所示。

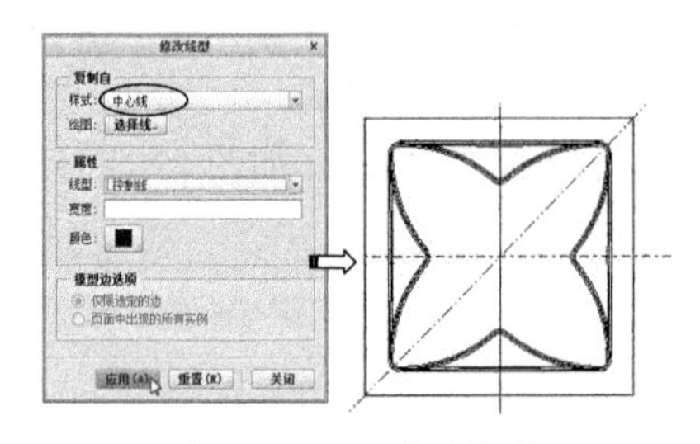

图 15-105 更改线型

03 同理，在图纸模板中创建出其余的中心线。

04 在【注释】选项卡的【注释】组中单击【参考尺寸】按钮，程序弹出【依附类型】对话框和【选择参考】对话框。如图 15-106 所示。

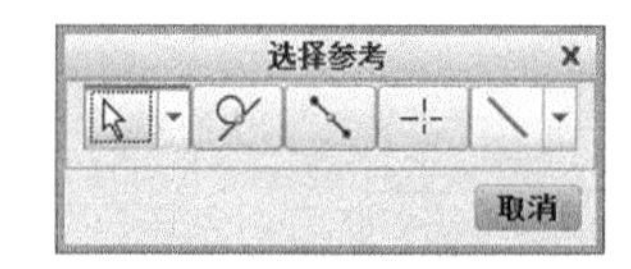

图 15-106 【选择参考】对话框

05 在【依附类型】菜单管理器中选择适用于各种标注的相关命令，然后在绘图区中选择相应的图素标注尺寸，标注的方法与草绘图中的标注方法类似。

06 按下鼠标中键，结束标注，系统将自动为选择的图素添加标注。如图 15-107 所示。

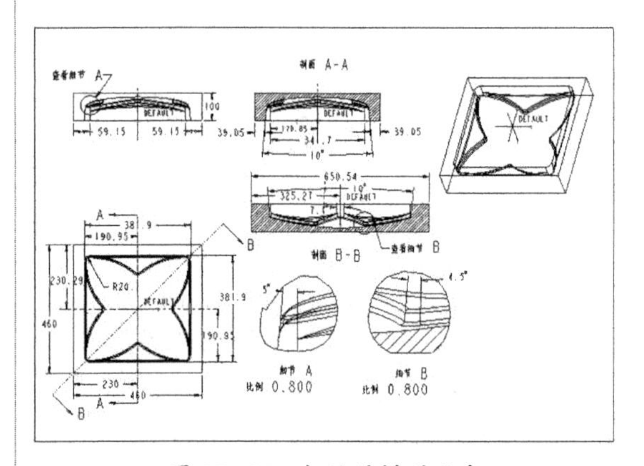

图 15-107 标注的模型尺寸

7. 制作表格

表格或标题栏是用来对图纸编号、零件的工艺与质量等一系列的参数进行统计说明的。

01 在【表】选项卡的【表】组中选择【表】|【插入表】命令，弹出【插入表】对话框。然后在对话框中设置如图 15-108 所示的选项。

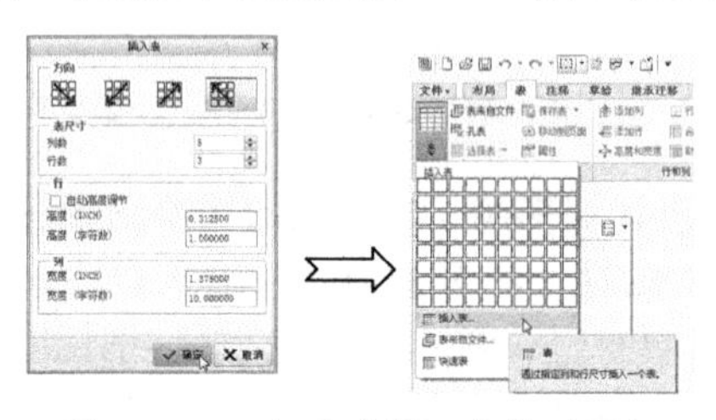

图 15-108 打开【插入表】对话框

02 单击【插入表】对话框中的【确定】按钮后，再在矩形绘图框右下角绘制一个标准的标题栏，完成后的表格如图 15-109 所示。用户可根据需要加入标题栏详细内容。

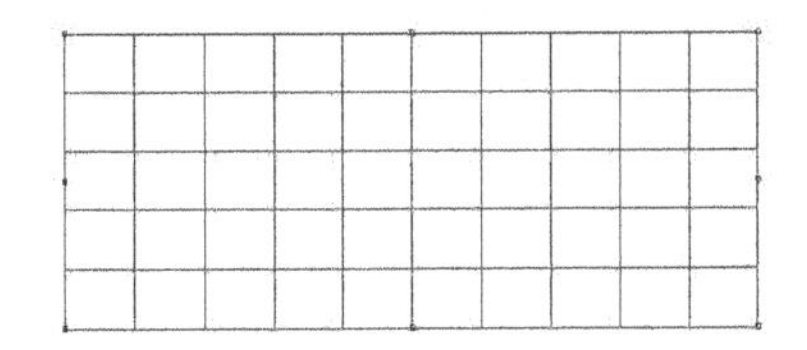

图 15-109　生成的表格

03 框选选中所有的表格并右击，在弹出的快捷菜单中选择【高度和宽度】命令，程序弹出【高度和宽度】对话框，在此对话框中可根据要求任意修改行高与列宽，完成修改后单击【确定】按钮结束表格修改操作。如图 15-110 所示。

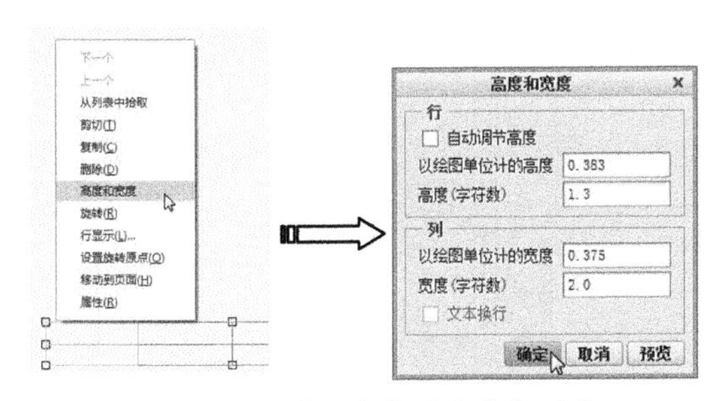

图 15-110　修改表格的行高与列宽

04 按住 Ctrl 键选取要合并的单元格，在【表】选项卡的【行与列】组中单击【合并单元格】按钮，完成合并。相反，若要拆分单元格，再单击【取消合并单元格】按钮即可。表格中合并完成的单元格如图 15-111 所示。

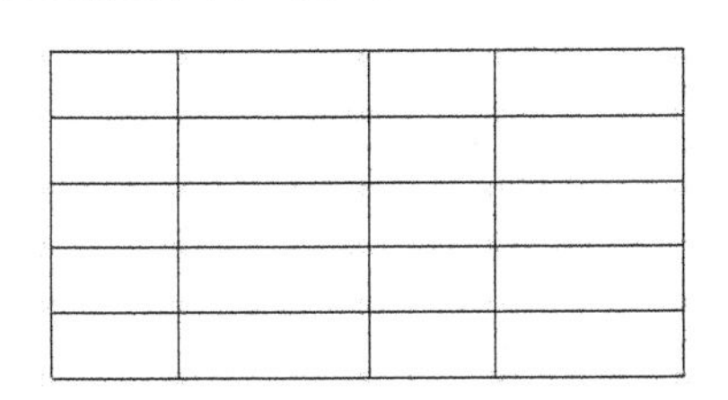

图 15-111　合并单元格后的表格

05 双击需要输入文本的单元格，然后直接输入文本，如图 15-112 所示。

06 如果要设置文本的样式，可以在【格式】选项卡中设置字体大小、颜色、粗细等。也可以选中输入的文本，将光标略微上移，就会显示格式菜单，然后设置文本样式，如图 15-113 所示。

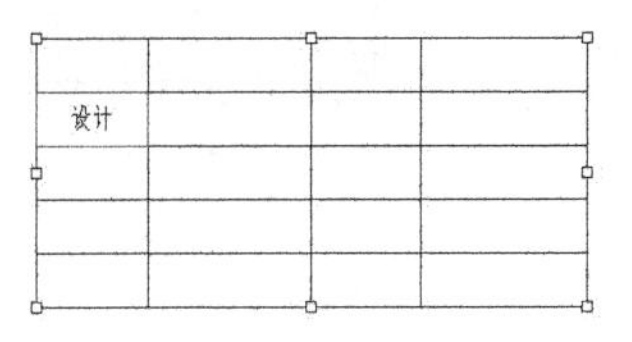

图 15-112　输入文本

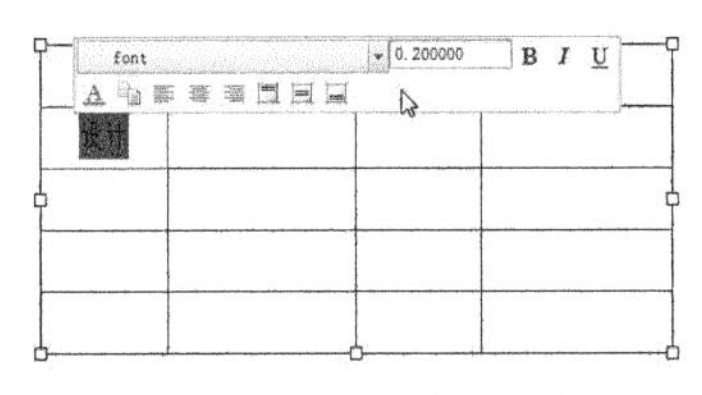

图 15-113　设置文本样式

07 继续在其他单元格中输入文本，最终表格中完成文本输入的效果如图 15-114 所示。

设计		标准化	
校对		审定	
审核		模具工艺	
工艺		日期	

图 15-114　完成文本输入的表格

8. 工程图的保存及导出

01 完成定模仁的工程图绘制后，单击工具栏上的【保存】按钮，将视图保存到工作目录中。

02 工程图的导出格式有多种，通常将其导出格式设为 DWG 或 DXF 格式，这两种格式为 AutoCAD 的通用格式。

03 在【文件】选项卡中选择【另存为】|【保存副本】命令，在弹出的【保存副本】对话框中的【类型】下拉列表中选择【DWG（*.dwg）】作为导出格式，单击【确定】按钮，程序会弹出【DWG 的导出环境】对话框。

04 在此对话框中可根据需要来设置输出文件的参数。设置完成后，单击【确定】按钮，完成工程图的导出。如图 15-115 所示。

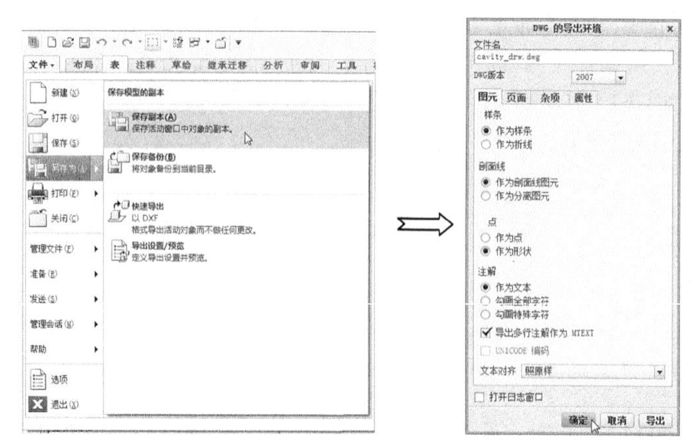

图 15-115 文件的导出设置

15.6 课后习题

1. 绘制高速轴工程图

打开本练习的素材文件ex15-1.prt，建立高速轴的工程图，完成工程图中的尺寸和注解标注，高速轴工程图如图15-116所示。

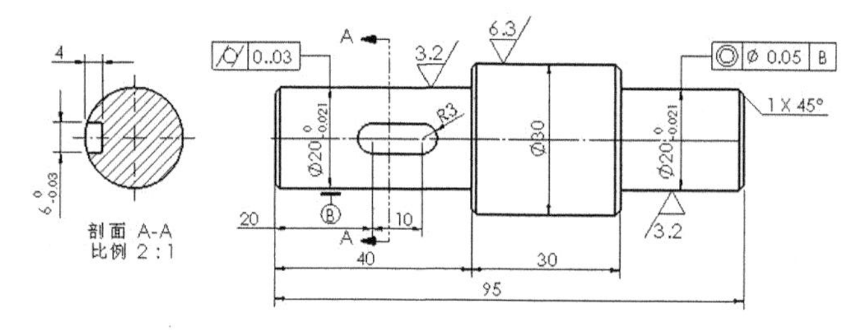

图 15-116 高速轴工程图

2. 绘制型芯零件工程图

打开本练习的ex15-2.prt型芯零件，创建如图15-117所示的型芯零件工程图。

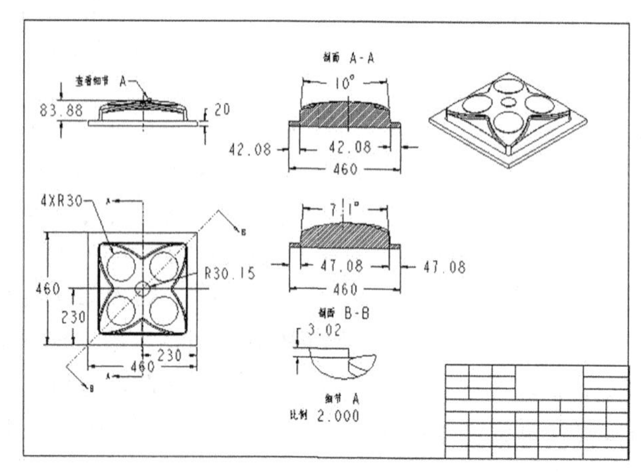

图 15-117 型芯零件工程图

读书笔记

第 16 章 基本曲面指令

仅使用前面讲到的实体造型技巧设计产品还远远不够，在现代设计中越来越强调细致而复杂的外观造型，因此必须引入大量的曲面特征，以满足丰富多彩的产品造型。

在曲面功能上，Creo 4.0 与以往版本的最大区别就在于操作的简便性，使用户可以将更多的精力注重于设计，而非软件的操作。

创建曲面特征和创建实体特征的方法具有较大的相似之处，与实体建模方法相比，曲面建模手段更为丰富。

基本曲面特征是指使用拉伸、旋转、扫描和混合等常用三维建模方法创建的曲面特征，这些特征的创建原理和实体特征类似。

知识要点

- 曲面特征综述
- 拉伸曲面
- 旋转曲面
- 扫描曲面
- 混合曲面
- 填充曲面

16.1 曲面特征综述

实体建模的设计思想非常清晰，便于广大设计者理解和接受。但是也存在不可克服的缺点，建模手段相对单一，以及不能创建形状复杂的表面轮廓等，这时曲面建模的设计优势就逐渐体现出来了。

16.1.1 曲面建模的优势

在现代设计中，很多实际问题的解决加快了曲面建模技术的成熟和完善。例如，飞机、汽车和导弹等高技术含量产品的外观设计必须符合一定的曲面形状才能兼顾美观和性能两个重点。自 20 世纪 60 年代以来，曲线与曲面技术在船体放样、汽车外形和飞机内外形设计中得到了极其广泛的应用，并且逐渐建立了一套相对完整的设计理论与方法。到了 20 世纪 80 年代，随着图形工作站和微型计算机的普及应用，曲线与曲面的应用更加广泛，现在已经普及到家用电器、日用商品及服装等设计领域中。

曲面建模的方法具有更大的设计弹性，其中最常见的设计思想是首先使用多种手段建立一组曲面。然后通过曲面编辑手段将其集成整合为一个完整且没有缝隙的表面，最后使用该表面构建模型的外轮廓。将其实体化后可以获得更加美观、实用的实体模型，使用曲面建模方法创建的模型具有更加丰富的变化。

当今的 CAD 技术已经与人工智能、计算机网络和工业设计结合起来，并运用抽象、联想、分析及综合等手段来研制开发出含有新概念、新形状、新功能和新技术的产品。

在计划经济时期，制造产品的基本目标是【能做出来并能用得上】，到了今天的市场经济时期，必须做用户最需要和市场更欢迎的产品。这就要求产品不但具有漂亮的外观，还应该具有优良的使用性能和最优的性价比。

曲面建模时，还可以通过基准点和基准曲线等基准特征进行全面而细致的设计，对模型精雕细琢。从而既体现了设计的自由性，又保证了设计思路的发散性，这将有助于对一些传统设计的创新。如图 16-1 所示为使用曲面构建的汽车模型示例。

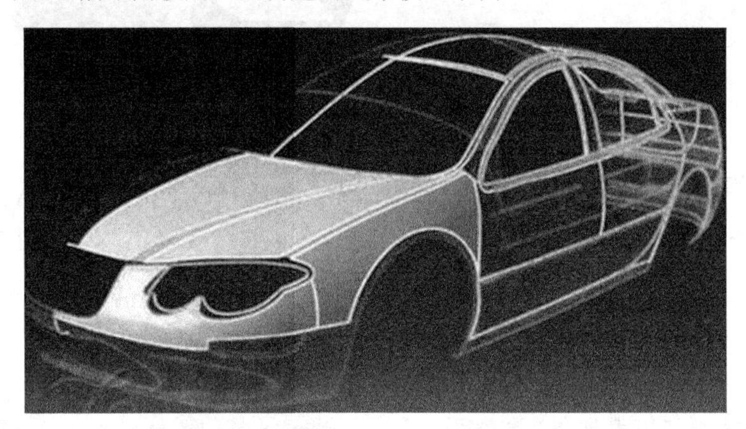

图 16-1　使用曲面构建的汽车模型示例

16.1.2　曲面建模的步骤

曲面特征是一种几何特征，没有质量和厚度等物理属性，这是与实体特征最大的差别。但是从创建原理来讲，曲面特征和实体特征却具有极大的相似性。在介绍各类基础实体特征的创建方法时，我们曾强调过构建基础实体特征的原理和方法都适合于曲面特征。例如，使用系统提供的拉伸设计工具既可以创建拉伸实体特征，也可以创建拉伸曲面特征，还可以使用拉伸方法修剪曲面。系统在【拉伸】操控板中同时集成了实体设计和曲面设计工具，为三维建模提供了更多的方法。

曲面建模的基本步骤如下：

（1）使用各种曲面建模方法构建一组曲面特征。

（2）使用曲面编辑手段编辑曲面特征。

（3）对曲面进行实体化操作。

（4）进一步编辑实体特征。

16.2　拉伸曲面

使用拉伸工具创建曲面特征的基本步骤和创建实体特征类似，单击右工具栏中的【拉伸】按钮，打开【拉伸】操控板。然后单击【拉伸为曲面】设计按钮，如图 16-2 所示。

图 16-2　【拉伸】操控板

创建拉伸曲面特征也要经历以下主要阶段。

- 选择并正确放置草绘平面。
- 绘制截面图。
- 指定曲面生长方向。
- 指定曲面深度。

在创建拉伸曲面的过程中要注意以下几点：

- 用拉伸的方式创建的曲面如图 16-3 所示。

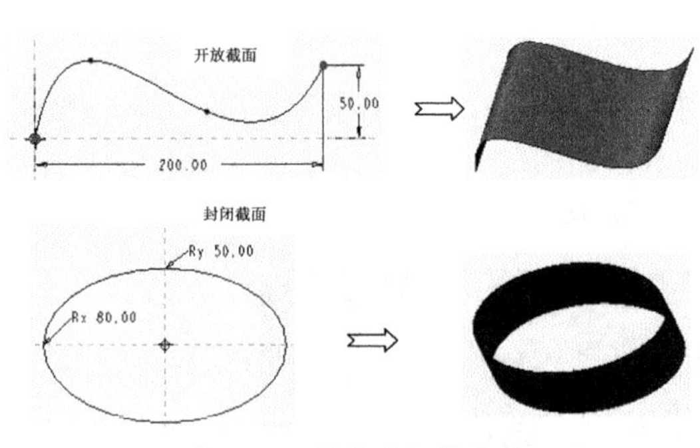

图 16-3　创建的拉伸曲面

可以看出曲面的草绘图形可以用开放截面和封闭截面。

技术要点

如果要采用不封闭的草绘图形，最好先单击【拉伸为曲面】按钮再进入草绘界面，否则在默认拉伸为实体的状态下草绘截面不封闭将无法完成退出。

- 如果草绘的截面是封闭的，那么在【选项】上滑板中会有一个是否封闭端的复选框，如图 16-4a 所示，如果取消选择此复选框，得到的拉伸曲面如图 16-4b 所示，而选中该复选框后系统会在两端增加端平面以构成封闭的曲面，如图 16-4c 所示。

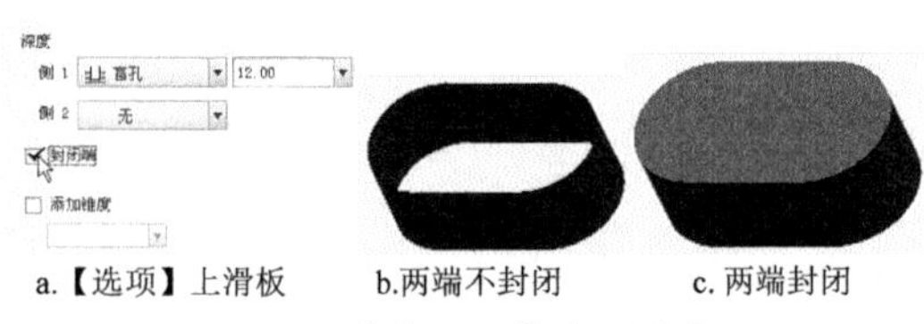

a.【选项】上滑板　b.两端不封闭　c. 两端封闭

图 16-4　【封闭端】选项的应用

- 图 16-4c 所示的两端封闭的拉伸曲面在着色显示的状态下很容易误认为实体，我们很难区分和判断。此时可以切换到线框显示模式，在消隐状态下，实体的线框颜色为白色，而曲面的内部线框则为紫红色，而曲面的边界则是明亮的黄色，如图 16-5 所示，如此即可区分实体与曲面。
- 拉伸曲面特征也可以用来修剪已经存在的曲面或实体，单击【移除材料】按钮，选取一个已经存在的曲面，最后单击【确定】按钮确认。如图 16-6 所示。

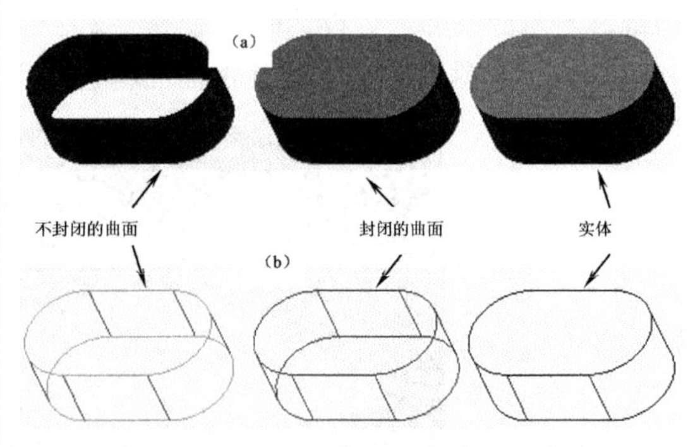

图 16-5　Creo 环境下区分曲面和实体

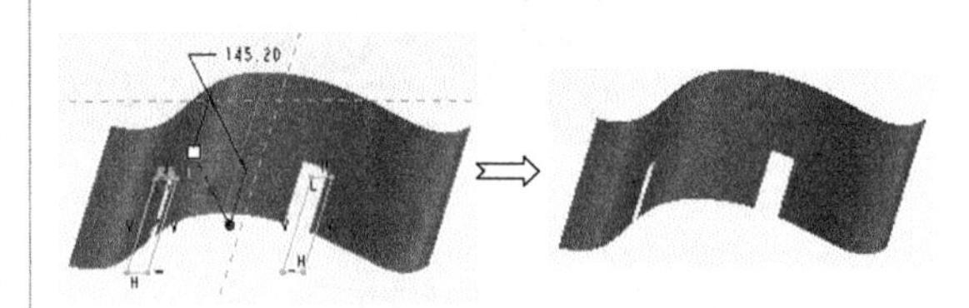

图 16-6　拉伸去除材料功能

动手操作——相机前盖设计

相机前盖设计将主要应用到【拉伸】曲面工具，结果如图 16-7 所示。

图 16-7　相机前盖模型

操作步骤：

01 创建一个名为【相机前盖】的零件文件，并选择公制模板进入到零件模式中。

02 在功能区【模型】选项卡的【形状】组中单击【拉伸】按钮，弹出【拉伸】操控板，选择 TOP 基准面作为草绘平面，进入草绘模式，创建【拉伸 1】曲面，如图 16-8 所示。

03 在功能区【模型】选项卡的【形状】组中单击【拉伸】按钮，弹出【拉伸】操控板，在【拉伸 1】上选择一个面作为草绘平面，进入草绘模式绘制草图后，创建【拉伸 2】曲面，如图 16-9 所示。

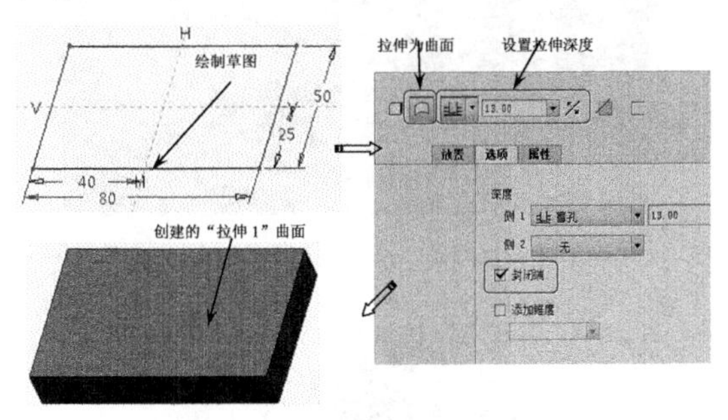

图 16-8　创建【拉伸 1】曲面

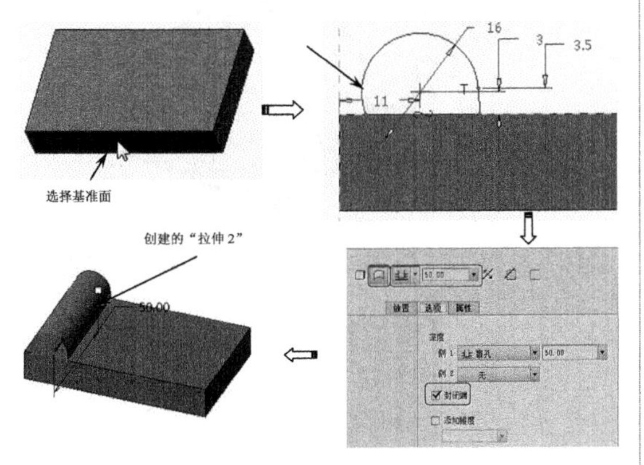

图 16-9　创建【拉伸 2】曲面

04 同理，再利用【拉伸】命令，在【拉伸 1】上选择一个面作为草绘平面，进入草绘模式绘制草图后，创建【拉伸 3】曲面，如图 16-10 所示。

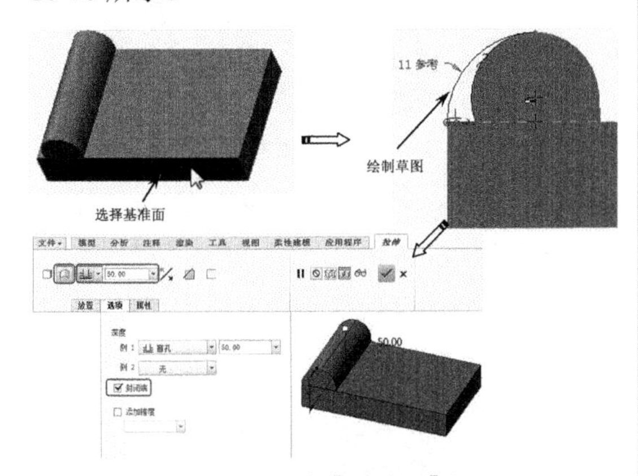

图 16-10　创建【拉伸 3】曲面

05 单击【拉伸】按钮，弹出【拉伸】操控板，在【拉伸 1】上选择一个面作为草绘平面，进入草绘模式，创建【拉伸 4】，如图 16-11 所示。

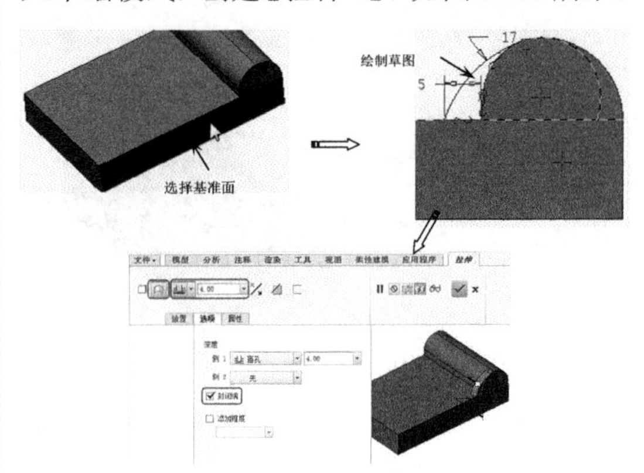

图 16-11　创建【拉伸 4】曲面

06 在功能区【模型】选项卡的【基准】组中单击【草绘】按钮，选择 RIGHT 基准面为草绘平面，进入草图绘制界面，创建【草图 4】，如图 16-12 所示。

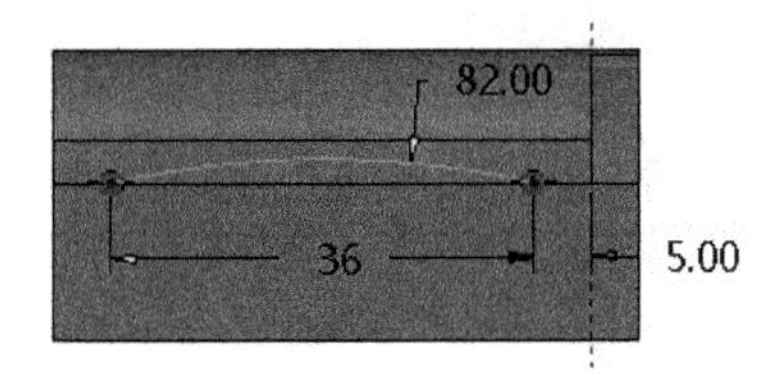

图 16-12　创建【草图 4】

07 在功能区【模型】选项卡的【基准】组中单击【平面】按钮，打开【基准平面】对话框，创建 DTM1 基准平面，其操作过程如图 16-13 所示。

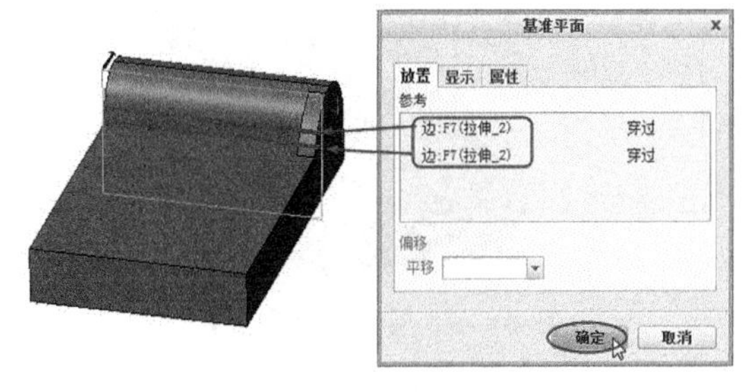

图 16-13　创建 DTM1 基准平面

08 在设计树中选中【草图 4】，在功能区【模型】选项卡的【编辑】组中单击【投影】按钮，打开【投影曲线】操控板，创建【投影 1】，其操作过程如图 16-14 所示。

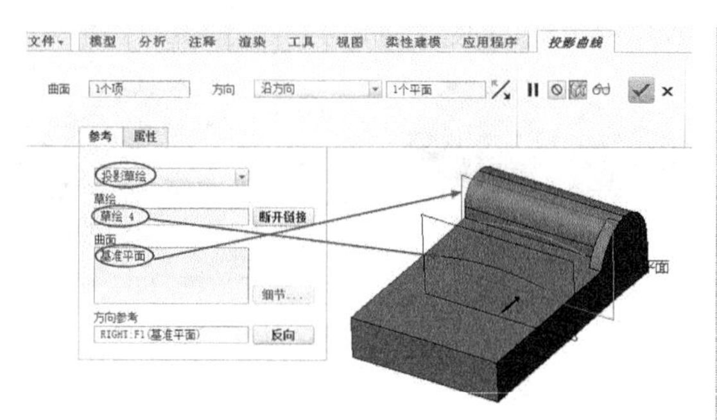

图 16-14　创建【投影 1】

09 在功能区【模型】选项卡的【基准】组中单击【平面】按钮，打开【基准平面】对话框，选择 RIGHT 基准平面作为参考，创建 DTM2 基准平面，其操作过程如图 16-15 所示。

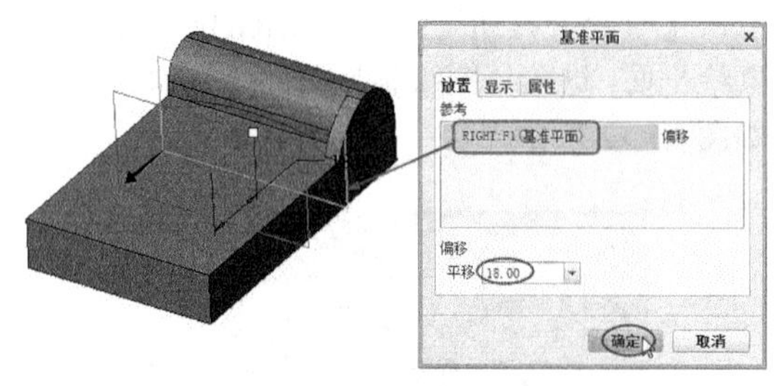

图 16-15　创建 DTM2 基准平面

10 用创建【投影 1】的方法，再将【草图 4】投影到 DTM2 上，创建【投影 2】，其完成结果如图 16-16 所示。

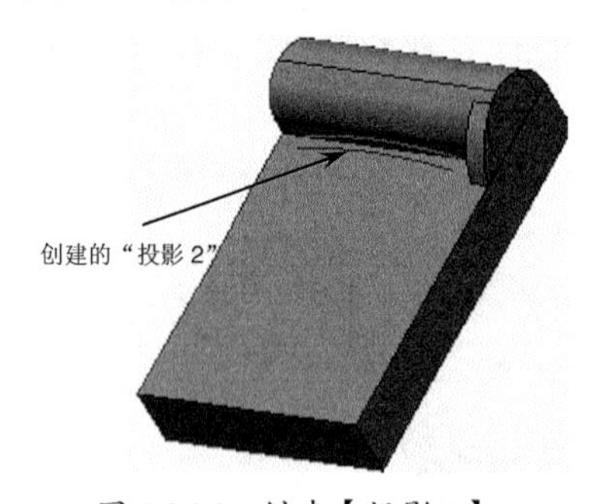

图 16-16　创建【投影 2】

11 功能区【模型】选项卡的【基准】组中单击【草绘】按钮，选择 DTM2 作为草绘平面，进入草图绘制界面，草绘【草图 5】，如图 16-17 所示。

12 用同样的方法，在【拉伸 1】的顶面，分别创建【草图 6】、【草图 7】和【草图 8】，其完成结果如图 16-18 所示。

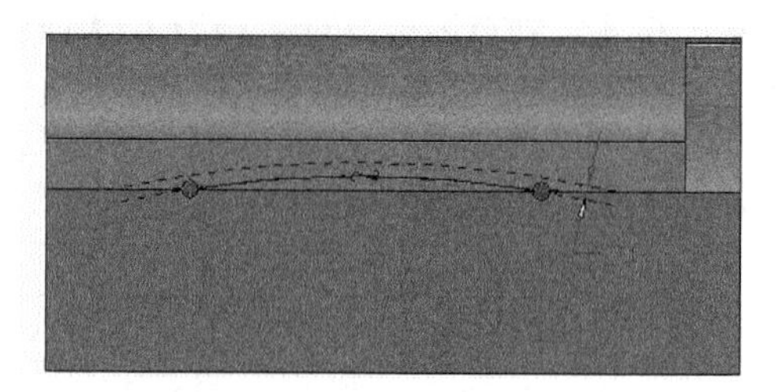

图 16-17　草绘【草图 5】

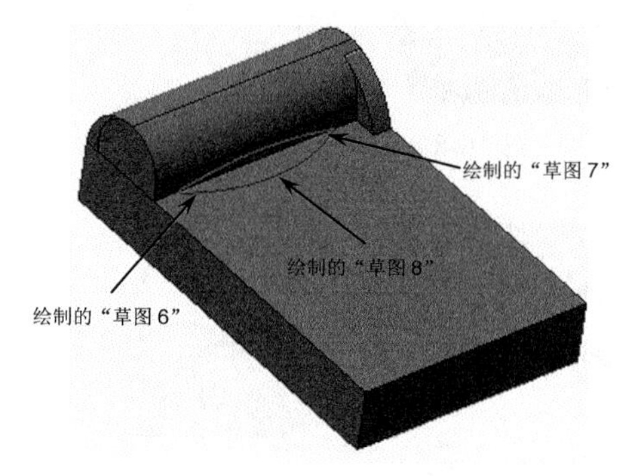

图 16-18　创建【草图 6】、【草图 7】和【草图 8】

13 在功能区【模型】选项卡的【曲面】组中单击【边界混合】按钮，弹出【边界混合】操控板，按住 Ctrl 键创建【边界混合 1】，如图 16-19 所示。

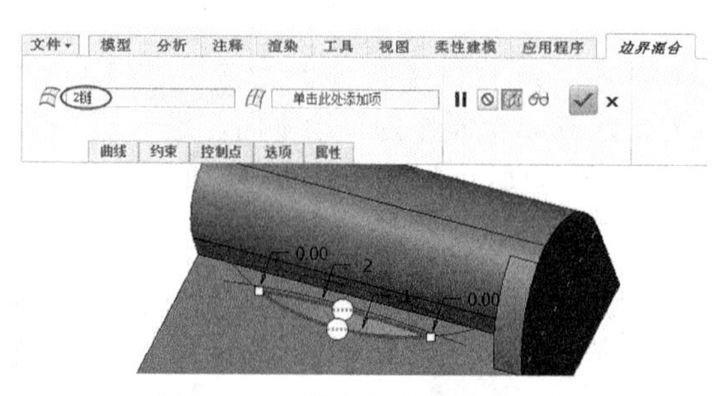

图 16-19　创建【边界混合 1】

14 用同样的方法创建【边界混合 2】，其完成结果如图 16-20 所示。

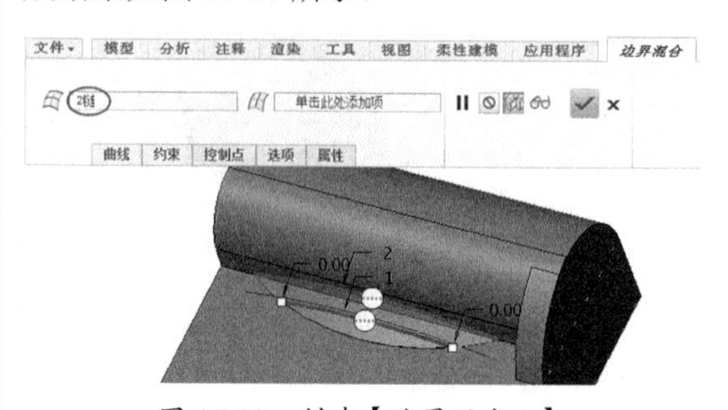

图 16-20　创建【边界混合 2】

15 按住 Shift 键在【模型树】中选择【拉伸 1】和【拉伸 2】，在功能区【模型】选项卡的【编辑】组中单击【合并】按钮，弹出【合并】操控板，创建【合并 1】，如图 16-21 所示。

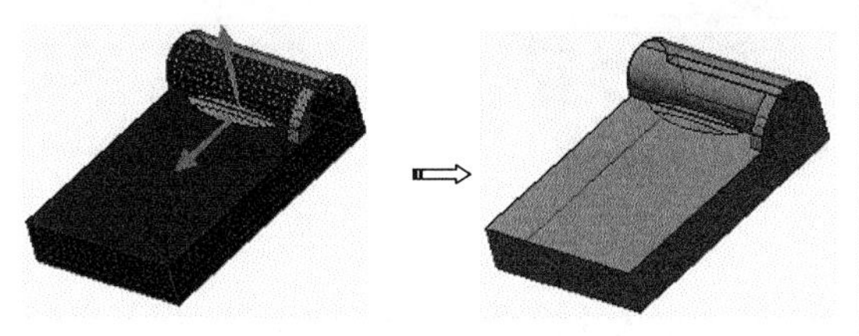

图 16-21　创建【合并 1】

16 用同样的方法，将所有创建的曲面进行合并，即创建【合并 2】、【合并 3】、【合并 4】和【合并 5】，其完成结果如图 16-22 所示。

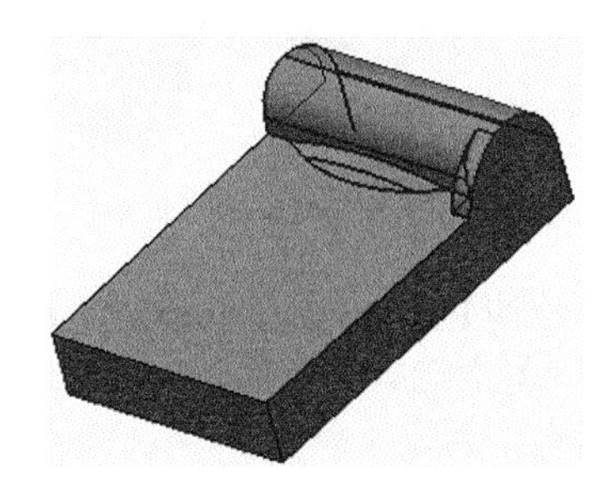

图 16-22　将所有的曲面进行合并

17 在模型树中选择【合并 5】，在功能区【模型】选项卡的【编辑】组中单击【实体化】按钮，创建【实体化 1】，其操作过程如图 16-23 所示。

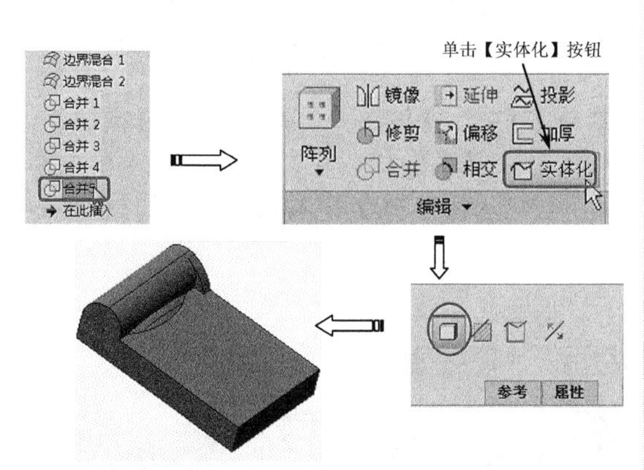

图 16-23　创建【实体化 1】

18 在功能区【模型】选项卡的【工程】组中单击【壳】按钮，弹出【壳】操控板，创建抽壳特征，如图 16-24 所示。

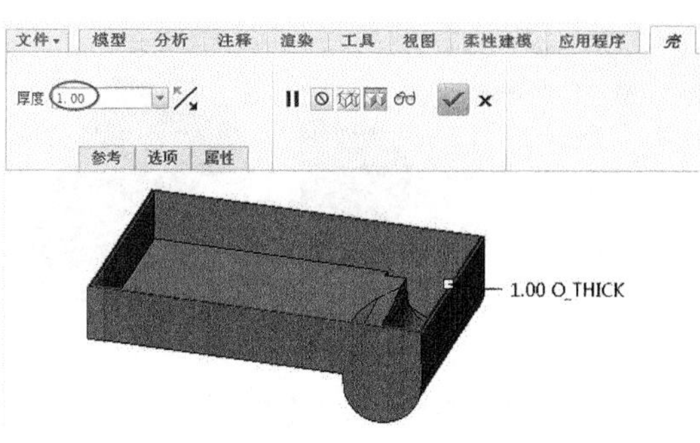

图 16-24　创建抽壳特征

19 单击【拉伸】按钮，弹出【拉伸】操控板，选择 TOP 基准面作为草绘平面，进入草绘模式，创建【拉伸 5】实体特征，如图 16-25 所示。

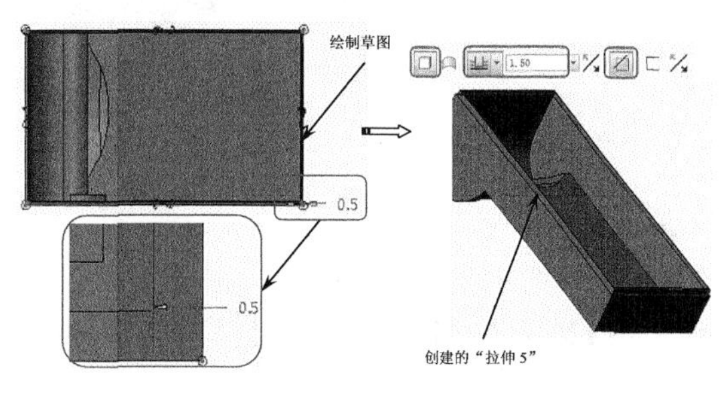

图 16-25　创建【拉伸 5】减材料特征

20 单击【拉伸】按钮，弹出【拉伸】操控板，在【拉伸 1】上选择一个面作为草绘平面，进入草绘模式，创建【拉伸 6】，如图 16-26 所示。

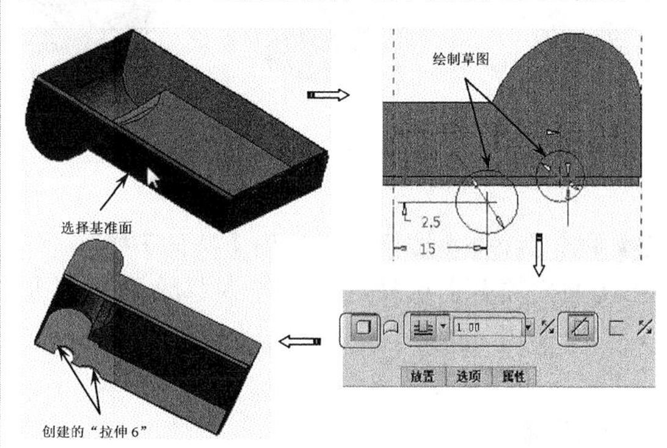

图 16-26　创建【拉伸 6】减材料特征

21 在功能区【模型】选项卡的【工程】组中单击【孔】按钮，弹出【孔】操控板，创建【孔 1】，如图 16-27 所示。

22 在功能区【模型】选项卡的【工程】组中单击【孔】按钮，弹出【孔】操控板，创建【孔 2】，如图 16-28 所示。

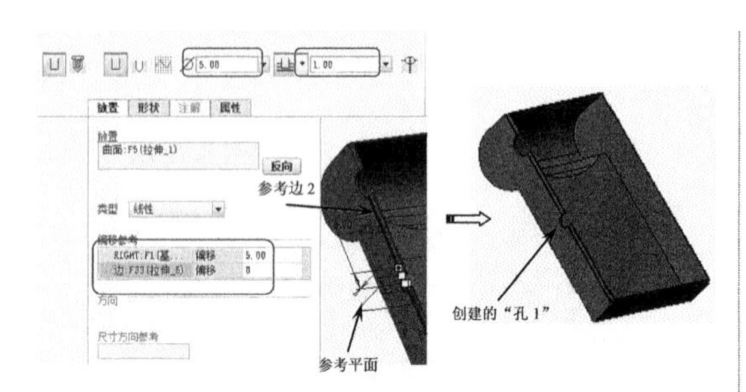

图 16-27 创建【孔 1】

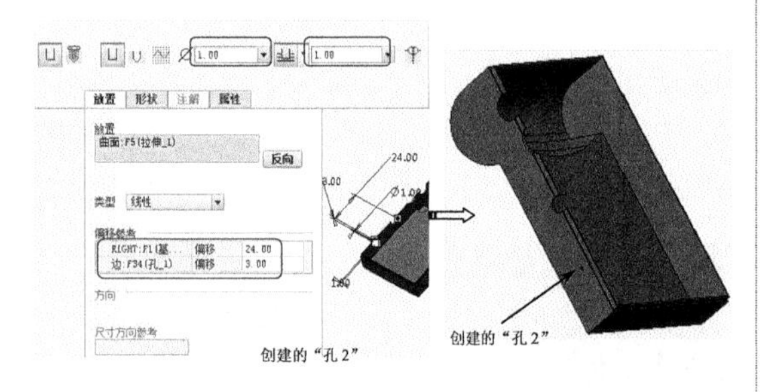

图 16-28 创建【孔 2】

23 在设计树中选择【孔 2】，在【编辑】组中单击【阵列】按钮，弹出【阵列】操控板，创建尺寸阵列，如图 16-29 所示。

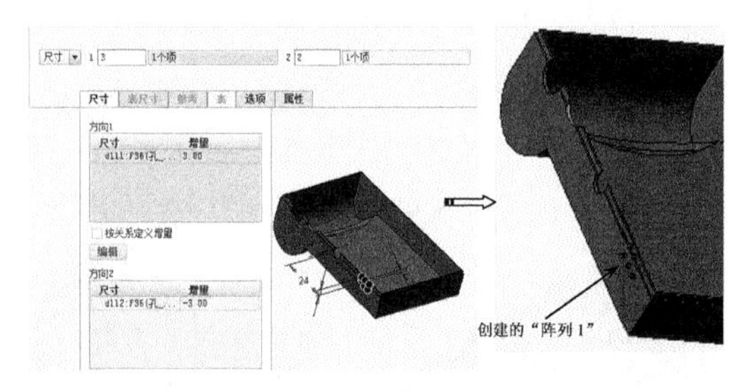

图 16-29 创建尺寸阵列

24 单击【拉伸】按钮，弹出【拉伸】操控板，在【伸出项】上选择一个面作为草绘平面，进入草绘模式，创建【拉伸 7】，如图 16-30 所示。

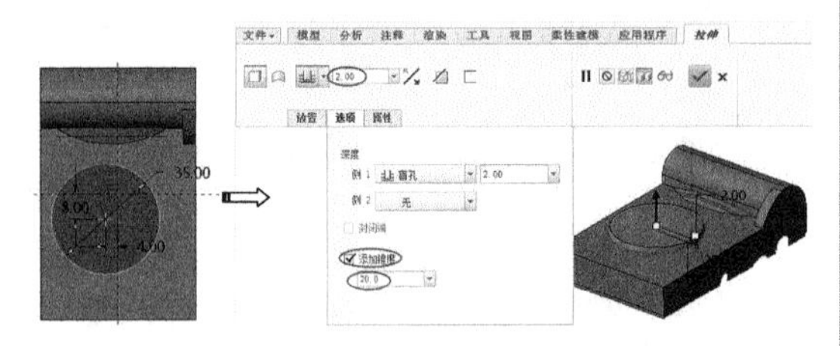

图 16-30 创建【拉伸 7】

25 同理，在【拉伸 7】的面上绘制草图，再创建出【拉伸 8】减材料特征，如图 16-31 所示。

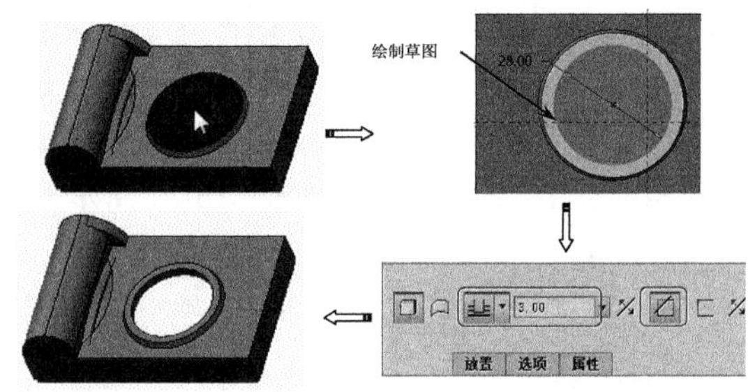

图 16-31 创建【拉伸 8】

26 在功能区【模型】选项卡的【工程】组中单击【倒圆角】按钮，创建【倒圆角 1】，其操作过程如图 16-32 所示。

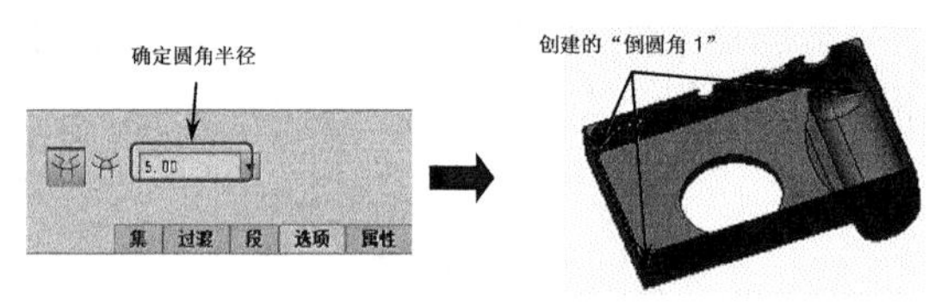

图 16-32 创建【倒圆角 1】

27 单击【拉伸】按钮，弹出【拉伸】操控板，在【拉伸 1】上选择一个面作为草绘平面，进入草绘模式，创建【拉伸 9】减材料特征，如图 16-33 所示。

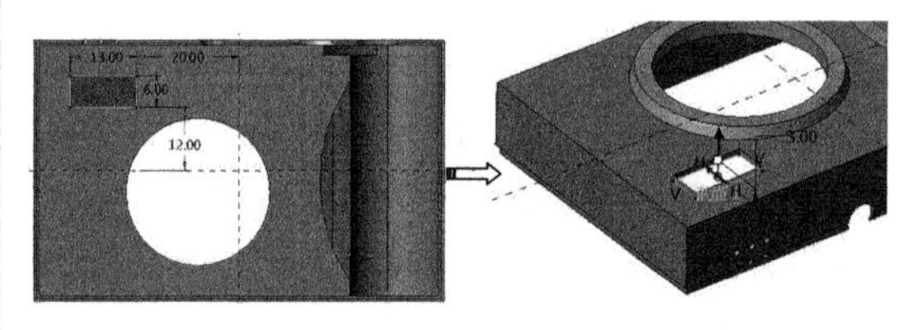

图 16-33 创建【拉伸 9】减材料特征

28 单击【拉伸】按钮，弹出【拉伸】操控板，选择 TOP 基准面作为草绘平面，进入草绘模式，创建【拉伸 10】减材料特征，如图 16-34 所示。

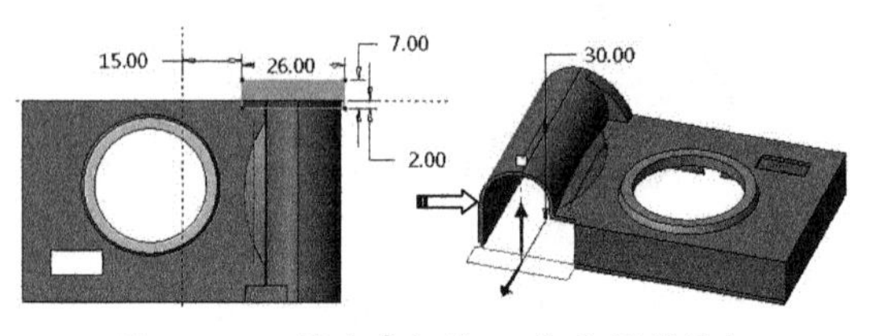

图 16-34 创建【拉伸 10】减材料特征

29 到此整个相机前盖的设计已经完成，单击【保存】按钮，将其保存到工作目录下即可。

16.3 旋转曲面

使用旋转方法创建曲面特征的基本步骤和创建实体特征类似，单击右工具栏中的【旋转】按钮，打开【旋转】操控板，然后单击【旋转为曲面】按钮，如图 16-35 所示。

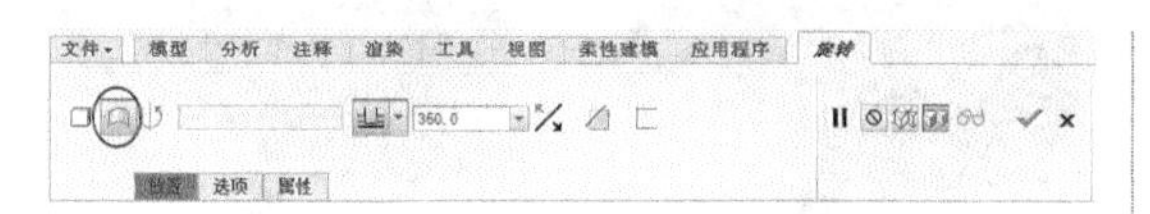

图 16-35 【旋转】操控板

正确选择并放置草绘平面后，可以绘制开放截面或闭合截面创建旋转曲面特征。在绘制截面图时，注意绘制旋转中心轴线。图 16-36 所示为使用开放截面创建旋转曲面的示例。

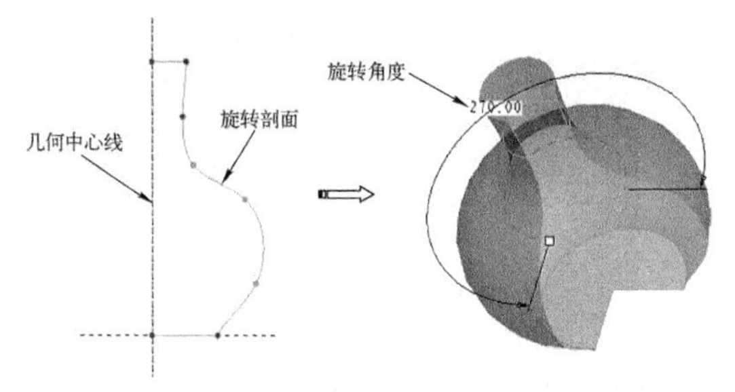

图 16-36 使用开放截面创建旋转曲面的示例

技术要点

在草绘旋转截面时可以绘制几何中心线作为旋转轴，但不能绘制中心线作为旋转轴。若没有绘制几何中心线，退出草绘模式后可以选择坐标轴或其他实体边作为旋转轴。

如果使用闭合截面创建旋转曲面特征，当旋转角度小于 360° 时，可以创建两端闭合的曲面特征。方法与创建闭合的拉伸曲面特征类似，如图 16-37 所示。

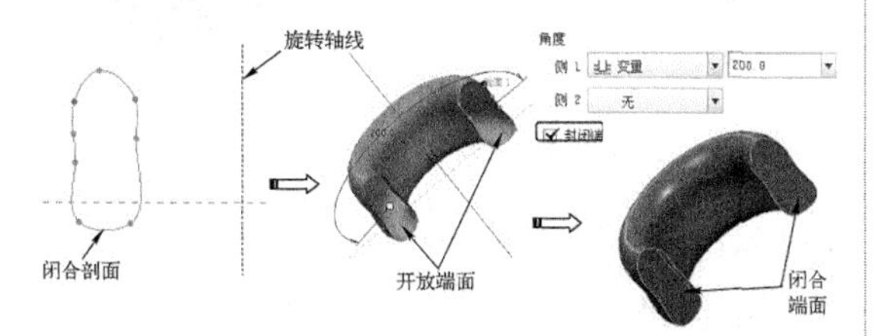

图 16-37 使用闭合截面创建旋转曲面特征

当旋转角度为 360° 时，由于曲面的两个端面已经闭合，所以实际上已经是闭合曲面。

动手操作——漏斗造型设计

漏斗的三维造型使用了基本的曲面特征，如旋转、圆角、填充、合并、加厚曲面。没有讲解过的曲面指令，将在后面小节中陆续介绍。创建完成的漏斗三维造型如图 16-38 所示。

图 16-38 漏斗实体模型

操作步骤：

01 新建命名为【漏斗】的零件文件。

02 单击【旋转】按钮，打开【旋转】操控板，单击【旋转为曲面】按钮。选择 FRONT 平面作为草绘平面并绘制草图，如图 16-39 所示。

03 退出草绘模式后，创建的旋转曲面如图 16-40 所示。

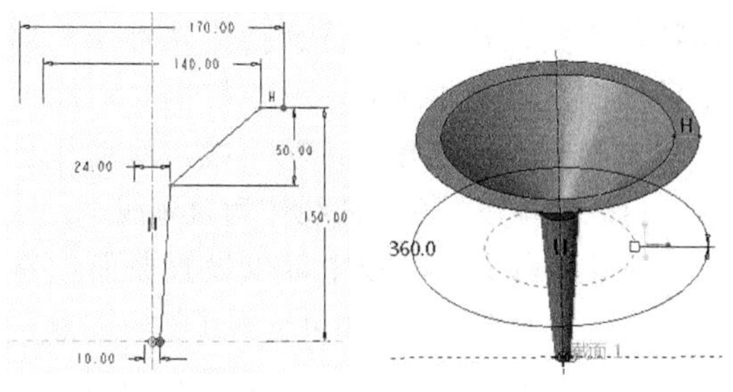

图 16-39 绘制草图　　图 16-40 创建旋转曲面

04 单击【倒圆角】按钮，创建两处 R10 的曲面圆角，如图 16-41 所示。

05 单击【填充】按钮，在漏斗的上表面绘制草图，如图 16-42 所示。创建的填充曲面如图 16-43 所示。

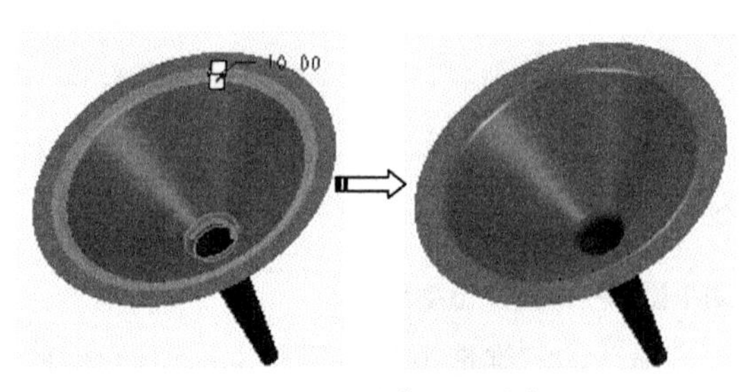

图 16-41　创建曲面圆角

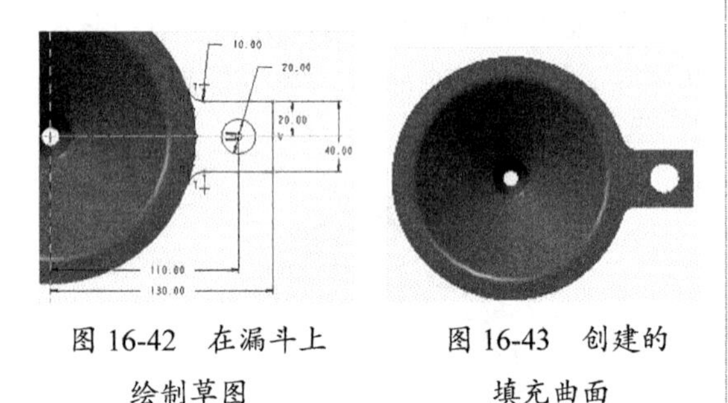

图 16-42　在漏斗上绘制草图　　图 16-43　创建的填充曲面

06 按住 Ctrl 键选取两曲面，单击【合并】按钮，把两曲面合并为一个曲面，如图 16-44 所示。

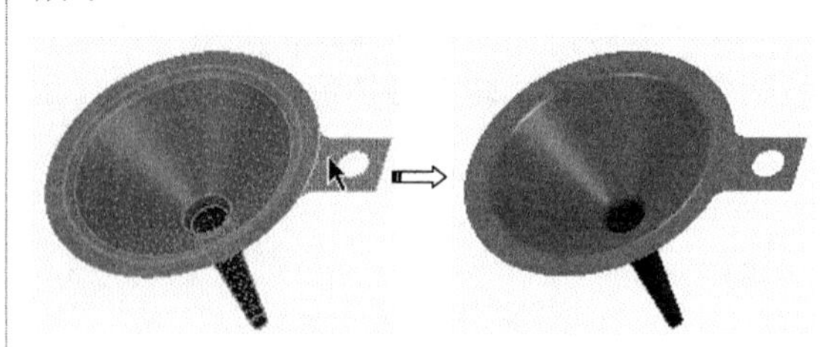

图 16-44　合并曲面

07 选取合并曲面，然后单击【加厚】按钮，创建薄壳实体，如图 16-45 所示。

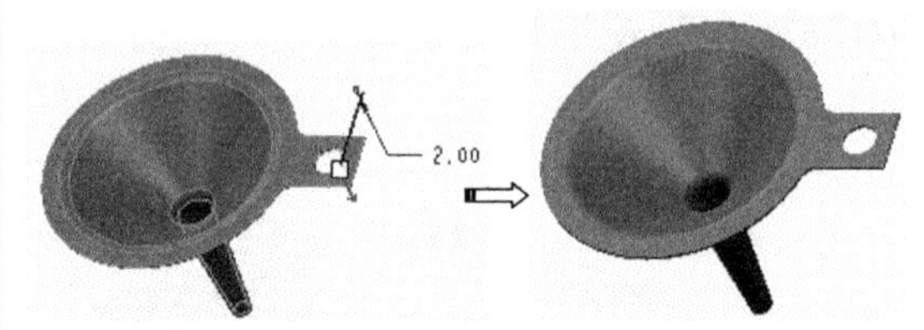

图 16-45　创建薄壳实体

16.4 扫描曲面

在【模型】选项卡的【形状】组中单击【扫描】按钮，弹出【扫描】操控板。单击【扫描为曲面】按钮，可以使用扫描工具创建曲面特征，如图 16-46 所示。

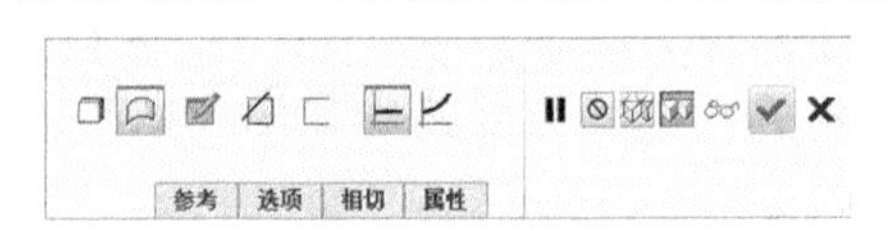

图 16-46　【扫描】操控板

与创建扫描实体特征相似，创建扫描曲面特征主要包括草绘或选择扫描轨迹线及草绘截面图两个基本步骤。草绘扫描轨迹线可以在二维平面内创建二维轨迹线，而选择轨迹线可以选择空间三维曲线作为轨迹线。

在【选项】选项板中可以设置曲面创建完成后端面是否封闭，如果选择【封闭端点】复选框（如图 16-47 所示），则两端面封闭；否则为开放曲面。

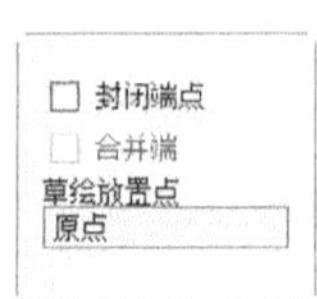

图 16-47　选择是否封闭端点

如图 16-48 所示为扫描曲面特征的示例。

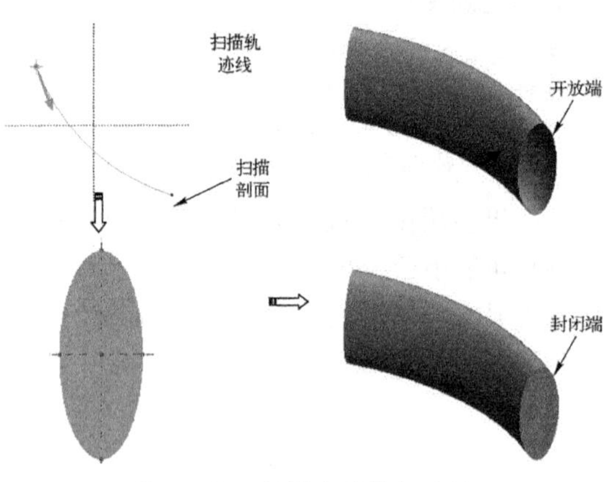

图 16-48　扫描曲面特征示例

动手操作——盘盖设计

本例将综合使用几种基本曲面设计方法创建一个曲面特征，设计过程如图 16-49 所示。

在本实例中，读者应注意掌握以下设计要点：

- 基本曲面的创建方法。
- 曲面特征和实体特征的差异。

图 16-49　基本建模过程

操作步骤：

01 新建名为【盘盖】的零件文件。

02 单击【旋转】按钮，打开【旋转】操控板，单击按钮创建曲面特征。

03 单击【放置】选项板中的【定义】按钮，弹出【草绘】对话框。选择基准平面 FRONT 作为草绘平面，接受系统所有默认参考放置草绘平面后进入二维草绘模式。

04 在草绘平面内使用【圆弧中心点】工具绘制一段圆弧，如图 16-50 所示。

05 退出草绘模式，单击【确定】按钮完成曲面创建，如图 16-51 所示。

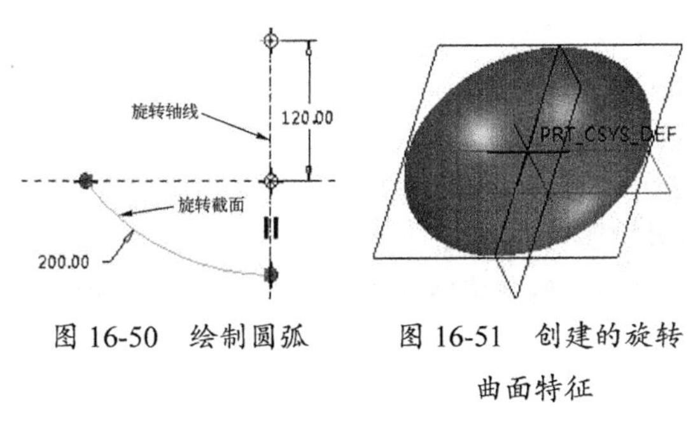

图 16-50　绘制圆弧　　图 16-51　创建的旋转曲面特征

06 单击【拉伸】按钮打开【拉伸】操控板，单击按钮创建曲面特征。选择基准平面 TOP 作为草绘平面，接受系统所有默认参考放置草绘平面后进入二维草绘模式。

07 单击【边】按钮，使用边工具来选择上一步创建的旋转曲面的边线生成拉伸截面，如图 16-52 所示。

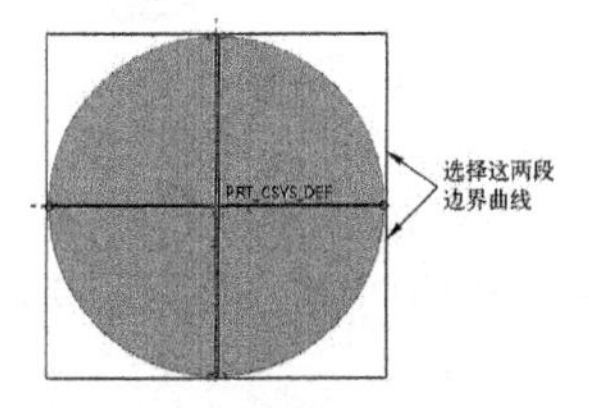

图 16-52　草绘截面图

08 退出草绘模式，保留【拉伸】操控板的默认设置，最终结果如图 16-53 所示。

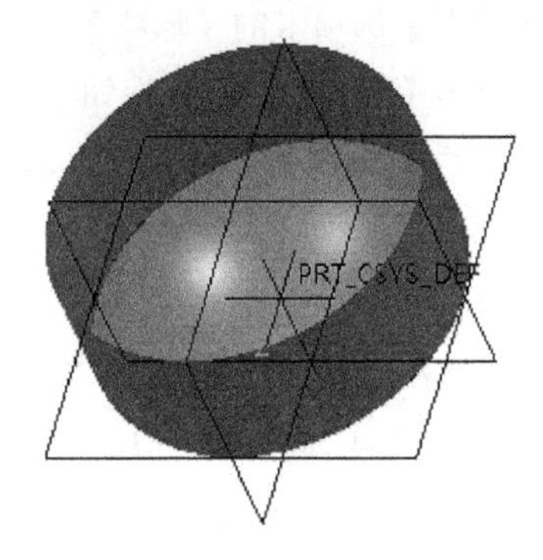

图 16-53　创建的拉伸曲面特征

09 在【模型】选项卡的【形状】组中单击【扫描】按钮，单击【扫描为曲面】按钮。

10 如图 16-54 所示，选择上一步创建的拉伸曲面特征的边界作为扫描轨迹线。

11 单击【编辑扫描截面】按钮进入草绘模式，在草绘截面中绘制如图 16-55 所示的扫描截面，退出草绘模式。

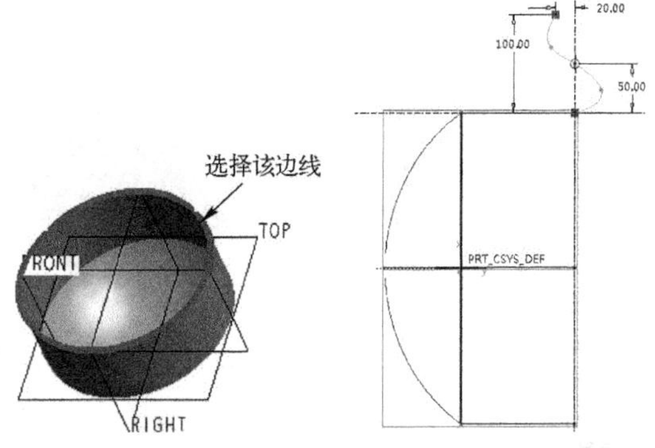

图 16-54　选择轨迹线　　图 16-55　扫描截面图

12 单击【确定】按钮，设计结果如图 16-56 所示。

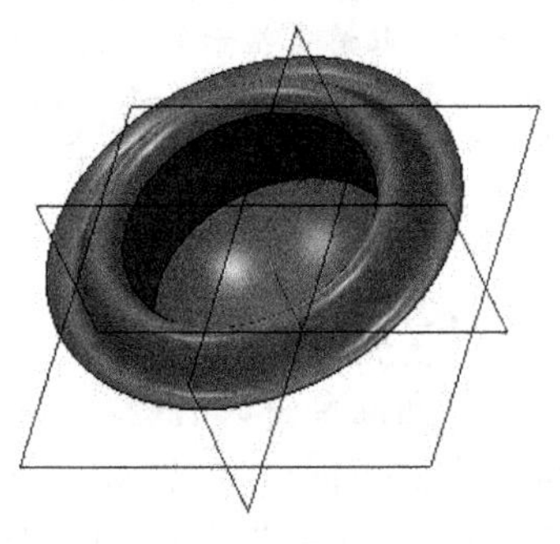

图 16-56　设计结果

16.5 混合曲面

在【模型】选项卡的【形状】组单击【形状】下拉列表中的【混合】按钮，弹出【混合】操控板。单击【混合为曲面】按钮，可以使用混合工具创建混合曲面特征，如图 16-57 所示。

图 16-57 【混合】操控板

与创建混合实体特征相似，可以创建平行混合曲面特征、旋转混合曲面特征和一般混合曲面特征等 3 种曲面类型。

创建混合曲面特征的原理是将多个不同形状和大小的截面按照一定顺序依次相连，各截面之间也必须满足顶点数相同的条件；同样，可以使用混合顶点及插入截断点等方法使原本不满足要求的截面满足混合条件。混合曲面特征的属性除了开放终点和封闭端点外，还有直的和光滑两种属性，主要用于设置各截面之间是否光滑过渡。如图 16-58 所示为平行混合曲面特征的示例。

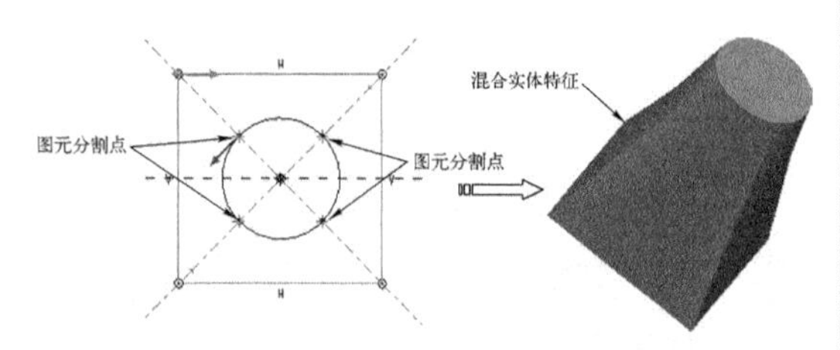

图 16-58 平行混合曲面特征设计示例

技术要点

如果是草绘截面，那么需要选择草绘平面。进入草绘环境后对于截面的要求是各截面的起点要一致，且箭头指示的方向也要相同（同为顺时针或逆时针）。无论是选择截面，还是草绘截面都必须保证每个截面的段数是相等的。

动手操作——十字螺钉设计

由数个截面混合生成的特征称为混合特征。按混合方式不同可将混合特征分为 3 种形式：平行混合、旋转混合及一般混合。

在使用混合特征建模时，首先在系统显示的【混合选项】菜单管理器中选择混合的形式及截面的绘制形式，如图 16-59 所示。

图 16-59 十字螺钉

操作步骤：

01 新建名为【十字螺钉】的零件文件。

02 在【形状】组中单击【旋转】按钮，打开【旋转】操控板。

03 选择 FRONT 基准面为草绘平面，进入草绘工作环境。绘制一条中心线作为旋转轴，在中心线一侧绘制旋转截面，如图 16-60 所示。

04 完成草图绘制，返回特征操控板，单击【完成】按钮创建旋转曲面特征，如图 16-61 所示。

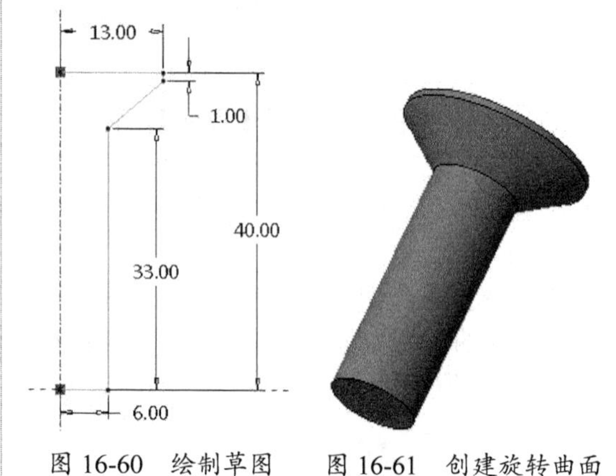

图 16-60 绘制草图　图 16-61 创建旋转曲面

05 单击【倒角】按钮，打开【边倒角】操控板。选择旋转曲面的一条边创建倒角特征，如图 16-62 所示。

图 16-62　创建边倒角特征

06 在【形状】组中单击【混合】按钮，打开【混合】操控板。单击【混合为曲面】按钮。

07 在操控板的【截面】选项板中单击【定义】按钮，然后选择旋转特征上的平面作为草绘平面，进入到草绘模式。如图 16-63 所示。

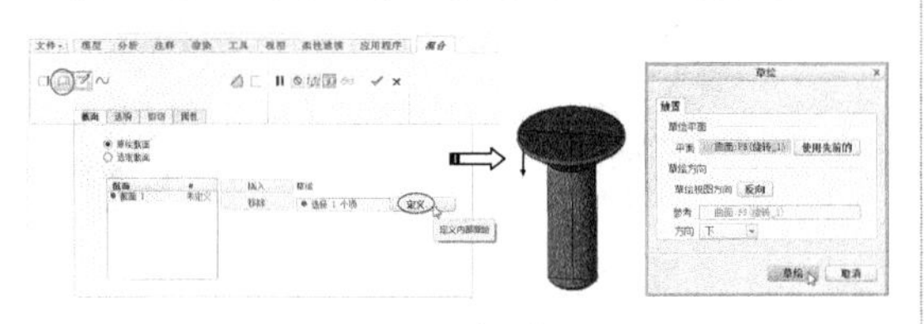

图 16-63　选择草绘平面

技术要点

如果事先绘制了草图曲线，可以在【截面】选项板中选择【选定截面】单选按钮，然后添加曲线即可作为第一截面。

08 绘制如图 16-64 所示的草图。先绘制 1/4，然后绘制中心线，将 1/4 镜像就得到完整草图。

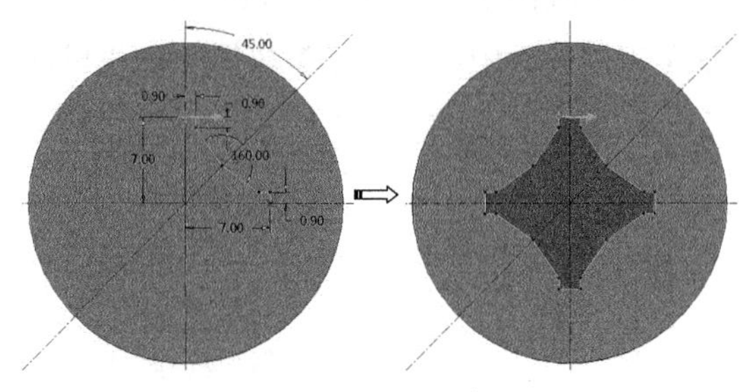

图 16-64　绘制草图

09 退出草绘模式返回操控板中。在【截面】选项板中为截面 2 设置偏移值为 -2.5，并再次进入草绘模式中绘制截面 2，如图 16-65 所示。

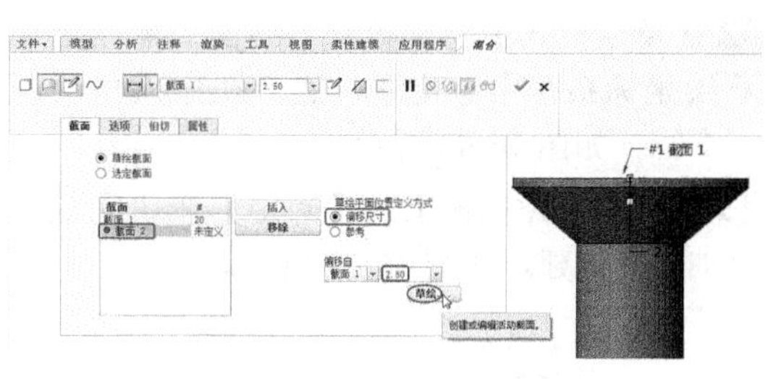

图 16-65　指定截面 2 与截面 1 之间的偏移距离

技术要点

输入偏移值之前，查看下偏移方向，如向上，则输入负值即可；若向下，输入正值。

10 在草绘模式中绘制截面 2，绘制方法与截面 1 相同，如图 16-66 所示。

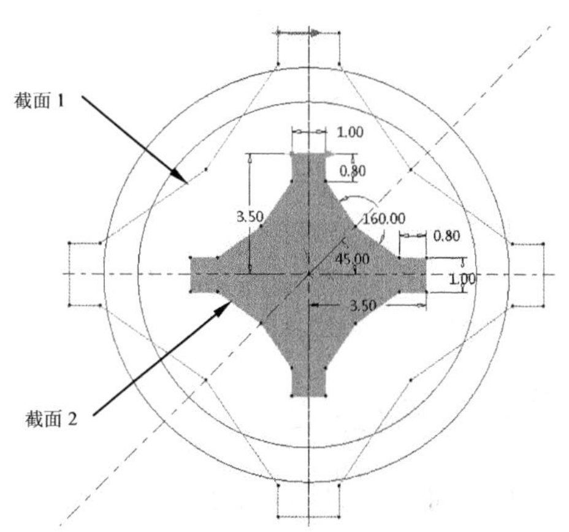

图 16-66　绘制截面 2

技术要点

绘制第二个截面时中心位置必须添加草绘坐标系（并非基准坐标系）。

11 同理，在操控板【截面】选项板单击【插入】按钮，然后输入截面 3 的偏移距离 -2.5，并进入草绘模式。如图 16-67 所示。

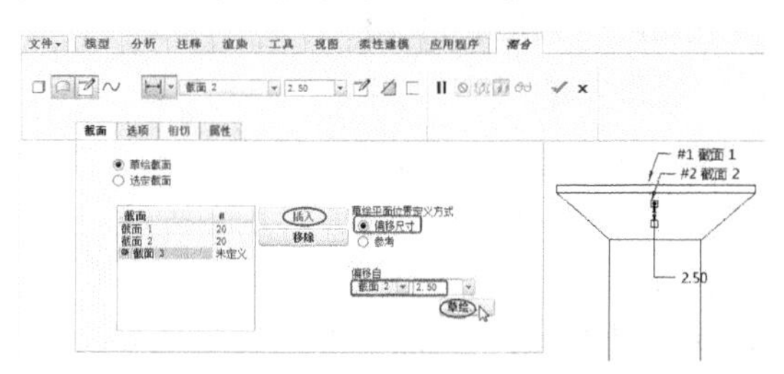

图 16-67　设置截面 3 的偏移值

12 在草绘模式中绘制第三个截面，需要添加草绘坐标系在中心位置，然后在原点出绘制一个点，如图16-68所示。

13 最后单击操控板上的【确定】按钮完成混合曲面的创建，如图16-69所示。

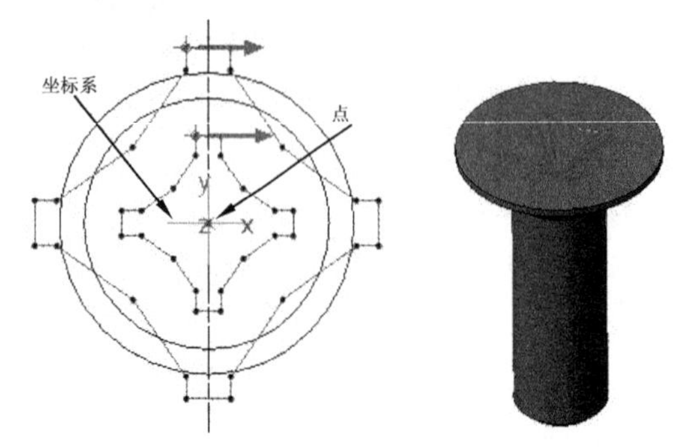

图16-68 绘制截面3　　图16-69 创建混合曲面

14 在模型树中按住Ctrl键选中旋转曲面特征和混合曲面特征，然后在【编辑】组中单击【合并】按钮，打开【合并】操控板。

15 单击【更改要保留的第一面组的侧】按钮，改变合并方向。最后单击【确定】按钮完成合并操作，如图16-70所示。

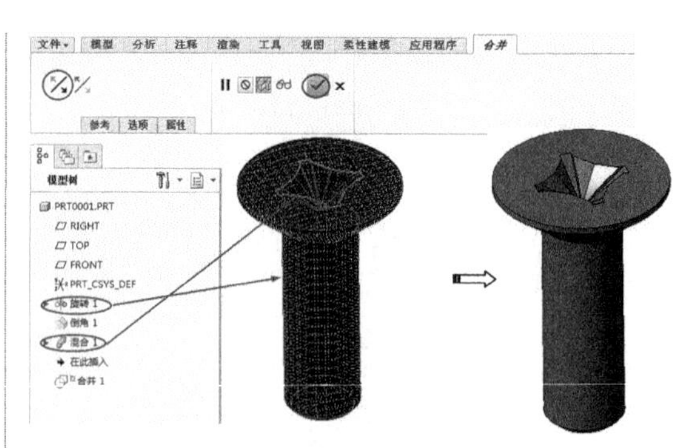

图16-70 合并曲面

16 在图形区选中合并后的曲面模型，然后在【编辑】组中单击【实体化】按钮，得到十字螺钉实体模型，如图16-71所示。

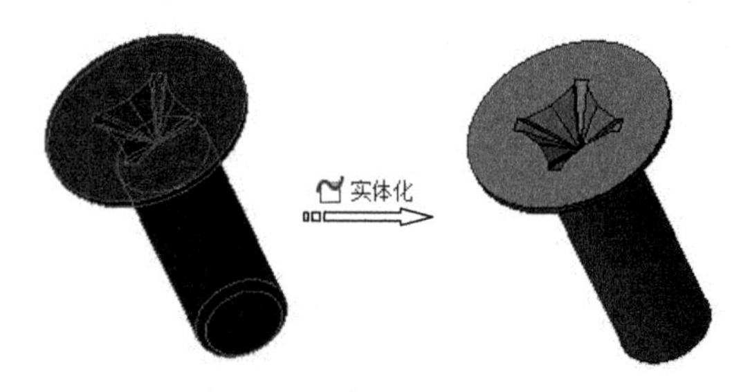

图16-71 实体化曲面模型

16.6 填充曲面

填充曲面特征就是填充由封闭曲线围成的区域后生成的平整曲面，创建该曲面特征的方法是绘制或选择封闭的曲面边界，然后使用填充曲面工具来创建曲面特征。

在【模型】选项卡的【曲面】组中单击【填充】按钮，打开如图16-72所示【填充】操控板。

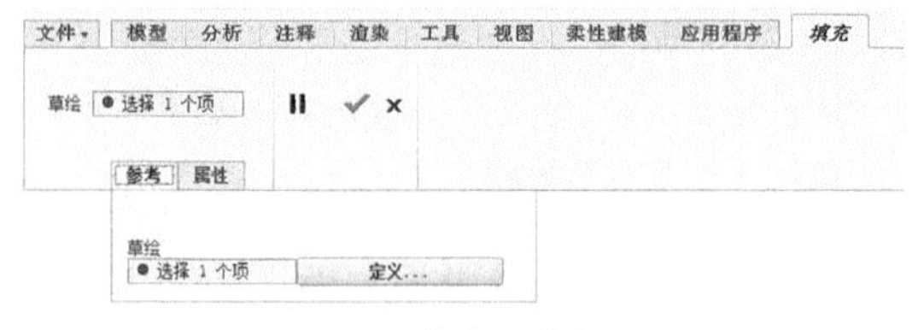

图16-72 【填充】操控板

动手操作——创建填充曲面

操作步骤：

01 新建名为【填充曲面】的零件文件。

02 在【模型】选项卡的【曲面】组中单击【填充】按钮，打开【填充】操控板。

03 展开【参考】选项板。单击【定义】按钮，打开【草绘】对话框。选择基准平面TOP作为草绘平面，接受系统所有默认参考放置草绘平面后进入草绘模式。

04 绘制如图16-73所示的草图，退出草绘模式。

05 单击操控板中的【确定】按钮，生成的填充曲面如图16-74所示。

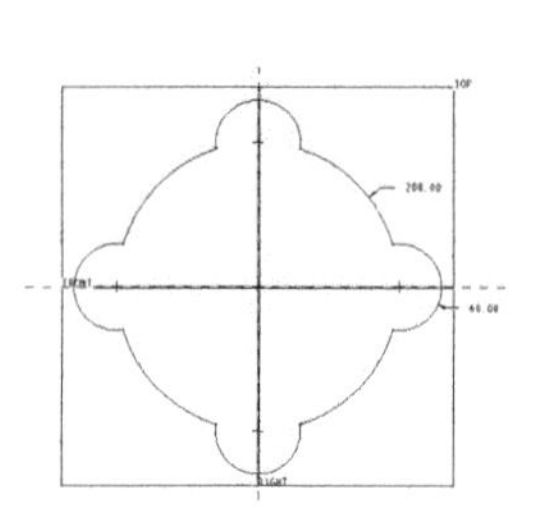

图16-73 绘制二维平面图

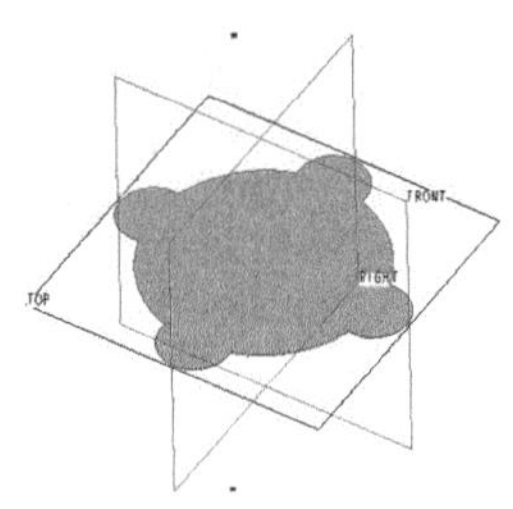

图16-74 生成的填充曲面

16.7　综合实训——风扇叶片设计

◎ **结果文件：实例 \ 结果文件 \Ch16\ 风扇叶片 .prt**

◎ **视频文件：视频 \Ch16\ 风扇叶片 .avi**

电风扇叶轮模型主要包括沿圆周均布的 3 个叶片及中间旋转体部分，其中叶片部分建模较为复杂。叶轮设计综合运用到了曲面偏移、曲面合并、曲面实体化等曲面建模方法。

本节要介绍的叶轮如图 16-75 所示。

图 16-75　电风扇叶轮模型

操作步骤：

01 启动 Creo 后，创建一个名为【风扇叶片】的零件文件，并选择【direct_part_solid_mmns】公制模板。

02 在功能区【模型】选项卡的【形状】组中单击【旋转】按钮，弹出【旋转】操控板，选择 FRONT 基准面作为草绘平面，进入草绘模式，创建【旋转 1】，如图 16-76 所示。

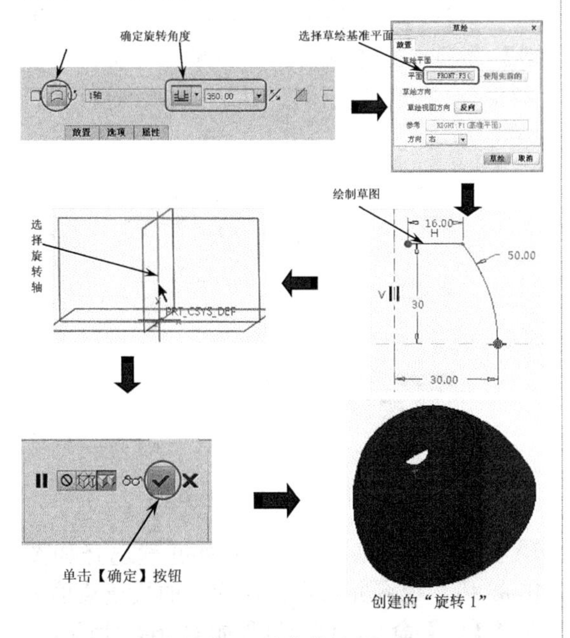

图 16-76　创建【旋转 1】

03 在功能区【模型】选项卡的【形状】组中单击【拉伸】按钮，弹出【拉伸】操控板，选择 FRONT 基准面作为草绘平面，创建【拉伸 1】，其操作过程如图 16-77 所示。

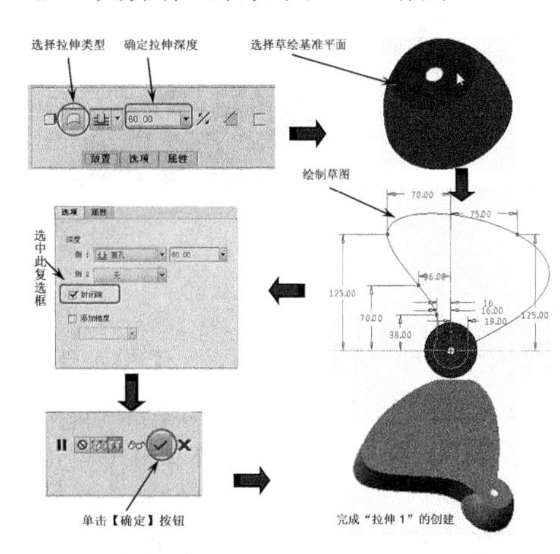

图 16-77　创建【拉伸 1】

04 在功能区【模型】选项卡的【形状】组中单击【拉伸】按钮，弹出【拉伸】操控板，选择 RIGHT 基准面作为草绘平面，创建【拉伸 2】，其操作过程如图 16-78 所示。

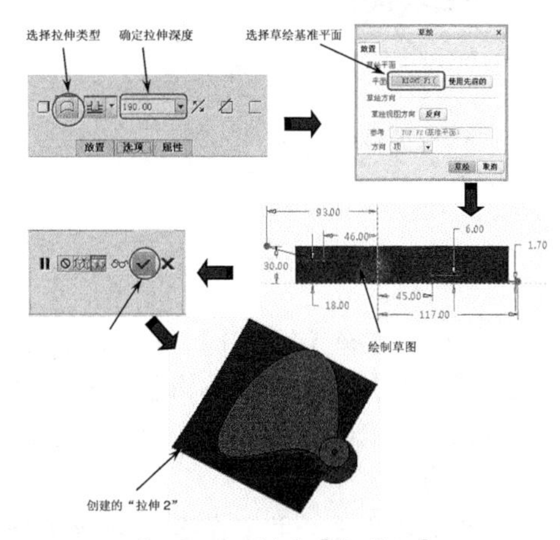

图 16-78　创建【拉伸 2】

05 在设计树中选择【拉伸2】，在功能区【模型】选项卡的【功能】组中单击【偏移】按钮，创建【偏移1】，其操作过程如图16-79所示。

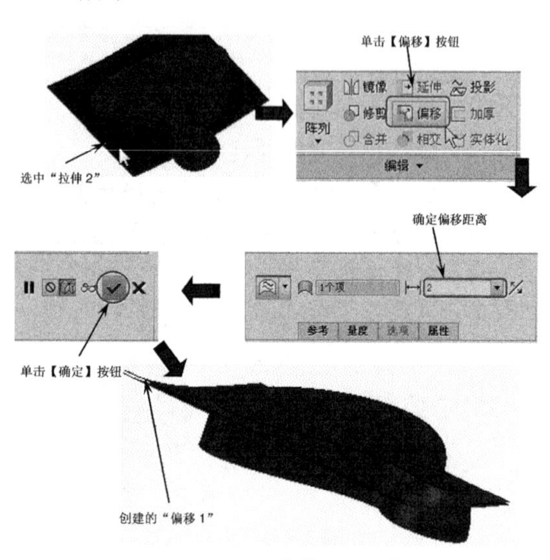

图16-79　创建【偏移1】

06 选择【旋转1】，在功能区【模型】选项卡的【操作】组中单击【复制】按钮，在功能区【模型】选项卡的【操作】组中单击【粘贴】按钮，创建【复制1】，即在原位置复制同样的一个曲面，图形区域虽然没有发生什么变化，但在模型树中出现【复制1】项目。其操作过程如图16-80所示。

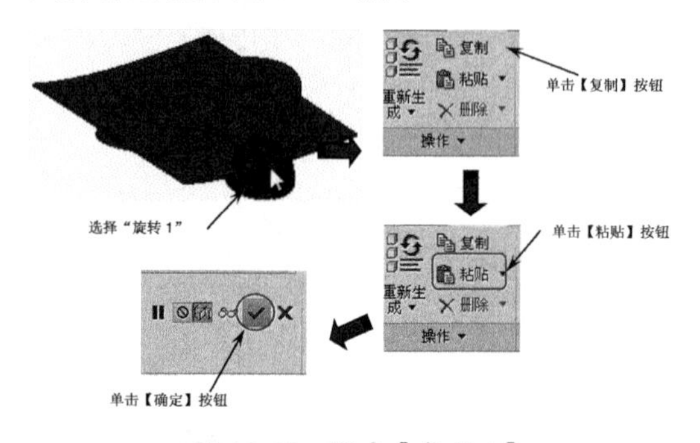

图16-80　创建【复制1】

07 在设计树中选择【拉伸1】和【偏移1】，在功能区【模型】选项卡的【编辑】组中单击【合并】按钮，创建【合并1】，其操作过程如图16-81所示。

08 重复使用两次【合并】命令，创建【合并2】和【合并3】，其操作过程如图16-82和16-83所示。

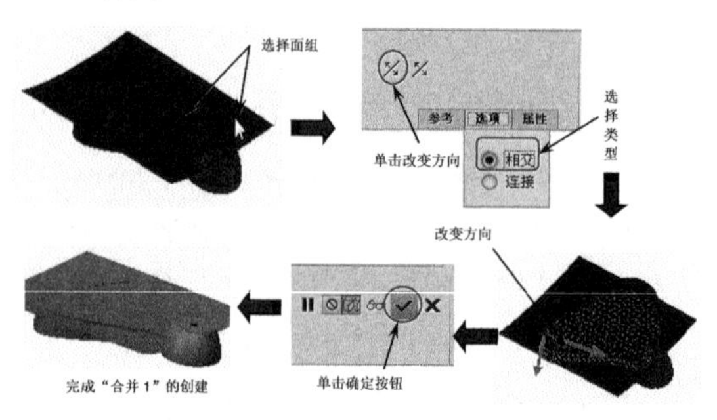

图16-81　创建【合并1】

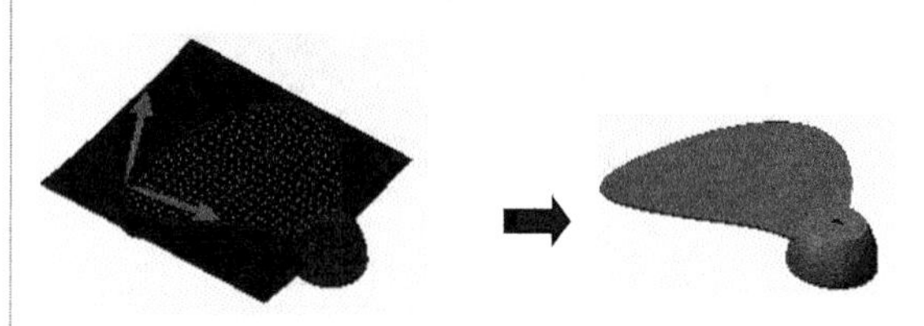

图16-82　创建【合并2】

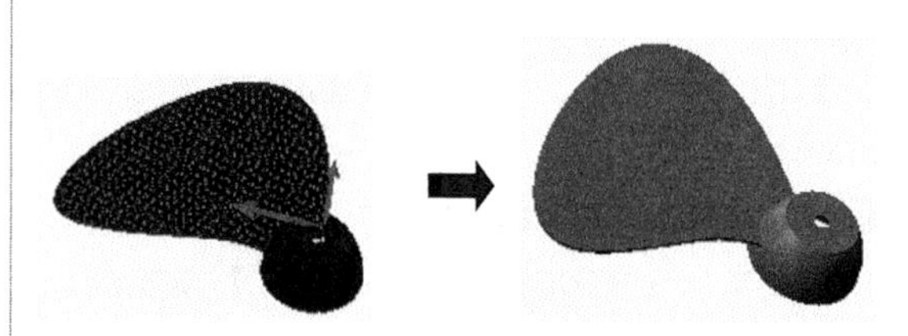

图16-83　创建【合并3】

09 在设计树中选择【合并3】，在功能区【模型】选项卡的【编辑】组中单击【实体化】按钮，创建【实体化1】，其操作过程如图16-84所示。

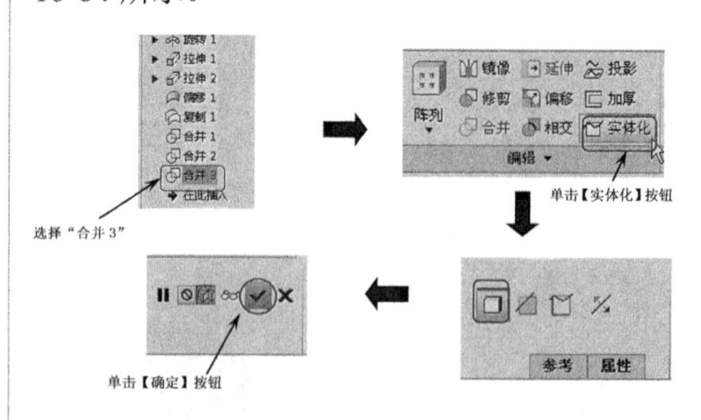

图16-84　创建【实体化1】

10 在模型树窗口中，按住Shift键选择如图16-85所示内容并右击，在弹出的快捷菜单中选择【组】命令，创建过程如图16-86所示。

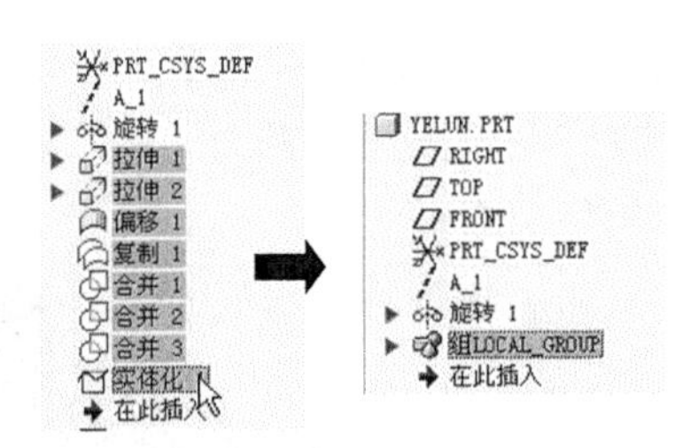

图 16-85　创建组

11 在设计树中选择组，在功能区【模型】选项卡的【编辑】组中单击【阵列】按钮，创建【阵列 1】，其操作过程如图 16-86 所示。

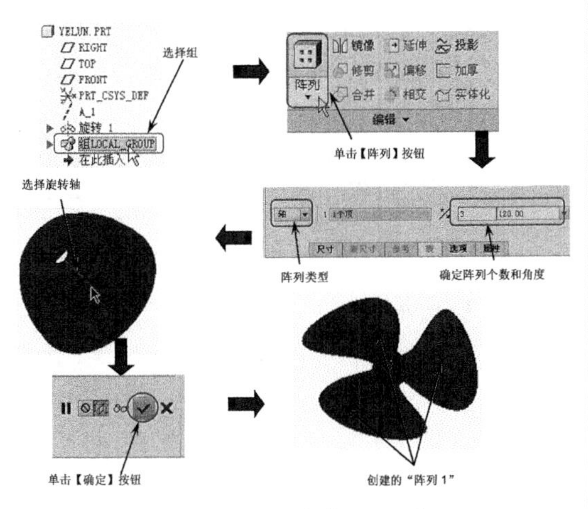

图 16-86　创建【阵列 1】

12 选择【旋转 1】， 在功能区【模型】选项卡的【编辑】组中单击【加厚】按钮，创建【加厚 1】，其操作过程如图 16-87 所示。

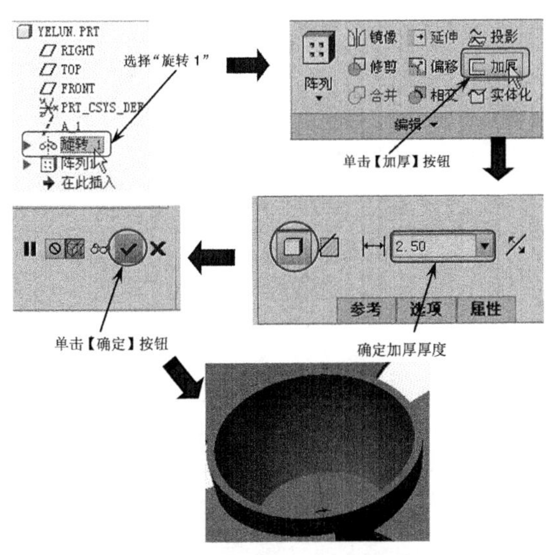

图 16-87　创建【加厚 1】

13 在功能区【模型】选项卡的【形状】组中单击【拉伸】按钮，弹出【拉伸】操控板，选择 RIGHT 基准面作为草绘平面，创建【拉伸 3】，其操作过程如图 16-88 所示。

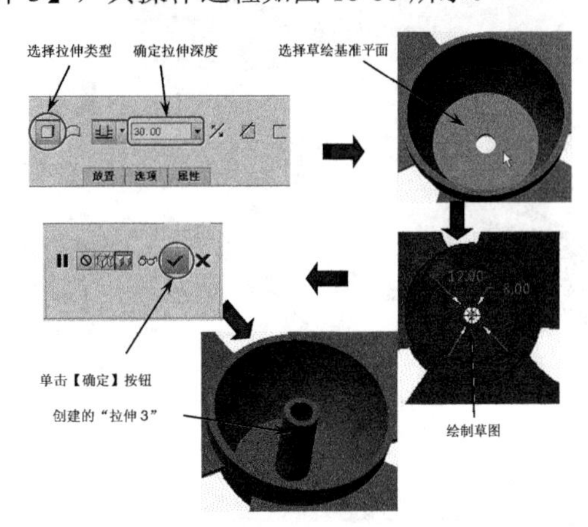

图 16-88　创建【拉伸 3】

14 在功能区【模型】选项卡的【基准】组中单击【平面】按钮，创建 DTM1 基准平面，其操作过程如图 16-89 所示。

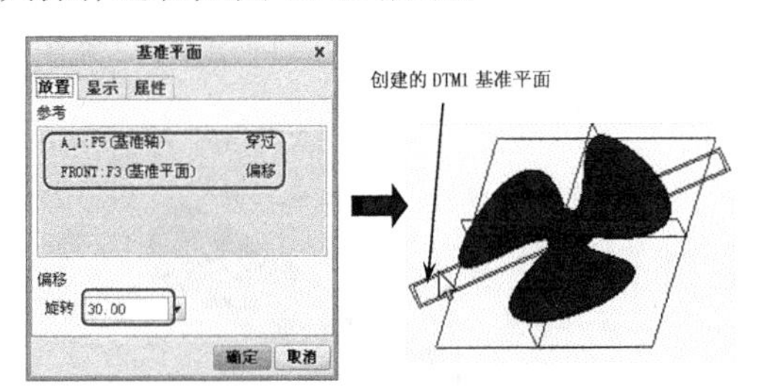

图 16-89　创建 DTM1 基准平面

15 在功能区【模型】选项卡的【工程】组中单击【轮廓筋】按钮，创建【轮廓筋 1】，其操作过程如图 16-90 所示。

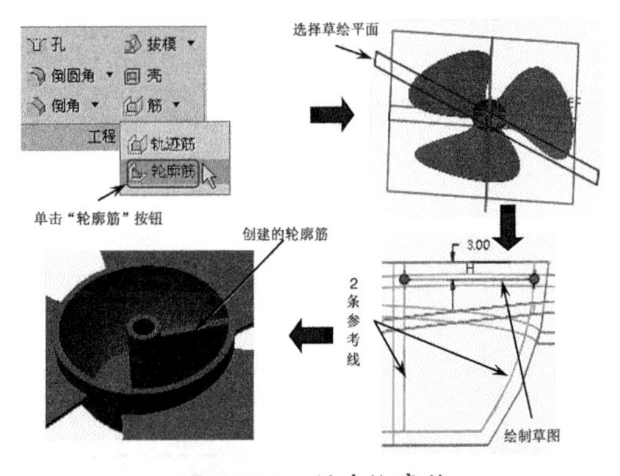

图 16-90　创建轮廓筋

16 选择【轮廓筋 1】，在功能区【模型】选项卡的【编辑】组中单击【阵列】按钮，创建【阵列 2】，其操作过程如图 16-91 所示。

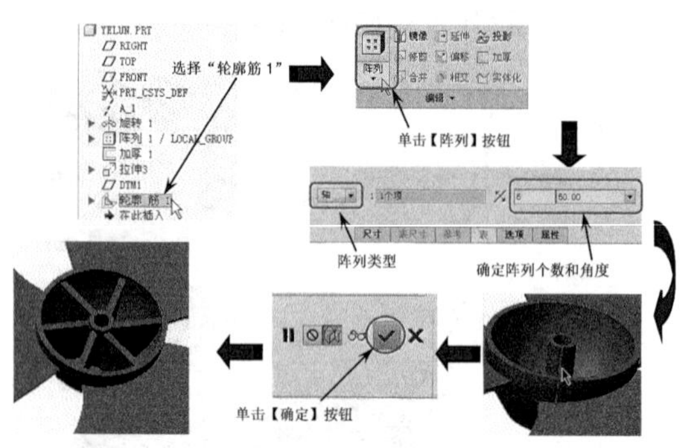

图 16-91　创建【阵列 2】

17 在【模型】选项卡的【工程】组中单击【倒圆角】按钮，创建【倒圆角 1】，其操作过程如图 16-92 所示。

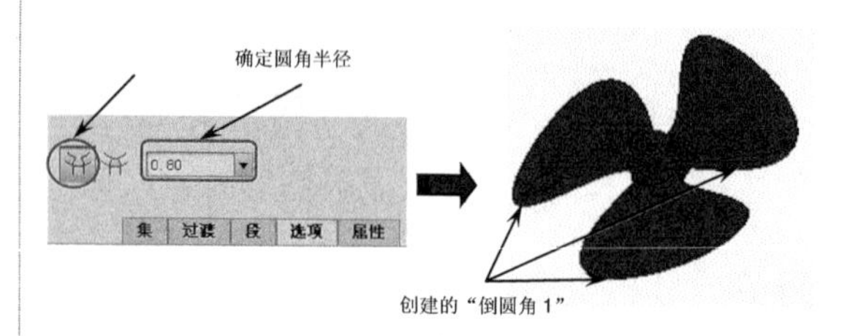

图 16-92　创建【倒圆角 1】

18 到此整个电风扇叶轮的设计已经完成，单击【保存】按钮，将其保存到工作目录即可。

16.8 练习题

1. 手电筒造型

本练习为手电筒造型，采用旋转工具创建，如图 16-93 所示。

2. 手电钻造型

本练习为手电钻的曲面造型练习，采用拉伸、边界混合、偏移、复制、造型曲面等工具，手电钻造型如图 16-94 所示。

图 16-93　手电筒造型

图 16-94　手电钻造型

◇◇◇◇◇◇◇◇◇◇◇◇◇◇◇◇◇◇◇ 读书笔记 ◇◇◇◇◇◇◇◇◇◇◇◇◇◇◇◇◇◇◇◇◇

第 17 章　高级扫描与混合曲面指令

仅仅使用前面讲到的实体造型技巧设计产品还远远不够，在现代设计中越来越强调细致而复杂的外观造型，因此必须引入大量的曲面特征，以满足丰富多彩的产品造型。

知识要点

- ◆ 边界混合曲面
- ◆ 扫描混合曲面
- ◆ 螺旋扫描曲面
- ◆ 可变截面扫描曲面

17.1 边界混合曲面

除了使用拉伸、旋转、扫描和混合等方法创建曲面特征之外，还可以使用扫描混合、螺旋扫描、边界混合及可变截面扫描的方法创建曲面特征。

在创建边界混合曲面特征时，首先定义构成曲面的边界曲线，然后由这些边界曲线围成曲面特征。如果需要创建更加完整和准确的曲面形状，可以在设计过程中使用更多的参考图元，如控制点、边界条件及附加曲线等。

17.1.1 边界混合曲面特征概述

新建零件文件后，在【模型】选项卡的【曲面】组中单击【边界混合曲面】按钮，弹出【边界混合】操控板，如图 17-1 所示。

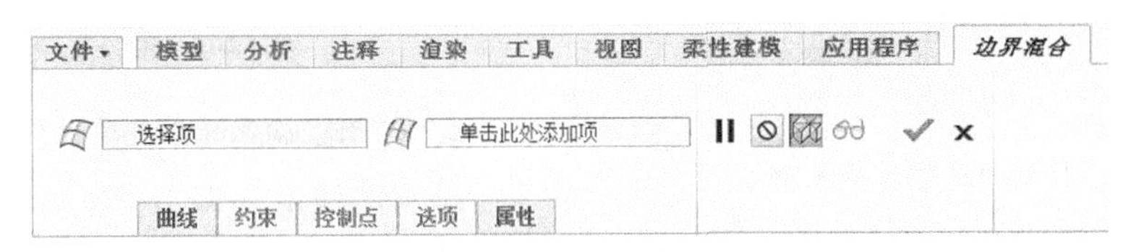

图 17-1 【边界混合】操控板

创建边界混合曲面特征时，需要依次指明围成曲面的边界曲线。可以在一个方向上或两个方向上指定边界曲线。此外，为了获得理想的曲面特征，还可以指定控制曲线来调节曲面的形状。

在创建边界混合曲面特征时，最重要的工作是选择适当的参考图元来确定曲面的形状。选择参考图元时要注意以下要点：

- 曲线、实体边、基准点、基准曲线或实体边的端点等均可作为参考图元使用。
- 在每个方向上都必须按连续顺序选择参考图元，不过在选择参考图元后还可以重新排序。
- 在两个方向上定义的混合曲面的外部边界必须形成一个封闭的环，这意味着外部边界必须相交，否则系统将自动修剪这些边界。
- 如果要使用连续边或一条以上的基准曲线作为边界，则按住 Shift 键来选择曲线链。

17.1.2 创建单一方向上的边界混合曲面特征

创建单一方向的边界混合曲面特征的方法比较简单，只需依次指定曲面经过的曲线，系统会将这些曲线顺次连成光滑过渡的曲面。

1. 设置参考

单击【边界混合】操控板中的【曲线】按钮，弹出如图17-2所示参考设置选项板。

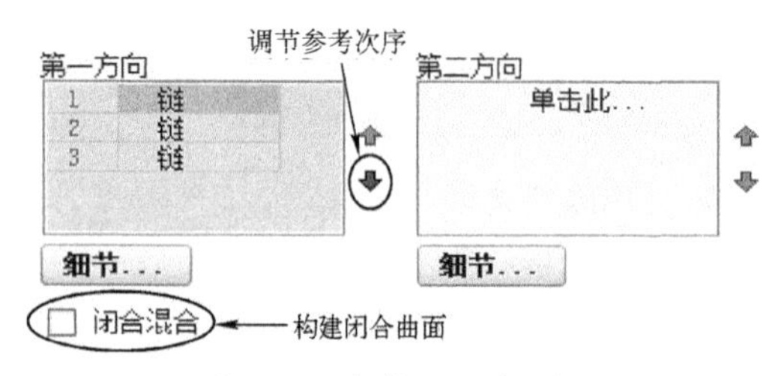

图17-2 参考设置选项板

首先激活第一方向的参数列表框，配合Ctrl键依次选择参考图元来构建边界混合曲面。在图17-3中，依次选择曲线1、曲线2和曲线3。

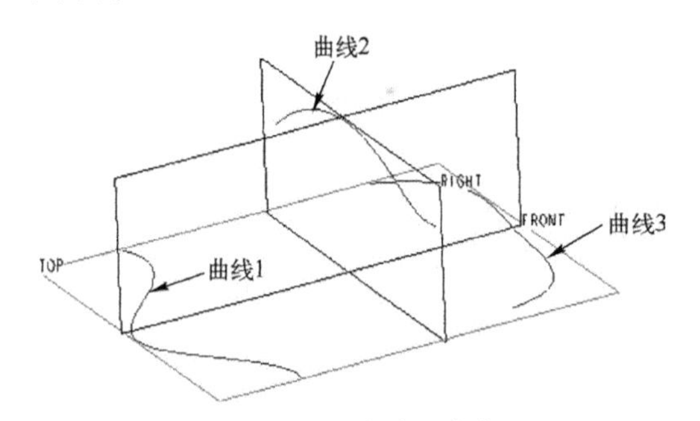

图17-3 使用曲线作为参考图元

最后创建的边界混合曲面如图17-4所示。

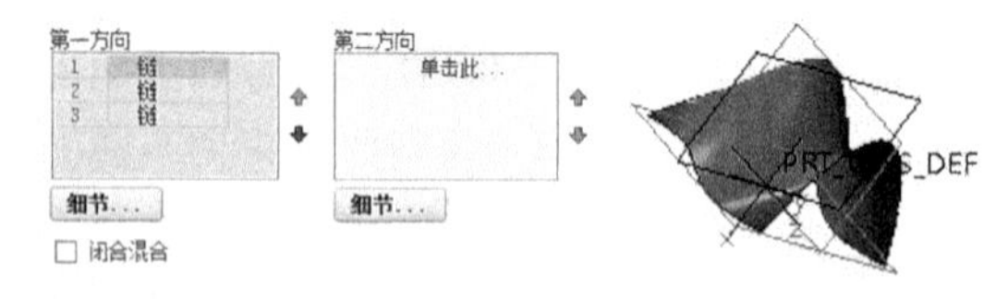

图17-4 最后创建的边界混合曲面

2. 调整参考顺序

在创建边界混合曲面时，不同的参考顺序将影响最后创建的曲面形状。要调整参考顺序，首先在参考列表框中选择某一参考图元，然后单击列表框右侧按钮按钮即可。如图17-5所示为调整参考顺序后的结果。

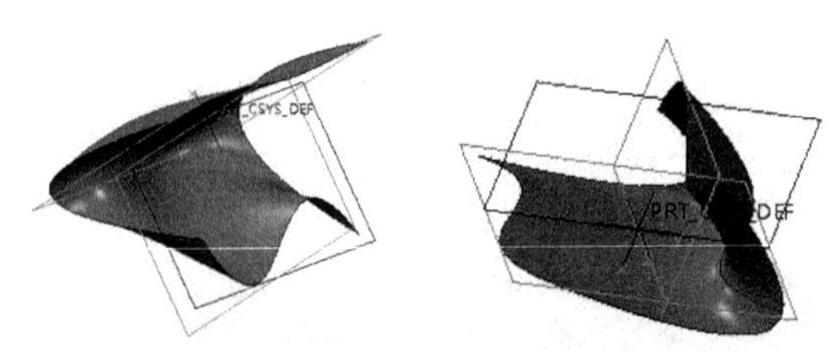

图17-5 调整参考顺序后的结果

技术要点

在参考列表中，当用鼠标指向某一参考图元时，在模型中对应的图元将用蓝色加亮显示。

3. 闭合混合

如果在【参考】选项板中选中【闭合混合】复选框，系统会将第一条和最后一条曲线混合生成封闭曲面，如图17-6所示。

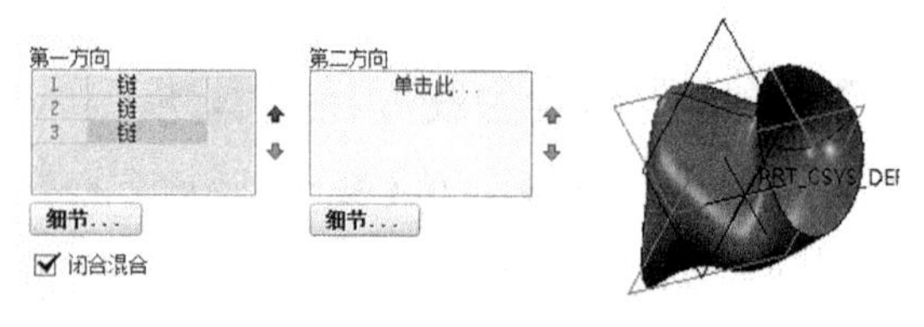

图17-6 闭合混合

4. 使用影响曲线来创建边界混合曲面特征

影响曲线用来调节曲面形状。当一条曲线被选做影响曲线后，曲面不一定完全经过该曲线，而是根据设定的平滑度值的大小逼近该曲线。单击操控板中的按钮，打开如图17-7所示的【选项】选项板。

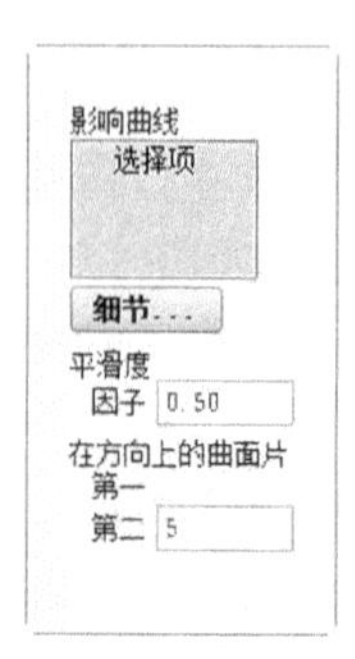

图17-7 【选项】选项板

其中的选项如下：

- 【影响曲线】列表框：激活该列表框，选择曲线作为影响曲线，选择多条影响曲线时按住 Ctrl 键。
- 【平滑度因子】文本框：一个 0 ～ 1 之间的实数，数值越小，边界混合曲面越逼近选择的影响曲线。
- 【在方向上的曲面片】选项组：控制边界混合曲面沿两个方向的曲面片数，曲面片数量越大，曲面越逼近影响曲线。若使用一种曲面片数构建曲面失败，则可以修改曲面片数量重新构建曲面。曲面片数量为 1 ～ 29。

选择如图 17-8 所示的边界曲线和影响曲线，读者可以对比平滑度数值不同时曲面形状的差异。

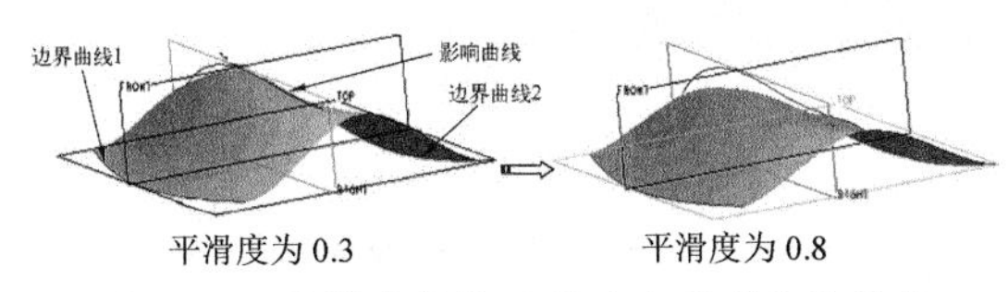

图 17-8　平滑度数值不同时曲面形状的差异

17.1.3　创建双方向上的边界混合曲面

创建两个方向上的边界混合曲面时，必须指定第一个和第二个方向上的边界曲线。创建曲面时，首先在【曲线】选项板中激活【第一方向】参考列表框，选择符合要求的图元。然后激活右侧的【第二方向】参考列表框，继续选择参考图元。

在图 17-9 中，选择曲线 1 和曲线 2 作为第一方向上的边界曲线；选择曲线 3 和曲线 4 作为第二方向的边界曲线。

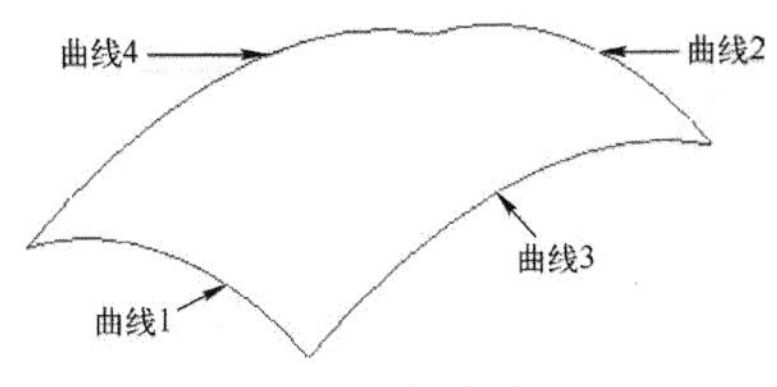

图 17-9　选择参考图元

最后创建的边界混合曲面特征如图 17-10 所示。

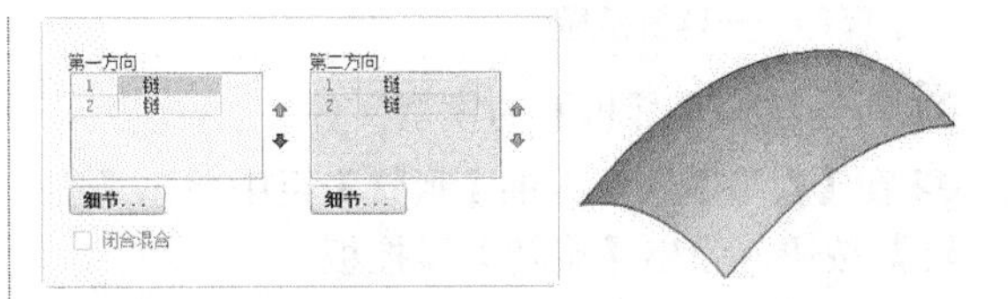

图 17-10　最后创建的边界混合曲面特征

技术要点

在创建两个方向的边界混合曲面时，使用的基准曲线必须首尾相连构成封闭曲线，而且线段之间不允许有交叉。因此在创建这些基准曲线时，必须使用对齐约束工具严格限制曲线端点的位置关系，使之两两完全对齐。

17.1.4　使用约束创建边界混合曲面

如果要创建精确形状的曲面特征，可以使用约束工具。

单击操控板中的【约束】按钮，打开如图 17-11 所示【约束】选项板，在其中可以以边界曲线为对象通过为其添加约束的方法来规范曲面的形状。

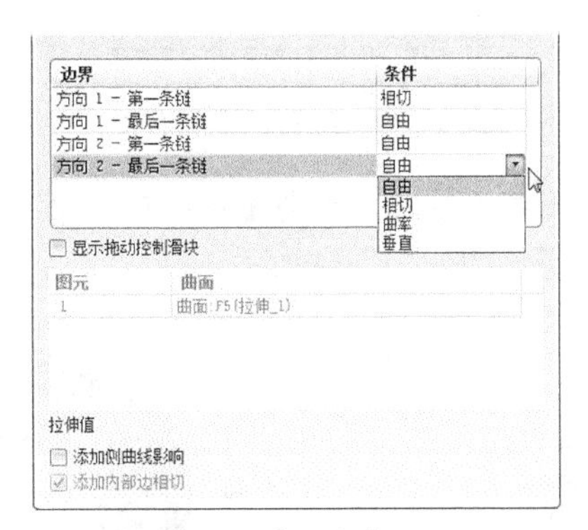

图 17-11　【约束】选项板

可以为每一条边界曲线，指定以下 4 种约束条件之一：

- 自由：没有沿边界设置相切条件。
- 相切：混合曲面沿边界与参考曲面相切，参考曲面在【约束】选项板下部的列表框中指定。
- 曲率：混合曲面沿边界具有曲率连续性。
- 垂直：混合曲面与参考曲面或基准平面垂直。

动手操作——耳机造型

01 新建名为【耳机】的模型文件。

02 在【模型】选项卡的【形状】组中单击【旋转】按钮，弹出【旋转】操控板。

03 选择【作为曲面旋转】选项，单击【放置】选项板中的【定义】按钮，选择FRONT基准面为绘图平面进入草绘模式，如图17-12所示。

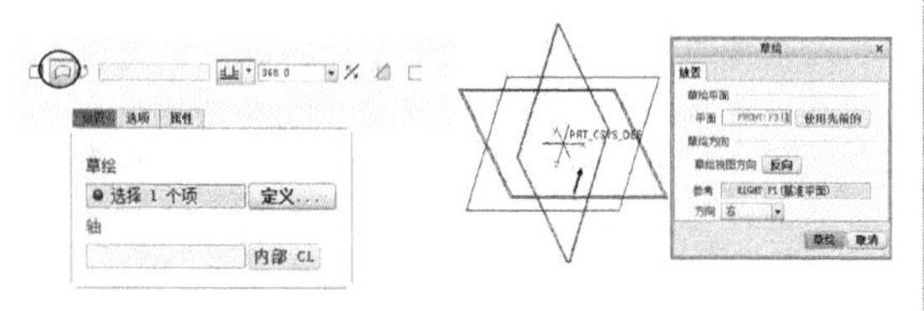

图 17-12 选择草绘平面

04 绘制如图17-13所示的选择截面。

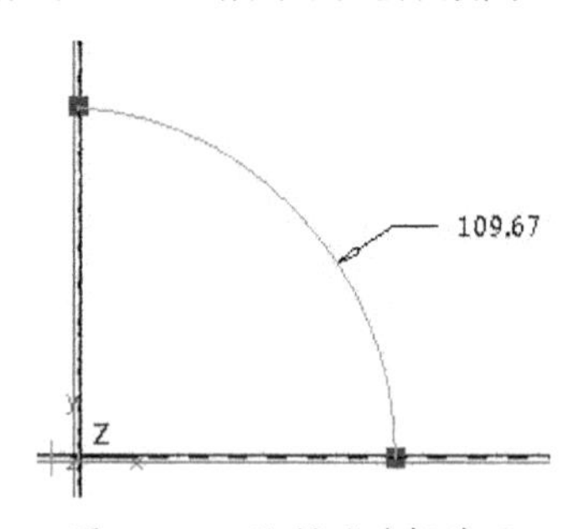

图 17-13 绘制的选择截面

05 退出草绘模式，单击【确定】按钮，创建的旋转特征如图17-14所示。

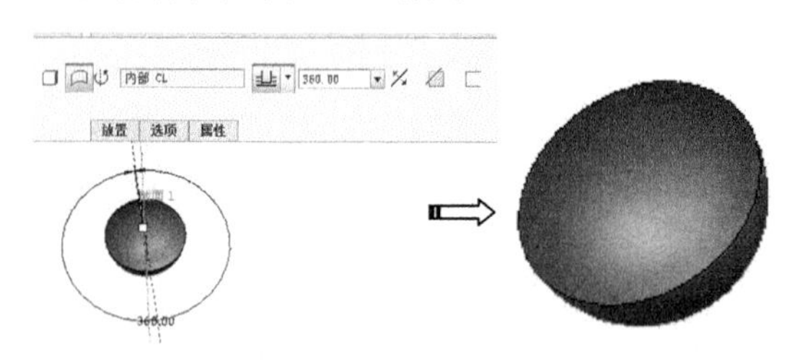

图 17-14 创建的旋转特征

06 在【模型】选项卡的【形状】组中单击【拉伸】按钮，弹出【拉伸】对话框。

07 单击【放置】选项板中的【定义】按钮，以FRONT平面为基准面进入草绘模式，绘制如图17-15所示的拉伸截面。

08 单击【拉伸】操控板中的【移除材料】按钮，单击上一步创建的旋转曲面为修剪面组，修剪后的曲面如图17-16所示。

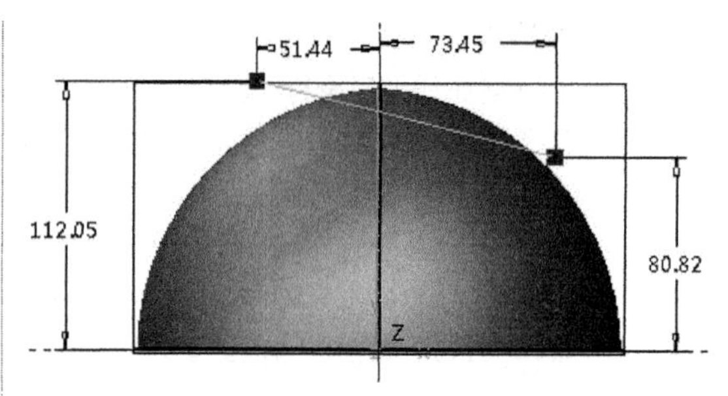

图 17-15 绘制拉伸截面

09 在【模型】选项卡的【基准】组中单击【草绘】按钮，以FRONT平面为草绘平面进入草绘模式，绘制如图17-17所示的草图1。

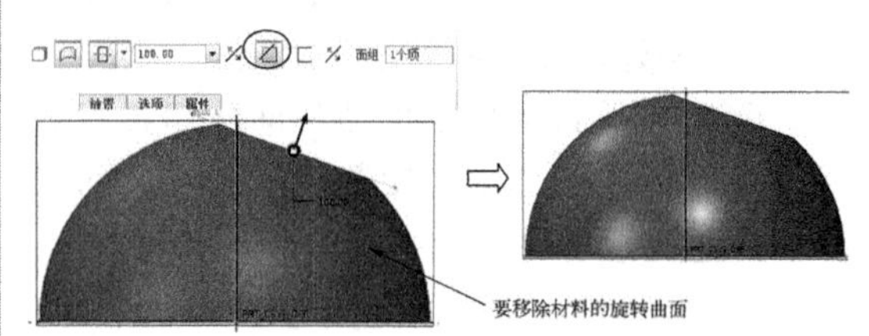

图 17-16 修剪后的曲面

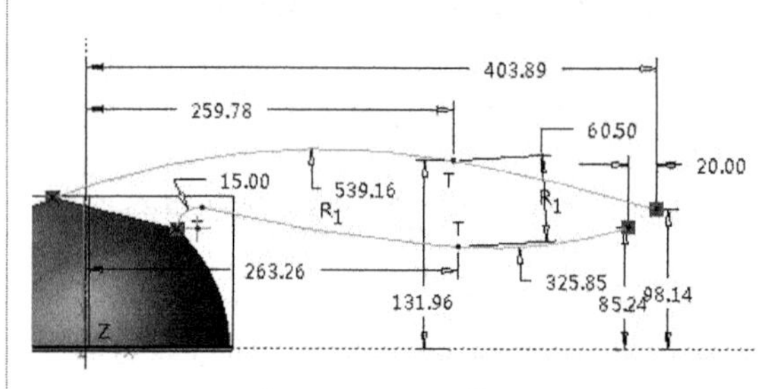

图 17-17 绘制草图1

10 在【模型】选项卡的【基准】组中单击【平面】按钮，选择上一步绘制的草图的两曲线终点和FRONT平面为参考创建参考平面DTM1，如图17-18所示。

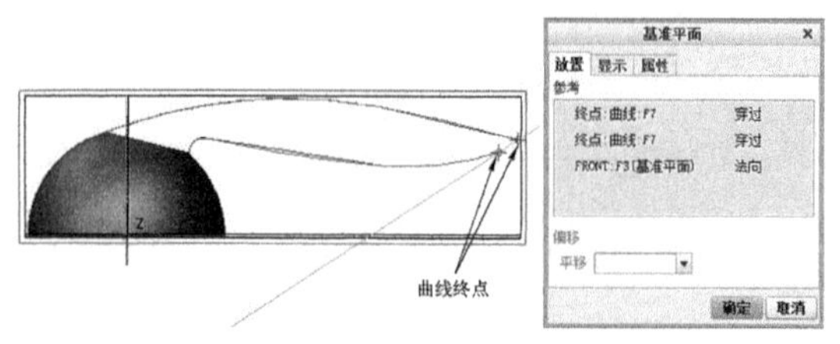

图 17-18 创建参考平面DTM1

11 以上一步创建的基准平面为草绘平面，绘制如图17-19所示的草图2。

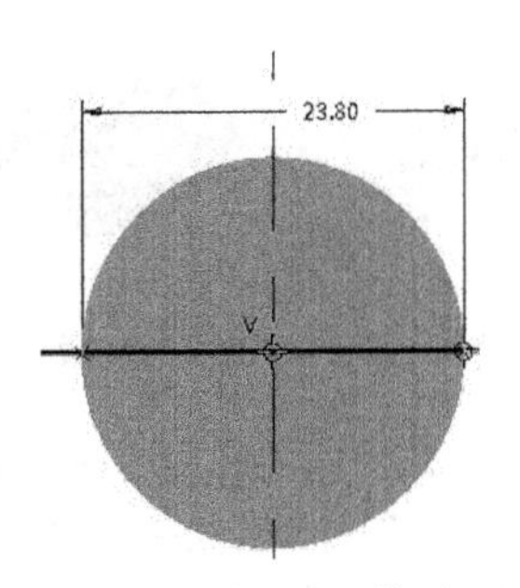

图 17-19　绘制的草图 2

12 在【模型】选项卡的【基准】组中单击【点】按钮，选择如图 17-20 所示的基准点创建基准点。

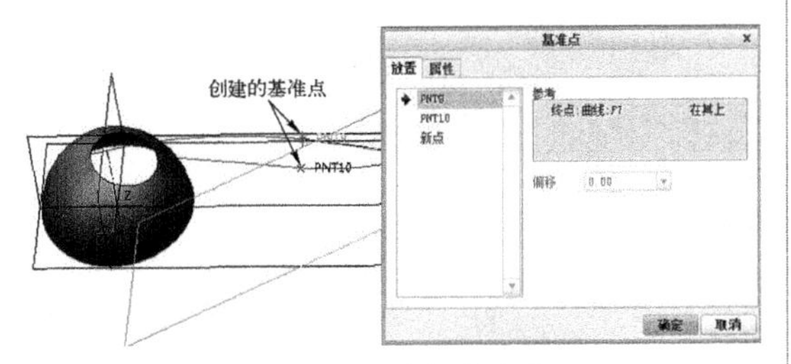

图 17-20　选择基准点

13 单击【平面】按钮，选择上一步创建的基准点和 FRONT 平面为参考创建基准平面 DTM2，如图 17-21 所示。

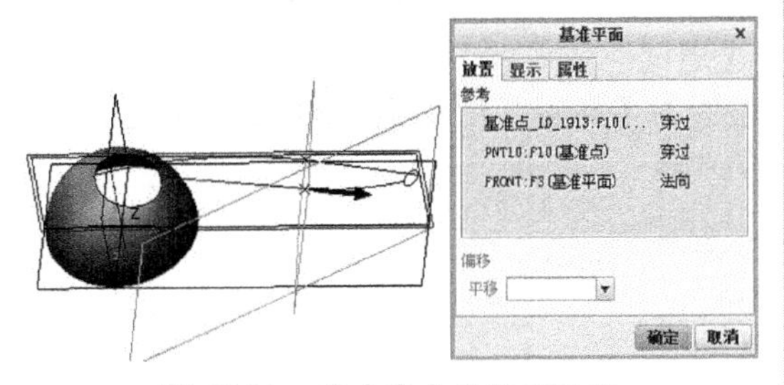

图 17-21　创建基准平面 DTM2

14 单击【草绘】按钮，以上一步创建的基准平面为草绘平面绘制如图 17-22 所示的草图 3。

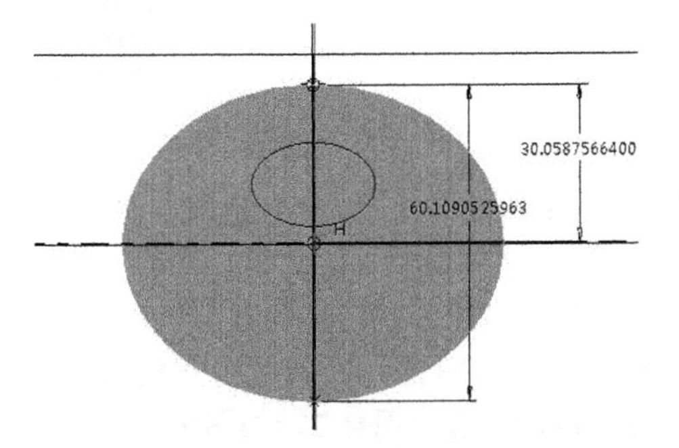

图 17-22　绘制的草图 3

15 单击【点】按钮，选择如图 17-23 所示的基准点创建基准点。

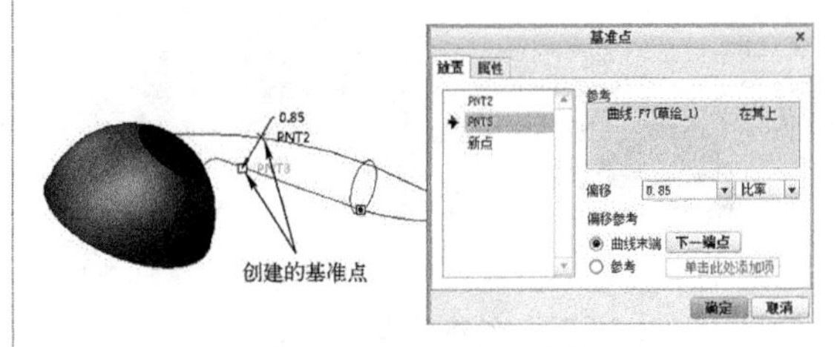

图 17-23　选择基准点

16 单击【平面】按钮，创建如图 17-24 所示的基准平面 DTM3。

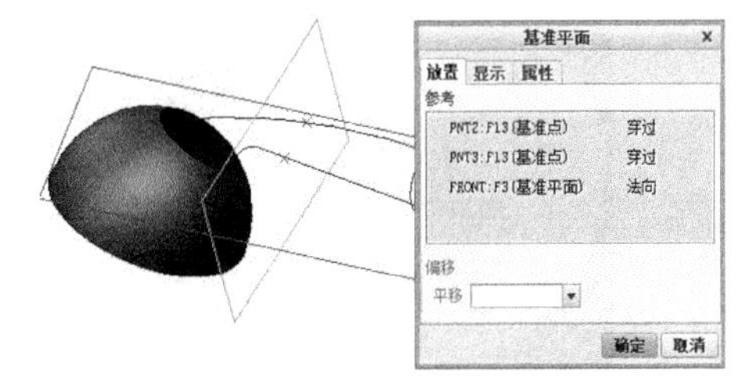

图 17-24　创建基准平面 DTM3

17 单击【草绘】按钮，以 DTM3 基准平面作为草绘平面绘制如图 17-25 所示的草图 4。

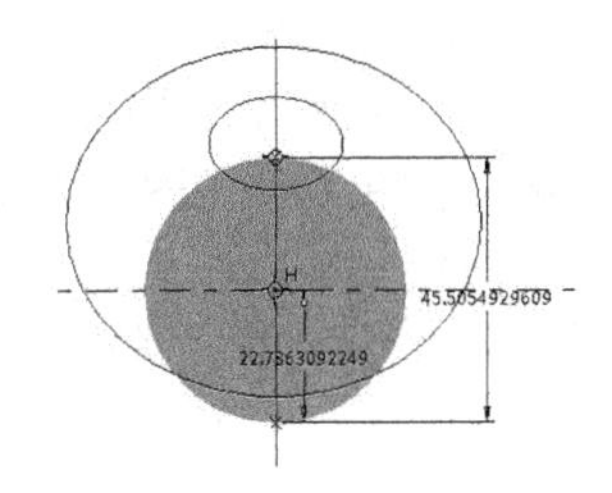

图 17-25　绘制的草图 4

18 单击【点】按钮，创建如图 17-26 所示的基准点。

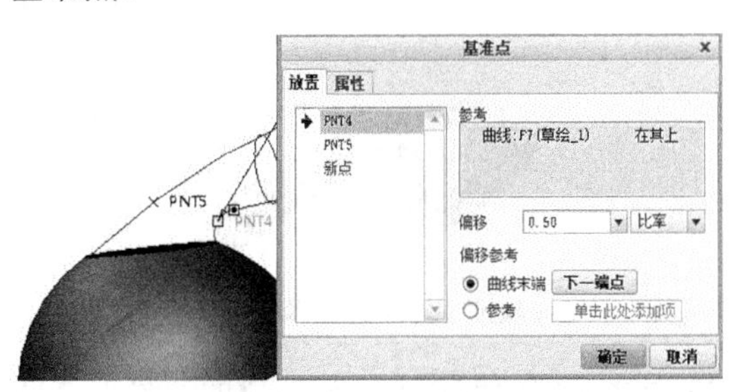

图 17-26　创建基准点

19 单击【平面】按钮，创建如图 17-27 所示的基准平面 DTM4。

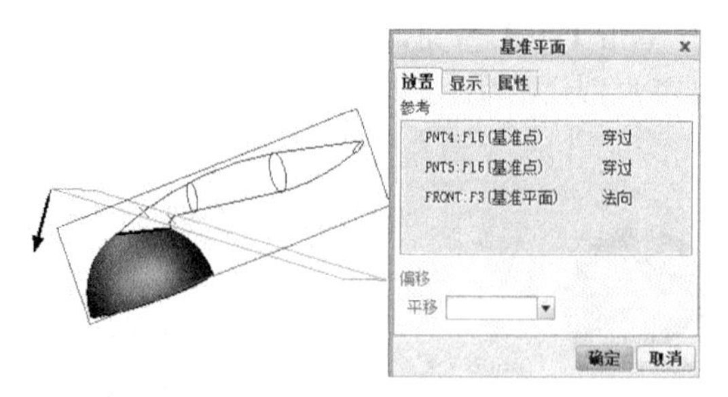

图 17-27 创建基准平面DTM4

20 单击【草绘】按钮，选择上一步创建的基准平面作为草绘平面，绘制如图17-28所示的草图5。

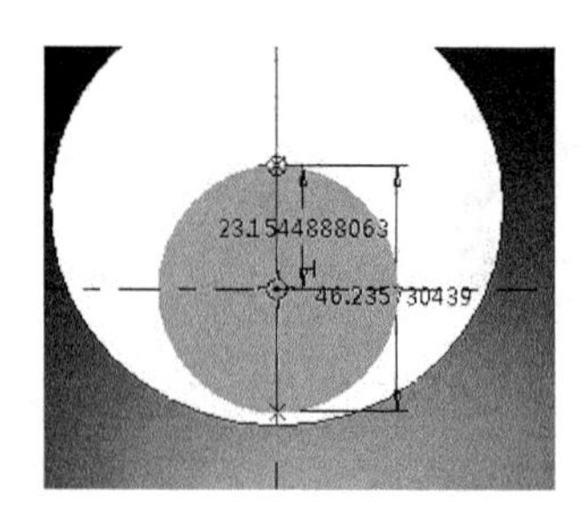

图 17-28 绘制的草图5

21 在【模型】选项卡的【曲面】组中单击【边界混合】按钮，弹出【边界混合】操控板。

22 分别选择拉伸特征的边沿曲线，以及草图5、草图4、草图3和草图2为第一方向链，以草图1所绘制的曲线为第二方向链创建混合边界曲面，创建的边界混合曲面如图17-29所示。

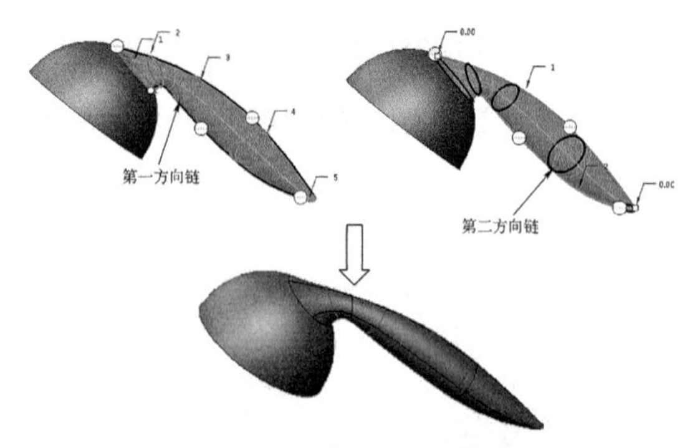

图 17-29 创建的边界混合曲面

23 选择旋转曲面和上一步创建的边界混合曲面，在【模型】选项卡的【编辑】组中单击【合并】按钮，弹出【合并】操控板。单击【确定】按钮，创建的合并曲面如图17-30所示。

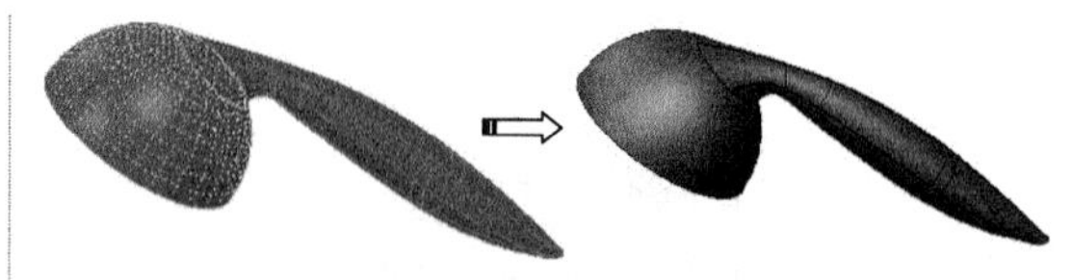

图 17-30 创建的合并曲面

24 单击【拉伸】按钮，弹出【拉伸】操控板。单击【编辑】组中的【定义】按钮，以FRONT平面为草绘平面绘制草图，然后退出草绘平面。

25 单击【移除材料】按钮，选择合并曲面，为【修剪面组】创建拉伸特征，如图17-31所示。

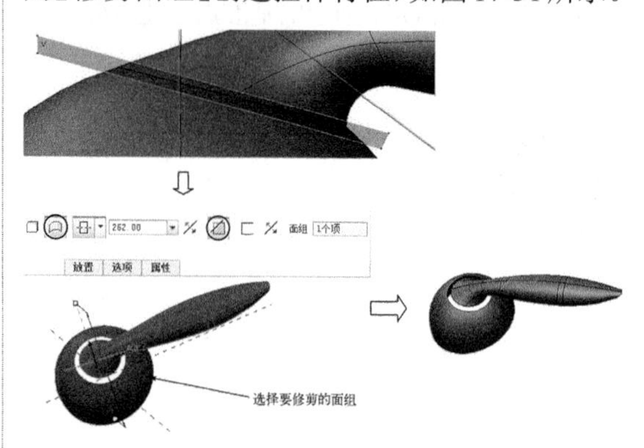

图 17-31 创建拉伸特征

26 在【模型】选项卡的【基准】组中选择【曲线】|【通过点的曲线】命令，单击【放置】选项板中的【添加点】选项，绘制如图17-32所示的曲线。

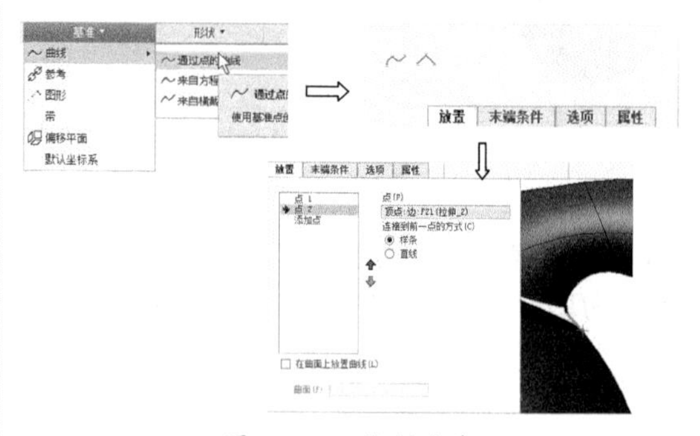

图 17-32 绘制曲线

27 单击【曲线】按钮，创建如图17-33所示的曲线。

28 单击【边界混合】按钮，以拉伸2的边界曲线为第一方向链，以创建的两条曲线为第二方向链创建边界混合2，如图17-34所示。

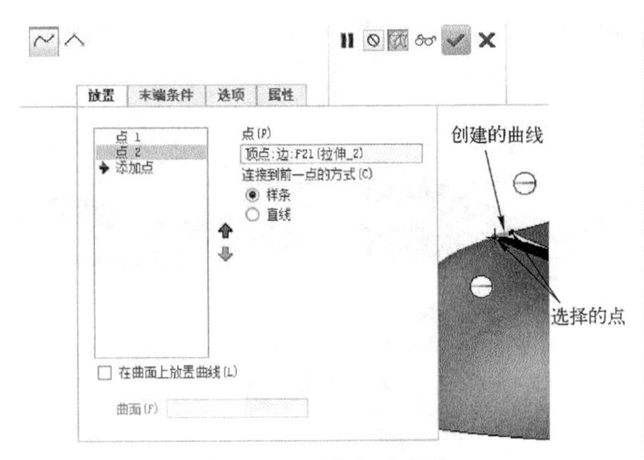

图 17-33　创建的曲线

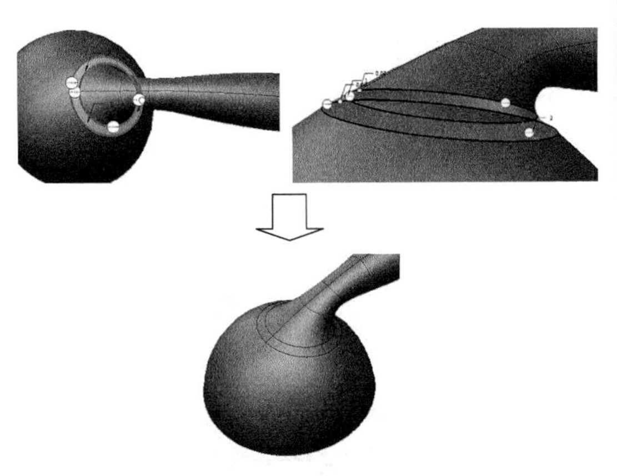

图 17-34　创建边界混合 2

29 选择上一步创建的边界混合曲面和合并 1，创建合并 2，如图 17-35 所示。

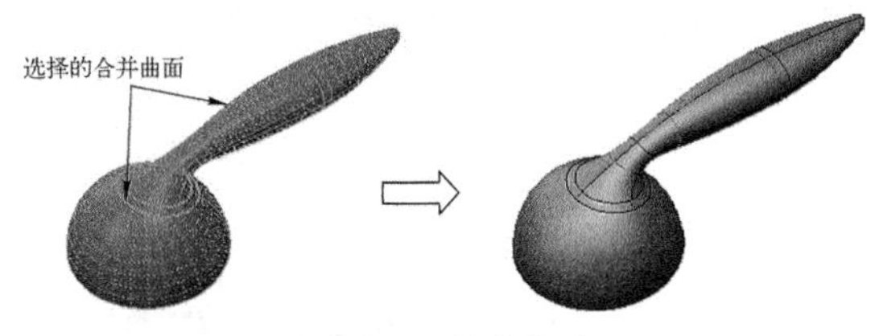

图 17-35　创建合并 2

30 选择整个曲面，在【模型】选项卡的【编辑】组中单击【偏移】按钮，弹出【偏移】操控板。

31 选择标准偏移特征，输入偏移值 2。单击【确定】按钮创建偏移特征，如图 17-36 所示。

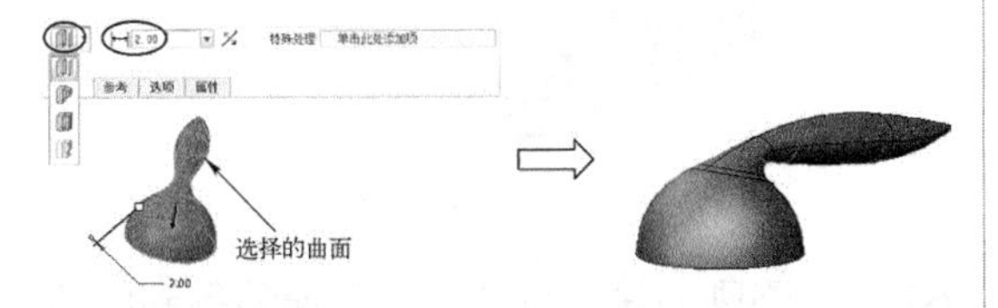

图 17-36　创建偏移特征

32 在【模型】选项卡的【编辑】组中单击【投影】按钮，弹出【投影曲线】操控板。

33 在【参考】选项卡中选择【投影草绘】选项，单击【定义】按钮进入草绘模式，绘制草图，如图 17-37 所示。

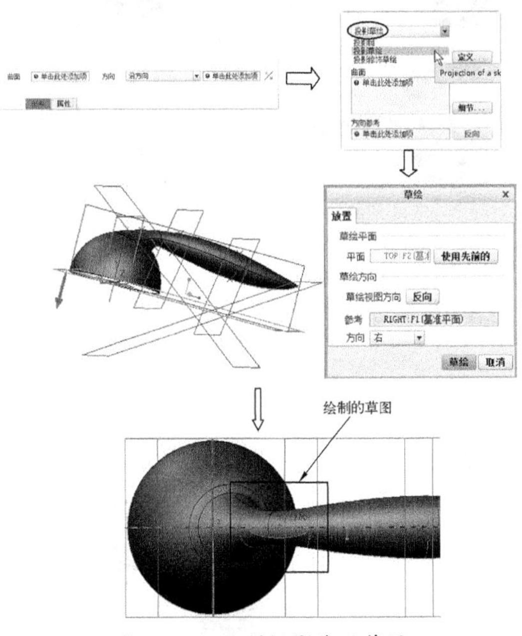

图 17-37　绘制投影截面草图

34 退出草图模式，设置相关参数创建投影，如图 17-38 所示。

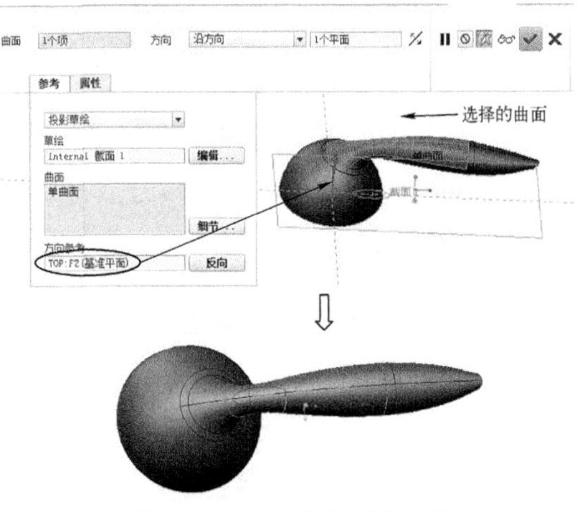

图 17-38　设置参数创建投影

35 创建投影 2，如图 17-39 所示。

36 选择【通过点的曲线】选项，选择上面创建的投影曲线的端点，创建如图 17-40 所示的曲线。

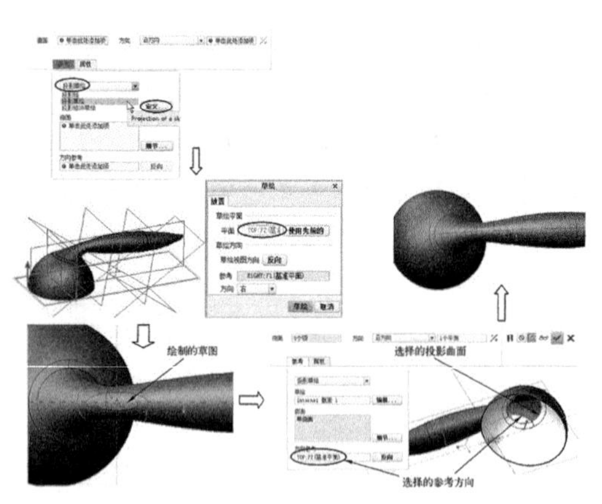

图 17-39 创建投影 2

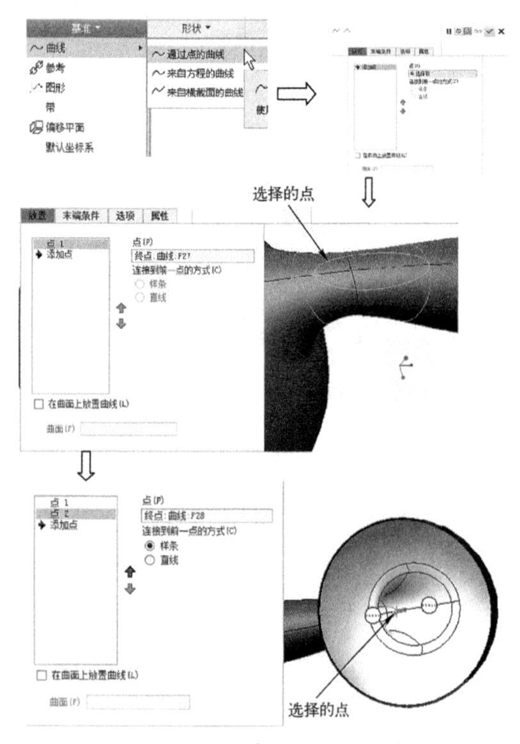

图 17-40 创建通过点的曲线

37 使用同样的方法创建一条通过点的曲线，如图 17-41 所示。

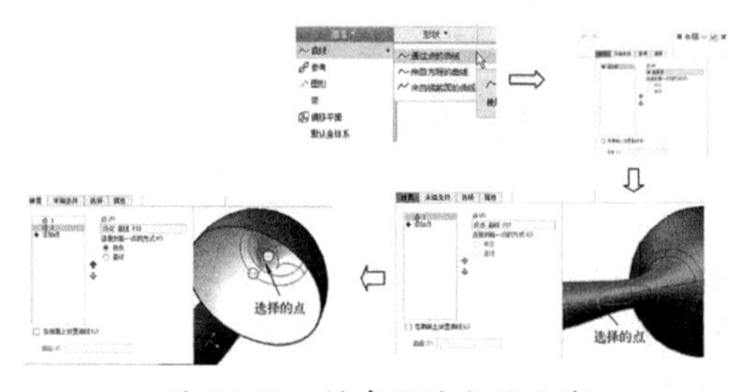

图 17-41 创建通过点的曲线

38 使用【边界混合】工具，创建边界混合特征，如图 17-42 所示。

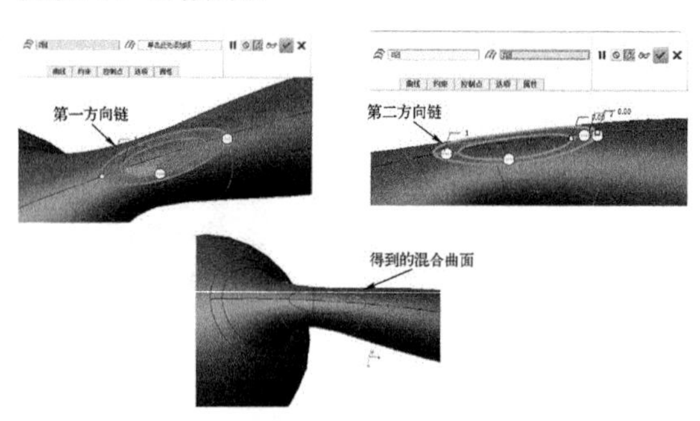

图 17-42 创建混合曲面

39 单击【合并】按钮合并曲面，创建合并特征 3，如图 17-43 所示。

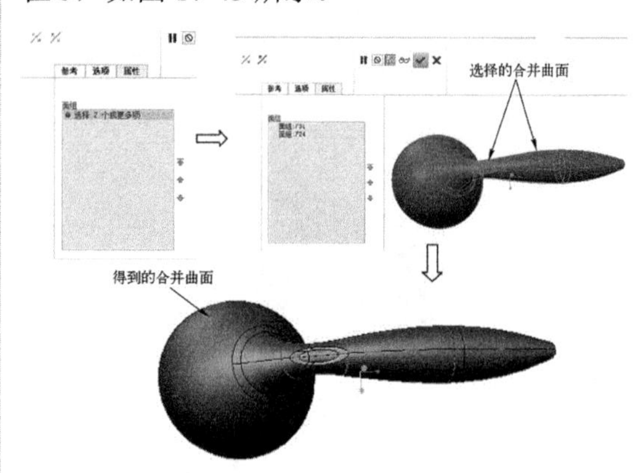

图 17-43 创建合并特征 3

40 使用【拉伸】工具创建如图 17-44 所示的拉伸特征。

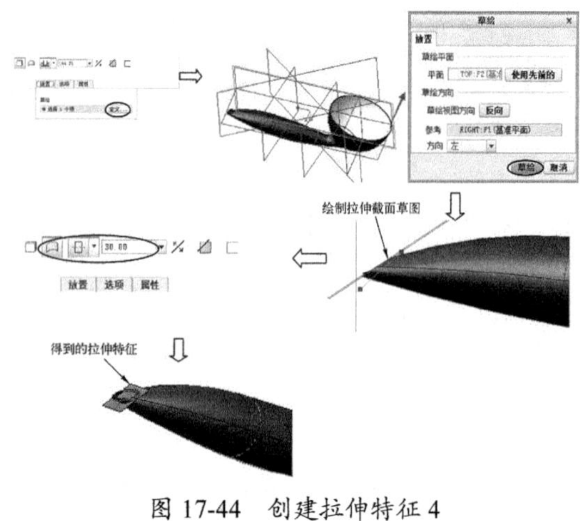

图 17-44 创建拉伸特征 4

41 选择刚刚创建的拉伸特征和偏移得到的曲

面，使用【合并】工具创建合并特征 4，如图 17-45 所示。

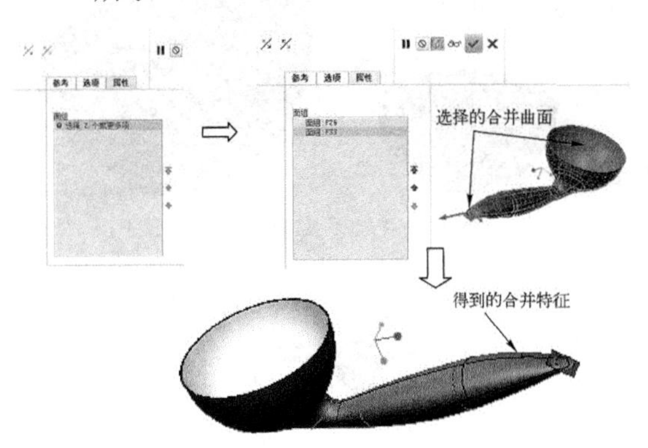

图 17-45　创建合并特征 4

42 在窗口左下方的【我的过滤器】下拉列表中选择【面组】选项，选择耳机的内外表面，使用【合并】工具创建合并特征 5，如图 17-46 所示。

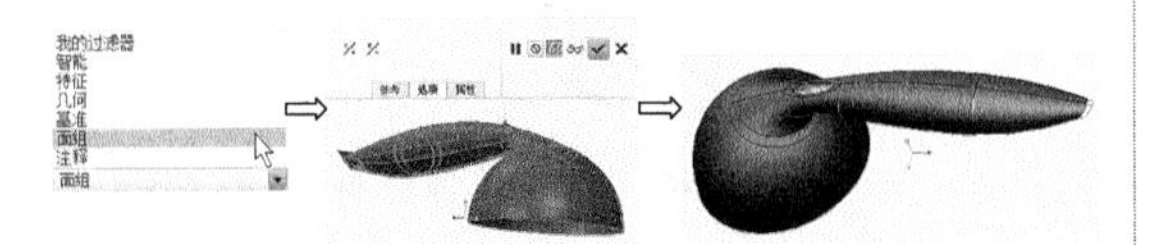

图 17-46　创建合并特征 5

43 使用【拉伸】工具创建拉伸特征，如图 17-47 所示。

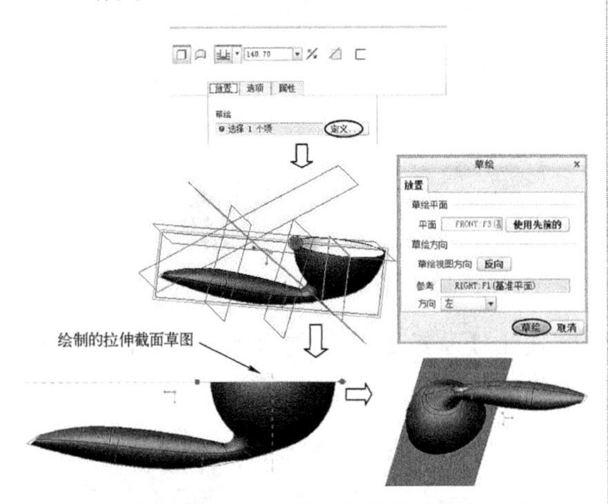

图 17-47　创建拉伸特征

44 选择刚刚创建的拉伸平面和耳机面组，使用【合并】工具创建合并特征 6，如图 17-48 所示。

45 使用【拉伸】工具创建如图 17-49 所示的拉伸特征。

46 在【模型】选项卡的【工程】组中单击【倒圆角】按钮，弹出【倒圆角】操控板，输入半径值 3，创建如图 17-50 所示的圆角特征 1。

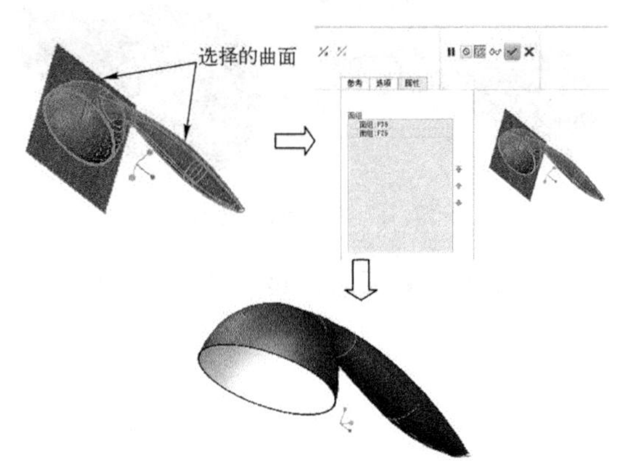

图 17-48　创建合并特征 6

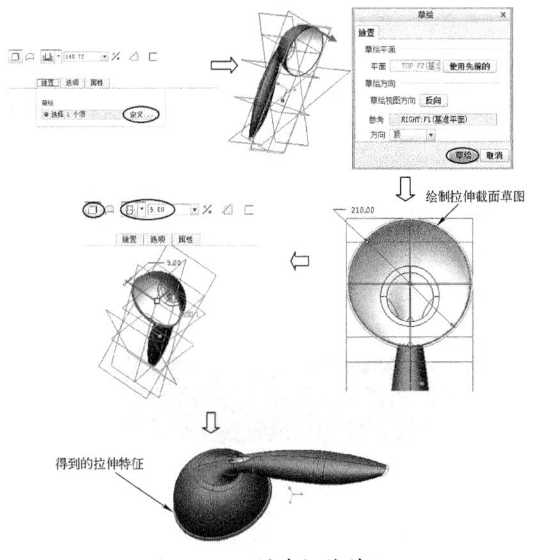

图 17-49　创建拉伸特征

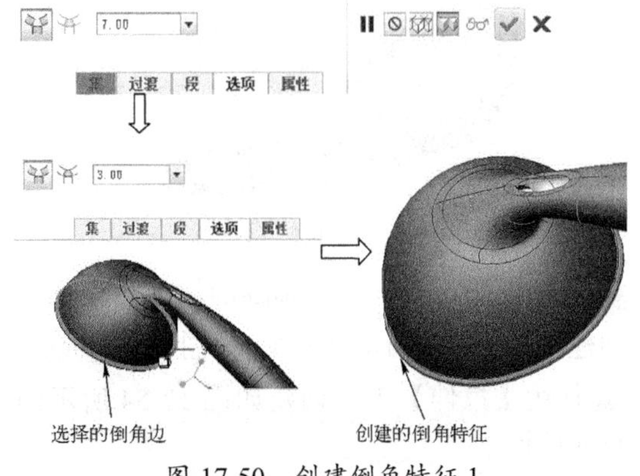

图 17-50　创建倒角特征 1

47 使用同样方法创建半径为1的倒角特征2，如图17-51所示。

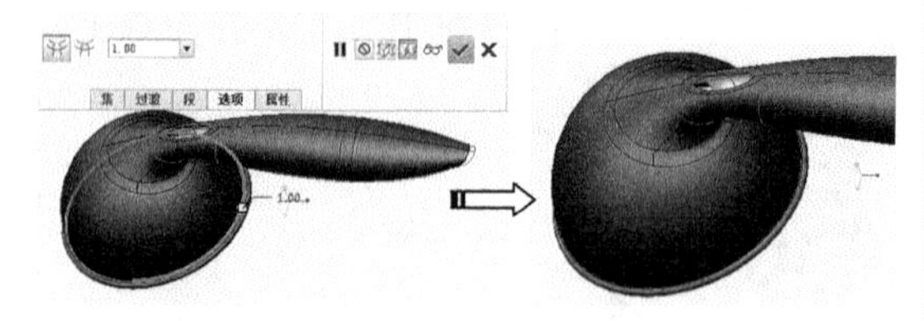

图 17-51　创建倒角特征 2

48 使用【旋转】工具创建如图17-52所示的旋转特征。

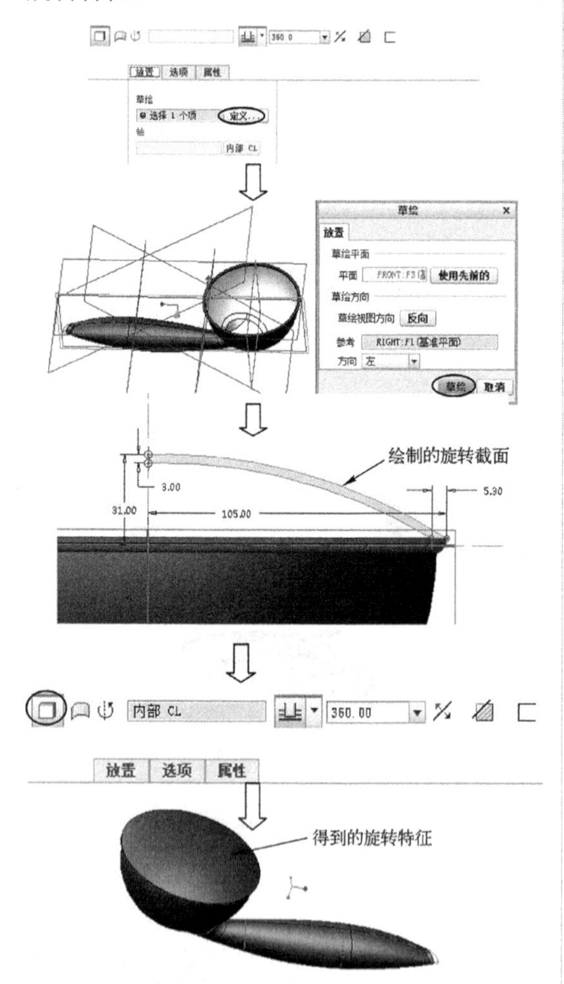

图 17-52　创建的旋转特征

49 使用【圆角】工具为刚刚创建的旋转特征创建半径为3的圆角特征3，如图17-53所示。

50 使用【拉伸】工具创建如图17-54所示的拉伸特征。

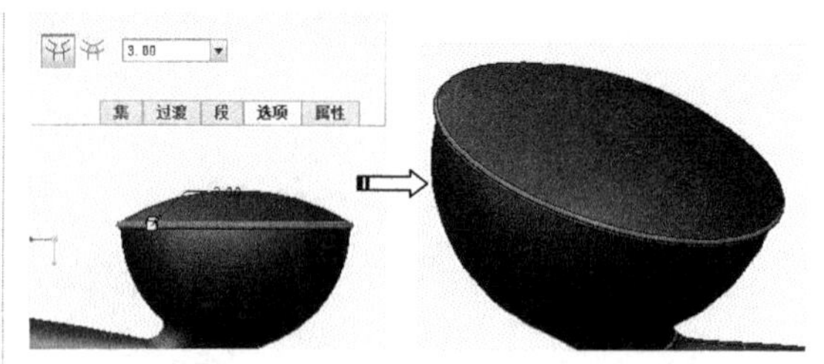

图 17-53　创建圆角特征 3

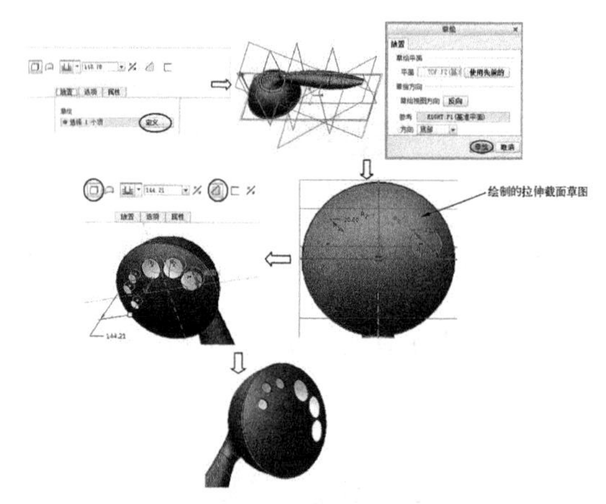

图 17-54　创建拉伸特征

51 选择耳机面组，在【模型】选项卡的【编辑】组中单击【实体化】按钮，弹出【实体化】操控板，设置相关参数后单击【确定】按钮，创建实体化特征，如图17-55所示。

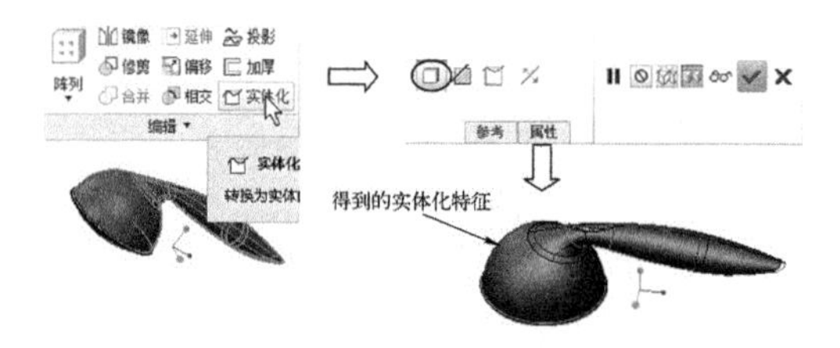

图 17-55　创建实体化特征

52 使用【草绘】工具创建如图17-56所示的草图。

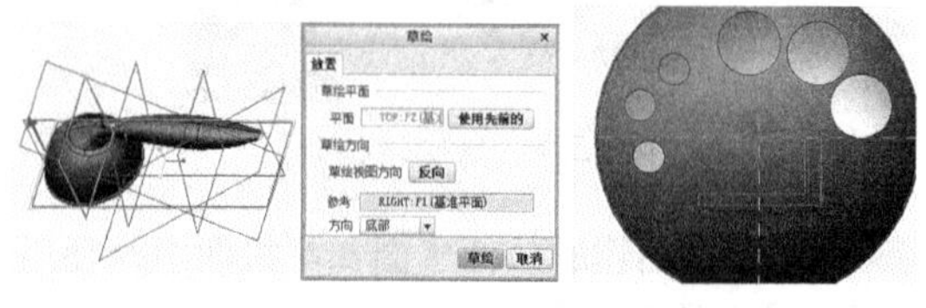

图 17-56　绘制草图

53 使用【投影】工具，选择上一步绘制的草图作为投影链，创建如图17-57所示的投影。

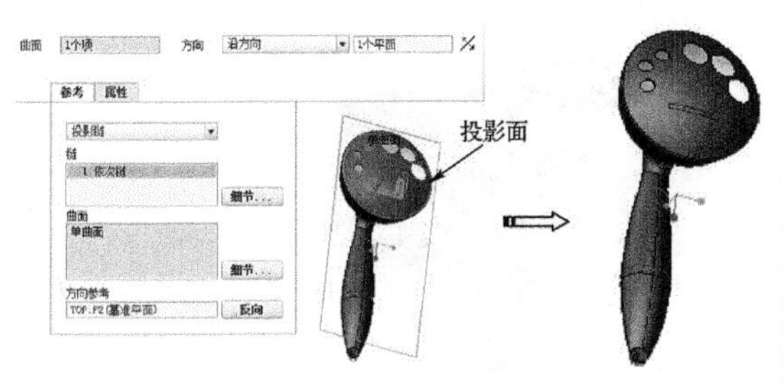

图 17-57　创建投影

54 选择如图 17-58 所示的面组，使用【偏移】工具选择展开特征，创建偏移距离为 1 的偏移特征。

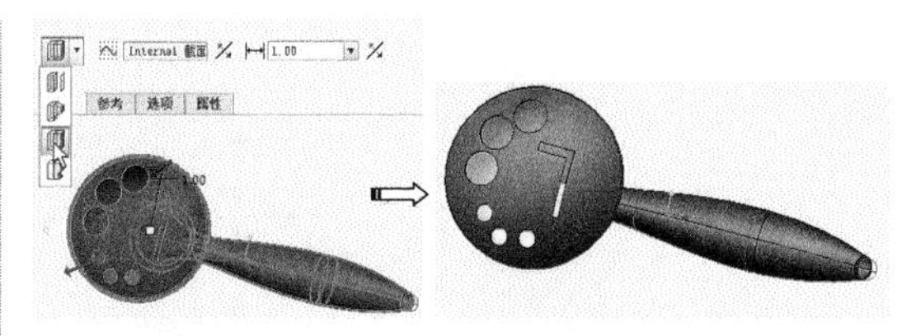

图 17-58　选择面组

55 使用【圆角】工具在如图 17-59 所示的位置创建圆角特征。

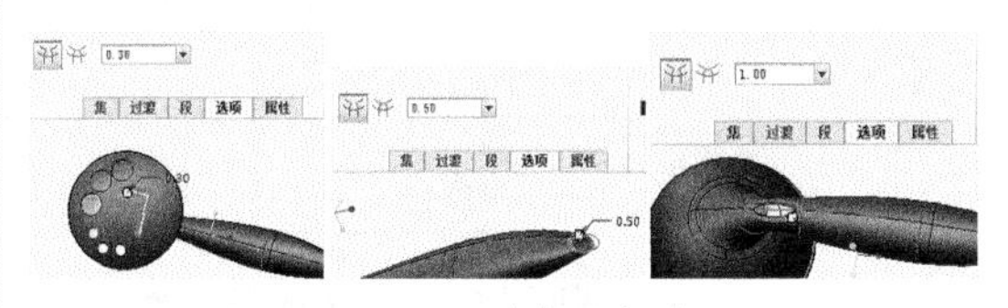

图 17-59　创建圆角特征

56 单击【保存】按钮保存文件。

17.2 螺旋扫描曲面

使用螺旋扫描的方法可以创建螺旋状的曲面特征。

在【形状】组中单击【螺旋扫描】按钮，打开【螺旋扫描】操控板，如图 17-60 所示。

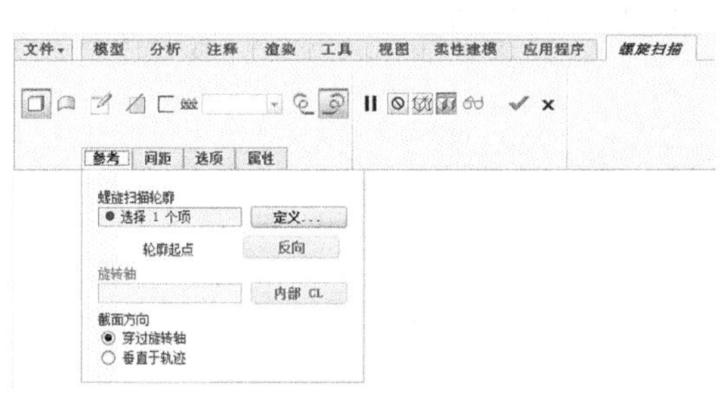

图 17-60　【螺旋扫描】操控板

下面通过具体案例来讲解操控板中各选项的含义。

动手操作—创建弹簧

操作步骤：

01 新建名为【弹簧】的零件文件。

02 在【模型】选项卡的【形状】组中单击【扫描】下拉按钮，选择【螺旋扫描】选项，弹出【螺旋扫描】操控板，单击【扫描为曲面】按钮。

03 选择基准平面 TOP 作为草绘平面，接受系统所有默认参考放置草绘平面，进入二维草绘模式。

04 单击按钮，绘制如图 17-61 所示的扫描轨迹线，完成后退出草绘模式。

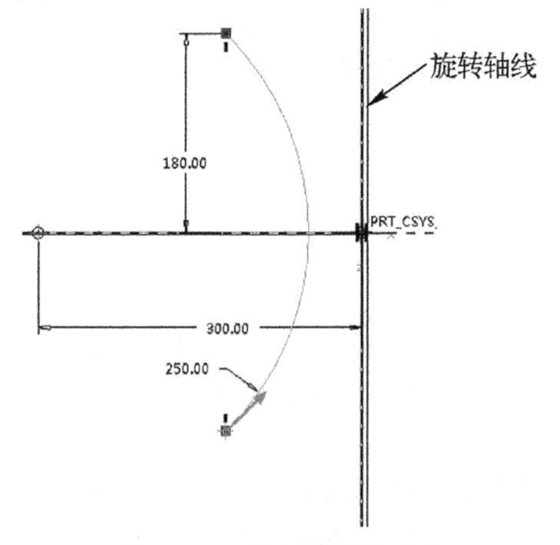

图 17-61　绘制扫描轨迹线

05 输入节距数值 50.00，单击【创建或编辑扫描截面】按钮。在图中的十字交叉线处绘制如图 17-62 所示的圆，完成后退出草绘模式。

06 单击【确定】按钮生成螺旋扫描曲面，如图 17-63 所示。

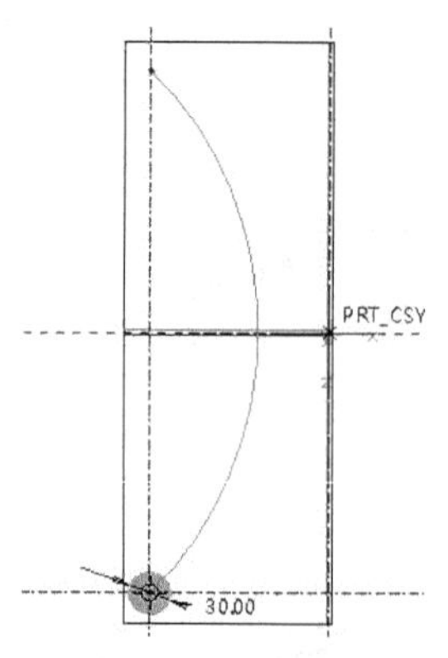

图 17-62　绘制圆形截面

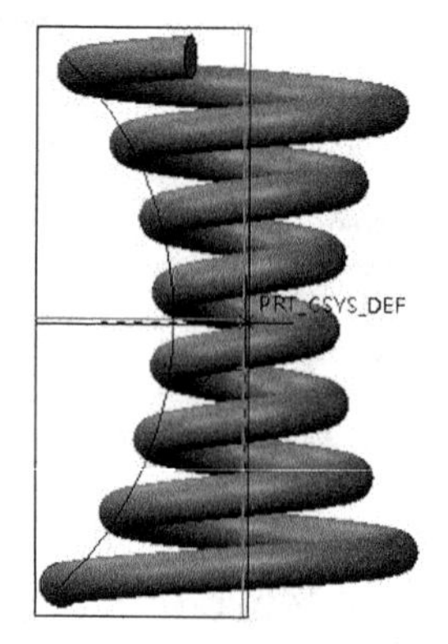

图 17-63　生成的螺旋扫描曲面

17.3 扫描混合曲面

扫描混合曲面综合了扫描特征和混合特征的特点，在建模时首先选择扫描轨迹线。然后在轨迹线上设置一组参考点，在各个参考点处绘制一组截面，将这些截面扫描混合后创建扫描混合曲面。

动手操作—香蕉造型

本例如图 17-64 所示的香蕉造型主要采用扫描混合的方法设计，造型逼真，设计步骤简单，极易掌握其要领。

图 17-64　香蕉造型

操作步骤：

01 新建名为【香蕉】的模型文件。

02 单击【草绘】按钮，打开【草绘】对话框。选择的如图 17-65 所示 TOP 基准平面作为草绘平面，进入草绘模式。

03 利用【样条曲线】工具绘制如图 17-66 所示的样条曲线，完成后退出草绘模式。

04 单击【点】按钮，打开【基准点】对话框。在曲线上选择基准点 PNT0 的位置，然后设置位置参数，如图 17-67 所示。

05 依次选择【新点】选项创建基准点 PNT1 ~ PNT6，如图 17-68 所示。

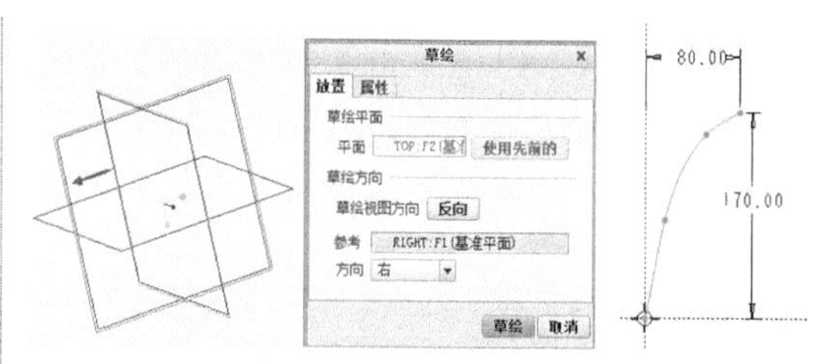

图 17-65　选择草绘平面　图 17-66　绘制样条曲线

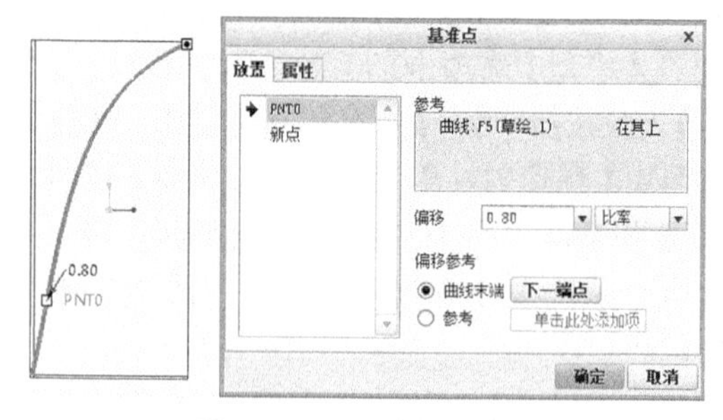

图 17-67　设置位置参数

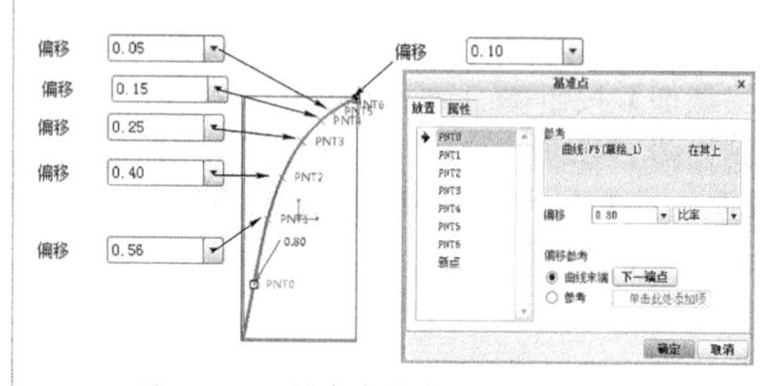

图 17-68　创建基准点 PNT1 ~ PNT6

06 在【模型】选项卡的【形状】组中单击【扫描混合】按钮，打开【扫描混合】操控板。选择草绘曲线作为扫描轨迹线，如图 17-69 所示。

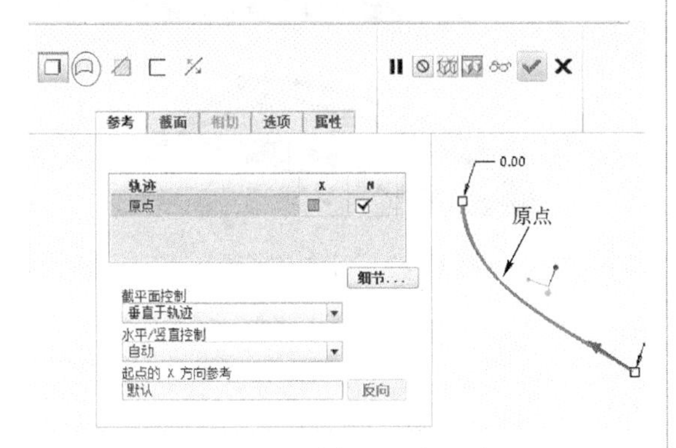

图 17-69 选择扫描轨迹线

07 在【截面】选项板中激活【截面位置】下方的收集器，然后选择截面 1 的参考点，如图 17-70 所示。

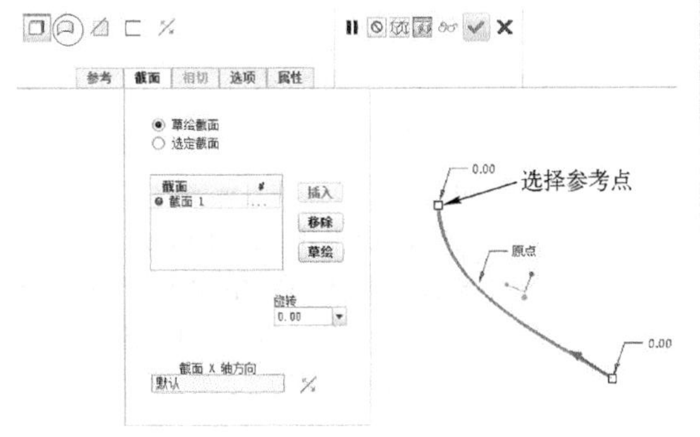

图 17-70 选择截面 1 的参考点

08 单击【草绘】按钮，进入草绘模式绘制截面 1，如图 17-71 所示。

09 退出草绘模式，单击【截面】选项板中的【插入】按钮，为第二个截面选择参考点（选择 PNT0）。单击【草绘】按钮进入草绘模式绘制截面 2，如图 17-72 所示。

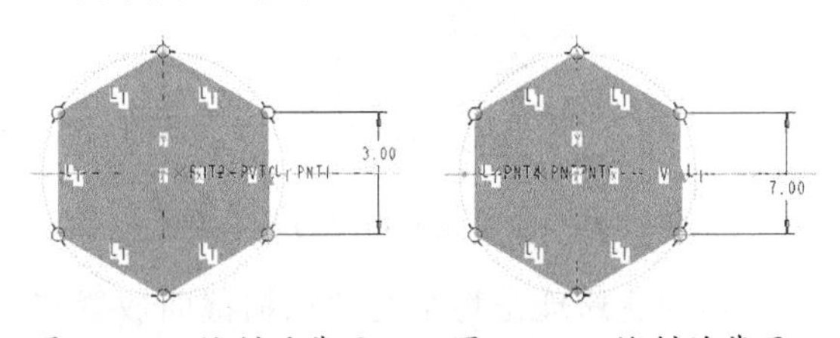

图 17-71 绘制的截面 1 图 17-72 绘制的截面 2

10 按相同的方法在 PNT1 和 PNT2 上依次绘制截面 3 和截面 4，分别如图 17-73 和图 17-74 所示。

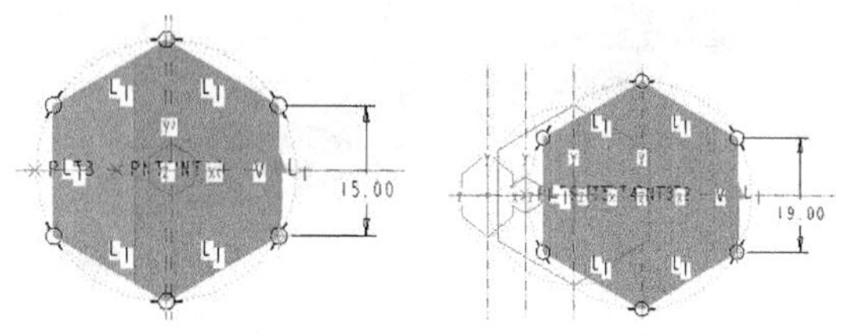

图 17-73 绘制截面 3 图 17-74 绘制截面 4

技术要点

上图中着色显示的是当前草绘模式下绘制的截面，其余为前面绘制的截面。

11 依次绘制截面 5 和截面 6，分别如图 17-75 和图 17-76 所示。

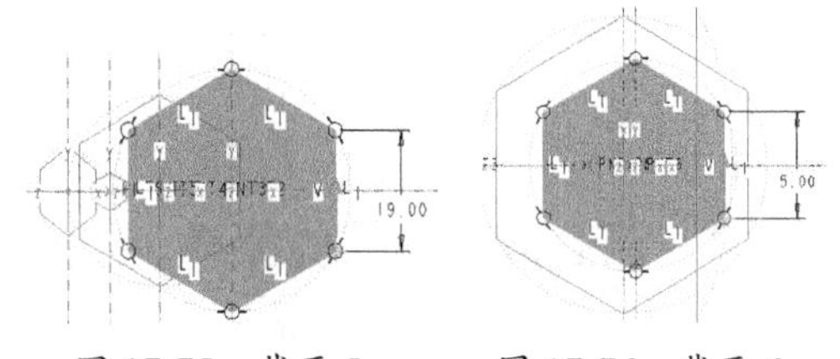

图 17-75 截面 5 图 17-76 截面 6

12 依次绘制截面 7 和截面 8，分别如图 17-77 和图 17-78 所示。

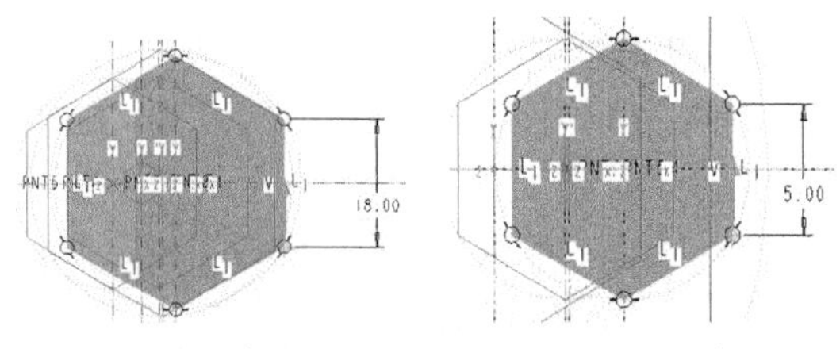

图 17-77 截面 7 图 17-78 截面 8

13 绘制截面 9，如图 17-79 所示。退出草绘模式后自动生成扫描混合的预览，如图 17-80 所示。

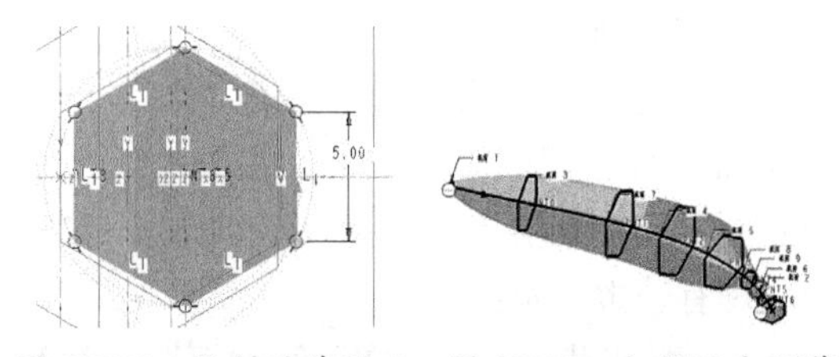

图 17-79 绘制的截面 9 图 17-80 扫描混合预览

14 单击【应用】按钮创建扫描混合特征，如图 17-81 所示。

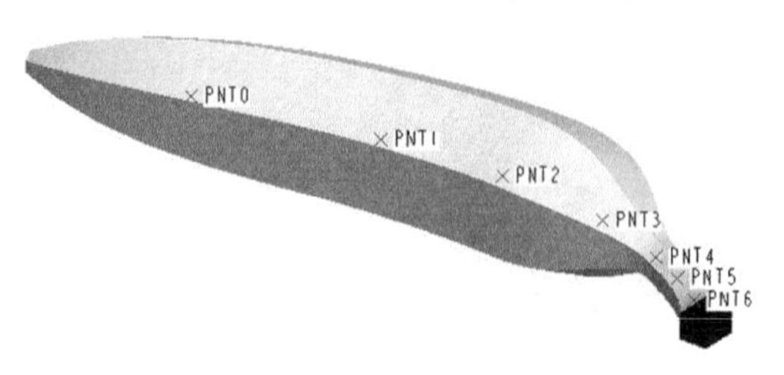

图 17-81　创建扫描混合特征

15 单击【倒圆角】按钮，打开【倒圆角】操控板。选择扫描混合特征的，边创建圆角特征，如图 17-82 所示。

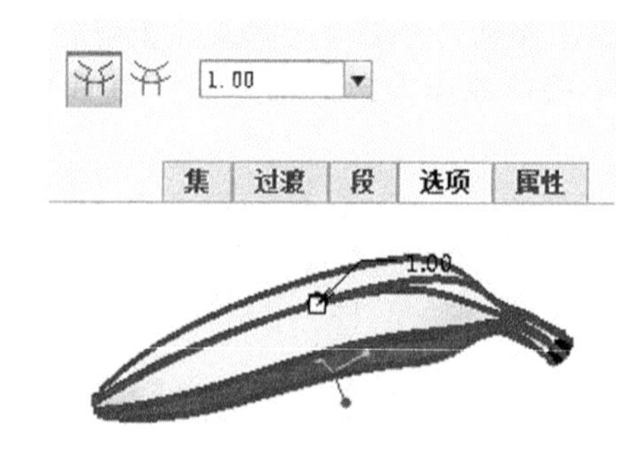

图 17-82　创建圆角特征

16 最后保存结果文件。

17.4　可变截面扫描曲面

在 Creo 中扫描设计方法有多种形式，在基本扫描方法中将一个扫描截面沿一定的轨迹线扫描运动后生成曲面特征。虽然轨迹线的形式多样，但由于扫描截面固定不变，所以最后创建的曲面相对比较单一。扫描混合综合了扫描和混合两种建模方法的特点，设计结果更加富于变化。本节将介绍使用可变截面扫描方法创建曲面的基本过程，使用这种方法创建的曲面变化更加丰富。

17.4.1　可变截面扫描的原理

可变截面扫描就是使用可以变化的截面创建扫描特征，从原理上讲，可变截面扫描应该具有扫描的一般特点，即截面沿着轨迹线作扫描运动。

1. 可变截面的含义

可变截面扫描的核心是截面可变，主要包括以下几个方面：

- 方向：可以使用不同的参考确定截面扫描运动时的方向。
- 旋转：扫描时可以绕指定轴线适当旋转截面。
- 几何参数：扫描时可以改变截面的尺寸参数。

2. 两种截面类型

在可变截面扫描中通过综合控制多个参数从而获得不同的设计效果，在创建可变截面扫描时可以使用以下两种截面形式，其建模原理有一定差别：

- 可变截面：通过在草绘截面图元与其扫描轨迹之间添加约束，或使用由参数控制的截面关系式使草绘截面在扫描运动过程中可变。
- 恒定截面：在沿轨迹扫描的过程中，草绘截面的形状不发生改变，而唯一发生变化的是截面所在的框架方向。

可变截面扫描的基本要素如图 17-83 所示。

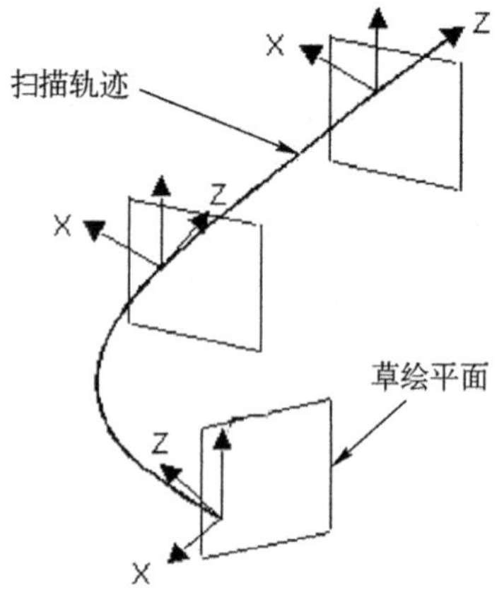

图 17-83　可变截面扫描的基本要素

其创建原理是将草绘的扫描截面放置在草绘平面上，然后将草绘平面附加到作为主元件的扫描轨迹上并沿轨迹长度方向移动来创建扫描特征。扫描轨迹包括原始轨迹及指定的其他轨迹，设计者可以使用这些轨迹和其他参考（如平面、轴、边或坐标系）来定义截面的扫描方向。

技术要点

在可变剖面扫描中框架的作用不可小视，因为它决定着草绘沿原始轨迹移动时的方向。

3．可变截面扫描的一般设计步骤

（1）创建并选择原始轨迹。

（2）选择【可变截面扫描】工具。

（3）根据需要添加其他轨迹。

（4）指定截面控制，以及水平和垂直方向控制参考。

（5）草绘截面。

（6）预览设计结果并创建特征。

如图 17-84 所示为可变截面扫描曲面特征的设计示例。

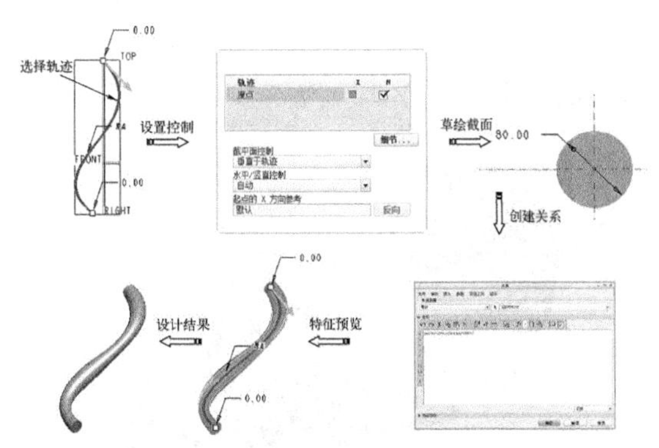

图 17-84　可变截面扫描曲面特征的设计示例

4．设计工具

在【模型】选项卡的【形状】组中单击【扫描】按钮，弹出如图 17-85 所示的【扫描】操控板，设置允许截面根据参数化参考或沿扫描的关系进行变化。

图 17-85　【扫描】操控板

17.4.2　可变截面扫描设计过程

【扫描】操控板中的【参考】选项板用来选择扫描轨迹，以及设置截面的控制、起点的 X 向参考等操作，如图 17-86 所示。

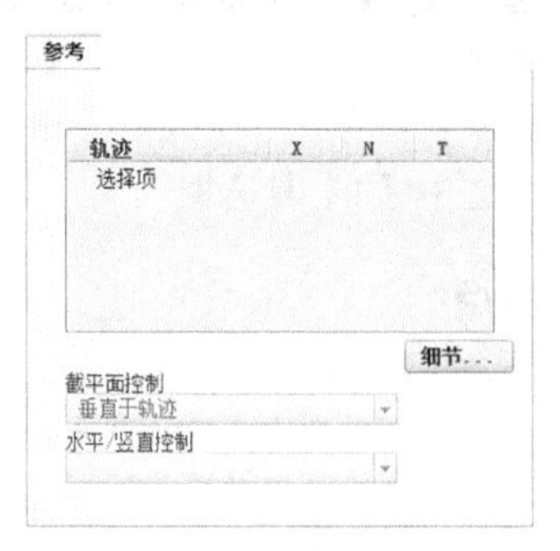

图 17-86　【参考】选项板

1．选择轨迹

首先在顶部的【轨迹】列表框中添加扫描轨迹。如果按住 Ctrl 键，可以添加多个轨迹。

可变截面扫描时可以使用以下几种轨迹类型：

- 原点轨迹。在打开设计工具之前选择的轨迹，即基础轨迹线，具备引导截面扫描移动与控制截面外形变化的作用。
- 法向轨迹。需要选择两条轨迹线来决定截面的位置和方向，其中原始轨迹用于决定截面中心的位置，在扫描过程中的截面始终保持与法向轨迹垂直。
- X 轨迹。沿 X 坐标方向的轨迹线。

如图 17-87 和图 17-88 所示是不同扫描轨迹的示例。

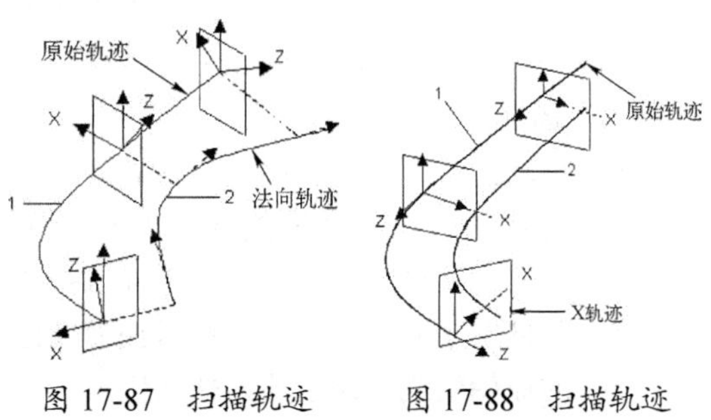

图 17-87　扫描轨迹的示例 1　　图 17-88　扫描轨迹的示例 2

可按以下方法更改选择轨迹的类型：

- 选中【X】复选框使该轨迹成为X轨迹，但是第一个选择的轨迹不能是X轨迹。
- 选中【N】复选框使该轨迹成为法向轨迹。
- 如果轨迹存在一个或多个相切曲面，则选中【T】复选框。

技术要点

将原始轨迹始终保持为法向轨迹是一个值得推荐的做法。在某些情况下如果选择的法向轨迹与沿原始轨迹的扫描运动发生冲突，则会导致创建特征失败。

对于除原始轨迹外的所有其他轨迹，在选中【T】、【N】或【X】复选框前，默认情况下都是辅助轨迹。注意只能选择一个轨迹作为X轨迹或法向轨迹。不能删除原始轨迹，但可以替换原始轨迹。

2. 控制截面方向

在【截平面控制】下拉列表中为扫描截面选择定向方法来控制方向，此时系统提供了如下3个选项：

- 垂直于轨迹：移动框架总是垂直于指定的法向轨迹。
- 垂直于投影：移动框架的Y轴平行于指定方向，Z轴沿指定方向与原始轨迹的投影相切。
- 恒定的法向：移动框架的Z轴平行于指定方向。

3. 对截面进行旋转控制

在【水平/垂直控制】下拉列表中设置如何控制框架绕草绘平面法向的旋转运动，主要有如下选项：

- 自动：截面的旋转控制由XY方向自动定向。由于系统能计算X向量的方向，所以能够最大程度地降低扫描几何的扭曲。对于没有参考任何曲面的原始轨迹，该选项为默认值。
- 垂直于曲面：截面的Y轴垂直于原始轨迹所在的曲面。如果原点轨迹参考为曲面上的曲线、曲面的单侧边、双侧边或实体边，以及由曲面相交创建的曲线或两条投影曲线，则该选项为默认值。
- X轨迹：截面的X轴过指定的X轨迹和沿扫描截面的交点。

4. 绘制截面

设置参考后，单击【创建或编辑扫描剖面】按钮进入二维草绘模式绘制截面图，如图17-89所示。

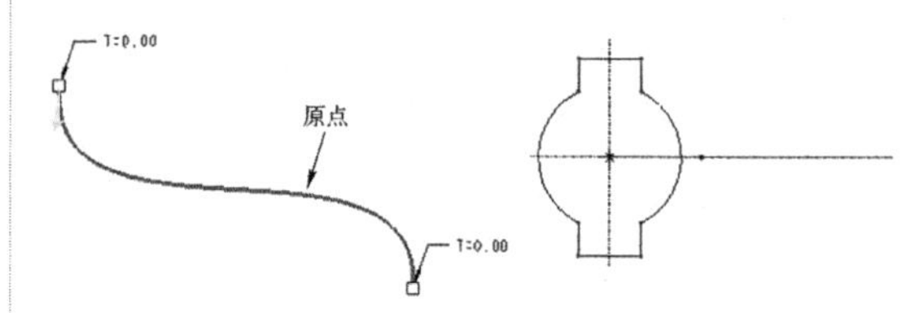

图17-89 绘制截面图

如果绘制完成草绘截面后立即退出草绘器，则创建的曲面为普通扫描曲面，如图17-90所示。此时，显然没有达到预期的可变截面的效果。

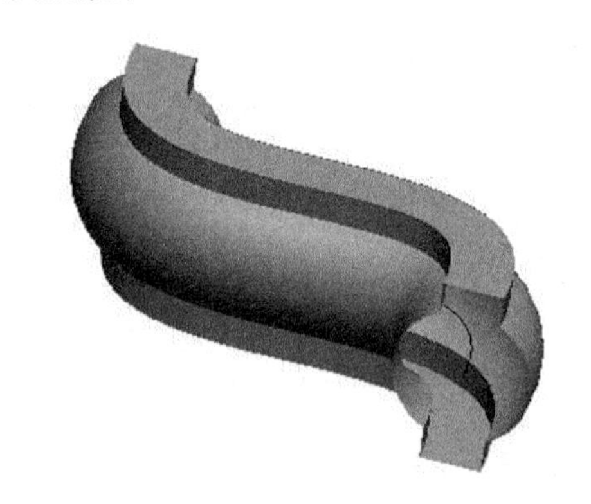

图17-90 普通扫描曲面

可以通过使用关系式来获得可变截面，选择【工具】|【关系】命令，打开【关系】窗口。然后在模型上拾取需要添加关系的尺寸代号，如sd6。为此尺寸添加关系式sd6=40+10*cos（10*360*trajpar），使该尺寸在扫描过程中按照余弦关系变化。最后创建的可变截面扫描曲面如图17-91所示。

如图 17-92 所示为添加关系式的【关系】窗口。

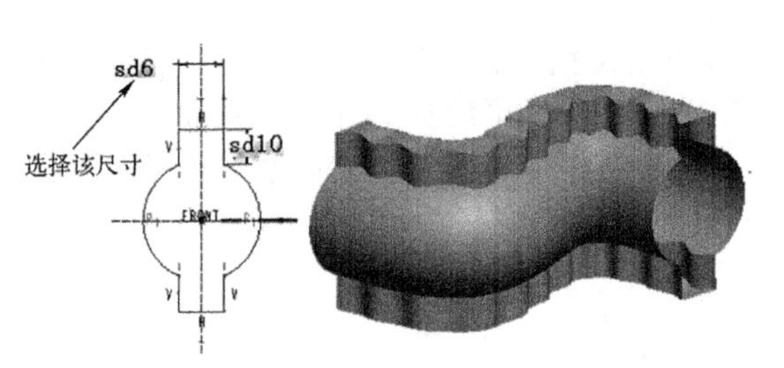

图 17-91　创建的可变截面扫描曲面

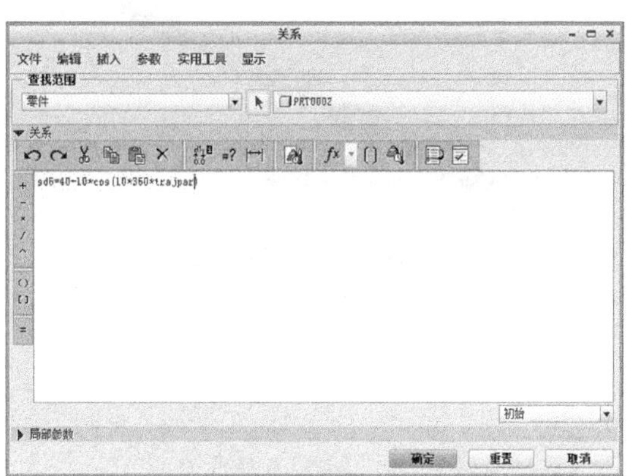

图 17-92　添加关系式后的【关系】窗口

应用 trajpar 参数

在前面的关系式中出现了参数 trajpar，下面简要介绍其用途。它是 Pro\E 提供的一个轨迹参数，是一个 0 ～ 1 的变量。在生成特征的过程中，此变量呈线性变化，代表扫描特征创建长度百分比。在开始扫描时，trajpar 的值是 0；而完成扫描时，该值为 1。例如，关系式 sd1=40+20*trajpar，尺寸 sd1 受到关系【40+20*trajpar】的控制。开始扫描时，trajpar 的值为 0，sd1 的值为 40；结束扫描时，trajpar 的值为 1，sd1 的值为 60。

5. 【选项】选项板

在【扫描】操控板中打开如图 17-93 所示的【选项】选项板。其中可以设置如下参数：

- 封闭端。扫描的截面首末两端将是封闭的，而非开放的，如图 17-94 所示。

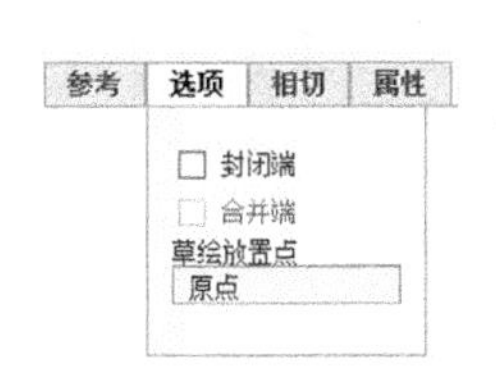

图 17-93　【选项】选项板

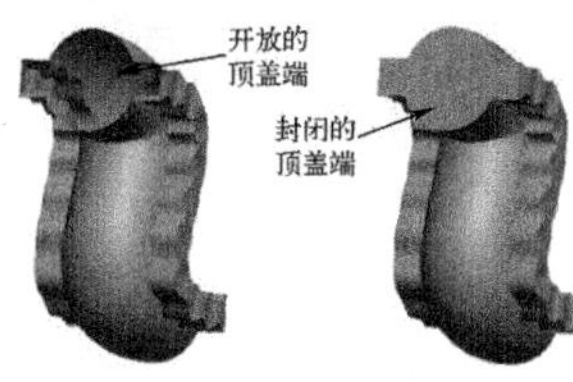

图 17-94　顶盖端封闭示例

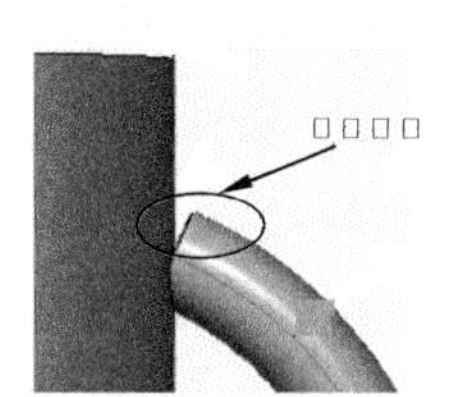

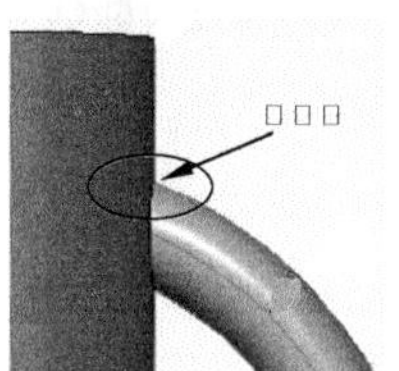

图 17-95　选中【合并端】和未选中【合并端】复选框的情形

- 合并端。选中【合并端】复选框来封闭轨迹端点接触到邻近几何时产生的间隙，但是只有截面的一部分与几何接触，如图 17-95 所示。
- 草绘放置点。指定【原始轨迹】上需要草绘截面的点，不影响扫描的起始点。【可变截面扫描】工具是一个非常有用的设计工具，应用广泛，由于本书的篇幅所限，所以不做深入全面的介绍。

动手操作——设计麻花钻

在这里我们将使用可变截面扫描和图形关系式来绘制麻花钻排屑槽，完成的麻花钻模型如图 17-96 所示。

操作步骤：

01 新建名为【麻花钻】的文件。

02 单击【旋转】按钮，打开【旋转】操控板。

03 选择 FRONT 基准平面作为草图平面，绘制如图 17-97 所示的截面。

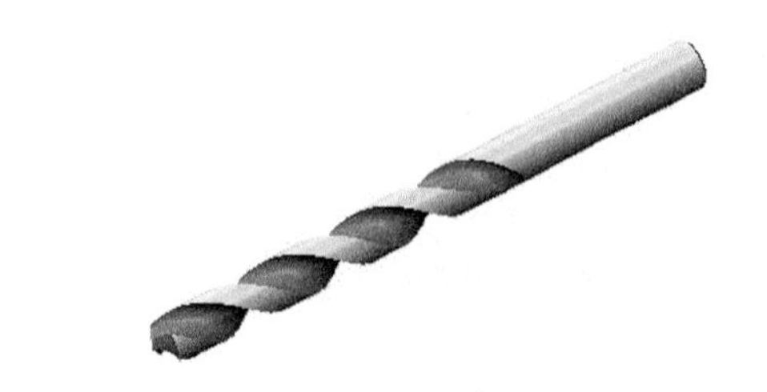

图 17-96 麻花钻模型

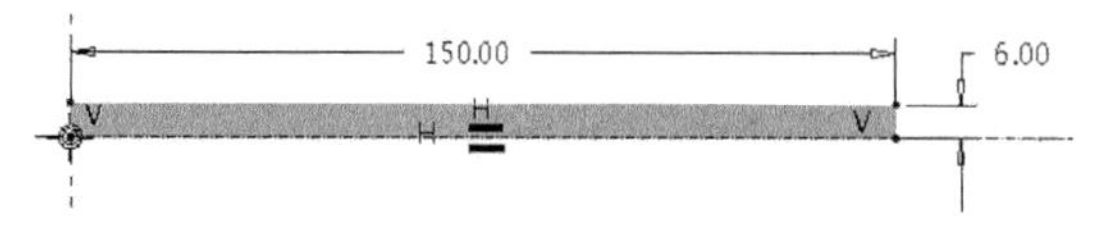

图 17-97 绘制旋转截面

04 退出草绘模式，保留默认设置。单击【应用】按钮，创建旋转特征，如图 17-98 所示。

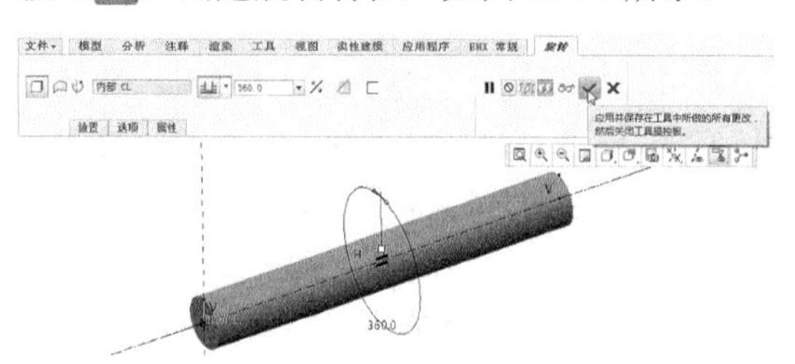

图 17-98 创建旋转特征

05 单击【草绘】按钮，选择 FRONT 基准平面作为草绘平面，进入草绘环境，绘制如图 17-99 所示的曲线。完成后退出草图环境。

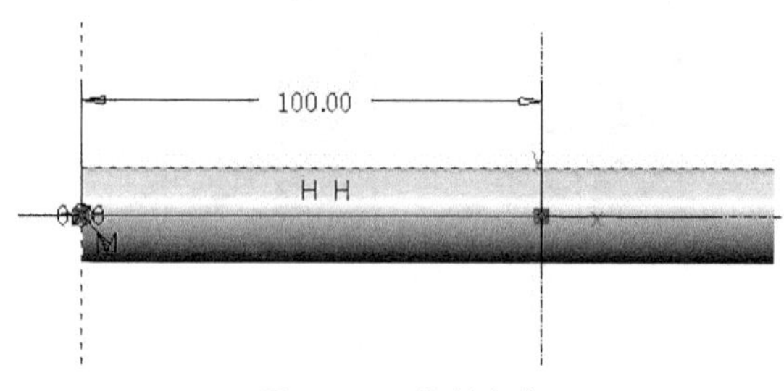

图 17-99 绘制曲线

06 在【模型】选项卡的【基准】组中单击【图形】按钮，Creo 提示用户需要为创建的特征输入一个名字，如图 17-100 所示。

图 17-100 输入 2D 基准图形名称

07 进入新的草绘模式后，绘制如图 17-101 所示的图形。

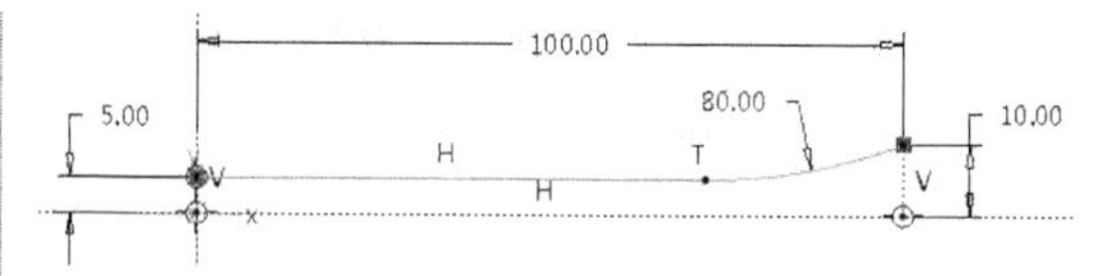

图 17-101 绘制基准图形

08 单击【扫描】按钮，打开【扫描】操控板。选择草绘曲线作为扫描轨迹，然后单击【创建或编辑扫描截面】按钮，进入草绘模式，绘制如图 17-102 所示的截面。

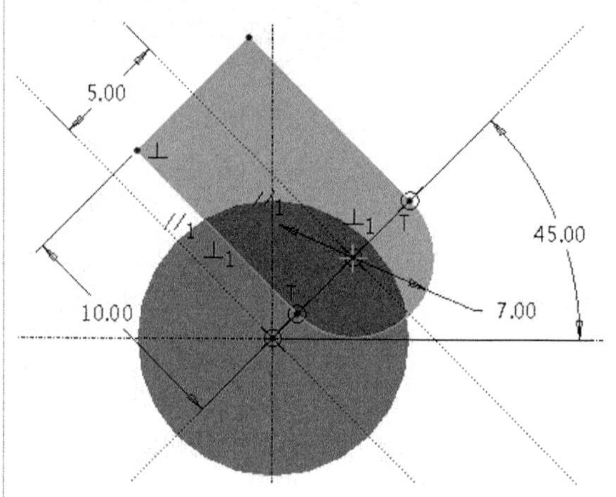

图 17-102 绘制截面

09 在【工具】选项卡的【模型意图】组中单击【关系】按钮，打开【关系】窗口。然后输入截面中两个尺寸的关系式，如图 17-103 所示。

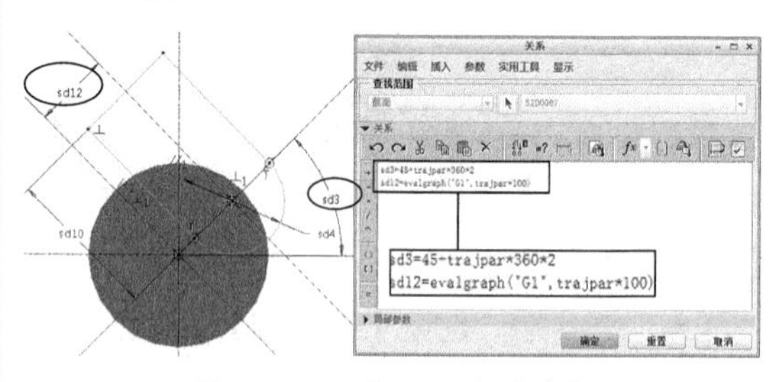

图 17-103 输入尺寸关系式

10 退出草绘模式，在【扫描】操控板中单击【可变截面】按钮和【移除材料】按钮。

11 查看预览无误后单击【应用】按钮，创建可变截面扫描特征，如图 17-104 所示。

12 在模型树中将草绘曲线、基准图形和可变扫描特征创建成组，如图 17-105 所示。

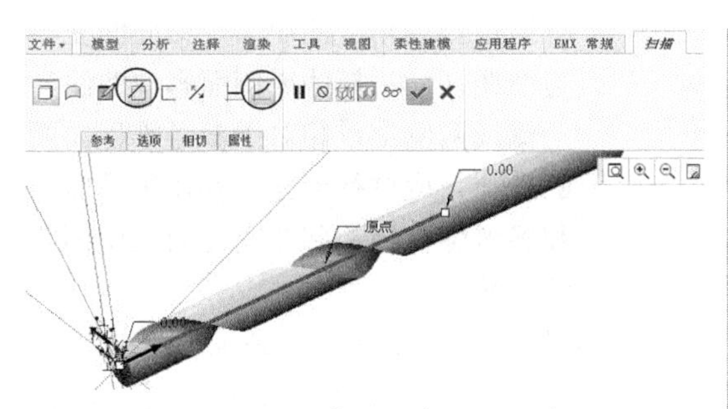

图 17-104　创建可变截面扫描特征

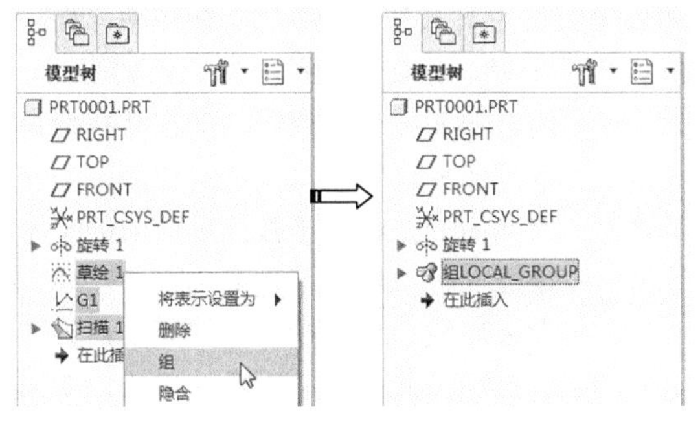

图 17-105　创建组

技术要点

创建成组是为了便于创建阵列。

13 在模型树中选择创建的组，然后单击【阵列】按钮打开【阵列】操控板。设置阵列方式和阵列参数，单击【应用】按钮创建组阵列，如图 17-106 所示。

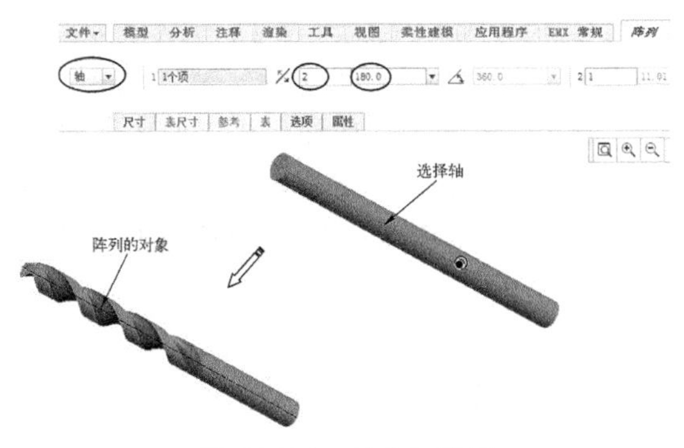

图 17-106　创建组阵列

14 单击【倒角】按钮，然后创建如图 17-107 所示的倒角特征。

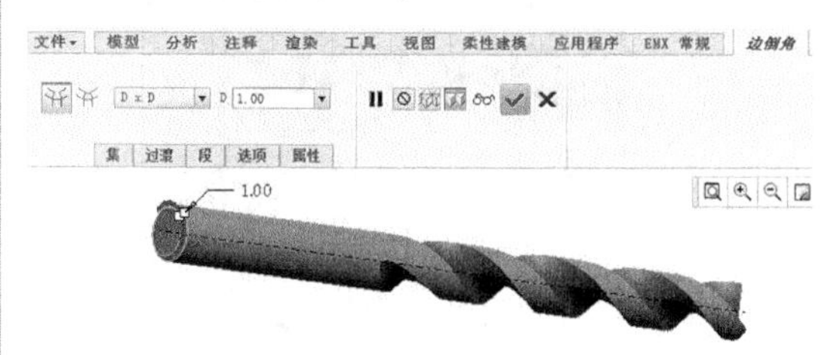

图 17-107　创建倒角特征

15 单击【旋转】按钮，以 FRONT 基准平面为草图平面进入到草图环境中，绘制如图 17-108 所示的截面。

16 退出草绘模式，单击【旋转】操控板中的【移除材料】按钮，其余参数保留默认设置。

17 单击【应用】按钮创建旋转特征，即钻头部分特征，如图 17-109 所示。

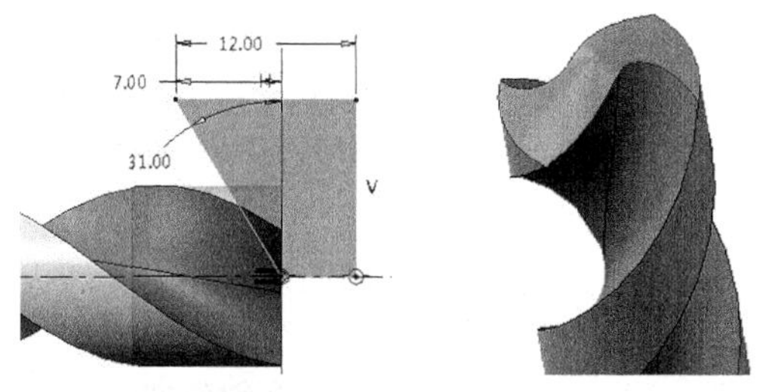

图 17-108　绘制旋转截面　图 17-109　创建旋转特征

18 设计的钻头如图 17-110 所示。

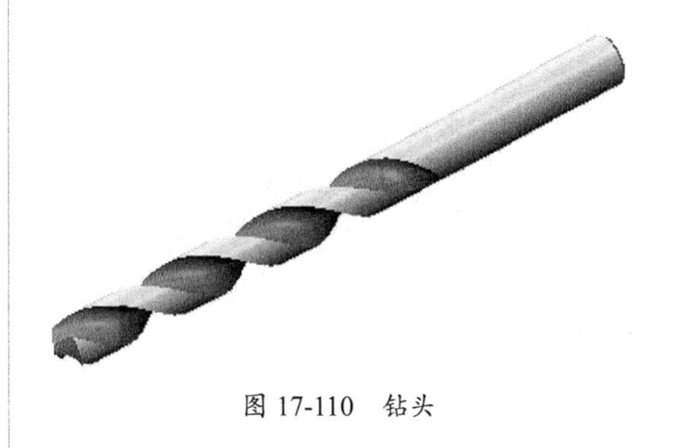

图 17-110　钻头

17.5　将切面混合到曲面

在功能区【模型】选项卡的【曲面】组中单击【将切面混合到曲面】，系统打开【曲面：相切曲面】对话框，如图 17-111 所示。

图 17-111 【曲面：相切曲面】对话框

将切面混合到曲面的混合形式主要有3种基本类型。

- （曲线驱动相切拔模曲面）：在参考曲线（诸如分型曲线或草绘曲线）和与上述曲面相切的选定参考零件曲面之间的分型面一侧或两侧创建曲面。此参考曲线必须位于参考零件之外。
- （拔模曲面外部的恒定角度相切拔模）：通过沿参考曲线的轨迹并与拖动方向成指定恒定角度创建曲面的方式创建曲面。使用该特征为无法利用常规拔模特征进行拔模的曲面添加相切拔模。还可使用该特征将相切拔模添加至具有倒圆角边的筋中，并保持与参考零件相切。
- （在拔模曲面内部的恒定角度相切拔模）：创建拔模曲面内部的、具有恒定拔模角度的曲面。该曲面在参考曲线（如拔模线或侧面影像曲线）一侧或两侧上以相对于参考零件曲面的指定角度进行创建，并在拔模曲面和参考零件的相邻曲面之间提供倒圆角过渡。

创建上述相切拔模时，必须选择拔模类型和拔模方向，并指定拖动方向或接受默认拔模方向。然后，选择参考曲线，并依据相切拔模类型定义其他拔模参考，如相切曲面、拔模角及半径。相切拔模的可选元素如下：

- 闭合曲面：允许修剪，或在某些情况下延伸相切拔模直到选定曲面。当相邻曲面处在相对于被拔模曲面的某个角度上时，使用该元素。
- 骨架曲线：允许指定附加曲线，该曲线控制与截面平面垂直的定向。如果单独使用参考曲线导致几何自交，可使用该元素。
- 顶角：对单侧曲线驱动的相切拔模。当拔模线没有延伸至曲面边界并且尚未指定闭合曲面时，用于控制自动创建的附加平面的拔模角。如果没有指定值，则Creo使用零度角。

技术要点

闭合曲面必须始终为实体曲面。基准平面或曲面几何不能为封闭曲面。

最后，可使用【曲面：相切曲面】对话框中的【曲线】选项卡编辑参考曲线，选择要包括在拔模线中或从中排除的参考曲线段。

17.6 综合实训

本节通过3个典型的高级曲面工具应用综合案例来温习前面所学知识。

17.6.1 水果盘造型

◎ 结果文件：实例\结果文件\Ch17\水果盘.prt

◎ 视频文件：视频\Ch17\水果盘.avi

本例以可变截面扫描为基础，并结合前面介绍的其他曲面设计方法，综合说明曲面设计的一般方法和过程；同时将引出曲面的编辑方法和实体化方法的应用，为稍后介绍这两种方法打下基础。

在本例中将运用多种创建曲面的方法，基本建模过程如图 17-112 所示。

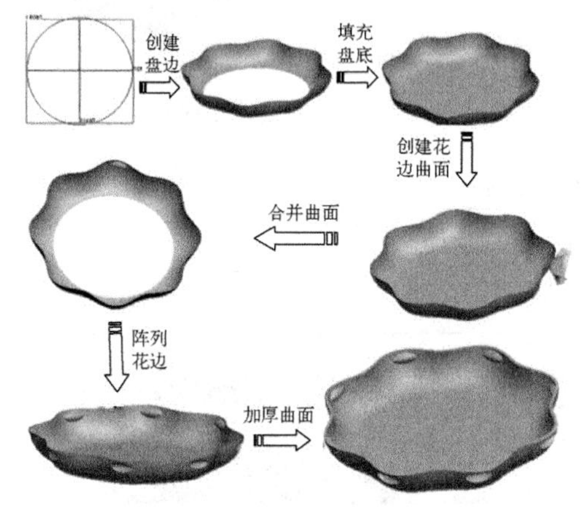

图 17-112　基本建模过程

在本例建模过程中，注意把握以下要点：

- 控制可变截面扫描参考。
- 为尺寸添加关系式。
- 创建混合扫描。
- 使用尺寸参考驱动阵列。

操作步骤：

1．建盘沿曲面

01 新建一个名为【水果盘】的零件文件。

02 单击右工具栏中的【草绘】按钮，打开【草绘】操控板，选择基准平面 FRONT 作为草绘平面，接受其他默认的参考设置。进入二维草绘模式。使用【圆心和点】工具绘制一直径为 100 的轨迹圆，并创建如图 17-113 所示的曲线。

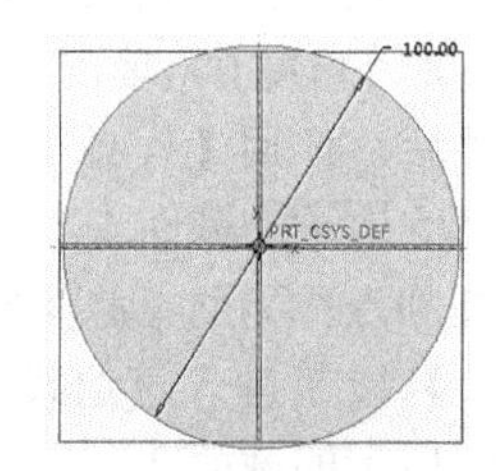

图 17-113　新建基准曲线

03 在【模型】选项卡的【形状】组中单击【扫描】按钮，弹出【扫描】操控板。单击【允许截面根据参数化参考或沿扫描的关系进行变化】按钮，选择基准曲线作为轨迹线并将其添加到【参考】选项板中，如图 17-114 所示。

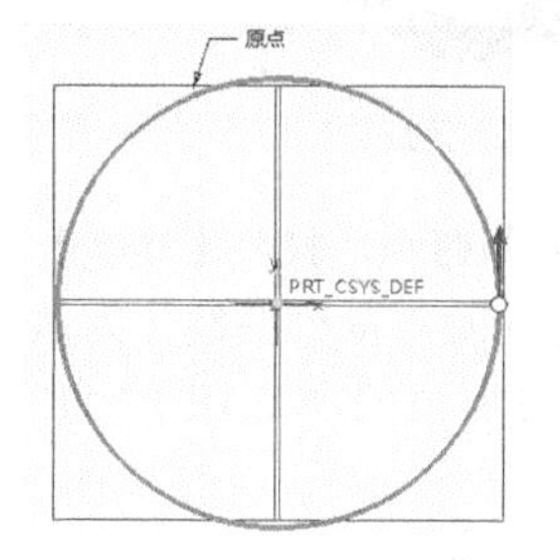

图 17-114　选择轨迹添加到【参考】选项板中

04 单击【创建或编辑扫描剖面】按钮，打开二维草绘截面。绘制如图 17-115 所示的扫描截面，注意在图中标记的地方添加约束条件。

05 在【工具】选项卡的【模型意图】组中单击【关系】按钮，打开【关系】窗口。为如图 17-116 所示尺寸 sd5 添加关系式，如图 17-117 所示。

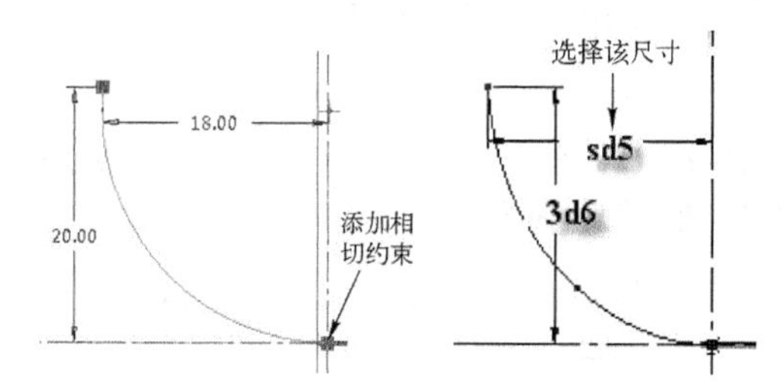

图 17-115　绘制扫描截面　　图 17-116　选择尺寸

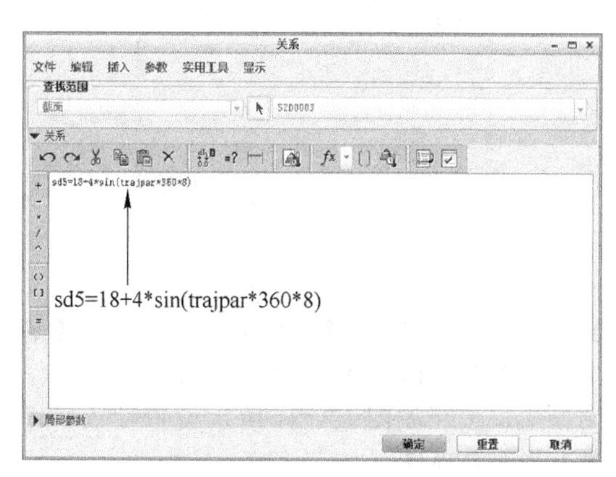

图 17-117　添加关系式

06 预览设计效果，确认后生成的结果如图 17-118 所示。

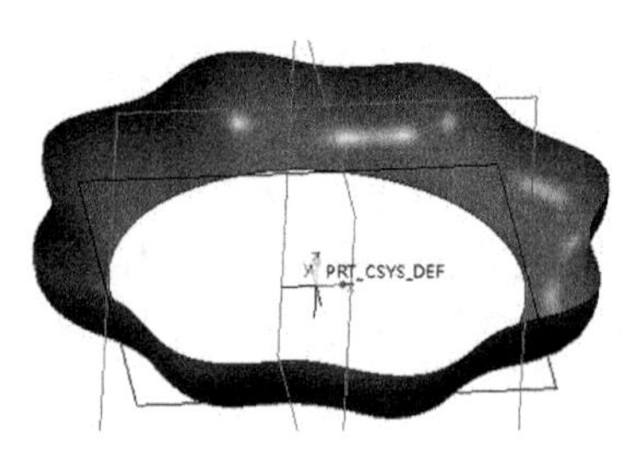

图 17-118 生成的结果

07 选择【编辑】|【填充】命令，打开【填充】操控板。选择前面创建的圆形基准曲线作为填充区域的边界，创建的填充曲面如图 17-119 所示。

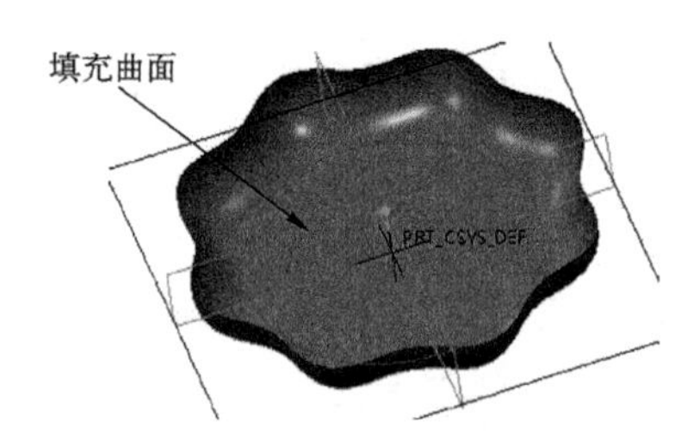

图 17-119 创建的填充曲面

2. 使用扫描混合方法创建曲面

01 单击【轴】按钮，打开【基准轴】对话框，如图 17-120 所示设置参考，创建经过两基准平面交线的基准轴线。

图 17-120 设置参考

02 单击右工具栏中的【平面】按钮，打开【基准平面】对话框。选择 TOP 平面和 A_1 轴作为参考，按照如图 17-121 所示设置参数新建基准平面 DTM1。

03 选择【插入】|【扫描混合】命令，打开【扫描混合】操控板。单击右工具栏中的【草绘】按钮，弹出【草绘】操控板。选择基准平面 DTM1 作为草绘平面，按照默认方式放置草绘平面后进入二维模式。

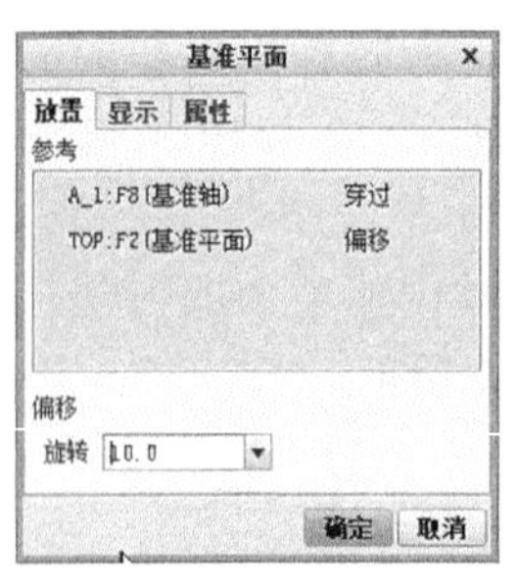

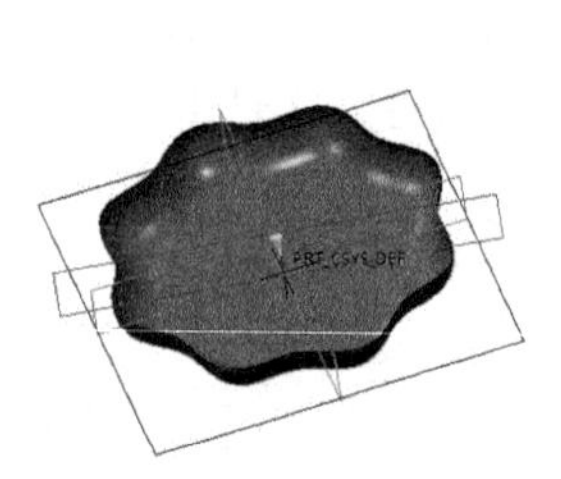

图 17-121 新建基准平面

04 单击右工具栏中的按钮，在草绘平面内绘制如图 17-122 所示的扫描轨迹线，完成后退出草绘模式。

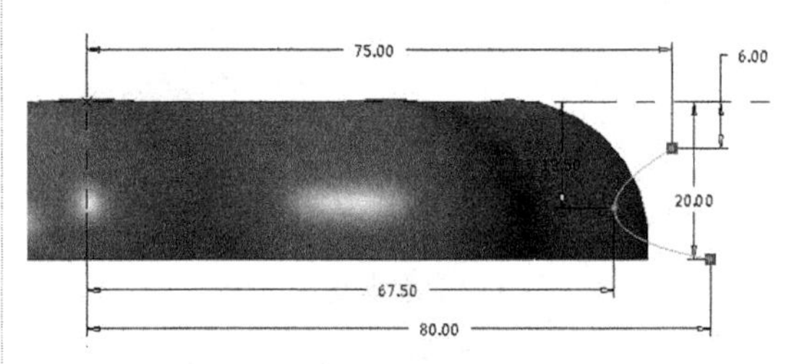

图 17-122 绘制扫描轨迹线

05 在【选项】选项板中取消选中【封闭端点】复选框，如图 17-123 所示。

06 如图 17-124 所示，系统用【✦】标记轨迹上的 3 个控制点。

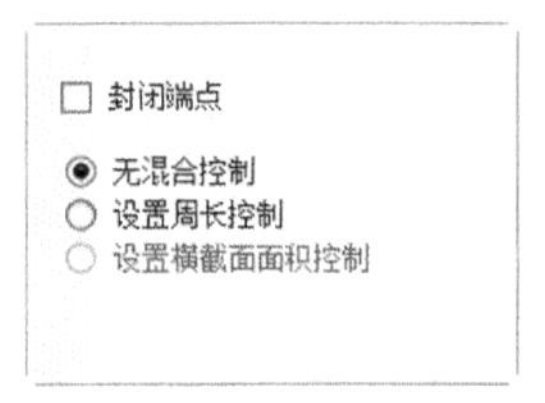

图 17-123 取消选中【封闭端点】复选框

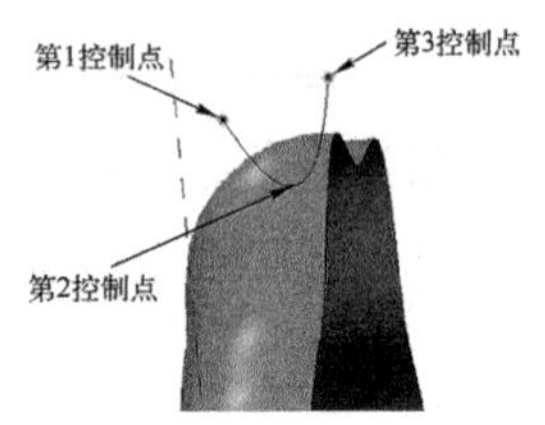

图 17-124 标记轨迹上的 3 个控制点

07 选择第一控制点作为开始截面的位置参考，并输入截面的旋转角度 0。单击【草绘】按钮进入草绘模式后，使用【样条曲线】工具绘制如图 17-125 所示的截面 1。

08 选择第三控制点作为结束截面的位置参考，并单击【草绘】按钮进入草绘模式。然后绘制如图 17-126 所示的截面 2。

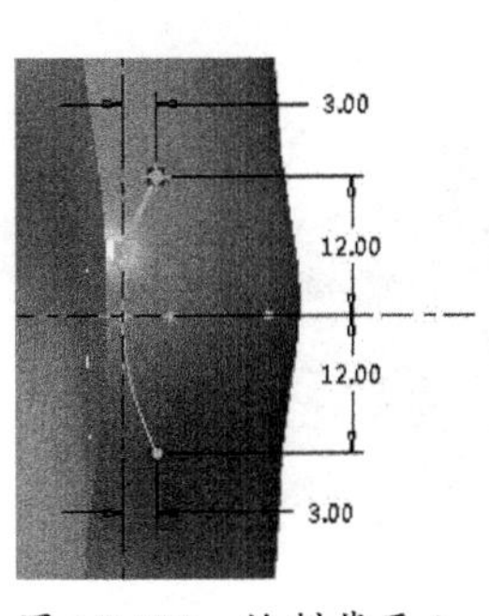

图 17-125　绘制截面 1　　图 17-126　绘制截面 2

09 单击【应用】按钮，创建曲面特征，如图 17-127 所示。

> **技术要点**
>
> 为了便于观察，在绘制剖面时隐藏了前面创建的曲面特征。

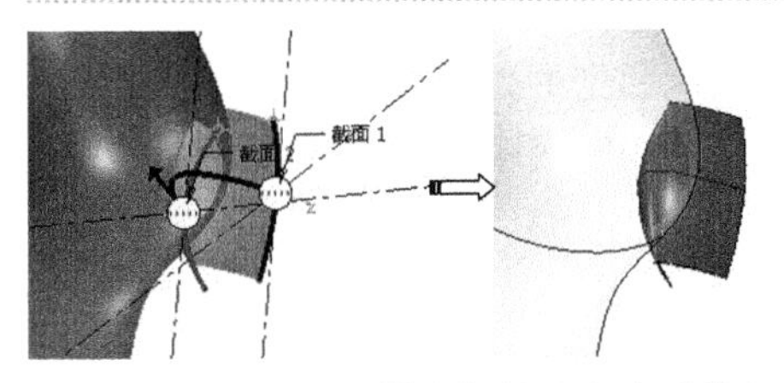

图 17-127　创建扫描混合曲面特征

3．阵列曲面特征

01 如图 17-128 所示，选择上一步创建的曲面特征，然后单击右工具栏中的【阵列】按钮，打开【阵列】操控板。

02 选择阵列方式为【轴】，然后选择如图 17-129 所示的轴 A_1 作为阵列参考。

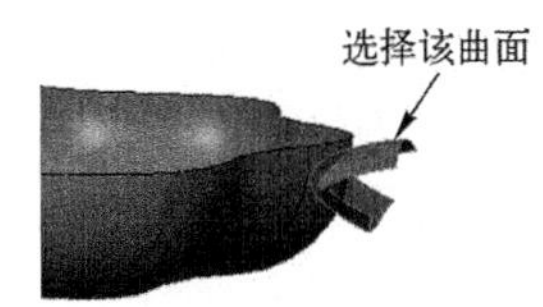

图 17-128　选择曲面

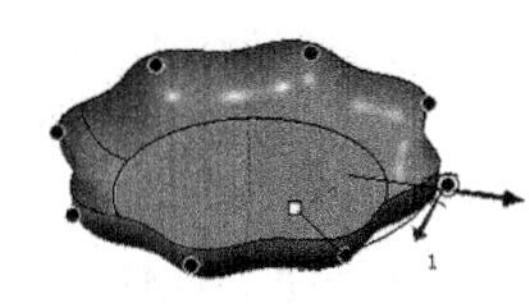

图 17-129　设置阵列参考

03 按照如图 17-130 所示设置阵列参数，系统会用黑点表示放置每个阵列特征的位置。单击【确定】按钮完成阵列。

4．合并曲面特征

01 按住 Ctrl 键，选择盘沿曲面和前面创建的混合扫描曲面特征，如图 17-131 所示。然后单击右工具栏中的【合并】按钮，打开【合并】操控板。

02 通过单击其中的两个按钮，调整曲面上箭头的指向。

03 单击【确定】按钮，合并后的曲面如图 17-132 所示。

> **技术要点**
>
> 箭头指向为曲面合并时保留的一侧。

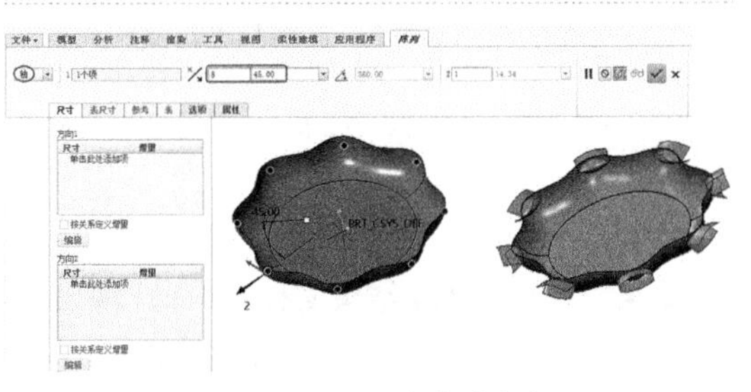

图 17-130　设置阵列参数

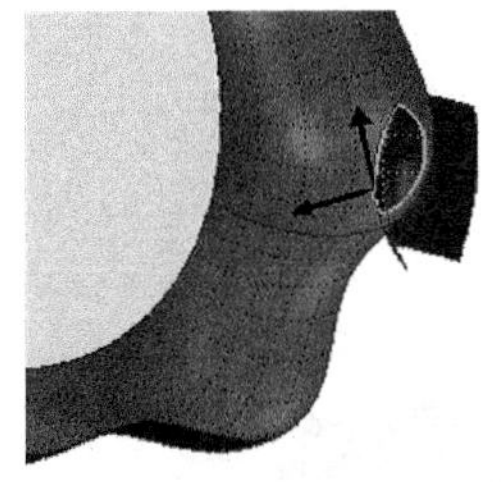

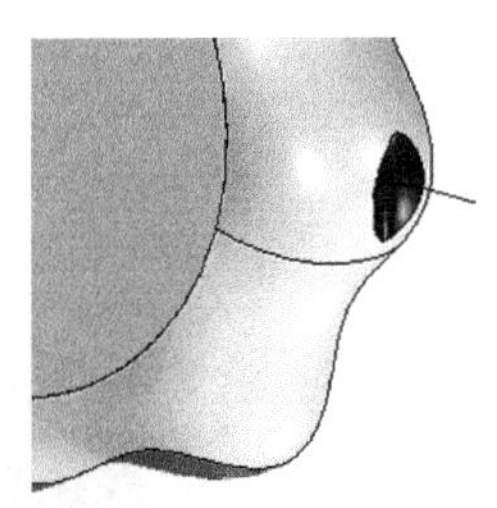

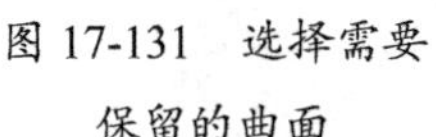

图 17-131　选择需要保留的曲面　　图 17-132　合并后的曲面

04 重复上述合并操作，依次选择阵列后的每一个曲面与前面合并后的曲面再次进行合并，结果如图 17-133 所示。

05 再次将前面合并的曲面和盘底合并，结果如图 17-134 所示。

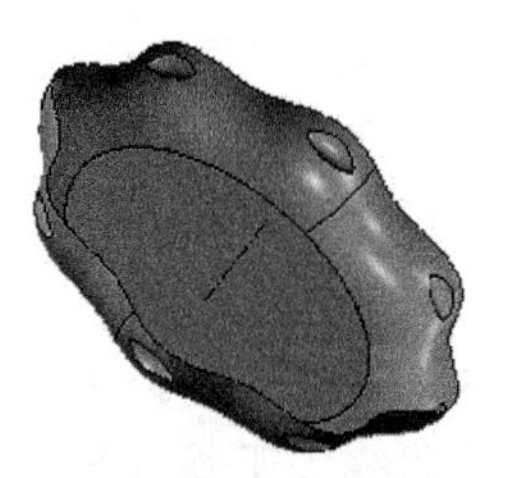

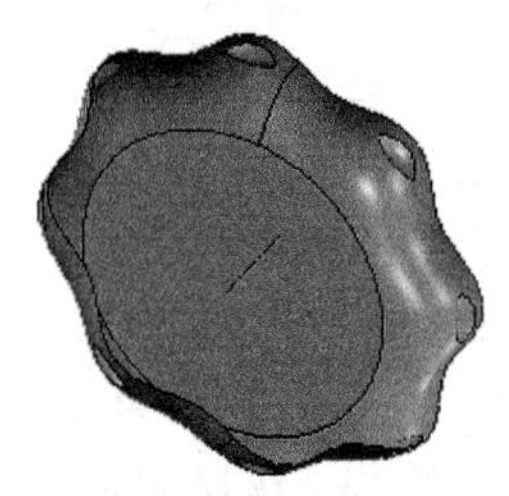

图 17-133　再次合并的结果　图 17-134　合并的结果

06 为加厚盘壁，选择合并后的曲面。然后选择【编辑】|【加厚】命令，打开【加厚】操控板。

07 按照如图17-135所示设置加厚厚度。最终结果如图17-136所示。

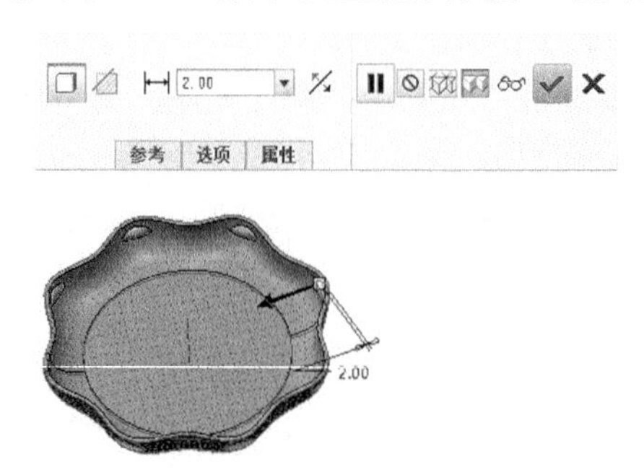

图17-135　设置加厚厚度

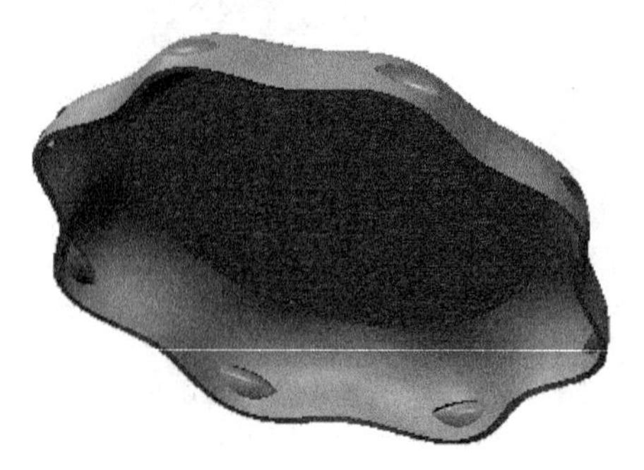

图17-136　最终设计结果

17.6.2　洗发露瓶设计

◎ **结果文件：实例\结果文件\Ch17\洗发露瓶.prt**

◎ **视频文件：视频\Ch17\洗发露瓶设计.avi**

本例中首先使用各种曲面设计手段创建由一组曲面组成的模型的外轮廓雏形，然后使用曲面编辑工具对曲面进行编辑操作，最后由曲面生成实体模型。洗发露瓶如图17-137所示。

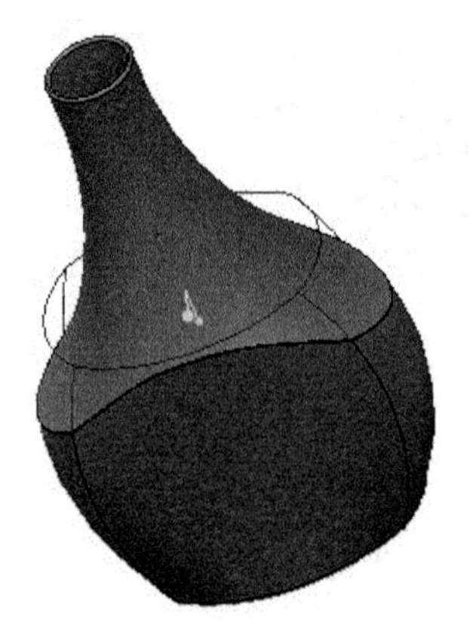

图17-137　洗发露瓶

操作步骤：

01 新建名为【洗发露瓶】的零件文件。

02 单击【草绘】按钮，打开【草绘】对话框，选取基准平面TOP作为草绘平面，进入草绘模式。

03 在草绘平面内使用【3点/相切端】工具绘制一段圆弧曲线，该曲线关于基准平面FRONT对称，如图17-138所示，完成后退出草绘模式。最后创建的草绘基准曲线如图17-139所示。

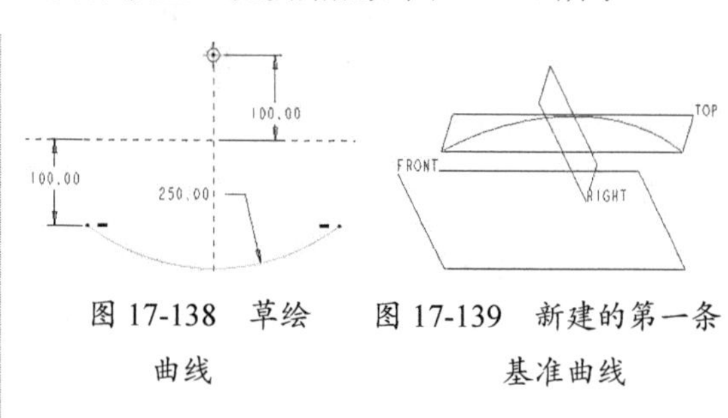

图17-138　草绘曲线　　图17-139　新建的第一条基准曲线

04 单击【平面】按钮，打开【基准平面】对话框。

05 首先选取基准平面FRONT作为参考，设置约束类型为【平行】，按住Ctrl键再选取前一步创建的基准曲线的端点作为另一个参考，设置约束类型为【穿过】，创建如图17-140所示基准平面DTM1。

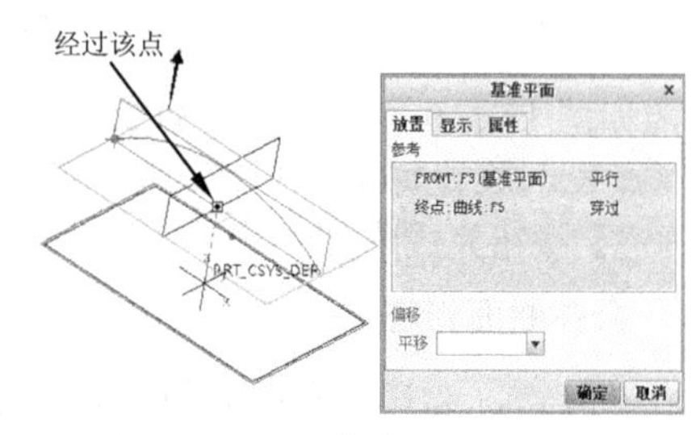

图17-140　新建基准平面DTM1

06 单击【草绘】按钮，打开【草绘】对话框，选取新建基准平面 DTM1 作为草绘平面，接受系统所有默认参考，进入二维草绘模式。

07 在草绘平面内使用【3 点 / 相切端】工具绘制一段圆弧曲线，完成后退出草绘模式，创建的草绘基准曲线如图 17-141 所示。

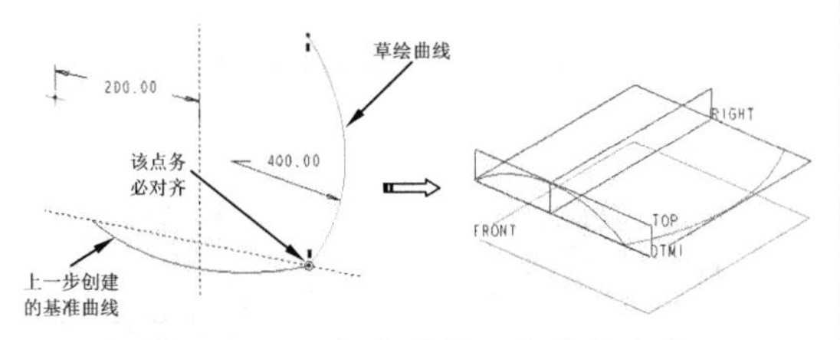

图 17-141 新建的第二条基准曲线

技术要点

图中提示的参考点必须对齐（重合），如果未对齐，可以使用相应的约束工具来对齐。将两个参考点对齐后，图上只有两个约束尺寸。

08 选中上一步创建的基准曲线，然后在【模型】选项卡的【编辑】组中单击【镜像】按钮，选取镜像参考平面 RIGHT。再单击操控板上的【应用】按钮，完成镜像曲线操作，如图 17-142 所示。

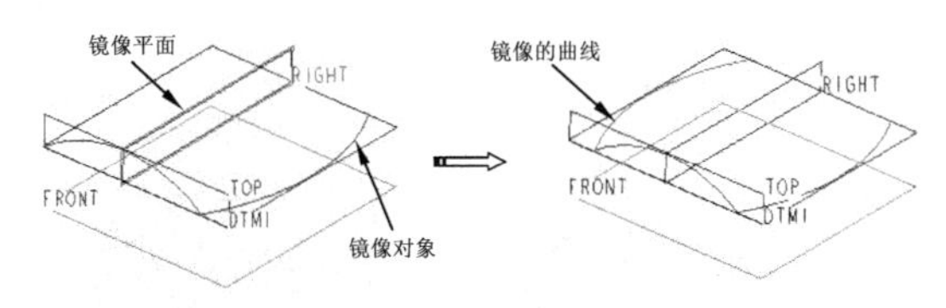

图 17-142 镜像曲线

09 同理，再将如图 17-143 所示的曲线镜像至 FRONT 基准平面的另一侧。

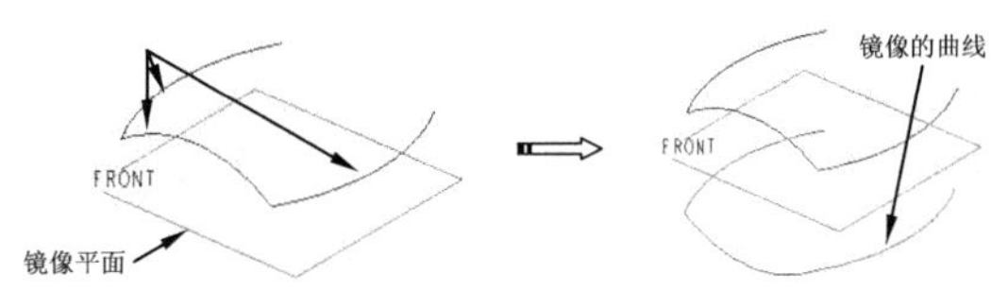

图 17-143 镜像曲线

10 单击【草绘】按钮，打开【草绘】对话框，选取基准平面 TOP 作为草绘平面，进入草绘模式。

11 在草绘平面内使用【3 点 / 相切端】工具绘制一段圆弧曲线，完成后退出草绘模式。最后创建的草绘基准曲线如图 17-144 所示。

技术要点

绘图时同样注意对齐参考点，对齐后的曲线将只有一个半径尺寸。

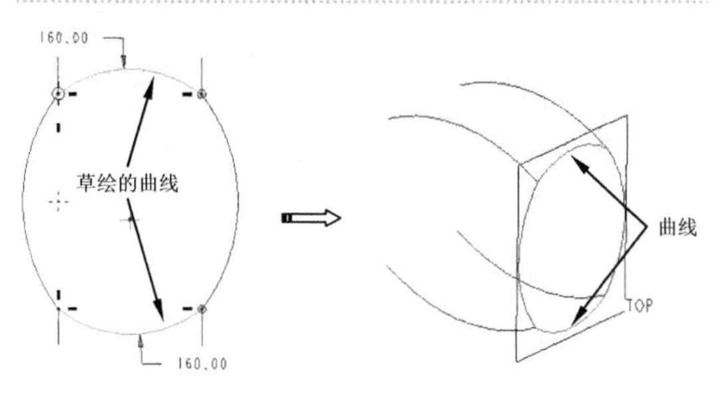

图 17-144 创建的基准曲线

12 使用【平面】工具，利用如图 17-145 所示的 3 个参考点创建基准平面 DTM2。

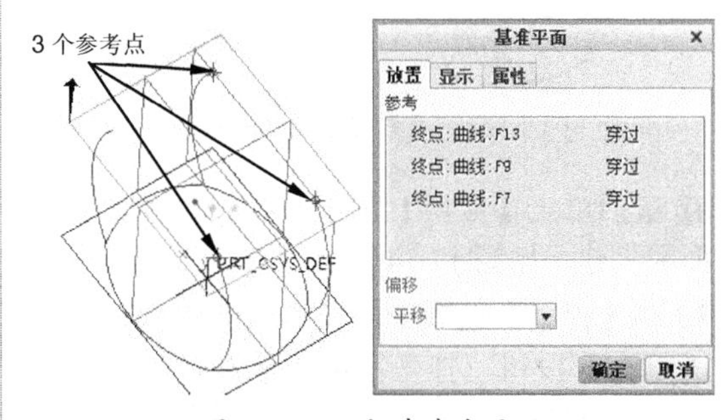

图 17-145 新建基准平面

13 仿照前面介绍的方法，使用新建基准平面 DTM2 作为草绘平面创建草绘基准曲线。草绘曲线如图 17-146 所示。

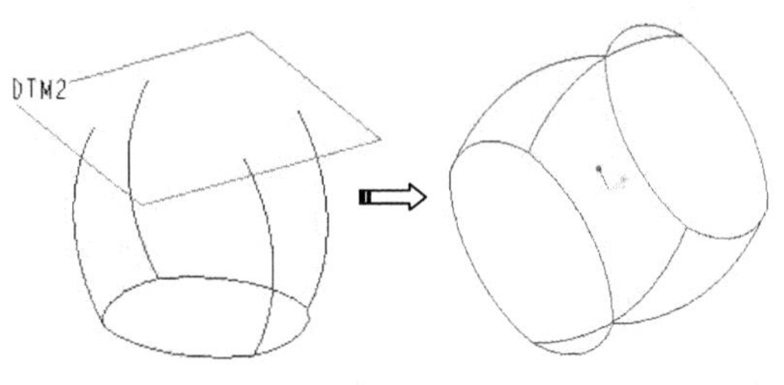

图 17-146 创建草绘曲线

14 单击【边界混合】按钮，打开边界混合曲面的设计操控板。

15 按照如图 17-147 所示指定第一方向上的两条曲线链。

技术要点

在选择第一方向曲线链时，若多条曲线连续，必须按 Shift 键连续选取。若不连续是相对的，则按 Ctrl 键进行选取。

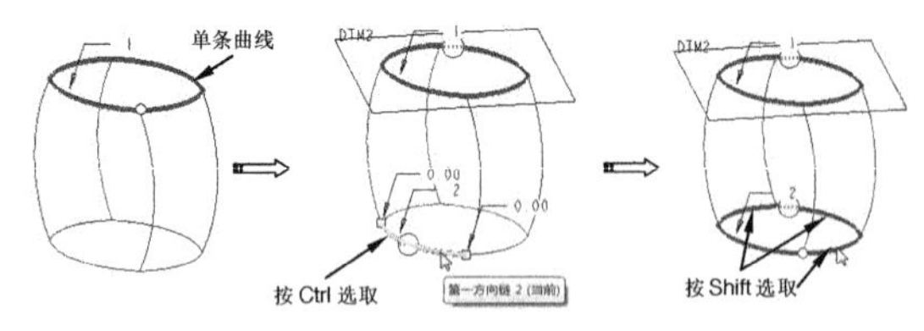

图 17-147　选取第一方向链

16 然后激活第二方向参考列表框，按 Ctrl 键依次选取第二方向上的 4 条曲线，如图 17-148 所示。

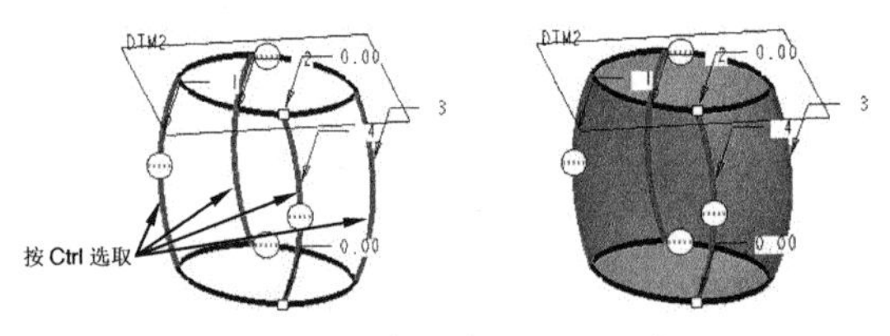

图 17-148　选取第二方向曲线链

17 最后单击【应用】按钮，完成边界混合曲面的创建，如图 17-149 所示。

18 在【模型】选项卡的【界面】组中，单击【填充】按钮，打开【填充】操控板。然后选择 DTM2 作为草绘平面，进入草绘模式中。并绘制如图 17-150 所示的填充边界。

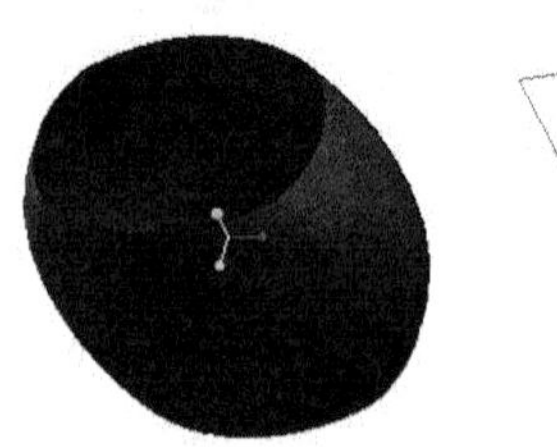

图 17-149　创建边界混合曲面

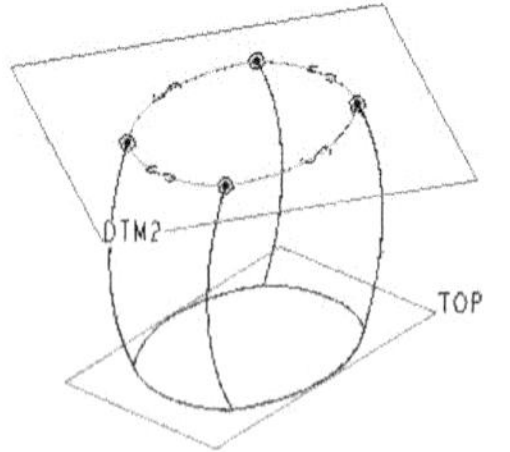

图 17-150　绘制填充边界

19 退出草绘模式，保留操控板中的默认设置，单击【应用】按钮，完成填充曲面的创建，如图 17-151 所示。

20 使用【合并】工具，将图形区中的所有曲面进行合并，如图 17-152 所示。

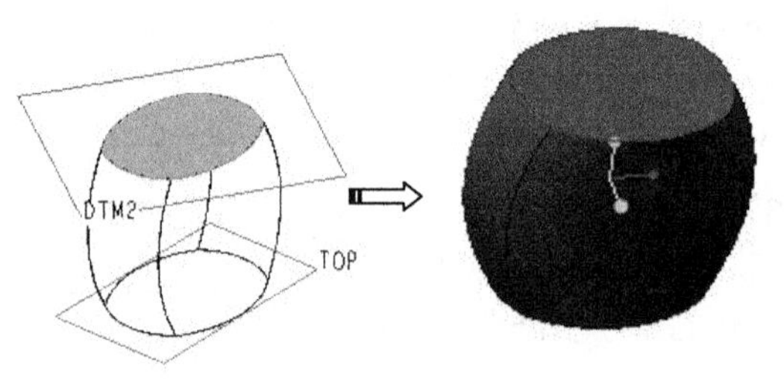

图 17-151　创建填充曲面

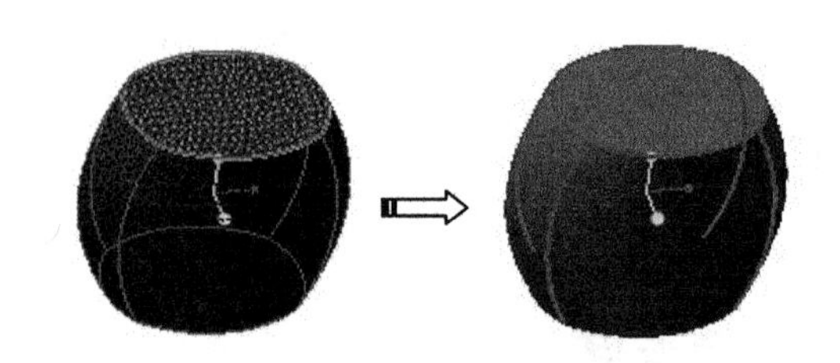

图 17-152　创建合并曲面

21 单击【旋转】按钮，打开设计操控板，选择曲面设计工具，选取基准平面 FRONT 作为草绘平面，进入草绘模式，绘制如图 17-153 所示截面图，完成后退出草绘模式。

保留默认设置，单击【应用】按钮完成旋转曲面的创建，如图 17-154 所示。

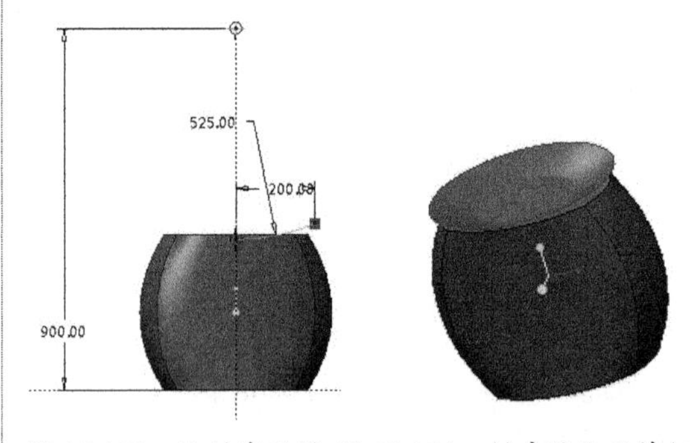

图 17-153　绘制截面图　图 17-154　创建的曲面特征

22 按住 Ctrl 键选取新建曲面特征和上一个合并曲面特征作为合并对象，单击【合并】按钮，确定保留曲面侧，合并结果如图 17-155 所示。

23 单击【旋转】按钮，打开设计操控板，选择曲面设计工具，选取基准平面 FRONT 作为草绘平面，进入草绘模式，绘制如图 17-156 所示截面图，完成后退出草绘模式。

24 保留默认设置，单击【应用】按钮完成旋转曲面的创建，如图 17-157 所示。

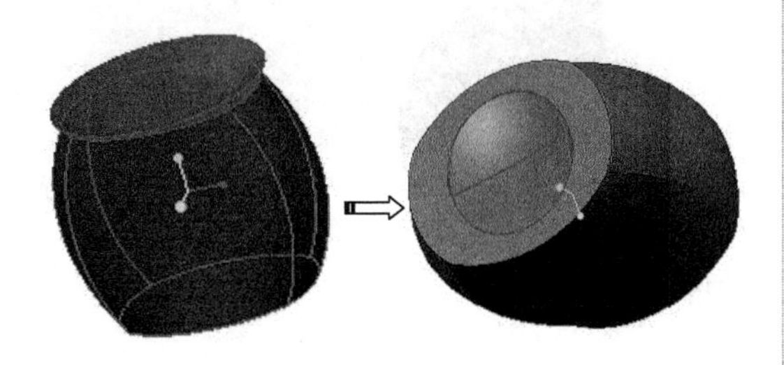

图 17-155　合并曲面结果

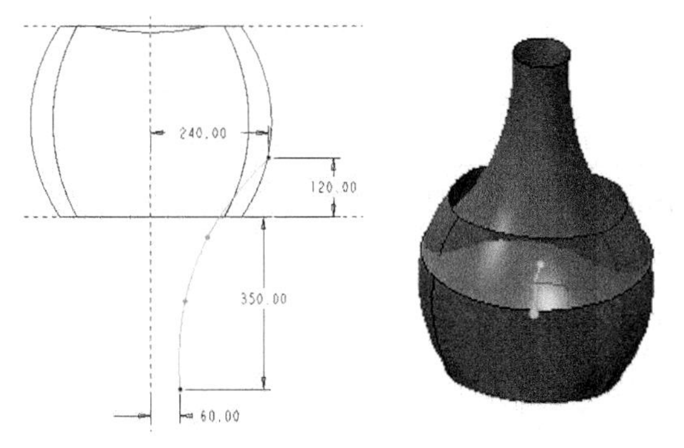

图 17-156　草绘截面　图 17-157　创建的曲面特征

25 按住 Ctrl 键选取新建曲面特征和上一个合并曲面特征作为合并对象，单击【合并】按钮，确定保留曲面侧，合并结果如图 17-158 所示。

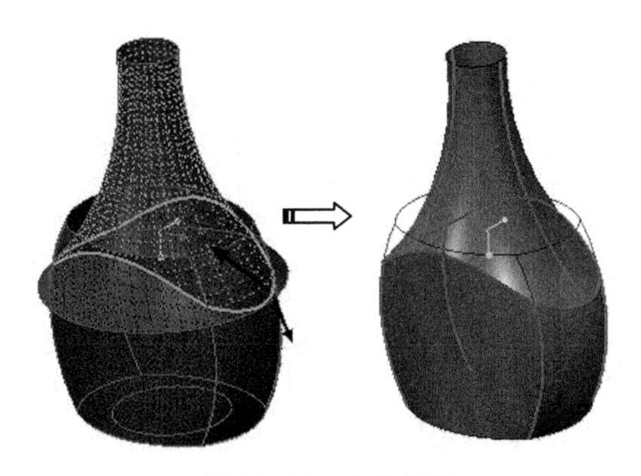

图 17-158　合并结果

26 单击【倒圆角】按钮，打开设计操控板。提示选择边线创建倒圆角特征，设置圆角半径为 30.00，结果如图 17-159 所示。

27 同理，对瓶底进行圆角处理，且圆角半径为 50.00，结果如图 17-160 所示。

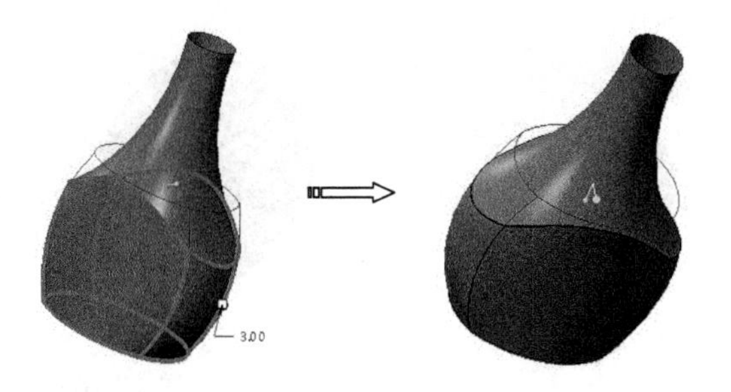

图 17-159　创建倒圆角特征

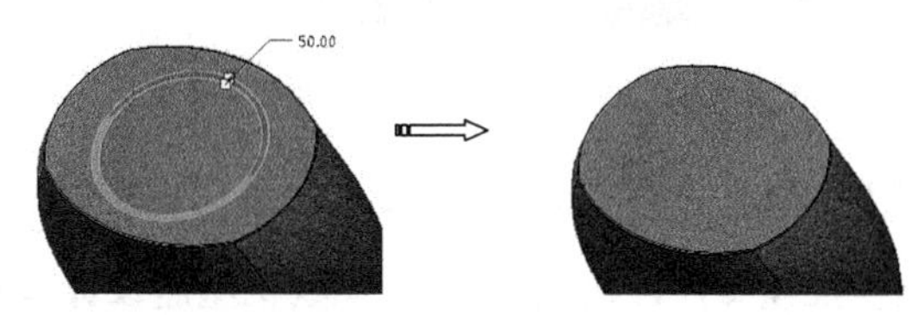

图 17-160　创建倒圆角特征

28 选中完成上述步骤后的曲面特征。在【模型】选项卡的【编辑】组中，单击【加厚】按钮，打开【加厚】操控板。

29 在操控板中设置加厚厚度尺寸为 8，单击操控板上的【应用】按钮，加厚后的实体模型如图 17-161 所示。

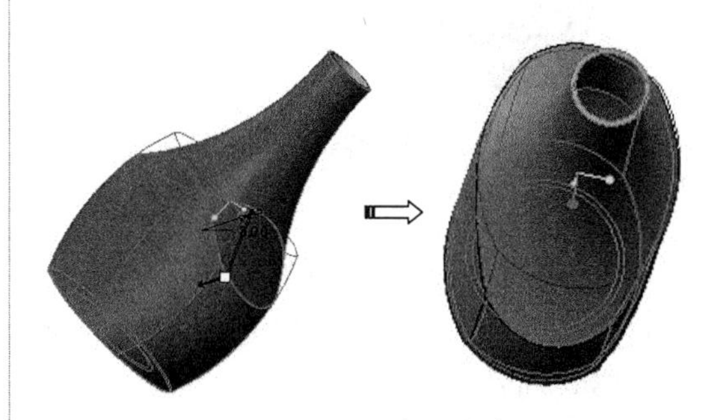

图 17-161　创建加厚特征

30 最后创建瓶口的倒圆角特征，圆角半径为 5.00，结果如图 17-162 所示。

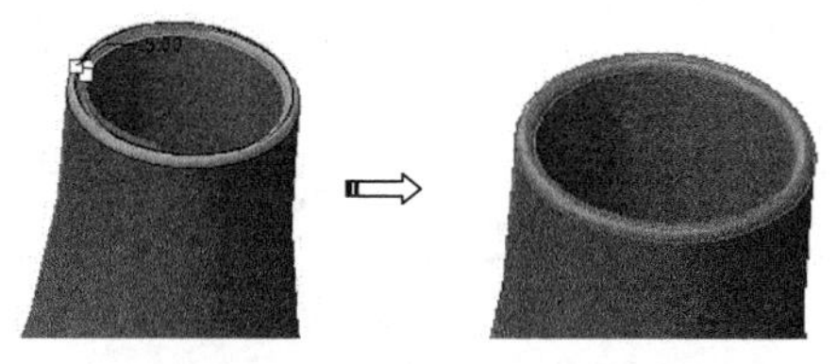

图 17-162　创建瓶口的圆角特征

31 最终洗发露瓶的设计结果如图 17-163 所示。

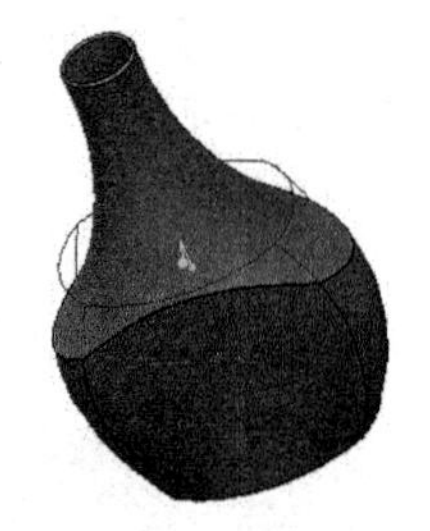

图 17-163 最终的设计结果

17.6.3 螺纹花型瓶设计

◎ 结果文件：实例\结果文件\Ch17\螺纹花型瓶.prt

◎ 视频文件：视频\Ch17\螺纹花型瓶设计.avi

本例中主要利用了可变截面扫描工具进行螺纹花型瓶怪异造型的设计，结果如图17-164所示。

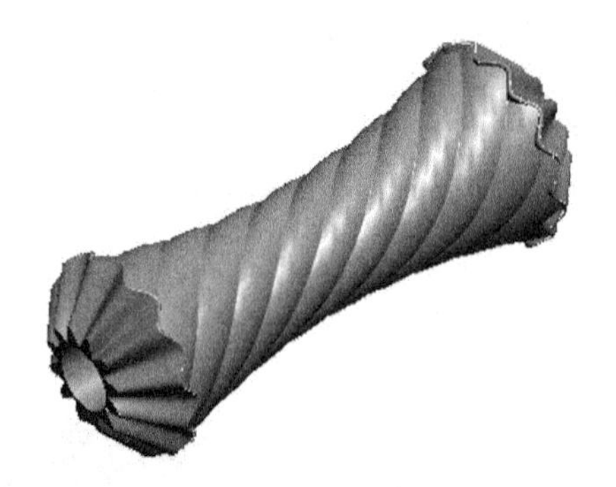

图 17-164 螺纹花型瓶

操作步骤：

01 新建名为【螺纹花型瓶】的零件文件。

02 利用【草绘】工具，在FRONT基准平面上创建如图17-165所示的曲线。

03 单击【扫描】按钮，打开操控板。然后按Ctrl键选择原点轨迹和两条链，如图17-166得到。

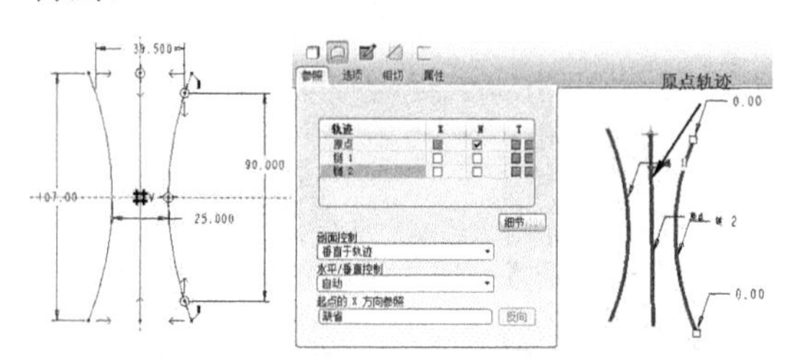

图 17-165 绘制曲线　　图 17-166 选择扫描轨迹

04 在操控板中单击【创建或编辑扫描剖面】按钮，进入草绘模式。绘制如图17-167所示的截面。

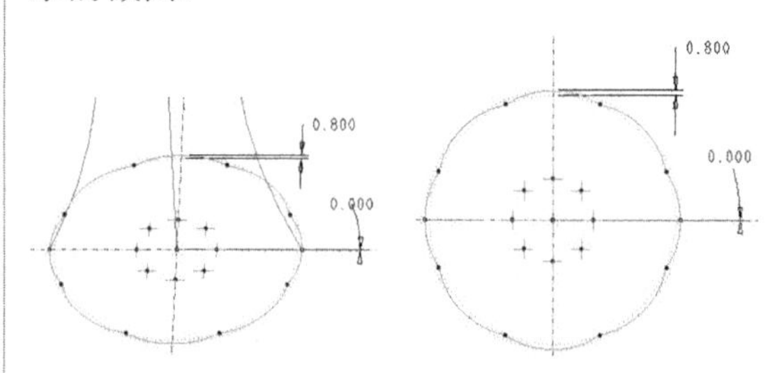

图 17-167 绘制草图

05 在草绘模式中，在【工具】选项卡的【模型意图】组中单击【关系】按钮d=，打开【关系】窗口，然后为尺寸sd31添加关系式设置为尺寸驱动，如图17-168所示。

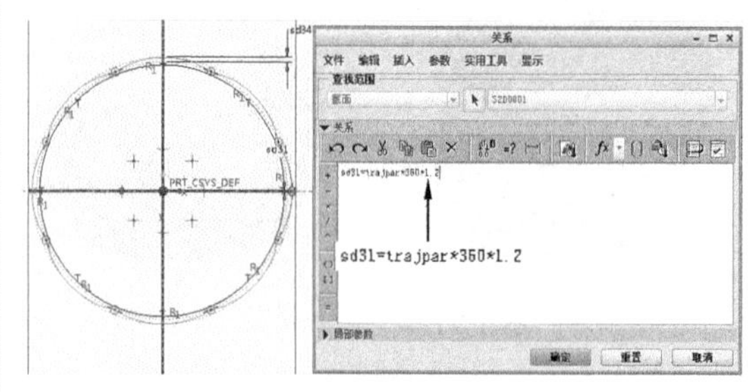

图 17-168 添加关系式

06 完成后退出草绘模式。单击【应用】按钮完成可变扫描截面曲面的创建，如图17-169所示。

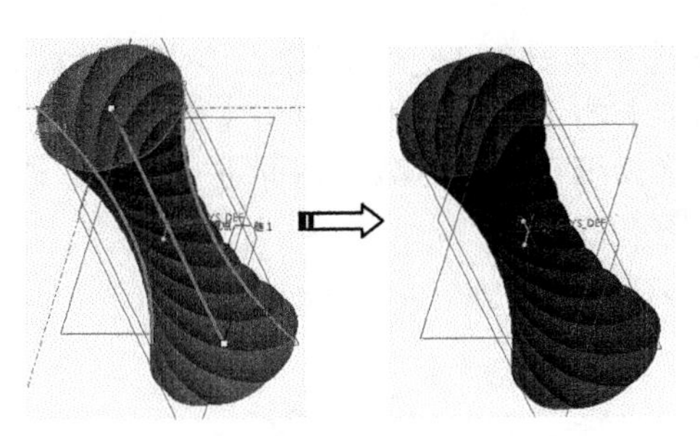

图 17-169　创建可变截面扫描曲面

07 利用【草绘】工具，在 TOP 基准平面上绘制如图 17-170 所示的曲线。

08 利用【平面】工具，新建基准平面 DTM1，如图 17-171 所示。

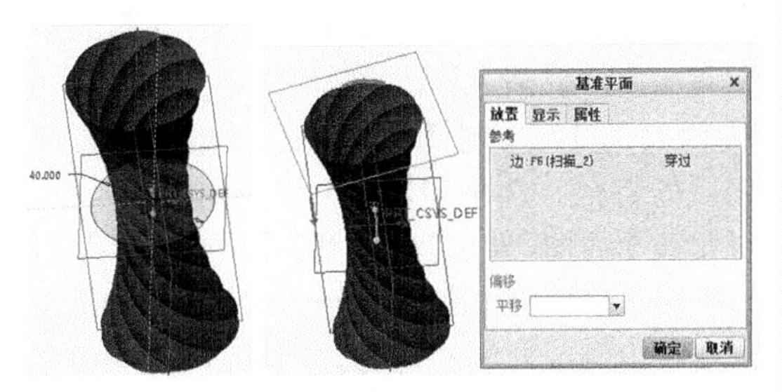

图 17-170　绘制曲线　图 17-171　新建基准平面

09 在此新建的基准平面上，利用【草绘】工具绘制如图 17-172 所示的曲线。

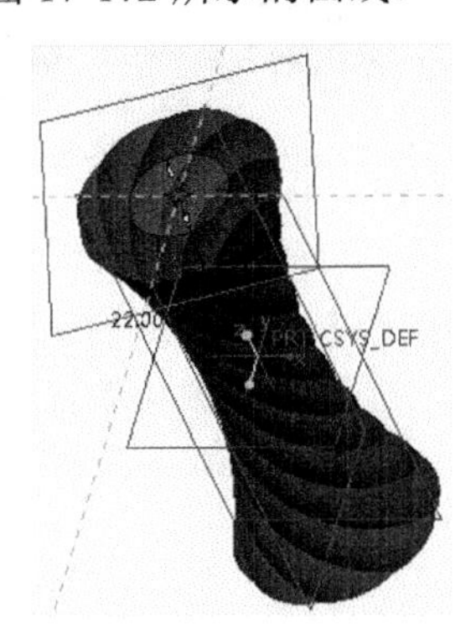

图 17-172　绘制曲线

10 单击【扫描】按钮，打开操控板，单击【允许截面根据参数化参考或沿扫描的关系进行变化】按钮，选择原点轨迹，如图 17-173 所示。

11 在操控板中单击【创建或编辑扫描剖面】按钮，进入草绘模式，绘制如图 17-174 所示的截面。

12 在草绘模式中，在【工具】选项卡的【模型意图】组中单击【关系】按钮，打开【关系】窗口，然后为尺寸 sd6 添加关系式，设置为尺寸驱动，如图 17-175 所示。

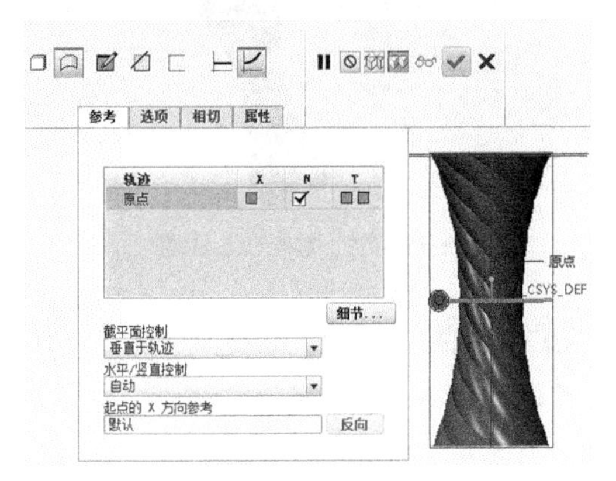

图 17-173　选择原点轨迹

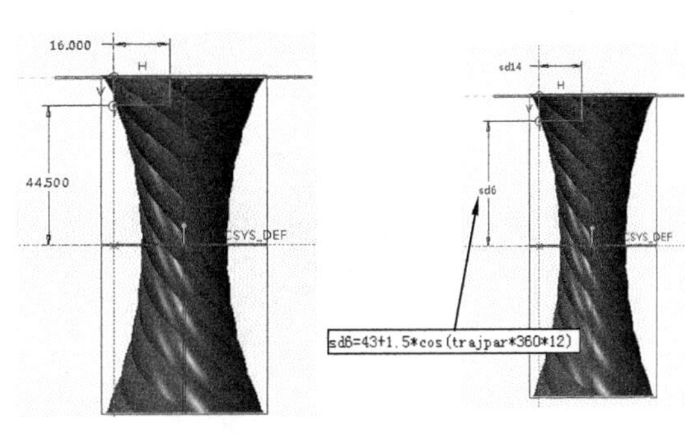

图 17-174　绘制草图　　图 17-175　添加关系式

13 完成后退出草绘模式。单击【应用】按钮完成可变扫描截面曲面的创建，如图 17-176 所示。

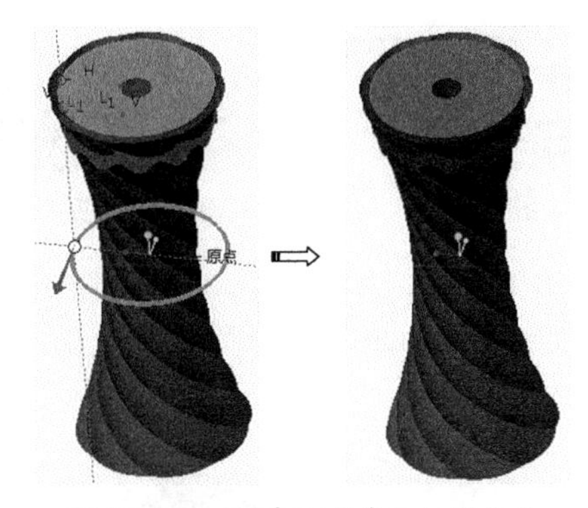

图 17-176　创建可变截面扫描曲面

14 单击【扫描】按钮，打开操控板，单击【允许截面根据参数化参考或沿扫描的关系进行变化】按钮，选择原点轨迹和链，如图 17-177 所示。

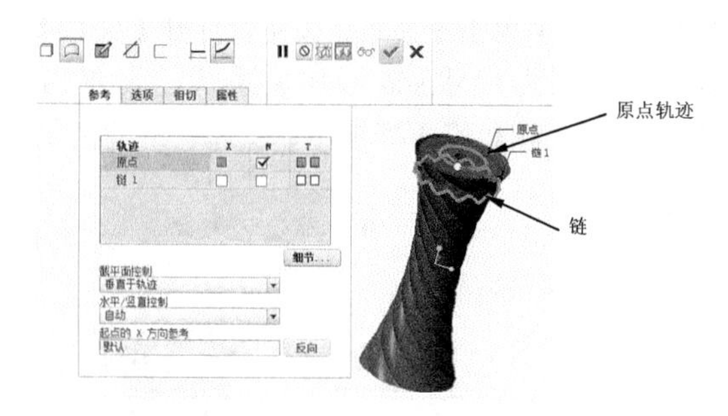

图 17-177　选择原点轨迹

技术要点

选择链时须按住 Shift 键。

15 在操控板中单击【创建或编辑扫描剖面】按钮，进入草绘模式。绘制如图 17-178 所示的截面。

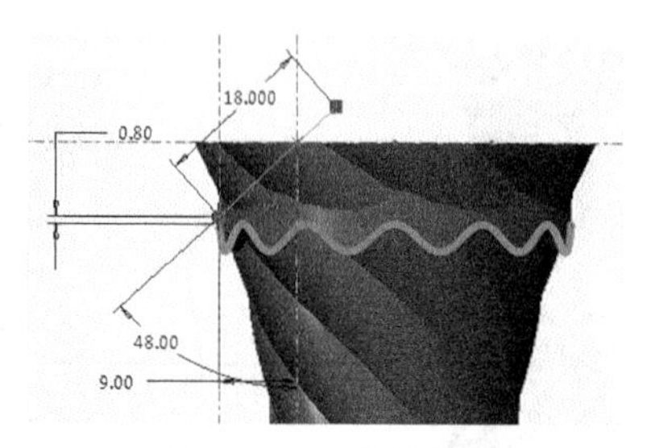

图 17-178　绘制草图

16 完成后退出草绘模式。单击【应用】按钮完成可变扫描截面曲面的创建，如图 17-179 所示。

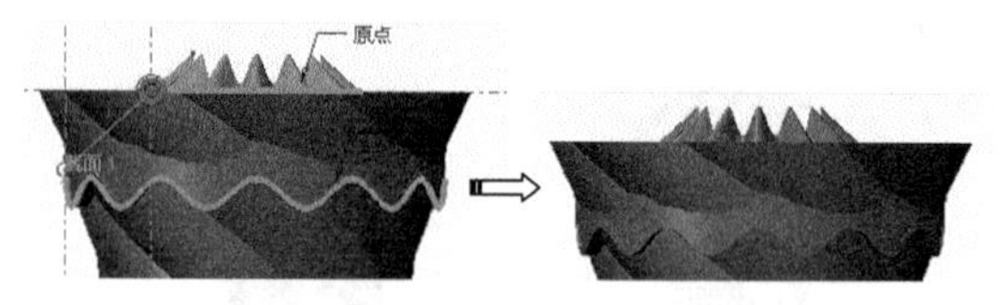

图 17-179　创建可变截面扫描曲面

17 利用【镜像】命令，将两个可变截面扫描的曲面镜像至 TOP 基准平面的另一侧，如图 17-180 所示。

图 17-180　镜像曲面

18 选中第一个可变截面曲面，然后在【模型】选项卡的【编辑】组中单击【修剪】按钮，再选择第三个可变截面曲面进行修剪，结果如图 17-181 所示。

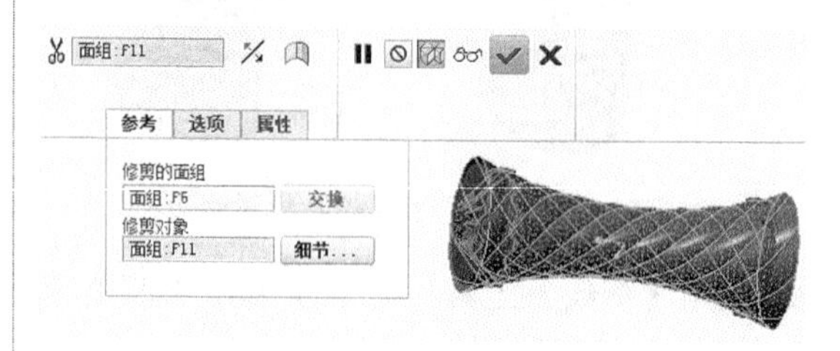

图 17-181　修剪曲面

19 同理，修剪另一侧的曲面。选中第二个可变截面曲面进行实体化；同理，另一侧的镜像曲面也进行实体化。

20 再利用【实体化】工具来修剪前一个实体化后的特征。选中如图 17-182 所示的第三个可变截面曲面，然后在【模型】选项卡的【编辑】组中单击【实体化】按钮，打开操控板。单击【移除面组内侧或外侧的材料】按钮，再单击【应用】按钮完成实体化修剪。

图 17-182　实体化修剪

21 同理，完成另一侧的实体化修剪操作。

22 单击【倒圆角】按钮，为实体化修剪的特征创建圆角。打开【倒圆角】操控板后，按如图 17-183 所示的方法旋转要倒圆角的边。

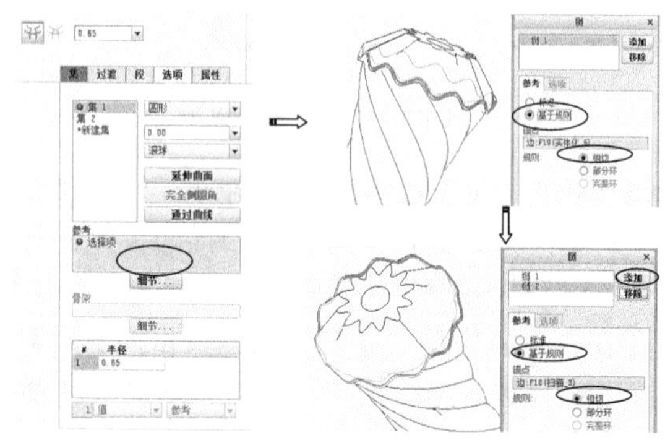

图 17-183　选取集 1 的边链

技术要点

如果不按照上面介绍的步骤来选取倒圆角的边，将不能使用【完全倒圆角】功能。对于厚度较小的特征，只能利用【完全倒圆角】功能，才能使其没有尖角面。

23 同样，关闭【链】对话框后，在【集】选项板中单击【新建集】按钮，然后再按上一步的操作来选取（镜像特征中）集 2 的边链。

24 选取集 2 的边链后，单击【完全倒圆角】按钮，再单击操控板中的【应用】按钮，完成倒圆角操作，如图 17-184 所示。

25 利用【拉伸】工具，选择草图平面后进入草绘模式，绘制如图 17-185 所示的截面。

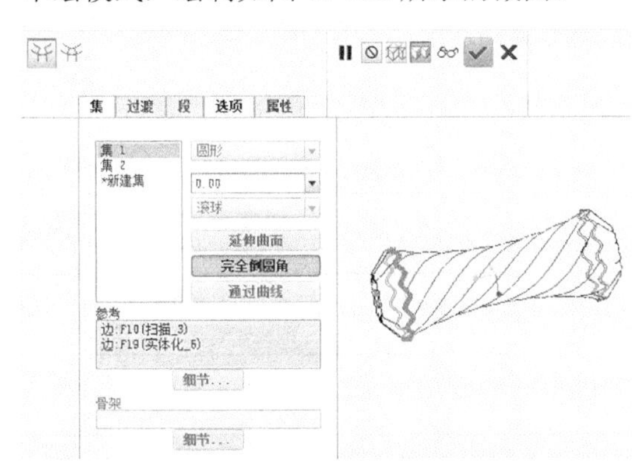

图 17-184　完成倒圆角操作

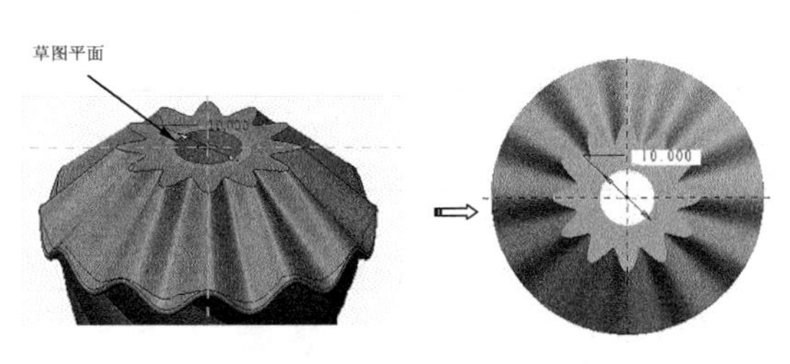

图 17-185　绘制草图

26 完成草图绘制后，在【拉伸】操控板中设置拉伸深度类型，再单击【应用】按钮完成拉伸特征的创建。如图 17-186 所示。

27 选中第一个可变截面曲面，然后将其实体化，转成实体。如图 17-187 所示。

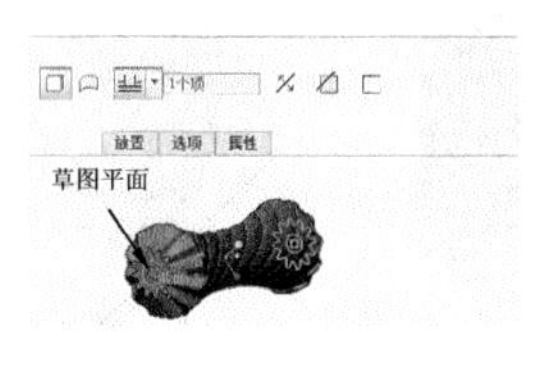

图 17-186　设置深度类型创建拉伸特征

图 17-187　实体化

28 利用【倒圆角】命令，对上步创建的实体化特征（扭曲的尖角）进行倒圆角处理，结果如图 17-188 所示。

29 最后利用【旋转】工具，以 FRONT 基准平面作为草图平面，绘制旋转截面，并完成旋转切除材料特征，如图 17-189 所示。

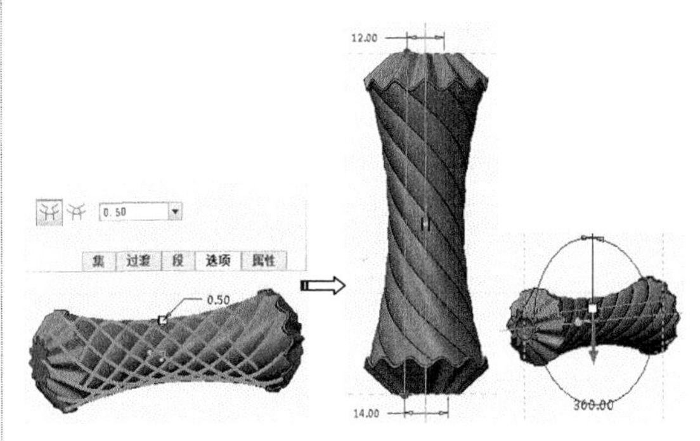

图 17-188　倒圆角　　图 17-189　创建旋转移除材料特征

30 至此，完成了螺纹花型瓶的造型设计。最后将结果保存。

17.7　练习题

1. 音响造型

本练习设计为如图 17-190 所示的音响造型，应采用混合、拉伸、偏移、投影、扫描（切除材料）和圆角等工具。

2. 田螺曲面造型

本练习为手田螺的曲面造型练习，主要使用螺旋扫描工具，如图 17-191 所示。

3. 篮子造型

本练习是用扫描、阵列、扫描混合、拉伸、倒圆角等命令进行篮子造型设计，效果图如图16-192所示。

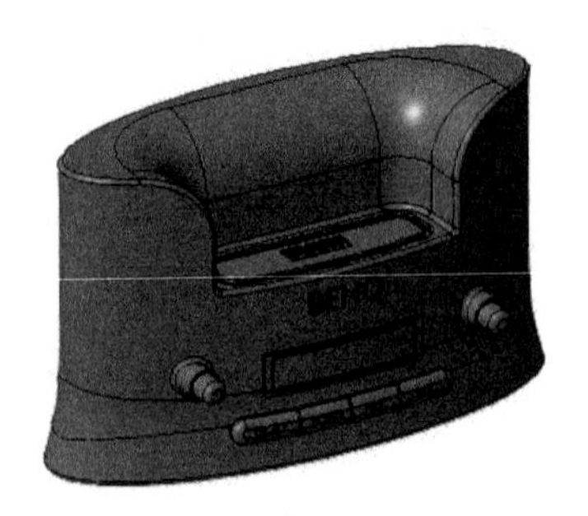

图 17-190 音响造型

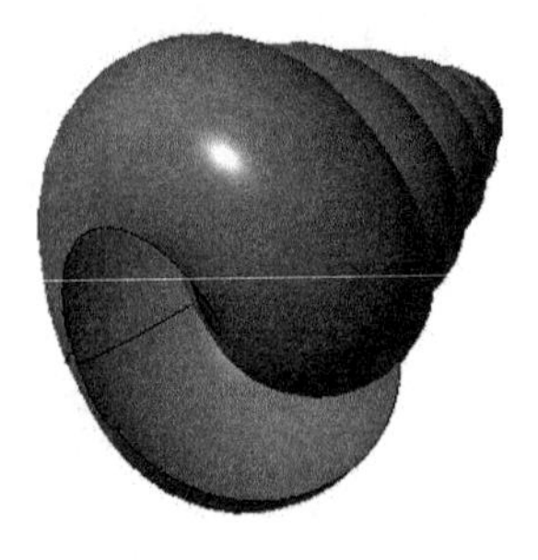

图 17-191 田螺造型

图 17-192 篮子造型

读书笔记

第 18 章　曲面编辑指令

使用 Creo 的曲面功能进行造型设计时，有时需要使用一些编辑工具进行适当的操作，以顺利完成造型工作。这些曲面编辑功能包括修剪、延伸、合并、加厚等。

知识要点

- 投影曲线
- 相交曲线
- 修剪类型曲面
- 偏置类型曲面
- 延伸曲面
- 扭曲曲面
- 包络

18.1 投影曲线

使用【投影】命令，可以在实体上和非实体曲面、面组或基准平面上创建投影曲线。

常用的投影曲线的方法有两种：一种是投影链，另一种是投影草绘。

1．投影链

【投影链】方法是指通过选取要投影的曲线或链在曲面上创建投影曲线，下面通过实例具体介绍。

动手操作——投影链

操作步骤：

01 新建名为【投影链】的零件文件。

02 利用【拉伸】命令在 FRONT 基准平面上创建如图 18-1 所示的拉伸曲面特征。

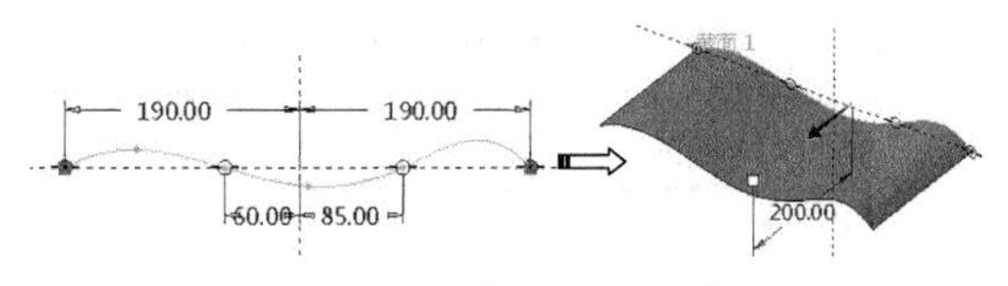

图 18-1　创建拉伸曲面特征

03 单击【平面】按钮，打开【基准平面】对话框。以 TOP 基准平面作为偏移参考，创建新基准平面 DTM1，如图 18-2 所示。

04 在【基准】组中单击【草绘】按钮，然后在新基准平面上绘制如图 18-3 所示的草图曲线。

05 在【编辑】组中单击【投影】按钮，弹出【投影】操控板，如图 18-4 所示。

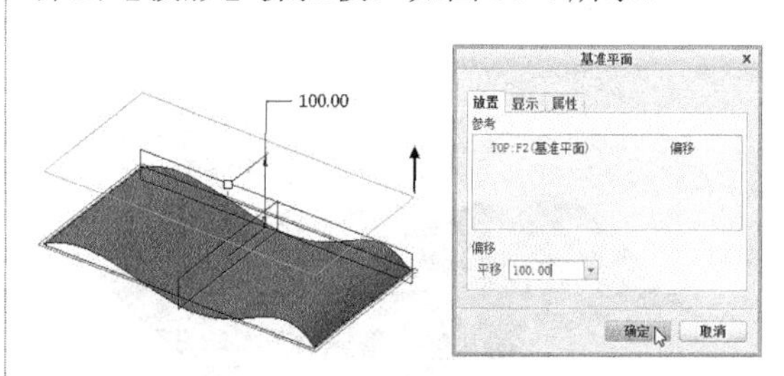

图 18-2　创建新基准平面

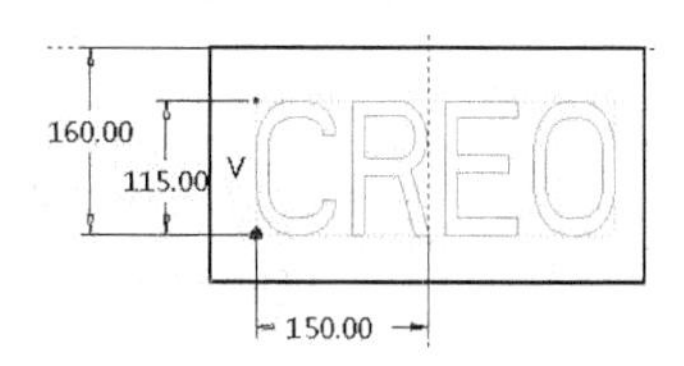

图 18-3　绘制草图曲线

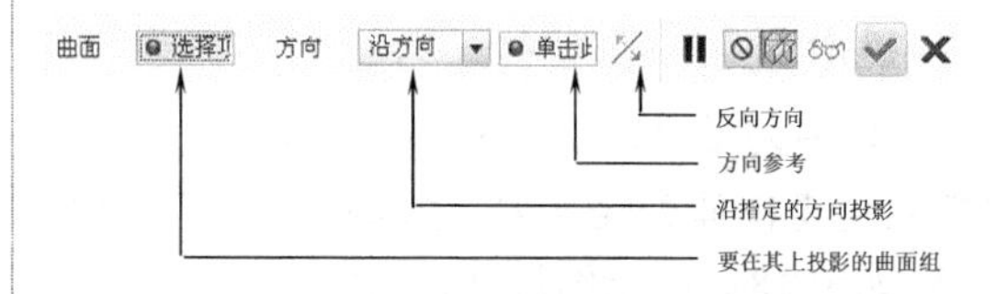

图 18-4　【投影】操控板

06 选取要在其上投影的曲面，然后选取投影的方向参考，如图 18-5 所示。

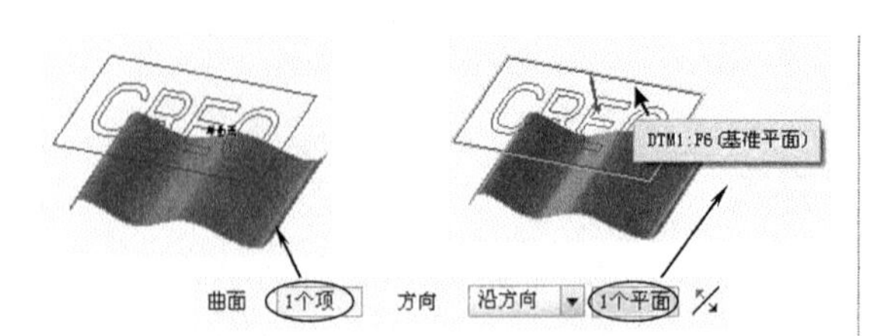

图 18-5　曲面和方向参考的选取

07 打开【参考】选项板，按住 Ctrl 键依次选取投影链（草图曲线），如图 18-6 所示。

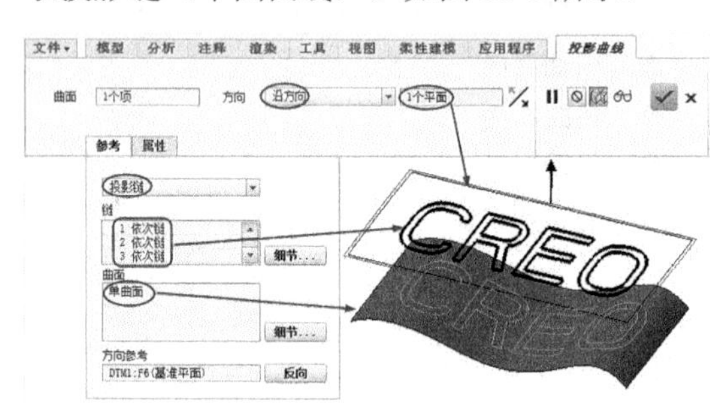

图 18-6　选取投影链

08 单击【确定】按钮✓，创建的投影曲线如图 18-7 所示。

图 18-7　创建的投影曲线

2. 投影草绘

【投影草绘】方法是指创建草绘或将现有草绘复制到模型中来进行投影，下面通过实例进行介绍。

动手操作——投影草绘

操作步骤：

01 新建名为【投影草绘】的零件文件。

02 利用【拉伸】命令在 FRONT 基准平面上创建如图 18-8 所示的拉伸曲面特征。

03 单击【平面】按钮▱，打开【基准平面】对话框。以 TOP 基准平面作为偏移参考，创建新基准平面 DTM1。如图 18-9 所示。

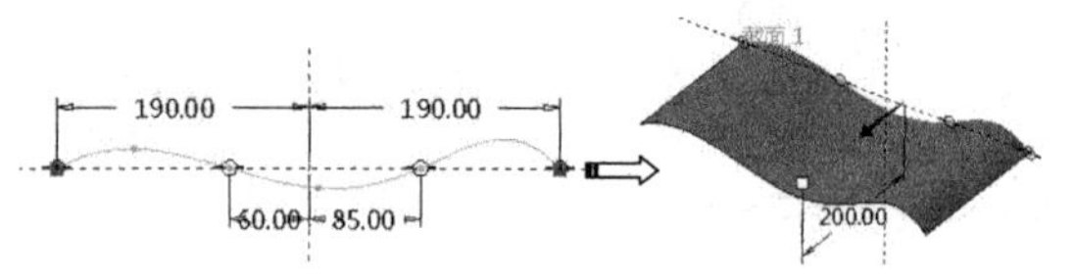

图 18-8　创建拉伸曲面

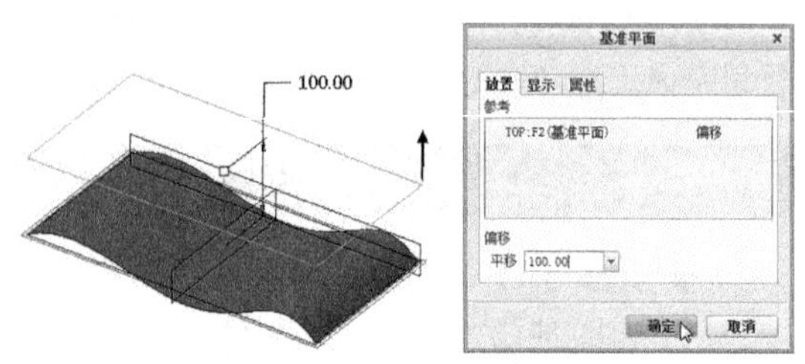

图 18-9　创建新基准平面

04 单击【投影】按钮，打开【投影】操控板。在【参考】选项板中的第一个下拉列表中选择【投影草绘】选项。

05 接着单击【定义】按钮，弹出【草绘】对话框，然后选择 DTM1 基准平面为草图平面，如图 18-10 所示。

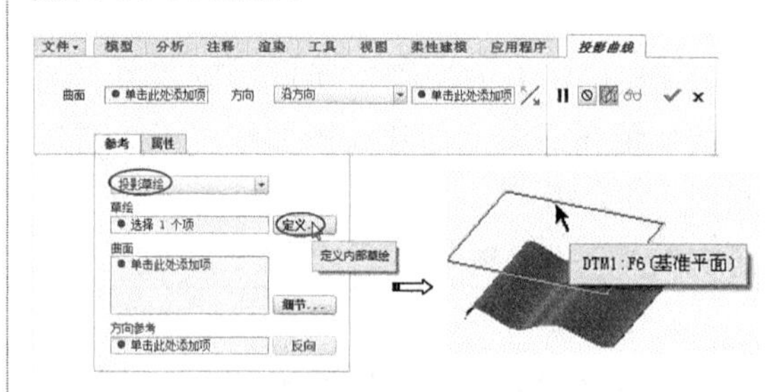

图 18-10　选取草绘平面

06 进入草绘模式，绘制如图 18-11 所示的草图。

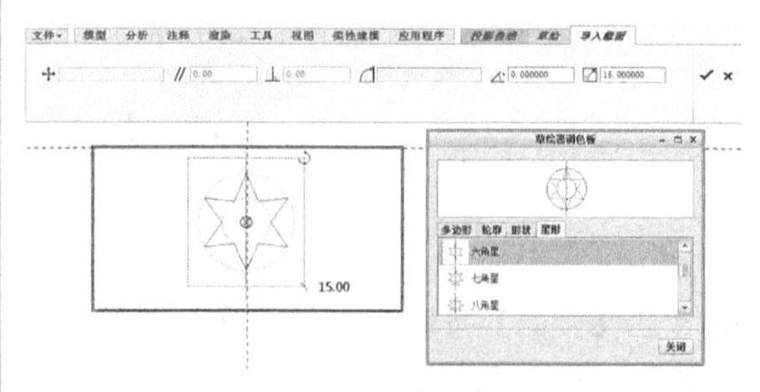

图 18-11　绘制草图

07 草图绘制完成后退出草绘模式，接着在【参考】选项板激活【曲面】收集器，选择投影曲面，再选取投影的方向参考，如图 18-12 所示。

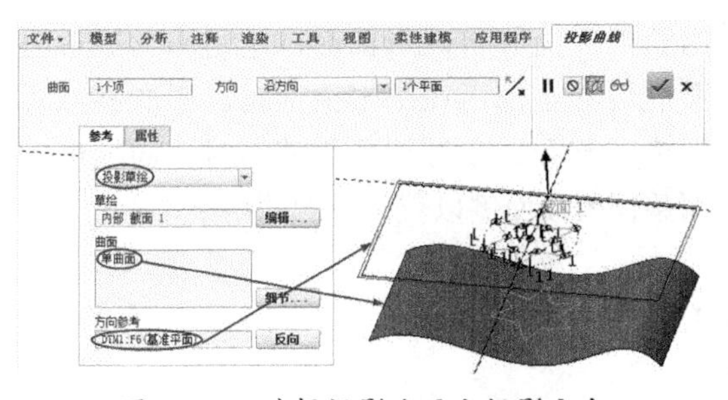

图 18-12　选择投影曲面和投影方向

08 单击操控板中的【确定】按钮，完成草绘曲线的投影，结果如图 18-13 所示。

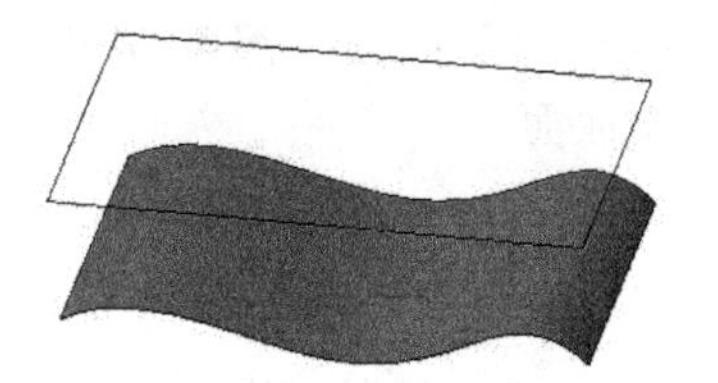

图 18-13　创建的投影曲线

18.2 相交曲线

使用曲面相交命令，可以在曲面与其他曲面或基准平面相交处创建曲线，也可以在两个草绘或草绘后的基准曲线（假设两曲线被拉伸成为曲面）相交位置处创建曲线。

具体操作步骤非常简单，选取一个曲面，按住 Ctrl 键再选取另一个曲面，然后单击【相交】按钮，即可在所选的两个曲面相交处创建相交曲线，如图 18-14 所示。

同样可以创建两曲线相交成为一条空间曲线，如图 18-15 所示。

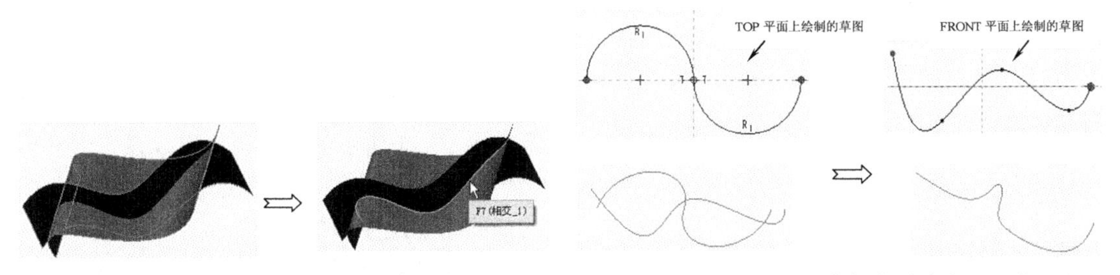

图 18-14　通过两相交曲面创建曲线

图 18-15　两曲线相交创建空间曲线

18.3 修剪类型曲面

Creo 修剪类型曲面工具其实就是利用布尔求差运算、求和运算进行曲面的修剪、合并操作，下面细讲。

18.3.1 修剪

修剪曲面特征是指裁去指定曲面上多余的部分，以获得理想大小和形状的曲面。曲面的修剪方法较多，既可以使用已有基准平面、基准曲线或曲面等修剪对象来修剪曲面特征，也可以使用拉伸、旋转等三维建模方法来修剪曲面特征。

1. 使用修剪对象修剪曲面特征

首先选取需要修剪的曲面特征，然后单击【修剪】按钮，打开【修剪】操控板，如图 18-16 所示。

图 18-16　【修剪】操控板

在如图 18-17 所示的【参考】选项板中，需要指定两个对象。

- 【修剪的面组】：在这里指定被修剪的曲面特征。

- 【修剪对象】：在这里指定作为修剪工具的对象，如基准平面、基准曲线及曲面特征等都可以用来修剪一个曲面。

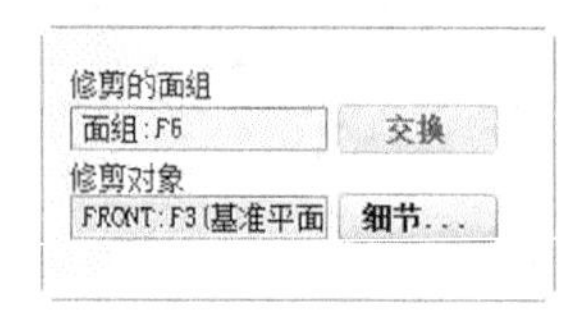

图 18-17　【参考】选项板

2. 使用基准平面裁剪曲面

如图 18-18 所示，选取曲面特征作为被修剪的面组，选取基准平面 RIGHT 作为修剪工具。确定这两项内容后，系统使用一个黄色箭头指示修剪后保留的曲面侧，另一侧将会被裁去。单击操控板上的【反向】按钮，可以调整箭头的指向以改变保留的曲面侧，单击时可以保留曲面的任意一侧，也可以两侧都保留。

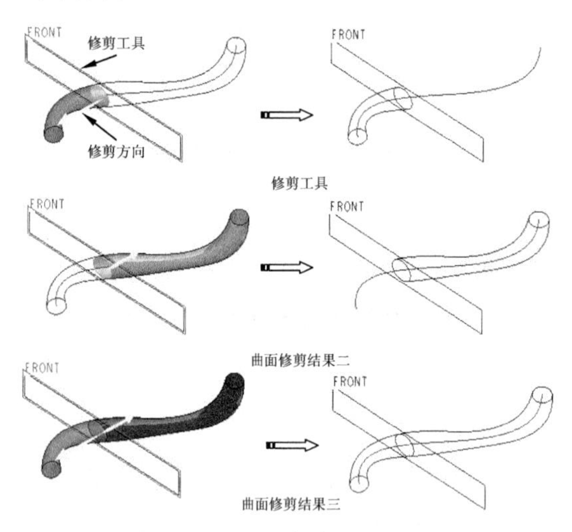

图 18-18　曲面修剪的 3 种结果

3. 使用一个曲面裁剪另一个曲面

除使用基准平面修剪曲面外，还可以使用一个曲面修剪另一个曲面，这时要求被修剪的曲面能够被作为修剪工具的曲面严格分割开。

如图 18-19 和图 18-20 所示的两个曲面，可以使用圆形曲面修剪矩形曲面，但不能使用矩形曲面修剪圆形曲面，这是因为矩形曲面的边界全部落在圆形曲面内，不能够将其严格分割开。在进行曲面修剪时，同样可以调整保留曲面侧以获得不同的结果。

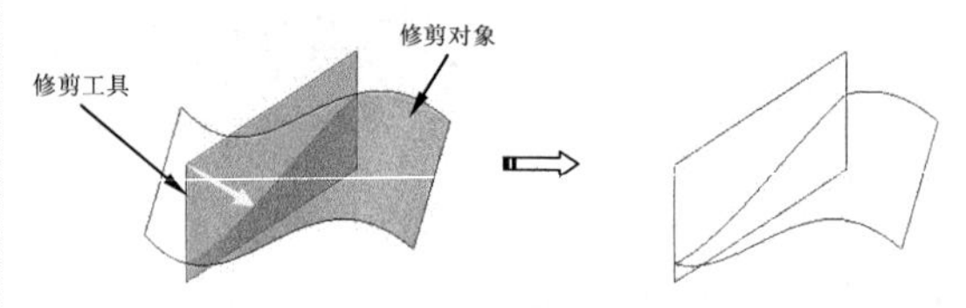

图 18-19　曲面修剪结果 1

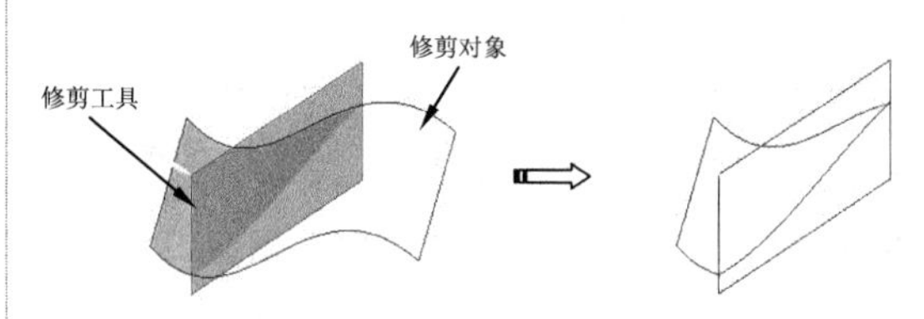

图 18-20　曲面修剪结果 2

4. 薄修剪

在操控板上单击【选项】按钮，可以打开如图 18-21 所示的选项板，可以设置薄修剪来修剪曲面。这时需要在选项板上指定曲面的修剪厚度尺寸和控制拟合要求等参数。

下面简要介绍选项板上各选项的含义。

- 【保留修剪曲面】复选框：用来确定在完成修剪操作后是否保留作为修剪工具的曲面特征，选中该复选框则会保留该曲面。该选项仅在使用曲面作为修剪工具时有效。
- 【薄修剪】复选框：选中该复选框后，并不会裁去指定曲面侧的所有曲面，而仅仅裁去指定宽度的曲面。修剪宽度值在右侧的文本框中输入。
- 下拉列表中的 3 个选项用来指定在薄修剪时确定修剪宽度的方法。
  - ➢ 【垂直于曲面】：沿修剪曲面的法线方向来度量修剪宽度。此时可以在选项板最下方指定在修剪曲面组中需要排除哪些曲面。
  - ➢ 【自动拟合】：系统使用给定的修剪宽度参数自动确定修剪区域的范围。
  - ➢ 【控制拟合】：使用控制参数指定修

剪区域的范围。首先选取一个坐标系，然后指定 1~3 个坐标轴确定该方向上的控制参数。

图 18-22 所示是薄修剪的示例。

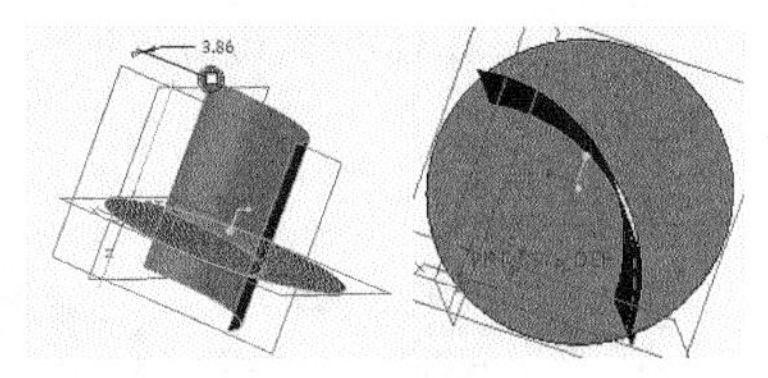

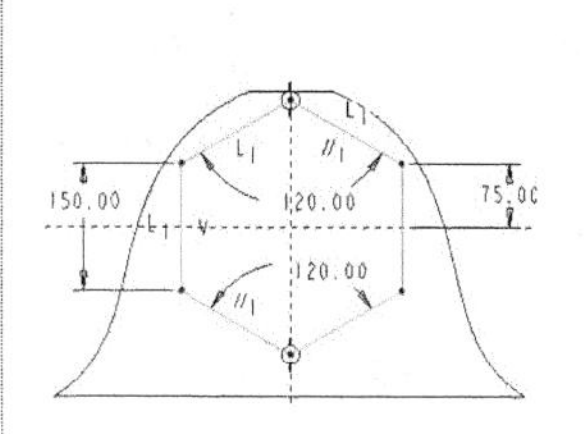

图 18-21　【选项】选项板　图 18-22　薄修剪示例

动手操作——修剪曲面

使用拉伸、旋转、扫描和混合等三维建模方法都可以修剪曲面特征，其基本原理是首先使用这些特征创建方法创建一个不可见的三维模型，然后使用该模型作为修剪工具来修剪指定曲面。

操作步骤：

01 新建名为【修剪曲面】的零件文件。

02 单击【旋转】按钮 ，打开【旋转】操控板，单击 按钮可以创建曲面特征。

03 单击【放置】选项板中的【定义】按钮，打开【草绘】对话框，选取基准平面 FRONT 作为草绘平面，进入草绘模式。

04 在草绘平面内绘制如图 18-23 所示截面图和中心线，完成后退出草绘模式。

05 在操控板中设置旋转角度为 180°，曲面特征预览如图 18-24 所示。单击【应用】按钮完成曲面的创建。

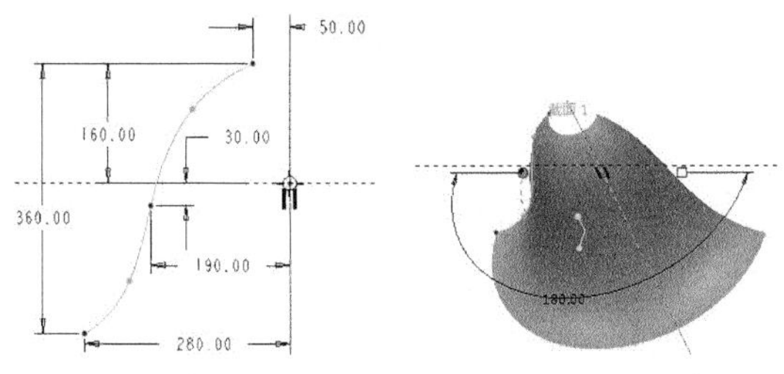

图 18-23　截面图　　　　图 18-24　创建曲面

06 单击【草绘】按钮 ，打开【草绘】对话框。

07 选取基准平面 FRONT 作为草绘平面进入草绘模式。

08 在草绘平面内绘制如图 18-25 所示截面图，完成后退出草绘模式。创建的基准曲线如图 18-26 所示。

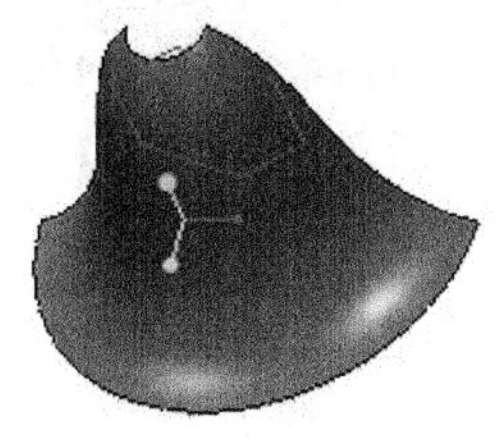

图 18-25　绘制截面图　图 18-26　创建的基准曲线

09 先选中创建的基准曲线，然后单击【投影】按钮，打开【投影】操控板。

10 激活【曲面】收集器，选择前面创建的旋转曲面，并更改投影方向，如图 18-27 所示。

11 单击操控板上的【确定】按钮 ，创建的投影曲线如图 18-28 所示。

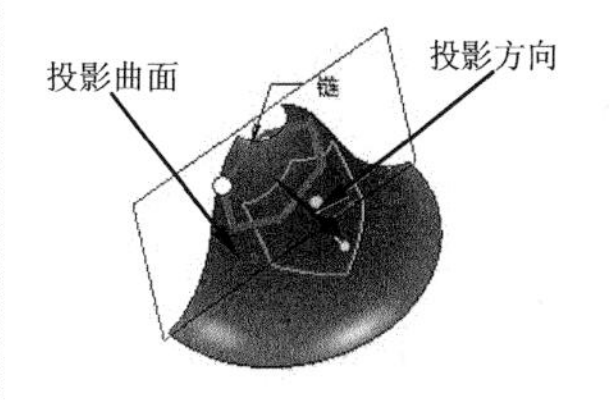

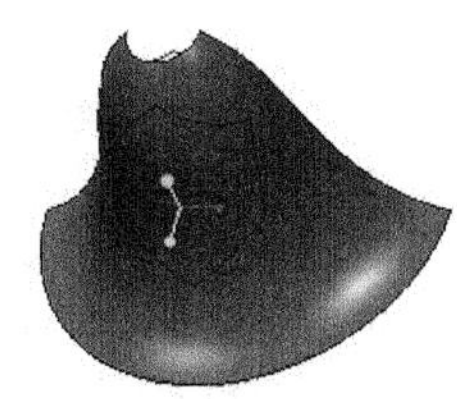

图 18-27　投影参考设置　图 18-28　创建的投影曲线

12 选择旋转曲面，然后单击【修剪】按钮 ，打开【曲面裁剪】操控板。

13 按如图 18-29 所示的操作步骤，完成曲面的修剪。

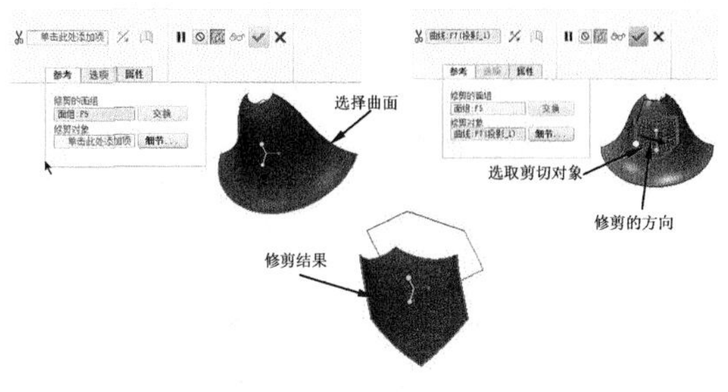

图 18-29　裁剪曲面的过程与结果

18.3.2　合并

使用曲面合并的方法可以把多个曲面合并生成单一曲面特征，这是曲面设计中的一个重要操作。当模型上具有多于一个独立曲面特征时，首先选取参与合并的两个曲面特征（在模型树窗口中选取时，依次单击两曲面的标识即可；在模型上选取时，选取一个曲面后，按住Ctrl键再选取另一个曲面），然后单击【合并】按钮，打开如图18-30所示的【合并】操控板。

图 18-30 曲面【合并】操控板

打开如图18-31所示【参考】选项板，在这里指定参与合并的两个曲面。如果需要重新选取参与合并的曲面，可以在选项板的列表框中右击，在快捷菜单中选择【移除】或【移除全部】命令删除项目，然后重新选择合并的曲面。

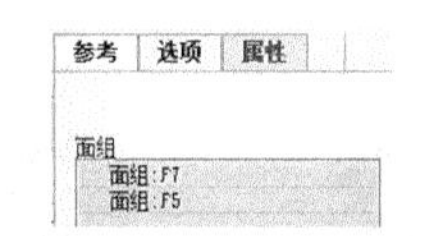

图 18-31 合并【参考】选项板

在操控板上有两个【反向】按钮，分别用来确定在合并曲面时每一曲面上最后保留的曲面侧。保留的曲面侧将由一个黄色箭头指示。

如图18-32至图18-35所示为曲面合并的示例。

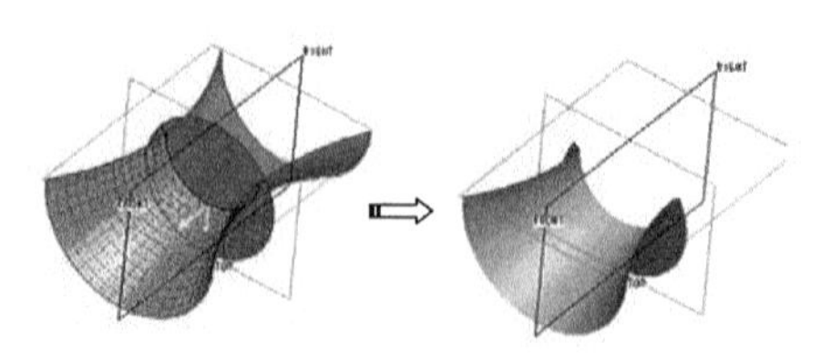
图 18-32 曲面合并结果 1

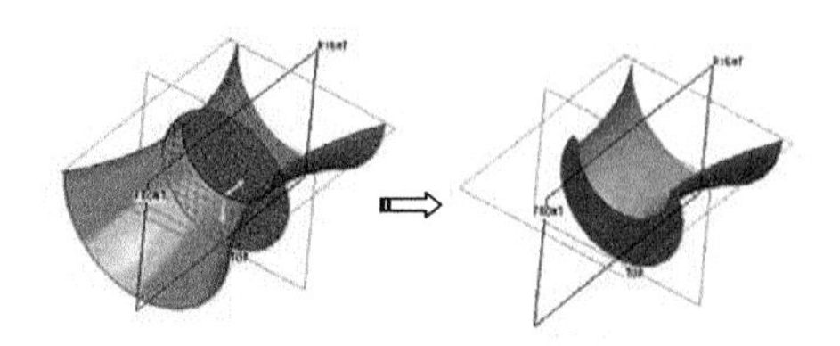
图 18-33 曲面合并结果 2

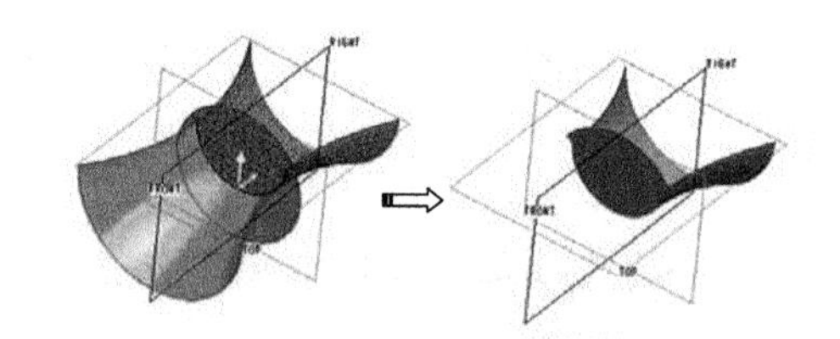
图 18-34 曲面合并结果 3

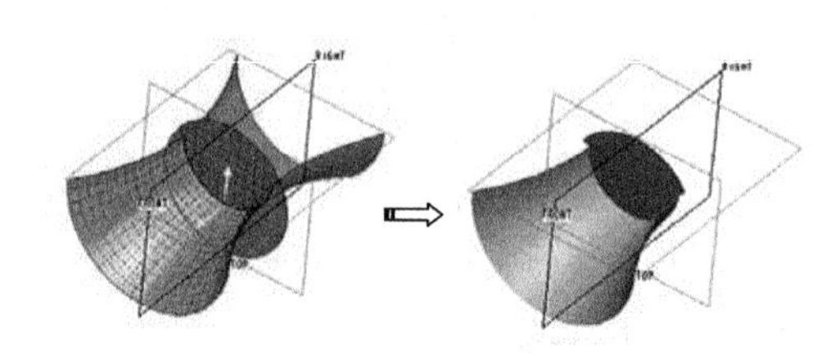
图 18-35 曲面合并结果 4

当有多个曲面需要合并时，首先选择两个曲面进行合并，然后再将合并生成的曲面与第三个曲面进行合并，按此操作继续合并其他曲面，直到所有曲面合并完毕。也可以将曲面两两合并，然后再把合并的结果继续两两合并，直至所有曲面合并完毕。

动手操作——合并曲面

操作步骤：

01 新建名【合并曲面】的零件文件。

02 单击【旋转】按钮，打开【旋转】操控板，单击按钮创建曲面特征。

03 选取基准平面TOP作为草绘平面进入草绘模式。

04 在草绘平面内绘制如图18-36所示截面图，完成后退出草绘模式。

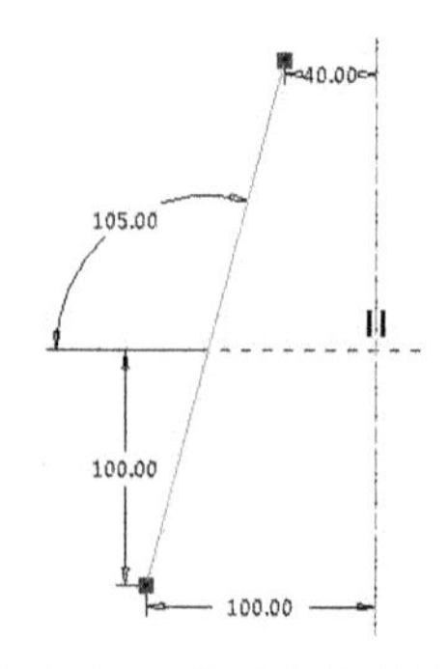

图 18-36 绘制旋转截面图

05 保留操控板中其他参数的默认设置，创建的曲面特征如图18-37所示。

06 单击【旋转】按钮，打开【旋转】操控板，单击【旋转为曲面】按钮。接着在【放置】选项板中单击【定义】按钮，打开【草绘】对话框，单击【使用先前的】按钮使用上一步中设置的草绘平面，直接进入草绘模式。

07 在草绘模式中绘制如图 18-38 所示草图，完成后退出草绘模式。

图 18-37　创建的第一个曲面特征

图 18-38　绘制草图

08 保留操控板中其他参数的默认设置，创建的曲面特征如图 18-39 所示。

图 18-39　创建第二个曲面特征

09 使用类似的方法创建第三个旋转曲面特征，草绘截面图如图 18-40 所示，旋转角度为 360°，设计结果如图 18-41 所示。

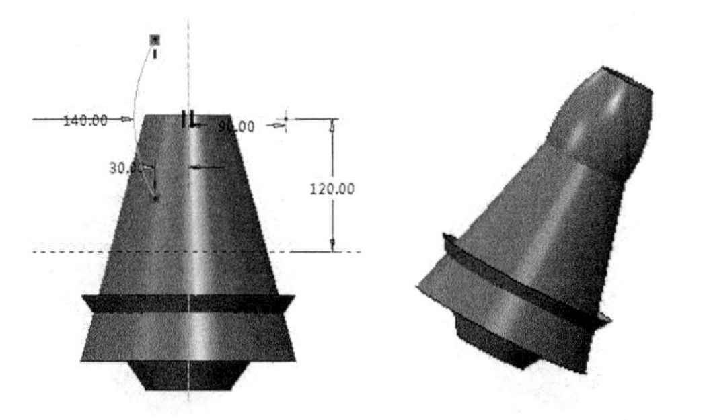

图 18-40　绘制草绘截面　图 18-41　创建第三个曲面特征后的结果

10 按住 Ctrl 键，选择第一个和第二个旋转曲面特征，然后单击【合并】按钮，打开设计操控板。

11 通过单击操控板上的【反向】按钮，调整两个曲面的保留曲面侧，如图 18-42 中的箭头所示，合并结果如图 18-43 所示。

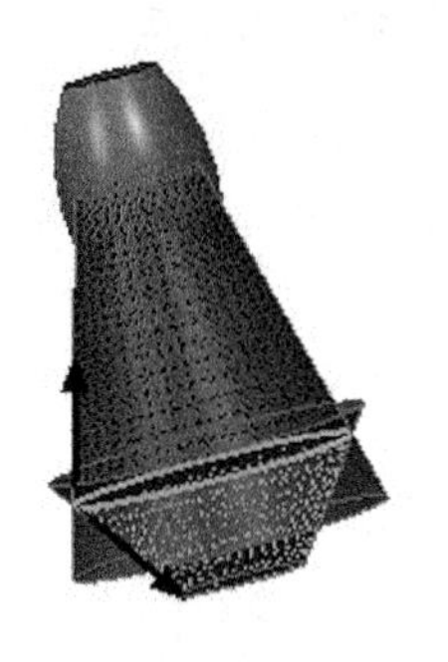

图 18-42　调整合并方向　图 18-43　合并后的结果

12 按住 Ctrl 键，选择合并后的曲面和第三个旋转曲面特征，然后单击【合并】按钮，打开【合并】操控板。

13 通过单击操控板上的按钮，调整两个曲面的保留曲面侧，如图 18-44 中的箭头所示。最后的合并结果如图 18-45 所示。

图 18-44　调整合并方向　图 18-45　最后的合并结果

18.3.3　顶点倒圆角

使用【顶点倒圆角】命令可以创建曲面上顶点的圆角特征。曲面顶点必须是单个面组上的顶点，非组合曲面的顶点，如图 18-46 所示。

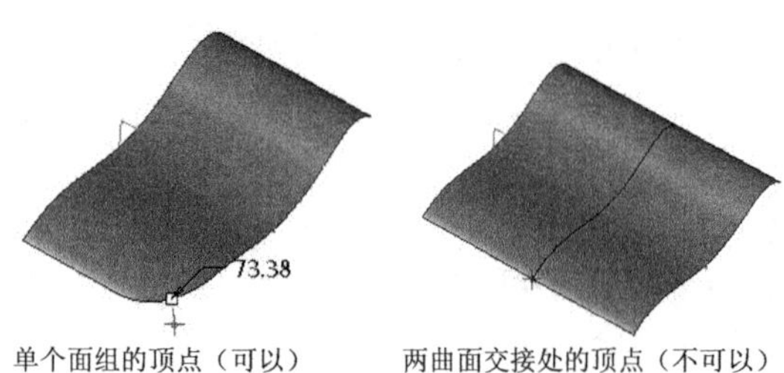

图 18-46　创建顶点倒圆角的顶点

在【曲面】组中单击曲面按钮展开所有组，然后单击【顶点倒圆角】按钮，打开【顶点倒圆角】操控板。

输入圆角值，然后指定要倒圆角的曲面顶点，单击【确定】按钮✓，即可创建倒圆角特征，如图 18-47 所示。

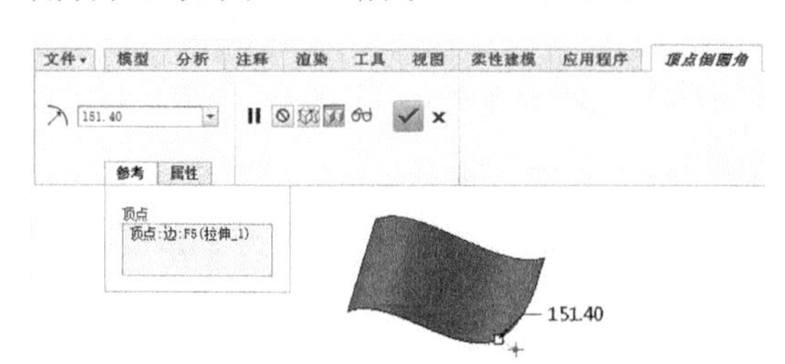

图 18-47　【顶点倒圆角】操控板与参数设置

技术要点

圆角值的最大范围就是顶点所在两条边与圆角相切的范围。

18.3.4　曲面实体化

曲面的实体化就是将合并的封闭曲面，转换成实体特征。

将多个曲面特征经合并后围成的封闭曲面，选中该曲面，在菜单栏选择【编辑】|【实体化】命令，系统弹出如图 18-48 所示的【实体化】操控板。

图 18-48　【实体化】操控板

1. 封闭曲面的实体化

通常情况下，系统选中默认的实体化设计工具。因为将该曲面实体化生成的结果唯一，因此可以直接单击操控板上的✓按钮生成最后的结果，如图 18-49 所示。

技术要点

注意这种将曲面实体化的方法只适合封闭曲面。另外，虽然曲面实体化后的结果和实体化前的曲面在外形上没有多大区别，但是在实体化操作后已经彻底变为实体特征，这个变化是质变，这样就可以使用所有实体特征的基本操作对其进行编辑。如图 18-50 所示是剖切后的模型，可以看到实体效果。

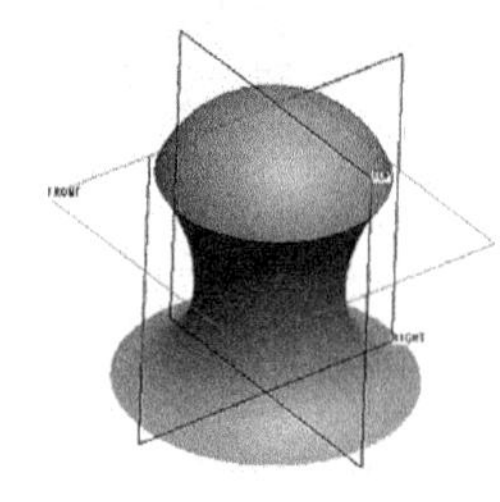
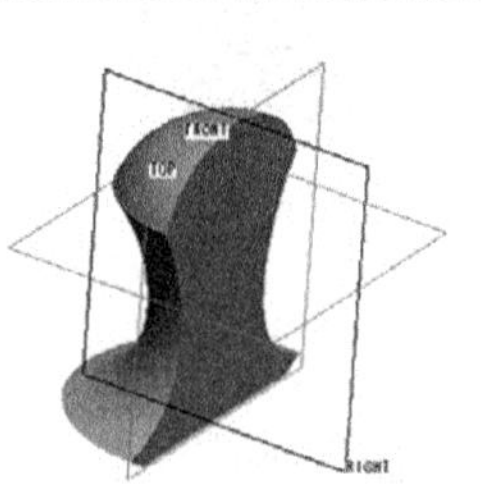

图 18-49　实体化后的结果 图 18-50　剖切后的模型

2. 使用曲面前切实体材料

如果曲面特征能把实体模型严格分成两个部分，可以使用曲面作为参考来切除实体模型上的材料，此时单击操控板上的按钮进行设计。

如图 18-51 所示，在齿轮毛坯上创建了一个与齿廓匹配的曲面特征，选中该曲面特征后在【模型】选项卡的【编辑】组中单击【实体化】按钮，打开设计操控板，单击操控板上的按钮使用曲面来切除材料。此时系统用黄色箭头指示去除的材料侧，单击按钮可以调整材料侧的指向。

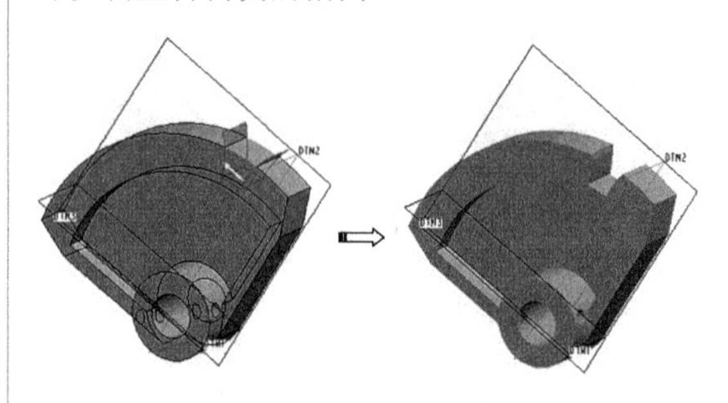

图 18-51　使用曲面剪切实体特征

3. 使用曲面替换实体表面

如果一个曲面特征的所有边界都位于实体表面上，此时整个实体表面被曲面边界分为两部分，可以根据需要使用曲面替换指定的那部分实体表面，单击操控板上的按钮即可完成曲面的替换操作。在设计过程中，系统用箭头指示的区域是最后保留的实体表面，另一部分实体表面将由曲面替换。如图 18-52 所示是设计示例。

图 18-52　使用曲面替换实体表面

18.4 偏置类型曲面

偏置命令用于在选定曲面或实体表面上，生成一定厚度和偏移距离的曲面或实体。Creo 偏置命令包括偏移和加厚。

18.4.1 偏移

使用偏移工具，可以通过将实体上的曲面或曲线偏移恒定的距离或可变的距离来创建一个新特征。可以使用偏移后的曲面构建几何或创建阵列几何，也可使用偏移曲线构建一组可在以后用来构建曲面的曲线。

技术要点

偏移特征同样用于曲线特征操作，曲线偏移操作相对较为简单。

在【模型】选项卡的【编辑】组中单击【偏移】按钮，系统将打开如图 18-53 所示的【偏移】特征操控板。

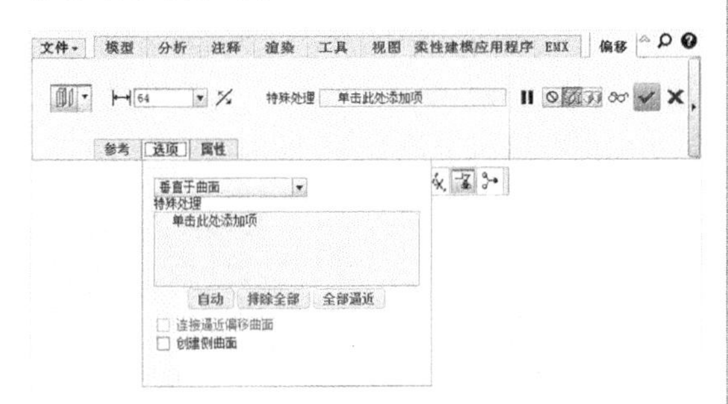

图 18-53　【偏移】特征操控板

【偏移】操控板中提供了各种选项，使操作者可以创建多种偏移类型。

- 标准偏移：偏移一个面组、曲面或实体面。此为默认偏移类型，所选曲面以平行于参考曲面的方式进行偏移，如图 18-54 所示。
- 拔模偏移：偏移包括在草绘内部的面组或曲面区域，并拔模侧曲面，拔模角度范围为 0°～60°，还可使用此选项来创建直的或相切侧曲面轮廓。拔模偏移效果如图 18-55 所示。

图 18-53　标准偏移　　图 18-54　拔模偏移

- 展开：在封闭面组或实体草绘的选定面之间创建一个连续体积块，当使用【草绘区域】选项时，将在开放面组或实体曲面的选定面之间创建连续的体积块。偏移后曲面与周边的曲面相连，偏移效果如图 18-55 所示。
- 替换曲面：用面组或基准平面替换实体面，常用于切除超过边界的多余特征，偏移效果如图 18-56 所示。

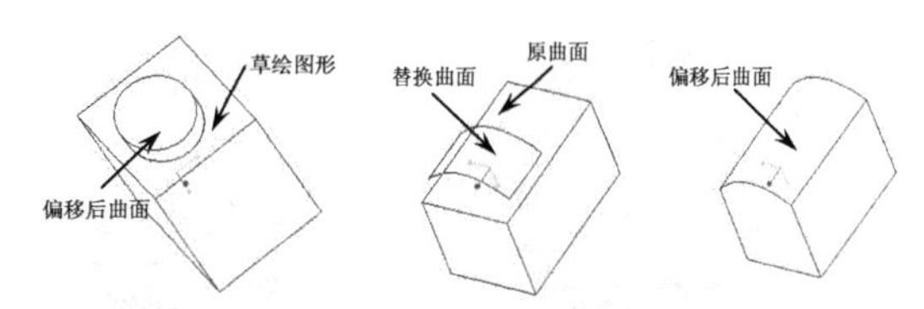

图 18-55　展开曲面偏移　图 18-56　替换曲面偏移

18.4.2 加厚

曲面在理论上是没有厚度的，曲面加厚就是以曲面作为参考，生成薄壁实体的过程。在 Creo 中，不仅可以利用曲面加厚生成薄壁实体，还可以通过该命令切除实体。

加厚特征使用预定的曲面特征或面组几何将薄材料部分添加到设计中，或从其中移除薄材料部分。设计时，曲面特征或面组几何可提供非常大的灵活性，并允许对该几何进行变换，以更好地满足设计需求。通常，加厚特征被用来创建复杂的薄几何，如果可能，使用常规的实体特征创建这些几何会更为困难。

技术要点

要使用加厚工具，必须已选取了一个曲面特征或面组，并且只能选取有效的几何。

进入该工具时，系统会检查曲面特征选取。设计加厚特征要求执行以下操作：

- 选取一个开放的或闭合的面组作为参考。
- 确定使用参考几何的方法：添加或移除薄材料部分。
- 定义加厚特征几何的厚度方向。

选中需要加厚的曲面，在【模型】选项卡的【编辑】组中单击【加厚】按钮，弹出【加厚】特征操控板，如图 18-57 所示。在该操控板里可以选择加厚方式、调节加厚生成实体的方向及设定加厚厚度。

图 18-57 【加厚】特征操控板

如图 18-58 所示为加厚曲面特征的范例。

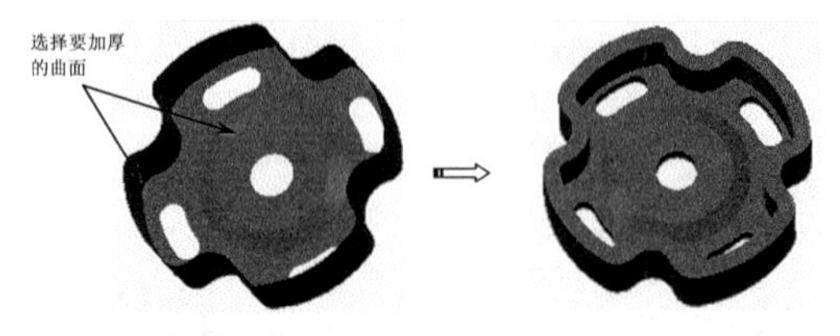

图 18-58 加厚曲面特征

动手操作——旋钮

01 新建名为【旋钮】的零件文件。

02 单击【旋转】按钮，选择 FRONT 基准平面作为草绘平面，进入草绘环境中，绘制旋转截面如图 18-59 所示。

03 退出草绘环境后完成旋转曲面的创建，如图 18-60 所示。

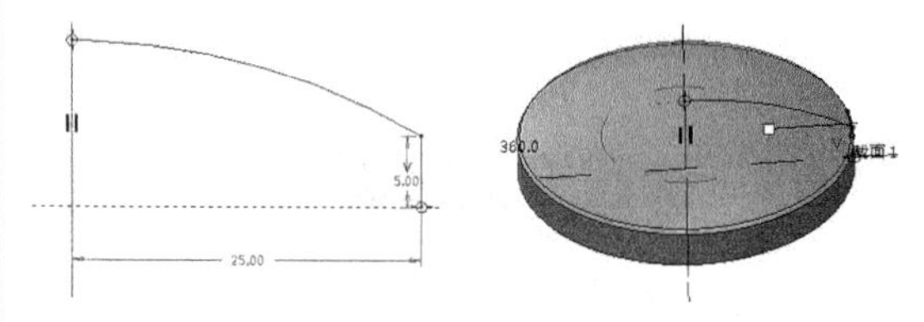

图 18-59 草绘截面　　图 18-60 旋转曲面

04 选中旋转曲面，在菜单栏选择【编辑】|【偏移】命令，打开【偏移】操控板。单击【具有拔模特征】按钮，然后在【参考】选项板中单击【定义】按钮，并选择 TOP 基准平面作为草绘平面，进入草绘环境绘制拔模区域。退出草绘环境，在操控板中输入偏移距离 6、拔模角度 3，再单击【应用】按钮，完成偏移拔模特征的创建。如图 18-61 所示。

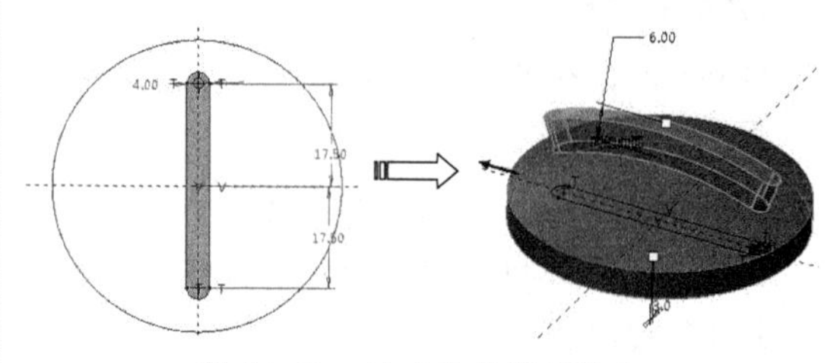

图 18-61 创建偏移拔模特征

05 单击【倒圆角】按钮，对特征进行倒圆角处理，圆角半径为 1，如图 18-62 所示。

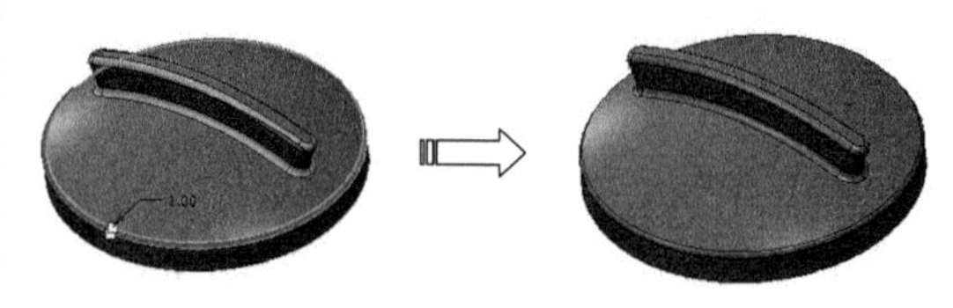

图 18-62 倒圆角

06 在模型树中选择模型项目，然后在菜单栏中选择【编辑】|【加厚】命令，创建加厚厚度为 0.5 的特征，如图 18-63 所示。

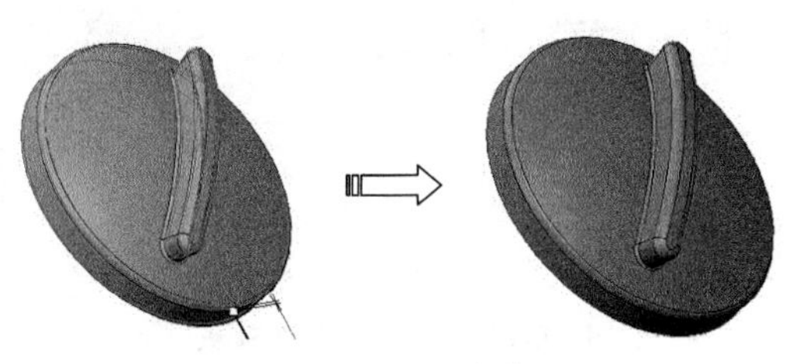

图 18-63　加厚特征

技术要点

在存在父子关系的特征中只需要对父特征加厚，子特征也会随之加厚，单独对子特征不能加厚。

07 保存到工作目录。最终效果如图 18-64 所示。

图 18-64　旋钮

18.5 延伸曲面

延伸曲面特征是指修改曲面的边界，适当扩大或缩小曲面的伸展范围，以获得新的曲面特征的曲面操作方法。要延伸某一曲面特征，首先选中该曲面的一段边界曲线，然后在【模型】选项卡的【编辑】组中单击【延伸】按钮。此时将弹出如图 18-65 所示的【延伸】操控板。

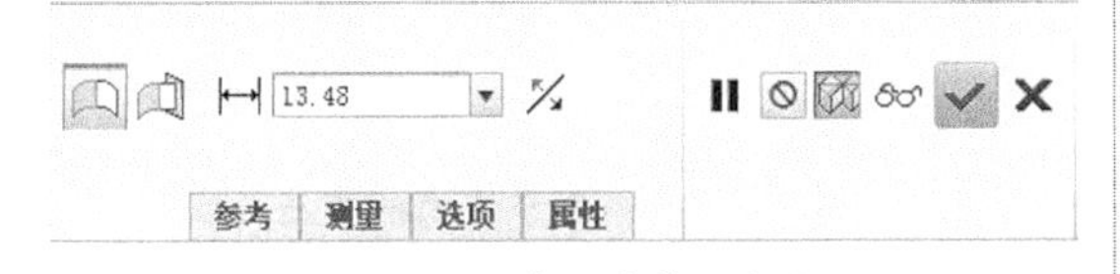

图 18-65　【延伸】操控板

1. 延伸曲面的方法

系统提供了两种方式来延伸曲面特征。

- 沿原始曲面延伸：沿被延伸曲面的原始生长方向延伸曲面的边界链，此时在设计操控板上激活此按钮，这是系统默认的曲面延伸模式。
- 延伸至参考：将曲面延伸到指定参考，此时在设计操控板上激活此按钮。

如果使用【沿原始曲面延伸】方式延伸曲面特征，还可以从以下 3 种方法中选取一种来实现延伸过程：

- 相同：创建与原始曲面相同类型的曲面作为延伸曲面。例如对于平面、圆柱、圆锥或样条曲面等，延伸后曲面的类型不变。延伸曲面时，需要选定曲面的边界链作为参考，这是系统默认的曲面延伸模式。
- 相切：创建与原始曲面相切的直纹曲面作为延伸曲面。
- 逼近：在原始曲面的边界与延伸边界之间创建边界混合曲面作为延伸曲面。当将曲面延伸至不在一条直边上的顶点时，此方法很实用。

2. 创建相同曲面延伸

相同曲面延伸是应用最为广泛的曲面延伸方式，下面详细介绍其基本设计步骤。

（1）方法一：指定延伸类型。

如前所述，可以选取【沿原始曲面延伸】和【延伸至参考】两种延伸类型之一，如果要使用后者延伸曲面，在操控板上单击按钮。

（2）方法二：指定延 Z 参考。

如果使用【沿原始曲面延伸】方式延伸曲面，需要指定曲面上的边链作为延伸参考，如果使用【延伸至参考】方式延伸曲面，除了需要指定边链作为延伸参考外，还需要指定参考平面来确定延伸尺寸。这时可以单击操控板中的【参考】按钮打开【参考】选项板进行设置。如图 18-66 所示是使用【延伸至参考】方式延伸曲面时的【参考】选项板。

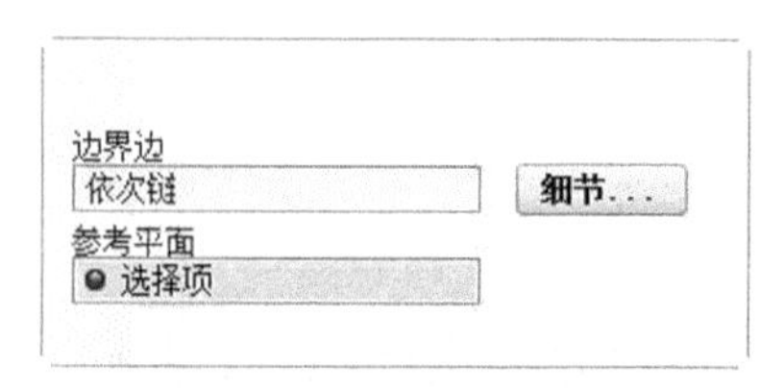

图 18-66 【参考】选项板

在选取曲面上的边线作为参考时，单击鼠标可以选中曲面上的一条边线作为延伸参考，如图 18-67 所示。选中一条边线后按住 Shift 键再选取另一条边线，则可以选中整个曲面的所有边界曲线作为延伸参考，如图 18-68 所示。

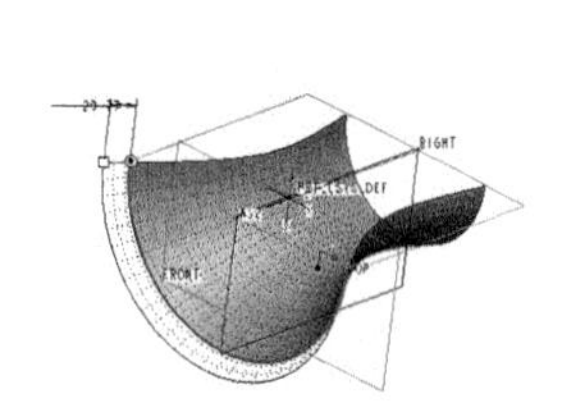

图 18-67 选取单一边线作为参考　图 18-68 选取边界链作为参考

3. 设置延伸距离

根据延伸曲面方法的差异，设置延伸距离的方法也有所不同。如果使用【延伸至参考】方式延伸曲面，在指定作为参考的曲面边线后，在指定确定曲面延伸终止位置的参考平面后，曲面将延伸至该平面为止，如图 18-69 和图 18-70 所示。

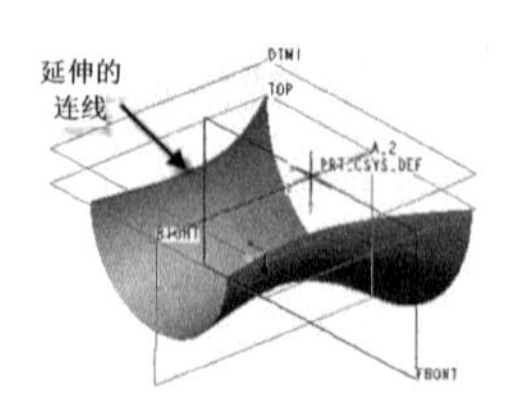

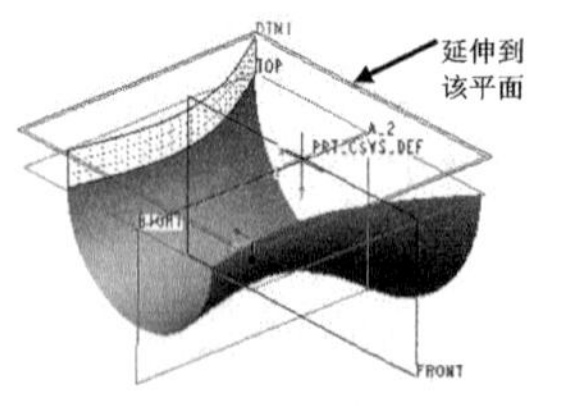

图 18-69 选取边线作为延伸参考　图 18-70 选取基准平面作为终止参考

如果使用【沿原始曲面延伸】方式延伸曲面，在操控板中单击【沿原始曲面延伸】按钮，打开【测量】选项板，在该选项板中可以通过多种方法设置延伸距离，如图 18-71 所示。

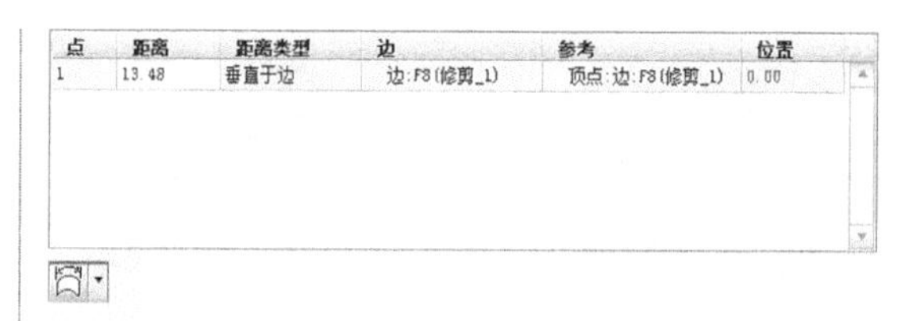

图 18-71 【测量】选项板

在该【测量】选项板中，首先在参考边线上设置参考点，然后为每一个参考点设置延伸距离数值。如果要在延伸边线上添加参考点，可以按照如图 18-72 所示进行操作。

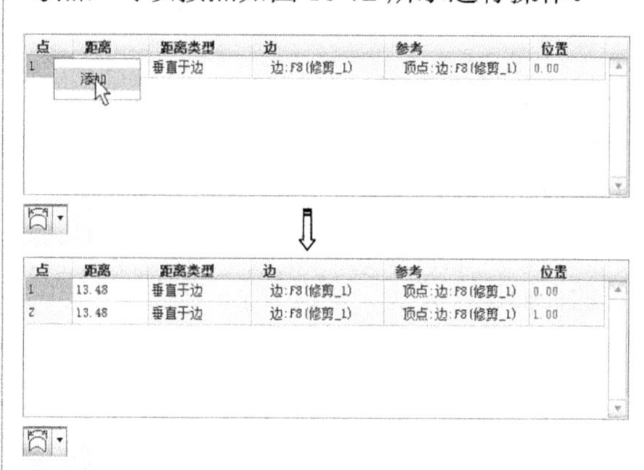

图 18-72 添加参考点的方法

技术要点

输入负值会导致曲面被裁剪。

在【测量】选项板的第三列中可以指定测量延伸距离的方法，单击其中的选项可以打开一个包含 4 个选项的下拉列表，如图 18-73 所示。

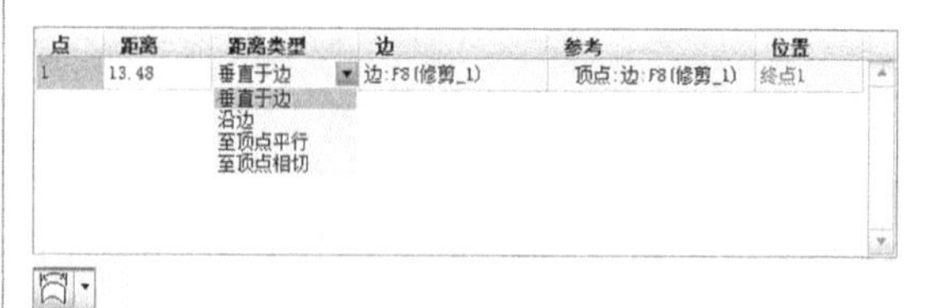

图 18-73 【测量】选项板

其中 4 个选项的含义如下：

- 【垂直于边】：垂直于参考边线来测量延伸距离。
- 【沿边】：沿着与参考边相邻的侧边测量延伸距离。

- 【至顶点平行】：延伸曲面至下一个顶点处，延伸后曲面边界与原来参考边线平行。
- 【至顶点相切】：延伸曲面至下一个顶点处，延伸后曲面边界与顶点处的下一个单侧边相切。以上两种方法常用于使用延伸方法裁剪曲面。

如图 18-74 是 4 种指定距离方法的示例。

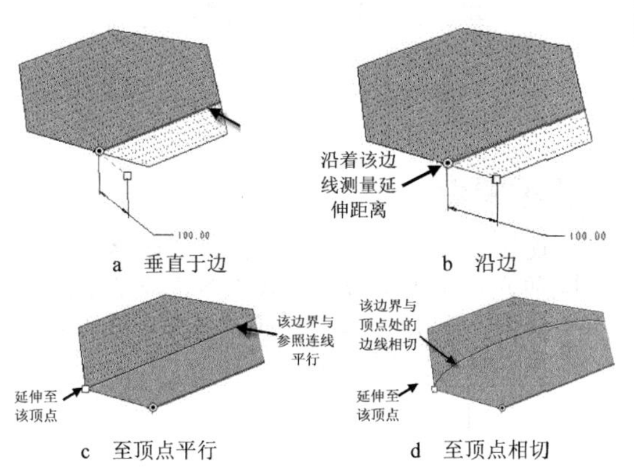

a　垂直于边　　b　沿边　　c　至顶点平行　　d　至顶点相切

图 18-74　4 种距离设置方法

最后说明选项板左下角下拉列表中两个按钮的用途。

- ：在选定基准平面中测量延伸距离。
- ：沿延伸曲面测量延伸距离。

4．创建相切曲面延伸

创建相切曲面延伸的基本步骤与创建相同曲面延伸类似，在设计时需要单击操控板中的【选项】的按钮，打开【选项】选项板，在选项板中的【方法】下拉列表中选择【相切】选项，如图 18-75 所示。

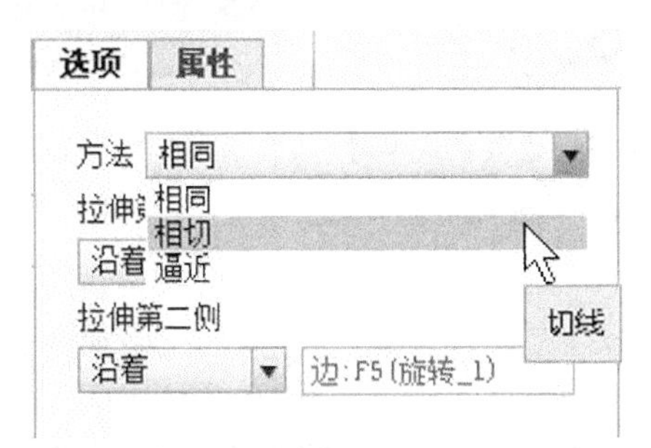

图 18-75　选择曲面的相切方法

创建相切曲面延伸时，延伸后的曲面在参考边线处与原曲面相切，延伸曲面的形状与原始曲面的形状没有太直接的关系，如图 18-76 和图 18-77 所示是相切延伸与相同延伸的对比。

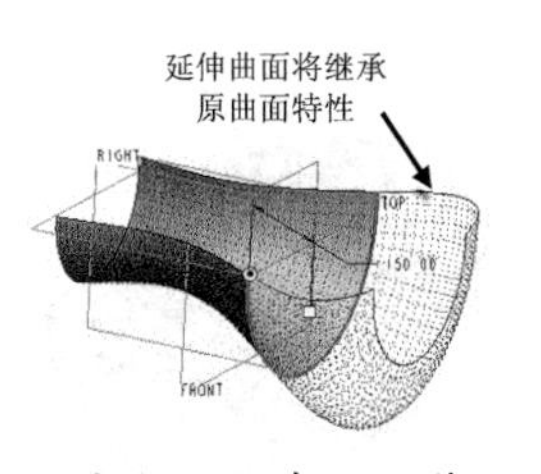

图 18-76　相同延伸

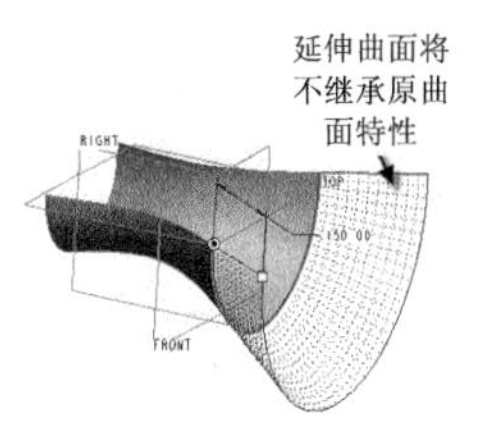

图 18-77　相切延伸

技术要点

由于相同延伸要继承原曲面的形状特性，因此当设计参数不合理时，可能导致特征创建失败。

5．创建逼近曲面延伸

与相同曲面延伸和相切曲面延伸相比，逼近曲面延伸使用近似的算法来延伸曲面特征。逼近曲面延伸通过在原始曲面与终止参考之间创建边界混合曲面来延伸曲面，其基本设计过程与相切曲面延伸类似。

动手操作——创建花纹切边曲面

操作步骤：

01 新建名为【花纹切边曲面】的零件文件。

02 单击【旋转】按钮，打开【旋转】操控板，单击【旋转为曲面】按钮创建曲面特征。

03 选取基准平面 TOP 作为草绘平面，使用其他系统默认参考放置草绘平面后进入二维草绘模式。

04 在草绘平面内绘制如图 18-78 所示的截面和几何中心线，完成后退出草绘模式。

05 保留操控板中其余选项的默认设置，单击【应用】按钮完成曲面特征的创建，如图 18-79 所示。

06 选中曲面的边界曲线，然后在【模型】选项卡的【编辑】组中单击【延伸】按钮，打开【延伸】操控板。

技术要点

需要连续选择曲面边时，首先选中半个圆周曲线，按住 Shift 键再选中另外半个圆周曲线。

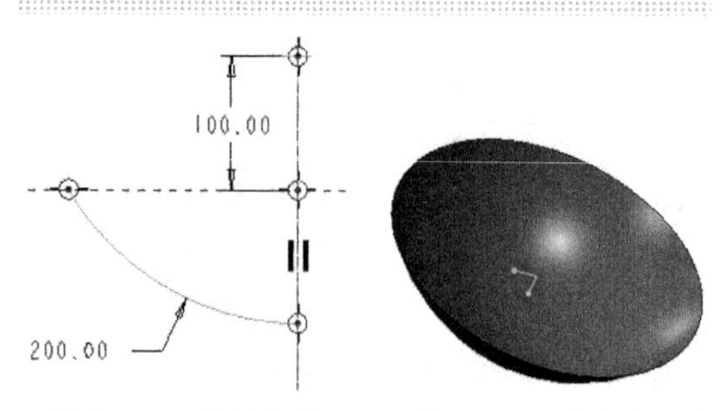

图 18-78　绘制旋转截面图　　图 18-79　创建的曲面特征

07 单击操控板上的【测量】按钮，打开选项板，首先在左半个圆周曲线上设置 11 个参考点。这些参考点在边上的长度比例值（位置）依次为：0.00、0.10、0.20、0.30、0.40、0.50、0.60、0.70、0.80、0.90 和 1.00，每个参考点的延伸距离值（距离）依次为 0.00、50.00、0.00、50.00、0.00、50.00、0.00、50.00、0.00、50.00 和 0.00。如图 18-80 所示。

点	距离	距离类型	边	参考	位置
1	0.00	垂直于边	边:F5(旋转_1)	顶点:边:F5(旋转_1)	0.00
2	50.00	垂直于边	边:F5(旋转_1)	点:边:F5(旋转_1)	0.10
3	0.00	垂直于边	边:F5(旋转_1)	点:边:F5(旋转_1)	0.20
4	50.00	垂直于边	边:F5(旋转_1)	点:边:F5(旋转_1)	0.30
5	0.00	垂直于边	边:F5(旋转_1)	点:边:F5(旋转_1)	0.40
6	50.00	垂直于边	边:F5(旋转_1)	点:边:F5(旋转_1)	0.50

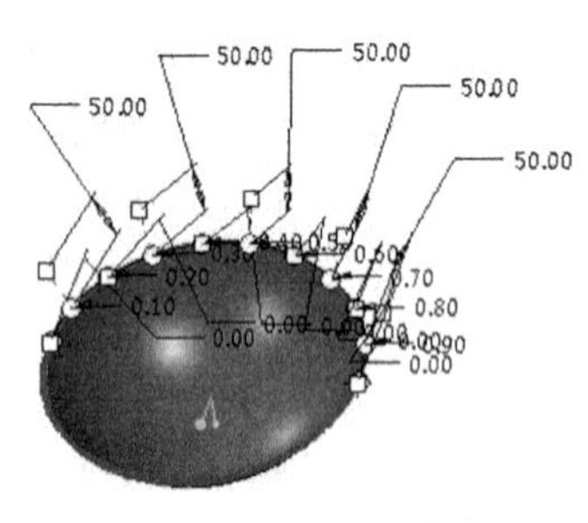

图 18-80　设置延伸参考点

08 继续在曲面的另外半个圆周曲线上创建 9 个参考点，这些参考点在边上的长度比例值（位置）依次为 0.90、0.80、0.70、0.60、0.50、0.40、0.30、0.20 和 0.10，每个参考点的延伸距离值依次为 50.00、0.00、50.00、0.00、50.00、0.00、50.00、0.00、50.00，如图 18-81 所示。

点	距离	距离类型	边	参照	位置
15	0.00	垂直于边	边:F5(旋转_1)	点:边:F5(旋转_1)	0.60
16	50.00	垂直于边	边:F5(旋转_1)	点:边:F5(旋转_1)	0.50
17	0.00	垂直于边	边:F5(旋转_1)	点:边:F5(旋转_1)	0.40
18	50.00	垂直于边	边:F5(旋转_1)	点:边:F5(旋转_1)	0.30
19	0.00	垂直于边	边:F5(旋转_1)	点:边:F5(旋转_1)	0.20
20	50.00	垂直于边	边:F5(旋转_1)	点:边:F5(旋转_1)	0.10

图 18-81　设置延伸参考

技术要点

在设置另外半个圆的参考点时，即编号为 12 的点。需要手动拖动该点到另外半个圆上，否则将继续在已创建点的半圆内创建参考点，如图 18-82 所示。

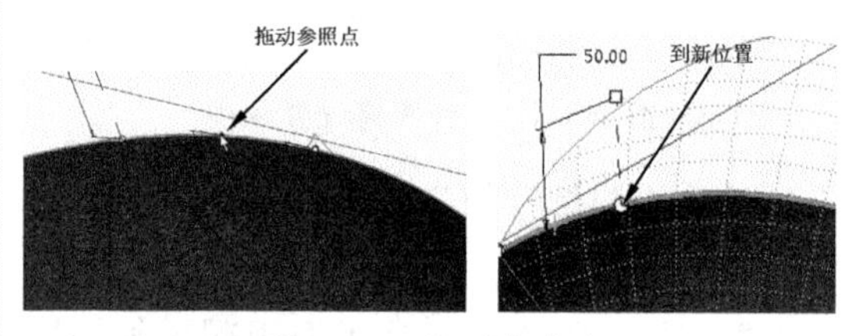

图 18-82　拖动参考点

09 设置完成参考和延伸距离参数后的曲面如图 18-83 所示。

10 单击操控板上的【应用】按钮✓，设计结果如图 18-84 所示。

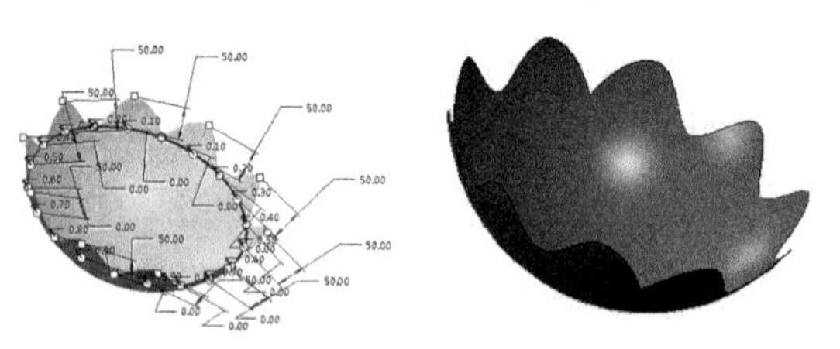

图 18-83　设置完成参考和延伸距离参数后的曲面　　图 18-84　设计结果

18.6 扭曲曲面

扭曲曲面与前面所介绍的扭曲特征是相同的，只不过本章中仅仅介绍扭曲曲面的创建。

在【编辑】组中单击【扭曲曲面】按钮，打开【扭曲】操控板。在图形区中选中要产生扭曲效果的模型和扭曲方向参考后，操控板中所有扭曲方式亮显（变为可用），如图 18-85 所示。

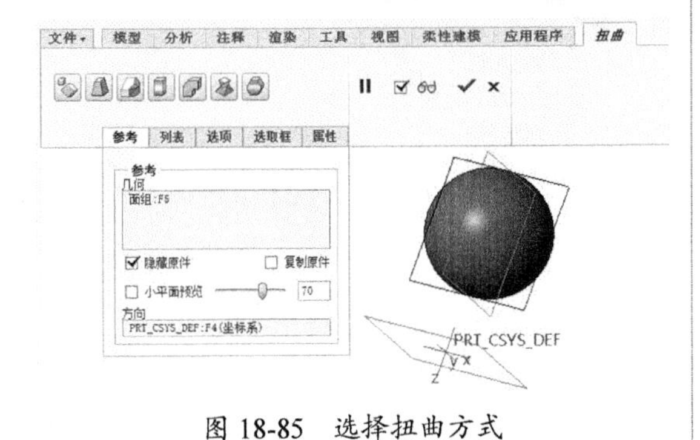

图 18-85　选择扭曲方式

18.6.1　变换

【变换】方法是通过手动拖动控制杆和选取框来改变模型形状的。启用【变换】工具后，【扭曲】操控板将显示【变换】的相关选项，如图 18-86 所示。

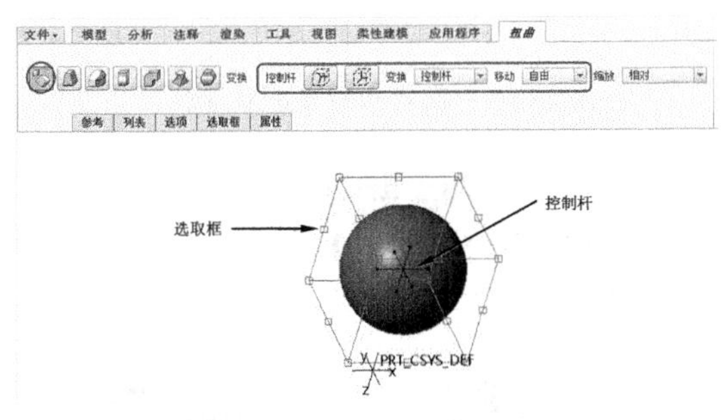

图 18-86　【变换】工具

控制杆的作用是改变选取框的方位，如图 18-87 所示。

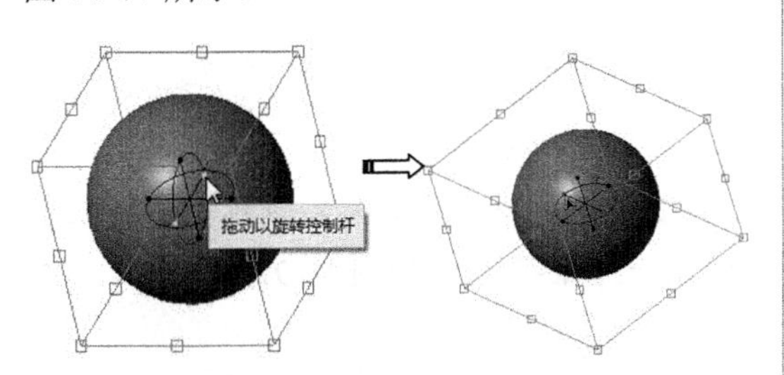

图 18-87　控制杆与选取框的关系

拖动选取框，可以任意改变模型的形状。拖动选取框角点，可以缩小或放大整个模型，如图 18-88 所示。拖动选取框边界中点，可以改变模型在某个方向上的变形，如图 18-89 所示。

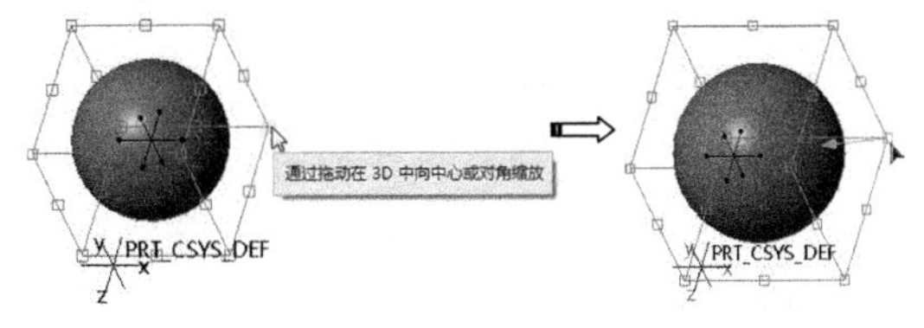

图 18-88　整体变形

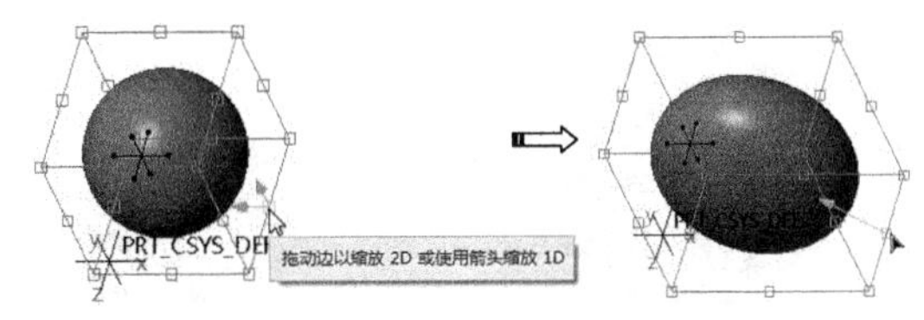

图 18-89　单侧变形

18.6.2　扭曲

启用【扭曲】工具，可以创建【相对】扭曲、【中心】扭曲和【自由】扭曲。

1. 【相对】扭曲

【相对】扭曲是通过选取框上显示的方向箭头进行拖动变形的，如图 18-90 所示。

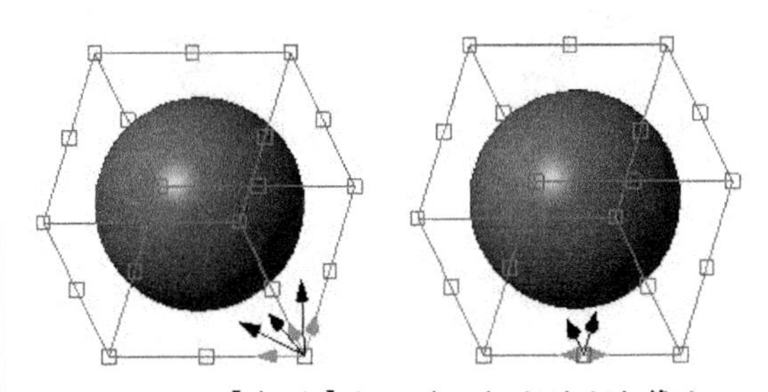

图 18-90　【相对】扭曲选取框上的方向箭头

技术要点

从图 18-89 可以看出，在角点拖动可以朝向 6 个方向，在选取框边界中点拖动可以有 4 个方向。另外，拖动方向平面上的箭头时，除对角点静止不动外，其余选取框皆相对运动。

如图 18-91 所示为【相对】扭曲的操作过程。

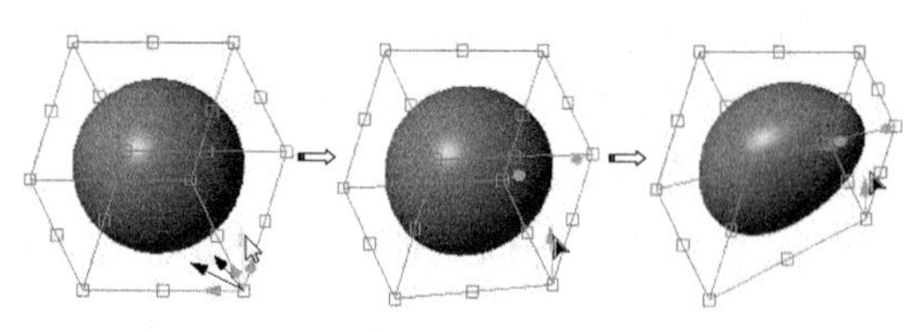

图 18-91 【相对】扭曲操作过程

2. 【中心】扭曲

从【中心】扭曲是指在通过拖动方向平面上箭头的同时向该平面中心变形，如图18-92所示。

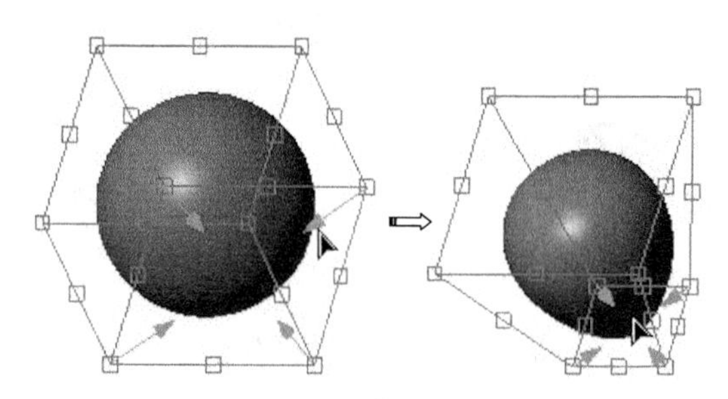

图 18-92 从【中心】扭曲

3. 【自由】扭曲

【自由】扭曲是拖动方向平面上的箭头进行自由运动，从而改变模型的形状，如图18-93所示。

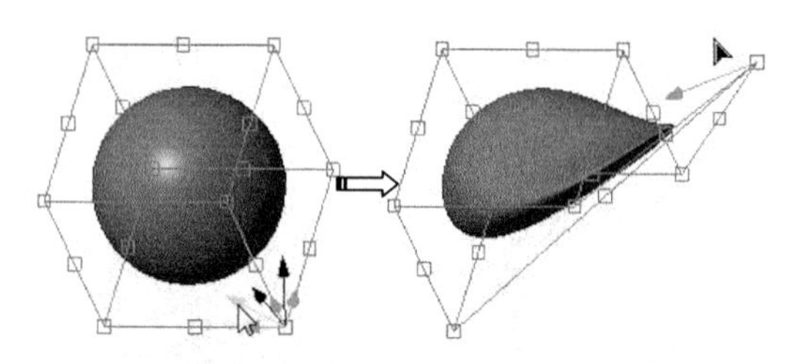

图 18-93 【自由】扭曲

技术要点

边界上的箭头变形效果与【相对】扭曲相同。

18.6.3 骨架

启用【骨架】工具，操控板中显示骨架变形的3个类型，如图18-94所示。

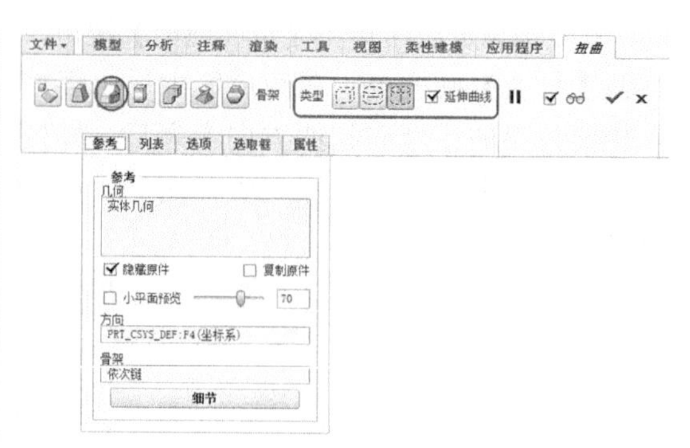

图 18-94 【骨架】工具

要创建骨架变形，必须先绘制骨架曲线。

1. 相对于矩形选取框扭曲

【相对于矩形选取框扭曲】是在矩形选取框范围内任意方向扭曲变形，当选取骨架线后，骨架线的延伸线端点会显示控制点，拖动控制点就可以扭曲模型，如图18-95所示。

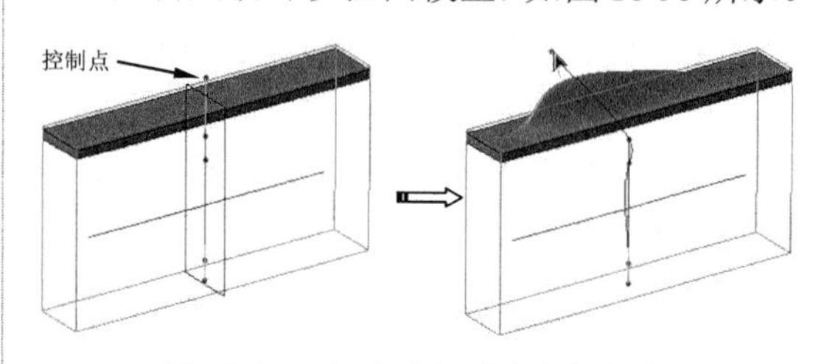

图 18-95 相对于矩形选取框扭曲

2. 从中心快速扭曲

【从中心快速扭曲】是在圆柱形选取框内任意快速地扭曲模型，如图18-96所示。

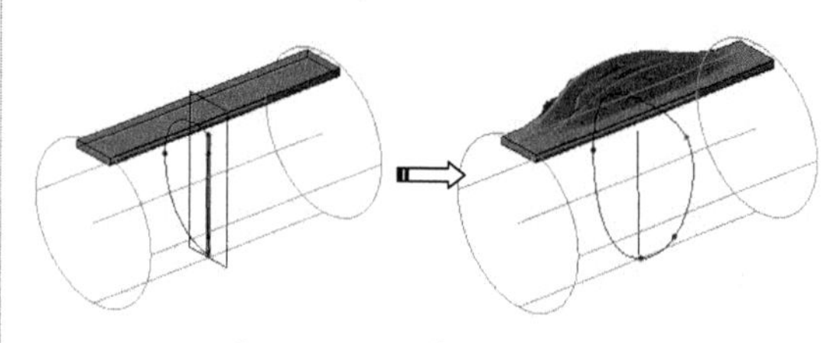

图 18-96 从中心快速扭曲

3. 从轴快速扭曲

【从轴快速扭曲】是在圆柱形选取框内进行轴向扭曲变形，如图18-97所示。

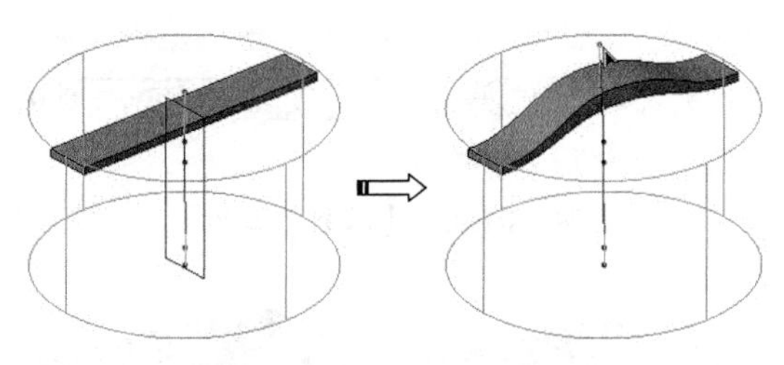

图 18-97　从轴快速扭曲

18.6.4　拉伸

启用【拉伸】工具，可以在长、宽和高 3 个方向上改变原模型的比例，【拉伸】扭曲选项如图 18-98 所示。

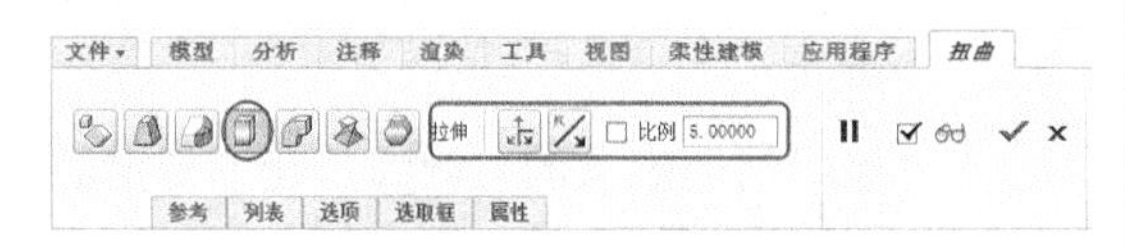

图 18-98　【拉伸】工具

【拉伸】工具的按钮及选项的含义如下：

- 切换到下一个轴：单击此按钮，切换轴（扭曲方向），即长、宽和高 3 个方向。如图 18-99 所示。

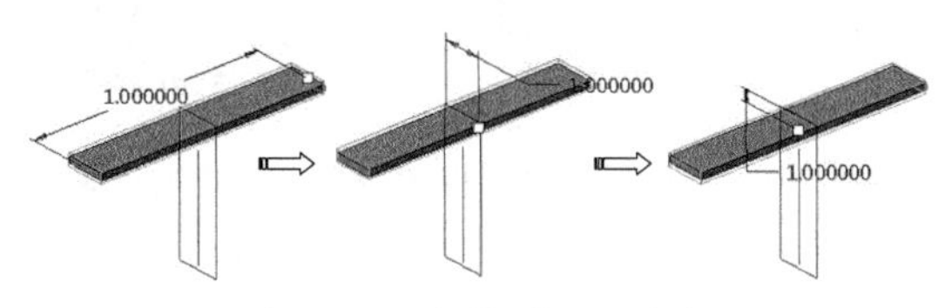

图 18-99　切换到下一个轴

- 反转轴的方向：单击此按钮，反转轴方向。如图 18-100 所示。

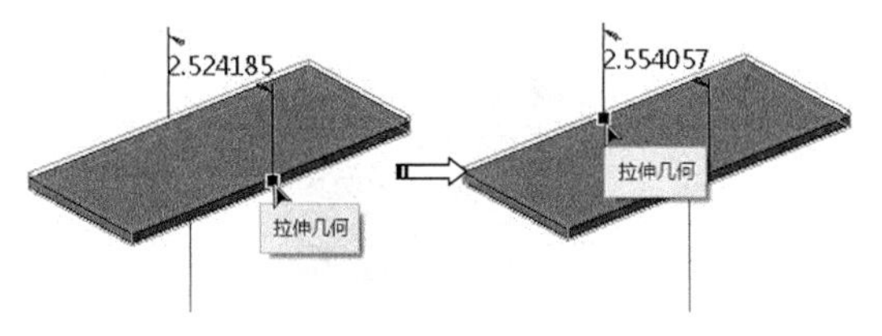

图 18-100　反转轴的方向

- 比例：某个轴方向上的长度比例，此值只能为正数。

【拉伸】工具应用较为简单，选择轴方向并输入该方向上的比例值，即可达到改变原模型的目的。

18.6.5　折弯

【折弯】工具是参考原模型进行角度折弯，折弯的最大角度值为 360°，最小值为 -360°。如图 18-101 所示。

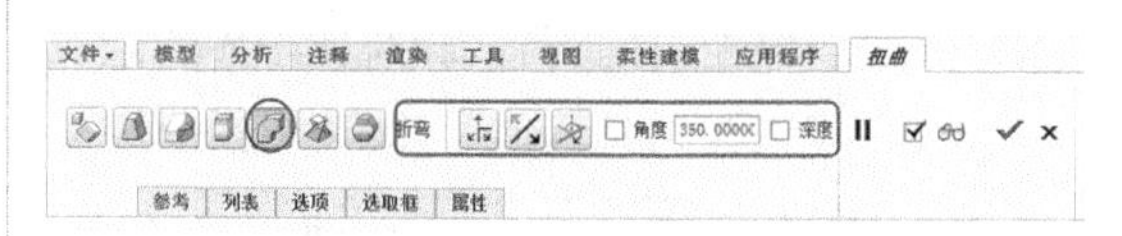

图 18-101　【折弯】工具

各按钮及选项含义如下：

- 切换到下一个轴：单击此按钮，可切换旋转轴，如图 18-102 所示。

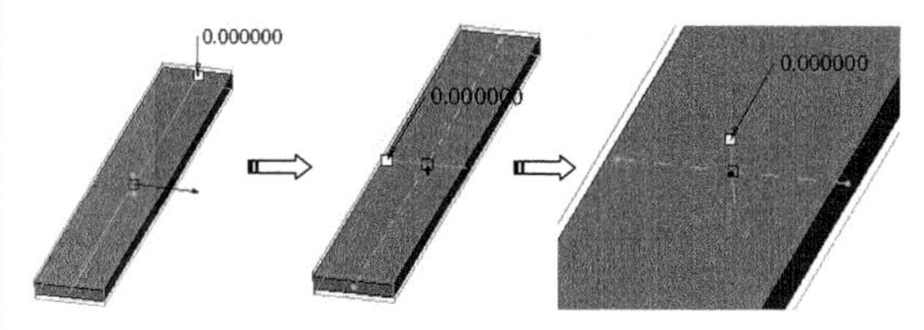

图 18-102　切换到下一个轴

- 反转轴的方向：单击此按钮，可反转轴方向。如图 18-103 所示。

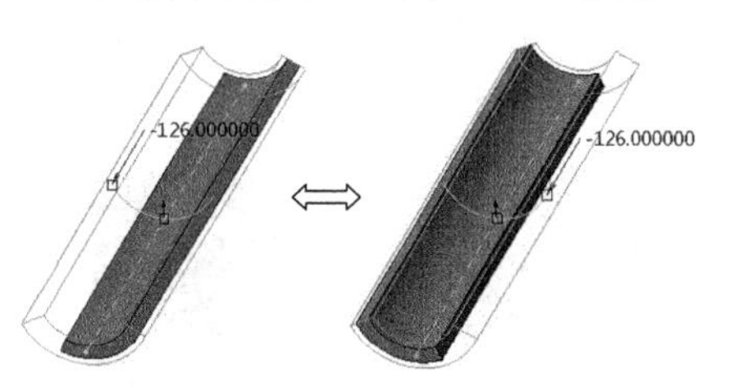

图 18-103　反转轴的方向

- 以 90° 增大倾斜角：以 90° 增量来改变折弯平面（方向），如图 18-104 所示。

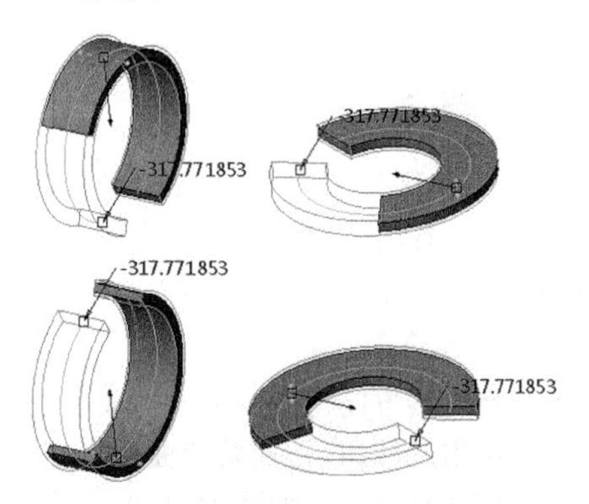

图 18-104　以 90° 增大倾斜角

- 角度：扭曲的角度，最大值为360°，最小值为-360°。

18.6.6 扭曲

【扭曲】工具是将模型一端通过绕轴旋转生成实体的扭曲工具，如图18-105所示。

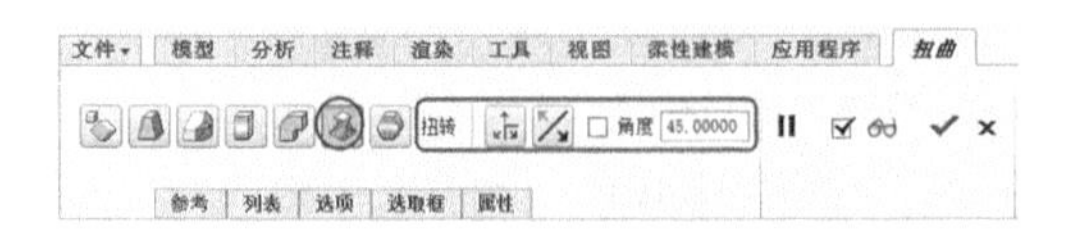

图 18-105 【扭曲】工具

各按钮及选项含义如下：

- 切换到下一个轴：单击此按钮，可切换扭曲旋转轴，如图18-106所示。

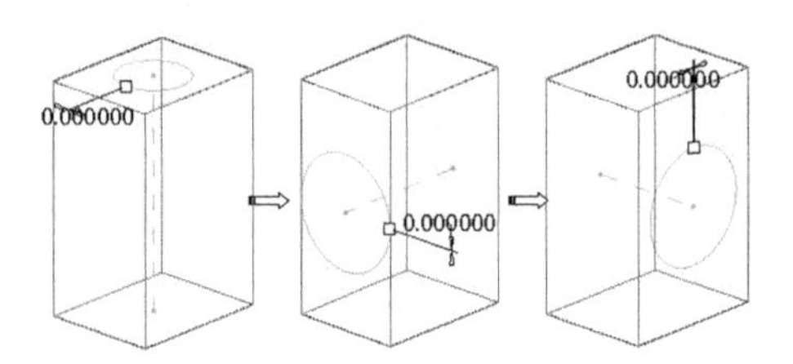

图 18-106 切换到下一个轴

- 反转轴的方向：单击此按钮，可反转轴方向。如图18-107所示。

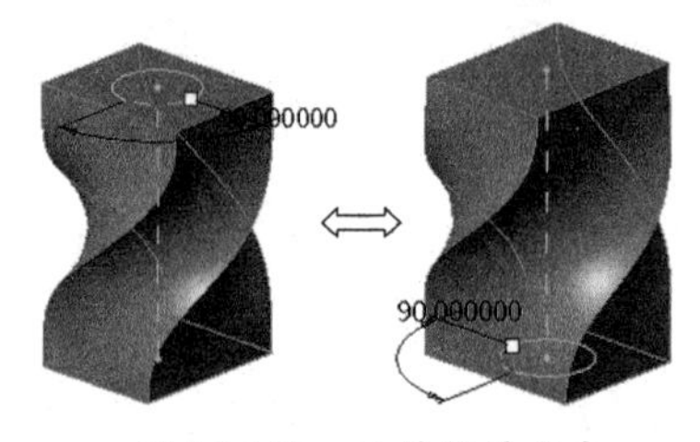

图 18-107 反转轴的方向

- 角度：扭曲旋转的角度。可设置无限大和无限小的旋转角度。

18.6.7 雕刻

使用【雕刻】工具可在指定的选取框面中进行凹凸或扭曲变形。如图18-108所示为【雕刻】工具选项设置。

各按钮及选项含义如下：

- 将网格方向切换到下一选取框面：单击此按钮，切换要扭曲的模型面（包括6个面），如图18-109所示。

图 18-108 【雕刻】工具

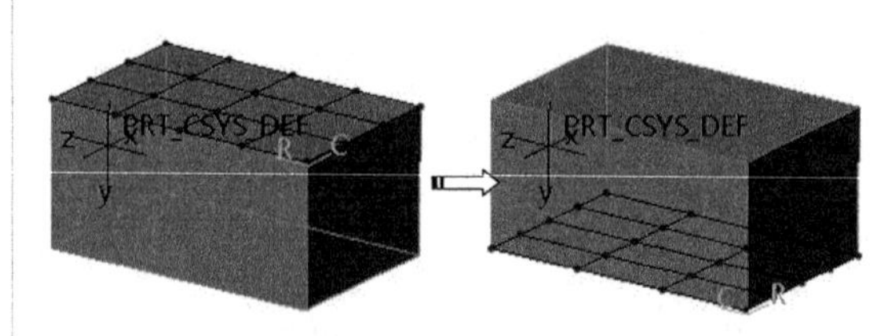

图 18-109 切换到下一个轴

- 应用到选定项的一侧：仅对指定的选取框面进行变形，如图18-110所示。
- 应用到选定项的双侧：变形指定的选取框面时，另一侧也随之往同一方向变形，如图18-111所示。

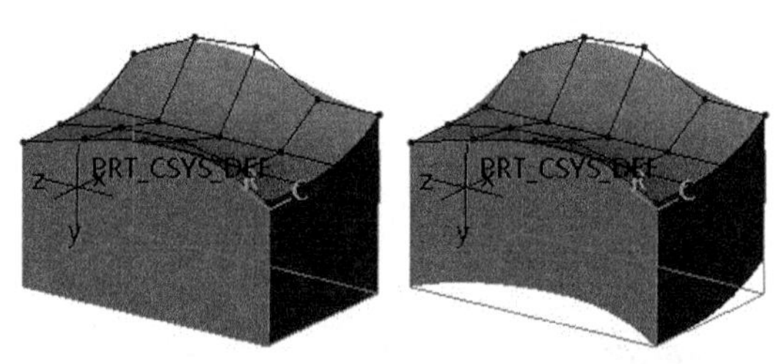

图 18-110 应用到选定项的一侧　图 18-111 应用到选定项的双侧

- 对称应用到选定项的双侧：变形指定的选取框面时，另一侧也随之往对称方向变形，如图18-112所示。

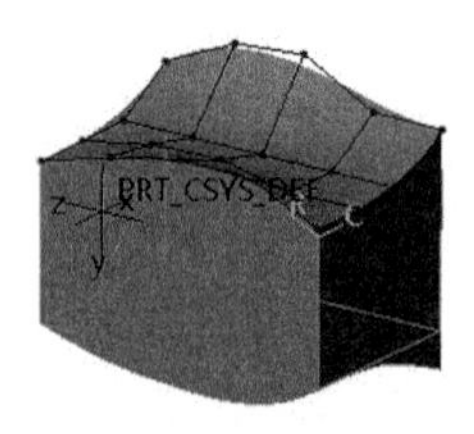

图 18-112 对称应用到选定项的双侧

- 行：选取框内网格的行数。
- 列：选取框内网格的列数。

动手操作——小黄鸭造型

下面通过小黄鸭的造型，详解扭曲曲面的综合应用。

操作步骤：

01 新建名为【小黄鸭】的零件文件。

02 利用【旋转】命令在 TOP 基准平面上绘制草图，并创建如图 18-113 所示的旋转曲面 1。

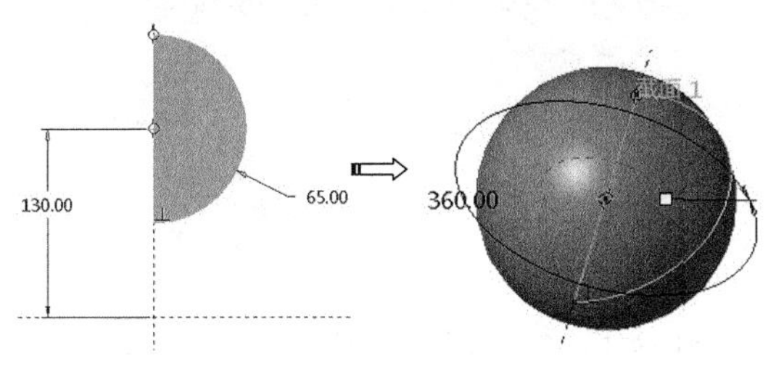

图 18-113　创建旋转曲面 1

03 继续在 TOP 基准平面上绘制草图，并创建如图 18-114 所示的旋转曲面 2。

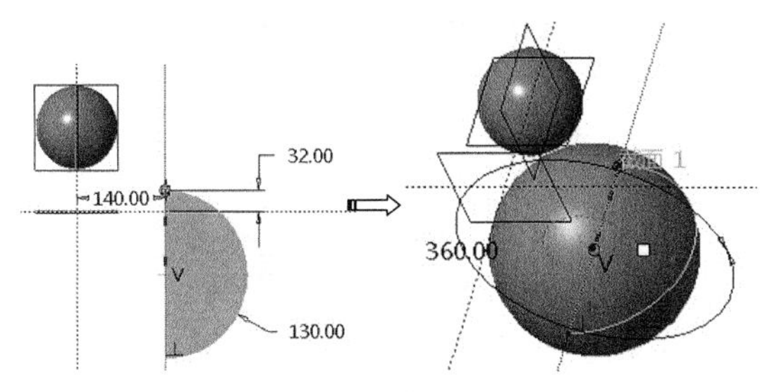

图 18-114　创建旋转曲面 2

04 执行【扭曲曲面】命令，打开【扭曲】操控板。在【参考】选项板中，选择旋转曲面 1 为参考几何，再添加坐标系为方向参考，如图 18-115 所示。

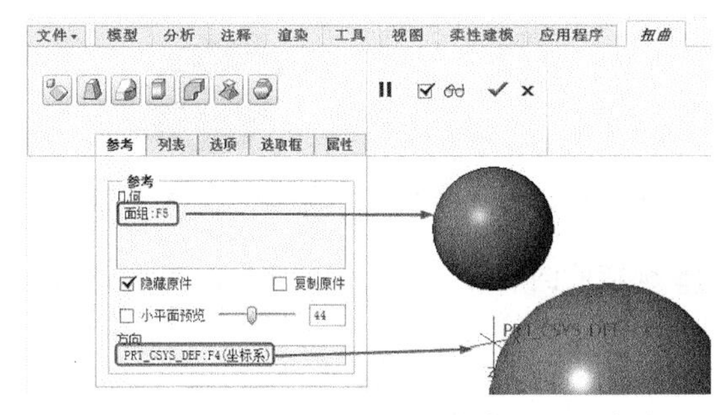

图 18-115　选择扭曲的几何参考和方向参考

05 单击【雕刻】按钮启用【雕刻】工具，输入 8 行和 3 列，并通过单击【将网格方向切换到下一选取框面】按钮改变即将扭曲操作的面，如图 18-116 所示。

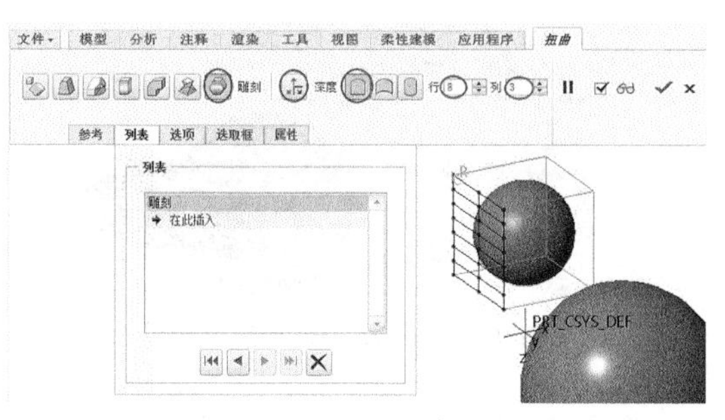

图 18-116　设置扭曲参数及选项

06 拖动网格中的两条网格线，往外侧平行移动，然后在【选取框】选项板设置【深度】的结束值为 50，结果如图 18-117 所示。两条网格线尽量保持在同一平面内。

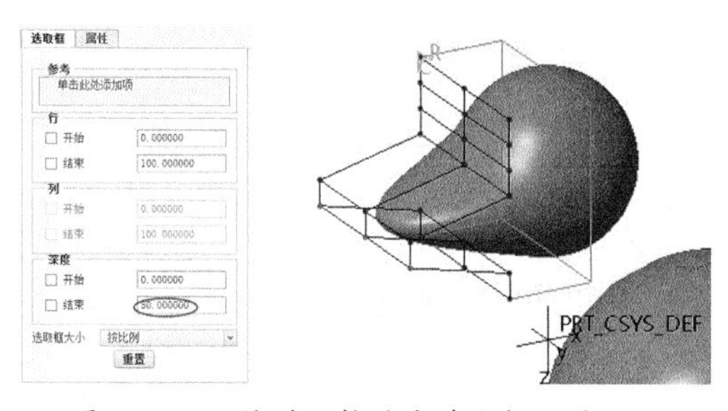

图 18-117　拖动网格改变选取框面的形状

技术要点

注意，是拖动网格线，而不是拖动网格线上的控制点。

07 再单击【雕刻】按钮，将在同一模型上创建第二个雕刻扭曲特征。然后设置行与列，并拖动网格线改变形状。如图 18-118 所示。

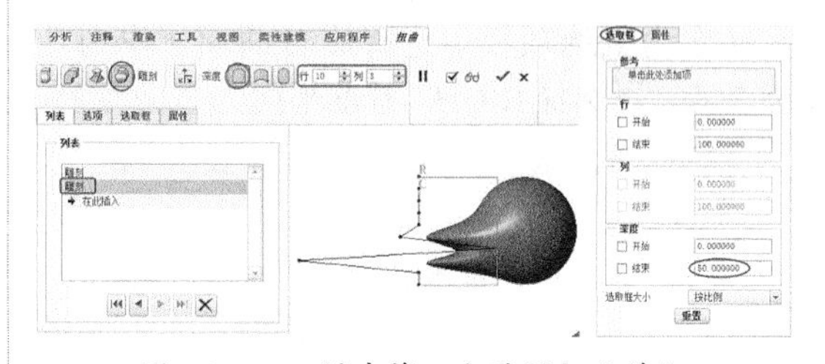

图 18-118　创建第二个雕刻扭曲特征

08 接下来在该旋转曲面上创建第三个雕刻扭曲特征。如图 18-119 所示。

09 同理，创建第四个雕刻特征，如图 18-120 所示。

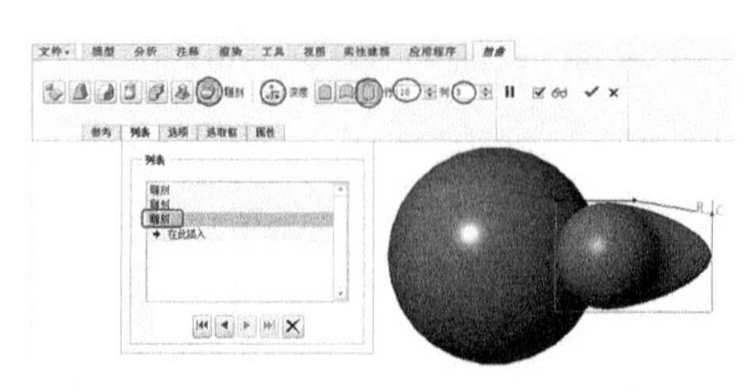

图 18-119　创建第三个雕刻扭曲特征

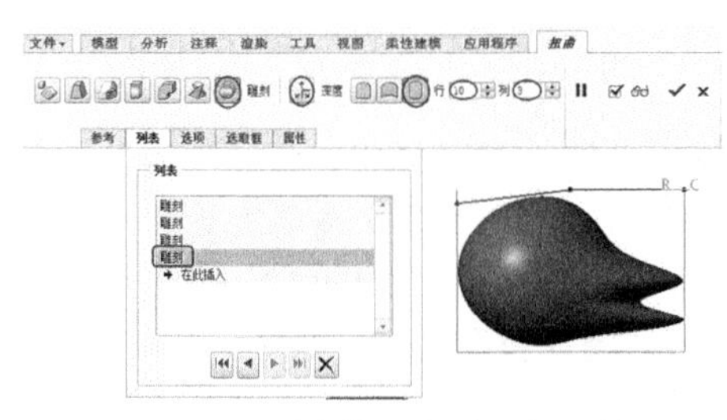

图 18-120　创建第四个雕刻扭曲特征

10 最后再创建第五个雕刻扭曲，调节头部形状，使其变得更圆润一些，如图 18-121 所示。单击操控板中的【确定】按钮，结束第一个旋转曲面的扭曲变形操作。

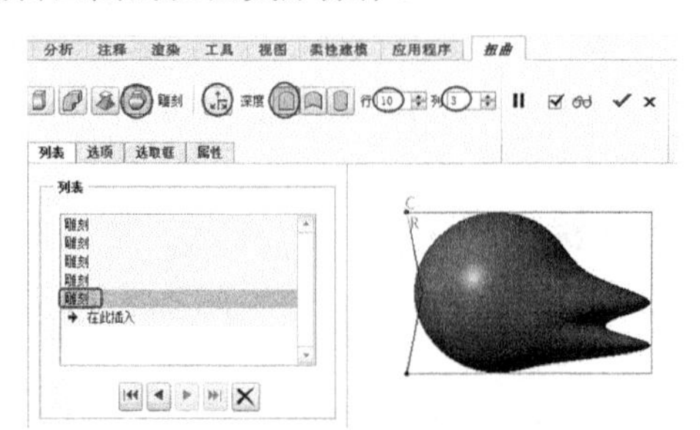

图 18-121　创建第五个雕刻扭曲特征

11 执行【扭曲曲面】命令，打开【扭曲】操控板。在【参考】选项板中选择旋转曲面 2 作为几何参考，再选择 RIGHT 基准平面为方向参考。

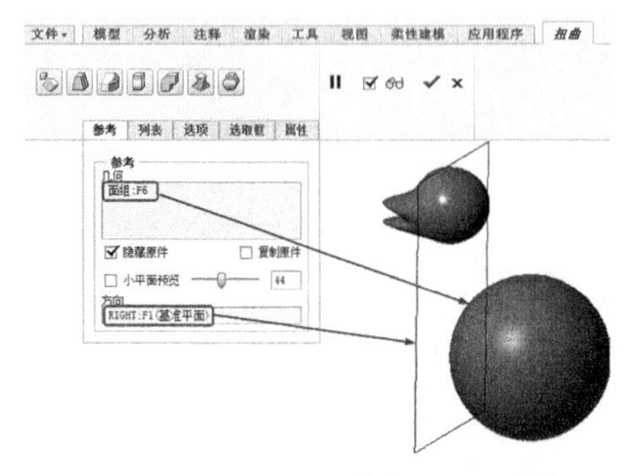

图 18-122　设置几何参考和方向参考

12 单击【雕刻】按钮启用【雕刻】工具。设置雕刻参数与选项，然后进行变形操作，如图 18-123 所示。

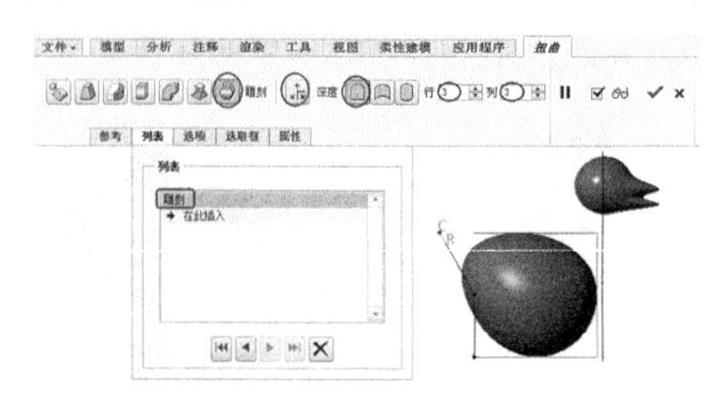

图 18-123　旋转曲面 2 的第一次雕刻变形

13 旋转曲面 2 的第二次雕刻变形，如图 18-124 所示。

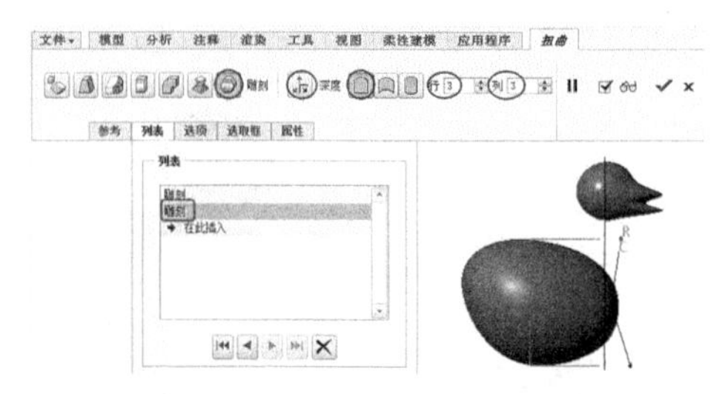

图 18-124　旋转曲面 2 的第二次雕刻变形

14 旋转曲面 2 的第三次雕刻变形，如图 18-125 所示。

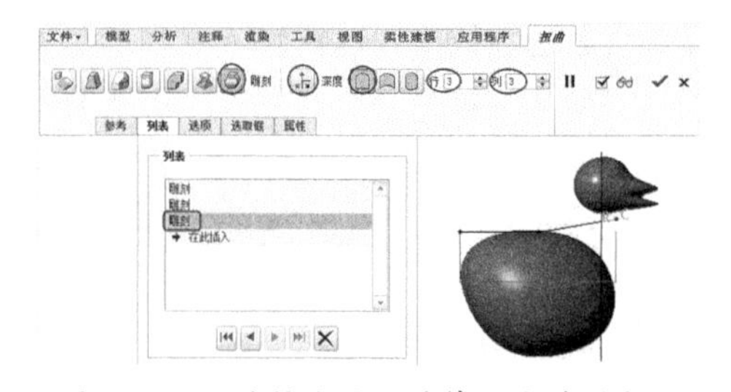

图 18-125　旋转曲面 2 的第三次雕刻变形

15 旋转曲面 2 的第四次雕刻变形，如图 18-126 所示。

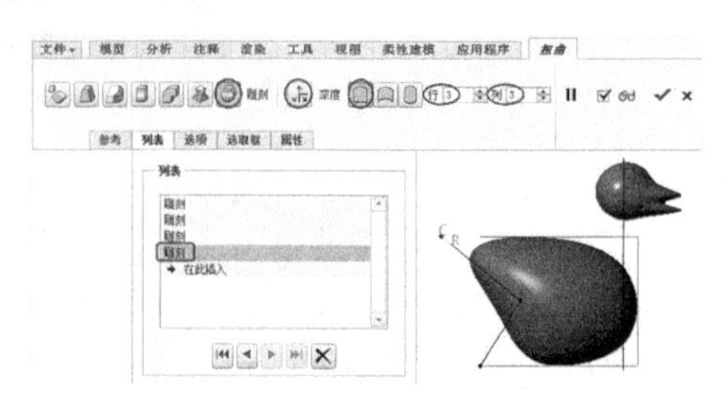

图 18-126　旋转曲面 2 的第四次雕刻变形

16 旋转曲面 2 的第五次雕刻变形，如图 18-127 所示。

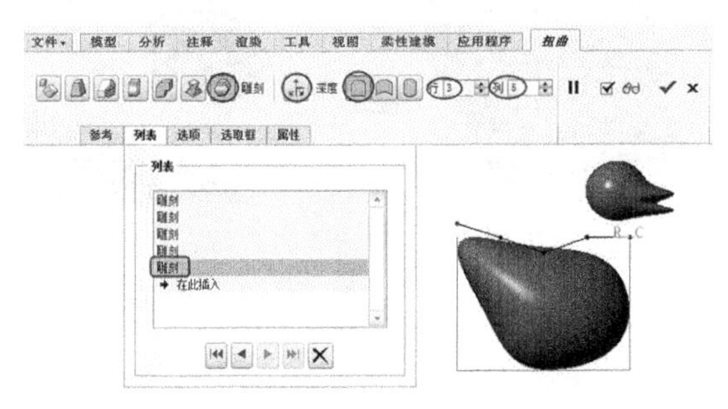

图 18-127　旋转曲面 2 的第五次雕刻变形

17 旋转曲面 2 的第六次雕刻变形，如图 18-128 所示。完成后关闭【扭曲】操控板。

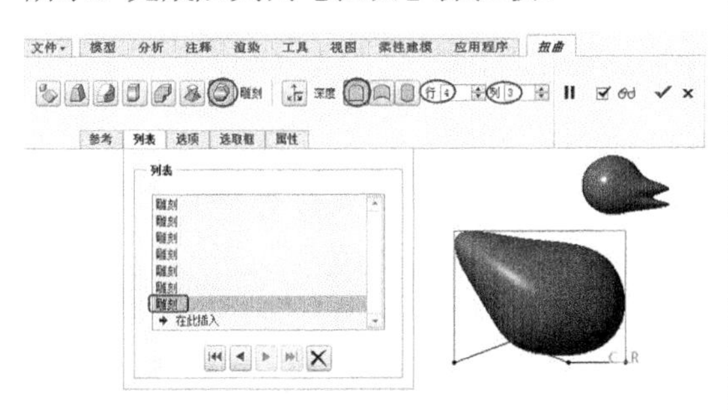

图 18-128　旋转曲面 2 的第六次雕刻变形

18 重新利用【扭曲曲面】工具，对旋转曲面 1 的扭曲特征进行移动变换操作，如图 18-129 所示。

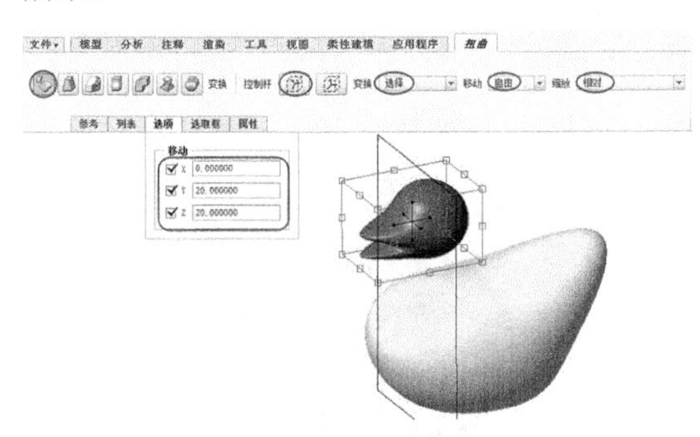

图 18-129　移动变换操作

19 利用【草绘】命令，在 FRONT 基准平面上绘制如图 18-130 所示的曲线。

20 利用【投影】命令，将曲线投影到旋转曲面 2 上，如图 18-131 所示。

21 同理，将曲线再投影到旋转曲面 1 上，如图 18-132 所示。

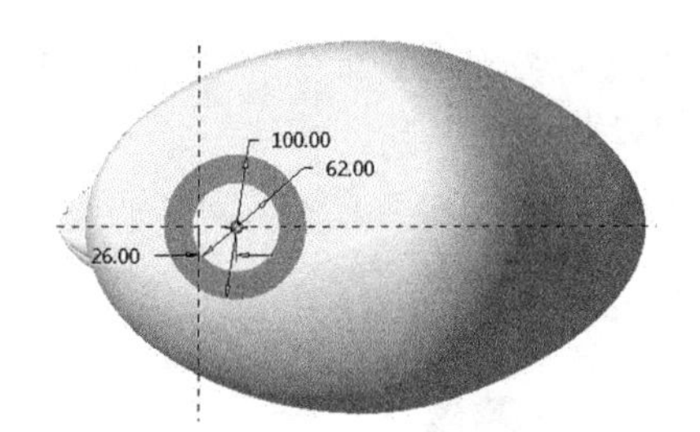

图 18-130　绘制曲线

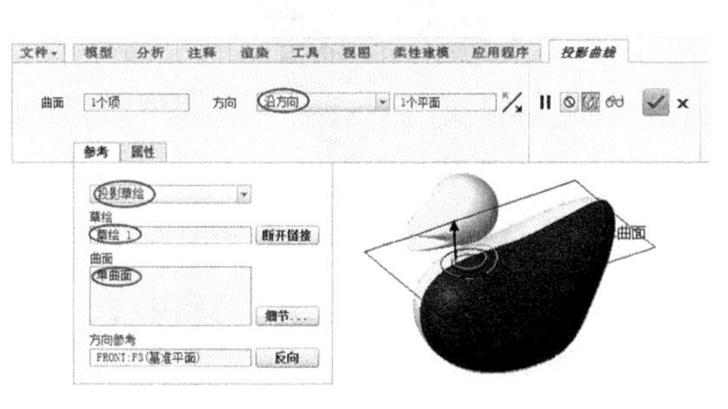

图 18-131　投影曲线到旋转曲面 2

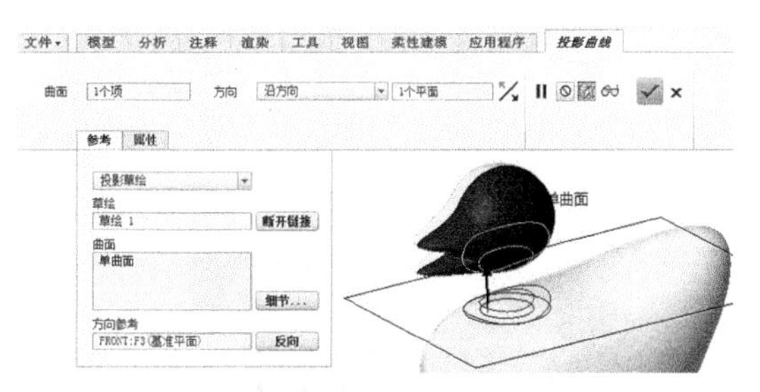

图 18-132　投影曲线到旋转曲面 1

22 利用【修剪】命令，对旋转曲面 1 进行修剪，如图 18-133 所示。

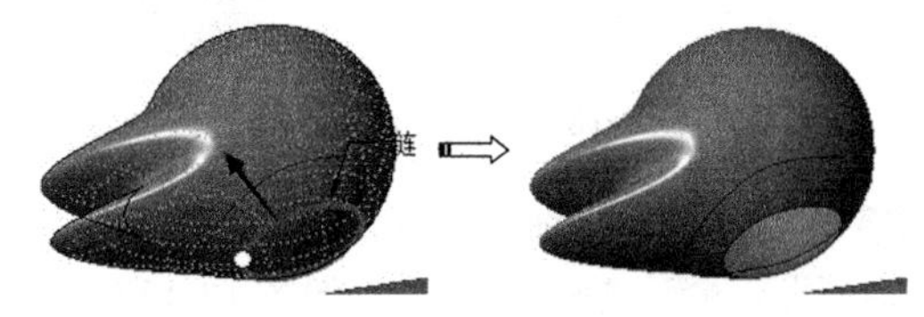

图 18-133　修剪旋转曲面 1

23 同理，对旋转曲面 2 进行修剪，如图 18-134 所示。

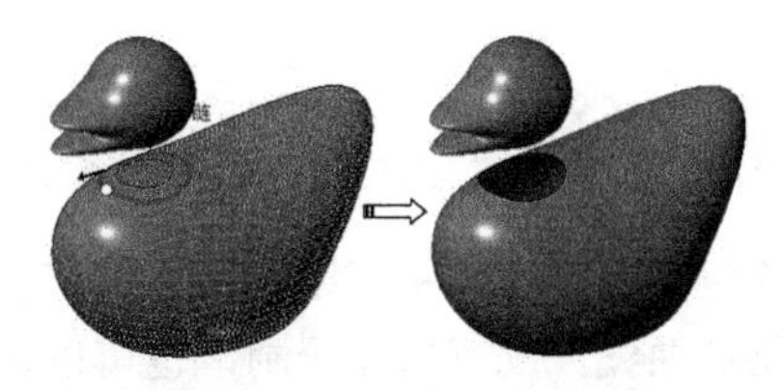

图 18-134　修剪旋转曲面 2

24 利用【边界混合】命令，创建如图18-135所示的边界混合曲面。

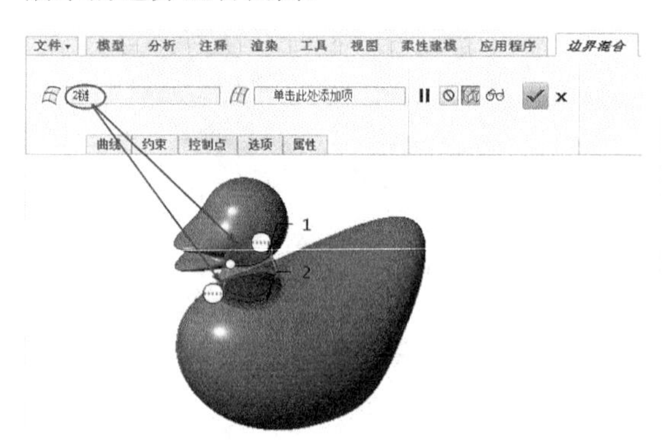

图18-135 创建边界混合曲面

25 选中图形区中的3个曲面，再利用【合并】命令进行合并。

26 利用【圆角】命令，对合并后的曲面进行圆角处理，如图18-136所示。

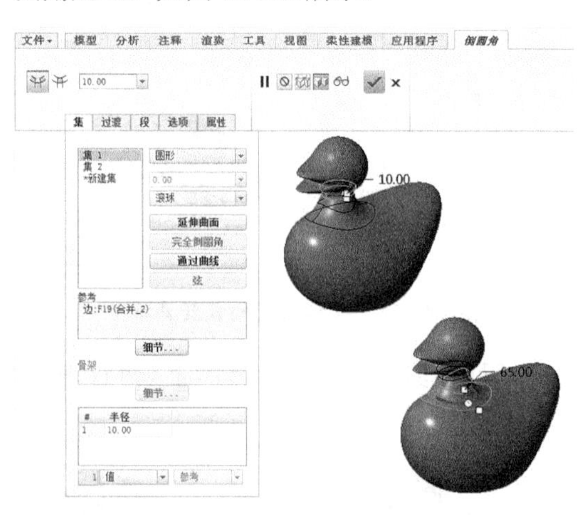

图18-136 创建倒圆角

27 利用【旋转】命令，在TOP基准平面上绘制草图，并创建旋转曲面3，如图18-137所示。

28 利用【扭曲曲面】命令，将此曲面移动到旋转曲面1上，作为小黄鸭的眼睛，如图18-138所示。

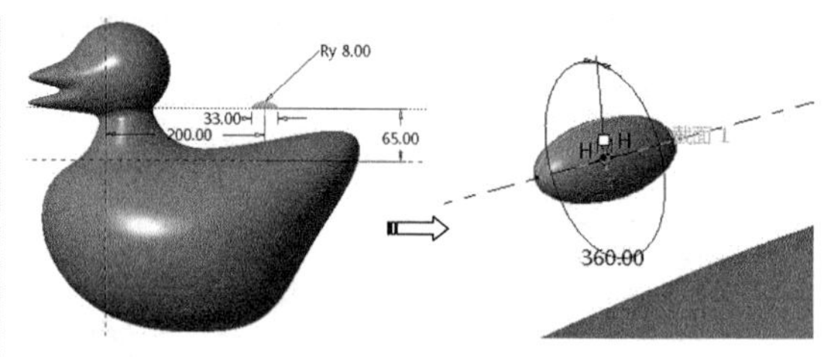

图18-137 创建旋转曲面3

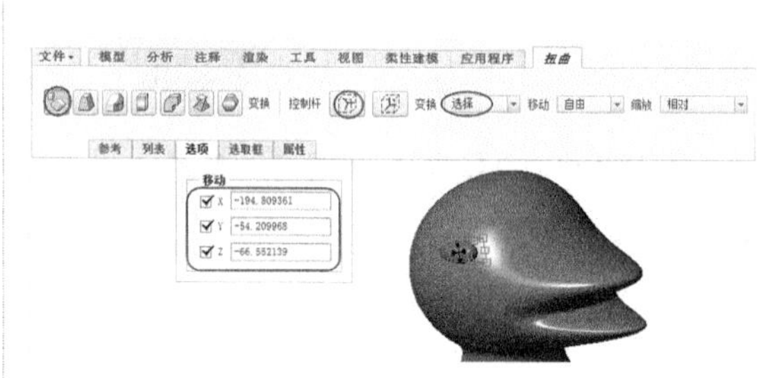

图18-138 移动旋转曲面3

29 利用【扭曲曲面】命令，将旋转曲面3复制至TOP基准平面的另一侧，如图18-139所示。

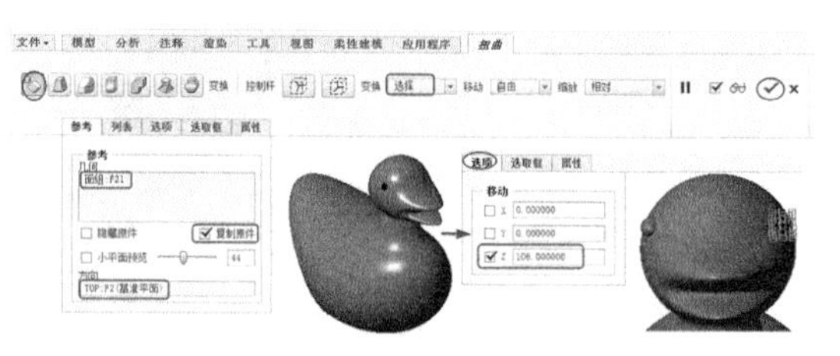

图18-139 复制旋转曲面3

30 至此，完成了小鸭造型设计，效果如图18-140所示。

图18-140 小黄鸭

18.7 包络

【包络】工具是将草绘的曲线包络在圆柱面上。要创建包络，应先创建圆柱、圆锥。对于要包络的曲线，既可以先绘制，也可以通过【包络】操控板进入草绘模式进行绘制。

在【编辑】组中单击【包络】按钮，打开【包络】操控板，如图18-141所示。

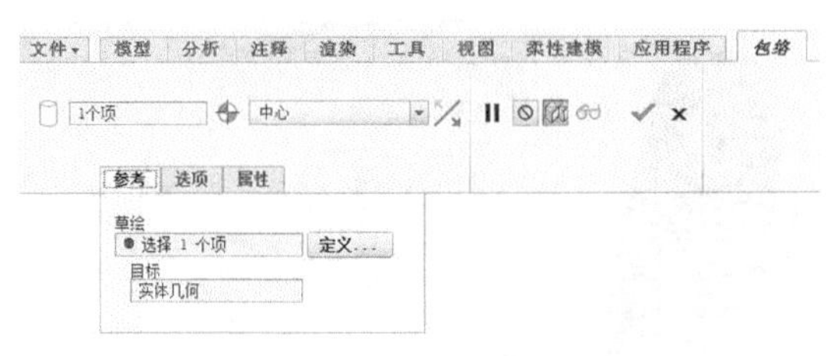

图 18-141　【包络】操控板

单击【参考】选项板中的【定义】按钮，可以进入草绘模式绘制要包络的草图曲线。草图曲线长度范围不能超出圆柱体的长度范围，如图 18-142 所示。

绘制草图后退出草绘模式，单击操控板中的【确定】按钮，创建包络曲线，如图 18-143 所示。

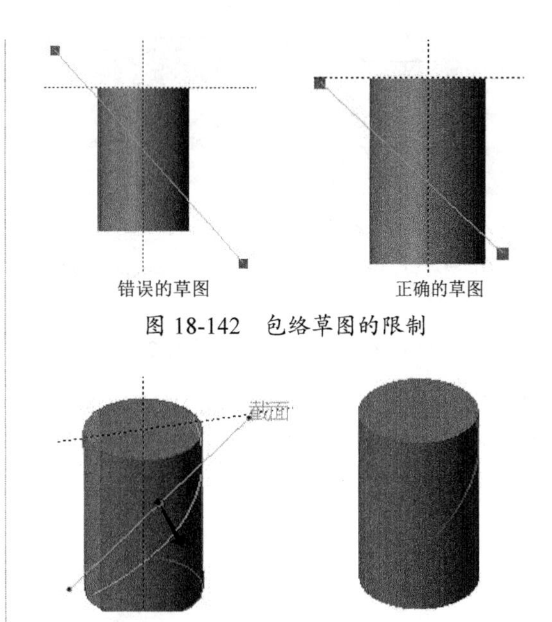

图 18-142　包络草图的限制

图 18-143　创建包络曲线

18.8 综合实训——洗发水瓶造型

◎ **结果文件：实例 \ 结果文件 \Ch18\ 洗发水瓶 .prt**

◎ **视频文件：视频 \Ch18\ 洗发水瓶 .avi**

本例为洗发水瓶的造型案例，以此例详解 3 种实体化效果的综合应用，要设计的洗发水瓶如图 18-144 所示。

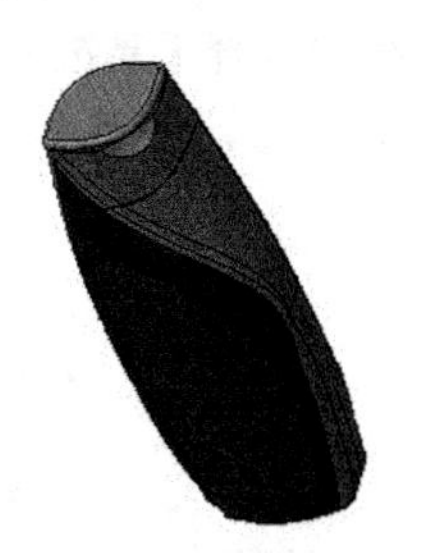

图 18-144　洗发水瓶

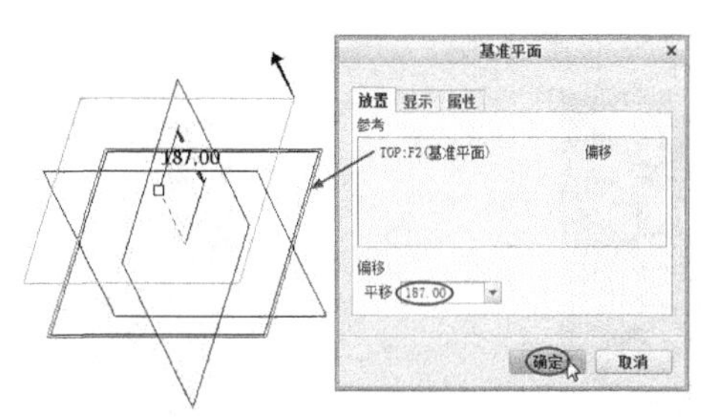

图 18-145　创建基准平面 1

操作步骤：

01 新建名为【洗发水瓶】的零件文件。

02 利用【平面】命令，创建一个基准平面，如图 18-145 所示。

03 利用【轴】命令，创建基准轴 1，如图 18-146 所示。

04 随后再创建一个基准平面 2，如图 18-147 所示。

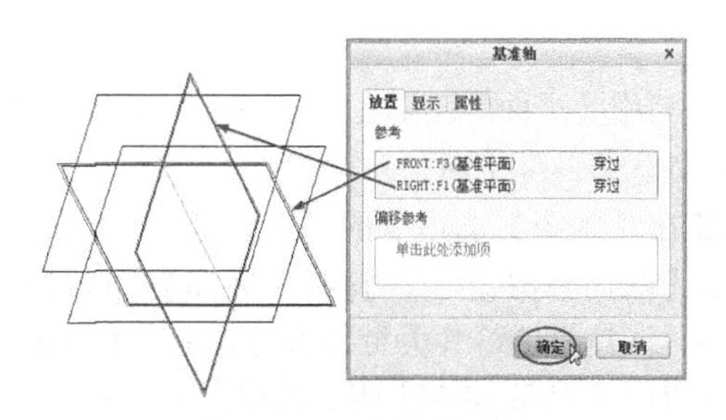

图 18-146　创建基准轴

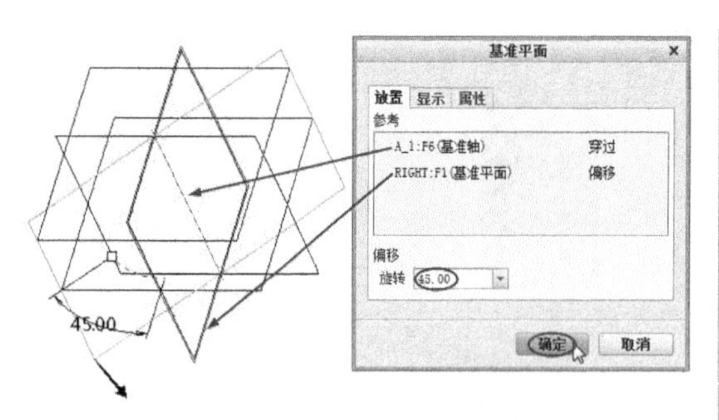

图 18-147　创建基准平面 2

05 利用【拉伸】命令，在 TOP 基准平面上绘制草图曲线，并创建出如图 18-148 所示的拉伸特征 1。

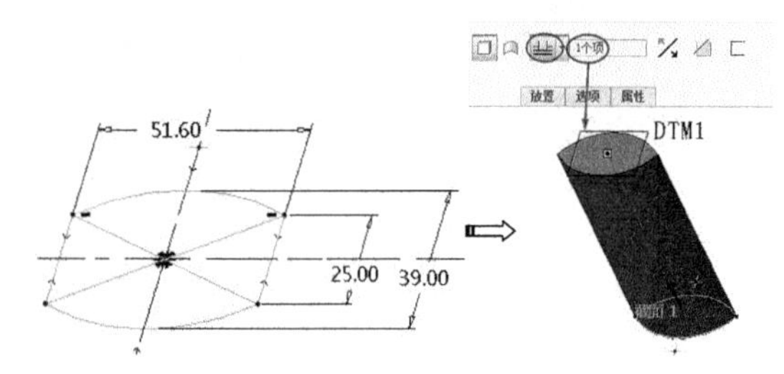

图 18-148　创建拉伸特征

06 利用【拉伸】命令，在 FRONT 基准平面上绘制草图后创建出如图 18-149 所示的减材料特征。

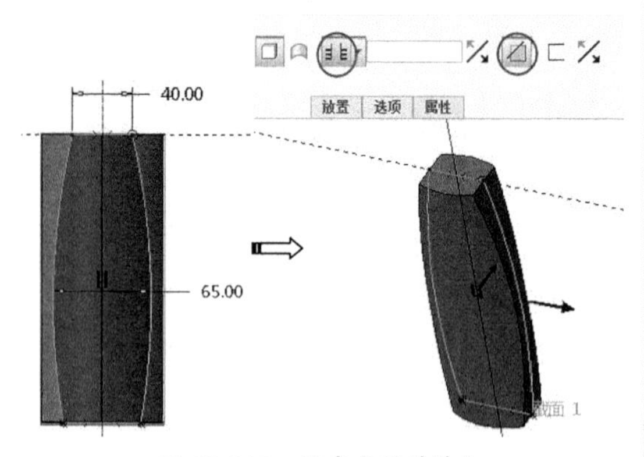

图 18-149　创建减材料特征

07 利用【平面】工具创建如图 18-150 所示的 DTM3 新基准平面。

08 在【视图】选项卡的【模型显示】组中单击【截面】按钮，打开【截面】操控板。然后选择 DTM3 作为截面参考，单击【确定】按钮创建如图 18-151 所示的截面。

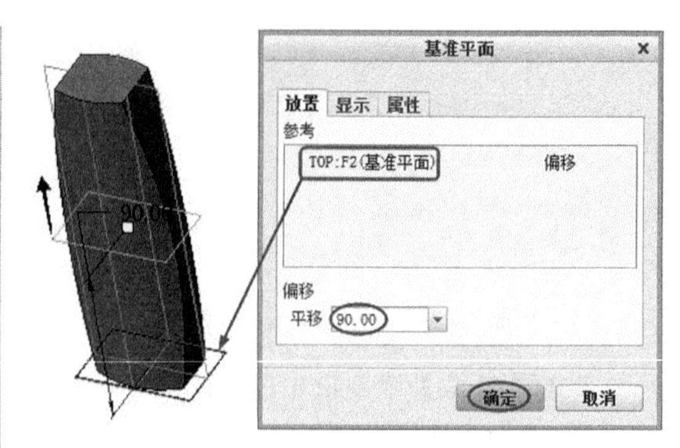

图 18-150　创建新基准平面 DTM3

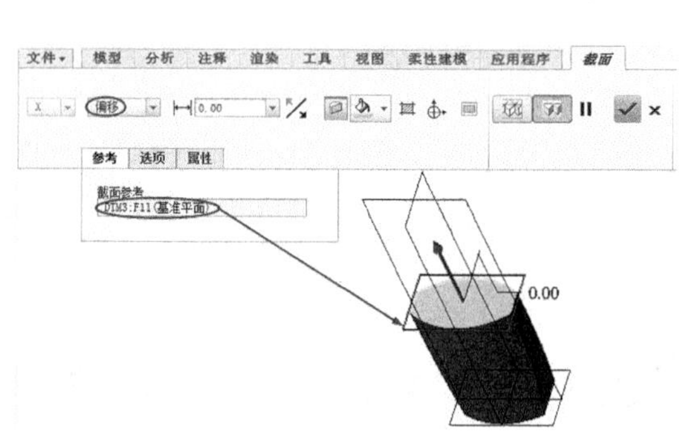

图 18-151　创建截面

技术要点

注意，此截面并非是将实体模型修剪得到的结果，而是利用平面剖切模型得到一个新的截面视图。

09 在【基准】组中选择【基准】|【曲线】|【来自截面的曲线】命令，创建如图 18-152 所示的截面曲线。

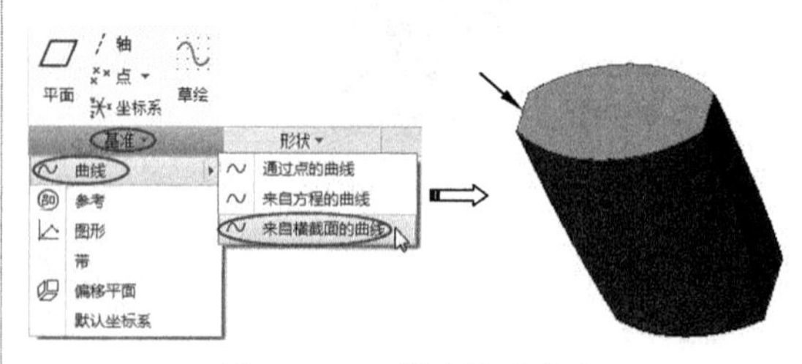

图 18-152　创建截面曲线

10 利用【草绘】命令在 DTM1 上绘制如图 18-153 所示的曲线。

11 继续利用【草绘】命令在 FRONT 基准平面上绘制如图 18-154 所示的曲线。

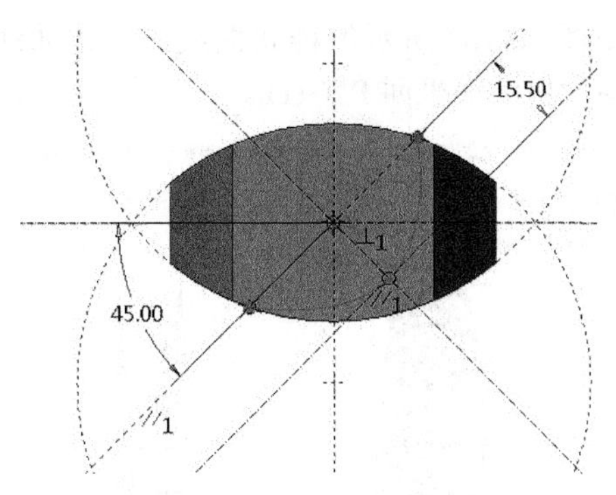

图 18-153　绘制圆弧曲线

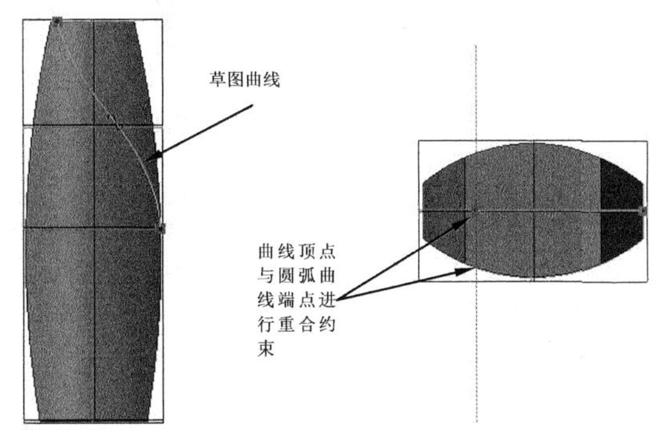

图 18-154　绘制草图

技术要点

曲线另一端点须与 DTM3 平面和截面曲线同时重合。

12 同理，再在 FRONT 基准平面上绘制如图 18-155 所示的曲线。

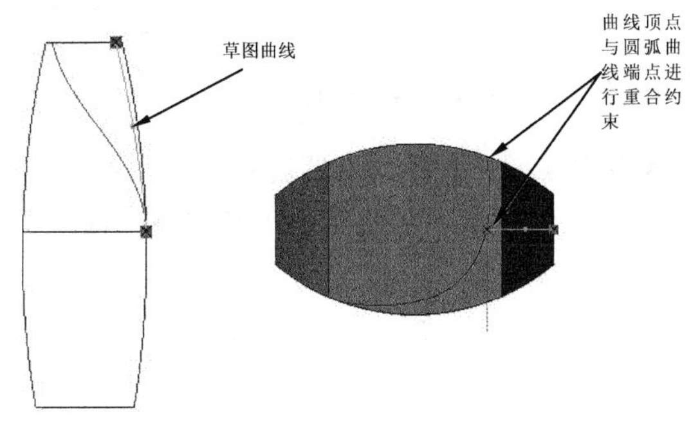

图 18-155　绘制草图

技术要点

曲线另一端点须与 DTM3 平面和截面曲线同时重合。

13 利用【拉伸】命令，选择步骤 11 中的草图曲线作为拉伸截面，创建出如图 18-156 所示的拉伸曲面。

14 利用【相交】命令，选择拉伸曲面和拉伸实体模型的表面来创建相交曲线，如图 18-157 所示。

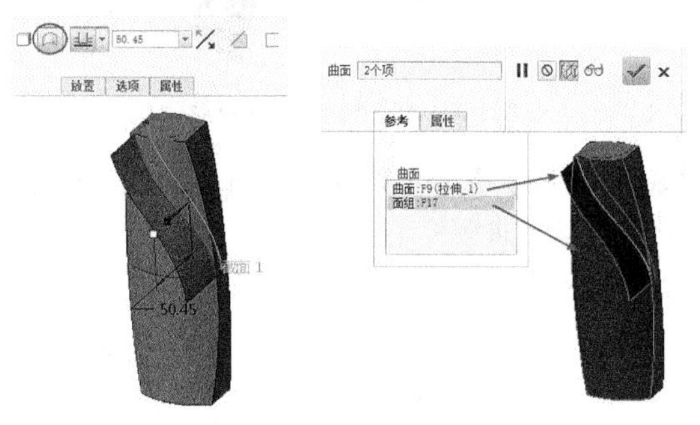

图 18-156　创建拉伸曲面 图 18-157　创建相交曲线

15 利用【投影】命令，将步骤 12 创建的曲线投影到实体模型的另一个面上，如图 18-158 所示。

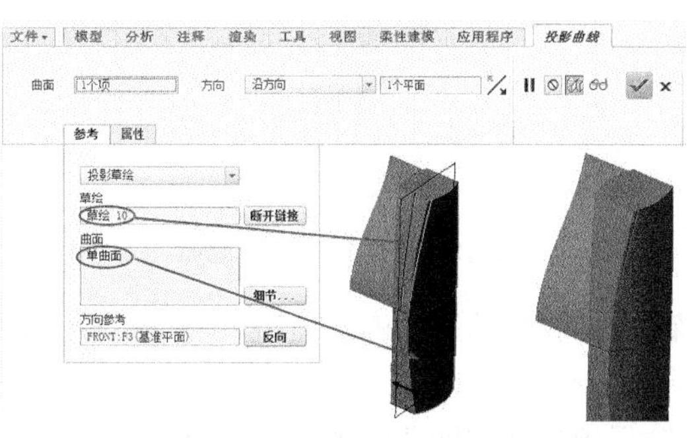

图 18-158　创建投影曲线

16 再利用【草绘】命令，在 RIHGT 基准平面上绘制曲线，如图 18-159 所示。

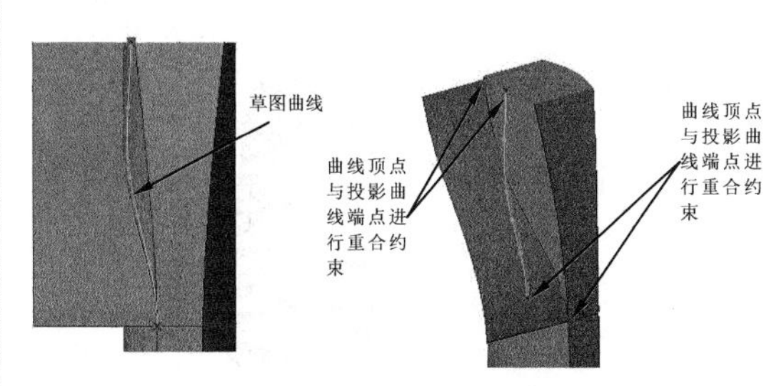

图 18-159　绘制曲线

17 利用【投影】命令，将上步绘制的草图投影到拉伸曲面上，如图 18-160 所示。

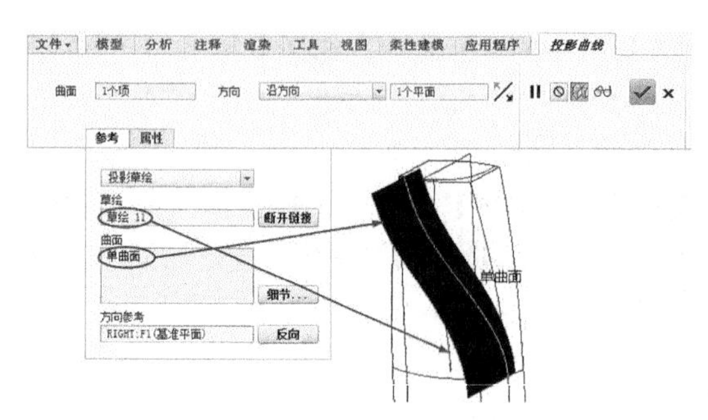

图 18-160 创建投影曲线

18 利用【边界混合】命令，创建如图 18-161 所示的混合曲面。

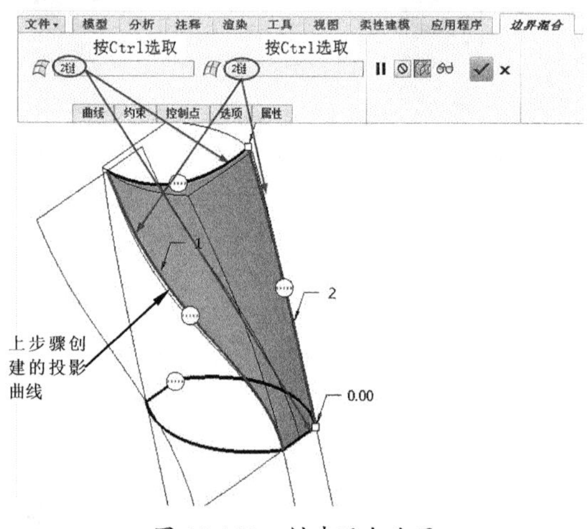

图 18-161 创建混合曲面

19 选中拉伸曲面和混合曲面，利用【合并】命令进行合并。

20 选中合并后的曲面组，再利用【实体化】命令，对模型进行修剪，如图 18-162 所示。

图 18-162 实体化模型

21 在【曲面】组中单击【样式】按钮，进入样式曲面设计模式。利用【曲线】工具创建如图 18-163 所示的样式曲线。创建曲线前需要设置活动平面 RIGHT。

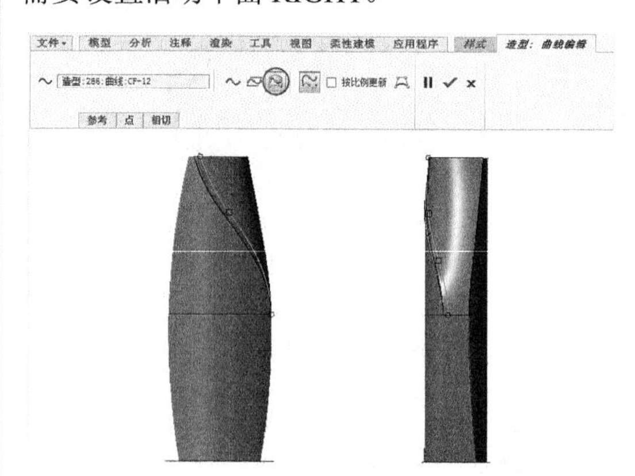

图 18-163 在【样式】模式中创建曲线

技术要点

绘制曲线后在 RIGHT 视图和 FRONT 视图中细调位置。此外，作为一个引申应用，【样式】曲面相关功能与操作，我们将在接下来的第 19 章中详细讲解。

22 同理，再利用【曲线】工具绘制如图 18-164 所示的曲线。

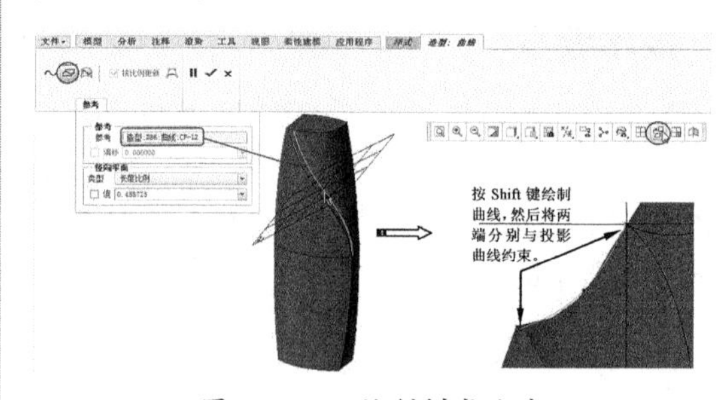

图 18-164 绘制样式曲线

23 退出【样式】模式。然后利用【边界混合】命令，创建如图 18-165 所示的边界混合曲面。

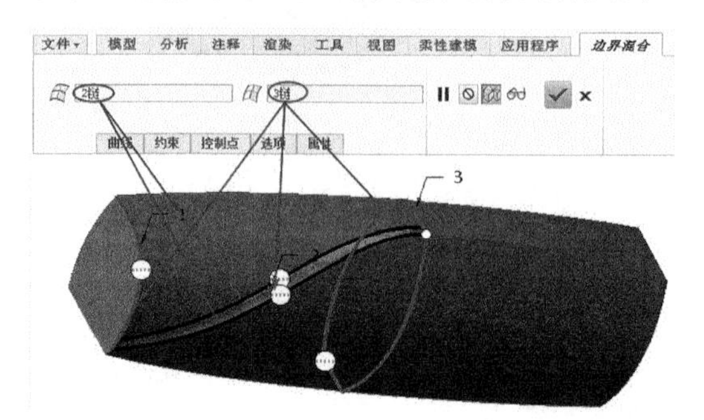

图 18-165 创建混合曲面

24 选中上步创建的边界混合曲面，然后利用【实体化】命令，修剪模型。如图 18-166 所示。

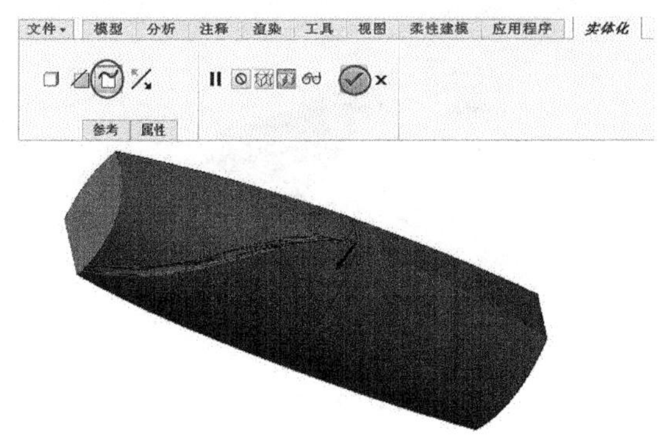

图 18-166　实体化

25 在图形区选中实体化后的表面曲面，然后在【模型】选项卡的【操作】组中先后单击【复制】、【粘贴】按钮，打开【曲面：复制】对话框。复制所选的表面，如图 18-167 所示。

26 同理，将复制的曲面再利用【复制】、【选择性粘贴】命令，打开【移动（复制）】操控板。然后进行轴旋转复制，如图 18-168 所示。

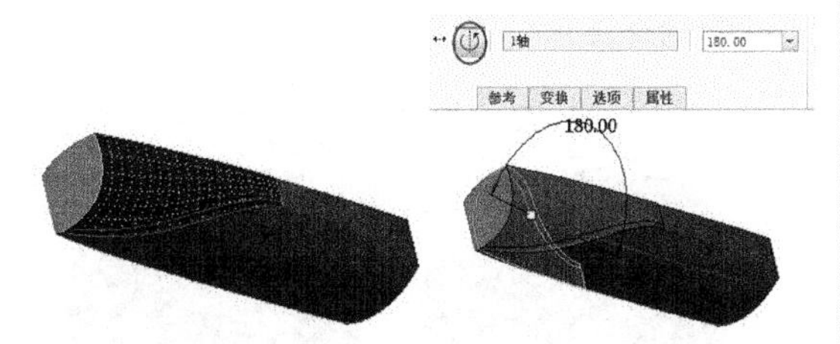

图 18-167　复制曲面　　图 18-168　旋转复制曲面

27 选中旋转复制的曲面，然后执行【实体化】命令，修剪模型，如图 18-169 所示。

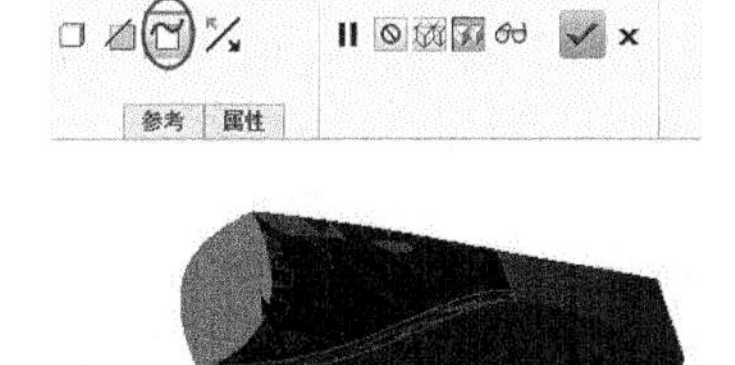

图 18-169　实体化

28 选中一个模型面，然后在【编辑】组中单击【偏移】按钮，打开【偏移】操控板。在操控板中选择【具有拔模特征】选项，并在【参考】选项板中单击【定义】按钮，如图 18-170 所示。

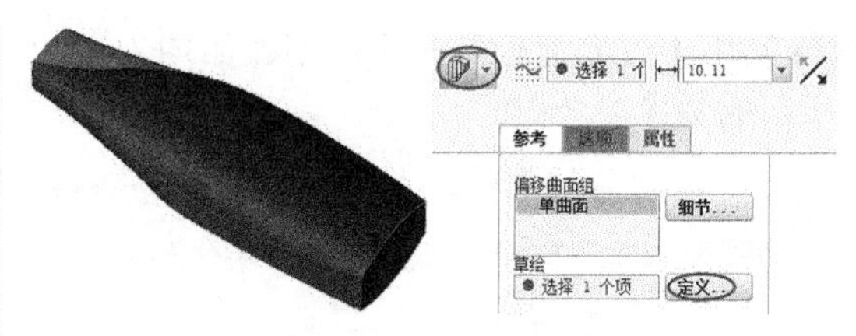

图 18-170　设置偏移

29 在草绘模式下绘制如图 18-171 所示的草图，然后退出草绘模式。

30 在操控板中设置偏移值，并单击按钮改变偏移方向，如图 18-172 所示。

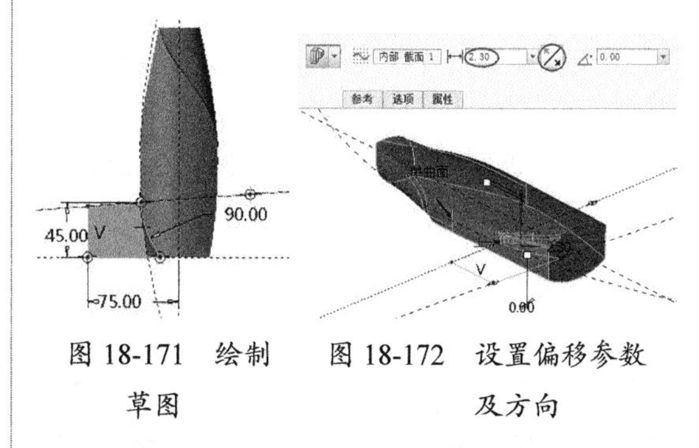

图 18-171　绘制草图　　图 18-172　设置偏移参数及方向

31 利用【草绘】命令在实体模型底部绘制如图 18-173 所示的曲线。

32 选中 FRONT 基准平面和模型的侧面，创建相交曲线。如图 18-174 所示。

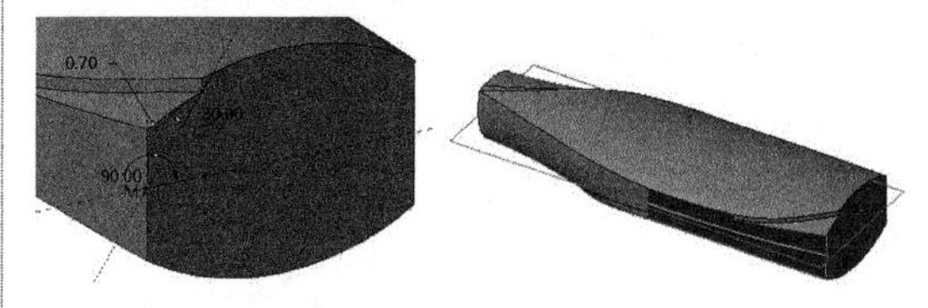

图 18-173　创建草绘曲线　图 18-174　创建相交曲线

33 利用【草绘】命令绘制曲线，如图 18-175 所示。然后再利用【投影】命令将其投影到模型侧面上，如图 18-176 所示。

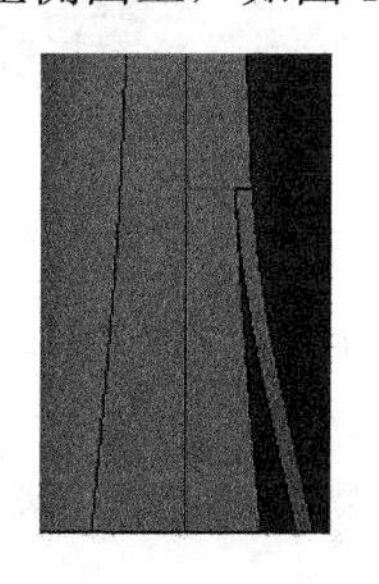

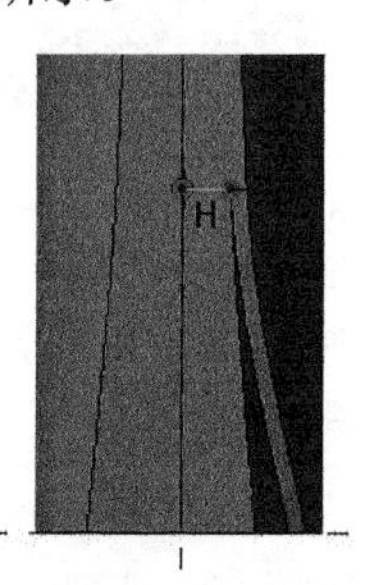

图 18-175　创建草绘曲线　　图 18-176　投影曲线

34 利用【边界混合】命令，创建如图 18-177 所示的边界混合曲面。

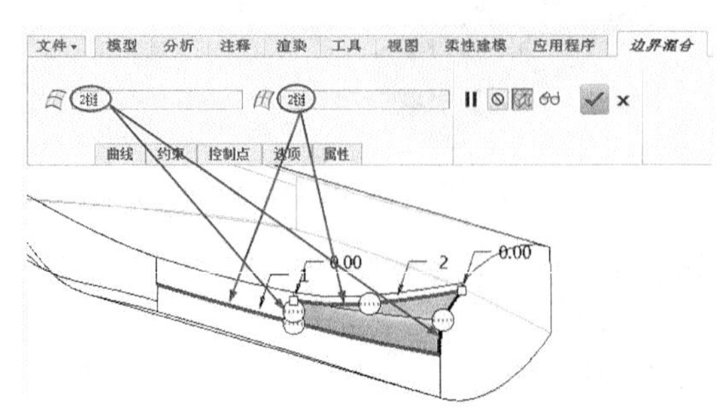

图 18-177　创建边界混合曲面

35 利用【实体化】命令，用上步创建的边界混合来修剪模型，如图 18-178 所示。

36 利用【倒圆角】命令，创建圆角特征，如图 18-179 所示。

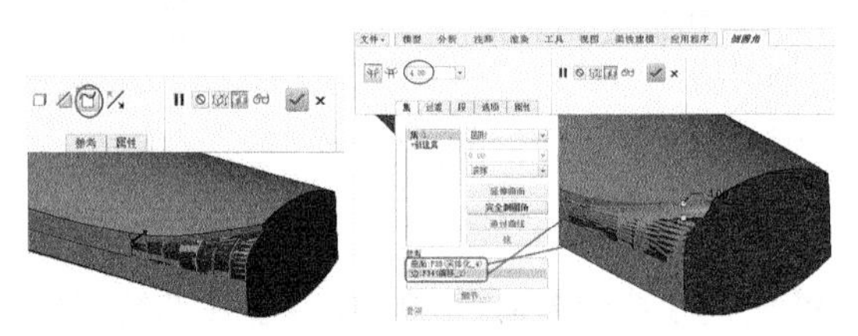

图 18-178　创建边界混合曲面　　图 18-179　创建圆角

37 利用【复制】、【粘贴】命令，复制曲面。如图 18-180 所示。

38 再利用【复制】、【选择性粘贴】命令，将复制的曲面进行旋转复制，如图 18-181 所示。

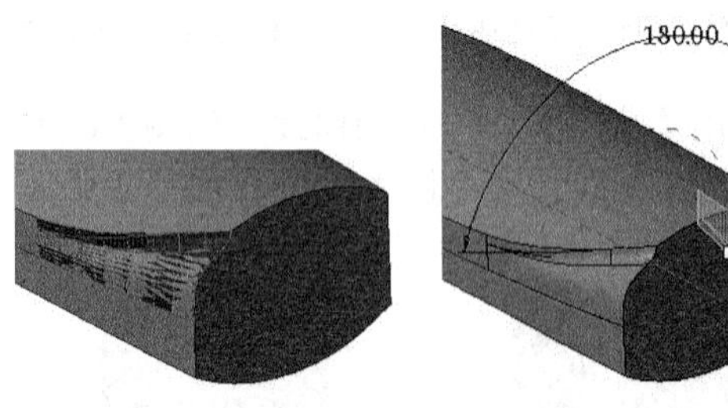

图 18-180　复制曲面　　图 18-181　旋转复制曲面

39 利用【实体化】命令，用旋转复制后的曲面去修剪模型。

40 利用【倒圆角】命令，对模型进行圆角处理，如图 18-182 所示。

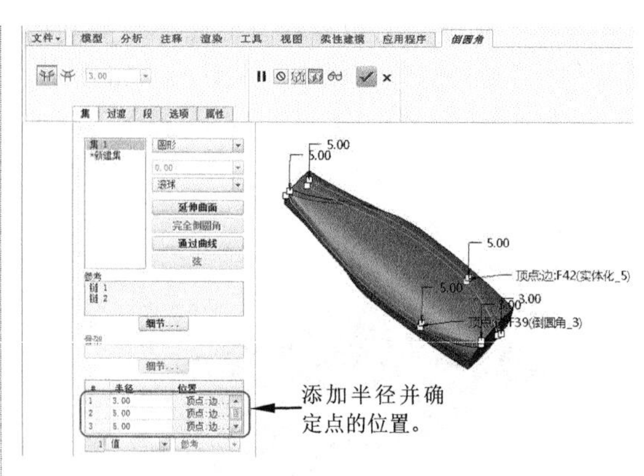

图 18-182　倒圆角

41 同理，再创建圆角特征，如图 18-183 所示。

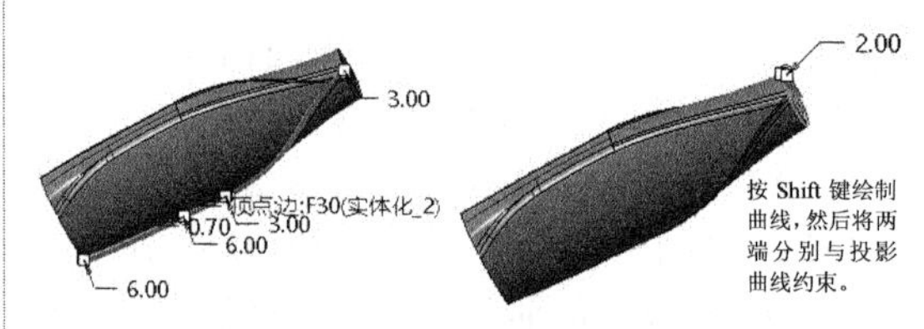

图 18-183　创建圆角特征

42 利用【偏移】命令，在底部创建如图 18-184 所示的偏移特征。

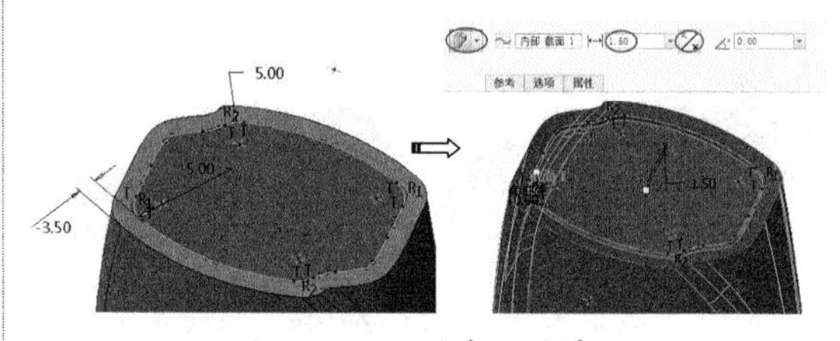

图 18-184　创建偏移特征

43 利用【倒圆角】命令创建如图 18-185 所示的圆角特征。

44 利用【草绘】命令，在偏移特征底部绘制如图 18-186 所示的曲线。

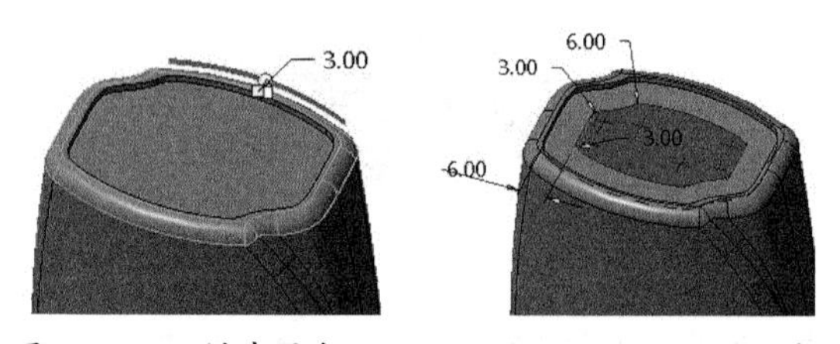

图 18-185　创建圆角　　图 18-186　绘制曲线

45 利用【扫描】命令，创建如图 18-187 所示的扫描曲面。

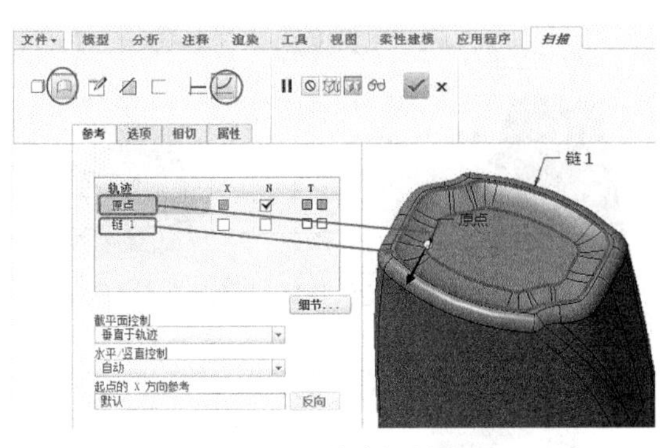

图 18-187　创建扫描曲面

46 创建扫描曲面后再利用【实体化】命令，创建实体，如图 18-188 所示。

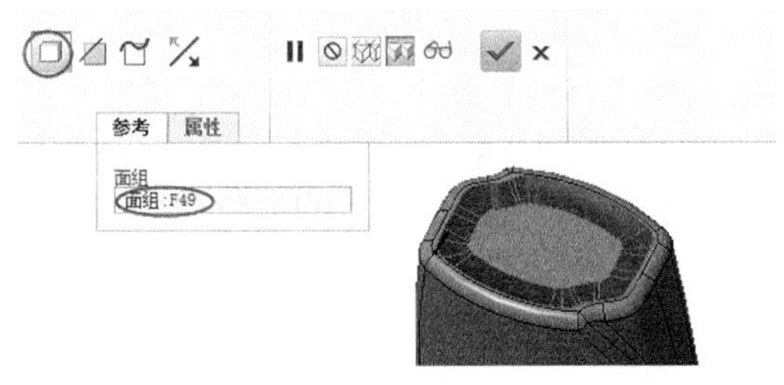

图 18-188　创建实体化特征

47 利用【草绘】命令，在 FRONT 基准平面上绘制如图 18-189 所示的曲线。

48 同理再在 DTM2 新基准平面上绘制如图 18-190 所示的曲线。

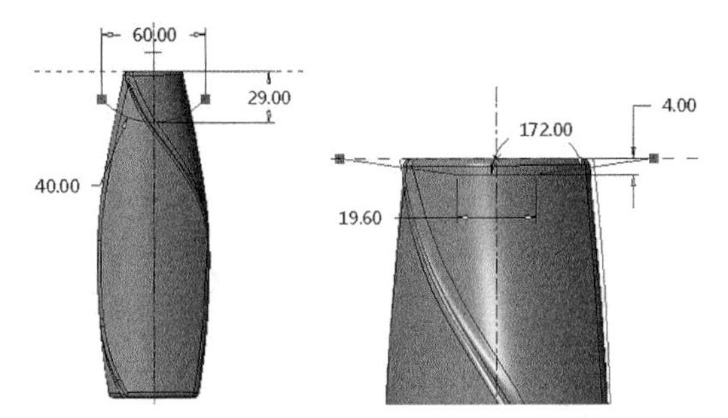

图 18-189　在 FRONT 平面上绘制曲线　　图 18-190　在 DTM2 平面绘制曲线

49 利用【平面】工具新建 DTM5 基准平面。如图 18-191 所示。

50 利用【投影】命令，使用【投影草绘】方法创建如图 18-192 所示的投影曲线。

51 在 DTM4 基准平面上创建如图 18-193 所示的曲线。

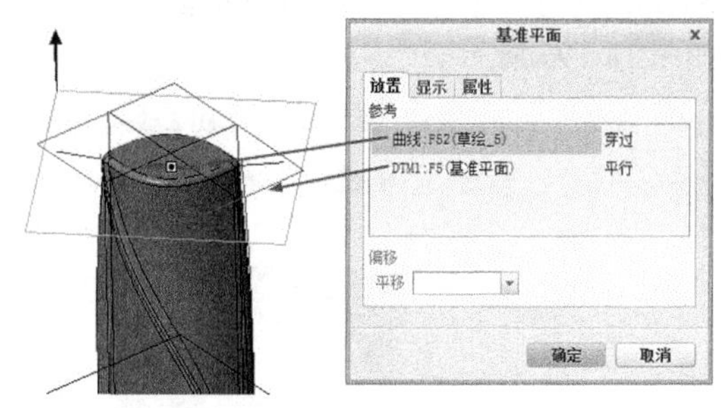

图 18-191　创建 DTM4 基准平面

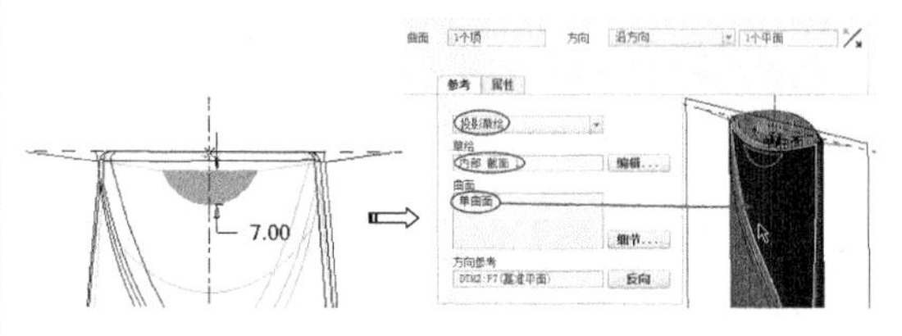

图 18-192　创建投影草绘曲线

52 利用【扫描】命令打开【扫描】操控板。在操控板中单击【创建或编辑扫描截面】按钮，然后进入草绘模式，绘制如图 18-194 所示的草图。

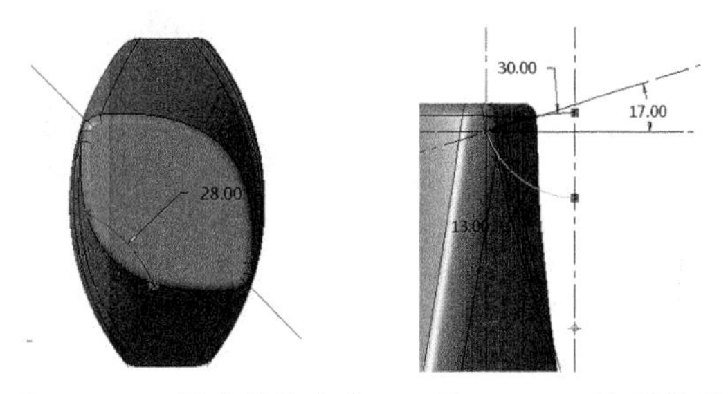

图 18-193　创建草绘曲线　　图 18-194　绘制草图

53 退出草绘模式，返回【扫描】操控板。设置扫描方式后单击【确定】按钮完成扫描曲面的创建，如图 18-195 所示。

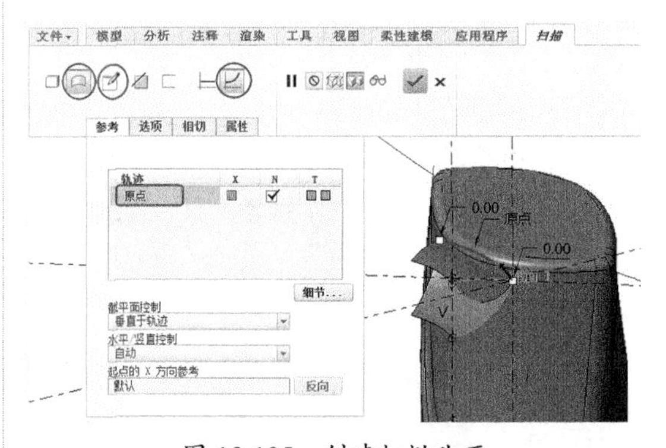

图 18-195　创建扫描曲面

54 利用【延伸】命令，将扫描曲面进行延伸，如图18-196所示。

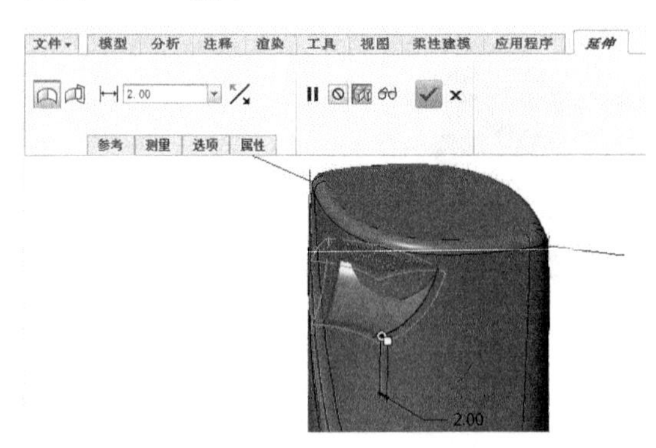

图18-196 创建曲面延伸

55 利用【实体化】命令，用延伸后的曲面去修剪模型，如图18-197所示。

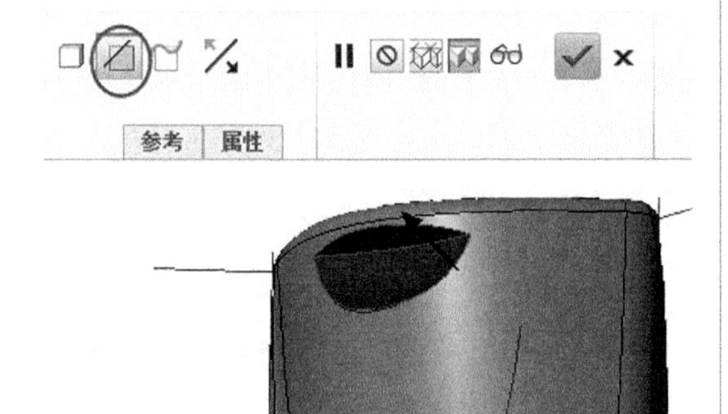

图18-197 修剪模型

56 利用【拉伸】命令，创建如图18-198所示的减材料加厚特征。

57 同理，再创建出如图18-199所示的拉伸减材料加厚特征。

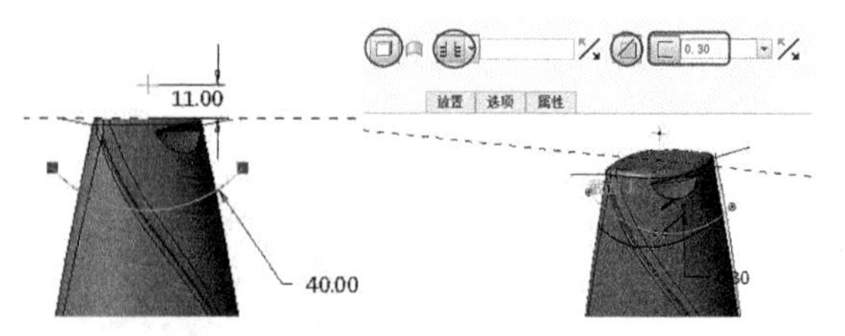

图18-198 创建拉伸减材料加厚特征

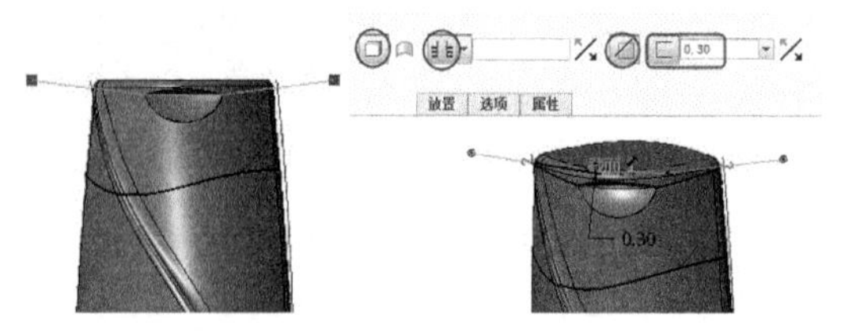

图18-199 创建拉伸减材料加厚特征

58 利用【草绘】命令，在FRONT基准平面上绘制如图18-200所示的曲线。

59 选中模型中间表面，再利用【偏移】命令，创建如图18-201所示的偏移特征。

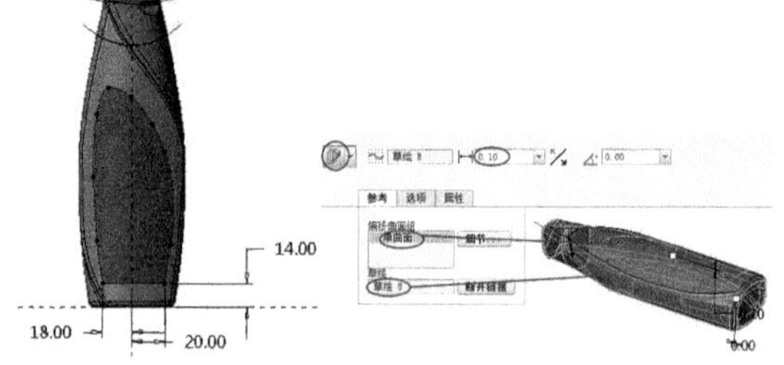

图18-200 草绘曲线　　图18-201 创建偏移特征

60 至此，洗发水瓶造型完成，最后将结果保存。

18.9 课后习题

1. 漂亮的花盘造型

利用曲面造型工具、基本曲面、曲面编辑工具设计如图18-202所示的漂亮花盘模型。

2. 巧妙的雀巢造型

利用拉伸、旋转、阵列等工具，创建如图18-203所示的雀巢造型。

图 18-202　花盘模型

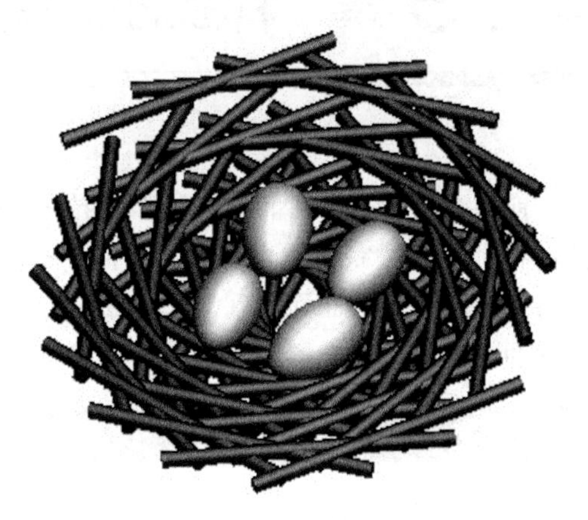

图 18-203　雀巢模型

读书笔记

第 19 章　样式曲面指令

前面介绍的基本曲面知识属于业界常说的专业曲面范畴，另外还有一种概念性极强、艺术性和技术性相对完美结合的曲面特征——样式曲面，也称自由形式曲面，简称 ISDX。造型曲面特别适应于设计曲面特别复杂的曲面，如汽车车身曲面、摩托艇或其他船体曲面等。巧用造型曲面，可以灵活地解决外观设计与零部件结构设计之间可能存在的脱节问题。

知识要点

- 造型工作台
- 设置活动平面和内部平面
- 创建曲线
- 编辑造型曲线
- 创建造型曲面

19.1 造型工作台

在 Creo 零件设计模式下，集成了一个功能强大、建模直观的造型环境。在该设计环境中，可以非常直观地创建具有高度弹性化的造型曲线和曲面。在造型环境中创建的各种特征，可以统称为造型特征，它没有节点数目和曲线数目的特别限制，并且可以具有自身内部的父子关系，还可以与其他 Creo 特征具有参考关系或关联。

19.1.1 进入造型工作台

造型曲面模块完全并入了 Creo 的零件设计模块，在零件设计模块中，在【模型】选项卡的【曲面】组中单击【样式】按钮，即可进入造型曲面设计的模块，界面如图 19-1 所示。

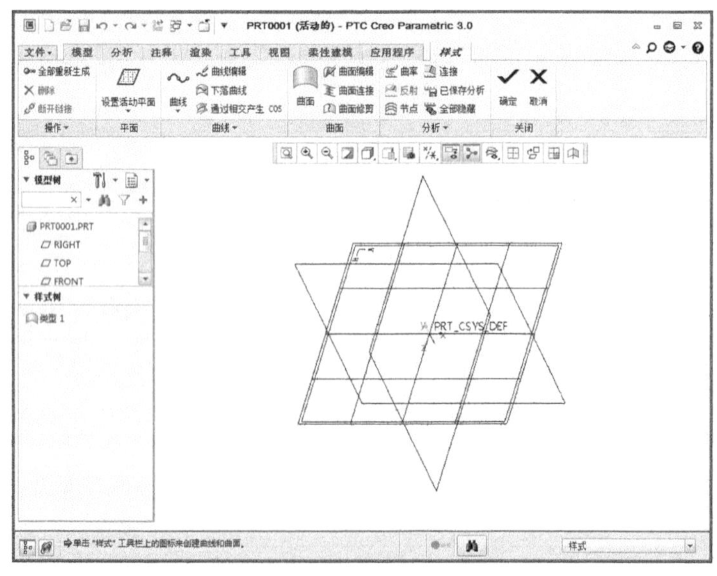

图 19-1　造型环境界面

在默认状态下，系统只全屏显示一个视图，单击【视图切换】按钮，则可以切换到显示所有视图（四视图布局）的操作界面，如图 19-2 所示。在采用四视图布局时，允许用户适当调整各窗格大小。若再次单击【视图切换】按钮，则切换回单视图界面。

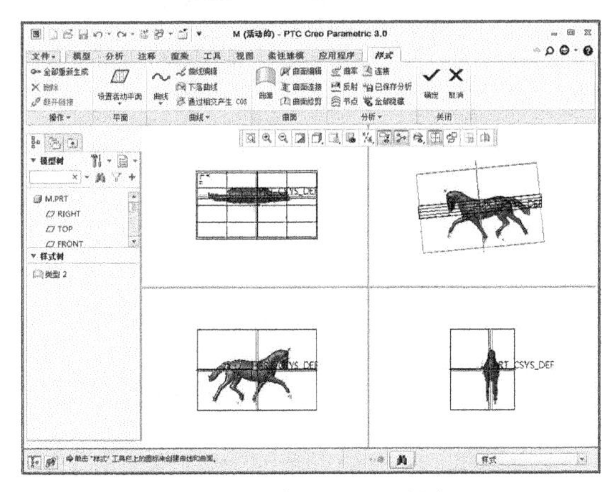

图 19-2　多视图显示模式

退出造型环境的操作方法主要有两种。

- 方法一：在右侧竖排的工具栏中单击 ✓ 按钮，完成造型特征并退出造型环境。
- 方法二：在右侧竖排的工具栏中单击 ✕ 按钮，取消对造型特征的所有更改，并退出造型环境。

19.1.2　造型环境设置

在【样式】选项卡的【操作】组的下拉列表中选择【首选项】命令，打开【造型首选项】对话框，如图 19-3 所示。利用该对话框，可以设置显示、自动再生、栅格、曲面网格等项目的优先选项。

【造型首选项】对话框中各选项的功能如下：

- 曲面：选中【默认连接】复选框，表示在创建曲面时自动建立连接。
- 栅格：可切换栅格的打开和关闭状态，其中【间距】文本框用于定义栅格间距。
- 自动重新生成：选中相应的复选框时，自动再生曲线、曲面和着色曲面。
- 曲面网格。设置以下显示选项之一：【开】表示始终显示曲面网格；【关】表示从不显示曲面网格；【着色时关闭】表示当选择着色显示模式时，曲面网格不可见。
- 质量：根据滑块位置定义曲面网格的精细度。

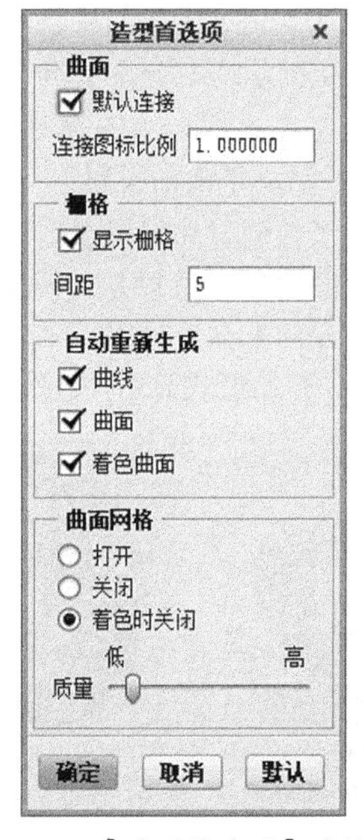

图 19-3　【造型首选项】对话框

19.1.3　【样式】选项卡介绍

创建造型曲面特征时，默认情况下 Creo 会显示【样式】选项卡，如图 19-4 所示。【样式】选项卡中包含所有自由造型的曲面和曲线的创建与编辑工具。

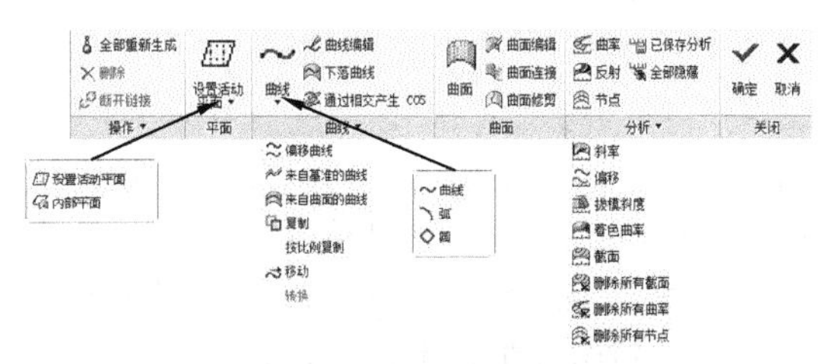

图 19-4　【样式】选项卡

19.2 设置活动平面和内部平面

活动平面是造型环境中一个非常重要的参考平面，在许多情况下，造型曲线的创建和编辑必须考虑到当前所设置的活动平面。在造型环境中，以网格形式表示的平面便是活动平面，如图 19-5 所示。允许用户根据设计意图，重新设置活动平面。

动手操作——设置活动平面

操作步骤：

01 打开本例模型文件【ex19-1.prt】。

02 单击【样式】选项卡中的【设置活动平面】按钮，系统提示选取一个基准平面。

03 选择一个基准平面，或选择平整的零件表面，便完成了活动平面的设置。

04 有时，为了使创建和编辑造型特征更方便，在设置活动平面后，可以从浮动菜单中选择【活动平面方向】命令，从而使当前活动平面以平行于屏幕的形式显示，如图 19-6 所示。

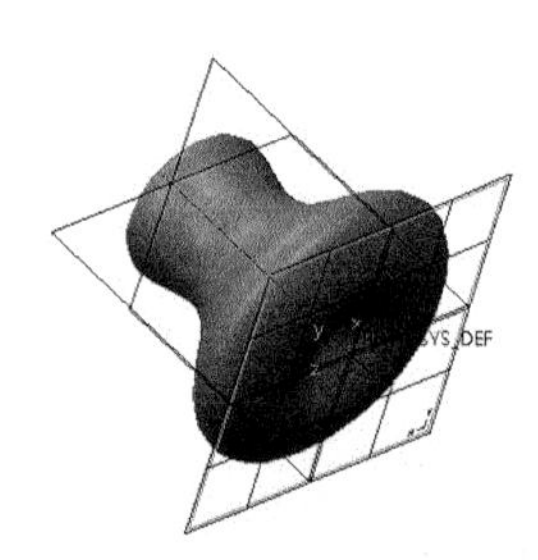

图 19-5 活动平面

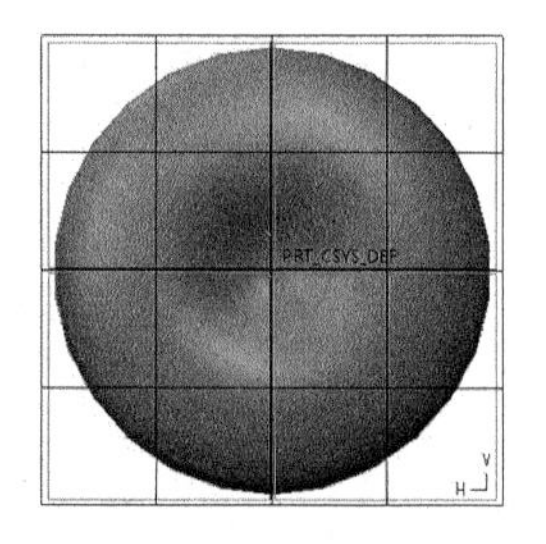

图 19-6 调整视图方向

在创建或定义造型特征时，可以创建合适的内部基准平面来辅助设计。使用内部基准平面的好处在于可以在当前的造型特征中含有其他图元的参考。创建内部基准平面的方法及步骤如下：

01 单击【样式】选项卡的【基准】组中的【内部平面】按钮，打开【基准平面】对话框，如图 19-7 所示。

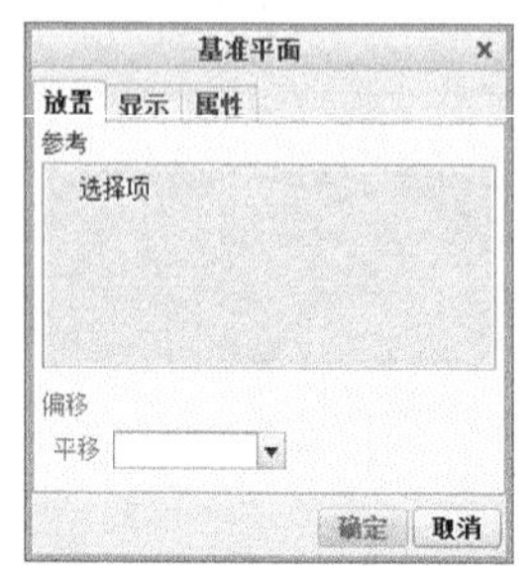

图 19-7 【基准平面】对话框

02 利用【放置】选项卡，以通过参考现有平面、曲面、边、点、坐标系、轴、顶点或曲线来放置新的基准平面，也可选取基准坐标系或非圆柱曲面作为创建基准平面的放置参考。必要时，利用【平移】选项，自选定参考的偏移位置放置新基准平面，如图 19-8 所示。

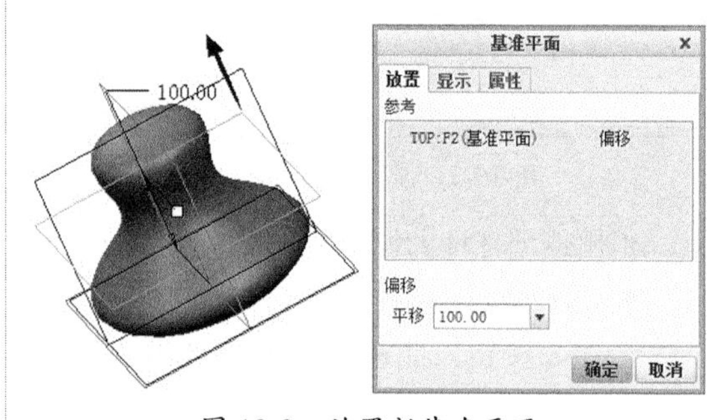

图 19-8 放置新基准平面

03 如果需要，可以进入【显示】选项卡和【属性】选项卡，进行相关设置操作。一般情况下，接受默认设置即可。

04 单击【确定】按钮，完成内部基准平面的创建，如图 19-9 所示。默认情况下此基准平面处于活动状态，并且带有栅格显示，还会显示内部基准平面的水平和竖直方向。

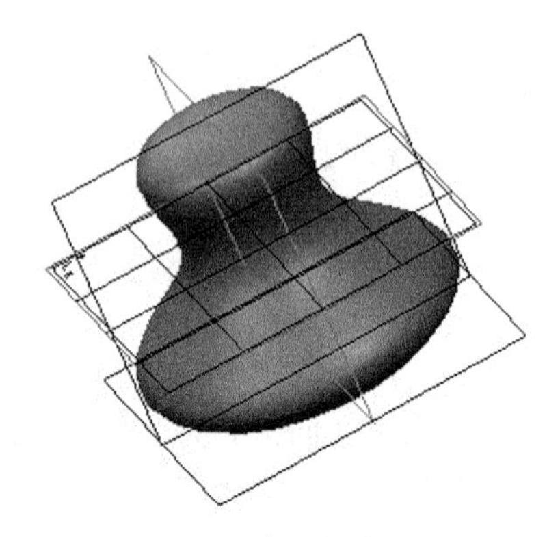

图 19-9 创建内部基准平面

19.3 创建曲线

造型曲面是由曲线来定义的，所以创建高质量的造型曲线是创建高质量造型曲面的关键。在这里，首先了解造型曲线的一些概念性基础知识。

造型曲线是通过两个以上的定义点光滑连接而成的。一组内部插值点和端点定义了曲线的几何。曲线上的每一点都有自己的位置、切线和曲率。切线确定曲线穿过的点的方向，切线由造型创建和维护，不能人为改动，但可以调整端点切线的角度和长度。曲线可以被认为是由无数微小圆弧合并而成的，每个圆弧半径就是曲线在该位置的曲率半径，曲线的曲率是曲线方向改变速度的度量。

在造型曲面中，创建和编辑曲线的模式有两种：插值点和控制点。

- 插值点：在默认情况下，在创建或编辑曲线的同时，造型曲面显示曲线的插值点，如图 19-10 所示。单击并拖动实际位于曲线上的点即可编辑曲线。
- 控制点：在【造型曲面】的操控板中选择【控制点】选项，显示曲线的控制点，如图 19-11 所示。可通过单击和拖动这些点来编辑曲线，只有曲线上的第一个和最后一个控制点可以成为软点。

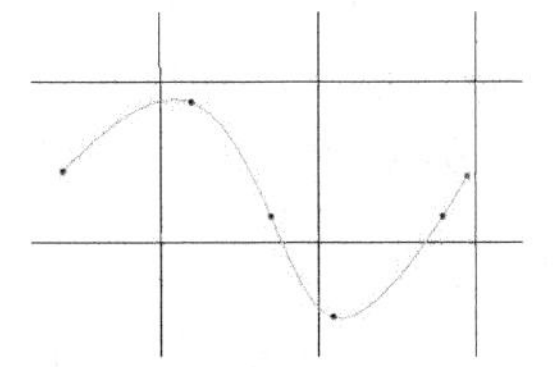

图 19-10　曲线上的插值点

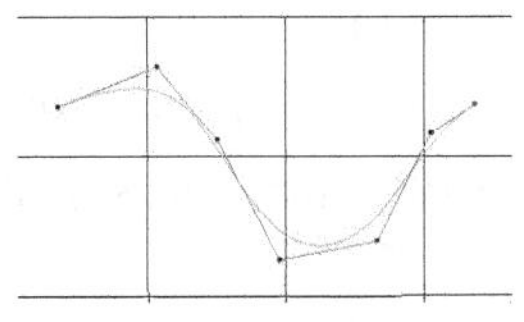

图 19-11　曲线上的控制点

点的种类如果按点的移动自由度来划分，则可分为自由点、软点和固定点 3 种类型。

- 自由点。在零件上任意取点创建曲线时，所选的点会以小点【•】形式显示在画面上。当创建完曲线，再单击主窗口右侧的【编辑曲线】按钮，编辑此曲线时，该点可被移动到任意位置，此类点称为自由点。
- 软点。在现有的零件上选取点时，若希望所选的点落在现有零件的直线上或曲线上，则需按住 Shift 键，再以选择直线或曲线，则画面会以小圆圈【○】的形式显示出所选到的点，此点被约束在直线上或曲线上，但仍可在此线上移动，此类点称为【软点】。
- 固定点。若按住 Shift 键，选择基准点或线条的端点，则画面上会以【×】显示出所选的点，此点被固定在基准点或端点上，无法再移动，此类点称为【固定点】。

造型曲线的类型有 3 种，分别为自由曲线、平面曲线和 COS 曲线。

- 自由曲线：三维空间曲线，也称 3D 曲线，它可位于三维空间中的任何地方。通常绘制在活动工作平面上，并可以通过曲线编辑功能，拖曳插值点使其成为 3D 曲线。
- 平面曲线：位于活动平面上的曲线。编辑平面曲线时不能将曲线点移出平面，也称为 2D 曲线。
- COS 曲线：自由曲面造型中的 COS（Curve On Surface，COS）曲线指的是曲面上的曲线。COS 曲线永远置放于所选定的曲面上，如果曲面的形状发生了变化，曲线也随曲面的外形变化而变化。
- 下落曲线：是将指定的曲线投影到选定的曲面上所得到的曲线，投影方向是某个选定平面的法向。选定的曲线、选定的曲面及取其法向为投影方向的平面都是父特征，最后得到的下落曲线为子特征，无论修改哪个父特征，都会导致下落曲线改变。从本质上来讲，下落曲线是一种特殊的 COS 曲线。

19.3.1 创建自由曲线

自由曲线是造型曲线中最常用的曲线，它可位于三维空间的任何地方，可以通过制定插值点或控制点的方式来建立自由曲线。

单击【样式】选项卡中的【创建曲线】按钮～，打开如图19-12所示的【造型曲线】特征操控板。

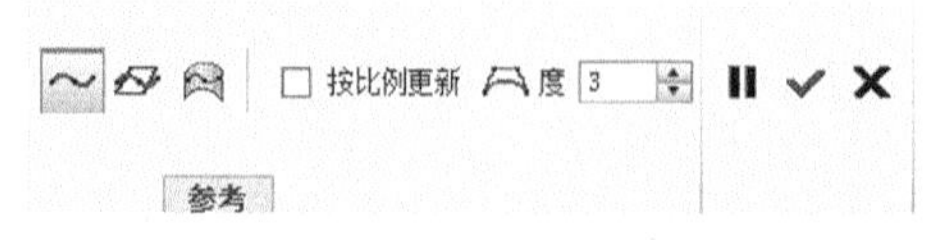

图 19-12 【造型曲线】特征操控板

其中各选项含义如下：

- 自由曲线：创建位于三维空间中的曲线，不受任何几何图元约束。
- 平面曲线：创建位于指定平面上的曲线。
- 曲面曲线：创建被约束于指定单一曲面上的曲线。
- 控制点：以控制点方式创建曲线。
- 按比例更新：选中该复选框，按比例更新的曲线允许曲线上的自由点与软点成比例移动。在曲线编辑过程中，曲线按比例保持其形状。没有按比例更新的曲线，在编辑过程中只能更改软点处的形状。

技术要点

创建空间任意自由曲线时，可以借助于多视图方式，便于调整空间点的位置，以完成图形绘制。

单击其中的【参考】按钮，弹出【参考】选项板，如图19-13所示，主要用来指定绘制曲线所选用的参考及径向平面。

图 19-13 【参考】选项板

动手操作——创建指模模型

本实例主要完成一种指模的模型设计，在模型的创建过程中要使用实体拉伸特征、造型曲线及造型曲面特征的创建，以及圆角、加厚、实体化等建模方法，同时涉及多种曲面编辑特征的应用。指模设计的结果如图19-14所示。

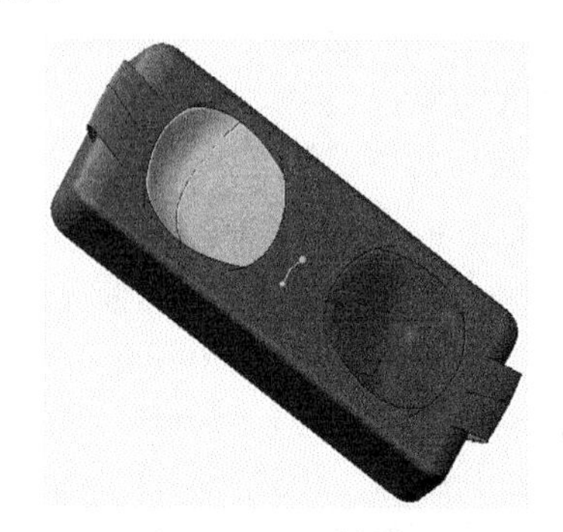

图 19-14 指模模型

操作步骤：

01 新建名为【ex19-2】的零件文件。

02 创建拉伸实体特征。单击【拉伸】按钮，选取FRONT平面作为草绘平面，绘制拉伸截面图，拉伸深度为300，拉伸选项及创建的拉伸特征如图19-15所示。

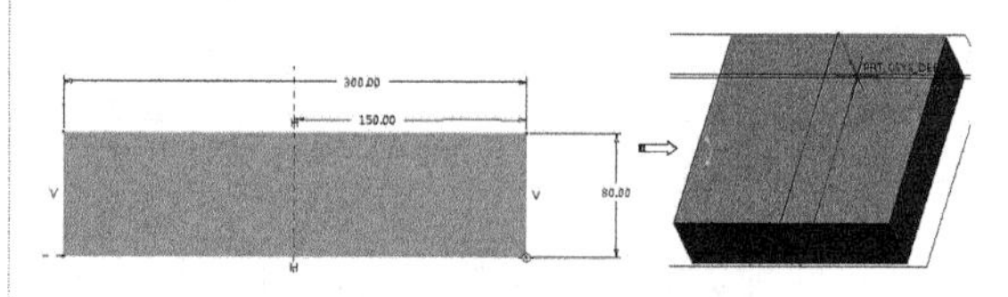

图 19-15 创建拉伸实体特征

03 创建倒圆角特征。选中如图19-16所示的边线，单击【倒圆角】按钮，设定圆角半径值为10，并完成倒圆角特征的创建。

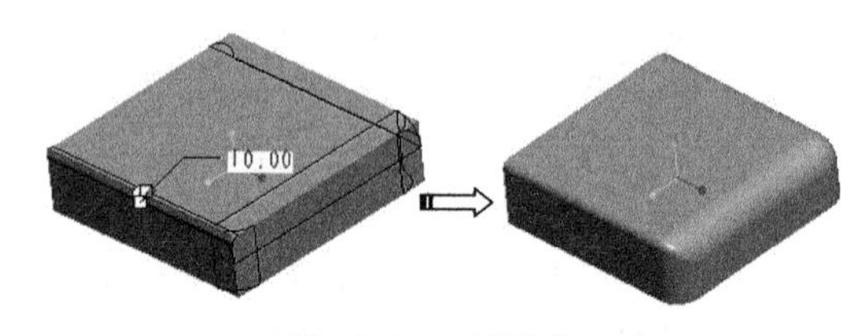

图 19-16 倒圆角

04 创建造型曲线。在【模型】选项卡的【曲面】组中单击【样式】按钮，进入造型环境，以拉伸实体上表面为活动平面绘制 4 条平面曲线，然后连接两条曲线的中点创建曲线，主要过程及结果如图 19-17 所示。

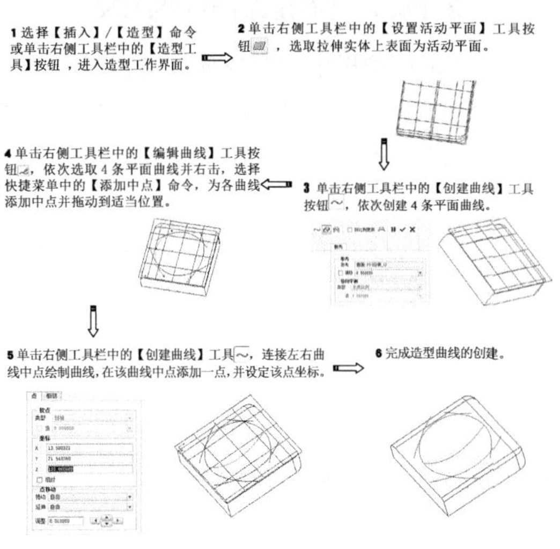

图 19-17　创建造型曲线

05 创建造型曲面。在造型环境中，单击【曲面】按钮，以上一步创建的造型曲线的 4 条边线为边界曲线，以连接中点的曲线为内部曲线，创建造型曲面，其过程及结果如图 19-18 所示。

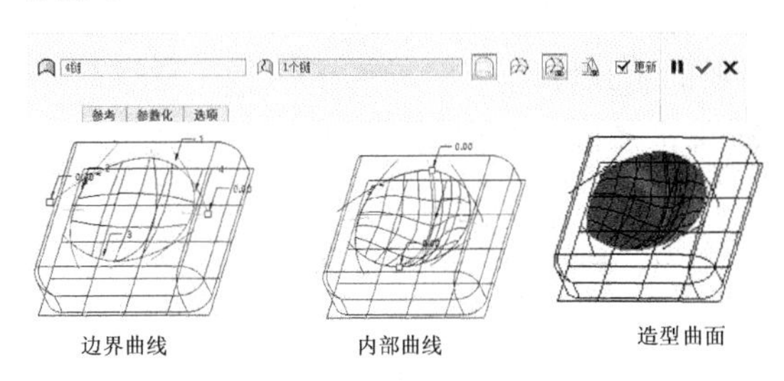

图 19-18　创建造型曲面

06 创建实体化特征。选中上一步所创建的造型特征，在【模型】选项卡的【编辑】组中单击【实体化】按钮，打开【实体化】操控板，单击【移除材料】按钮，并单击按钮调节方向，创建实体化特征，如图 19-19 所示。

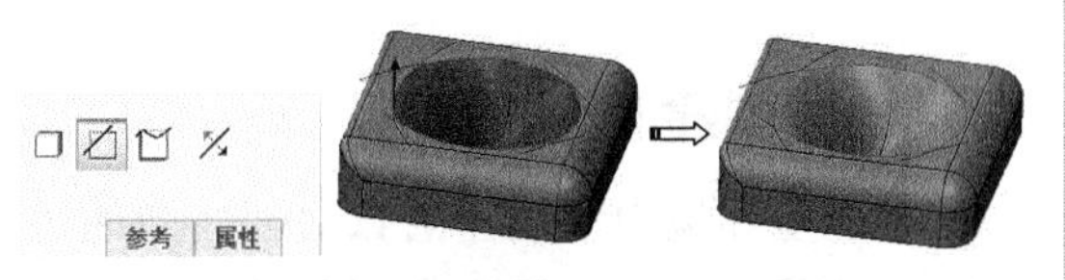

图 19-19　创建实体化特征

技术要点

创建实体化特征之前，应该退出造型环境，进入零件设计环境。

07 创建造型曲线。主要过程与第 4 步相同，在【模型】选项卡的【曲面】组中单击【造型】按钮，进入造型环境，利用【创建曲线】工具～及【编辑曲线】工具，创建 3 条自由曲线，如图 19-20 所示。

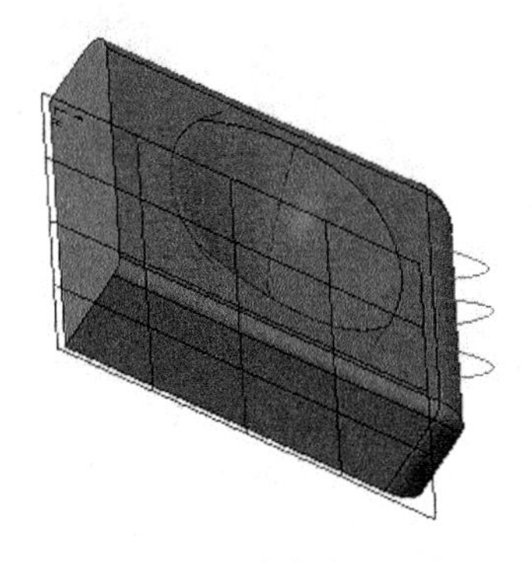

图 19-20　创建造型曲线

技术要点

创建曲线时，按下 Shift 键，捕捉圆角的两条边线，分别作为曲线的起点和终点，然后利用曲线编辑工具，在曲线中点处添加一点，并通过改变其点坐标值的方式调整其位置。

08 创建造型曲面。在造型环境中，单击【曲面】工具按钮，创建造型曲面，基本步骤与第 5 步相同，创建造型曲面如图 19-21 所示。

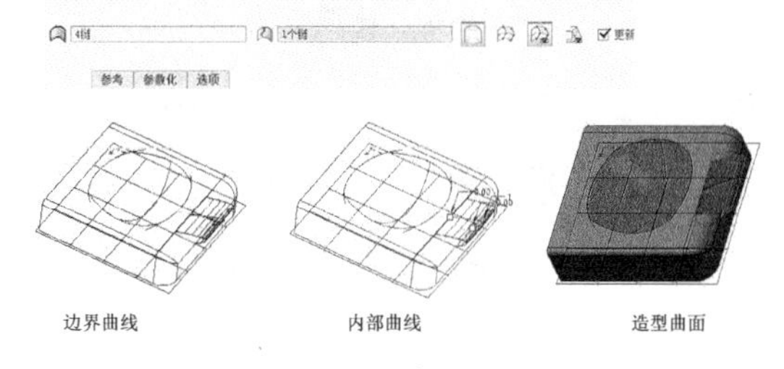

图 19-21　创建造型曲面

09 加厚曲面。首先退出造型环境，回到零件设计环境，选取上一步创建的造型特征，在【模型】选项卡的【编辑】组中单击【加厚】按钮，将曲面加厚以实现实体化，如图 19-22 所示。

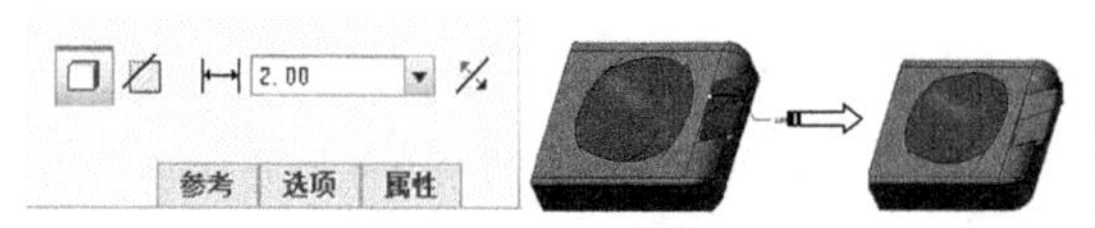

图 19-22 加厚曲面

10 镜像实体特征。在模型树中，选取根节点，单击【样式】选项卡中的【镜像】工具按钮，选取实体的左侧面作为对称平面，创建镜像实体特征，如图19-23所示。

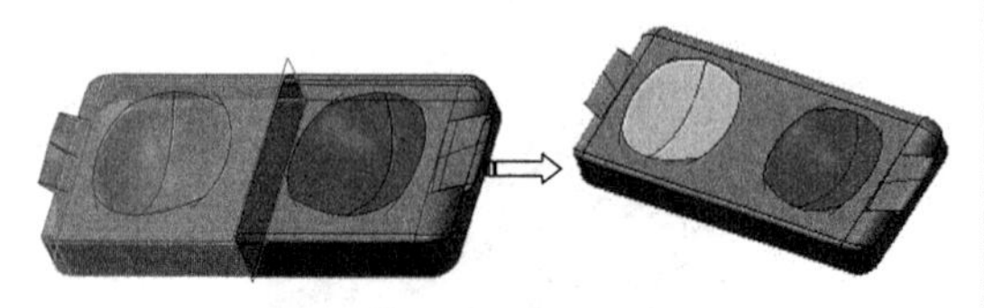

图 19-23 镜像实体特征

11 隐藏曲线。首先将模型树切换至层树并右击，在弹出的菜单中选择【新建层】命令，创建新层。在选取过滤器中，选择【曲线】选项，并框选整个模型，完成新层的创建。右击新创建的层，在弹出的菜单中选择【隐藏】命令，完成曲线的隐藏。得到最终创建的模型，如图19-24所示。

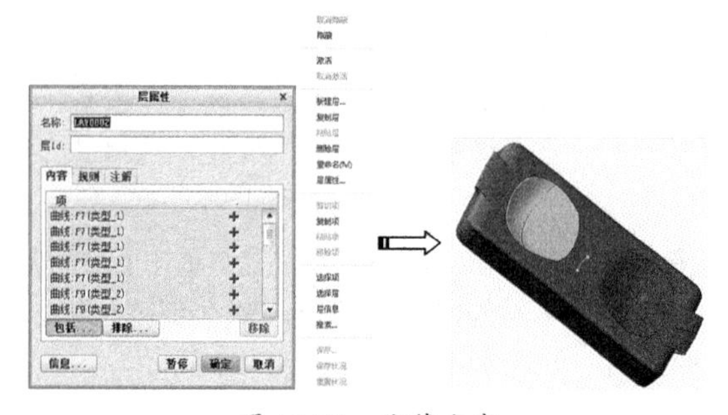

图 19-24 隐藏曲线

12 单击按钮保存设计结果，关闭窗口。

19.3.2 创建圆

在造型环境中，创建圆的过程较为简单。在造型环境中，单击【样式】选项卡中【创建圆】按钮，弹出【创建圆】特征操控板，如图19-25所示。利用该操控板，可以创建自由曲线或平面曲线，单击一点作为圆心，并指定圆半径。

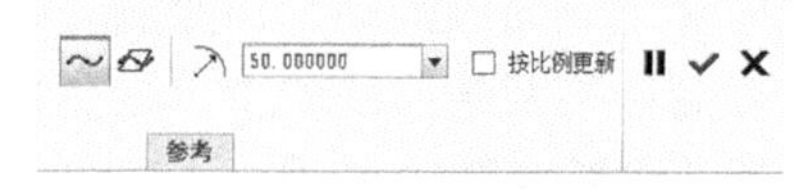

图 19-25 【创建圆】特征操控板

该特征操控板中主要选项含义如下：

- 自由：该选项将被默认选中。可自由移动圆，而不受任何几何图元的约束。
- 平面：圆位于指定平面上。默认情况下，活动平面为参考平面。

动手操作——创建圆

操作步骤：

01 新建名为【ex19-3】的零件文件。

02 在造型环境中，单击【样式】选项卡中的【创建圆】按钮，弹出【创建圆】特征操控板。

03 选择造型圆的类型。在【创建圆】特征操控板中，单击按钮，创建自由形式的圆；单击按钮，创建平面形式圆。

04 在图形窗口中单击任一位置来放置圆的中心。

05 设定圆半径。拖动圆上所显示的控制滑块可更改其半径，或在操控板的【半径】中指定新的半径值。

06 单击【确定】按钮完成圆的创建，如图19-26所示。

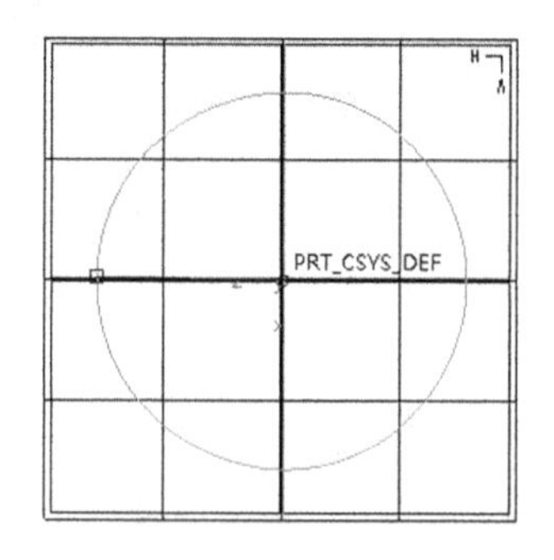

图 19-26 创建圆

19.3.3 创建圆弧

在造型环境中，创建圆弧与创建圆的过程基本相同，另外需要指定圆弧的起点及终点。在造型环境中，单击【样式】选项卡中的【创建圆弧】按钮，弹出【创建圆弧】特征操控板，如图 19-27 所示。在该操控板中，需要指定圆弧的起始及结束弧度。

动手操作——创建圆弧

操作步骤：

01 新建名为【ex19-4】的零件文件。

02 在造型环境中，单击【样式】选项卡中的【创建圆弧】按钮，弹出【创建圆弧】特征操控板，如图 19-27 所示。

图 19-27 【创建圆弧】特征操控板

03 选择造型圆弧的类型。在【创建圆弧】特征操控板中，可设定创建自由形式或平面形式圆弧。

04 在图形窗口中单击任一位置来放置弧的中心。

05 设定圆弧半径及起始角度、结束角度。拖动弧上所显示的控制滑块以更改弧的半径及起点和终点；或者在操控板的【半径】、【起点】和【终点】数值框中分别指定新的半径值、起点值和终点值。

06 完成圆弧的创建。创建圆弧的例子如图 19-28 所示。

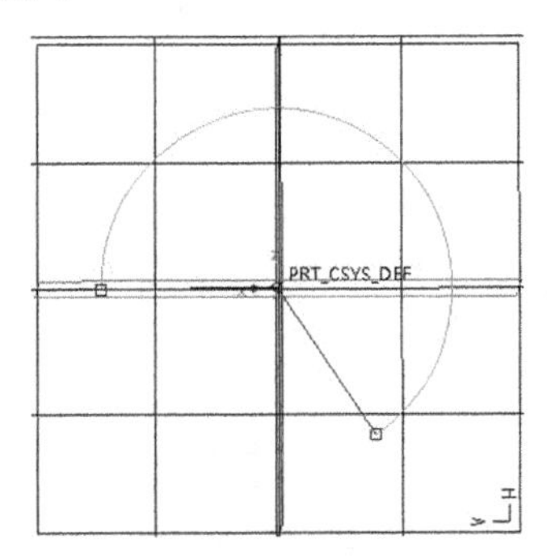

图 19-28 创建圆弧

19.3.4 创建下落曲线

下落曲线是将指定的曲线投影到选定的曲面上所得到的曲线。在造型环境中，单击【创建下落曲线】按钮，弹出【创建下落曲线】特征操控板，如图 19-29 所示。在该操控板中，需要指定投影曲线、投影曲面等要素。

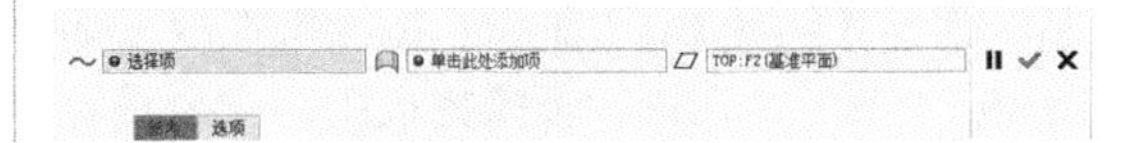

图 19-29 【创建下落曲线】特征操控板

动手操作——创建下落曲线

操作步骤：

01 新建名为【ex19-5】的零件文件。

02 在造型环境中，单击【创建下落曲线】按钮，弹出【创建下落曲线】特征操控板。

03 选取一条或多条要投影的曲线。

04 选取一个或多个投影曲面，曲线即被放置在选定曲面上。在默认情况下，将选取基准平面作为将曲线放到曲面上的参考。

05 设置曲线延伸选项。选中【起点】复选框，将下落曲线的起始点延伸到最接近的曲面边界；选中【终点】复选框，将下落曲线的终止点延伸到最接近的曲面边界。

06 完成投影曲线的创建。预览创建的投影曲线，完成投影曲线创建。创建投影曲线的例子如图 19-30 所示。

图 19-30 投影曲线

技术要点

通过投影创建的曲线与原始曲线是关联的，若改变原始曲线的形状，则投影曲线形状也随之改变。

19.3.5 创建 COS 曲线

COS 曲线指的是曲面上的曲线，通常可以通过曲面相交创建。如果曲面的形状发生了变化，曲线也随曲面的外形变化而变化。在造型环境中，单击【创建COS曲线】按钮，弹出【创建COS曲线】特征操控板，如图19-31所示。在该特征操控板中，主要设定需要相交的曲面。

图19-31 【创建COS曲线】特征操控板

动手操作——创建COS曲线

操作步骤：

01 新建名为【ex19-6】的零件文件。

02 在造型环境中，单击【创建COS曲线】按钮，弹出【创建COS曲线】特征操控板。

03 选取相交曲面。分别选取两个曲面作为相交曲面。

04 创建COS曲线。创建的COS曲线如图19-32所示。

- 在定义COS点时，只要其他顶点或基准点都位于同一曲面上，就可使用捕捉功能捕捉到它们。
- 在使用捕捉功能时，当选取的面在下方时，应避免从上方捕捉参考。此时应将模型特征旋转一个角度，在定义了第一点之后即可从上方绘制所需的COS曲线。注意此时是不能用查询选取方式选择曲面的。
- COS曲线与选定曲面的父子关系可以通过在下拉菜单中选择【编辑（E）】|【断开链接（K）】命令来更改COS曲线为自由曲线状态，如图19-33所示。

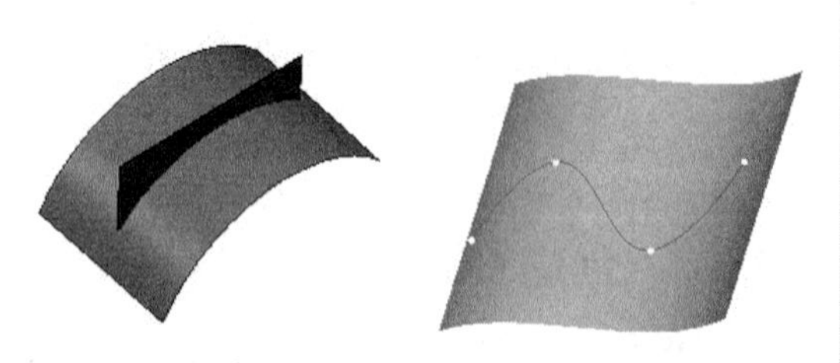

图19-32 创建COS曲线 图19-33 变更曲线类型

19.3.6 创建偏移曲线

通过选定曲线，并指定偏移参考方向以创建曲线。在造型环境中，在【曲线】组的下拉列表中单击【偏移曲线】按钮，打开【偏移曲线】特征操控板，如图19-34所示。在该操控板中，指定偏移曲线、偏移参考及偏移距离。曲线所在的曲面或平面是指定默认偏移方向的参考。另外，可选中【法向】复选框，将垂直于曲线参考进行偏移。

图19-34 【偏移曲线】特征操控板

动手操作——创建偏移曲线

操作步骤：

01 新建名为【ex19-7】的零件文件。

02 在造型环境中，在【曲线】组的下拉列表中单击【偏移曲线】按钮，打开【偏移曲线】特征操控板。

03 选取要偏移的曲线。

04 选取偏移参考及方向。

05 设置曲线偏移选项。选中【起点】复选框，将下落曲线的起始点延伸到最接近的曲面边界；选中【终点】复选框，将下落曲线的终止点延伸到最接近的曲面边界。

06 设定偏移距离。拖动选定曲线上显示的控制滑块来更改偏移距离，或双击偏移的显示值，然后输入新偏移值。

07 创建偏移曲线。创建的偏移曲线如图19-35所示。

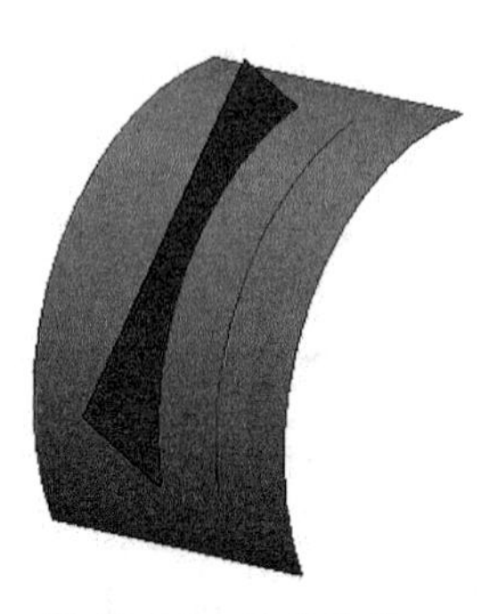

图19-35 偏移曲线

19.3.7　创建来自基准的曲线

创建来自基准的曲线可以复制外部曲线，并转化为自由曲线，这样大大方便了外形的修改和调整。在处理通过其他来源（例如 Adobe Illustrator）创建的曲线或通过 IGES 导入的曲线时，使用这种方式来导入曲线非常有用。所谓外部曲线是指不是当前造型特征内创建的曲线，它包括其他类型的曲线和边，主要包括以下种类：

- 导入到 Creo 中的基准曲线。例如，通过 IGES、Adobe Illustrator 等导入的基准曲线。
- 在 Creo 中创建的基准曲线。
- 在其他或当前【自由形式曲面】特征中创建的【自由形式曲面】曲线或边。
- 任意 Creo 特征的边。

技术要点

【来自基准的曲线】功能可将外部曲线转为造型特征的自由曲线，这种复制是独立复制，即如果外部曲线发生变更时并不会影响到新的自由曲线。

在造型环境中，在【曲线】组的下拉列表中单击【来自基准的曲线】按钮，打开【创建来自基准的曲线】特征操控板，如图 19-36 所示。

图 19-36　【创建来自基准的曲线】特征操控板

动手操作——创建来自基准的曲线

操作步骤：

01 新建名为【ex19-8】的零件文件。

02 在造型环境中，在【曲线】下拉列表中单击【来自基准的曲线】按钮，打开【创建来自基准的曲线】特征操控板。

03 选取基准曲线。可通过两种方式选取曲线，即单独选取一条或多条曲线或边或选取多个曲线或边创建链。

04 调整曲线逼近质量。使用【质量】滑块提高或降低逼近质量，逼近质量会增加计算曲线所需点的数量。

05 完成曲线创建。创建的来自基准曲线如图 19-37 所示。

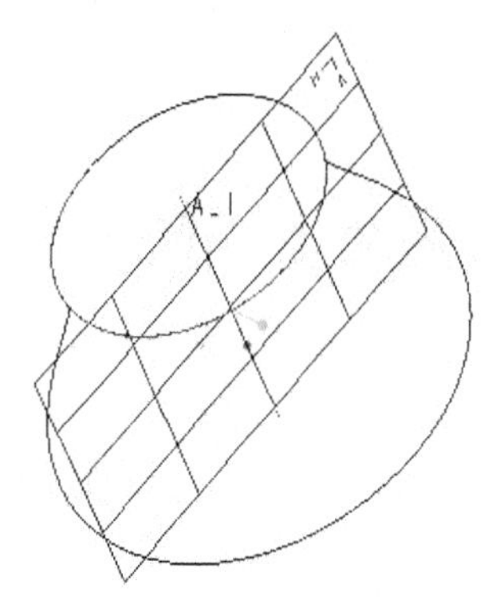

图 19-37　创建来自基准的曲线

19.3.8　创建来自曲面的曲线

在【曲线】组下拉列表中单击【来自曲面的曲线】按钮，打开【创建来自曲面的曲线】特征操控板，如图 19-38 所示。利用该功能可以在现有曲面的任意点沿着曲面的等参数线创建自由曲线或 COS 类型的曲线。

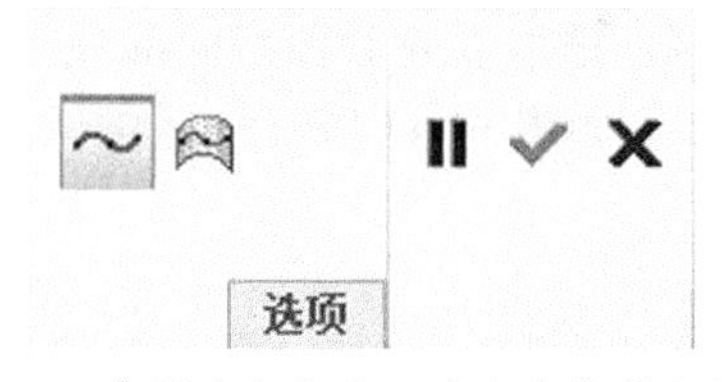

图 19-38　【创建来自曲面的曲线】特征操控板

动手操作——创建来自曲面的曲线

操作步骤：

01 新建名为【ex19-9】的零件文件。

02 在【曲线】组下拉列表中单击【来自曲面的曲线】按钮，打开【创建来自曲面的曲线】特征操控板。

03 选择创建曲线类型。在特征操控板上选择自由或 COS 类型曲线。

04 创建曲线。在曲面上选取曲线要穿过的点，创建一条具有默认方向的来自曲面的曲线。按住 Ctrl 键并单击曲面更改曲线方向。

05 定位曲线。拖动曲线滑过曲面并定位曲线，或单击【选项】选项卡，并在【值】数值框中输入一个大小介于 0 和 1 之间的值。在曲面的尾端，【值】为 0 和 1。当【值】为 0.5 时，曲线恰好位于曲面中间。

06 完成曲线创建。创建来自曲面的曲线的如图 19-39 所示。

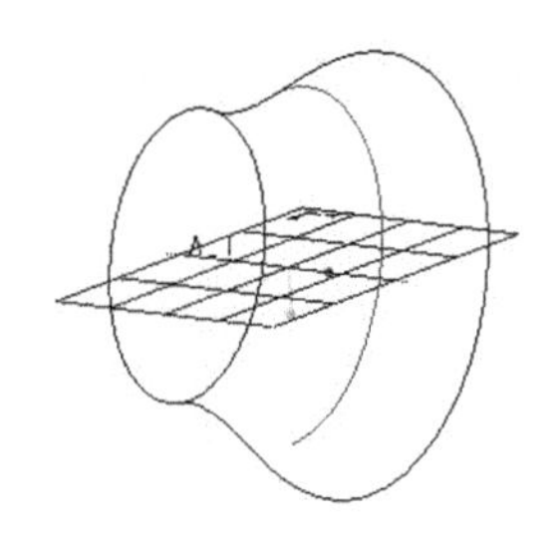

图 19-39 创建来自曲面的曲线

19.4 编辑造型曲线

创建造型曲线后，往往需要对其进行编辑和修改，才能得到高质量的曲线。造型曲线的编辑主要包括对造型曲线上点的编辑，以及曲线的延伸、分割、组合、复制和移动、删除等操作。在进行这些编辑操作时，应该使用曲线的曲率图随时查看曲线变化，以获得最佳曲线形状。

19.4.1 曲率图

曲率图是一种图形表示，显示沿曲线的一组点的曲率。曲率图用于分析曲线的光滑度，它是查看曲线质量的最好工具。曲率图通过显示与曲线垂直的直线（法向），来表现曲线的平滑度和数学曲率。这些直线越长，曲率的值就越大。

在造型环境下，单击【曲率】按钮，弹出如图 19-40 所示的【曲率】对话框。利用该对话框，选取要查看曲率的曲线，即可显示曲率图，如图 19-41 所示。

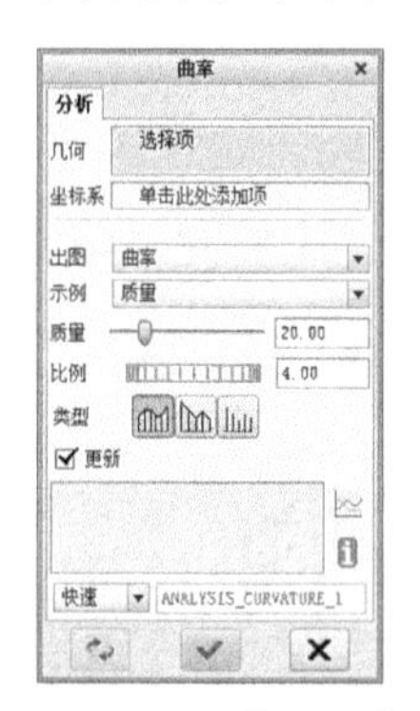

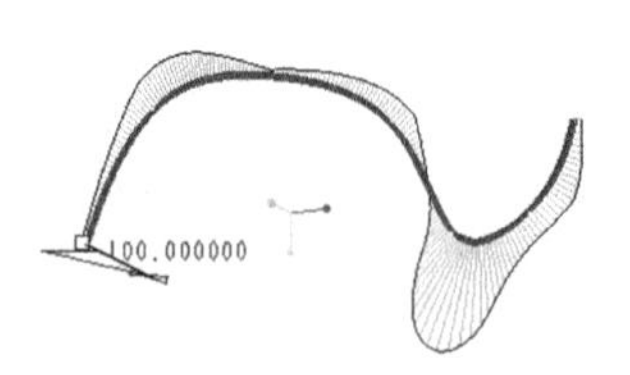

图 19-40 【曲率】对话框　　图 19-41 曲线曲率

19.4.2 编辑曲线点或控制点

对于创建的造型曲线，如果不符合用户要求，往往需要对其进行编辑，通过对曲线的点或控制点的编辑可以修改造型曲线。

在造型环境中，单击【样式】选项卡中的【编辑曲线】按钮，弹出如图 19-42 所示的【编辑曲线】特征操控板。选中曲线，将会显示曲线上的点或控制点，如图 19-43 所示。使用鼠标拖动选定的曲线点或控制点，可以改变曲线的形状。

图 19-42 【编辑曲线】特征操控板

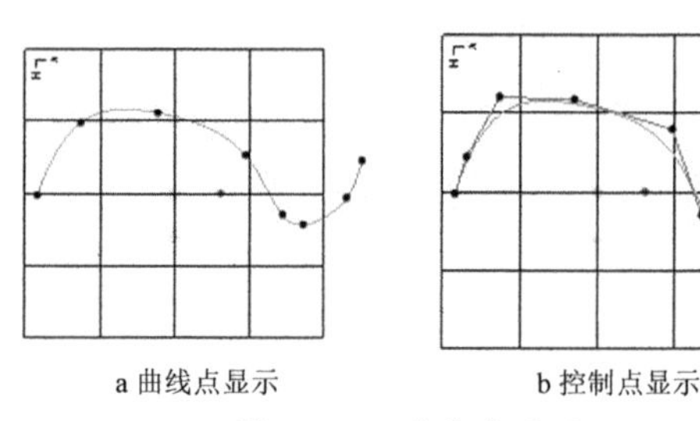

a 曲线点显示　　b 控制点显示

图 19-43 曲线点显示

利用【编辑曲线】选项板中的各选项，可以分别设定曲线的参考平面，点的位置及端点的约束情况，如图 19-44 所示。

另外，利用【编辑曲线】选项板中的选项，选中造型曲线或曲线点后右击，利用弹出的菜单中的相关命令，可以在曲线上增加或删除点，对曲线进行分割、延伸等编辑操作，也可以完成对两条曲线的组合。

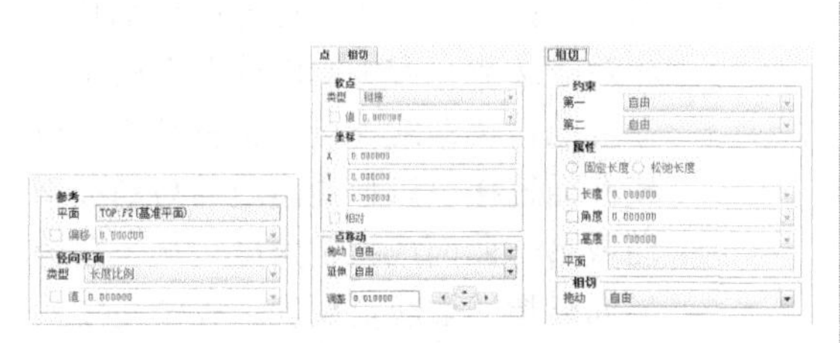

图 19-44　【点】选项卡

19.4.3　复制与移动曲线

在造型环境中，选择【曲线】下拉列表中的【复制】、【按比例复制】和【移动】命令，可以对曲线进行复制和移动。

- 复制：复制曲线。如果曲线上有软点，复制后系统不会断开曲线上软点的连接，操作时可以在操控板中输入坐标值以精确定位。
- 按比例复制：复制选定的曲线并按比例缩放。
- 移动：移动曲线。如果曲线上有软点，复制后系统不会断开曲线上软点的连接，操作时可以在操控板中输入坐标值以精确定位。

选择【编辑】菜单下的【复制】命令，弹出如图 19-45 所示的【复制】特征操控板。利用该操控板完成的曲线复制如图 19-46 所示。

图 19-45　【复制】特征操控板

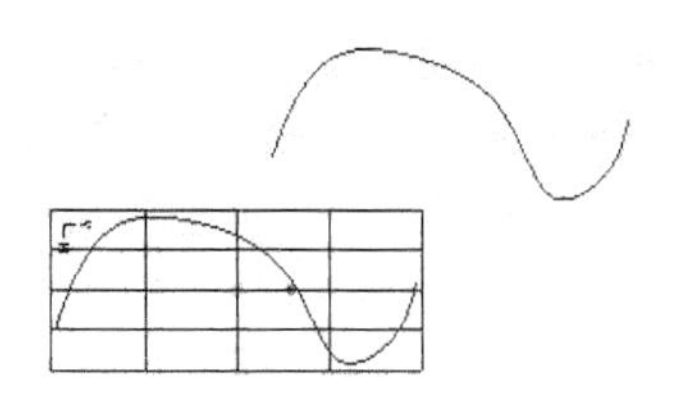

图 19-46　曲线复制

19.5　创建造型曲面

在创建造型曲线后，即可以利用这些曲线创建并编辑造型曲面。创建造型曲面的方法主要有 3 种，即边界曲面、放样曲面和混合曲面，其中最为常用的方法为边界曲面。

19.5.1　边界曲面

采用边界的方法创建造型曲面最为常用，其特点是要具有 3 条或 4 条造型曲线，这些曲线应当形成封闭的图形。在造型环境中，单击【样式】选项卡中的【从边界曲线创建曲面】按钮，弹出如图 19-47 所示的【曲面】特征操控板。

图 19-47　【曲面】特征操控板

主要选项含义如下：

- 按钮：主曲线收集器。用于选取主要边界曲线。
- 按钮：内部曲线收集器。选择内部边线构建曲面。
- 按钮：显示已修改曲面的半透明或不透明预览。
- 按钮：显示曲面控制网格。
- 按钮：显示重新参数化曲线。
- 按钮：显示曲面连接图标。

动手操作——创建边界曲面

操作步骤：

01 新建名为【ex19-10】的零件文件。

02 在造型环境中，单击【样式】选项卡中的【从边界曲线创建曲面】按钮，弹出【曲面】特征操控板。

03 选取边界曲线。选取 3 条链来创建三角曲面，或选取 4 条链来创建矩形曲面，并显示预览曲面。

04 添加内部曲线。单击按钮，选取一条或多条内部曲线，曲面将调整为内部曲线的形状。

05 调整曲面参数化形式，重新参数化曲线。

06 预览边界曲面，完成边界曲面创建。

07 选取已创建的 3 条边界曲线，创建的边界曲面如图 19-48 所示。

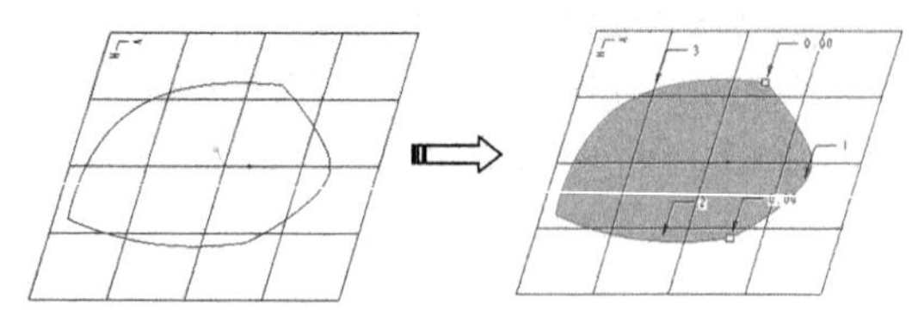

图 19-48　创建边界曲面

19.5.2　连接造型曲面

生成自由曲面之后，可以同其他曲面进行连接。曲面连接与曲线连接类似，都是基于父项和子项的概念。父曲面不改变其形状，而子曲面会改变形状以满足父曲面的连接要求。当曲面具有共同边界时，可设置 3 种连接类型，即几何连接、相切连接和曲率连接。

- 几何连接。几何连接也称匹配连接，它是指曲面共用一个公共边界（共同的坐标点），但是没有沿边界公用的切线或曲率，曲面之间用虚线表示几何连接。
- 相切连接。相切连接是指两个曲面具有一个公共边界，两个曲面在沿边界的每个点上彼此相切，即彼此的切线向量同方向。在相切连接的情况下，曲面约束遵循父项和子项的概念。子项曲面的箭头表示相切连接关系。
- 曲率连接。当两曲面在公共边界上的切线向量方向和大小都相同时，曲面之间成曲率连接。曲率连接由子项曲面的双箭头表示曲率连接关系。

另外，造型曲面还有两种常见的特殊方式，即法向连接和拔模连接。

- 法向连接。连接的边界曲线是平面曲线，而所有与该边界相交的曲线的切线都垂直于此边界的平面。从连接边界向外指，但不与边界相交的箭头表示法向连接。
- 拔模连接。所有相交边界曲线都具有相对于边界与参考平面或曲面成相同角度的拔模曲线连接，也就是说，拔模曲面连接可以使曲面边界与基准平面或另一曲面成指定角度。从公共边界向外指的虚线箭头表示拔模连接。

在造型环境中，单击【样式】选项卡中的【连接曲面】按钮，弹出如图 19-49 所示的【连接曲面】特征操控板。

图 19-49　【连接曲面】特征操控板

连接曲面的过程比较简单，打开【连接曲面】特征操控板，首先选取要连接的曲面，然后确定连接类型，即可完成曲面连接。

曲面连接的过程如图 19-50 所示。

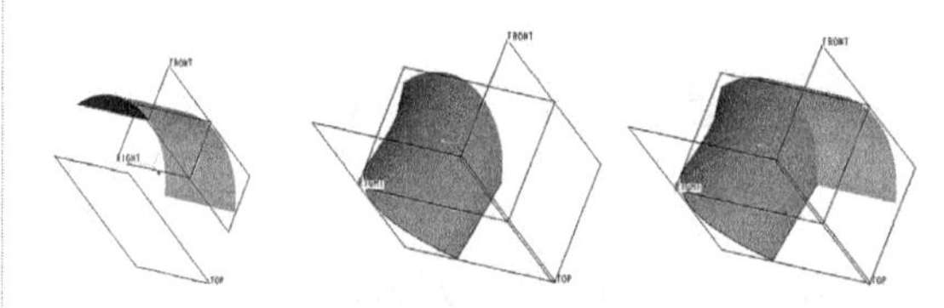

图 19-50　曲面连接

19.5.3　修剪造型曲面

在造型环境中，可以利用一组曲线来修剪曲面。在造型环境中，单击【样式】选项卡中的【曲面修剪】按钮，弹出如图 19-51 所示的【曲面修剪】特征操控板。在该特征操控板中，选取要修剪的曲面、修剪曲线及保留的曲面部分，即可完成造型曲面的修剪。

图 19-51　【曲面修剪】特征操控板

曲面修剪的过程如图 19-52 所示。

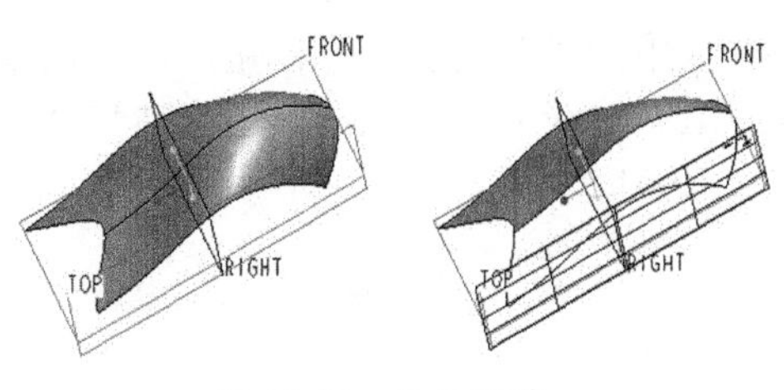

图 19-52　曲面修剪

19.5.4　编辑造型曲面

在造型环境中，利用造型曲面编辑工具，可以通过直接操作、灵活编辑常规建模所用的曲面，并可进行微调使问题区域变得平滑。

在造型环境中，单击【样式】选项卡中的【曲面编辑】按钮，弹出如图 19-53 所示的【曲面编辑】特征操控板。

图 19-53　【曲面编辑】特征操控板

其中主要选项含义如下：

- 曲面收集器：可以选取要编辑曲面。
- 最大行数：设置网格或节点的行数。必须输入一个大于或等于 4 的值。
- 列：设置网格或节点的列数。
- 移动：约束网格点的运动。
- 过滤器：约束围绕活动点的选定点的运动。
- 调整：输入一个值来设置移动增量，然后单击、、或按钮以向上、向下、向左或向右轻推点。
- 比较选项：更改显示来比较经过编辑的曲面和原始曲面。

在【曲面编辑】特征操控板中设置相关选项及参数后，可以利用鼠标直接拖动控制点的方式编辑曲面形状，如图 19-54 所示。

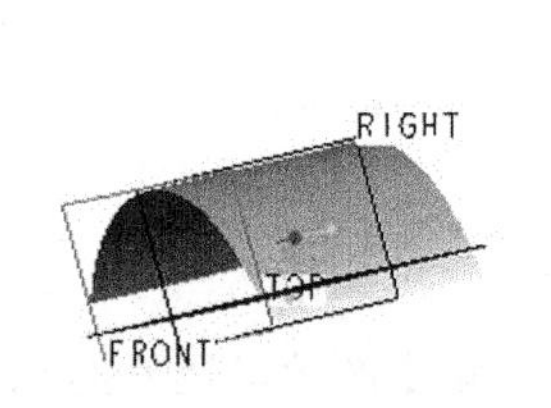

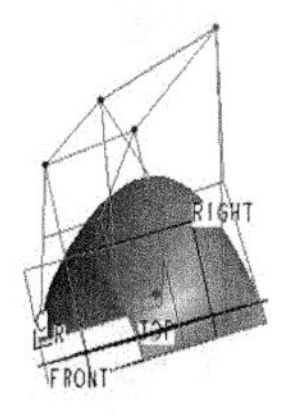

图 19-54　曲面编辑

动手操作——瓦片造型

操作步骤：

01 新建名为【ex19-11】的零件文件。

02 创建旋转曲面特征。在【模型】选项卡的【形状】组中单击【旋转】按钮，打开【旋转】特征操控板，单击【曲面】按钮，选择 TOP 基准平面作为草绘平面，绘制旋转截面，创建旋转曲面特征如图 19-55 所示。

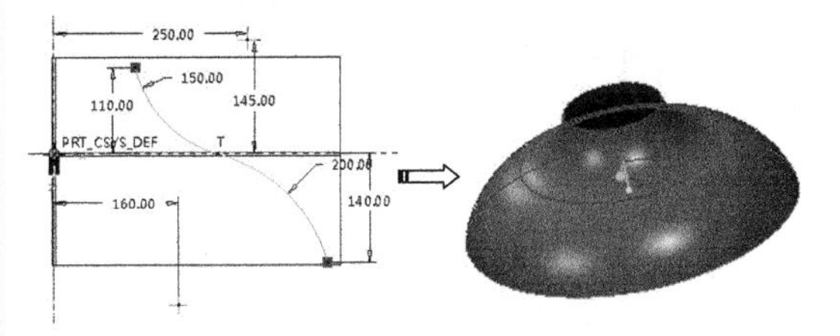

图 19-55　创建旋转曲面特征

03 创建基准平面。单击按钮，打开【基准平面】对话框。选取 FRONT 平面作为参考，采用平面偏移的方式，偏移距离为 150，创建 DTM1 基准平面。如图 19-56 所示。

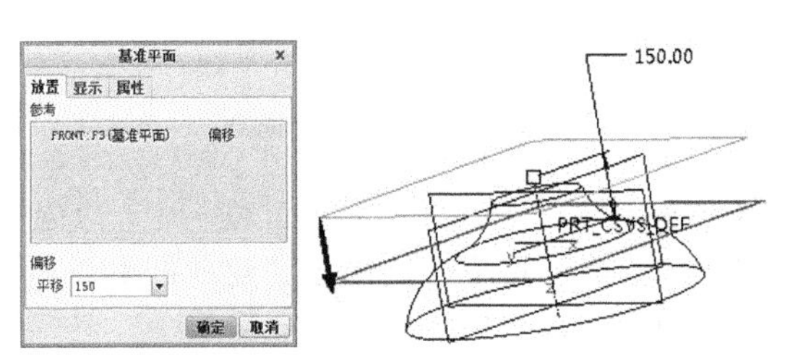

图 19-56　创建基准平面

04 创建草绘曲线。单击【样式】选项卡中的【草绘基准曲线】按钮，进入草绘环境，选择上一步创建的 DTM1 平面作为草绘平面，绘制如图 19-57 所示的草绘曲线。

05 创建投影造型曲线。在【模型】选项卡的【形状】组中单击【样式】按钮，进入造型环境，单击【创建下落曲线】按钮，弹出【创建下落曲线】特征操控板，选取上一步创建的草绘曲线作为投影曲线、旋转曲面为投影曲面，创建投影曲线，如图 19-58 所示。

06 创建曲面上造型曲线。在造型环境中，利用【创建曲线】工具，并设定曲线类型为【曲面上曲线】，按住 Shift 键捕捉上一步创建的投影下落曲线，分别绘制两条造型曲线，并利用【编辑曲线】工具，为曲线添加中点，并调整中点位置，最后创建两条曲面上的造型曲线，如图19-59所示。

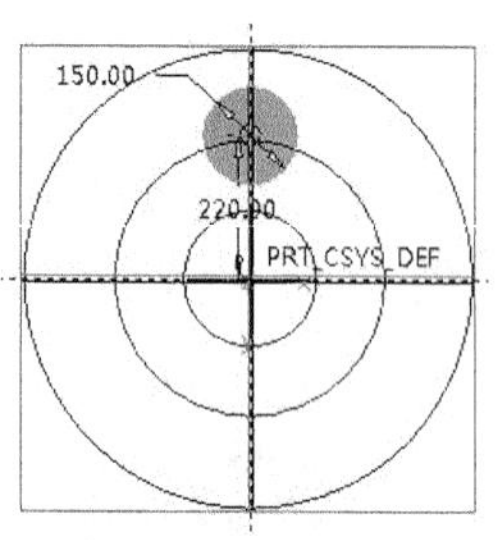

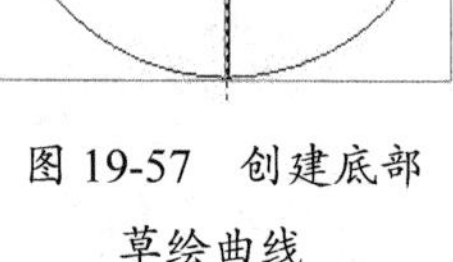

图19-57 创建底部草绘曲线

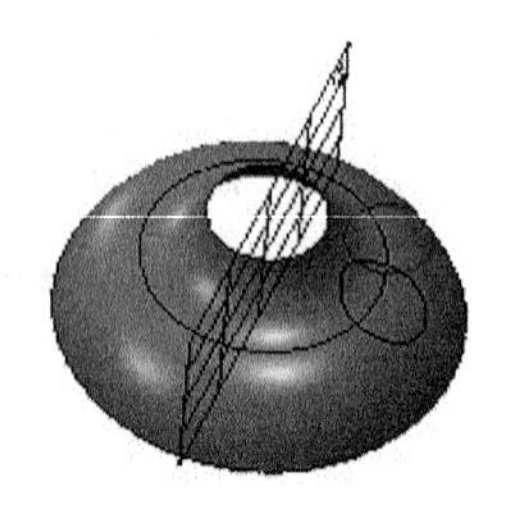

图19-58 创建投影曲线

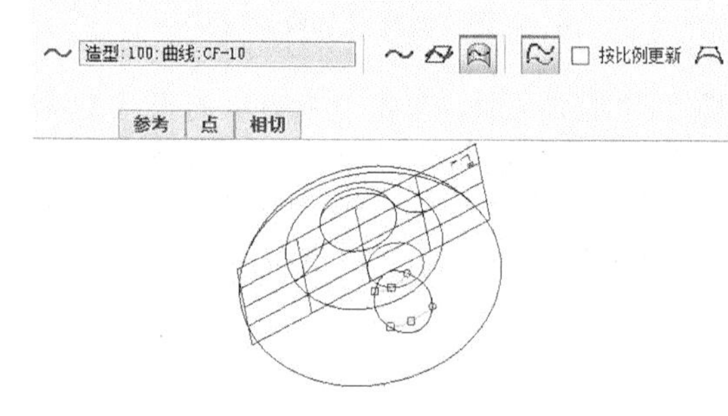

图19-59 创建造型曲线

07 创建自由造型曲线。主要过程与上一步相同，在造型环境中，利用【创建曲线】工具，设定曲线类型为【自由曲线】，按住Shift键捕捉上一步创建的曲面上造型曲线的端点曲线，分别绘制两条自由造型曲线，并利用【编辑曲线】工具，为曲线添加中点，并调整中点位置，创建自由造型曲线如图19-60所示。

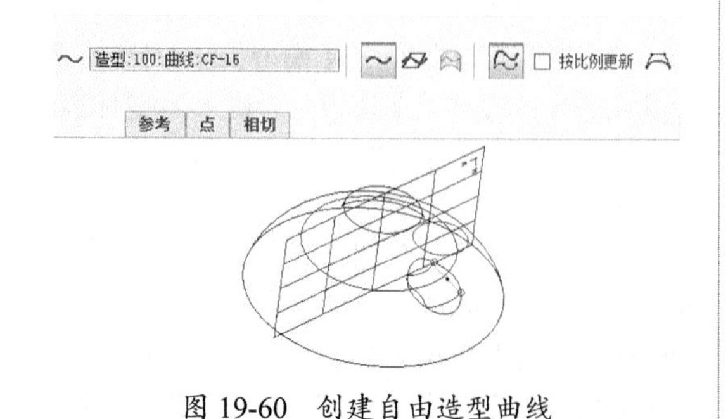

图19-60 创建自由造型曲线

08 创建造型曲面。在造型环境中，单击【样式】选项卡中的【曲面】工具按钮，以上两步创建的造型曲线为边界曲线，创建造型曲面，如图19-61所示。

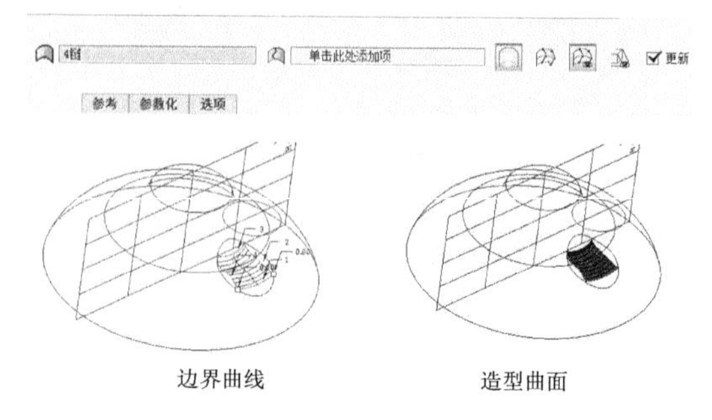

图19-61 创建造型曲面

09 合并曲面。选取上一步创建的造型曲面，按住Ctrl键，选取第2步创建的旋转曲面，单击【曲面合并】按钮，单击操控板中的按钮，调整合并曲面方向，创建合并曲面如图19-62所示。

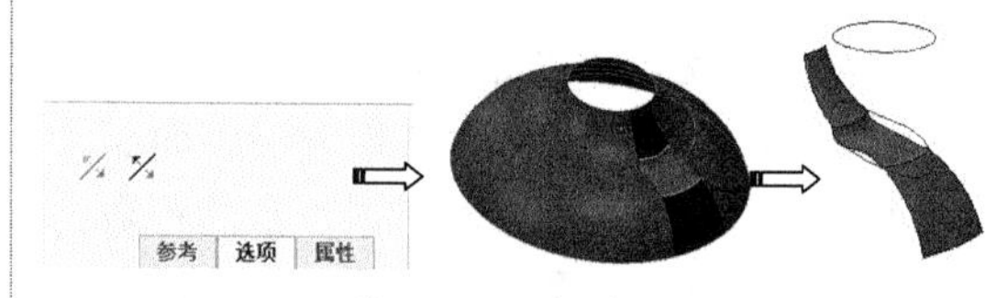

图19-62 合并曲面

技术要点

创建实体化特征之前，应该退出造型环境，进入零件设计环境。

10 加厚曲面。选取上一步创建的合并曲面特征，在【模型】选项卡的【编辑】组中单击【加厚】按钮，将曲面加厚以实现实体化，如图19-63所示。

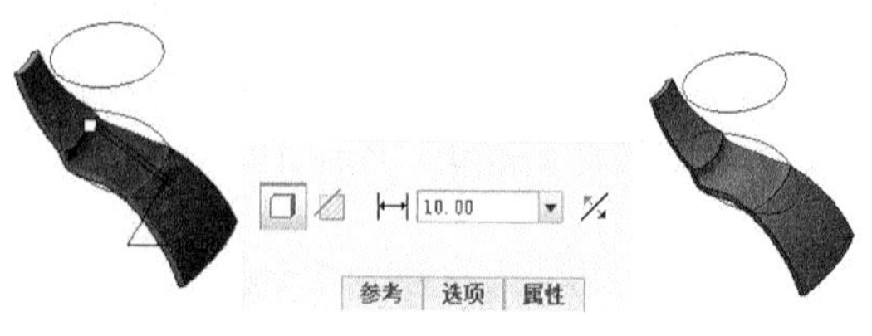

图19-63 加厚曲面

11 创建倒圆角特征。选中图示边线，单击【倒圆角】工具按钮，设定圆角半径值为5，最后创建的倒圆角特征如图19-64所示。

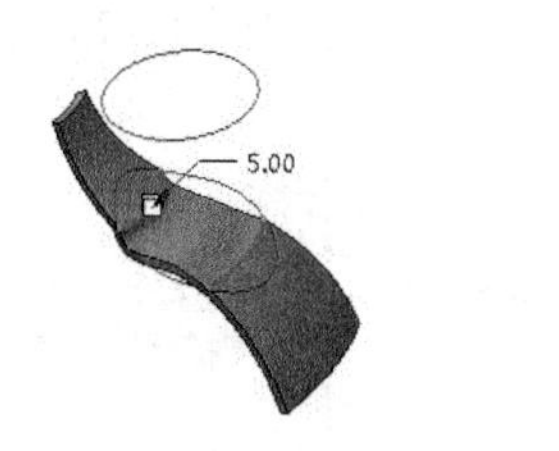

图 19-64　倒圆角

12 隐藏曲线。首先将模型树切换至层树并右击，在弹出的快捷菜单中选择【新建层】命令，创建新层。在选取过滤器中，选择【曲线】选项，并框选整个模型，完成新层的创建。右击新创建的层，在弹出的快捷菜单中选择【隐藏】命令，完成曲线的隐藏。得到最终创建的模型，如图 19-65 所示。

13 单击 按钮保存设计结果，关闭窗口。

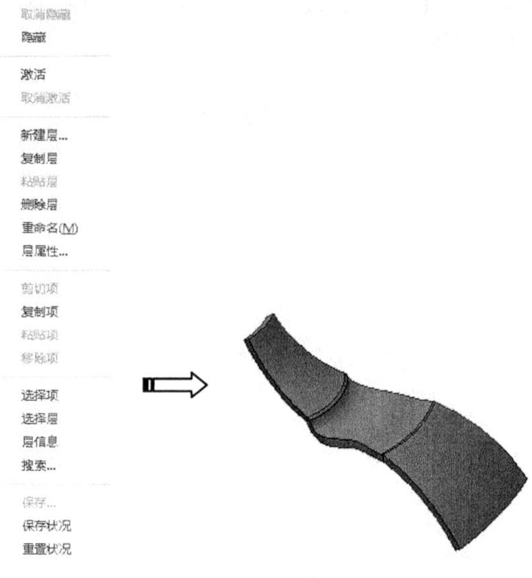

图 19-65　隐藏曲线

19.6　综合实训——蝴蝶造型

◎ **结果文件：实例 \ 结果文件 \Ch19\ 蝴蝶 .prt**

◎ **视频文件：视频 \Ch19\ 蝴蝶 .avi**

本实例主要完成蝴蝶的造型设计，主要运用了造型平台中的曲线、曲面的功能，以及扫描混合曲面、镜像、偏移、复制操作等。蝴蝶造型如图 19-66 所示。

图 19-66　蝴蝶造型

操作步骤：

01 新建名为【蝴蝶】的零件文件。

02 创建造型曲线。在【模型】选项卡的【曲面】组中单击【样式】按钮 ，打开造型操控板，单击【设置活动平面】按钮，选择 TOP 基准平面创建活动平面，并绘制如图 19-67 所示的平面自由曲线。

03 在【模型】选项卡的【形状】组中单击【旋转】按钮，打开操控板，单击【放置】按钮，以 TOP 基准平面为草绘平面绘制如图 19-68 所示旋转草图。

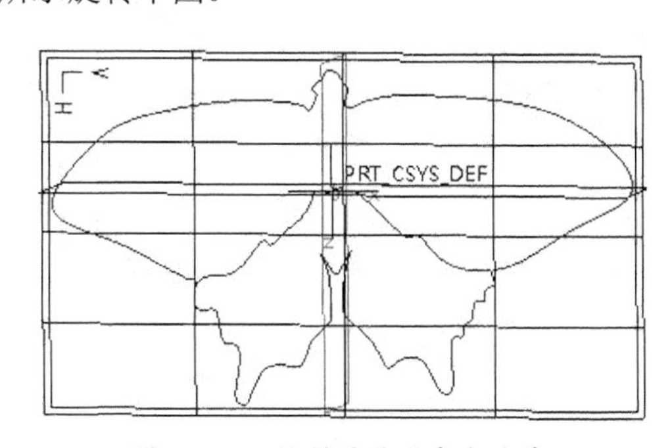

图 19-67　绘制的平面自由曲线

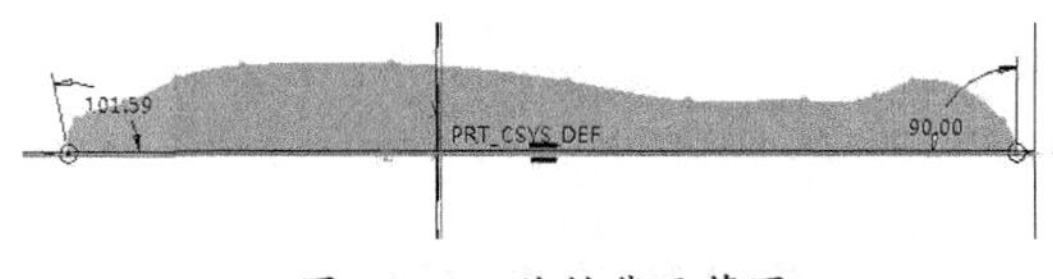

图 19-68　旋转截面草图

04 单击【确定】按钮，得到如图 19-69 所示的旋转特征。

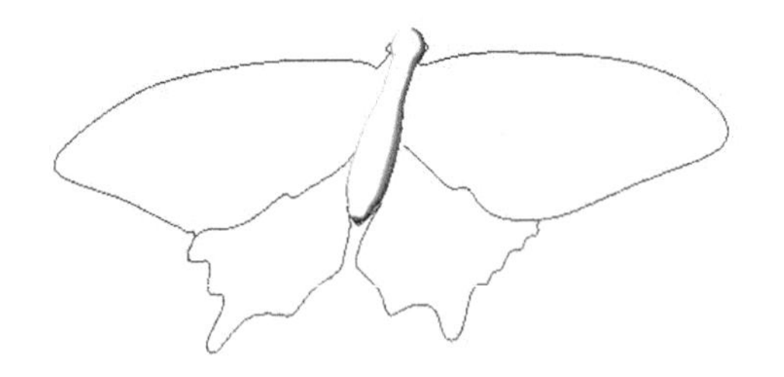

图 19-69　得到的旋转特征

05 单击【平面】按钮，以 FRONT 平面为基准面，设置偏移值为 177，创建基准平面 DTM1 如图 19-70 所示。

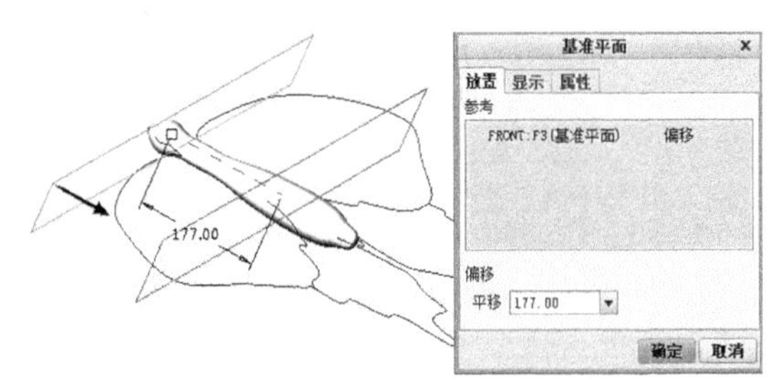

图 19-70　创建基准平面

06 单击【旋转】按钮，以上一步创建的基准平面 DTM1 为草绘平面，创建如图 19-71 的旋转特征。

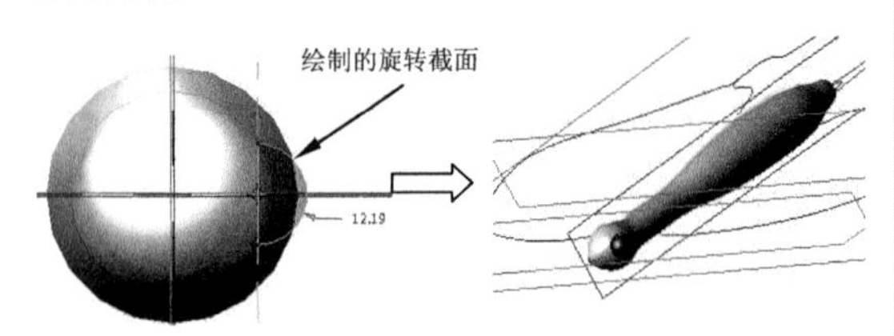

图 19-71　创建的旋转特征

07 选中上一步创建的旋转特征，单击【镜像】按钮，以 RIGHT 平面为基准平面，创建镜像特征，如图 19-72 所示。

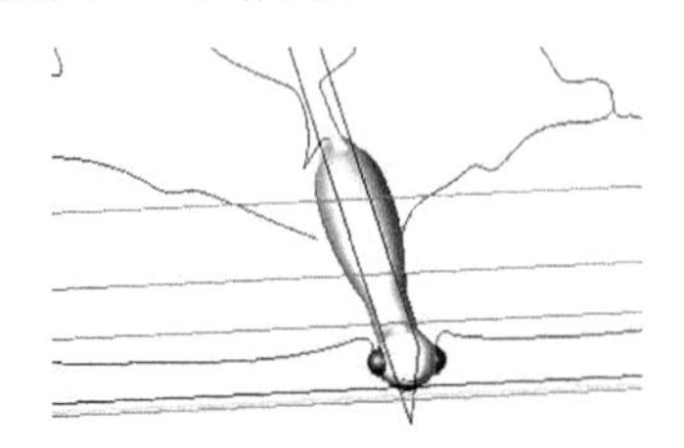

图 19-72　创建的镜像特征

08 使用【平面】工具，创建如图 19-73 所示的基准平面 DTM2。

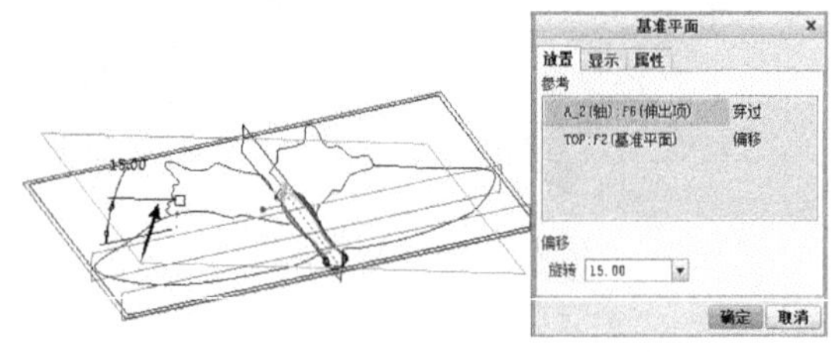

图 19-73　创建基准平面 DTM2

09 使用【拉伸】工具，以 DTM2 为基准平面绘制拉伸截面，得到如图 19-74 所示的拉伸特征。

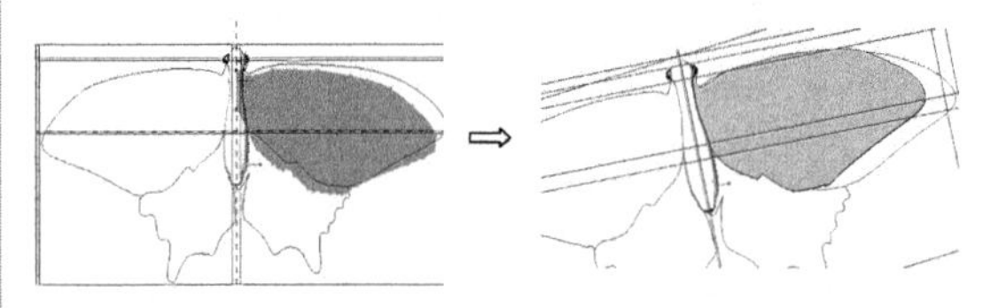

图 19-74　创建拉伸特征

10 同理，同上一步一样以 DTM2 为基准平面绘制拉伸截面，创建拉伸特征，如图 19-75 所示。

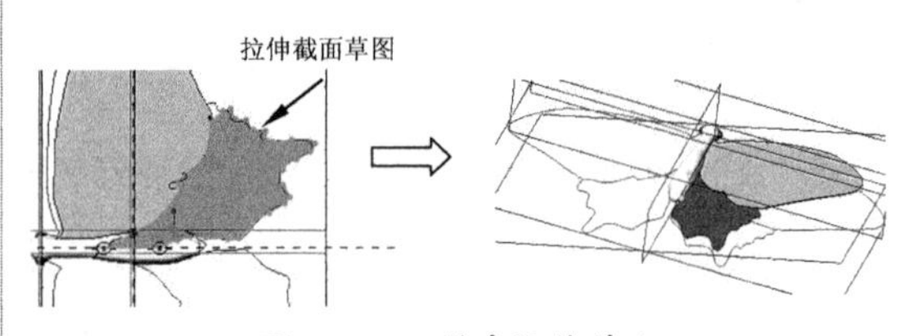

图 19-75　创建拉伸特征

11 选中前面创建的拉伸特征，单击【镜像】按钮，得到如图 19-76 所示的镜像特征。

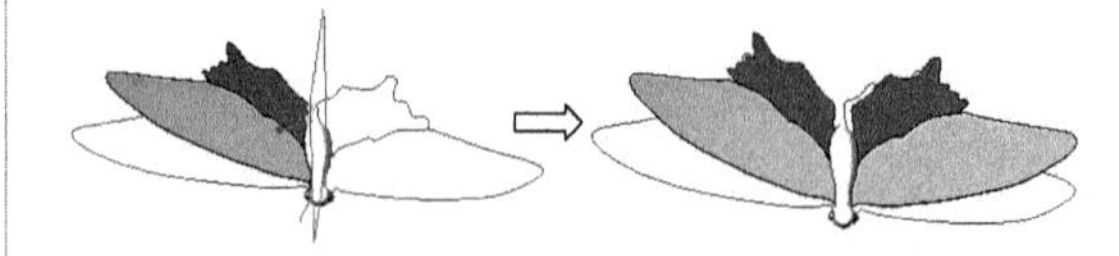

图 19-76　创建镜像特征

12 使用【造型】工具，在弹出的对话框中，单击【曲线】按钮，创建自由曲线，如图 19-77 所示。

13 使用【平面】工具，以 FRONT 为基准平面，设置偏移距离为 42，创建基准平面 DTM3，如图 19-78 所示。

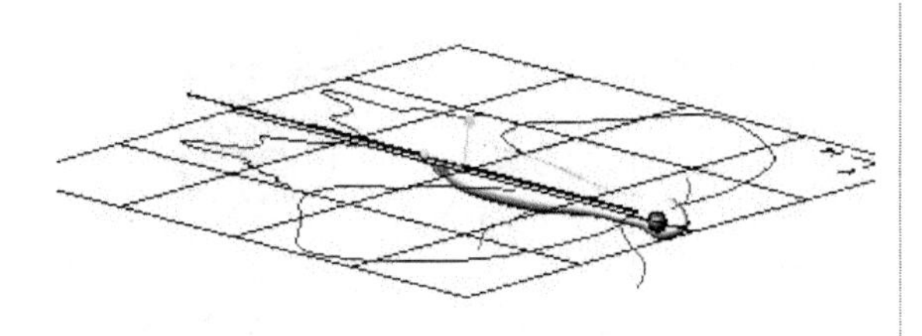

图 19-77　创建自由曲线

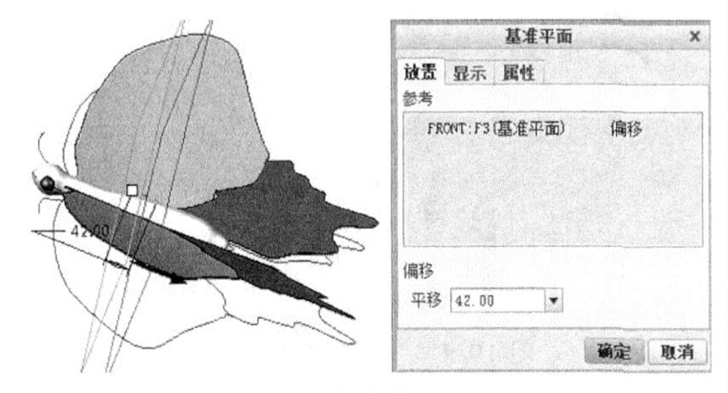

图 19-78　创建基准平面 DTM3

14 使用同样的方法，以上一步创建的基准平面 DTM3 为基准创建平移距离为 25 的基准平面 DTM4，如图 19-79 所示。

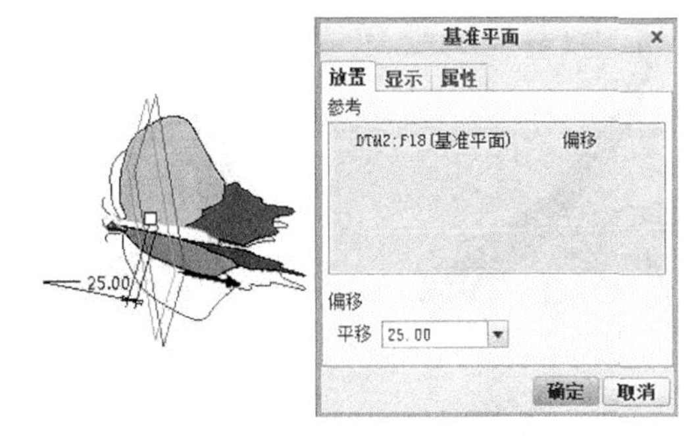

图 19-79　创建基准平面 DTM4

15 使用【草绘】工具以 DTM3 基准平面作为草绘平面，绘制如图 19-80 所示的草图 1。

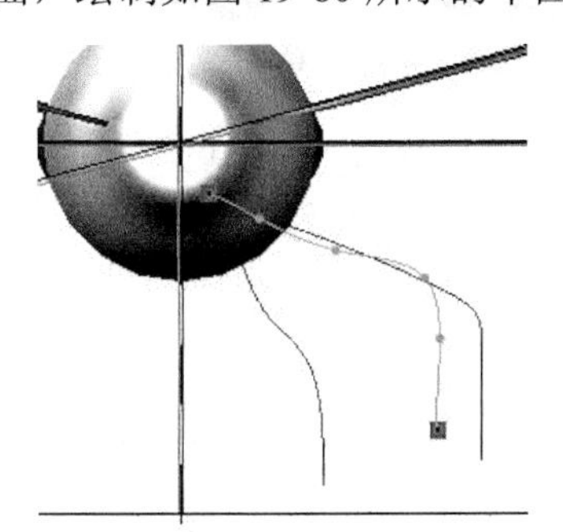

图 19-80　绘制草图 1

16 同上一步一样，使用同样的方法以 DTM4 基准平面作为草绘平面绘制如图 19-81 所示的草图 2。

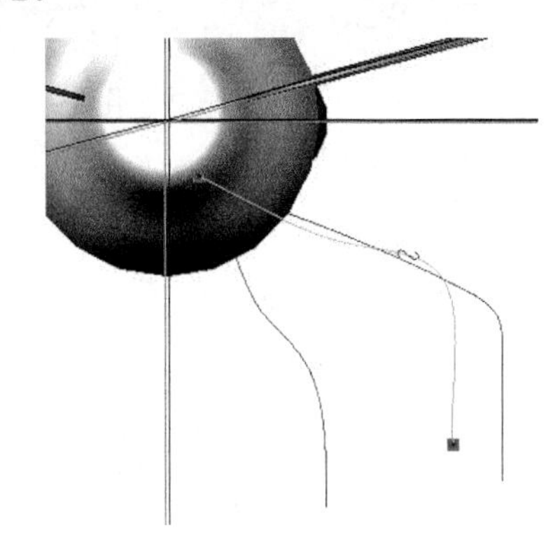

图 19-81　绘制草图 2

17 使用【点】工具，在草图 2 的曲线末端创建基准点 PNT0，如图 19-82 所示。

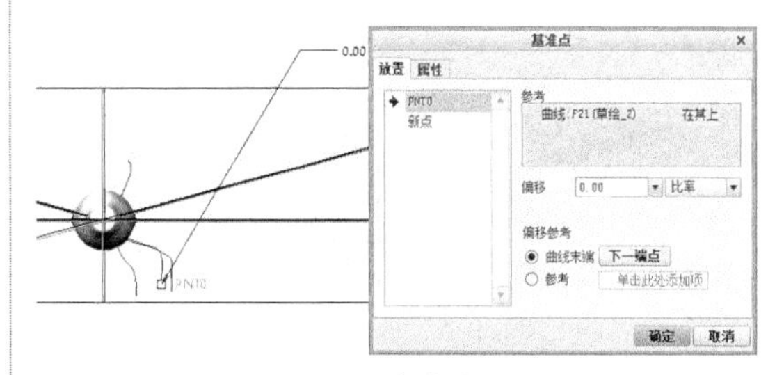

图 19-82　创建基准点 PNT0

18 使用同样的方法，在草图 1 曲线末端上创建基准点 PNT1，如图 19-83 所示。

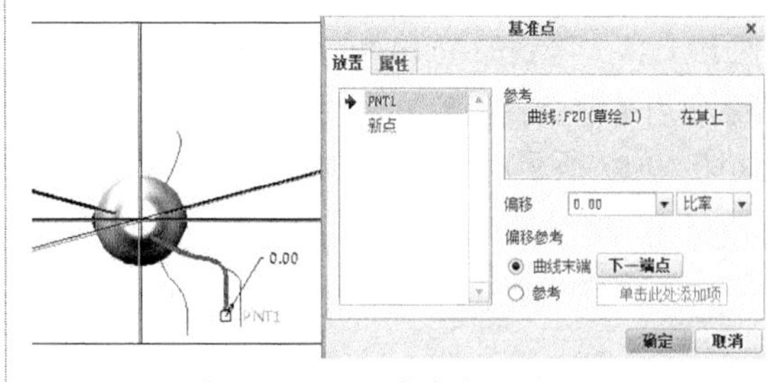

图 19-83　创建基准点 PNT1

19 使用【扫描混合】工具，以通过造型曲线创建的一条曲线为轨迹，分别在曲线的两端绘制扫描截面，得到扫描混合特征 1，如图 19-84 所示。

20 使用同样的方法，创建混合扫描 2、混合扫描 3、混合扫描 4，得到如图 19-85 所示的特征。

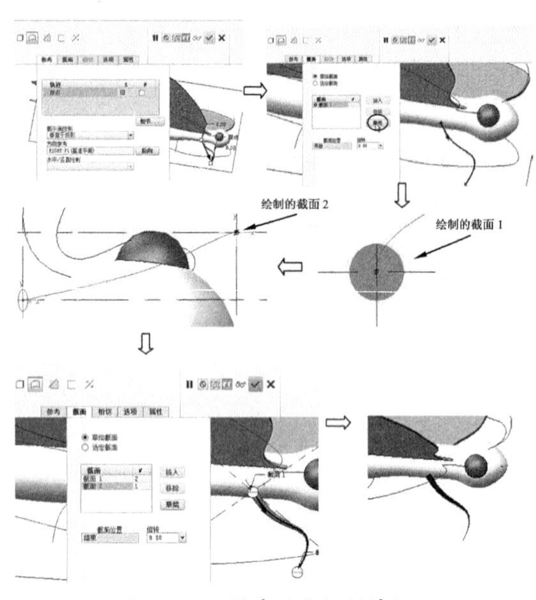

图 19-84　创建混合扫描特征 1

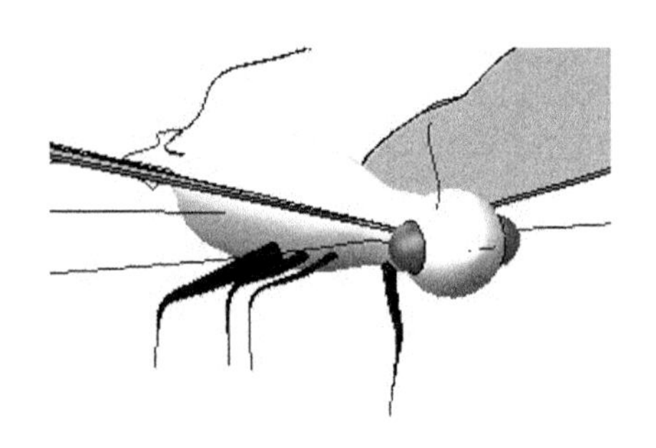

图 19-85　得到的混合扫描特征

21 选中上一步创建的混合扫描特征，使用【镜像】工具，得到如图 19-86 所示的特征。

22 使用【混合扫描】工具，创建混合扫描 5，如图 19-87 所示。

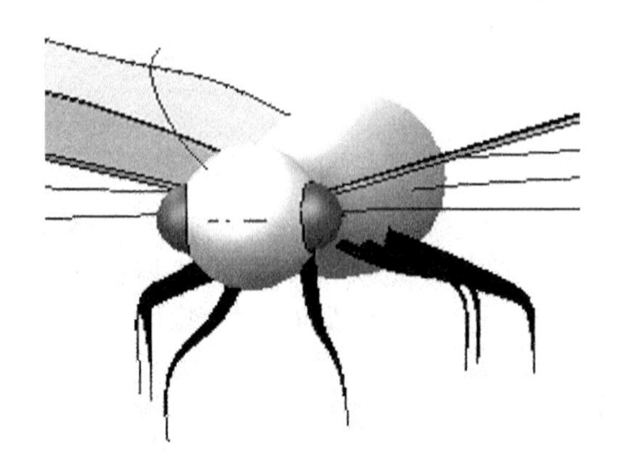

图 19-86　镜像后的特征

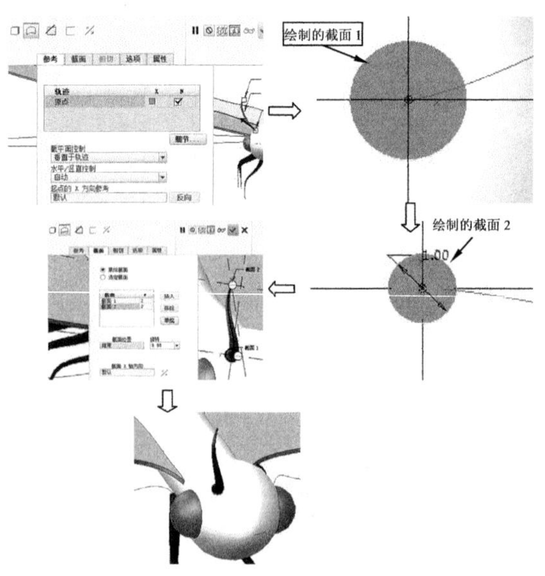

图 19-87　创建混合扫描 5

23 使用【镜像】工具到如图 19-88 所示的特征。

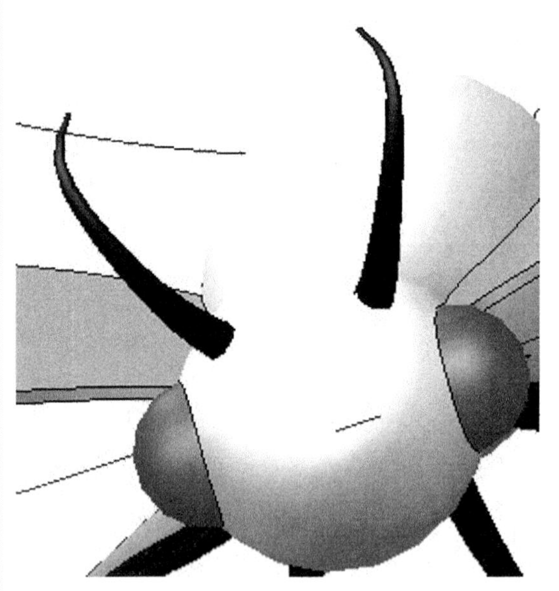

图 19-88　镜像后的特征

24 至此，整个蝴蝶造型就结束了，单击【保存】按钮完成整个创建过程。

19.7　课后习题

1. 小鸟造型

利用造型曲面、造型曲线及基本曲面工具等，完成如图 19-89 所示的小鸟造型。

2. 大班椅造型

利用造型曲面、造型曲线及基本曲面工具等，完成如图 19-90 所示的大班椅造型。

图 19-89　小鸟造型

图 19-90　大班椅造型

读书笔记

第20章 Keyshot高级渲染

本章主要介绍Creo的渲染辅助软件Keyshot 6.0，通过学习与掌握Keyshot的相关操作命令，进一步对Creo所构建的数字模型进行后期渲染处理，直到最终输出符合设计要求的渲染图。

知识要点

- Keyshot 渲染器简介
- Keyshot 软件安装
- Keyshot 6.0 界面认识
- 材质库
- 颜色库
- 灯光
- 环境库
- 背景库和纹理库
- 渲染

20.1 Keyshot 渲染器简介

Luxion HyperShot/Keyshot 均是基于 LuxRender 开发的渲染器，目前 Luxion 与 Bunkspeed 因技术问题分道扬镳，Luxion 不再授权给 Bunkspeed 核心技术，Bunkspeed 也不能再销售 Hypershot，以后将由 Luxion 公司自己销售，并更改产品名称为 Keyshot，所有原 Hypershot 用户可以免费升级为 Keyshot。其软件图标如图 20-1 所示。

图 20-1　Keyshot 软件图标

Keyshot 意为 The Key to Amazing Shots，是一个互动性的光线追踪与全域光渲染程序，无须复杂的设定即可产生相片般真实的 3D 渲染影像。无论渲染效率还是渲染质量均非常优秀，非常适合作为及时方案展示效果渲染，同时 Keyshot 对目前绝大多数主流建模软件的支持效果良好，尤其对于 Creo 模型文件更是完美支持。Keyshot 所支持的模型文件格式，如图 20-2 所示。

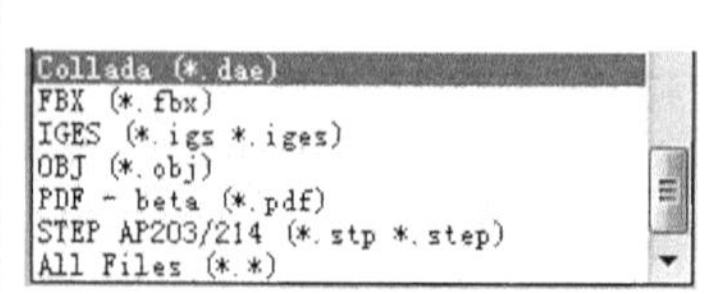

图 20-2　Keyshot 所支持的模型文件格式

Keyshot最惊人的地方就是能够在几秒之内就渲染出令人惊讶的镜头效果。沟通早期理念、尝试设计决策、创建市场和销售图像，无论你想要做什么，Keyshot 都能打破一切复杂限制，帮助你创建照片级的逼真图像。相比从前，更快、更方便、更加惊人。如图 20-3 和图 20-4 所示，为 Keyshot 渲染的高质量图片。

图 20-3 Keyshot 渲染的高质量图片（一）

图 20-4 Keyshot 渲染的高质量图片（二）

20.2 安装 Keyshot 6.0 软件

首先登录 Keyshot 官方网站上 www.Keyshot.com，依据计算机系统来对应下载 Keyshot 软件试用版本，目前官方所提供的最新版本为 Keyshot 6.0。

动手操作——安装 Keyshot6.0

01 双击 Keyshot 6.0 安装程序图标，启动 Keyshot 6.0 安装窗口，如图 20-5 所示。

02 单击窗口中的 Next 按钮，弹出授权协议界面，单击 I Agree 按钮，如图 20-6 所示。

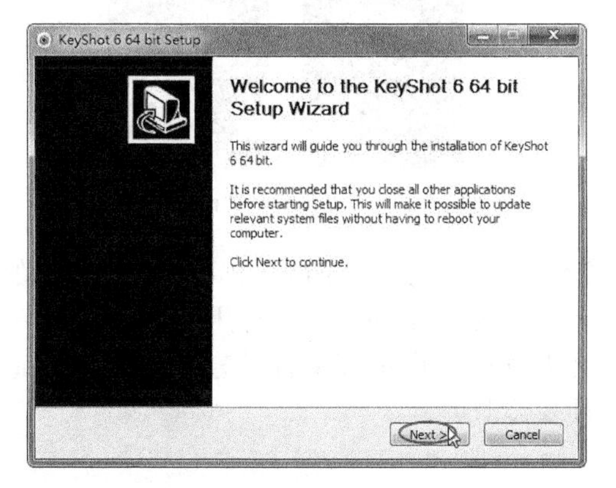

图 20-5 起始欢迎界面

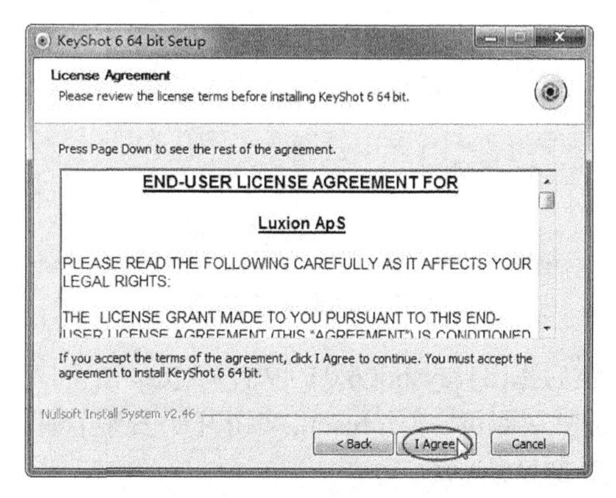

图 20-6 同意授权协议

03 随后弹出选择用户的界面，你可以任选一项，可以为本计算机中的每个人，也可以选择“仅是我”，然后单击 Next 按钮，如图 20-7 所示。

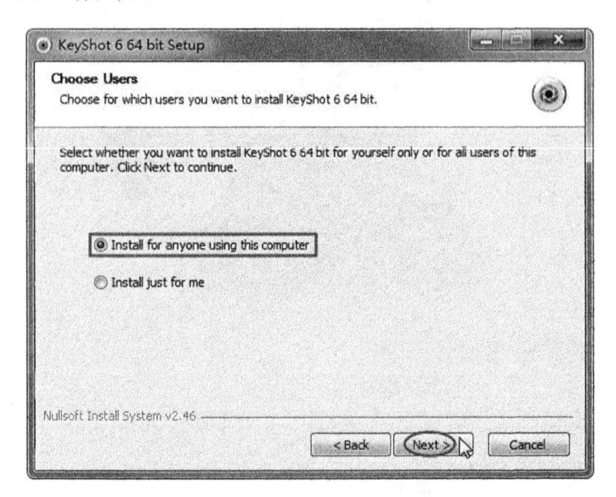

图 20-7　选择使用用户

04 在随后弹出的安装路径选择界面中，设置为安装 Keyshot 6.0 的计算机硬盘路径，可以保留默认安装路径，再单击 Next 按钮，如图 20-8 所示。

技术要点

强烈建议修改路径，最好不要安装在 C 盘中，C 盘是系统盘，本身会有很多的系统文件占据，再加上运行系统时所产生的垃圾文件，会严重拖累 CPU 运行。

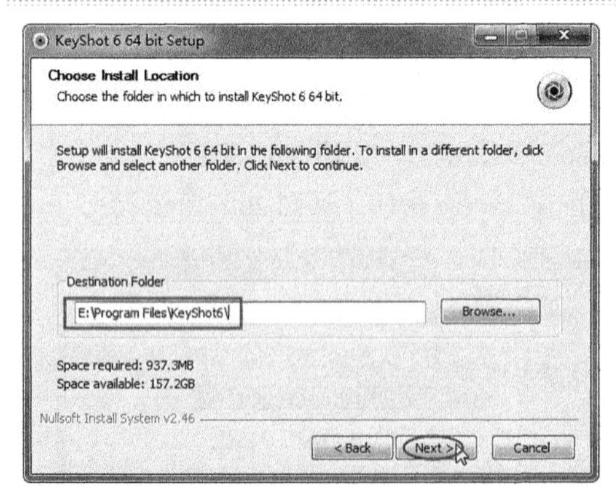

图 20-8　设置安装路径

05 随后弹出 Keyshot 6.0 的文件存放路径窗口，保留默认即可，单击 Install 按钮开始安装软件，如图 20-9 所示。

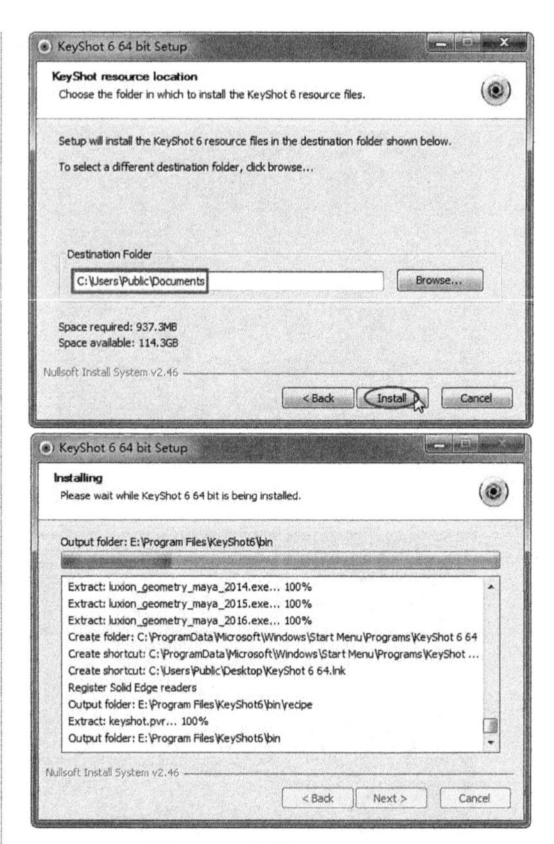

图 20-9　安装 Keyshot 6.0

技术要点

但是应当注意的是 Keyshot 6.0 所有的安装目录和安装文件路径名称不能为中文，否则软件无法启动，同时文件也打不开。

06 安装完成后会在桌面上生成 Keyshot 6.0 的图标与 Keyshot 6.0 材质库文件夹，如图 20-10 所示。

图 20-10　Keyshot 图标和材质库

07 第一次启动 Keyshot 6.0，还需要激活许可证，如图 20-11 所示。到官网购买正版软件，会提供一个许可证文件，直接选中许可证文件安装即可。

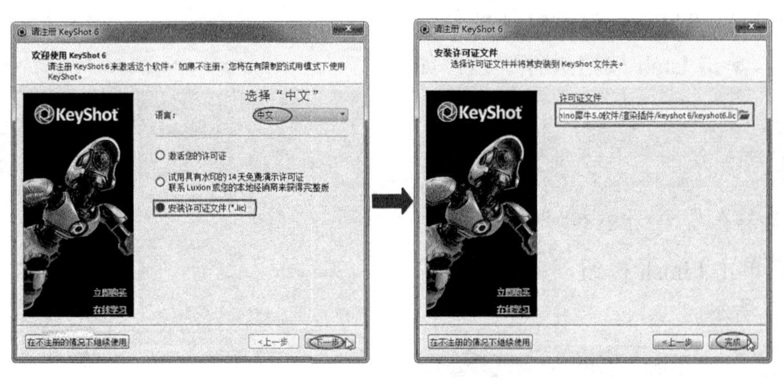

图 20-11　安装许可证

08 双击桌面上的 Keyshot 6.0 图标，启动 Keyshot 渲染主程序，如图 20-12 所示。

09 Keyshot 6.0 渲染窗口，如图 20-13 所示。

Keyshot 6.0 是一个独立的软件，当然也可以从 Creo 4.0 中直接打开，这就需要将 Keyshot 6.0 制作成 Creo 4.0 的一个插件，制作方法就是下载 Keyshot5 rhino5 plugin 3.0.exe 接口程序，然后安装。下面介绍其制作过程。

图 20-12　Keyshot 渲染工作界面

图 20-13　Keyshot 6.0 渲染窗口

动手操作——在 Creo 4.0 中启动 Keyshot 6.0

01 下载 Keyshot6_Creo3_64_plugin_1.3 接口程序。

02 启动接口程序（以管理员身份运行），弹出安装界面窗口，如图 20-14 所示。

03 随后在弹出的授权协议签订页面中单击 I Agree 按钮进入下一个安装步骤，如图 20-15 所示。

图 20-14　安装界面

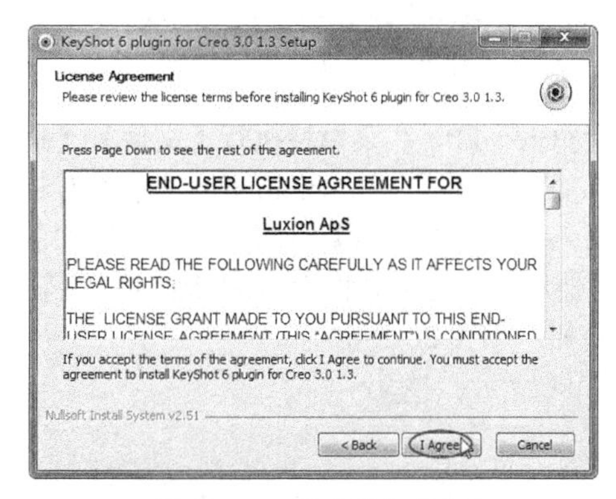

图 20-15　同意授权协议

04 进入安装路径设置界面，保留默认路径或者更改路径后，单击 Istall 按钮进行安装，如图 20-16 所示。

技术要点

注意一定要安装在与 Keyshot 相同的路径。

05 安装完成后单击 Finish 按钮，关闭安装窗口，如图 20-17 所示。

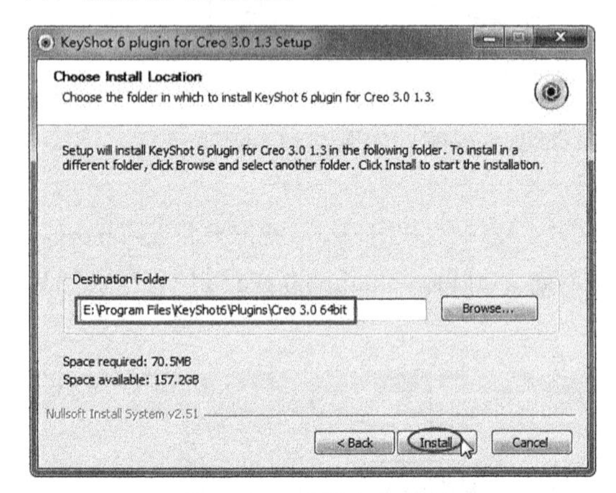

图 20-16　选择安装路径

图 20-17　安装完成

06 启动 Creo 4.0。在菜单栏执行【文件】|【选项】命令，打开【Creo parametric 选项】对话框。进入【配置编辑器】页面，单击【添加】按钮，然后输入选项名称为 Protkdat，单击【浏览】按钮，如图 20-18 所示。

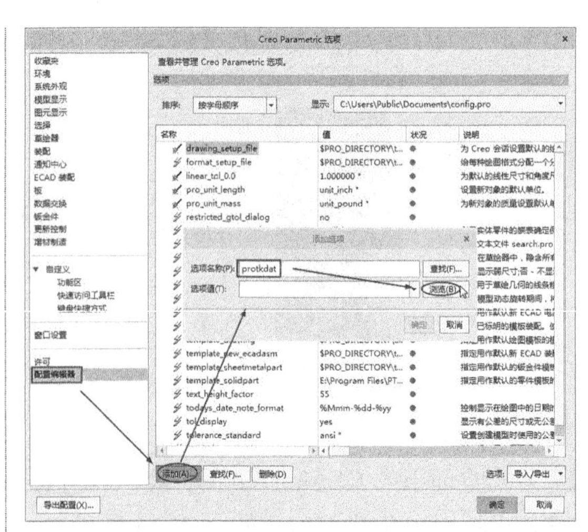

图 20-18　打开安装插件的选项设置

07 在随后弹出的【载入插件程序】对话框中，从 E:\Program Files\Keyshot6\Plugins\Creo 3.0 64bit\ 路径中打开 protk.dat 文件，如图 20-19 所示。

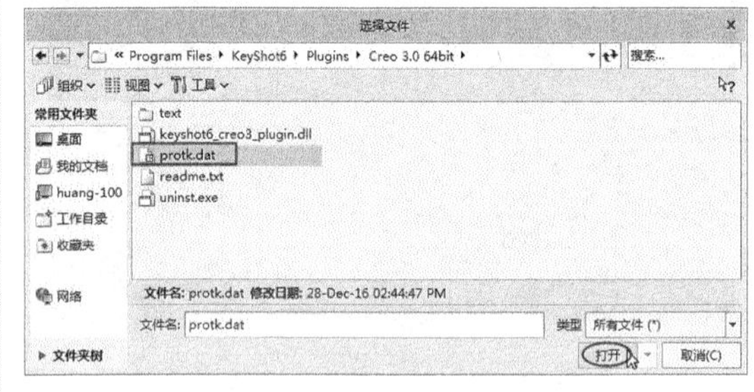

图 20-19　载入插件程序

08 单击【添加选项】对话框的【确定】按钮，完成 Keyshot 6.0 插件载入 Creo4.0 的操作（需要单击【导出配置】按钮保存配置）。在 Creo 4.0 零件环境下的【应用程序】选项卡中单击【照片级真实渲染】按钮，打开 Photo-Realistic Render 选项卡，如图 20-20 所示。

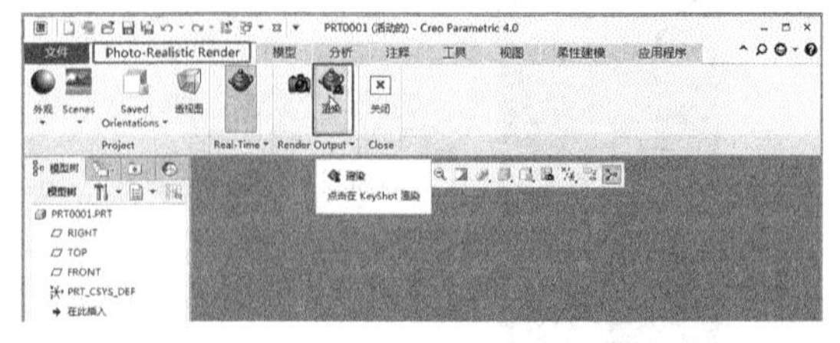

图 20-20　Creo 4.0 的菜单栏中 Keyshot 6.0 菜单

09 再单击【渲染】按钮，选择 Render 命令，即可从 Creo4.0 中打开 Keyshot 6.0 渲染插件，如图 20-21 所示。

技术要点

如果没有安装 Keyshot 接口程序，那么只有先将 Creo 文件从 Creo 导出，再从 Keyshot 6.0 中导入。如果直接打开 Creo 模型会造成计算机卡顿，最好的建议还是先转出再导入到 Keyshot 6.0 中。

图 20-21 打开的 Keyshot 6.0 渲染窗口

20.3 认识 Keyshot 6.0 界面

要学会 Keyshot 6.0，就按照学习其他软件的方法，首先了解界面及其常见的视图操作、环境配置等。鉴于 Keyshot 6.0 是一个独立的软件程序，所涉及的知识内容较多，我们将粗略地介绍基本的操作方法。在后面的渲染环节，将重点介绍。

20.3.1 窗口管理

在 Keyshot 6.0 的窗口左侧是渲染材质面板；中间区域是渲染区域；底部是则是人性化的控制按钮。下面介绍底部的窗口控制按钮，如图 20-22 所示。

图 20-22 窗口控制按钮

1. 导入

“导入”就是导入其他 3D 软件生成的模型文件。单击【导入】按钮，打开【导入】对话框，从中导入适合 Keyshot 6.0 的格式文件，如图 20-23 所示。

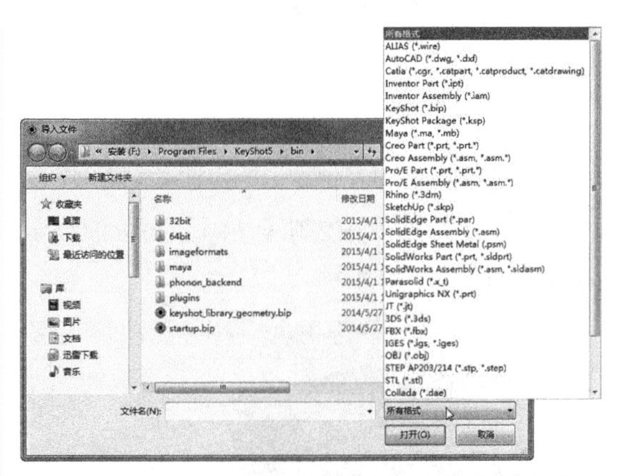

图 20-23 导入要渲染的其他 3D 软件生成的图形文件

也可以通过执行菜单栏【文件】菜单中的文件操作命令，进行各项文件操作。

2. 库

【库】按钮用来控制左侧材质库面板的显示状态，如图 20-24 所示。【库】面板用来添加材质、颜色、环境、背景、纹理等。

图 20-24 【库】面板

3. 项目

【项目】按钮用来控制右侧的各渲染环节的参数与选项设置的控制面板，如图 20-25 所示。

图 20-25 【项目】控制面板

4. 动画

【动画】按钮控制【动画】面板的显示方式，如图 20-26 所示。

图 20-26 显示【动画】面板

5. 渲染

单击【渲染】按钮，打开【渲染选项】对话框。设置渲染参数后单击该对话框中的【渲染】按钮，即可对模型进行渲染，如图 20-27 所示。

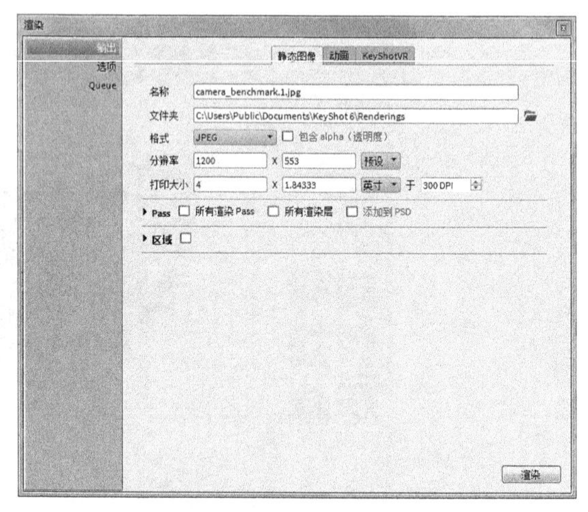

图 20-27 【渲染】对话框

20.3.2 视图控制

在 Keyshot 6.0 中，视图的控制是通过相机功能来执行的。

要显示 Rhino 中的原先视图，在 Keyshot 6.0 的菜单栏中执行【相机】|【相机】命令，打开相机视图菜单，如图 20-28 所示。

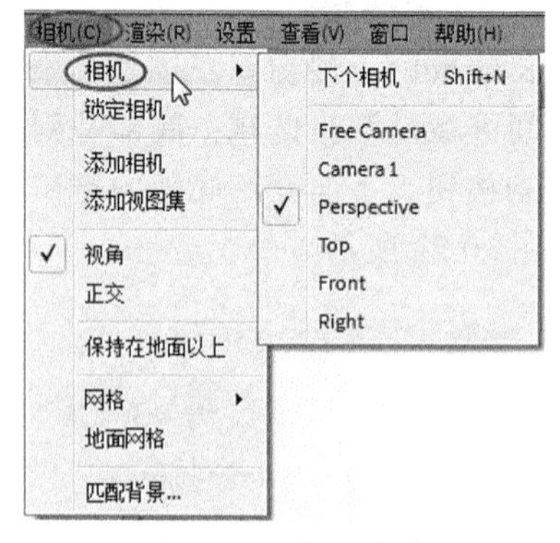

图 20-28 相机菜单

在渲染区域中按鼠标中键可以平行移动摄像机，单击左键旋转摄像机，达到多个视角查看模型的目的。

技术要点

这个操作与旋转模型有区别，也可以在工具列中单击【中间移动手掌移动摄像机】按钮，以及单击【左键旋转摄像机】按钮来完成相同操作。

要旋转模型，光标移动到模型上，然后右键单击弹出快捷菜单，选择快捷菜单中的【移动模型】命令，渲染区域中显示三轴控制球，如图 20-29 和图所示。

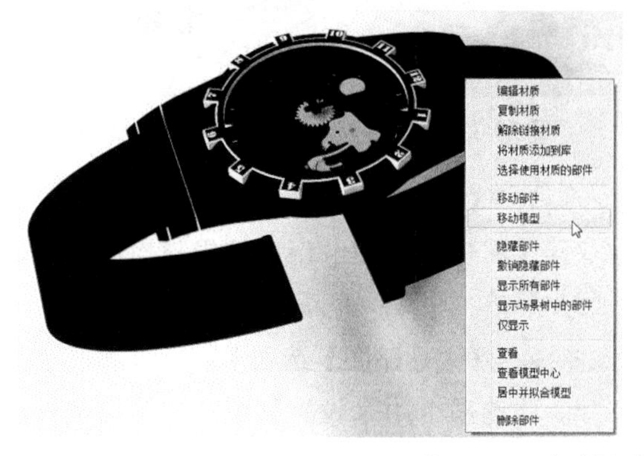

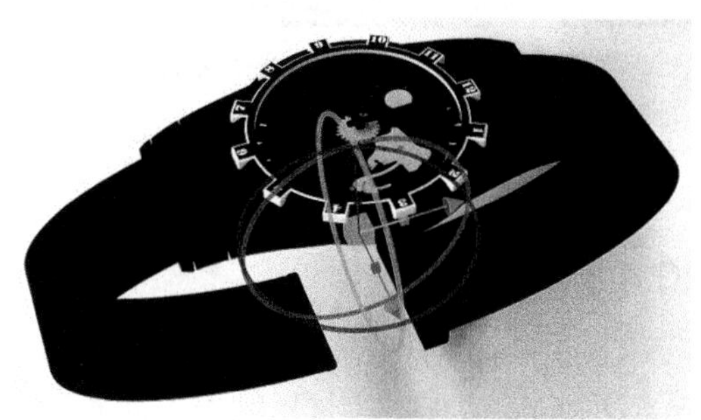

图 20-29　移动模型显示三轴控制球

技术要点

快捷菜单中的【移动部件】命令是针对导入模型是装配体模型的，可以移动装配体中的单个或多个零部件。

拖动环可以旋转模型，拖动轴可以定向平移模型。

默认情况下，模型的视角是以透视图进行观察的，可以在工具列中设置视角，如图 20-30 所示。

图 20-30　视角设置

可以设置视图模式为“正交”，正交模式也就是 Rhino 中的“平行”视图模式。

20.4　材质库

为模型赋予材质是渲染的第一步，这个步骤将直接影响到最终的渲染结果。Keyshot 6.0 材质库中的材质是英文显示的，若需要中文或者双语显示材质，还需要安装由热心网友提供的“Keyshot6.0.264 双语材质”程序。

技术要点

为了便于大家学习，我们会将本章中所提及的插件程序，以及汉化程序放置在本书光盘中供大家下载。当然也可以下载并安装 Keyshot 3.0 或 4.0 版本的材质库，安装后的中文材质库，复制并粘贴到桌面上 Keyshot 6 Resources 材质库文件夹中，与 Materials 文件夹合并即可。但还需要在 Keyshot 6.0 中执行菜单栏的【编辑】|【首选项】命令，打开【首选项】对话框定制各个文件夹，也就是编辑材质库的新路径，如图 20-31 所示。重新启动 Keyshot 6.0，中文材质库生效。

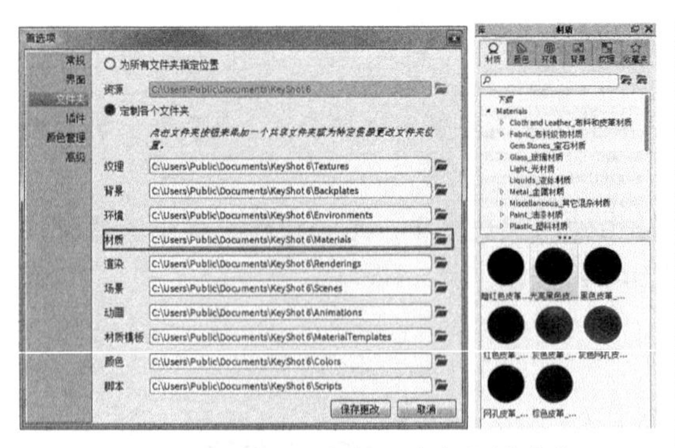

图 20-31　定制文件夹加载中文材质库

本章将以中文材质库进行介绍，方便大家学习。

20.4.1　赋予材质

Keyshot 6.0 的材质赋予方式与火烈鸟渲染器及 Rhino 渲染器的材质赋予方式相同，选择好材质后，直接拖曳该材质到模型中的某个面上释放，即可完成赋予材质操作，如图 20-32 所示。

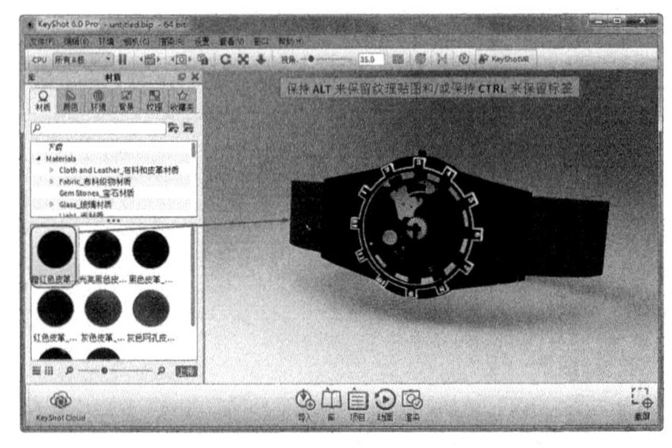

图 20-32　赋予材质给对象

20.4.2　编辑材质

首先要单击【项目】按钮打开【项目】控制面板。赋予材质后，在渲染区域中双击材质，【项目】控制面板中显示此材质的【材质】属性面板，如图 20-33 所示。

在【材质】属性面板中有 3 个选项卡：【属性】、【纹理贴图】和【标签】。

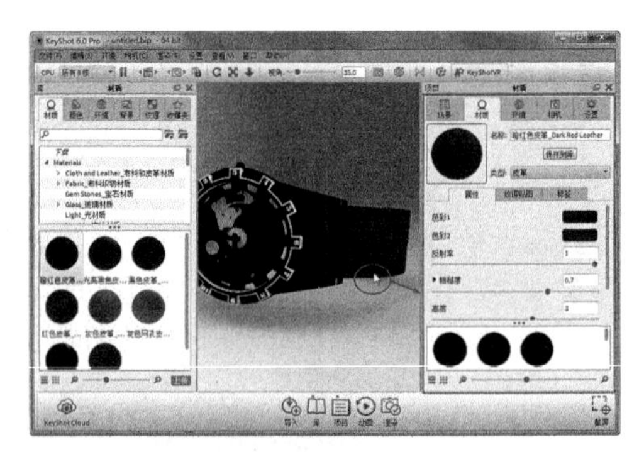

图 20-33　控制面板中的【材质】属性面板

1. 【属性】选项卡

【属性】选项卡用来编辑材质的属性，包括颜色、粗糙度、高度和缩放等属性。

2. 【纹理贴图】选项卡

此选项卡用来设置贴图，贴图也是材质的一种，只不过贴图是附着在物体表面的，而材质是附着在整个实体体积中的。【纹理贴图】选项卡，如图 20-34 所示。双击“未加载纹理贴图”块，可以从【打开纹理贴图】对话框中打开贴图文件，如图 20-35 所示。

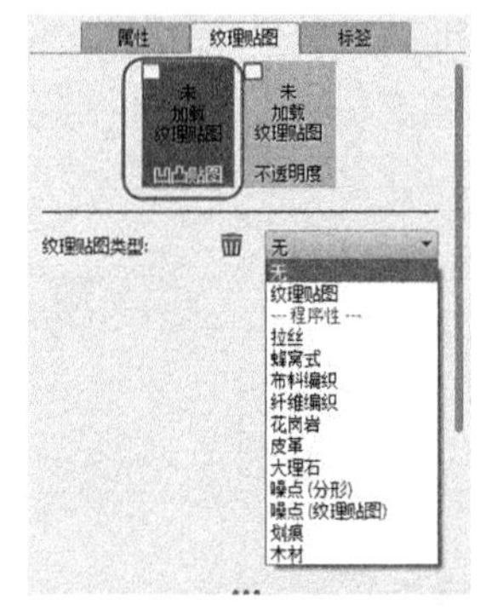

图 20-34　【纹理贴图】选项卡

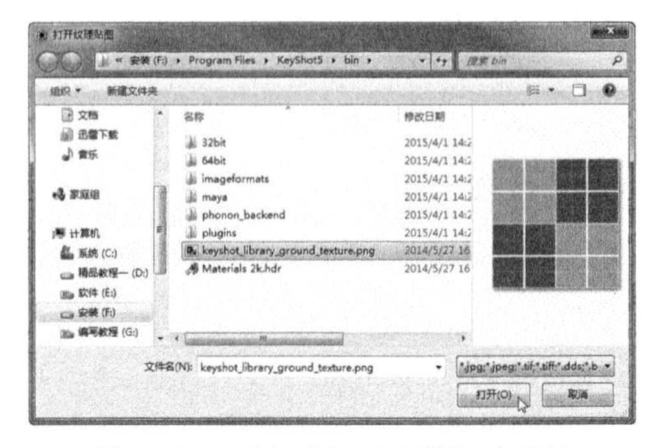

图 20-35　“打开纹理贴图”对话框

打开贴图文件后，【纹理贴图】选项卡会显示该贴图的属性设置选项，如图 20-36 所示。

图 20-36　贴图属性设置

【纹理贴图】选项卡中包含有多种纹理贴图类型，图 20-34 为贴图类型下拉列表。贴图类型主要是定义贴图的纹理、纹路。相同的材质，可以有不同的纹路，如图 20-37 所示为“纤维编织”类型与“蜂窝式”类型的对比效果。

“纤维编织”类型　　“蜂窝式”类型

图 20-37　纹理贴图类型

3. 【标签】选项卡

Keyshot 6.0 中的“标签”就是前面两种渲染器中的“印花”，同样也是材质的一种，只不过“标签”与贴图都是附着于物体表面的，“标签”常用于产品的包装、商标、公司徽标等。

【标签】选项卡如图 20-38 所示。单击“未加载标签”块，可以打开标签图片文件，如图 20-39 所示。

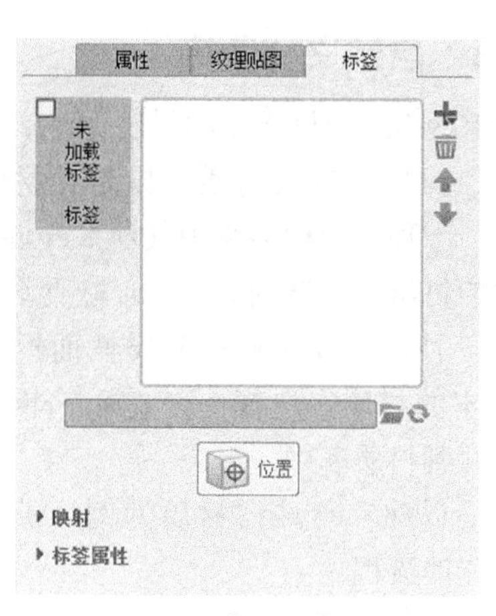

图 20-38　【标签】选项卡

图 20-39　打开标签图片

打开标签后同样可以编辑标签图片，包括投影方式、缩放比例、移动等属性，如图 20-40 所示。

图 20-40　标签属性设置

20.4.3 自定义材质库

当 Keyshot 中材质库的材质无法满足渲染要求时，可以自定义材质。自定义材质方式有两种：一种是加载网络中其他 Keyshot 用户自定义的材质，放置到 Keyshot 材质库文件夹中；另一种就是在【材质】属性面板的下方有最基本的材质，选择一个材质编辑属性，然后保存到材质库中。

下面以建立珍珠白材质为例，讲述自定义材质库的流程。

动手操作——自定义珍珠材质

01 首先，在窗口左侧的材质库中选中 Materials，然后右键单击并选择快捷菜单的【添加】命令，弹出【添加文件夹】对话框，输入新文件夹的名称后单击【确定】按钮，如图 20-41 所示。

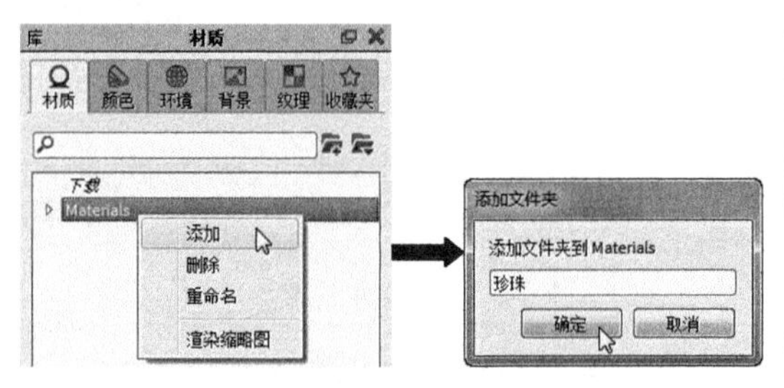

图 20-41 新建材质库文件夹

02 随后在 Materials 下增加了一个“珍珠”文件夹，单击使这个文件夹处于激活状态。

03 在菜单栏中执行【编辑】|【添加几何图形】|【球形】命令，建立一个球体。此球体为材质特性的表现球体，非模型球体。在窗口右侧的【材质】属性面板下方的基本材质列表中双击添加的球形材质，如图 20-42 所示。

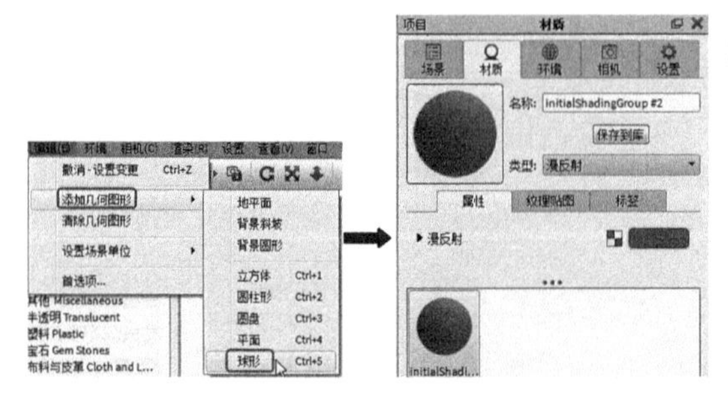

图 20-42 添加基本材质进行编辑

04 给所选的基本材质命名为“珍珠白”。选择材质类型为“金属漆”，然后设置基色为白色，金属颜色为浅蓝色，如图 20-43 所示。

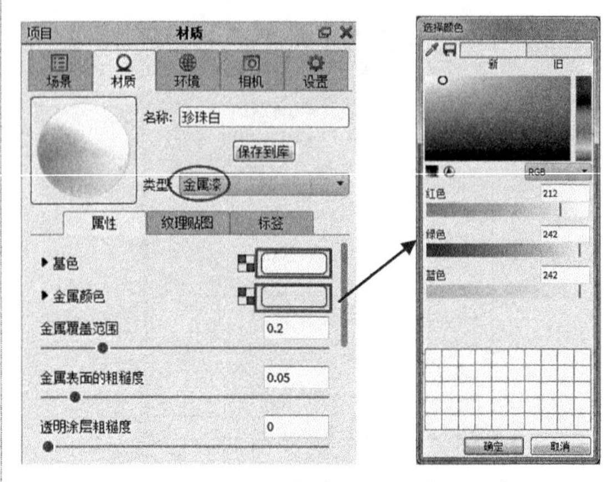

图 20-43 设置材质类型与材质颜色

05 设置其余各项参数，如图 20-44 所示。

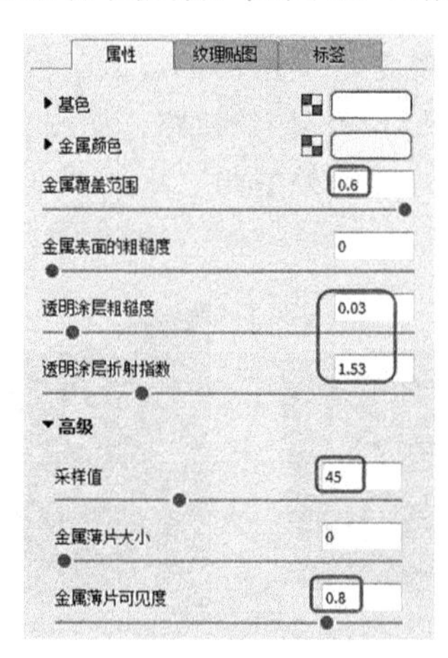

图 20-44 设置各项参数

06 最后在材质属性面板中单击【确定】按钮，将设定的珍珠材质保存到材质库中，如图 20-45 所示。

图 20-45 保存材质到材质库

20.5　颜色库

颜色不是材质，颜色只是体现材质的一种基本色彩。Keyshot 6.0 的模型颜色在【颜色】库中，如图 20-46 所示。

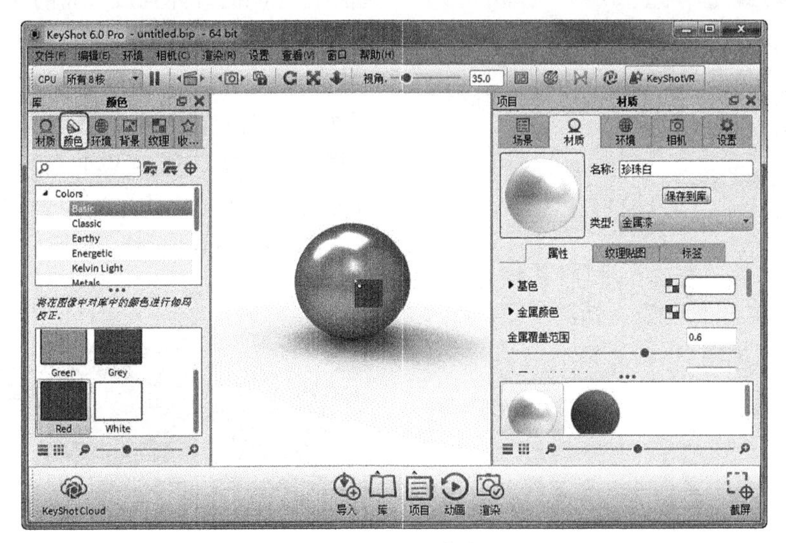

图 20-46　颜色库

更改模型的颜色除了在颜色库中拖动颜色给模型外，还可以利用编辑模型材质的时候直接在【材质】属性面板中设置材质的【基色】。

20.6　灯光

其实 Keyshot 6.0 中是没有灯光的，但一款功能强大的渲染软件是不可能不涉及灯光渲染的。那么 Keyshot 6.0 中又是如何操作灯光的呢？

20.6.1　利用光材质作为光源

在材质库中，光材质如图 20-47 所示。为了便于学习，我们特意将所有灯光材质做了汉化处理。

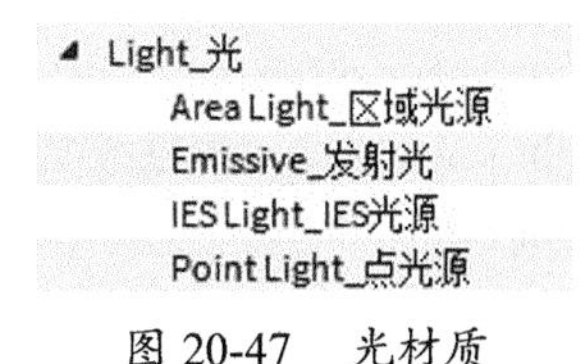

图 20-47　光材质

技术要点

选中材质并单击右键，选择【重命名】命令，即可命名材质为中文，以后使用材质的时候就比较方便了。

从图 20-47 中不难发现，可用的光源包括 4 种类型：区域光源、发射光、IES 光源和点光源。

1．区域光源

区域光源指的就是局部透射、穿透的光源，例如窗户外照射进来的自然光源、太阳光源，光源材质列表中有 4 个区域光源材质，如图 20-48 所示。

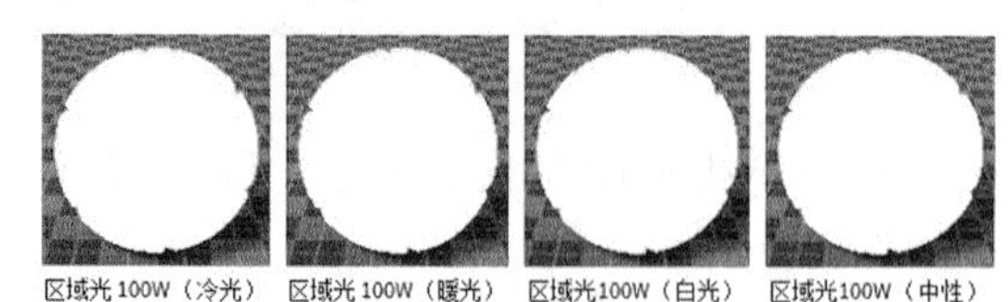

图 20-48　4 个区域光源材质

添加区域光源，也就是将区域光源材质赋予给窗户中的玻璃等模型。区域光源一般适用于建筑室内渲染。

2. 发射光

发射光源材质主要用作车灯、电筒、电灯、路灯及室内装饰灯的渲染。光源材质列表中的发射光材质，如图 20-49 所示。

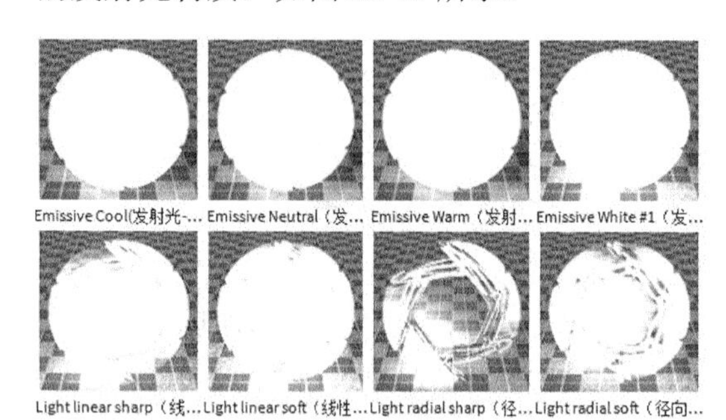

图 20-49　发射光源材质

发射光源材质中的英文对照如下：

- Emissive Cool：发射光 - 冷
- Emissive Neutral：发射光 - 中性
- Emissive Warm：发射光 - 暖
- Emissive White #1：发射光 - 白色 #1
- Light linear sharp：线性锐利灯光
- Light linear soft：线性软灯光
- Light radial sharp：径向锐利灯光
- Light radial soft：径向软灯光

3. IES 光源

IES 光源是由美国照明工程学会制订的各种照明设备的光源标准。

在制作建筑效果图时，常会使用一些特殊形状的光源，例如射灯、壁灯等，为了准确、真实地表现这一类光源，可以使用 IES 光源导入 IES 格式文件来实现。

IES 文件就是光源（灯具）配光曲线文件的电子格式，因为它的扩展名为 *.ies，所以，平时我们就直接称它为 IES 文件了。

IES 格式文件包含准确的光域网信息。光域网是光源的灯光强度分布的 3D 表示，平行光分布信息以 IES 格式存储在光度学数据文件中。光度学 Web 分布使用光域网定义分布灯光。可以加载各个制造商所提供的光度学数据文件，将其作为 Web 参数。在视口中，灯光对象会更改为所选光度学 Web 的图形。

Keyshot 6.0 提供了 3 种 IES 光源材质，如图 20-50 所示。

图 20-50　3 种 IES 光源材质

IES 光源对应的中英文材质说明如下：

- IES Spot Light 15 degrees：IES 射灯 15°。
- IES Spot Light 45 degrees：IES 射灯 45°。
- IES Spot Light 85 degrees：IES 射灯 85°。

4. 点光源

点光源从其所在位置向四周发射光线。Keyshot 6.0 材质库中的点光源材质如图 20-51 所示。

图 20-51　点光源材质

点光源对应的中英文材质说明如下：

- Point Light 100W Cool：点光源 100W- 冷。
- Point Light 100W Neutral：点光源

100W- 中性。

- Point Light 100W Warm：点光源 100W- 暖。
- Point Light 100W White：点光源 100W- 白色。

20.6.2　编辑光源材质

光源不能凭空添加到渲染环境中，需要建立实体模型。可以通过在菜单栏中执行【编辑】|【添加几何图形】|【立方体】命令，或者其他图形命令，可以创建用于赋予光源材质的物件。

如果已经有光源材质附着体，就不需要创建几何图形了。把光源材质赋予物体后，随即可在【材质】属性面板中编辑光源属性，如图 20-52 所示。

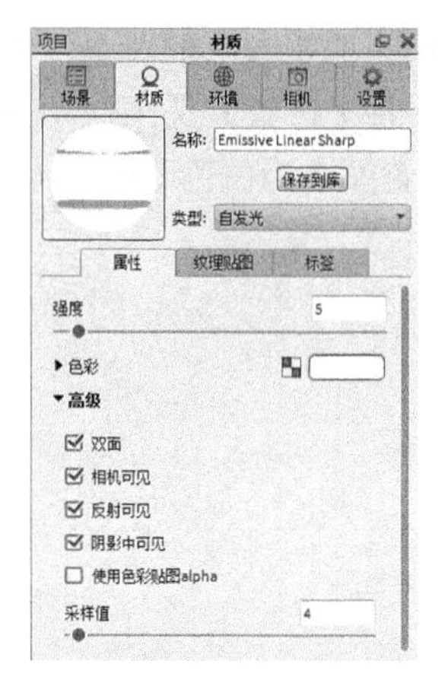

图 20-52　在材质属性面板中编辑光源属性

20.7　环境库

渲染离不开环境，尤其是需要在渲染的模型表面表达发光效果时，更需要加入环境。在窗口左侧的【环境】库中列出了 Keyshot 6.0 全部的环境，如图 20-53 所示。

技术要点

作者花了一些时间将环境库中的英文名环境全部做了汉化处理，也会将汉化的环境库一并放置在本书光盘中。

要设置环境，在环境库中选择一种环境，双击环境缩略图，或者拖动环境缩略图到渲染区域释放，即可将环境添加到渲染区域，如图 20-54 所示。

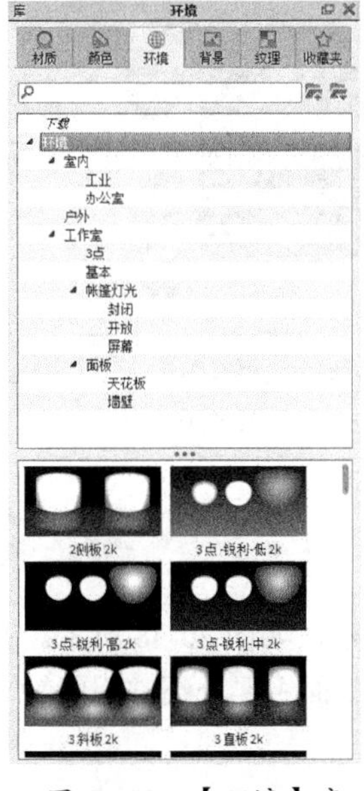

图 20-53　【环境】库

图 20-54　添加环境

添加环境后，可以在右侧的【环境】属性面板中设置当前渲染环境的属性，如图 20-55 所示。

如果不需要环境中的背景，在【环境】属性面板中的【背景】选项区单选【颜色】选项，并设置颜色为白色即可。

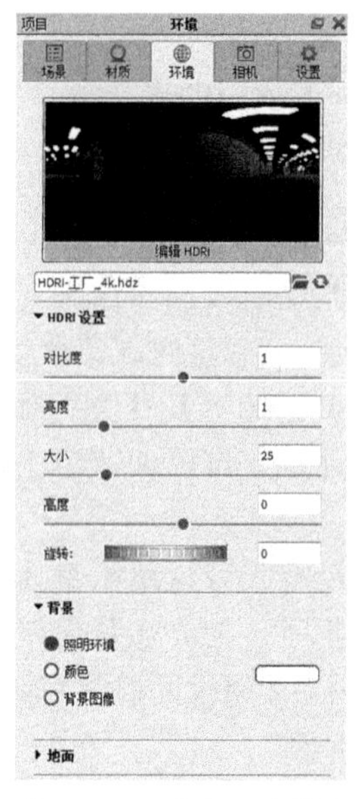

图 20-55 设置环境属性

20.8 背景库和纹理库

背景库中的背景文件主要用于室外与室内的场景渲染，背景库如图 20-56 所示。背景的添加方法与环境的添加方法是相同的。

纹理库中的纹理是用来作为贴图用的材质。纹理既可以单独赋予对象，也可以在赋予材质时添加纹理。Keyshot 6.0 的纹理库，如图 20-57 所示。

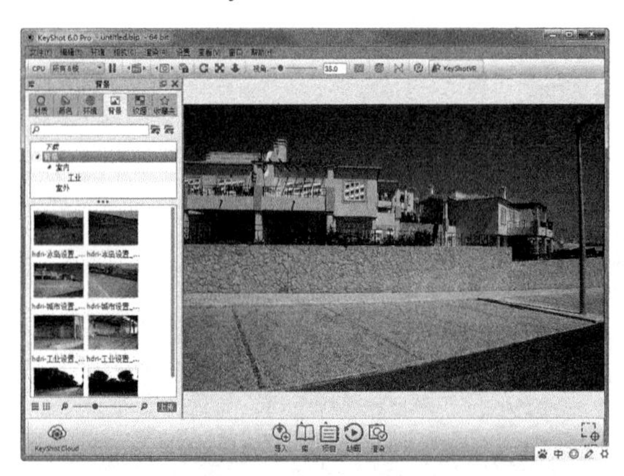

图 20-56 背景库

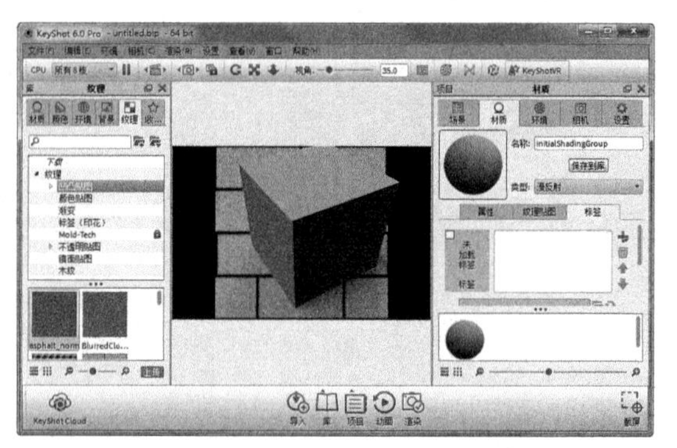

图 20-57 纹理库

20.9 渲染

在窗口底部单击【渲染】控制命令按钮，弹出【渲染】对话框，如图 20-58 所示。其中包括了输出、质量、队列、区域、网络和通道 6 个渲染设置类别，下面主要介绍常用的输出、质量和区域。

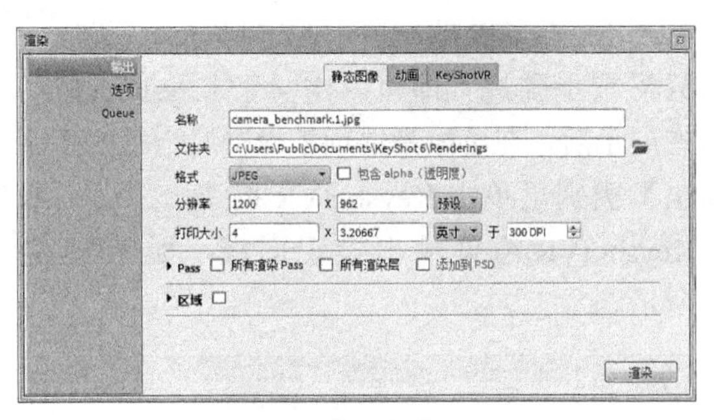

图 20-58 【渲染】对话框

20.9.1 【输出】类别

【输出】选项卡中有 3 种输出类型：静态图像、动画和 KeyShotVR。

1. 静态图像

静态图像就是输出渲染的位图格式文件，该控制面板中各选项功能介绍如下。

- 名称：输出图像的名称，可以是中文命名。
- 文件夹：渲染后图片保存位置，默认情况下是 Renderings 文件夹。如果需要保存到其他文件夹，同样要注意的是路径全英文的问题，不能出现中文字符。
- 格式：文件保存格式，在格式选项当中，Keyshot 6.0 支持三种格式的输出——JPEG、TIFF、EXR。通常选择我们最为熟悉的 JPEG 格式保存，TIFF 的保存文件可以在 Photoshop 中给图片去背景，至于 EXR 是涉及色彩渠道、阶数的格式，简单来说就是 HDR 格式的 32 位文件。
- 包括 alpha 透明度：这个选项是为了在 TIFF 格式的文件中，Photoshop 等软件处理自带一个渲染对象及投影的选区。
- 分辨率：图片大小，在这里可以改变图片的纵横大小。其中的选项栏里可以选择一些常用的图片输出大小。
- 打印大小：保持纵横比例与打印图像尺寸单位选项。前面的选项栏里调整的 inch 和 cm 不用多解释，就是英寸和厘米。后面的选项栏调整的就是 DPI 的精度了，看个人需要，一般使用打印尺寸为 300DPI。
- 性能：设置渲染时计算机的 CPU 性能。
- 渲染模式：通常为默认设置，以渲染前所做的准备工作为准。

2. 动画

当创建渲染动画后才能显示【动画】输出设置面板，制作动画非常简单，只需在动画区域中单击【动画向导】按钮，选择动画类型、相机、动画时间等就可以完成动画的制作了。每种类型都有预览，如图 20-59 所示。

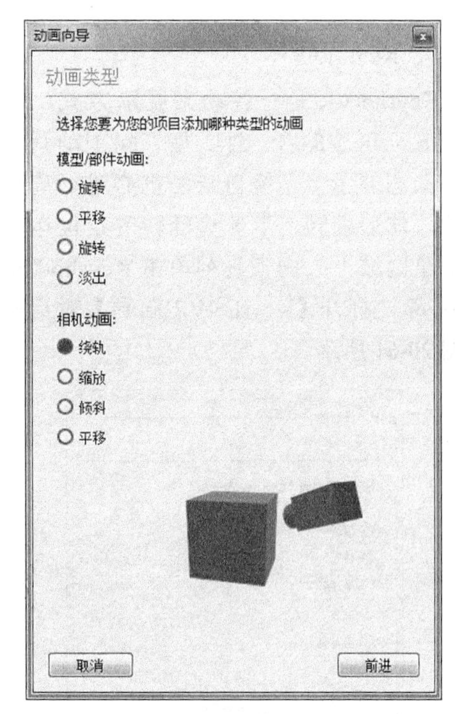

图 20-59 制作动画的类型

完成动画制作后在【渲染】对话框的【输出】选项卡中单击【动画】按钮，即可显示动画渲染输出设置面板，如图 20-60 所示。

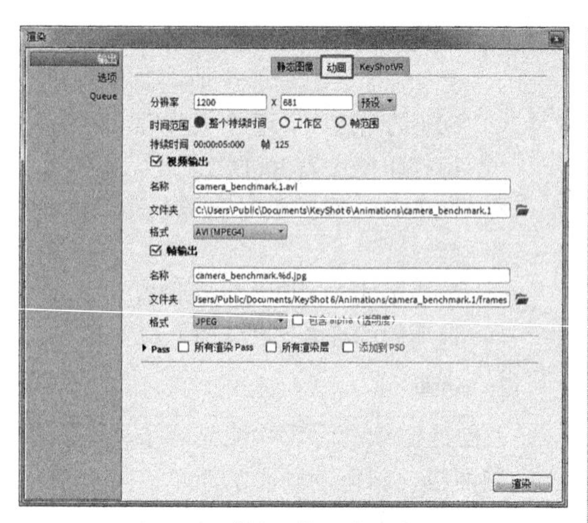

图 20-60【动画】输出设置面板

在此面板中根据需求设置分辨率、视频与帧的输出名称、路径、格式、性能及渲染模式等。

3. KeyshotVR

KeyshotVR 是一种动态展示方式，动画也是 KeyshotVR 的一种类型。除了动画，其他的动态展示多是绕自身的重心进行旋转、翻滚、球形翻转、半球形翻转等定位运动。在渲染区域上方的工具列单击 KeyshotVR 按钮，打开【KeyshotVR 向导】对话框，如图 20-61 所示。

图 20-61【KeyshotVR 向导】对话框

KeyshotVR 动态展示的定制与动画类似，只需按步骤进行即可。定义了 KeyshotVR 动态展示后，在【渲染选项】设置对话框的【输出】类别里单击 KeyshotVR 按钮，才会显示 KeyshotVR 渲染输出设置面板，如图 20-62 所示。

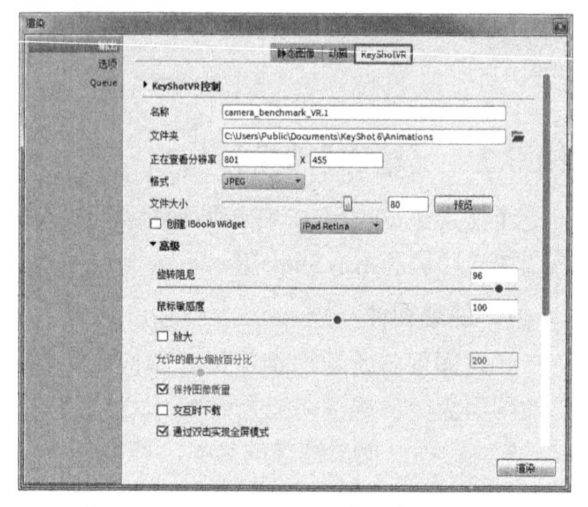

图 20-62　KeyshotVR 渲染输出设置面板

设置完成后，单击【渲染】按钮，即可进入渲染过程。

20.9.2 【选项】

【选项】选项卡用来控制渲染质量。【选项】选项卡，如图 20-63 所示。

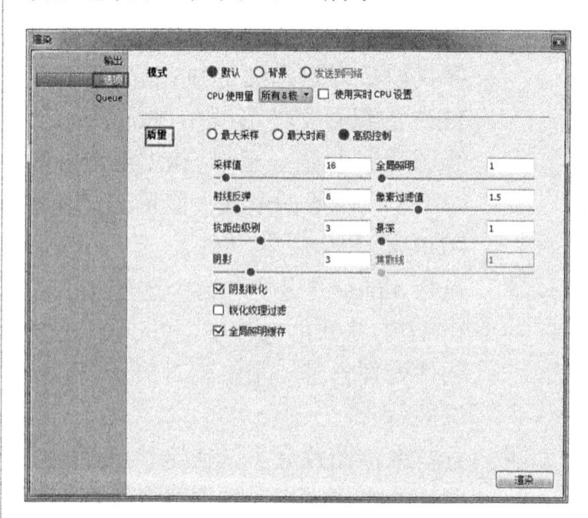

图 20-63　渲染质量设置面板

【质量】类别中包括 3 种设置：最大时间、最大采样和高级控制。

1. 最大时间

“最大时间”定义每帧和总时长，如图 20-64 所示。

图 20-64　最大时间设置

2. 最大采样

“最大采样”定义每帧采样的数量，如图 20-65 所示。

图 20-65　最大采样

3. 高级控制

【高级控制】控制面板中各选项功能介绍如下：

- 采样值：控制图像每个像素的采样数量。在大场景的渲染中，模型的自身反射与光线折射的强度或者质量需要较高的采样数量。较高的采样数量设置可以与较高的抗锯齿设置（Anti aliasing）配合。
- 全局照明品质：提高这个参数的值可以获得更加详细的照明和小细节的光线处理。一般情况下这个参数没有太大必要去调整。如果需要在阴影和光线的效果上做处理，可以考虑改变它的参数。
- 射线反弹：设置这个参数，控制光线在每个物体上反射的次数。
- 像素过滤值：这是一个新的功能，其功能为增加了一个模糊的图像，得到柔合的图像效果。建议使用 1.5~1.8 之间的参数。不过在渲染珠宝首饰的时候，大部分情况下有必要将参数值降低到 1~1.2。
- 抗锯齿级别：提高抗锯齿级别可以将物体的锯齿边缘细化，当这个参数值越大，物体的抗锯齿质量也会提高。
- 景深质量：增加这个选项的数值将导致画面出现一些小颗粒状的像素点，以体现景深效果。一般将参数设置为 3 足以得到很好的渲染效果。不过要注意的是，数值的变大将会增加渲染的时间。
- 阴影：这个参数所控制的是物体在地面的阴影质量。
- 焦散：指当光线穿过一个透明物体时，由于对象表面不平整，使得光线折射并没有平行发生，出现漫折射，投影表面出现光子分散。
- 锐化阴影：这个选项默认状态是勾选的，通常情况下尽量不要改动，否则将会影响到画面小细节阴影上的锐利程度。
- 锐化纹理过滤：检查当下所选择的材质与各贴图，开启可以得到更加清晰的纹理效果，不过这个选项通常情况下是没有必要开启的。
- 全局照明缓存：勾选此复选框，对于细节能得到较好的效果，时间上也可以得到一个好的平衡。

20.9.3　区域渲染

设置框选区域的局部渲染，如图 20-66 所示为【区域】设置面板。

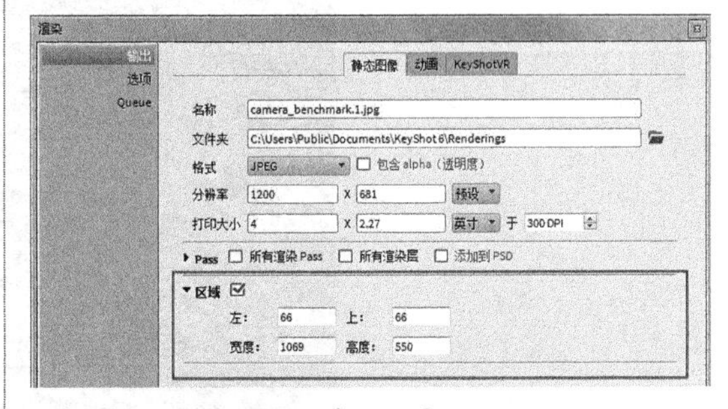

图 20-66　【区域】设置面板

该控制面板中各选项功能介绍如下：

- 【区域渲染】：勾选【区域渲染】复

选框，激活该命令选项便可以在软件视窗界面中灵活使用鼠标左键拖曳形成渲染画框进行局部渲染。通过这种方式可以灵活渲染所需查看的画面局部，提高效率。如将宽度设置为1634，高度设定为2319，则该区域渲染，如图 20-67 所示。

专家提示

在 Keyshot 中，打开软件视窗界面后应尽量将视窗缩放至最小（适合观看模型即可），这样可以加快模型的及时硬件渲染效率。

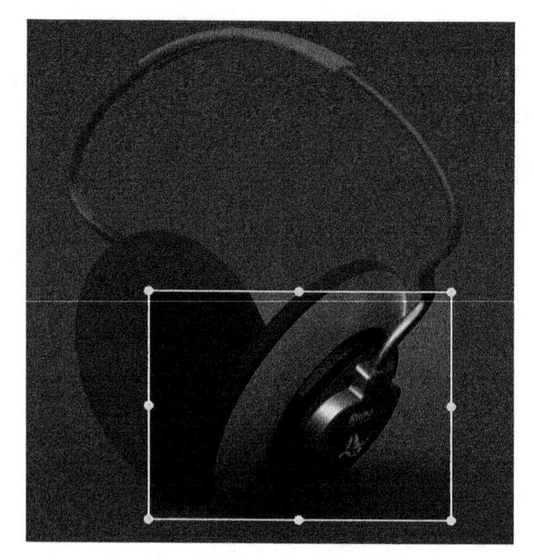

图 20-67　区域渲染

20.10 产品真实渲染训练

在 Keyshot 6.0 软件中，通过以下实际的操作案例对本章节前面的相关操作命令做进一步阐释。

20.10.1 训练一：耳机渲染

◎ **引入光盘：动手操作 \ 源文件 \Ch20\ 耳机 .3dm**

◎ **结果文件：动手操作 \ 结果文件 \Ch20\ 耳机 .bip**

◎ **视频文件：视频 \Ch20\ 耳机渲染 .avi**

本例耳机的 Keyshot 渲染图像，如图 20-68 所示。

图 20-68　Keyshot 渲染最终结果

1. 给模型赋材质

01 启动 Keyshot 6.0 软件。单击【导入】命令按钮，打开【导入文件】对话框，如图 20-69 所示。

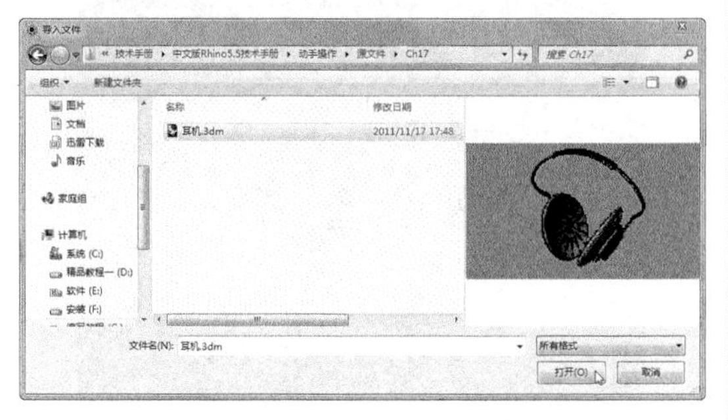

图 20-69　导入模型文件

02 设置导入参数完成模型的导入，如图 20-70 所示。

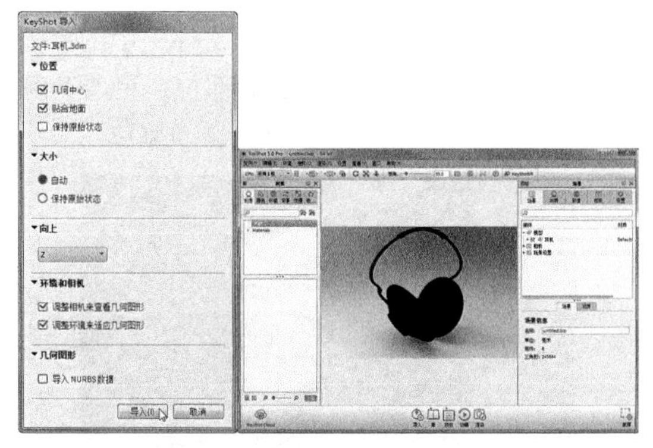

图 20-70　导入模型

03 在材质库中，首先将【Plastic_ 塑料材质】|【硬质】|【亮泽】材质文件夹下的“森林绿色硬质光泽塑料”赋予整个耳机，如图 20-71 所示。

图 20-71　赋予绿色塑料材质给整个耳机

04 接着赋予小件的特征材质。方法是：选中要赋予材质的特征，如图 20-72 所示。在右侧【场景】属性面板的模型树中会高亮显示被选中的特征，然后将“白色硬质光泽塑料”材质拖曳到【场景】属性面板的高亮显示的特征上面并释放，完成赋予材质操作，如图 20-73 所示。

> **技术要点**
>
> 在没有解除链接材质关系的时候，千万不要拖动材质到渲染区域中释放，否则将会改变整个模型的材质。

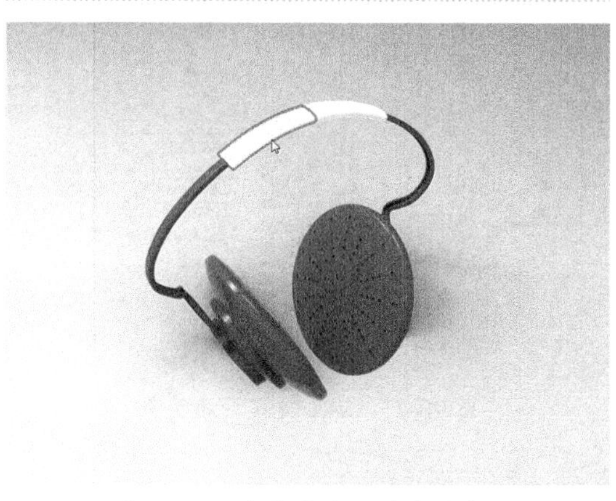

图 20-72　选中要赋予材质的特征

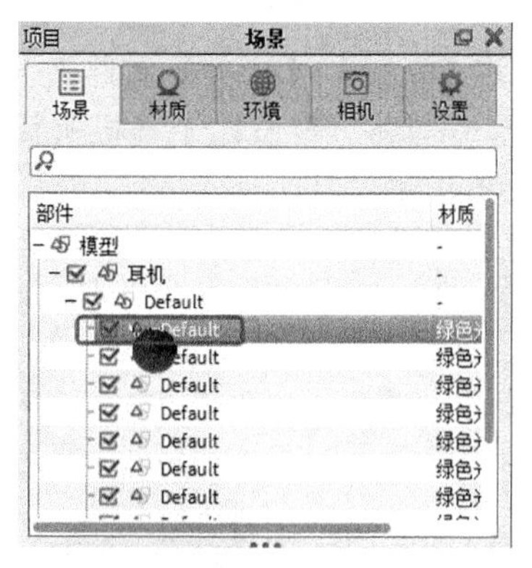

图 20-73　拖曳材质在属性面板中释放

05 赋予材质的效果，如图 20-74 所示。

06 选中耳机听筒部分特征，然后单击右键菜单中的【解除链接材质】命令，即可解除该特征与整个模型之间的材质父子关系，如图 20-75 所示。同理，解除其余特征与模型之间的材质链接关系。

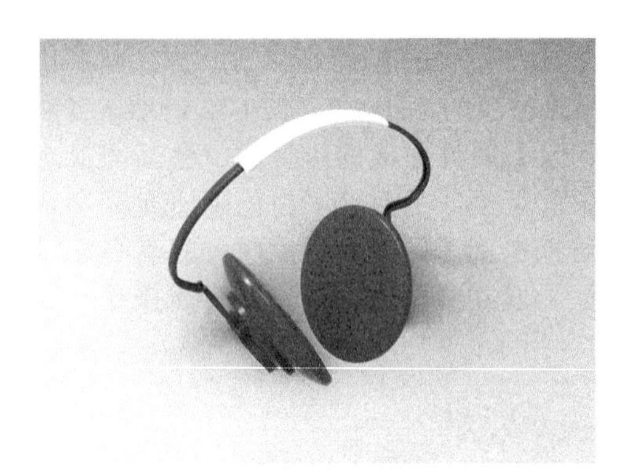

图 20-74　材质效果

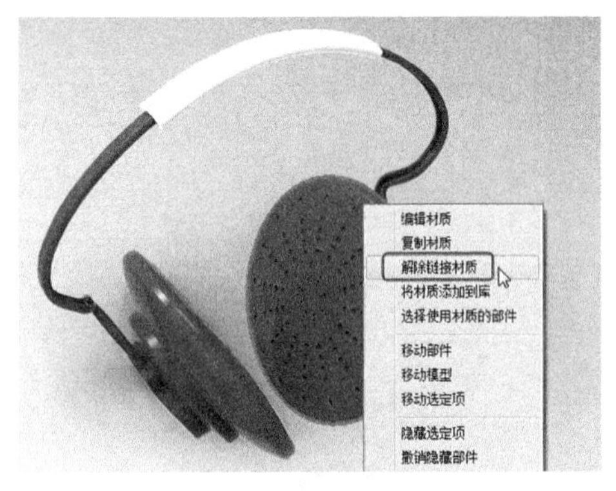

图 20-75　解除链接材质关系

技术要点

解除的不是几何关系，仅仅是材质关系。

07 陆续将【软质】|【磨砂】文件夹下的“黑色软质磨砂塑料”材质赋予耳机听筒特征，如图 20-76 所示。

图 20-76　赋予黑色软质磨砂塑料

08 将【硬质】|【亮泽】材质文件夹下的“黑色硬质光泽塑料”材质赋予如图 20-77 所示的部件。

图 20-77　赋予黑色硬质光泽塑料

09 同理将另一侧的部件也赋予“黑色硬质光泽塑料”材质。

10 在【颜色】库中将【基本】文件夹中的“蓝色”拖曳到如图 20-78 所示的部位，更改其颜色为蓝色。同理，另一侧也改变为蓝色。

图 20-78　更改颜色

2．添加 HDRI 环境贴图

01 在【环境】库中选中“会议室 _3k”场景并添加到渲染环境中，如图 20-79 所示。

图 20-79　添加场景到渲染环境中

技术要点

环境中显示环境贴图，会干扰产品的突出展示，因此需要取消显示，让它仅仅对渲染起作用。

02 在右侧【环境】属性面板中【背景】选项区下，选中【颜色】单选选项，去掉环境贴图，并设置背景颜色为黑色，如图 20-80 所示。

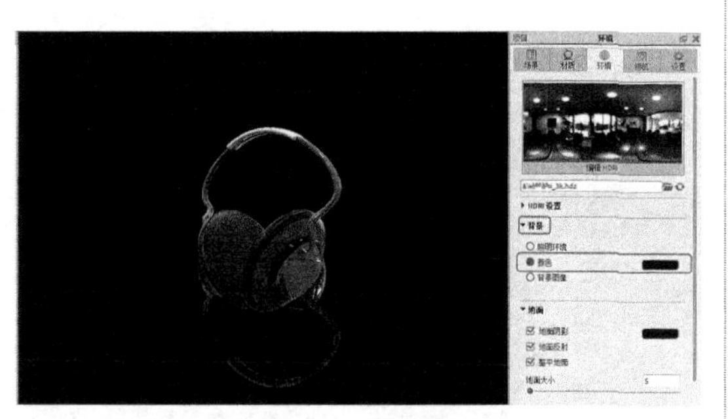

图 20-80　去掉环境贴图和背景颜色

03 此时会发现耳机模型与阴影之间重合了，表明地板的高度超出了模型底端。在【场景】属性面板中，选中“耳机”特征，然后在下方的【位置】选项卡中输入 Y 的平移值为 1.2，按 Enter 键即可完成移动操作，结果如图 20-81 所示。

技术要点

由于地板就是坐标系的 XY 平面，所以是不能移动的，只能移动模型。

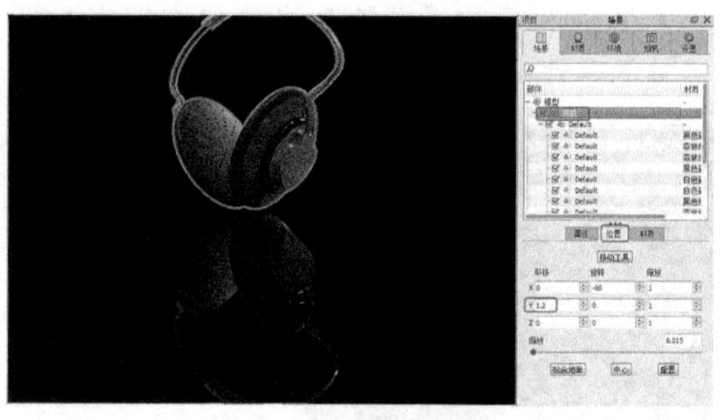

图 20-81　移动模型

04 在【环境】属性面板的【HDRI 设置】选项区中设置各项参数，使其渲染更加逼真，如图 20-82 所示。

图 20-82　设置 HDRI

3．添加纹理贴图

01 在【纹理】库中，选择【凹凸贴图】|【标签】文件夹下的“Keyshot 文字标签”贴图拖曳到耳机外壳上，然后选择【添加标签】命令，如图 20-83 所示。

图 20-83　添加标签

02 在模型上双击耳机外壳的材质，随后在【材质】属性面板的【标签】选项卡中编辑贴图标签的参数，如图20-84所示。

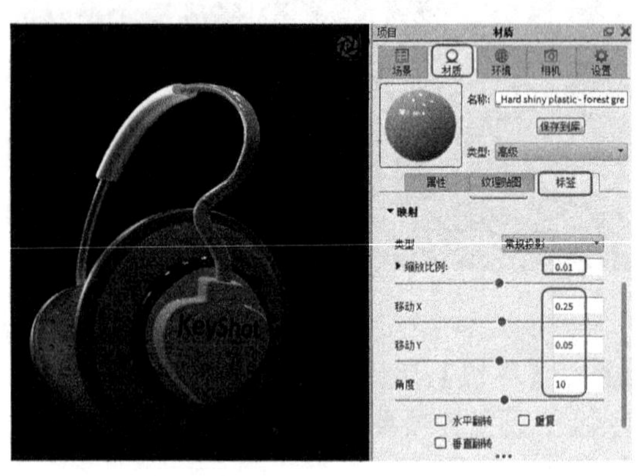

图20-84 设置标签的属性

03 同理，再将相同的贴图文件夹中的Keyshot图标也拖曳释放到相同的位置上，并设置其属性，如图20-85所示。

技术要点

除了输入移动参数外，还可以单击【位置】按钮，直接拖曳贴图标签到合适的位置上，这种方法要快捷得多。

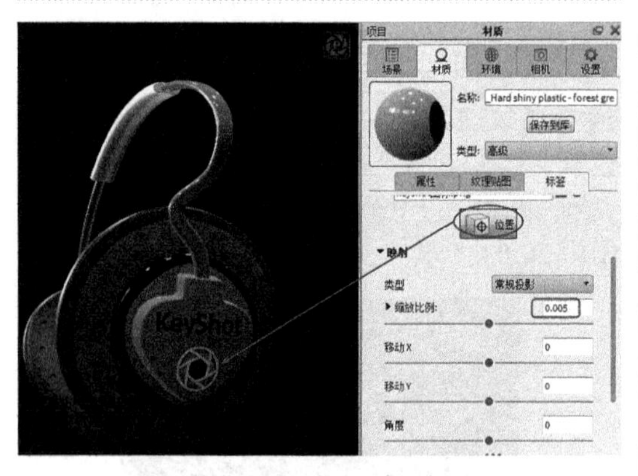

图20-85 添加标签并编辑属性

04 同理，在对称的另一个听筒上也添加标签贴图，如图20-86所示。

技术要点

注意，在移动完成标签后，需要再次单击【位置】按钮，否则此功能将一直处于激活状态，有时在旋转或平移摄影机时会移动标签。

图20-86 在另一侧也添加贴图标签

4. 设置渲染参数

01 在窗口下方单击【渲染】按钮，打开【渲染选项】对话框。输入图片名称，设置输出格式为JPEG，文件保存路径为默认路径。其余选项保留默认设置，如图20-87所示。

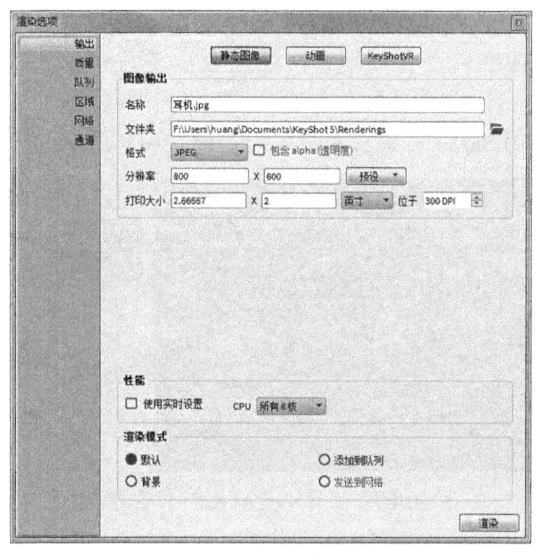

图20-87 设置渲染输出参数

技术要点

测试渲染有两种方式：第一种为视窗硬件渲染（也是实时渲染），即将视窗最大化后等待Keyshot将视窗内文件慢慢渲染出来，随后使用【截屏】命令按钮，将视窗内图像截屏保存。

第二种方式为在【渲染选项】对话框单击【渲染】按钮。将图像渲染出来，这种方式较第一种效果更好，但渲染时间较长。

02 经过测试渲染，反复调节模型材质、环境等贴图参数，调整完毕后便可以进行模型的最终渲染出图。最终的渲染参数设置与测试渲染设置方法一样，有所不同的是根据效果图的需要可以将格式设置为 Tiff，并勾选【包括 alpha 通道】选项，这样能够为后期效果图修正提供极大方便，同时将渲染品质设置为良好即可。

03 单击【渲染】按钮即可渲染出最终的效果图，如图 20-88 所示。在新渲染窗口中要单击【关闭】按钮✓，才能保存渲染结果。

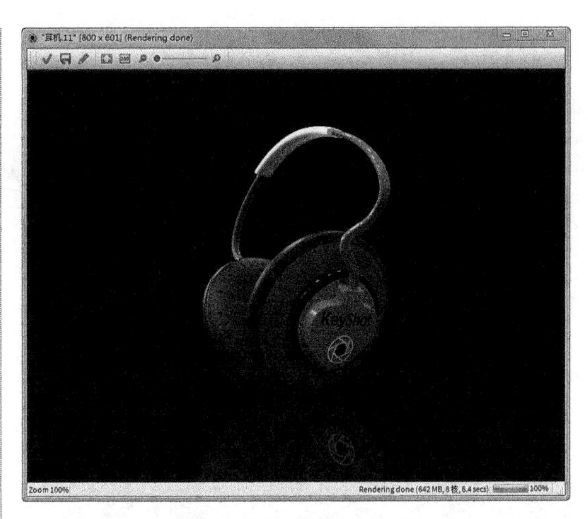

图 20-88　最终渲染图

Keyshot 6.0 当中设置了许多操作快捷键，这些快捷键与鼠标结合使用，能够大大提高了软件操作的效率。主要的操作快捷菜单见表 20-1。

表 20-1　Keyshot 快捷菜单

功 能	快捷键
模型比例缩放	Alt+ 鼠标右键
模型水平旋转	Shift+Alt + 鼠标中键
模型自由式旋转	Shift +Alt+Ctrl+ 鼠标中键
模型水平移动	Shift +Alt+ 鼠标左键
模型垂直移动	Shift +Alt+Ctrl+ 鼠标左键
选择材质	Shift + 鼠标左键
赋材质	Shift+ 鼠标右键
旋转模型	鼠标左键
移动模型	鼠标中键
加载模型	Ctrl +I
打开 HDIR	Ctrl +E
打开背景图片	Ctrl+B
打开材质库	M
打开热键显示	K
实时显示控制	Shift +P
显示头信息	H
满屏模式	F

20.10.2 训练二：腕表渲染

◎ 引入光盘：动手操作 \ 源文件 \Ch20\ 腕表 .3dm

◎ 结果文件：动手操作 \ 结果文件 \Ch20\ 腕表 .bip

◎ 视频文件：视频 \Ch20\ 腕表渲染 .avi

本例腕表的 Keyshot 渲染效果，如图 20-89 所示。

图 20-89 Keyshot 渲染最终结果

1. 赋予模型材质

01 启动 Keyshot 6.0 软件。单击【导入】命令按钮，打开【导入文件】对话框，然后导入腕表文件，如图 20-90 所示。

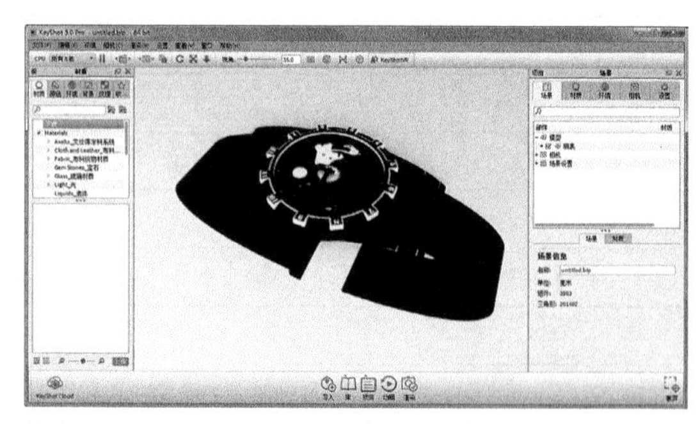

图 20-90 导入模型文件

02 首先赋予材质给表带，在【材质】库中找到【布料和皮革】|【皮革】|【暗红色皮革】材质，将其赋予给表带，如图 20-91 所示。

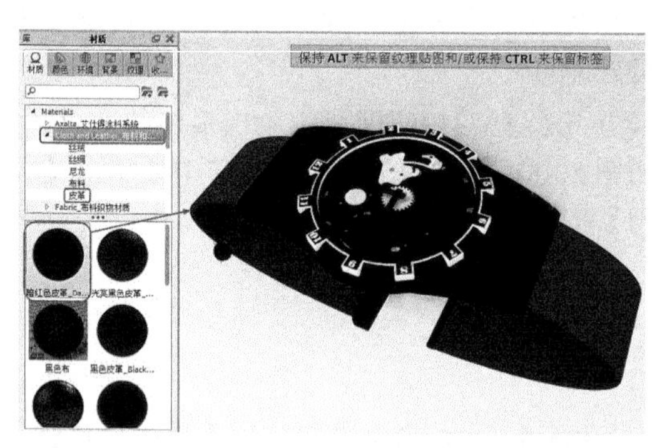

图 20-91 赋予表带材质

03 将【金属】|【贵金属】|【铂金】文件夹中的“拉丝铂金”材质赋予表壳，如图 20-92 所示。

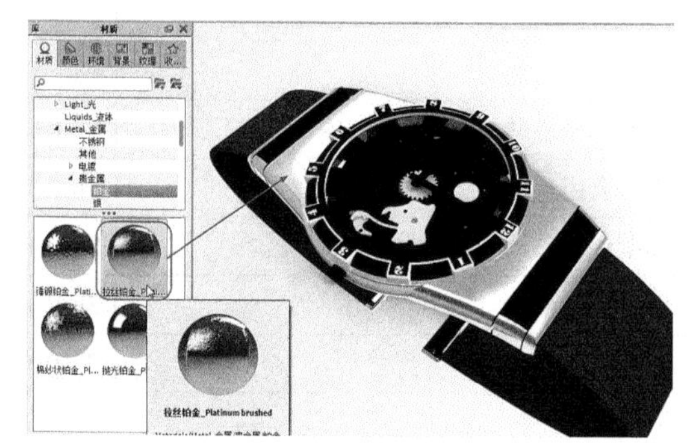

图 20-92 赋予材质给表壳

04 同样，再将【金属】|【贵金属】|【铂金】文件夹中的“拉丝铂金”材质赋予表盘，如图 20-93 所示。

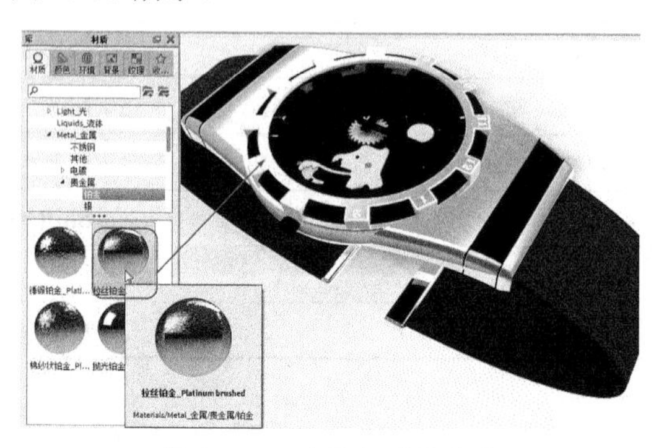

图 20-93 赋予材质给表盘

05 将【金属】|【贵金属】|【黄金】|【纹理】文件夹中的“24K 拉丝黄金”材质赋予表把，如图 20-94 所示。

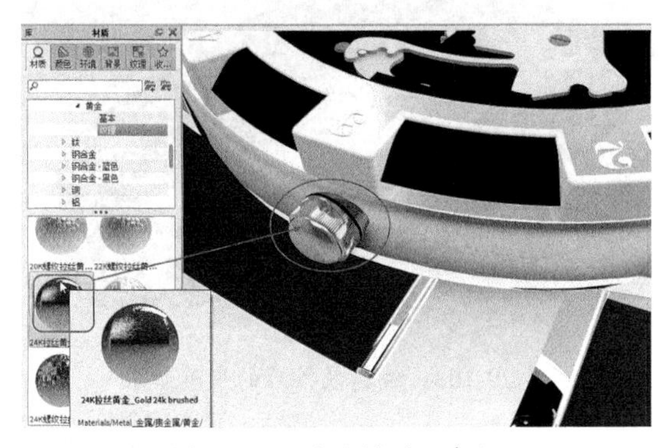

图 20-94 赋予材质给表把

06 将【金属】|【贵金属】|【黄金】|【基本】文件夹中的“24K 黄金”材质赋予机芯中的两个齿轮，如图 20-95 所示。

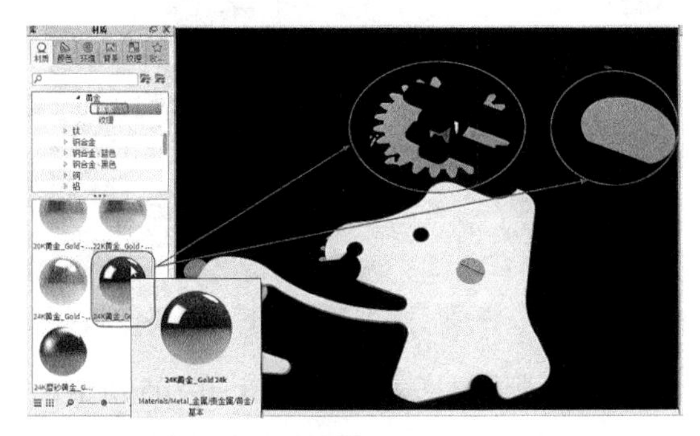

图 20-95 赋予材质给机芯齿轮

07 把【宝石】文件夹中的“玫瑰石英”材质赋予机芯中的护盖，如图 20-96 所示。

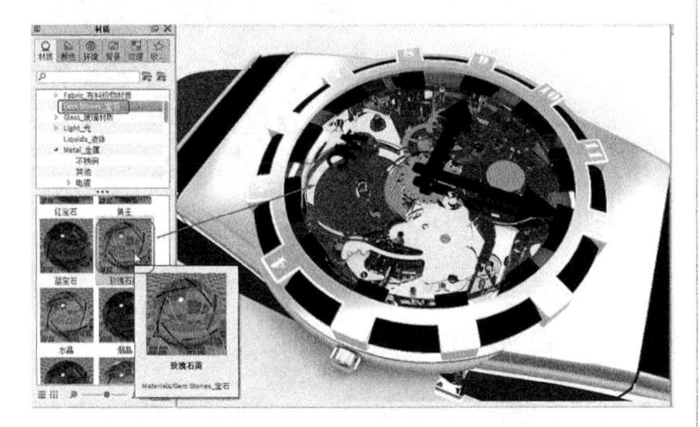

图 20-96 赋予材质给机芯中的护盖

08 将【金属】|【不锈钢】文件夹中的“轻微拉丝不锈钢”材质赋予机芯中的其他零件。

09 将【金属】|【电镀】|【磨砂】文件夹下的“蓝色电镀磨砂”材质赋予时刻，如图 20-97 所示。

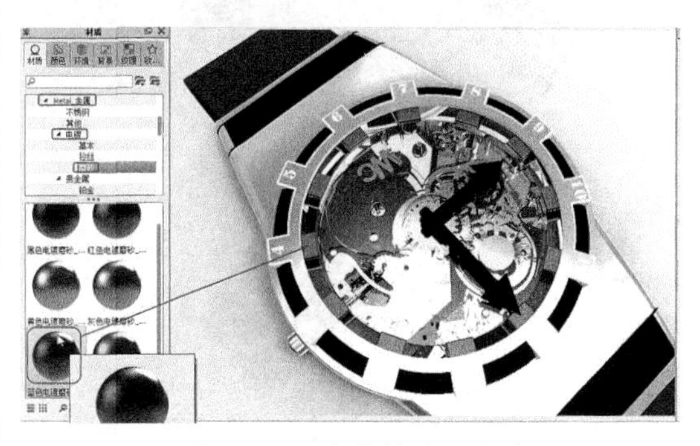

图 20-97 赋予材质给时刻

10 将【金属】|【钢合金 - 蓝色】文件夹下的“蓝色钢合金”材质赋予指针，如图 20-98 所示。

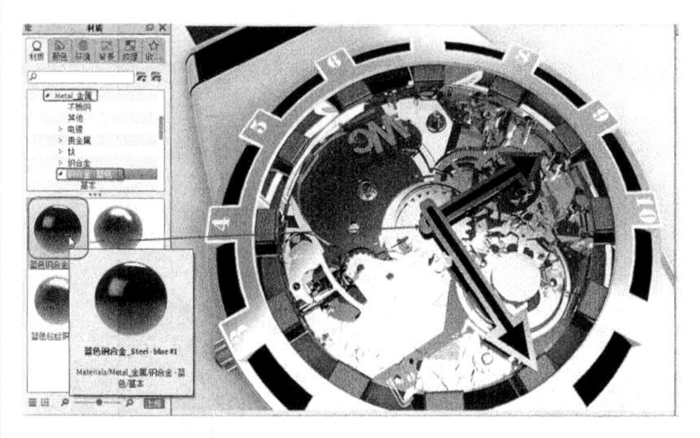

图 20-98 赋予材质给指针

11 将【Axalta_艾仕得涂料系统】|【火热主色调】文件夹中的“暴风雪”涂料赋予给指针中的荧光面，如图 20-99 所示。

图 20-99 赋予材质给指针荧光面

12 将【木材】|【天然木材】文件夹中的“抛光黑核桃木”和“樱桃木”两种木材分别赋予表中的装饰区域，如图 20-100 所示。

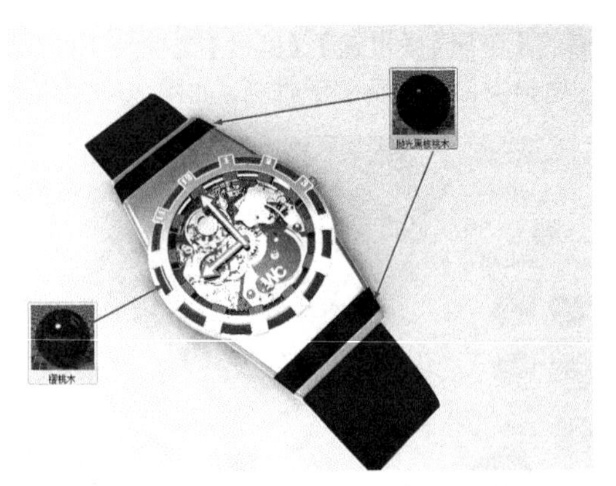

图 20-100　赋予木材材质给表中的装饰

13 最后将 Axalta_ 艾仕得涂料系统中的“朝夕夜晚”涂料赋予表盘上的涂层，如图 20-101 所示。

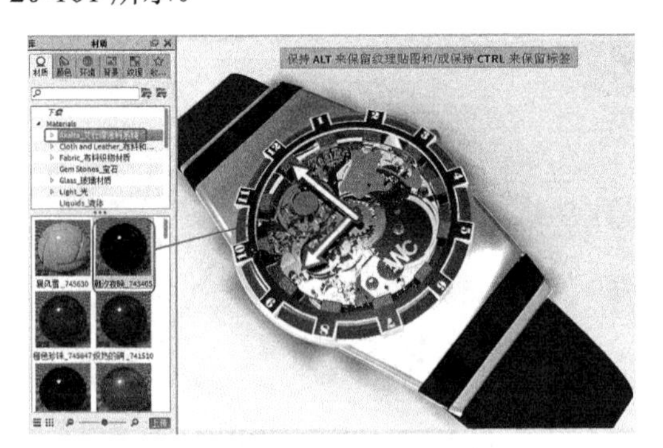

图 20-101　赋予材质给表盘中的涂层

14 接下来需要编辑表带的材质和木材装饰。首先编辑表带的皮革材质，设置参数如图 20-102 所示。

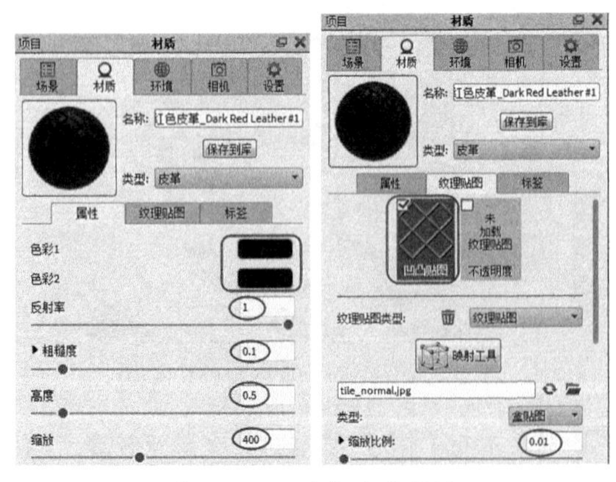

图 20-102　编辑皮革属性

15 编辑后的皮革如图 20-103 所示。

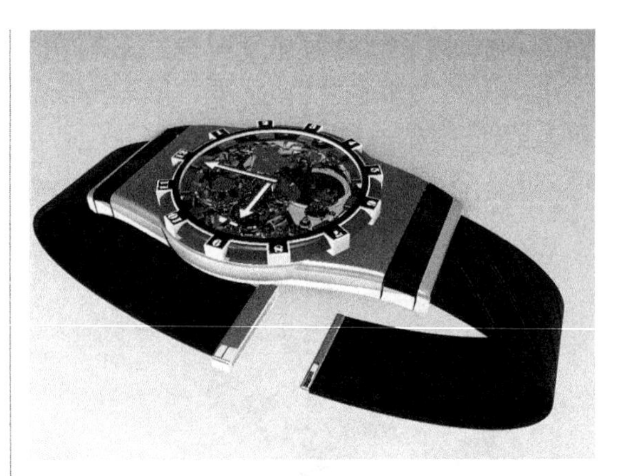

图 20-103　编辑属性后的皮革效果

16 双击“抛光黑核桃木 #7”木材编辑属性，如图 20-104 所示。

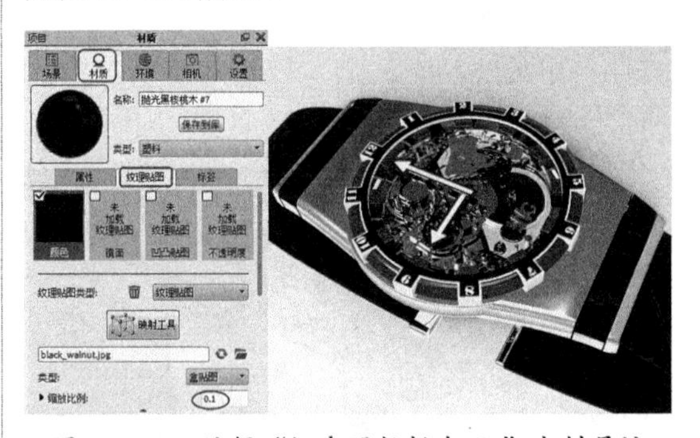

图 20-104　编辑“抛光黑核桃木 #7”木材属性

17 编辑“樱桃木”属性，如图 20-105 所示。

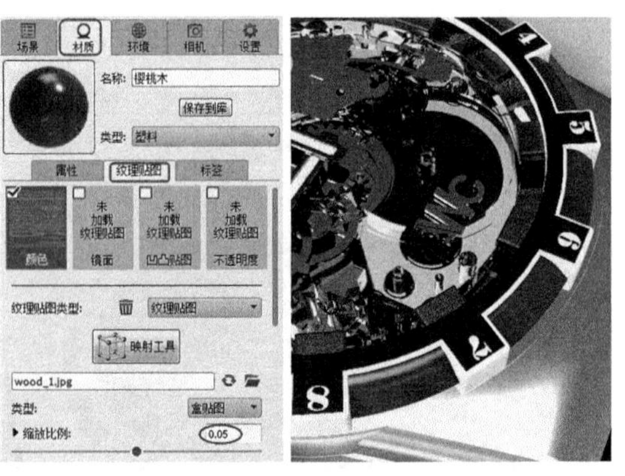

图 20-105　编辑“樱桃木”属性

18 最后编辑“玫瑰石英”材质的透明度和折射指数，如图 20-106 所示。

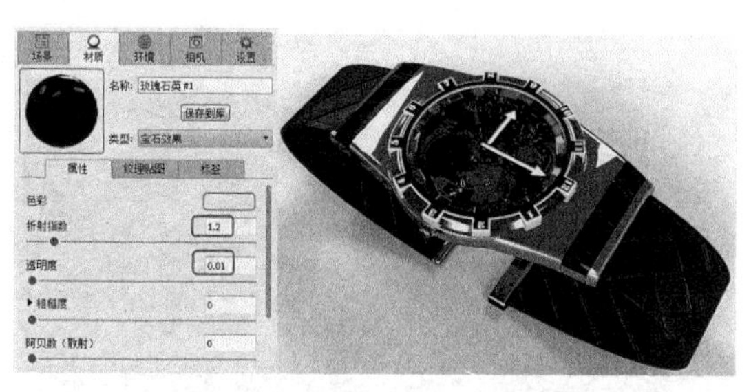

图 20-106 编辑玫瑰石英材质

2. 添加场景

01 在【环境】库中双击【室内】|【办公室】文件夹中的“办公桌 _ 2k”场景，添加场景到渲染区域中，如图 20-107 所示。

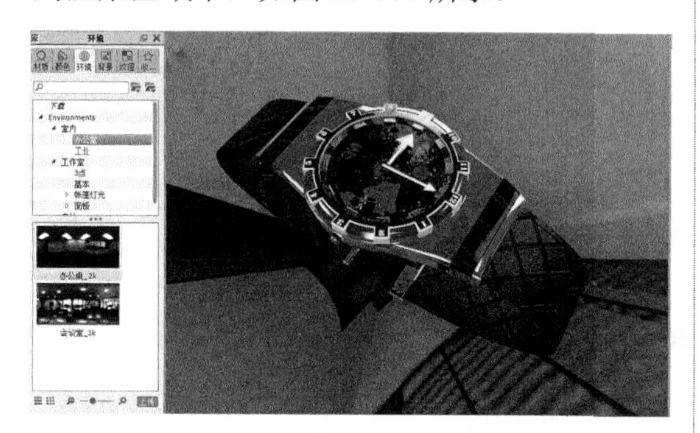

图 20-107 添加场景

02 在【环境】属性面板中设置背景为【颜色】，且颜色设置为“黑色”，并设置底面（地板），如图 20-108 所示。

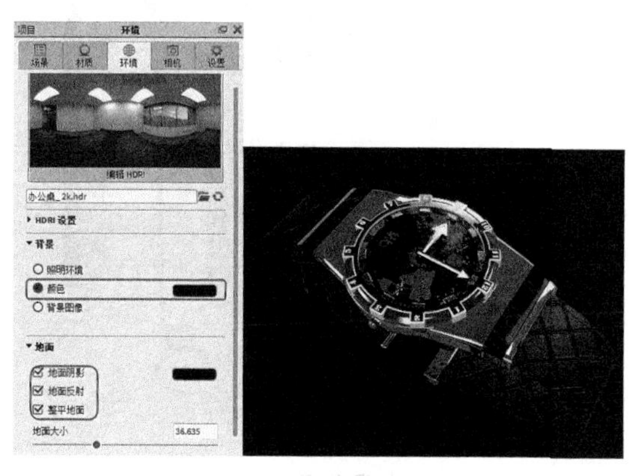

图 20-108 设置背景和地板

03 发现没有地板反射光，说明地板在手表模型的上方。按上一案例中移动模型的方法，移动整个手表模型，直至显示地面反射，如图 20-109 所示。

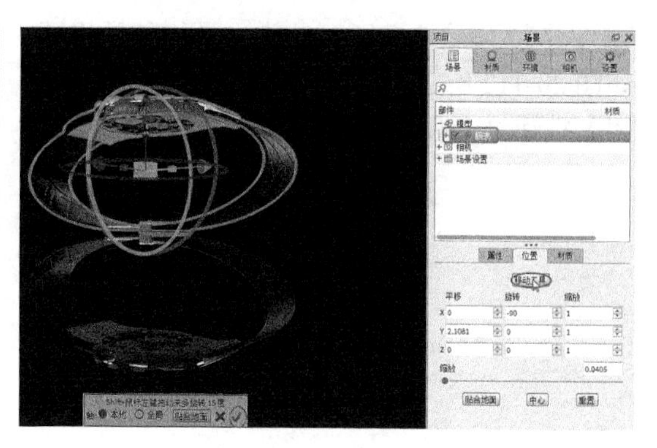

图 20-109 移动模型

04 最后再设置【环境】属性面板中的 HDRI 属性，如图 20-110 所示。

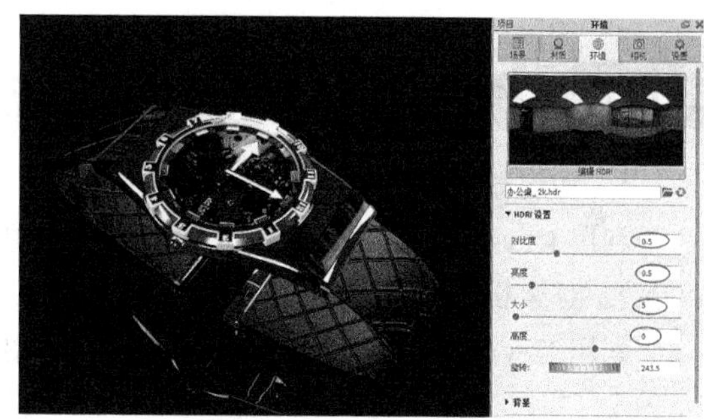

图 20-110 设置 HDRI 属性

3. 渲染

01 在窗口下方单击【渲染】命令按钮，打开【渲染选项】对话框。输入图片名称，设置输出格式为 JPEG，文件保存路径为默认路径。其余选项保留默认设置，如图 20-111 所示。

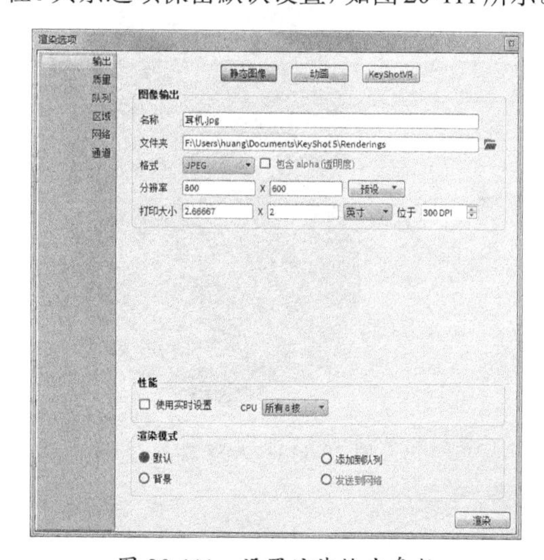

图 20-111 设置渲染输出参数

02 单击【渲染】按钮即可渲染出最终的效果图，如图20-112所示。在新渲染窗口中要单击【关闭】按钮，保存渲染结果。

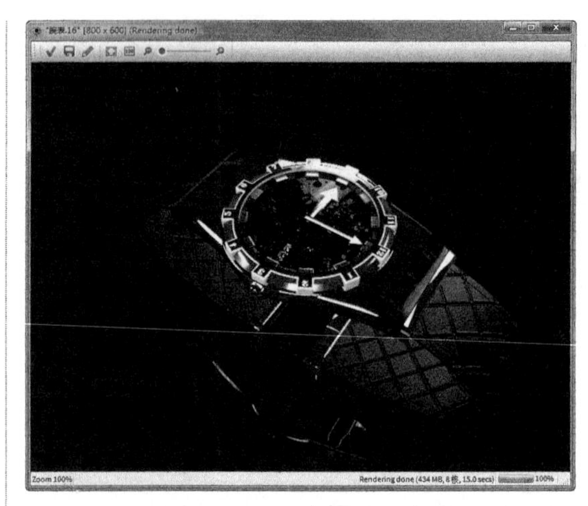

图 20-112 腕表最终渲染图

20.11 课后练习

1．加湿器渲染

利用Keyshot 6.0对加湿器进行渲染，如图20-113所示。

2．豆浆机渲染

利用Keyshot 6.0对豆浆机进行渲染，如图20-114所示。

图 20-113 加湿器

图 20-114 豆浆机

第21章 模具设计入门

Creo Parametric 4.0（Creo 4.0）软件是PTC公司推出的全新版本，本章主要介绍Creo Parametric 4.0基本操作界面和模具的基本知识，使读者了解模具设计中的共性特征和模具设计理论与Creo各模块间的对象功能，从而达到理解Creo模具设计解决方案的目的。

知识要点

- Creo 4.0简介
- 设置工作目录
- Creo模具设计流程
- 模具设计专用术语
- 模具设计基础
- 模具设计问题与解决方法
- 引导案例

21.1 Creo Parametric 4.0简介

Creo 4.0是PTC新推出的设计软件系列，可帮助公司克服最迫切的产品开发挑战，使它们能够快速创新并在市场上更有效地开展竞争。当今的企业正努力应对全球化的工程团队和过程，高效地吸纳并购的公司，并与众多的客户和供应商开展合作。此外，长期困扰着3D和CAD技术的问题（可用性、可互操作性、技术锁定和装配管理）使这些挑战变得更难以克服。

21.1.1 Creo基本功能

虽然Creo的功能很强大，但是常用功能主要包括零件设计、工程图、装配图、分析4个方面。

1．零件设计

零件设计是Creo功能中使用最频繁、最简单的三维设计功能，利用拉伸、旋转、扫描、混合、边界、壳、筋、孔等特征，能够设计出人们所需要的而不易想到的复杂零部件，如图21-1所示。

2．装配设计

装配设计是把各个零件按照一定的顺序和规则装配成一个完整的产品，方便观看和检验零件间的相互关系及零件间是否干涉。这只是装配设计的极小功能，最主要的是用于Top-Down设计，如图21-2所示为装配设计的效果图。

几乎所有产品都是由许多零件组装而成的，而每一个零件的部分甚至全部尺寸都会与其他零件的尺寸有关联。这些关联尺寸的设计就是装配设计的特长，在装配设计中设计零件不需要我们计算这些关联数据。而在零件设计中，这些关联数据的计算是必不可少的，并且是烦琐的。同时，在关联数据方面可以大大提高设计效率和降低出错几率，这才是装配设计的重要作用。

图21-1 零件设计

图21-2 装配设计

3. 工程图

工程图是零件设计与制造之间沟通的桥梁。工程图的设计，表示一个零件的设计已经完成，接下来的工作就是制造。所设计的零件是否能够生产，生产出来的零件是否能够满足需求，这些都取决于工程图，所以说工程图是零件设计与制造之间的桥梁。同时，它也是一个初始环节，这是因为工程图不仅会随三维实体模型设计的变更而变更，三维实体模型亦会随工程图的变更而变更。如图21-3所示为Creo的工程图。

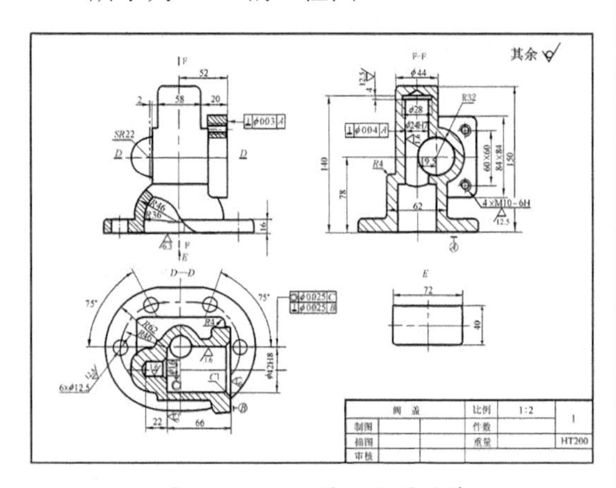

图 21-3　Creo 的工程图设计

4. 分析功能

Creo分析功能分为3部分，设计前期分析、设计过程中分析和设计后期分析。如图21-4所示为Creo的产品分析与运动仿真效果图。

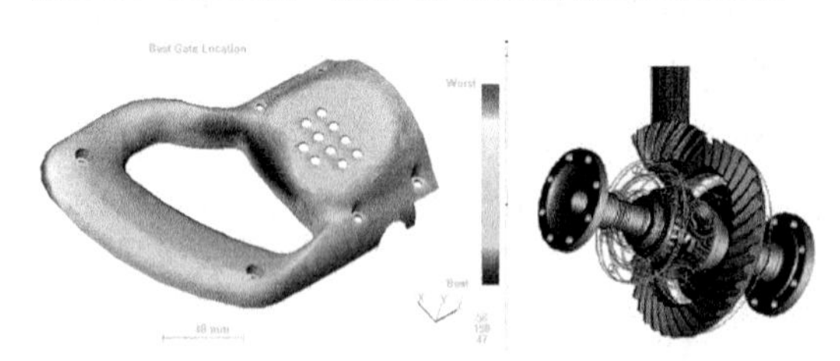

图 21-4　Creo 的产品分析与运动仿真

- 设计前期分析：包括NC加工、模具流道、浇口、开合模等分析功能。
- 设计过程中分析：包括零件设计中的线、面质量分析，以及零件重心及壁厚是否均匀和零件间的间隙等分析功能。
- 设计后期分析：包括零件重量、受力变形及仿真运动等分析功能。

5. 钣金设计功能

钣金件模块可以创建基本的和复杂的零件。可使用标准特征设计钣金件，如壁、切口、裂缝、折弯、冲孔、凹槽和拐角止裂槽等。还可编制NC机床的程序来创建零件。主要包括钣金件设计和钣金件制造两大功能。如图21-5所示为Creo的钣金设计效果图。

6. 模具设计功能

模具设计与铸造允许模拟模具设计过程、设计压模组件和元件，以及准备加工铸件。可以根据设计模型中的更改快速更新模具元件、设计压模组件与元件，并准备加工铸件，以及创建和修改设计零件、型腔、模具布局和绘图。如图21-6所示为Creo的模具设计效果图。

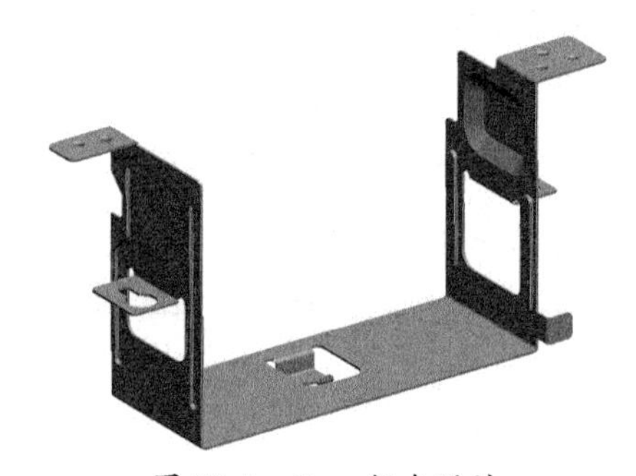

图 21-5　Creo 钣金设计

图 21-6　Creo 模具设计

21.1.2　Creo 的模具设计界面

操作界面是进行人机交换的工作平台，操作界面的人性化和快捷化已经成为 Creo 发展的趋势。

动手操作——启动 Creo Parametric 4.0

启动 Creo Parametric 4.0 的操作步骤如下：

01 双击桌面中的 Creo Parametric 4.0 图标，或者在操作系统左下角选择【开始】菜单中的【所有程序】|【PTC Creo】|【Creo Parametric 4.0】命令，打开 Creo 基本环境界面，如图 21-7 所示。

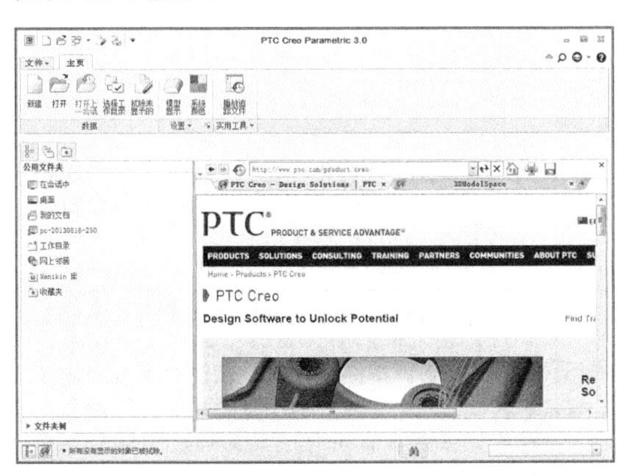

图 21-7　Creo 基本环境界面

02 在快速访问工具栏中，或者在【主页】选项卡的工具栏中单击【新建】按钮，在弹出的【新建】对话框中选择【制造】类型和【模具型腔】子类型，如图 21-8 所示。

03 若要使用默认的绘图模板，可以选中【使用默认模板】复选框，如果要自定义模板，则取消选中该复选框，然后单击【确定】按钮弹出【新文件选项】对话框，如图 21-9 所示。在此对话框中选择 mmns_mfg_mold（公制模板）模板即可。

04 单击【新文件选项】对话框中的【确定】按钮后，即可进入 Creo 的模具设计环境。

Creo Parametric 4.0 的模具设计界面由快速访问工具栏、导航区、命令选项卡、功能区、前导工具栏、图形区、信息栏和选择过滤器组成，如图 21-10 所示。

技术要点

Creo 中有 3 种模板文件：空、inlbs_mfg_mold 和 mmns_mfg_mold。【空】模板中为用户定义，单位可以是英制，也可以是公制。inlbs_mfg_mold 为英制单位的模板文件。

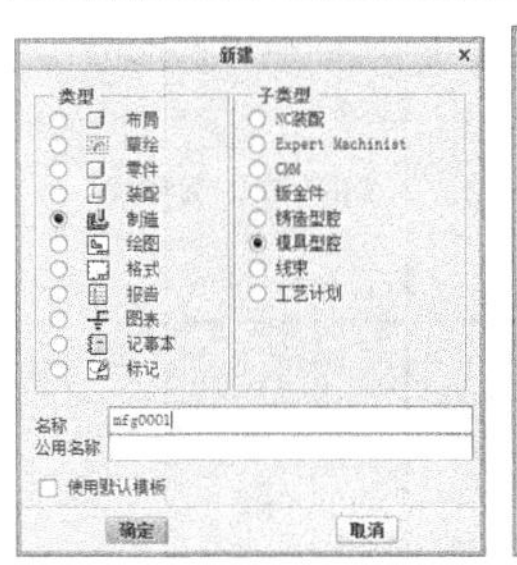

图 21-8　创建文件类型　　图 21-9　选择模板

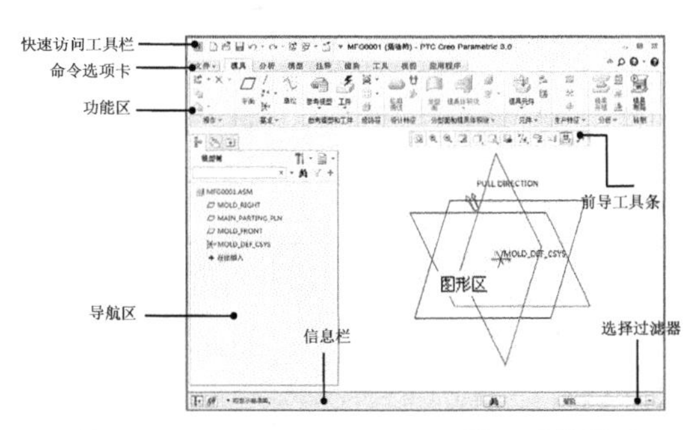

图 21-10　Creo Parametric 4.0 模具设计界面

21.1.3　模具环境配置

用户可以通过在配置文件中修改所需的设置，进行预设环境选项和其他全局设置。

在功能区选择右键快捷菜单中的【自定义快速访问工具栏】命令，然后在打开的【Creo Parametric 选项】对话框的【配置编辑器】选项设置界面，根据表 21-1 所列内容对模具设计模式进行环境配置。

表 21-1 模具设计环境配置参考表

序号	设置项目	可设置内容	简要说明
1	default_abs_accuracy	<用户定义>	定义默认的绝对零件或组件精度。在【模具设计】或【铸造】中工作时，只有对所有模型都使用同样的标准精度时，才推荐使用该选项。否则，请勿设置此选项
2	allow_shrink_dim_before	yes，no	确定【计算顺序】选项是否在【按尺寸收缩】对话框中显示。计算顺序是指一种顺序，该顺序确定是在计算尺寸设置的关系之后应用收缩，还是在计算这些关系之前应用收缩
3	default_mold_base_vendor	futaba_mm，dme，hasco，dme_mm，hasco_mm	设置 EMX 中的模架默认供货商，【模具基体】供货商的默认值为 futaba_mm
4	default_shrink_formula	Simple，ASME	确定默认情况使用的收缩公式。Simple：将（1+S）设置为默认情况下使用的收缩公式。ASME：将 1/（21-S）设置为默认情况下使用的收缩公式
5	enable_absolute_accuracy	yes，no	通常，如果设置为 yes，允许从零件或组件的相对精度切换到绝对精度。 在模具设计中，将该项设置为 yes 有助于保持参考模型、工件（夹模器）和模具或铸造组件精度的一致性。在【模具设计】或【铸造】中工作时，强烈建议将该选项设置为 yes
6	show_all_mold_layout_buttons	yes，no	为拥有 EMX 许可证的用户控制【模具布局】工具栏和菜单配置。在默认情况下，如果检测到 EMX 许可证，【模具布局】工具栏和菜单将仅显示与 EMX 不重复的功能，以避免混淆。如果要查看所有模具工具栏图标和菜单选项，可将此配置选项设置为 yes
7	shrinkage_value_display	final_value，percent_shrink	确定在对模型应用收缩时尺寸的显示方式。 如果它被设置为 percent_shrink，则尺寸文本以下列形式显示：nom_value (shr%)； 如果将其设置为 final_value，则尺寸仅显示收缩后的值

21.2 设置模具设计的工作目录

Creo 的工作目录是指存储 Creo 文件的空间区域。通常情况下，Creo 的启动目录是默认工作目录。

动手操作——设置工作目录步骤

设置工作目录的操作步骤如下：

01 在功能区的【文件】选项卡中，选择【管理会话】|【选择工作目录】命令，系统弹出如图 21-11 所示的【选择工作目录】对话框。

02 在【选择工作目录】对话框中的【公用文件夹】列表框中，选择或者新建文件夹作为要设置的工作目录。

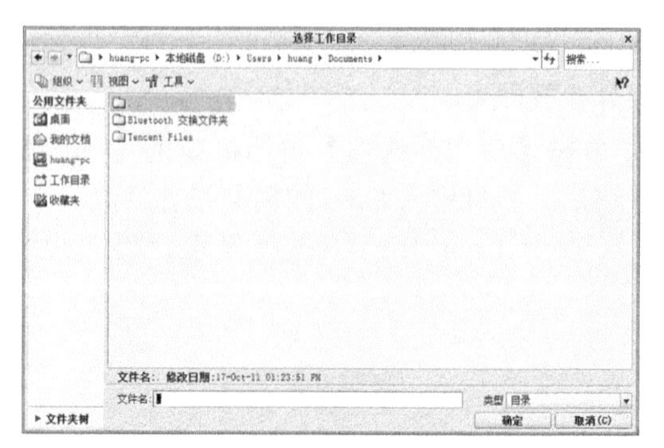

图 21-11 【选择工作目录】对话框

03 最后单击【选择工作目录】对话框中的【确定】按钮，完成工作目录的设置。

技术要点

在进行工程设计的时候，程序会将设计过程中的文字和数据信息自动保存到这个文件夹中。当启动 Creo 软件时，程序就指向工作目录文件夹的路径。如果想设定不同的目录文件路径的话，再重新设置工作目录即可。

21.3 Creo 模具设计流程

在 Creo 4.0 中，模具设计分为下列几个部分：

1．零件成品

首先要有一个设计完成的零件成品，也就是将来用于分模的零件，如图 21-12 所示。此零件可在 Creo 1.0 零件设计或零件装配的模块中先行建立。当然，也可以在其他的 3D 软件中建立好，再通过文件交换格式将其输入 Creo 4.0 中，但此方法可能会因为精度差异而产生几何问题，进而影响到后面的开模操作。

2．模型导入

在进入 Creo 4.0 的模具设计环境之后，第一个操作便是进行模型装配。模具设计的装配环境与零件装配的环境相同，用户可以通过一些约束条件的设置轻易将零件成品或参考模型与事先建立好的工件装配在一起，如图 21-13 所示。此外，工件也可以在装配的过程中建立，在建立的过程中只须指定模具原点及一些简单的参数设置，用户可自行选择模具装配方式。

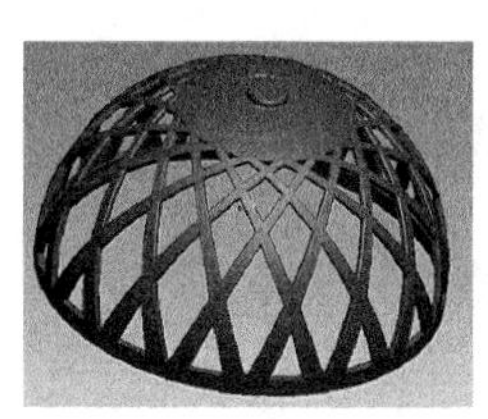

图 21-12　零件成品

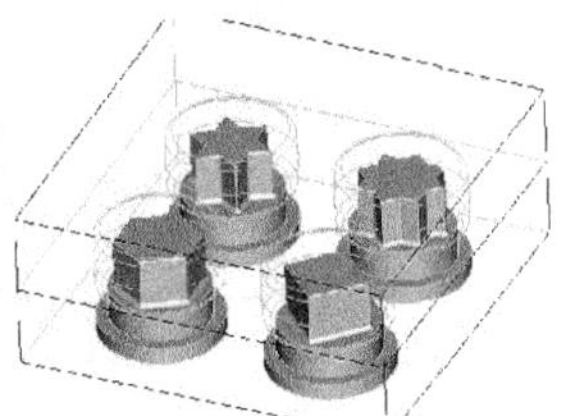

图 21-13　装配模型

3．模型检测

在进行分模之前，必须先检验模型的厚度、拔模角度等几何特征，如图 21-14 所示。其目的在确认零件成品的厚度及拔模角是否符合设计需求。如果不符合，便可及时发现和修改，若一切皆符合设计需求，便可以开始进入分模操作。

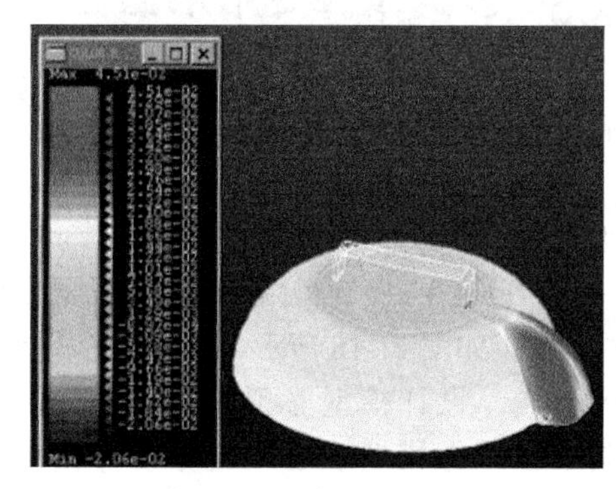

图 21-14　模型的检测

4．设置收缩率

不同的材料在射出成型后会有不同程度的收缩，为了补正体积收缩上的误差，必须将参考模型放大。在给定收缩率公式之后，程序可以分别对于 X、Y、Z 三个坐标轴设定不同的收缩率，也可以针对单一特征或尺寸个别做缩放。如图 21-15 所示为模具温度与模型收缩率的走势。

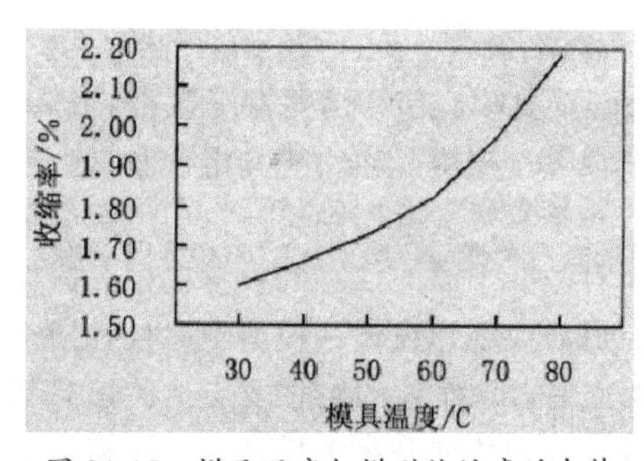

图 21-15　模具温度与模型收缩率的走势

5. 设计分型面

建立分型面的方式与建立一般特征曲面时相同。通常，参考零件的外形越复杂，其分型面也将会跟着复杂，此时必须有相当的曲面技术水平才能建立复杂的分型面。因此，熟练地掌握曲线和曲面操作技术对于分型面的建立有非常大的帮助。如图21-16所示为工件中的分型面。

6. 模具开启

Creo 4.0提供了开模仿真的工具，可以通过开模步骤的设定来定义开模操作顺序，接着将每一个设定完成的步骤连贯在一起进行开模操作的仿真，在仿真的同时还可以做干涉检验，以确保成品在拔模时不会产生干涉。如图21-17所示为模具开启状态。

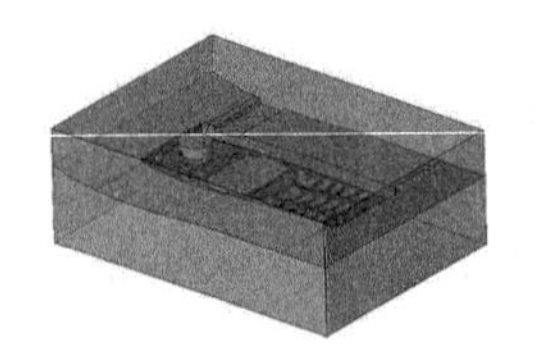

图21-16 分型面

图21-17 模具开启状态

21.4 模具设计专用术语

Creo 4.0中提供了很多的术语来描述模具设计中的步骤，为模具设计理论与Creo 4.0软件提供的功能相呼应。理解这些术语的含义，对使用Creo 4.0进行模具设计有很大的帮助。

21.4.1 什么是设计模型

在Creo 4.0中，设计模型代表成型后的最终产品，如图21-18所示。它是所有模具操作的基础。设计模型必须是一个零件，在模具中以参考模型表示。假如设计模型是一个组件，应在装配模式中合并换成零件模型。设计模型在零件模式或直接在模具模式中创建。

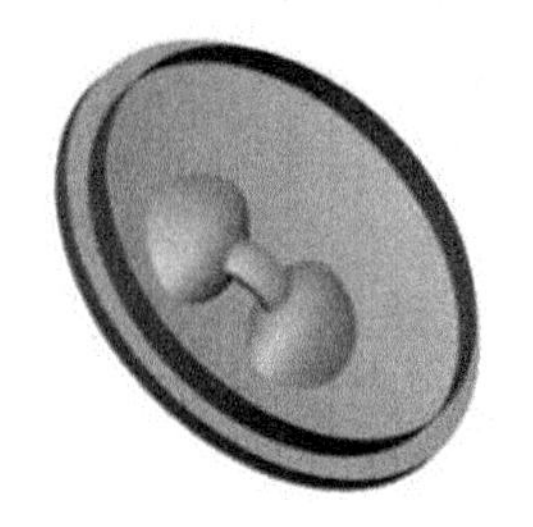

图21-18 设计模型

在模具模式中，这些参考零件特征、曲面及边可以被用来当作模具组件参考，并将创建一个参数关系回到设计模型。系统将复制所有基准平面的信息到参考模型。假如任何层已经被创建在设计模型中，且有指定特征给它时，这个层的名称及层上的信息都将从设计模型传递到参考模型。设计模型中层的显示状态也将被复制到参考模型。

21.4.2 什么是参考模型（参考模型）

参考模型是以放置到模块中的一个或多个设计模型为基础的。参考模型是实际被装配到模型中的组件，如图21-19所示。参考模型是由一个合并的单一模型所组成的。这个合并特征维护着参考模型及设计模型间的参数关系。如果想要或需要额外的特征可以增加到参考模型，这会影响到设计模型。

当创建多穴模具时，系统每个型腔中都存在单独的参考模型，而且都参考到其他的设计模型。同族的将有个别的参考模型，指回它们个别的设计模型。

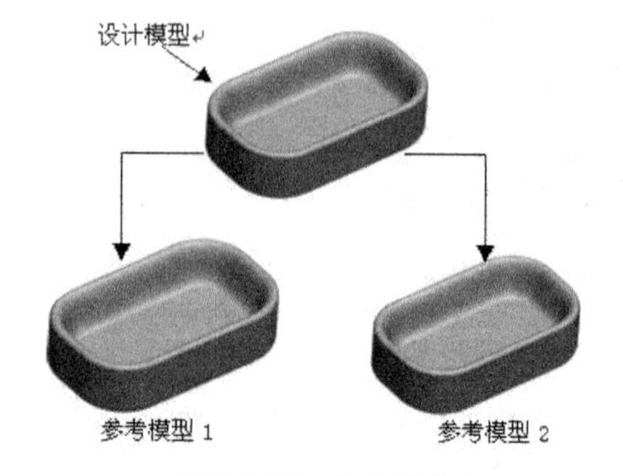

图21-19 参考模型

21.4.3　什么是自动工件

自动工件表示模具组件的全部体积（如图 21-20 所示），这些组件将直接分配熔解（Molten）材料的形状。工件应包围所有的模穴、浇口、流道及冒口。工件可以是 A 或 B 板的装配或一个很简单的插入件。它将被分割成一个或多个组件。

工件可以全部都是标准尺寸，以配合标准的基础机构，也可以自定义配合设计模型几何。工件可以是一个在零件模块中创建的零件或是直接在模具模块中创建，只要它不是组件的第一个组件。

21.4.4　什么是模具组件

模具组件是那些选择性的组件，在 Creo 中工作时，可以被加到模具中，如图 21-21 所示。其项目包括模具基础组件，如平板、顶出梢、模仁梢及轴衬等。这些组件可以从模具基础库中叫回或像正规的零件一样在零件模块中创建。模具基础组件必须装配到模具中，当作模具基础组件或是一般组件的部分。假如使用一般的装配选项装配它们，系统将会要求将它们分类是属于工件或是模具基础组件。

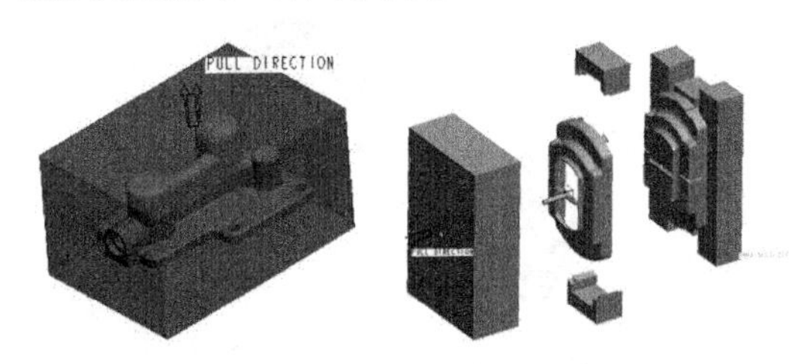

图 21-20　自动工件　　图 21-21　模具组件

所有使用这个选项的组件都默认为模具基础组件。模具组件包含所有的参考零件，所有的工件及任何其他的基础组件或夹具。所有的模具特征将创建在模具组件层。模具特征包含但不限于分模曲面、模具体积块、分割及修剪特征。模具组件可以叫回到装配模块，假如模具过程文件存在于工作区的内存中。

21.4.5　什么是模具装配模型

模具零件库提供一个标准模座及组件的收集，这些零件及组件是以相关模架提供公司的标准目录为基础的。必须具有 Creo 4.0 使用许可才可以使用。组件的说明可以在模具基础目录中查看。

模具装配模型（如图 21-22 所示）基本上是一个由所有的参考零件、模块与其他标准模座元件所组成的模具元件，其装配顺序分别为参考零件、模块，最后是选择性装配标准模座元件或一般组件来分类。

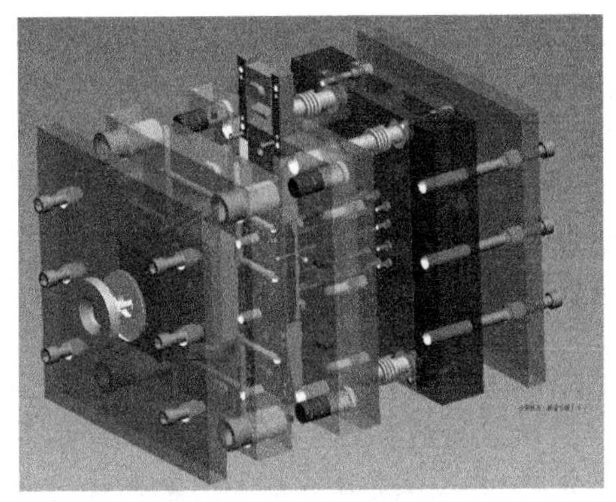

图 21-22　模具装配模型

在数据库中的模具基础包含所有的标冷平板组、顶出梢、模仁梢、定位板及轴衬。该被选取的组件，将被复制到当前的项目目录，所有的修改都在这个复制上进行。这些修改包括在 A&B 平板上创建件插件定位的凹洞、额外的冷却水道、柱状支撑及模仁梢等。

21.5　了解模具设计基础知识

对于模具初学者，要合理地设计模具必须事先全面了解模具设计与制造相关的基本知识，这些知识包括模具的种类与结构、模具设计流程，以及在注塑模具设计中存在的一些问题等。

21.5.1 模具种类

在现代工业生产中，各行各业里模具的种类很多，并且个别领域还有创新的模具诞生。模具分类方法很多，常使用的分类方法如下：

- 按模具结构形式分类，如单工序模、复式冲模等。
- 按使用对象分类，如汽车覆盖件模具、电机模具等。
- 按加工材料性质分类，如金属制品用模具、非金属制用模具等。
- 按模具制造材料分类，如硬质合金模具等；按工艺性质分类，如拉深模、粉末冶金模、锻模等。

21.5.2 模具的组成结构

在上述分类方法中，有些不能全面地反映各种模具的结构和成型加工工艺的特点及它们的使用功能，因此，采用以使用模具进行成型加工的工艺性质和使用对象为主，以及根据各自的产值比重的综合分类方法，主要将模具分为以下五大类。

1. 塑料模

塑料模用于塑料制件成型，当颗粒状或片状塑料原材料经过一定的高温加热成黏流态熔融体后，由注射设备将熔融体经过喷嘴射入型腔内成型，待成型件冷却固定后再开模，最后由模具顶出装置将成型件顶出。塑料模在模具行业所占比重较大，约为50%左右。

通常塑料模具根据生产工艺和生产产品的不同，又可分为注射成型模、吹塑模、压缩成型模、转移成型模、挤压成型模、热成型模和旋转成型模等。

塑料注射成型是塑料加工中最普遍采用的方法。该方法适用于全部热塑性塑料和部分热固性塑料，制得的塑料制品数量之大是其他成型方法望尘莫及的，作为注射成型加工的主要工具之一的注塑模具，在质量精度、制造周期，以及注射成型过程中的生产效率等方面水平的高低，直接影响产品的质量、产量、成本及产品的更新，同时也决定着企业在市场竞争中的反应能力和速度。常见的注射模典型结构如图21-23所示。

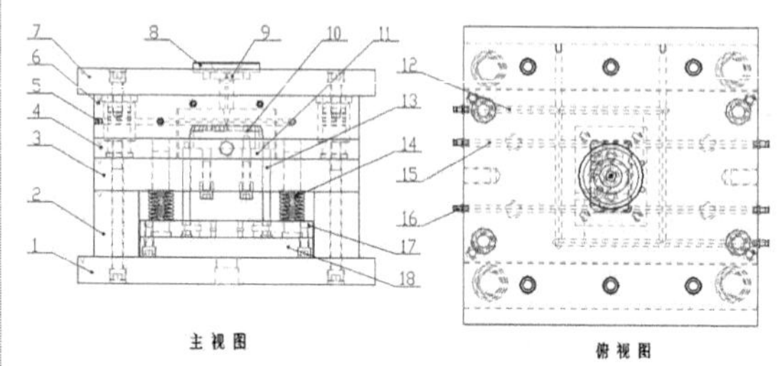

1——动模座板　2——支撑板　3——动模垫板　4——动模板　5——管赛　6——定模板　7——定模座板　8——定位环　9——浇口衬套　10——型腔组件　11——推板　12——围绕水道　13——顶杆　14——复位弹簧　15——直水道　16——水管街头　17——顶杆固定板　18——推杆固定板

图21-23　注射模典型结构

注射成型模具主要由以下几个部分构成：

- 成型零件：直接与塑料接触构成塑件形状的零件称为成型零件，它包括型芯、型腔、螺纹型芯、螺纹型环、镶件等。其中构成塑件外形的成型零件称为型腔，构成塑件内部形状的成型零件称为型芯。如图21-24所示。

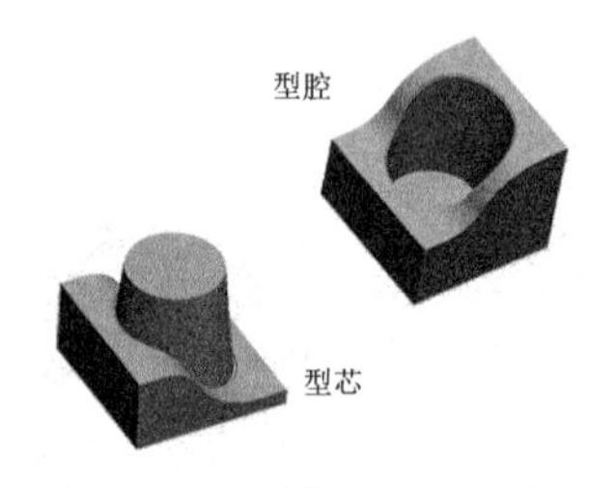

图21-24　模具成型零件

- 浇注系统：它是将熔融塑料由注射机喷嘴引向型腔的通道。通常，浇注系统由主流道、分流道、浇口和冷料穴4个部分组成。如图21-25所示。
- 分型与抽芯机构：当塑料制品上有侧孔或侧凹时，开模推出塑料制品以前，必须先进行侧向分型，将侧型芯从塑料制品中抽出，塑料制品才能顺利脱模。例如斜导柱、滑块、锲紧块等。如图21-26所示。

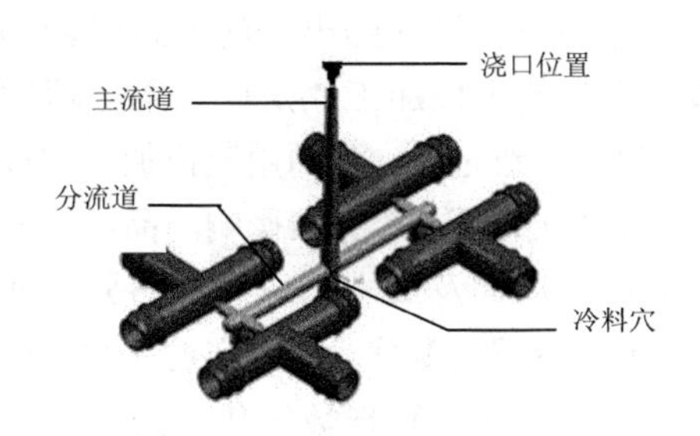

图 21-25 模具的浇注系统

- 导向零件：引导动模和推杆固定板运动，保证各运动零件之间相互位置的准确度的零件为导向零件，如导柱、导套等，如图 21-27 所示。

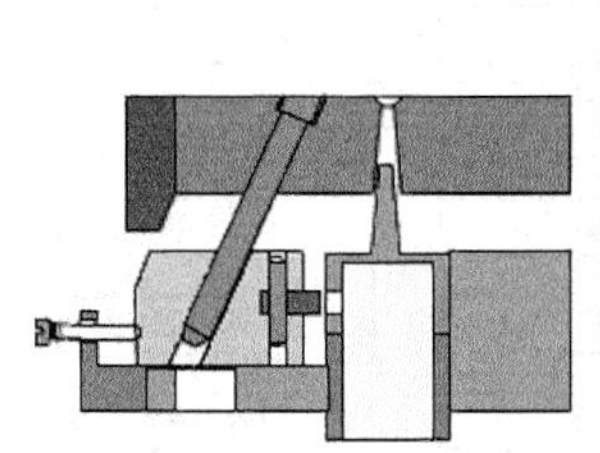

图 21-26 分型与抽芯机构

图 21-27 导向零件

- 推出机构：在开模过程中将塑料制品及浇注系统凝料推出或拉出的装置。如推杆、推管、推杆固定板、推件板等。如图 21-28 所示。
- 加热和冷却装置：为满足注射成型工艺对模具温度的要求，模具上需设有加热和冷却装置。加热时在模具内部或周围安装加热元件，冷却时在模具内部开设冷却通道。如图 21-29 所示。

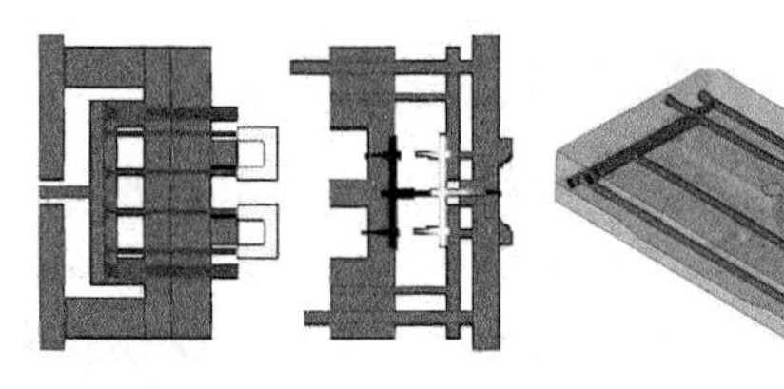

图 21-28 推出机构 图 21-29 模具冷却通道

- 排气系统：在注射过程中，为将型腔内的空气及塑料制品在受热和冷凝过程中产生的气体排除而开设的气流通道。排气系统通常是在分型面处开设排气槽，有的也可利用活动零件的配合间隙排气。如图 21-30 所示为排气系统部件。
- 模架：主要起装配、定位和连接的作用。它们是定模板、动模板、垫块、支承板、定位环、销钉、螺钉等。如图 21-31 所示。

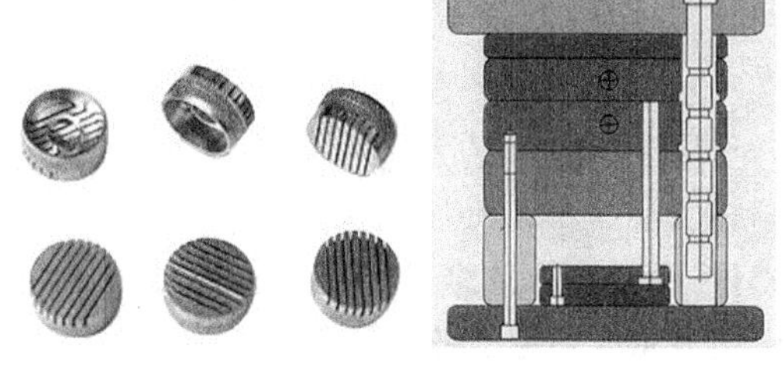

图 21-30 排气系统部件 图 21-31 模具模架

2. 冲压模

冲压模是利用金属的塑性变形，由冲床等冲压设备将金属板料加工成型。其所占行业产值比重为 40% 左右。如图 21-32 所示为典型的单冲压模具。

图 21-32 单冲压模具

3. 压铸模

压铸模具被用于熔融轻金属，如铝、锌、镁、铜等合金成型。其加工成型过程和原理与塑料模具差不多，只是两者在材料和后续加工所用的器具不同而已。塑料模具其实就是由压铸模具演变而来的。带有侧向分型的压铸模具如图 21-33 所示。

4. 锻模

锻造就是将金属加工成型，将金属胚料放置在锻模内，运用锻压或锤击方式，使金属胚料按设计的形状来成型。如图 21-34 所示为汽车件锻造模具。

图 21-33　压铸模具

图 21-34　锻造模具

5．其他模具

除以上介绍的几种模具外，还包括如玻璃模、抽线模、金属粉末成型模等其他类型模具。如图 21-35 所示为常见的玻璃模、抽线模和金属粉末成型模。

a. 玻璃模具

b. 抽线模具

c. 金属粉末成型模具

图 21-35　其他类型模具

21.5.3　模具设计与制造的一般流程

当前我国大部分模具企业在模具设计 / 制造过程中最普遍的问题是：至今模具设计仍以二维工程图纸为基础，产品工艺分析及工序设计也是由设计师丰富的实践经验为基础的，模具的主件加工才是以二维工程图为基础，进行三维造型，进而用数控加工完成。

基于以上现状，将直接影响产品的质量、模具的试制周期及成本。现在大部分企业已实现模具产品设计数字化、生产过程数字化、制造装备数字化、管理数字化，为机械制造业信息化工程提供基础信息化、提高模具质量缩短设计制造周期、降低成本的最佳途径。如图 21-36 所示为基于数字化的模具设计与制造的整体流程。

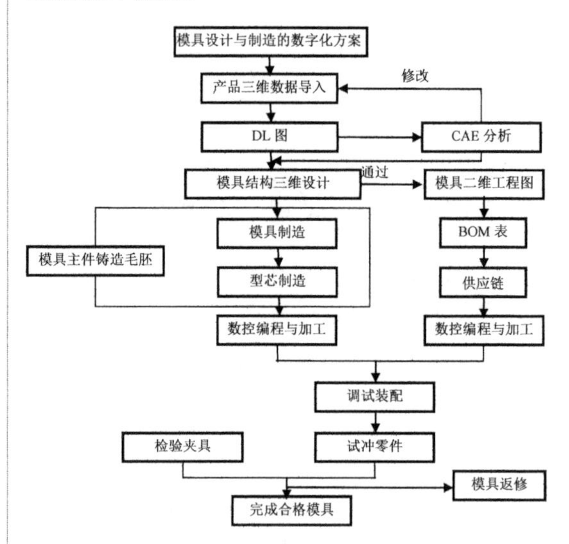

图 21-36　模具设计与制造的一般流程

21.6　模具设计常识

一副模具的成功与否，关键在于模具设计标准的应用和模具设计细节的处理是否正确。合理的模具设计主要体现在以下几个方面：

- 所成型的塑料制品的质量。
- 外观质量与尺寸稳定性。
- 加工制造时方便、迅速、简练，节省资金、人力，留有更正、改良的余地。
- 使用时安全、可靠、便于维修。
- 在注射成型时有较短的成型周期。
- 较长使用寿命。
- 具有合理的模具制造工艺性等方面。

下面就有关模具的设计常识进行必要的介绍。

21.6.1　产品设计注意事项

制件设计得合理与否，事关模具能否成功开出。模具设计人员要注意的问题主要有制件的肉厚（制件的厚度）要求、脱模斜度要求、BOSS 柱处理，以及其他一些应该避免的设计误区。

1．肉厚要求

在设计制件时，应注意制件的厚度应以各处均匀为原则。决定肉厚的尺寸及形状需考虑制件的构造强度、脱模强度等因素。如图21-37所示。

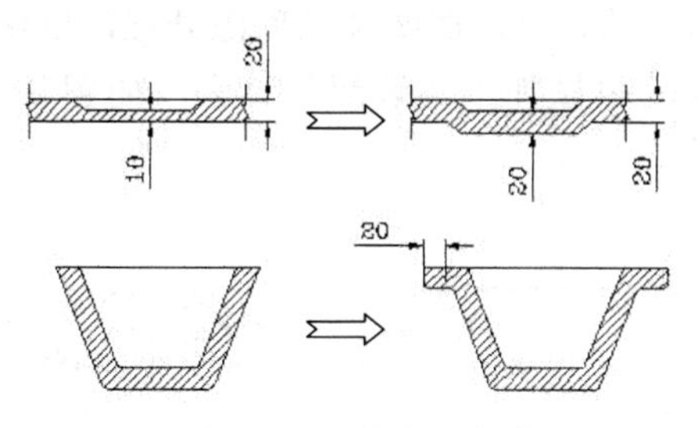

图 21-37　制件的肉厚

2．脱模斜度要求

为了在模具开模时能够使制件顺利地取出，而避免其损坏，制件设计时中应考虑增加脱模斜度。脱模角度一般取整数，如0.5、1、1.5、2等。通常，制件的外观脱模角度比较大，这便于成型后脱模，在不影响其性能的情况下，一般应取较大脱模角度，如5°～10°。如图21-38所示。

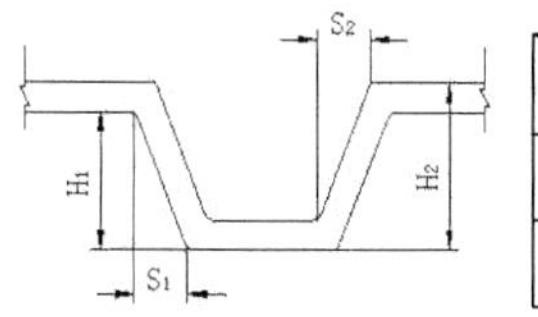

拔模比＼高度H	凸面	凹面
外侧 S1/H1	1/30	1/40
内侧 S2/H2	/	1/60

图 21-38　制件的脱模斜度要求

3．BOSS柱（支柱）处理

支柱为突出胶料壁厚，用以装配产品、隔开对象及支撑承托其他零件。空心的支柱可以用来嵌入镶件、收紧螺丝等。这些应用均要有足够强度的支持压力而不至于破裂。

为免在扭上螺丝时出现打滑的情况，支柱的出模角一般会以支柱顶部的平面为中性面，而且角度一般为0.5º～1.0º。如支柱的高度超过15.0mm的时候，为加强支柱的强度，可在支柱连上一些加强筋，做结构加强之用。如支柱需要穿过PCB的时候，同样在支柱连上些加强筋，而且在加强筋的顶部设计成平台形式，此可做承托PCB之用，而平台的平面与丝筒项的平面必须要有2.0mm～4.0mm，如图21-39所示。

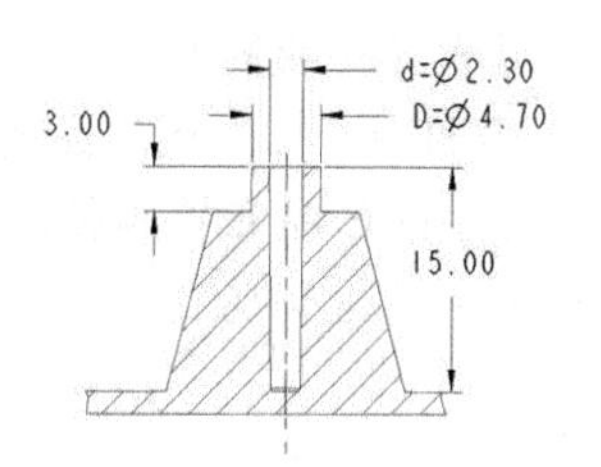

图 21-39　BOSS柱的处理

为了防止制件的BOSS部位出现缩水，应做防缩水结构，即【火山口】，如图21-40所示。

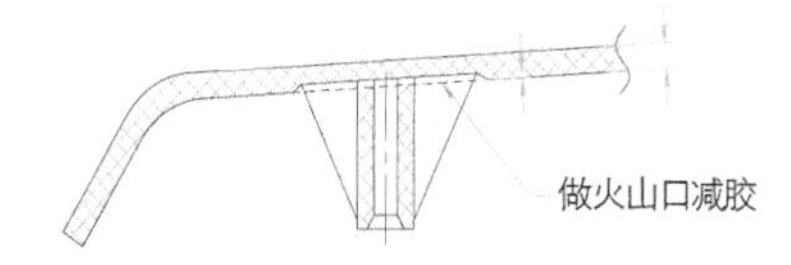

图 21-40　做火山口防缩水

21.6.2　分型面设计主要事项

一般来说，模具都有两大部分组成：动模和定模（或者公模和母模）。分型面是指两者在闭和状态时能接触的部分。在设计分型面时，除考虑制品的形状要素外，还应充分考虑其他选择因素。下面对分型面的一般设计要素做简要介绍。

（1）在模具设计中，分型面的选择原则如下：

- 不影响制品外观，尤其是对外观有明确要求的制品，更应注意分型面对外观的影响。
- 有利于保证制品的精度。
- 有利于模具的加工，特别是型胚的加工。
- 有利于制品的脱模，确保在开模时使制品留于动模一侧。
- 方便金属嵌件的安装。
- 绘2D模具图时要清楚地表达开模线位置，封胶面是否有延长等。

（2）分型面的设置。

分型面的位置应设在塑件断面的最大部位，形状应以模具制造及脱模方便为原则，应尽量防止形成侧孔或侧凹，有利于产品的脱模。如图 21-41 所示，左图产品的布置能避免侧抽芯，右图的产品布置则使模具增加了侧抽芯机构。

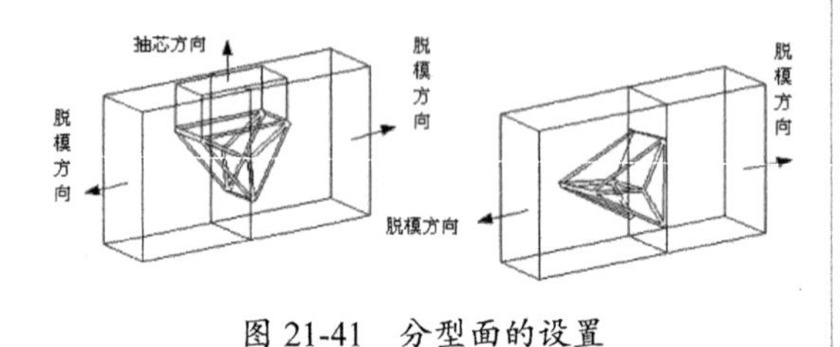

图 21-41　分型面的设置

1．分型面的封胶

中、小型模具有 15mm ～ 20mm，大型模具有 25mm ～ 35mm 的封胶面，其余分型面有深 0.3mm ～ 0.5mm 的避空。大、中模具避空后应考虑压力平衡，在模架上增加垫板（模架一般应有 0.5mm 左右的避空）。如图 21-42 所示。

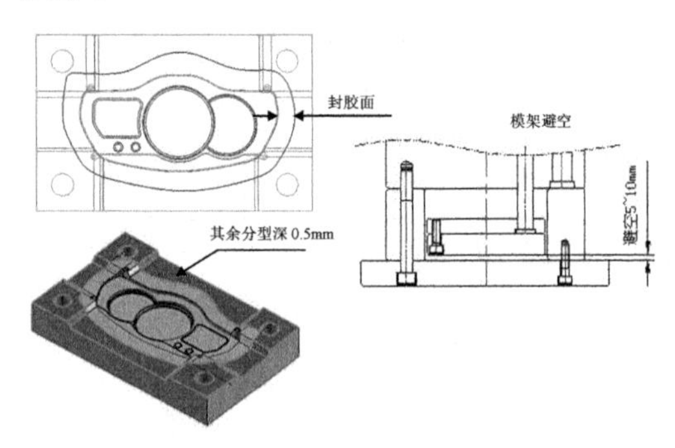

图 21-42　分型面的封胶

2．分型面的其他主要事项

分型面为大曲面或分型面高低距较大时，可考虑上下模料做虎口配合（型腔与型芯互锁，防止位移），虎口大小按模料而定。长和宽在 200mm 以下，做 15mm×8mm 高的虎口 4 个，斜度约为 10°。长度和宽度超过 200mm 以上的模料，其虎口应做 20mm×10mm 高或以上的虎口，数量按排位而定（可做成镶块也可原身留）。如图 21-43 所示。

在动、定模上做虎口配合（在动模的 4 个边角上的凸台特征，做定位用），以及分型面有凸台时，需做 R 角间隙处理，以便于模具的机械加工、装配与修配。如图 21-44 所示。

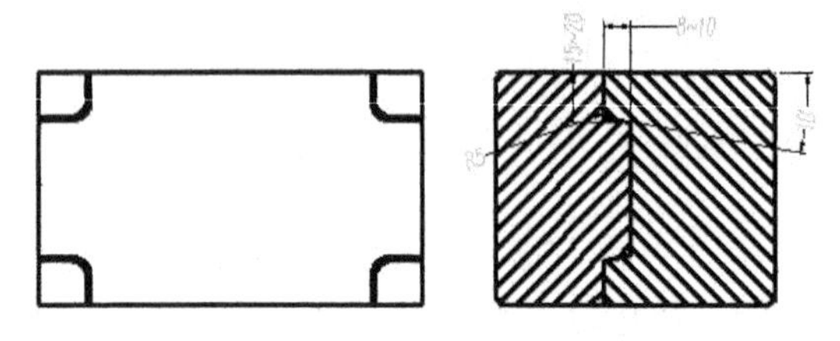

图 21-43　做虎口配合

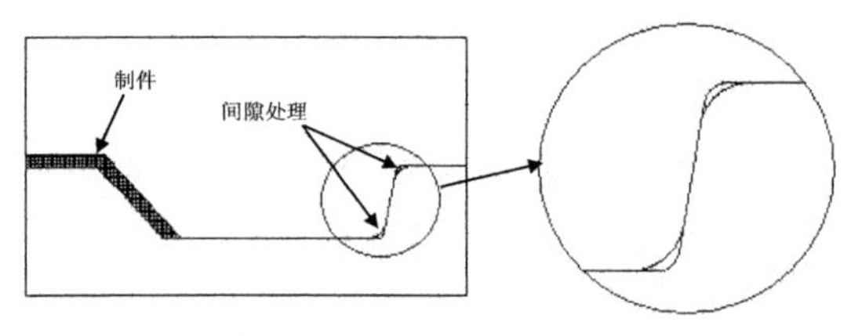

图 21-44　做 R 角间隙处理

21.6.3　模具设计注意事项

设计人员在模具设计时应注意以下重要事项：

- 模具设计开始时应多考虑几种方案，衡量每种方案的优缺点，并从中优选一种最佳设计方案。对于 T 形模，亦应认真对待。由于时间与认识上的原因，当时认为合理的设计，经过生产实践也一定会有可改进之处。
- 在交出设计方案后，要与工厂多沟通，了解加工过程及制造使用中的情况。每套模具都应有一个分析经验、总结得失的过程，这样才能不断地提高模具的设计水平。
- 设计时多参考过去所设计的类似图纸，吸取其经验与教训。
- 模具设计部门应视为一个整体，不允许设计成员各自为政；特别是在模具设计总体结构方面，一定要统一风格。

21.6.4　模具设计依据

模具设计的主要依据就是客户所提供的产品图纸及样板。设计人员必须对产品图及样板进行认真详细的分析与消化，同时在设计进程中必须逐一核查以下所有项目：

- 尺寸精度与相关尺寸的正确性。
- 脱模斜度是否合理。
- 制品壁厚及均匀性。
- 塑料种类。塑料种类影响到模具钢材的选择和缩水率的确定。
- 表面要求。
- 制品颜色。一般情况下，颜色对模具设计无直接影响。但制品壁过厚、外形较大时易产生颜色不匀，且颜色越深时制品缺陷暴露得越明显。
- 制品成型后是否有后处理。如需表面电镀的制品，且一模多腔时，必须考虑设置辅助流道将制品连在一起，待电镀工序完毕再将之分开。
- 制品的批量。制品的批量是模具设计的重要依据，客户必须提供一个范围，以决定模具腔数、大小、模具选材及寿命。
- 注塑机规格。
- 客户其他要求。设计人员必须认真考虑及核对，以满足客户要求。

21.7　引导案例——手机面板分型设计

◎ **引入文件：实例 \ 源文件 \Ch21\sjk.prt**

◎ **结果文件：实例 \ 结果文件 \Ch21\sjk.asm**

◎ **视频文件：视频 \Ch21\ 手机面壳分型设计 .avi**

本例作为全书的引导案例，将以手机面板分型设计的详细过程，讲解 Creo 4.0 模具设计环境下各模具设计功能具体应用，为后面的学习打下基础。

本例产品的 3D 模型图如图 21-45 所示。

图 21-45　手机面板

21.7.1　模具设计前期准备

模具设计前期准备工作包括设置工作目录、创建模具文件、加载参考模型、产品检测等。

1．设置工作目录

01 在硬盘中新建一个文件夹。

02 启动 Creo 4.0，然后在【文件】菜单中选择【管理会话】|【设置工作目录】命令，在随后弹出的【选择工作目录】对话框中选择先前新建的文件夹作为本案例模具设计的工作目录，如图 21-46 所示。

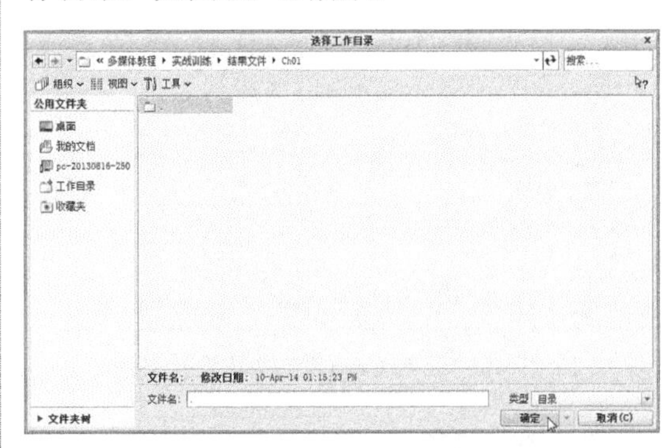

图 21-46　设置工作目录

03 再单击【确定】按钮后完成工作目录的设置。

2. 创建模具设计文件

01 在 Creo 4.0 基本环境界面的【主页】选项卡上单击【新建】按钮，弹出【新建】对话框。

02 在该对话框中选择文件类型为【制造】、子类型为【模具型腔】，在名称文本框内输入新文件名 sjk 后，再取消选中【使用默认模板】复选框。

03 单击【新建】对话框中的【确定】按钮，程序又弹出【新文件选项】对话框，在此对话框中选择 mmns_mfg_mold（公制模板），最后在单击【确定】按钮完成模板的选择，如图 21-47 所示。

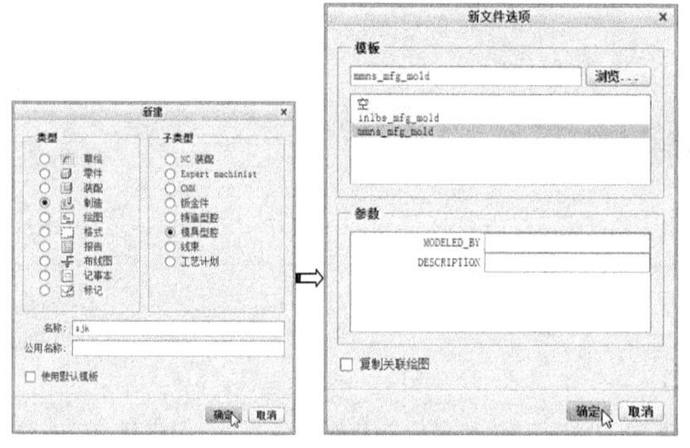

图 21-47　选择文件类型与模板

04 随后自动进入模具设计环境中，如图 21-48 所示。

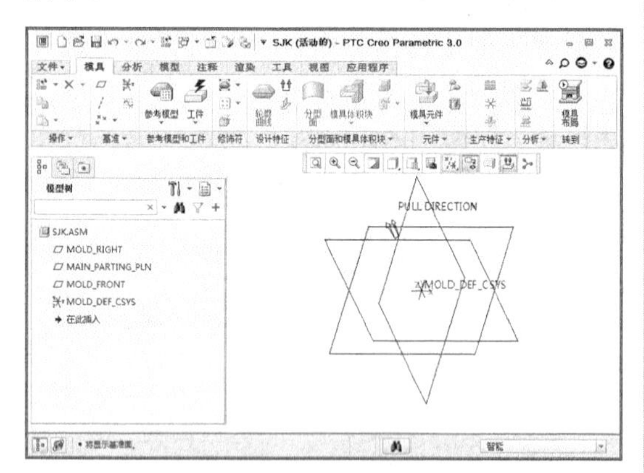

图 21-48　进入 Creo 4.0 模具设计环境

3. 加载模型

定位参考零件的模型加载方式给模具设计者提供了自动化的装配方式，此模式提供一种在特定模具模型中以阵列方式排列参考零件的方法。

01 在【模具】选项卡的【参考模型和工件】组中单击【定位参考模型】按钮，程序同时弹出【打开】和【布局】对话框。通过【打开】对话框打开本例模型文件\源文件\Ch21\sjk.prt 模型文件，如图 21-49 所示。

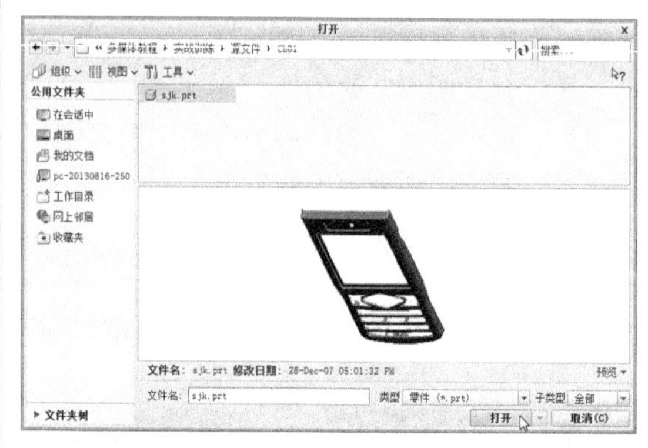

图 21-49　打开参考模型

02 程序又弹出【创建参考模型】对话框，保留该对话框中的默认设置，再单击【确定】按钮，弹出【布局】对话框，保留默认布局，最后单击【布局】对话框中的【确定】按钮，如图 21-50 所示。

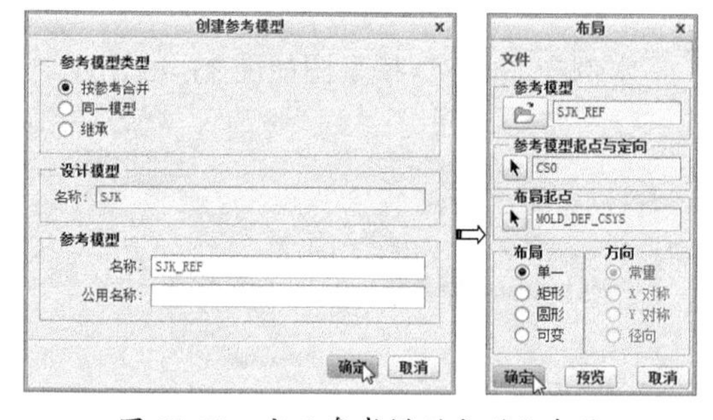

图 21-50　定义参考模型类型和布局

03 选择【型腔布置】菜单管理器中的【完成/返回】命令，完成参考模型的加载。如图 21-51 所示。

4. 拔模检测

在进行模具设计以前，需要对产品模型进行拔模检测及模型精度的设置。以避免因产品模型的缺陷而不能正确地进行模具结构设计。

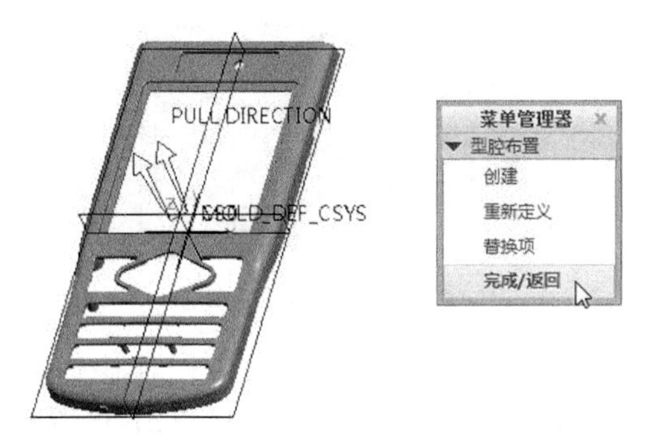

图 21-51　完成参考模型的加载

01 在【模具】选项卡的【分析】组中单击【拔模斜度】按钮，弹出【拔模斜度】对话框。

02 在【拔模斜度】对话框中设置拔模角度为 0.01，再在模型树中选择 SJK_REF.PRT 参考模型作为分析的对象，如图 21-52 所示。

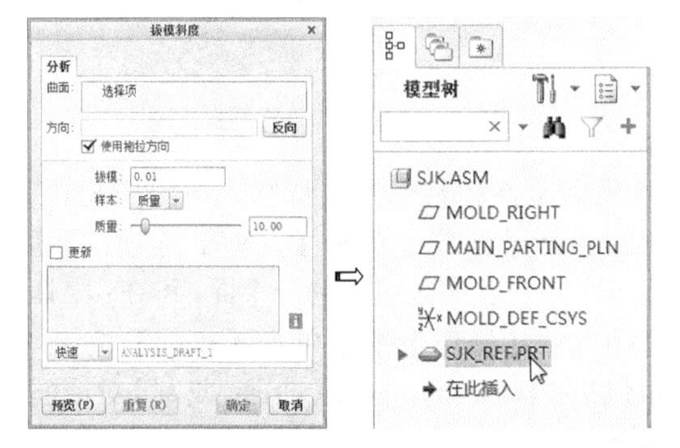

图 21-52　设置拔模分析斜度并选择要分析的对象

03 随后程序自动弹出拔模分析的【颜色比例】色谱表，色谱表中 0 度以上为正拔模角度，并以浅蓝色到深蓝色表示斜度量。0 度以下为负拔模角度，以浅红色到深红色表示斜度量。中间段为竖直面，以灰色表示。如图 21-53 所示。

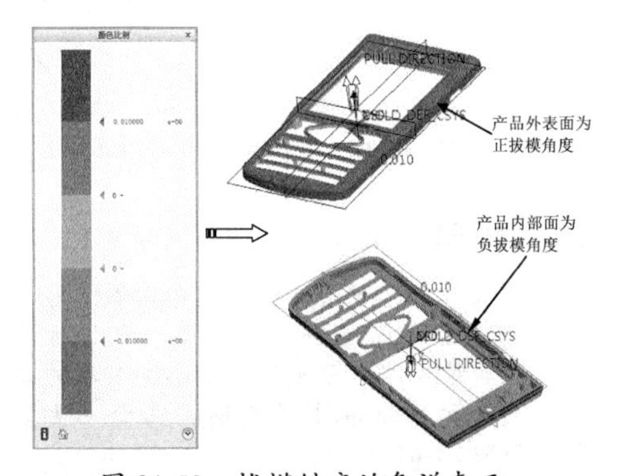

图 21-53　拔模斜度的色谱表示

04 从分析结果看，产品外表面中没有出现浅红色或红色，说明外表面中没有负拔模——常见的有倒扣、侧孔、侧凹，是符合脱模要求的。

05 同理，产品内部也没有浅蓝色或蓝色，因此整个产品无须再做修改。

21.7.2　设置产品收缩率并创建工件

下面介绍本案产品收缩率的设置和工件设计过程。

1．设置收缩率

01 在【模具】选项卡的【修饰符】组中单击【按比例收缩】按钮，程序弹出【选取】对话框和【按比例收缩】对话框。

02 选择参考模型的零件坐标系 CS0 作为收缩参考，并输入收缩率值 0.005，最后单击【应用】按钮 ✔，完成收缩率的设置。如图 21-54 所示。

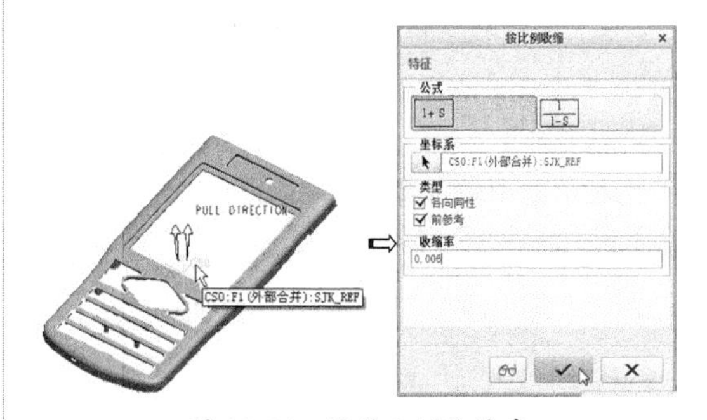

图 21-54　设置比例收缩率

2．创建自动工件

工件是直接参与塑料或铸件成型的模具元件的总体积块，也称为模坯。

01 在工具栏中单击【创建工件】按钮，将弹出【自动工件】对话框。

02 在绘图区中选择模具坐标系 MOLD_DEF_CSYS 作为工件参考坐标系后，接着在对话框的【偏移】选项卡中输入【统一偏移】的值 15，参数设置完成后单击【确定】按钮，程序自动生成模胚工件，如图 21-55 所示。

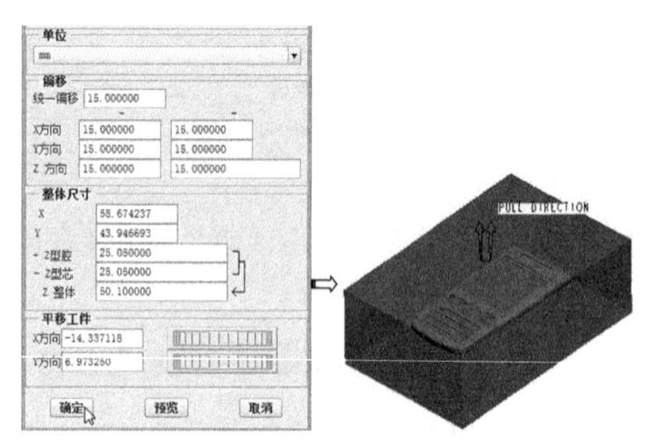
图 21-55　自动创建模胚工件

21.7.3　创建模具元件

本模具成型零件的设计方法为铸模法，即复制型腔区域内的曲面，将其作为成型腔元件，再复制参考模型上所有曲面，并将复制曲面实体化生成一个临时的模具元件，最后再使用铸模功能创建出另一模具元件型芯。

接下来介绍铸模法创建模具元件的过程。

1. 复制产品外表面（型腔区域面）

01 在【模具】选项卡的【元件】组中单击【创建模具元件】命令，弹出【创建元件】对话框。在此对话框中输入新名称 cavity，再单击【确定】按钮，如图 21-56 所示。

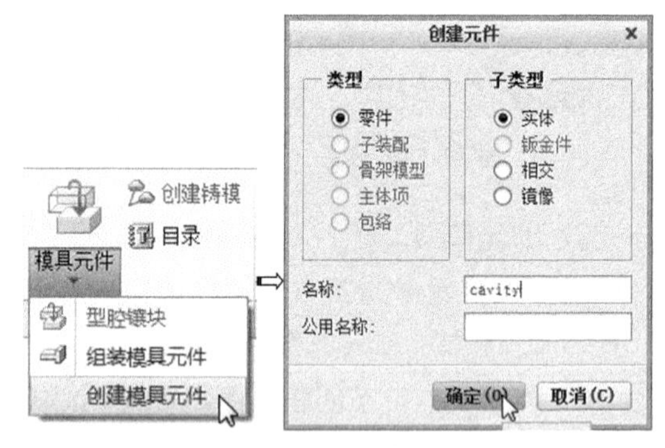

图 21-56　新建元件

02 随后弹出【创建选项】对话框。在【创建选项】对话框中选择【创建特征】单选按钮后，再单击【确定】按钮完成新元件的项目创建，如图 21-57 所示。

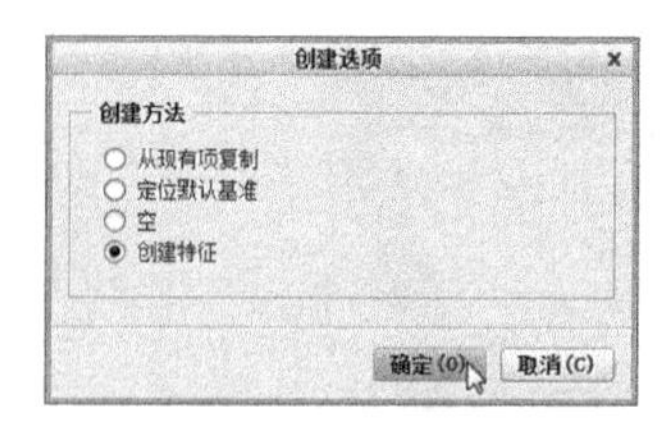

图 21-57　创建特征

03 图形区中的参考模型和工件已灰显，刚创建的 cavity 零件被自动激活，如图 21-58 所示。在绘图区中所创建的任何特征都将成为该元件的组成元素。

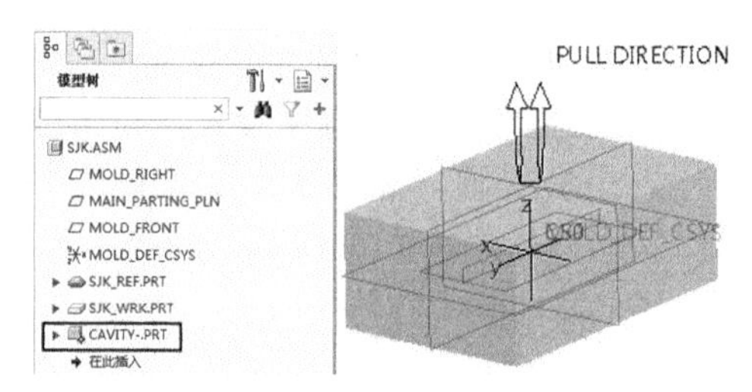

图 21-58　自动激活的型腔元件

04 隐藏工件和其他基准特征。在图形区右下角的选择过滤器中选择【几何】选项，然后选择产品外表面区域中的一个面，再在【模具】选项卡的【操作】组中单击【复制】按钮和【粘贴】按钮，打开【曲面: 复制】对话框，如图 21-59 所示。

05 按住 Ctrl 键，继续选取产品外表面区域中其他所有面（型腔区域所包含的所有面），如图 21-60 所示。

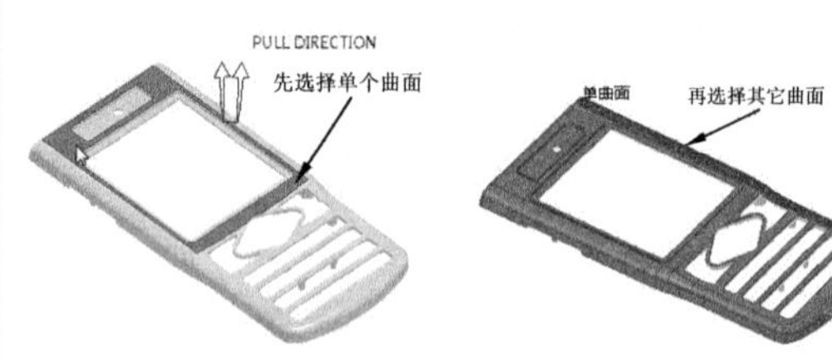

图 21-59　选择产品曲面并进行复制、粘贴　　图 21-60　继续选取其他面

技术要点

在复制过程中，有两处位置的曲面须注意，一是将模型小侧凹特征上的曲面也进行复制，在后续操作中可单独进行小抽芯块的分割。模型的靠破孔上的倒圆角曲面也要复制，如图 21-61 所示。

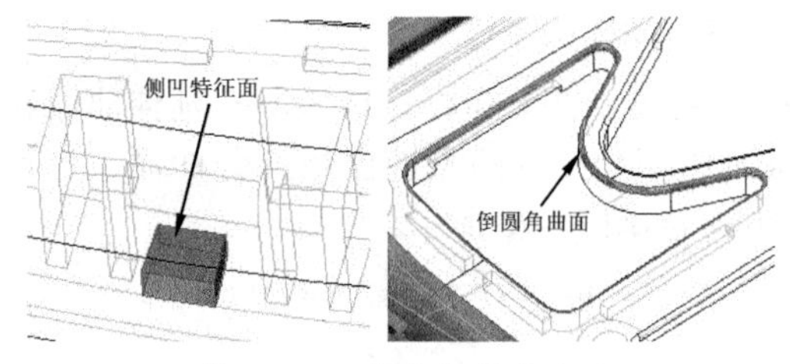

图 21-61 需要复制的曲面

06 型腔区域面（产品外表面）选取完后，在操控板上的【选项】选项卡中选择【排除曲面并填充孔】单选按钮，接着选择模型中两个包含破孔的曲面，最后再单击【应用】按钮完成型腔区域面的复制。如图21-62所示。

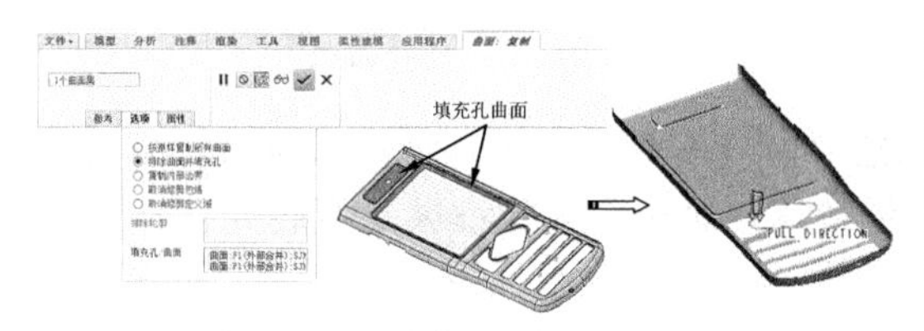

图 21-62 完成型腔区域面的复制

2. 修补复制曲面中的破孔

01 在【模型】选项卡的【曲面】组中单击【边界混合】按钮，弹出【边界混合】操控板。按住 Ctrl 键选取如图21-63所示的破孔边界作为曲面第一方向链，再单击【应用】按钮完成边界混合曲面的创建。

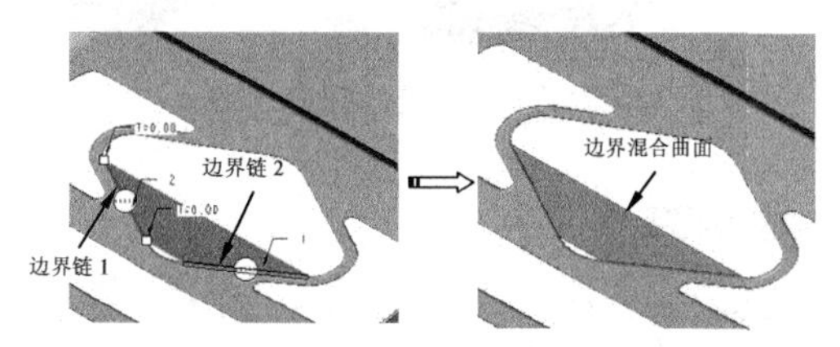

图 21-63 创建边界混合曲面

02 同理，使用【边界混合】工具对余下的破孔进行修补。由于所补的破孔较多，因此修补过程不能详尽介绍，读者可参考本例视频操作完成学习。

03 使用【编辑】组中的【合并】工具，将复制的曲面和修补的曲面进行合并，得到完整的型腔区域面。

3. 创建延伸曲面

01 选中型腔区域面在 -Y 方向上的边界，然后在【模具】选项卡的【分型面设计】组中单击【延伸】按钮，弹出【延伸】操控板。此时需要取消工件的遮蔽，以此作为延伸参考。单击操控板上的【将曲面延伸到参考平面】按钮，并选择工件的侧面作为参考平面，再单击【应用】按钮，完成 -Y 方向延伸曲面的创建。如图21-64所示。

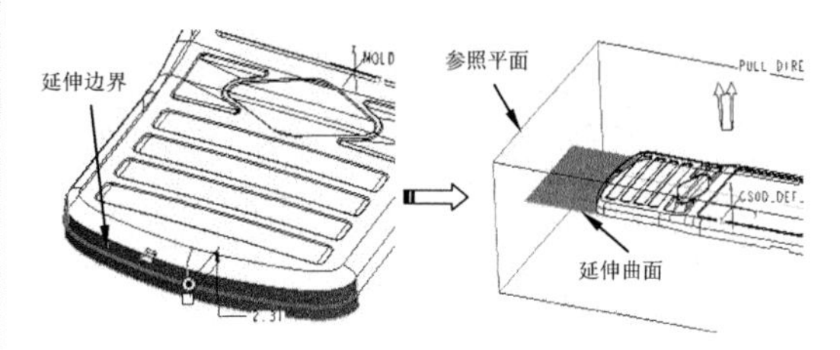

图 21-64 创建 -Y 方向的延伸曲面

02 选中型腔区域面在 +Y 方向上的一条边界，然后单击【延伸】按钮，打开【延伸】操控板。

03 按住 Shift 键选取 +Y 方向的所有边界，再单击操控板上的【将曲面延伸到参考平面】按钮，并选择工件的另一侧面作为参考平面，最后单击【应用】按钮，完成 +Y 方向延伸曲面的创建。如图21-65所示。

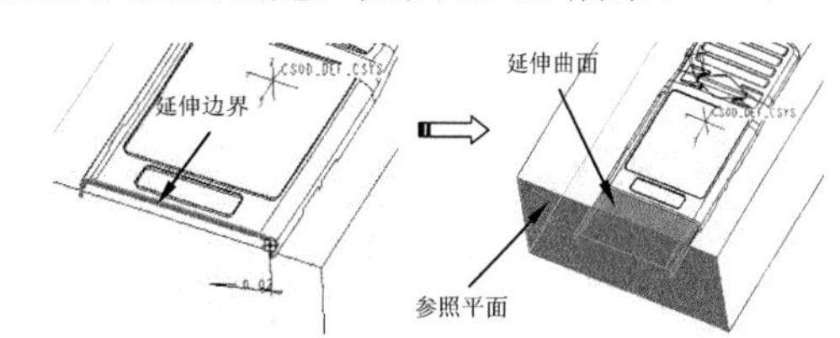

图 21-65 创建 +Y 方向的延伸曲面

04 选中型腔区域面在 +X 方向上的一条边界，然后单击【延伸】按钮，打开【延伸】操控板。

05 按住 Shift 键选取 +X 方向上的所有边界，再单击操控板上的【将曲面延伸到参考平面】按钮，并选择工件的侧面作为参考平面，最后单击【应用】按钮，完成 +X 方向延伸曲面的创建。如图21-66所示。

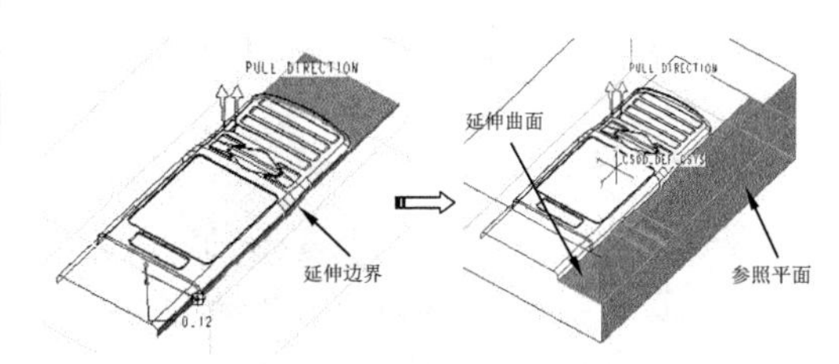

图 21-66 创建 +X 方向的延伸曲面

06 选中型腔区域面在 -X 方向上的一条边界，然后单击【延伸】按钮，打开【延伸】操控板。

07 按住 Shift 键选取 -X 方向的所有边界，再单击操控板上的【将曲面延伸到参考平面】按钮，并选择工件的侧面作为参考平面，最后单击【应用】按钮，完成 -X 方向延伸曲面的创建。如图 21-67 所示。

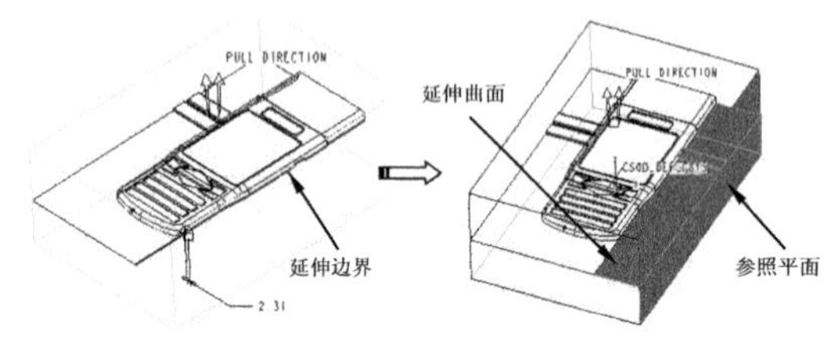

图 21-67　创建 -X 方向的延伸曲面

08 选中以上步骤创建的延伸曲面的一条边界，然后单击【延伸】按钮，打开【延伸】操控板。

09 按住 Shift 键选取延伸曲面的所有边界，再单击操控板上的【将曲面延伸到参考平面】按钮，并选择工件的顶面作为参考平面，最后单击【应用】按钮，完成 +Z 方向延伸曲面的创建。如图 21-68 所示。

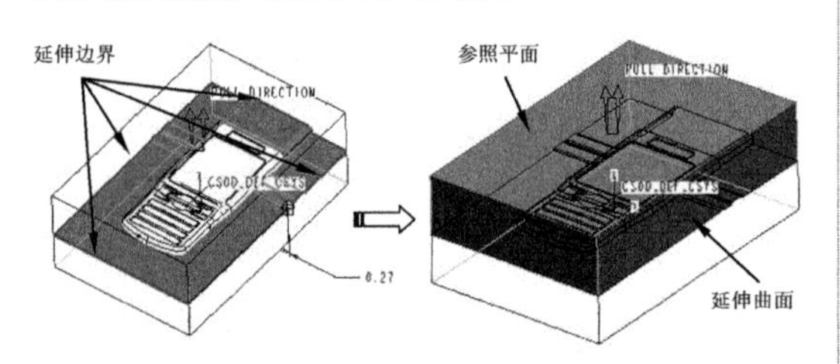

图 21-68　创建 +Z 方向的延伸曲面

10 选中上步创建的延伸曲面的一条边界，然后单击【延伸】按钮，打开【延伸】操控板。

11 单击操控板上的【将曲面延伸到参考平面】按钮，并选择工件的侧面作为参考平面，最后单击【应用】按钮，完成延伸曲面的创建。如图 21-69 所示。

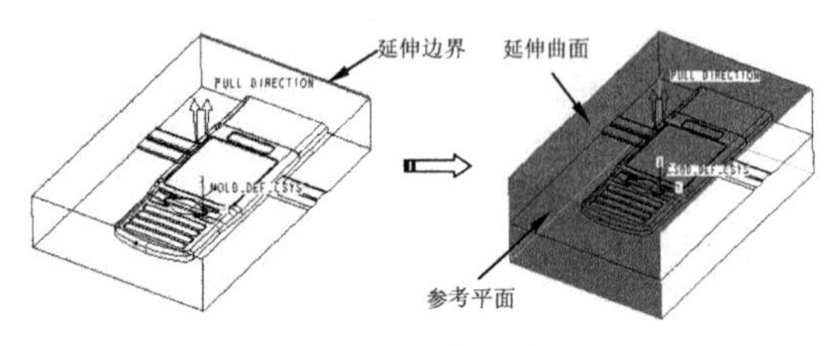

图 21-69　创建延伸曲面

4. 曲面实体化

01 利用【合并】命令，选取所有延伸曲面和前面已经合并过的型腔区域部分曲面，进行合并，如图 21-70 所示。

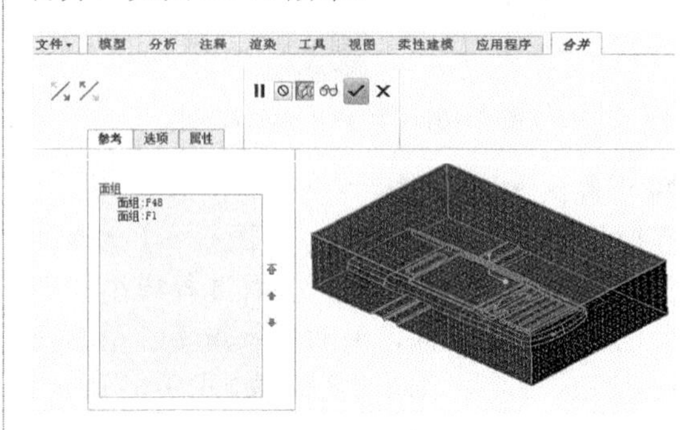

图 21-70　合并曲面

02 使用【实体化】工具将封闭曲面转换为实体特征，这个实体特征就是型腔元件。选中合并后的曲面，然后在【模型】选项卡的【编辑】组中单击【实体化】按钮，打开【实体化】操控板。保留操控板中的默认设置，单击【应用】按钮，完成实体化并生成实体特征，如图 21-71 所示。

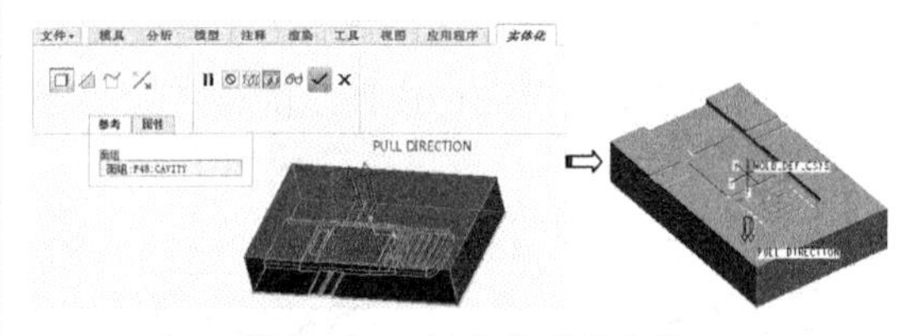

图 21-71　创建的型腔元件

> **技术要点**
>
> 在实际生产中，模具的每一个元件都是需要进行倒角处理的。例如型腔元件除了上下平面的边角需要倒圆角外，4 个大角也是要倒圆角的，且取值较大。倒角处理的取值一般是由模具厂家自行决定。

5. 创建铸模临时模具元件

01 完成型腔元件的创建后，在模型树中将顶层装配文件 SJK.asm 激活。然后又重新在【元件】组中选择【创建模具元件】命令，打开【创建元件】对话框，并完成 chanpin 元件的创建，如图 21-72 所示。

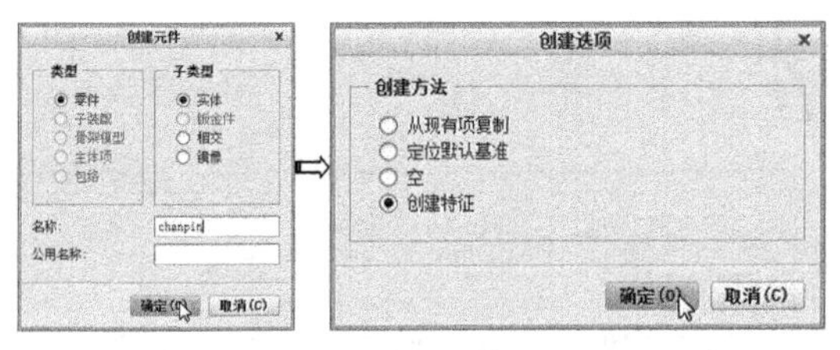

图 21-72　新建元件

02 此时，新建立的元件项目已被激活，在绘图区中所创建的任何特征或元素都将成为该元件的组成元素。

03 在图形区中先选择手机参考模型上的一个曲面，选择【复制】|【粘贴】命令，打开【曲面：复制】对话框。

04 然后按住 Shift 键选取其余曲面，程序会自动完成参考模型上所有曲面的选取，再单击操控板上的【应用】按钮☑，完成参考模型表面的复制。如图 21-73 所示。

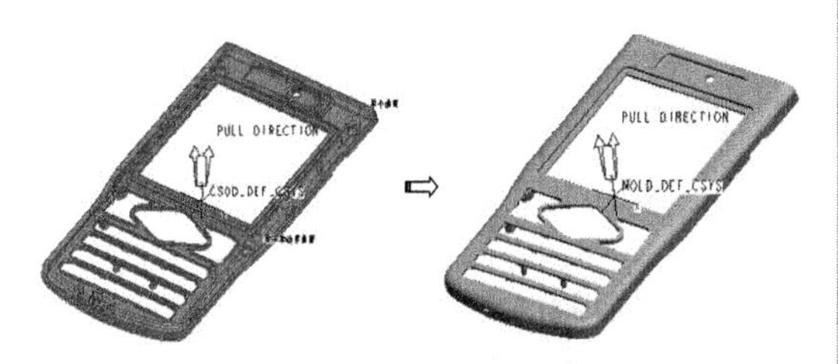

图 21-73　复制所有参考模型的曲面

05 选中复制的曲面，然后使用【实体化】工具将曲面特征转换为实体特征，此实体特征就是临时的模具元件。

6. 创建铸模元件——型芯

01 激活顶层装配 SJK.asm。

02 在【模具】选项卡的【元件】组中单击【创建铸模】按钮，接着在绘图区顶部弹出的零件名称文本框中输入铸模元件名称为 core，单击【应用】按钮☑，在随后弹出的文本框中输入模具零件公用名称为 mold。再单击【应用】按钮☑，如图 21-74 所示。

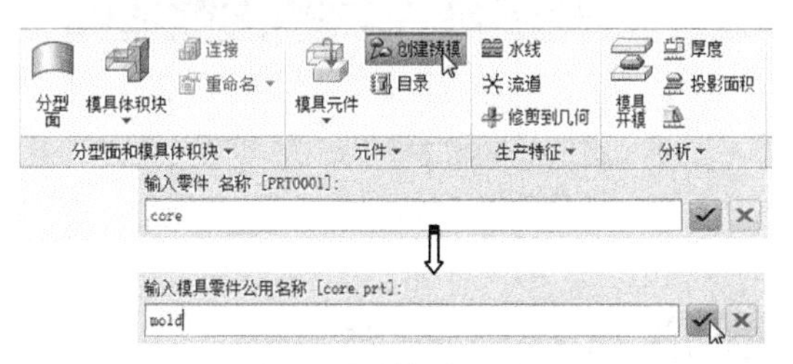

图 21-74　设置铸模元件的名称

03 程序自动创建出铸模零件，创建出的铸模零件即型芯元件。如图 21-75 所示。

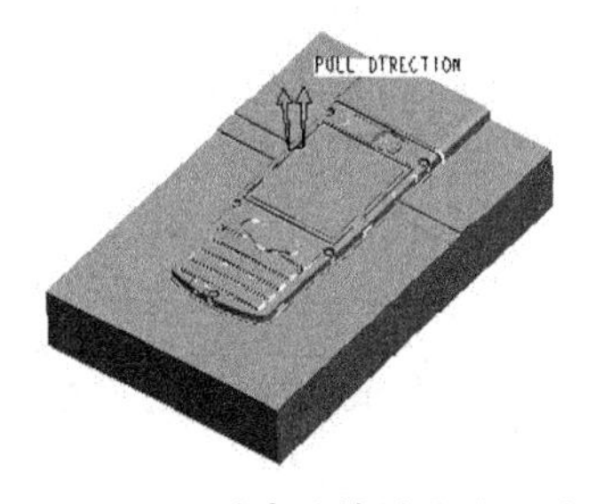

图 21-75　创建的铸模零件型芯

04 模具元件创建完成后，将所有文件保存。

21.8 课后练习

打开课后习题 \Ch21\dhj.asm 文件。本练习是对电话机上盖模型进行拆模设计操作，产品模型如图 21-76 所示。

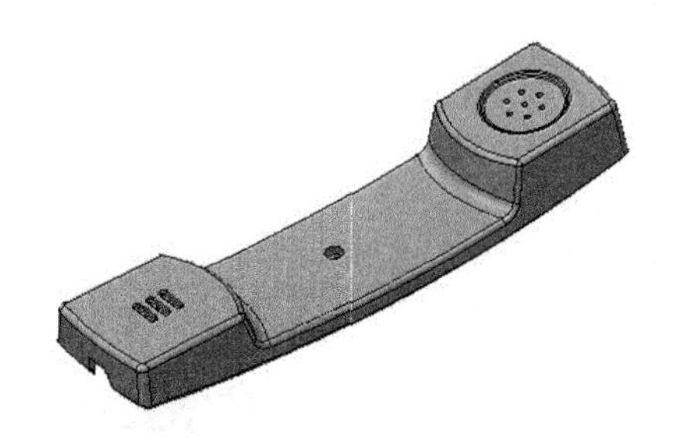

图 21-76　电话机上盖

第 22 章　产品检测与分析

通过本章的学习，让读者学会在模具设计前对产品模型进行测量、检查及分析，并且做好一些准备工作，例如产品是否出现不合理的设计、是否需要优化处理等。

知识要点

- 模具预处理概述
- 模型的基本测量
- 模具分析与检查
- 设置模型精度
- Creo 模流分析

22.1 模型的测量方法

当您加载一个产品后，最好不要急着动手分模。因为您的产品如果没有经过仔细的分析，可能分出的模具不合理。于是模型的测量工作就变得极为重要了。

在 Creo 4.0 的模具设计环境中，有用于模型测量的功能命令。如【分析】选项卡的【测量】组中的测量命令，如图 22-1 所示。

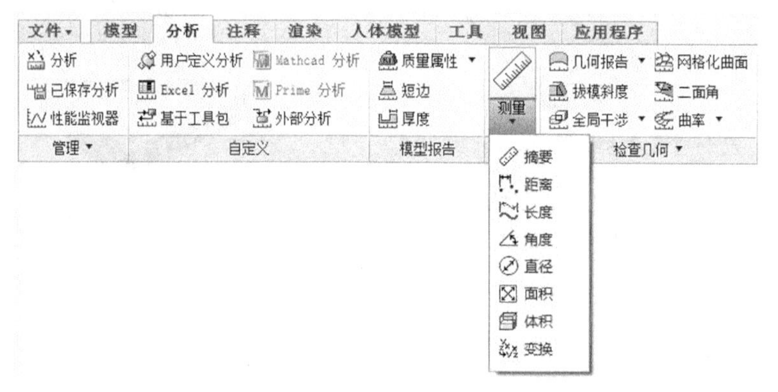

图 22-1　【测量】组中的测量命令

1．距离

【距离】测量主要是用来测量选定起点与终点在投影平面上的距离。距离测量可以用来帮助设计人员合理布局模具型腔。单击【距离】按钮，弹出【测量 - 距离】工具栏。按住 Ctrl 键选取测量距离的起点和终点后，Creo 程序自动测量出两点之间的最短距离，如图 22-2 所示。

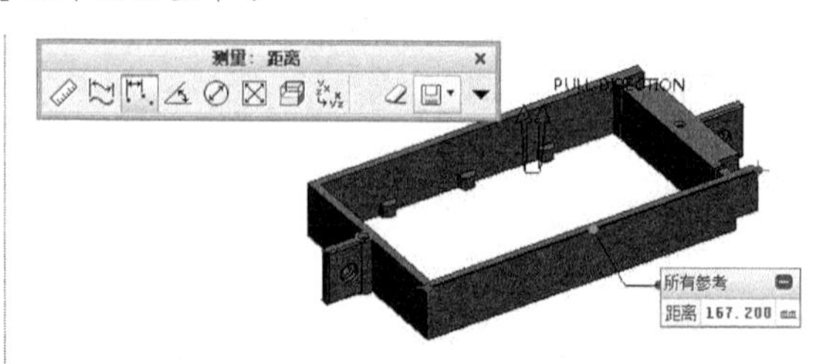

图 22-2　测量距离

技术要点

如果要继续测量对象，无须关闭工具栏，直接选取下一个起点、终点即可。

2. 长度

【长度】测量主要用来测量某个指定曲线的长度。这个测量工具常用来测量产品中某条边的长度。

单击【长度】按钮，在产品模型中选取要测量的边，Creo 程序自动测量并给出边的长度值，如图 22-3 所示。

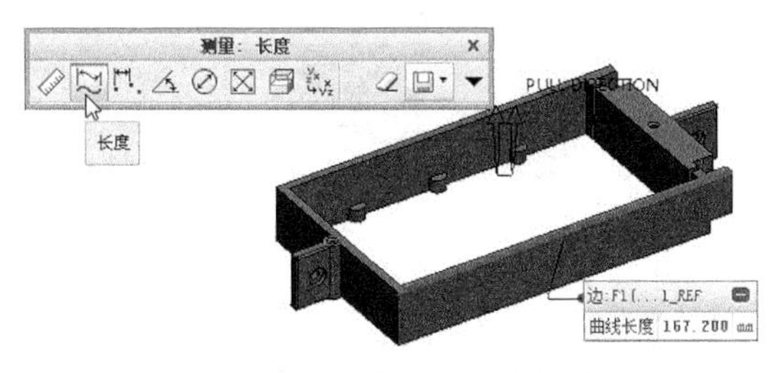

图 22-3 测量模型边的长度

> **技术要点**
>
> 如果需要查看您测量的具体信息，可以单击工具栏中的【展开对话框】按钮▼，再【显示此特征的信息】按钮，然后在另打开的【信息窗口】窗口中查看，如图 22-4 所示。

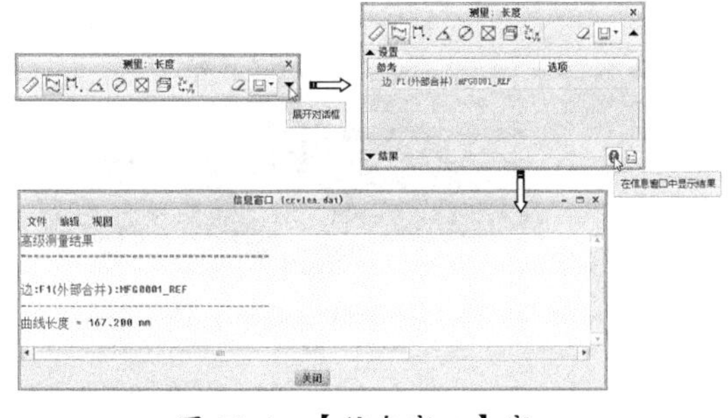

图 22-4 【信息窗口】窗口

> **技术要点**
>
> 如果您要同时测量多条边，或者测量与您选择的边相切的对象时，可以按住 Ctrl 键直接选取即可。

3. 角度

【角度】测量主要测量所选边或平面之间的夹角。单击【角度】按钮，弹出【测量 - 角度】工具栏。在产品模型中按住 Ctrl 选取形成夹角的两条边后，Creo 程序自动测量并给出角度值，如图 22-5 所示。

4. 直径（半径）

【直径】（或半径）测量工具可以测量圆角曲面的直径值。此测量工具可以帮助您对产品中出现的问题进行修改，例如，当产品中某个面没有圆角或圆角太小，可能会导致抽壳特征失败，那么我们就可以测量该圆角面的值，以此参考值对产品进行编辑修改。

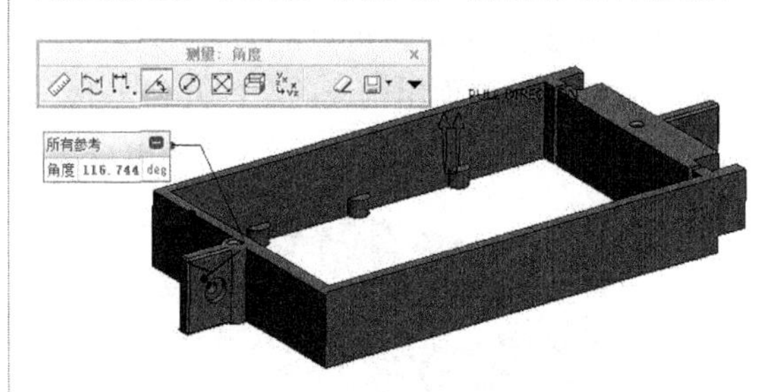

图 22-5 测量角度

单击【直径】按钮，弹出【测量 - 直径】工具栏。在产品模型中选取圆角面后，Creo 程序自动测量并给出直径值，如图 22-6 所示。

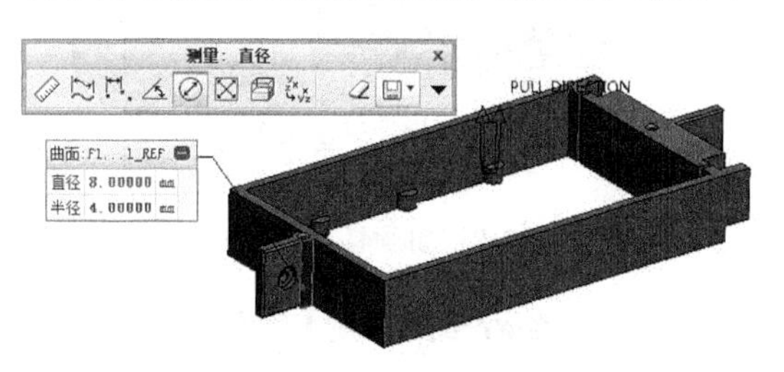

图 22-6 测量圆角面的直径

5. 面积

【面积】测量用来测量并计算所选曲面的面积。这个工具可以帮助我们确定产品的最大投影面，并进一步确定产品的分型线。因为产品的分型线只能是产品的最大外形轮廓线，最大外形轮廓就是产品中最大的投影面。

> **技术要点**
>
> 面积的单位取决于您在创建 Creo 文件时所选的模板，如果您用的是英制模板，那么单位就是英制单位；选用的是公制，所测量值的单位就是公制单位。

单击【面积】按钮，弹出【测量 - 面积】工具栏。在产品模型中选取要测量其面积的某个面后，Creo 程序自动测量并计算出面积值，如图 22-7 所示。

6. 体积

【体积】测量工具用来测量模型的总体体积。单击【体积】按钮，弹出【测量 - 体积】工具栏。同时，Creo 程序自动测量并计算出模型的体积，如图 22-8 所示。

【体积】测量工具可以测量实体模型，也可以测量由曲面面组构成的空间几何形状。

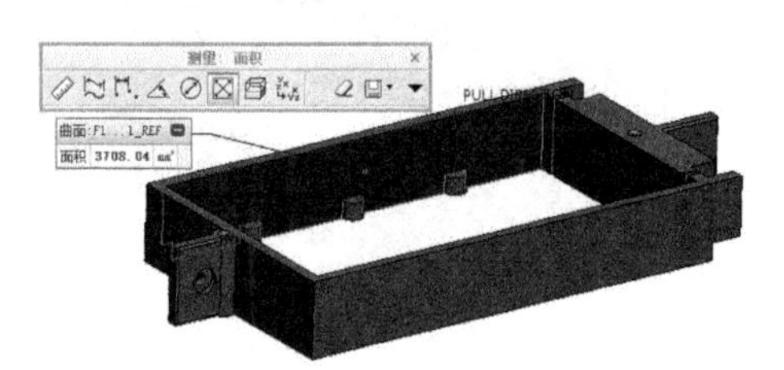

图 22-7　测量面积

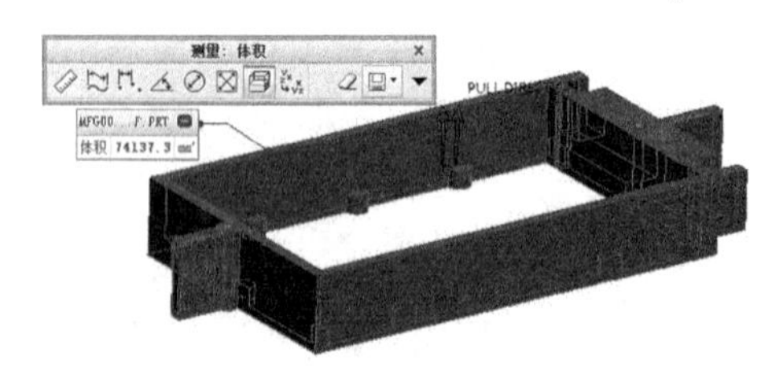

图 22-8　测量模型的体积

动手操作——测量产品来确定工件大小

操作步骤：

01 启动 Creo 4.0，新建模具制造文件，进入模具设计环境中。

02 单击【参考模型】按钮，通过【打开】对话框将本例素材源文件【ex22-1.prt】打开，并完成模型的加载。再通过使用【设计特征】组中的【拖拉方向】命令，将拖拉方向更改为垂直于产品最大投影面积的方向（也是 Y 轴方向），如图 22-9 所示。

03 在【分析】选项卡的【测量】组中单击【距离】按钮，弹出【测量 - 距离】工具栏。按住 Ctrl 键选取测量距离的起点和终点后，Creo 程序自动测量出两点之间的最短距离，如图 22-10 所示。

04 单击【长度】按钮，在产品模型中选取要测量的边，Creo 程序自动测量并给出边的长度值，如图 22-11 所示。

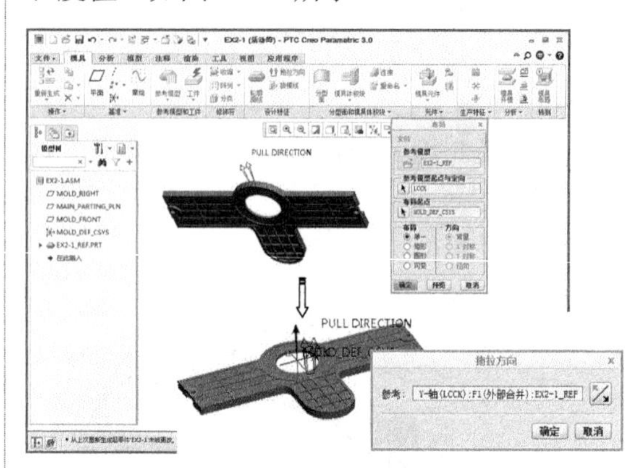

图 22-9　加载参考模型并修改拖拉方向

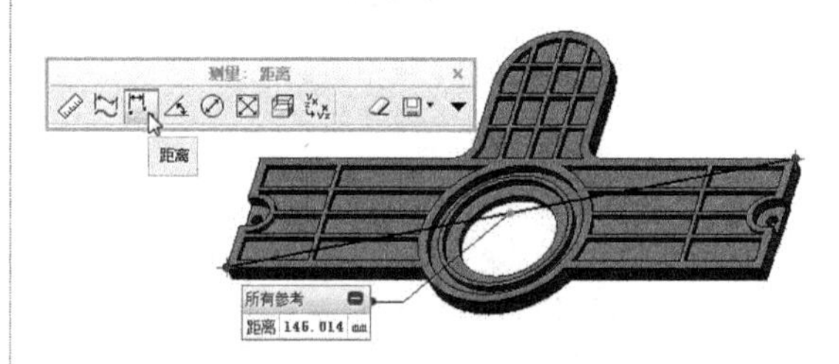

图 22-10　测量模型中的距离

图 22-11　测量模型边的长度

05 选取面，Creo 程序自动测量并给出所选面的周长，如图 22-12 所示。

图 22-12　测量周长

06 单击【角度】按钮，在产品模型中按住 Ctrl 选取形成夹角的两条边后，Creo 程序自动测量并给出角度值，如图 22-13 所示。

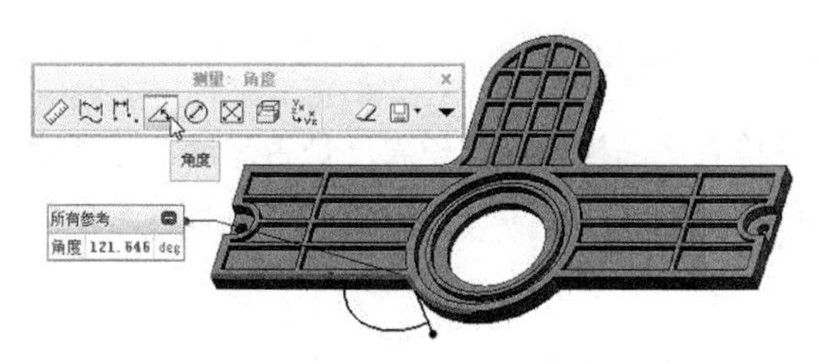

图 22-13　测量角度

07 单击【直径】按钮，在产品模型中选取圆角面后，Creo 程序自动测量并给出直径（半径）值，如图 22-14 所示。

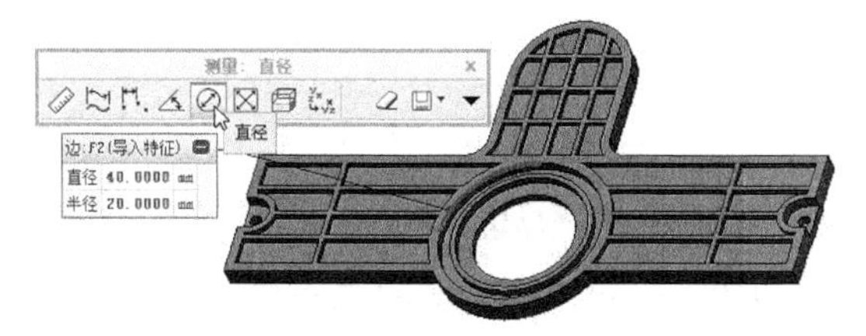

图 22-14　测量直径（半径）

08 单击【面积】按钮，在产品模型中选取要测量其面积的某个面后，Creo 程序自动测量并计算出面积值，如图 22-15 所示。

图 22-15　测量面积

09 单击【体积】按钮，选择模型，Creo 程序自动测量并计算出模型的体积，如图 22-16 所示。

图 22-16　测量体积

10 通过上述方法，根据测量产品的信息来确定工件的大小。

技术要点

通常，工件尺寸的大小取决于产品的大小，一般取值为 15mm~35mm。产品尺寸越大，工件边框与产品之间的距离就越大。

11 利用【参考模型和工件】组中的【创建工件】命令，新建名为【workpiece】的元件，并以【创建特征】的方法进入到元件创建模式中。

12 在元件创建模式的【形状】组中单击【拉伸】按钮，打开【拉伸】操控板。然后选择 MOLD_FRONT 基准平面作为草绘平面，如图 22-17 所示。

13 在草图模式中绘制如图 22-18 所示的工件边框轮廓。

14 退出草绘模式。在操控板上设置拉伸类型和拉伸深度，再单击【应用】按钮，完成工件的创建，如图 22-19 所示。

技术要点

拉伸深度是工件上下两侧与产品的间距，至少也应该有 20 左右的距离。

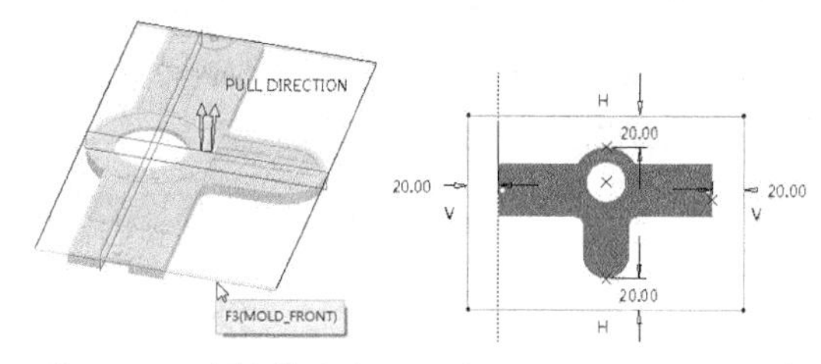

图 22-17　选择草绘平面　图 22-18　绘制工件轮廓

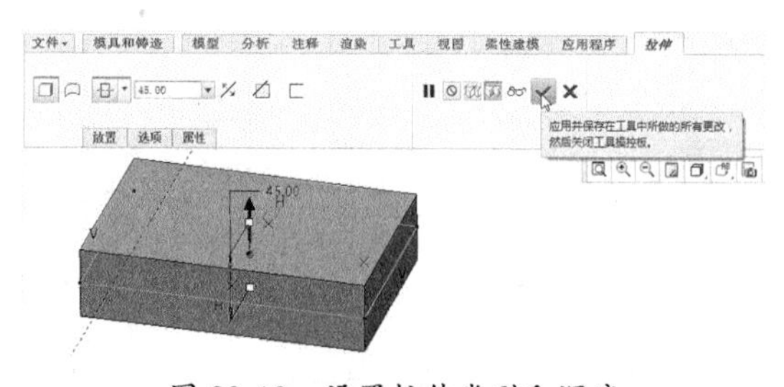

图 22-19　设置拉伸类型和深度

15 最后保存文件。

22.2 产品的分析与检查

在对产品模型进行基本测量后，接下来进一步检查产品模型的拔模斜度是否足够、分型面是否符合要求、产品的厚度情况及冷却系统水线的间隙等。这些工作十分重要，且直接关系到产品是否能成功分模，模具设计得是否合理。

22.2.1 拔模分析

对模型进行拔模检测，需要指定最小拔模角、拉伸方向、平面及要检测单侧还是双侧。拉伸方向平面是垂直于模具打开方向的平面。

在功能区【分析】选项卡的【模具分析】组中单击【模具分析】按钮，程序弹出【模具分析】对话框。在此对话框的【类型】下拉列表中选择【拔模检查】选项，然后再按需要依次指定参考平面、拉伸方向、拔模方向侧及最小拔模角等参数，如图 22-20 所示。

指定拉伸方向平面和拔模检测角度后，Creo 计算每一曲面相对于指定方向的拔模。超出拔模检测角度的任何曲面将以洋红色显示，小于角度负值的任何曲面将以蓝色显示，处于二者之间的所有曲面以代表相应角度的彩色光谱显示。如图 22-21 所示为执行计算时程序自动弹出的彩色光谱对照表窗口。

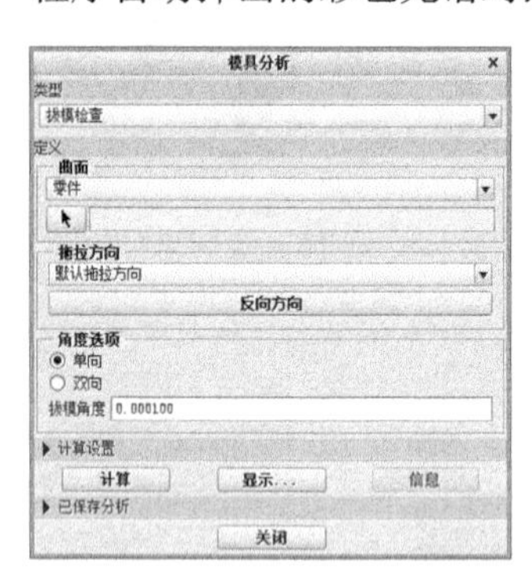

图 22-20 【拔模检查】选项

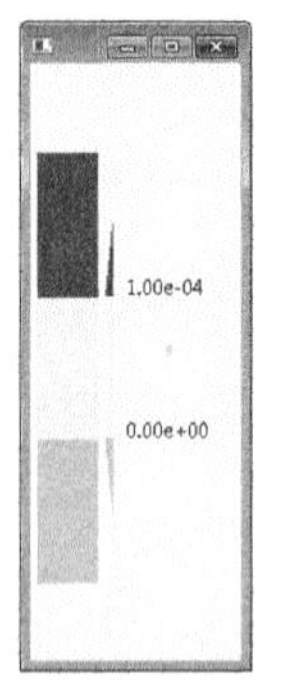

图 22-21 彩色光谱对照表

当需要设置光谱的显示时，可在【模具分析】对话框中，在【计算设置】选项组中单击【显示】按钮 显示... ，在随后弹出的【拔模检查 - 显示设置】对话框中进行设置，如图 22-22 所示。

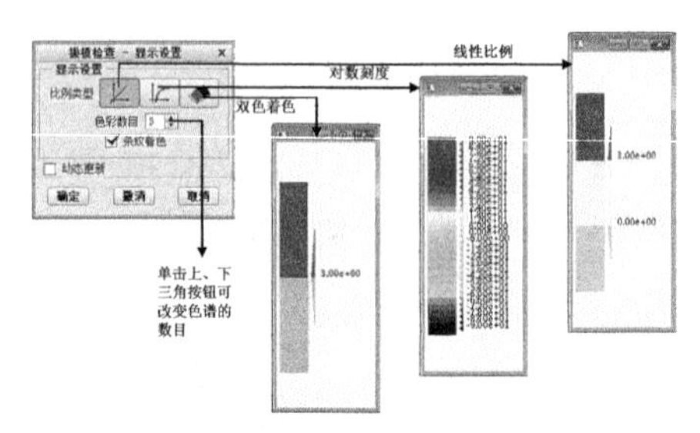

图 22-22 设置光谱的显示

动手操作——对产品进行拔模分析

CRT 外壳产品模型的拔模检查结果如图 22-23 所示。CRT 外壳产品的脱模方向为垂直于最大外形线方向，且始终是 +Z 方向，此方向也作为拔模检测方向。

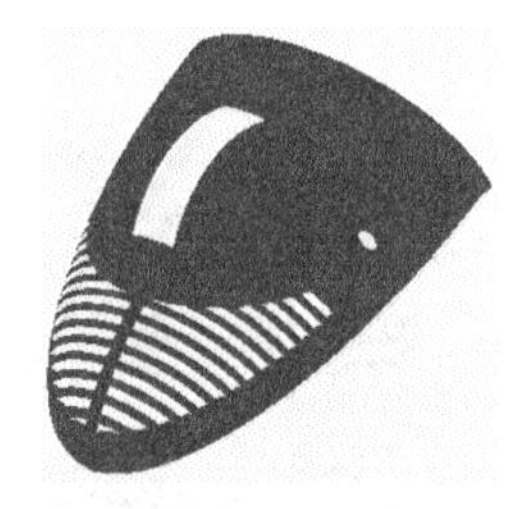

图 22-23 拔模检查结果

模型预处理的具体操作步骤如下：

01 启动 Creo 4.0，然后单击【打开】按钮，通过打开的【打开】对话框将素材中的【ex22-2.prt】文件打开，如图 22-24 所示。

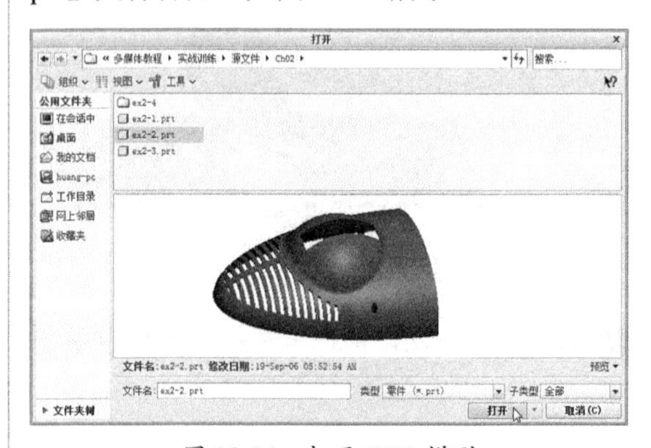

图 22-24 打开 CTR 模型

02 在【应用程序】选项卡的【工程】组中单击【模具/铸造】按钮，进入模具设计环境。

03 在【模具和铸造】选项卡的【分析】组中单击【模具分析】按钮，程序弹出【模具分析】对话框。然后在对话框中选择【拔模检查】类型，并选择 CRT 作为分析对象，如图 22-25 所示。

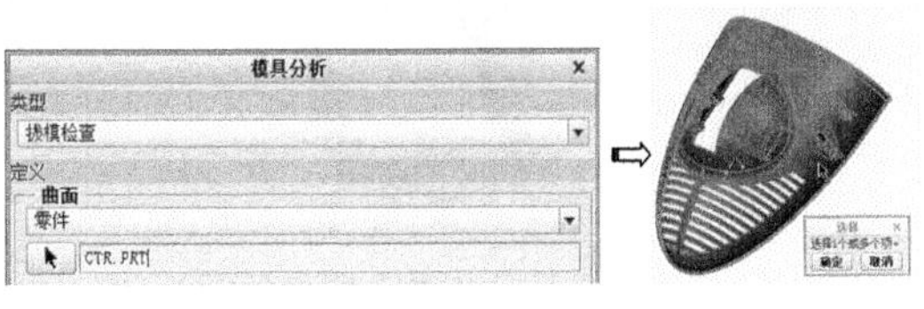

图 22-25　选择检测类型和检测对象

04 单击【模具分析】对话框中的【选择平面】按钮，然后在模型树中选择 DTM3 基准平面作为方向的参考平面。如图 22-26 所示。

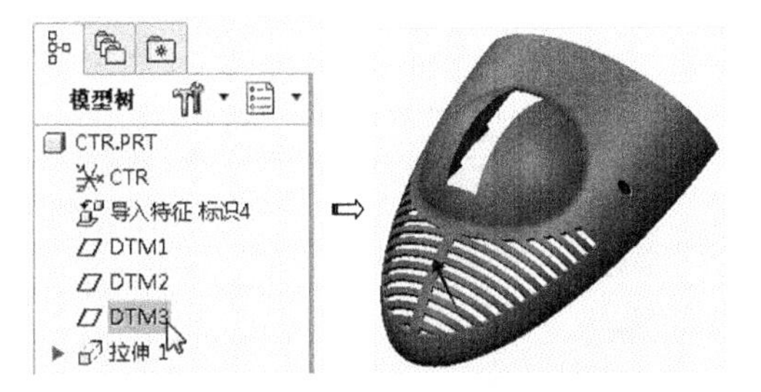

图 22-26　选择拔模方向的参考平面

05 在【角度选项】选项组中选择【双向】单选按钮，然后单击【计算】按钮执行分析，分析结果如图 22-27 所示。

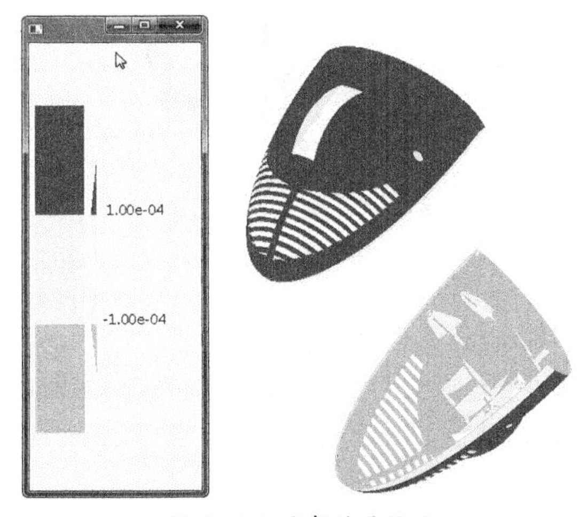

图 22-27　分析结果显示

06 从检测结果看，产品外表面均为紫色显示（拔模角大于设定的 0°），产品内部为蓝色显示（拔模角小于设定的 0°），这说明产品的拔模角度是合理的，并且能保证顺利脱离模具。完成拔模检测后，关闭【模具分析】对话框。

22.2.2　等高线分析

等高线（水线）分析主要用于检测模具冷却循环系统与其他零件间的间隙情况。等高线检测可使设计人员避免冷却组件与其他模具组件的干涉，以及是否有薄壁情况出现。

在功能区【分析】选项卡的【模具分析】组中单击【模具分析】按钮，程序弹出【模具分析】对话框。在此对话框的【类型】下拉列表中选择【等高线】选项，然后再依次指定检测对象、水线、合理的间隙值等参数。单击【计算】按钮后，程序将等高线检测情况以不同的色谱来显示反馈。如图 22-28 所示。

图 22-28　选择【等高线】选项

如图 22-29 所示为模具等高线检测情况，红色部分表示小于合理间隙值，绿色则表示大于合理间隙值。

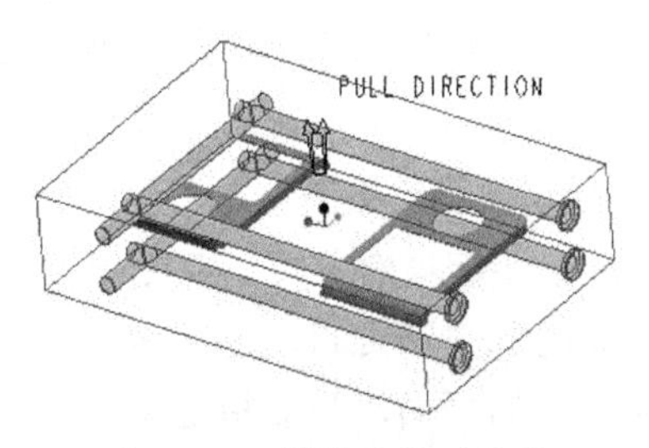

图 22-29　等高线检测结果

22.2.3 厚度检测

用户还可使用Creo的厚度检测功能来确定零件的某些区域同设定的最小和最大厚度比较，是厚还是薄。既可在零件中间距等量增加的平行平面检测厚度，也可在所选的指定平面检测厚度。

在功能区【分析】选项卡的【模具分析】组中单击【厚度检查】按钮，程序弹出【模型分析】对话框。该对话框包含两种厚度检测方式：平面和层切面。

1. 平面厚度检测

平面厚度检测方法可以检查指定平面截面处的模型厚度，要监检测所选平面的厚度，只需拾取要检测其厚度的平面，并输入最大值和最小值，Creo程序将创建通过每一所选的横截面，并检测这些截面的厚度。

平面厚度检测的相关选项设置如图22-30所示。

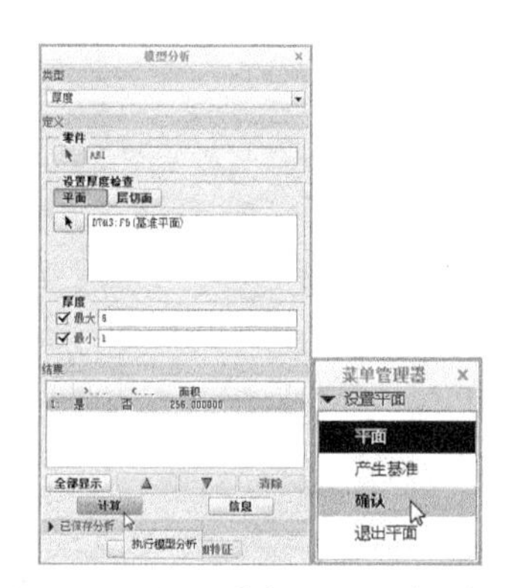

图22-30　平面厚度检测的选项设置

当用户依次指定检测对象、检测平面，并设置最大厚度值和最小厚度值后，单击【计算】按钮 计算 ，程序执行平面厚度检测，并将检测结果显示在图形区的检测对象中，如图22-31所示。

2. 层切面厚度检测

使用层切面检测厚度，需要在模型中选择层切面的起点和终点，还需要指定一个与层切面平行的平面，最后指定层切面偏移距离尺寸，以及要检测的最小厚度和最大厚度，程序将创建通过此零件的横截面并检测这些横截面的厚度。

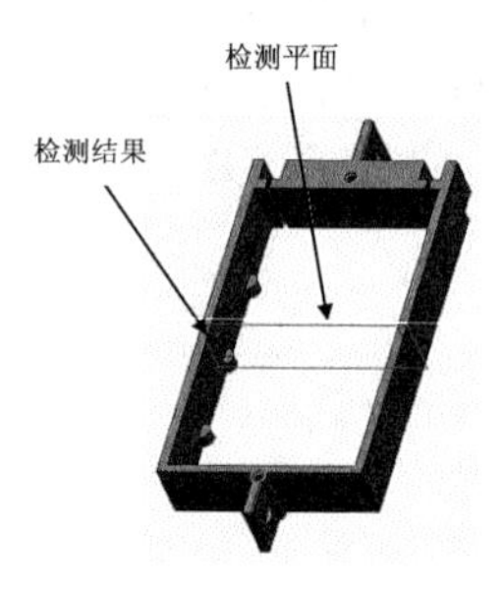

图22-31　平面厚度检查结果

层切面检测的选项设置如图22-32所示。用户依次指定检测对象、层切面起点和终点、层切面个数、层切面方向、层切面偏移量，以及最大厚度值和最小厚度值后，单击【计算】按钮，程序执行厚度检测，并将检测结果显示在图形区的对象中，如图22-33所示。

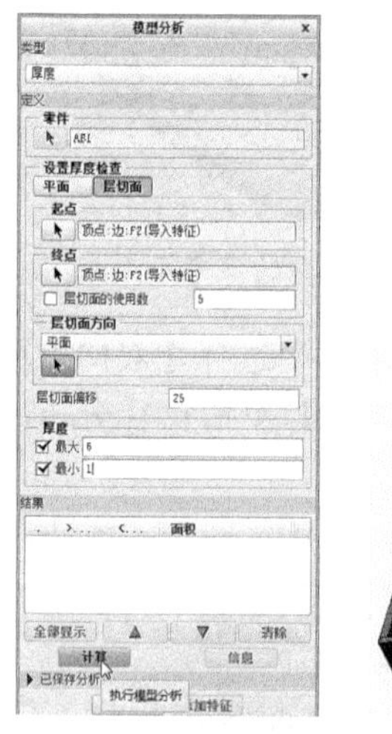

图22-32　层切面厚度检测的选项设置

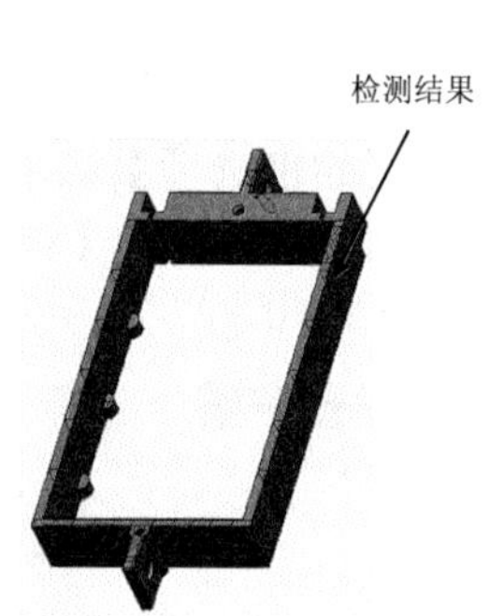

图22-33　层切面厚度检测

Creo完成了每一横截面的厚度检测后，横截面内大于最大壁厚的任何区域都将以红色剖面线显示，小于最小壁厚的任何区域都将以蓝色显示。此外，还可以得到所有横截面的信息，以及厚度超厚与不足的横截面的数量。

动手操作——对产品进行厚度分析

模型的厚度检查结果如图 22-34 所示。

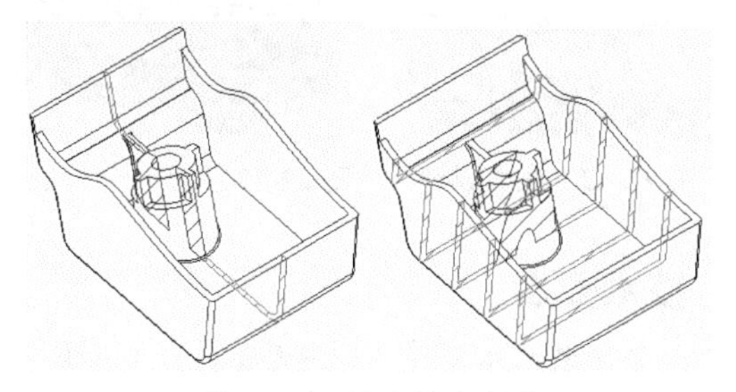

图 22-34　厚度检查结果

模型预处理的具体操作步骤如下：

01 启动 Creo 4.0，然后单击【打开】按钮，通过打开的【打开】对话框将素材中的【ex22-3.prt】文件打开，如图 22-35 所示。

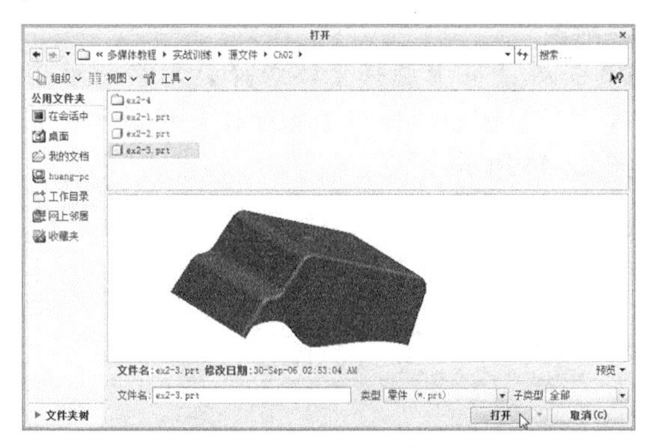

图 22-35　打开模型

02 在【应用程序】选项卡的【工程】组中单击【模具 / 铸造】按钮，进入模具设计环境。

03 在【模具和铸造】选项卡的【分析】组中单击【厚度检测】按钮，程序弹出【模型分析】对话框。然后按如图 22-36 所示的步骤进行操作。

04 从厚度检测结果看，在模型内部检测平面中均为蓝色线显示，则说明该产品符合成型设计要求。最后关闭【厚度】对话框结束操作。

05 单击【厚度检查】按钮，打开【模型分析】对话框，然后按如图 22-37 所示的步骤进行操作。

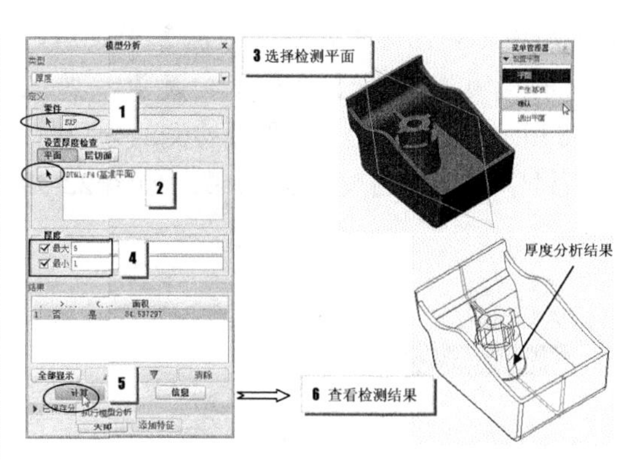

图 22-36　对模型进行厚度检测的操作过程

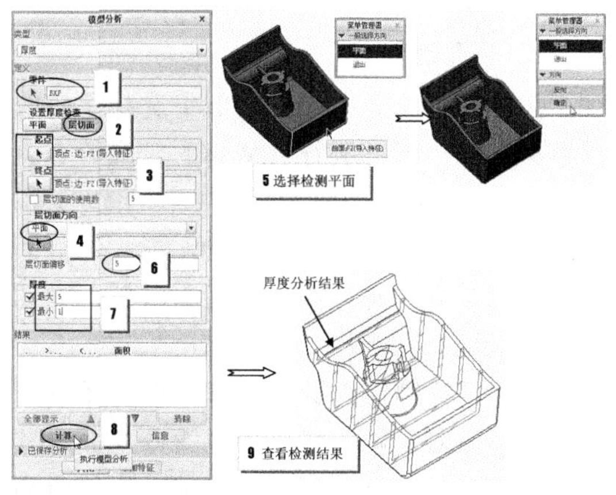

图 22-37　对模型进行层切面厚度检查的操作过程

06 从厚度检测结果看，在模型内部检测平面中均为蓝色线显示，则说明该产品符合成型设计要求。最后关闭【厚度】对话框结束操作。

22.2.4　分型面检查

分型面检查分为两种，一种是自交检查，即检查所选分型面是否发生自相交；另一种是轮廓检查，就是检查分型面是否存在间隙，检查完成后程序会在分型面上用深红色的点显示可能存在间隙的位置。当检查到分型面发生自相交或存在不必要的间隙时，则须对分型面进行修改或重定义，否则将无法分割体积块。

1. 自交检查

在功能区【分析】选项卡的【模具分析】组中单击【分型面检查】命令，在菜单管理器菜单中将弹出【零件曲面检测】子菜单，默认的检测方式为【自相交检测】，如图 22-38 所示。按信息提示选取要检测的分型面，信息栏中将显示自交检测结果，如图 22-39 所示。

图 22-38 【零件曲面检测】子菜单

图 22-39 信息栏中的自相交检测结果

2．轮廓检查

在【零件曲面检测】菜单中选择【轮廓检测】命令，即可执行分型面的轮廓检查。选择分型面，若分型面中有开口环（缝隙），程序将以红色线高亮显示。例如，分型面的外轮廓为开口环，高亮显示为红色，如图 22-40 所示。

当在【轮廓检查】子菜单中选择【下一个环】命令时，程序将自动搜索分型面中其余缝隙部分，一旦检测到有缝隙，将红色高亮显示，如图 22-41 所示，在分型面内部检测到的缝隙，必须立即进行修改处理，以免造成体积块的分割失败。

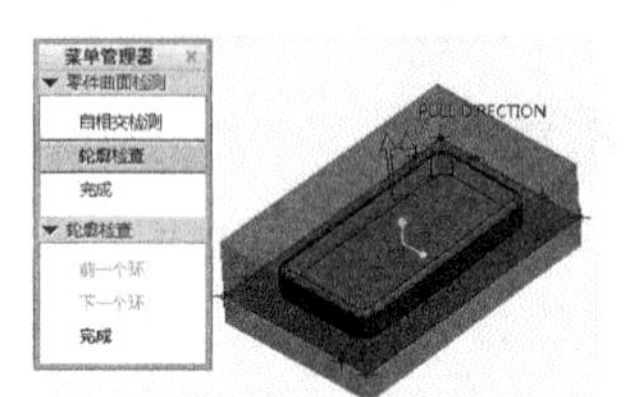

图 22-40 检查分型面外轮廓　图 22-41 检查分型面的内部缝隙

动手操作——分型面设计与检查

本练习的产品模型——线盒如图 22-42 所示。

操作步骤：

01 打开本练习的源文件【ex22-4\线盒 .asm】，如图 22-43 所示。然后设置工作目录。

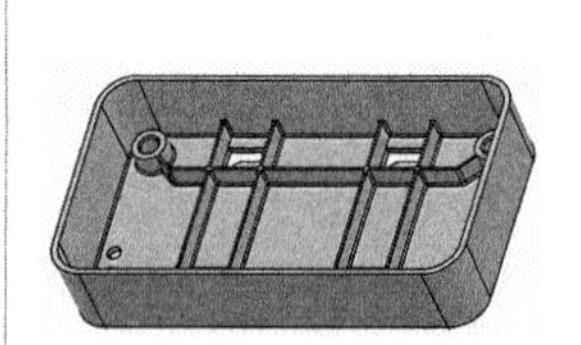

图 22-42 线盒模型

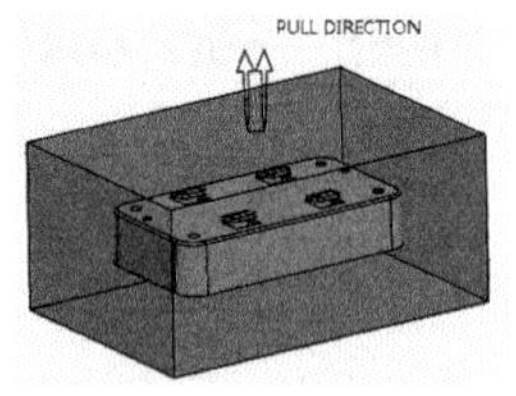

图 22-43 打开的源文件

技术要点

如果是装配体文件，则一定要设置工作目录。否则最后在保存文件时会丢失部分数据。如果是零件，可以不设置工作目录。但为了保持良好的设计习惯，尽量每创建一个文件都设置在工作目录中。

02 在【模具】选项卡的【设计特征】组中单击【轮廓曲线】按钮，弹出【轮廓曲线】对话框。

03 在对话框中选择【环选择】元素后单击【定义】按钮，弹出【环选择】对话框，如图 22-44 所示。

图 22-44 选择元素进行定义

04 在【环选择】对话框的【环】选项卡中，将编号为 5、6、7、8 的环排除，随后单击【确定】按钮关闭【环选择】对话框，最后再单击【轮廓曲线】对话框中的【确定】按钮，完成轮廓曲线的抽取，结果如图 22-45 所示。

图 22-45 排除不需要的环并完成轮廓曲线的抽取

技术要点

为什么要排除产品中的环呢？是不需要修补了吗？这是因为产品中的 4 个孔非一般的孔，它们是靠破孔，需要做台阶，以此防止模具在注塑过程中产生位移，因此只能使用另外的方法进行修补。

05 在【分型面和模具体积块】组中单击【分型面】按钮，功能区弹出【分型面】选项卡。

06 然后在【分型面】选项卡的【曲面设计】组中单击【裙边曲面】按钮，弹出【裙边曲面】对话框和【链】菜单管理器。如图 22-46 所示。

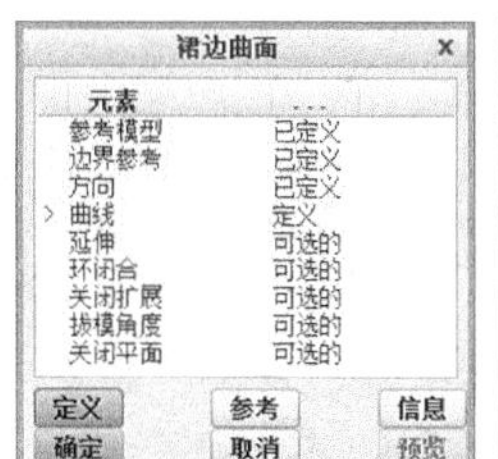

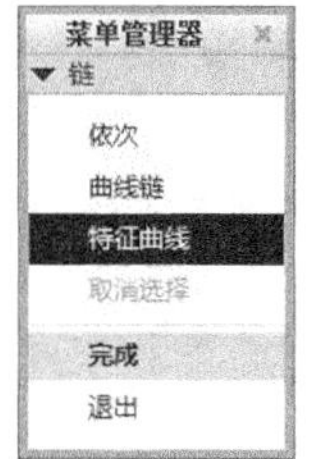

图 22-46　【裙边曲面】对话框和【链】菜单管理器

07 在图形区中选择轮廓曲线作为【特征曲线】，如图 22-47 所示。

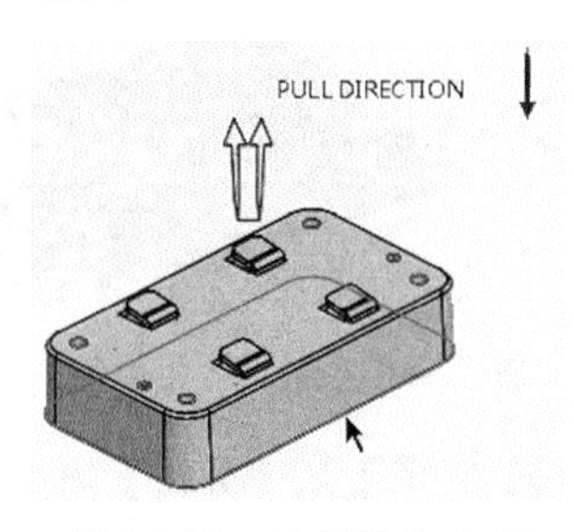

图 22-47　选择特征曲线

08 然后在菜单管理器中选择【完成】命令，并在【裙边曲面】对话框中单击【确定】按钮，完成裙边曲面的创建，如图 22-48 所示。

技术要点

除了显示产品模型外，暂时隐藏其他特征。靠破孔有 4 个，下面讲解其中一个的设计过程，其余的大家照此方法进行设计。

09 在【分型面】选项卡的【形状】组中单击【扫描】按钮，弹出【扫描】操控板。然后在靠破孔上选择起始边，并按住 Shift 键完成扫描轨迹的选取，如图 22-49 所示。

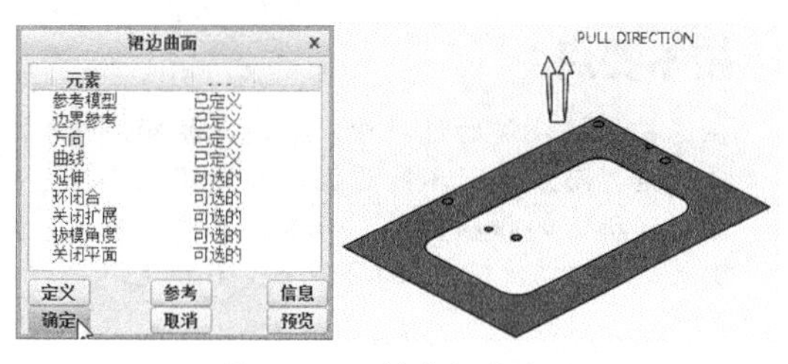

图 22-48　创建裙边曲面

10 在操控中板单击【创建或编辑扫描截面】按钮，然后进入草绘模式，绘制如图 22-50 所示的截面曲线（1 条长 3.5 的直线）。

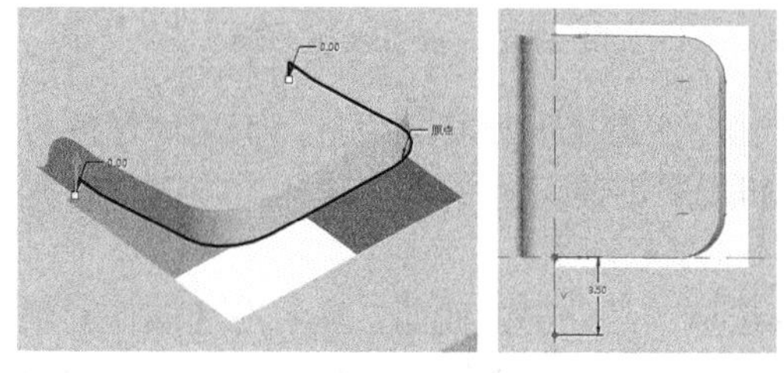

图 22-49　选取扫描轨迹　图 22-50　绘制扫描截面

11 退出草绘模式后，单击操控板中的【应用】按钮，完成扫描曲面的创建，如图 22-51 所示。

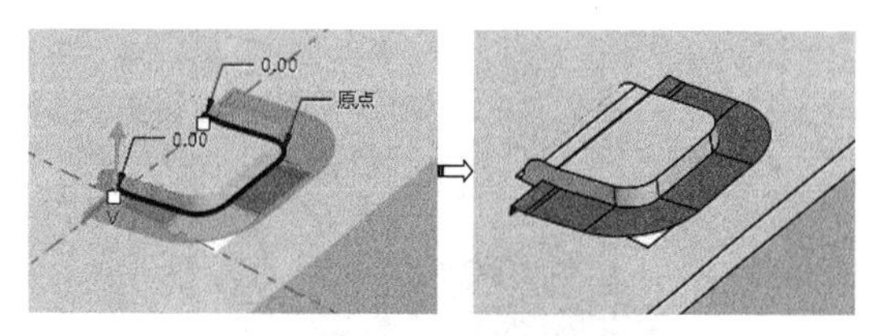

图 22-51　创建扫描曲面

12 再执行【扫描】命令，然后创建如图 22-52 所示的扫描曲面。

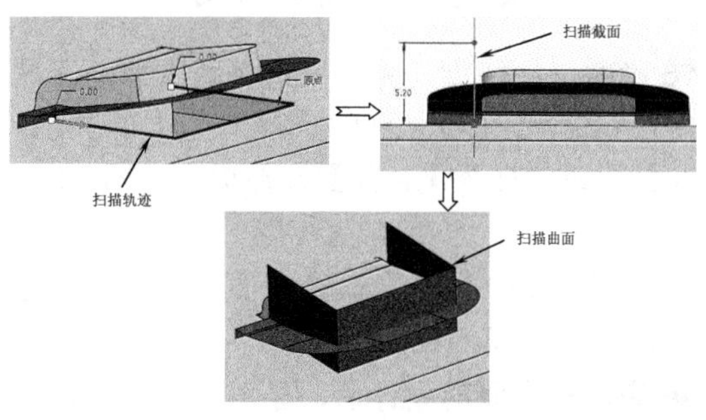

图 22-52　创建扫描曲面

13 从列表中选取两个扫描曲面，然后执行【合并】命令，将两个扫描曲面进行相交合并，结果如图 22-53 所示。

技术要点

在选择扫描轨迹的过程中，必须是按顺序选择边链。而且中间不能遗漏，否则不能正确地创建所需的扫描曲面。一个扫描曲面中只能是一个扫描轨迹，因此不能按 Ctrl 键选取。

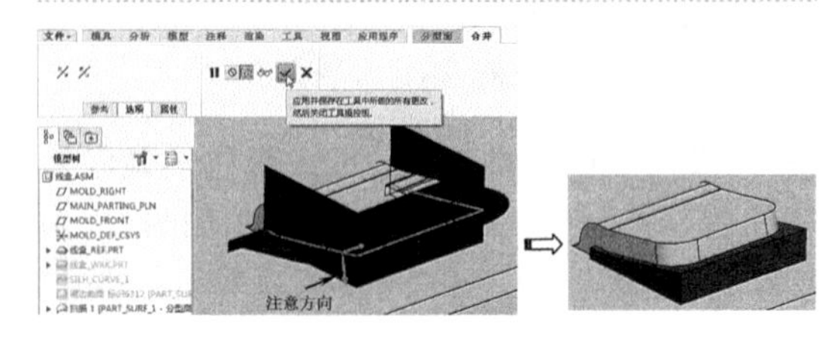

图 22-53　合并扫描曲面

14 第一个靠破孔修补完成后，再用同样的方法和步骤创建另外 3 个靠破孔的补面，过程就不重复叙述了。

15 选取产品外部的曲面，然后在【操作】组中依次单击【复制】按钮和【粘贴】按钮，创建复制曲面，如图 22-54 所示。

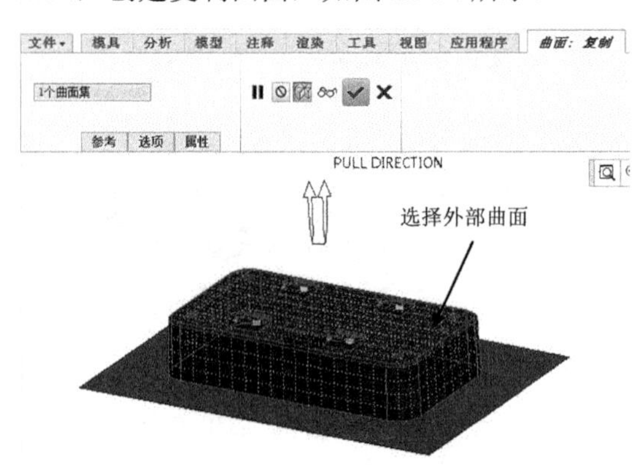

图 22-54　复制外部曲面

16 隐藏产品模型。先任意选择两个曲面，然后在【模型】选项卡的【修饰符】组中单击【合并】按钮，打开【合并】操控板。如图 22-55 所示。

17 继续按 Ctrl 键选取其余曲面，并将其进行合并，如图 22-56 所示。

18 完成分型面的设计后，显示工件和裙边曲面。为了验证分型面设计得是否合理，下面进行分型面的检查。

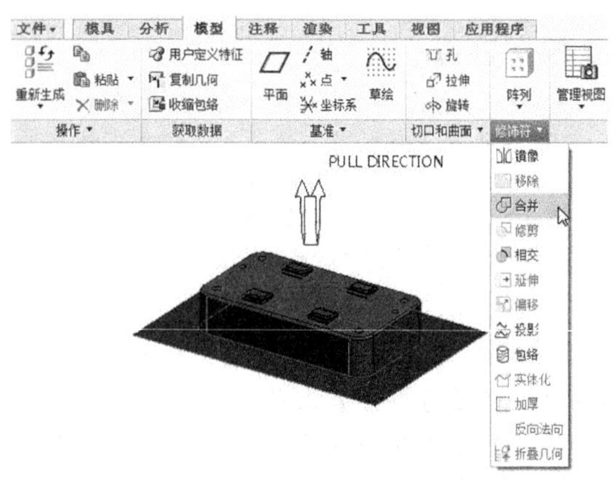

图 22-55　执行合并曲面命令

技术要点

其实我们无须创建复制曲面，也可以进行分割体积块的操作。但为了使用【分型面检查】工具验证分型面是否合理，因此要进行这一步骤操作。

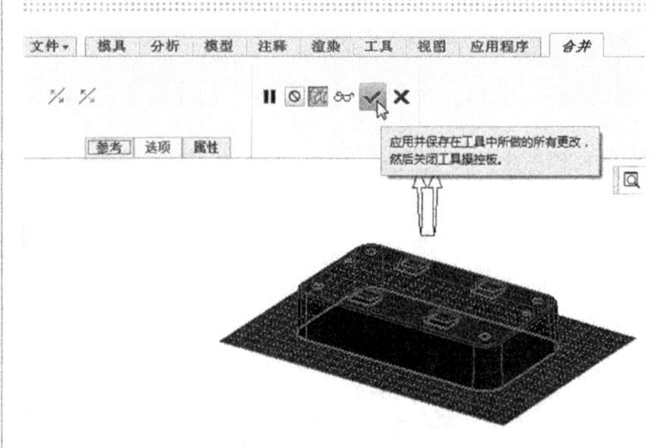

图 22-56　合并所有曲面

19 在【模具】选项卡的【分析】组中单击【分型面检查】命令，弹出【零件曲面检查】菜单管理器。

20 选择【自相交检测】命令，再选择合并的分型面，图形区底部将显示检查结果。如图 22-57 所示。结果显示没有出现问题。

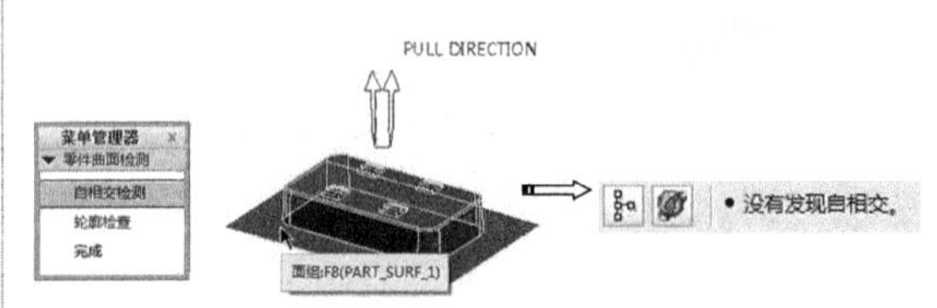

图 22-57　自相交检测

21 选择【轮廓检查】命令，再选择分型面，显示的检查结果如图 22-58 所示。

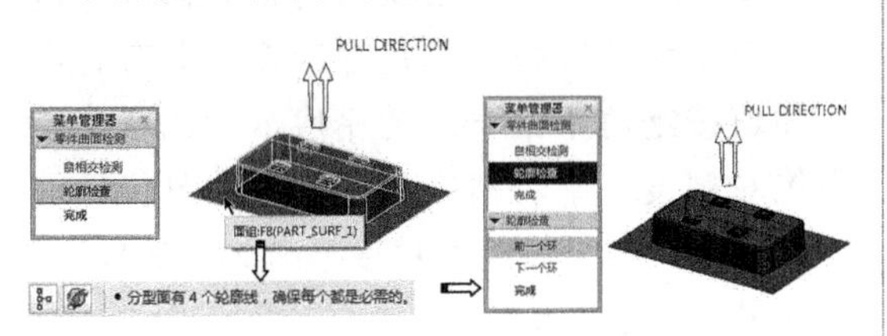

图 22-58　分型面检查结果

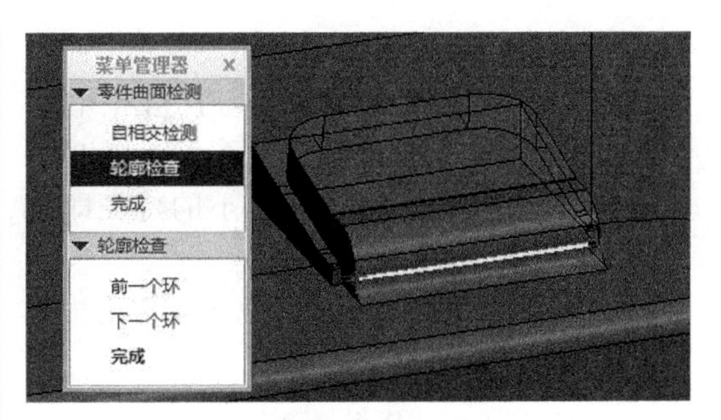

图 22-59　查找原因

22 结果显示，分型面出现 4 个轮廓边线，说明分型面中有缝隙存在。将高亮显示的轮廓线放大显示，发现由于在前面创建复制曲面时没有完全选中所有曲面（选漏了）引起的，如图 22-59 所示。

23 在模型树中编辑复制的曲面特征，重新选取遗漏的产品表面。再对编辑、修改后的分型面进行检查，发现问题已经解决了，如图 22-60 所示。

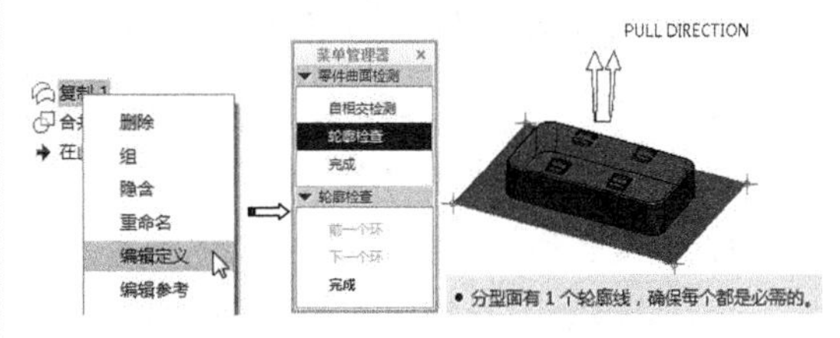

图 22-60　修改问题曲面，重新检查

24 最后保存结果。

22.3　计算投影面积

当我们面对一个形状较为复杂的产品时，其分型线不容易确定，因此我们采取计算最大投影面积的方法来找到产品最大外形轮廓。

【投影面积】工具可以测量的对象包括：单个曲面、面组、小平面、实体模型。

例如如图 22-61 所示的产品，形状与结构比较复杂，根据分型面设计原则，显然模具开模方向是错误的。

图 22-61　形状与结构较复杂的产品

在功能区【分析】选项卡的【模具分析】组中单击【投影面积】按钮，程序弹出【测量】对话框，如图 22-62 所示。要计算投影面积，需要定义两个必须具备的要素：测量对象（产品）和投影方向，如图 22-63 所示。

图 22-62　【测量】对话框　　图 22-63　定义投影平面

22.4　设置模型精度

在进行模具设计时，参考模型、工件和模具的绝对精度要相同，这对保持几何计算的统一性非常重要。导致改变模型精度的原因有以下几点：

- 使两个尺寸差异很大的模型相交即可使用合并或切除命令。为了这两个模型能相容，它们应具有相同的绝对精度。
- 在大模型上创建非常小的特征即通风孔。
- 通过IGES文件或其他一些常用格式输入几何。

技术要点

若需要程序以精度提示，可将【选项】配制文件里面的enable_absolute_accuracy选项设置为yes，当组件模型精度和参考模型精度有误差时，程序会弹出信息提示窗口。

1．精度类型

在Creo 4.0中有两种设置模型精度的方法，包括相对精度和绝对精度。

（1）相对精度。

相对精度是Creo中默认的精度测量方法，通过将模型中允许的最短边除以模型中尺寸计算得到，模型的中尺寸为模型边界框的对角线长度。

模型的默认相对精度为0.0012，这意味着模型上的最小边与模型尺寸比率不能小于该值。例如，如果模型尺寸为1000毫米，模型最小边可以为1.2毫米（1.2毫米/1000毫米=0.0012），如果要创建非常小的特征可将精度增加到0.0001，如果使用配置选项accuracy_lower_bound可达到0.000001。

（2）绝对精度。

通常应尽可能使用默认的相对精度，这可以使精度适应模型的尺寸改变。但有时需要知道按绝对单位表示的精度，为此就要使用绝对精度。绝对精度是按模型的单位设置的。例如，如果将绝对精度设置为0.001，允许的最小边则为0.001。

当通过从外部环境中输入、输出IGES文件或一些其他常用格式信息时主要使用的是绝对精度。

2．设置精度

如果要从另一种3D/2D软件包传送文件至Creo，需要将两个软件系统中的模型精度设置成相同的绝对精度，这将有助于最大程度地减小传送中的错误。

从外部环境载入其他软件包的模型文件后，在【文件】下拉菜单中依次选择【准备】|【模型属性】命令，打开【模型属性】窗口。然后按照如图22-64所示的步骤来设置模型的精度。

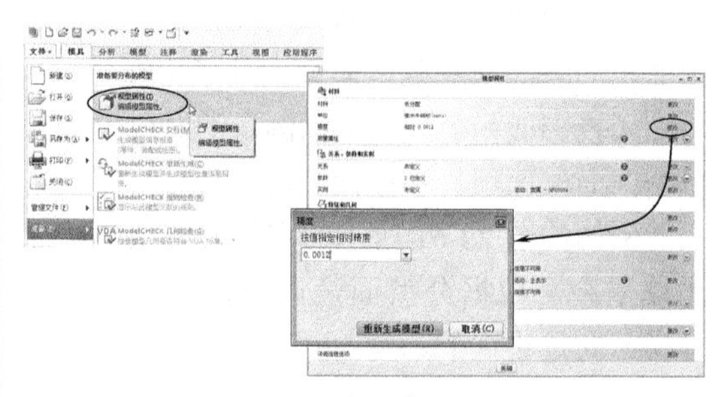

图22-64　模型精度的设置

22.5 综合实训——确定产品的开模方向

◎ **引入文件：实例\源文件\Ch22\ex22-5.prt**

◎ **结果文件：实例\结果文件\Ch22\ex22-5.asm**

◎ **视频文件：视频\Ch22\确定产品的开模方向.avi**

确定模具的开模方向，是模具设计前期准备工作中非常重要的一环。此环节出错，那么整个模具也就会设计错误。因此本节以一个较为典型的实例来说明如何利用【计算投影面积】这个工具来确定正确的开模方向（Creo中的拖拉方向并非开模方向）。

本例产品如图22-65所示。

图 22-65　产品模型

操作步骤：

01 启动 Creo 4.0，然后设置工作目录。

02 新建模具铸造文件，如图 22-66 所示。

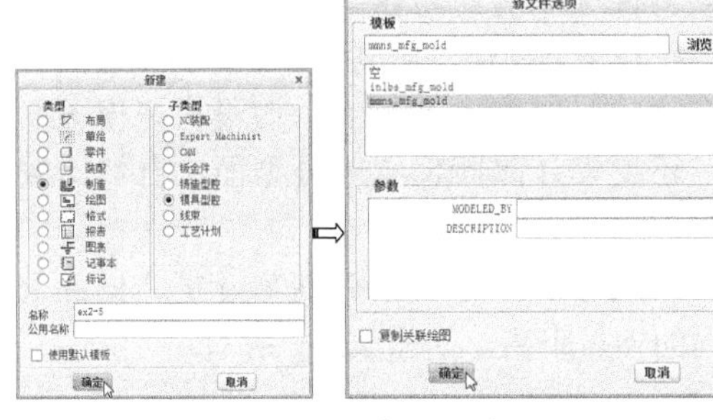

图 22-66　新建模具铸造文件

03 单击【参考模型】按钮，通过【文件打开】对话框，将本例模型打开，如图 22-67 所示。

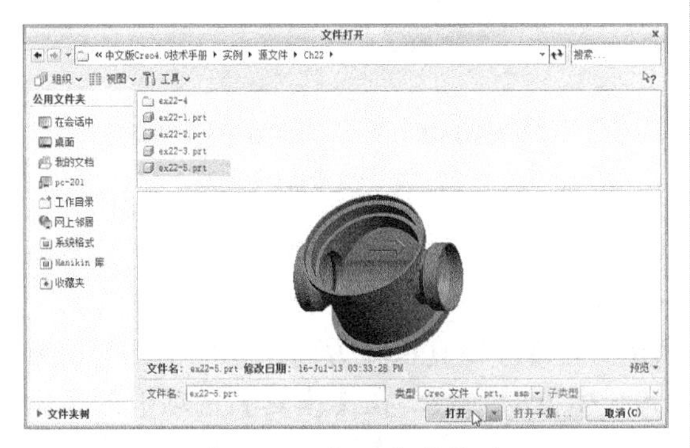

图 22-67　打开参考模型

04 随后单击【创建参考对象】对话框中的【确定】按钮和【布局】对话框中的【确定】按钮，将模型导入到模具设计环境中，如图 22-68 所示。

05 模具设计环境中显示默认的拖拉方向，但这不足以说明其是正确的方向。下面需要进行投影分析。

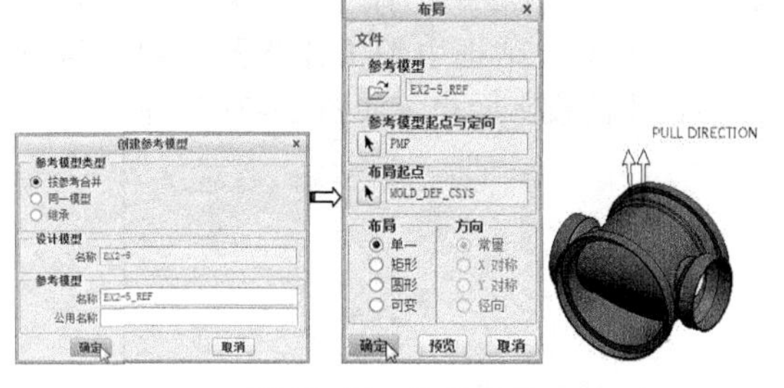

图 22-68　完成布局

06 在【分析】组中单击【投影面积】按钮，打开【测量】对话框。此对话框中已经显示在默认的拖拉方向上的投影面积参考值，如图 22-69 所示。

技术要点

要获得测量的投影面积，需从 3 个基本方向上进行投影。默认的拖拉方向为坐标系中的 +Z 方向。在模具设计中，我们必须将模具的开模方向与拖拉方向保持一致。

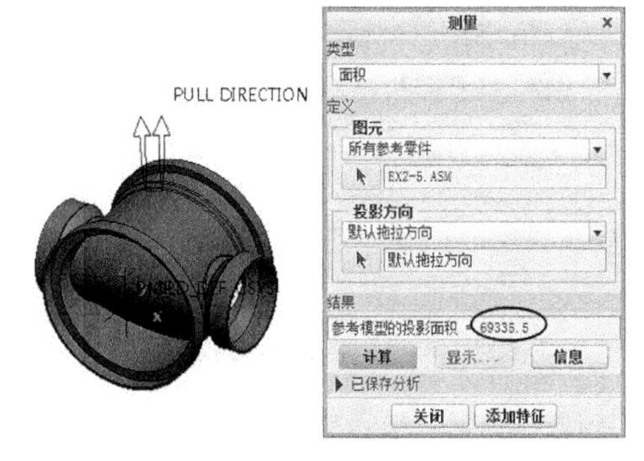

图 22-69　拖拉方向上的投影面积

07 接下来计算出 Y 方向和 X 方向的投影面积。在【测量】对话框的【投影方向】下拉列表中选择【坐标系】选项，并选择模具坐标系作为投影参考，如图 22-70 所示。

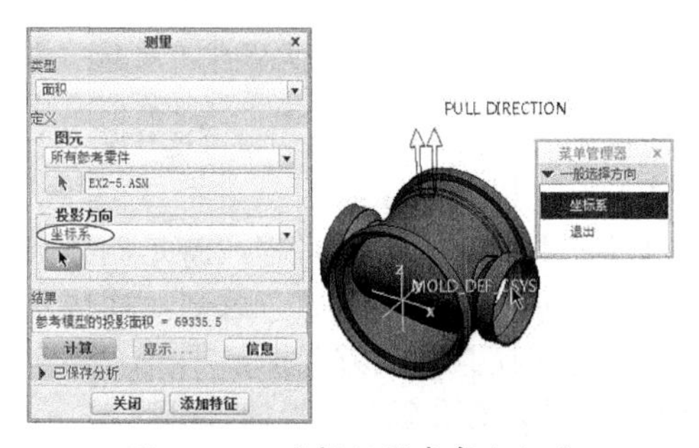

图 22-70　选择投影参考坐标系

08 在菜单管理器中选择【X 轴】命令，再单击【测量】对话框中的【计算】按钮，得到 X 方向上的投影面积，如图 22-71 所示。

图 22-71 得到 X 方向的投影面积

09 同理，按此步骤计算出 Y 方向上的投影面积，如图 22-72 所示。

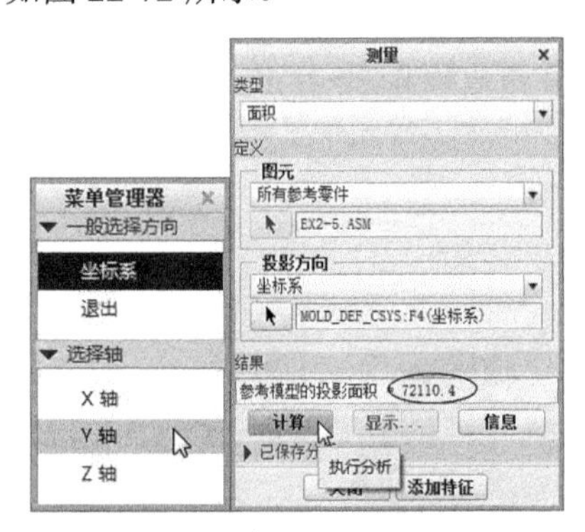

图 22-72 计算 Y 方向的投影面积

10 从以上 3 个坐标系轴向进行投影的计算结果看，在 Y 方向上的投影面积最大。而投影面积最大仅作为开模方向的一个辅助参考，还不能完全肯定，Y 方向的模型效果如图 22-73 所示。

> **技术要点**
>
> 根据分型面设计原则，除产品中有特殊结构外，投影面积最大的一侧，其投影方向将作为模具开模方向。后面在分型面设计章节中我们将会具体介绍。

11 下面进行第二个检查过程，就是测量抽拔距。根据分型面设计的另一原则，抽拔距长的必须是在模具开模方向上。本例产品有两个方向的孔，有孔就要设置抽芯机构。

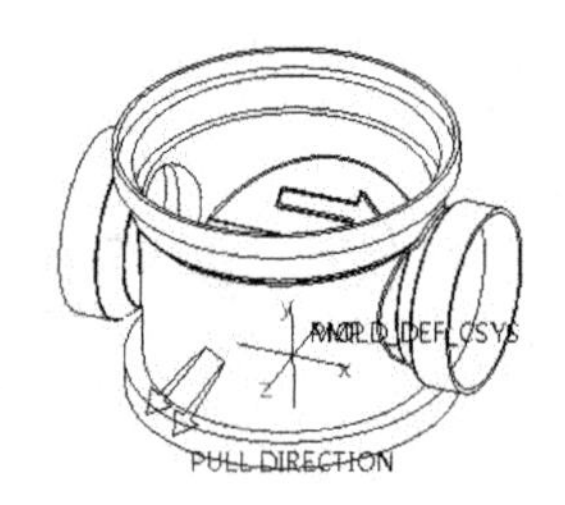

图 22-73 从 Y 方向上观察模型

> **技术要点**
>
> 一般来说，尽量让模具结构简单，是我们设计分型面的重要参考指标。

12 Y 方向上的孔，不是通孔，中间有隔断。如果在开模方向侧，是很方便设计分型面的。而在 X 方向上的孔是通孔，假设在开模方向上，还要设计隔断位置的分型面，自然比较麻烦一些。

13 利用【测量】工具，分别测量 Y 方向和 X 方向的抽拔距离，如图 22-74 所示。

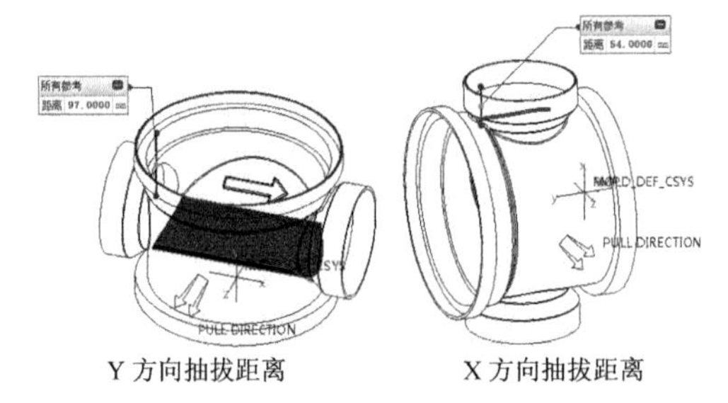

Y 方向抽拔距离　　X 方向抽拔距离

图 22-74 测量抽拔距离

14 很明显，Y 方向的抽拔距离要大于 X 方向的，说明此模型的开模方向一定就是 Y 方向。

15 下面修改模具拖拉方向，使拖拉方向与模具开模方向一致。在【模具】选项卡的【设计特征】组中单击【拖拉方向】按钮，打开【拖拉方向】对话框。

16 选择坐标系中的 Y 轴作为参考方向，如图 22-75 所示。

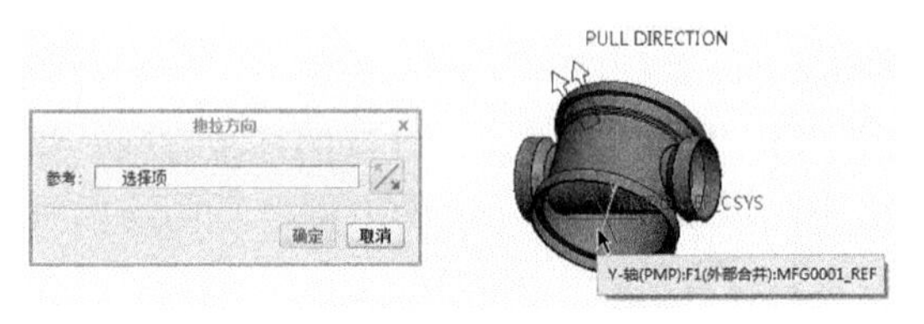

图 22-75 指定参考

17 最后单击【拖拉方向】对话框中的【确定】按钮，完成拖拉方向的设定，如图 22-76 所示。

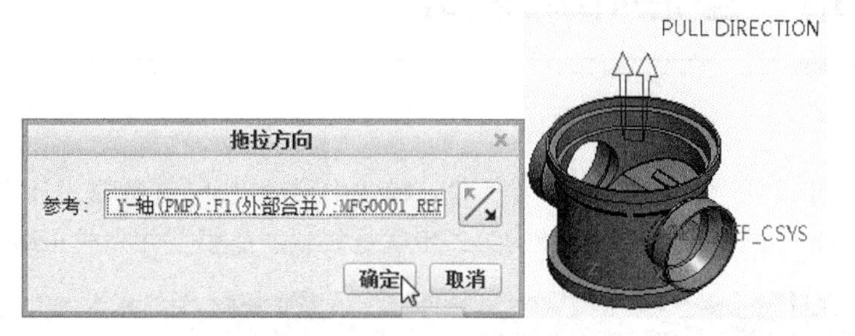

图 22-76　完成拖拉方向的更改

22.6 课后练习

打开【ex22-1.prt】文件。利用 Creo 模型预处理功能及塑料顾问对手机面板进行分析。手机面板模型如图 22-77 所示。

图 22-77　手机面板

参考步骤如下：

（1）对模型进行拔模分析。

（2）对模型进行厚度分析。

（3）修改拖拉方向。

读书笔记

第 23 章　型腔布局设计

利用Creo设计模具，分两种方式：零件设计模式中手动设计；在模具设计模式中组装设计。本书则以组装设计为主，因此模具设计的第二步就是装载产品模型并完成布局设计。

知识要点

- 参考模型的类型
- Creo 型腔布局方法
- 设置产品收缩率
- 模具工件设计

23.1 模型与布局原则

在 Creo 的模具设计模式中工作，首先得装载参考模型，即我们所说的产品模型。然后才是布局设计、创建模具工件及应用收缩率等步骤。

参考模型是实际被组装到模型中的组件。参考模型是一个被称为合并（Merge）的单一模型所组成。这个合并特征维护着参考模型及设计模型间的参数关系。下面介绍参考模型的装载与布局的相关内容。

23.1.1 参考模型类型

通常，参考模型几何以设计模型的几何为基础。参考模型和设计模型常常是不相同的。设计模型并不总是包含成型或铸造技术要求的所有必需的设计元素，也就是说，设计模型未收缩，且不包含所有必要的拔模和圆角。而参考模型通常要创建模型收缩和缺失设计元素。

有时设计模型包含需要进行后成型或后铸造加工的设计元素，在这种情况下，这些元素应在参考模型上更改。参考模型有 3 种类型，如图 23-1 所示。

- 继承：参考模型继承设计模型中的所有几何和特征信息。用户可指定在不更改原始零件情况下要在继承零件上进行修改的几何及特征数据。继承可为在不更改设计模型情况下修改参考模型提供更大的自由度。

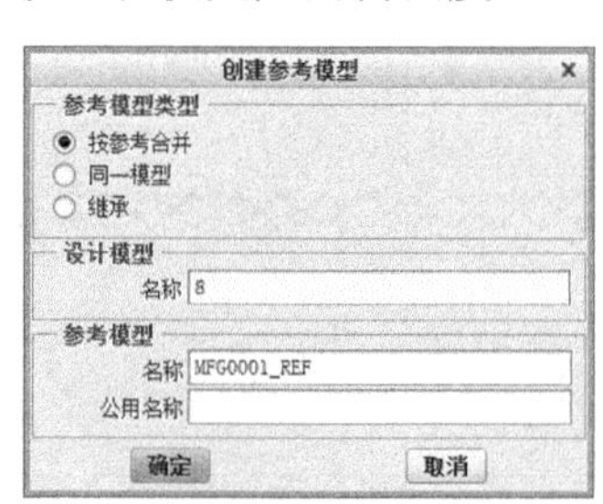

图 23-1　参考模型的 3 种类型

- 按参考合并：Creo 会将设计模型几何复制到参考模型中。在此情况下，从设计模型只复制几何和层。它也将把基准平面信息从设计模型复制到参考模型。如果设计模型中存在某个层，它带有一个或多个与其相关的基准平面，会将此层、它的名称及与其相关的基准平面从设计模型复制到参考模型中。层的显示状态也被复制到参考模型。
- 同一模型：Creo 会将选定设计模型用作模具或铸造参考模型。

23.1.2　Creo 的 3 种模型

通常，要在 Creo 中进行设计工作，需要理清一些概念，以免产生不必要的麻烦。例如，Creo 中常常分不清什么是设计模型、参考模型或模具模型。下面介绍它们之间的相互关系。

1. 设计模型和参考模型的关系

设计模型和参考模型的关系取决于用来创建参考模型的方法。组装参考模型时，可使参考模型从设计模型继承几何和特征信息。继承可使设计模型中的几何和特征数据单向且相关地向参考模型中传递。最初，继承特征所具有的几何和数据与衍生出该特征的零件完全相同。用户可在继承特征上标识出要修改的特征数据，而不更改原始零件。这将为在不更改设计模型的情况下修改参考模型提供更大的自由度。

也可将设计模型几何复制（按参考合并）到参考模型中。在此情况下，从设计模型只复制几何和层。可将收缩应用到参考模型，创建拔模、倒圆角和其他不影响设计模型的特征。但是，在设计模型中的所有改变将自动反映到参考模型中。

另一种方法是，可将设计模型指定为【模具】或【铸造】参考模型。在此情况下，它们是相同模型。

在所有情况下，当在【模具】或【铸造】中工作时，使用参考模型的几何可设置设计模型与模具或铸造元件之间的参数关系。由于建立了此关系，当改变设计模型时，参考模型和所有相关的模具或铸造元件都将更新以反映所做的修改。

2. 模具模型

将参考模型加载进模具模式后，窗口中所有的模型布局都称为模具模型。

Creo 设计模型如图 23-2 所示，模具模型如图 23-3 所示。

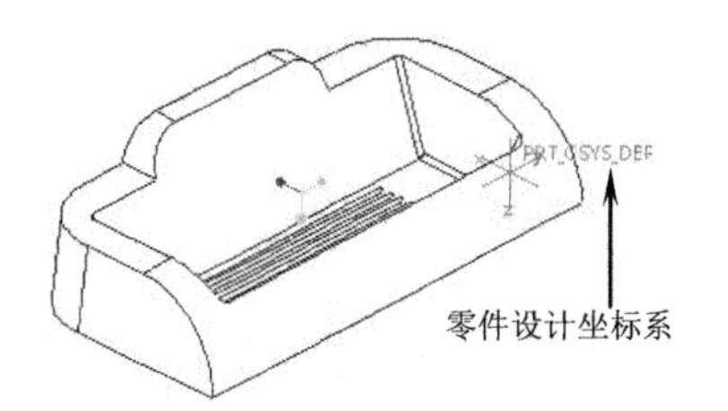

图 23-2　设计模型

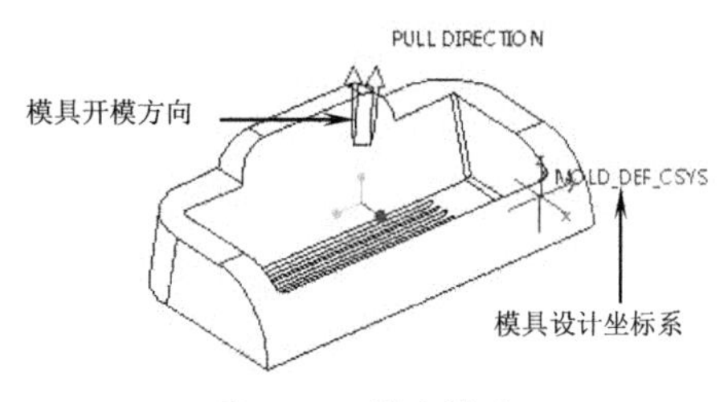

图 23-3　模具模型

技术要点

如果想要或需要额外的特征增加到参考模型，这会影响到设计模型。当创建多穴模具时，程序每个穴中都存在单独的参考模型，而且都参考到其他的设计模型。

23.1.3　模腔数的计算

技术和经济的因素是确定注塑模模腔数目的主要因素，将这两个主要因素具体化到设计和生产环境中后，它们即转换为具体的影响因素，这些因素包括注塑设备、模具加工设备、注塑产品的质量要求、成本及批量、模具的交货日期和现有的设计制造技术能力等。这些因素主要与生产注塑产品的用户需求和限制条件有关，是模具设计工程师在设计之前就必须掌握的信息资料。

出于在模具开始设计时，不清楚怎样对模腔的数目、注塑模程序和注塑机进行组合，以使生产的注螺产品的成本最低。因此，在进行模腔数计算和优化时，可将它们分成几个已知的基本因素，并将加以综合考虑。一般可将影响模腔的基本因素确定为注塑产品的交货期、产品的技术要求和技术参数、注塑产品的形状尺寸及成本、注塑机等，并有下面的经验公式。

1．由注塑产品的交货期确定模腔数目

如果对注塑产品的交货期有严格的要求，一般按下式确定模腔数目 N_{data}：

$$N_{data}=\frac{K\square 12\square S\square t_{cyc}}{3600\square t_{work}\square(t_0\square t_m)} \quad (23\text{-}1)$$

式中：K —— 故障因子，一般为 1.05（5%）；

S ——一副模具所指定的生产量；

t_{cyc} ——注塑成型周期，秒；

t_{work} —— 一副模具一年使用时间，小时；

t_0 —— 注塑产品从定货到交货所用时间，月；

t_m ——一副模具制造时间，月。

2．由技术参数确定模腔数目 Ntec

因为注塑生产中所要求的技术参数很多，在一般情况下选取 5 个技术参数并对各计算结果进行综合考虑，最后确定满足各项技术参数要求的模腔数 N_{tec}。

（1）由锁模力确定的模腔数目 N_{t1}。

为了保证生产质量和安全，整个注塑成型部分的投影面积与生产时的注塑压力应小于注塑机的最大锁模力。因此基于注塑机锁模力的模腔数可由下式确定：

$$N_{t1}=\frac{10\square f\square F_c}{A\square P_{inject}} \quad (23\text{-}2)$$

式中：f —— 无飞边出现的安全系数，一般取 1.2 ～ 1.5；

F_c —— 最大锁模力，kN；

A —— 注塑零件及浇注程序的投影面积，（cm^2）；

P_{inject} —— 最大注塑压力，MPa。

（2）由最小注塑量确定模腔数目 N_{t2}。

$$N_{t2}=0.2V_S/V_F \quad (23\text{-}3)$$

式中：VS ——注塑程序最大注塑量，cm^3；

VF ——注塑零件和浇注程序的体积，cm^3。

用此式决定模腔数是为了保证塑料熔体在注塑时的平稳流动，减少气体的包容，提高注塑产品的质量。

（3）由最大注塑量确定的模腔数目 N_{t3}。

$$N_{t3}=0.8V_S/V_F \quad (23\text{-}4)$$

此准则保证在注塑保压阶段有足够的塑料熔体进行补缩，减少注塑产品的缩陷，提高产品的尺寸精度。

（4）由塑化速率确定模腔数目 N_{t4}。

$$N_{t4}=\frac{3.6\square t_{cyc}\square R_P}{V_F\square\square_M} \quad (23\text{-}5)$$

式中：R_P —— 注随机塑化能力，kg/h；

ρ_M —— 材料的比重，kg/cm3。

（5）由注塑机模板尺寸确定的模腔数目 N_{t5}。

它代表在模板内可安装的成型产品的投影面积。这排除了拆除一个导轨的情况下能增加可行安装面积的情况。

3．按经济性确定模腔数

根据总成型加工费用最小的原则，并忽略准备时间和试生产原材料费用，仅考虑模具费用和成型加工费。模具费为 Xm=nC1+C2。

该表达式中的 C1 为每一型腔所需承担的与型腔数有关的模具费用；C2 为与型腔数无关的费用。成型加工费公式如下：

$$X_j=N\left(\frac{yt}{60n}\right) \quad (23\text{-}6)$$

式中：N——制品总件数；

Y——每小时注射成型加工费，元 /h；

t——成型周期。

总成型加工费为 X=Xm+Xj，为使总成型加工费最小，令：

$$\frac{dx}{dn}=0 \quad 则得\ n=\sqrt{\frac{Nyt}{60C_1}} \quad (23\text{-}7)$$

根据各约束和限制条件，确定合理模腔数的流程图如图 23-4 所示。

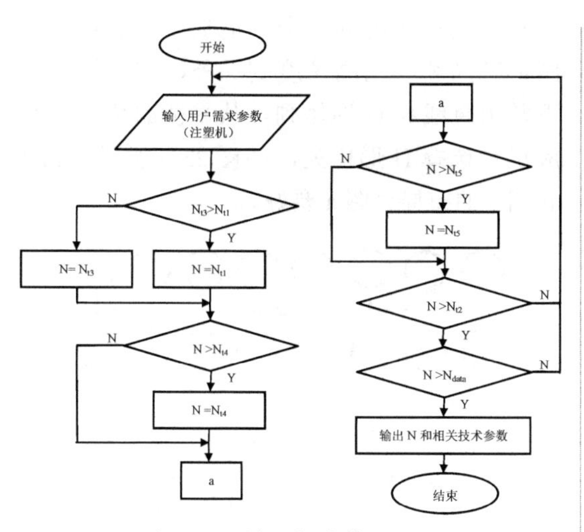

图 23-4　模腔数计算流程图

23.1.4　模腔布局原则

当确定模腔数后，就应设计模腔的布局。由于注塑机料筒通常位于定模板中心轴上，因此基本上它已确定了主流道的位置。在设计模腔布局时，应遵循下列原则：

- 所有模腔在相同温度和相同时间开始充填。
- 到各模腔的流程尽可能短，并且各模腔之间应保持足够的截面积，以承受注塑压力。
- 注塑压力中心应基本位于注塑机模板的中心。
- 型腔布置和浇口位置应尽量对称，防止模具承受偏载而产生溢料现象。
- 圆形排列加工麻烦，除圆形制品和一些高精度制品外，在一般情况下常用 H 形排列和直线形排列，且尽量选用 H 形排列，因为该平衡性更好。

常用的模腔布局方案如图 23-5 所示。对于有特殊要求的布局方案，程序应允许用户自己进行设计。在程序按一定模腔数设计完模腔布局后，还应对整个成型部分的压力中心进行校核计算，并提出相应的建议。

对于一模多腔或组合型腔的模具，浇注系统的平衡性是与模具型腔、流道的布局息息相关的。在进行多模腔布局设计时应注意

如下几点：

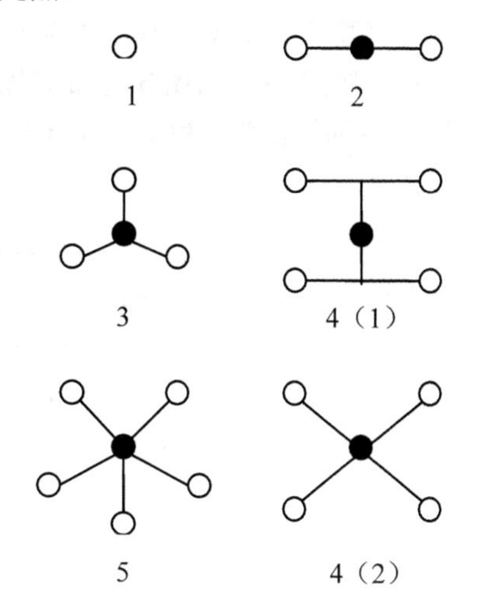

图 23-5　模腔布局

1．尽可能采用平衡式排列

尽可能采用平衡式排列，以便构成平衡式浇注系统，确保塑件质量的均一和稳定。如图 23-6 所示的平衡布局。

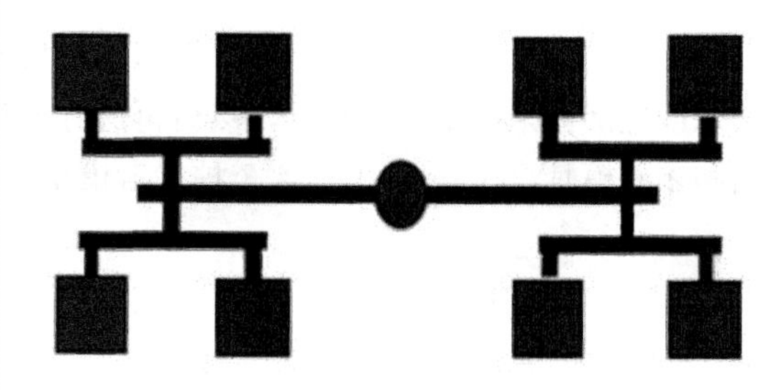

图 23-6　平衡布局

2．模腔布置和浇口开设部位应力求对称

模腔布置和浇口开设部位应力求对称，以防止模具承受偏载而产生溢料现象。如图 23-7 所示，图 a 不正确，图 b 正确。

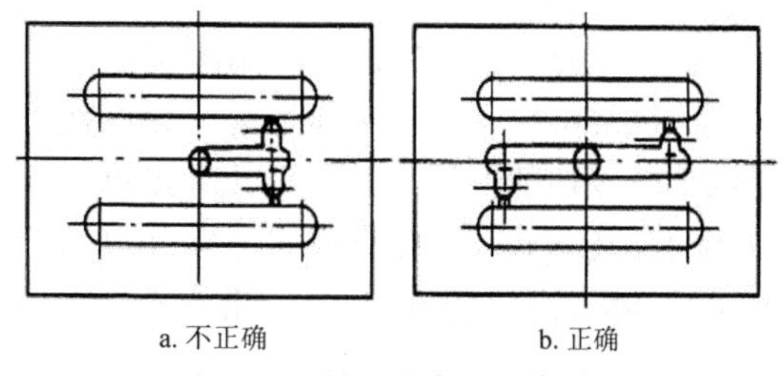

图 23-7　模腔的布局力求对称

3．尽量使模腔排列紧凑

尽量使模腔排列紧凑一些，以减小模具的外形尺寸。如图23-8的图b的布局优于图a的布局，图b的模板总面积小，可节省钢材，减轻模具质量。

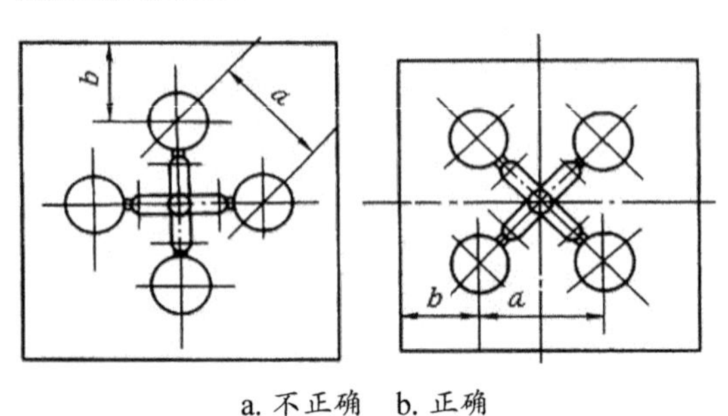

a. 不正确　b. 正确

图23-8　模腔的布局力求紧凑

4．模腔的圆形排列

模腔的圆形排列所占的模板尺寸大，虽有利于浇注系统的平衡，但加工较麻烦，除圆形制品和一些高精度制品外，在一般情况下常用直线和H形排列，从平衡的角度来看应尽量选择H形排列，如图23-9所示，图b和图c的布局比图a要好。

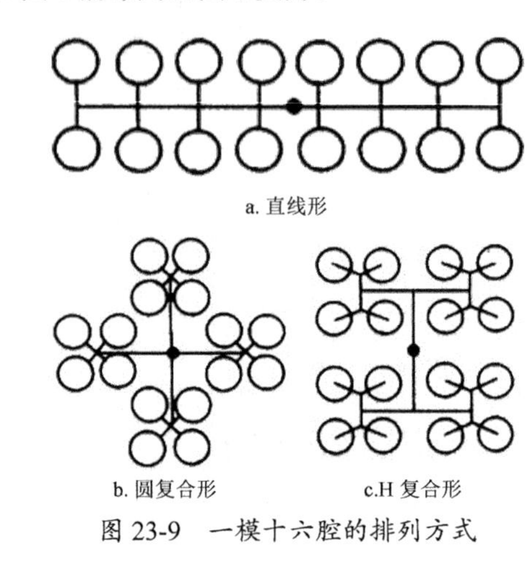

图23-9　一模十六腔的排列方式

23.2 Creo型腔布局方法

向模具中加载参考模型首先要根据注射机的最大注射量、注射机最大锁模力、塑件的精度要求或经济性来确定模腔数目，然后再进行加载。根据模腔数目的多少，模具可以分为单腔模具和多腔模具，在Creo中包含3种参考模型的加载方式，如图23-10所示。

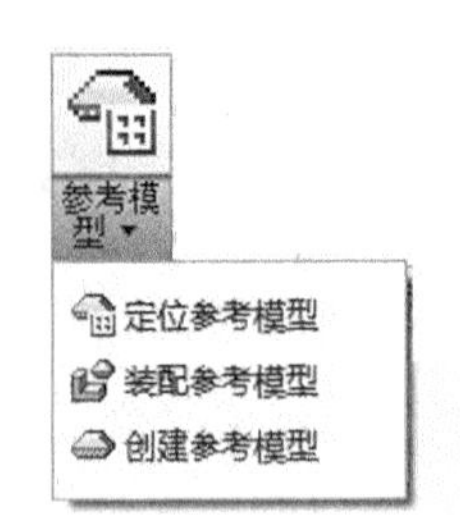

图23-10　参考模型的加载方式

23.2.1　定位参考模型

在产品的大批量生产中，为了提高生产效率，经常将模具的模腔布置为一模多腔。定位参考零件的方法给模具设计者提供了自动化的组装方式，它能够将参考零件以用户定义的排列方式放置在一起。此方式可在模型布局中创建、添加、删除和重新定位参考零件。

在【模具】选项卡的【参考模型和工件】组中选择【参考模型】|【定位参考模型】命令，程序弹出【打开】对话框和【布局】对话框（此时该对话框未被激活）。如图23-11所示。

当通过【打开】对话框从系统路径中加载参考模型后，会再弹出【创建参考模型】对话框，如图23-12所示。

技术要点

选择【按参考合并】或【同一模型】类型，只要实际模型发生了变化，则参考模型及其所有相关的模具特征均会发生相应的变化。

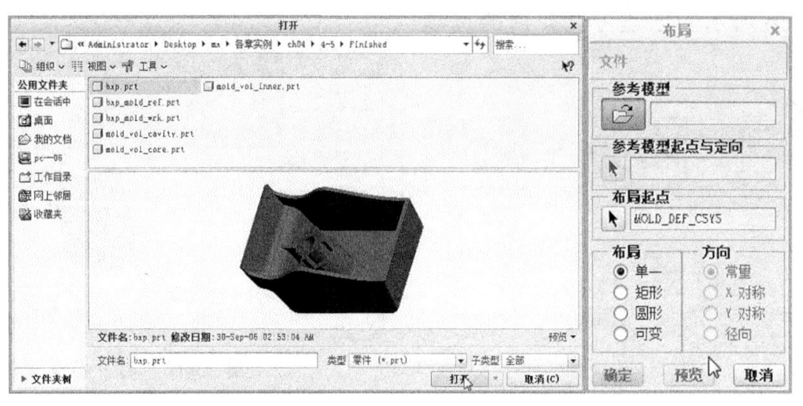

图 23-11　【打开】对话框和灰显的【布局】对话框

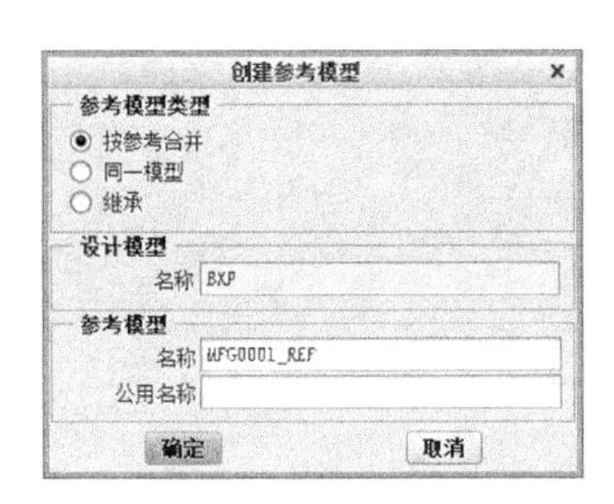

图 23-12　【创建参考模型】对话框

在【创建参考模型】对话框中选择参考模型类型后，单击【确定】按钮，【布局】对话框才会立即激活，该对话框包括 3 种布局方法：单一、矩形和圆形。【可变】不是布局方法，只是用来改变模型的方位。

1. 【单一】布局

【单一】是创建单个模腔布局的布局方法，Creo 将以参考模型的中心作为模具的中心。单击【布局】对话框中的【预览】按钮，可以时时观察布局的效果，如图 23-13 所示为单一的模型布局。

单一布局特别适合那些产品尺寸较大且产量不高的模具。单一布局的模具多数为三板模（动模板、定模板和卸料板）。

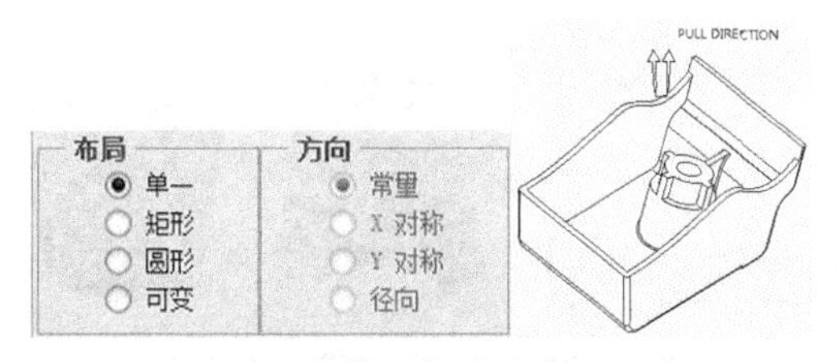

图 23-13　单一布局的选项设置

2. 【矩形】布局

【矩形】布局是将参考模型排列成矩形，布局后的模腔数量可以为 2、4、6、8、10 等，如图 23-14 所示为创建矩形布局的选项设置。

【矩形】布局多用于多模腔模具设计，通常产品尺寸较小且产量要求较高。

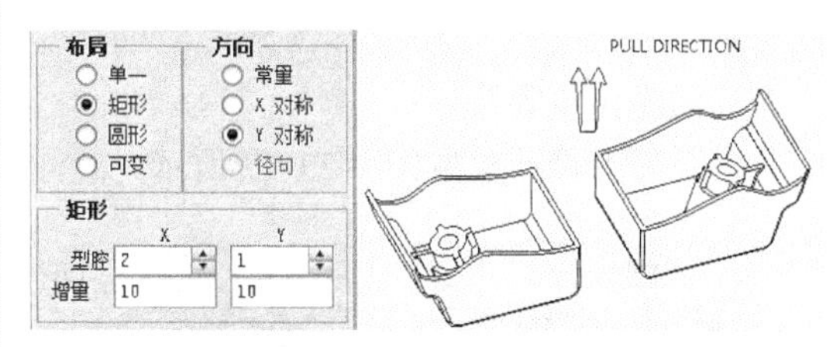

图 23-14　矩形布局的选项设置

3. 【圆形】布局

【圆形】布局是将参考模型围绕布局中心排列成圆形。如图 23-15 所示为创建圆形布局的选项设置。

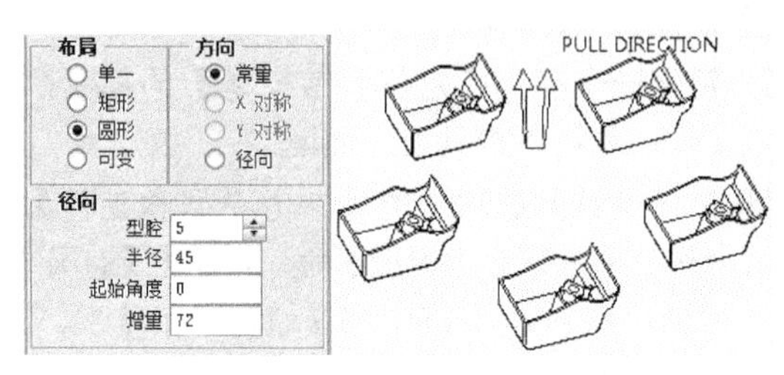

图 23-15　圆形布局的选项设置

4. 【可变】设置

当为矩形的多模腔布局时，可以利用【可变】设置来更改参考模型在布局中的方位。

如图 23-16 所示为创建可变布局的选项设置。

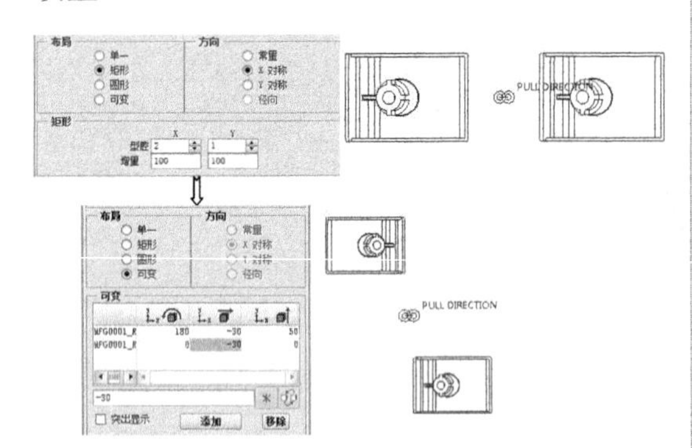

图 23-16 可变布局的选项设置

动手操作——定位参考模型

以【定位参考模型】方式来创建模型布局，这是 Creo 向用户提供的自动化的模型布局功能，主要用于多模腔布局阵列。例如圆形阵列、矩形阵列及变换阵列等布局都是针对多腔模而言的。下面以一个典型案例来说明创建矩形布局的操作步骤及方法。

本练习的设计模型如图 23-17 所示。

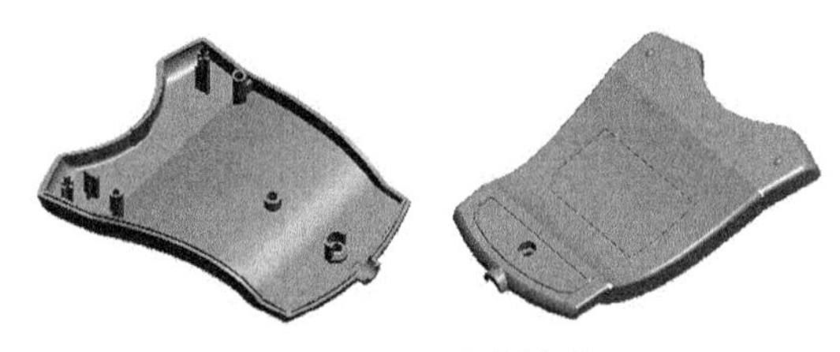

图 23-17 设计模型

操作步骤：

01 设置工作目录。

02 新建一个名为【定位参考模型】的模具制造文件，并进入模具设计环境。

03 在【模具】选项卡的【参考模型和工件】组中选择【组装参考模型】命令，弹出【打开】对话框，然后从素材中将【ex23-1.prt】源文件打开，如图 23-18 所示。

04 在随后弹出的【创建参考模型】对话框中单击【确定】按钮，再弹出【布局】对话框，如图 23-19 所示。

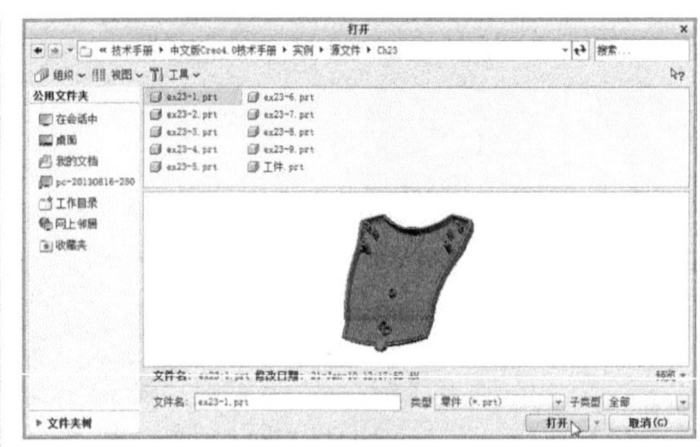

图 23-18 打开参考模型

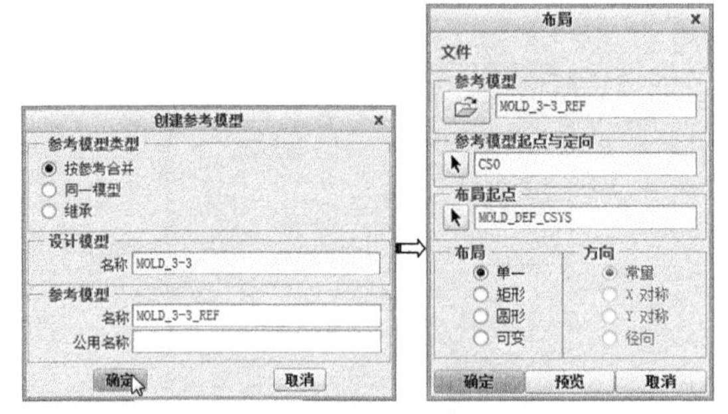

图 23-19 选择参考模型类型

05 在【布局】对话框的【布局】选项组中设置如图 23-20 所示的参数，然后单击【预览】按钮进行预览。

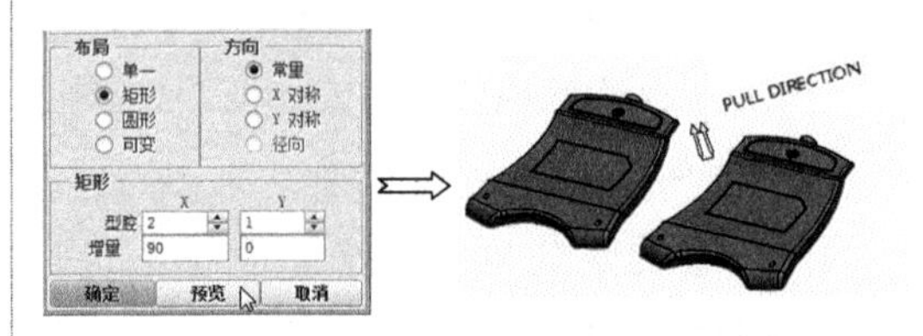

图 23-20 设置矩形布局参数并预览

06 返回到【布局】对话框后，再按如图 23-21 所示的参数设置来创建可变布局。

最后单击按钮，保存组装设计的结果。

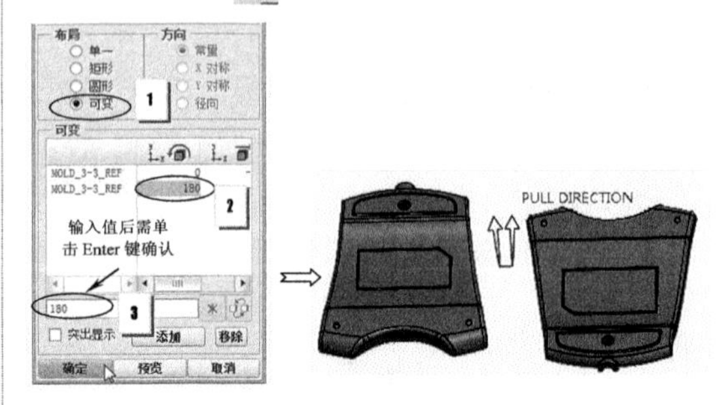

图 23-21 完成参考模型的定位

23.2.2　参考模型的起点与定向

在【布局】对话框中，您可以使用【参考模型的起点与定向】功能来编辑模具坐标系及模具的开模方向。

技术要点

实际上，模具坐标系和模具开模方向是不能改变的，因此要变动的是参考模型。

单击【选择】按钮，将弹出【获得坐标系】菜单，如图 23-22 所示。菜单中包含两种坐标系设置类型：动态和标准。

图 23-22　【获得坐标系类型】菜单管理器

1. 标准

【标准】类型表示通过单独打开的参考模型窗口（如图 23-23 所示），重新定义您的模型定位参考坐标系。参考坐标系可以是模具坐标系 MOLD_DEF_CSYS，也可以是产品坐标系 REF_ORIGIN，还可以是用户参考坐标系 CS0。

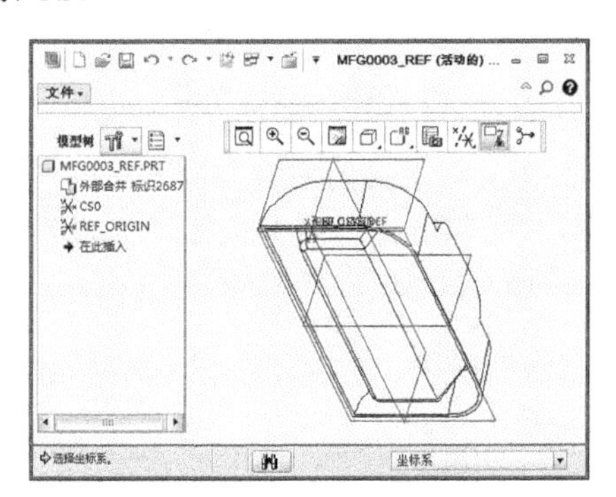

图 23-23　参考模型窗口

技术要点

此窗口虽然是一个独立的窗口，但是没有编辑功能。它只是用来预览重定位的参考模型及坐标系等。

2. 动态

【动态】类型可以通过用户动态定义参考模型的方位来获取正确的模具开模方向。在菜单管理器中选择【动态】命令，将打开参考模型新窗口（如图 23-24 所示）和【参考模型方向】对话框（如图 23-25 所示）。

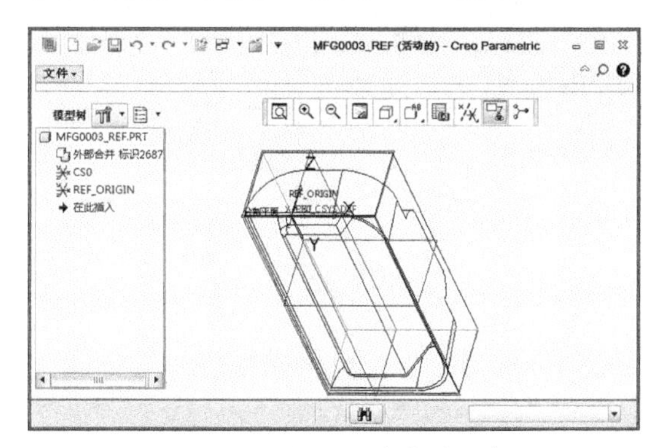

图 23-24　新打开的参考模型窗口

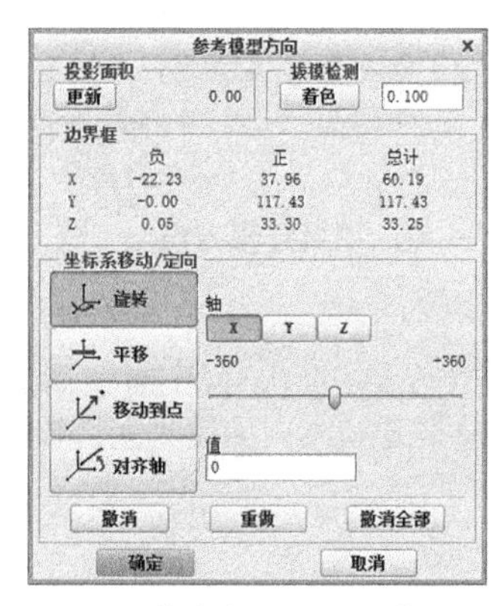

图 23-25　【参考模型方向】对话框

在新打开的窗口中，放大显示模具坐标系，以便让您能更清楚地判断模具坐标系的 +Z 方向是否与开模方向一致，若不一致，则可通过【参考模型方向】对话框的选项及参数来重新定义模具坐标系。

（1）投影面积。

从【参考模型方向】对话框可以了解到，【投影面积】的值是 Creo 按照默认的开模方向来进行计算的。当您更改了模具坐标系的方位后，单击【更新】按钮将获取新的【投影面积】值，通过不同的值，最终确定出最大投影面积是 +Z 方向为模具开模方向。

例如，在如图23-26所示的图中，上图的投影面积是最大的，模具开模方向就在+Z方向上。通常，产品的外表面在型腔侧，产品内表面在型芯侧，由此可以判定开模方向是指向产品外侧。

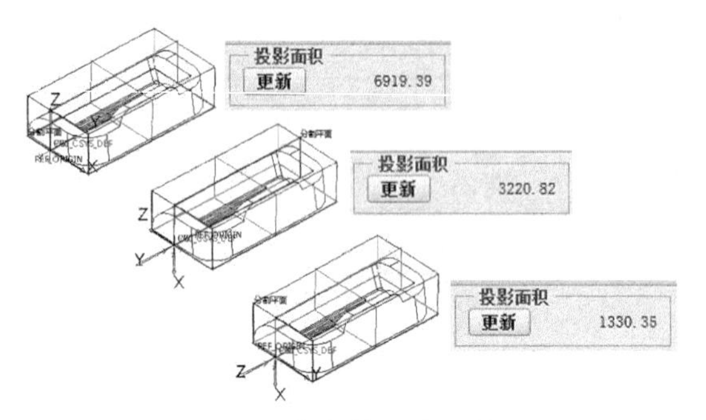

图23-26　参考模型的投影面积

技术要点

如果在此处没有进行模具坐标系的变换操作。您还可以在参考模型定位加载以后，重新定位。例如使用【拖拉方向】工具来更改开模方向。

动手操作——更改模具开模方向

操作步骤：

01 启动Creo，设置工作目录。然后新建名为【更改模具开模方向】模具型腔制造文件，如图23-27所示。

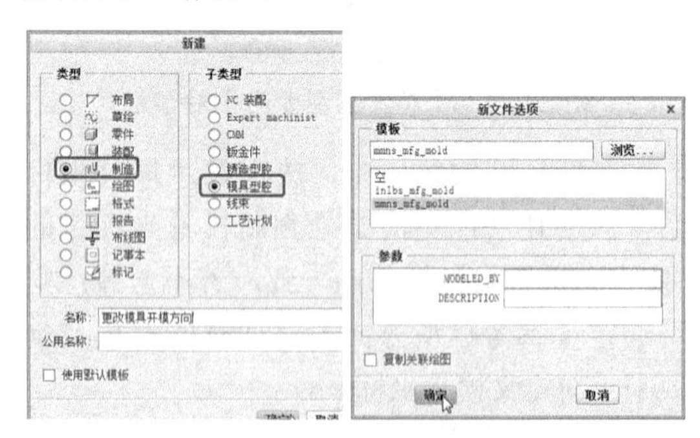

图23-27　新建模具设计文件

02 进入模具设计模式后，利用【定位参考模型】命令，将源文件【ex23-2.prt】产品加载到当前设计环境中，如图23-28所示。

03 加载参考模型过程中，无须对模型进行重定位和布局，结果如图23-29所示。

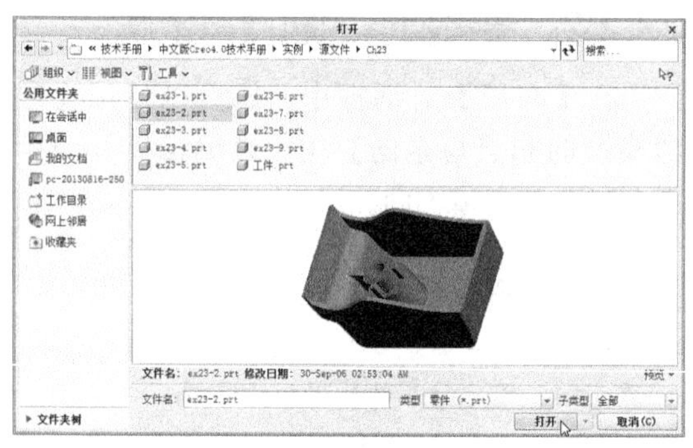

图23-28　加载参考模型

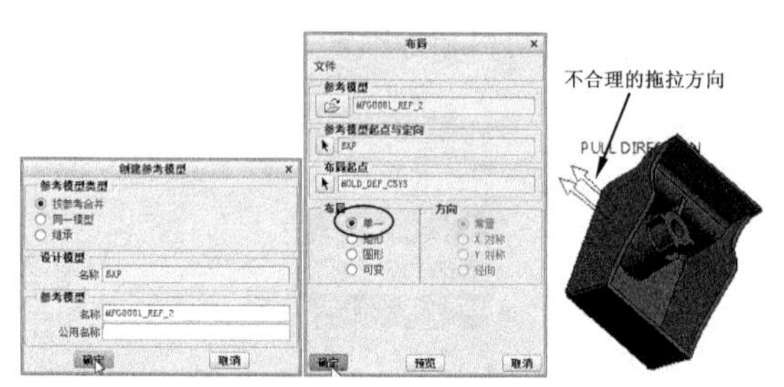

图23-29　加载参考模型

04 从加载的情况看，显然模具开模方向不符合要求，需要更改。在【模具】选项卡的【设计特征】组中单击【拖拉方向】按钮，弹出【拖拉方向】对话框。在图形区选取模具坐标系Y轴作为定向参考，如图23-30所示。

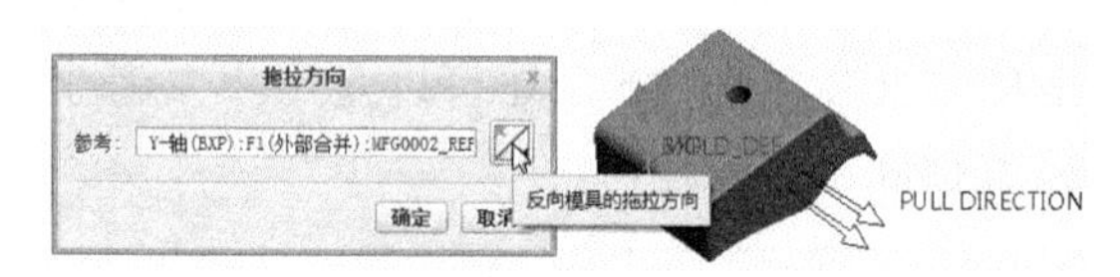

图23-30　选取参考

05 单击【反向模具的拖拉方向】按钮更改拖拉方向，再单击【确定】按钮，完成模具开模方向的更改，如图23-31所示。

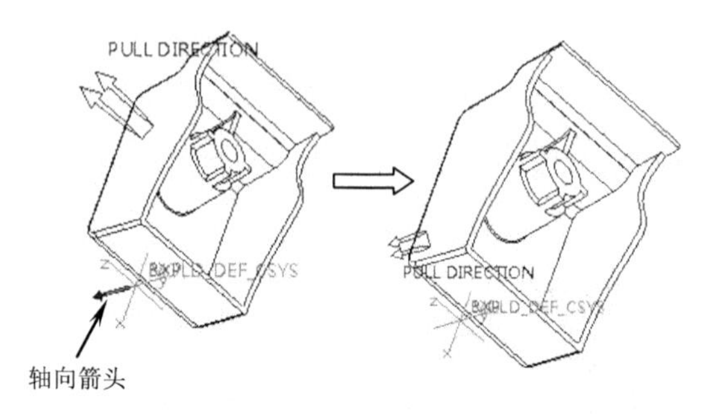

图23-31　模具开模方向的更改

> **技术要点**
>
> 如果不清楚怎样选择参考轴，可以依次选择 X 轴、Y 轴或 Z 轴。然后通过观察轴向箭头的指向变化来确定正确的轴向。

（2）拔模检测。

【参考模型方向】对话框中的【拔模检测】功能用来检测参考模型的拔模状况，此功能与前面所讲解的【拔模检测】功能是相同的，只是在这里检测参考模型，可以帮助您确定产品的开模方向，一般模型外表面大于您设定的拔模值，此面应为型腔面；小于设定值的面为型芯面；等于设定值的面则是竖直面，也是需要修改的面。如图 23-32 所示为拔模检测的状态。

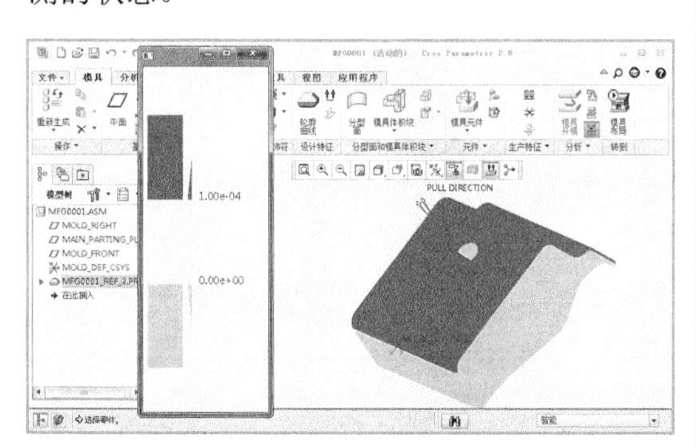

图 23-32　参考模型的拔模检测

（3）边界框。

边界框中的值供您在后面进行工件设计作为参考，这个边界框就是能够完全包容参考模型的最小实体尺寸。

（4）坐标系移动 / 定向。

当发现模具开模方向不正确时，需要使用【坐标系移动 / 定向】选项来重新定位。可以拖动滑块来预设，也可以在【值】文本框内输入值。

23.2.3　组装参考模型

【组装参考模型】适用于单型腔模具的参考模型加载。在【模具】选项卡的【参考模型和工件】组中选择【参考模型】|【组装参考模型】命令，然后通过【打开】对话框加载参考模型，图形窗口顶部将弹出如图 23-33 所示的组装约束操控板。同时设计模型将自动加入到模具模型中。

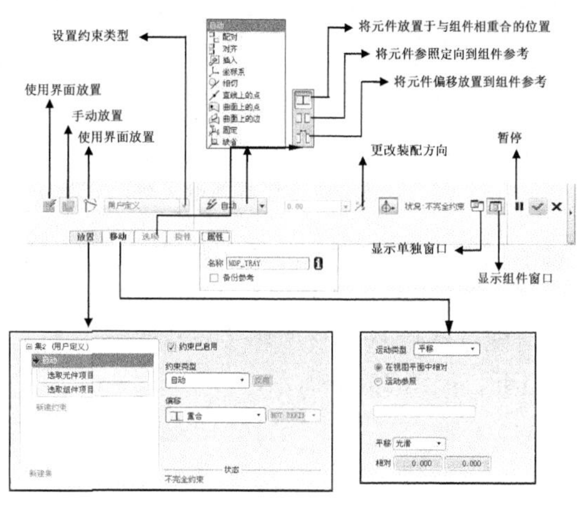

图 23-33　组装约束的操控板

在组装约束列表中选择相应的约束进行组装，使【状态】由【不完全约束】变为【完全约束】后，定位操作才完成。

与以前名为 Pro/E 版本不同的是，Creo 在装载窗口模型时，可以在图形区中通过三重轴来拖动模型进行平移或旋转操作，以此达到组装约束的效果。如图 23-34 所示为 Creo 利用三重轴装载模型效果。

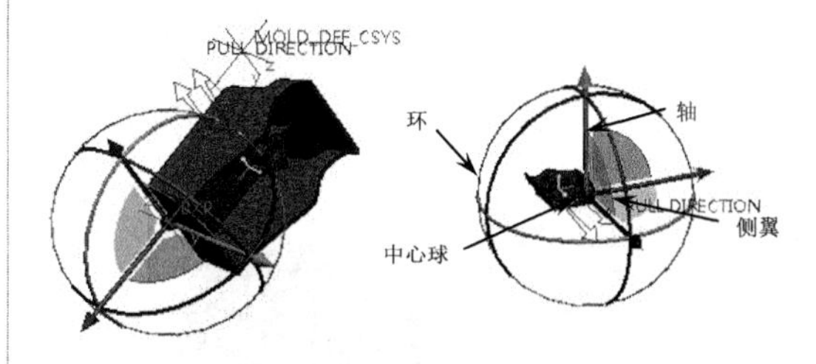

图 23-34　Creo 的三重轴

动手操作——组装参考模型

操作步骤：

01 启动 Creo，设置工作目录在本实例文件夹中。

02 然后新建一个名为【组装参考模型】的模具制造文件，并进入模具设计环境。如图 23-35 所示。

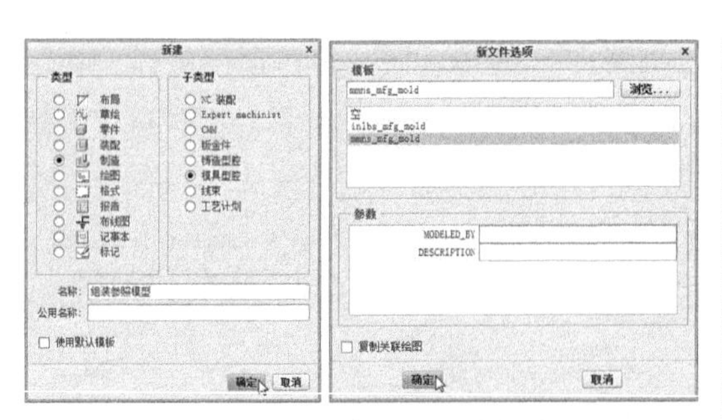

图 23-35　新建模具制造文件

03 在【模具】选项卡的【参考模型和工件】组中选择【组装参考模型】命令，弹出【打开】对话框，然后从素材中将【ex23-3.prt】源文件打开，如图 23-36 所示。

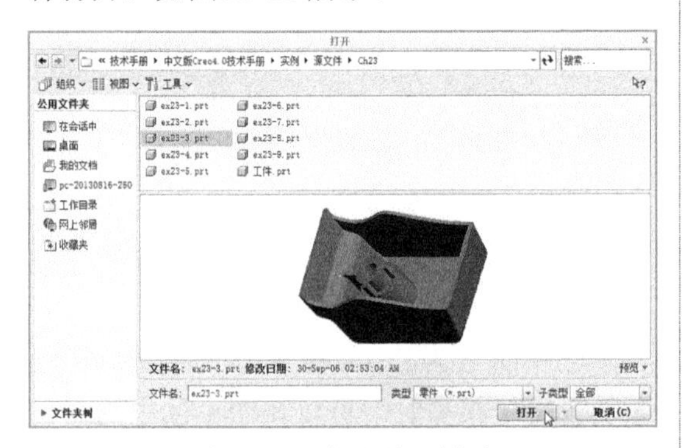

图 23-36　打开练习模型

04 随后功能区中弹出【元件放置】操控板，并且参考模型处于活动状态，如图 23-37 所示。

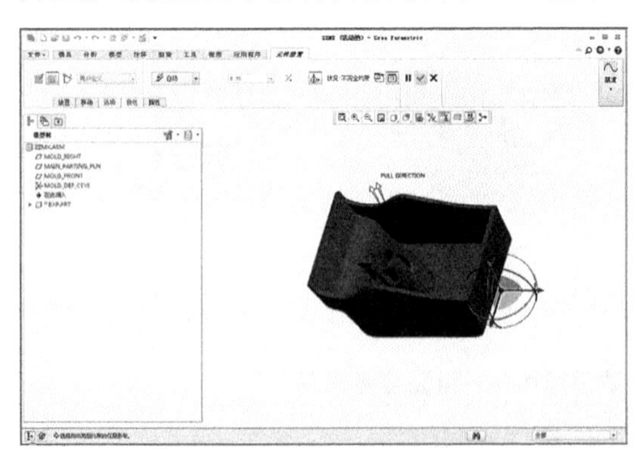

图 23-37　弹出【元件放置】操控板

05 在操控板的元件参考下拉列表中选择【默认】类型。操控板上显示状态为【完全约束】，然后单击【应用】按钮关闭操控板，如图 23-38 所示。

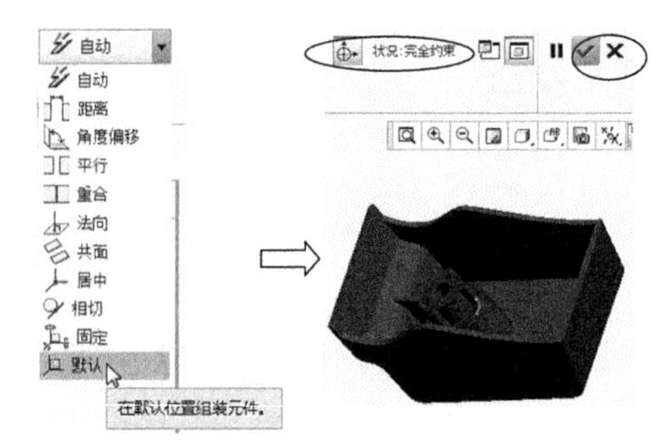

图 23-38　选择约束类型来约束参考模型

06 随后弹出【创建参考模型】对话框，保留该对话框中的默认设置，再单击【确定】按钮完成第一个模型的装配。

07 同理，再选择【参考模型】|【组装参考模型】命令，通过【打开】对话框，将相同的参考模型再一次加载到模具设计环境中，如图 23-39 所示。

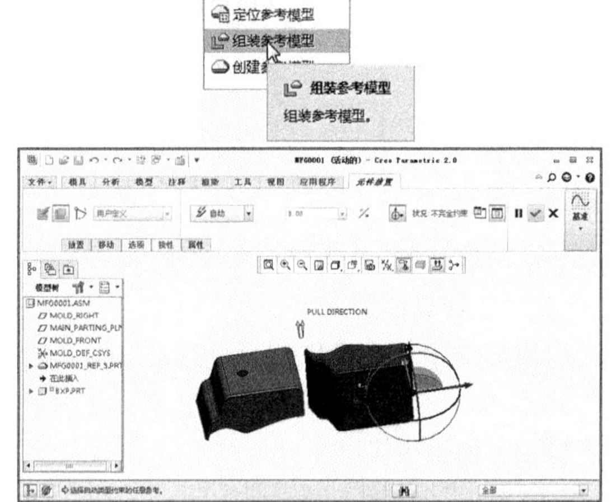

图 23-39　加载参考模型

08 打开【放置】选项板，选择【重合】约束类型，按照图 23-40 所示的步骤进行操作，完成重合约束。

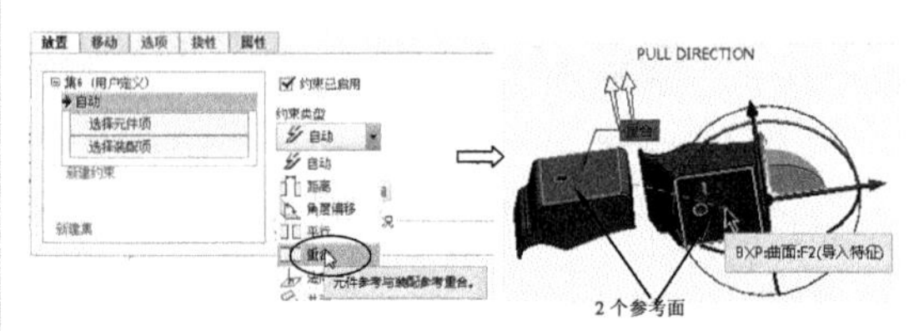

图 23-40　进行【重合】约束

09 选择环，调整模型的方向，如图 23-41 所示。

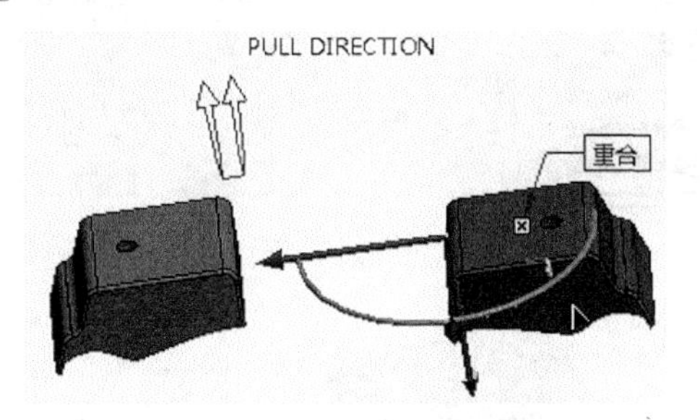

图 23-41 利用环调整组装模型的方向

10 再次选择【重合】约束类型，进行第二次重合约束，如图 23-42 所示。

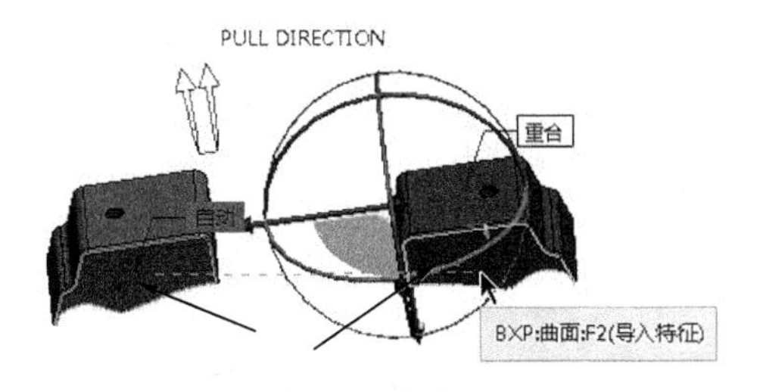

图 23-42 进行第二次重合约束

11 选择【距离】约束类型，按照图 23-43 所示的步骤进行操作，设置距离值为 15，完成【距离】约束，此刻，模型变为【完全约束】状态。

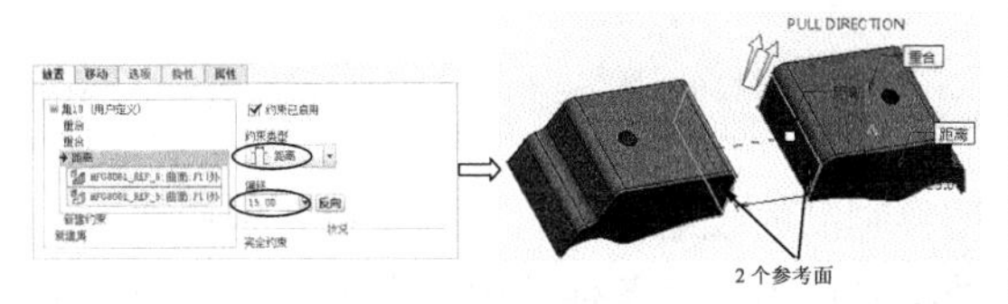

图 23-43 进行【距离】约束

12 单击【应用】按钮，弹出【创建参考模型】对话框，单击【确定】按钮，完成组装参考模型的创建。如图 23-44 所示。

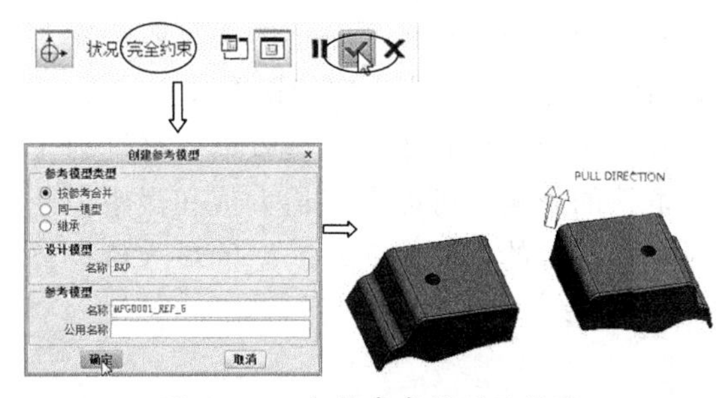

图 23-44 组装参考模型的结果

23.2.4 创建参考模型

当采用直接在模具模型中创建新的参考模型方式时，其工作模式相当于在组装模型中创建新的元件或开始新的建模过程。

在【模具】选项卡的【参考模型和工件】组中选择【参考模型】|【创建参考模型】命令，程序弹出【元件创建】对话框，如图 23-45 所示。

该对话框包括两种模型的创建方法：实体和镜像。

- 实体：选择该方法可以复制其他参考模型，以及在空文件下创建实体特征。
- 镜像：选择该方法可以创建已加载模型的镜像特征。

若选择【实体】方法来创建参考模型，单击【确定】按钮 确定 后，再弹出【创建选项】对话框，如图 23-46 所示。

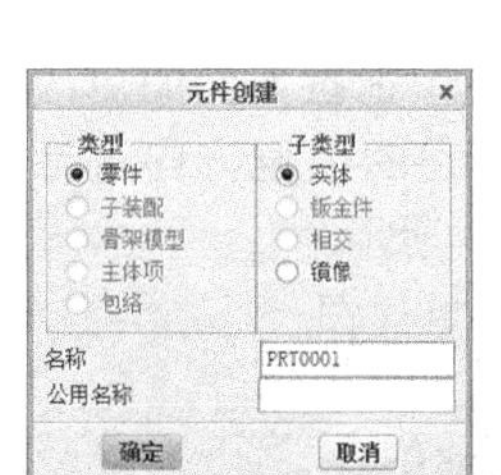

图 23-45 【元件创建】对话框

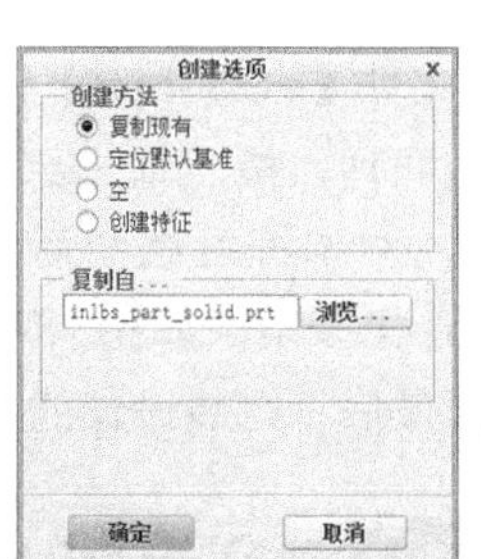

图 23-46 【创建选项】对话框

【创建选项】对话框中包含以下 4 种实体模型的创建方式：

- 复制现有：复制其他模型进入到模具环境中，且复制的现有对象与源对象之间不再有关联关系。
- 定位默认基准：使用程序默认（默认）的基准平面来定位参考模型。
- 空：创建一个空的组件文件，该组件文件未被激活。
- 创建特征：创建一个空的组件文件，该组件文件已激活。

动手操作——创建参考模型

以【创建参考模型】方式来加载参考模

型，一般情况下用来创建简单模型，或者复制其他现有的模型来创建单模腔或多模腔布局。若创建【空】特征，相当于在零件设计环境中工作，只不过完成的实体模型就是模具模型。若创建【复制】特征，其方法与【组装】方式类似。本例设计模型——小音箱后壳，如图23-47所示。

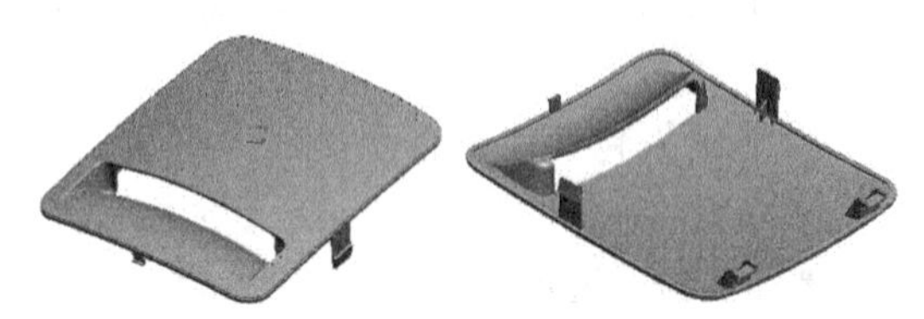

图23-47　小音箱后壳模型

操作步骤：

01 设置工作目录。新建一个名为【创建参考模型】的模具制造文件，并进入模具设计环境。

02 在模具设计模式下，按如图23-48所示的操作步骤，以【创建参考模型】方式来加载源文件【ex23-4.prt】模型。

03 同理，按照前一练习中拖拉方向的更改方法，对本练习组装后错误的拖拉方向进行更改，更改结果如图23-49所示。

04 最后将组装设计的结果保存。

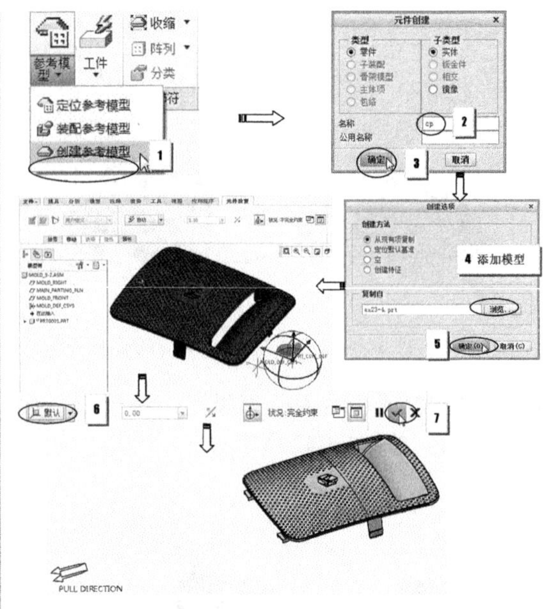

图23-48　参考模型阵列过程

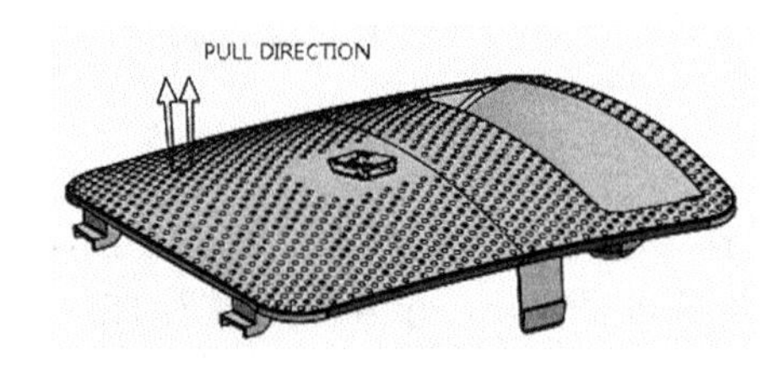

图23-49　更改拖拉方向后的组装模型

23.3 产品收缩率

产品从模具中取出发生尺寸收缩的特性称为塑料制品的收缩性。因为塑料制品的收缩不仅与塑料本身的热胀冷缩性质有关，而且还与模具结构及成型工艺条件等因素有关，故将塑料制品的收缩统称为成型收缩。

23.3.1 模型收缩率的计算

产品模型的成型收缩的大小可用制品的成型收缩率S表征，即

$$S=\frac{L_m-L_s}{L_m}\times 100\% \qquad (23\text{-}8)$$

式中：S：制品的成型收缩率；

L_m：成型温度时的制品尺寸；

L_s：室温时的制品尺寸。

上式经换算后得：

$$L_m=\frac{L_s}{1-S} \qquad (式23\text{-}9)$$

成型收缩制品产生尺寸误差的原因有两方面。一方面是设计所采用的成型收缩率与制品生产时的收缩率之间的误差（δ′）；另一方面是成型过程中，成型收缩率受注射工艺条件的影响，可能在其最大值和最小值之间波动产生的误差（δ）。δ的最大值计算公式如下：

$$\delta_{max} = \left(S_{max} - S_{min}\right)L_s \qquad \text{（式 23-10）}$$

式中：S_{max}：塑料的最大成型收缩率；

- S_{min}：塑料的最小成型收缩率；
- L_s：制品尺寸。

一般情况下，收缩率数据是在一定试验条件下以标准试样实测获得的，或者是带有一定规律性的统计数值，有些甚至是某些工厂的经验数据。制品在成型生产过程中产生的实际收缩率不一定就正好与参考数据相符，因此在设计模具时，制品的收缩率数据最好采用材料厂家提供的可靠数据。

23.3.2　按尺寸收缩

【按尺寸收缩】就是指给模型尺寸设定一个收缩系数，参考模型将按照设定的系数进行缩放。此方法可以为模型的整体进行缩放，也可以对单独的尺寸进行缩放。

在【模具】选项卡的【修饰符】组中单击【按尺寸收缩】按钮，程序弹出【按尺寸收缩】对话框，如图 23-50 所示。

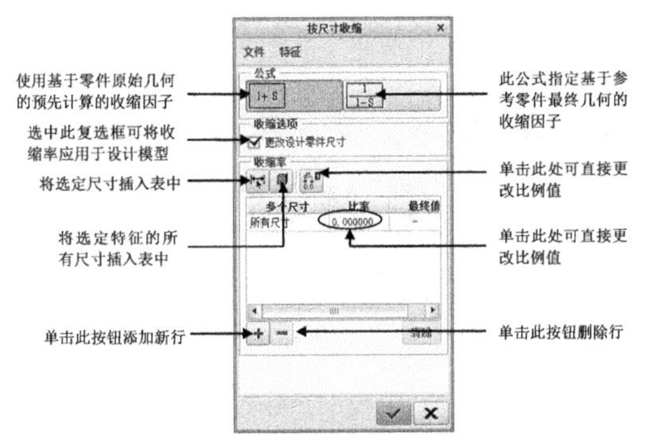

图 23-50　【按尺寸收缩】对话框

同时，设计模式由模具设计转变为零件设计，如图 23-51 所示。这说明模型的收缩率是针对产品的，而不是针对组装模式下的组件模型的。

用户可以通过在零件模式下对产品模型进行编辑，或者重新设计产品。当设置收缩率后，单击【按尺寸收缩】对话框中的【应用】按钮退出零件模式，并完成收缩率的设置。

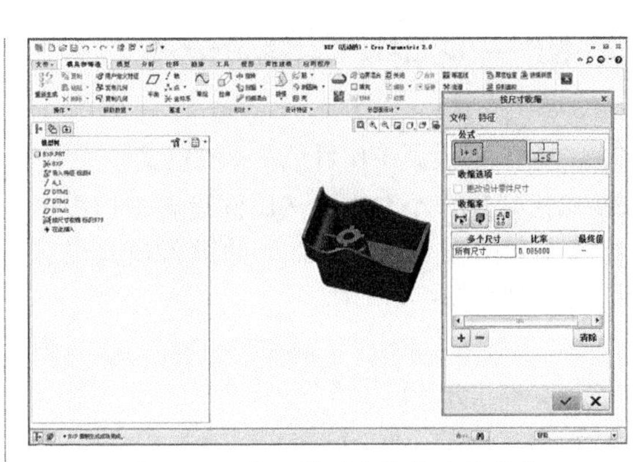

图 23-51　产品模型收缩率设置界面

23.3.3　按比例收缩

【按比例收缩】是指相对于坐标系并按一定的比例对模型进行缩放。这种方法可分别指定 X、Y 和 Z 坐标的不同收缩率。若在模具设计模式下应用比例收缩，则它仅用于参考模型而不影响设计模型。

在【模具】选项卡的【修饰符】组中单击【按比例收缩】按钮，程序弹出【按比例收缩】对话框，如图 23-52 所示。

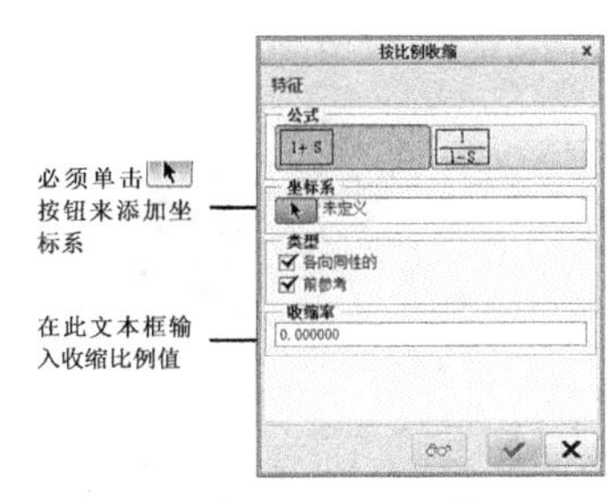

图 23-52　【按比例收缩】对话框

若用户需要对模型单独在 X、Y 和 Z 坐标上进行缩放，可取消选中【各向同性的】复选框，同时该对话框下方显示各坐标的收缩设置文本框，如图 23-53 所示。

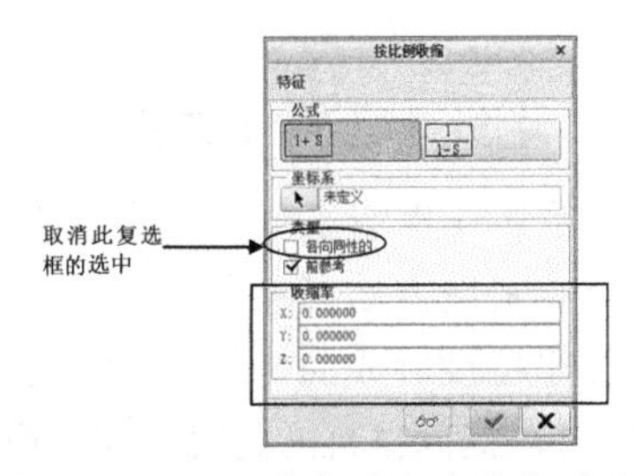

图 23-53　显示坐标系各向准备设置

动手操作——按比例设置多模腔的收缩率

操作步骤：

01 启动Creo，设置工作目录在本实例文件夹中。

02 然后新建一个名为【按比例设置多模腔的收缩率】的模具制造文件，并进入模具设计环境，如图 23-54 所示。

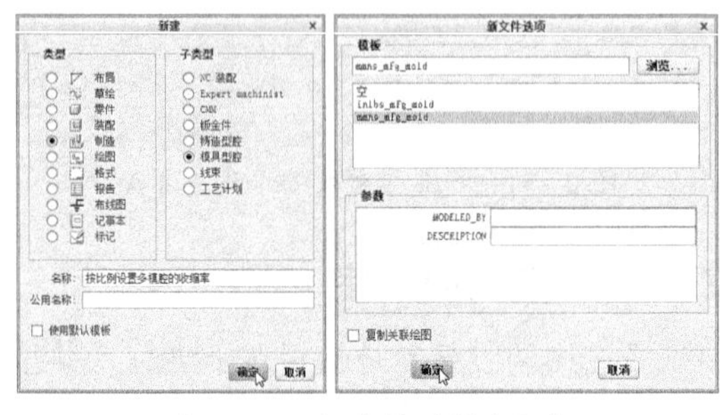

图 23-54 新建模型制造文件

03 在模具设计模式下，单击【定位参考模型】按钮，弹出【打开】对话框，然后从素材中将【ex23-5.prt】打开，如图 23-55 所示。

图 23-55 打开练习模型

04 随后弹出【创建参考模型】对话框，保留默认设置，再单击【确定】按钮，随后弹出【布局】对话框，创建矩形布局，如图 23-56 所示。预览无误后单击【确定】按钮，将参考模型加载到模具设计环境中。

05 更改拖拉方向，使拖拉方向指向产品外侧方向。

06 在【模具】选项卡的【修饰符】组中单击【按比例收缩】按钮，按照图 23-57 所示步骤进行操作，完成按比例设置多模腔的收缩率。

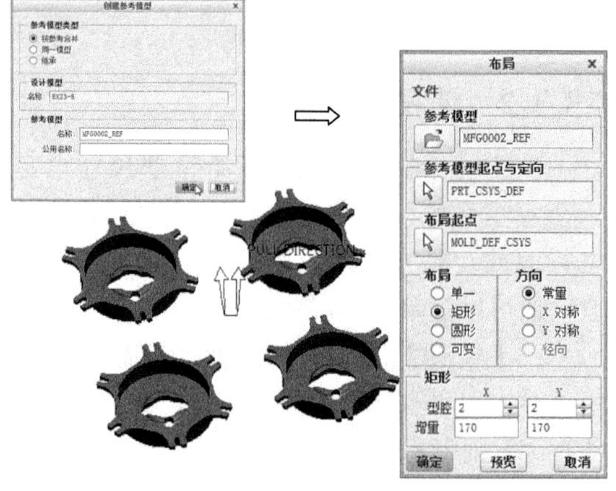

图 23-56 加载参考模型

技术要点

模型的收缩是针对产品而言的，与模具环境无关。所以收缩的参考坐标系选择各产品中的坐标系，而不是模具环境中的模具坐标系。

23.4 模具工件

工件是指完全包容产品的体积块，此体积块将被分型面分割成型芯和型腔。在确定工件的尺寸大小时，需要考虑工件的机械性能、力学性能和制件形状等诸多因素。制品成型后的实际尺寸与理论尺寸之间有一个误差值，该值随制品种类的不同而不同。

23.4.1 毛坯（工件）的选择

选择毛坯（也叫工件），主要是确定毛坯的种类、制造方法及其制造精度。毛坯的形状、尺寸越接近成品，切削加工余量就越少，从而可以提高材料的利用率和生产效率，然而这样往往会使毛坯制造困难，需要采用昂贵的毛坯制造设备，从而增加毛坯的制造成本。所以选择毛坯时应从机械加工和毛坯制造两方面出发，综合考虑以求最佳效果。

在确定毛坯时应考虑以下因素：

- 零件的材料及其力学性能。当零件的材料选定以后，毛坯的类型就大体确定了。例如，材料为铸铁的零件，自然应选择铸造毛坯；而对于重要的钢质零件来说，力学性能要求高时，可选择锻造毛坯。

- 零件的结构和尺寸。形状复杂的毛坯常采用铸件，但对于形状复杂的薄壁件来说，一般不能采用砂型铸造；对于一般用途的阶梯轴，如果各段直径相差不大、力学性能要求不高时，可选择棒料做毛坯，倘若各段直径相差较大，为了节省材料，应选择锻件。
- 生产类型。当零件的生产批量较大时，应采用精度和生产率都比较高的毛坯制造方法，这时毛坯制造增加的费用可由材料耗费减少的费用，以及机械加工减少的费用来补偿。
- 现有生产条件。选择毛坯类型时，要结合本企业的具体生产条件，如现场毛坯制造的实际水平和能力、外协的可能性等。
- 充分考虑利用新技术、新工艺和新材料的可能性。为了节约材料和能源，减少机械加工余量，提高经济效益，只要有可能，就必须尽量采用精密铸造、精密锻造、冷挤压、粉末冶金和工程塑料等新工艺、新技术和新材料。

23.4.2　工件尺寸的确定

根据产品的外形尺寸（平面投影面积与高度）及产品本身结构（如侧向分型滑块等结构），可以确定工件的外形尺寸。

制品在内模中的分布应以最佳效果形式排放，要考虑浇口位置与分型面因素，要与制品本身的尺寸大小成比例。制品到工件边缘距离应遵循下列原则：

- 小件的制品。距离在25mm~30mm之间，成品在15mm~20mm之间。如有镶块，成品之间距离为25mm左右，成品之间有流道的最少要15mm。
- 大件的制品。距边为35mm~50mm，内有小镶块结构的最小为35mm。若一模出多件小产品，则其之间的距离应为12mm~15mm。成品长度在200mm以上、宽度在150mm以上其产品距边应不少于35mm。

下面介绍单模腔模具和多模腔模具的工件与制品位置关系。

1．单模腔的工件与制品位置关系

若设计单模腔模具，制品在工件中的位置如图23-57所示。

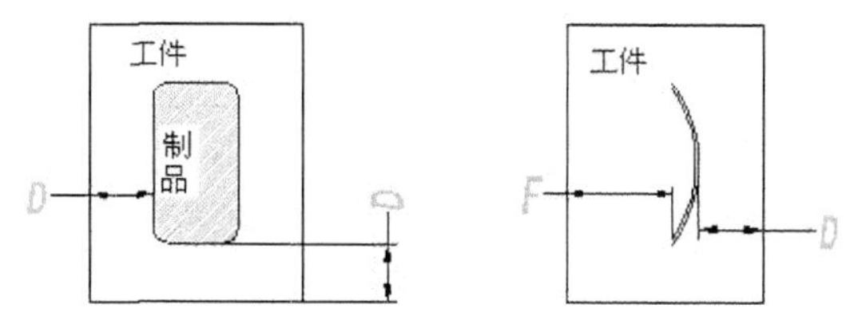

图23-57　单模腔制品与工件的位置关系

2．多模腔的工件与制品位置关系

在多模腔模具中，除考虑制品到工件边缘的距离外，还要考虑制品与制品之间的距离，如图23-58所示。

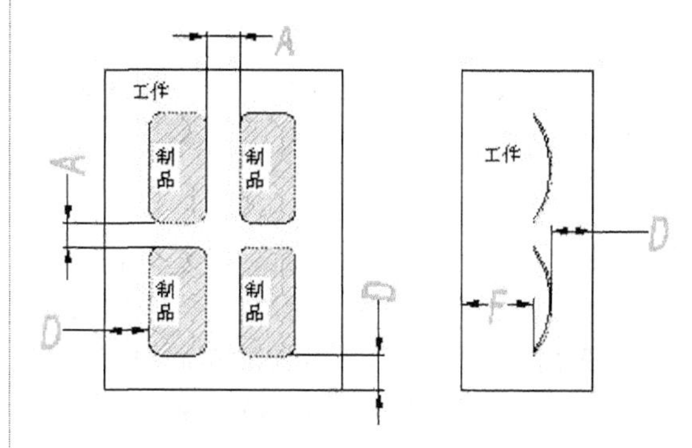

图23-58　多模腔制品与工件的位置关系

上图中字母表示的含义如下：

- A：制品与制品之间的距离。
- D：左图为制品到工件边缘的距离，右图为制品顶部到工件边缘的距离。
- F：制品底部到工件边缘的距离。

3．工件尺寸的选择参考数据

普通制品与工件的位置关系可参考表23-1中所列的数据。

表 23-1 制品与工件的位置关系参考数据

制品投影面积（mm²）	A（mm）	D（mm）	F（mm）
100 ～ 900	15 ～ 20	20	20
900 ～ 2500	15 ～ 20	20 ～ 24	20 ～ 24
2500 ～ 6400	15 ～ 20	24 ～ 28	24 ～ 30
6400 ～ 14400	15 ～ 20	28 ～ 32	30 ～ 36
14400 ～ 25600	15 ～ 20	32 ～ 36	36 ～ 42
25600 ～ 40000	15 ～ 20	36 ～ 40	42 ～ 48
40000 ～ 62500	15 ～ 20	40 ～ 44	48 ～ 54
62500 ～ 90000	15 ～ 20	44 ～ 48	54 ～ 60
90000 ～ 122500	15 ～ 20	48 ～ 52	60 ～ 66
122500 ～ 160000	15 ～ 20	52 ～ 56	66 ～ 72
160000 ～ 202500	15 ～ 20	56 ～ 60	72 ～ 78
202500 ～ 250000	15 ～ 20	60 ～ 64	78 ～ 84

23.4.3 在 Creo 中创建工件

在 Creo 中，工件表示直接参与熔料如顶部及底部嵌入物成型的模具元件的总体积。工件可以是模板 A、B 连同多个嵌入件的组合体（模板与镶块成整体），也可以只是一个被分成多个元件的嵌入物。工件的创建方法有组装工件、自动工件和手动工件 3 种，下面分别介绍。

1. 自动创建工件

自动工件是根据参考模型的大小和位置来进行定义的。工件尺寸的默认值则取决于参考模型的边界。对于一模多腔布局的模型，程序将以完全包容所有参考模型来创建一个默认大小的工件。

在【模具】选项卡的【参考模型和工件】组中单击【自动工件】按钮，程序将会弹出【自动工件】对话框。

在图形区中选取模具坐标系作为工件原点，【自动工件】对话框中工件尺寸参数设置区域将被激活并亮显，如图 23-59 所示。

【自动工件】对话框中有 3 种工件形状：标准矩形、标准倒圆角和定制工件。

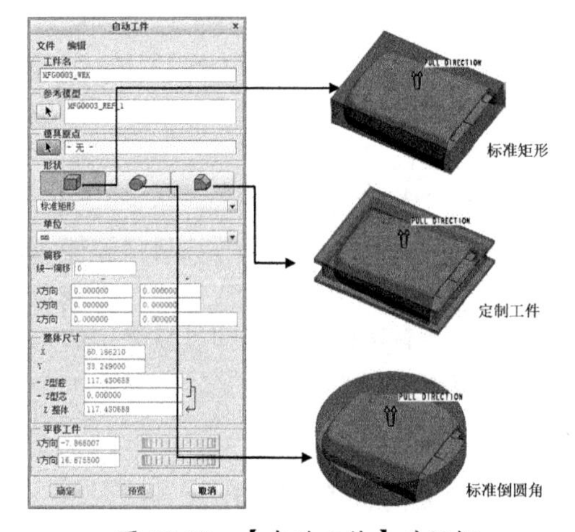

图 23-59 【自动工件】对话框

- 标准矩形：相对于模具基础分型平面和拉伸方向来定向矩形工件。
- 标准倒圆角：相对于模具基础分型平面和拉伸方向来定向圆形工件。
- 定制工件：创建一个定制尺寸的工件或从标准尺寸中选取工件。

动手操作——创建自动工件

操作步骤：

01 启动 Creo，新建名为【创建自动工件】的模具制造文件，设置工作目录。将【ex23-6.prt】模型加载到模具设计环境中。

02 设置产品的收缩率为 0.005。

03 在【模具】选项卡的【参考模型和工件】组中单击【自动工件】按钮，打开【自动工件】对话框，并选择【创建矩形工件】形状，如图 23-60 所示。

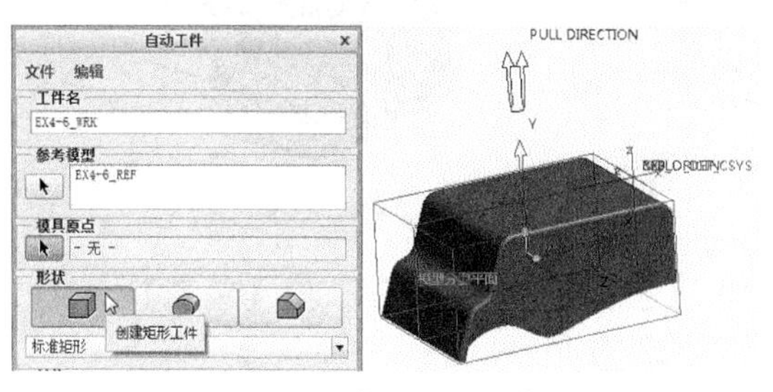

图 23-60　打开【自动工件】对话框

04 选取模具设计内部坐标系作为工件的参考坐标系，如图 23-61 所示。

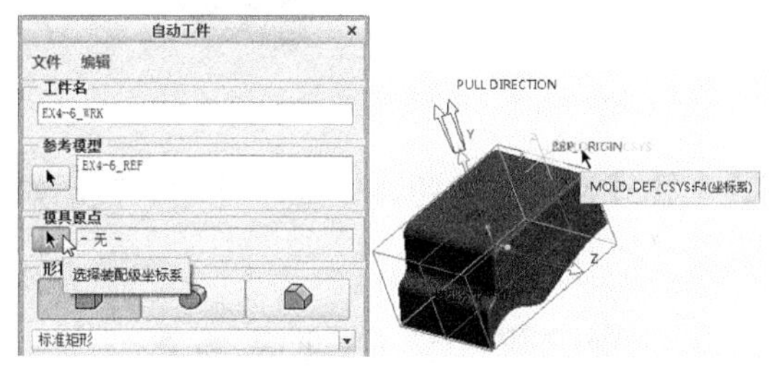

图 23-61　选取【模具原点】

05 设置统一偏移值为 15，按 Enter 键预览工件，再单击对话框中的【确定】按钮，完成工件创建，如图 23-62 所示。

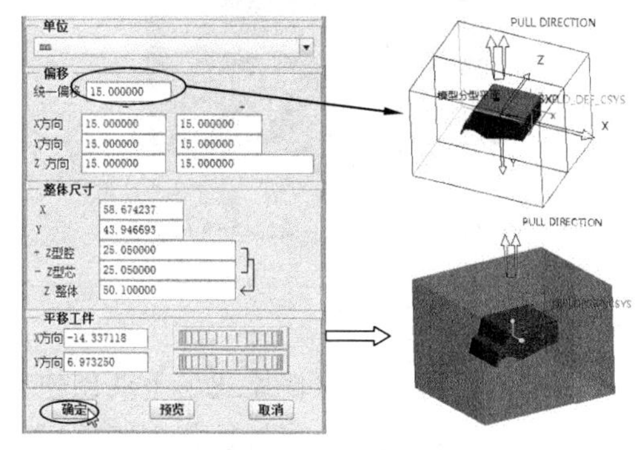

图 23-62　创建工件

2．组装工件

利用组装来加载工件，必须先在零件设计模式下完成工件模型的创建，并将其保存在系统磁盘中。

在【模具】选项卡的【参考模型和工件】组中单击【组装工件】按钮，通过随后弹出的【打开】对话框加载用户自定义的工件模型，进入模具设计模式下，并利用组装约束功能将工件约束到参考模型上，如图 23-63 所示。

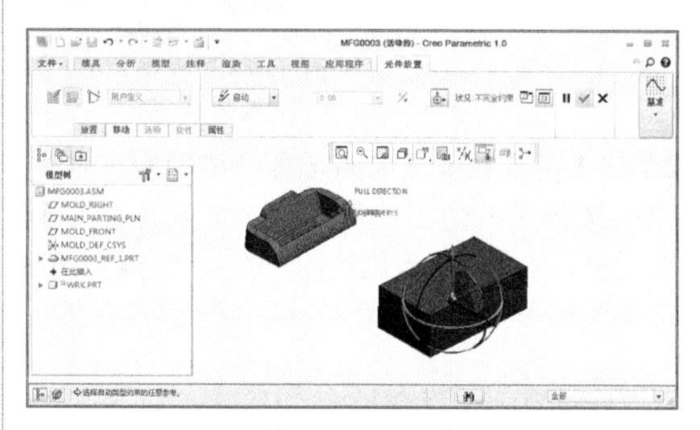

图 23-63　组装工件选择的命令系列菜单

动手操作——组装工件

操作步骤：

01 新建实体文件，命名为【工件】，使用公制模板进入三维建模环境，如图 23-64 所示。

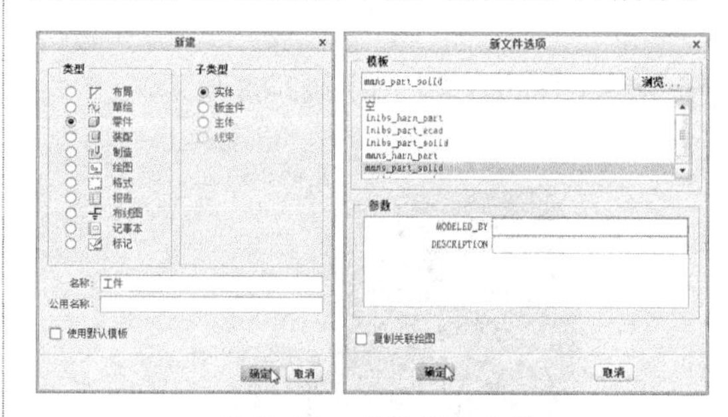

图 23-64　新建实体文件

02 单击【拉伸】按钮，以 TOP 平面为基准平面进入草绘模式，绘制拉伸草图，如图 23-65 所示。

03 单击【完成】按钮，退出草绘模式，设置拉伸深度为 45，单击【应用】按钮，完成拉伸实体的创建，如图 23-66 所示。保存零件文件。

04 设置工作目录。

05 新建名为【组装工件】的模具型腔制造文件，先将参考模型【ex23-7.prt】加载到模具设计环境中。

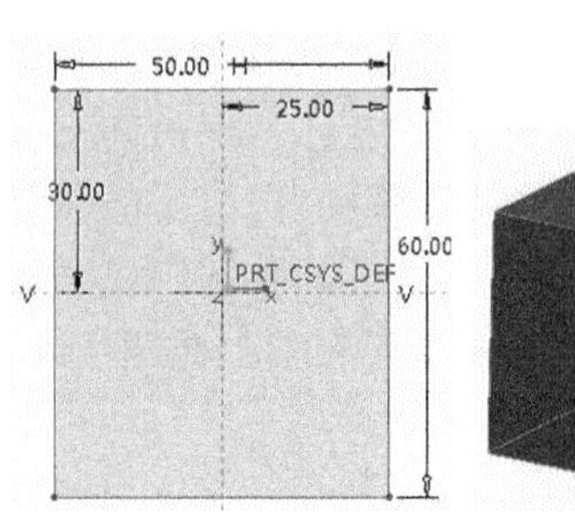

图 23-65　绘制拉伸草图　　图 23-66　创建拉伸实体特征

06 在【模具】选项卡的【参考模型和工件】组中选择【组装工件】选项，打开【打开】对话框，选择上一步创建的工件，单击【打开】按钮，如图 23-67 所示。

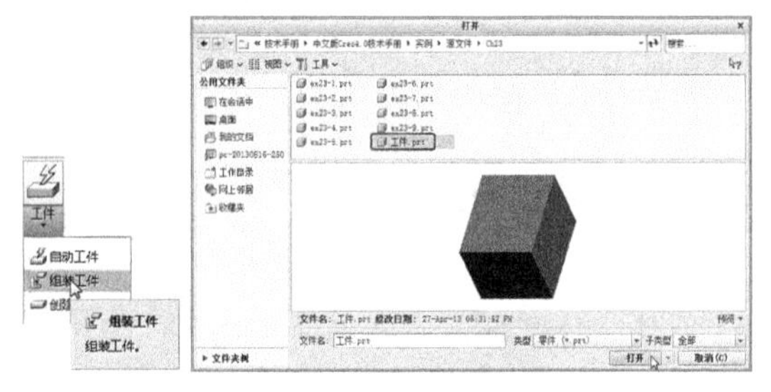

图 23-67　加载组装工件

07 调整工件的方位，如图 23-68 所示。

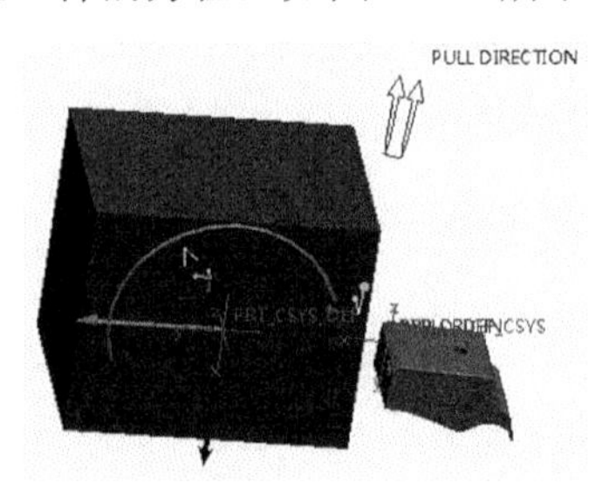

图 23-68　调整工件方位

08 利用装配约束功能，将工件约束到参考模型上，选择【距离】约束方式，依次选取两个参考面，设置距离为 15，如图 23-69 所示。

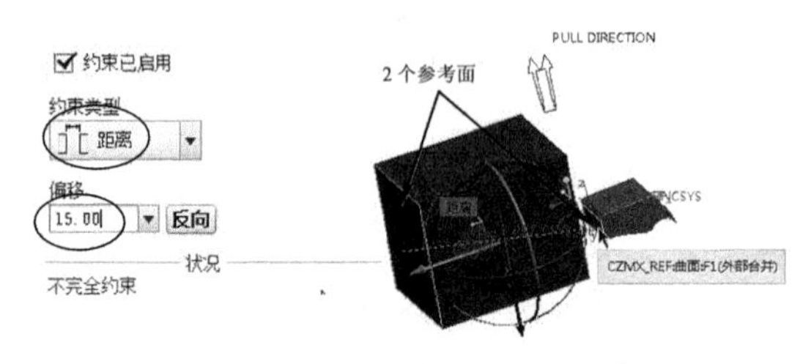

图 23-69　创建第一组装配约束

09 单击【新建约束】按钮，选择【距离】选项，创建第二组距离约束，偏移距离为 15，如图 23-70 所示。

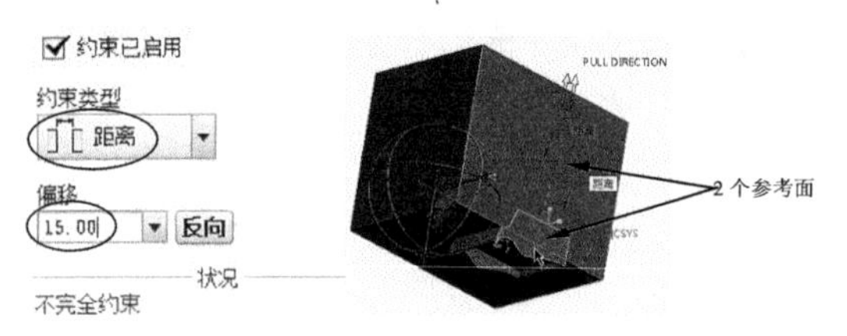

图 23-70　创建第二组装配约束

10 创建参数值相同的第三组【距离】约束，如图 23-71 所示。

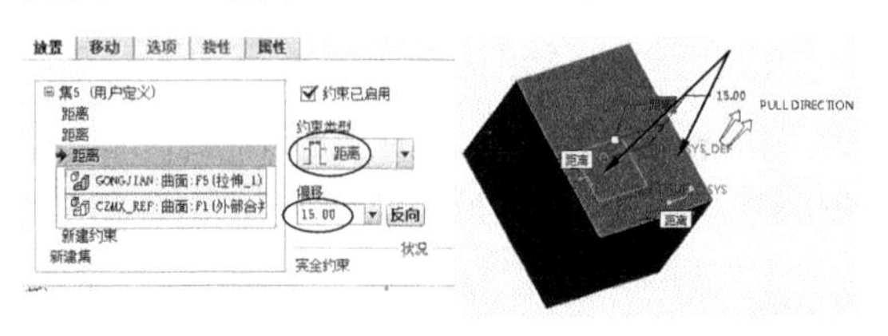

图 23-71　创建第三组装配约束

11 单击【应用】按钮，完成工件的组装，如图 23-72 所示。

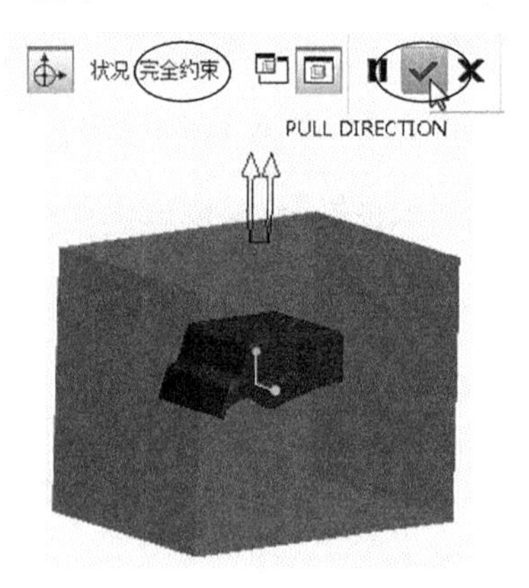

图 23-72　完成组装工件的创建

23.4.4　手动工件

用户可以通过在组件模式下手动创建工件，也可以通过复制外部特征作为工件将其加载到模具设计模式下。当产品形状不规则时，可以创建手动工件。

在【模具】选项卡的【参考模型和工件】组中单击【创建工件】按钮，程序将弹出【元件创建】对话框。

在该对话框中输入新建元件的名称后，单击【确定】按钮，弹出【创建选项】对话框。通过该对话框，用户可以选择其中一种创建选项来创建所需的工件，最后单击【确定】按钮，或者对加载的工件进行组装定位，或者在组件模式下根据模型形状来创建工件，如图 23-73 所示。

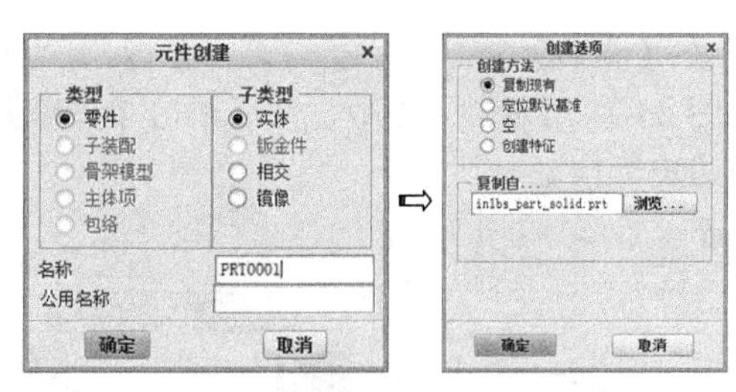

图 23-73　可以选择的元件创建选项

23.5 综合实训

本节主要是学习在模具设计模式中参考模型的定位和布局方式，下面以几个典型实例来分别说明如何使用不同的定位与布局方式，将参考模型加载到模具设计环境中，并对操作过程做详细描述。

23.5.1 圆形布局设计

◎ **引入文件：实例 \ 源文件 \Ch23\ex23-8.prt**

◎ **结果文件：实例 \ 结果文件 \Ch23\ 圆形布局设计 \ 圆形布局 .asm**

◎ **视频文件：视频 \Ch23\ 圆形布局设计 .avi**

操作步骤：

01 启动 Creo，设置工作目录。

02 新建一个名为【圆形布局】的模具制造文件，并进入模具设计环境，如图 23-74 所示。

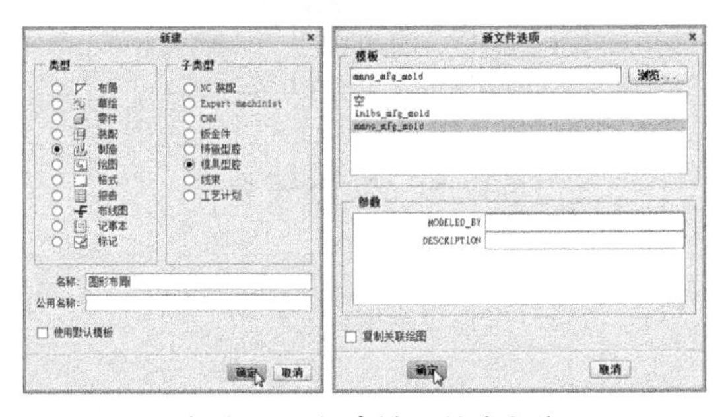

图 23-74　新建模具制造文件

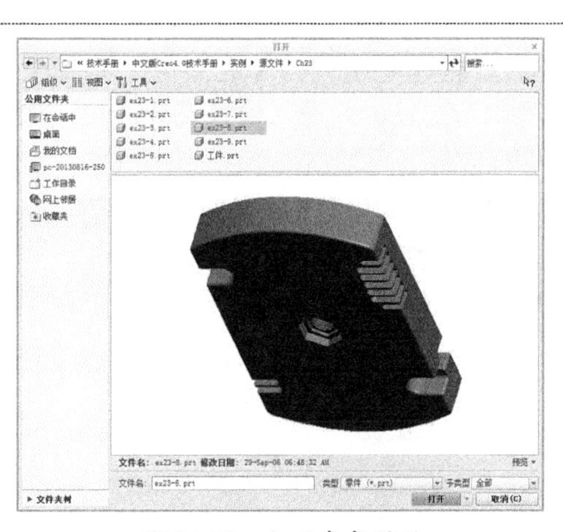

图 23-75　打开参考模型

03 在【模具】选项卡的【参考模型和工件】组中单击【定位参考模型】按钮，弹出【打开】对话框，然后从素材中找出本例的源文件并打开，如图 23-75 所示。

04 在随后弹出的【创建参考模型】对话框中单击【确定】按钮，再弹出【布局】对话框，如图 23-76 所示。

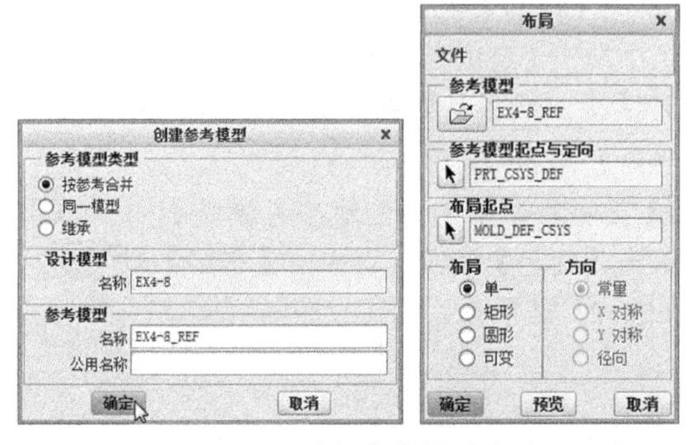

图 23-76　选择参考模型类型

05 在【布局】对话框中的【布局】选项组中如图23-77所示设置参数，然后单击【预览】按钮进行预览。

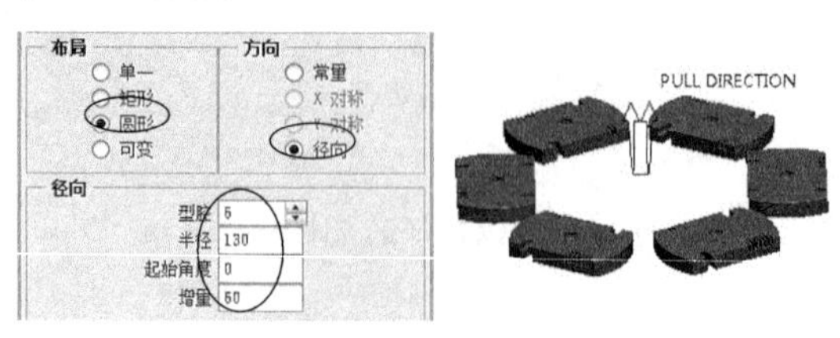

图23-77 设置圆形布局参数并预览

06 从预览中可以看出，布局方位需要重新制定。单击【布局】对话框中的【可变】选项，按如图23-78所示设置可变布局参数。

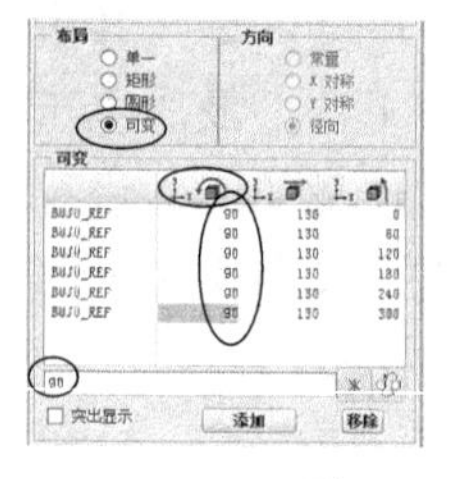
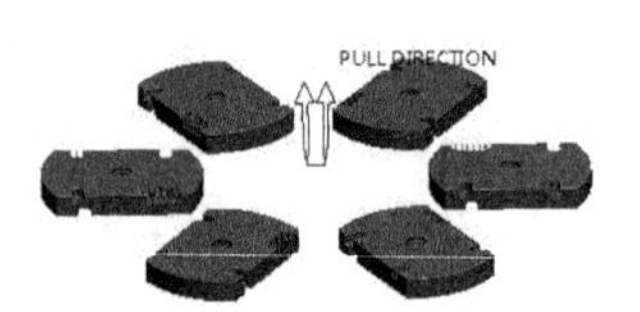

图23-78 布局设计结果

07 最后将结果保存。

23.5.2 矩形可变布局设计

◎ **引入文件：实例\源文件\Ch23\ex23-9.prt**

◎ **结果文件：实例\结果文件\Ch23\矩形可变布局设计\矩形可变布局.asm**

◎ **视频文件：视频\Ch23\矩形可变布局设计.avi**

操作步骤：

01 启动Creo，设置工作目录。

02 然后新建一个名为【矩形可变布局】的模具制造文件，并进入模具设计环境，如图23-79所示。

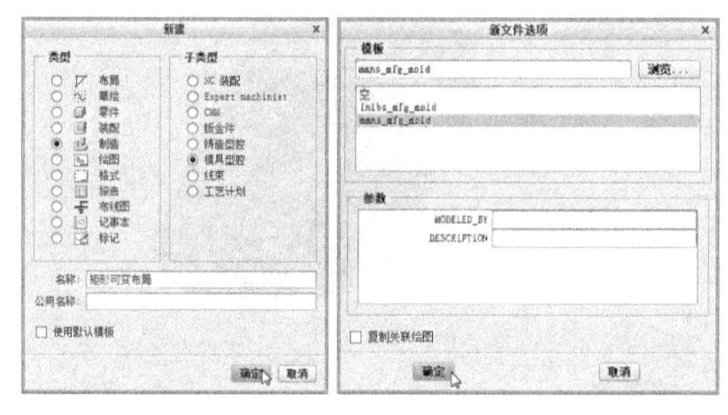

图23-79 新建模具制造文件

03 在【模具】选项卡的【参考模型和工件】组中单击【定位参考模型】按钮，弹出【打开】对话框，然后从素材中找出本例源文件并打开，如图23-80所示。

04 在随后弹出的【创建参考模型】对话框中单击【确定】按钮，再弹出【布局】对话框，如图23-81所示。

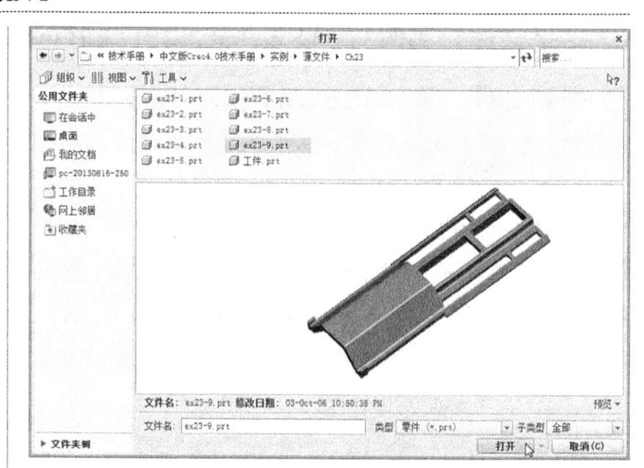

图23-80 打开参考模型

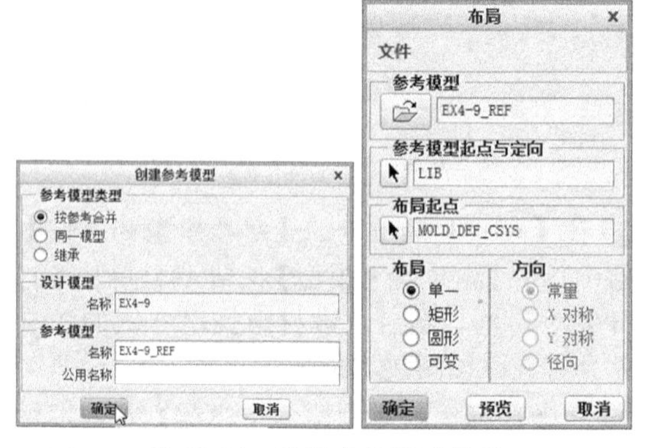

图23-81 选择参考模型类型

05 在【布局】对话框的【布局】选项组中按如图 23-82 所示设置参数，然后单击【预览】按钮进行预览。

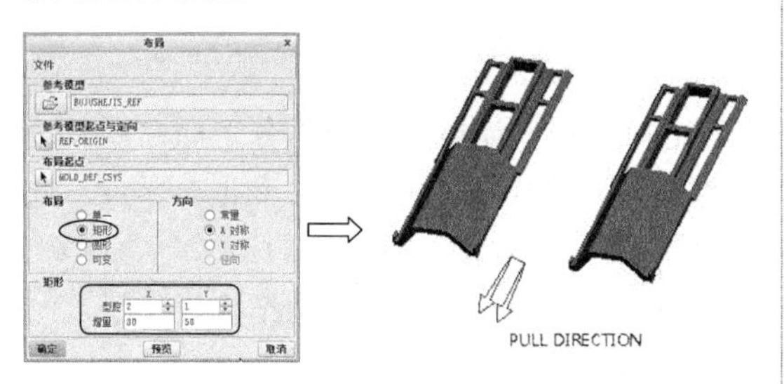

图 23-82　设置矩形布局参数并预览

06 在预览中可以看出，拖拉方向和布局方向位移需要重新制定，按图 23-83 所示的步骤调整拖拉方向。

07 返回【布局】对话框后，再按如图 23-84 所示设置创建可变布局参数。

08 最后将模具布局设计结果保存。

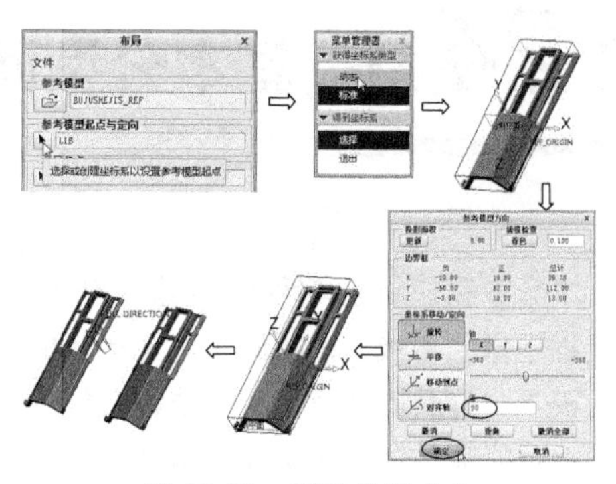

图 23-83　调整拖拉方向

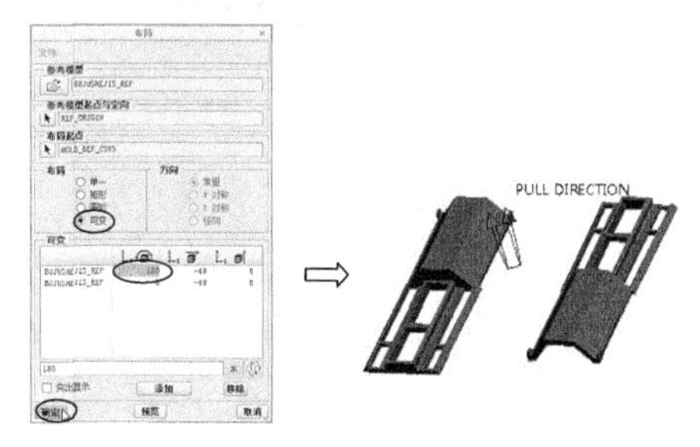

图 23-84　创建完成的模具布局设计

23.6 课后习题

1．创建矩形平衡布局

打开【课后习题 \Ch23\ex23-1.prt】文件，利用参考模型命令进行如图 23-85 所示的活塞杆的 2×8 布局。

2．创建矩形布局

打开【课后习题 \Ch23\ex23-2prt】文件，利用【定位参考模型】方法进行如图 23-86 所示喷嘴零件的参考模型布局。

3．创建圆形布局

打开【课后习题 \Ch23\ex23-3.prt】文件，利用【定位参考模型】方法进行如图 23-87 所示旋钮零件的参考模型布局。

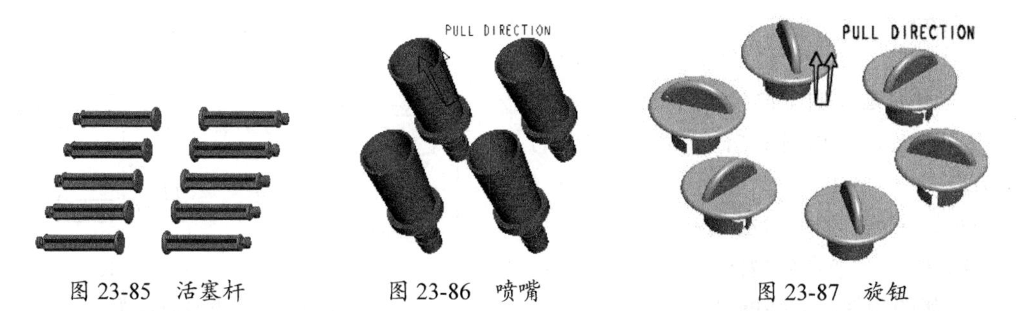

图 23-85　活塞杆　　图 23-86　喷嘴　　图 23-87　旋钮

第24章　基本分型面设计

本章中我们将学习到Creo模具分型面的基础理论知识和设计技巧。模具分型面在模具设计流程中扮演着极为重要的角色，因为它直接关系到您是否能成功地分出型腔和型芯零件。此外，模具分型面还涉及模具的结构，好的分型面其模具结构应该是简单的。

本章的基本分型面实际上指产品中没有插破、靠破孔、组合孔及其他复杂结构。

知识要点

- 分型面概述
- 拉伸分型面
- 平整分型面
- 阴影分型面
- 复制分型面
- 裙边分型面

24.1 分型面概述

在模具设计流程里，分型面的设计越来越倾向于模具的一个独立系统设计，可见分型面在整个模具设计环节里占据非常重要的位置。分型面设计的质量好与坏，直接关系到模具的结构及生产成本。

分型面是模具上用于取出塑件和（或）浇注系统凝料的可分离的接触表面。

24.1.1 分型面介绍

1．分型面的形式

分型面有多种形式，常见的有水平分型面、阶梯分型面、斜分型面、辅助分型面和异型分型面，如图24-1所示。分型面一般为平面，但有时为了脱模方便，也会使用曲面或阶梯面，这样虽然分型面加工复杂，但型腔的加工会比较容易。

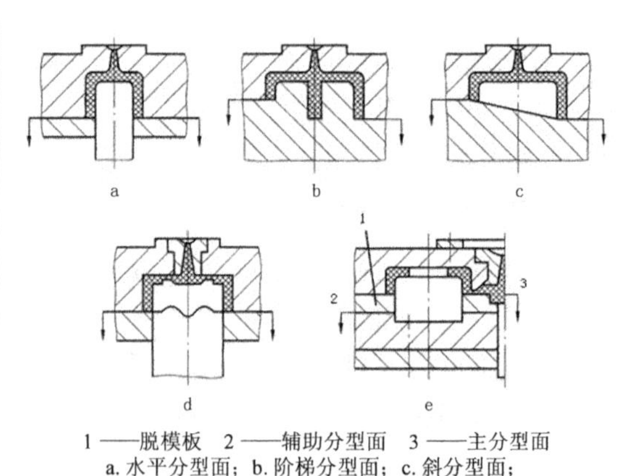

1——脱模板　2——辅助分型面　3——主分型面
a. 水平分型面；b. 阶梯分型面；c. 斜分型面；
d. 异形分型面；e. 成型芯的辅助分型面

图24-1　模具分型面的形式

在图样上表示分型面的方法是在图形外部、分型面的延长面上画出一小段直线表示分型面的位置，并用箭头指示开模或模板的移动方向。

按位置可分为水平分型面和垂直分型面，如图24-2所示。垂直分型面主要用于侧面有凹、凸形状的塑件，如线圈骨架等。

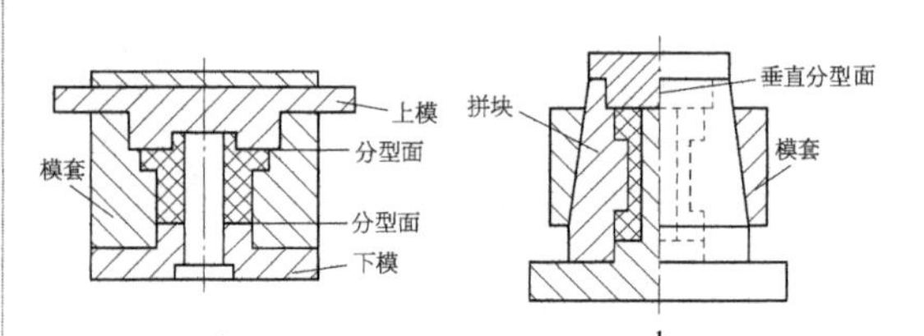

图24-2　分型面的位置

2．分型面的表示方法

在模具装配图中应用短、粗实线标出分型面的位置，如图 24-3 所示，箭头表示模具运动方向。对有两个以上分型面的模具可按照分型面打开的前后顺序用编号 I，II，III，…或 A，B，C，…表示。

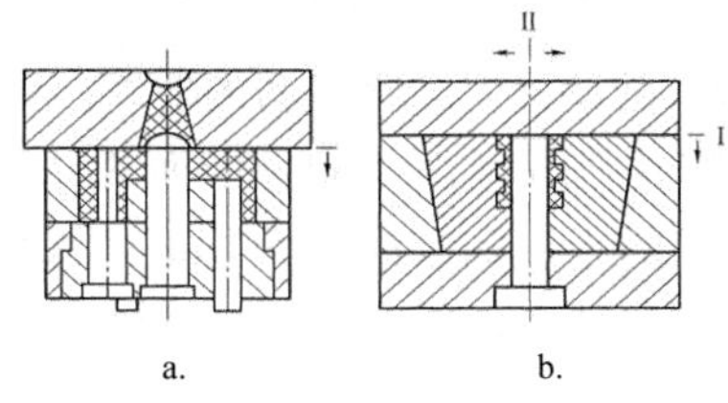

图 24-3　分型面的表示方法

3．分型面的选择原则

首先，必须选择塑件断面轮廓最大的地方作为分型面，这是确保塑件能够脱模的基本原则。此外，分型面的选择受塑件的形状、壁厚、尺寸精度、嵌件、脱模方式、浇口位置和形式、排气、模具制造和成型设备等因素的影响。因此，选择分型面时，应综合考虑，合理选择。

（1）应确保塑件的尺寸精度和质量。

如图 24-4 所示为双联齿轮，若按图 a 所示设置分型面，两部分齿轮分别在动、定模内成型，受合模精度的影响，难以保证齿轮的同轴度；按图 b 所示设置分型面，两部分齿轮都在动模，可有效保证两部分齿轮的同轴度。

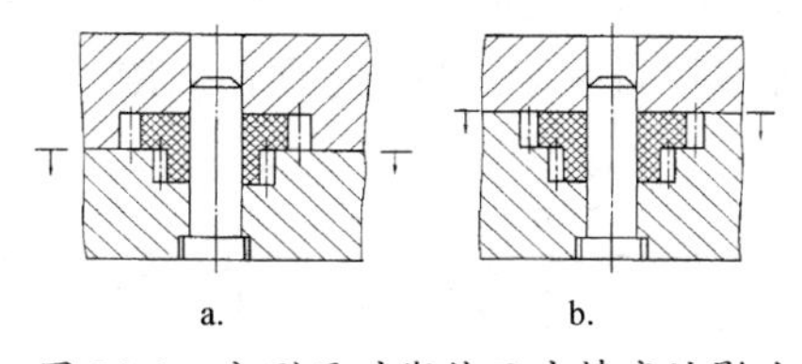

图 24-4　分型面对塑件尺寸精度的影响

（2）应尽量使塑件开模后留在动模

通常模具的推出机构设在动模一侧，所以分型面的选择应尽可能使塑件留在动模。如图 24-5 所示，若按图 a 分型，塑件收缩后包在定模型芯上，分型后塑件留在定模内，这样必须在定模设推出机构，增加了模具的复杂程度；若按图 b 分型，塑件则留在动模。

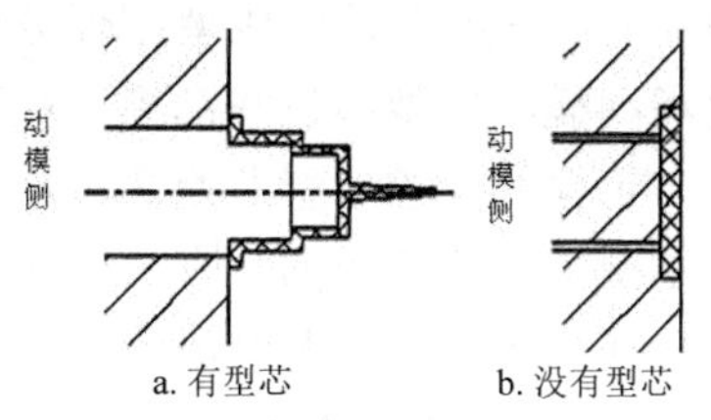

图 24-5　分型面对塑件脱模的影响

（3）应尽量保证塑件外观质量要求。

分型面产生的飞边会影响塑件的外观质量。如图 24-6 所示，若按图 a 所示设置分型面，则会在塑件的弧形外表面产生合模痕迹和飞边，影响了塑件的美观；若按图 b 所示设置分型面，则产生的飞边易于清除且不影响塑件外观。

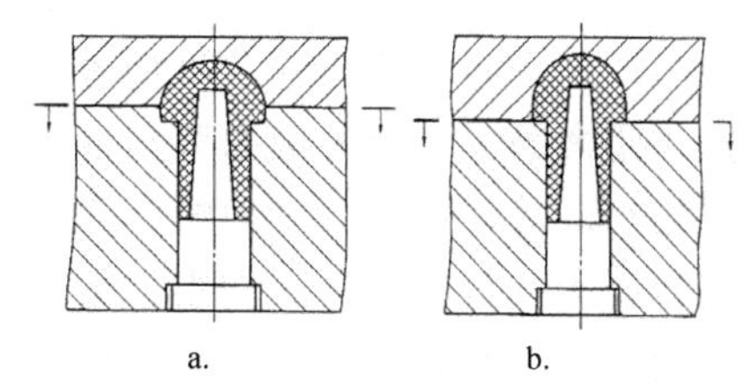

图 24-6　分型面对塑件外观质量的影响

（4）应有利于模具的制造。

分型面的选择应利于模具的加工。如图 24-7a 所示的分型面，型腔与型芯有配合关系，如果模具制造精度差，合模时会发生型腔与型芯碰撞而损坏；采用图 b 所示分型面，可避免发生碰撞现象，模具易于加工，但塑件表面会形成一条分型线。

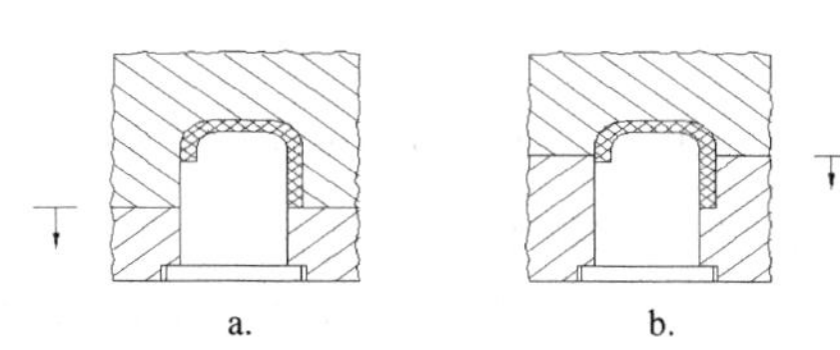

图 24-7　分型面对模具制造的影响

（5）应有利于塑件脱模。

分型面形式如何对塑件脱模阻力大小有着直接影响，如果脱模阻力太大，塑件在被推出时容易发生变形或损坏。如图 24-8 所示，图 a 所示模具成型零件均设在动模，脱模时塑件要与型腔和多个型芯瞬间同时脱松，脱模阻力大；图 b 所示是将成型零件分散设置在定模和动模，主型芯设在动模，故开模后塑件先与定模的型腔、型芯脱离，推出时只克服与主型芯的脱模阻力，有效防止塑件的变形或损坏；图 c 所示为保证塑件大孔与小孔之间较高位置精度要求所采取的设计。

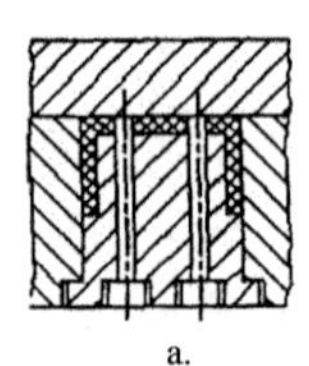
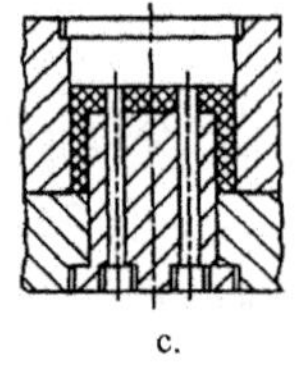
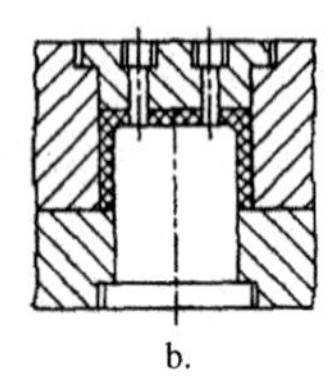

a.　　b.　　c.

图 24-8　分型面对塑件脱模的影响

（6）应有利于模具的侧面分型和抽芯。

当塑件有多组抽芯时，应尽量避免大端侧向抽芯，因为除了液压抽芯机构能获得较大的抽拔距离外，一般的侧向分型抽芯的抽拔距离较小，故在选择分型面时，应将抽芯或分型距离大的放在开模方向上。如图 24-9 所示，图 a 所示的分型面，是将长型芯作为侧型芯，不合理；图 b 所示是将短型芯作为侧型芯，抽拔距离较小。

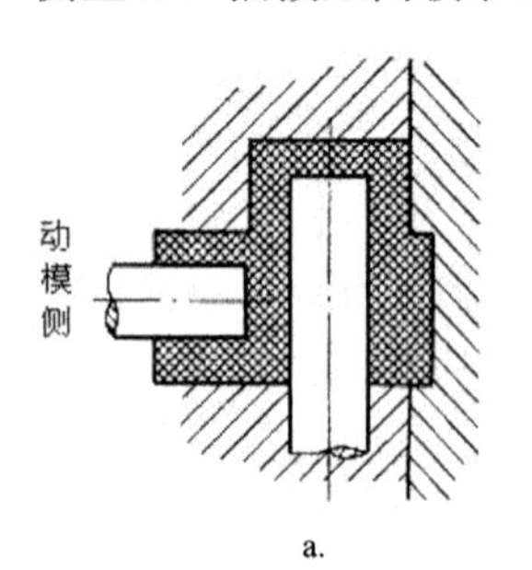

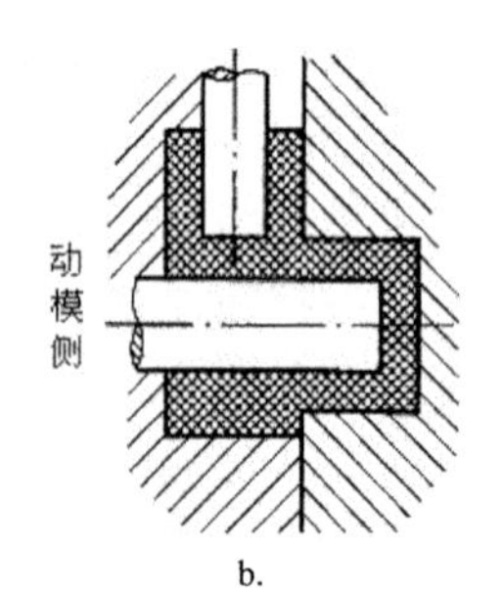

a.　　b.

图 24-9　分型面对侧抽芯的影响

（7）应有利于模具排气。

分型面应尽量设置在塑料熔体充满的末端处，这样就可以有效地通过分型面排除型腔内积聚的空气。如图 24-10 所示，图 a 所示的分型面，排气效果较差；图 b 所示的分型面，排气效果较好。

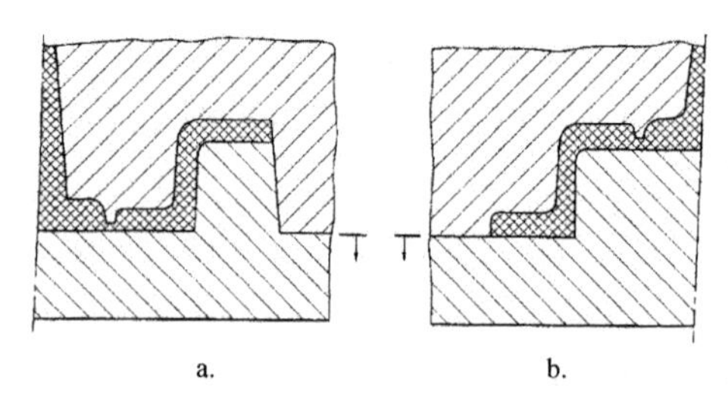

a.　　b.

图 24-10　分型面对模具排气的影响

（8）应考虑对成型设备的要求。

当塑件在分型面上的投影面积超过成型设备允许的投影面积时，会造成锁模困难，严重时会发生溢料。此时应合理安排塑件在型腔中的位置，尽可能选择投影面积小的一方。如图 24-11 所示，图 a 所示的分型面，其塑件的投影面积大于图 b 所示的分型面。

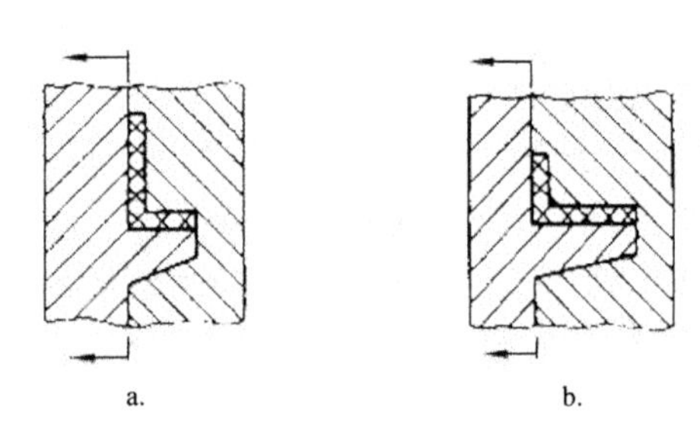

a.　　b.

图 24-11　分型面对成型设备的影响

（9）应考虑脱模斜度对塑件尺寸精度的影响。

选择分型面时，应考虑减小由于脱模斜度造成塑件的大小端尺寸差异。若塑件对外观无严格要求，可将分型面选在塑件中部。如图 24-12 所示，图 a 所示的分型面，其脱模斜度取向一个方向，斜度较大；图 b 所示的分型面脱模斜度取向两个方向，斜度较小。

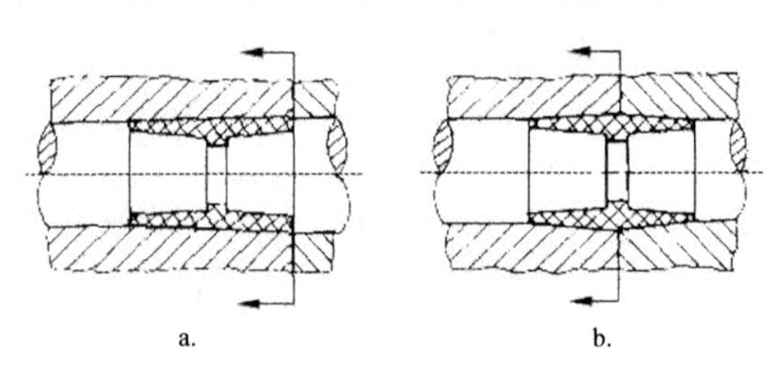

a.　　b.

图 24-12　分型面对脱模斜度的影响

总之，影响分型面的因素很多，设计时应在保证塑件质量的前提下，使模具的结构越简单越好。

24.1.2　Creo 分型面设计工具介绍

在 Creo 模具设计中，分型面是将工件或模具零件分割成模具体积块的分割面。它不仅仅局限于对动、定模或侧抽芯滑块的分割，对于模板中各组件、镶块同样可以采用分型面进行分割。

为保证分型面设计成功和所设计的分型面能对工件进行分割，在设计分型面时必须满足以下两个基本条件：

- 分型面必须与欲分割的工件或模具零件完全相交以形成分割。
- 分型面不能自身相交，否则分型面将无法生成。

Creo 模具设计模式下有两类曲面可以用于工件的分割：一是使用【分型面】专用设计工具来创建分型面特征；二是在参考模型或零件模型上使用【曲面】工具生成的曲面特征。由于前者得到的是一个模具组件级的曲面特征，易于操作和管理而最为常用。

从原理上讲，分型面设计方法可以分为两大类：一是采用曲面构造工具设计分型面，如复制参考零件上的曲面、草绘剖面进行拉伸、旋转，以及采用其他高级曲面工具等构造分型面；二是采用光投影技术生成分型面，如阴影分型面和裙边分型面等。

在 Creo 模具设计模式下，在【模具】选项卡的【分型面和模具体积块】组中单击【分型面】按钮，将弹出【分型面】操控板，如图 24-13 所示。

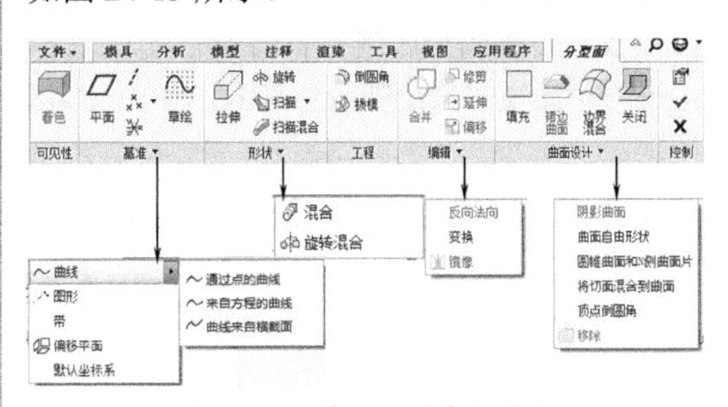

图 24-13　【分型面】操控板

【分型面】操控板中包括所有的 Creo 分型面设计工具。

24.1.3　简单分型面与复杂分型面

通常，模具分型面分 3 部分：型腔（型芯）区域面、破孔补面和延伸分型面。设计 3 种分型面的工具各有不同，后两者，将在后面章节中陆续介绍。

根据产品的结构和外形的复杂程度不同，分型面的设计方法又会有所不同。简单的产品（没有碰穿孔，如图 24-14 所示）多用自动分型面工具，如阴影曲面、裙边曲面等，或者单个曲面命令就能完成设计。较复杂的产品多用手动方法利用多种曲面工具组合设计分型面。

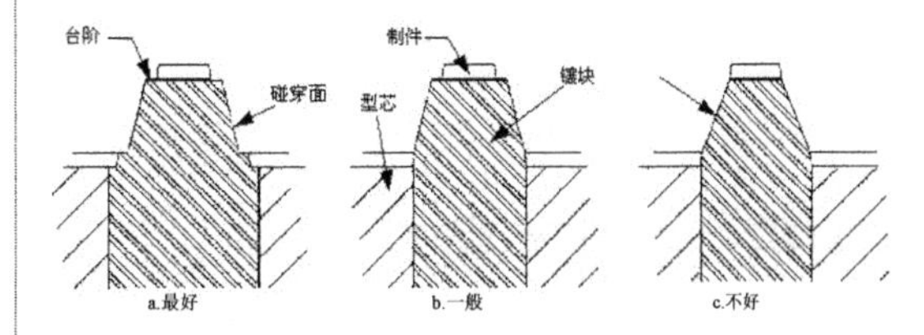

图 24-14　碰穿修补的 3 种形式

24.2　设计基本分型面

基本分型面的分型方法包括拉伸分型面、平整分型面、复制分型面，或利用分型工具裙边曲面和阴影曲面进行分型。下面依次讲解这几种方法的含义及用法。

24.2.1　拉伸分型面

拉伸分型面是指在垂直于草绘平面的方向上，通过将草绘截面沿指定深度延伸，以此得到分型面。

在【分型面】选项卡的【形状】组中单击【拉伸】按钮，功能区会弹出【拉伸】操控板，当在图形区选择草绘基准平面后即可进入草绘模式来绘制拉伸截面，如图 24-15 所示。

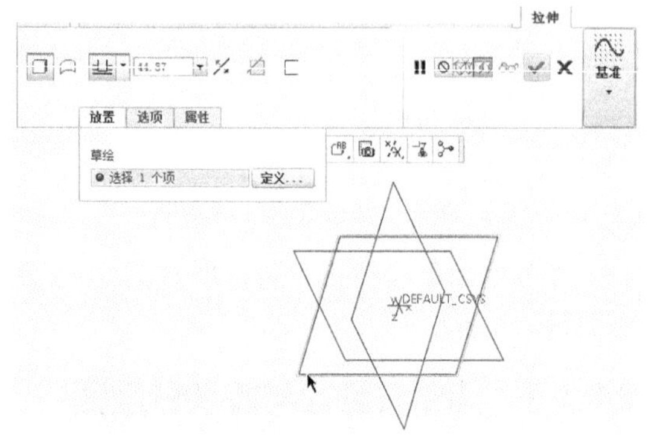

图 24-15 【拉伸】操控板

在草绘模式下绘制分型面截面曲线，然后按指定的拉伸方向拉伸草绘曲线，得到想要的拉伸分型面。如图 24-16 所示为使用【拉伸】工具在草绘环境中绘制截面后而创建的拉伸分型面。

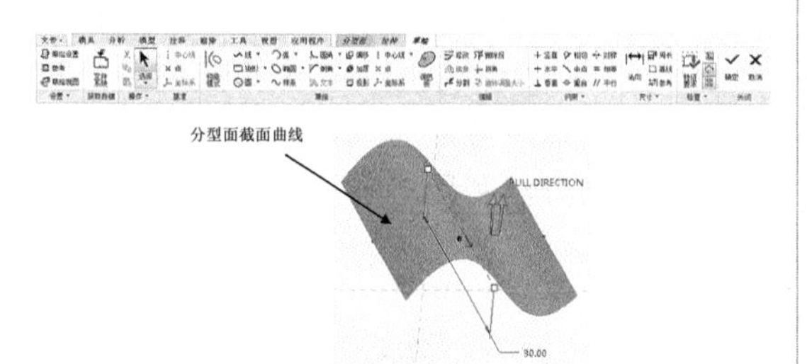

图 24-16 拉伸分型面

动手操作——设计拉伸分型面

下面以产品模型孔分型面的（破孔补面）创建为例，详细讲解拉伸分型面的用法。

操作步聚

01 启动 Creo，设置工作目录。

02 新建模具制造文件，命名为【拉伸分型面】，使用公制模板进入模具设计环境，如图 24-17 所示。

03 在【模具】选项卡的【参考模型和工件】组中单击【定位参考模型】按钮，弹出【打开】对话框，然后从素材中打开【ex24-1.prt】文件，如图 24-18 所示。

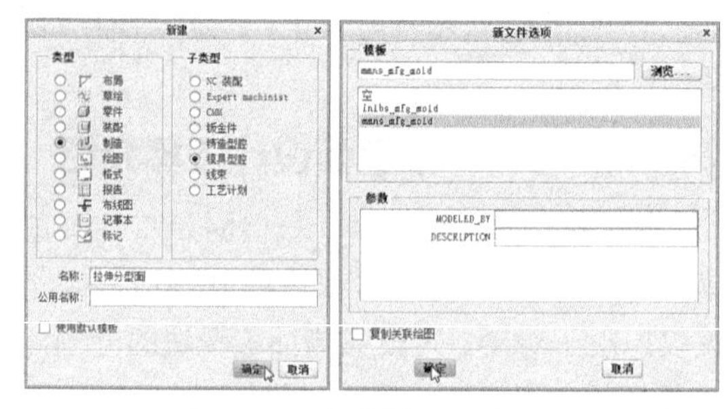

图 24-17 新建模具制造文件

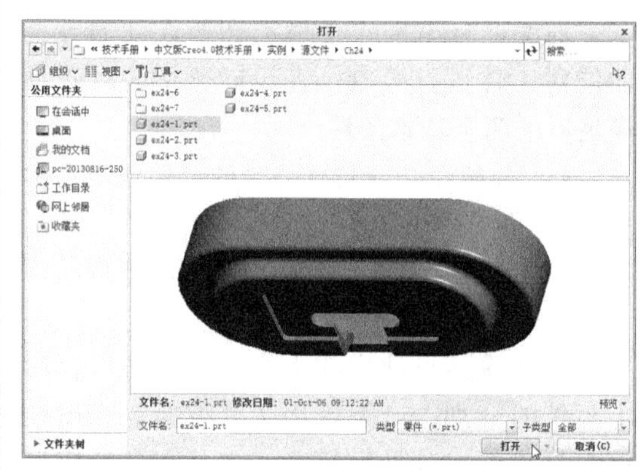

图 24-18 打开参考模型

04 在随后弹出的【创建参考模型】对话框中单击【确定】按钮，再弹出【布局】对话框，保留默认设置，单击【确定】按钮，将模型加载到模具设计环境中，如图 24-19 所示。

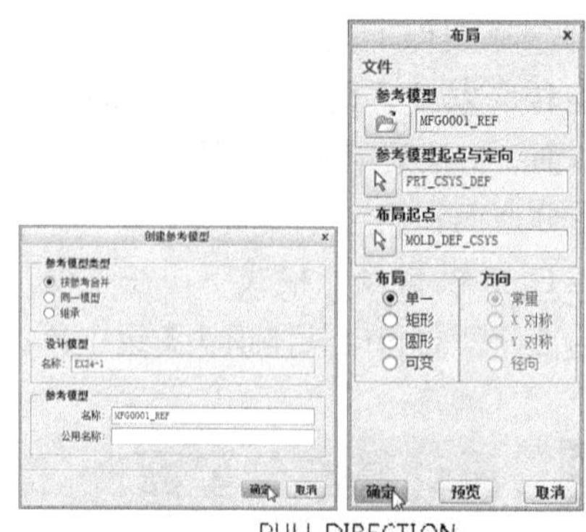

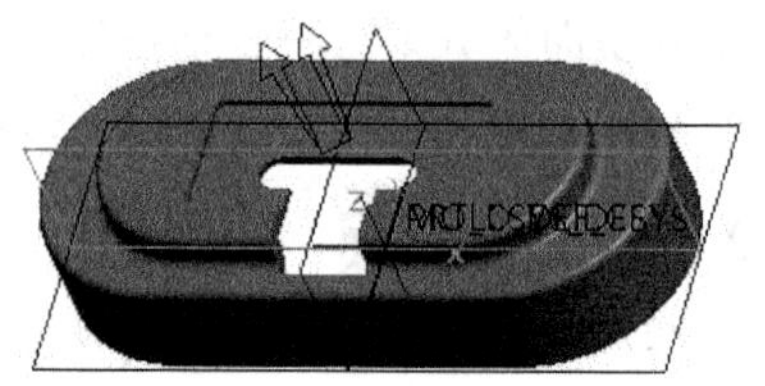

图 24-19 选择参考模型类型创建布局

05 单击【模具】选项卡中的【分型面】按钮，在【分型面】操控板中单击【拉伸】按钮，选择 RIGHT 平面为草绘平面，进入草绘模式，如图 24-20 所示。

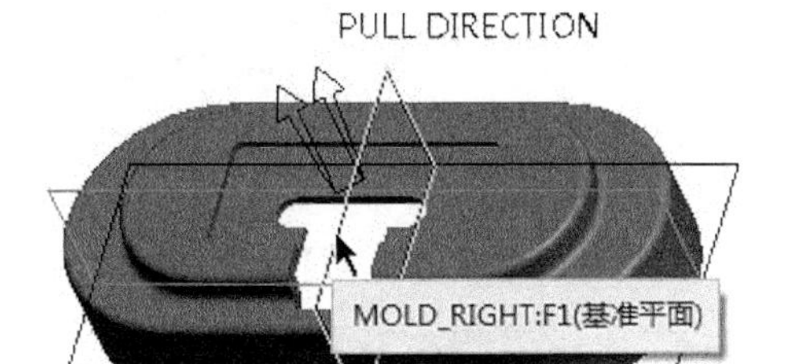

图 24-20　选择草绘平面进入草绘模式

06 在【草绘】选项卡中，单击【投影】按钮 投影，绘制拉伸截面，如图 24-21 所示。

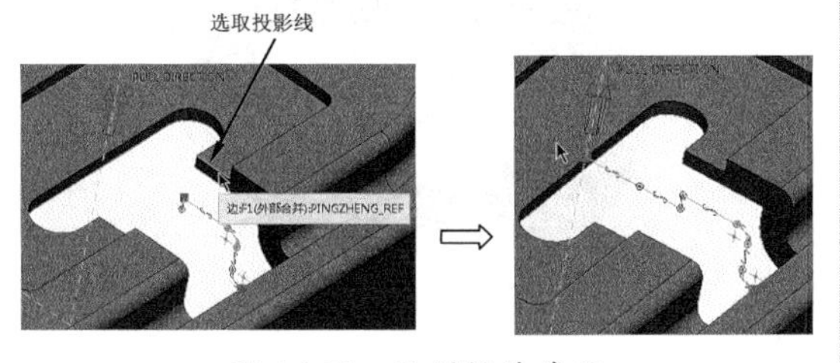

图 24-21　绘制拉伸截面

07 绘制完成后，单击【确定】按钮，退出草绘模式，如图 24-22 所示。

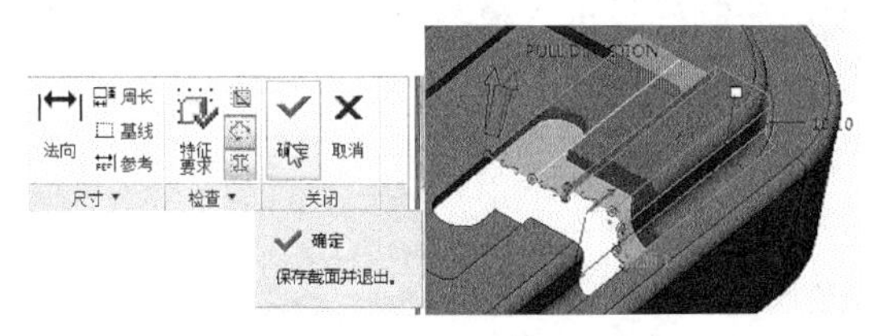

图 24-22　退出草绘模式

08 设置拉伸类型为【两侧拉伸】、拉伸深度为 10，单击【应用】按钮，完成拉伸分型面的创建，如图 24-23 所示。

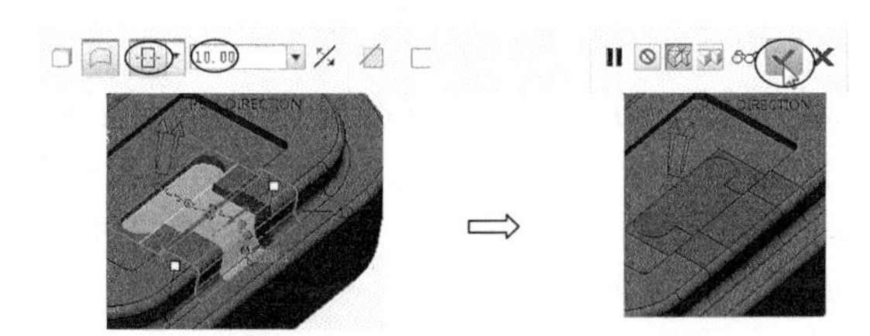

图 24-23　完成拉伸分型面的创建

技术要点

设置拉伸深度时，应将值设置得大一些，使其与周围面相交，不能留有缝隙，否则后续合并或修剪将无法进行。

09 在图形区选中创建的拉伸曲面，然后在【编辑】面板中单击【修剪】按钮 修剪，打开【曲面修剪】操控板。如图 24-24 所示。

10 按住 Shift 键依次选取孔边缘作为修剪边界，如图 24-25 所示。

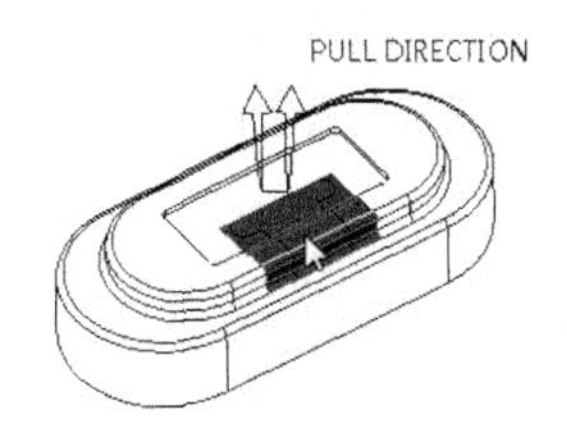

图 24-24　选中修剪曲面

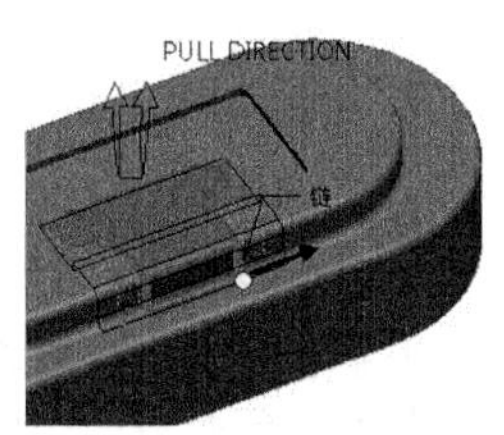

图 24-25　选取修剪边界

11 单击 按钮更改修剪方向，然后单击【应用】按钮完成拉伸曲面的修剪，如图 24-26 所示。

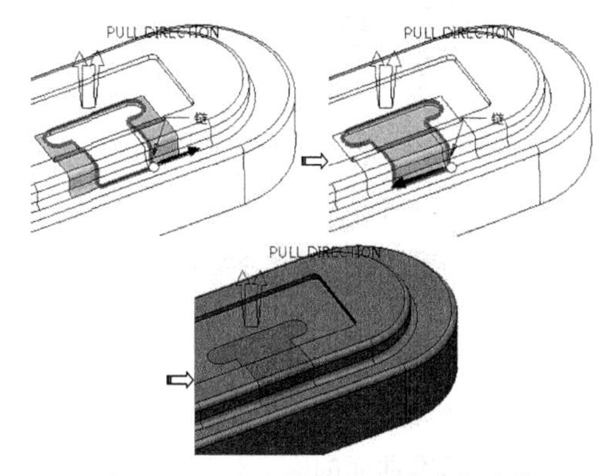

图 24-26　更改修剪方向并完成修剪

24.2.2　旋转分型面

旋转分型面是指围绕草绘中心线通过以指定角度旋转草绘截面来创建的分型曲面。当产品模型为旋转体特征时，可创建旋转分型面以用于切割模具镶块。

在【分型面】选项卡的【形状】组中单击【旋转】按钮，功能区会弹出【旋转】操控板，当在图形区选择草绘基准平面后，即可进入草绘模式来绘制旋转分型面的截面，如图 24-27 所示。

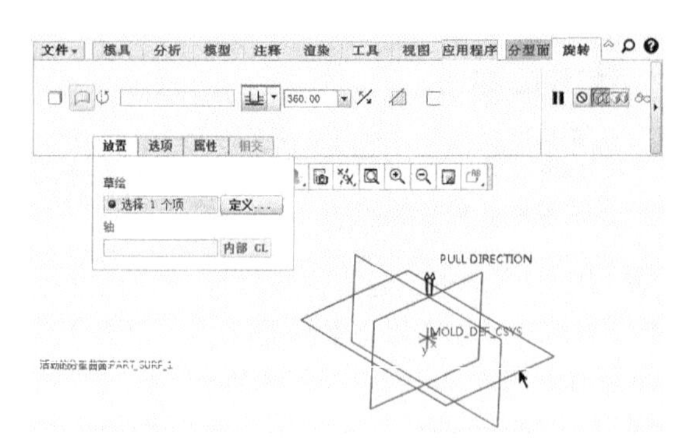

图 24-27 【旋转】操控板

如图 24-28 所示为使用分型面设计模式下的【旋转】工具来创建的旋转分型面。

技术要点

并非【旋转】命令适于其他产品模型的分型面，它主要是针对由旋转特征构成的产品模型。

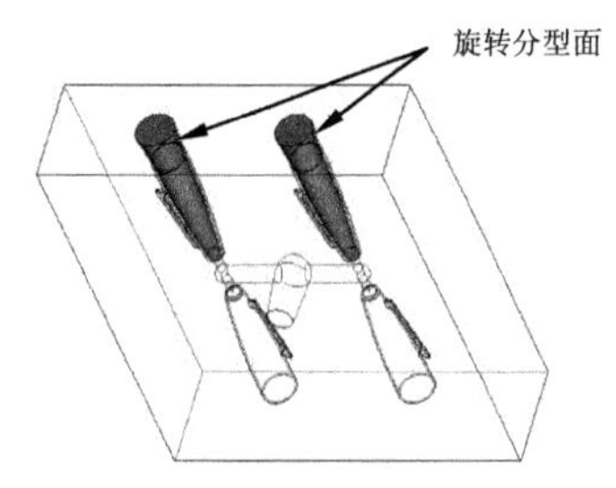

图 24-28 旋转分型面

24.2.3 平整分型面

平整分型面即填充，是通过草绘其边界来创建平面基准曲面的。

技术要点

当产品模型底部为平面时，可创建填充曲面作为模具分型的主分型面（延伸分型面）。如果产品底边不都在同一平面中，是不能使用此命令的。

在【分型面】选项卡的【曲面设计】组中单击【填充】按钮，功能区会弹出【填充】操控板，当在图形区选择草绘基准平面后，即可进入草绘模式来绘制填充曲面的边界，如图 24-29 所示。

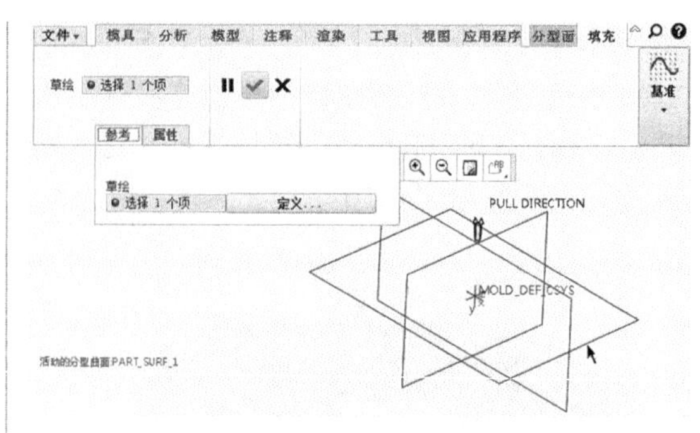

图 24-29 【填充】操控板

动手操作——设计平整分型面

下面以模型 hole 为例，详细讲解平整分型面的用法。

本例参考模型如图 24-30 所示。

图 24-30 参考模型

操作步骤：

01 设置工作目录。

02 新建模具制造文件，命名为【平整分型面】，使用公制模板进入模具设计环境，如图 24-31 所示。

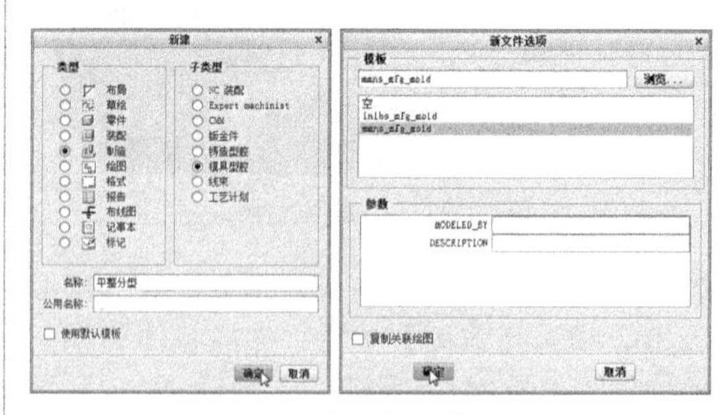

图 24-31 新建模具制造文件

03 在【模具】选项卡的【参考模型和工件】组中单击【定位参考模型】按钮，弹出【打开】对话框，然后从素材中打开【ex24-2.prt】文件，如图 24-32 所示。

技术要点

什么时候设置工作目录最恰当呢？对于装配文件或模具制造文件，必须要设置工作目录，否则最终保存文件时会丢失数据，导致下次打开该文件时提示缺少文件。因此，设置工作目录应该在启动 Creo 软件后，在初始的基本界面中，而不是新建了装配组件文件或模具制造文件后。即使新建了文件再设置工作目录，在保存时也会因保存不全而丢失重要参考数据。

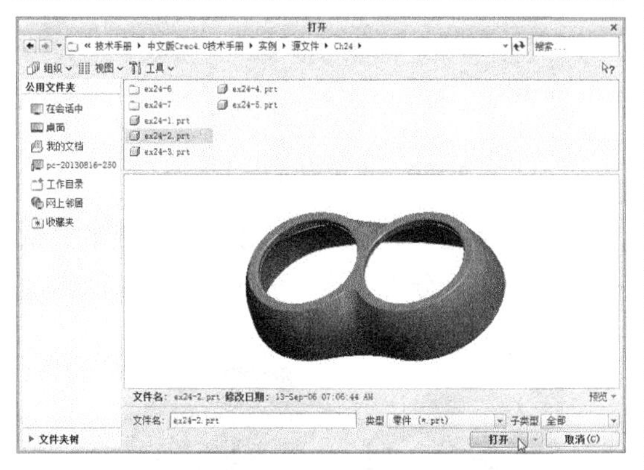

图 24-32 打开参考模型

04 在随后弹出的【创建参考模型】对话框中单击【确定】按钮，再弹出【布局】对话框，保留默认设置，单击【确定】按钮，将模型加载到模具设计环境中，如图 24-33 所示。

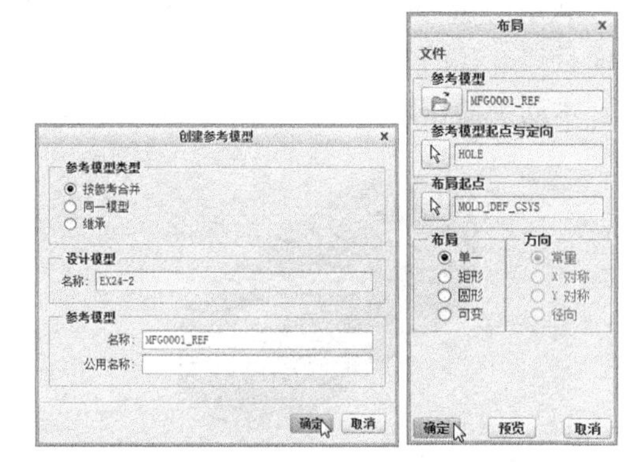

图 24-33 完成布局与加载

05 拖拉方向很明显是错误的，需要重新调整，结果如图 24-34 所示。

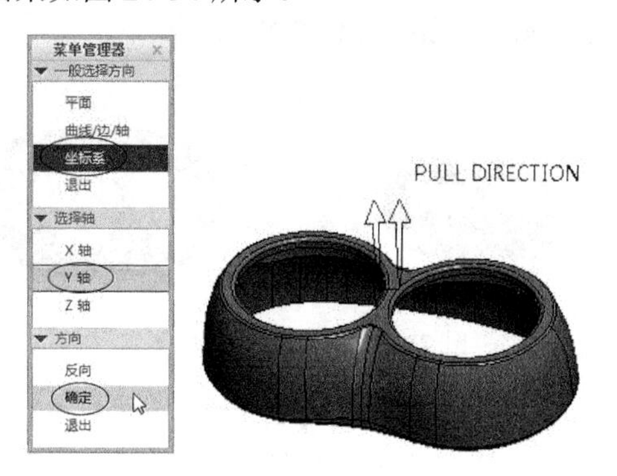

图 24-34 调整拖拉方向

06 单击【分型面】按钮，进入分型面设计模式。

07 在【分型面】选项卡的【基准】组中单击【平面】按钮，打开【基准平面】对话框。

08 选取参考曲线，单击【确定】按钮，完成基准平面 ADTM1 的创建，如图 24-35 所示。

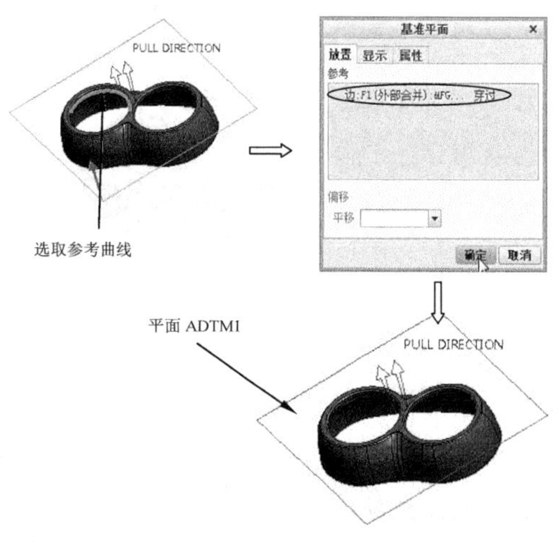

图 24-35 完成基准平面的创建

09 在【分型面】选项卡的【曲面设计】组中单击【填充】按钮，打开【填充】操控板，如图 24-36 所示。

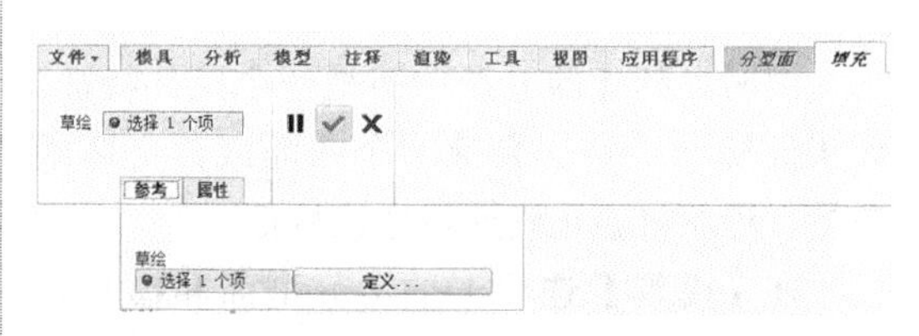

图 24-36 打开【填充】操控板

10 选取上一步创建的平面 ADTM1 为基准平面，进入草绘模式，利用【投影】工具 绘制填充截面，如图 24-37 所示。

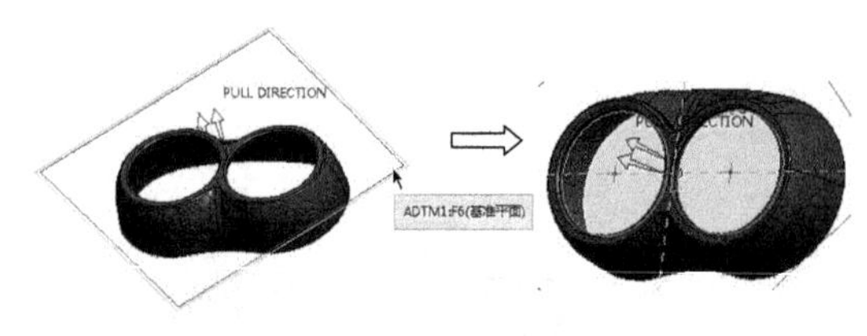

图 24-37　绘制填充截面

11 绘制完成后，单击【确定】按钮，退出草绘模式，单击【应用】按钮，完成填充曲面的创建，如图 24-38 所示。

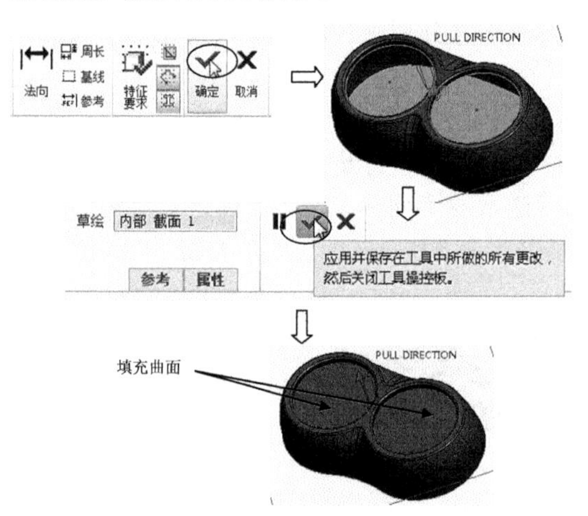

图 24-38　完成平整曲面的创建

12 退出分型面模式，再保存设计结果。

24.2.4　阴影分型面

阴影分型面是用光投影技术来创建分型曲面和元件几何的。阴影分型面是投影产品模型获得的最大面积的曲面，因此在使用【阴影】方法来创建分型面之前，必须对产品进行拔模处理。也就是说，若产品的外部有小于或等于 90° 的面，则不能按照设计意图来正确创建分型面。

由阴影创建的分型曲面是一个组件特征。如果删除一组边、删除一个曲面或改变环的数量，程序将会正确地再生该特征。

在【模具】选项卡的【分型面和模具体积块】组中单击【分型面】按钮，激活【分型面】操控板。单击该操控板【曲面设计】组中的【阴影曲面】按钮，程序会弹出如图 24-39 所示的【阴影曲面】对话框和【链】选项菜单。

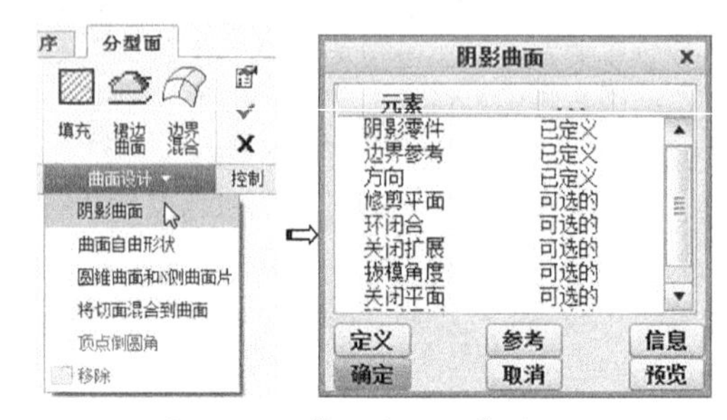

图 24-39　【阴影曲面】对话框

如图 24-40 所示为使用【阴影曲面】方法来创建的模具分型面。

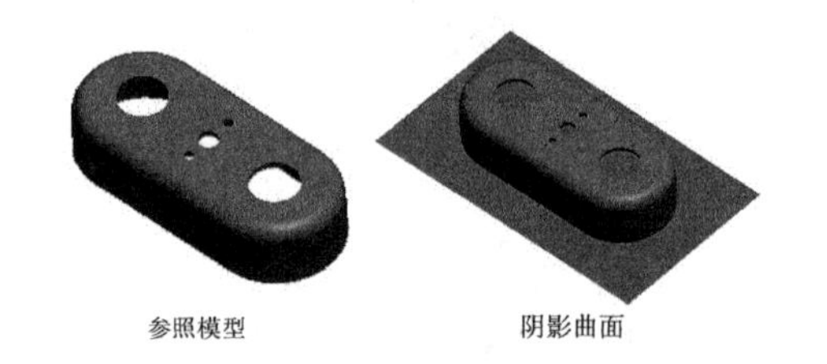

图 24-40　参考模型与阴影分型面

动手操作——设计阴影分型面

利用阴影分型面进行分型是创建简单分型面且修补孔的一种较快捷的方法。

本动手操作练习模型，如图 24-41 所示。

图 24-41　模型

操作步骤：

01 设置工作目录。

02 新建模具制造文件，命名为【阴影分型面】，使用公制模板进入模具设计环境，如图 24-42 所示。

图 24-42　新建模具制造文件

03 在【模具】选项卡的【参考模型和工件】组中单击【定位参考模型】按钮，弹出【打开】对话框，然后从素材中打开【ex24-3.prt】文件，如图 24-43 所示。

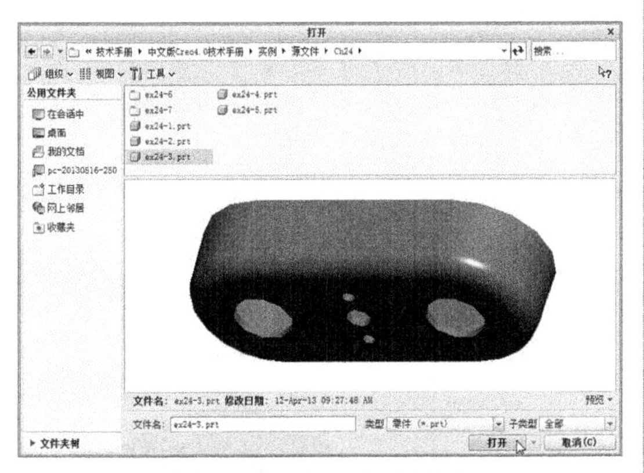

图 24-43　打开参考模型

04 在随后弹出的【创建参考模型】对话框中单击【确定】按钮，再弹出【布局】对话框，保留默认设置，单击【确定】按钮，将模型加载到模具设计环境中，如图 24-44 所示。

05 设置本产品的收缩率为 0.005。

06 单击【自动工件】按钮，打开【自动工件】对话框，设置参数，单击【确定】按钮，完成工件的创建，如图 24-45 所示。

07 在【模具】选项卡的【分型面和模具体积块】组中单击【分型面】按钮，激活【分型面】操控板。单击操控板【曲面设计】组中的【阴影曲面】按钮，程序弹出【阴影曲面】对话框，单击【预览】按钮进行预览，如图 24-46 所示。

08 从预览中可以看出，阴影曲面的方向需要重新定义，按图 24-47 所示步骤进行操作，完成方向的定义。

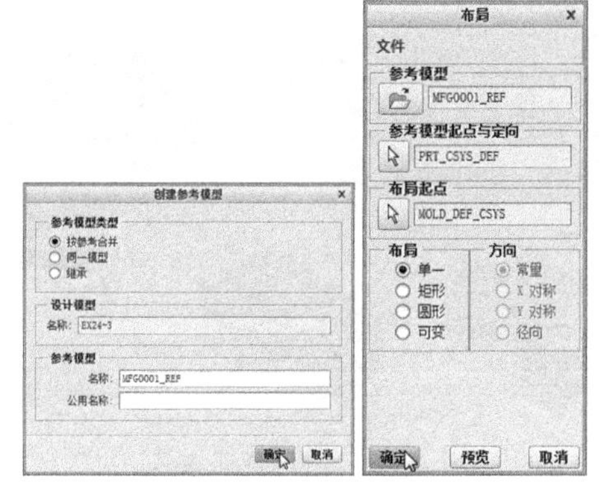

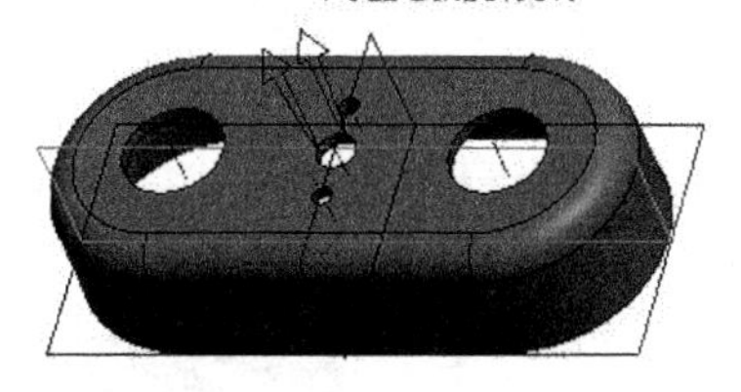

图 24-44　创建布局完成加载

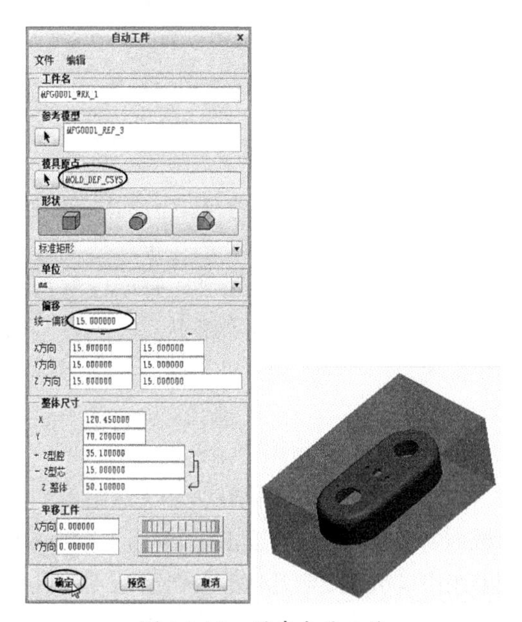

图 24-45　创建自动工件

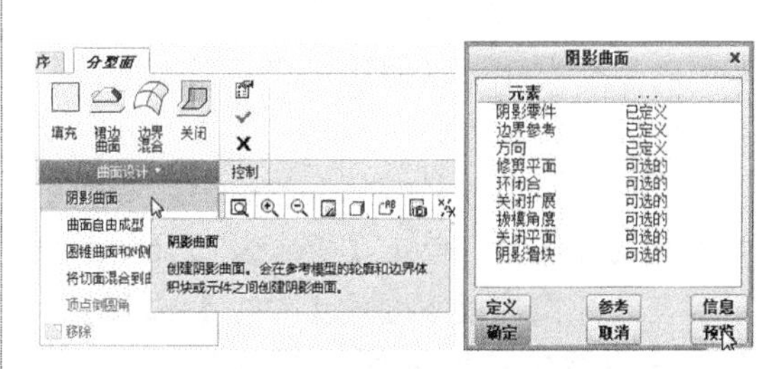

图 24-46　【阴影曲面】对话框

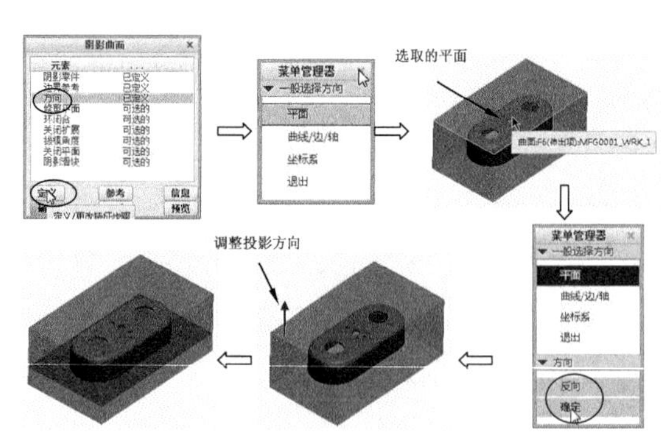

图 24-47 更改方向定义

09 单击【确定】按钮，完成阴影曲面的创建，如图 24-48 所示。

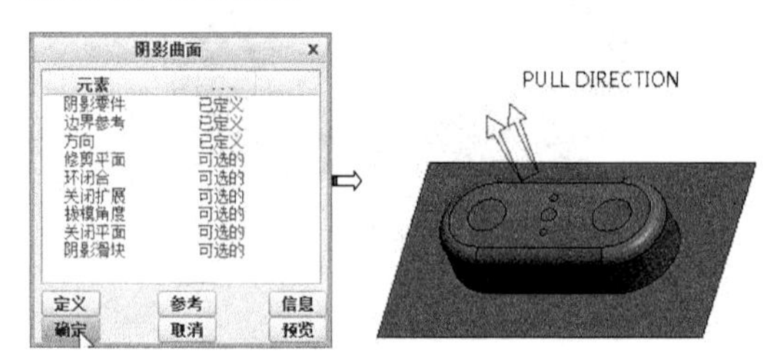

图 24-48 完成阴影曲面的创建

24.2.5 复制分型面

复制几何是复制参考模型中的发布出来的几何，复制几何前必须先发布几何。可以复制的几何特征不多，复制几何可以复制的对象包括：实体、曲面、面组、线、点、基准平面等。

一般情况下，采用复制的方法来创建模具的型腔、型芯分型面。

【复制几何】工具是在关闭【分型面】操控板后才可用。在【模型】选项卡的【获取数据】组中单击【复制几何】按钮，功能区显示【复制几何】操控板。默认情况下，【复制几何】工具首先收集参考模型的几何数据，然后将数据发布，以便让用户从发布的几何中找出自己所需的对象，如图 24-49 所示。

发布了参考模型的几何数据后，我们就可以复制几何了。单击【仅限发布几何】按钮，打开操控板下面的【参考】选项板，在参考模型中选取表面进行复制了，如图 24-50 所示。

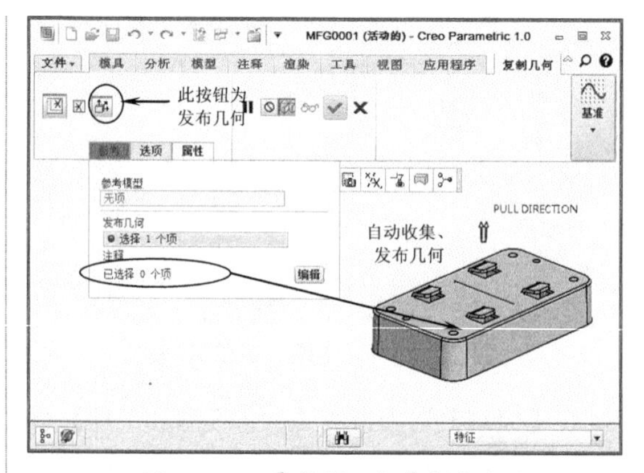

图 24-49 【复制几何】操控板

技术要点

要复制几何，必须在操控板中单击【仅限发布几何】按钮。使其恢复未激活状态，而此时复制几何功能被激活。

图 24-50 选择面以复制几何

在复制几何的过程中，还可以通过设置【选项】选项板中的选项来控制复制曲面的效果，如图 24-51 所示。

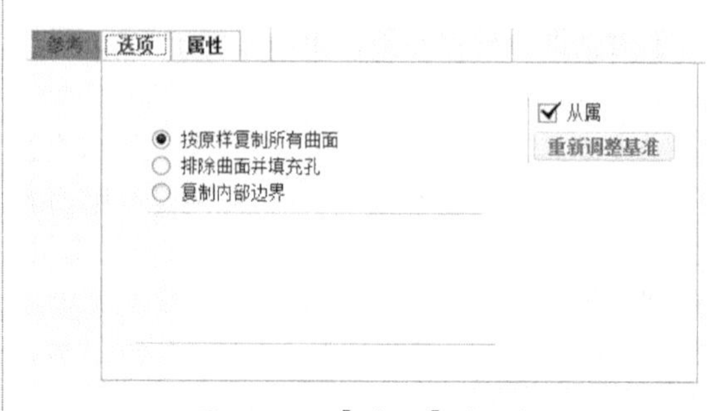

图 24-51 【选项】选项板

- 按原样复制所有曲面：所选择的面是什么样，则复制的曲面就是什么样，如果不需要修补面中的孔，请使用此选项。

- 排除曲面并填充孔：将所选的曲面中的孔自动修补。对于在单个曲面中的孔，可以使用此选项。
- 复制内部边界：此选项是复制原曲面中的某一部分，即所选边界内的面。

动手操作——设计复制分型面

【复制几何】是手动分型面中纯手动操作创建分型面的一种方法。

本动手操作模型如图 24-52 所示。

图 24-52　模型

操作步骤：

01 设置工作目录。

02 新建模具制造文件，命名为【复制分型面】，使用公制模板进入模具设计环境。

03 在【模具】选项卡的【参考模型和工件】组中单击【定位参考模型】按钮，弹出【打开】对话框，然后从素材中打开【ex24-4.prt】文件，如图 24-53 所示。

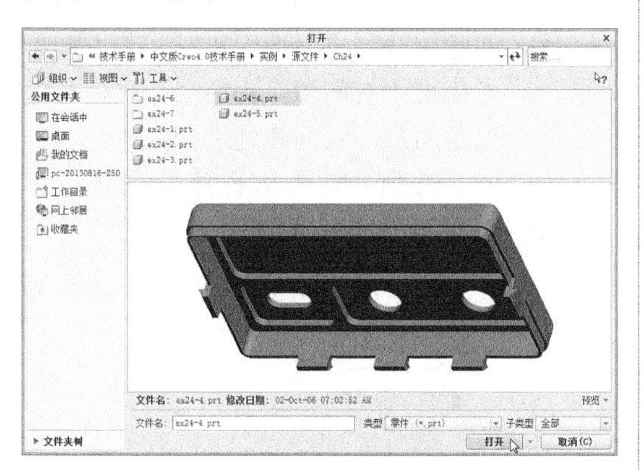

图 24-53　打开参考模型

04 在随后弹出的【创建参考模型】对话框中单击【确定】按钮，再弹出【布局】对话框，保留默认设置，单击【确定】按钮，将模型加载到模具设计环境中，如图 24-54 所示。

图 24-54　创建布局完成加载

05 需要更改拖拉方向，选择 Z 轴正方向作为新的拖拉方向，结果如图 24-55 所示。

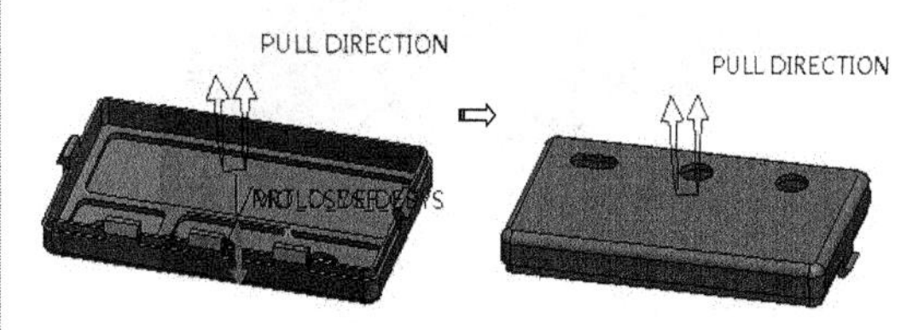

图 24-55　更改拖拉方向

06 在【模型】选项卡的【获取数据】组中单击【复制几何】按钮，功能区显示【复制几何】操控板，取消激活【仅限发布几何】按钮，如图 24-56 所示。

图 24-56　【复制几何】操控板

07 按住 Ctrl 键依次选取需要复制的曲面（在产品外部进行选取），如图 24-57 所示。

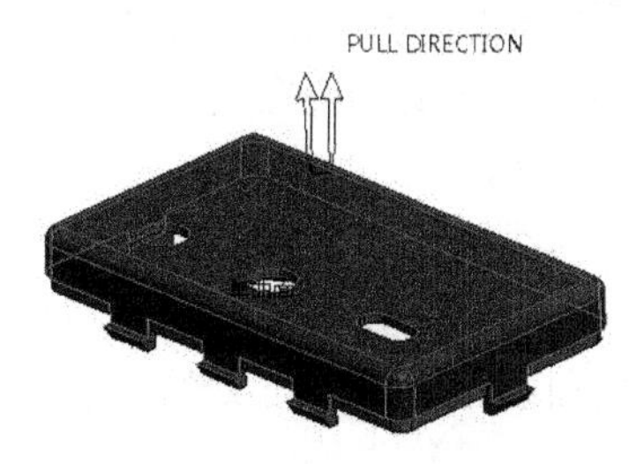

图 24-57　选取表面准备进行复制

08 打开【选项】选项卡，选择【排除曲面并填充孔】单选按钮，并激活【填充孔 / 曲面】

收集器，然后在模型中选取要填充孔的曲面，如图 24-58 所示。

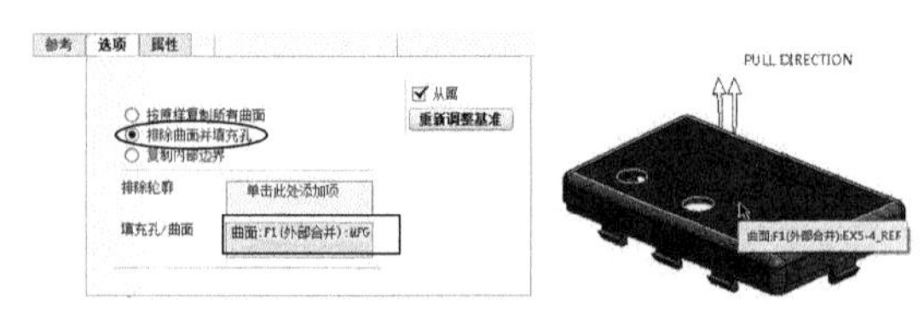

图 24-58　选取需要填充的曲面

09 单击操控板中的【确定】按钮，完成复制分型面的创建，如图 24-59 所示。

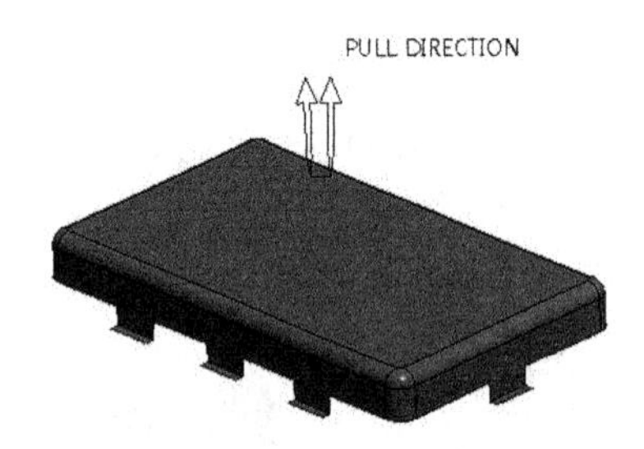

图 24-59　完成复制分型面的创建

24.2.6　裙边分型面

裙边分型面是通过拾取用轮廓曲线创建的基准曲线并确定拖动方向来创建的分型曲面。当参考模型的轮廓曲线创建完成后，就可以创建裙边分型面了。

在应用裙边曲面工具之前，需要创建用于修补破孔及边缘延伸的曲线，这些曲线就是轮廓曲线（在 Pro/E 中称【侧面影像曲线】）。

1. 轮廓曲线

分割模具时可能要沿着设计模型的轮廓曲线创建分型面。轮廓曲线是在特定观察方向上模型的轮廓。沿侧面影像边分割模型是很好的办法，这是因为在指定观察方向上沿此边没有悬垂。

轮廓曲线就是通常所指的分型线。它的主要用途是辅助创建分型面。从拉伸方向观察时，此曲线包括所有可见的外部和内部参考零件边。

在【模具】选项卡的【设计特征】组中单击【轮廓曲线】按钮，程序弹出【轮廓曲线】对话框，如图 24-60 所示。同时，在参考模型中显示程序默认的投影方向(-Z方向)。

在【轮廓曲线】对话框中，用户须对所有列出的元素进行定义，否则无法正确创建曲线特征。列表中各元素含义如下：

- 名称：为轮廓曲线指定名称。
- 曲面参考：是指创建轮廓曲线时的参考模型。
- 方向：投影的方向。可为投影指定平面、曲线 / 边 / 轴、坐标系作为方向的参考。单击【定义】按钮，弹出【一般选取方向】菜单管理器，如图 24-61 所示。

图 24-60 【轮廓曲线】对话框

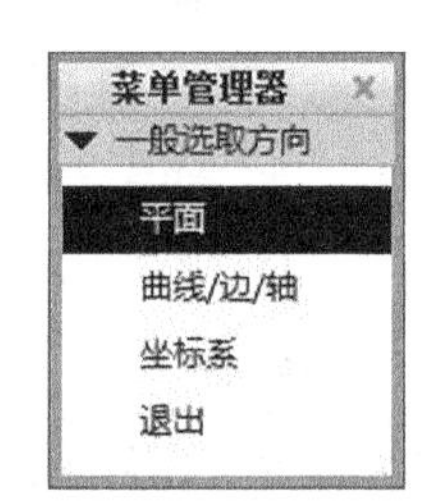

图 24-61　菜单管理器

- 滑块：在创建轮廓曲线的过程中可选的【滑块】元素自动补偿底切，它说明用作投影画面的体积块和元件，并创建正确的分型线，它还自动从分型线中排除多余的边。
- 间隙闭合：定义此元素时，若方向参考模型中有间隙，程序会弹出信息框提示用户，对间隙处进行修改。

如图 24-62 所示，Creo 程序检测到了参考模型中有间隙。

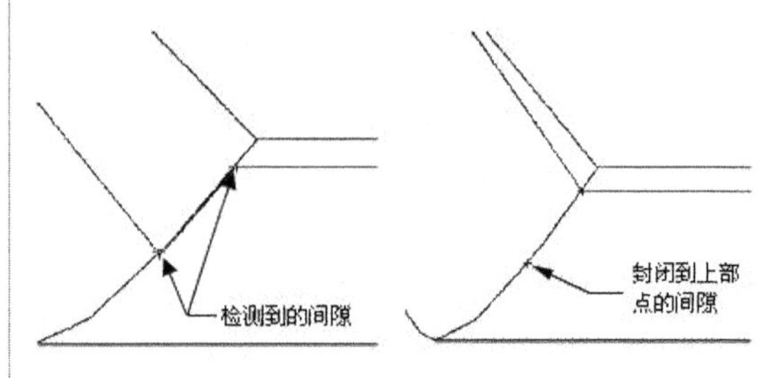

图 24-62　程序自动检测到的间隙

> **技术要点**
>
> 不同的投影方向，所获得的轮廓曲线是不同的。因此，在您确定需要哪一侧的投影曲线时，请更改投影方向。

- 环选择：如果参考零件有垂直于拉伸方向的曲面，则程序在该曲面上方的边和下方的边都形成曲线链。开放的或封闭的两条曲线不能同时使用。因此必须使用所需的一条曲线，对于只有一个解的链没有其他可用选择。另外可选择排除整个环。

如图 24-63 所示为经过环选择后最终创建完成的轮廓曲线。

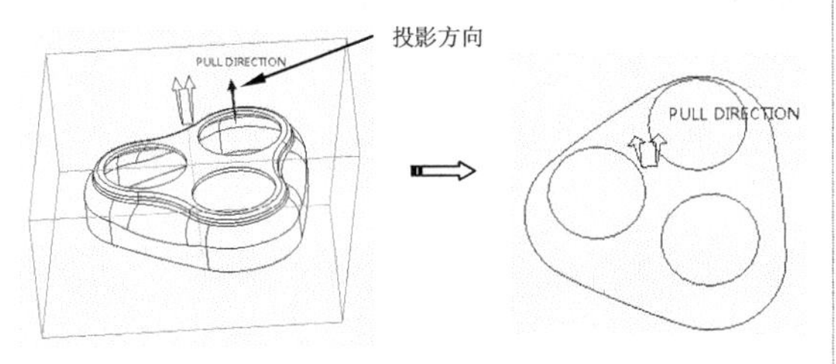

图 24-63　投影方向与轮廓曲线

2．裙边分型面

在【模具】选项卡的【分型面和模具体积块】组中单击【分型面】按钮，激活【分型面】操控板。单击该操控板【曲面设计】组中的【裙边曲面】按钮，程序会弹出如图 24-64 所示的【裙边曲面】对话框和【链】菜单管理器。

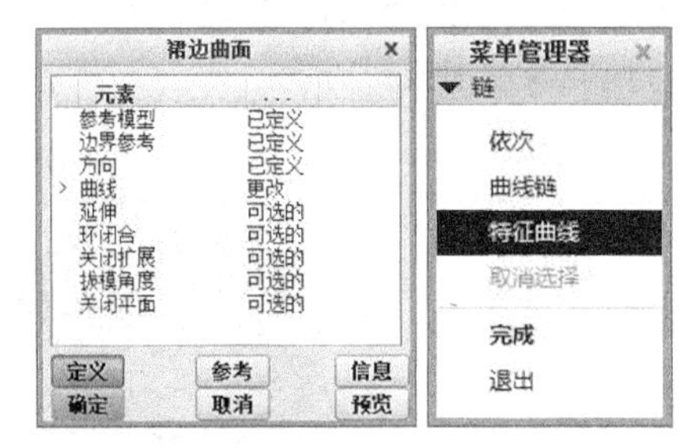

图 24-64　【裙边曲面】对话框和【链】菜单管理器

在【裙边曲面】对话框的元素列表中，值得一提的是【延伸】元素。若参考模型简单，则程序会正确创建主分型面的延伸方向，如图 24-65 所示。

若参考模型较复杂，延伸方向显得比较凌乱，但可通过打开的【延伸控制】对话框来更改延伸方向，如图 24-66 所示。

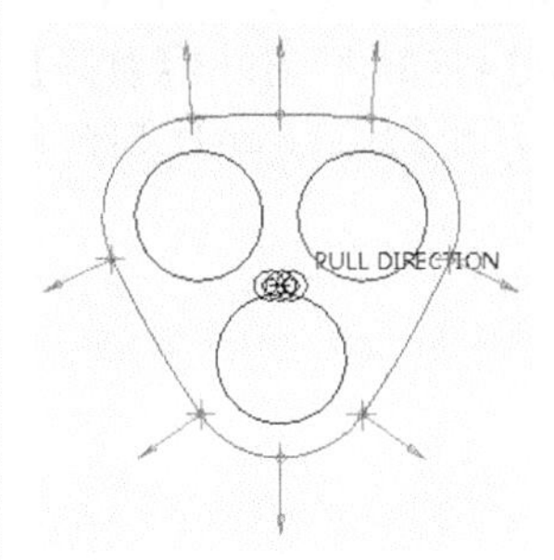

图 24-65　显示默认的延伸方向

图 24-66　【延伸控制】对话框

与创建覆盖型分型面（即复制参考模型的曲面以创建一个完整曲面）的阴影曲面不同，裙边曲面特征不在参考模型上创建曲面，而是创建参考模型以外的分型面，包括破孔面和主分型面。

如图 24-67 所示，图中显示的是使用轮廓曲线作为分型线创建的裙边分型面。

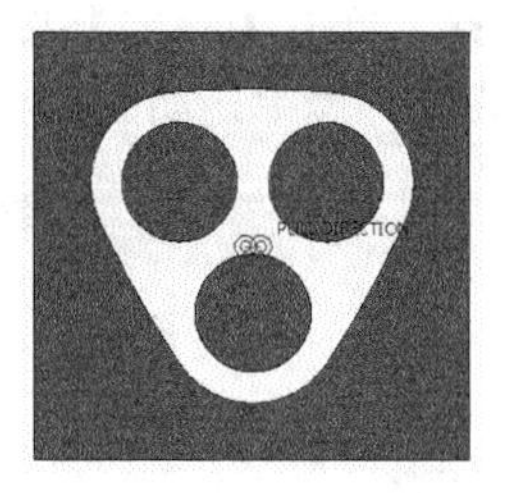

图 24-67　裙边分型面

动手操作——设计裙边分型面

下面以某塑件产品模型的分型面创建为例，详细讲解裙边分型面的用法。

本例动手操作模型如图 24-68 所示。

图 24-68　模型

操作步骤：

01 设置工作目录。

02 新建模具制造文件，命名为【裙边分型面】，使用公制模板进入模具设计环境。

03 在【模具】选项卡的【参考模型和工件】组中单击【定位参考模型】按钮，弹出【打开】对话框，然后从素材中打开【ex24-5.prt】文件，如图 24-69 所示。

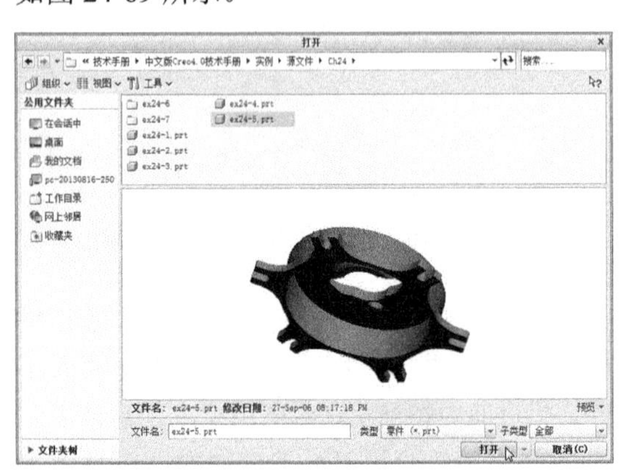

图 24-69　打开源文件

04 在随后弹出的【创建参考模型】对话框中单击【确定】按钮，再弹出【布局】对话框，保留默认设置，单击【确定】按钮，将模型加载到模具设计环境中，如图 24-70 所示。

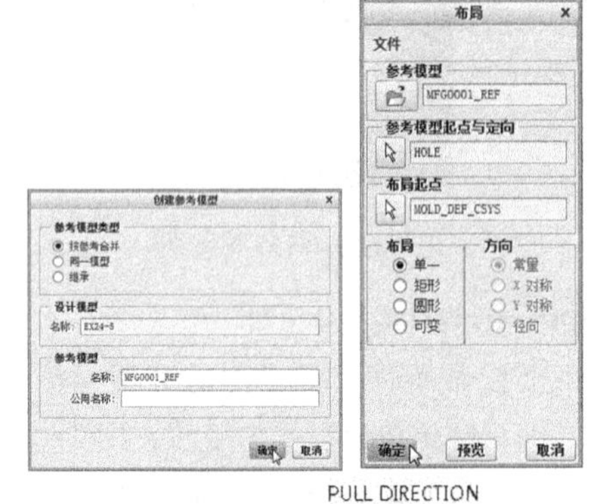

图 24-70　选择参考模型类型

05 更改拖拉方向，结果如图 24-71 所示。

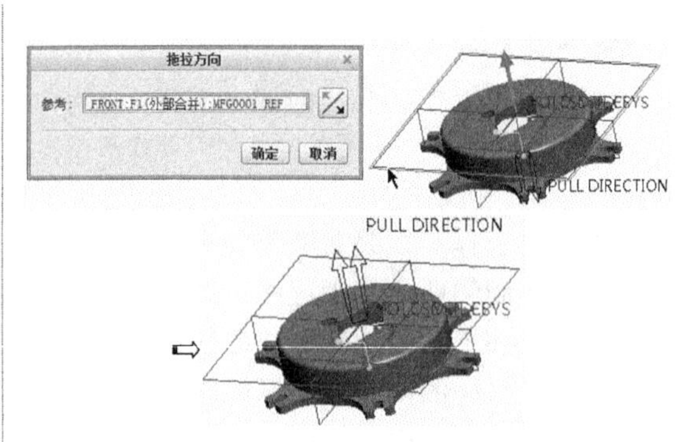

图 24-71　更改拖拉方向

06 设置产品收缩率为 0.005。

07 单击【自动工件】按钮，打开【自动工件】对话框，设置参数，单击【确定】按钮，完成工件的创建，如图 24-72 所示。

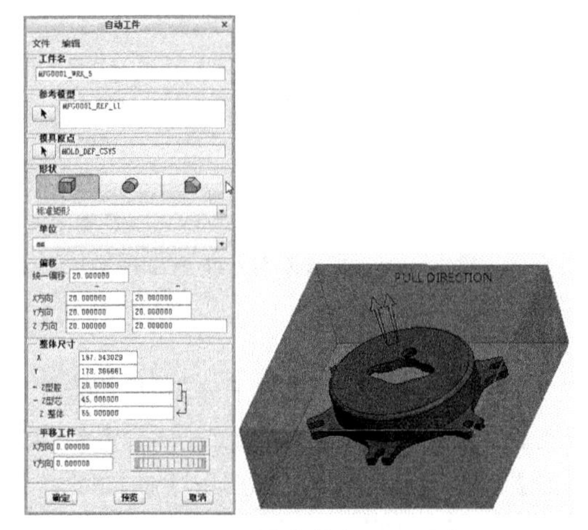

图 24-72　创建【自动工件】

08 在【模具】选项卡的【设计特征】组中单击【轮廓曲线】按钮，打开【轮廓曲线】对话框，同时，模型显示出投影方向，如图 24-73 所示。

图 24-73　【轮廓曲线】对话框

09 在【轮廓曲线】对话框中选择【方向】选项，单击【定义】按钮，打开菜单管理器，选取模型上表面作为参考面，如图 24-74 所示。

图 24-74　选取参考面

技术要点

这里为什么要更改投影方向呢？因为我们需要将补面修补在产品内部，所以投影自然是由内向外进行。

10 选取曲面后，弹出【方向】对话框，单击【反向】按钮，调整投影方向，单击【确定】按钮，完成投影方向的定义，如图 24-75 所示。

图 24-75　重新定义投影方向

11 单击【确定】按钮，完成轮廓曲线的创建，如图 24-76 所示。

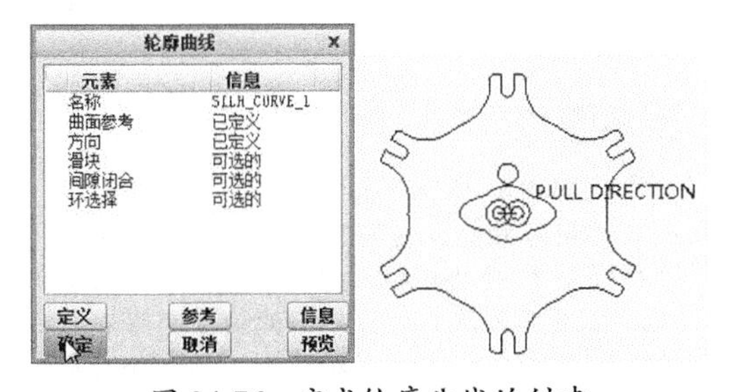

图 24-76　完成轮廓曲线的创建

12 在【模具】选项卡中单击【分型面】按钮，进入分型面设计模式。单击【分型面】操控板【曲面设计】组中的【裙边曲面】按钮，程序弹出【裙边曲面】对话框和【链】菜单管理器，如图 24-77 所示。

图 24-77　【裙边曲面】对话框和【链】菜单管理器

13 选取前面创建的轮廓曲线，单击【完成】按钮，如图 24-78 所示。

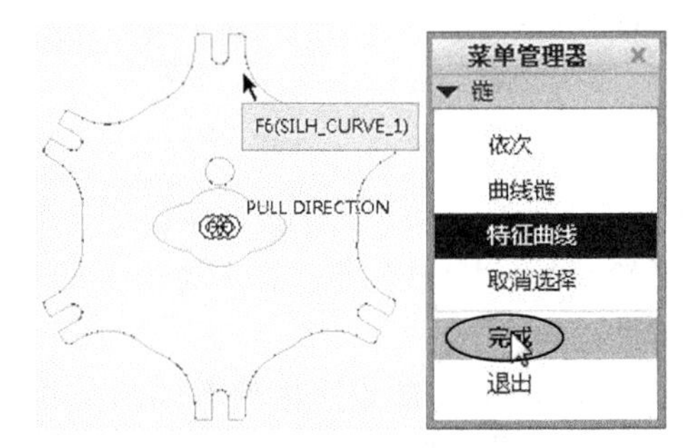

图 24-78　选取轮廓曲线

14 预览无误后，单击【确定】按钮，完成裙边曲面的创建，如图 24-79 所示。

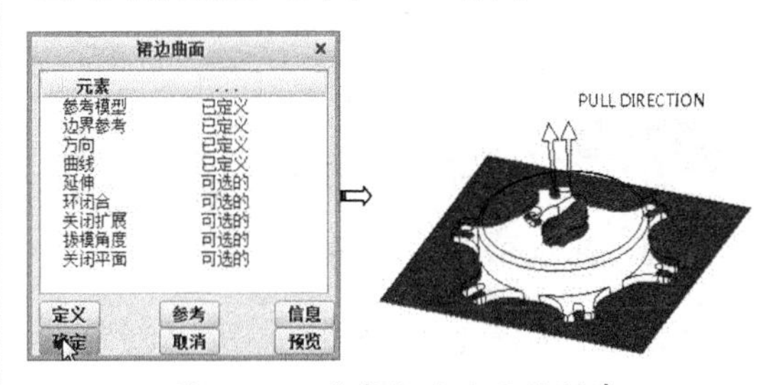

图 24-79　完成裙边曲面的创建

24.3　综合实训

前面介绍了基本分型面的创建方法，下面以两个综合案例来诠释不同分型面设计工具的综合应用技巧。

24.3.1 分型面设计训练一

◎ 引入文件：实例 \ 源文件 \Ch24\ex24-6.prt

◎ 结果文件：实例 \ 结果文件 \Ch24\ 分型面设计训练一 \ex24-6.asm

◎ 视频文件：视频 \Ch24\ 分型面设计训练一 .avi

本例产品的分型面设计由裙边分型面、填充分型面和复制分型面几种方法结合完成。本练习的产品模型如图 24-80 所示。

操作步骤：

01 启动 Creo，设置工作目录。

02 打开本练习的初始文件【ex24-6.asm】，如图 24-81 所示。

图 24-80　模型

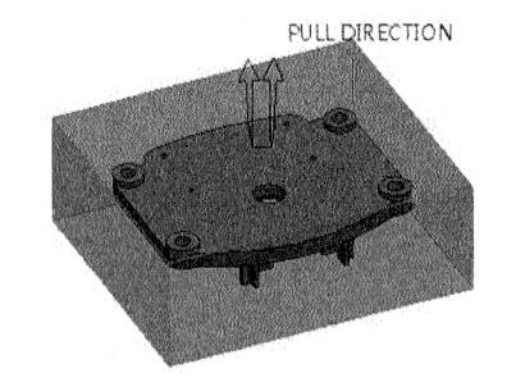

图 24-81　练习模型

03 在【模具】选项卡的【设计特征】组中单击【轮廓曲线】按钮，弹出【轮廓曲线】对话框。

04 在对话框中选择【环选择】元素后单击【定义】按钮，弹出【环选择】对话框，如图 24-82 所示。

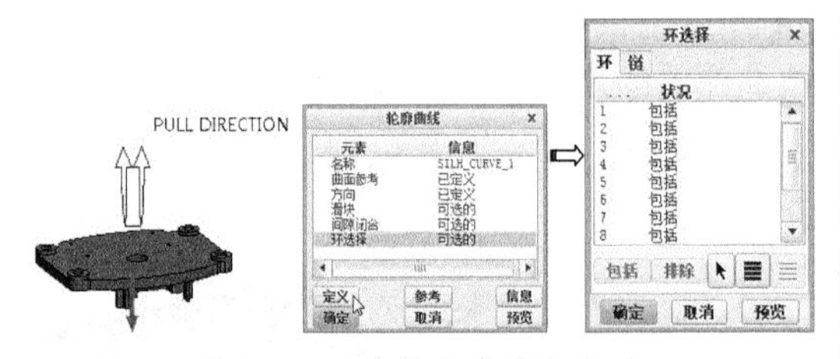

图 24-82　选择元素进行定义

05 从预览中可以看出投影方向需要重新定义，选取【方向】选项，单击【定义】按钮，调整投影方向，如图 24-83 所示。

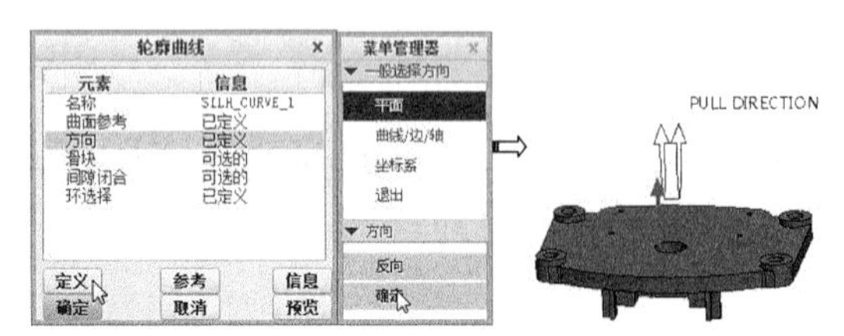

图 24-83　调整投影方向

技术要点

一般投影方向是以【投影后所产生的轮廓线最少】这个原则进行的。所以本产品内部显然要比外边的轮廓线要少，由此需要更改方向。

06 在【环选择】对话框的【环】选项卡中，将编号为 2~10 的环排除，随后单击【确定】按钮关闭【环选择】对话框，最后再单击【轮廓曲线】对话框中的【预览】按钮，查看轮廓曲线的抽取，结果如图 24-84 所示。

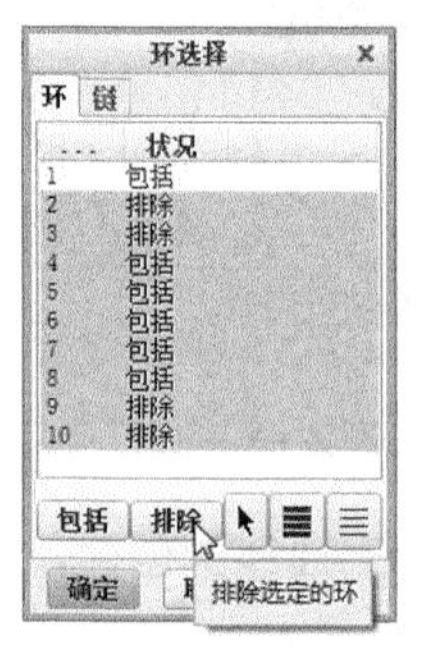

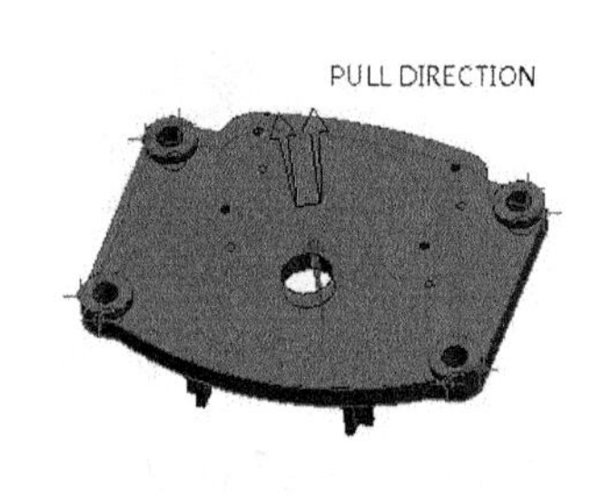

图 24-84　排除不需要的环并预览轮廓曲线的抽取

技术要点

操作过程中要排除产品中的环，产品中的 4 个孔可用另外方法进行修补。其实完全可以进行【链】的更改来达到正确选择环的要求。但为了本产品的分型面能够使用多种方法进行设计，所以就先排除中间的孔轮廓曲线了。

07 单击【轮廓曲线】对话框中的【确定】按钮，完成轮廓曲线的创建，如图 24-85 所示。

08 单击【分型面】按钮，进入【分型面】设计模式。在【曲面设计】组中单击【裙边曲面】按钮，弹出【裙边曲面】对话框和菜单管理器。选取上一步创建的轮廓曲线，选择菜单管理器中的【完成】命令，如图 24-86 所示。

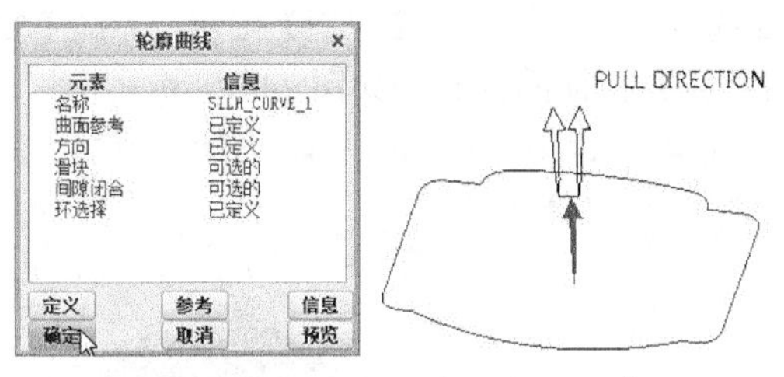

图 24-85　完成轮廓曲线的创建

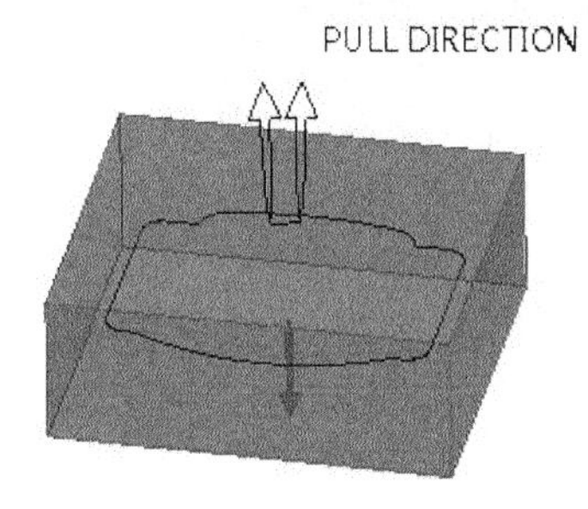

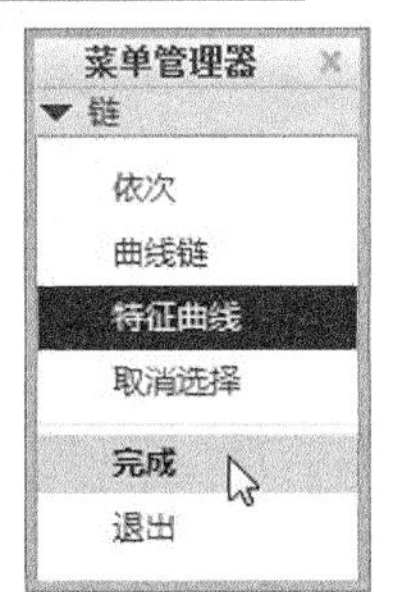

图 24-86　打开【裙边曲面】对话框

09 单击【裙边曲面】对话框中的【确定】按钮完成裙边曲面的创建，如图 24-87 所示。

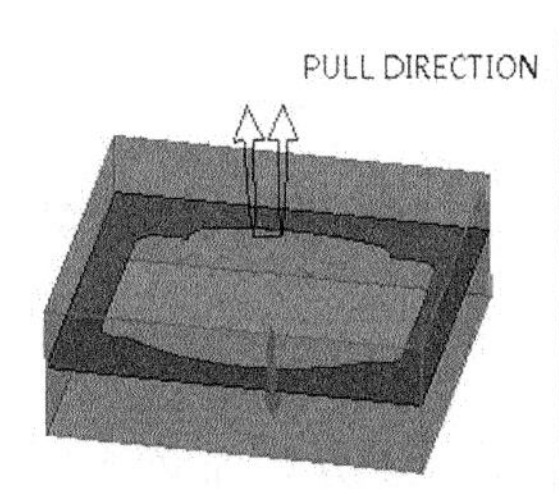

图 24-87　完成裙边曲面的创建

10 接下来修补产品中的破孔。将采用填充方法和复制方法进行。

11 在【分型面】选项卡的【曲面设计】组中单击【填充】按钮，打开【填充】操控板。选择草绘平面，进入草绘模式。如图 24-88 所示。

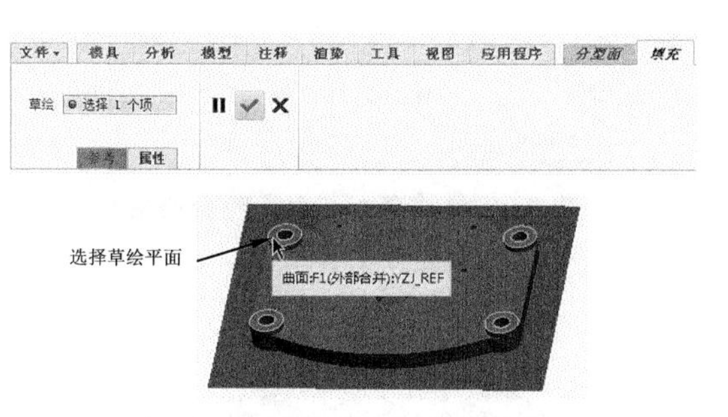

图 24-88　选取【填充】草绘平面

12 在【草绘】选项卡的【草绘】组中单击【投影】按钮，依次选取曲线绘制填充截面，如图 24-89 所示。

13 绘制完成后，在【草绘】选项卡的【关闭】面板中单击【确定】按钮，退出草绘模式，预览无误后，单击【应用】按钮，完成填充特征的创建，如图 24-90 所示。

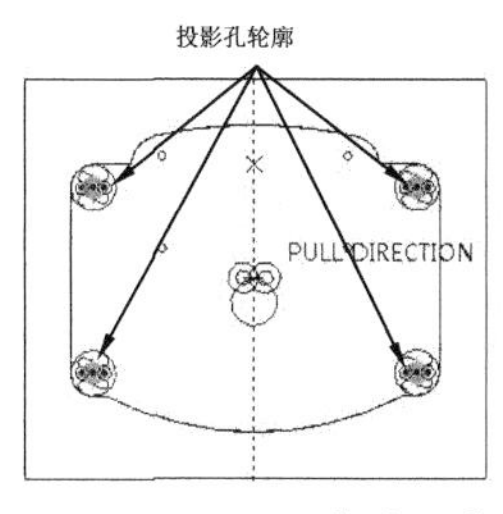

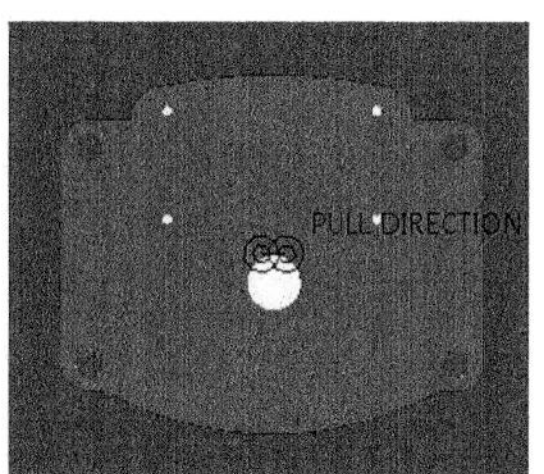

图 24-89　绘制【填充】截面　　图 24-90　完成填充曲面的创建

14 在【分型面】选项卡的【控制】组中，单击【确定】按钮，退出分型面编辑模式。单击【模型】按钮，打开【模型】选项卡，如图 24-91 所示。

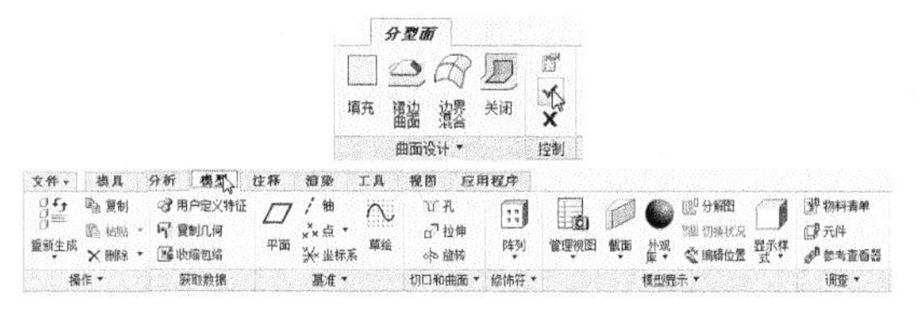

图 24-91　打开【模型】选项卡

15 在【模型】选项卡的【获取数据】组中单击【复制几何】按钮，打开【复制几何】控制面板，取消激活【仅限发布几何】按钮如图 24-92 所示。

16 按住 Ctrl 键依次选取模型中需要复制到曲面，如图 24-93 所示。

图 24-92 【复制几何】控制面板

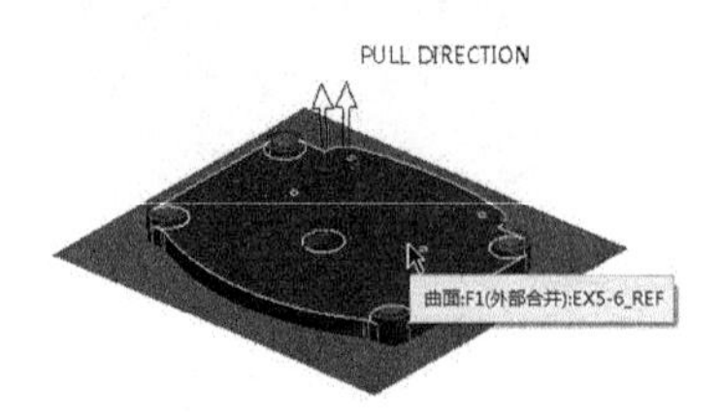

图 24-93 选取曲面集

17 在操控板的【选项】选项板中选择【排除曲面并填充孔】单选按钮，激活【填充孔 / 曲面】收集器，然后选择要填充孔的曲面，如图 24-94 所示。

图 24-94 选取要填充孔的曲面

18 选取完成后，单击【应用】按钮，完成【复制几何】特征的创建，如图 24-95 所示。

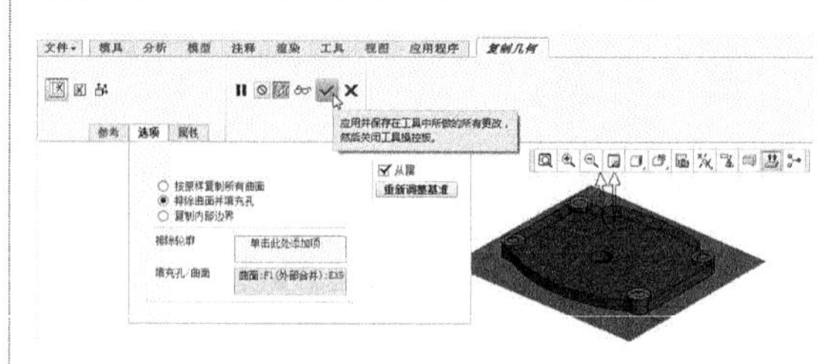

图 24-95 完成【复制几何】特征的创建

19 至此，我们完成了整个分型面的设计，如图 24-96 所示。

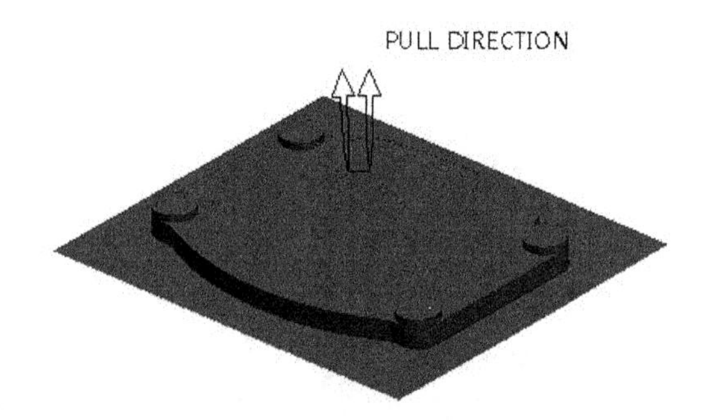

图 24-96 完成分型面的创建

20 最后保存结果。

24.3.2 分型面设计训练二

◎ 引入文件：实例 \ 源文件 \Ch24\ex24-7.prt

◎ 结果文件：实例 \ 结果文件 \Ch24\ 分型面设计训练二 \ex24-7.asm

◎ 视频文件：视频 \Ch24\ 分型面设计训练二 .avi

钢笔的笔帽为塑料制件，模型布局为一模四腔。笔帽模具分型面主要由主分型面、型腔侧（或型芯侧）分型面、侧抽芯镶块分型面组成。下面使用各种分型面工具来创建笔帽的模具分型面。笔帽模型与模具布局如图 24-97 所示。

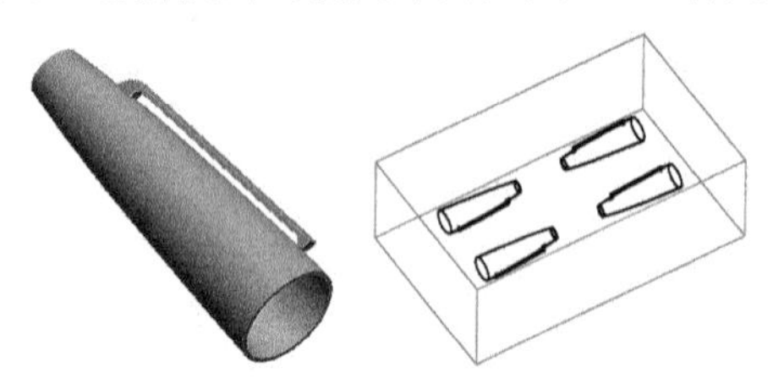

图 24-97 笔帽模型与模具布局

1. 创建主分型面

主分型面的设计可使用【填充】工具（即创建平整分型面）来完成。主分型面必须是完全覆盖工件。

操作步骤：

01 设置工作目录。并从素材中打开本例【ex24-7.asm】模具制造文件。

02 在【模具 / 铸件制造】工具栏中单击【分型面】按钮，进入分型面设计模式。

03 在模型树窗口中单击【显示】按钮，将显示切换至层树窗口。在该窗口中右击

【01___PRT_ALL_DTM_PLN】项目并选择快捷菜单中的【隐藏】命令，将零件模型的基准平面关闭，如图 24-98 所示。设置后再切换回模型树窗口。

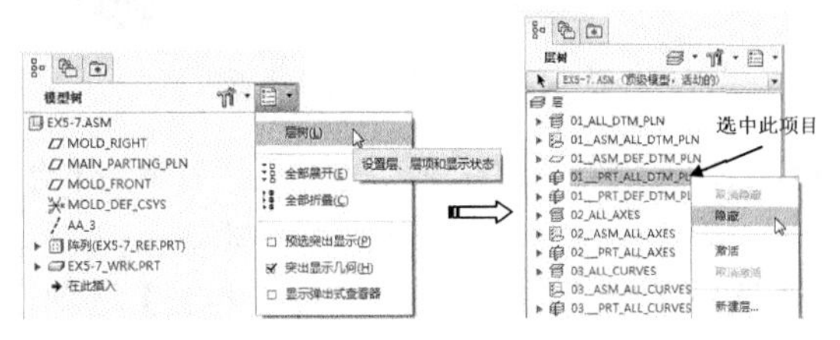

图 24-98　关闭零件模型的基准平面显示

技术要点

关闭零件模型的基准平面，是为了方便后续设计过程中模具基准平面的选择。

04 单击【填充】按钮，打开【填充】操控板。然后按照如图 24-99 所示的操作过程完成主分型面的创建。

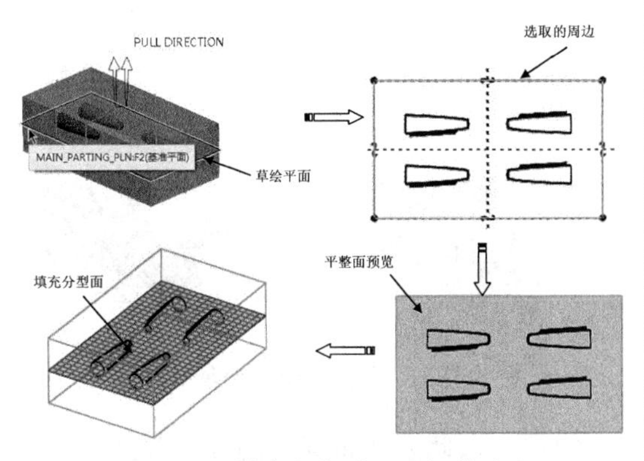

图 24-99　创建主分型面的操作过程

2. 创建型芯侧分型面

型芯侧分型面的创建可使用复制面或创建旋转面的方法来进行，由于产品模型为旋转体特征，且又没有靠破孔，因此在这里采用创建旋转曲面的方法来完成。

操作步骤：

01 在【形状】组中单击【旋转】按钮，打开【旋转】操控板。然后按照如图 24-100 所示的操作步骤：完成单个笔帽型芯侧分型面的创建。

技术要点

旋转特征的旋转中心线可在草绘模式中绘制，也可在操控板运行状态下选择基准轴，以此作为旋转中心线。

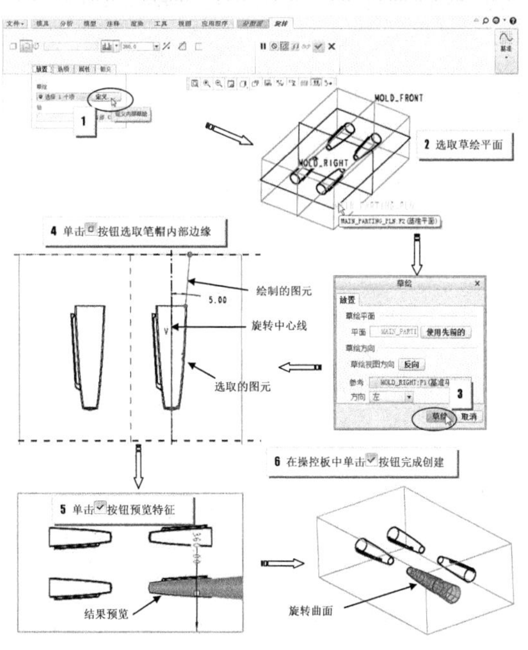

图 24-100　创建单个笔帽型芯侧分型面的操作过程

02 同理，使用【旋转】方法创建并列的另一笔帽型芯侧分型面的创建，结果如图 24-101 所示。

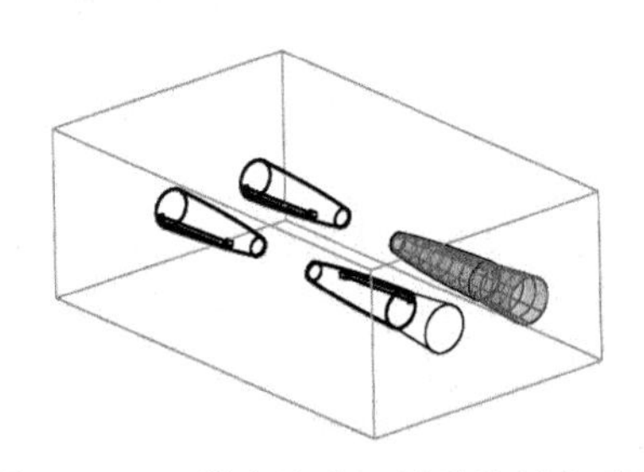

图 24-101　创建的另一侧型芯侧分型面

3. 创建侧抽芯镶块分型面

侧抽芯镶块分型面在笔帽布局的两侧，可使用【拉伸】方法来创建，创建完成后，再使用【合并】方法将此分型面与笔帽型芯侧分型面进行合并。

操作步骤：

01 在分型面设计模式中继续进行镶块分型面的创建。

02 单击【拉伸】按钮，弹出【拉伸】操控板。然后按照如图 24-102 所示选择草绘平面。

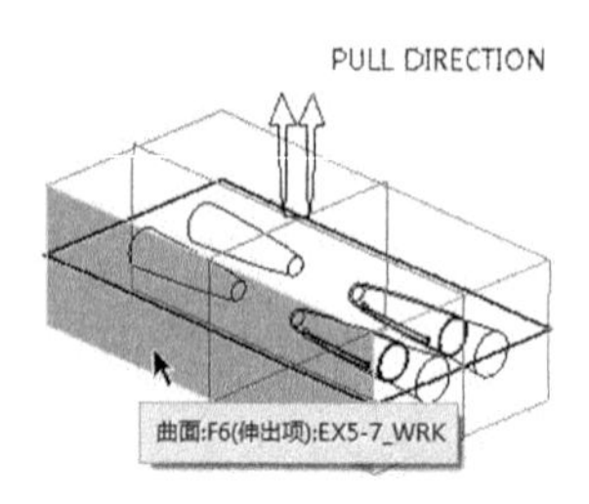

图 24-102　选择草绘平面

03 进入草绘环境中，绘制如图 24-103 所示的截面，并完成拉伸曲面的创建。

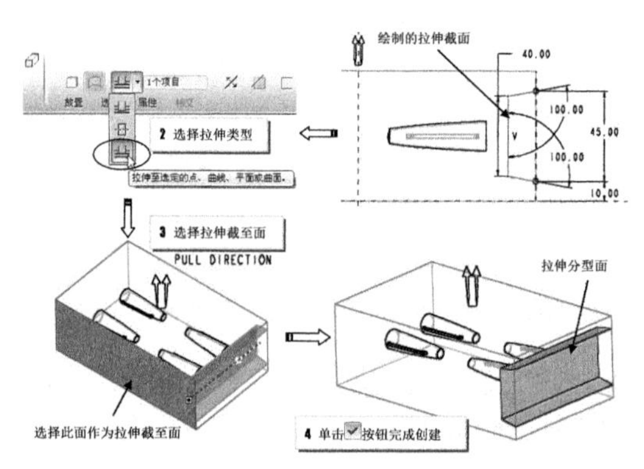

图 24-103　创建单侧抽芯镶块分型面的过程

04 在模型树窗口中选择右键快捷菜单中的命令将工件隐藏。

05 选中要镜像的拉伸曲面和旋转曲面，然后单击【镜像】按钮，如图 24-104 所示。

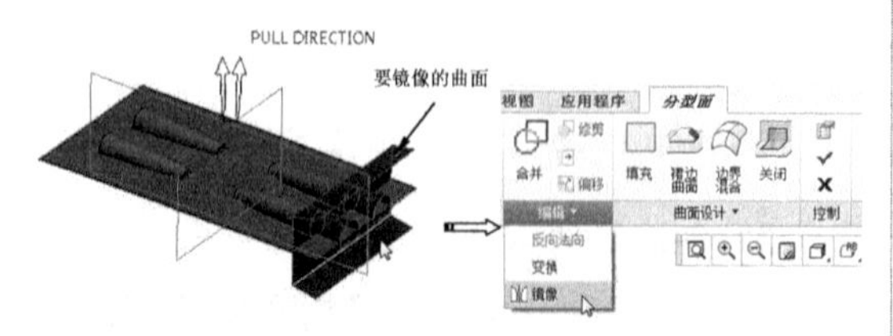

图 24-104　选择要镜像的曲面

06 打开【镜像】操控板后，再选择镜像平面，随后显示镜像预览，如图 24-105 所示。

07 最后单击操控板中的【应用】按钮完成镜像曲面的创建。

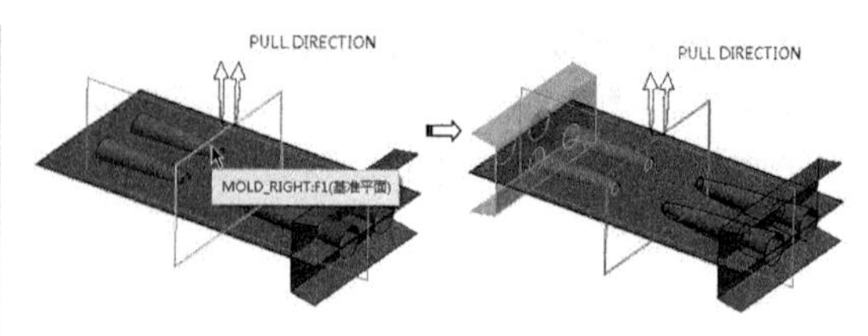

图 24-105　选择镜像平面

08 选择要进行合并的两个曲面，然后单击【合并】按钮，打开【合并】操控板。

09 然后选择【合并】方法中的【相交】选项，将拉伸分型面与旋转分型面进行合并操作，过程如图 24-106 所示。

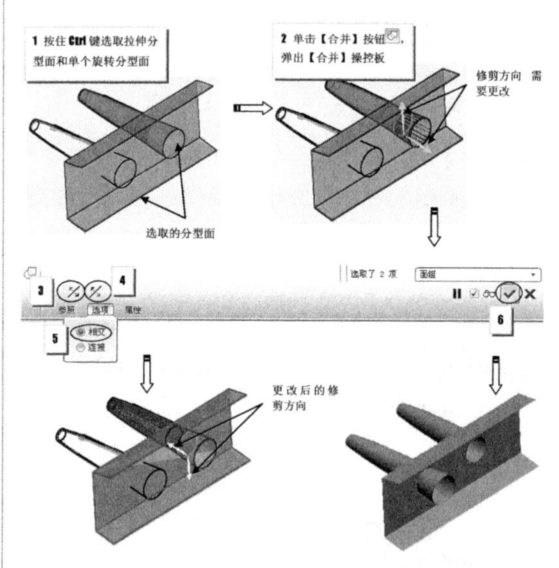

图 24-106　合并分型面的操作过程

10 同理，按此方法将其余的旋转分型面与拉伸分型面分别进行合并，完成侧抽芯镶块分型面的创建。最终合并操作完成的结果如图 24-107 所示。

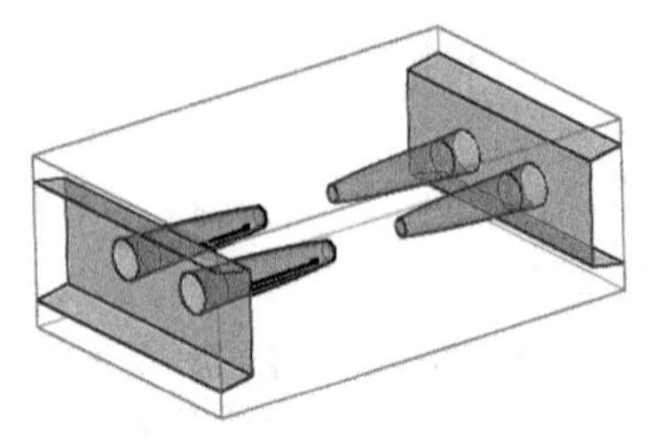

图 24-107　合并操作完成后的抽芯镶块分型面

11 笔帽模具分型面创建完成后，单击【保存】按钮将结果保存。

24.4 课后习题

1．阴影分型面

打开【课后习题 \Ch24\ex24-1\ex24-1.asm】文件，练习模型如图 24-108 所示。然后使用【阴影曲面】方法创建模具分型面。

2．裙边分型曲面

打开【课后习题 \Ch24\ex24-2\ex24-2.asm】文件，练习模型如图 24-109 所示。然后使用【裙边曲面】方法创建模具分型面。

图 24-108　练习模型 1

图 24-109　练习模型 2

3．复杂分型面

打开【课后习题 \Ch24\ex24-3\ex24-3.asm】文件，练习模型如图 24-110 所示。然后使用【复制】、【边界混合】工具创建模具的分型面。

图 24-110　练习模型 3

读书笔记

第 25 章　编辑分型面

前面介绍了简单分型面的设计，但对于较为复杂的产品模型，尽量使用手动分型的方法。一是可以确保分型面设计正确，二是可以提高分模水平。

在模具设计模式中，一般利用【分型面】选项卡中的曲面编辑、操作和设计命令，来设计型腔 / 型芯区域面、破孔补面和延伸分型面等。

知识要点

- 延伸分型面
- 合并分型面
- 修剪分型面
- 修补分型面
- 检测分型面

25.1 延伸分型面

延伸分型面是整个模具分型面的其中一部分，完整分型面包括型腔 / 型芯区域面、破孔补面和水平的延伸分型面。

在编辑分型面的所有选项中，【延伸】选项可使用户将分型面的所有的或特定的边延伸指定的距离或延伸到所选参考。延伸是模具组件曲面特征，可进行重定义。

在手动分型设计过程中，常使用【延伸】工具来创建延伸分型面。

> **技术要点**
>
> 要创建延伸分型面，有两个重要的前提条件：必须创建工件和复制型腔 / 型芯区域面。

当在图形窗口中选取曲面的一条边后，【延伸】按钮才被激活，如图 25-1 所示。

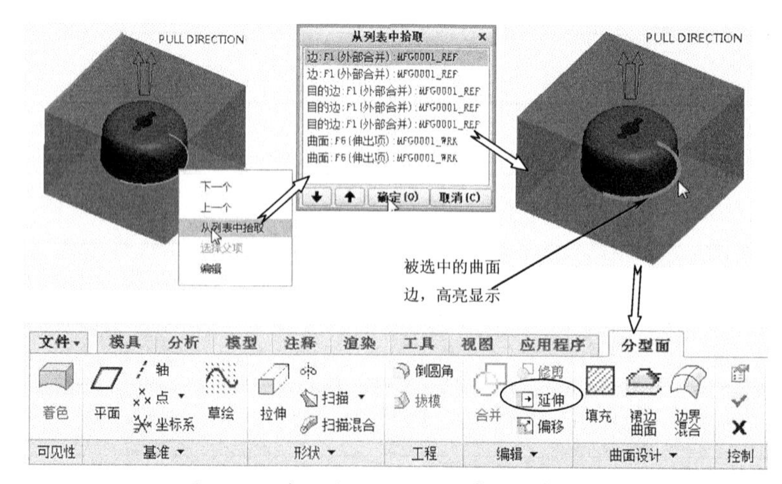

图 25-1　选取曲面边，激活【延伸】命令

25.1.1　边链选择方法

要想很好地选取曲面边，应将选择过滤器设为【几何】，利用鼠标选择某边时，在此边位置将鼠标轻微滑动并右击，此时会弹出右键快捷菜单，选择【从列表中选取】命令，即可方便选取。

也可以在【模型】选项卡的【修饰符】组中，单击被激活的【延伸】按钮。该按钮与在【分型面】选项卡中的【延伸】按钮是完全相同的。

单击【延伸】按钮后，程序将弹出【延伸】操控板，如图 25-2 所示。

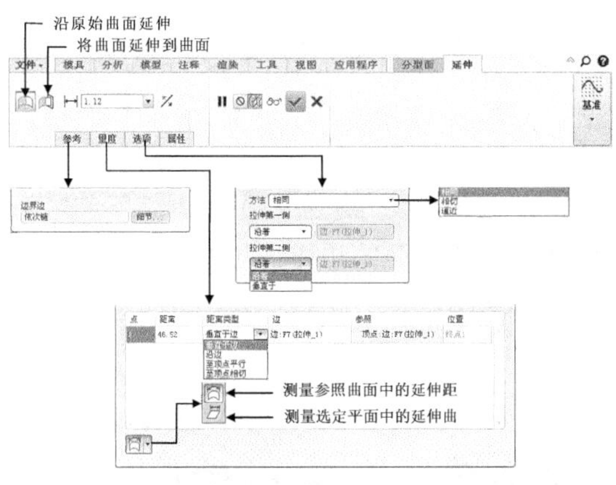

图 25-2　【延伸】操控板

25.1.2　延伸选项

1. 沿原始曲面延伸曲面

当延伸类型为【沿原始曲面延伸曲面】时，【延伸】操控板的【选项】面板中包括 3 种曲面延伸方法。

- 相同：延伸特征与被延伸的曲面是同一类型，原始曲面会越过其选取的原始边界并越过指定的距离。【相同曲面】如图 25-3a 所示。
- 相切：延伸特征是与原始曲面相切的直纹曲面。【相切曲面】如图 25-3b 所示。
- 逼近：将曲面创建为边界混合。【逼近曲面】如图 25-3c 所示。

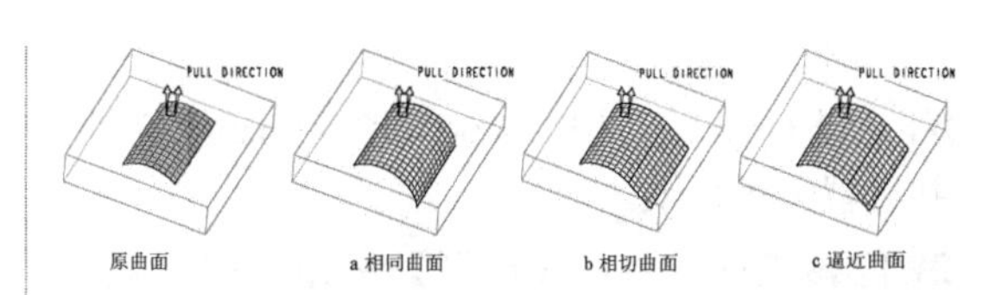

图 25-3　延伸曲面

2. 将曲面延伸到参考曲面

当延伸类型为【将曲面延伸到参考曲面】时，需要指定参考平面。值得注意的是，不是一般曲面，而是【平面】，否则不能正确延伸，如图 25-4 所示。

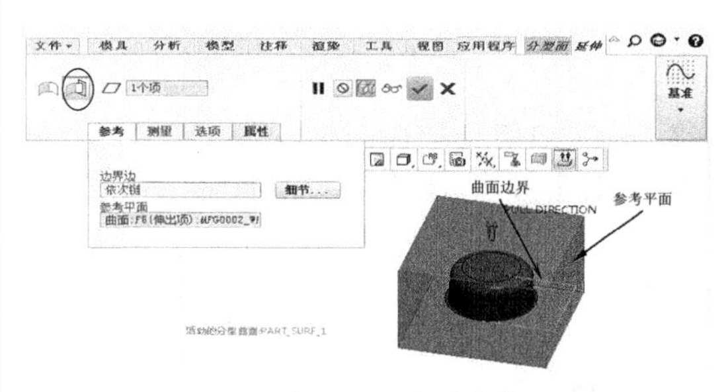

图 25-4　将曲面延伸到参考曲面

技术要点

要想查看预览效果，您可以单击操控板中的【特征预览】按钮。这样就会帮助您及时发现问题并解决问题。

动手操作——设计延伸分型面

下面以某模具产品为例，详细讲解延伸分型面的创建方法。

本动手操作模型如图 25-5 所示。

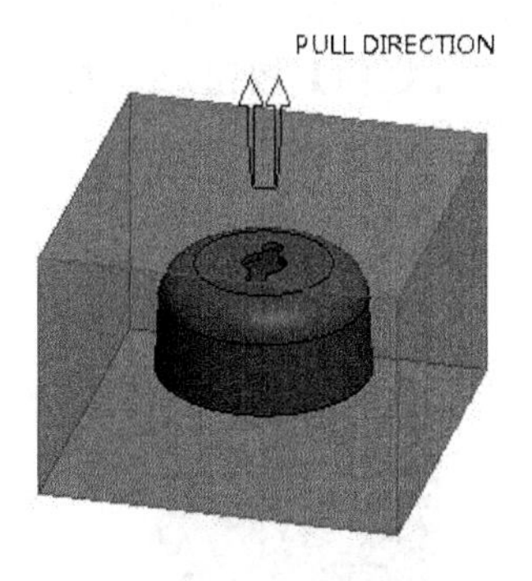

图 25-5　模型

操作步骤：

01 启动Creo，打开【ex25-1\ex25-1.asm】文件，并设置工作目录。

02 隐藏工件。单击【模型】按钮，打开模型选项卡，在【获取数据】组中，单击【复制几何】按钮，打开【复制几何】操控板，使【仅限发布几何】按钮处于未激活状态，如图25-6所示。

图 25-6 打开【复制几何】控制面板

03 按住Ctrl键选取曲面集，选取完成后，单击【选项】按钮，选择【排除曲面并填充孔】单选按钮，选取需要填充的曲面，如图25-7所示。

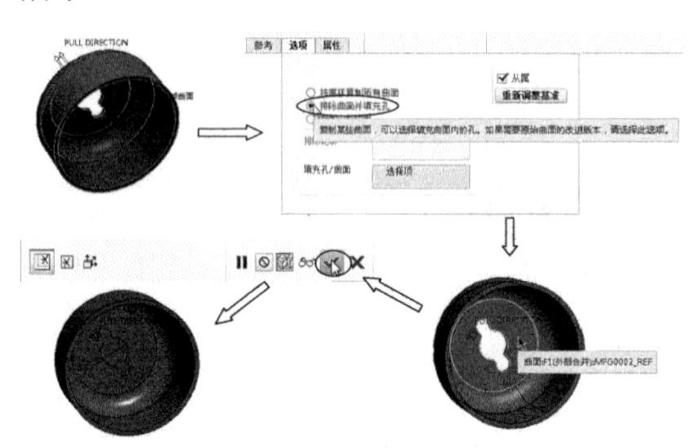

图 25-7 复制特征的创建

04 单击【模具】选项卡中的【分型面】按钮，打开【分型面】选项卡。

05 按住Shift键在复制的分型面上选取完整边，再单击【延伸】按钮，打开【延伸】操控板，如图25-8所示。

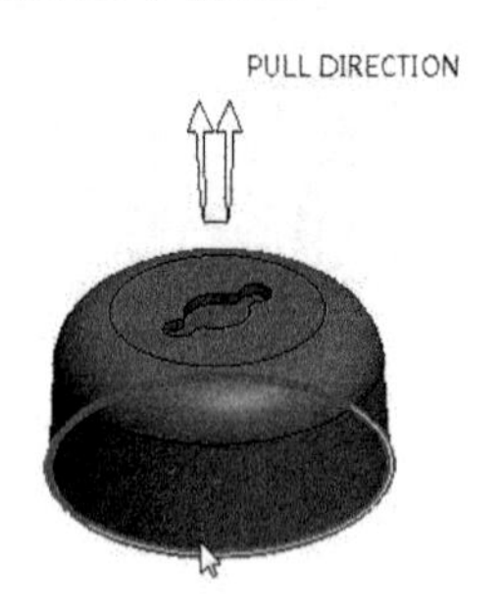

图 25-8 选取要延伸的边

06 按【沿原始曲面沿曲面】方法，输入延伸距离10，单击【应用】按钮完成延伸曲面的创建，如图25-9所示。

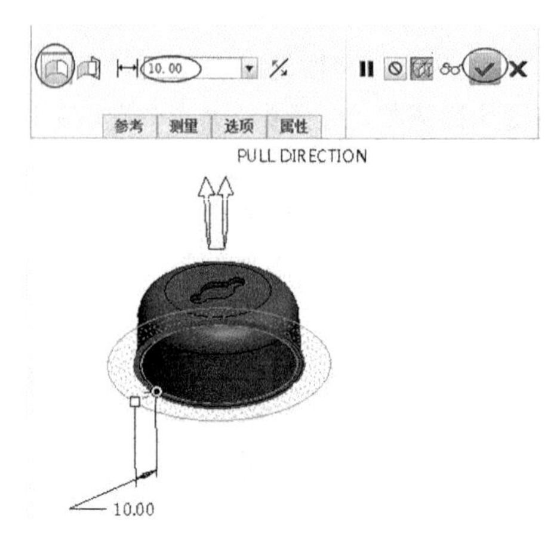

图 25-9 设置延伸类型和延伸距离

07 单击【拉伸】按钮，打开【拉伸】操控板。选择延伸曲面作为草绘平面进入草绘模式中，如图25-10所示。

08 选择延伸曲面的边作为拉伸截面草图，如图25-11所示。

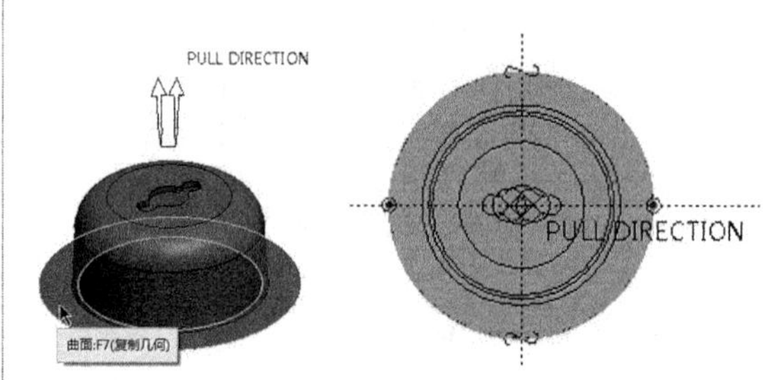

图 25-10 选择草绘平面 图 25-11 绘制草图

09 退出草绘模式。在操控板中设置拉伸深度和拉伸选项，如图25-12所示。

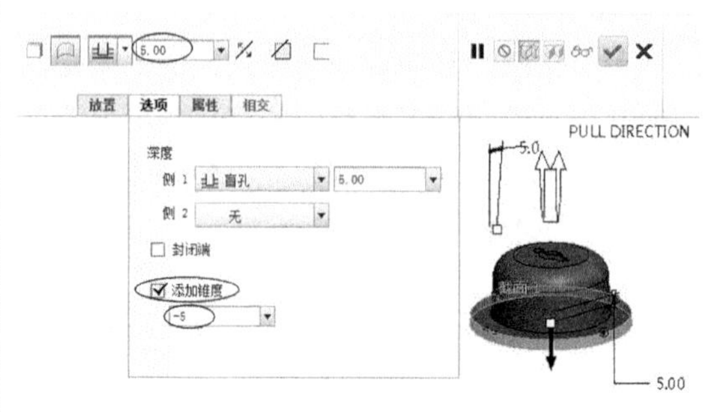

图 25-12 设置拉伸类型和选项

10 显示工件。选取拉伸分型面一侧的边，然后单击【延伸】按钮，打开【延伸】操控板。如图 25-13 所示。

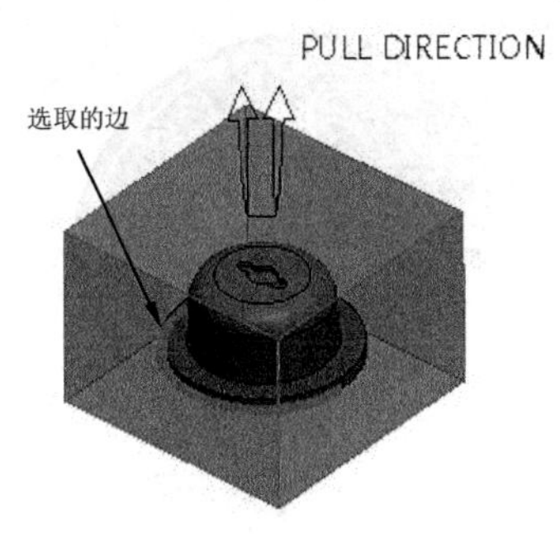

图 25-13　选取要延伸的边

11 单击【将曲面延伸到参考平面】按钮，选取参考平面，如图 25-14 所示。

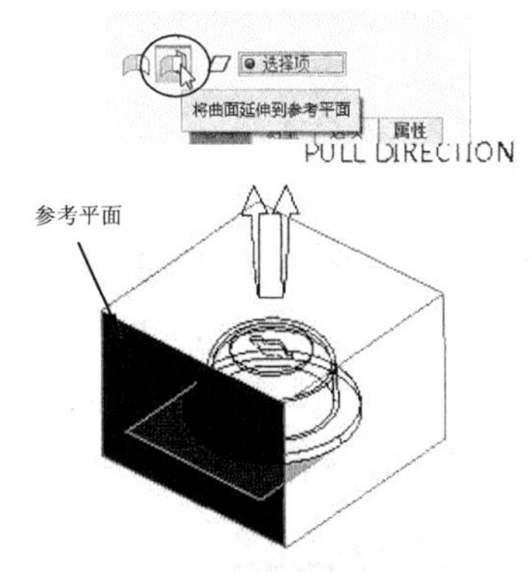

图 25-14　选取参考平面

12 单击【应用】按钮，完成分型面的延伸。另一边利用相同的方法进行延伸，如图 25-15 所示。

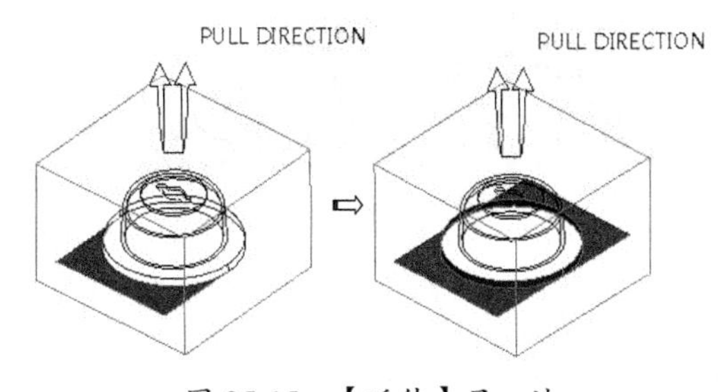

图 25-15　【延伸】另一边

13 按住 Shift 键，依次选取两直边，进行延伸，如图 25-16 所示。

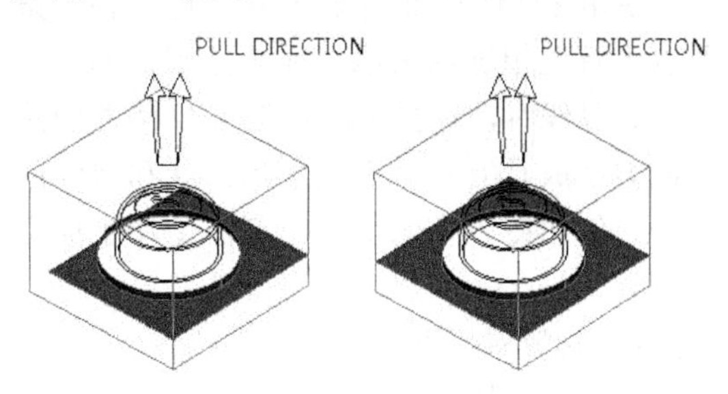

图 25-16　延伸直边

技术要点

依次选取多条边进行延伸时，必须按住 Shift 键，才能选取连续的曲线，进行延伸操作。

14 对另一边进行同样的延伸，至此完成了整个分型面的延伸，如图 25-17 所示。

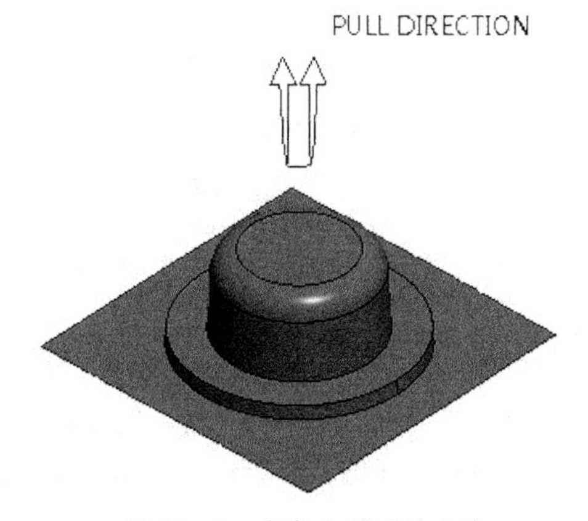

图 25-17　完成分型面的延伸

技术要点

为什么要创建拔模的拉伸曲面呢？这是因为此处需要做一个台阶分型面。台阶分型面的主要作用有两个：第一是为了防止型腔与型芯侧向滑动，保证了同轴度；第二个作用是可以开设排气槽，缩短排气的距离。

25.2 修补分型面

当产品中有不规则的破孔时，在不能使用【复制几何】命令来修补的情况下，可以使用边界混合、N 侧曲面、扫描、关闭等工具来修补，这也是手动分型设计中重要的步骤之一。

25.2.1 N 侧曲面片修补

使用【N 侧曲面片】工具，可以使 5 条及以上首尾相连的曲线构成多边形曲面，在选择边界线时，选择顺序不限但 N 侧曲面片可能会生成具有不合乎要求的形状和特性的几何。例如在以下情况下，可能无法生成良好曲面。

- 边界有拐点。
- 边界段间的角度非常大（大于 160°）或非常小（小于 20°）。
- 边界由很长和很短的段组成。

在【分型面】选项卡的【曲面设计】组中单击【圆锥曲面和 N 侧曲面片】按钮，会弹出【边界选项】菜单管理器，如图 25-18 所示。

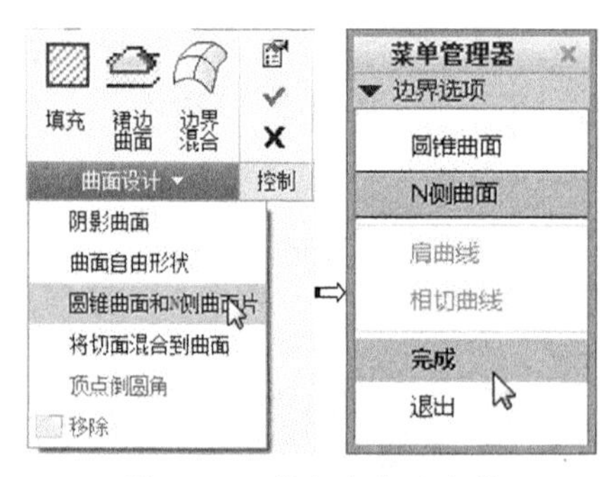

图 25-18 执行命令的方式

在菜单管理器中依次选择【N 侧曲面】|【完成】命令，会弹出如图 25-19 所示的【曲面：N 侧】对话框、【链】菜单管理器和【选择】对话框。

图 25-19 N 侧曲面的选项菜单

按要求在参考模型中选取破孔边界以形成封闭的环，并根据边界所在曲面的形状来定义【边界条件】。如果边界所在曲面为平面，可以不定义边界条件。但曲面形状是不规则的，则要定义边界条件，边界条件有 3 种：自由、相切和法向，如图 25-20 所示。

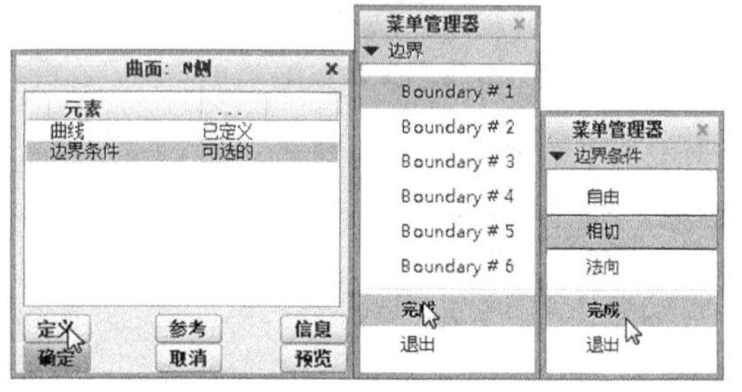

图 25-20 边界条件

如图 25-21 所示为【自由】、【相切】边界条件的比较。相比之下，相切边界条件的曲面曲率连续要好。【法向】为 G0 连续，【自由】为 G1 连续，【相切】为 G2 连续。

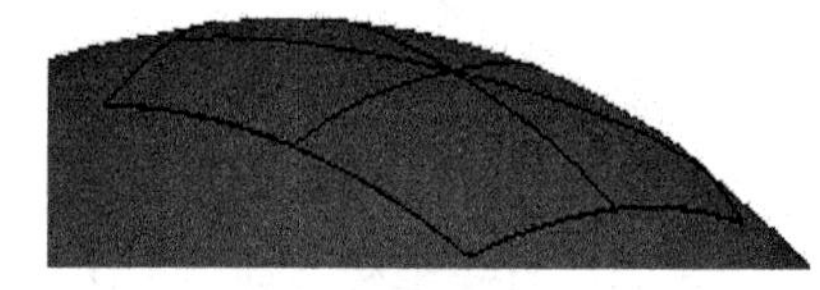

“相切”边界条件

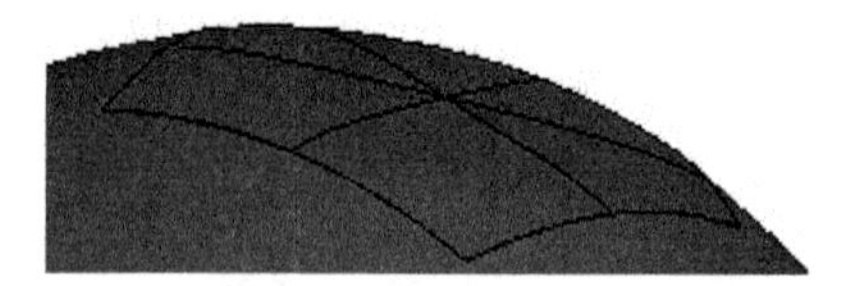

“自由”边界条件

图 25-21 两种边界条件的比较

25.2.2 边界混合修补

边界混合曲面是所有三维 CAD 软件中应用最为广泛的通用曲面构造功能，也是在通常的造型中使用频率最高的指令之一。

利用边界混合工具，可以通过定义边界

的方式产生曲面，在参考实体（它们在一个或两个方向上定义曲面）之间创建边界混合的特征。在每个方向上选定的第一个和最后一个图元定义曲面的边界。添加更多的参考图元（如控制点和边界条件）能使用户更完整地定义曲面形状。根据混合方向的多少，边界混合可以分为单向边界混合和双向边界混合两种。两者操作过程基本相同，首先选取一个方向的混合曲线，然后完成特征构建。

在【分型面】选项卡的【曲面设计】组中单击【边界混合】按钮，打开【边界混合】操控板，如图 25-22 所示。

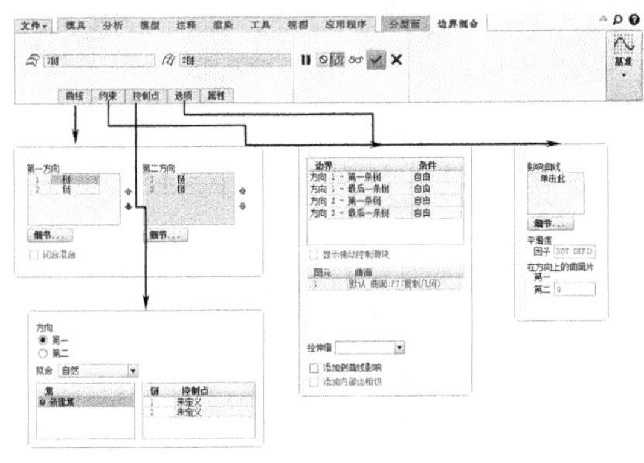

图 25-22　【边界混合】操控板

在操控板中，包括 4 个主要的选项板，下面具体介绍。

- 曲线：用在第一方向和第二方向选取的曲线创建混合曲面，并控制选取顺序。选中【封闭的混合】复选框，通过将最后一条曲线与第一条曲线混合来形成封闭环曲面。
- 约束：控制边界条件，包括边对齐的相切条件。可能的条件为【自由】、【相切】、【曲率】和【法向】。
- 控制点：通过在输入曲线上映射位置来添加控制点并形成曲面。
- 选项：选取曲线链来影响用户界面中混合曲面的形状或逼近方向。

在【约束】选项板中，边界条件是将新曲面特征约束到现有曲面或面组的条件。定义边界约束时，Creo 会根据指定的边界来选取默认参考，此时可接受系统默认选取的参考，也可自行选取参考。主要包括以下约束边界条件：

- 自由：沿边界没有设置相切条件，为默认条件。
- 相切：混合曲面沿边界与参考曲面相切。
- 曲率：混合曲面沿边界具有曲率连续性。
- 法向：混合曲面与参考曲面或基准平面垂直。

在上述约束条件中，如果指定了【相切】或【曲率】，并且边界由单侧边的一条链或单侧边上的一条曲线组成，则被参考的图元将被设置为默认值，同时边界自动具有与单侧边相同的参考曲面。如果指定了【法向】，并且边界由草绘曲线组成，则参考图元被设置为草绘平面，且边界自动具有与曲线相同的参考平面。如果指定了【法向】，并且边界由单侧边的一条链或单侧边上的一条曲线组成，则使用默认参考图元，并且边界自动具有与单侧边相同的参考曲面。

【控制点】选项板通过在输入曲线上映射位置来添加控制点并形成曲面，主要包含以下预定义的控制选项：

- 自然：使用一般混合例程混合，并使用相同例程来重置输入曲线的参数，可获得最逼近的曲面。
- 弧长：对原始曲线进行的最小调整。使用一般混合例程来混合曲线，被分成相等的曲线段并逐段混合的曲线除外。
- 点至点：逐点混合。第一条曲线中的点 1 连接到第二条曲线中的点 1，以此类推。
- 段至段：逐段混合。曲线链或复合曲线被连接。
- 可延展：如果选取了一个方向上的两条相切曲线，则可进行切换，以确定是否需要可延展选项。

【选项】选项卡中的各选项用来选取影响用户界面中混合曲面形状或逼近方向的曲线，主要包括以下控制选项：

- 细节：打开【链】对话框以修改链组属性。
- 平滑度：控制曲面的粗糙度、不规则性或投影。
- 在方向上的曲面片：控制用于形成结果曲面的沿U和V方向的曲面片数。

利用边界混合工具，创建单向与双向边界混合建立曲面的例子如图25-23和图25-24所示。

技术要点

在创建边界混合特征时，在选择曲线时要注意选取顺序。另外，以两个方向定义的混合曲面，外部边界必须构成一封闭环，否则不能创建曲面。

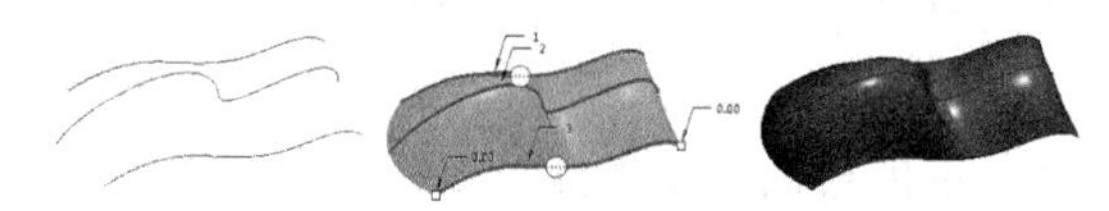

图 25-23　单向边界混合曲面

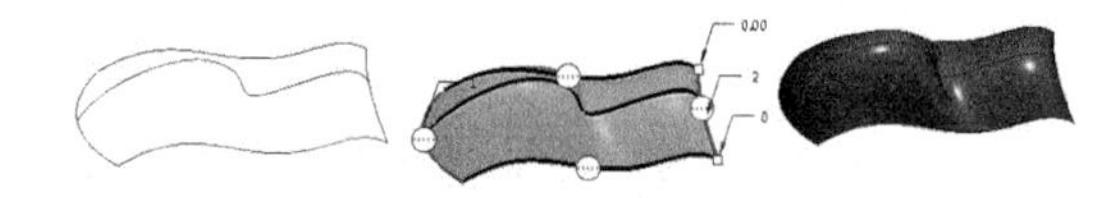

图 25-24　双向边界混合曲面

25.2.3　扫描修补

利用扫描工具，可以通过选定扫描轨迹，绘制扫描截面，从而创建曲面特征。扫描可分为扫描和螺旋扫描两种。两者操作过程基本相同，主要差异在于扫描轨迹的不同，在分型面的创建过程中，我们多用扫描来进行分型面的修补。

在【分型面】选项卡的【形状】组中单击【扫描】按钮，打开【扫描】操控板，如图25-25所示。

利用扫描工具，创建曲面的例子如图25-26所示。

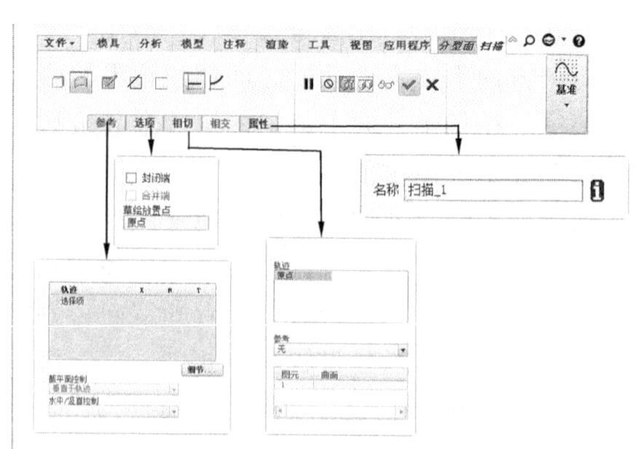

图 25-25　【扫描】操控板

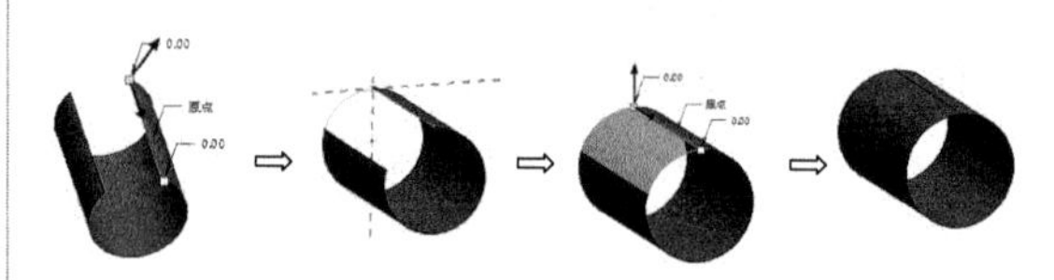

图 25-26　扫描曲面修补

25.2.4　关闭修补

关闭分型面是指利用选取孔所在的平面和孔的边来创建分型面的，主要针对模型上不能利用【复制】、【粘贴】命令完成创建的孔。

在【分型面】选项卡的【曲面设计】组中单击【关闭】按钮，功能区会弹出【关闭】操控板，如图25-27所示。

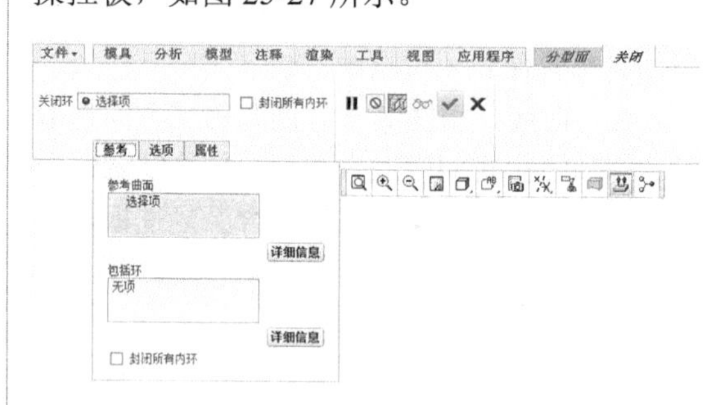

图 25-27　【关闭】操控板

如图25-28为利用【关闭】工具来创建的关闭曲面。

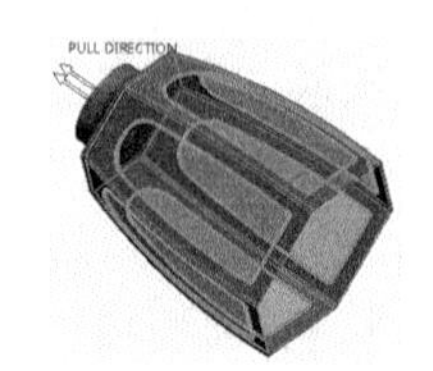

图 25-28　关闭曲面

动手操作——补孔

本练习产品模型如图 25-29 所示。

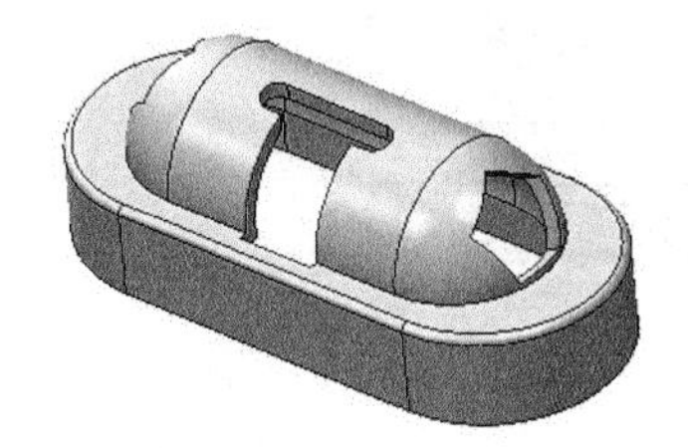

图 25-29 模型

操作步骤：

01 设置工作目录。

02 新建模具制造文件，命名为【ex25-2】，使用公制模板进入模具设计环境。

03 在【模具】选项卡的【参考模型和工件】组中单击【定位参考模型】按钮，弹出【打开】对话框，然后从素材中打开【ex25-2.prt】文件。

04 在随后弹出的【创建参考模型】对话框中单击【确定】按钮，再弹出【布局】对话框，保留默认设置，单击【确定】按钮，将模型加载到模具设计环境中，如图 25-30 所示。

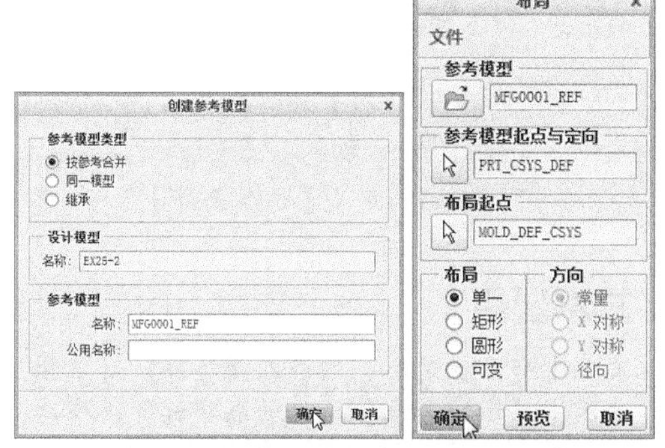

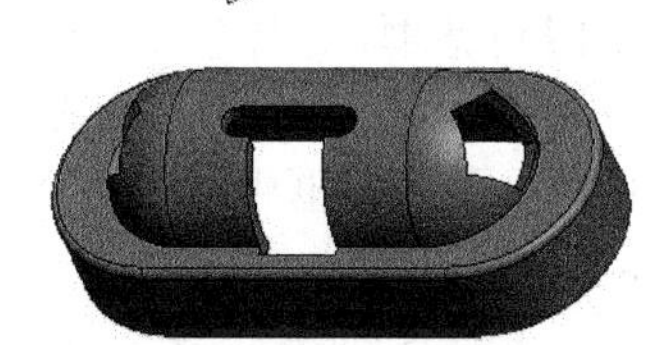

图 25-30 选择参考模型类型

05 设置产品收缩率并创建工件，如图 25-31 所示。

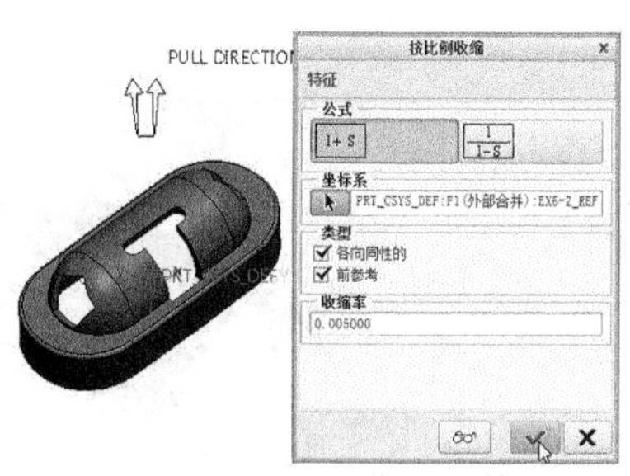

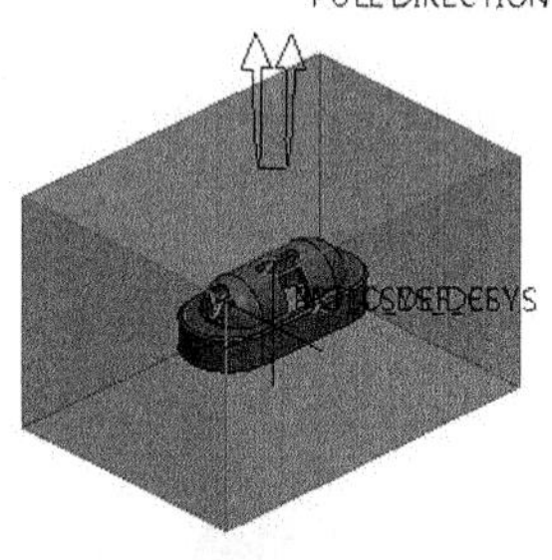

图 25-31 设置收缩率和创建工件

06 单击【模具】选项卡上的【分型面】按钮，在【分型面】选项卡的【曲面设计】组中单击【关闭】按钮，打开【关闭】操控板。

07 按住 Ctrl 键，依次选取参考曲面，如图 25-32 所示。

技术要点

所选曲面必须连续且包络整个需要修补的孔。

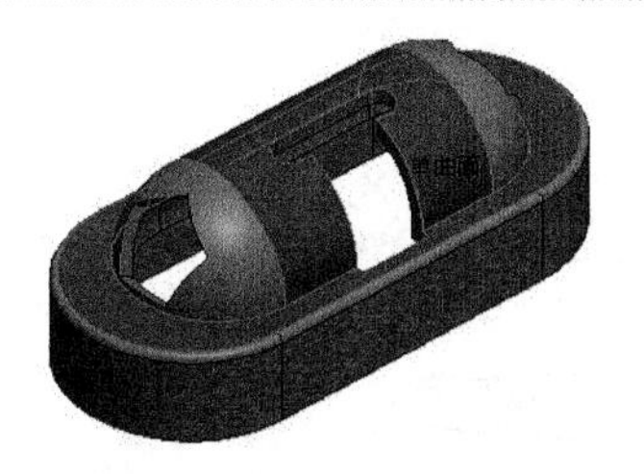

图 25-32 选取参考曲面

08 选取完成后，激活【参考】选项板中的【包括环】收集器，按住 Shift 键，依次选取孔的边缘，如图 25-33 所示。

技术要点

此处必须按住 Shift 键且依次选取边，否则将无法完成选取。若要选取多个环，则需要结合 Ctrl 键选取下一个环的第一条边，再按住 Shift 键选取此环其余边。

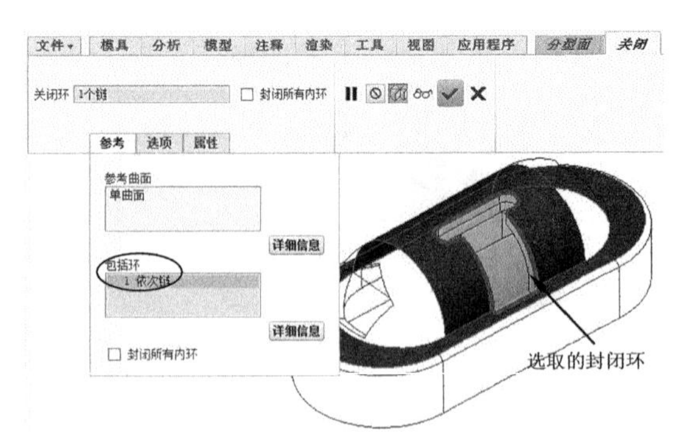

图 25-33 选取包括环

09 单击【应用】按钮，完成分型面的修补，如图25-34所示。

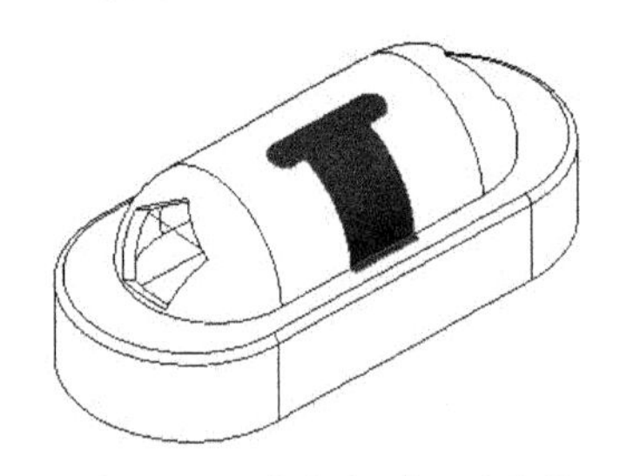

图 25-34 完成分型面的修补

10 在【分型面】选项卡的【曲面设计】下拉列表中选择【圆锥曲面和N侧曲面片】选项，弹出【边界选项】菜单管理器，选取【N侧曲面】选项，单击【完成】按钮，如图25-35所示。

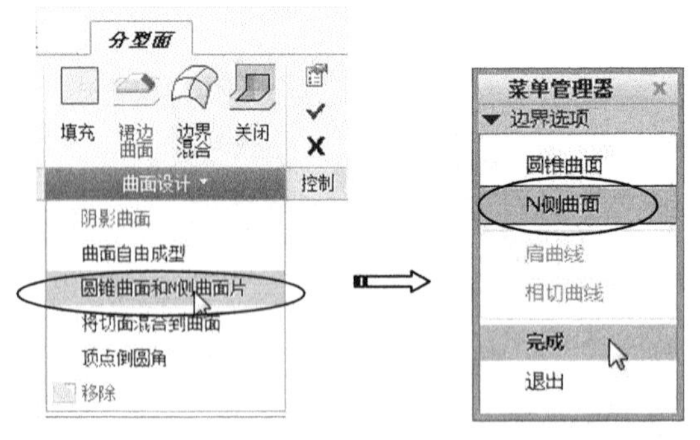

图 25-35 选取【圆锥曲面和N侧曲面片】选项

11 随后弹出【链】菜单管理器和【选择】对话框，按住Ctrl键选取曲线，单击【确定】按钮，如图25-36所示。

12 单击【链】菜单管理器中的【完成】按钮，在【曲面：N侧】对话框中，选择【边界条件】选项，单击【定义】按钮，弹出【边界】菜单管理器，选择Boundary#1，如图25-37所示。

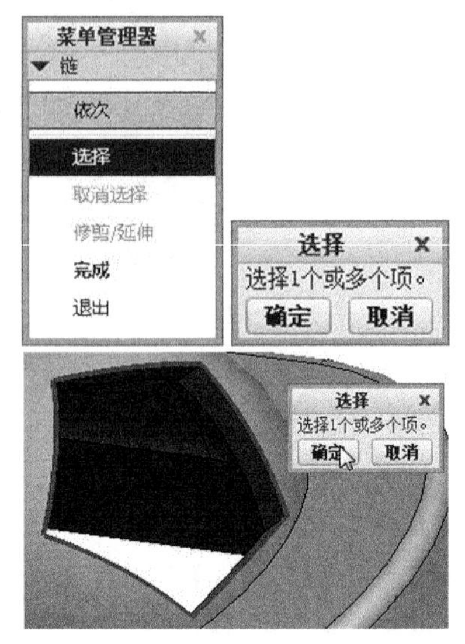

图 25-36 选择曲线

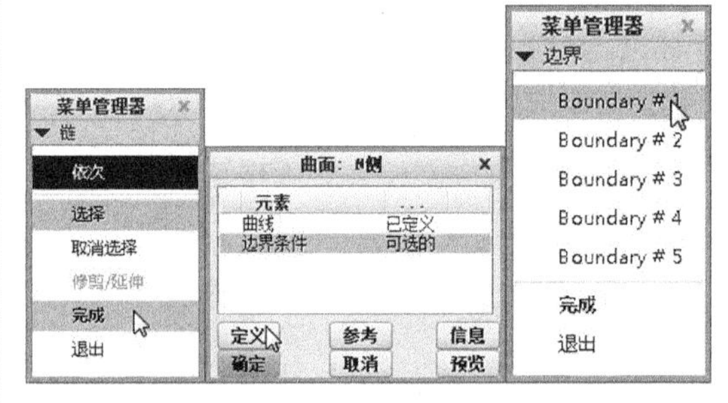

图 25-37 定义【边界条件】

技术要点

破孔中有多少边界，均会在【边界】菜单管理器中显示，并且按所选的顺序进行排序，如上图中的Boundary#1~ Boundary#5。

13 系统弹出【边界条件】菜单管理器和【Boundary#1】对话框，选择【相切】命令和【完成】命令，选择边界元件的相切曲面，在单击【Boundary#1】对话框中的【确定】按钮，如图25-38所示。

14 其余Boundary#1 ～ Boundary#5，利用相同的方法进行边界条件的定义，定义完成后，选择【边界】菜单管理器中的【完成】命令，再单击【曲面：N 侧】对话框中的【确定】按钮，完成 N 侧曲面的修补，如图 25-39 所示。

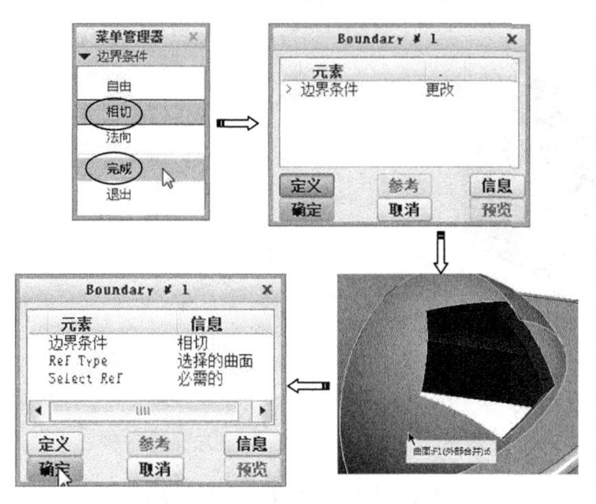

图 25-38 选取边界元件的相切曲面

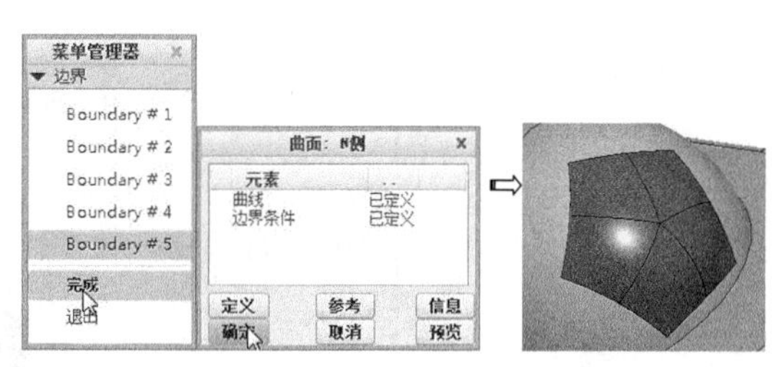

图 25-39 完成 N 侧曲面的修补

15 对模型另一边的孔进行同样的修补，至此完成了模型上孔的修补，如图 25-40 所示。

图 25-40 完成分型面的修补

25.3 合并分型面

模具分型面是由一个或多个单个曲面特征组合而成的。要创建一个曲面面组，则必须使用【合并】方法将这些曲面连接到一个面组中。在合并后的曲面中，以洋红色显示的边表明它是两个曲面的公共边。合并曲面有以下两种方式：

- 相交。在两个曲面相交或相互贯穿时，选择此选项，程序将创建相交边界，并询问保留区域。如图 25-41 所示。

图 25-41 以【相交】方式合并曲面

- 连接。当两个相邻曲面有公共边界时，则选择此选项，程序将不计算相交，直接合并曲面。如图 25-42 所示。

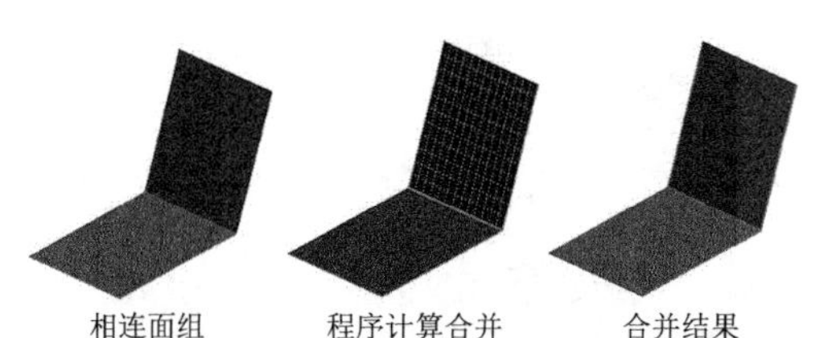

图 25-42 以【连接】方式合并曲面

创建合并分型面可以执行的命令方式如下：

- 在【模型】选项卡的【修饰符】组中单击【合并】按钮。
- 在【分型面】选项卡的【编辑】组中单击【合并】按钮。

技术要点

用户只能在【分型面】选项卡打开的情况下创建面组，是不能在关闭此选项卡的情况下进行面组合并的。反之同样如此。

仅当在图形区中选取了两个以上的曲面对象后，才会激活【合并】按钮。单击【合并】按钮后，程序会弹出如图 25-43 所示的【合并】操控板。

在操控板的【选项】选项板中，有两种合并类型：连接和相交。

- 连接：当选择此选项时，合并操作后两曲面将连接成一个整体，即并集。新曲面的总面积为原曲面的总和。【连接】是求和的布尔运算方法。
- 相交：选择此选项，将得到两曲面的交集，也是布尔运算中的求交运算。

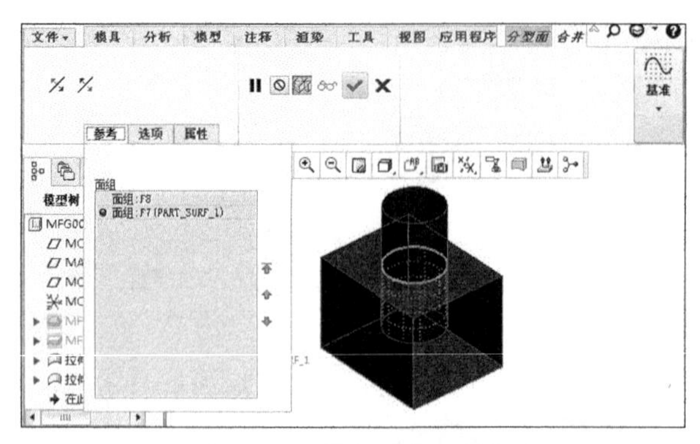

图 25-43 【合并】操控板

25.4 修剪分型面

除了使用【合并】工具能将曲面修剪掉以外，还可使用【修剪】工具对所选面组进行修剪。修剪工具可以是任意的平面、曲面或曲线链。

【修剪】按钮只有在图形区中选取了一个曲面后才会激活。在【分型面】选项卡的【编辑】组中单击【修剪】按钮，将弹出如图 25-44 所示的【修剪】操控板。

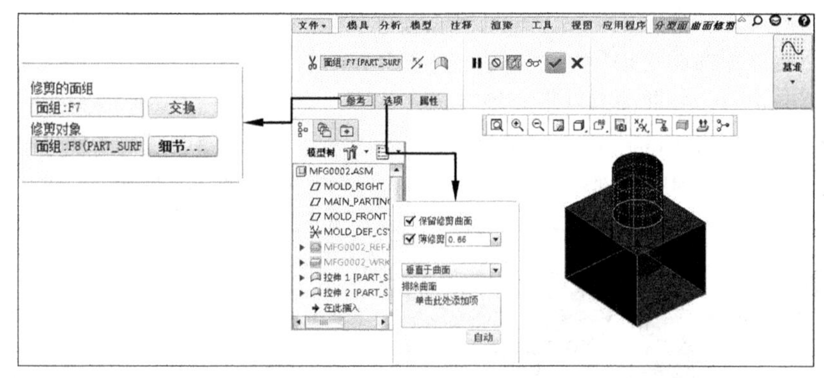

图 25-44 【修剪】操控板

如图 25-45 所示为使用曲面、基准平面和曲线作为修剪工具来修剪曲面的示意图。

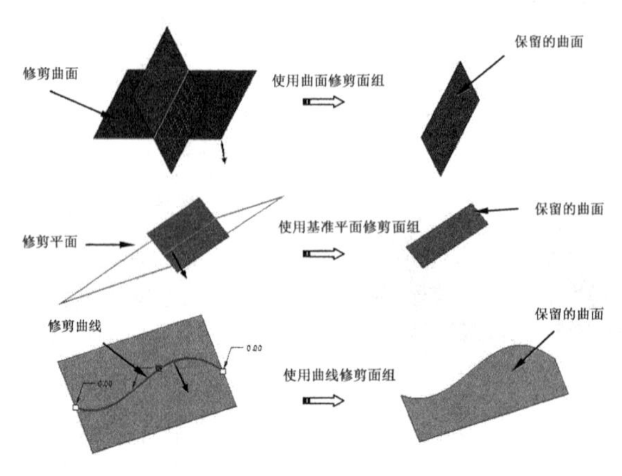

图 25-45 选择不同的修剪工具来修剪典型曲面

25.5 检测分型面

完成分型面的创建后，为了验证分型面设计得是否合理，要进行分割体积块的操作，若成功了，则分型面设计得正确，反之则不正确，需要重新进行分型面的创建。

在【分型面和模具体积块】组中单击【模具体积块】按钮，弹出【分割体积块】菜单管理器，选择其中的【完成】命令，再弹出【分割】对话框和【选择】对话框，如图 25-46 所示。

图 25-46　执行【分割体积块】命令

选取分型面后，单击【选择】对话框中的【确定】按钮，结束选取操作，在【分割】对话框中单击【确定】按钮，弹出型芯体积块的【属性】对话框，保留默认名称再单击【确定】按钮，会弹出型腔体积块的【属性】对话框，单击【确定】按钮，即可完成模具体积块的分割，说明分型面设计操作完全正确，如图 25-47 所示。

图 25-47　型芯、型腔【属性】对话框

动手操作——检测分型面

以模型分型面设计为例，讲解分型面的检测，本例模型如图 25-48 所示。

操作步骤：

01 设置工作目录。打开本例源文件【ex25-3\ex25-3.asm】，如图 25-49 所示。

02 单击【分型面】按钮，进入分型面设计模式。

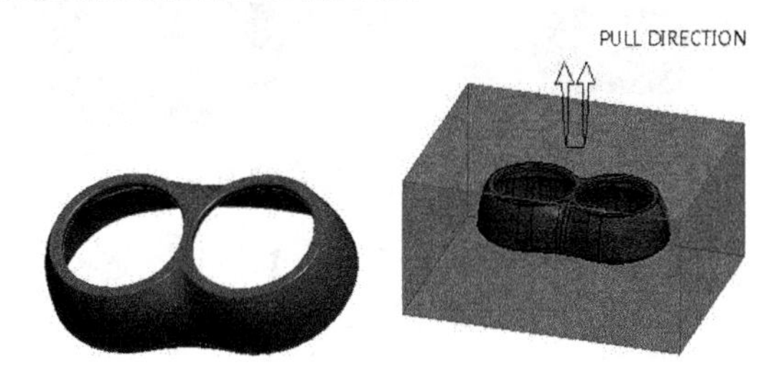

图 25-48　模型　　图 25-49　打开的文件

03 在【分型面】选项卡的【基准】组中单击【平面】按钮，打开【基准平面】对话框。

04 选取参考曲线，单击【确定】按钮，完成基准平面 ADTM1 的创建，如图 25-50 所示。

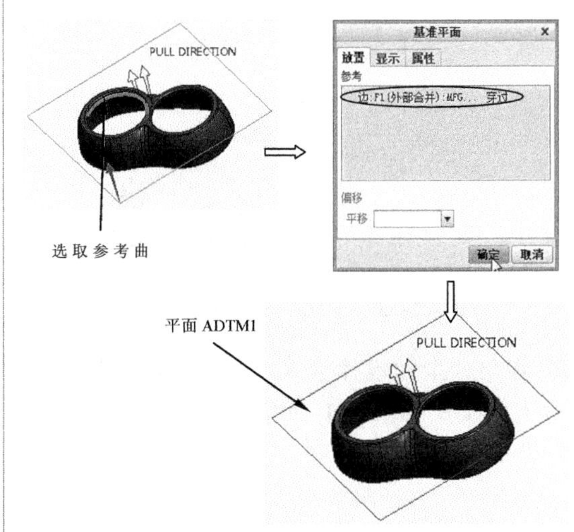

图 25-50　完成基准平面的创建

05 在【分型面】选项卡的【曲面设计】组中单击【填充】按钮，打开【填充】操控板，如图 25-51 所示。

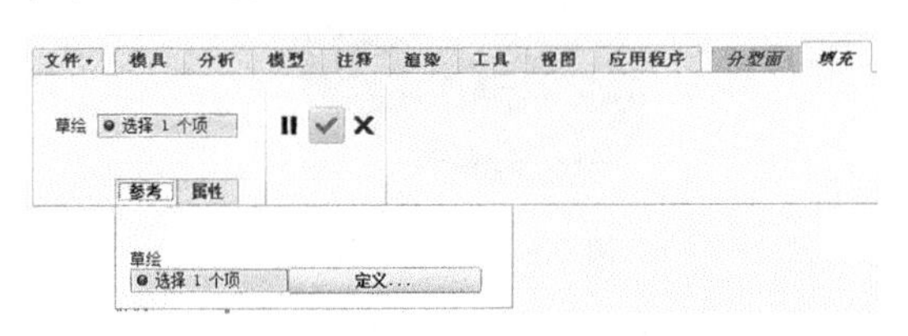

图 25-51　打开【填充】操控板

06 选取上一步创建的平面 ADTM1 作为基准

平面，进入草绘模式，利用【投影】工具□绘制填充截面，如图25-52所示。

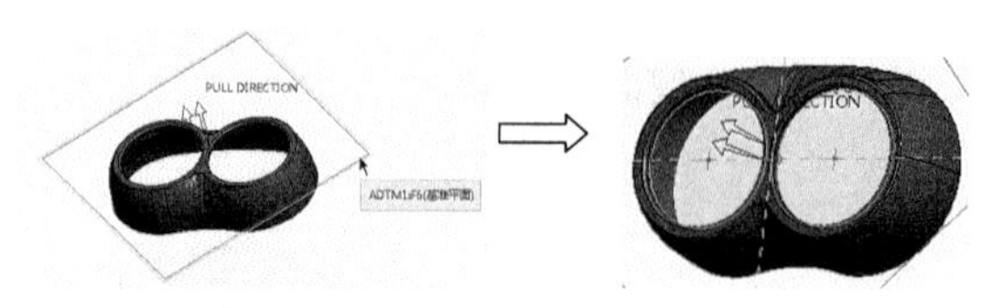

图25-52　绘制填充截面

07 绘制完成后，单击【确定】按钮，退出草绘模式，单击【应用】按钮，完成填充曲面的创建，如图25-53所示。

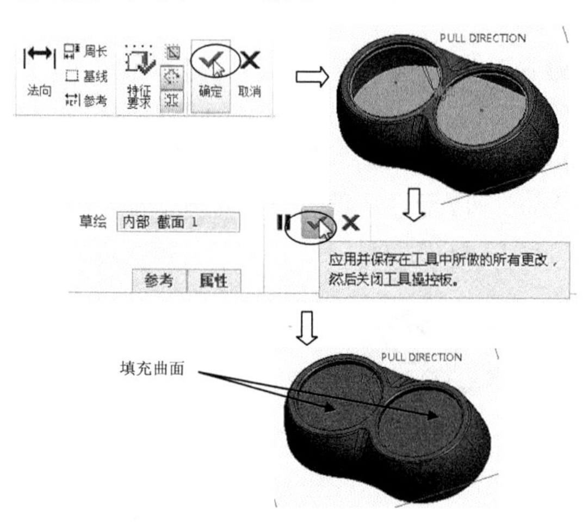

图25-53　完成填充曲面的创建

08 退出分型面设计模式。利用【模型】选项卡中的【复制几何】命令，复制模型外侧的曲面，如图25-54所示。

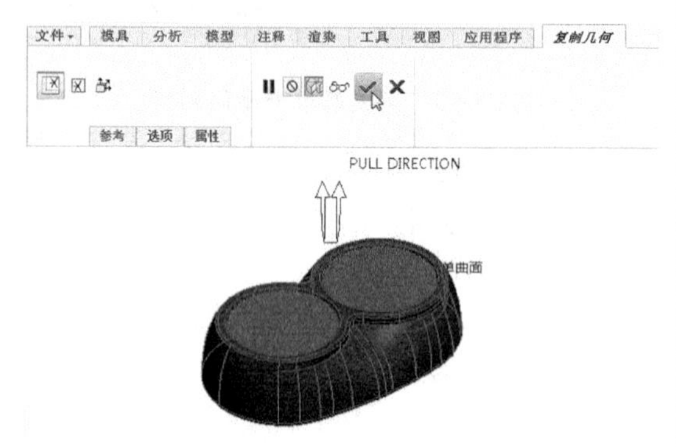

图25-54　复制曲面

09 按住Ctrl键依次选取填充曲面和复制曲面，在【模型】选项卡的【修饰符】组中单击【合并】按钮，打开【合并】操控板，在【选项】选项卡中，选择【连接】单选按钮，单击【应用】按钮，完成合并，如图25-55所示。

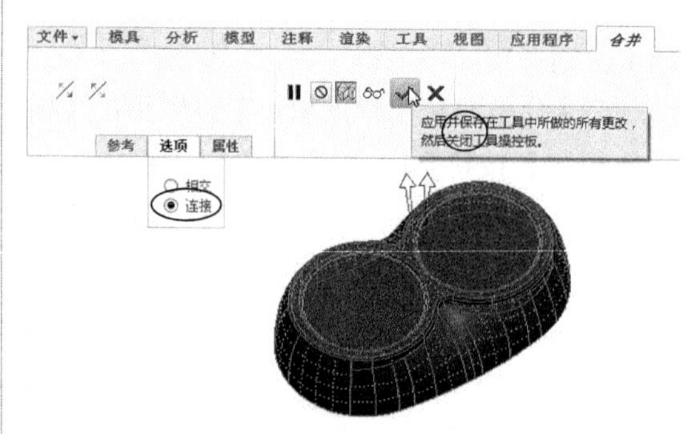

图25-55　合并曲面

10 进入分型面设计模式。按图25-56所示步骤将分型面进行延伸。

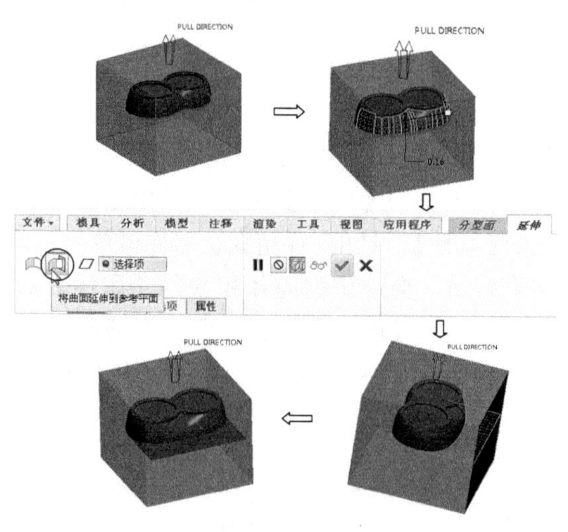

图25-56　创建【延伸】特征

11 其余边利用相同的方法进行延伸，结果如图25-57所示。

图25-57　完成【延伸】特征的创建

12 退出分型面设计模式。接下来进行分型面的检测。在【分析】组中单击【分型面检查】按钮，打开【零件曲面检测】菜单管理器，如图 25-58 所示。

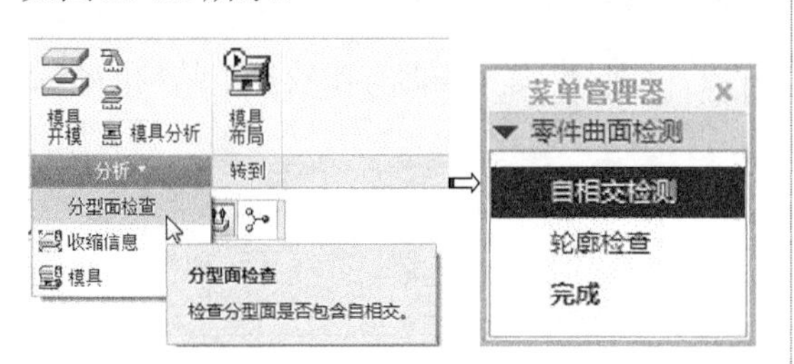

图 25-58　执行分型面检查命令

13 首先进行自相交检测，结果如图25-59所示。

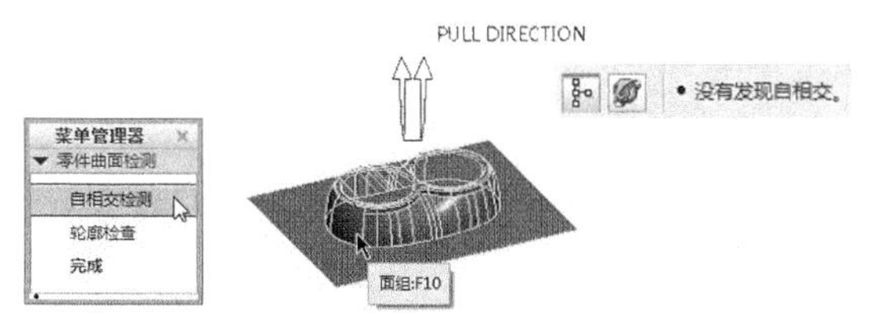

图 25-59　自相交检测

14 选择【轮廓检查】命令，进行轮廓检查，结果如图 25-60 所示。从结果看分型面中有多个环，说明分型面中出现了缝隙，需要处理。

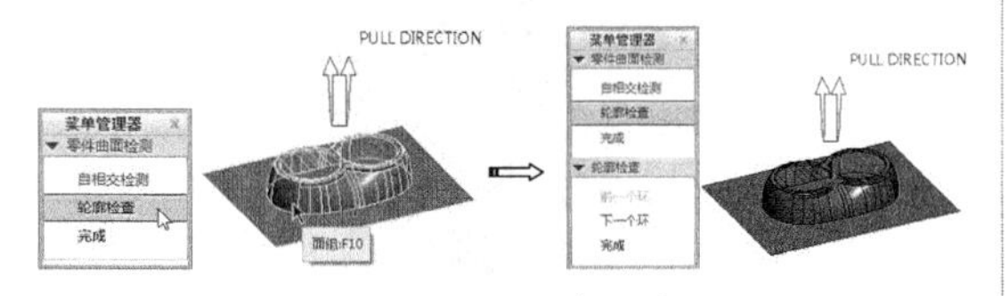

图 25-60　轮廓检查

15 放大高亮显示的多个环，发现是由于复制几何时没有完全选取产品曲面，所以在模型树中双击【复制几何】，然后按 Ctrl 键添加漏选的产品外部曲面，即可完成修复。

16 下面用分割体积块的操作过程来验证分型面是否符合设计要求。

17 在【分型面和模具体积块】组中单击【模具体积块】按钮，弹出【分割体积块】菜单管理器。选择其中的【完成】命令，弹出【分割】对话框和【选择】对话框，如图25-61 所示。

18 在前导工具栏上将模型显示设为【消隐】，然后按住 Ctrl 键选择所有的分型面。然后单击【选择】对话框中的【确定】按钮结束选取的操作，如图 25-62 所示。

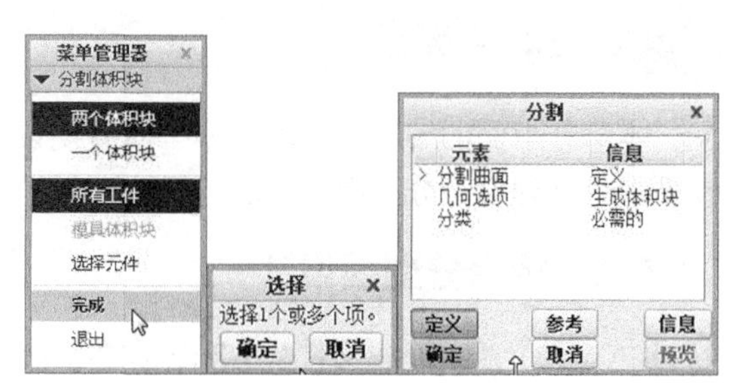

图 25-61　执行【分割体积块】命令

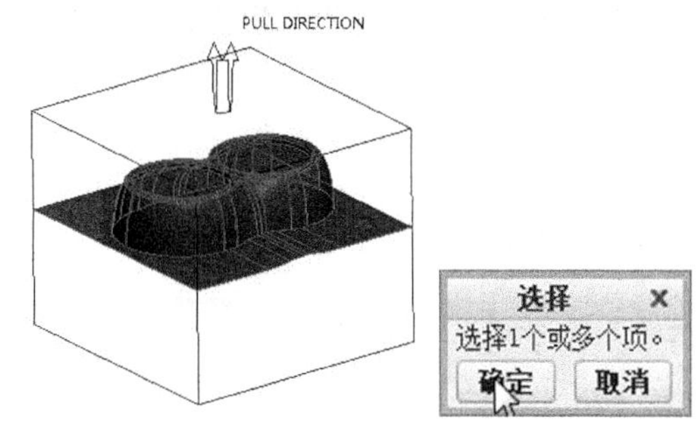

图 25-62　选择分割曲面（所有分型面）

19 在【分割】对话框中单击【确定】按钮，弹出型芯体积块的【属性】对话框，保留默认名称再单击【确定】按钮，会弹出型腔体积块的【属性】对话框，单击【确定】按钮，完成模具体积块的分割，结果如图25-63 所示。

图 25-63　完成模具体积块的分割

20 分割的模具体积块如图 25-64 所示，说明分型面经过修改处理后，符合设计要求。至此完成了分型面的检测。

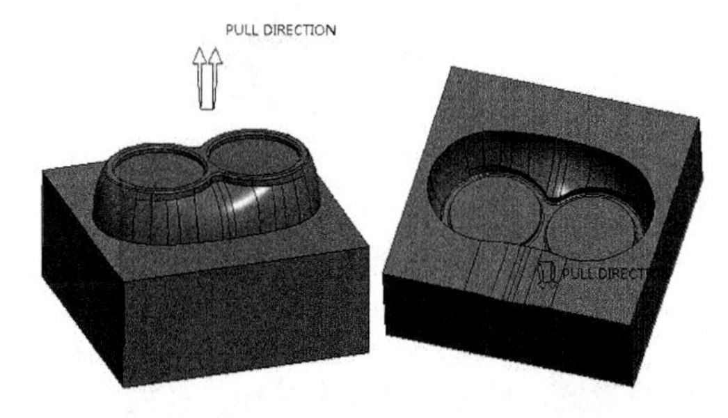

图 25-64　分割的模具体积块

25.6 综合实训

本章分型面的编辑与处理是分型面后期设计阶段，同时也为一些拥有比较复杂结构的产品模型提供合理设计分型面的方法。

25.6.1 组合分型面设计一

◎ 引入文件：实例\源文件\Ch25\ex25-4.prt

◎ 结果文件：实例\结果文件\Ch25\组合分型面设计一\ex25-4.asm

◎ 视频文件：视频\Ch25\组合分型面设计一.avi

操作步骤：

01 启动Creo，设置工作目录。新建模具制造文件，命名为【ex25-4】，使用公制模板进入模具设计环境。如图25-65所示。

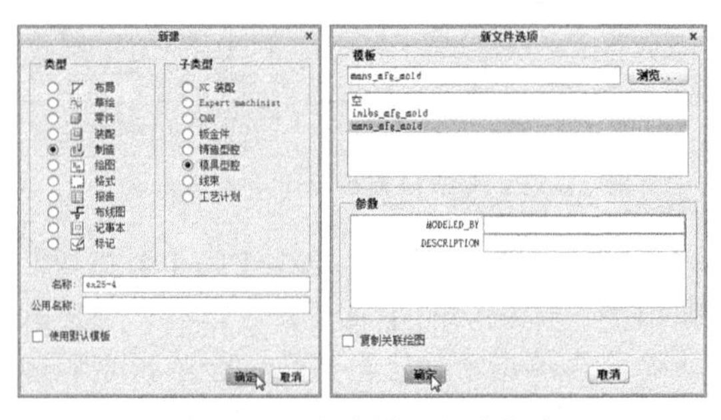

图25-65 新建模具制造文件

02 在【模具】选项卡的【参考模型和工件】组中单击【定位参考模型】按钮，弹出【打开】对话框，选择【ex25-4.prt】模型文件，单击【打开】按钮，如图25-66所示。

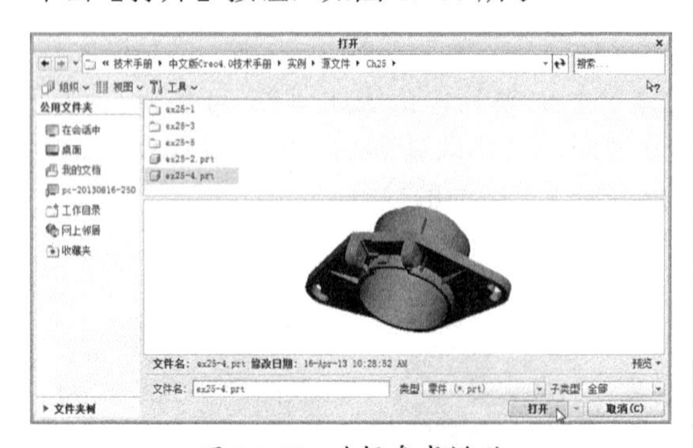

图25-66 选择参考模型

03 在弹出的【创建参考模型】对话框中，保留默认设置，单击【确定】按钮，在随后弹出的【布局】对话框中，单击【确定】按钮，将模型加载到模具设计环境中，如图25-67所示。

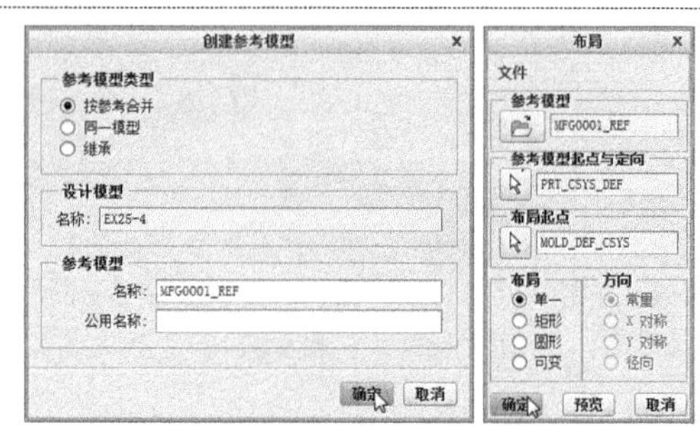

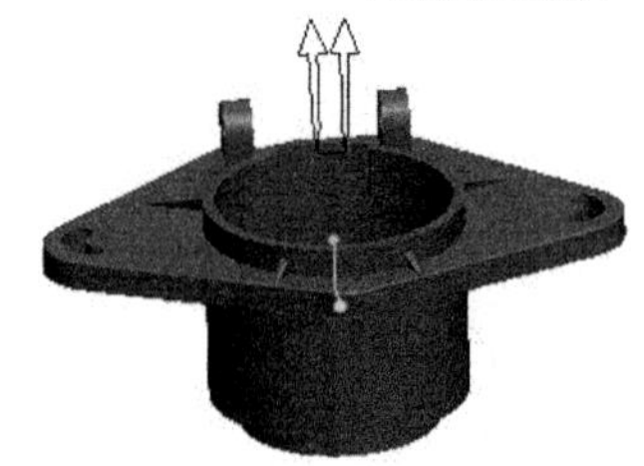

图25-67 设置模型布局

04 调整拖拉方向，结果如图25-68所示。

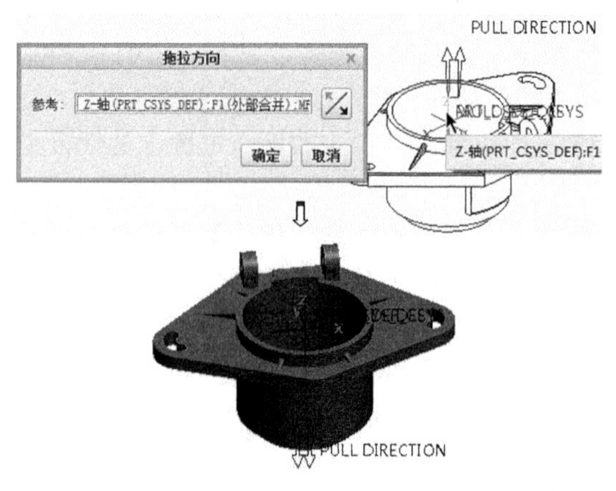

图25-68 调整拖拉方向

05 设置产品收缩率，如图25-69所示。

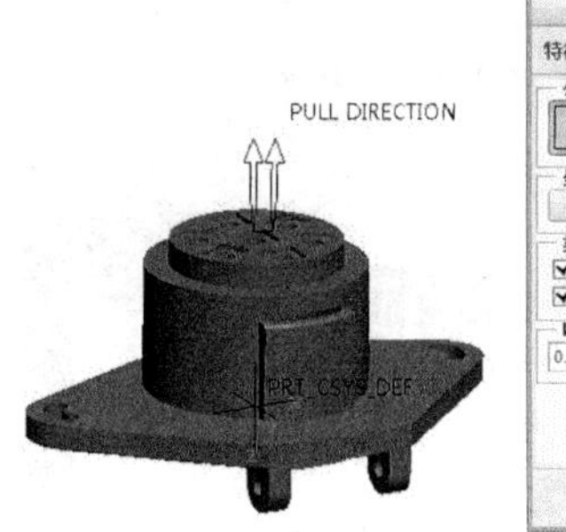

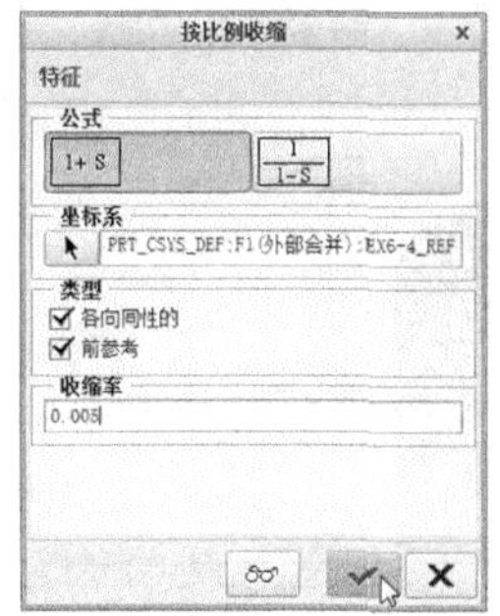

图 25-69 设置收缩率

06 在【模型】选项卡的【参考模型和工件】组中，单击【自动工件】按钮，创建【自动工件】，如图 25-70 所示。

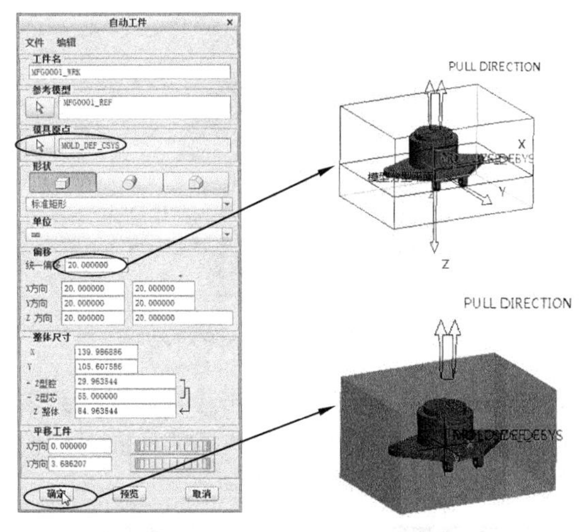

图 25-70 创建【自动工件】

07 隐藏工件模型。在工作窗口右下方的选择约束下拉列表中选择【几何】选项。

08 右击拾取曲面的方法，选中模型中的一个面，如图 25-71 所示。

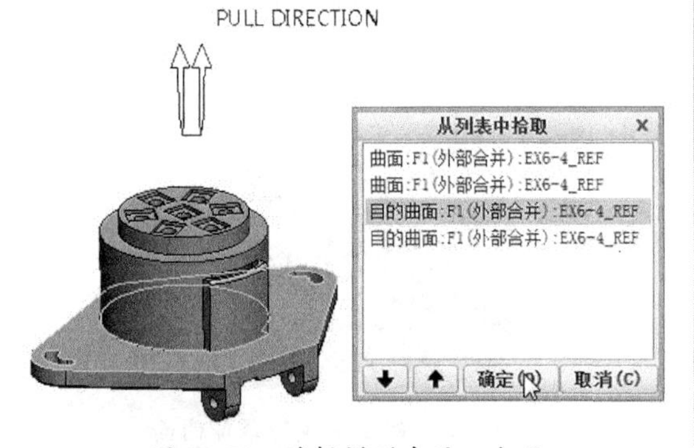

图 25-71 选择模型中的一个面

技术要点

为了更方便地选取对象，您可以自己创建约束【我的过滤器】。方法是打开【Creo Parametric 选项】对话框，在【选择】选项设置页面中将【从中选取过滤器】列表框的约束类型添加到右侧【我的过滤器】列表框中，这样就可以按自己设置的意图来选择对象了。如图 25-72 所示。

图 25-72 创建【我的过滤器】

09 在【操作】组中先单击【复制】按钮，再单击【粘贴】按钮，弹出【曲面：复制】操控板。按住 Ctrl 键依次选取产品模型外表面，如图 25-73 所示。

技术要点

产品内部要比外边结构复杂，所以做分型面时须选择保证分型面设计简单的一侧曲面。

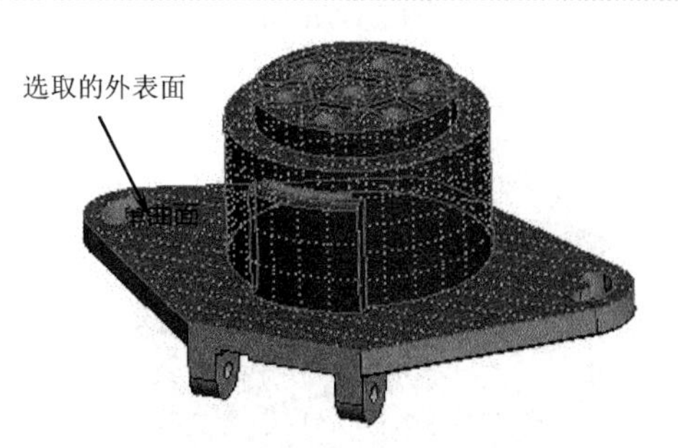

图 25-73 选取产品外部表面

10 在操控板的【选项】选项板中选择【排除曲面并填充孔】单选按钮，然后选择产品中破孔所在的面，如图 25-74 所示。

11 单击操控板上的【应用】按钮，完成产品外部表面的复制。产品中还有一处破孔不能利用复制、粘贴中的【排除曲面并填充孔】

修补，只能手动修补。如图25-75所示。

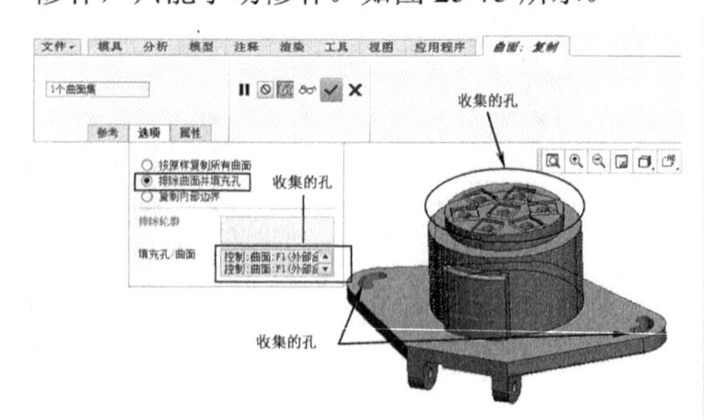

图 25-74　选择孔边界以填充

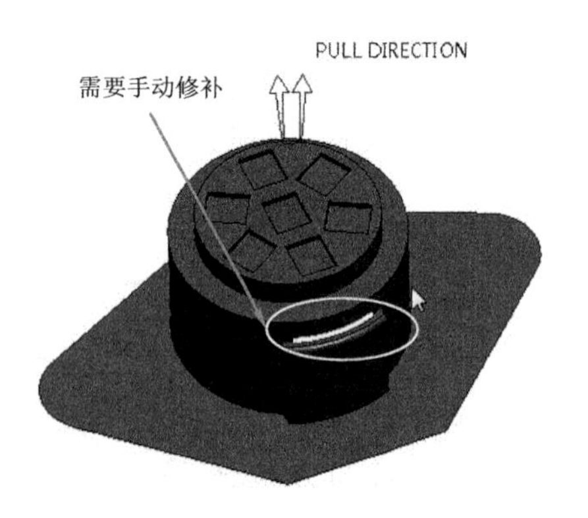

图 25-75　不能填充修补的孔

12 单击【分型面】按钮，打开【分型面】选项卡，单击【曲面设计】组中的【关闭】按钮，打开【关闭】操控板，选取包含孔的参考曲面，如图25-76所示。

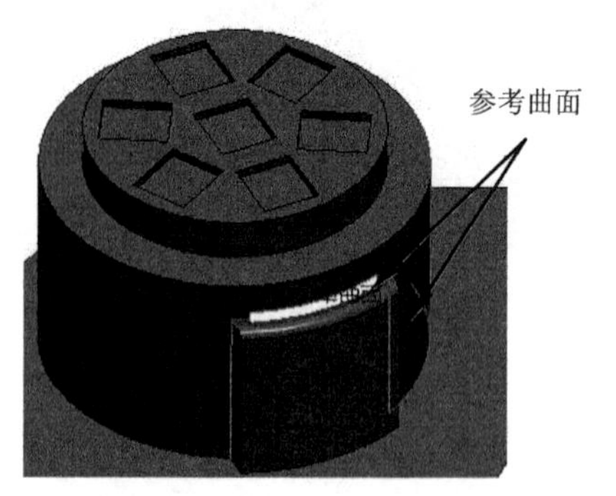

图 25-76　选择关闭的参考曲面

13 在【参考】选项板中激活【包括环】收集器，选取一条孔边后再按Shift键完成整个孔边界的选取，如图25-77所示。

14 单击【应用】按钮，完成【关闭】分型面的修补。

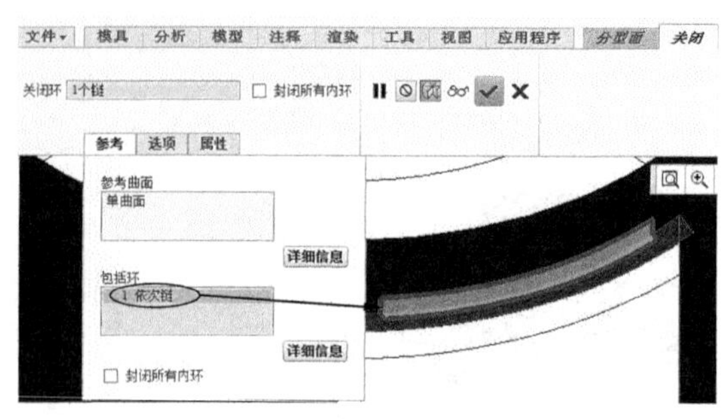

图 25-77　选取孔边界（环）

15 取消工件的隐藏。

16 选中分型面的一条边缘，然后执行【延伸】命令，打开【延伸】操控板。然后按住Shift键选择产品其中一个方向（一般是4个方向）上的所有边，如图25-78所示。

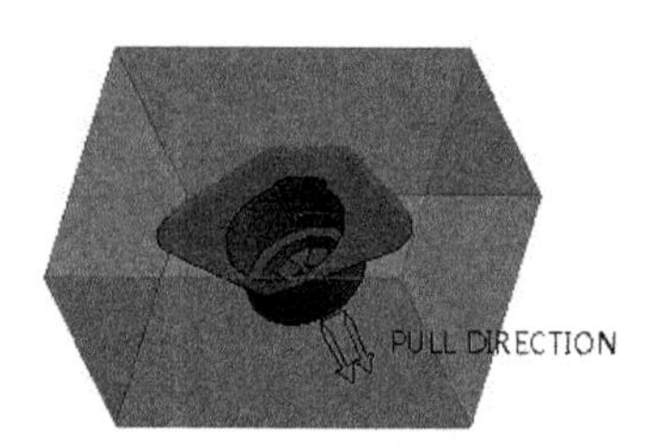

图 25-78　选择要延伸的边

17 在【延伸】操控板中单击【将面延伸到参考平面】按钮，然后将选择的边向对面的基准平面延伸，如图25-79所示。

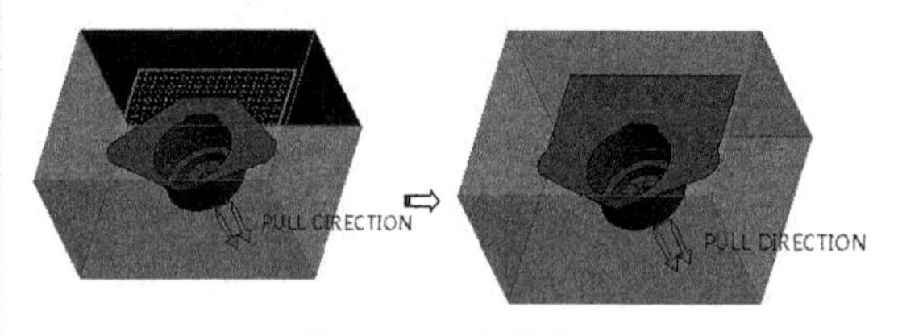

图 25-79　延伸曲面

18 同理，依次创建出其余方向的延伸曲面，如图25-80所示。

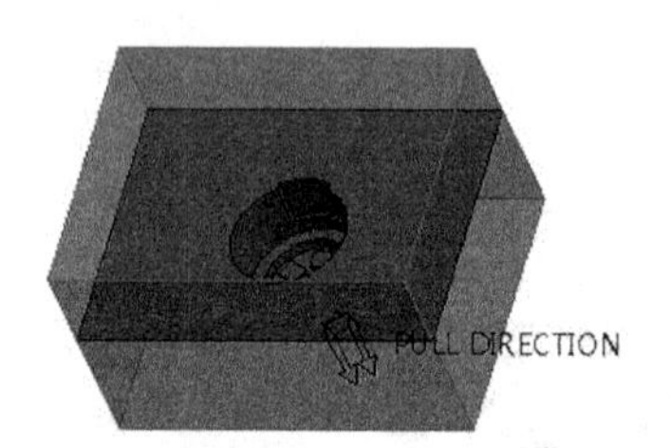

图 25-80　创建完成的延伸曲面

19 完成分型面的设计后，单击【分型面】选项卡中的【确定】按钮 ✔，关闭选项卡。

20 至此，本练习的端盖产品的分型面设计全部完成。最后将分型面设计的结果保存在工作目录中。

25.6.2 组合分型面设计二

◎ **引入文件：实例 \ 源文件 \Ch25\ex25-5.prt**

◎ **结果文件：实例 \ 结果文件 \Ch25\ 组合分型面设计二 \ex25-5.asm**

◎ **视频文件：视频 \Ch25\ 组合分型面设计二 .avi**

本练习中的产品比较普通，但产品中的破孔却比较复杂，需要采用裙边分型面设计和手动拉伸分型面和扫描分型面相结合的形式。

本练习的产品模型——线盒如图 25-81 所示。

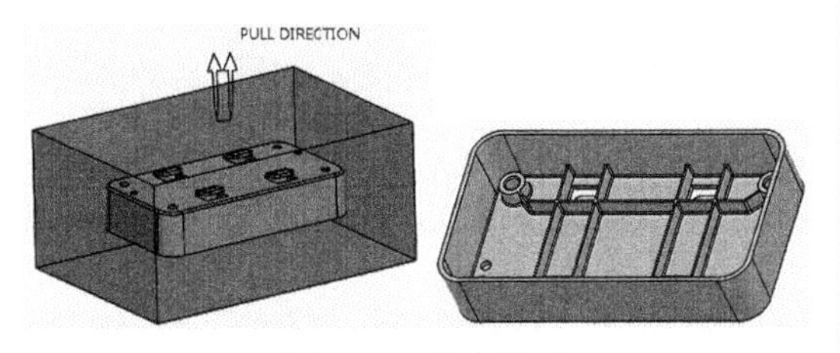

图 25-81 线盒模型

操作步骤：

01 打开本例源文件【ex25-5\ex25-5.asm】。然后设置工作目录。

02 在【模具】选项卡的【设计特征】组中单击【轮廓曲线】按钮，弹出【轮廓曲线】对话框。

03 在对话框中选择【环选择】元素后单击【定义】按钮，弹出【环选择】对话框，如图 25-82 所示。

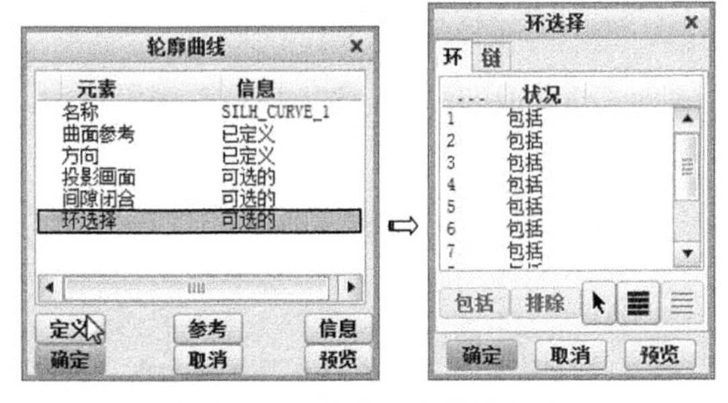

图 25-82 选择元素进行定义

04 在【环选择】对话框的【环】选项卡中，将编号为 5、6、7、8 的环排除，随后单击【确定】按钮关闭【环选择】对话框，最后单击【轮廓曲线】对话框中的【确定】按钮，完成轮廓曲线的抽取，结果如图 25-83 所示。

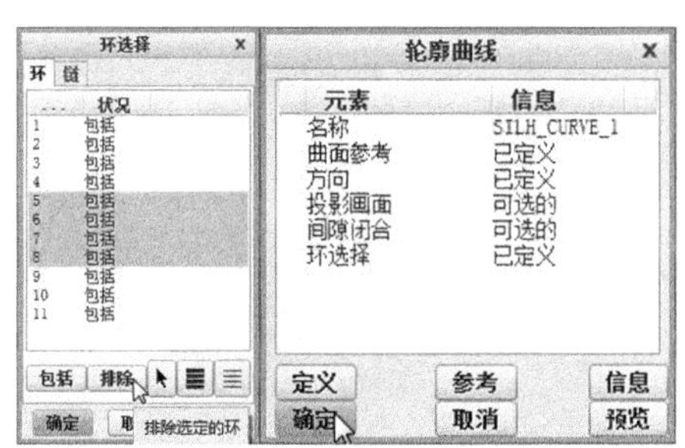

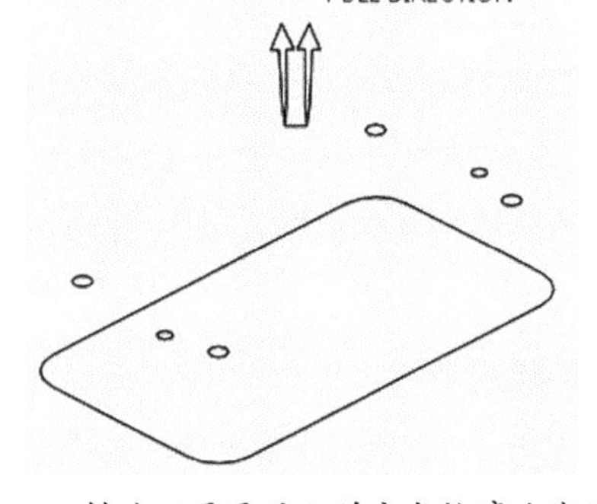

图 25-83 排除不需要的环并完成轮廓曲线的抽取

> **技术要点**
>
> 为什么要排除产品中的环呢？是不修补了么？这是因为产品中的 4 个孔非一般的孔，它们是靠破孔，需要做台阶，以此防止模具在注塑过程中产生位移。因此只能使用其他方法进行修补。

05 在【分型面和模具体积块】组中单击【分型面】按钮，功能区弹出【分型面】选项卡。

06 然后在【分型面】选项卡的【曲面设计】

组中单击【裙边曲面】按钮，弹出【裙边曲面】对话框和【链】菜单管理器。如图25-84所示。

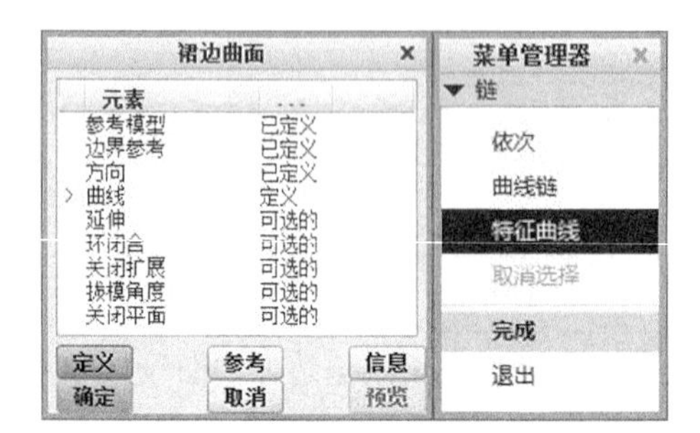

图25-84 【裙边曲面】对话框和【链】菜单管理器

07 在图形区中选择轮廓曲线作为特征曲线，如图25-85所示。

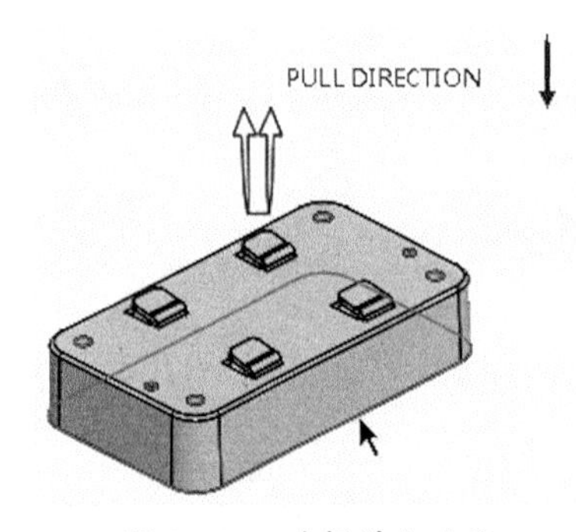

图25-85 选择特征曲线

08 然后在菜单管理器中选择【完成】命令，并在【裙边曲面】对话框中单击【确定】按钮，完成裙边曲面的创建，如图25-86所示。

> **技术要点**
>
> 除了显示产品模型外，暂时隐藏其他特征。靠破孔有4个，下面讲解其中一个的设计过程，其余的大家照此方法进行设计。

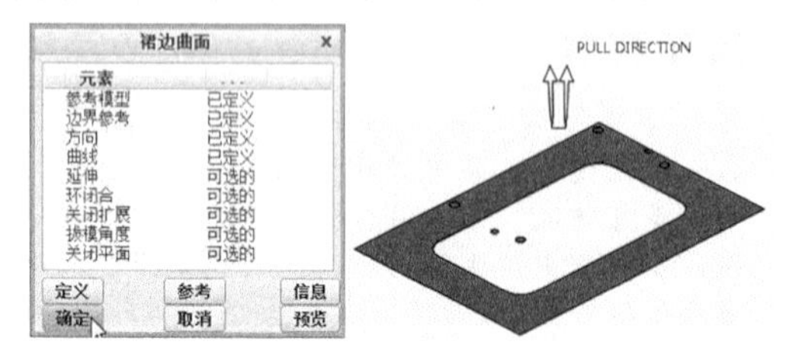

图25-86 创建裙边曲面

09 在【分型面】选项卡的【形状】组中单击【扫描】按钮，弹出【扫描】操控板。然后在靠破孔上选择起始边，并按住Shift键完成扫描轨迹的选取，如图25-87所示。

10 在操控板中单击【创建或编辑扫描截面】按钮，然后进入草绘模式绘制如图25-88所示的截面曲线（1条长3.5的直线）。

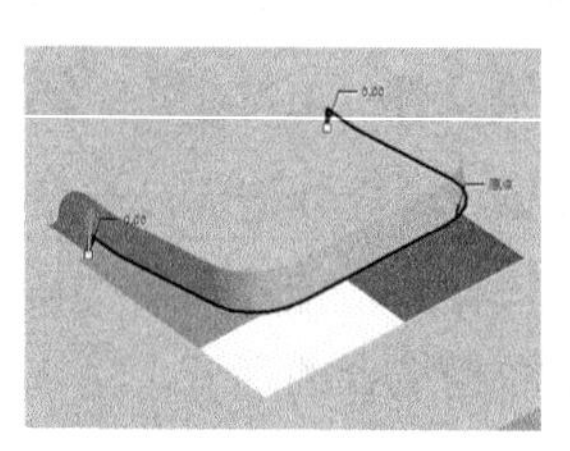

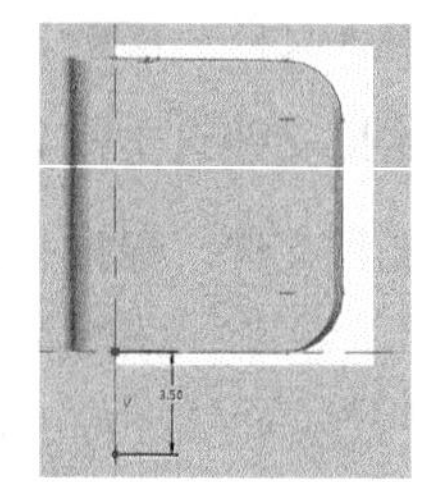

图25-87 选取扫描轨迹　图25-88 绘制扫描截面

11 退出草绘模式后单击操控板中的【应用】按钮，完成扫描曲面的创建，如图25-89所示。

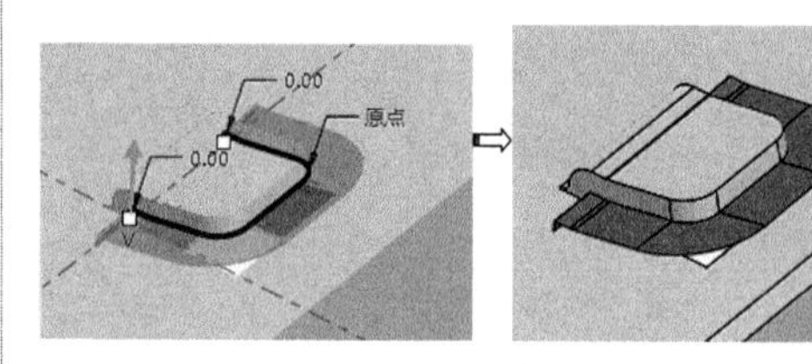

图25-89 创建扫描曲面

12 再执行【扫描】命令，然后创建如图25-90所示的扫描曲面。

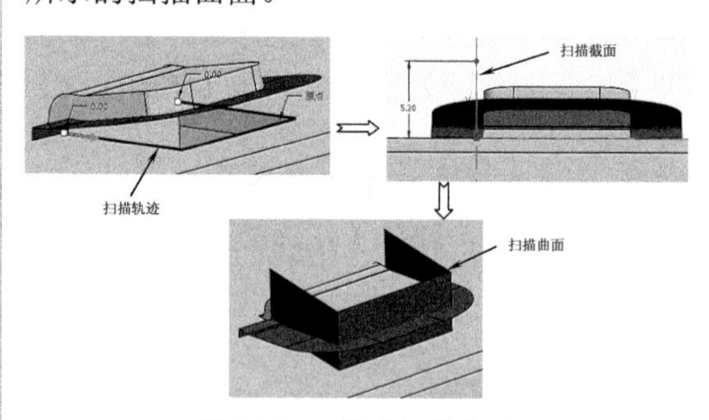

图25-90 创建扫描曲面

> **技术要点**
>
> 在选择扫描轨迹的过程中，必须按顺序选择边链。而且中间不能遗漏，否则不能正确地创建所需的扫描曲面。一个扫描曲面中只能是一个扫描轨迹，因此不能按Ctrl键选取。

13 右击两个扫描曲面，然后选择【合并】命令，将两个扫描曲面进行相交合并，结果如图25-91所示。

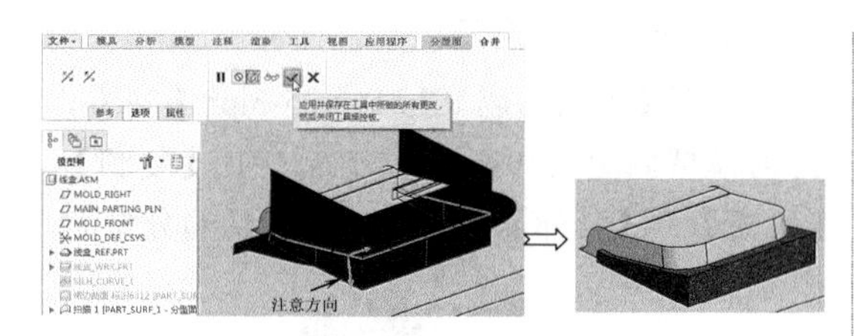

图 25-91　合并扫描曲面

14 第一靠破孔修补完成后，再用同样的方法和步骤创建另外 3 个靠破孔的补面，过程就不重复叙述了。

15 完成分型面的设计后，单击【分型面】选项卡中的【确定】按钮✓，关闭选项卡。然后显示工件和裙边曲面。为了验证分型面设计得是否合理，下面做分割体积块的操作，若成功了，则分型面就设计得正确，反之则不正确。

16 在【分型面和模具体积块】组中单击【模具体积块】按钮，弹出【分割体积块】菜单管理器。选择其中的【完成】命令，弹出【分割】对话框和【选择】对话框，如图 25-92 所示。

图 25-92　执行【分割体积块】命令

17 在前导工具栏上将模型显示设为【消隐】，然后按住 Ctrl 键选择所有的分型面。然后单击【选择】对话框中的【确定】按钮结束选取操作。如图 25-93 所示。

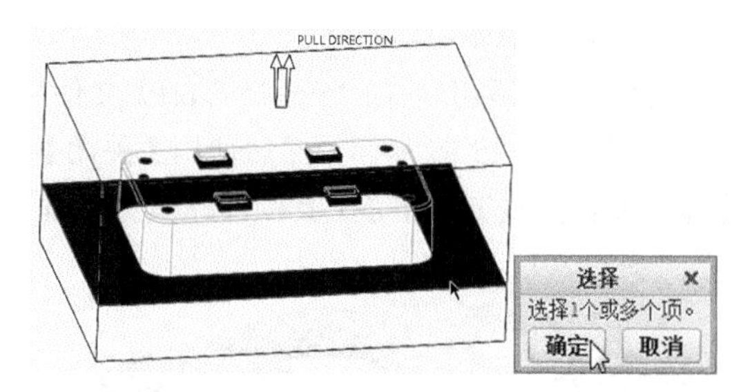

图 25-93　选择分割曲面（所有分型面）

18 在【分割】对话框中单击【确定】按钮，弹出型芯体积块的【属性】对话框，保留默认名称再单击【确定】按钮，会弹出型腔体积块的【属性】对话框，单击【确定】按钮，完成模具体积块的分割，结果如图 25-94 所示。

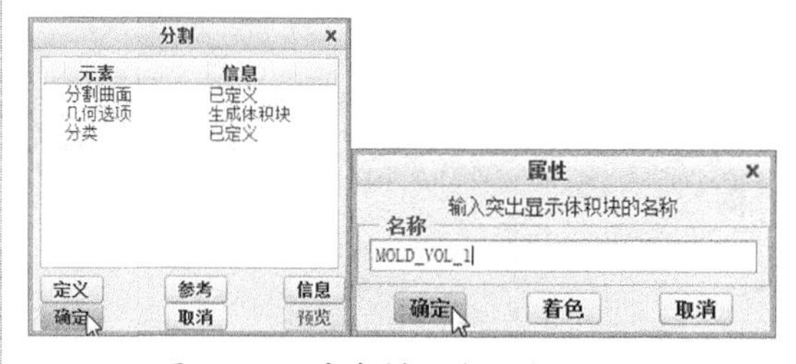

图 25-94　完成模具体积块的分割

19 分割的模具体积块如图 25-95 所示。说明本练习的分型面设计操作完全正确。最后将练习的结果保存。

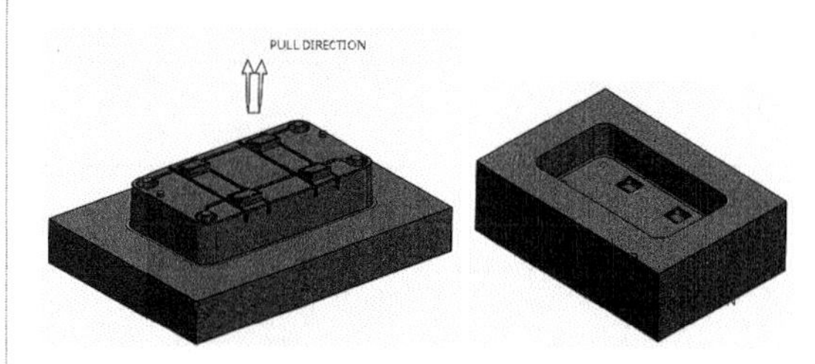

图 25-95　分割的模具体积块

25.7　课后习题

1．分型面练习一

打开【课后习题\Ch25\ex25-1.prt】文件，练习模型如图 25-96 所示。然后使用【复制】、【延伸】工具设计分型面。

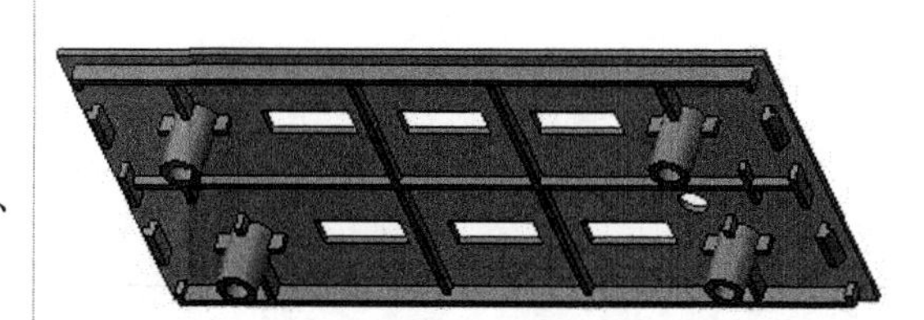

图 25-96　练习模型

2. 分型面练习二

打开【课后习题\Ch25\ex25-2.prt】文件，练习模型如图25-97所示，然后使用【关闭】、【边界混合】、【延伸】等工具创建模具分型面。

图25-97 练习模型2

3. 分型面练习三

打开【课后习题\Ch25\ex25-3.prt】文件，练习模型如图25-98所示，然后使用【复制】、【填充】、【延伸】等工具创建模具的分型面。

图25-98 练习模型3

读书笔记

第 26 章 分割体积块

成型零件包括型芯、型腔及其他小成型杆，本章将详细地介绍 Creo 中成型零件的设计方法与操作过程。

知识要点

- 模具体积块概述
- 分割模具体积块
- 创建模具体积块
- 抽取模具元件
- 创建铸模
- 模具开模

26.1 模具体积块概述

在 Creo 中使用模具分型面分割工件后，所得的体积块的总和称为成型零件。模具成型零件包括型腔、型芯、各种镶块、成型杆和成型环。由于成型零件与成品直接接触，它的质量关系到制件质量，因此要求有足够的强度、刚度、硬度、耐磨性，有足够的精度和适当的表面粗糙度，并保证能顺利脱模。

26.1.1 型腔与型芯结构

型腔（定模仁或凹模）和型芯（动模或凸模仁）部件是模具中成型产品外表的主要部件。型腔或型芯部件根据结构不同可分为整体式和组合镶拼式。

1. 整体式

整体式型腔或型芯仅由一整块金属加工而成，同时也是模具中的定模部件，如图 26-1 所示的型腔。其特点是牢固、不易变形，因此对于形状简单、容易制造或形状虽然比较复杂，但可以采用加工中心、数控机床、仿形机床或电加工等特殊方法加工的场合是适宜的。

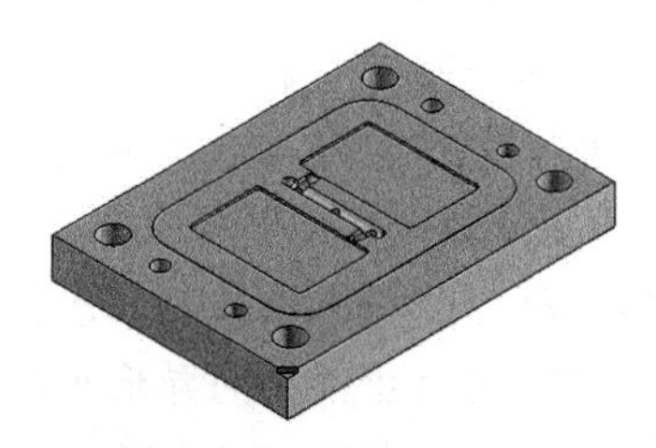

图 26-1 整体式型腔部件

近年来随着型腔加工新技术的发展和进步，许多过去必须组合加工的较复杂的型腔现在也可以进行整体加工了。

2. 组合式

组合式型腔或型芯，根据其组成方式的不同，又可分为整体嵌入式和局部嵌入式。

- 整体嵌入式：为了便于加工，保证型腔或型芯沿主分型面分开的两半在合模时的对中性（中心对中心），常将小型型腔对应的两半做成整体嵌入式，两嵌块外轮廓截面尺寸相同，分别嵌入相互对中的动、定模板的通孔内。为保证两通孔的对中性良好，可将动定模配合后一道加工，当机床精度高时也可分别加工。如图 26-2 所示为整体嵌入式型腔部件。
- 局部嵌入式：为了加工方便或由于型腔的某一部分容易损坏，需经常更换，应采取局部镶嵌的办法。如图 26-3 所示，图 a 所示的异形型腔，先钻周围的小孔，再在小孔内镶入芯棒，车削加工出型腔大孔，加工完毕后把这些被切掉部分的芯棒取出，调换完整的芯棒镶入，便得到图示的型腔。图 b 所示的型腔内部有凸起，可将此凸起部分单独加工，再把加工好的镶块利用圆形槽镶在圆形槽内。图 c 是典型的型腔底部镶嵌。

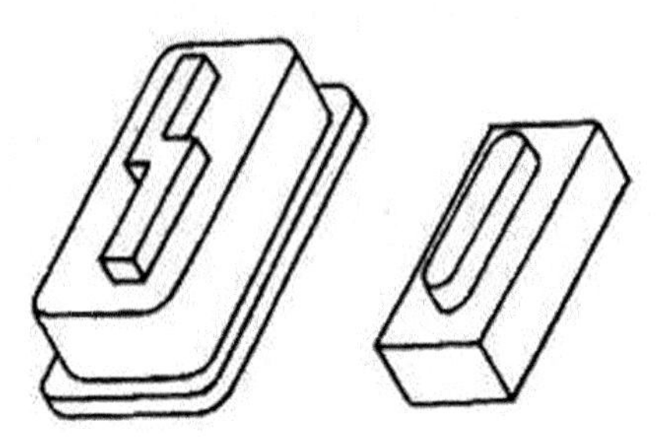

图 26-2　整体嵌入式型腔

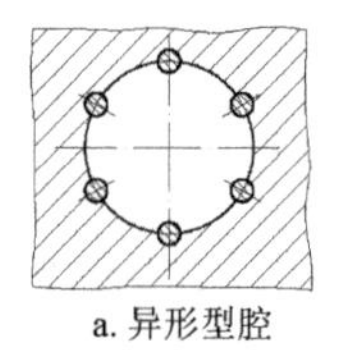

a. 异形型腔

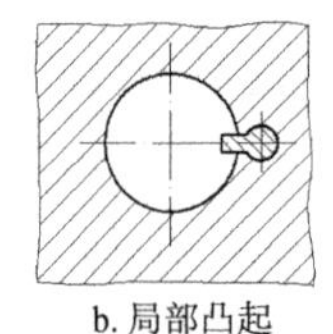

b. 局部凸起

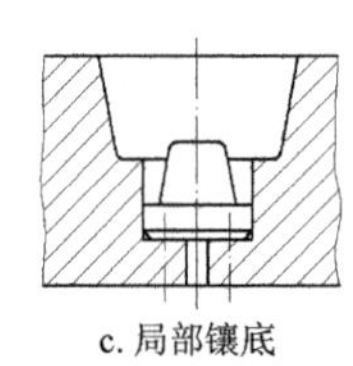

c. 局部镶底

图 26-3　局部镶嵌式型腔

26.1.2　小型芯或成型杆结构

成型杆往往单独制造，再镶嵌入主型芯板中，其连接方式多样。如图 26-4 所示，图 a 采用过盈配合，从模板上压入；图 b 采用间隙配合，再从成型杆尾部铆接，以防脱模时型芯被拔出；图 c 对细长的成型杆可将下部加粗或做得较短，由底部嵌入，然后用垫板固定或图 d、图 e 用垫块或螺钉压紧，不仅增加了成型杆的刚性，便于更换，且可调整成型杆高度。

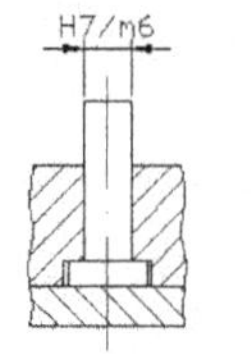

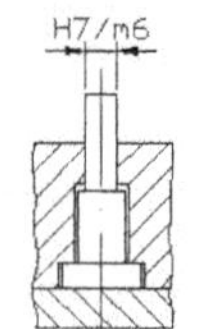

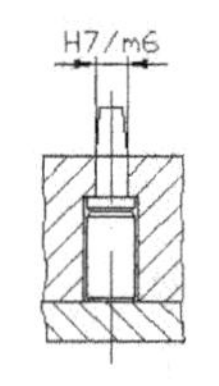

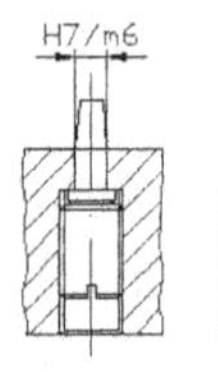

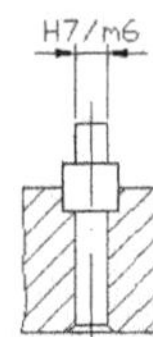

图 26-4　成型杆的组合方式

最常见的圆柱小型芯结构，如图 26-5 的图 a 所示。它采用轴肩与垫板的固定方法。定位配合部分长度为 3mm ～ 5mm，用小间隙或过渡配合。非配合长度上扩孔后，有利于排气。有多个小型芯时，则可如图 26-5 的图 b 或图 c 所示结构予以实施。型芯轴肩高度在嵌入后都必须高出模板装配平面，经研磨成同一平面后再与垫板连接。这种从模板背面压入小型芯的方法，称为反嵌法。

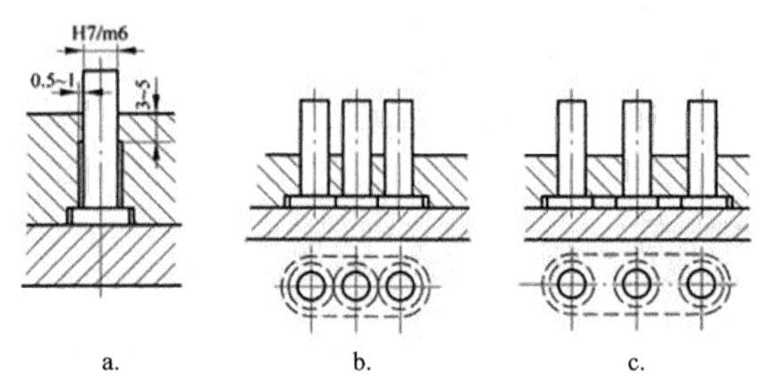

图 26-5　小型芯的组合方式

若模板较厚，可采用如图 26-6 的图 a 和图 b 所示的反嵌型芯结构。倘若模板较薄，则用图 c 所示的结构。

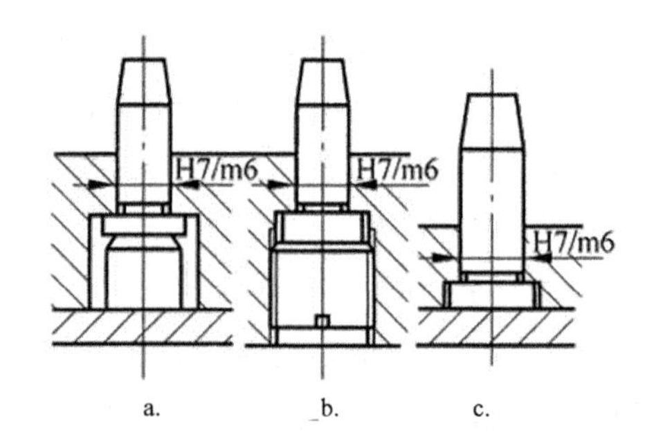

图 26-6　反嵌型芯结构

对于成型 3mm 以下的盲孔的圆柱小型芯可采用正嵌法，将小型芯从型腔表面压入。结构与配合要求如图 26-7 所示。

对于非圆形的小型芯，为了制造方便，可以把它下面一段做成圆形的，并采用轴肩连接仅上面一段做成异形的，如图 26-8 的图 a 所示。在主型芯板上加工出相配合的异形孔。但支承和轴肩部分均为圆柱体，以便于加工与装配。对径向尺寸较小的异形小型芯可用正嵌法的结构，如图 26-8 的图 b。在实际应用中，反嵌法结构的工作性能比正嵌法可靠。

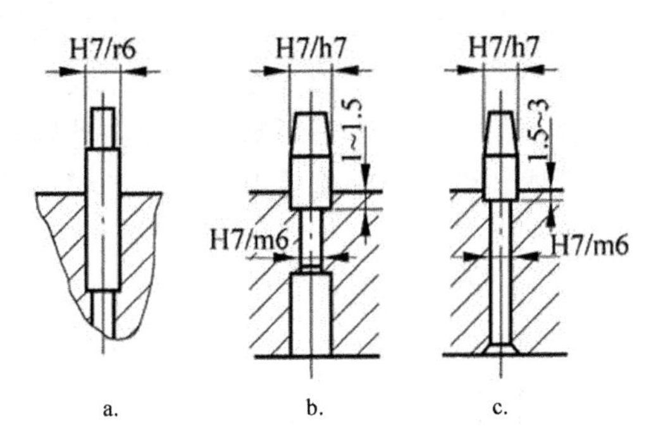

图 26-7　正嵌小型芯结构

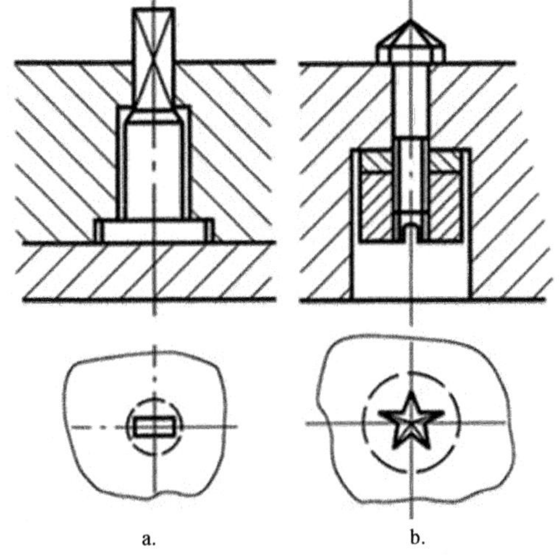

图 26-8　异形小型芯的组合方式

26.1.3　螺纹型芯和螺纹形环结构

螺纹型芯和螺纹形环分别用于成型塑件的内螺纹和外螺纹，还可用来固定制件内的金属螺纹嵌件。成型后制件从螺纹型芯或螺纹型环上脱卸的方式包括：强制脱卸、机动脱卸和模外手动脱卸。

其中手动脱卸螺纹的要求是成型前使螺纹型芯或型环在模具内准确定位和可靠固定，不因外界振动和料流冲击而出现位移；开模后型芯或型环能同塑件一起方便地从模内取出，在模外用手动的方法将其从塑件上顺利地脱卸。

1．螺纹型芯

螺纹型芯适用于成型塑件上的螺纹孔、安装金属螺母嵌件。螺纹型芯的安装方式如图 26-9 所示，均采用间隙配合，仅在定位支承方式上有区别。图 a、b、c 用于成型塑件上的螺纹孔，采用锥面、圆柱台阶面和垫板定位支承。

用于固定金属螺纹嵌件，采用图 d 的结构难以控制嵌件旋入型芯的位置，且在成型压力作用下塑料熔体易挤入嵌件与模具之间和固定孔内并使嵌件上浮，影响嵌件轴向位置和型芯的脱卸；对细小的螺纹型芯（小于 M3），为增加刚性，采用图 e 结构，将嵌件下部嵌入模板止口，同时还可阻止料流挤入嵌件螺纹孔；当嵌件上螺纹孔为盲孔，且受料流冲击不大时，或虽为螺纹通孔，但其孔径小于 3 时，可利用普通光杆型芯代替螺纹型芯固定螺纹嵌件（图 f），从而省去了模外卸螺纹操作。

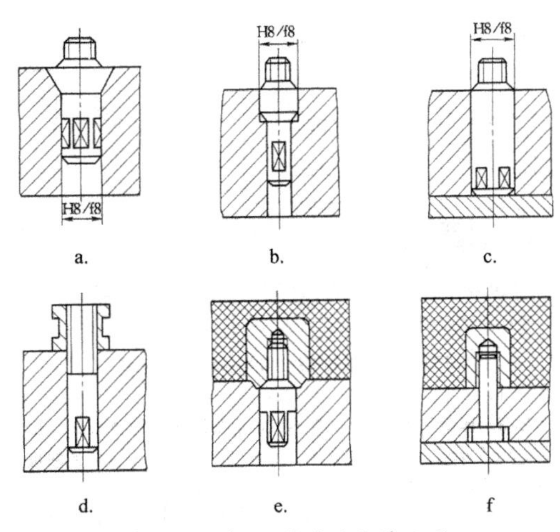

图 26-9　螺纹型芯的安装方式

上述 6 种安装方式主要用于立式注射机的下模或卧式注射机的定模，而对于上模或合模时冲击振动较大的卧式注射机模具的动模，应设置防止型芯自动脱落的结构。如图 26-10 所示，图 a～图 d 为螺纹型芯弹性连接形式。图 a、图 b 型芯柄部开豁槽，借助豁口槽弹力将型芯固定，它适用于直径小于 8mm 的螺纹型芯；图 c、图 d 弹簧钢丝卡入型芯柄部的槽内以张紧型芯，适用于直径 8mm~16mm 的螺纹型芯。

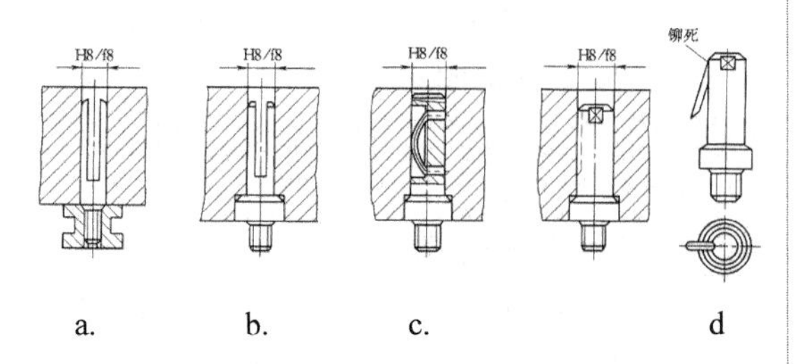

图 26-10　弹性螺纹型芯的连接方式

2. 螺纹形环

螺纹形环适用于成型塑件外螺纹或固定带有外螺纹的金属嵌件。螺纹形环也分为整体式和组合式，如图 26-11 所示。

图 a 为整体式，它与模孔呈间隙配合（H8/f8），配合段常为 3mm ~ 5mm，其余加工成锥状，再在其尾部铣出平面，便于模外利用扳手从塑件上取下。图 b 为组合式，采用两瓣拼合，销钉定位。在两瓣结合面的外侧开有楔形槽，以便于脱模后用尖劈状卸模工具取出塑件。

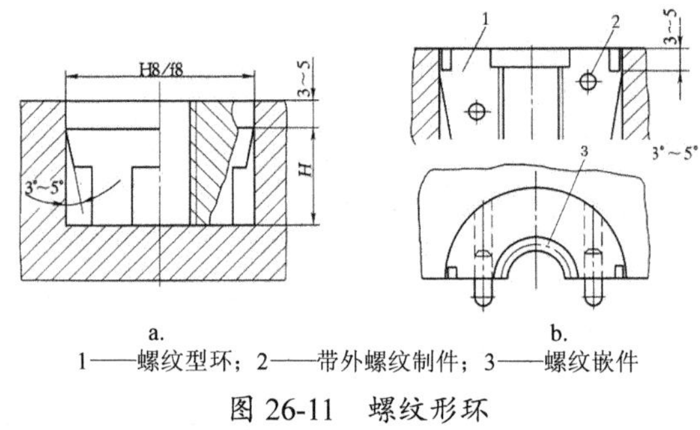

1——螺纹型环；2——带外螺纹制件；3——螺纹嵌件

图 26-11　螺纹形环

26.2 分割体积块

在 Creo 中，模具分型面用来分割工件或现有模具体积块，而获得成型零件。当指定分型曲面分割模具体积块或工件时，程序会计算材料的总体积，然后程序对分型面的一侧材料计算出工件的体积，再将其转换为模具体积。程序对分型面另一侧上的剩余体积重复此过程，因而生成了两个新的模具体积块，每个模具体积块在完成创建后都会立即命名。

技术要点

模具体积块不是模具零件，它是三维的无质量的封闭曲面面组，也是闭合的曲面面组。模具体积块是因其所有的边都是双侧边，因此以洋红色显示。模具体积块可以使用【创建模具元件】命令，转换成模具元件——模具零部件。

在 Creo 模具设计模式中，单击【模具】选项卡下【分型面和模具体积块】组中的【模具体积块】按钮，程序弹出【分割体积块】菜单管理器，如图 26-12 所示。

【分割体积块】菜单管理器中包括两种体积块分割后的结果选项、3 种可选取的分割对象，下面做简要介绍。

用分型面分割工件或现有模具体积块的最大优点之一是复制了工件或模具体积块的边界曲面。对工件或分型面进行设计更改时将不会影响分割本身。更改工件时，只要分型面与工件边界完全相交分割就不会有问题。

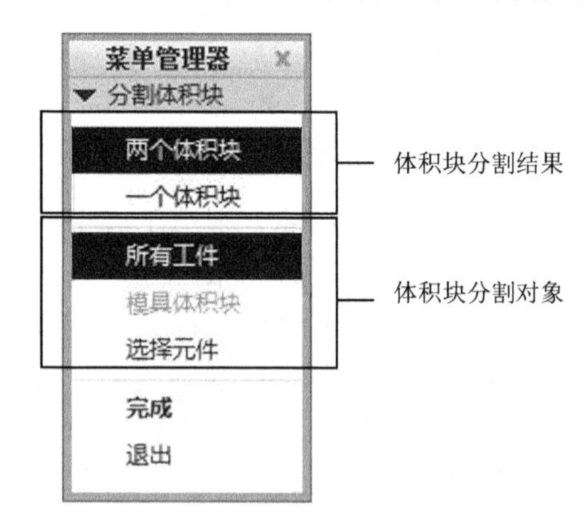

图 26-12　【分割体积块】菜单管理器

1. 一个体积块的分割

当用户需要创建单个模具组件特征时，可选择【一个体积块】命令。可以选取的分割对象包括【所有工件】、【模具体积块】和【选择元件】。

- 所有工件：选择此项，模具中的所有工件都要被分割。
- 模具体积块：选择此项，可以选择分割后的或者新建模具体积块来分割。
- 选择元件：选择此项，可选择任意的模具组件进行分割。

由于使用模具分型面分割工件，将被分割为至少两个体积块，因此在分割时程序会告知用户将保留某个体积块，如图 26-13 所示。

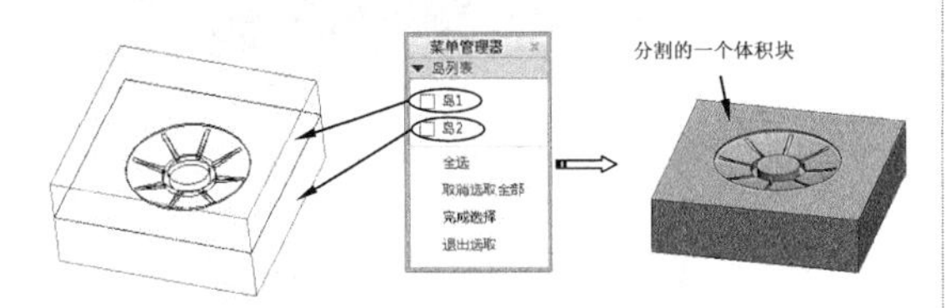

图 26-13　分割为一个体积块

技术要点

要创建一个体积块，在【岛列表】菜单中不能同时选中多个岛，否则与【一个体积块】命令相违背，当然也不能完成分割操作。

2．两个体积块的分割

选择【分割体积块】菜单中的【两个体积块】命令，Creo 将把分割完成的体积块定义为芯与腔。

如图 26-14 所示为选择【两个体积块】命令，并利用模具分型面分割工件后得到的型腔体积块与型芯体积块。

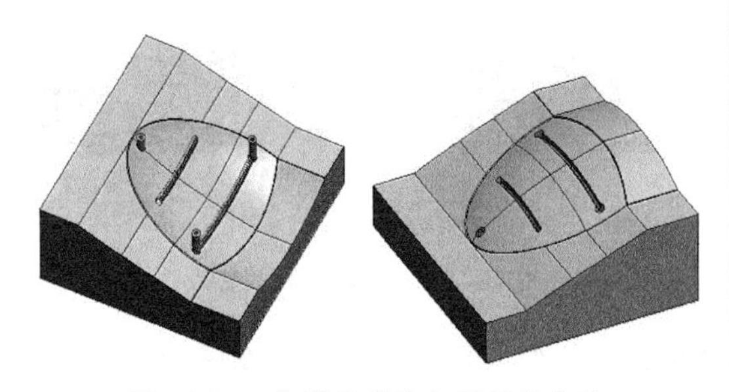

图 26-14　分割的型腔与型芯体积块

动手操作——分割体积块

分割模型的结构比较简单，没有复杂的分型面。在使用分型面来分割模具体积块之前，模具分型面（包括切割出型腔—型芯的分型面和小成型杆分型面）已创建完成。分割模型如图 26-15 所示。

操作步骤：

01 启动 Creo，并设置工作目录，然后从素材中打开【ex26-1\ex26-1.asm】文件，如图 26-16 所示。

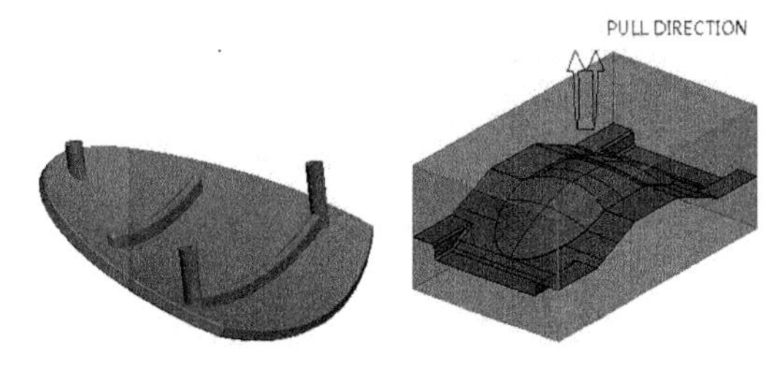

图 26-15　分割模型　　图 26-16　打开的文件

02 在【模具】选项卡的【分型面和模具体积块】组中单击【体积块分割】按钮，然后按如图 26-17 所示的操作步骤：完成型腔体积块和型芯体积块的分割。

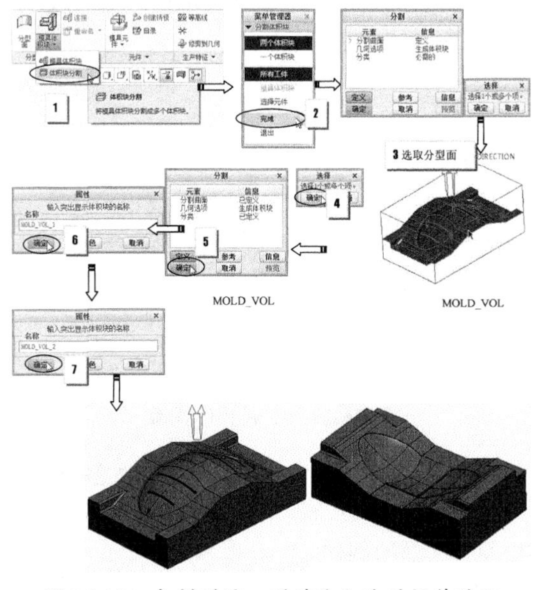

图 26-17　分割型腔、型芯体积块的操作过程

03 完成型腔、型芯体积块的分割以后，再拆分镶件。镶拼式结构具有易加工、易拆卸装配等特点。

04 首先拆分柱位。此刻我们可以再进入分型面设计模式中，创建用于拆分柱位的拉伸分型面。

技术要点

在拆镶件之前，需要对型芯或型腔体积块进行结构分析。从型芯结构看，有较深、较窄的筋骨位，一般刀具是难以完全加工的，且耗时长，所以须在两筋骨之间拆分。另外还有6个柱位，也要拆分出来，以便于加工。如图26-18所示。

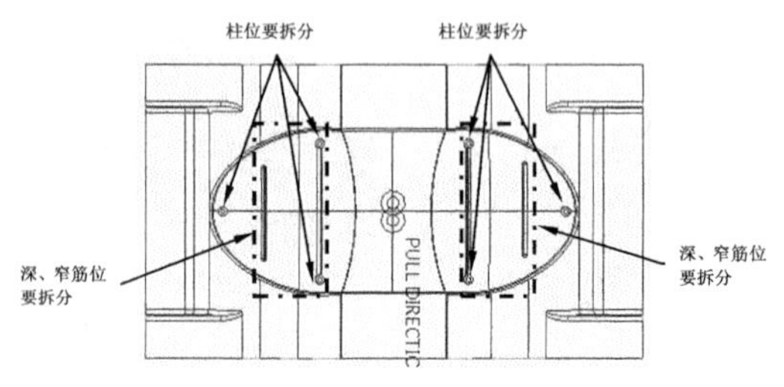

图 26-18　型芯中要拆分的部分结构

05 隐藏型腔体积块。单击【分型面】按钮进入分型面设计模式。单击【拉伸】按钮打开【拉伸】操控板。然后选择型芯底平面作为草绘平面进入到草绘环境中，绘制如图26-19所示的6个同心圆。

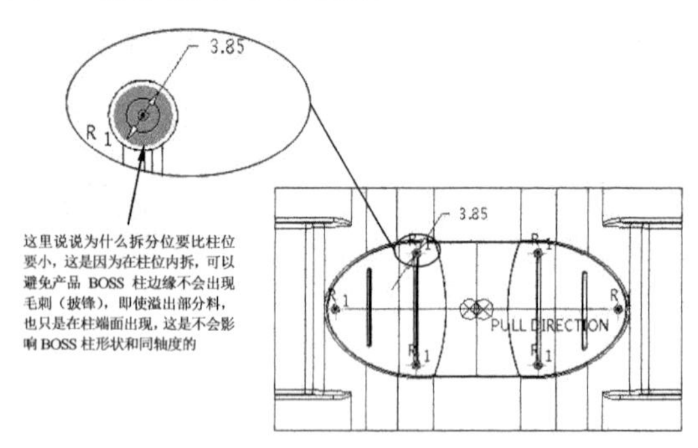

图 26-19　绘制拉伸截面

06 退出草绘环境后，在操控板设置如图26-20所示的拉伸参数，再单击【应用】按钮完成拉伸分型面的创建。

07 随后再利用【拉伸】工具，以相同的草绘平面进入草绘环境，绘制如图26-21所示的拉伸截面。

技术要点

拆分筋位时，尽量将筋包含在拆分出来的镶件上。这样就可以用普通机床单独加工筋位了。

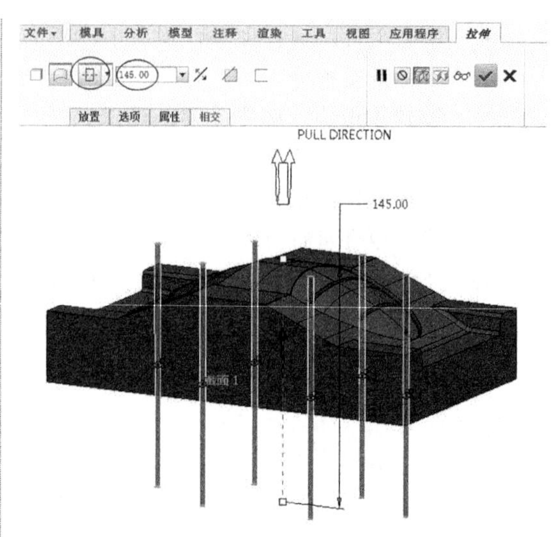

图 26-20　创建拉伸分型面

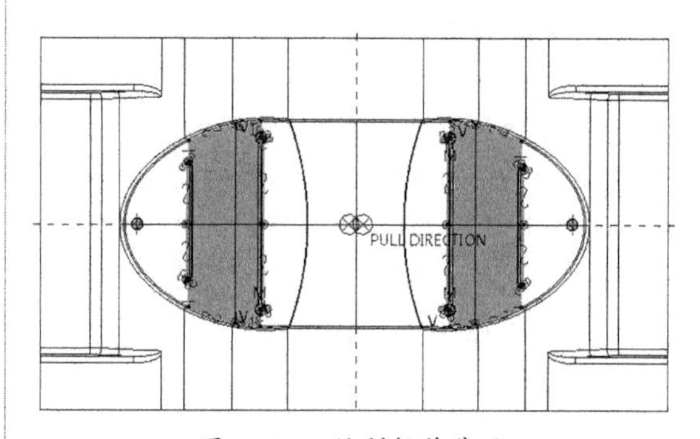

图 26-21　绘制拉伸截面

08 退出草绘环境后，设置拉伸参数后创建出如图26-22所示的拉伸分型面。

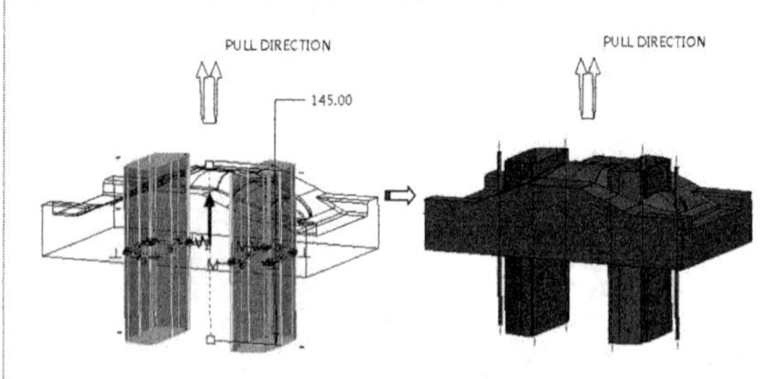

图 26-22　创建拉伸分型面

09 退出分型面设计模式。按如图26-23所示步骤选择要分割的型芯体积块。

10 然后弹出【分割】对话框和【选择】对话框。选择柱位分型面，按如图26-24所示操作步骤：完成柱位体积块的拆分。

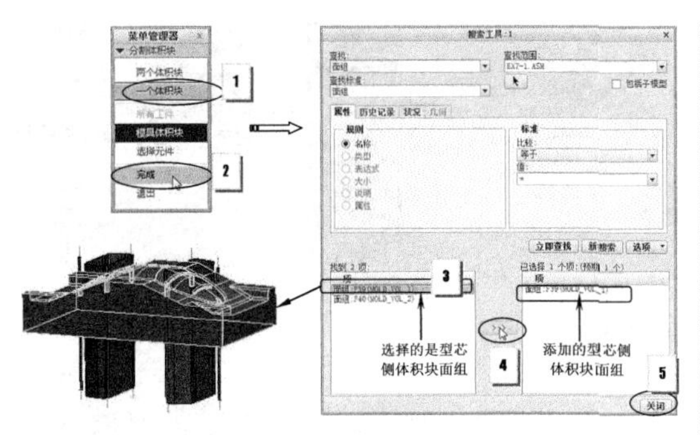

图 26-23　选择要分割的型芯体积块

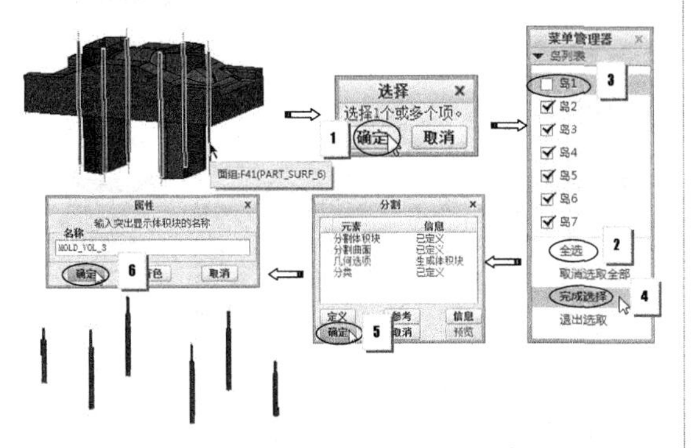

图 26-24　分割柱位体积块的操作过程

11 同理，继续分割操作，完成筋骨位体积块的拆分。如图 26-25 所示。

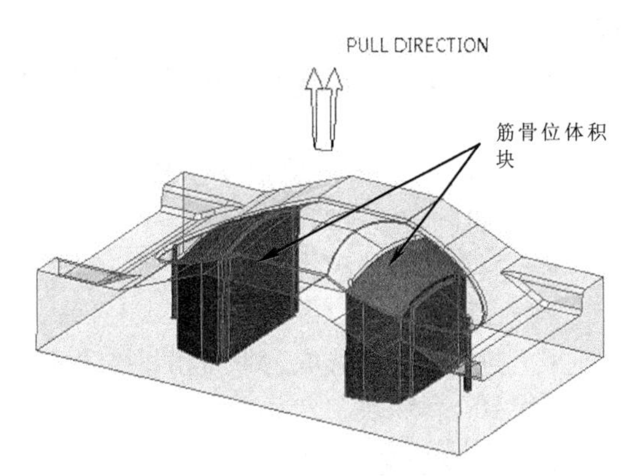

图 26-25　分割完成的筋骨位体积块

技术要点

在定义【分割体积块】时，总是选择前一分割操作余留的型芯体积块。另外，在选择岛时，不要全部选取。例如在操作步骤 10 的图解过程中（岛菜单），不能选择预留的型芯体积块部分（岛 1）。

26.3 创建体积块

编辑、创建模具体积块是参考【参考模型】进行材料的添加或减去的，使体积块与参考模型相适应，并设定模具体积块的拔模角。用户可以通过采用【聚合体积块】、【草绘体积块】和【滑块】3 种方法来创建模具体积块的。

从某种角度讲，【模具体积块】命令是专门用来设计型腔或型芯中的镶块。比如拆分的镶块、侧抽芯滑块等。

在【模具】选项卡的【分型面和模具体积块】组中单击【模具体积块】按钮，在功能区显示【编辑模具体积块】操控板，并进入模具体积块编辑模式，如图 26-26 所示。

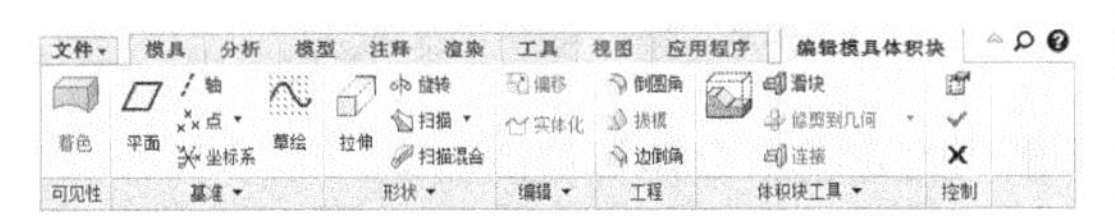

图 26-26　【编辑模具体积块】操控板

26.3.1 聚合体积块

【聚合体积块】是通过复制设计模型的曲面和参考边所创建的体积块。

进入模具体积块编辑模式后，在【体积块工具】组中单击【收集体积块工具】按钮，弹出【聚合体积块】菜单管理器，如图 26-27 所示。

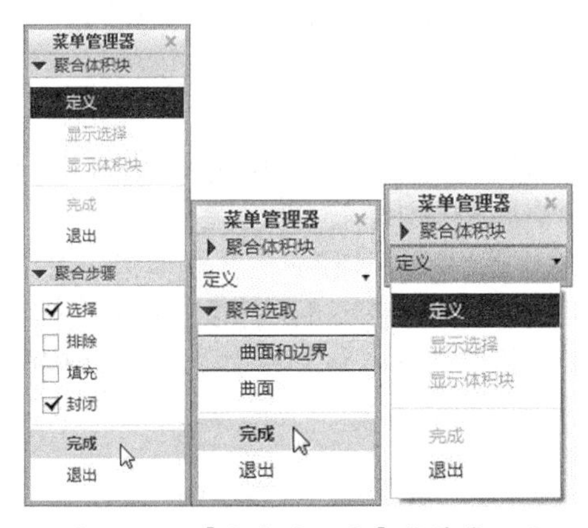

图 26-27　【聚合体积块】菜单管理器

【聚合体积块】菜单的【聚合步骤】子菜单中，用户可以从4个子选项中选择单项或多项。

- 选择：从参考零件中选取曲面或特征。
- 排除：从体积块定义中排除边或曲面环。
- 填充：在体积块上填充内部轮廓线或曲面上的孔。
- 封闭：通过选取顶平面和邻接边关闭聚合体积块。

动手操作——创建聚合体积块

菜篮模具的模具体积块（包括型芯的芯与边框体积块）将采用直接创建体积块的方法来完成。直接创建型芯体积块以后，将其作为分型面来分割工件，以此获得型腔体积块。菜篮模型如图26-28所示。

图26-28　菜篮模型

型芯的芯将在体积块设计模式中使用【聚合】的方法来创建，操作步骤如下：

01 启动Creo，并设置工作目录。然后从素材中打开【ex26-2\ex26-2.asm】文件。

02 在【模具】选项卡的【分型面和模具体积块】组中单击【模具体积块】按钮，进入模具体积块编辑模式。在模型树中将工件暂时隐藏。

03 然后按如图26-29所示的操作步骤：完成聚合体积块的创建。

04 退出体积块设计模式。在模型树中右击刚才创建的聚合体积块并选择【重命名】命令，重新为体积块命名为【型芯-1】。如图26-30所示。

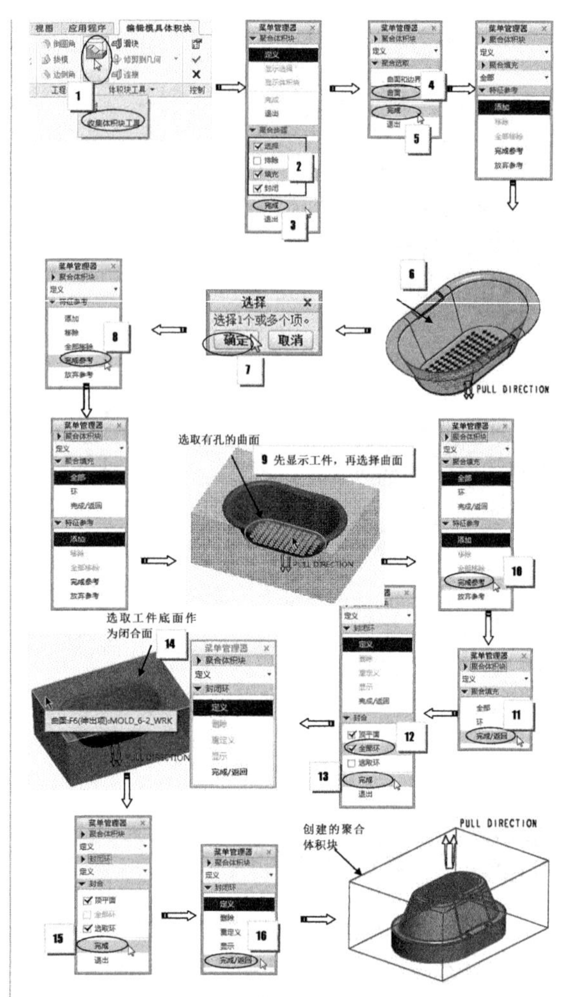

图26-29　创建聚和体积块的过程

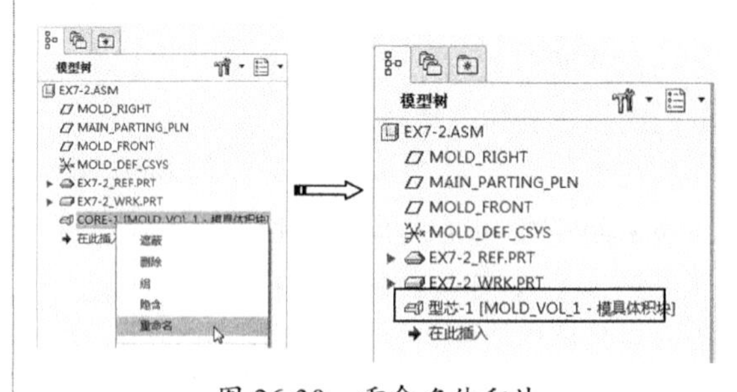

图26-30　重命名体积块

05 至此完成聚合体积块的创建。

26.3.2　草绘体积块

【草绘体积块】是通过【拉伸】、【旋转】、【扫描】等实体创建工具，进入草绘模式绘制截面而创建的体积块。

当需要延伸聚合体积块或者排除某个区域时，可使用实体特征创建工具。例如，为了使模具加工方便，可将成型部分与外侧的边框分割开。如图 26-31 所示。

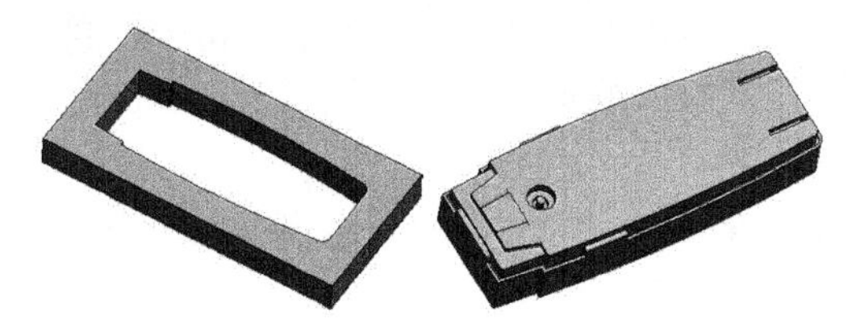

图 26-31　型芯部件的成型部分与边框的分割

动手操作——草绘体积块

继续以菜篮模型为例，利用【草绘】工具创建型芯、型腔边框的体积块。

操作步骤：

1. 创建型芯边框体积块

01 启动 Creo，并设置工作目录。然后从素材中打开【ex26-3\ex26-3.asm】文件。

02 依照上一动手操作的步骤，创建出聚合体积块。

03 在模具体积块编辑模式下，单击【形状】组中的【拉伸】按钮，弹出【拉伸】操控板。然后按如图 26-32 所示的操作步骤：完成边框体积块的创建。

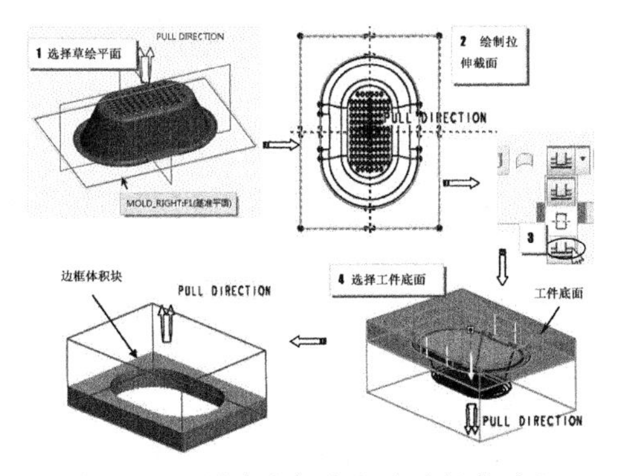

图 26-32　创建边框体积块的操作过程

2. 创建型腔体积块

型腔体积块的分割将分两次来完成。第一次用【型芯 -1】来分割工件，第二次用【型芯 -2】来分割第一次获得的体积块。

01 显示工件。在【模具】选项卡的【分型面和模具体积块】组中单击【体积块分割】按钮，然后按如图 26-33 所示的操作步骤：完成第一次分割操作。

> **技术要点**
>
> 要想用工件来分割出气筒模具体积块，必须显示工件。如果隐藏了工件，那么在【分割体积块】菜单管理器中的【所有工件】命令将不可用。

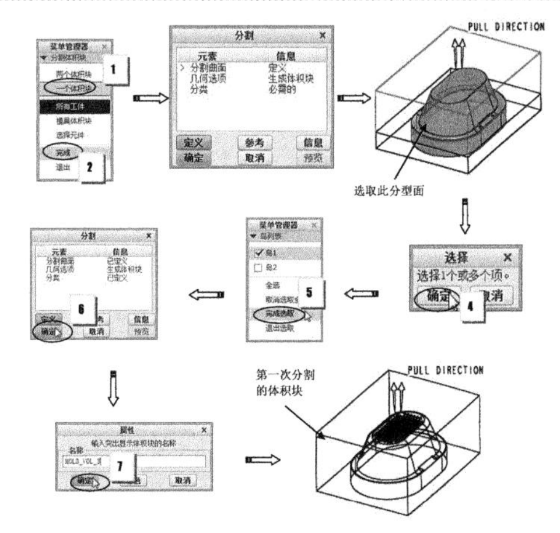

图 26-33　第一次分割工件的操作过程

02 第二次分割时，选取第一次分割工件所获得的体积块作为分割对象，结果将得到型腔体积块。操作步骤：如图 26-34 所示。

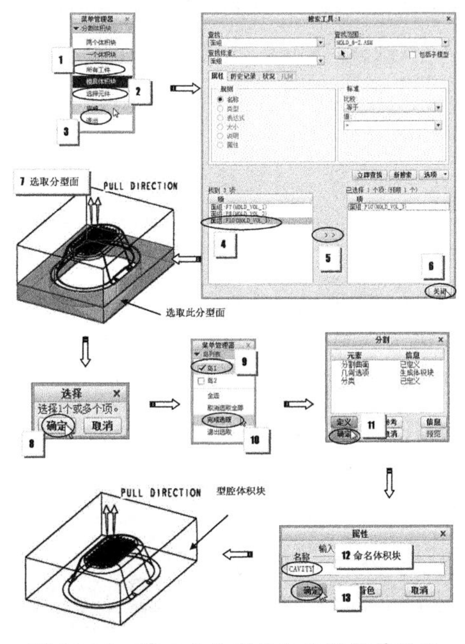

图 26-34　第二次分割体积块的操作过程

03 至此完成草绘体积块的分割。

26.3.3 滑块体积块

当产品具有侧孔或侧凹特征时，需要做滑块，这样才能保证产品能顺利地从模具中取出。

在【体积块工具】组中单击【滑块】按钮，随后弹出【滑块体积块】对话框，如图 26-35 所示。

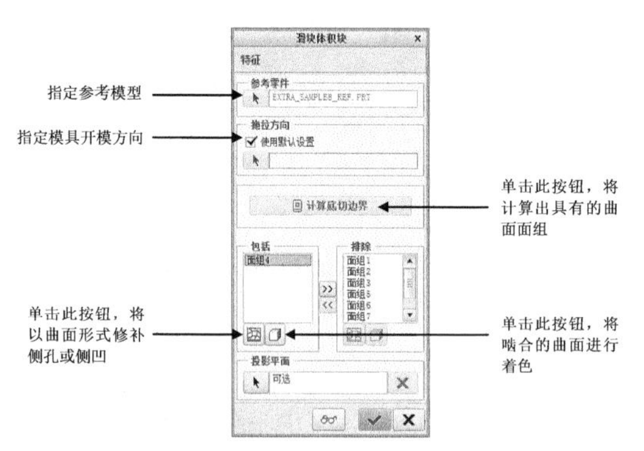

图 26-35 【滑块体积块】对话框

滑块创建过程如下：

（1）程序基于给定的【拖动方向】执行几何分析，以标识出黑色体积块。黑色体积块是参考零件中的底切，也就是将在模具开模期间生成捕捉材料的区域（除非创建了滑块）。它们被定义为参考零件区域，从【拖动方向】及其相反方向上射出的光线都照射不到该区域。

（2）当程序标识并显示所有的黑色体积块时，请选取要包括进单个滑块的体积块或体积块组。

（3）指定投影平面。程序将所选的黑色体积块沿着与投影平面垂直的方向延伸，直至投影平面。这是最后的滑块几何。

动手操作——创建滑块体积块

下面以【huakuai】模型为例详细讲解滑块体积块的创建。模型【huakuai】如图 26-36 所示。

图 26-36 【huakuai】模型

操作步骤：

01 启动 Creo，并设置工作目录。然后从素材中打开【ex26-4\ex26-4.asm】文件。

02 在【模具】选项卡的【分型面和模具体积块】组中单击【模具体积块】按钮，进入模具体积块编辑模式。在模型树中将工件暂时隐藏。

03 按如图 26-37 所示的操作步骤完成滑块体积块的创建。

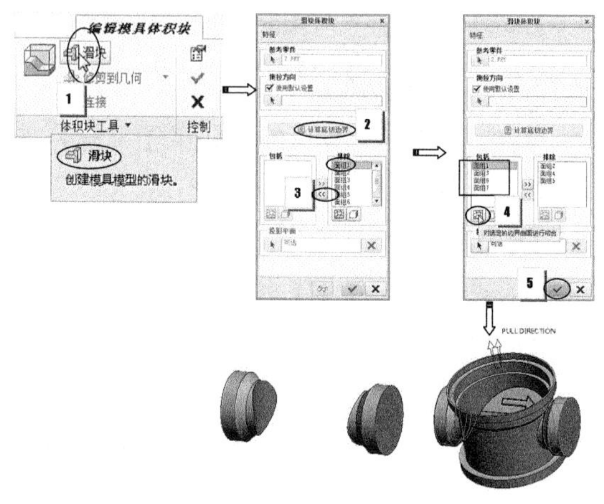

图 26-37 滑块体积块的创建过程

04 至此完成滑块体积块的创建。

26.3.4 修剪到几何

【修剪到几何】工具主要用于模具组件的修剪，如滑块头、斜顶、顶杆、子镶块等。修剪工具可以是零件、曲面或平面等。

在【体积块工具】组中单击【修剪到几何】按钮，程序将弹出【修剪到几何】对话框，如图 26-38 所示。

> **技术要点**
>
> 只有当创建了模具体积块后，【修剪到几何】命令、【参考零件切除】命令、【连接】命令才被激活。

在此对话框中，包含如下选项：

- 树：列出了特征的元素。使用树来选取要重定义的元素。
- 参考类型：选择要用作参考的对象类型。在【零件】模式中，【零件】选项不可用。

- 参考：选取修剪时要用于参考的对象。
- 修剪类型：单击【从第一个】按钮，在与第一个参考几何相交之后修剪几何。单击【从最后一个】按钮，在与最后一个参考几何相交之后修剪几何。仅在将【零件】用作参考时，【修剪类型】选项组才可用。
- 偏移：输入正值或负值，定义自边界曲面的偏移。

图 26-38　【裁剪到几何】对话框

26.3.5　模具体积块的编辑

初次创建模具体积块后，可使用【拔模与倒圆角】、【偏移】、【连接】等工具对体积块进行编辑、修改。

1．拔模与倒圆角

用户还可以向模具体积块添加拔模和倒圆角特征。因此，可以在将其提取为模具元件前来定制体积块，如图 26-39 所示。在组件模式中创建模具体积块，或者自动分割模具体积块的同时，也可创建拔模与倒圆角特征。

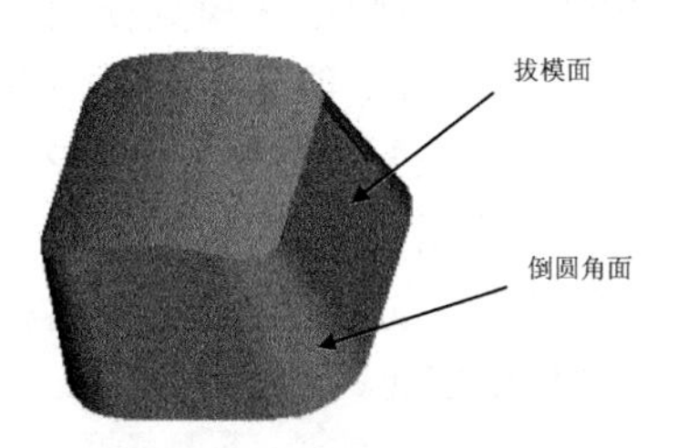

图 26-39　创建拔模与倒圆角特征

2．偏移

使用【偏移区域】功能，可以偏移现有体积块中的曲面以扩大体积块的特定区域。创建偏距特征时可以选择要偏移的曲面及其偏移方式。曲面的偏移有两种方法：

- 垂直于曲面：以垂直于选定曲面的方向偏移体积块的边。
- 平移：以与选定曲面平行的方向偏移体积块的边。

如图 26-40 所示为偏移的体积块。

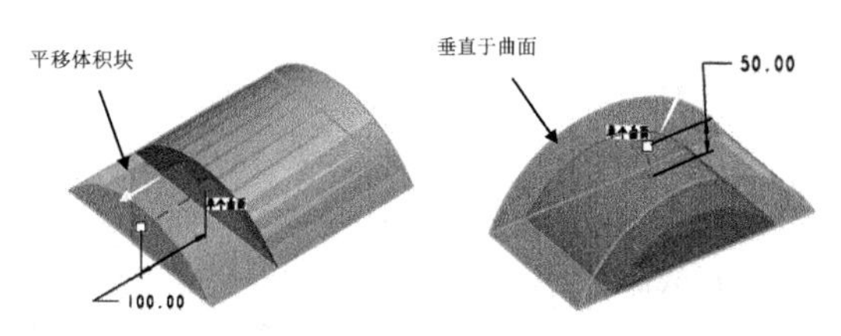

图 26-40　偏移体积块

3．连接

有时，在创建模具时多个模具体积块会因共同的成型要求，而连接成一个体积块。那么就可使用【连接】工具。

创建模具体积块后，在菜单栏中选择【编辑】|【连接】命令，弹出【搜索工具】对话框，如图 26-41 所示。

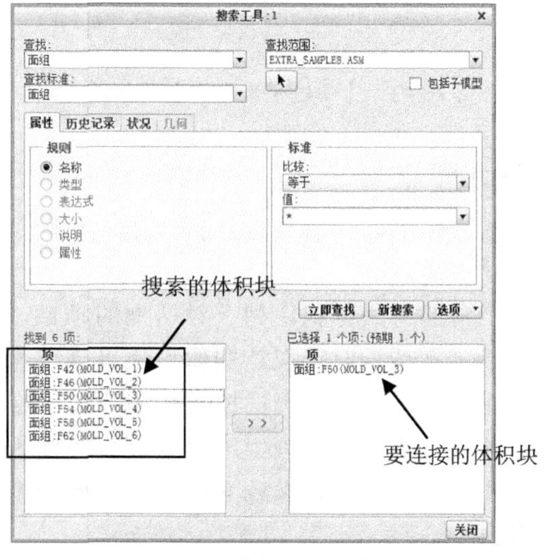

图 26-41　【搜索工具】对话框

通过此对话框，用户可以在【项】列表

框中选择要连接的体积块，然后单击 >> 按钮，将体积块添加到右侧列表框中，再单击对话框中的【关闭】按钮 关闭 ，即可将该体积块添加为连接体积块之一。同理，继续在体积块列表框中选择要连接的体积块，再次单击对话框中的【关闭】按钮 关闭 ，完成两个体积块的连接。若要连接其他的体积块，则继续添加体积块即可。

26.4 抽取模具元件

前面已经说明，模具体积块仅仅是三维曲面，而不是实体特征，因此分割完模具体积块后，还需要将体积块通过填充实体材料，将其转变为具有实体特征的模具元件。

模具元件的生成方式有 3 种：创建、装配和型腔镶块。

1. 抽取型腔镶块

在模具设计模式中，从模具体积块到模具元件的转换，这一过程是通过执行抽取操作来完成的。

在【模具】选项卡的【元件】组中单击【型腔镶块】按钮，程序将弹出【创建模具元件】对话框，如图 26-42 所示。

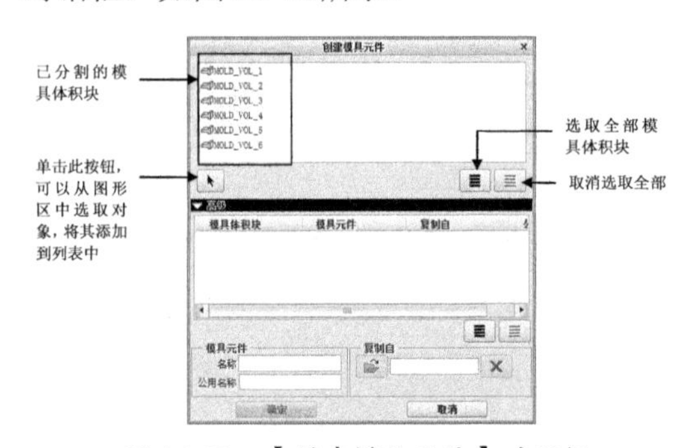

图 26-42 【创建模具元件】对话框

技术要点

只有当创建模具体积块后，【型腔镶块】按钮才亮显。

当前的模具体积块列于对话框的顶部，可单个选取或同时选取这些体积块以创建相关联的模具元件。所选的模具体积块出现在对话框的【高级】选项组中，用户可在此为抽取的模具元件指定名称并可选取起始参考零件。

2. 装配模具元件

用户可以在零件设计模式中创建模具的组件模型，然后通过装配方式将模型装配到模具设计模式中，成为可以制模的模具元件。

3. 创建模具元件

用户可以在组件设计模式下，创建模具的元件。例如，手动分模时，进入组件设计模式中可以采用复制曲面、延伸曲面，创建拉伸、旋转特征，并使用曲面修剪实体等操作，就可以得到模具的型腔、型芯、滑块、小成型杆等成型零件部件。

进入组件设计模式创建模具元件的方式如图 26-43 所示。

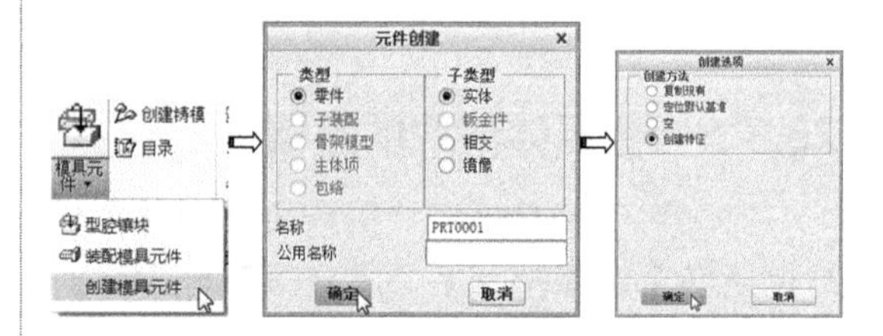

图 26-43 创建模具元件所选择的命令

4. 实体分割

在手动分模时，常使用【实体分割】工具将产品从工件中减除，再使用分型面分开余下的体积块，就可得到型腔或型芯。

在【模具】选项卡的【元件】组中单击【实体分割】按钮，将弹出【模具模型类型】菜单管理器，选择其中的【工件】命令，再弹出【实体分割选项】对话框，如图 26-44 所示。对话框中各选项含义如下：

- 按参考零件切除：选中此复选框，将从实体中修剪参考模型。

- 添加到现有元件：将面组添加到现有元件，作为【抽取】特征。用户可以选择任意曲面作为分型面来分割实体，并将其分类。
- 创建新元件：将去除的材料创建为模具元件，并重新命名。
- 创建新体积块：将去除的材料创建为新体积块，并重新命名。
- 不使用：去除的材料不作任何用途。

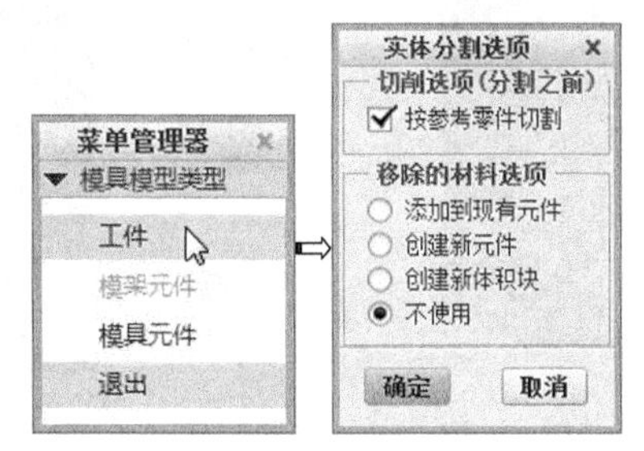

图 26-44 【实体分割选项】对话框

动手操作——抽取模具元件

下面讲解抽取模具元件的方法。

01 启动 Creo，并设置工作目录。然后从素材中打开【ex26-5\ex26-5.asm】文件，如图 26-45 所示。

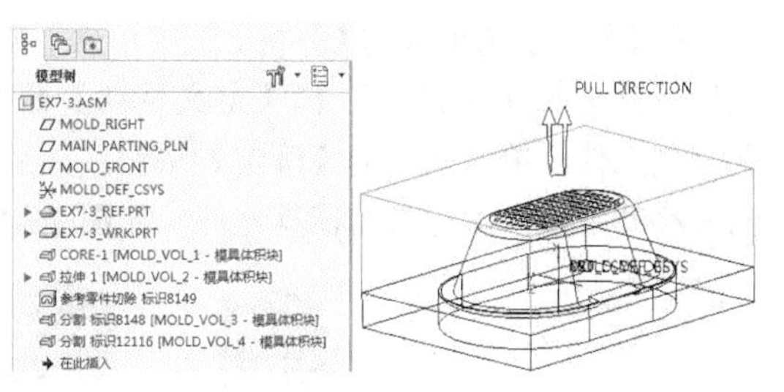

图 26-45 打开文件

02 在【模具】选项卡的【元件】组中，单击【模具元件】按钮，程序弹出【创建模具元件】对话框，在列表中选择前 3 个体积块作为要抽取的对象，单击【确定】按钮后，根据系统提示命名为【cqyj】，至此完成了 3 个模具元件的创建，如图 26-46 所示。

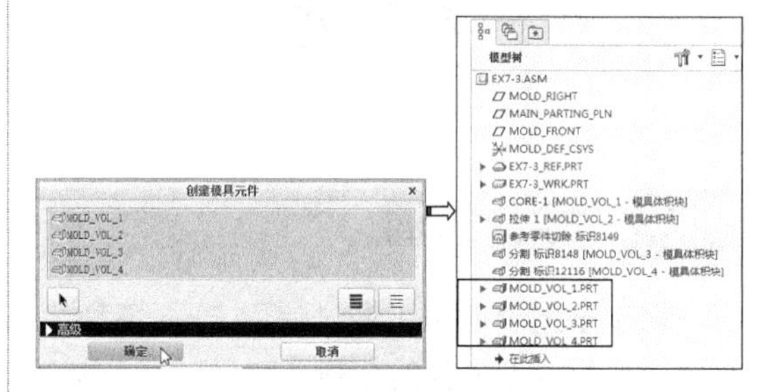

图 26-46 完成模具元件的创建

26.5 创建铸模

在 Creo 中，当模具的所有组件都设计完成时，可以通过浇注系统的组件来模拟填充模具型腔，从而创建铸模（制模），如图 26-47 所示分别是定模（型腔）、动模（型芯）、参考零件和浇注系统。

铸模可以用于检查前面设计的完整性和正确性，如果出现不能生成铸模文件的现象，极有可能是先前的模具设计有差错或者参考零件有几何交错的现象。此外，铸模可以用于计算质量属性、检测合适的拔模，因为它有完整的流道系统可以较准确地模拟产品注塑过程，所以可用于塑料顾问的模流分析。

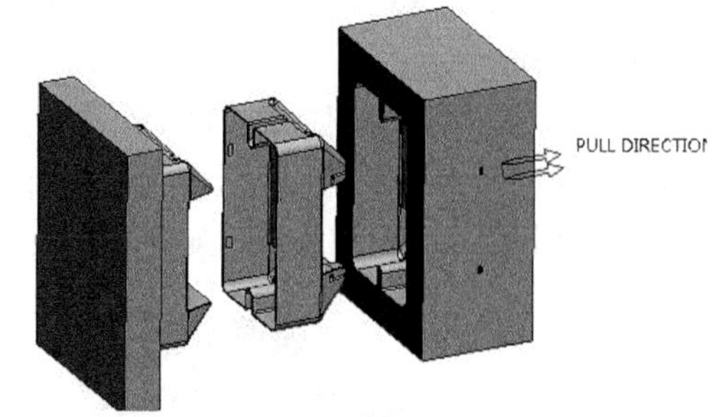

图 26-47 制模的参考零件与浇注系统

26.6 模具打开

在模具体积块定义并抽取完成之后，模具元件仍然处于闭合状态。为了检查设计的适用性，可以模拟模具打开过程。

在【模具】选项卡的【分析】组中单击【模具开模】按钮，弹出【模具开模】菜单管理器，然后依次选择【定义间距】|【定义移动】命令，程序将弹出【选择】对话框，在图形区中选择模具元件，单击其中的【确定】按钮，然后在图形区中选择一个基准以确定打开的方向，再输入移动距离，就能移动模具元件，如图 26-48 所示。

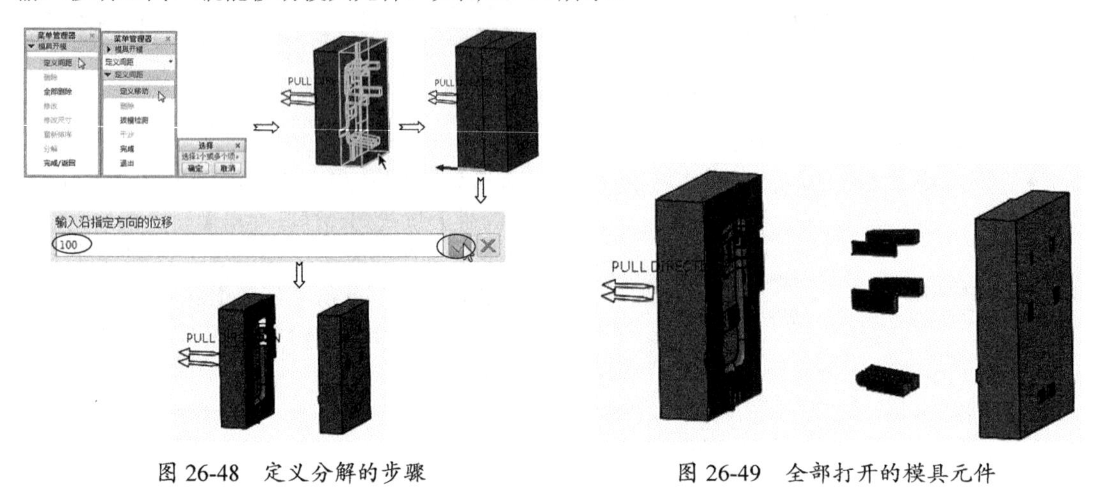

图 26-48　定义分解的步骤　　　　图 26-49　全部打开的模具元件

26.7　综合实训

在本章主要学习了通过使用 Creo 各种模具体积块的创建方法，以及模具元件的生成方式来完成模具成型零件的分割。下面以几个典型的案例来说明模具体积块的分割与抽取过程。

26.7.1　分割体积块并抽取模具元件

◎ **引入文件：实例 \ 源文件 \Ch26\ex26-6\ 模具元件 .asm**

◎ **结果文件：实例 \ 结果文件 \Ch26\ 分割体积块并抽取模具元件 \ 模具元件 .asm**

◎ **视频文件：视频 \Ch26\ 分割体积块并抽取模具元件 .avi**

本例以一个塑胶产品的模具元件设计为例，详解其设计过程。产品如图 26-50 所示。

操作步骤：

01 打开【ex26-6\ 模具元件 .asm】文件，如图 26-51 所示。然后设置工作目录。

02 单击【体积块分割】按钮，弹出【分割体积块】菜单管理器。选择【完成】命令，弹出【分割】对话框和【选择】对话框，如图 26-52 所示。

图 26-50　产品

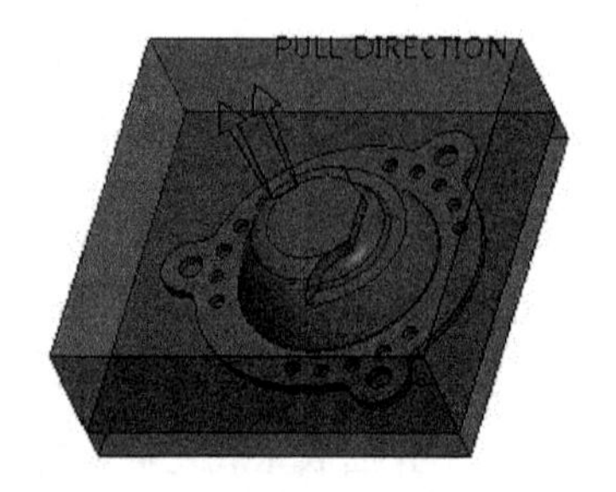

图 26-51　素材文件

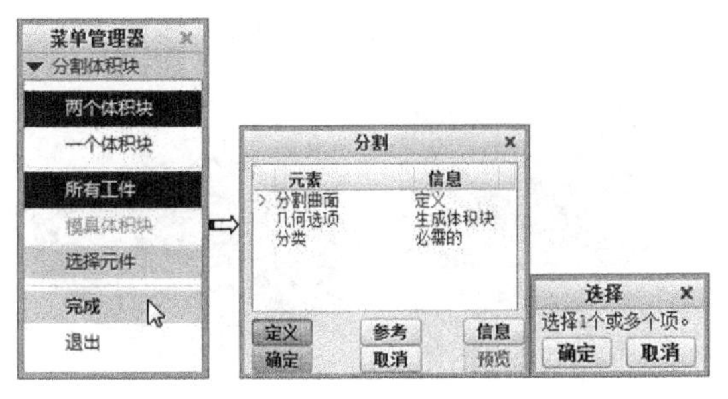

图 26-52　选择命令

03 选择分型面作为分割曲面，单击【选择】对话框中的【确定】按钮，再单击【分割】对话框中的【确定】按钮，如图 26-53 所示。

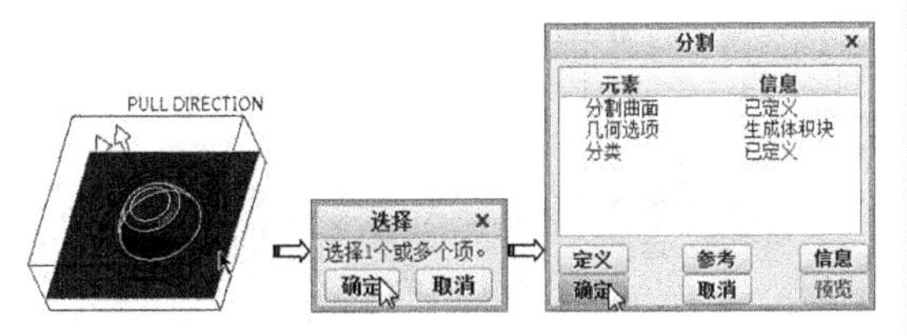

图 26-53　选择分割曲面

技术要点

如果您在操作过程中发现【选择】对话框"消失"了。可以缩小 Creo 软件窗口，找到隐匿在软件后面的【选择】对话框。

04 随后在【属性】对话框中保留默认设置，直接单击【确定】按钮，完成体积块的分割。如图 26-54 所示。

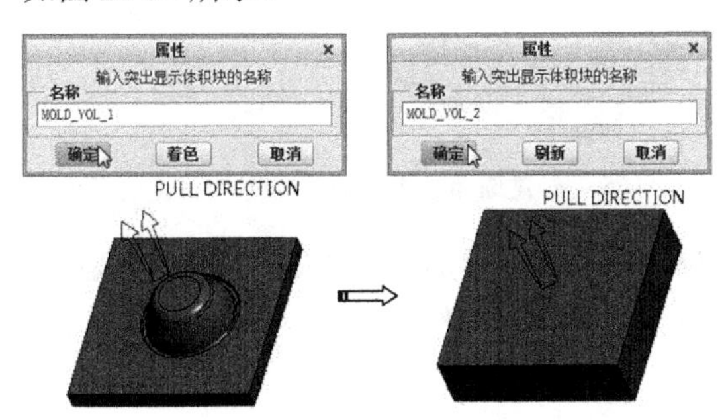

图 26-54　设置属性完成分割

05 单击【型腔镶块】按钮，打开【创建模具元件】对话框。单击【选择所有体积块】按钮，添加两个体积块到下方的模具元件列表中，然后将两个模具添加分别命名为【型腔】和【型芯】，最后单击【确定】按钮完成模具元件的创建，结果如图 26-55 所示。

图 26-55　绘制矩形

技术要点

每修改一个模具元件的名称，按 Enter 键确认。或者在【公用名称】文本框中单击，即可确实名称的修改。

06 抽取的模具元件（型芯和型腔）如图 26-56 所示。

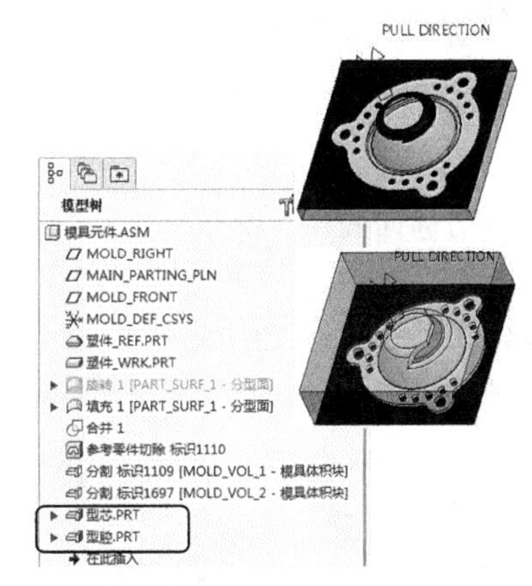

图 26-56　抽取的模具元件

07 在模型树中单独打开【型芯】元件，进入新窗口。使用【倒角】工具，创建斜角为 1 的特征，如图 26-57 所示。

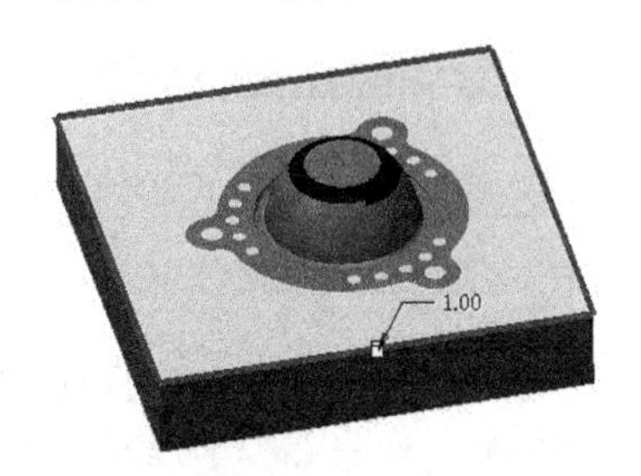

图 26-57　创建边倒角

技术要点

由于产品大致是回转体形状，且有多个孔，因此需要保证其同轴度要求。那么在型芯元件上需要做出修改。

08 使用【拉伸】工具，创建4个拉伸实体，如图26-58所示。

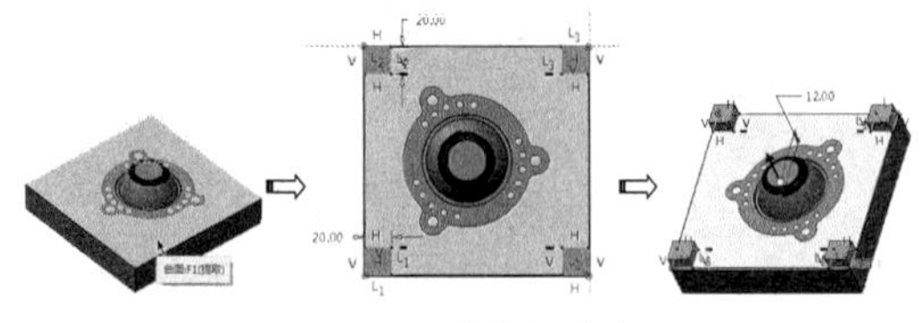

图26-58 创建拉伸实体

09 使用【拔模】工具，对其中一个拉伸实体的内侧创建拔模特征，角度为10°。如图26-59所示。同理，对其余3个实体进行拔模。

图26-59 创建拔模特征

10 使用【倒圆角】工具对4个拉伸实体的内侧竖直边创建圆角，圆角半径为10，如图26-60所示。再对上下平面边缘倒半径为2的圆角特征，如图26-61所示。

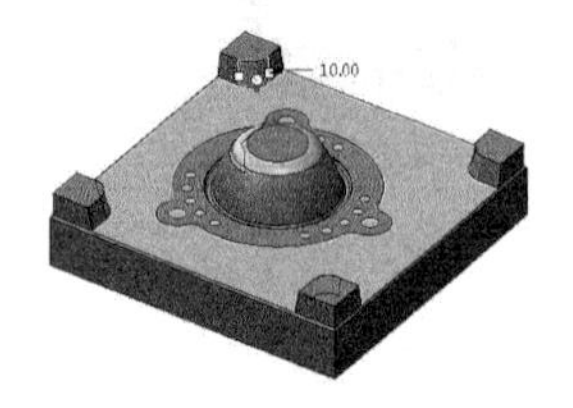

图26-60 倒圆角1

图26-61 倒圆角2

11 关闭型芯元件的独立窗口。同理，单独打开型腔元件的窗口。首先利用【拉伸】工具创建减材料的实体特征，如图26-62所示。

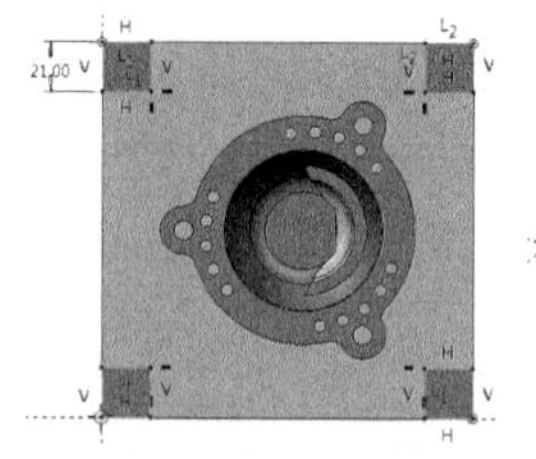

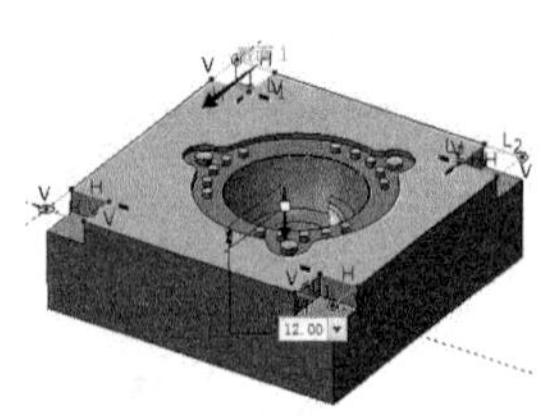

图26-62 创建减材料拉伸实体

12 使用【拔模】工具对4个实体创建拔模，拔模斜度为10°，如图26-63所示。

13 使用【倒圆角】工具创建半径为10的圆角特征，如图26-64所示。

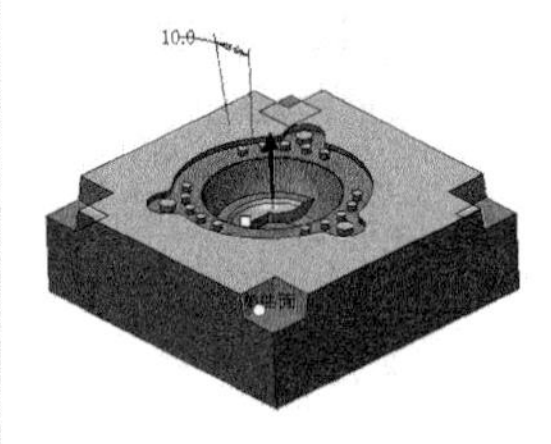

图26-63 创建拔模特征

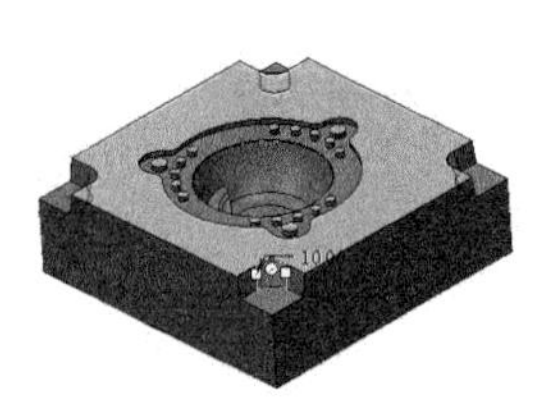

图26-64 创建圆角特征

14 再创建半径为2的圆角特征，结果如图26-65所示。

15 最后利用【倒角】工具创建距离为1的斜角特征，如图26-66所示。

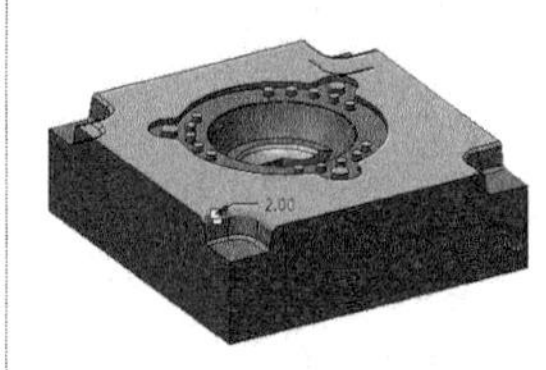

图26-65 创建圆角特征

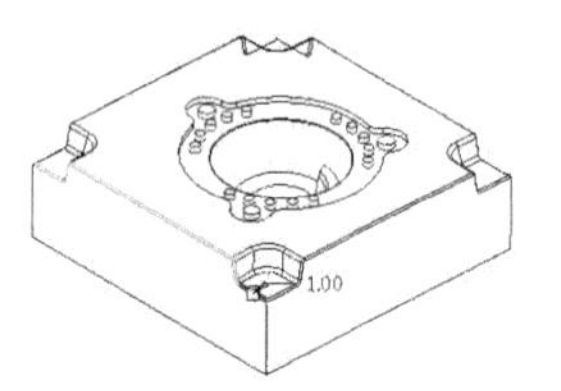

图26-66 创建斜角特征

16 完成型腔元件的设计及更改后，关闭窗口。

17 最后将结果文件保存。

26.7.2 用分型面法设计镶件

◎ **引入文件：实例\源文件\Ch26\ex26-7\斜顶镶件.asm**

◎ **结果文件：实例\结果文件\Ch26\分割体积块并抽取模具元件\斜顶镶件.asm**

◎ **视频文件：视频\Ch26\用分型面法设计镶件.avi**

完成本例后，您将熟练掌握模具成型镶件的设计技巧。本例用分型面法设计镶件。本产品中具有倒扣位，需要拆成斜顶镶件，如图26-67所示。

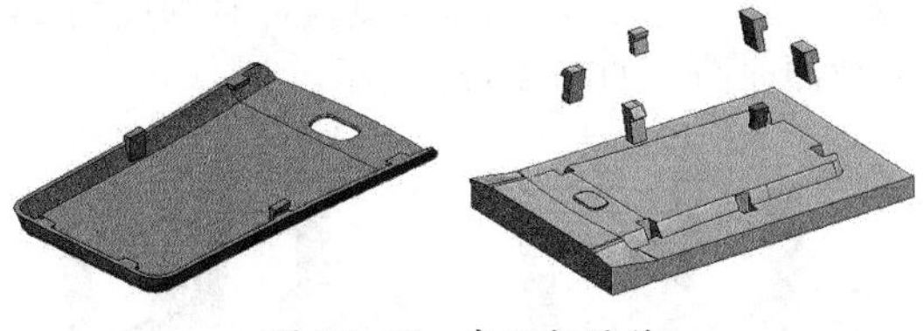
图 26-67　产品与镶件

操作步骤：

01 打开【ex26-7\斜顶镶件 .asm】文件，打开的文件中已经分割了型腔、型芯体积块，如图 26-68 所示。

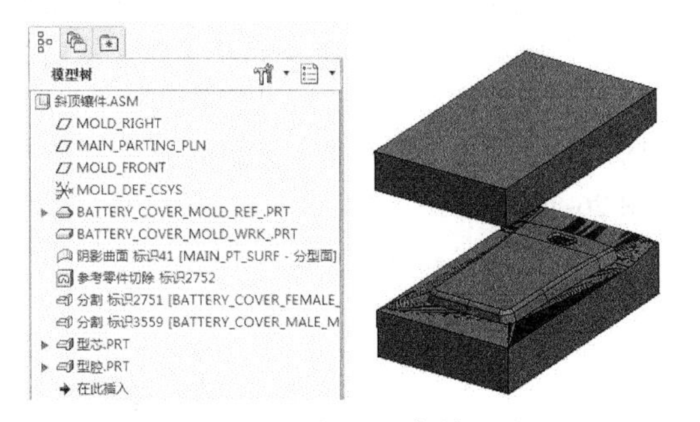

图 26-68　打开的素材文件

02 由于创建了模具元件，接下来设计斜顶镶件的分型面。图形区中仅仅显示产品，使用【测量】工具首先测量倒扣位的尺寸，如图 26-69 所示。

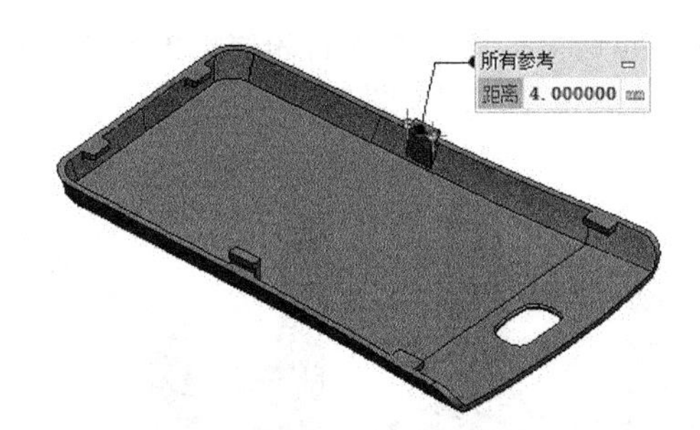

图 26-69　测量倒扣位尺寸

技术要点

由测量数据可知，倒扣特征尺寸仅仅为 4mm，为了保证斜顶零件的强度，可以将另一侧的厚度加大，至少 6mm 以上。

03 设计产品中间的两个斜顶分型面。使用【拉伸】工具，在倒扣侧平面上创建如图 26-70 所示的拉伸曲面。

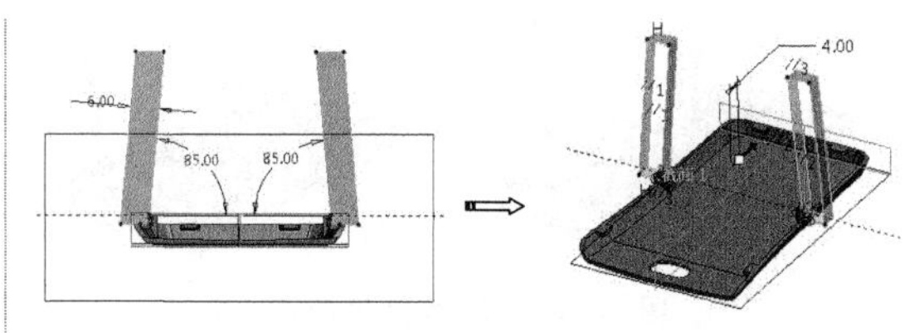

图 26-70　创建拉伸曲面

04 拉伸曲面的两端需要封闭，使用【造型曲面】工具在拉伸曲面上创建封闭曲面，如图 26-71 所示。

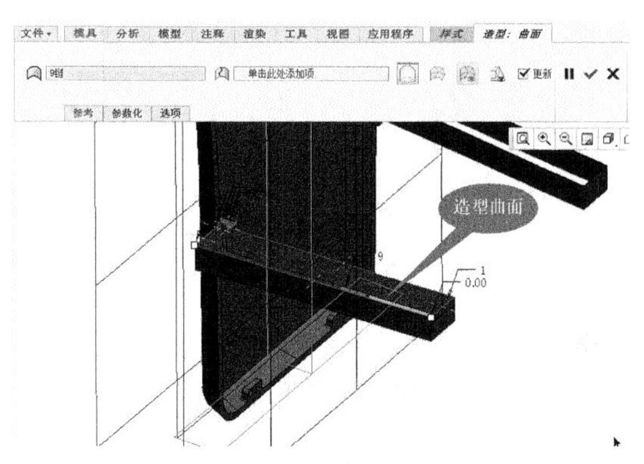

图 26-71　创建封闭曲面

技术要点

在造型曲面时，必须按住 Ctrl 键连续选取边界。

05 同理，完成其余 3 个造型曲面的创建。使用【合并】工具将拉伸曲面和造型曲面合并。

06 下面设计第 2 组的两个斜顶分型面。使用【拉伸】工具，草绘如图 26-72 所示的拉伸曲面的截面曲线。

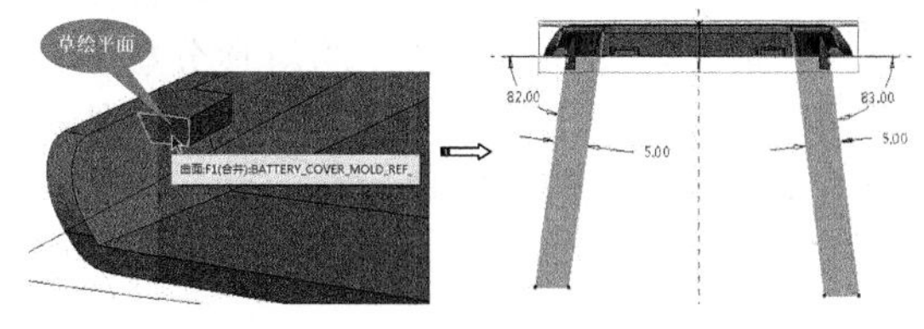

图 26-72　草绘拉伸截面曲线

07 退出草绘环境创建拉伸深度为 4 的拉伸曲面，如图 26-73 所示。

08 同理，创建造型曲面将拉伸曲面封闭，并合并起来。

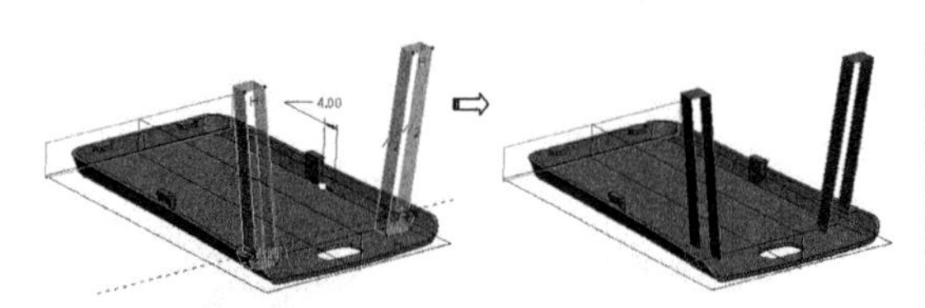

图 26-73　创建拉伸曲面

09 最后设计第 3 组的两个斜顶的分型面。使用【拉伸】工具选择如图 26-74 所示 RIGHT 基准平面绘制截面草图。

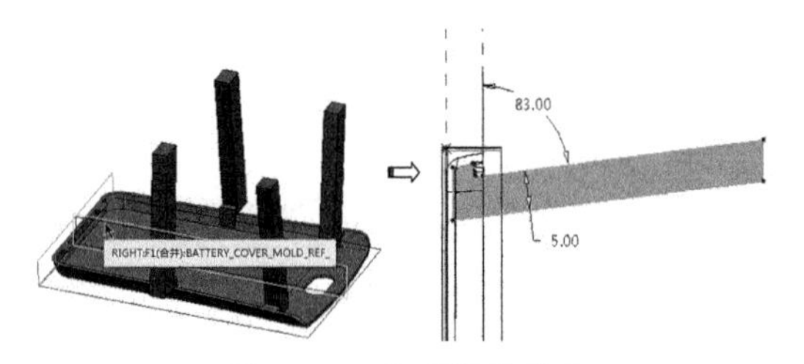

图 26-74　绘制拉伸截面

10 退出草绘模式创建出双侧拉伸、深度为 26 的拉伸曲面，如图 26-75 所示。

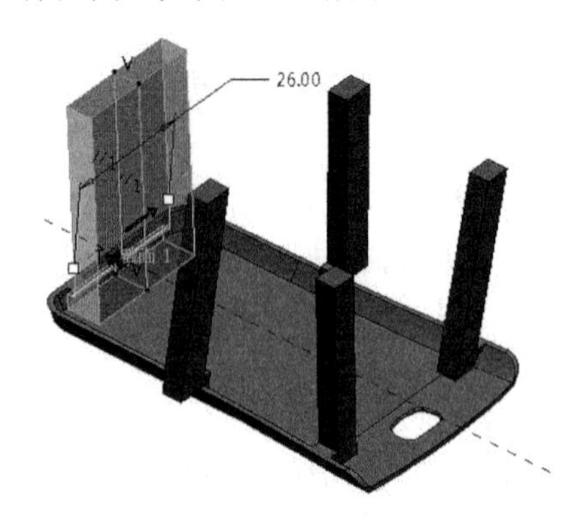

图 26-75　创建拉伸曲面

11 斜顶分型面不会像上图中这么宽，需要从中间修剪开，成为两个独立的斜顶分型面。下面使用【拉伸】工具，选择 FRONT 基准平面来绘制用于修剪的拉伸曲面截面，如图 26-76 所示。

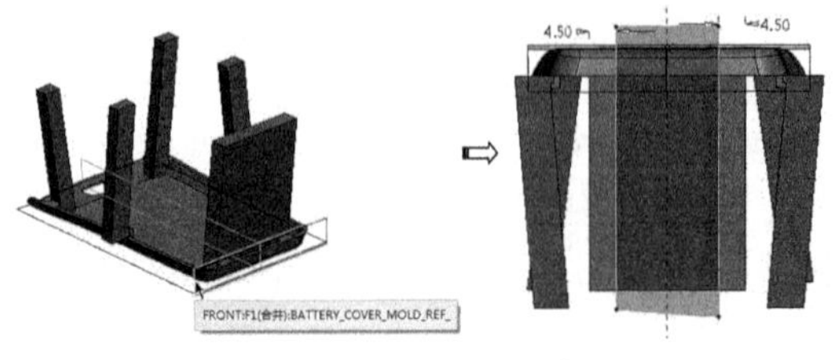

图 26-76　绘制拉伸截面

12 退出草绘模式，创建双侧拉伸且深度为 24 的拉伸曲面。如图 26-77 所示。

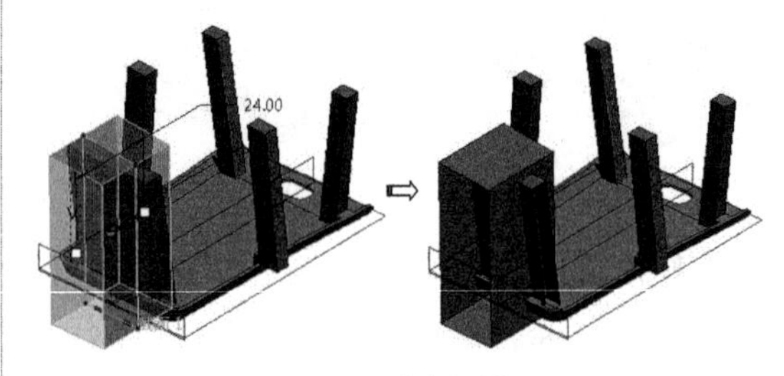

图 26-77　创建拉伸曲面

13 选中图 26-75 中创建的拉伸曲面作为修剪的面组，执行【修剪】命令打开【曲面修剪】操控板后，再选择图 26-77 中的拉伸曲面作为修剪对象，并完成斜顶分型面的修剪，结果如图 26-78 所示。

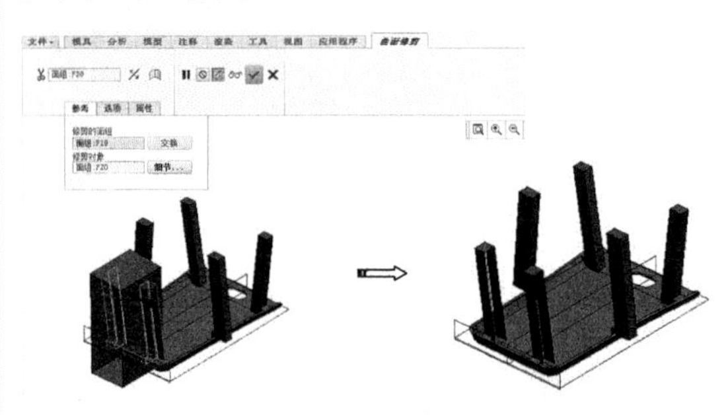

图 26-78　修剪曲面

14 创建造型曲面，以此封闭修剪的斜顶分型面，并最终合并。如图 26-79 所示。

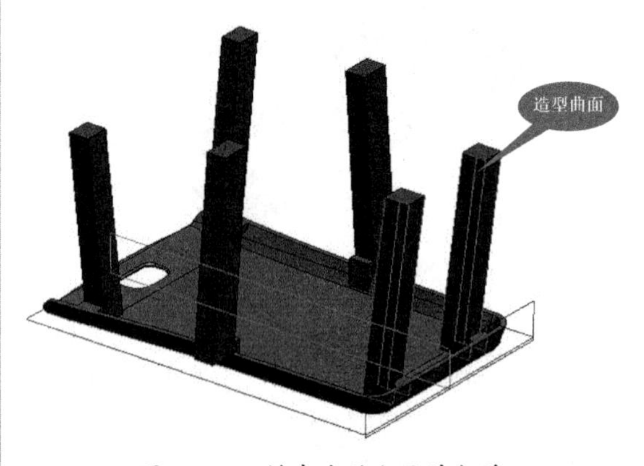

图 26-79　创建造型曲面并合并

15 斜顶分型面设计完成后，即可开始分割模具体积块了。单击【体积块分割】按钮后按如图 26-80 所示的步骤分割型芯体积块。

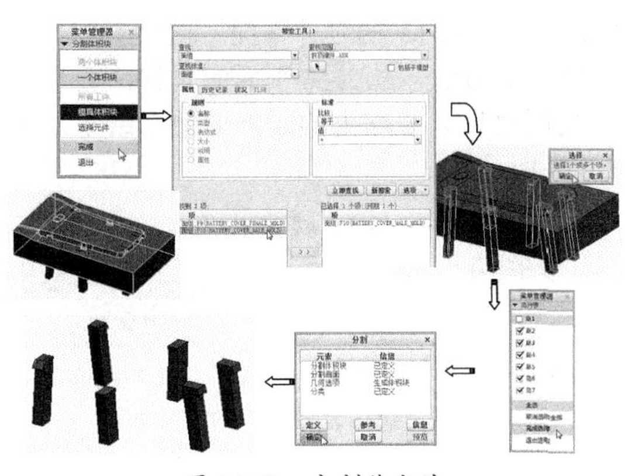

图 26-80　分割体积块

16 抽取镶件模具元件，并分别命名为型腔、型芯和型芯镶件，如图 26-81 所示。

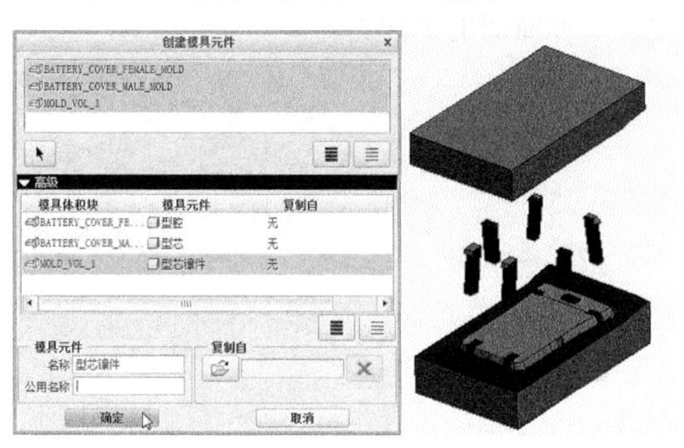

图 26-81　抽取模具元件

17 最后将设计结果保存在工作目录中。

26.7.3　用铸模法拆模设计

◎ **引入文件：实例 \ 源文件 \Ch26\ex26-8\ 手机上盖 .asm**

◎ **结果文件：实例 \ 结果文件 \Ch26\ 用铸模法拆模设计 \ 手机上盖 .asm**

◎ **视频文件：视频 \Ch26\ 用铸模法拆模设计 .avi**

在本例中，将使用【铸模法】来直接创建型腔、型芯元件，也就是复制型腔区域内的曲面，实体化后将其作成型腔元件；接着再复制参考模型上所有曲面，并将复制曲面实体化生成一个临时的模具元件；最后使用铸模功能创建出铸模零件，此零件即型芯。

手机面板模具的模具元件创建操作将分成 3 个部分来完成。一是创建型腔元件；二是创建手机模型元件；最后【制模】创建出型芯部件。手机面板模型如图 26-82 所示。

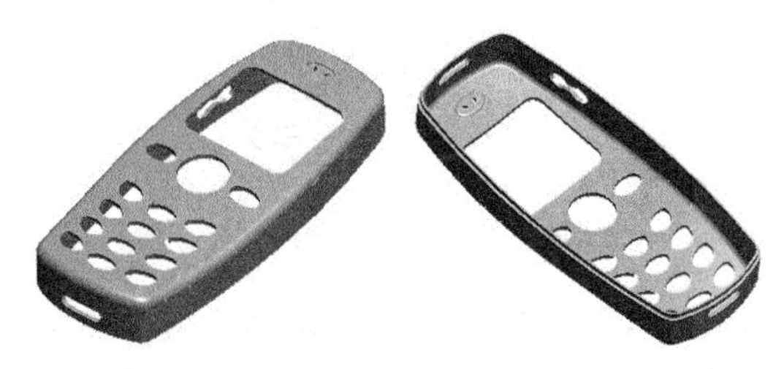

图 26-82　手机面板模型

操作步骤：

1．创建型腔元件

01 设置工作目录。从素材中打开【ex26-8\ 手机上盖 .asm】文件。

02 在【元件】组中单击【创建模具元件】按钮，创建【型腔】元件文件，如图 26-83 所示。

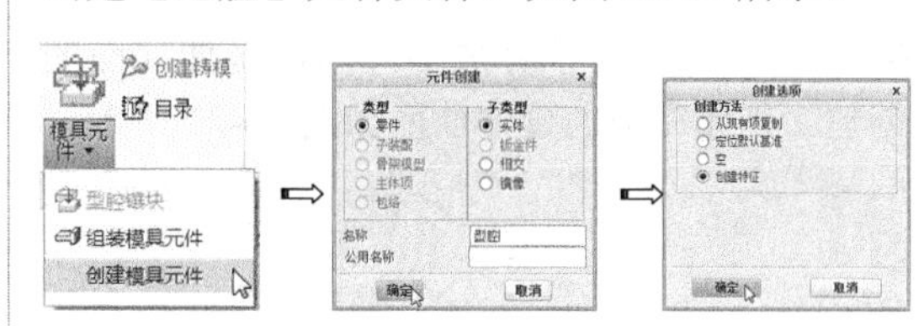

图 26-83　创建新的模具元件

03 进入元件创建模式后，将工件隐藏。再复制、粘贴产品型腔区域的曲面，如图 26-84 所示。

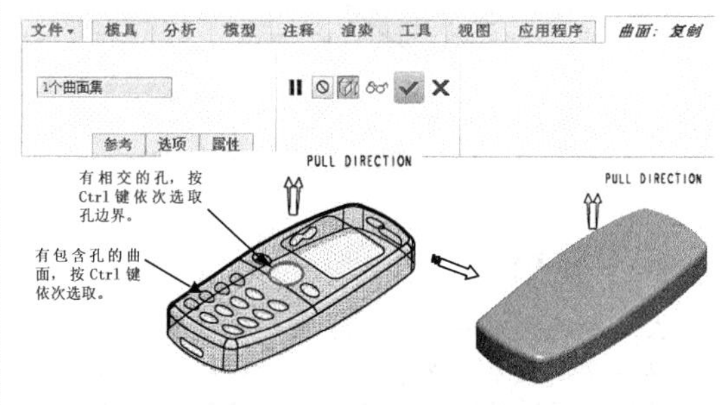

图 26-84　复制型腔侧曲面

04 创建 X-Y 平面上的延伸曲面。在图形区中按 Shift 键，依次选取复制曲面其中一侧的边界，然后按如图26-85所示的操作步骤：完成单侧延伸曲面的创建。

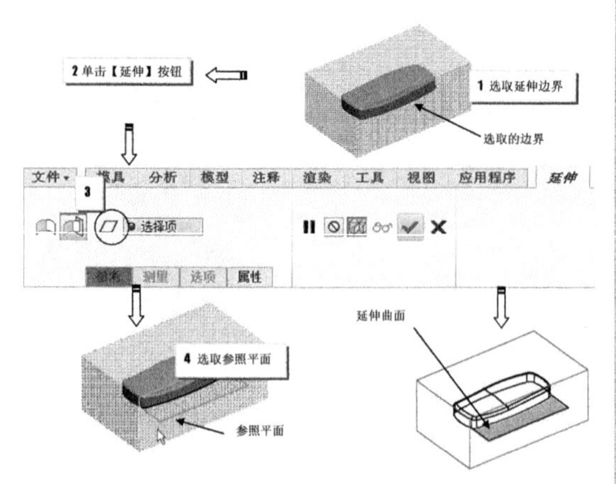

图 26-85　创建延伸曲面的操作过程

05 继续选取复制曲面第二侧方向上的边界以进行延伸，结果如图26-86所示。

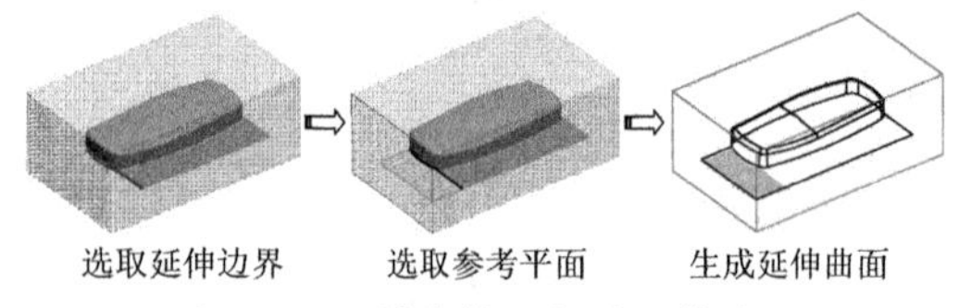

图 26-86　创建第二侧的延伸曲面

06 同理，以此方法完成另外两侧延伸曲面的创建，创建完成的延伸曲面如图26-87所示。

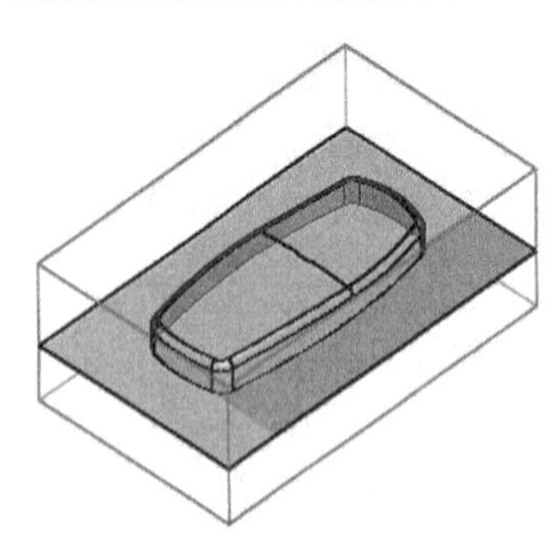

图 26-87　创建完成的延伸曲面

技术要点

在选取延伸边界时，若按住Ctrl键选取，菜单栏中的【编辑】|【延伸】命令不可用，只能在【模具】菜单管理器的【特征】菜单中选择【延伸】命令。按住Shift键选取延伸边界，则两种命令选择方式都能使用。

07 创建Z方向上的延伸曲面。按以上创建延伸曲面的方法，从X-Y平面的延伸曲面边界依次创建出Z方向上的延伸曲面，结果如图26-88所示。

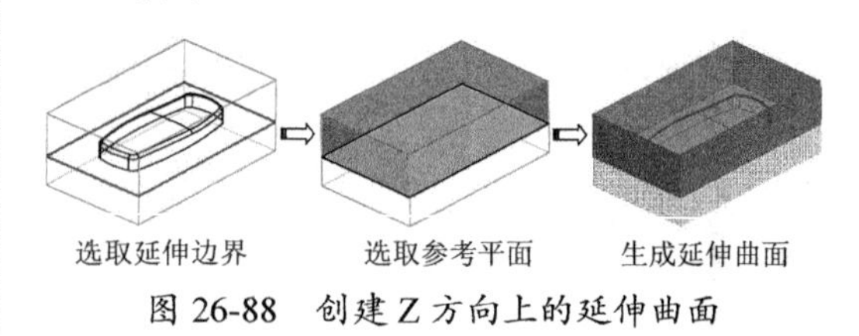

图 26-88　创建Z方向上的延伸曲面

08 创建一个基准平面，如图26-89所示。

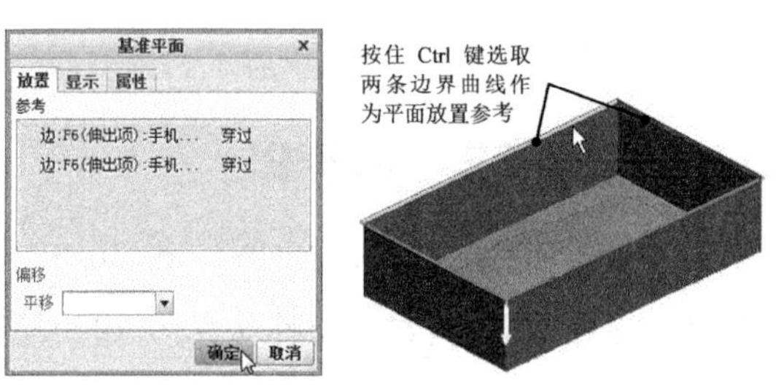

图 26-89　创建基准平面

09 然后使用【填充】工具创建填充(平整)曲面，如图26-90所示。

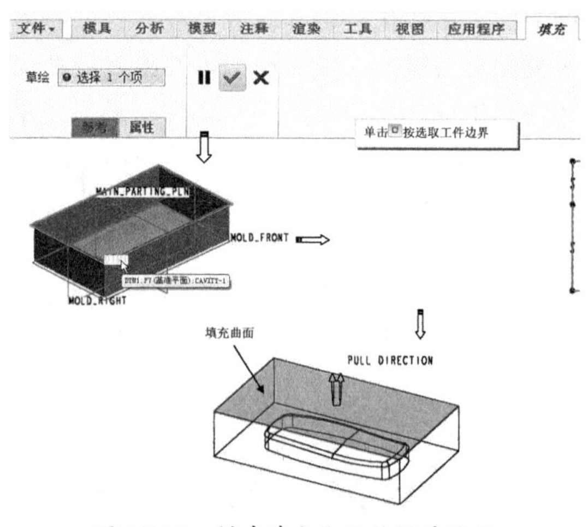

图 26-90　创建填充曲面的操作过程

10 使用【合并】工具将填充曲面与复制曲面、延伸曲面进行合并。然后执行【实体化】命令，使合并的曲面转换为实体特征，如图26-91所示。

2. 创建手机模型元件

01 同理，手机的模具元件创建过程类似。首先新建名为【铸模零件】的模具元件，如图 26-92 所示。

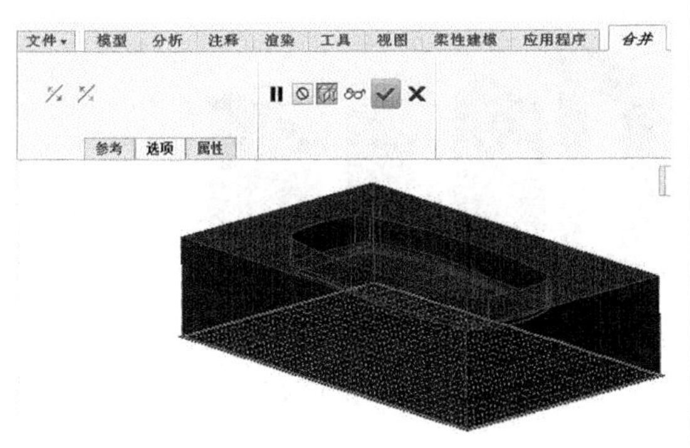

图 26-91　创建完成的型腔元件

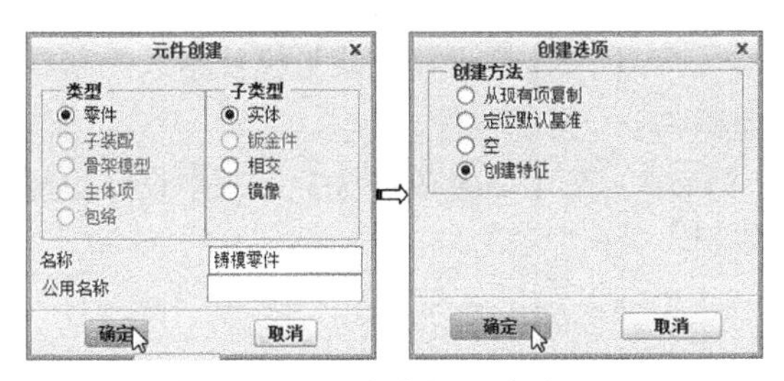

图 26-92　创建手机的铸模元件

02 复制手机模型上所有的面，如图 26-93 所示。

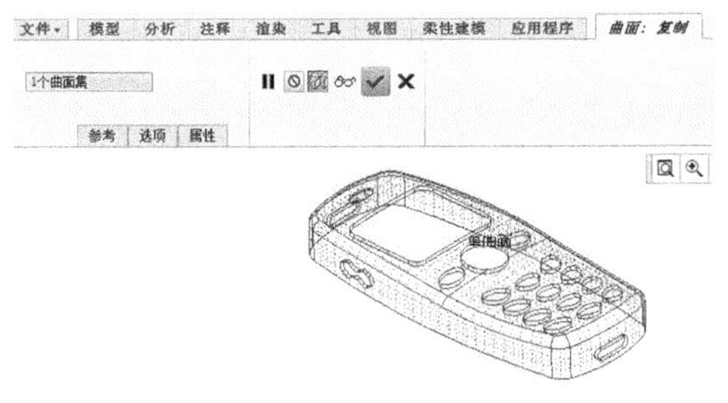

图 26-93　复制手机表面

03 合并复制的面，并激活【手机上盖 .asm】文件。完成铸模零件的创建，如图 26-94 所示。

3. 创建型芯零件

01 在【元件】组中单击【创建铸模】按钮，然后输入零件名称【型芯】，如图 26-95 所示。

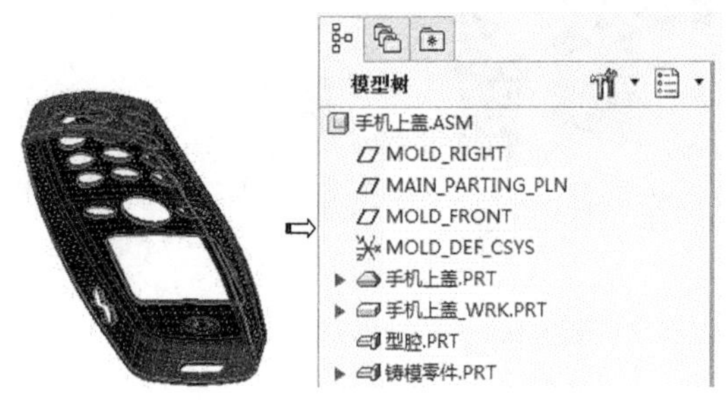

图 26-94　完成手机铸模零件的创建

图 26-95　输入铸模零件的名称

02 接下来保留公用名称的默认设置，单击【确定】按钮，完成型芯零件的创建，如图 26-96 所示。

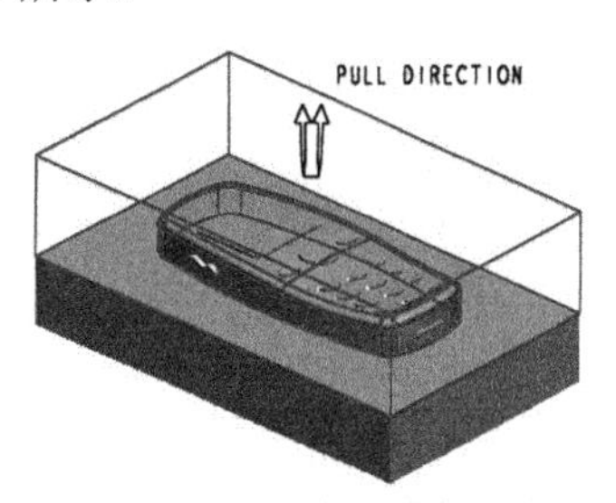

图 26-96　创建的型芯零件

03 使用【模具开模】工具，定义手机面板模具的开模状态，如图 26-97 所示。

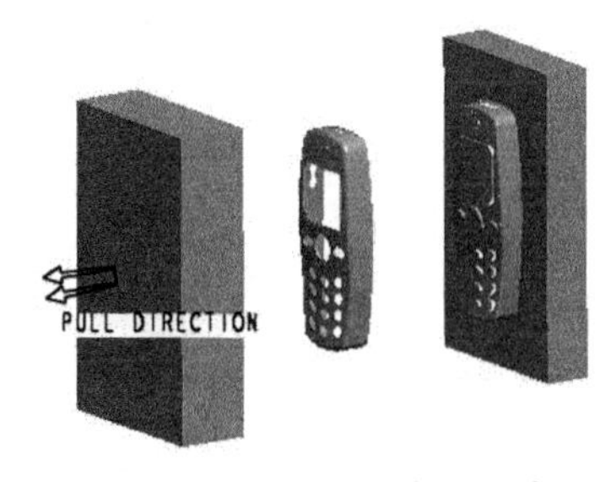

图 26-97　定义的模具开模

26.8 课后习题

1. 体积块法

打开本练习产品文件【课后习题 \Ch26\ ex26-1\ex-1.asm】，创建如图 26-98 所示的成型零件。

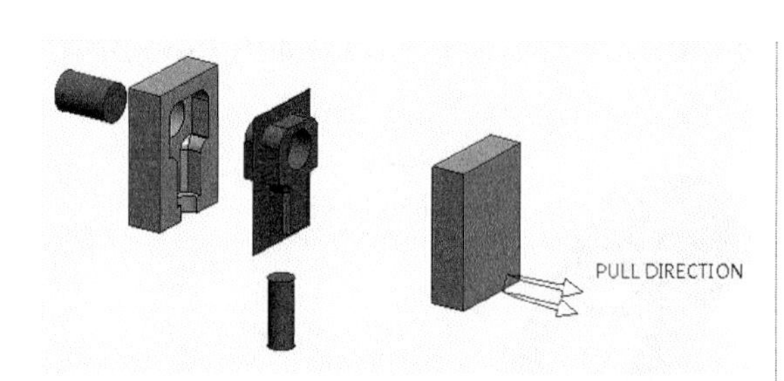

图 26-98　体积块法设计成型零件

练习内容：

（1）在编辑体积块模式创建拉伸体积块——圆形型芯镶件。

（2）在【编辑体积块】模式中设计圆形滑块体积块。

（3）创建填充分型面。

（4）分割型芯、型腔体积块。

（5）分割镶件体积块。

（6）抽取模具元件。

2．分型面法

打开本练习产品文件【课后习题\Ch26\ex26-2\ex-2.asm】，创建如图 26-99 所示的成型零件。

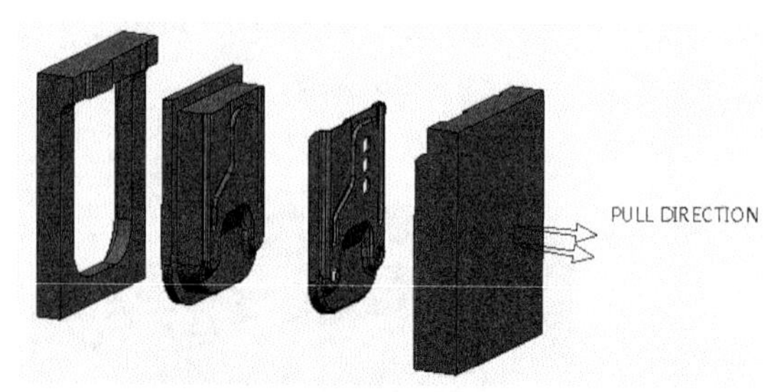

图 26-99　分型面法设计成型零件

练习内容：

（1）用阴影分型面分割型芯、型腔体积块。

（2）在【编辑体积块】模式中设计聚合体积块——型芯镶件。

（3）在【编辑体积块】模式中设计拉伸体积块——型芯边框。

（4）从型芯体积块中分割出镶件体积块。

（5）抽取模具元件。

读书笔记

第27章 模具模架设计

EMX 是 Creo 的一个专业插件，属于 Creo Moldshop 套件的一部分，用于设计和细化模架。在 Moldesign 模块中建好模具组件后，可以导入这个模具建立与之相应的标准模座及滑块、顶杆等辅助元件， 并可进一步进行开模仿真及开模检查。设计结束时自动生成 2D 工程图及 BOM 表。

知识要点

- 模具模架概述
- Creo 模架设计方法
- EMX 安装与设置
- EMX 使用方法

27.1 模具模架概述

模架是型腔与型芯的装夹、分离及闭合的机构。为了便于机械化操作以提高生产效率，模架由结构、类型和尺寸都标准化、系列化并具有一定互换性的零件成套组合而成。

27.1.1 模架分类

1．中小型模架

标准模架分为两大类：大型模架和中小型模架。接下来对模架结构、类型及如何选用模架的基础知识做详细介绍。

按国家标准规定，中小型模架的尺寸为 B×L ≤ 500mm×900mm。模具中小型模架的结构形式可按如下特征分类：结构特征、导柱和导套的安装形式，以及动、定模板座的尺寸和模架动模座结构。

（1）按结构分类。

中小型模架按结构特征来分，也分为基本型和派生型。其中基本型包括 A1 ～ A4 的 4 个品种。

- A1 型：定模采用两块模板，动模采用一块模板，设置顶杆顶出机构，适用于单分型面成型模具。中小型模架的基本型 A1 品种如图 27-1 所示。
- A2 型：定模和动模均采用两块模板，设置顶杆顶出机构。适用于直接浇口，采用斜导柱侧抽芯的成型模具。中小型模架的基本型 A2 品种如图 27-2 所示。

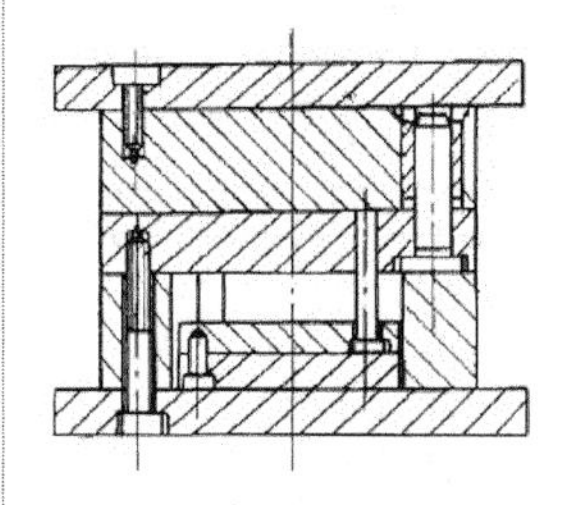

图 27-1 中小型模架 A1 型

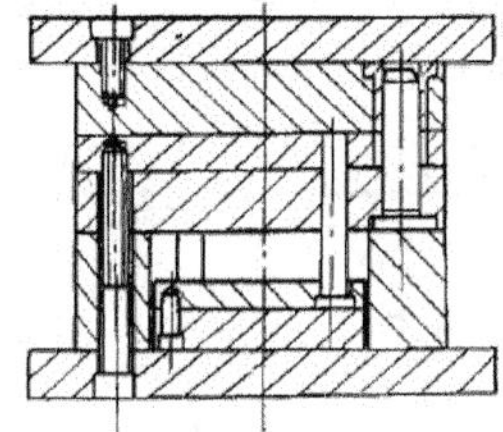

图 27-2 中小型模架 A2 型

- A3 型：定模采用两块模板，动模采用一块模板，设置推件板推出机构。适用于薄壁壳体类塑料制品的成型，以及脱模力大、制品表面不允许留有推出痕迹的成型模具。中小型模架的基本型 A3 品种如图 27-3 所示。
- A4 型：此型模架均采用两块模板，设置推件板推出机构，适用范围与 A3 型基本相同。中小型模架的基本型 A4 品种如图 27-4 所示。

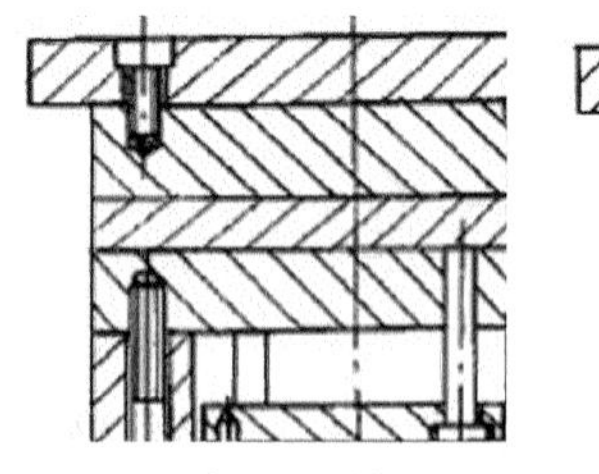

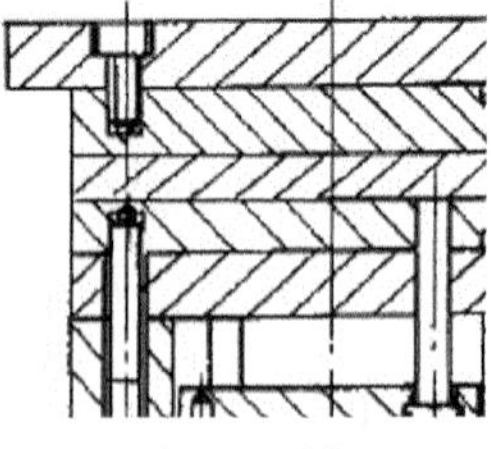

图 27-3 中小型模架 A3 型 图 27-4 中小型模架 A4 型

除基本型模架外，中小型模架的派生型总共有 P1 ～ P9 的 9 个品种。

- P1 ～ P4 型：模架由基本型模架 A1 ～ A4 型对应派生而成。结构形式的差别在于去掉了 A1 ～ A4 型定模座板上的固定螺钉，使定模一侧增加了一个分型面，成为双分型面成型模具，多用于点浇口。其他特点和用途同 A1 ～ A4。派生型模架 P1 ～ P4 型如图 27-5 所示。

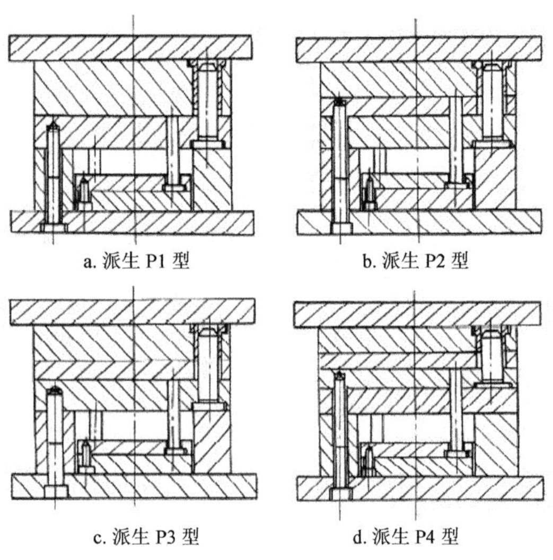

a. 派生 P1 型 b. 派生 P2 型

c. 派生 P3 型 d. 派生 P4 型

图 27-5 派生 P1 ～ P4 型

- P5 型：模架的动、定模各由一块模板组合而成，如图 27-6 所示。主要适用于直接浇口简单整体型腔结构的成型模具。
- P6 ～ P9 型：P6 与 P7、P8 与 P9 是相互对应的结构，如图 27-7 所示。P7 和 P9 相对于 P6 和 P8 只是去掉了定模座板上的固定螺钉。P6 ～ P9 型模架均适用于复杂结构的注射成型模，如定距分型自动脱落浇口的注射模等。

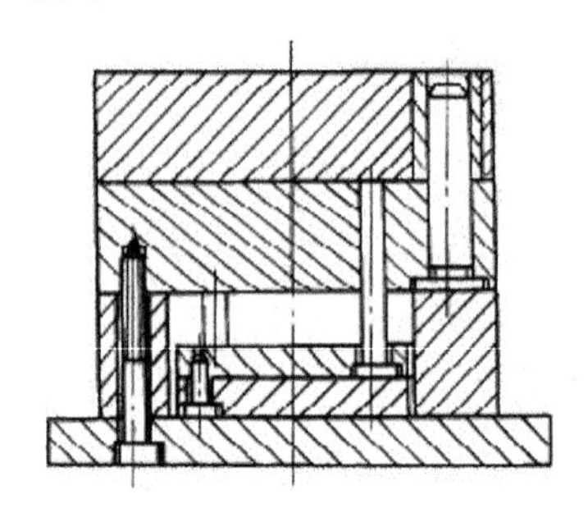

图 27-6 派生 P5 型

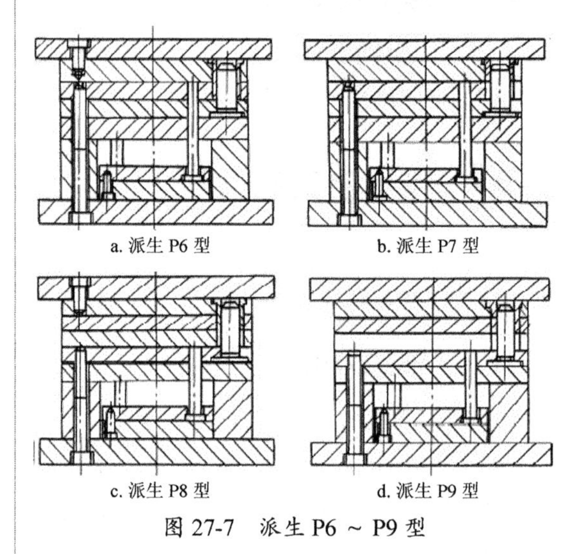

a. 派生 P6 型 b. 派生 P7 型

c. 派生 P8 型 d. 派生 P9 型

图 27-7 派生 P6 ～ P9 型

（2）按导柱和导套的安装形式分类。

中小型模架按导柱和导套的安装形式可分正装（代号取 Z）和反装（代号取 F）两种。序号 1、2、3 分别表示为采用带头导柱、有肩导柱和有肩定位导柱。

- Z1 型：采用带头导柱的正装模，如图 27-8a 所示。
- Z2 型：采用有肩导柱的正装模，如图 27-8b 所示。
- Z3 型：采用有肩导柱定位的正装模，如图 27-8c 所示。
- F1 型：采用带头导柱的反装模，如图 27-9a 所示。
- F2 型：采用有肩导柱的反装模，如图 27-9b 所示。

- F3 型：采用有肩定位导柱的反装模，如图 27-9c 所示。

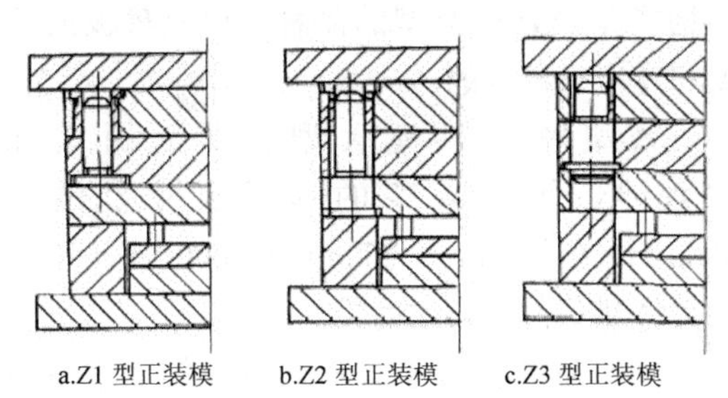

a.Z1 型正装模　b.Z2 型正装模　c.Z3 型正装模

图 27-8　正装的中小型模架

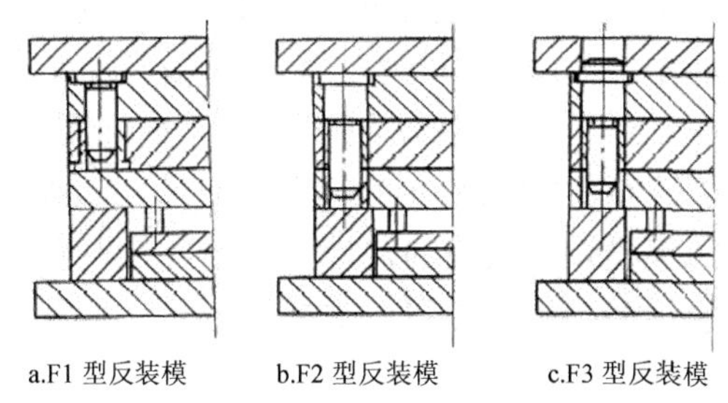

a.F1 型反装模　b.F2 型反装模　c.F3 型反装模

图 27-9　反装的中小型模架

（3）按动、定模板座的尺寸分类。

中小型模架按动、定模座板的尺寸可分为有肩工字模和无肩直身模两种。

- 工字模：上、下模座板尺寸大于其余模板的尺寸，形似一个【工】字，如图 27-10 所示。
- 直身模：上、下模座板尺寸等于其余模板的尺寸，如图 27-11 所示。

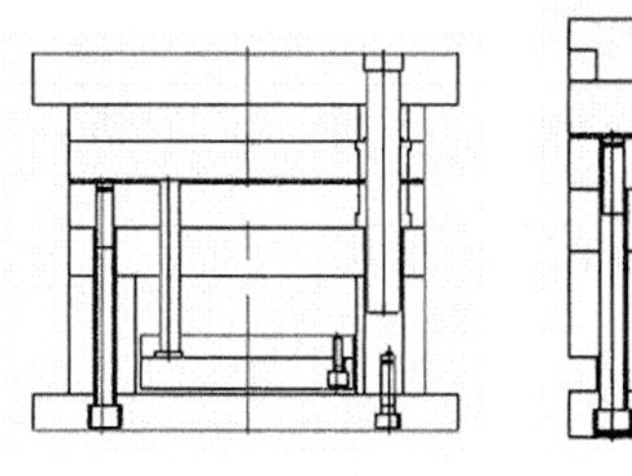

图 27-10　工字模　　图 27-11　直身模

（4）按模架动模座结构分类。

中小型模架的动模座结构以 V 表示，分 V1、V2 和 V3 型 3 种，国家标准中规定，基本型和派生型模架动模座均采用 V1 型结构。

- V1 型：模架动模座结构 V1 型如图 27-12 所示。

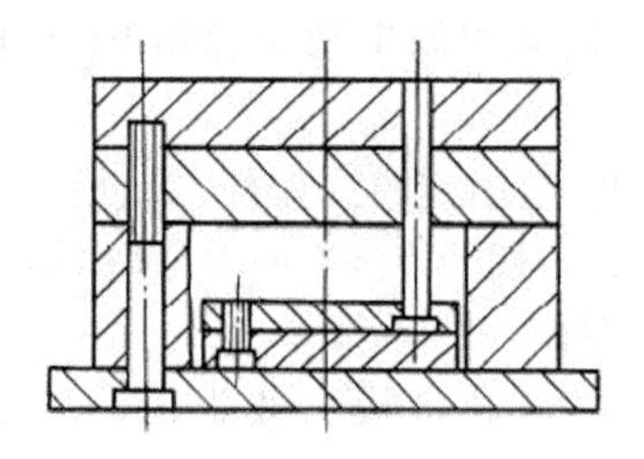

图 27-12　V1 型动模座

- V2 型：模架动模座结构 V2 型如图 27-13 所示。
- V3 型：模架动模座结构 V3 型如图 27-14 所示。

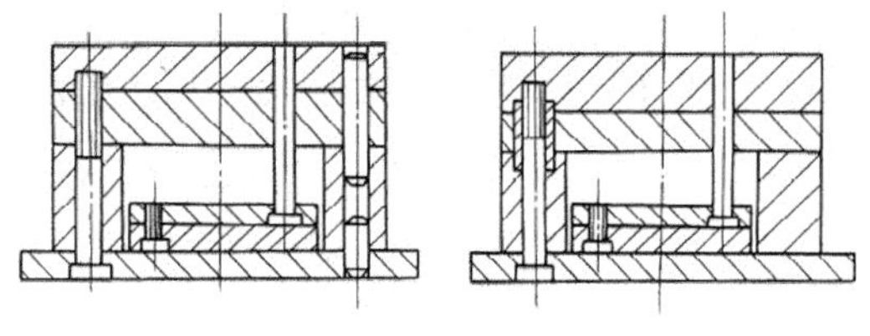

图 27-13　V2 型动模座　　图 27-14　V3 型动模座

2. 大型模架

根据国家标准，大型模架的尺寸 B×L 为 630mm×630mm ～ 1250mm×2000mm。大型模架按其结构来分，可分为基本型模架和派生型模架两类。

（1）基本型模架。

大型模架的基本型结构分为 A 型和 B 型两个品种。

- A 型：由定模二模板、动模一模板组成，设置顶杆顶出机构，如图 27-15 所示。
- B 型：由定模二模板、动模二模板组成，设置顶杆顶出机构，如图 27-16 所示。

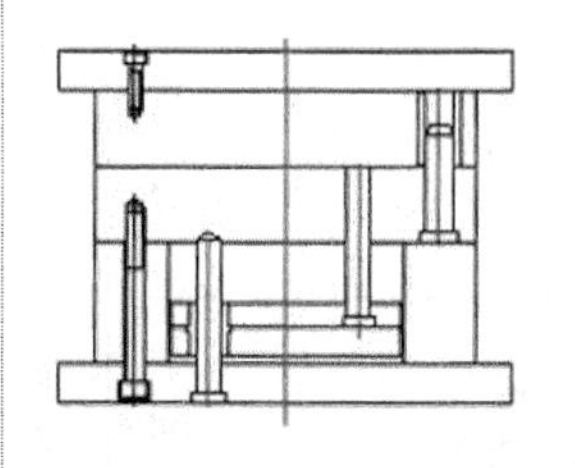

图 27-15　A 型模架

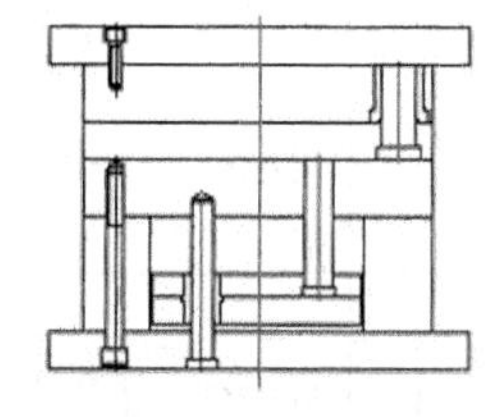

图 27-16　B 型模架

（2）派生型模架。

大型模架的派生型结包括 P1 ～ P4 的 4 个品种。

- P1 型由定模二模板、动模二模板组成，用于点浇口的双分型面结构，如图 27-17 所示。
- P2 型由定模二模板、动模三模板组成，设置推件板推出机构，如图 27-18 所示。

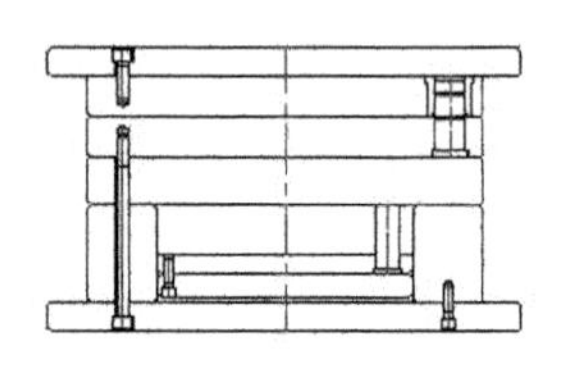

图 27-17　P1 型模架

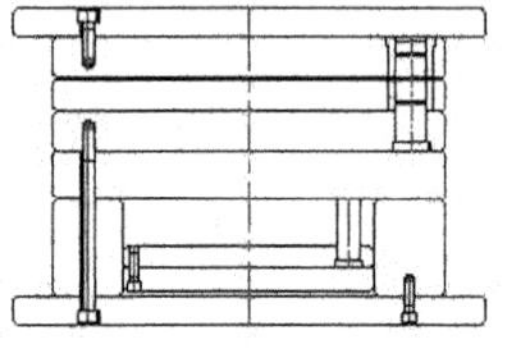

图 27-18　P2 型模架

- P3 型由定模二模板、动模一模板组成，用于点浇口的双分型面结构，如图 27-19 所示。
- P4 型由定模二模板、动模二模板组成，设置推件板推出机构，如图 27-20 所示。

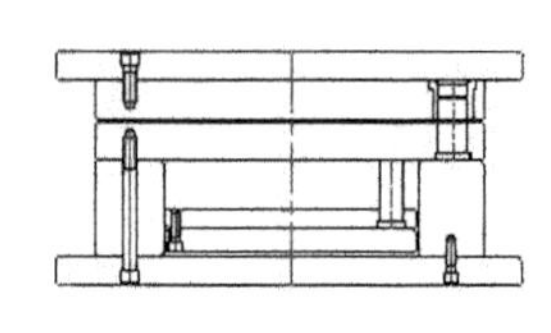

图 27-19　P3 型模架

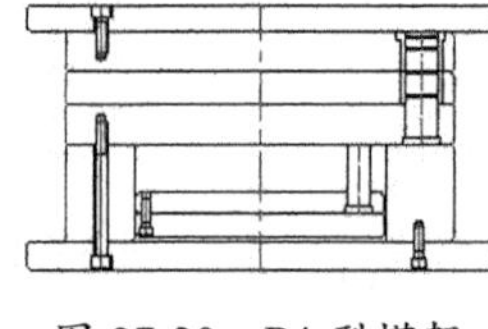

图 27-20　P4 型模架

（3）大型模架的尺寸组合。

模架的尺寸组合主要是依据模具的主要结构类型及延伸类型的品种，以及模板的长度和宽度来进行的。

《塑料注射模大型模架》国家标准规定，大型模架的周界尺寸范围为 630mm×630mm ～ 1250mm×2000mm，适用于大型热塑性塑料注射模。

模架品种有 A 型、B 型组成的基本型和由 P1 ～ P4 组成的派生型，共 6 个品种。大型模架组合用的零件，除全部采纳 GB/T 4169.1 ～ GB/T 4169.23—2006《塑料注射模零件》外，超出该标准零件尺寸系列范围的，则按照 GB/T 2822—2005（标准尺寸），结合我国模具设计采用的尺寸，并参考国外先进企业标准，建立了和大型模架相配合使用的专用零件标准。

大型模架以模板每一宽度尺寸为系列主参数，各配有一组尺寸要素，组成 24 个尺寸系列。按照同品种、同系列采用的模板厚度 A、B 和支承块高度 C 划分为每一系列的规格数，供设计和制造者选用。

如表 27-1 所示为 GB/T 12555—2006《塑料注射模大型模架》的全部尺寸组合系列。

表 27-1　塑料注射模大型模架标准的尺寸组合

序号	系列 B×L	L/mm	编号数	导柱 φ/mm	模板 A、B 尺寸 /mm	支承块高度 C/mm
1	600×L	600，700，800，900，1000	01 ～ 64	50	70，80，100，110，120，130，140，150，160，180，200	120，130，150 180
2	650×L	650，700，800，900，1000	01 ～ 64	50	0，80，100，110，120，130，140，150，160，180，200，220	125，130，150 180
3	700×L	700，800，900，1000，1250	01 ～ 64	60	70，80，90，100，110，120，130，140，150，160，180，200，220，250	150，180，200，250
4	800×L	800，900，1000，1250	01 ～ 64	70	80，90，100，110，120，130，140，150，160，180，200，220，250，280，300	150，180，200，250

序号	系列 B×L	L/mm	编号数	导柱 ф /mm	模板 A、B 尺寸 /mm	支承块高度 C/mm
5	900×L	900，1000，1250，1600	01 ～ 64	70	90，100，110，120，130，140，150，160，180，200，220，250，280，300，350	180，200，250，300
6	1000×L	1000，1250，1600	01 ～ 64	80	100，110，120，130，140，150，160，180，200，220，250，280，300，350，400	180，200，250，300
7	1250×L	1250，1600，2000	01 ～ 64	80	100，110，120，130，140，150，160，180，200，220，250，280，300，350，400	180，200，250，300

如图 27-21 所示为 630×L 尺寸组合模架的两种典型类型：A 型和 B 型。

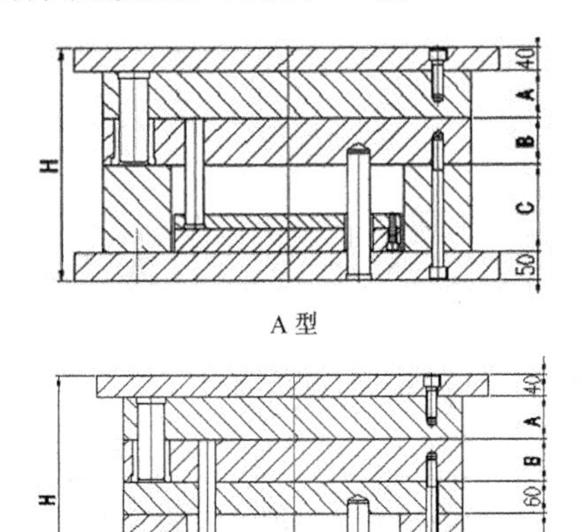

A 型

B 型

图 27-21 630×L 尺寸组合模架

（4）中小型模架的尺寸组合

《塑料注射模中小型模架》国家标准规定，中小型模架的周界尺寸范围为 B×L ≤ 500mm×900mm，并规定模架的结构型式为品种型号，即基本型 A1 ～ A4 四个品种，以及派生型 P1 ～ P9 九个品种，共 13 个品种。由于定模和动模座板分有肩和无肩两种形式，故又增加 13 个品种，共计 26 个模架品种。中小型模架全部采用 GB/T 4169.1—GB/T 4169.11《塑料注射模零件》组合而成。

从表 27-2 中可见，在序号 1 中宽度 B 为 100mm 的模板，有 3 种长度 L（100mm、125mm、160mm）与其相组合，因模板厚度 A、B 和支承块高度 C 的变化，共形成 64 种规格，以编号 01 ～ 64 表示。

表 27-2 塑料注射模中小型标准模架的尺寸组合

序号	系列 B×L	L /mm	编号数	导柱 ф /mm	模板 A、B 尺寸 /mm	支承块高度 C/mm
1	15×L	150，180，200，230，250	01 ～ 64	16	20，25，30，35，40，45，50，60，70，80	50，60，70
2	180×L	200，250，315	01 ～ 49	20	20，25，30，35，40，45，50，60，70，80	60，70，80
3	200×L	200，230，250，300，350，400	01 ～ 49	20	25，30，35，40，45，50，60，70，80，90，100	60，70，80
4	230×L	230，250，270，300，350，400	01 ～ 64	20	25，30，35，40，45，50，60，70，80，90，100	70，80，90
5	250×L	250，270，300，350，400，450，500	01 ～ 49	25	30，35，40，45，50，60，70，80，90，100，110，120	70，80，90

续表

序号	系列B×L	L/mm	编号数	导柱ϕ/mm	模板A、B尺寸/mm	支承块高度C/mm
6	270×L	270，300，350，400，450，500	01～36	25	30，35，40，45，50，60，70，80，90，100，110，120	70，80，90
7	300×L	300，350，400，450，500，550，600	01～36	30	35，40，45，50，60，70，80，90，100，110，120，130	80，90，100
8	350×L	350，400，450，500，550，600	01～64	30/35	40，45，50，60，70，80，90，100，110，120，130	90，100，110
9	400×L	400，450，500，550，600，700	01～49	35	40，45，50，60，70，80，90，100，110，120，130，140，150	100，110，120，130
10	450×L	450，500，550，600，700	01～64	40	45，50，60，70，80，90，100，110，120，130，140，150，160，180	100，110，120，130
11	500×L	500，550，600，700，800	01～49	40	50，60，70，80，90，100，110，120，130，140，150，160，180	100，110，120，130
12	550×L	550，600，700，800，900	01～64	50	70，80，90，100，110，120，130，140，150，160，180，200	110，120，130，150

如图27-22所示为150×L尺寸组合模架的典型类型。

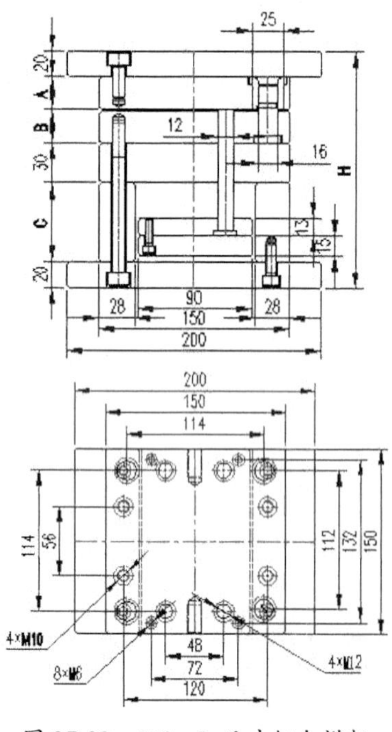

图27-22　150×L尺寸组合模架

27.1.2　模架选用方法

在模具设计过程中，应正确选用标准模架，以节省制模时间和保证模具质量。选用标准模架简化了模具的设计和制造，缩短了模具生产周期，方便了维修，而且模架精度和动作可靠性容易得到保证，因而使模具的价格整体下降。目前标准模架已被行业广泛采用。

模架选择的过程如下：

（1）确定模架组合方式。根据制品成型所需的结构来确定模架的结构组合方式。

（2）确定型腔壁厚。通过查取有关资料或有关壁厚公式计算来得到型腔壁厚尺寸。

（3）计算型腔模板周界限。

（4）计算模板周界尺寸。

（5）确定模板壁厚。

（6）选择模架尺寸。

（7）检验所选模架的合适性。

1．模架的选用

标准模架的选用过程包括以下几个方面：

- 根据制品图样及技术要求，分析、计算、确定制品类型、尺寸范围（型腔投影面积的周界尺寸）、壁厚、孔形及孔位、尺寸精度及表面性能要求、材料性能等，以便制定制品成型工艺、确定浇口位置、制品重量及模具的型腔数目，并选定注射机的型号及规格。选定的注射机应满足制品注射量和注射压力的要求。
- 确定模具分型面、浇口结构形式、脱模和抽芯方式与结构，根据模具结构类型和尺寸组合系列来选定所需的标准模架。
- 核算所选定的模架在注射机上的安装尺寸要素及型腔的力学性能，保证注射机和模具能相互协调。

2．模架规格

模架规格的确定往往取决于模仁（包括型腔和型芯）大小。模架模板厚度与模仁尺寸之间的关系，如图 27-23 所示。

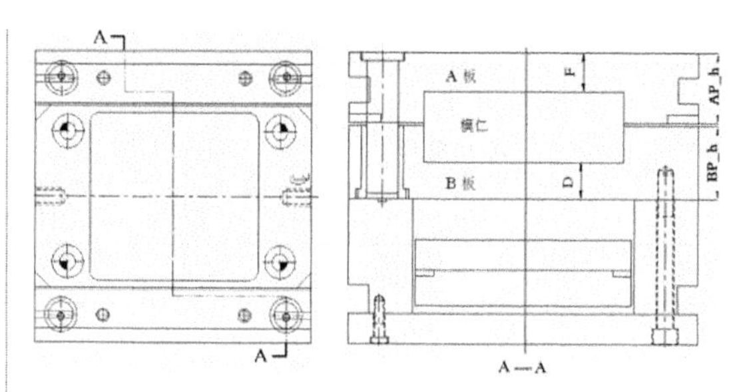

图 27-23 模板厚度与模仁尺寸的关系

模架模板与模仁宽度之间的尺寸关系，如图 27-24 所示。

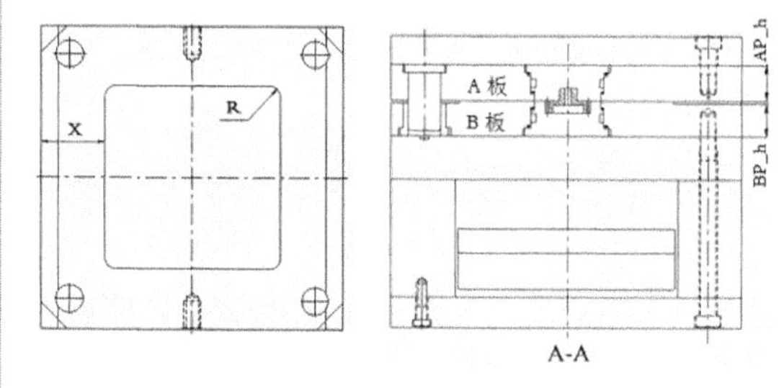

图 27-24 模板与模仁宽度的尺寸关系

表 27-3 中给出了模仁尺寸与模架规格的对应关系。

表 27-3 模仁尺寸与模架规格的对应关系

模仁尺寸	模架规格选择参考			
	R	X（最小值）	F（最小值）	D（最小值）
2020 ~ 2330	8	40	25	30
2525 ~ 2740			30	35
3030 ~ 3045	13	50	30	40
3550 ~ 3060				
3555 ~ 4570	16	55	35	50
5050 ~ 6080	20	65	40	60
7070 ~ 1000	25	75	45	80

模仁尺寸与模架 A、B 板厚度最小取值关系，如表 27-4 所示。

表 27-4 模仁尺寸与模架 A、B 板厚度取值关系

模仁尺寸	A、B 板最小厚度		
	无支撑板		有支撑板 (AP_h/ BP_h)
	AP_h	BP_h	
2020 ~ 2330	50	60	25
2525 ~ 2550	60	70	30

续表

模仁尺寸	A、B 板最小厚度		
	无支撑板		有支撑板 (AP_h/ BP_h)
	AP_h	BP_h	
3535 ～ 3060	70	80	35
3555 ～ 4070	80	90	
4545 ～ 5070			50
5555 ～ 6080	100	110	60
7070 ～ 1000	120	130	70

27.1.3 模架组件

模架是承载型芯/型腔镶块的板和主要元件的集合。

模具的模架包括动模（上模）座板、定模（下模）座板、动模板、定模板、支承板、垫板等。模架选择的关键是确定型腔模板的周界尺寸和厚度，模板的周界尺寸和厚度的大小计算需要参考塑料模具设计手册，在这里不做详细阐述。

1. 载入 EMX 组件

在【EMX 常规】选项卡的【模架】组中单击【装配定义】按钮，弹出【模架定义】对话框，如图 27-25 所示。

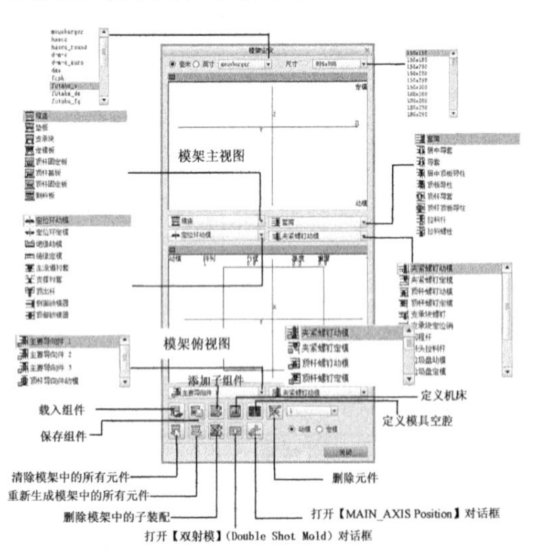

图 27-25 【模具定义】对话框

在对话框下方的选项卡中单击【从文件载入组件定义】按钮，再弹出【载入 EMX 装配】对话框。在该对话框的【供应商】下拉列表中选择供应商后，下方【保存的装配】列表框中显示可供选择的模架类型，如图 27-26 所示。

选择一个模架类型后，在【载入 EMX 装配】对话框中单击【载入组件】按钮，可在【模架定义】对话框中显示该模架的主视图与俯视图。单击【确定】按钮，程序自动载入该类型模架组件至模架设计模式中，如图 27-27 所示。

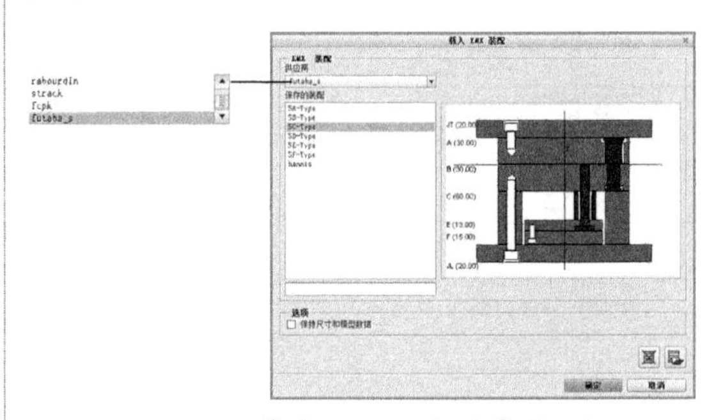

图 27-26 【载入 EMX 组件】对话框

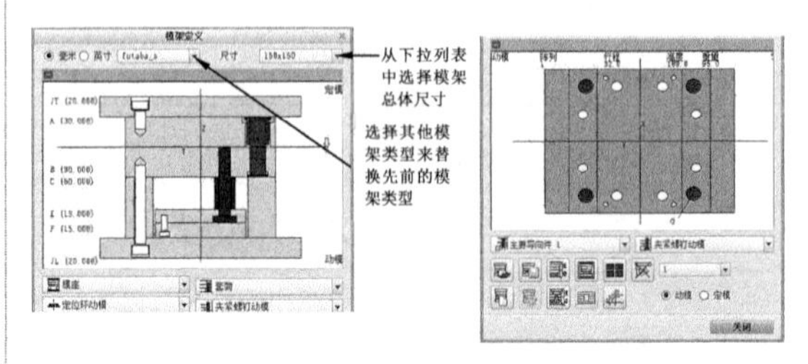

图 27-27 显示模架的主视图与俯视图

2. 编辑模架组件

模架模板的相关参数（包括模板厚度、

长度、BOM 数据和材料等）是按国际标准的模架规格来定义的，而模板的参数往往取决于用户创建的成型零件尺寸、厂家经济效益等因素，这就要求用户按需求重新定义。

可以通过以下两种途径来重定义模板参数：

- 在模板模架组件下拉列表中选择要编辑的模板后，单击模架主视图中显示的模板符号，即可弹出【板】对话框，在此对话框中进行参数编辑。如图 27-28 所示。
- 在模架主视图中右击要编辑的模板，也会弹出【板】对话框，待编辑的模板则呈红色显示。

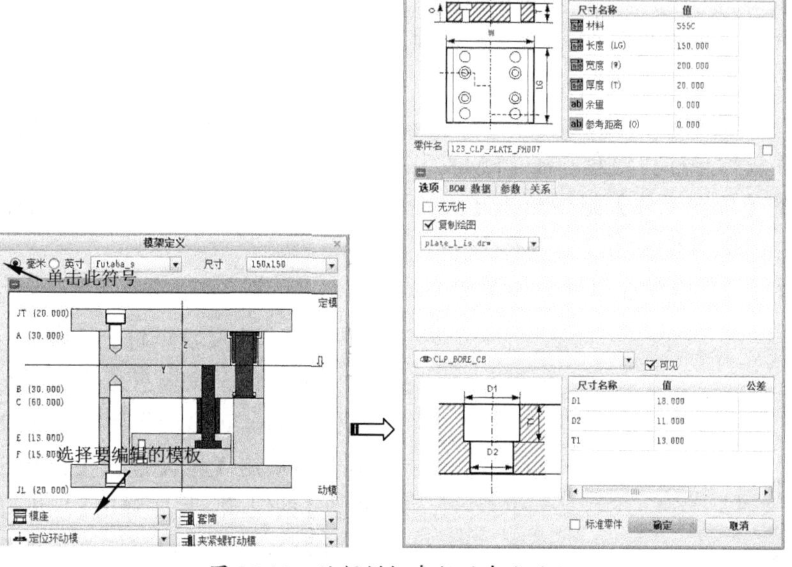

图 27-28　编辑模板参数的命令途径

3．定义型腔切口

模架装配至模架设计环境以后，在模架中的动、定模板上需要切除一定的空间用于安放成型镶块。

在【模架定义】对话框中单击【打开型腔对话框】按钮，则弹出【型腔】对话框，如图 27-29 所示。通过该对话框，可定义型腔切口的尺寸、阵列及切口类型。

4．装配 / 拆解元件

载入的模架中，没有导向元件、螺钉、止动系统、定位销、顶杆等模具元件，用户可以在【EMX 工具】选项卡的【元件】组中单击【元件状况】按钮，弹出【元件状态】对话框，如图 27-30 所示。通过该对话框，选中要装配或卸载的元件对应的复选框，来定义元件在模架设计模式中的显示状态。

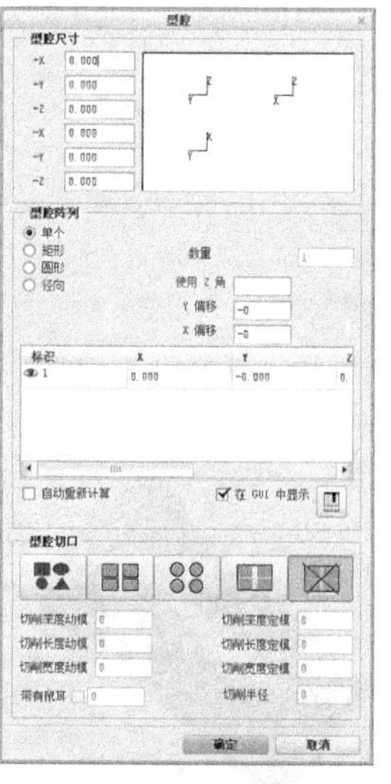

图 27-29　【型腔】对话框

图 27-30　【元件状态】对话框

27.1.4 模具元件（模具标准件）

根据模具制造需要，用户可以向模具添加所需的螺钉、销钉、导柱、导套、顶杆、冷却系统、浇注系统、顶出系统等标准件，还可以对加载的模具标准件进行重定义。

1. 定义元件

使用 EMX 的元件定义功能，用户可以向元件添加属性，EMX 会为新元件创建一个参考组，元件信息在此参考组中作为参数存储。所有切口和元件本身将作为此参考组的子项装配。

（1）定义导向元件。

导向元件包括导柱和导套。在【EMX 工具】选项卡的【导向元件】组中单击【定义导向元件】按钮，程序弹出【导向件】窗口，如图 27-31 所示。典型导柱和导套如图 27-32 所示。

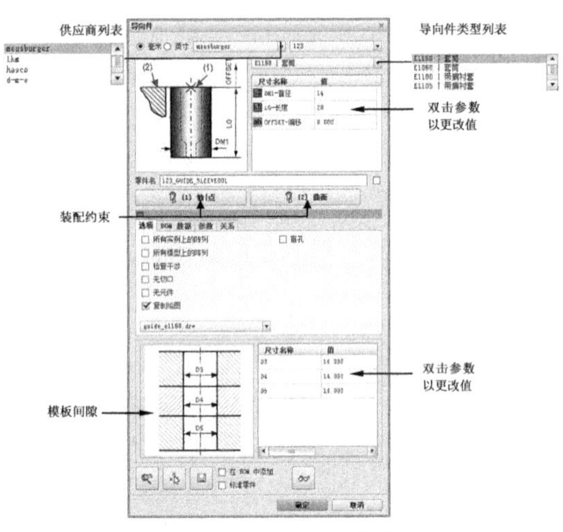

图 27-31 【导向件】窗口

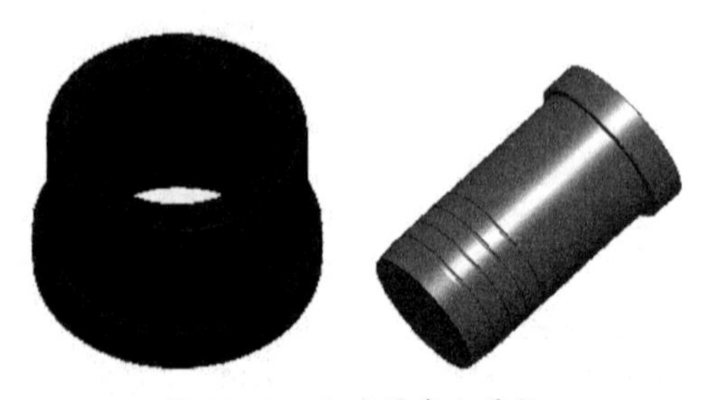

图 27-32 标准导套和导柱

（2）定义定位环与浇口套。

定位环和浇口套是注射机喷嘴与模具接触部位的、起固定作用的元件，同时也是浇注系统组件。在【EMX 工具】选项卡的【设备】组中单击【定位环】按钮或者单击【主流道衬套】按钮，程序弹出【定位环】窗口或【主流道衬套】窗口。用户可在弹出的窗口中设置相关的尺寸、BOM 等参数。典型的定位环与浇口套的结构如图 27-33 所示。

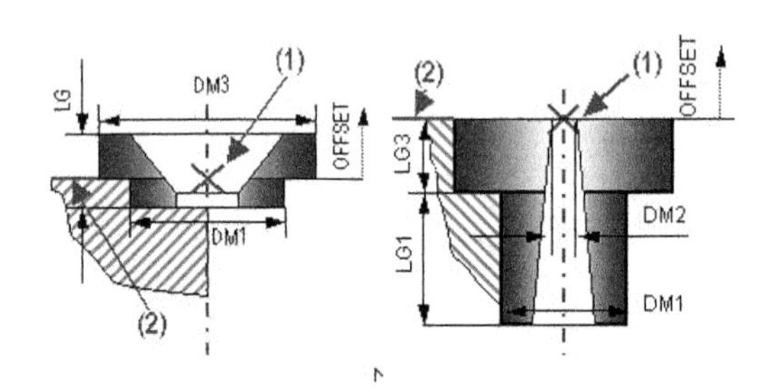

图 27-33 标准定位环和浇口套

（3）定义垃圾钉、垃圾盘。

垃圾钉、垃圾盘位于推件固定板与下模座板之间，起止动作用。在【EMX 工具】选项卡中单击【垃圾钉】按钮或者单击【垃圾盘】按钮，程序弹出【垃圾钉】窗口或【垃圾盘】窗口。用户可在弹出的窗口中设置相关的尺寸、BOM 等参数。典型的垃圾钉与垃圾盘如图 27-34 所示。

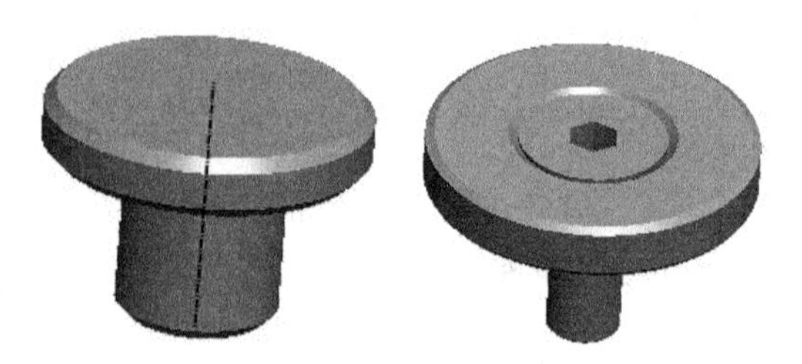

图 27-34 垃圾钉和垃圾盘

（4）定义螺钉。

当成型零件作为镶块嵌入到模板中时，需要添加螺钉以固定镶块。在【EMX 工具】选项卡中单击【定义螺钉】按钮，程序弹出【螺钉】窗口。用户可在弹出的窗口中设置相关的尺寸、BOM 等参数。典型的螺钉及其结构图如图 27-35 所示。

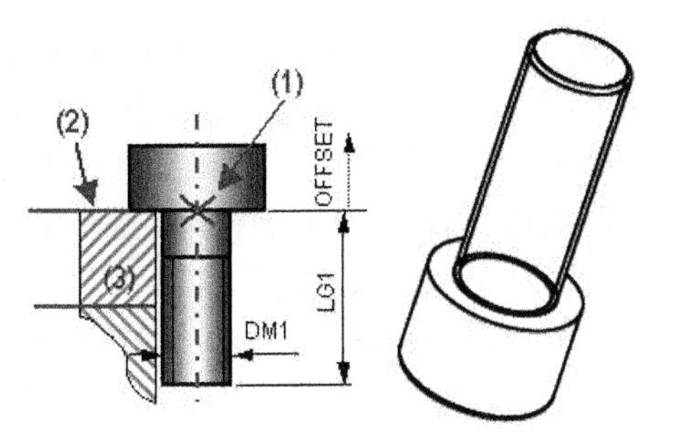

图 27-35　螺钉及其结构图

（5）定义销钉。

定位销起连接固定作用，主要用于模具模板装配时，防止模板错位而引起装配误差。在【EMX 工具】选项卡中单击【定义定位销】按钮，程序弹出【定位销】窗口。用户可在弹出的窗口中设置相关的尺寸、BOM 等参数。典型的定位销及其结构如图 27-36 所示。

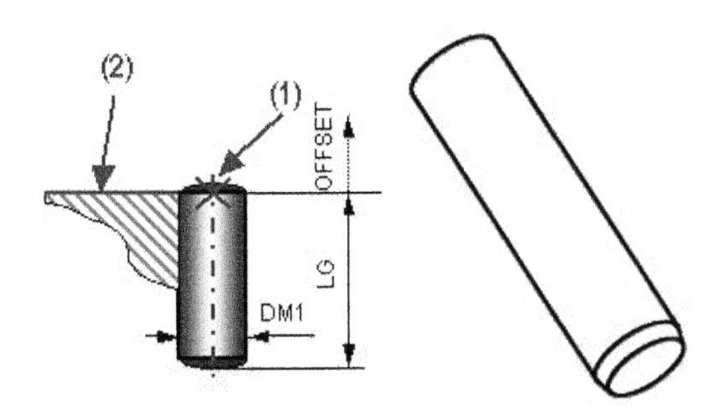

图 27-36　定位销及其结构图

（6）定义顶杆。

顶杆主要用于成型后的产品顶出，顶杆有时也可以作为成型制品的一部分（如小成型杆）。在【EMX 工具】选项卡中单击【定义顶杆】按钮，程序弹出【顶杆】窗口。通过该窗口，可以定义 4 种顶杆类型（直顶杆、扁顶杆、有托顶杆和顶管），如图 27-37 所示。

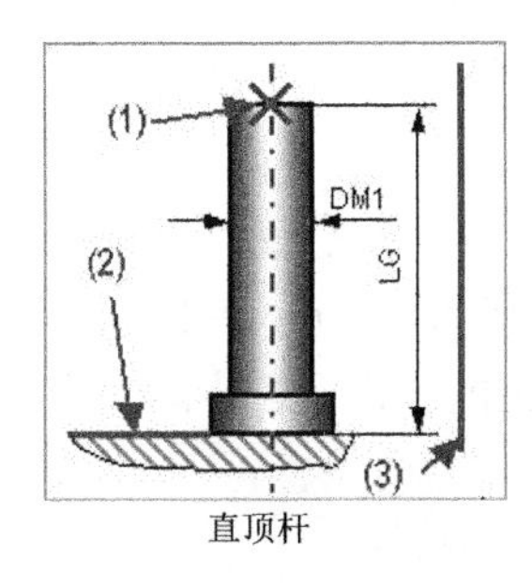

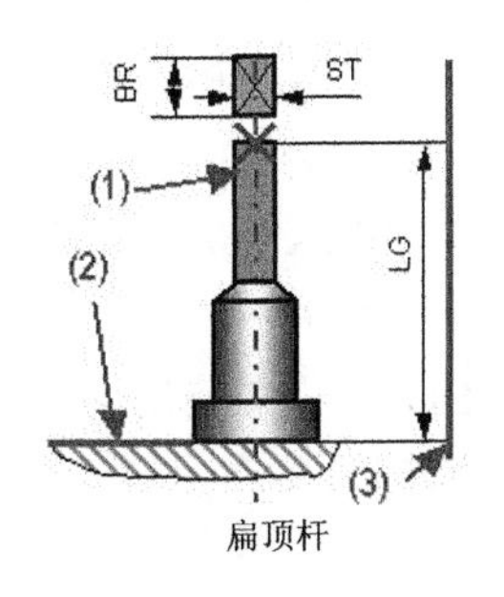

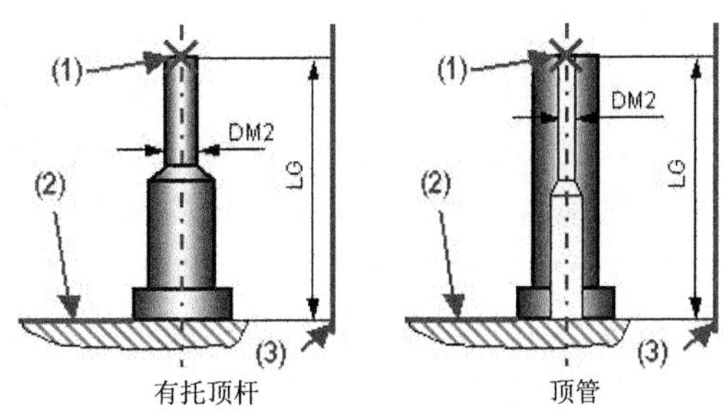

图 27-37　顶杆的 4 种类型

（7）定义冷却元件。

冷却元件属于冷却系统中的模具元件，主要用于模具成型时冷却制品，如图 27-38 所示。

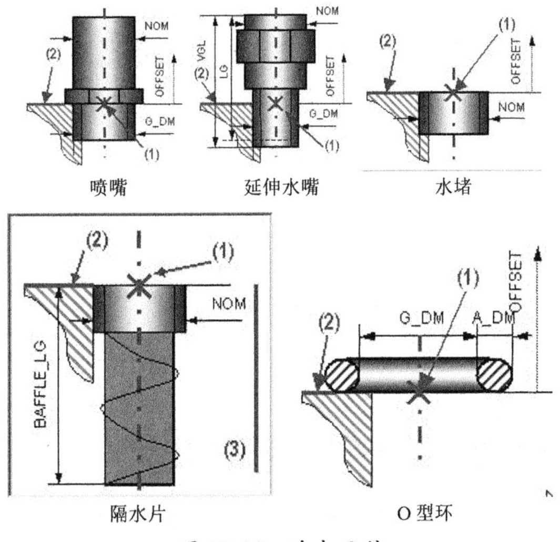

图 27-38　冷却元件

（8）定义滑块。

滑块用于制件侧向脱模，属于顶出系统组成零件。在【EMX 工具】选项卡中单击【定义滑块】按钮，程序弹出【滑块】窗口。通过该窗口，用户可以定义 3 种类型的滑块，如【单面锁定滑块】、【拖拉式滑块】和【双面锁定滑块】，如图 27-39 所示。

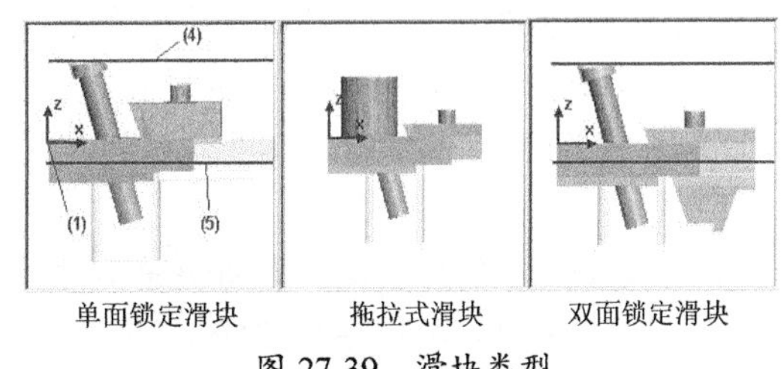

图 27-39　滑块类型

（9）定义斜顶机构。

当制件内部有倒扣特征时，需要做斜顶机构，以便成型后顺利推出制件。在【EMX工具】选项卡中单击【定义斜顶机构】按钮，程序弹出【斜顶机构】窗口。通过该窗口，用户可以定义两种类型的滑块：圆形型芯斜顶和矩形型芯斜顶，如图27-40所示。

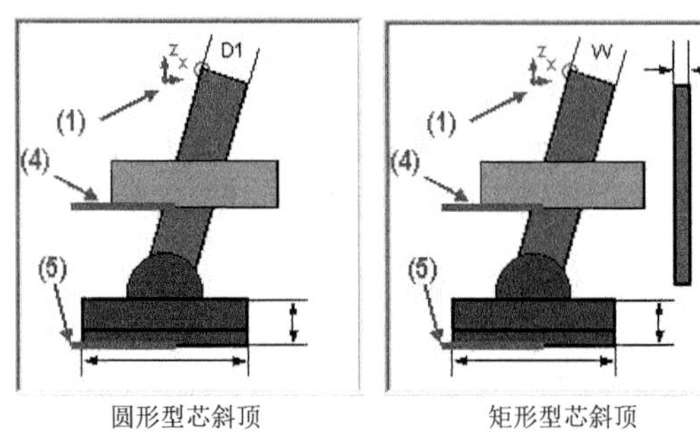

图27-40　斜顶类型

2．修改元件

EMX元件的修改可以通过【修改】工具来完成。修改操作是在某个元件的元件定义对话框中进行的。

例如要修改一个导向元件，在【EMX工具】选项卡中单击【修改导向元件】按钮，程序弹出【选择】对话框，并在信息栏中提示用户需要选择参考组的坐标系或点。用户只需在图形区中选择某个导向元件的放置点，程序随即自动弹出【导向件】窗口，然后在该窗口中重定义各项参数。

3．删除元件

对模架设计模式中加载的模具模架元件，用户最好不要直接在模型树中将其删除，因为这种删除方法会使删除的元件保留在系统内存中。

因此，EMX提供了模架元件的删除工具。例如要删除一组同类型的螺钉，在【EMX工具】选项卡中单击【删除螺钉】按钮，程序弹出【选择】对话框，并在信息栏中提示用户需要选择参考组的坐标系或点。用户只需在图形区中选择要删除的螺钉放置点，程序自动将其从模架中删除。

27.2　EMX安装与设置

本节介绍EMX 8.0的安装及界面环境组成。这也是利用EMX设计模具模架及标准件的准备工作。

EMX 8.0是一款基于知识的系统，它包含了17家模架供应商的信息，以及智能组件和模架。内建了十分丰富的模座数据库，包括许多世界级厂商的产品。设计者只需要按照自己的设计，选择所需即可，同时它的用户设计系统也能够让设计者针对自己的设计要求，方便地修改细节参数，最终方便地设计出理想的、高质量的模具，大大减少塑料模具所需的设计、定制和细化模架组件的时间。

总体来说，用EMX 8.0来设计模架有如下特点：

- 通过2D的特定图形界面快速实时预览、添加、修改模架部件。
- 内建大量模架库，支持17个模型组件供应商信息。
- 只能设计模具组件及组装。
- 可生成各模板的2D工程图，自动创建BOM表。
- 可进行干涉检查及开模仿真。

本书采用的是最新的EMX 8.0 F000版，这个版本在稳定性、功能性方面较以往的版本有了很大的变化。

EMX 8.0安装很简单，它作为Creo 4.0的一个插件，必须在已经安装Creo的情况下才能正常安装使用，这里介绍一下具体的安装方法。

动手操作——安装 EMX 8.0

操作步骤：

01 确保下载的 EMX 8.0 安装文件放在全英文的目录内，否则双击 setup.exe 会没有任何反应。

02 在的 EMX 8.0 安装文件夹内双击 setup.exe 或右击 setup.exe 文件，选择【打开】命令，弹出安装启动界面，如图 27-41 所示。

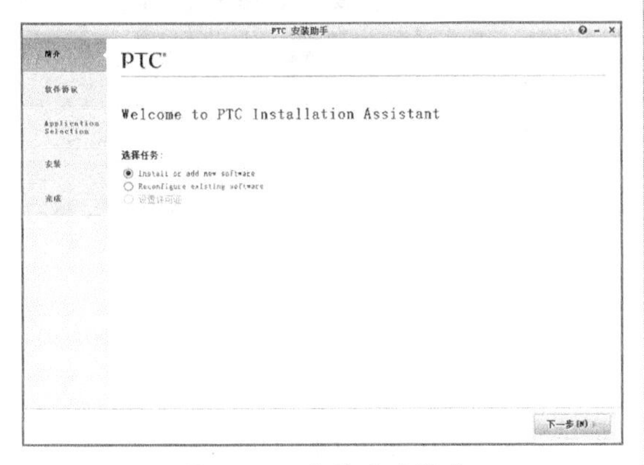

图 27-41 安装启动界面

03 随后弹出 EMX 8.0 的安装界面窗口，在此窗口中选择【EMX 8.0】项目，进入到下一个安装窗口，如图 27-42 所示。

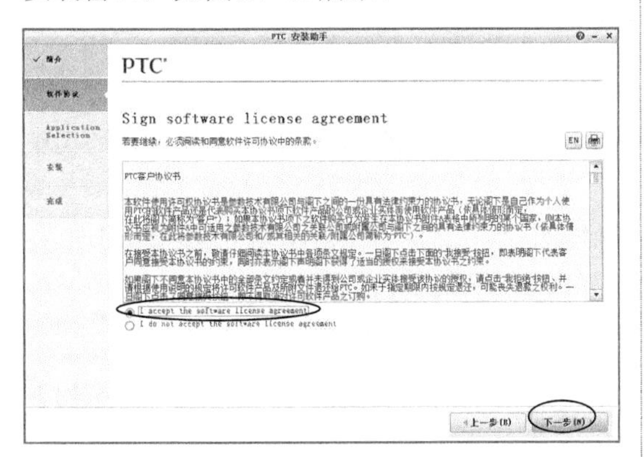

图 27-42 在安装界面中选择项目进行安装

04 随后在弹出的定义安装组件的窗口中，选择要安装的功能，然后单击【安装】按钮，如图 27-43 所示。

05 经过一定时间的安装，完成了 EMX 8.0 的安装。如图 27-44 为安装进程中的状态。

06 安装完成后，单击【退出】按钮，如图 27-45 所示。

图 27-43 选择安装功能

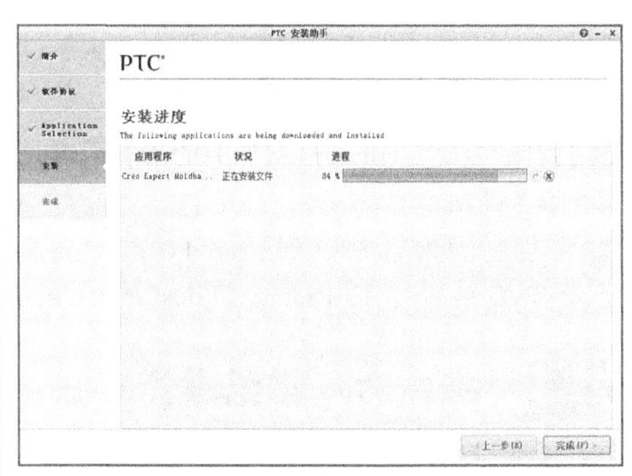

图 27-44 安装进程中

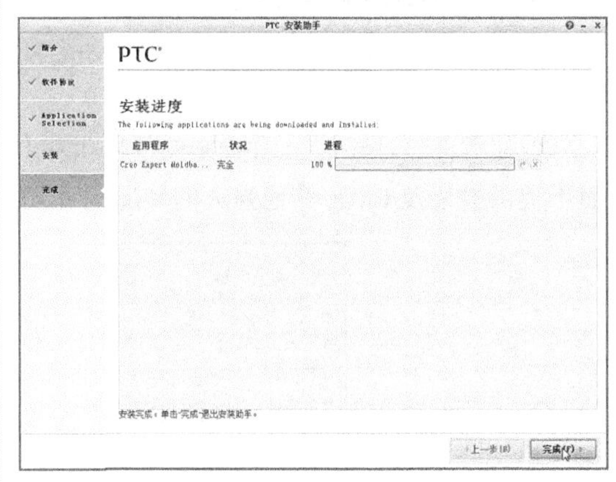

图 27-45 完成安装

安装 EMX 8.0 后，在 Creo 的启动项中没有 EMX 的任何信息，这就需要我们设置。设置的文件为 config.pro 文件。

动手操作——设置EMX 8.0

操作步骤：

01 首先在EMX 8.0的安装路径X（安装磁盘盘符）:\Program Files\PTC\EMX 8.0\bin\Creo1中以记事本格式打开config.pro文件，如图27-46所示。

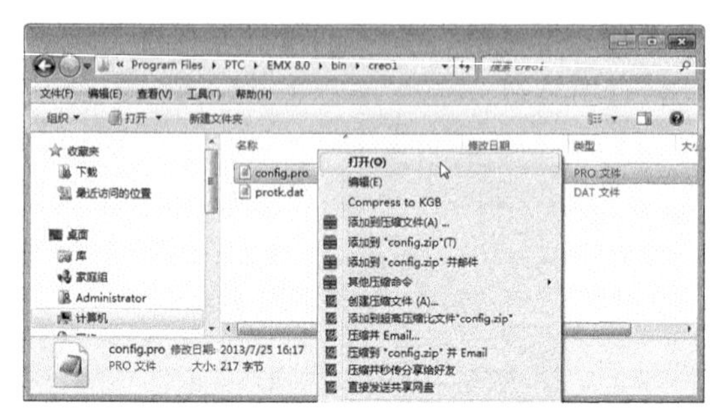

图 27-46　打开 config.pro 文件

02 打开后复制config.pro文件中的所有内容，如图27-47所示。

03 将复制的内容粘贴到Creo 4.0许可证服务器安装路径下C:\Program Files\ PTC\Creo 4.0\Common Files\M010\text\文件夹中的config.pro文件里面，如图27-48所示。

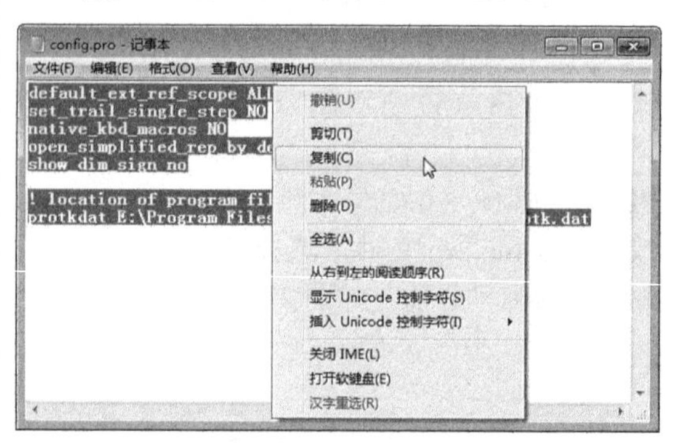

图 27-47　复制 config.pro 文件中的所有内容

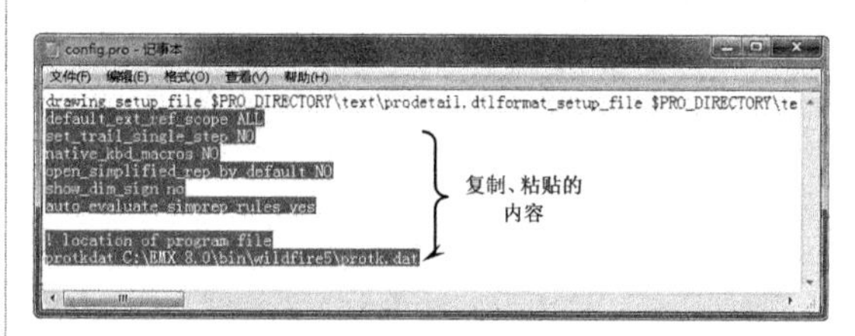

图 27-48　复制、粘贴内容

27.3 EMX 8.0常见操作方法

本节详细介绍EMX 8.0的基本命令和常见操作方法。

27.3.1 EMX操作界面

安装EMX 8.0后作为Creo的一个功能选项卡来使用的。EMX 8.0可以在零件设计环境中应用，也可以在装配设计环境中使用。

但在零件设计环境中，EMX仅仅提供模具标准件如冷却组件、定位销、螺钉及顶杆的加载，而不提供模架及EMX其他强大的装配设计功能，如图27-49所示。

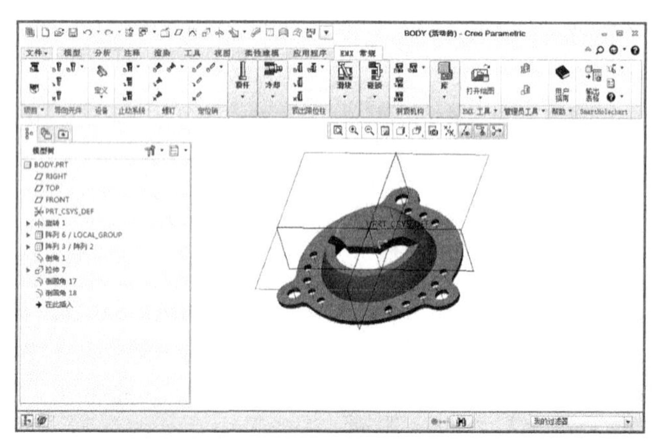

图 27-49　零件设计环境下的 EMX 功能

一般情况下，如果您是利用 Creo 的自动分模功能，创建模具成型零件（型芯、型腔及子镶块）的组件后，那么就能全面使用 EMX 8.0 的强大设计功能了。如图 27-50 所示为装配设计环境中 EMX 8.0 的功能。

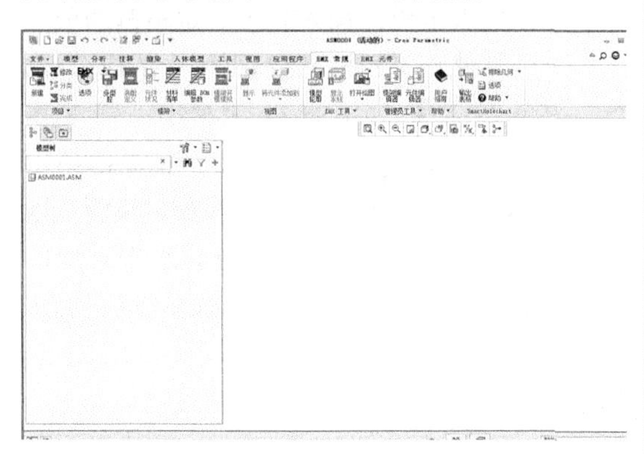

图 27-50　装配设计环境下的 EMX 8.0 功能

EMX 8.0 的所有功能都集中在【EMX 常规】选项卡和【EMX 工具】选项卡中。我们将在后续介绍的内容中逐一讲解这些功能。

27.3.2　EMX 常用操作

【项目】是 EMX 模架的顶级组件。创建新的模架设计时，必须定义一些将用于所有模架元件的参数和组织数据。

1. 新建项目

在 Creo 的装配设计环境下【EMX 常规】选项卡的【项目】组中，单击【新建】按钮，弹出【项目】窗口，如图 27-51 所示。

【项目】窗口中各选项组功能如下：

- 【数据】选项组：主要作用是输入组件的项目名称、关联的绘图和报告、前缀和后缀的通配符、用户名、日期，以及相关的注释，或者接受默认值。
- 【选项】选项组：设置测量单位（【毫米】（mm）或【英寸】（inch）和【项目类型】（装配或制造）。
- 【模板】选项组：主要用来设置是否使用用户定义的模板，或者默认的模板。如果使用默认模板，需要选中【复制绘图】和【复制报告】复选框，以此创建绘图会报告。
- 【参数】选项组：选中【添加本地项目参数】复选框，以便为新项目创建一组特定于项目的参数。要输入或更改参数值，可双击参数的【？】值框。

完成项目的定义后，单击窗口中的【保存修改并关闭对话框】按钮，完成 EMX 项目的创建。

创建项目后即刻进入 EMX 设计环境，图形窗口中将显示 EMX 模架设计坐标系及基准平面，如图 27-52 所示。

然后可以在基本环境界面中创建 EMX 项目，或者创建模具元件，或者从用户磁盘中直接打开以 .asm 为扩展名的装配文件。装配完成以后，就可以使用 EMX 来设计模架及标准件了。

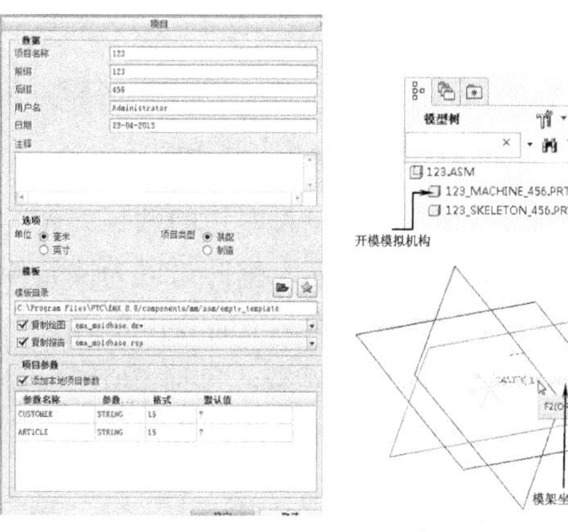

图 27-51　【项目】窗口　　图 27-52　EMX 项目

2. 修改项目

如果需要对创建的项目进行修改，可以单击【修改】按钮，重新打开【项目】窗口，然后重新定义项目。

3. 为模具元件分类

为装配的模具元件（包括型芯、型腔和子镶块）进行分类，目的是确定模具元件在模架中的位置，便于后续的设计和控制操作。

在【EMX 常规】选项卡的【项目】组中单击【分类】按钮，弹出【分类】对话框，如图 27-53 所示。

技术要点

在打开的【分类】对话框中，EMX 会自动为加载的模具元件进行分类。但这个分类有时不准确，需要用户手动分类。例如在【模型类型】列表框中出现了两个【插入动模】类型，而【插入定模】类型则没有，这明显是不合理的。

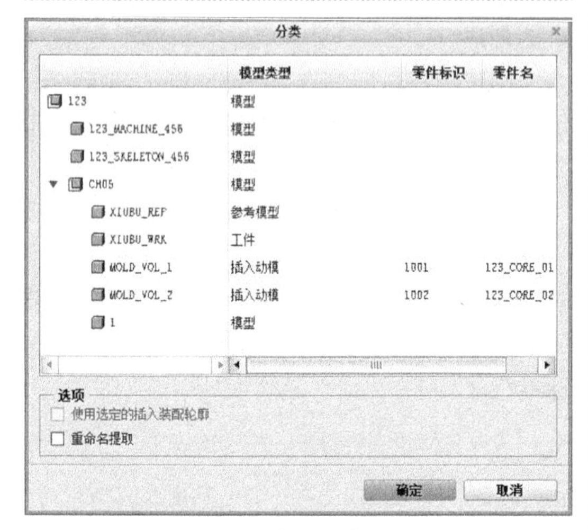

图 27-53 【分类】对话框

通过在【分类】对话框左边的项目列表中选择模具元件来高亮显示，据此可以为该元件分类。模架中通常有 5 类，下面分别介绍。

- 模型：为一般模型，包括 EMX 项目下的两个子项目及模具装配模型。
- 参考模型：为模具设计环境下用来创建成型零件的参考模型——产品。
- 工件：模具设计环境下创建的工件。
- 插入动模：插入到模具动模侧的成型零件，一般是型芯和型芯中的成型杆。
- 插入定模：插入到模具定模侧的成型零件，一般是型腔和型腔中的成型杆。

从【分类】对话框可以看出，需要重定义【插入动模】的类型。首先高亮显示 MOLD_VOL_AM 元件，判定其在定模侧。因此在【模型类型】列表框中与其水平对应的【插入动模】类型位置，双击以显示下拉列表，然后选择【插入定模】选项即可，如图 27-54 所示。

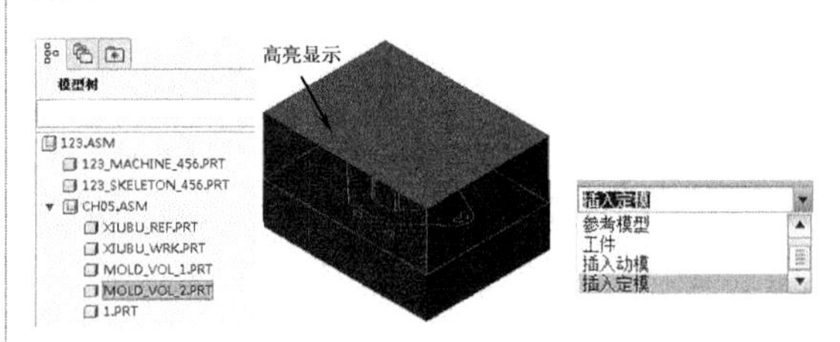

图 27-54 重定义分类

4. 项目完成

当要加载模具模架时，可以在【项目】组中单击 完成 按钮，以删除模架中所有隐含的特征。

27.4 拓展训练

本章主要讲解 EMX 8.0 的界面和基本功能命令，下面用两个实例来说明两种常见类型模架的加载过程。

27.4.1 二板模模架设计

◎ **引入文件：实例 \ 源文件 \Ch27\ex27-1\ex27-1.asm**

◎ **结果文件：实例 \ 结果文件 \Ch27\ 二板模模架设计 \ex27-1.asm**

◎ **视频文件：视频 \Ch27\ 二板模模架设计 .avi**

下面用一个 btde 模型的模架设计实例来说明 EMX 8.0 的基本用法。希望大家熟练掌握。

btde 模型的长宽比例较大，模架进胶方式为多点侧面进胶，因此模架类型可选择为二板模（futaba_s 的 SC_Type 类型）。btde 模型及成型零件如图 27-55 所示。

btde 模具的模架设计过程将分 4 个阶段进行：新建模架项目、装配模型、零件分类和定义模架组件。

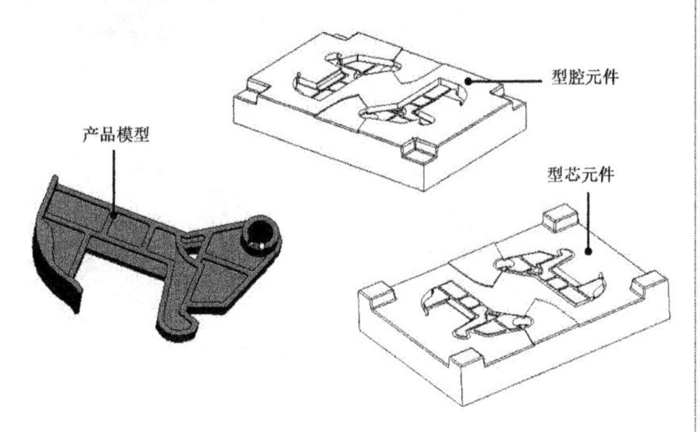

图 27-55　模型与成型零件

操作步骤：

1. 新建模架项目

01 启动 Creo 4.0，然后设置工作目录。

02 在基本环境界面下，单击【EMX 常规】选项卡中的【新建】按钮，弹出【项目】窗口。在窗口中创建命名为【moldbased】的模架项目，如图 27-56 所示。然后单击【保存修改并关闭对话框】按钮 确定 ，完成新模架项目的创建。创建的项目如图 27-57 所示。

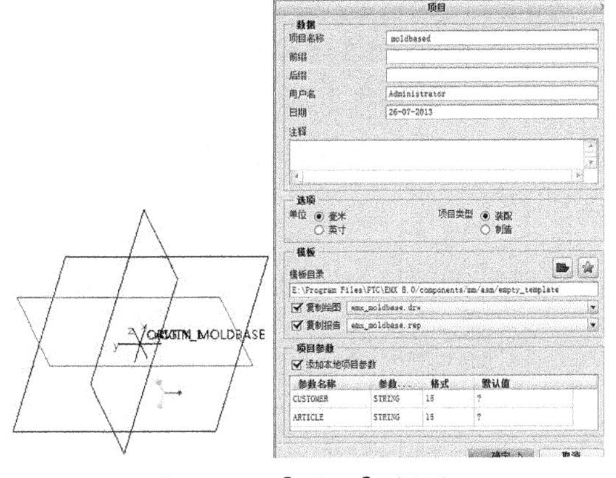

图 27-56　【项目】对话框

> **技术要点**
>
> 当创建模架项目后，Creo 会自动将项目保存在以后设置的工作目录中。

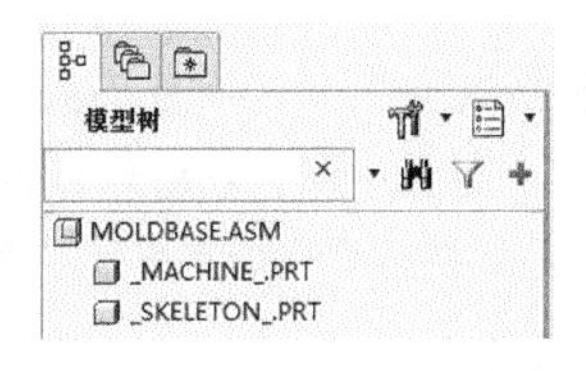

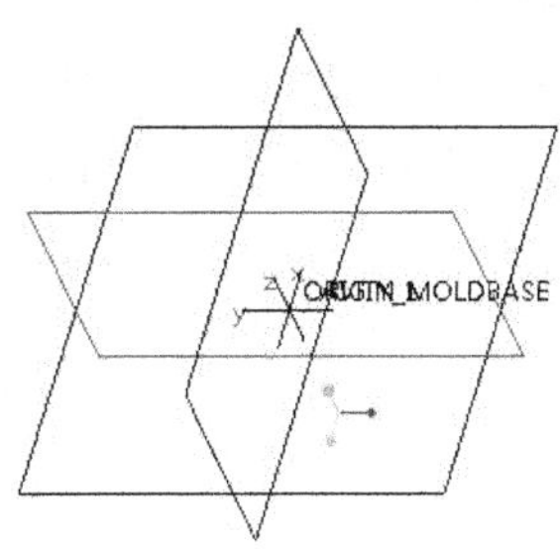

图 27-57　创建模架项目

2. 装配成型零件

01 在【模型】选项卡的【元件】组中单击【装配】按钮，弹出【打开】对话框。通过该对话框选择【ex27-1.asm】装配文件。

02 然后按照如图 27-58 所示的操作步骤：完成模具成型零件的装配。

> **技术要点**
>
> 只要模具装配体中的拖拉方向是正确的，而且布局也是以模具坐标系为中心进行设计的，那么就可直接选取模具坐标系和模架坐标系进行重合约束。保证了模具在整个模架装配中的方向和坐标都是正确的。

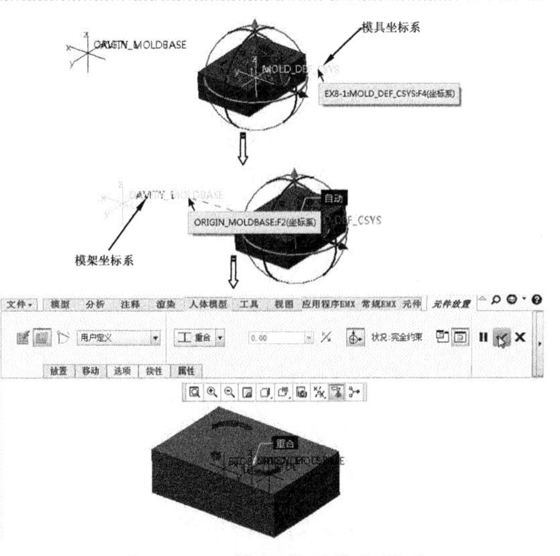

图 27-58　装配成型零件模型

技术要点

在装配模型时，只有装配操控板中显示了【完全约束】的状态后，才算装配成功。

3．项目分类

在【EMX常规】选项卡的【项目】组中，单击【分类】按钮，弹出【分类】对话框。在该对话框中为装配的成型零件进行如图27-59所示的分类操作。

技术要点

在分类时，默认情况下，所有模具元件都是【插入动模】的，因此需要手动将型腔元件及型腔侧的子镶件更改为【插入定模】。

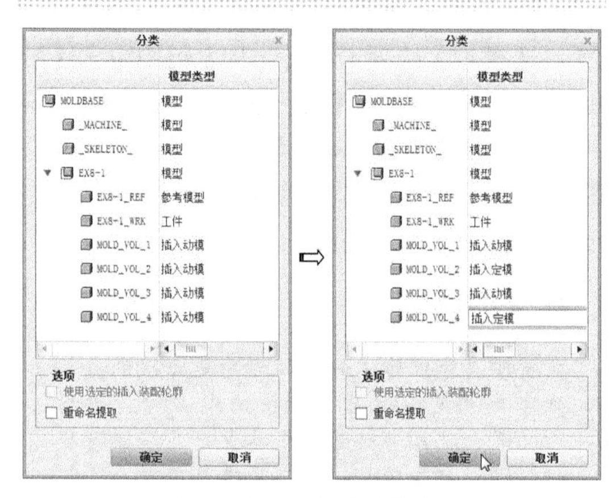

图27-59　为成型零件分类

4．定义模架组件

01 在【工程特征】工具栏中单击【装配定义】按钮，弹出【模架定义】对话框。

02 然后按照如图27-60所示的操作步骤：完成模架组件的载入。

技术要点

如果不清楚该加载何种规格的模架，可以先用测量工具测量成型零件的长（180）、宽（125）、高（56）尺寸。再利用本章前面所介绍的模架选用方法，即可确定模架尺寸（本例模架为2327）。

03 在【模架定义】对话框的模架主视图中右击A板进行编辑，如图27-61所示。

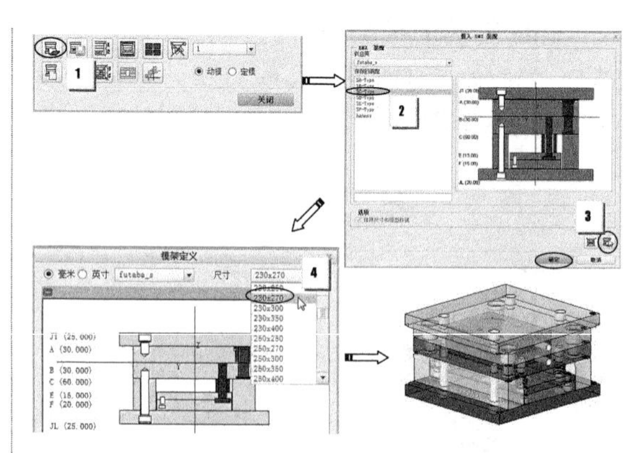

图27-60　定义模架组件

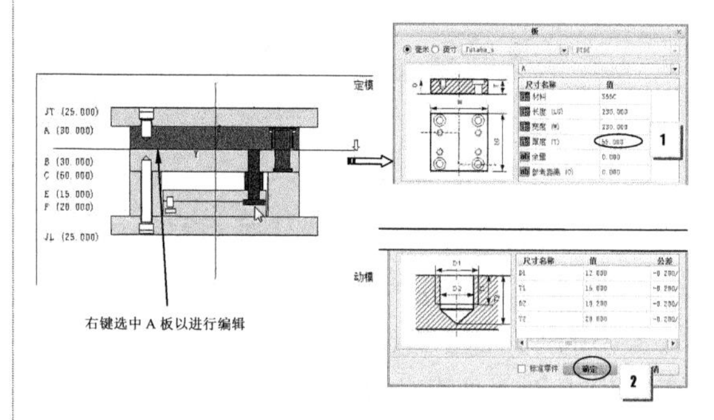

图27-61　编辑A板厚度

技术要点

在加载模架过程中，若模架组件在图形区没有完全显示，则在【编辑】工具栏中单击【再生】按钮即可。

04 同理，再右击B板编辑其厚度尺寸，如图27-62所示。

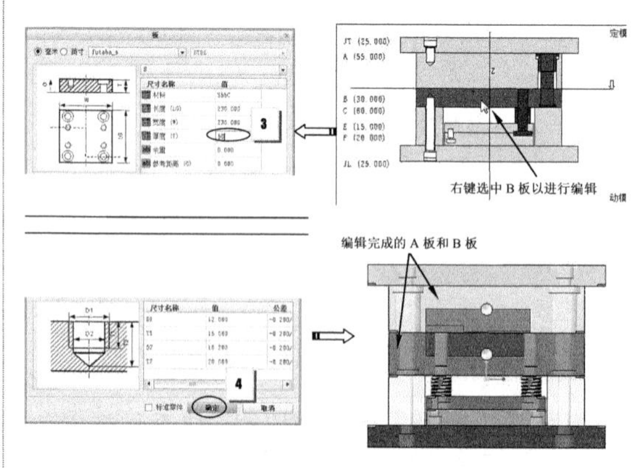

图27-62　编辑B板厚度

05 按如图27-63所示的操作步骤：创建A、B板中的型腔切口。

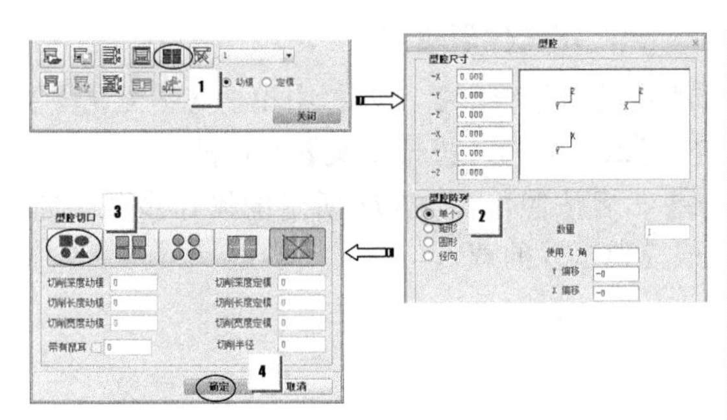

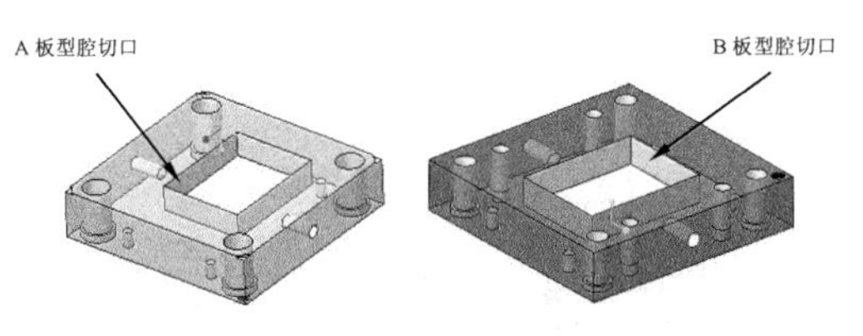

图 27-63　创建型腔切口的操作

06 创建型腔切口和型芯切口，如图27-64所示。

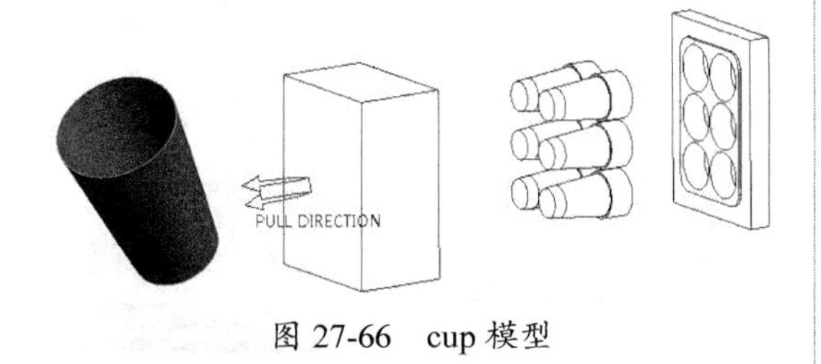

图 27-64　创建 A、B 板中的型腔切口

07 在【EMX 工具】选项卡的【元件】组中单击【元件状态】按钮，程序弹出【元件状态】对话框。在该对话框中单击【选择所有元件类型】按钮，接着再单击【确定】按钮，将模具标准件螺钉、销钉等添加至模架中，如图 27-65 所示。

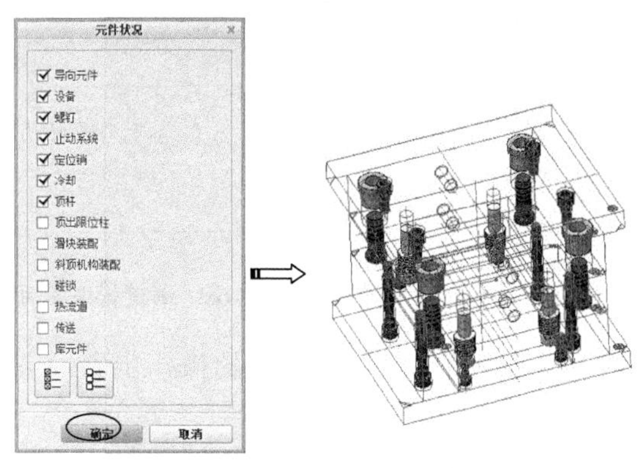

图 27-65　添加模具元件

08 最后在快速访问工具栏中单击【保存】按钮，将本例模架设计的结果保存。

27.4.2　三板模模架设计

◎ **引入文件：实例 \ 源文件 \Ch27\ex27-2\ ex27-2.asm**

◎ **结果文件：实例 \ 结果文件 \Ch27\ 三板模模架设计 \ ex27-2.asm**

◎ **视频文件：视频 \Ch27\ 三板模模架设计 .avi**

下面用一个 cup 模型的模架设计实例来说明 EMX 8.0 的基本用法，希望大家熟练掌握。

cup 模型采用矩形布局，一模六件，因此模架类型可选择为三板模（futaba_de 的 DA_Type 类型）。cup 模型及成型零件如图 27-66 所示。

cup 模具的模架设计过程将分 4 个阶段进行：新建模架项目、装配模型、零件分类和定义模架组件。

图 27-66　cup 模型

操作步骤：

1．新建模架项目

01 启动 Creo 4.0，然后设置工作目录。

02 在基本环境界面下，单击【EMX 常规】选项卡中的【新建】按钮，弹出【项目】窗口。在窗口中按如图 27-67 所示设置参数，然后单击【确定】按钮，完成新模架项目的创建。创建的项目如图 27-68 所示。

2．装配成型零件

01 在【模型】选项卡的【元件】组中单击【装配】按钮，弹出【打开】对话框。通过该对话框选择本例素材中的【ex27-2\ex27-2.asm】装配文件。

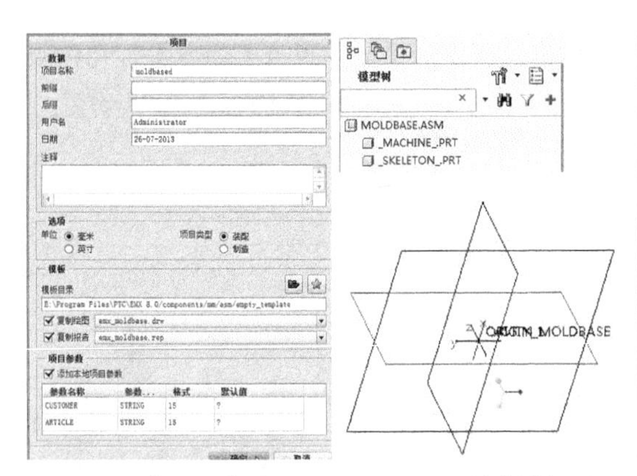

图 27-67 【项目】对话框　图 27-68 创建模架项目

02 然后按照如图 27-69 所示的操作步骤：完成模具成型零件的装配。

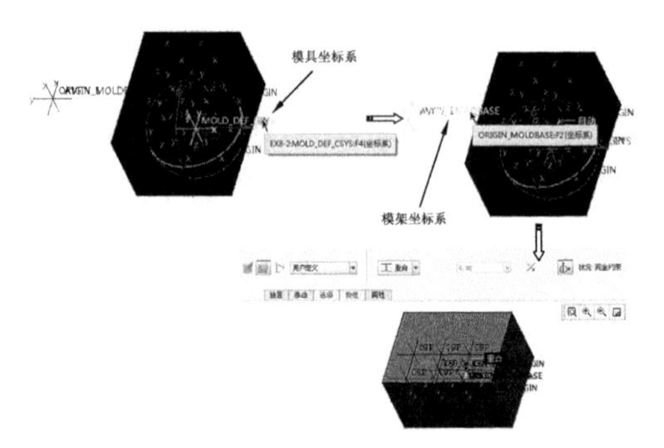

图 27-69 装配成型零件模型

3．项目分类

在【EMX 常规】选项卡的【项目】组中，单击【分类】按钮，弹出【分类】对话框。在该对话框中为装配的成型零件进行如图 27-70 所示的分类操作。

图 27-70 为成型零件分类

4．定义模架组件

01 在【工程特征】工具栏中单击【装配定义】按钮，弹出【模架定义】对话框。

02 然后按照如图 27-71 所示的操作步骤：完成模架组件的载入。

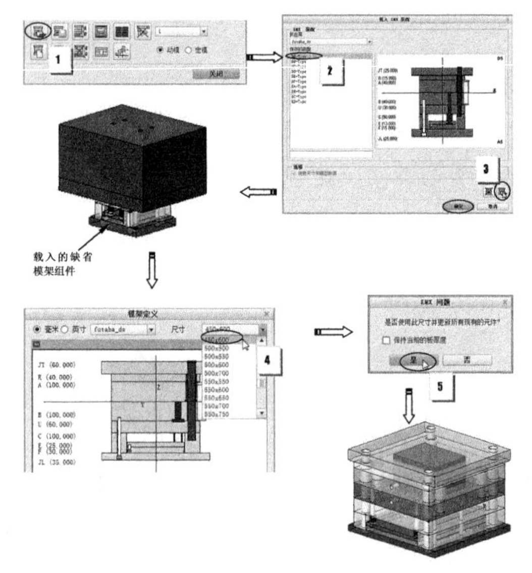

图 27-71 定义模架组件

03 在【模架定义】对话框的模架主视图中依次选择 A 板和 B 板进行编辑，如图 27-72 所示。

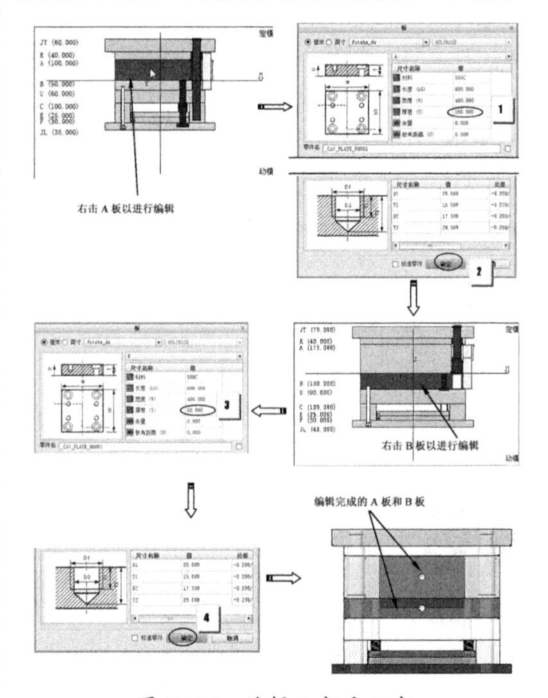

图 27-72 编辑 A 板和 B 板

04 按如图 27-73 所示的操作步骤：创建 A、B 板中的型腔切口。

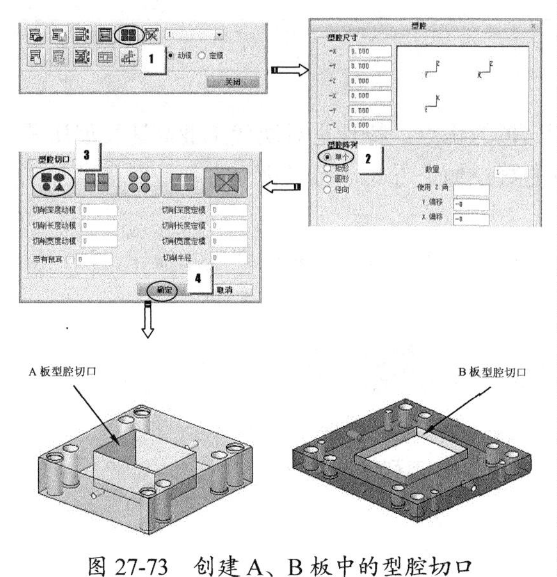

图 27-73　创建 A、B 板中的型腔切口

05 在【EMX 工具】选项卡的【元件】组中单击【元件状态】按钮，程序弹出【元件状态】对话框。在该对话框中单击【选择所有元件类型】按钮，接着再单击【确定】按钮 确定，将模具标准件螺钉、销钉等添加至模架中，如图 27-74 所示。

06 最后在快速访问工具栏上单击【保存】按钮，将本例模架设计的结果保存。

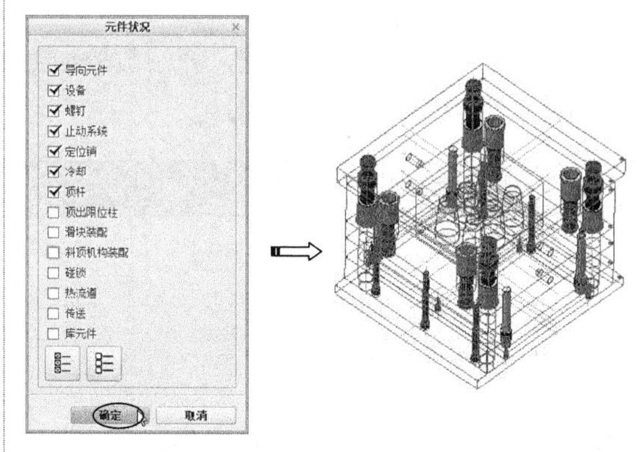

图 27-74　添加模具元件

27.5 课后习题

1. 二板模架结构设计 1

打开素材文件【课后习题\Ch27\ex27-1\ex27-1.asm】，练习模型如图 27-75 所示。本练习将选用二板模架结构来设计模具的模架。

2. 二板模结构设计 2

打开素材文件【课后习题\Ch27\ex27-2\ex27-2.asm】，练习模型如图 27-76 所示。本练习将选用二板模结构来设计模具的模架。

图 27-75　练习模型 1

图 27-76　练习模型 2

第 28 章 Creo 数控编程

数控加工相对于传统的加工方式，有着不可比拟的优点，特别是对现代工业高速发展所需要柔性化制造需要。Creo NC 为用户提供了大量的数控加工方式，可以极为方便地对需要加工的零件进行自动编程。

本章力求从工艺实践出发，介绍数控加工工艺所涉及的基础知识和软件基本操作方法，以便为后面的实例操作打好基础。

知识要点

- 数控编程基础
- 设计模型的准备
- 创建加工操作
- 其他操作数据
- NC 序列管理

28.1 Creo NC 编程概述

数控加工（numerical control machining，NC）是指在数控机床上进行零件加工的一种工艺方法，数控机床加工与传统机床加工的工艺规程从总体上说是一致的，但也发生了明显的变化——用数字信息控制零件和刀具位移的机械加工方法。它是解决零件品种多变、批量小、形状复杂、精度高等问题和实现高效化和自动化加工的有效途径。

28.1.1 Creo NC 制造概念

在利用 Creo 4.0 的 NC 加工模块加工零件前，有必要了解一下相关的概念。

1. 设计模型

代表着成品的 Creo 设计模型是所有制作操作的基础。在设计模型上选择特征、曲面和边作为每一刀具路径的参考。通过参考设计模型的几何，可以在设计模型与工件间设置关联链接。由于有了这种链接，在更改设计模型时，所有关联的加工操作都会被更新以反映所做的更改。

零件、装配和钣金件可以用作设计模型。如图28-1所示表示的是一个参考模型的示例，其中：1 表示要进行钻孔加工的孔；2 表示要进行铣削的平面。

2. 工件

工件表示制造加工的原料，即毛坯。如图 28-2 所示的工件是通过 NC 建模得到的毛坯，NC 也可以采用不同方式生成工件。其中，1 表示移除的孔——不是铸件的一部分；2 表示因考虑材料移除而增大的尺寸；3 表示因考虑材料移除而减小的尺寸。

使用工件的优点主要如下：

- 在创建NC序列时，自动定义加工范围。
- 可以在 NC-check 中使用，进行材料去除动态模拟和过切检测。
- 通过捕获去除的材料来管理进程中的文档。
- 工件可以代表任何形式的原料。如棒料或铸件；工件的建立方式比较灵活，可以通过复制参考模型、修改尺寸或删除|隐含特征等操作方式生成。

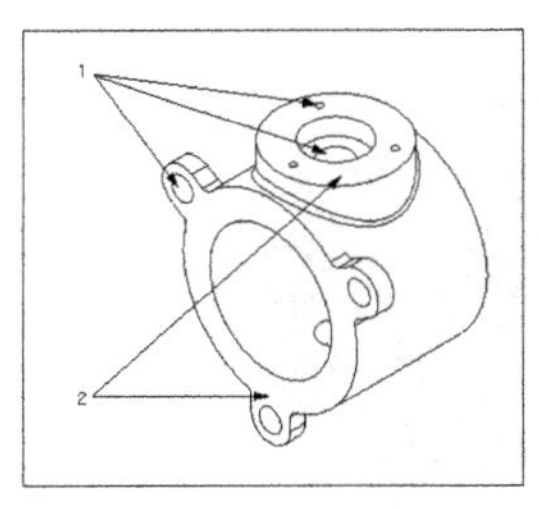

图 28-1　设计模型

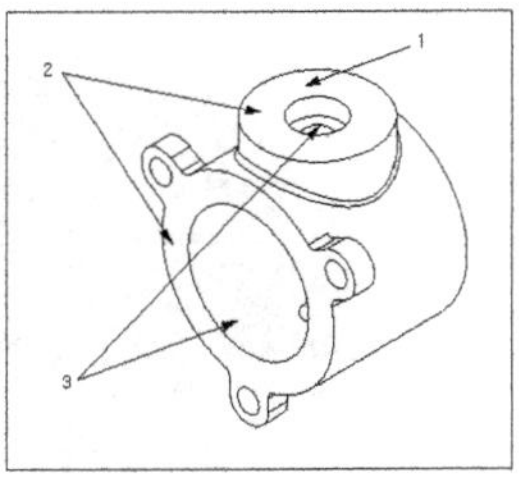

图 28-2　工件

技术要点

如果拥有 Pro/Assembly 许可，也可以通过参考设计模型的几何，直接在【制造】模式中创建工件。

3．制造模型

常规的制造模型由一个参考模型和一个装配在一起的工件组成。在后期的 NC-check 命令中可实现工件执行材料去除模拟。一般地，在加工的最终结果工件几何应与设计模型的几何特征保持一致。如图 28-3 所示显示了一个参考零件与工件装配的制造模型。

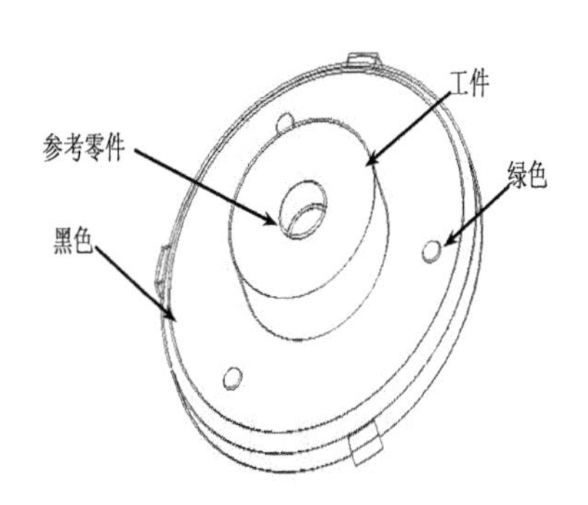

图 28-3　制造模型

当创建一个加工模型后，通常包括 4 个单独的文件：

- 设计模型——扩展名为 .prt。
- 工件——展名为 .prt。
- 加工组合——展名为 .asm。
- 加工工艺文件——展名为 .asm。

4．零件与装配加工

在 NC 制造的先前版本中，可创建两种单独类型的制造模型。

- 零件加工：制造模型包含一个参考零件和一个工件（也是零件）。
- 装配加工：系统不做有关制造模型配置的假设。制造模型可以是任何复杂级别的装配。

目前，所有 NC 制造均基于【装配】加工。但是，如果有在先前版本中创建的、继承的【零件】加工模型，则可检索和使用它们。某些加工方法与【零件】加工中的方法略有不同。这些不同之处在文档的相应部分加以注解。

【零件】与【装配】加工的主要差异在于，在【零件】加工中，制造过程的所有组成部分（操作、机床或 NC 序列）是属于工件的零件特征，而在【装配】加工中，它们属于制造装配的装配特征。

28.1.2　NC 制造用户界面

NC 制造用户界面是基于功能区的，该用户界面中包含多个选项卡，每个选项卡中都含有按逻辑顺序组织的多组常用命令。NC 制造用户界面简洁，概念清晰，符合工程人员的设计思想与习惯，如图 28-4 所示。

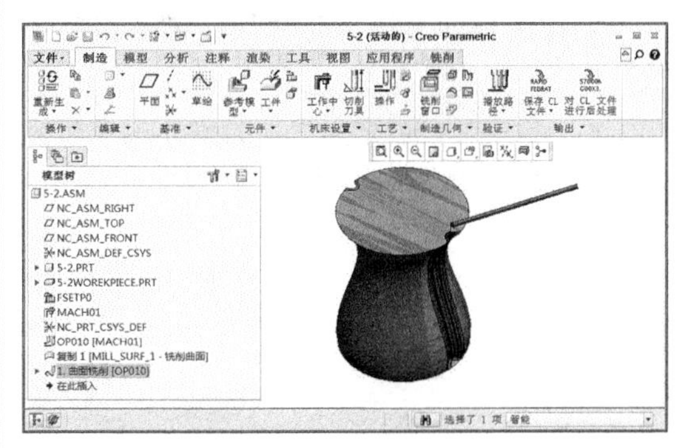

图 28-4　NC 制造用户界面

28.1.3　创建工件

工件的创建方法也分好几种，如下：

- ：创建自动工件。
- ：使用【同一模型】（Same Model）组装工件。
- ：使用继承自模型的特征组装工件。

- ：使用从模型合并的特征组装工件。
- ：创建手工工件。

1. 创建自动工件

在【制造】选项卡的【元件】组中单击【自动工件】按钮，弹出【创建自动工件】操控板，如图28-5所示。

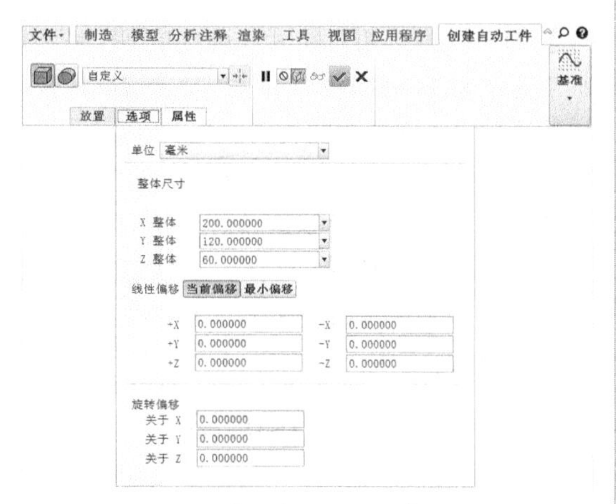

图28-5 【创建自动工件】操控板

工件的形状分矩形和圆形两种，默认情况下创建的是矩形工件。圆形工件的【选项】选项板如图28-6所示。

创建工件的方法也有两种：包络和自定义。

- 自定义：可定义工件的整体尺寸和偏移，如图28-7所示。

图28-6 圆形工件的【选项】选项板

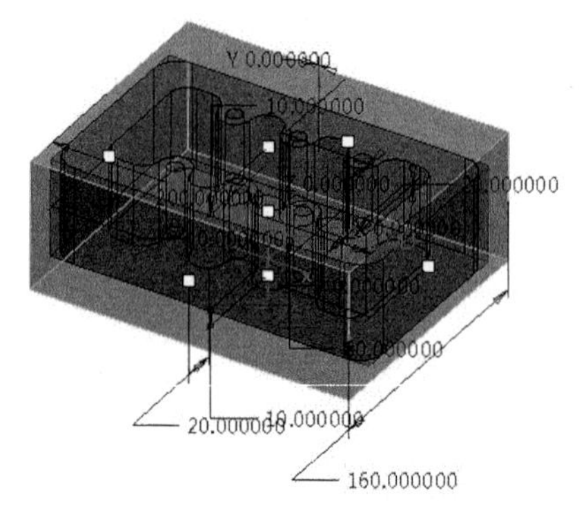

图28-7 自定义工件尺寸

- 包络：NC制造会自动定义整体尺寸和当前偏移的最小值。只能定义偏移和斜角偏移的最小值，如图28-8所示。

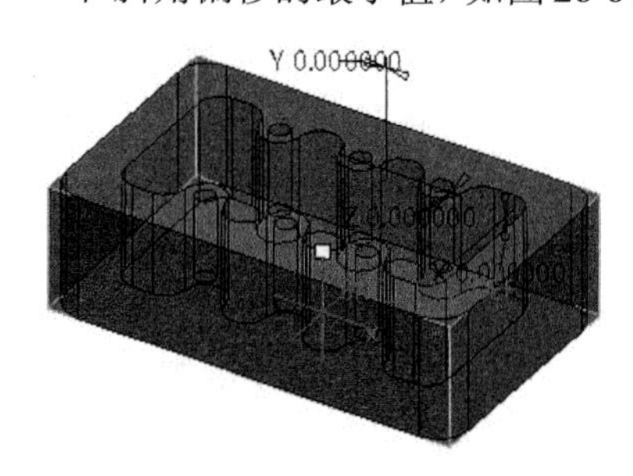

图28-8 创建包络工件

【放置】选项板使用坐标系和参考模型各自的收集器来指定坐标系和参考模型，如图28-9所示。

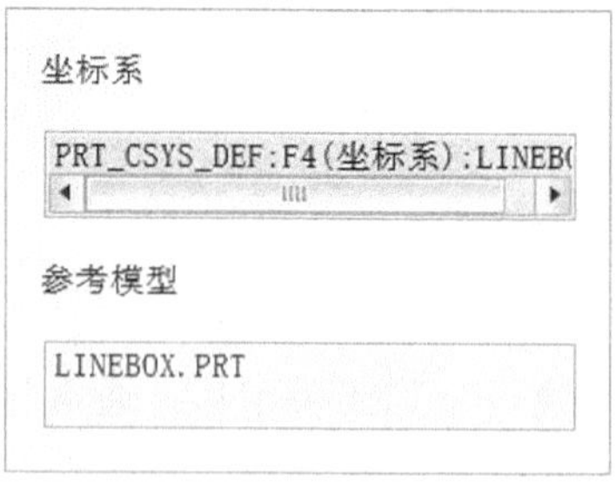

图28-9 【放置】选项板

技术要点

如果制造装配只有一个参考模型，则NC制造会自动在【参考模型】收集器中指定该参考模型。如果制造装配有多个参考模型，则必须指定想要用来建立工件的参考模型。

2．装配工件

装配工件是将用户自定义的实体模型从保存的磁盘路径中装配到当前 NC 加工环境。并利用装配约束关系把工件装配到设计模型上，如图 28-10 所示。

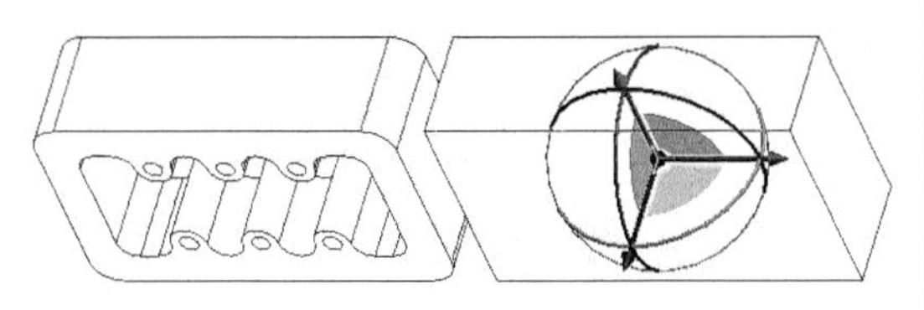

图 28-10　装配工件

3．继承工件

如果使用【继承工件】，则选择工件必须从中继承特征的设计模型。同样，也需要装配到加工环境中。

装配后将继承设计模型的全部参数，如图 28-11 所示。

4．合并工件

这种创建工件的方法与继承工件类似，也是从外部环境中装配设计模型，然后和加工环境中的参考坐标系合并，如图 28-12 所示。

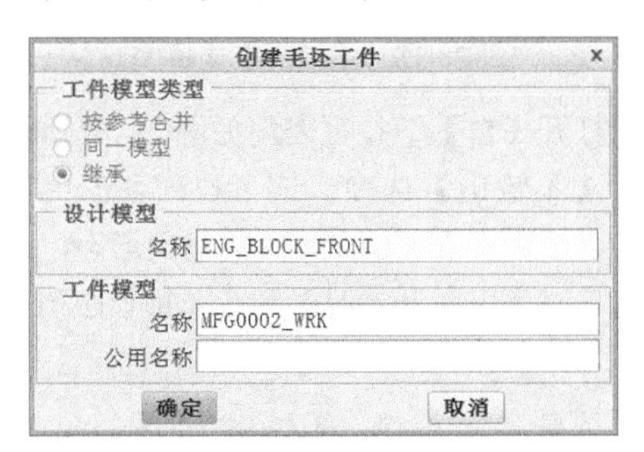

图 28-11　继承工件

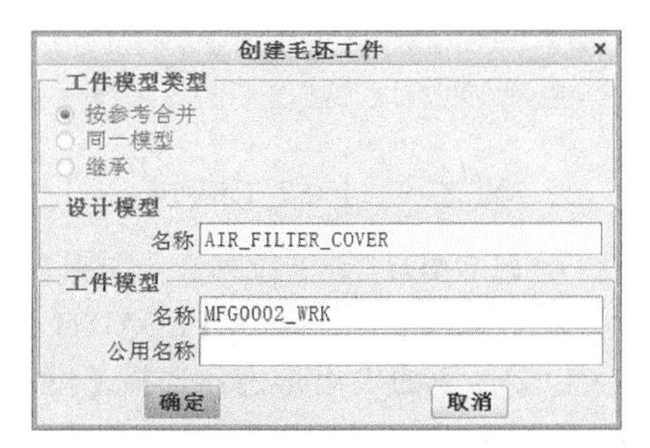

图 28-12　合并工件

5．创建工件

创建工件是利用【特征类】菜单管理器来创建实体、曲面模型，如图 28-13 所示。

图 28-13　【特征类】菜单管理器

28.1.4　创建加工操作

在 Creo 数控加工的操作环境中，单击【工艺】选项卡中的【操作】按钮，弹出如图 28-14 所示的【操作】操控板，在操控板中可以新建数控操作或者删除已经建立的数控操作。

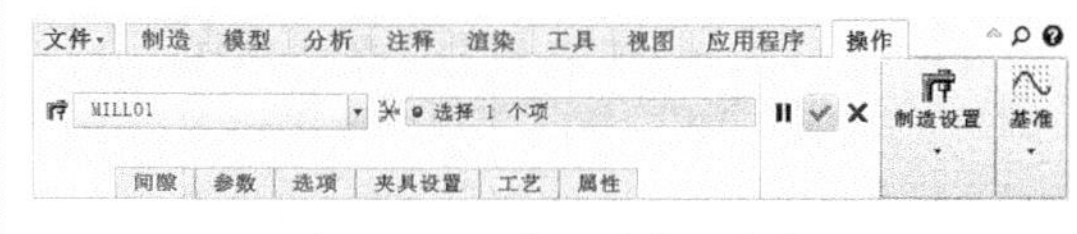

图 28-14　【操作】操控板

1．机床基本数据的设置

在【操作】操控板中选择【制造设置】|【铣削】命令，弹出如图 28-15 所示的【铣削工作中心】对话框，利用该对话框可以设置铣削操作的加工参数。

技术要点

【工作中心】指的就是加工中心，也是指机床。Creo 提供了【铣削】——铣床、【铣削—车削——车—铣加工中心】、【车削——车床】、【线切割——线切割机】。

用户也可以直接从【机床设置】组中选择工作中心，如图 28-16 所示。

图 28-15 【铣削工作中心】对话框

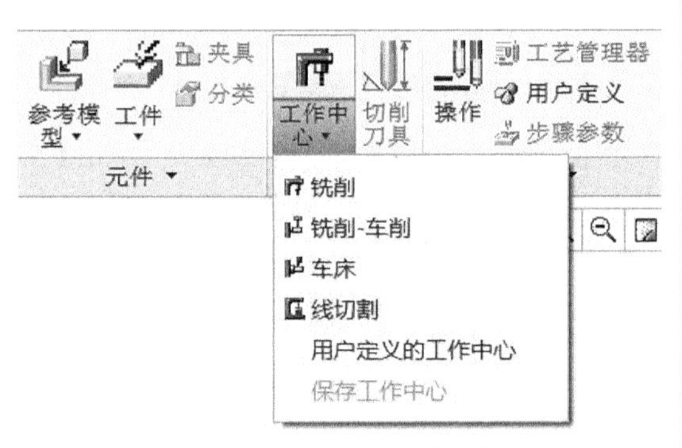

图 28-16 工作中心的选择

在【铣削工作中心】对话框中显示了机床的名称，它位于对话框的最上部，Creo 第一个机床名称为【MILL01】，以此类推，创建的第二个机床的默认名称便为【MILL02】。

打开【轴数】下拉列表，以设置当前机床的轴数机床轴数，如图 28-17 所示，按照默认设置选择【3 轴】选项。轴数是指数控加工中可以同时使用的控制轴的数目，机床轴数的选择主要用于设置 NC 序列时选定可选范围。机床的轴数与选择的机床类型密切相关。各种机床类型下可选择的机床轴数如下：

- 铣削：3 轴、4 轴和 5 轴。
- 车床：一个塔台和两个塔台。
- 铣削 / 车削：1 轴、3 轴、4 轴和 5 轴。
- Wedm：2 轴和 4 轴。

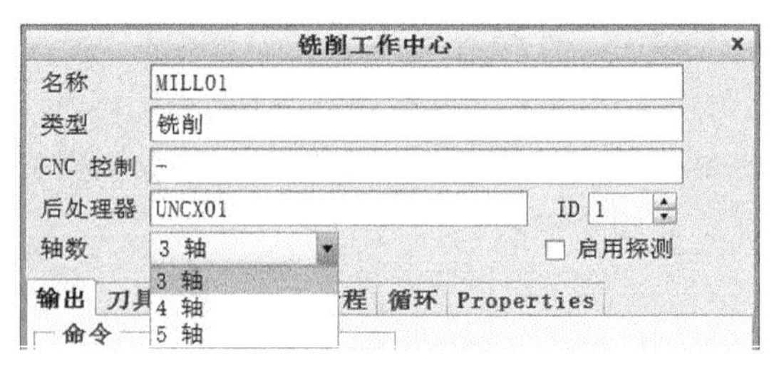

图 28-17 【轴数】下拉列表

2. 【输出】选项卡

在【输出】选项卡中（如图 28-18 所示），保留默认设置。【输出】选项卡中包括【命令】、【刀补】和【探针补偿】3 个选项组，以及【默认】、【打印】等按钮。

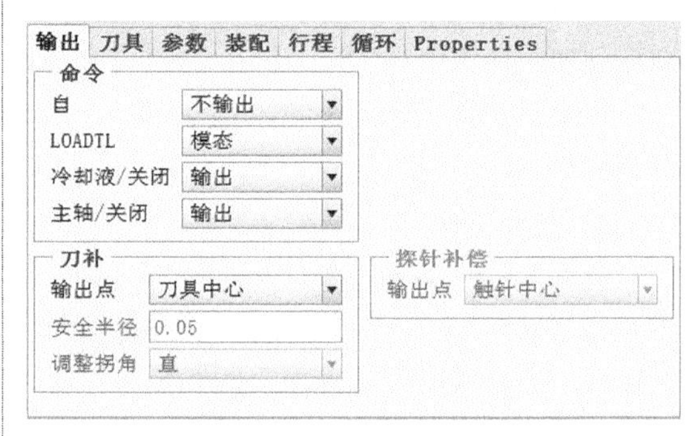

图 28-18 【输出】选项卡

打开【自】下拉列表，如图 28-19 所示，选择【不输出】选项。该下拉列表框用于设置【自】命令在 CL 文件中的输出形态，其他可选项有【仅在开始时】和【在每个序列】。

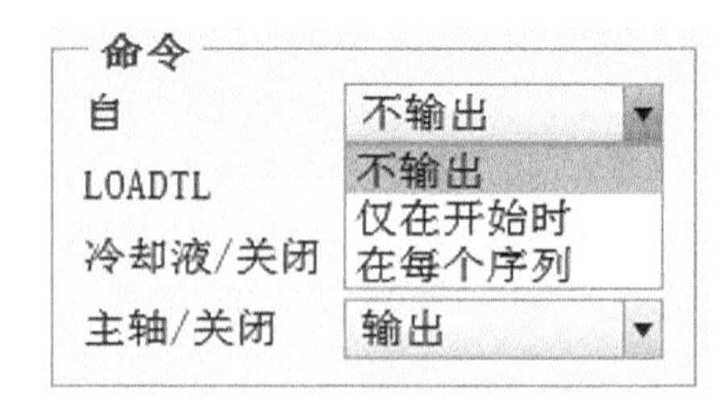

图 28-19 【自】下拉列表

展开【LOADTL】下拉列表，如图 28-20 所示，此下拉列表用于设置【LOADTL】命令在 CL 文件中的输出形态，选择【模态】选项。

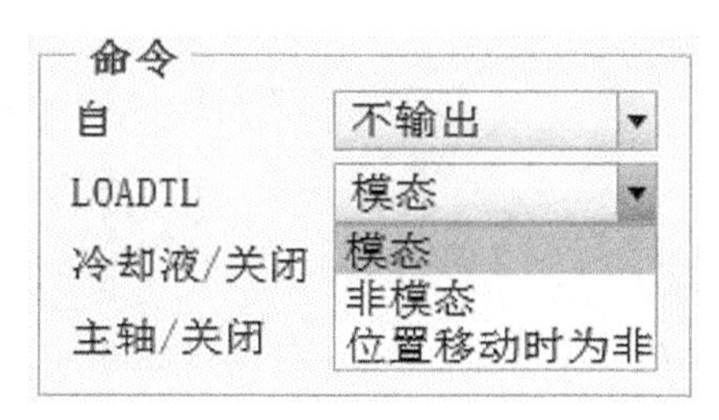

图 28-20　【LOADTL】下拉列表框

3. 【刀具】选项卡

如图 28-21 所示的是【刀具】选项卡，它主要用于设定换刀时间、探针和刀具的参数。

在【刀具更改时间】数值框中直接输入数值或单击微调按钮来实现设定换刀时间，在这里，通常设置其数值为 0。

单击【刀具】按钮，弹出如图 28-22 所示的【刀具设定】对话框，在该对话框中可以设置刀具的名称、类型、材料等。刀具设置的方法将在下一小节讲解。关闭该对话框，进行其他参数的设置。

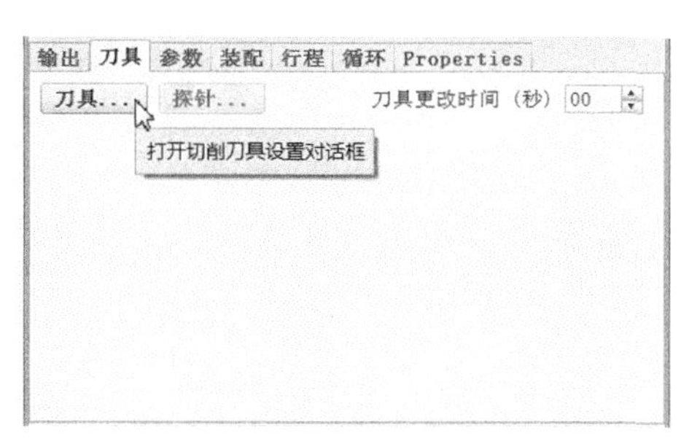

图 28-21　【刀具】选项卡

4. 【参数】选项卡

如图 28-23 所示的是【参数】选项卡。功能是设置机床的【最大速度】、【马力】【快速移刀】和【快速进给率】，用户只需在相应文本框中输入具体数值即可。

5. 【装配】选项卡

如图 28-24 所示的是【装配】选项卡，使用调入其他加工机床数据的方法设置机床的各种参数。

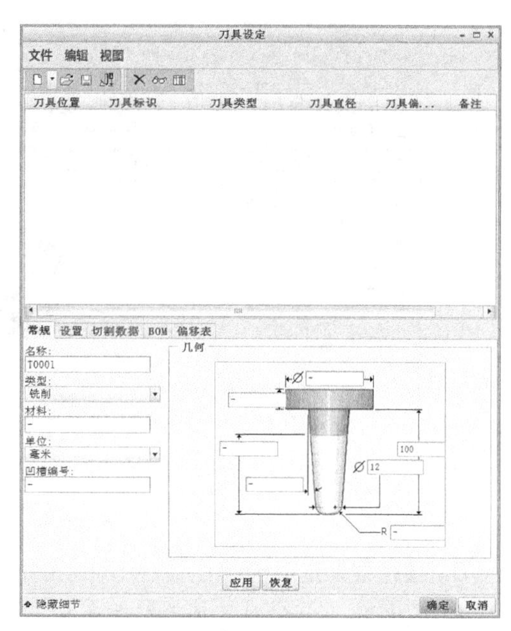

图 28-22　【刀具设定】对话框

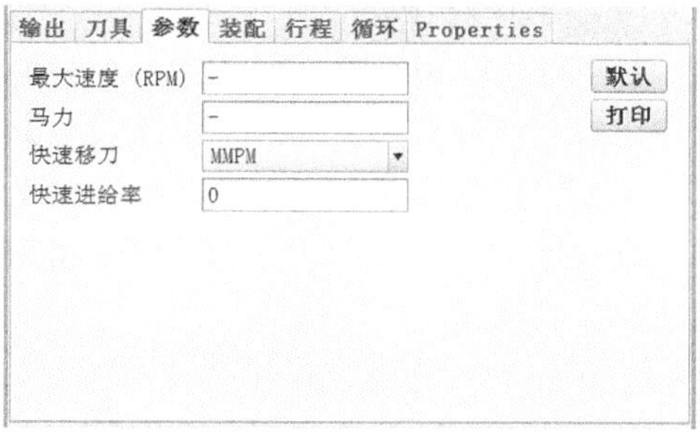

图 28-23　【参数】选项卡

图 28-24　【装配】选项卡

单击【选取机床组件】按钮，弹出如图 28-25 所示的【打开】对话框，在该对话框中选择合适的组件，则所选组件的机床设置将被加载到当前机床。单击【取消】按钮。

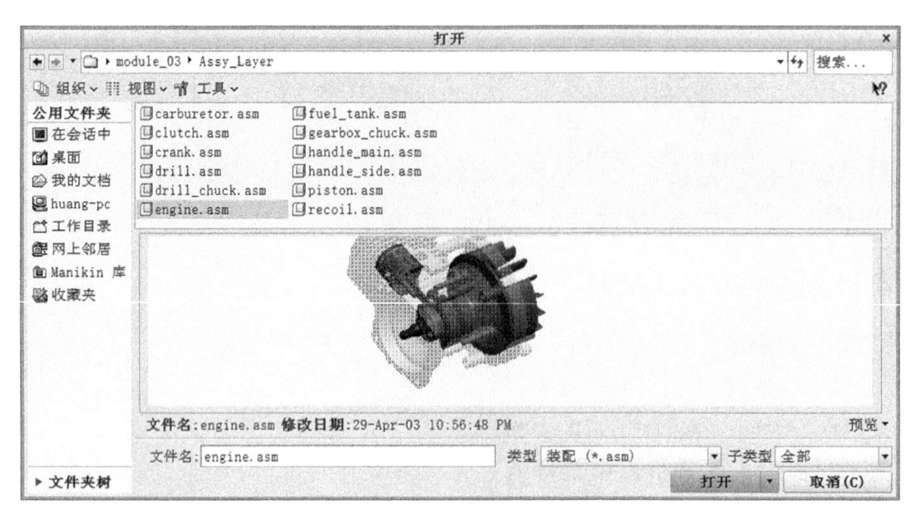

图 28-25 【打开】对话框

6. 【行程】选项卡

如图 28-26 所示的是【行程】选项卡，主要用于设置数控机床在加工过程中各个坐标轴方向上的行程极限。

若不设置行程极限，则系统不会对加工程序进行行程检查。选择的【机床类型】不同，【行程】选项卡中可以设置行程的坐标轴个数也会有所不同。若选择【车床】机床，则缺少 Y 轴行程。

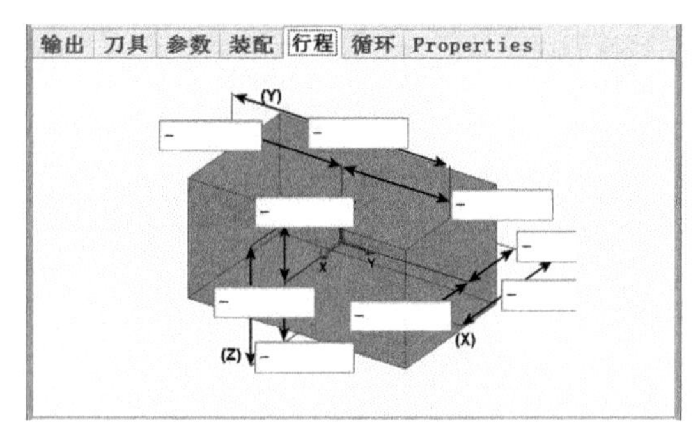

图 28-26 【行程】选项卡

7. 【定制循环】选项卡

【定制循环】选项卡主要用于加工孔类特征时，创建【循环名称】和【循环类型】。如图 28-27 所示，单击选项卡中的【打开】按钮，在弹出的【自定义循环】对话框中可以自定义加工循环参数。

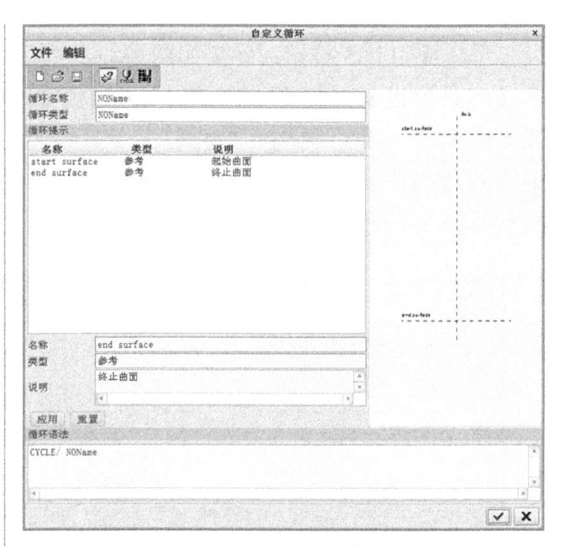

图 28-27 【定制循环】选项卡

28.1.5 NC 序列管理

当用户选择了机床并创建了一个铣削操作后，功能区会显示【铣削】选项卡。【铣削】选项卡包含了所有用于切削的加工类型，如图 28-28 所示。

在数控加工中，为了满足不同的铣削加工，需要多种设计加工轨迹的工具。NC 路径管理中最重要的 3 个内容是演示轨迹、NC 检测和过切检测。

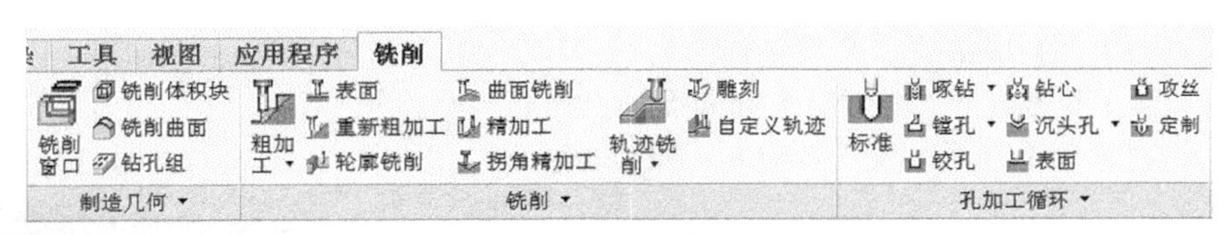

图 28-28　【铣削】选项卡

28.2 平面铣削

平面铣削（Face Milling）在 Creo 4.0 版本中又称为表面铣削，通常是把工件表面加工到某一高度并达到一定表面质量要求的加工。平面铣削是数控铣削加工方法的一种，可用来对大面积平面或平面度要求较高的平面（如平板、凸台面、平底槽、型腔与型芯的分型面）进行加工，但不适用于曲面加工。平面铣削可以实现平面的粗加工和精加工，尤其是加工平面面积较大时，使用平面铣削方法能够提高其加工效率和加工质量。

平面铣削加工内容、要求的正确分析是进行平面铣削工艺设计的前提。分析平面铣削加工的内容应考虑以下几点：

- 加工平面区域大小，加工面相对基准面的位置。
- 加工平面的表面粗糙度要求。
- 加工面相对基准面的定位尺寸精度、平行度和垂直度等要求。

动手操作——平面铣削加工案例

箱体零件是铣削加工中常见的例子。本文以如图 28-29 所示的箱体零件为例，演示如何采用 NC 模块进行自动数控编程，建立利用 NC 进行数控加工的概念。加工毛坯采用选择端盖的半精加工后的零件，要求通过利用 Creo NC 数控加工首先对零件上表面的凹槽曲面进行轮廓铣削加工。

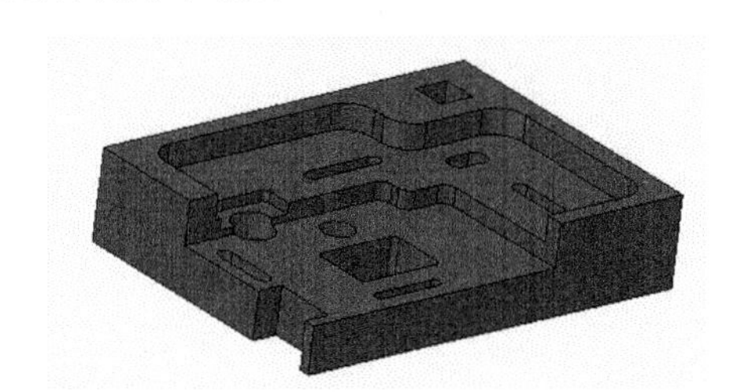

图 28-29　箱体零件

操作步骤：

01 启动 Creo 4.0，然后设置工作目录。

02 单击【新建】按钮，在打开【新建】的对话框中选择【制造】类型，在子类型中选择【NC 装配】子类型，加工文件名称为【平面铣削】，使用公制单位模板 mmns_mfg_nc。单击【确定】按钮进入 NC 加工环境中。如图 28-30 所示。

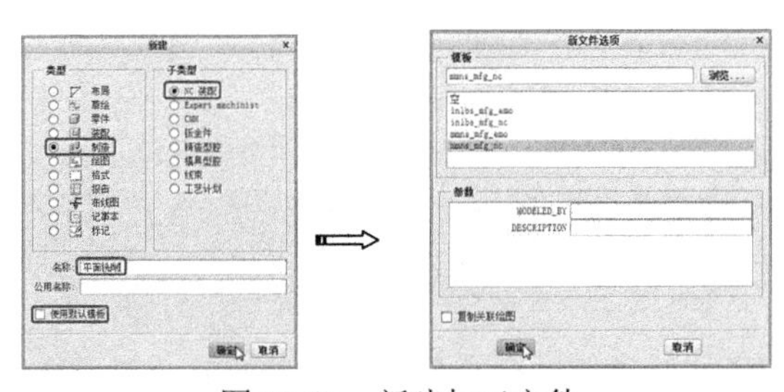

图 28-30　新建加工文件

03 装配参考模型。在【元件】组中单击【组装参考模型】按钮，在打开的【打开】对话框中选择本例素材【ex28-1.prt】文件作为参考模型，然后在【元件放置】操控板中以【自动】方式，选择 NC 坐标系和模型坐标系自动重合，完成参考模型的装配，如图 28-31 所示。

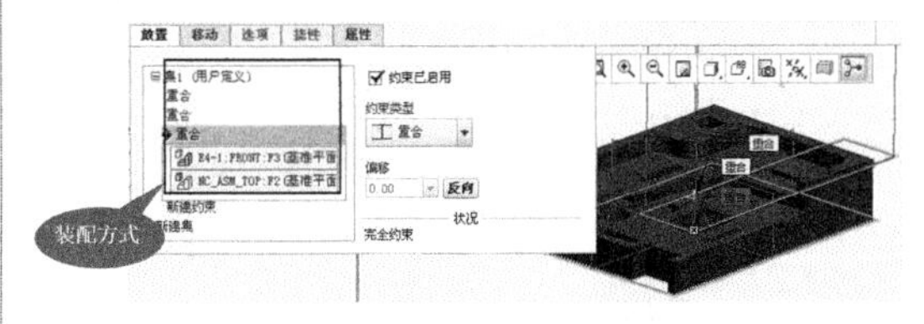

图 28-31　装配参考模型

04 为加工创建工件（毛坯）。在【元件】组中单击【自动工件】按钮，设置毛坯的加工余量，相对于参考模型上端面偏移4mm建立工件，所建立的工件名为【工件-1】，如图28-32所示。

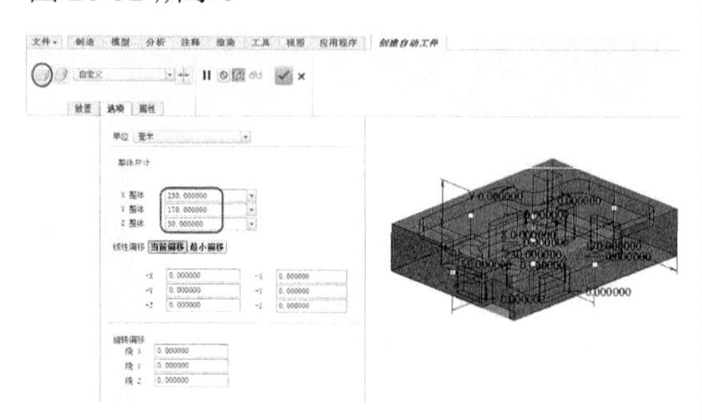

图28-32 自动工件

05 设置加工机床。对于平面铣削加工来说，常用的数控机床一般为三轴联动的数控机床。在【机床设置】组中单击【工作中心】按钮，在【工作中心】的下拉列表中选择【铣削】选项，然后弹出【铣削工作中心】对话框，选择三轴加工机床，如图28-33所示。选择参考后关闭对话框。

技术要点

用户可选择在设置铣削数控机床的同时，设置刀具参数其他装配方式取代。只有进行了机床设置，才可以进行后面的操作设置。

06 创建操作。在【工艺】组中单击【操作】按钮，打开【操作】操控板。然后选择NC_ASM_DEF_CSYS：F4加工坐标系作为程序零点的参考，并在【间隙】选项卡中设置退刀的参考平面及距离，如图28-34所示。选择参考后关闭操控板。

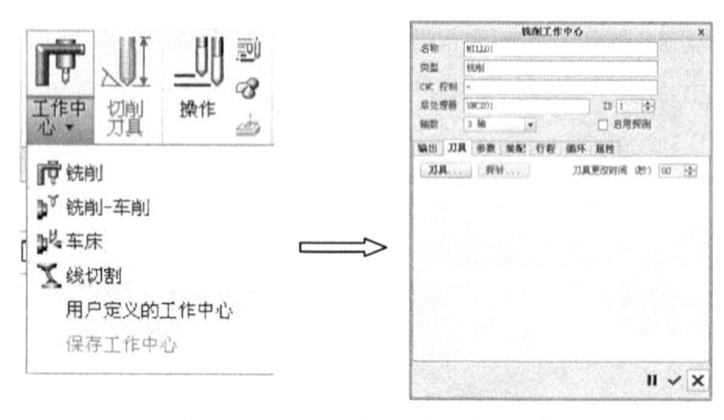

图28-33 设置铣削数控机床

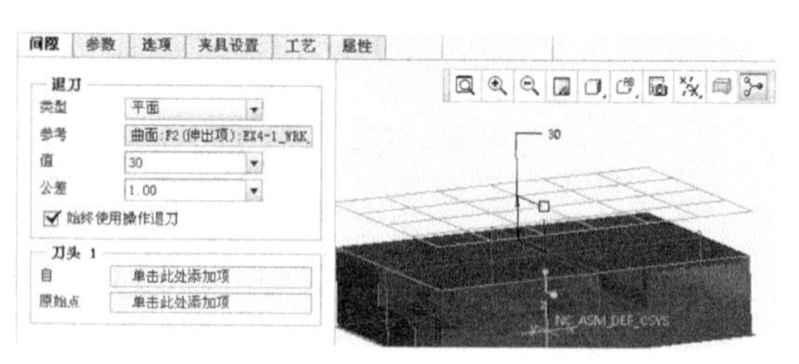

图28-34 设置程序零点参考和退刀平面

07 创建操作后，单击在功能区新增的用于切削操作的【铣削】选项卡。在【铣削】选项卡中，单击【制造几何】组中的【表面铣削】工具按钮，进入【表面铣削】操控板，如图28-35所示。

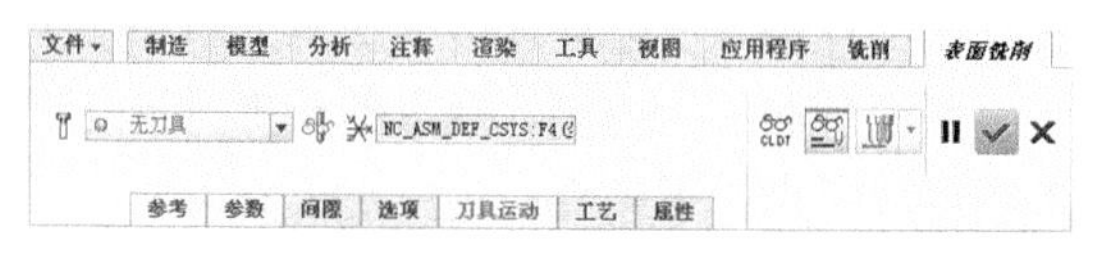

图28-35 定义轮廓铣削

08 刀具的设置操作，在【表面铣削】选项卡中单击按钮，在下拉列表中选择【编辑刀具】选项，也可以选择前一序列建立的刀具，在弹出的【刀具设定】对话框中对刀具的各项参数进行设置，采用默认名称，材料为【HSS】，单位为【毫米】，最后单击【确定】按钮，完成设置，如图28-36所示。

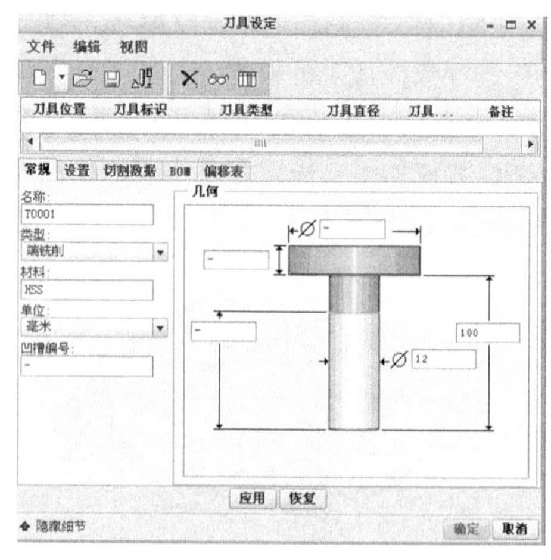

图28-36 刀具参数设定

09 选择加工对象——加工平面1，表面铣削的加工对象是平面，在【表面铣削】选项卡中单击【参考】按钮，在下拉列表中选择【类型】下的【铣削窗口】选项，单击下方的【加工参考】按钮，然后按住 Ctrl 键单击用户所建立的铣削窗口，步骤如图 28-37 所示。

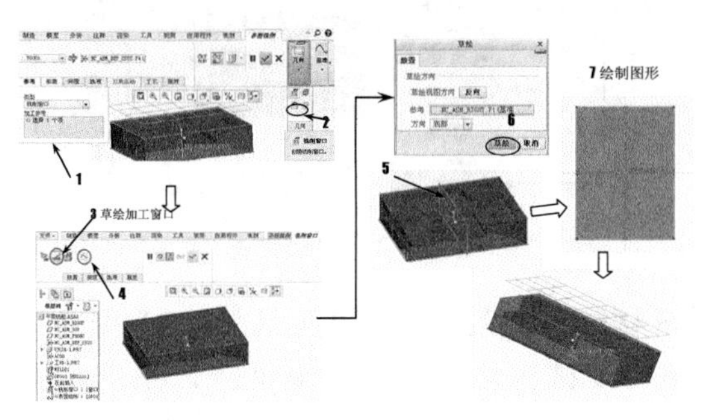

图 28-37　草绘铣削窗口

10 设置制造参数。在【平面铣削】的【参数】选项板中设置制造参数，制造参数决定了加工的综合效果，包括切削进给速度、切削深度、主轴转速、走刀方式等工艺规划参数，其参数定义操作如图 28-38 所示。

> **技术要点**
>
> 以上操作的目的是铣削平面 1，用户设置加工参数时注意设置加工余量。

11 过切检查。完成加工后需要验证刀路是否正确。在【制造】选项卡的【验证】组中单击【过切检查】按钮，弹出【NC 检查】菜单管理器。选择【创建】|【NC 序列】|【轮廓铣削 1】命令，建立并存储【ex28-1】的 CL 文件。在随后弹出的菜单管理器中，再选择【零件】命令，接着选择参考工件，选择一系列子菜单的【完成 / 返回】命令后，最后选择【运行】命令，Creo 自动检查是否过切，如图 28-39 所示。

参数 | 间隙 | 选项 | 刀具运动 | 工艺 | 属性

参数	值
切削进给	60
自由进给	-
退刀进给	-
切入进给量	-
步长深度	0.5
公差	0.01
跨距	6
底部允许余量	1
切割角	0
终止超程	0
起始超程	0
扫描类型	类型 3
切割类型	顺铣
安全距离	30
接近距离	-
退刀距离	-
主轴速度	3000
冷却液选项	关闭

图 28-38　平面铣削的加工参数的设置

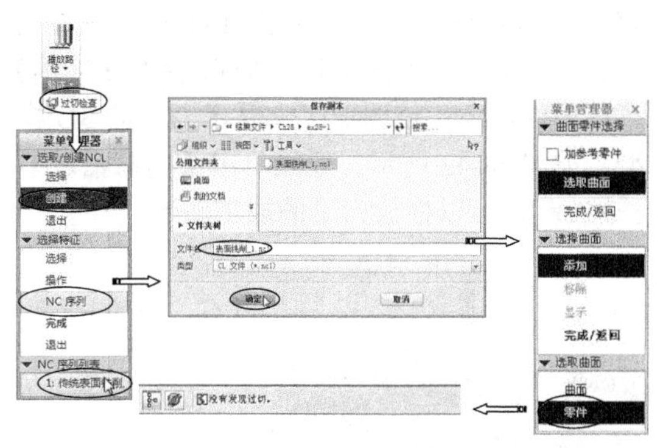

图 28-39　执行【过切检查】命令

12 选择加工对象——加工平面 2，表面铣削的加工对象是平面，在【表面铣削】选项卡中单击【参考】按钮，选择【类型】下拉列表中的【曲面】选项，单击下方的【加工参考】按钮，然后单击参考模型的第二个加工平面，步骤如图 28-40 所示。

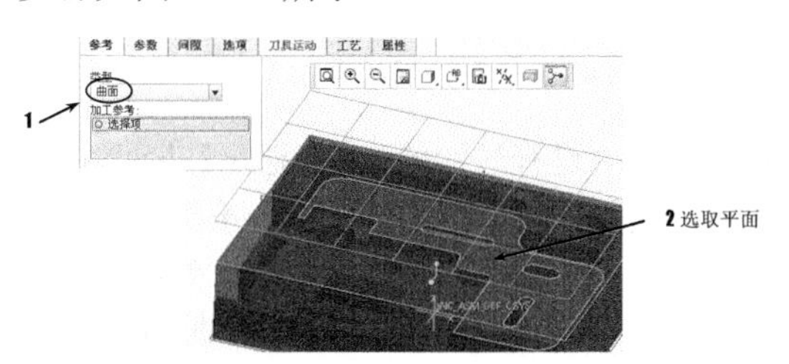

图 28-40　平面铣削的加工参数的设置

13 设置平面 2 铣削的制造参数。在【平面铣削】的【参数】选项板中设置制造参数，制造参数决定了加工的综合效果，包括切削进给速度、切削深度、主轴转速、走刀方式等工艺规划参数，其参数定义操作如图 28-41 所示。

参数 | 间隙 | 选项 | 刀具运动 | 工艺 | 属性

参数	值
切削进给	60
自由进给	-
退刀进给	-
切入进给量	-
步长深度	0.5
公差	0.01
跨距	6
底部允许余量	1
切割角	0
终止超程	0
起始超程	0
扫描类型	类型 3
切割类型	顺铣
安全距离	30
接近距离	-
退刀距离	-
主轴速度	3000
冷却液选项	关闭

图 28-41　平面铣削的加工参数的设置

14 在【表面铣削】组中单击【播放路径】按钮，打开【播放路径】对话框，选择【视图】菜单中的命令，使图形区中显示刀具的3D模型，如图28-42所示。通过单击【向前播放】按钮▶，可以播放刀具的加工轨迹。

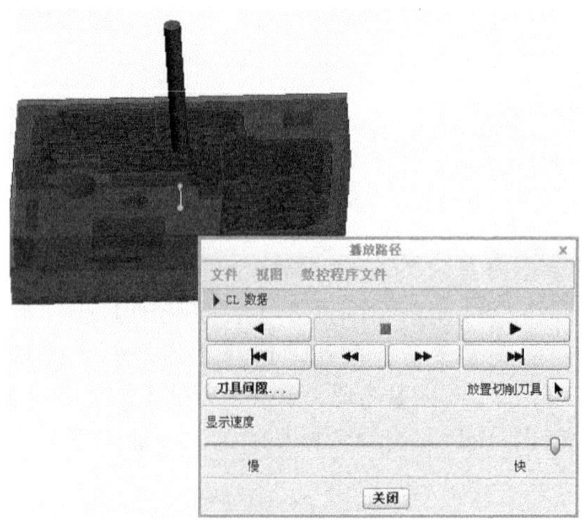

图28-42 平面铣削的加工参数的设置

15 对刀路2进行过切检查。在退出【表面铣削】选项卡设置以前，单击【快捷】按钮，完成加工后需要验证刀路是否正确。在弹出的【制造检查】菜单管理器中，选择【曲面零件选择】|【选取曲面】|【零件】，选择参考模型【EX28-1.prt】，单击【运行】按钮最终显示有无过切，如图28-43所示。

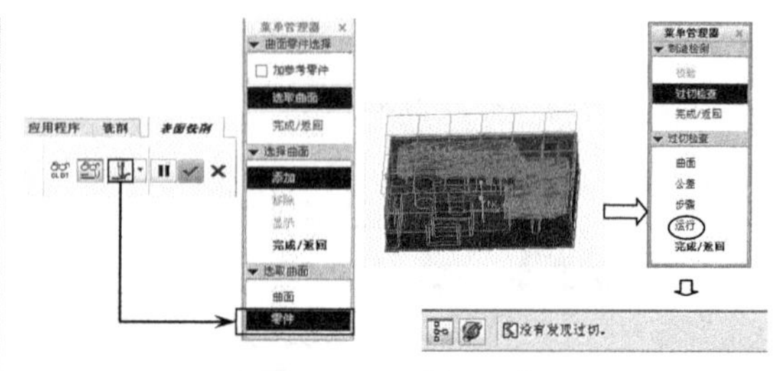

图28-43 过切检查

16 材料移除模拟。在【表面铣削】选项卡内，单击【材料移除模拟】按钮，系统弹出vericut软件界面，单击【运行】按钮，完成刀路的模拟，材料去除后的结果如图28-44所示。

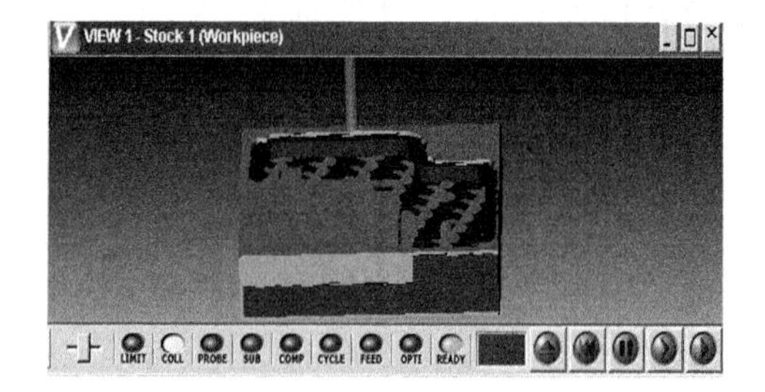

图28-44 材料移除模拟

技术要点

以上操作与铣削平面1的设置不同，两种材料移除结果也相同，这就是选择平面与铣削窗口的不同之处，用户需要根据实际加工情况设置对象。

28.3 型腔铣削

使用Creo型腔铣（也称轮廓加工）操作可移除大体积的材料。型腔铣对于粗切部件，如冲模、铸造和锻造来说是理想选择。如图28-45所示为型腔铣削的加工对象。

型腔铣削所使用的加工中心是铣床加工中心，轴数为3轴。在NC加工环境下的【制造】选项卡中单击【工作中心】按钮，打开【铣削工作中心】对话框，如图28-46所示。

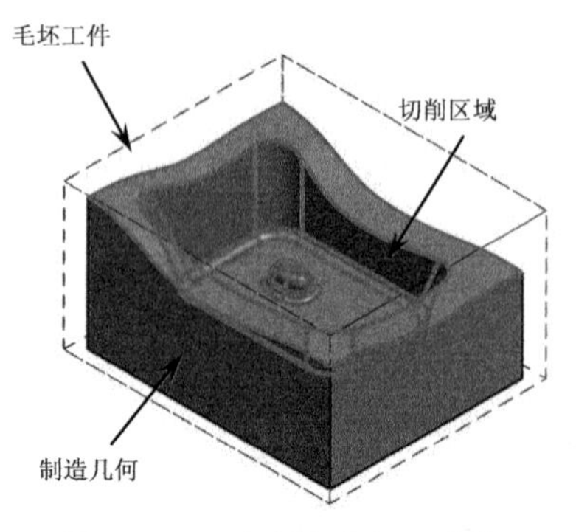

图28-45 型腔铣的加工对象

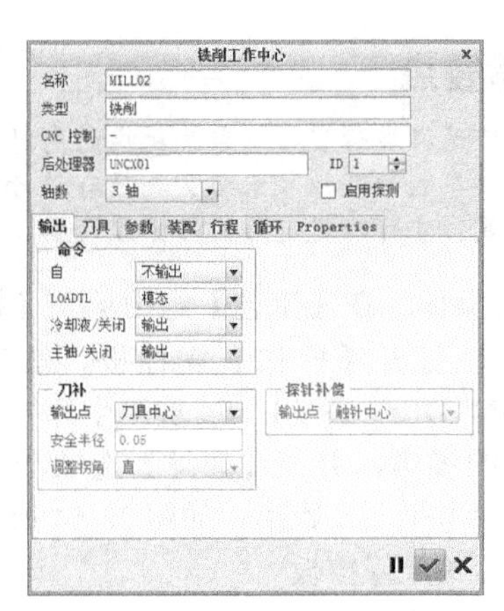

图 28-46　【铣削工作中心】对话框

如图 28-47 所示为模具型腔零件加工的型腔铣削刀路。

图 28-47　型腔铣削刀路

型腔铣的刀具大致分两种：底部带圆角的立铣刀和不带圆角的平端立铣刀。刀具可选择平端立铣刀（如图 28-48 所示）和圆角立铣刀，并优先选用圆角立铣刀。这是因为，开粗时切削进给速度一般较大，刀具带圆角有利于走刀，而且会使刀具寿命大大延长；另一方面，与平端立铣刀相比，选用圆角立铣刀可以留下较为均匀的精加工余量，这对后续加工是十分有利的，所以尽可能选择圆角立铣刀，如图 28-49 所示。

图 28-48　平端立铣刀　　图 28-49　圆角立铣刀

动手操作——轮廓加工案例

壳体零件是铣削加工中常见的例子。本例以如图 28-50 所示的壳体零件为例，演示如何采用 NC 模块进行自动数控编程，建立利用 NC 进行数控加工的概念。加工毛坯采用选择端盖的半精加工后的零件，要求通过利用 Creo NC 数控加工首先对零件上表面的凹槽曲面进行轮廓铣削加工。

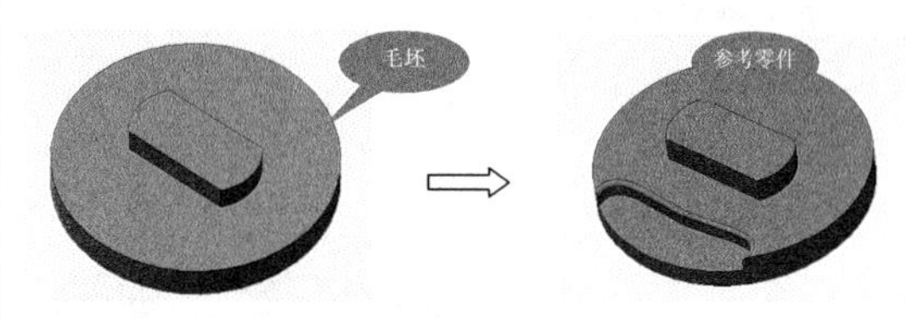

图 28-50　端盖零件

操作步骤：

01 启动 Creo 4.0，然后设置工作目录。

02 单击【新建】按钮，在打开的【新建】对话框中选择【制造】类型，选择【NC 装配】子类型，设定创建的加工文件名称为【轮廓加工】，使用公制单位模板 mmns_mfg_nc。单击【确定】按钮进入 NC 加工环境中。

03 装配参考模型。在【元件】组中单击【组装参考模型】按钮，在打开的【打开】对话框中选择本例的素材【ex28-2.prt】文件作为参考模型，然后在【元件放置】操控板中以【自动】方式，选择 NC 坐标系和模型坐标系自动重合，完成参考模型的装配，如图 28-51 所示。

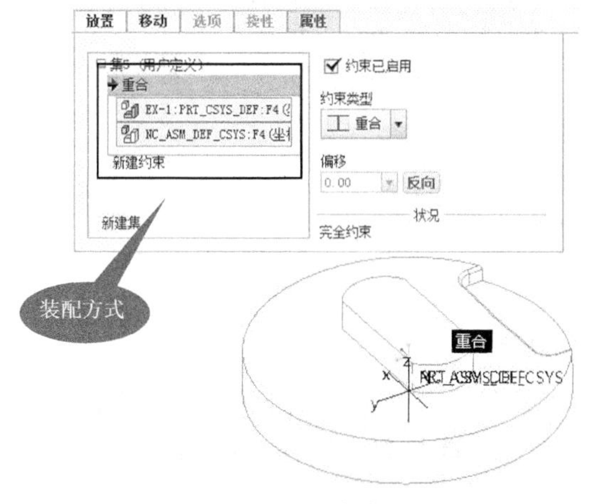

图 28-51　装配参考模型

03 装配工件。在【元件】组中单击【组装工件】按钮，在打开的【打开】对话框中选择本例的素材【工件 -2.prt】文件作为参考模型，然后在【元件放置】操控板中以【自动】方式，创建坐标系约束，完成工件模型的装配，如图 28-52 所示。

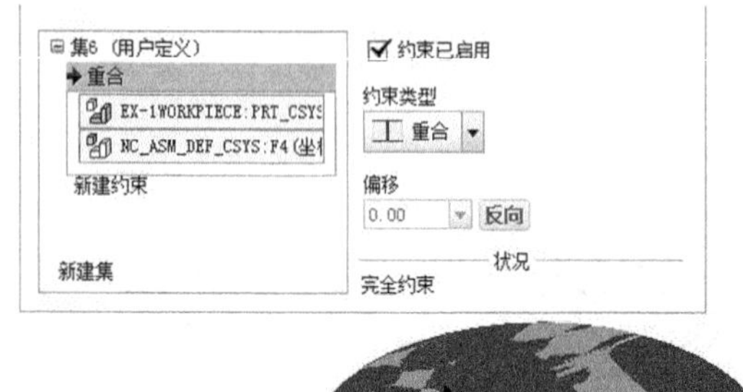

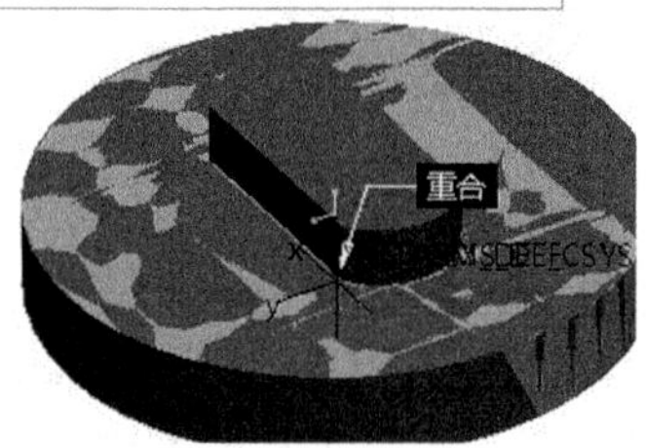

图 28-52　装配工件

04 设置加工机床。对于轮廓铣削加工来说，常用的数控机床一般为三轴联动的数控机床。在【机床设置】组中单击【工作中心】按钮，在【工作中心】的下拉列表中选择【铣削】命令，然后弹出【铣削工作中心】对话框，选择三轴加工机床，如图 28-53 所示。选择参考后关闭对话框。

技术要点

Creo NC 的装配模式相对 Pro\E 软件的装配模式减少了坐标系对准的模式。用户可选择其他装配方式取代。

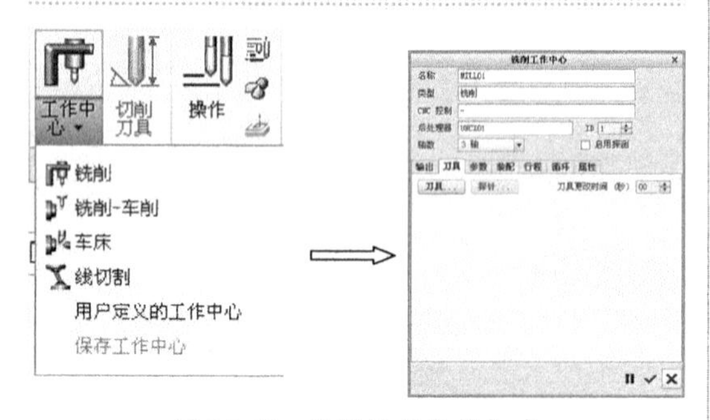

图 28-53　设置铣削数控机床

技术要点

用户可选择在设置铣削数控机床的同时，设置刀具参数的其他装配方式。只有进行了机床设置，才可以进行后面的操作设置。

05 创建操作。在【工艺】组中单击【操作】按钮，打开【操作】操控板。然后选择 NC_ASM_DEF_CSYS：F4 加工坐标系作为程序零点的参考，并在【间隙】选项卡中设置退刀的参考平面及距离，如图 28-54 所示。选择参考后关闭操控板。

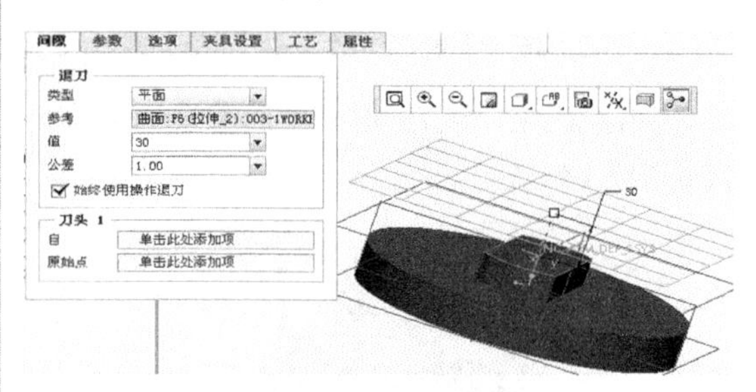

图 28-54　设置程序零点参考和退刀平面

06 创建操作后，单击在功能区新增的用于切削操作的【铣削】选项卡。在【铣削】选项卡中，单击【制造几何】组中的【轮廓铣削】工具按钮，进入【轮廓铣削】选项卡，如图 28-55 所示。

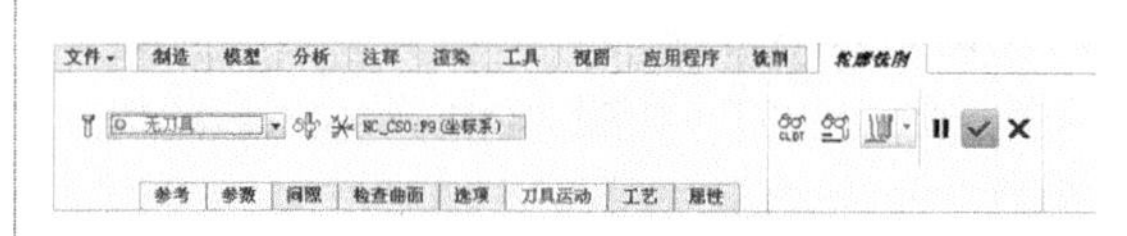

图 28-55　定义轮廓铣削

07 刀具的设置操作。在【轮廓铣削】选项卡中单击按钮，在下拉列表中选择【编辑刀具】选项，也可以选择前一序列建立的刀具，在弹出的【刀具设定】对话框中对刀具的各项参数进行设置，采用默认名称，材料为【HSS】，单位为【毫米】，最后单击【确定】按钮，完成设置，如图 28-56 所示。

08 选择加工对象。轮廓铣削的加工对象一般是曲面，在【轮廓铣削】选项卡中单击【参考】按钮，在下拉菜单中选择【类型】/【加工参考】命令，然后按住 Ctrl 键单击参考零件的曲面，即加工曲面，如图 28-57 所示。

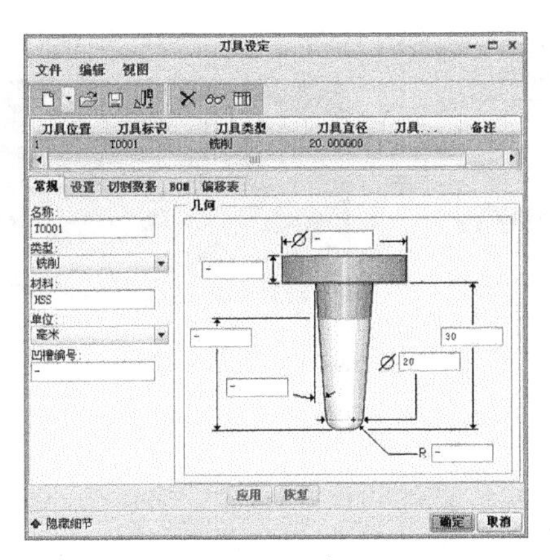

图 28-56　刀具参数设定

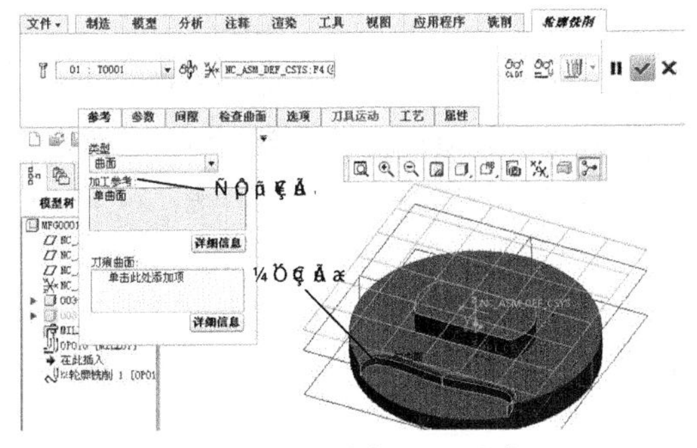

图 28-57　选择加工对象

技术要点

用户在选择加工曲面时，可以在进行轮廓铣削设置之前将工件隐藏，这样可以方便选择加工曲面，用户也可以在【几何】选项组内设置铣削曲面。

09 设置制造参数。在【轮廓铣削】的【参数】选项板中设置制造参数，制造参数决定了加工的综合效果，包括切削进给速度、切削深度、主轴转速、走刀方式等工艺规划参数，其参数定义操作如图 28-58 所示。

技术要点

用户完成操作的设置后，可以在【工艺】选项组内计算工艺时间。

10 过切检查。完成加工后需要验证刀路是否正确。在【制造】选项卡的【验证】组中选择【过切检查】命令，弹出【NC 检查】菜单管理器，选择【创建】|【NC 序列】命令，选择所建立的轮廓铣削 1，建立并存储【轮廓铣削 _1】的 CL 文件，选择【零件】菜单，选择参考工件，单击【运行】按钮，最终显示有无过切，如图 28-59 所示。

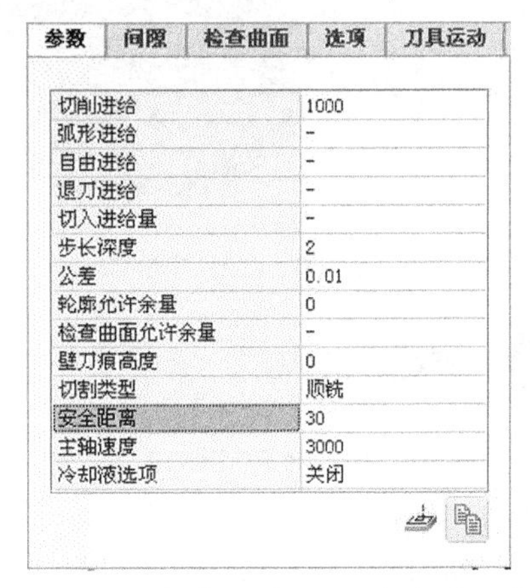

图 28-58　轮廓铣削的加工参数的设置

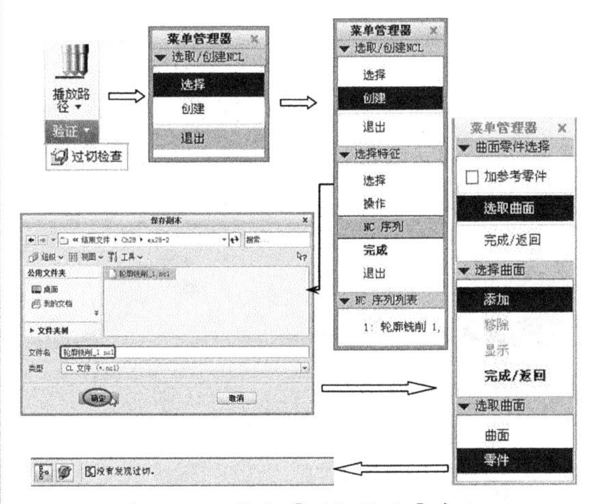

图 28-59　执行【过切检查】命令

11 在【验证】组中单击【播放路径】按钮，打开【播放路径】对话框，选择上一步生成的 NCl 文件。在图形区中显示刀具的 3D 模型，如图 28-60 所示。通过单击【向前播放】按钮 ▶，可以播放刀具的加工轨迹。

12 材料移除模拟。在【验证】选项卡内，单击【材料移除模拟】命令，系统弹出菜单管理器，选择【cl 文件】命令，选择上一步生成的 NCl 文件，执行【运行】命令后，完成刀路的模拟，如图 28-61 所示。

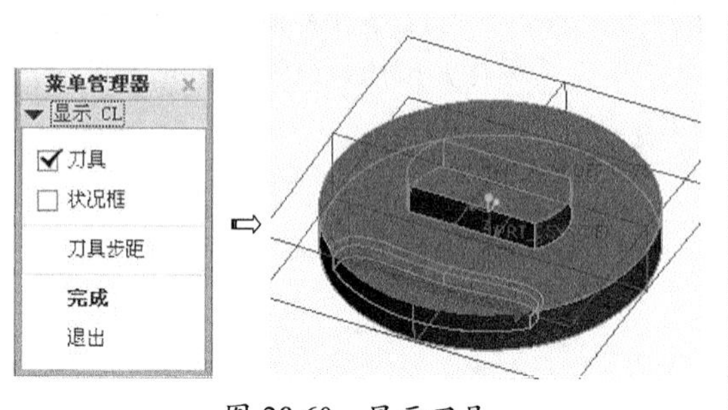

图 28-60 显示刀具

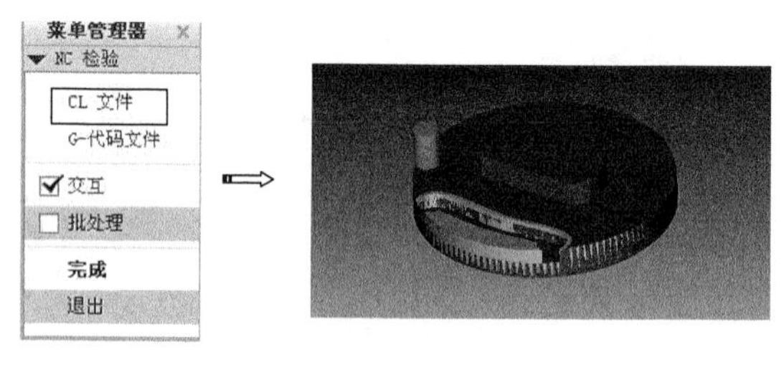

图 28-61 显示刀路

28.4 曲面铣削

曲面铣削（Profile Milling）是数控加工中比较高级的内容。在机械加工中经常会遇见各种需要进行多轴曲面加工的空间曲面轮廓零件。这类零件的加工为空间曲面，如模具、叶片、螺旋桨等，如图 28-62 所示。空间曲面轮廓零件不能展开平面。加工时，铣刀与加工面始终以点接触，一般采用球头在三轴数控铣床上加工。当曲面较复杂、通道较狭窄、会伤相邻表面及需要刀具摆动时，要采用四坐标或五坐标铣床加工。通常可以使用曲面铣削加工方法，对空间曲面零件、水平或倾斜曲面进行铣削加工。适当设置曲面铣削的加工参数，也可以完成平面铣削、轮廓铣削、块铣削、曲面铣削等。对曲面加工来说，可以借助其提供的非常灵活的走刀选项来实现对不同曲面特征的加工并满足加工精度要求。Creo NC 的曲面铣削中有 4 种定义刀具路径的方法：直切、从曲面等高线、切削线、投影切削。

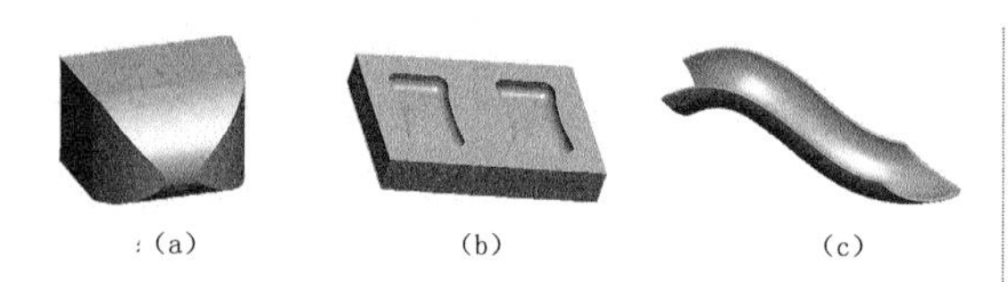

图 28-62 空间曲面轮廓零件

动手操作——曲面铣削加工案例

在模具设计特别是塑料模具中最常见的几何特征是各种型腔，而型腔的表面特征基本上都是曲面。因此这类模具的数控铣削加工，曲面精度一般要求较高，所以选择适合的曲面铣削工艺是至关重要的。鼠标外形模型如图 28-63 所示，其外轮廓面属于复杂型面，所以不适合车床上加工，采用数控铣削的方法，刀具选用球头铣刀。本例选用普遍使用的三坐标加工中心加工对其外轮廓面进行曲面加工仿真。

图 28-63 鼠标外壳模具零件

操作步骤：

01 启动 Creo 4.0，然后设置工作目录。

02 单击【新建】按钮，在打开的【新建】对话框中选择【制造】类型，选择【NC 装配】子类型，设定创建的加工文件名称为【曲面铣削】，使用公制单位模板 mmns_mfg_nc。单击【确定】按钮进入 NC 加工环境中。

03 装配参考模型。在【元件】组中单击【组装参考模型】按钮，在打开的【打开】对话框中选择本例的素材【ex28-3.prt】文件作为参考模型，然后在【元件放置】操控板中以【自动】方式，选择 NC 坐标系和模型坐标系自动重合，完成参考模型的装配，如图 28-64 所示。

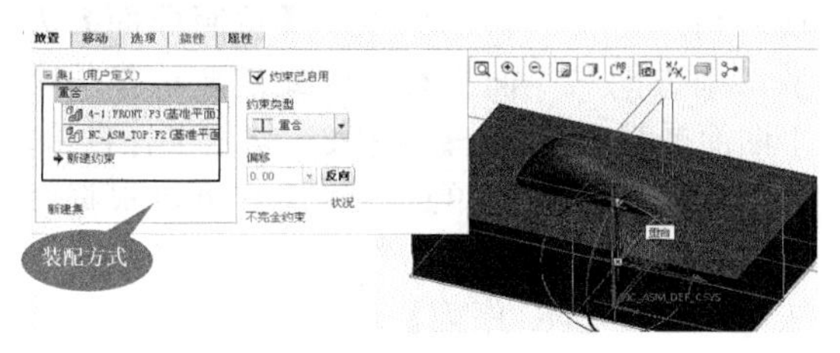

图 28-64　装配参考模型

04 装配工件。在【元件】组中单击【组装工件】按钮，在打开的【打开】对话框中选择本例的素材【工件 -3.prt】文件作为参考模型，然后在【元件放置】操控板中以【自动】方式，选择 NC 坐标系和模型坐标系自动重合，完成参考模型的装配，如图 28-65 所示。

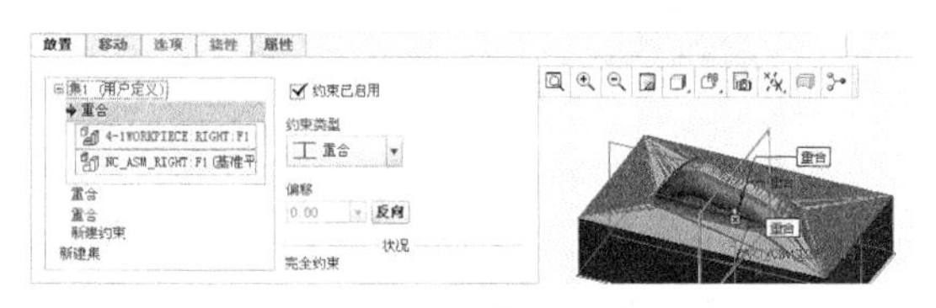

图 28-65　装配工件

05 设置加工机床。对于平面铣削加工来说，常用的数控机床一般为三轴联动的数控机床。在【机床设置】组中单击【工作中心】按钮，在【工作中心】的下拉列表中选择【铣削】选项，然后弹出【铣削工作中心】对话框，选择三轴加工机床，如图 28-66 所示。选择参考后关闭对话框。

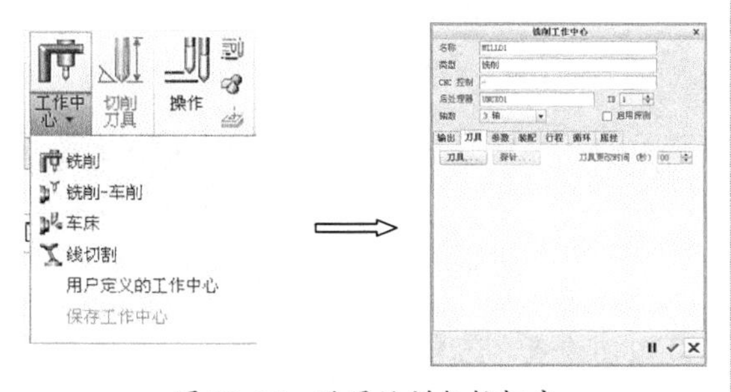

图 28-66　设置铣削数控机床

06 创建操作。在【工艺】组中单击【操作】按钮，打开【操作】操控板。然后选择 NC_ASM_DEF_CSYS：F5 加工坐标系作为程序零点的参考，并在【间隙】选项卡中设置退刀的参考平面及距离，如图 28-67 所示。选择参考后关闭操控板。

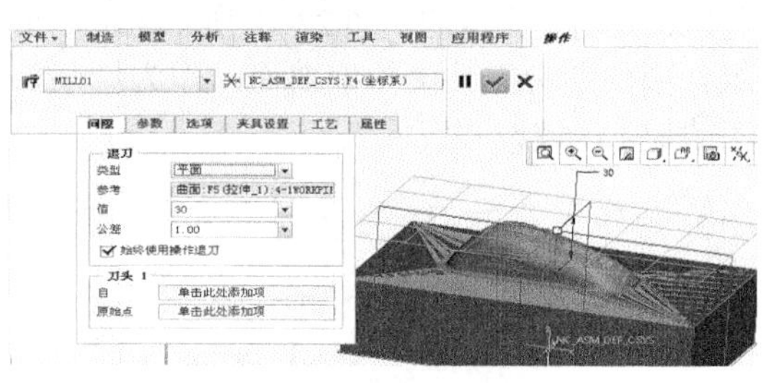

图 28-67　设置程序零点参考和退刀平面

07 定义曲面铣削。创建操作后，单击在功能区新增的用于切削操作的【铣削】选项卡。在【铣削】选项卡中，单击面板中的【曲面铣削】工具按钮，进入【NC 序列设置】对话框，如图 28-68 所示依次选中【刀具】、【参数】、【曲面】、【定义切削】复选框。

08 刀具的设置操作。在【曲面铣削】选项卡中单击按钮，在下拉列表中选择【编辑刀具】选项，也可以选择前一序列建立的刀具，在弹出的【刀具设定】对话框中对刀具的各项参数进行设置，采用默认名称，单位为【毫米】，设置刀具直径为 4mm，最后单击【确定】按钮，完成设置，如图 28-69 所示。

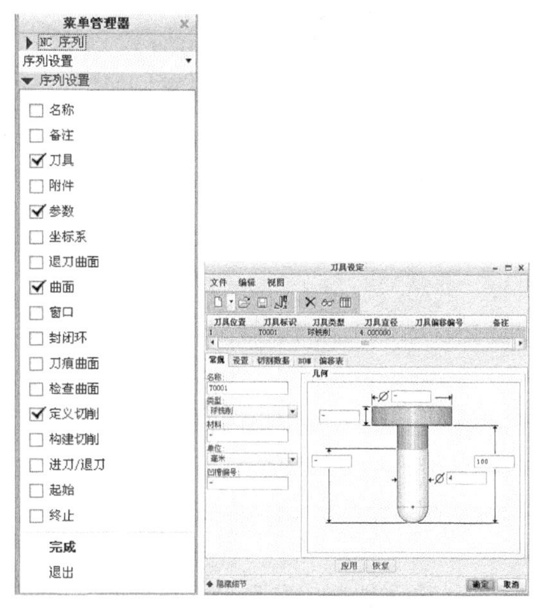

图 28-68　设置曲面铣削 NC 序列　　图 28-69　设置刀具

09 设置曲面铣削对象。进行曲面铣削加工，需要设置加工对象，对于不同的选择对象，其操作是基本类似的。图28-70所示了从制造组件中的参考零件上拾取曲面，作为铣削加工的加工区域。

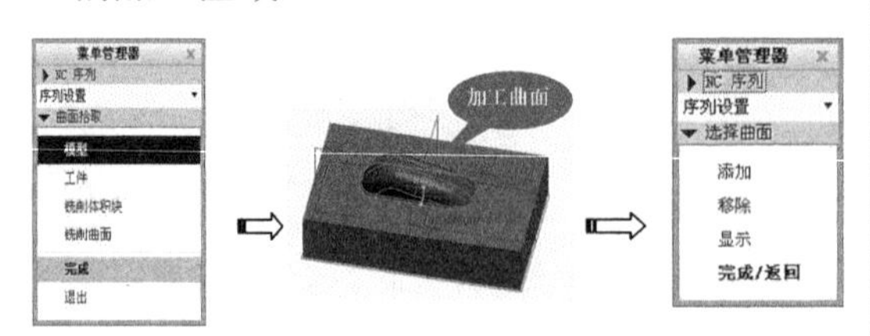

图28-70 设置加工区域

技术要点

选择曲面铣削的加工对象还有建立铣削曲面的方式，对于多个曲面组成的复杂曲面，铣削加工比较合适。在这里用户可以尝试不同的方式，总结两者的不同。

10 设置制造参数。在系统弹出的【编辑序列参数“曲面铣削”】的对话框中设置制造参数，制造参数决定了加工的综合效果，包括切削进给速度、切削深度、主轴转速、走刀方式等工艺规划参数，其参数定义操作如图28-71所示。

图28-71 曲面铣削的加工参数的设置

11 定义曲面铣削刀具路径。在弹出的如图28-72所示【切削定义】对话框中，选择【直线切削】功能，在【切削角度参考】选项组中选择【相对于X轴】（【相对于X轴】表示切削方向是根据相对NC序列坐标系的X轴的角度定义的切削角度；【按照曲面】表示切削方向与平面平行，因此需要选择一个平曲面或基准平面；【边】表示切削平行直边，需要选择一条边）单选按钮用户可以根据情况设置切削角度，单击对话框中的【确定】按钮，返回【NC序列】菜单。

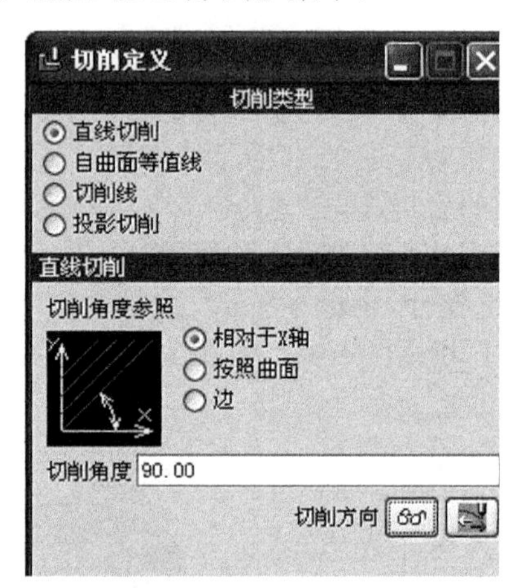

图28-72 【切削定义】对话框

12 播放刀路路径。在【播放路径】菜单中选择【屏幕播放】命令，可观测刀具的行走路线。其操作步骤如图28-73所示。曲面铣削加工仿真过程与其他工序的仿真方法相同。在完成刀具路径规划后，可生成相应的刀具路径，生成CL数据。Creo NC可进行演示轨迹、NC检测及过切检测，以便查看和修改，生成满意的刀具路径。

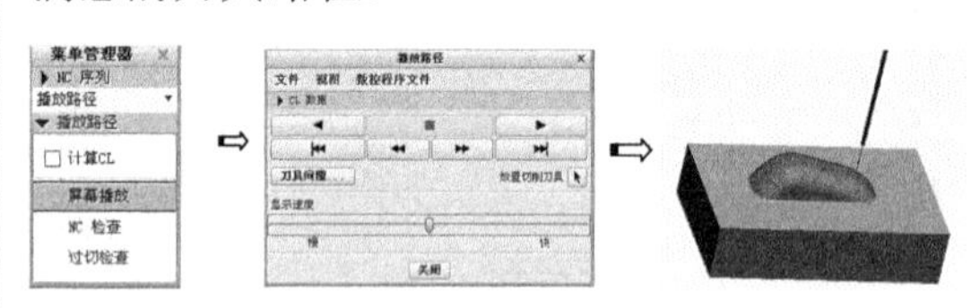

图28-73 播放刀路路径

13 过切检查。在【播放路径】菜单中选择【过切检查】命令，根据提示选择已经装配的参考模型，对刀具路径进行过切检查，其具体操作步骤：如图28-74所示，结果发现没有出现过切现象。

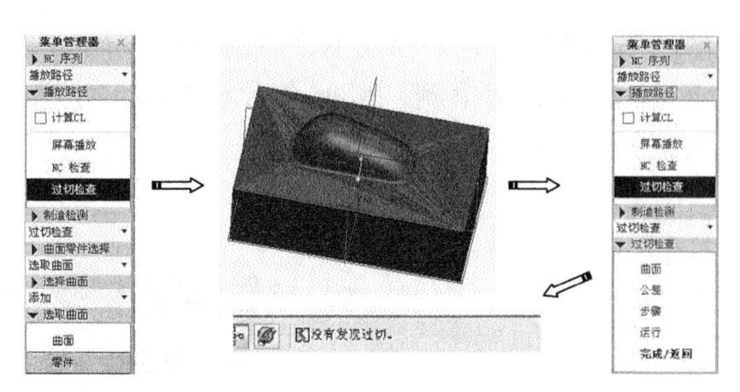

图 28-74　执行【过切检查】命令

14 曲面铣削模拟。在【播放路径】菜单中选择【NC 检查】命令，在系统弹出的 vericut 软件中，单击【运行】按钮，完成刀路的模拟，材料去除后的结果如图 28-75 所示。

技术要点

上述刀具路径的方式为直线切割方式，从执行结果可以看出曲线铣削完成后有纵向条纹。下面进行自曲面等值线类型的曲面铣削，初学者可以比较两者的不同。

15 再次建立曲面铣削。创建操作后，单击在功能区新增的用于切削操作的【铣削】选项卡。在【铣削】选项卡中，单击面板中的【曲面铣削】工具按钮，进入【NC 序列】菜单管理器，如图 28-76 所示依次选中【刀具】、【参数】、【曲面】、【定义切削】复选框。

技术要点

这一步骤与步骤 7 的选项不同，比较两者为什么不同。

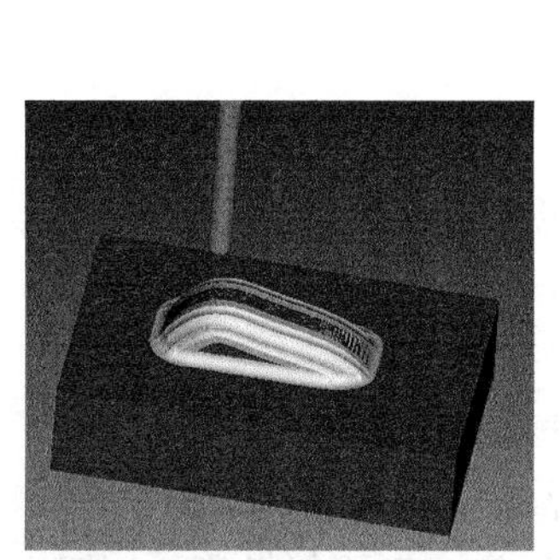

图 28-75　执行【NC 检查】命令

图 28-76　设置曲面铣削

16 刀具的设置操作，在【表面铣削】选项卡中单击按钮，在下拉列表中选择【编辑刀具】命令，也可以选择前一序列建立的刀具，在弹出的【刀具设定】对话框中对刀具的各项参数进行设置，修改刀具名称为 T0002、单位为【毫米】，设置刀具直径为 2mm，最后单击【确定】按钮，完成设置，如图 28-77 所示。

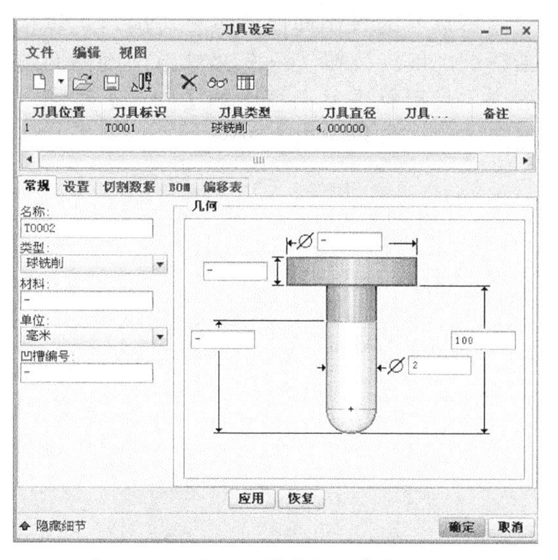

图 28-77　平面铣削的加工参数的设置

17 设置制造参数。在系统弹出的【编辑序列参数“曲面铣削”】的对话框中设置制造参数，制造参数决定了加工的综合效果，包括切削进给速度、切削深度、主轴转速、走刀方式等工艺规划参数，其参数定义操作如图 28-78 所示。

编辑序列参数 “曲面铣削”

文件(F)　编辑(E)　信息(I)　工具

参数　基本　全部　类别：所有类别

参数名	曲面铣削
切削进给	600
自由进给	-
粗加工步距深度	-
公差	0.01
跨距	1
轮廓允许余量	0
检查曲面允许余量	-
刀痕高度	-
切割角	0
扫描类型	类型 3
切割类型	顺铣
铣削选项	直线连接
安全距离	6

确定　取消　显示细节

图 28-78　设置曲面铣削参数

18 设置曲面铣削对象。进行曲面铣削加工，需要设置加工对象，对于不同的选择对象，其操作是基本类似的。这一步与步骤9完全相同。

19 定义曲面铣削刀具路径。在弹出的如图28-79所示【切削定义】对话框中，选择【自曲面等值线】单选按钮，系统将在【曲面列表】中显示选取的铣削曲面的名称。用户可以根据情况，单击按钮来修改切削曲面的顺序，最后单击对话框中的【确定】按钮，返回【NC序列】菜单管理器。

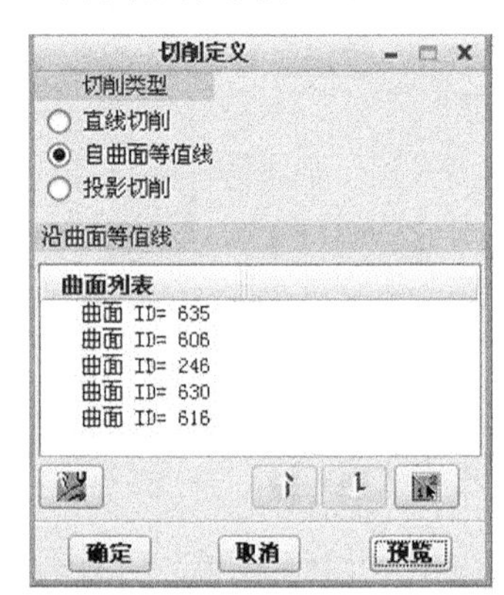

图 28-79　曲面铣削的加工路径的设置

20 播放刀路路径。在【播放路径】菜单中选择【屏幕播放】命令，可观测刀具的行走路线。其操作步骤如图28-80所示。曲面铣削加工仿真过程与其他工序的仿真方法相同。在完成刀具路径规划后，可生成相应的刀具路径，生成CL数据。Creo NC可进行演示轨迹、NC检测及过切检测，以便查看和修改，生成满意的刀具路径。

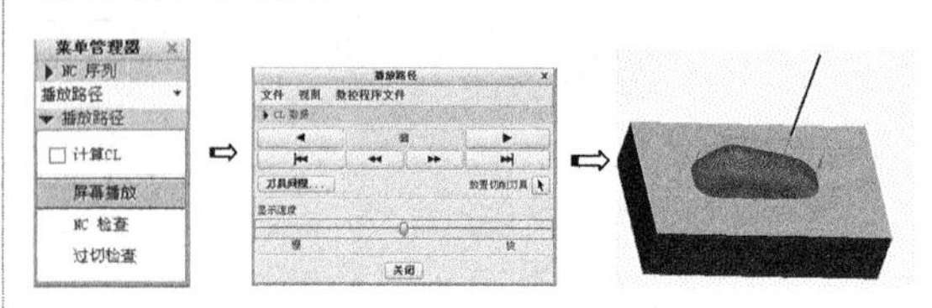

图 28-80　播放刀路路径

21 模拟曲面铣削过程。在【播放路径】菜单中选择【NC检查】命令，在系统弹出的vericut软件中，单击【运行】按钮，完成刀路的模拟，材料去除后的结果如图28-81所示。

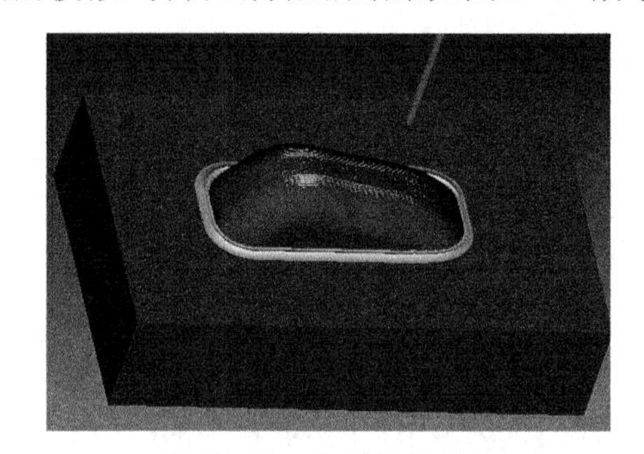

图 28-81　曲面铣削模拟

技术要点

以上操作与第一次曲面铣削结果不同，两种铣削移除效果不相同，这主要因为那些设置参数不同。

28.5 钻削加工

钻削加工是用钻头在工件上加工孔的一种加工方法。在钻床上加工时，工件固定不动，刀具做旋转运动（主运动）的同时沿轴向移动（进给运动）。

1．钻孔与扩孔

钻孔是用钻头在实体材料上加工的方法。单件小批量生产时，需要先在工件上画线，打样冲眼确定孔中心的位置，然后将工件通过台钳或直接装在钻床工作台上。大批量生产时，采用夹具即钻模装夹工作。

扩孔常用于已铸出、锻出或钻出孔的扩大。扩孔可作为铰孔、磨孔前的预加工，也可以作为精度要求不高的孔的最终加工。扩孔比钻孔的质量好，生产效率高。扩孔对铸孔、钻孔等预加工孔的轴线的偏斜，有一定的校正作用。扩孔精度一般为IT10左右，表 面粗糙度Ra值可达6.3～3.2μm。扩孔钻如图28-82所示。

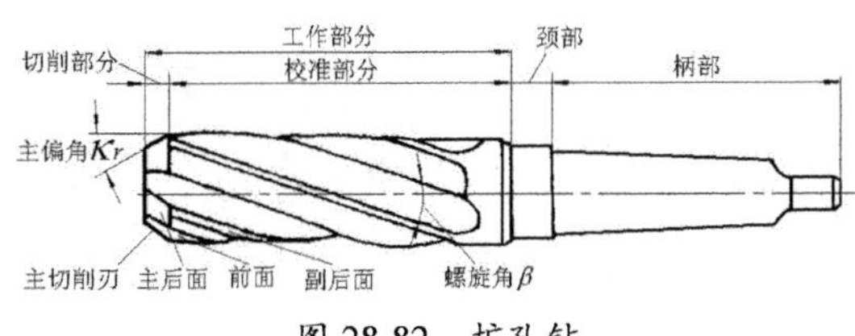

图 28-82 扩孔钻

2．钻削工艺特点

麻花钻为排出大量切屑，具有较大容屑空间的排屑槽，刚度与强度受很大削弱，加工内孔的精度低，表面粗糙度粗。

一般钻孔后精度达 IT12 级左右，表面粗糙度 Ra 达 80 ～ 20μm。因此，钻孔主要用于精度低于 IT11 级以下的孔加工，或用作精度要求较高的孔的预加工。

钻孔时钻头容易产生偏斜，工艺上常采用下列措施：

- 钻孔前先加工孔的端面，以保证端面与钻头轴心线垂直。
- 先采用 90° 顶角、直径大且长度较短的钻头预钻一个凹坑，以引导钻头钻削，此方法多用于转塔车床和自动车床，防止钻偏。
- 仔细刃磨钻头，使其切削刃对称。
- 钻小孔或深孔时应采用较小的进给量。
- 采用工件回转的钻削方式，注意排屑和切削液的合理使用。
- 钻孔直径一般不超过 75mm，对于孔径超过 35mm 的孔，宜分两次钻削。第一次钻孔直径约为第二次的 0.5 ～ 0.7。

动手操作——模架模板加工案例

要加工的模架模板如图 28-83 所示。本例仅仅介绍模板顶部平面上的 4 个沉头孔和 4 个小盲孔的加工操作。

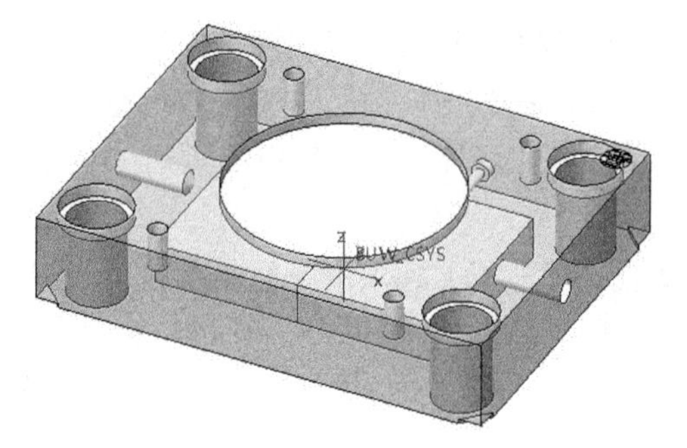
图 28-83 范例图

操作步骤：

1．加工前准备

01 新建名为【孔加工】的 NC 制造文件。然后设置工作目录。

02 单击【参考模型】按钮，然后将素材文件【模板 .prt】装配到 NC 加工环境中，如图 28-84 所示。

技术要点

只要使加工坐标系的 +Z 方向与孔加工方向一致即可。

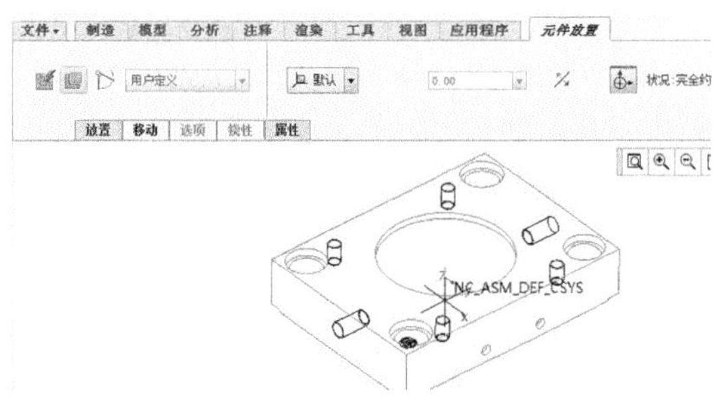

图 28-84 装配加工模型

03 单击【工件】按钮，然后创建包络自动工件，如图 28-85 所示。然后将工件暂时隐藏。

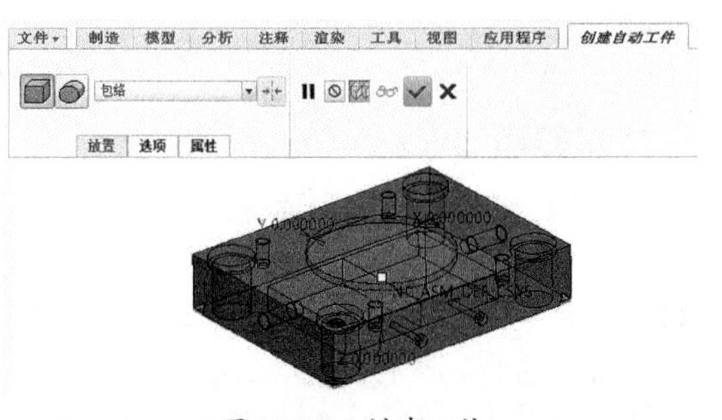

图 28-85 创建工件

2．设置机床与创建操作

总的来说，加工3种规格的孔需要3把不同的钻削刀具，然后钻中心点需要单独设定一把刀具。

01 使用【分析】选项卡下的测量工具，测量模板中的孔径、孔深尺寸，如图28-86所示。

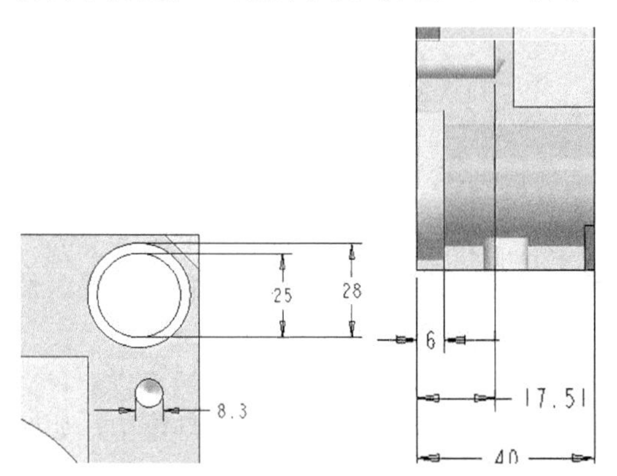

图28-86　测量模板中的孔尺寸

02 在【机床设置】组中单击【工作中心】按钮，打开【铣削工作中心】对话框。保留【输出】选项卡的设置，在【刀具】选项卡中单击【刀具】按钮，打开【刀具设定】对话框，按如图28-87所示第一把钻中心点的钻削刀具。单击【应用】按钮完成添加。

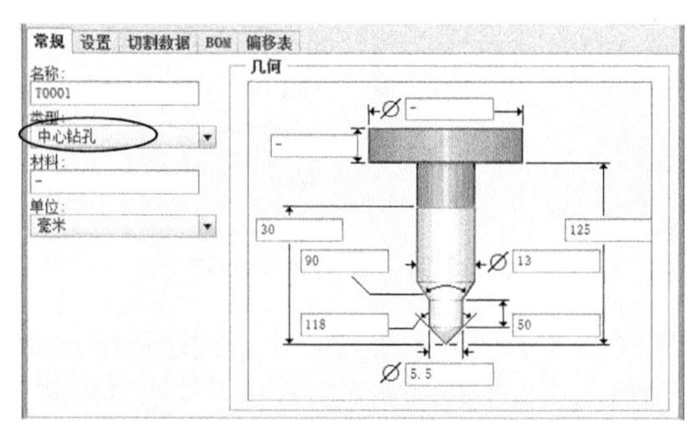

图28-87　设置第一把刀具

技术要点

如果在设置机床参数时没有创建刀具，那么可以在创建NC序列时再创建刀具。

03 继续创建第二把刀具，单击对话框上方的【新建】按钮，然后设置第二把刀具的参数，并单击【应用】按钮完成添加，如图28-88所示。

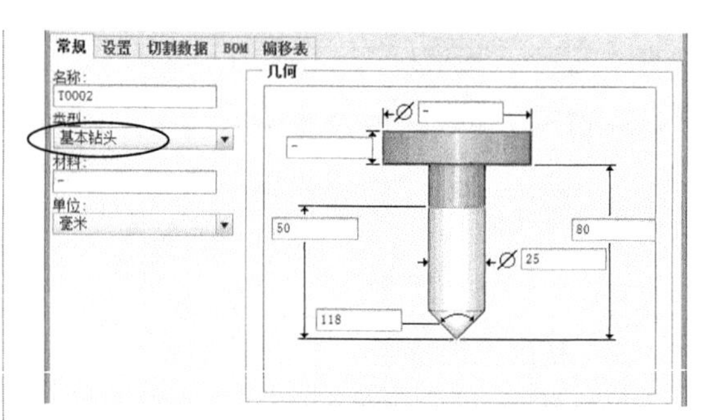

图28-88　设置第二把刀具

04 继续创建第三把刀具，再单击对话框上方的【新建】按钮，设置第三把刀具的参数，并单击【应用】按钮完成添加，如图28-89所示。

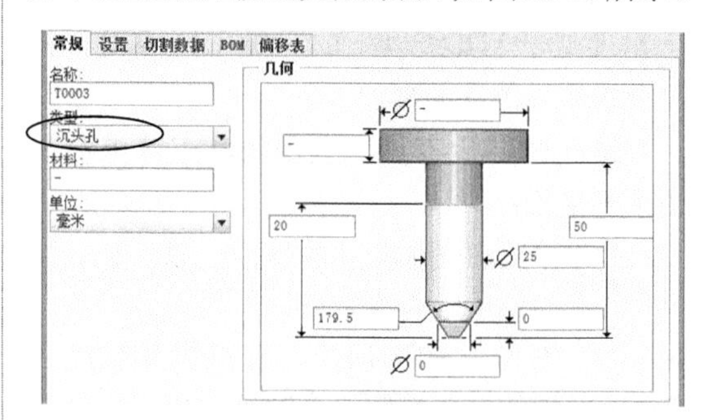

图28-89　设置第三把刀具

05 创建第四把刀具。再单击对话框上方的【新建】按钮，设置第四把刀具的参数，并单击【应用】按钮完成添加，如图28-90所示。

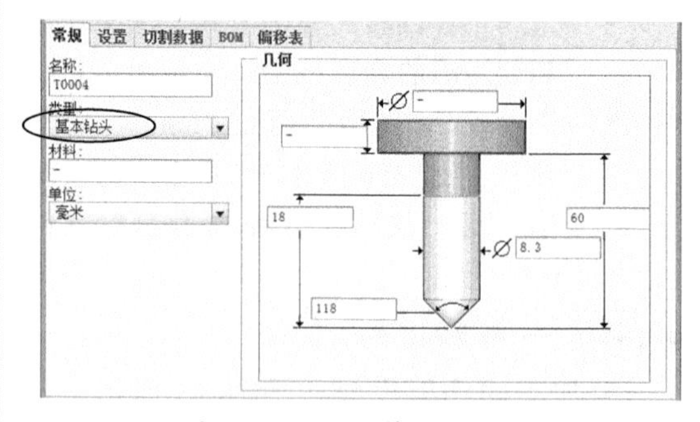

图28-90　设置第4把刀具

06 关闭【铣削工作中心】对话框完成机床的设置。

07 单击【工艺】组中的【操作】按钮。打开【操作】操控板。然后选择NC加工坐标系设置程序原点（也是机床原点），如图28-91所示。

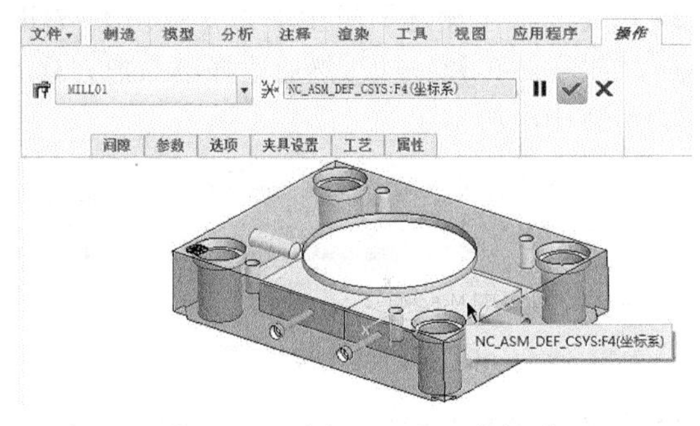

图 28-91　选择 NC 加工坐标系

08 在【间隙】选项板中设置退刀安全平面，如图 28-92 所示。随后单击【应用】按钮✔关闭【操作】操控板。

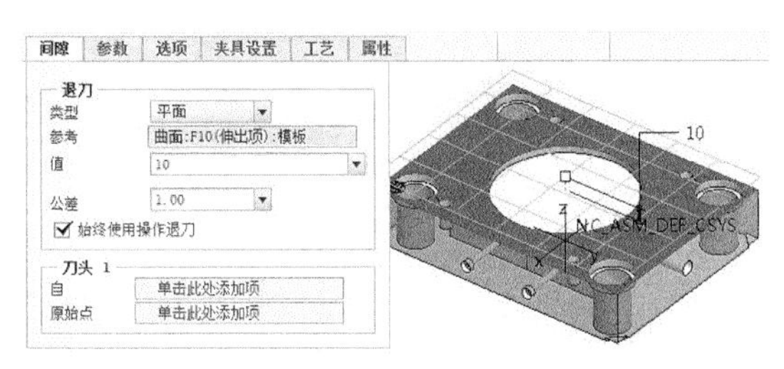

图 28-92　设置退刀安全平面

09 在【制造几何】组中单击【铣削窗口】按钮，打开【铣削窗口】操控板。通过操控板设置铣削窗口，如图 28-93 所示。

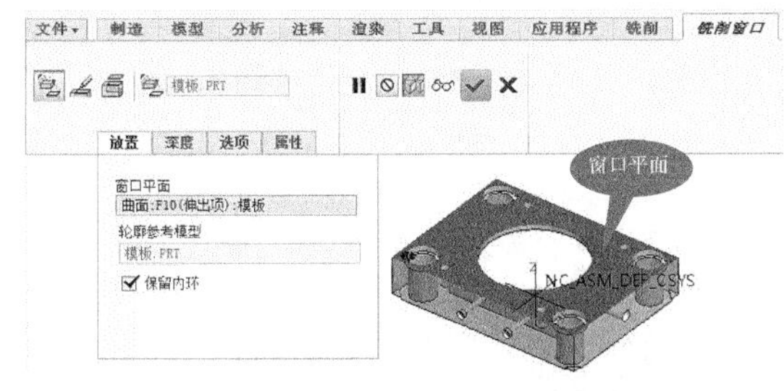

图 28-93　选择窗口平面

技术要点

由于所有加工的孔都在一个平面上，且加工孔的方向一致。因此，用【铣削窗口】来定义加工几何体较为合理。

10 在【深度】选项板中设置整体的加工深度，如图 28-94 所示。

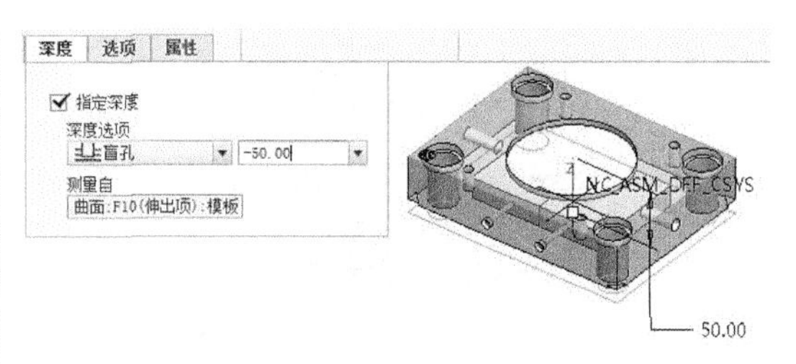

图 28-94　设置加工深度

3. 创建钻中心点加工序列

01 在【铣削】选项卡中，单击【标准】按钮，打开【钻孔】操控板。然后选择 T0001 刀具，如图 28-95 所示。

图 28-95　选择刀具

02 在【参考】选项板中激活【孔】收集器，然后选择孔顶端面，程序自动拾取该平面上的所有孔，并显示孔加工方向（红色箭头）如图 28-96 所示。

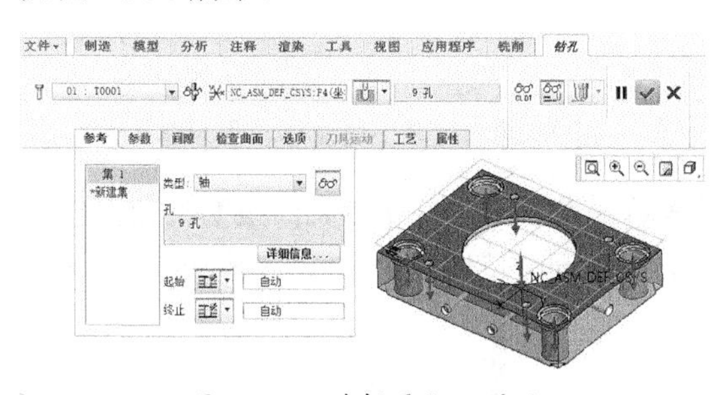

图 28-96　选择要加工的孔

03 在【参考】选项板的【终止】下拉列表中选择【按指定深度值进行加工（从起点偏移）】选项，然后输入值 2，如图 28-97 所示。

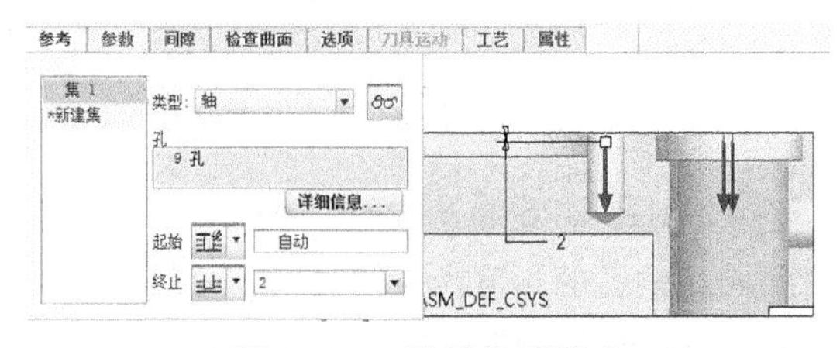

图 28-97　设置钻削深度

04 在【参数】选项板中按如图 28-98 所示设置切削参数。

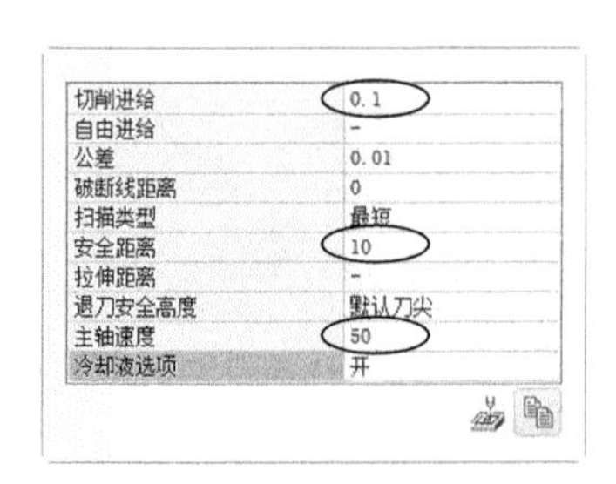

切削进给	0.1
自由进给	-
公差	0.01
破断线距离	0
扫描类型	最短
安全距离	10
拉伸距离	-
退刀安全高度	默认刀尖
主轴速度	50
冷却液选项	开

图 28-98　设置切削参数

05 其余选项保持默认设置，单击操控板中的【应用】按钮，完成钻中心点的NC序列。下面查看刀路，在模型树中右击，选择【播放路径】命令，打开【播放路径】对话框，如图28-99所示。

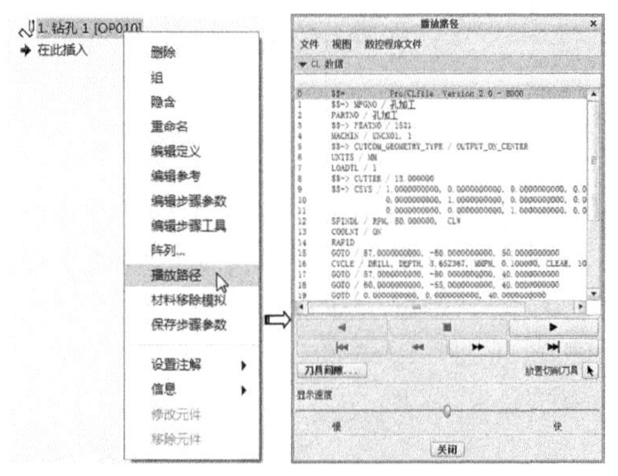

图 28-99　打开【播放路径】对话框

06 单击对话框中的【刀具间隙】按钮，查看钻削中心点的刀路，如图28-100所示。

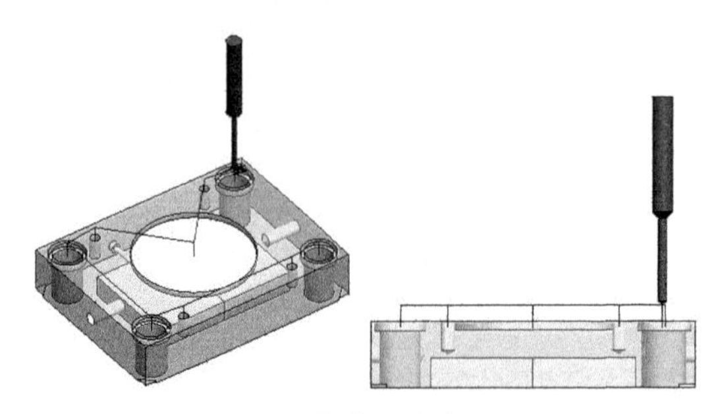

图 28-100　查看钻削中心点刀路

4. 创建Ø25通孔的NC序列

Ø25通孔的深度为40mm，属于深孔加工。所以选择加工类型为【啄钻】，即钻头每钻一定深度就退后一点或者完全退出孔，以强制断屑或者方便排屑。

01 在【孔加工循环】组中单击【啄钻】按钮，打开【钻孔】操控板。然后选择第二把刀具，如图28-101所示。

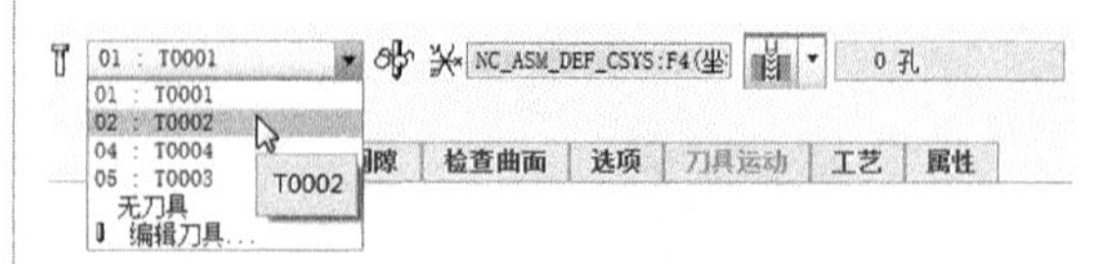

图 28-101　选择刀具

02 在【参考】选项板中单击【详细信息】按钮，打开【孔】对话框。然后利用【阵列轴】方式选择Ø25通孔的一条轴，程序自动选择其余所有Ø25通孔，如图28-102所示。

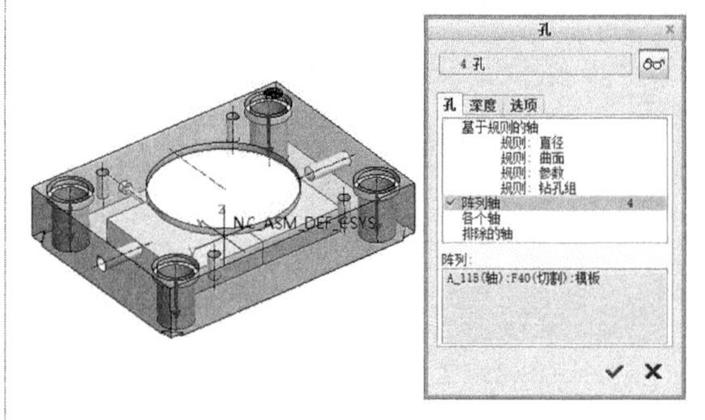

图 28-102　选择孔轴

03 在【参数】选项板中，按如图28-103所示设置啄钻参数。

啄钻类型：常量

切削进给	1
自由进给	-
公差	0.01
步进往复进给量	0.2
扫描类型	最短
安全距离	10
拉伸距离	-
退刀安全高度	默认刀尖
主轴速度	50
冷却液选项	开

图 28-103　设置啄钻参数

04 单击【应用】按钮，完成啄钻NC序列的创建。然后使用【播放路径】工具检查刀路，如图28-104所示。

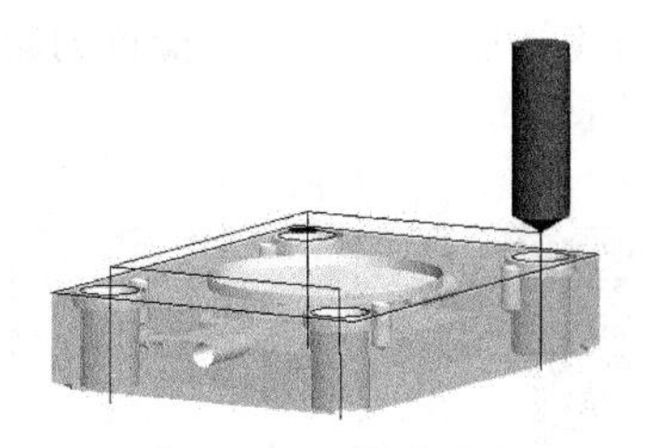

图 28-104　播放路径

5．创建 Ø28 沉孔的 NC 序列

01 在【孔加工循环】组中单击【沉头孔】按钮，打开【钻孔】操控板。然后选择第三把刀具（T0003），如图 28-105 所示。

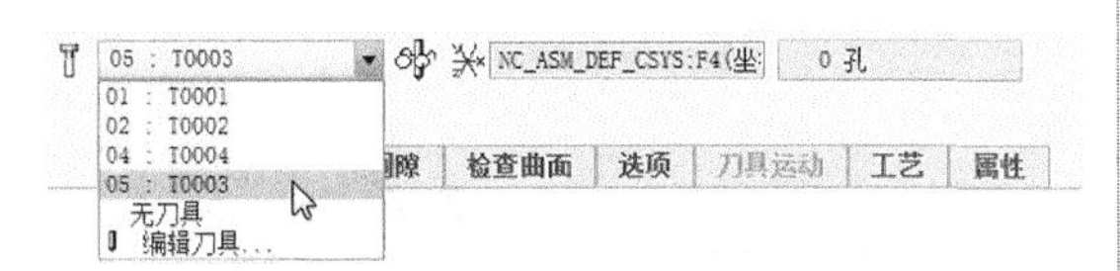

图 28-105　选择 T0003 刀具

02 在【参考】选项板中单击【详细信息】按钮，打开【孔】对话框。然后利用【阵列轴】方式选择 Ø28 沉孔的一条轴，程序自动选择其余所有的 Ø28 沉孔，如图 28-106 所示。

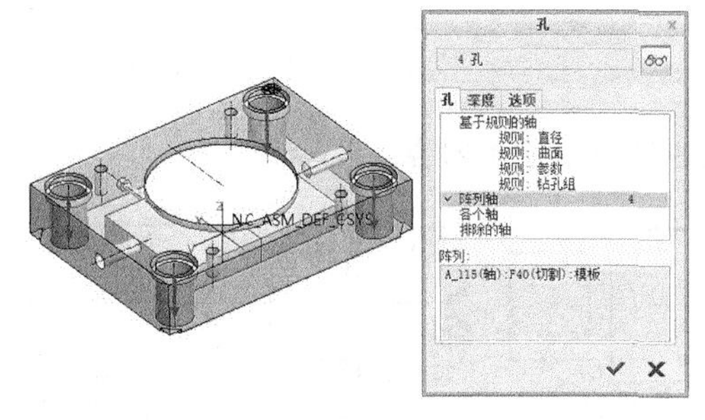

图 28-106　选择孔轴

03 在【参考】选项板中激活【起始】收集器，然后选择孔顶端面，并输入沉孔直径 Ø25，如图 28-107 所示。

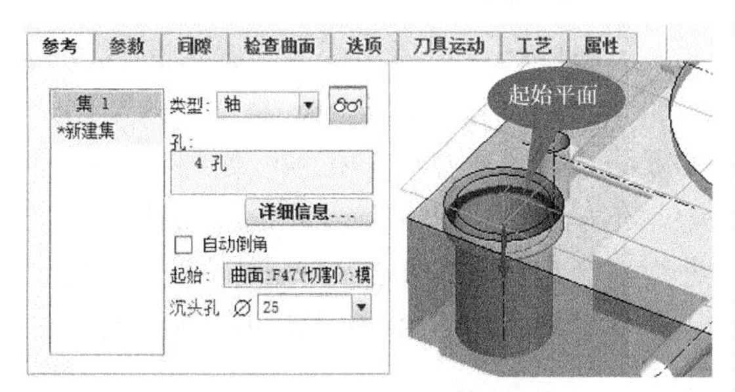

图 28-107　指定起始平面及沉孔直径

技术要点

输入 Ø25，指的是原孔加工后的参考尺寸，即沉头孔在 Ø25 的基础之上继续切削。

04 在【参数】选项板中，设置如图 28-108 所示的啄钻参数。

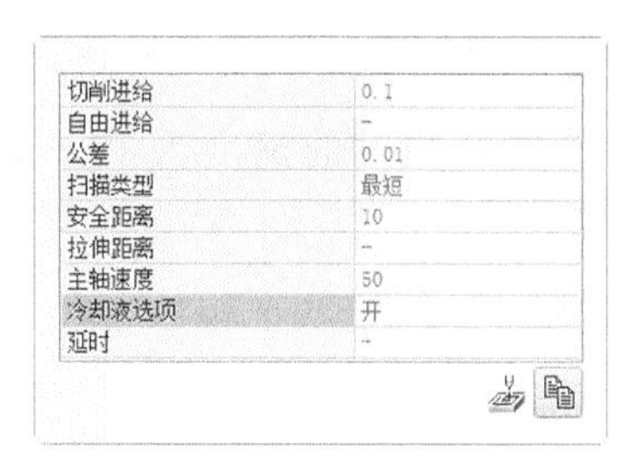

切削进给	0.1
自由进给	-
公差	0.01
扫描类型	最短
安全距离	10
拉伸距离	-
主轴速度	50
冷却液选项	开
延时	-

图 28-109　设置啄钻参数

05 单击【应用】按钮完成 NC 序列的创建。然后使用【播放路径】工具检查刀路，如图 28-109 所示。

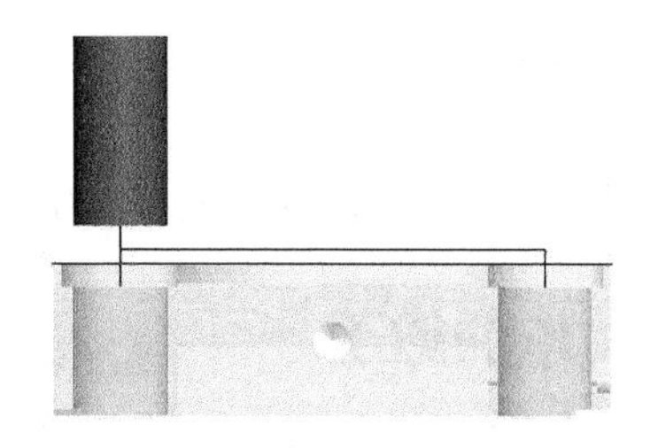

图 28-110　播放路径

6．创建 Ø8.3 孔的 NC 序列

01 在【孔加工循环】组中单击【标准】按钮，打开【钻孔】操控板。然后选择第四把刀具（T0004），如图 28-110 所示。

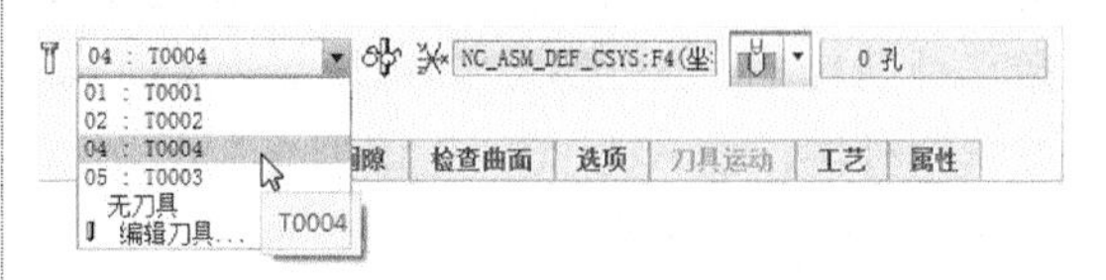

图 28-110　选择刀具

02 在【参考】选项板中激活【孔】收集器，然后按住 Ctrl 键选择四个 Ø8.3 的孔轴，如图 28-111 所示。

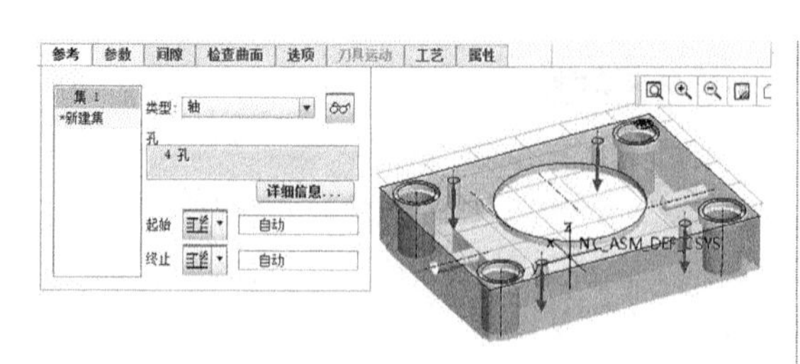

图 28-111 选择孔轴

03 然后设置孔加工的深度为17.51，如图28-112所示。

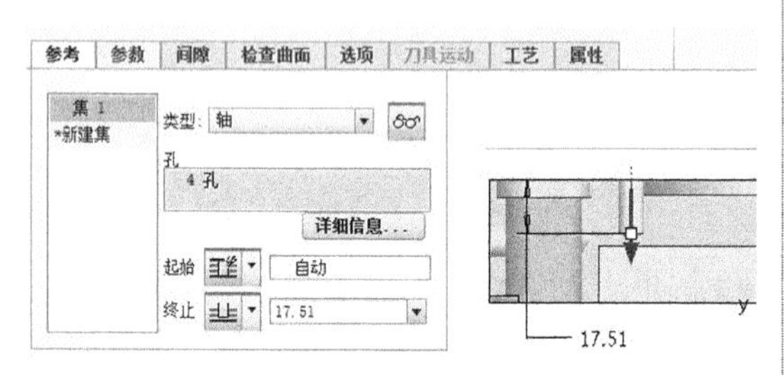

图 28-112 设置孔加工深度

04 在【参数】选项板中按如图28-113所示设置相关参数。

05 单击【应用】按钮完成NC序列的创建。

然后使用【播放路径】工具检查刀路，如图28-114所示。

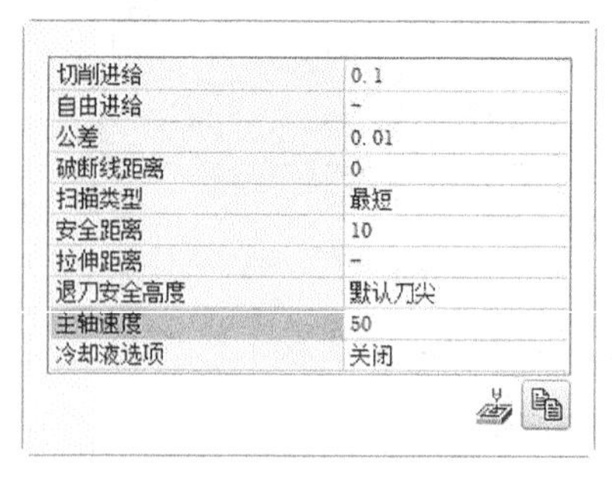

切削进给	0.1
自由进给	-
公差	0.01
破断线距离	0
扫描类型	最短
安全距离	10
拉伸距离	-
退刀安全高度	默认刀尖
主轴速度	50
冷却液选项	关闭

图 28-113 设置切削参数

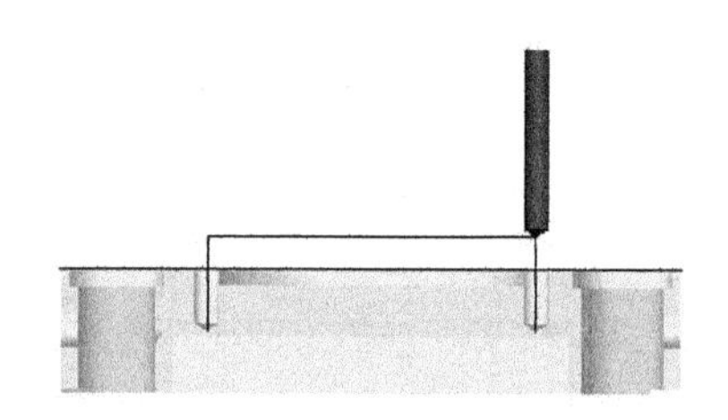

图 28-114 播放路径

11 至此，完成了模板中孔加工操作。最后将结果保存在工作目录中。

28.6 车削加工

根据数控车床的工艺特点，数控车削加工主要包括以下加工内容：

1. 车削外圆

车削外圆是最常见、最基本的车削方法，工件外圆一般由圆柱面、圆锥面、圆弧面及回转槽等基本面组成。如图28-115所示为使用各种不同的车刀车削中小型零件外圆（包括车外回转槽）的方法。其中图a为45°车刀车削外圆；图b为90°正偏刀车削外圆；图c为反偏刀车削外圆。

锥面车削可以分别视为内圆、外圆切削的一种特殊形式。锥面可分为内锥面和外锥面，在普通车床上加工锥面的方法有小滑板转位法、尾座偏移法、靠模法和宽刀法等，而在数控车床上车削圆锥，则完全和车削其他外圆一样，不必像普通车床那么麻烦。车削圆弧面时，则更能显示数控车床的优越性。

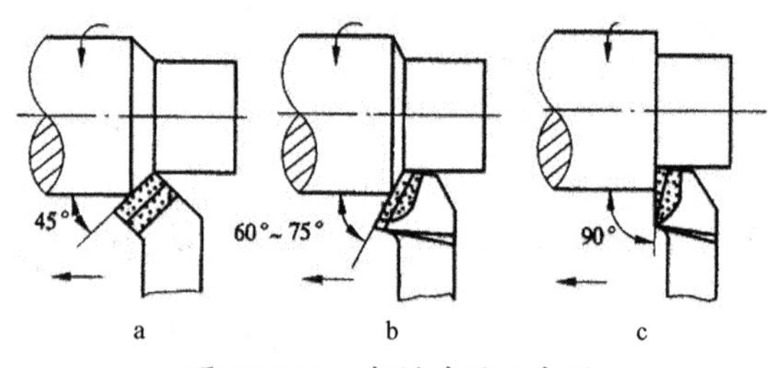

图 28-115 车削外圆示意图

2. 车削内孔

车削内孔是指用车削方法扩大工件的孔或加工空心工件的内表面，是常用的车削加工方法之一。常见的车孔方法如图28-116所示。在车削盲孔和台阶孔时，车刀要先纵向进给，当车到孔的根部时再横向进给车端面或台阶端面，如图28-116的图b和图c所示。

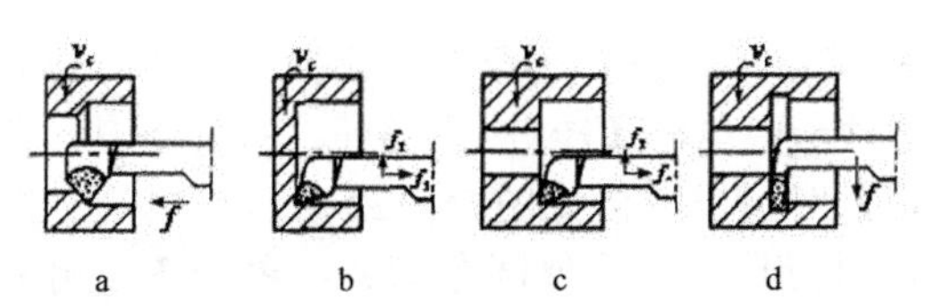

图 28-116　车削内孔示意图

3．车削端面

车削端面包括台阶端面的车削，常见的方法如图 28-117 所示。图 a 是使用 45° 偏刀车削端面，可采用较大背吃刀量，切削顺利，表面光洁，而且大、小端面均可车削；图 b 是使用 90° 左偏刀从外向工件中心进给车削端面，适用于加工尺寸较小的端面或一般的台阶端面；图 c 是使用 90° 左偏刀从工件中心向外进给车削端面，适用于加工工件中心带孔的端面或一般的台阶端面；图 d 是使用右偏刀车削端面，刀头强度较高，适宜车削较大的端面，尤其是铸锻件的大端面。

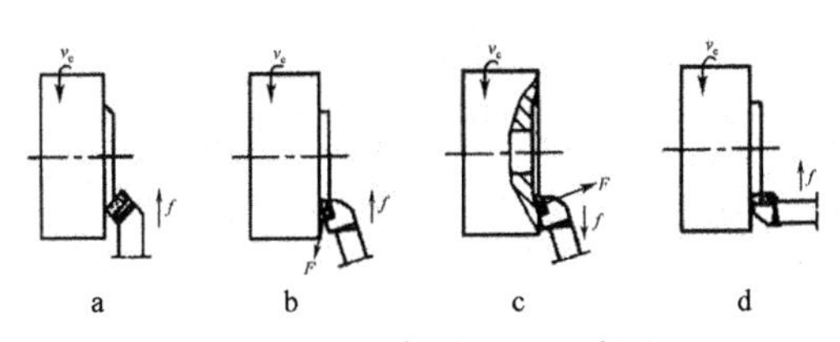

图 28-117　车削端面示意图

4．车削螺纹

车削螺纹是数控车床的特点之一。在普通车床上一般只能加工少量的等螺距螺纹，而在数控车床上，只要通过调整螺纹加工程序，指出螺纹终点坐标值及螺纹导程，即可车削各种不同螺距的圆柱螺纹、锥螺纹或端面螺纹等。螺纹的车削可以通过单刀切削的方式进行，也可进行循环切削。

动手操作——车削加工案例

根据零件图样、毛坯情况，确定工艺方案及加工路线。对于本例的回转体轴类零件，轴心线为工艺基准。粗车外圆，可采用阶梯切削路线，为编程时数值计算方便，前段半圆球部分用同心圆车圆弧法。本例加工零件为一轴类零件，内外均有切削面，如图 28-118 所示。

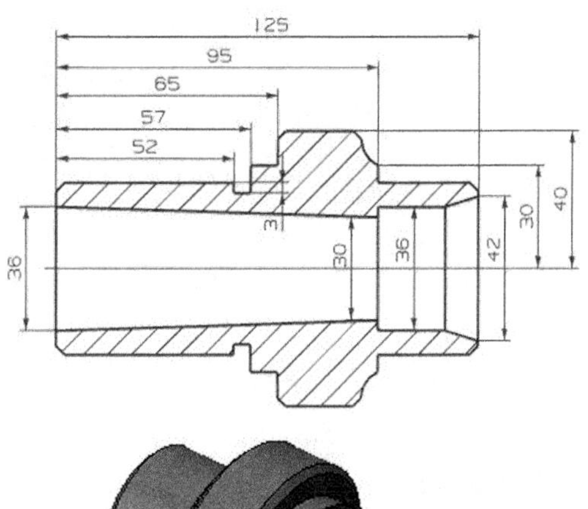

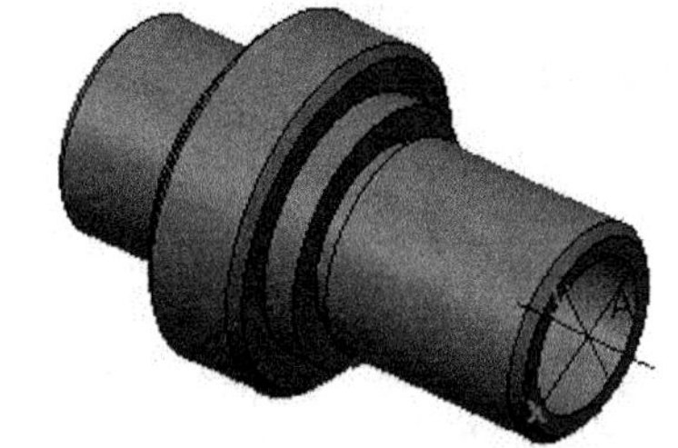

图 28-118　轴零件

按零件最大外圆的端面来划分加工区域，加工顺序为：车削远端外圆面→车削近端外圆面→车削远端内圆面→车削近端内圆面→精镗零件内孔（远端）→精车零件内孔（近端）。

加工本例零件的刀具与用途如下：

- T0001：左手外圆车刀，粗车远端面外圆。
- T0002：左手外圆车刀，精车远端面外圆。
- T0003：右手外圆车刀，粗车近端面外圆。
- T0004：右手外圆车刀，精车近端面外圆。
- T0005：右手内圆车刀，精车内孔。
- T0006：刀宽 4mm、刀长 50mm 的槽刀，切槽。

操作步骤：

1．加工前准备

01 新建名为【车削加工】的 NC 制造文件，然后设置工作目录。

02 单击【参考模型】按钮，然后将素材文件【轴 .prt】装配到 NC 加工环境中，如图 28-119 所示。

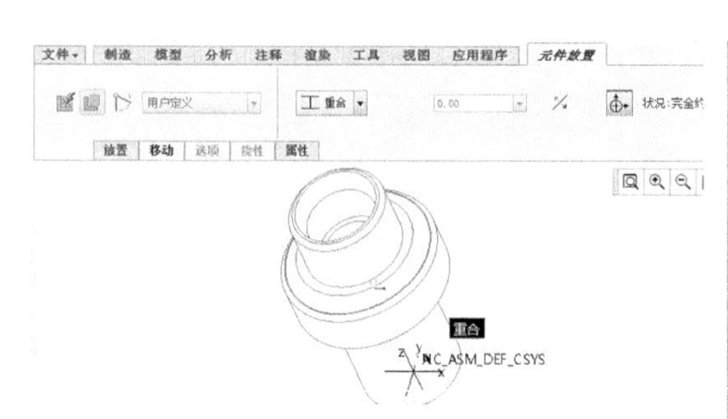

图 28-119　装配加工模型

技术要点

只要使加工坐标系的 +Z 方向与背离机床的方向一致即可，即选择模型坐标系与 NC 坐标系重合即可。

03 单击【工件】按钮，然后创建圆形自动工件，尺寸数字如图 28-120 所示。

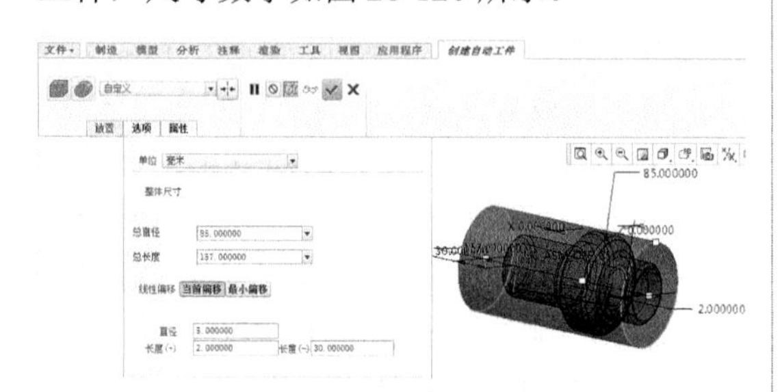

图 28-120　创建圆形工件

2. 设置机床与创建操作

这里主要讲解 6 把刀具的设定。

01 在【机床设置】组中选择【工作中心】|【车床】命令，打开【车床工作中心】对话框。如图 28-121 所示。

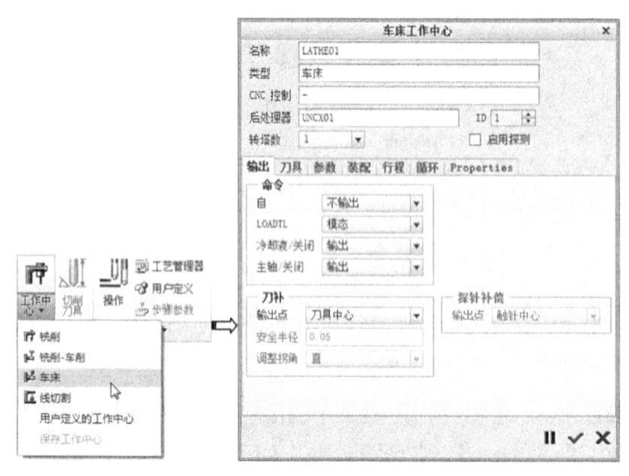

图 28-121　打开【车床工作中心】对话框

02 保留【输出】选项卡的设置，在【刀具】选项卡中单击【转塔 1】按钮，打开【刀具设定】对话框，按如图 28-122 所示设置第一把车削刀具（左手外圆车刀），单击【应用】按钮完成添加。

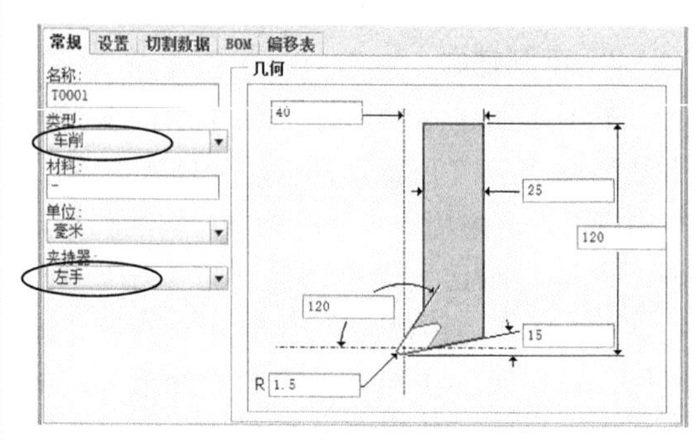

图 28-122　设置第一把车刀

技术要点

只需设置刀片的刀尖角度参数即可，其余保留默认设置。

03 继续创建第二把车刀，单击对话框上方的【新建】按钮，然后设置第二把车刀的参数（左手外圆车刀），并单击【应用】按钮完成添加，如图 28-123 所示。

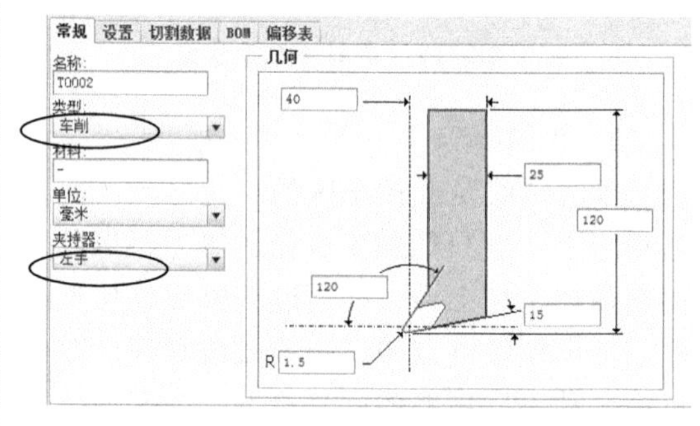

图 28-123　设置第二把车刀

04 继续创建第三把刀具，再单击对话框上方的【新建】按钮，设置第三把车刀的参数（右手外圆车刀），并单击【应用】按钮完成添加，如图 28-124 所示。

05 创建第四把车刀。再单击对话框上方的【新建】按钮，设置第四把车刀的参数（右手外圆车刀），并单击【应用】按钮完成添加，如图 28-125 所示。

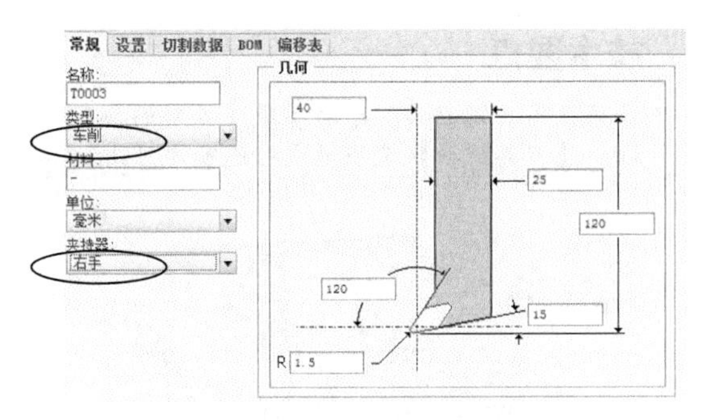

图 28-124　设置第三把车刀

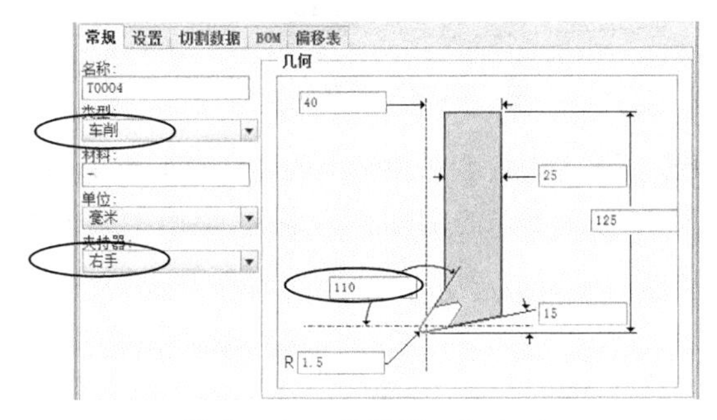

图 28-125　设置第四把车刀

06 创建第五把车刀。单击对话框上方的【新建】按钮，设置第五把车刀的参数（左手内圆车刀），并单击【应用】按钮完成添加，如图 28-126 所示。

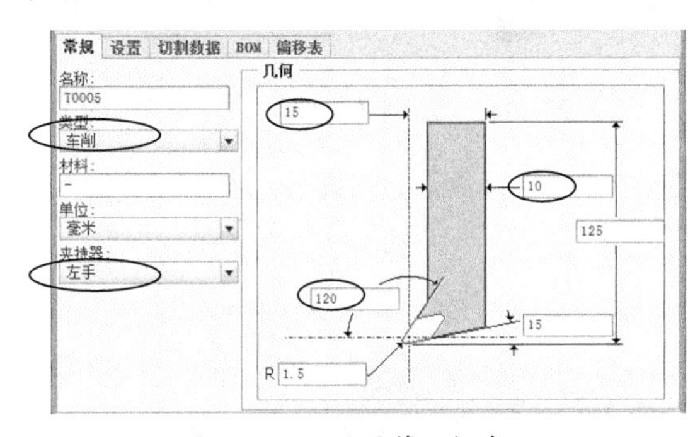

图 28-126　设置第五把车刀

07 创建第六把车刀——切槽刀具。单击对话框上方的【新建】按钮，设置第六把车刀的参数（刀宽 4mm、刀长 50mm 的槽刀），并单击【应用】按钮完成添加，如图 28-127 所示。

08 关闭【车床工作中心】对话框完成机床的设置。

09 单击【工艺】组中的【操作】按钮。打开【操作】操控板。然后选择 NC 加工坐标系设置程序原点（也是机床原点）。

10 在【间隙】选项板中设置退刀安全平面，如图 28-128 所示。随后单击【应用】按钮关闭【操作】操控板。

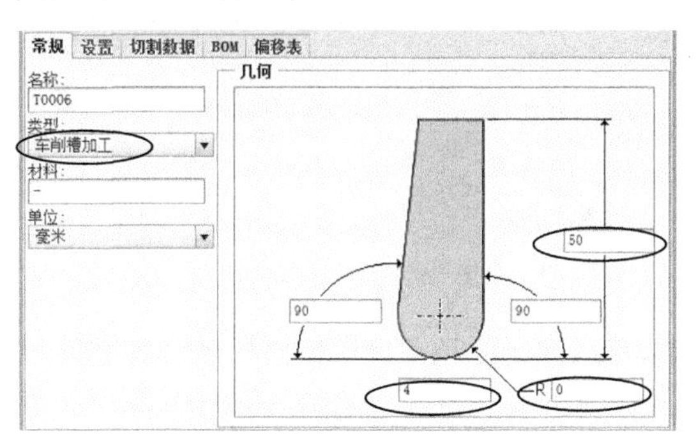

图 28-127　设置第六把车刀

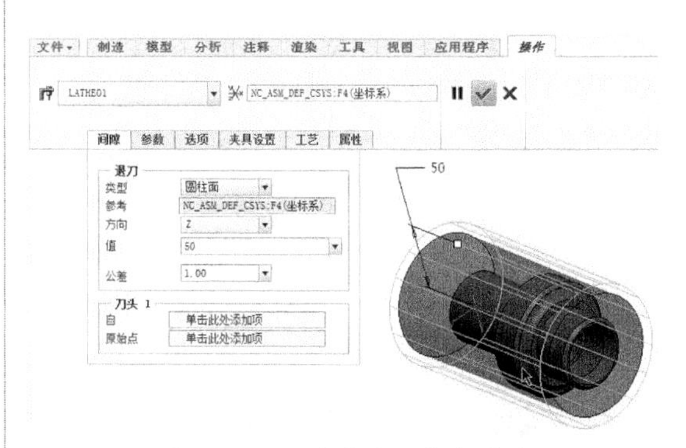

图 28-128　设置退刀安全平面

11 在【制造几何】组中单击【车削轮廓】按钮，打开【车削轮廓】操控板。通过操控板设置车削几何体，如图 28-129 所示。

技术要点

一般情况下，对于圆形截面的零件来说，尽量用【车削轮廓】来创建几何。如果用【坯件边界】，将使后续的加工区域指定带来不必要的麻烦。

图 28-129　指定车削轮廓（加工几何体）

3. 粗车远端外圆

01 在【车削】选项卡中单击【车削】组中的【区域车削】按钮，打开【区域车削】操控板。然后选择T0001刀具，如图28-130所示。

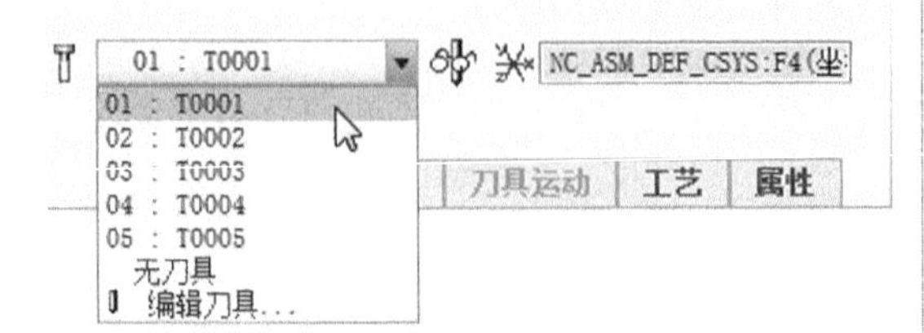

图28-130 选择刀具

02 在【参考】选项板中按如图28-131所示设置切削参数。

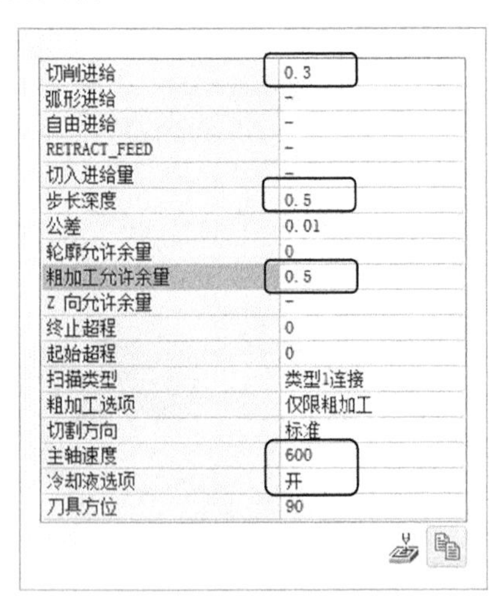

切削进给	0.3
弧形进给	-
自由进给	-
RETRACT_FEED	-
切入进给量	-
步长深度	0.5
公差	0.01
轮廓允许余量	0
粗加工允许余量	0.5
Z 向允许余量	-
终止超程	0
起始超程	0
扫描类型	类型1连接
粗加工选项	仅限粗加工
切割方向	标准
主轴速度	600
冷却液选项	开
刀具方位	90

图28-131 设置车削参数

03 在【刀具运动】选项板中，首先单击【区域车削】按钮，弹出【区域车削切削】对话框。然后按如图28-132所示设置相关参数。

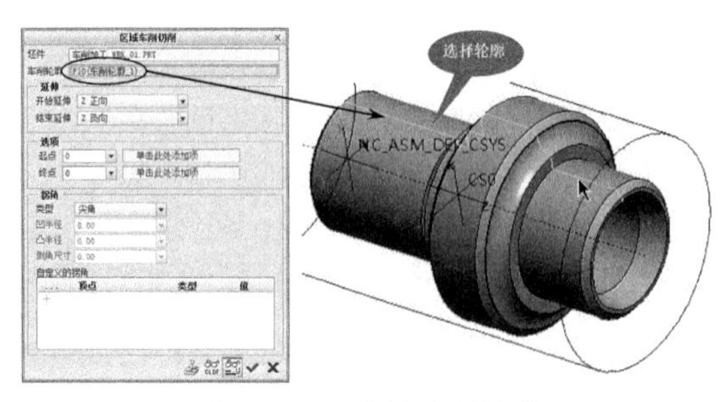

图28-132 选择车削轮廓

04 随后显示车削刀路的预览，如图28-133所示的切削参数。

技术要点

只有在定义了刀具和车削参数等必需的参数后，【刀具运动】选项卡中的选项才可用。

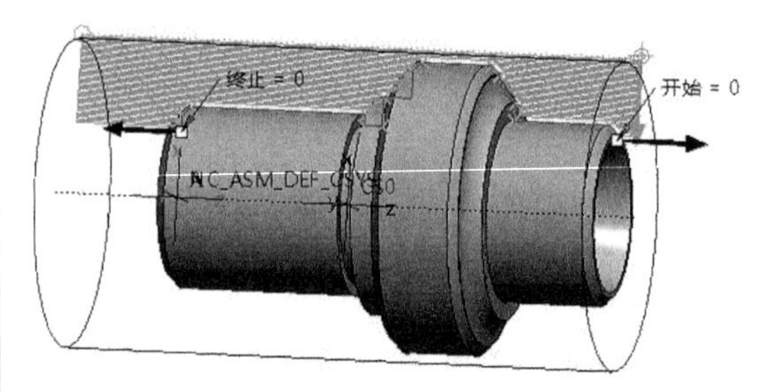

图28-133 预览车削刀路

05 激活【选项】选项组中的【起点】收集器，然后选择工件的端面作为参考，如图28-134所示。

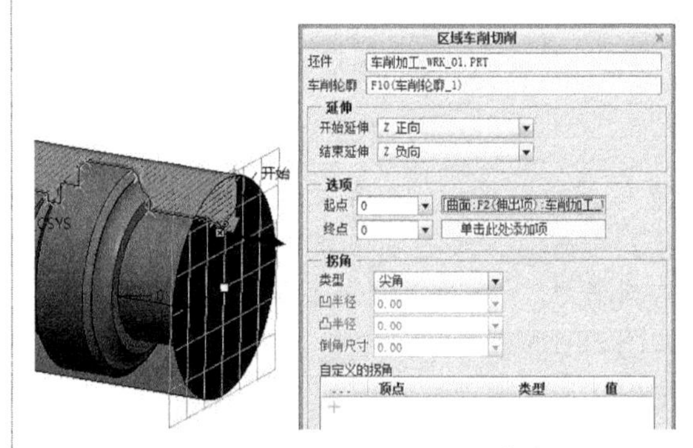

图28-134 选择车削加工起点参考平面

06 再激活【终点】的收集器，选择如图28-135所示的阶梯断面作为终点参考平面。

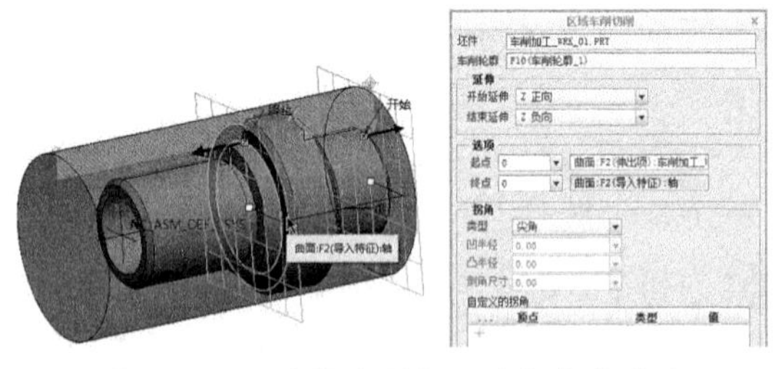

图28-135 选择车削加工终点参考平面

07 在终点位置上单击【延伸】方向箭头，使其指向+X方向，如图28-136所示。

08 在起点位置单击【延伸】方向箭头，如图28-137所示。

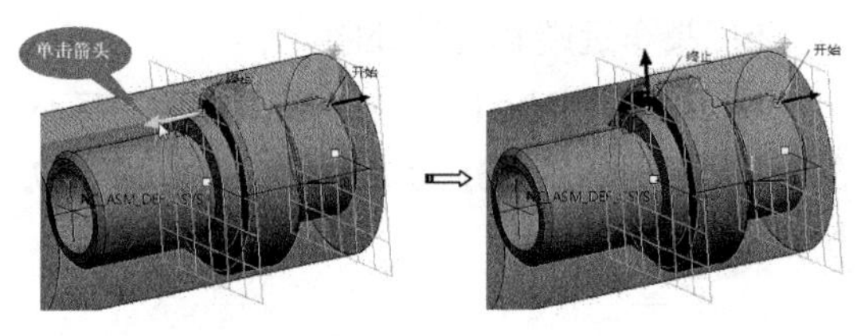

图 28-136 改变终点延伸方向

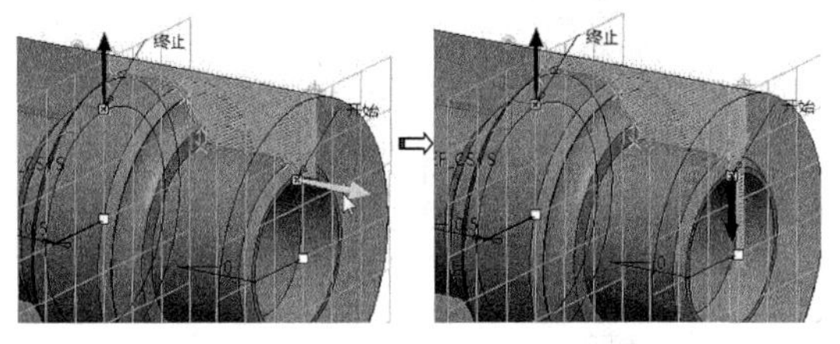

图 28-137 改变起点延伸方向

技术要点

也可以在【区域车削切削】对话框中选择【X 正向】选项，如图 28-138 所示。

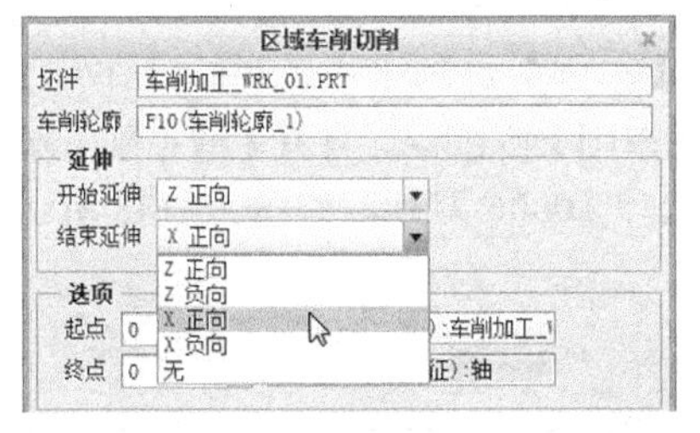

图 28-138 选择延伸方向选项

09 单击【应用】按钮✓完成区域车削选项的设置。最后单击操控板中的【应用】按钮✓，完成粗加工远端外圆的 NC 序列的创建。

10 单击【播放路径】按钮，查看车削加工刀路，如图 28-139 所示。

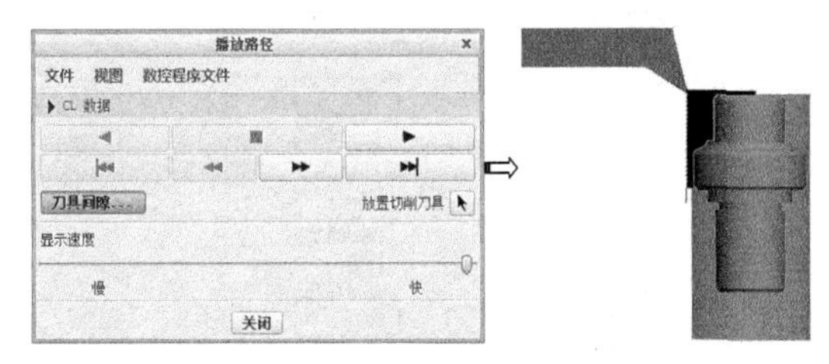

图 28-139 播放车削刀路的路径

4．粗车近端外圆

只要是粗车加工，其切削参数与前面的 NC 序列中的切削参数是完全相同的。

01 在【车削】选项卡中，单击【车削】组中的【区域车削】按钮，打开【区域车削】操控板。然后选择 T0003 刀具，如图 28-140 所示。

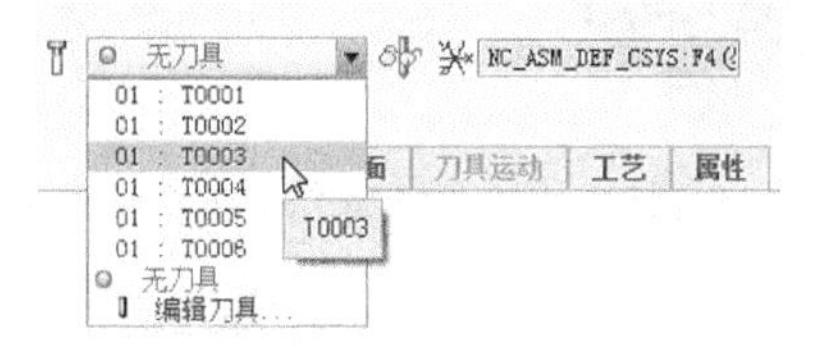

图 28-140 选择刀具

02 在【参考】选项板中按如图 28-141 所示设置切削参数。

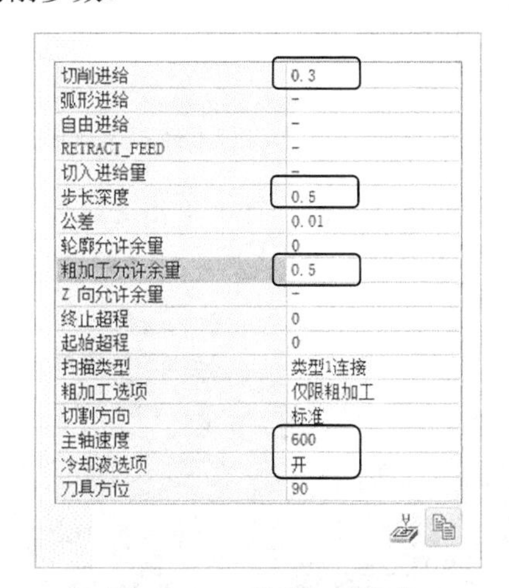

切削进给	0.3
弧形进给	-
自由进给	-
RETRACT_FEED	-
切入进给量	-
步长深度	0.5
公差	0.01
轮廓允许余量	0
粗加工允许余量	0.5
Z 向允许余量	-
终止超程	0
起始超程	0
扫描类型	类型1连接
粗加工选项	仅限粗加工
切割方向	标准
主轴速度	600
冷却液选项	开
刀具方位	90

图 28-141 设置切削参数

03 在【刀具运动】选项板中，首先单击【区域车削】按钮，弹出【区域车削切削】对话框。然后按如图 28-142 所示设置相关参数。

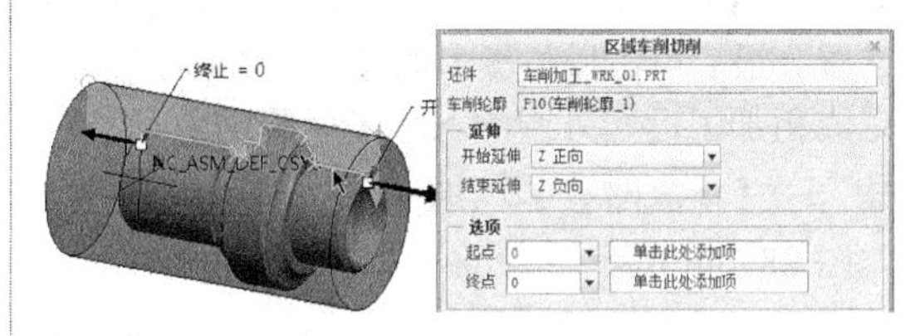

图 28-142 选择车削轮廓

04 激活【选项】选项组中的【起点】收集器，然后选择工件的端面作为参考，如图 28-143 所示。

05 再激活【终点】的收集器，选择如图 28-144 所示的阶梯断面作为终点参考平面。

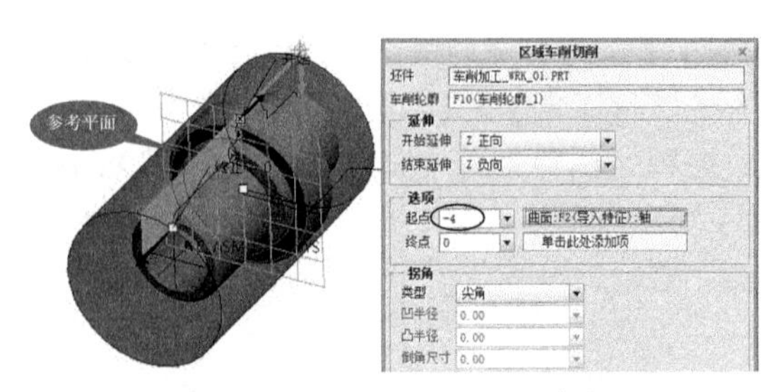

图 28-143 选择车削加工起点参考平面

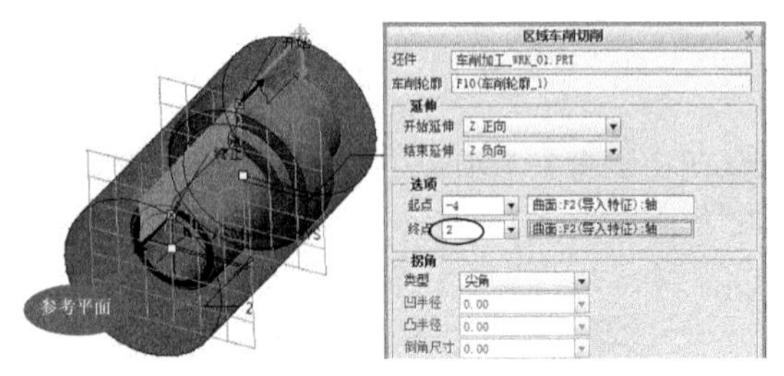

图 28-144 选择车削加工终点参考平面

06 在起点和终点的位置上单击【延伸】方向箭头，使其都指向 +X 方向，如图 28-145 所示。

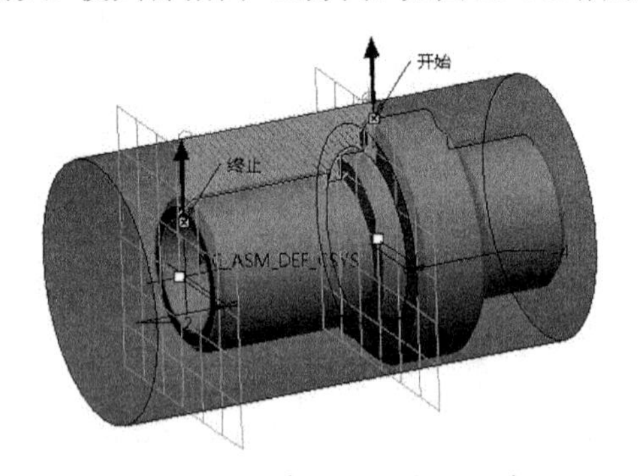

图 28-145 改变起点、终点的延伸方向

07 单击【应用】按钮✓，完成区域车削选项的设置。最后单击操控板中的【应用】按钮✓，完成粗加工近端外圆的 NC 序列的创建。

08 单击【播放路径】按钮，查看车削加工刀路，如图 28-146 所示。

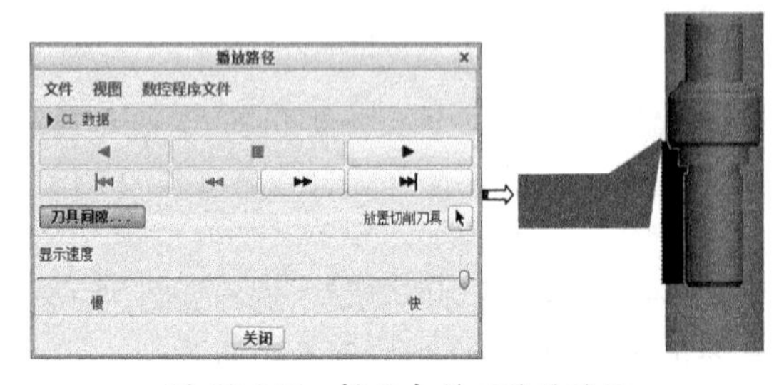

图 28-146 播放车削刀路的路径

5. 精车远端和近端外圆

精加工与粗加工的操作是相同的。不同的是切削参数，如图 28-147 所示为精车的切削参数设置。

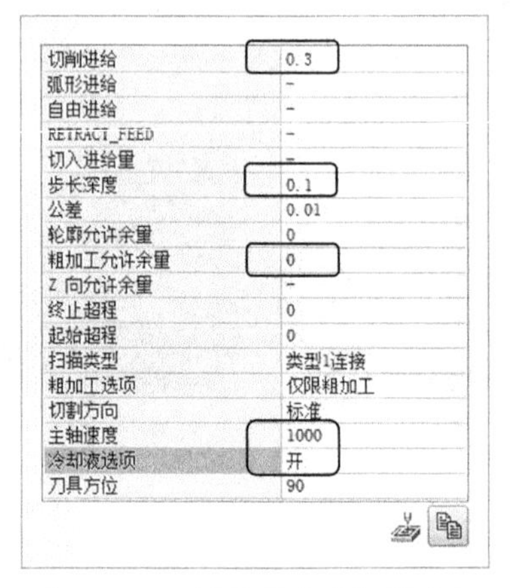

切削进给	0.3
弧形进给	-
自由进给	-
RETRACT_FEED	-
切入进给量	-
步长深度	0.1
公差	0.01
轮廓允许余量	0
粗加工允许余量	0
Z 向允许余量	-
终止超程	0
起始超程	0
扫描类型	类型1连接
粗加工选项	仅限粗加工
切割方向	标准
主轴速度	1000
冷却液选项	开
刀具方位	90

图 28-147 设置精车的切削参数

6. 车退刀槽

01 在【车削】选项卡中，单击【车削】组中的【槽车削】按钮，打开【槽车削】操控板。然后选择 T0006 刀具，如图 28-148 所示。

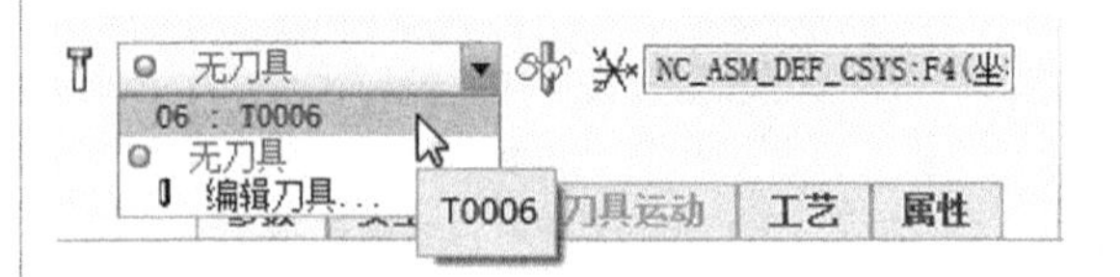

图 28-148 选择刀具

02 在【参考】选项板中按如图 28-149 所示设置切削参数。

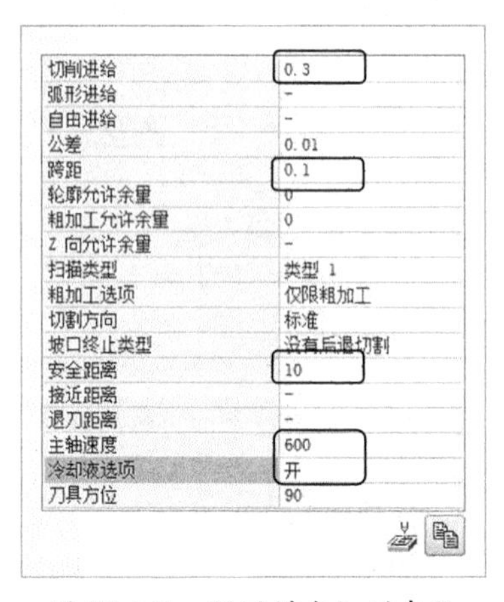

切削进给	0.3
弧形进给	-
自由进给	-
公差	0.01
跨距	0.1
轮廓允许余量	0
粗加工允许余量	0
Z 向允许余量	-
扫描类型	类型 1
粗加工选项	仅限粗加工
切割方向	标准
坡口终止类型	没有后退切割
安全距离	10
接近距离	-
退刀距离	-
主轴速度	600
冷却液选项	开
刀具方位	90

图 28-149 设置槽车切削参数

03 在【刀具运动】选项板中，首先单击【槽车削切削】按钮，弹出【槽车削切削】对话框。然后按如图 28-150 所示设置相关参数。

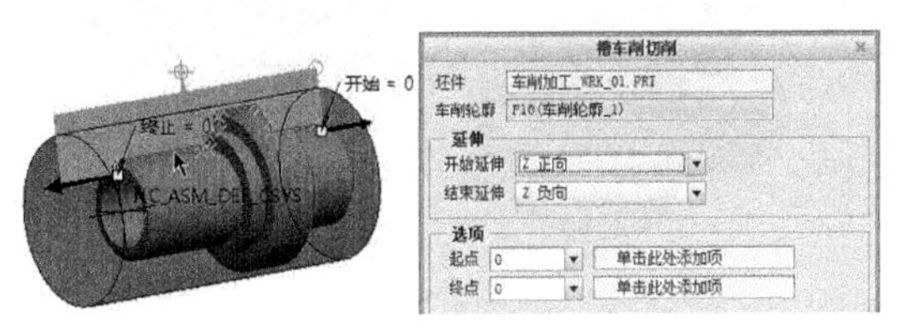

图 28-150　选择车削轮廓

04 激活【选项】选项组中的【起点】收集器，然后选择槽的一个端面作为参考，再激活【终点】的收集器，选择槽的第二个端面作为终点参考平面。然后单击【延伸】方向箭头，使其都指向 +X 方向，如图 28-151 所示。

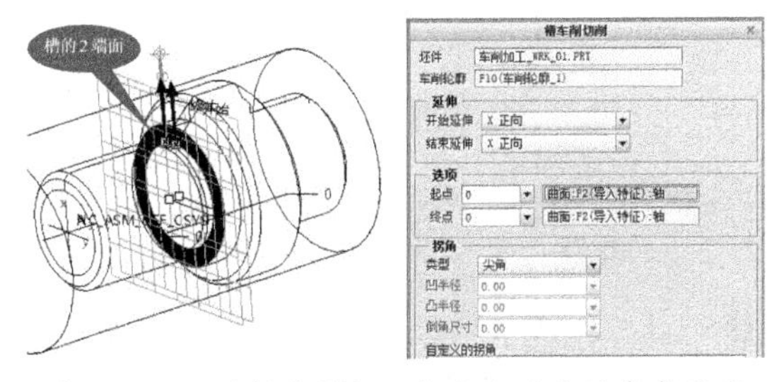

图 28-151　选择车削加工起点与终点的参考平面

05 单击【应用】按钮✓完成槽车削选项的设置。最后单击操控板中的【应用】按钮✓，完成槽车削 NC 序列的创建。

06 单击【播放路径】按钮，查看槽车削加工刀路，如图 28-152 所示。

图 28-152　播放槽车削刀路的路径

7．粗车远端内圆

下面以粗车远端内圆为例，详细介绍车削内圆的操作步骤。至于近端内圆的车削及精车 NC 序列，可参看此操作自行创建。

01 在【车削】选项卡中。单击【车削】面板上的【区域车削】按钮，打开【区域车削】操控板。然后选择 T0005 刀具，如图 28-153 所示。

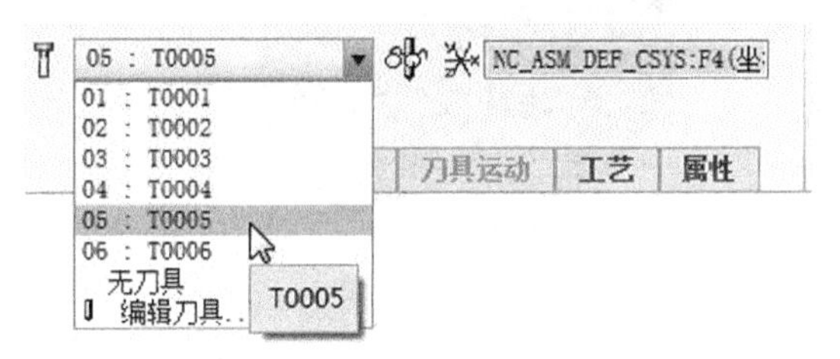

图 28-153　选择刀具

02 在【参考】选项板中按如图 28-154 所示设置切削参数。

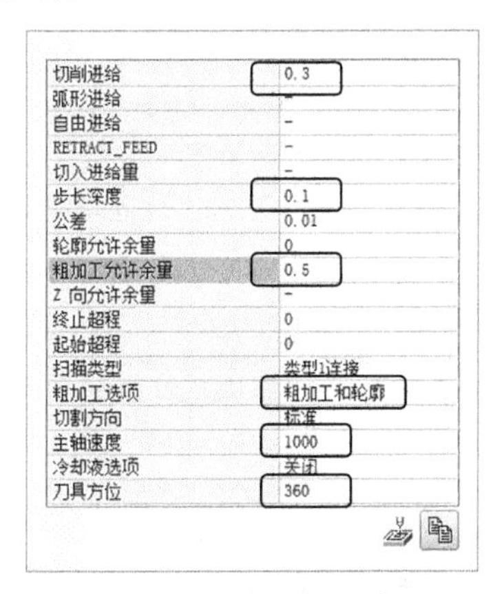

图 28-154　设置切削参数

03 在【刀具运动】选项板中，首先单击【区域车削】按钮，弹出【区域车削切削】对话框。然后按如图 28-155 所示设置相关参数。

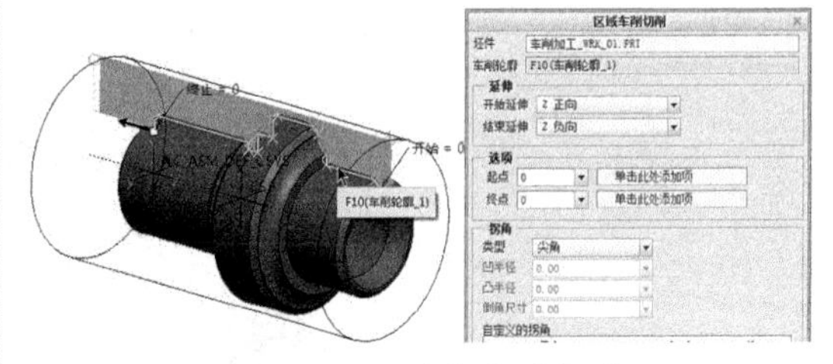

图 28-155　选择车削轮廓

04 激活【选项】选项组中的【起点】收集器，然后选择零件内部阶梯端面作为参考，如图 28-156 所示。

05 再激活【终点】收集器，选择如图 28-157 所示的远端端面作为终点参考平面，并输入偏移距离 5。

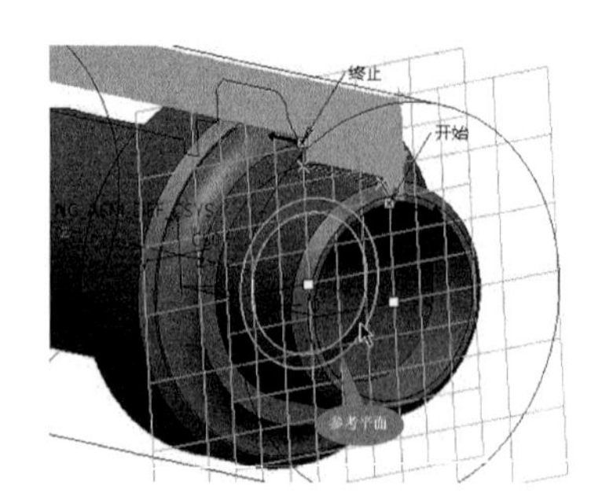

图 28-156　选择车削加工起点参考平面

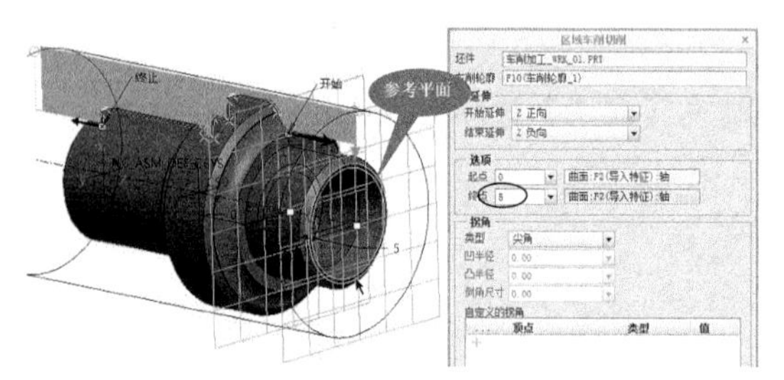

图 28-157　选择车削加工终点参考平面

技术要点

设置偏移距离是为了让车刀能完全车削内圆，不留残料。

06 在起点和终点的位置上单击【延伸】方向箭头，使开始端指向 -X 方向，终止端指向 +Z 方向，如图 28-158 所示。

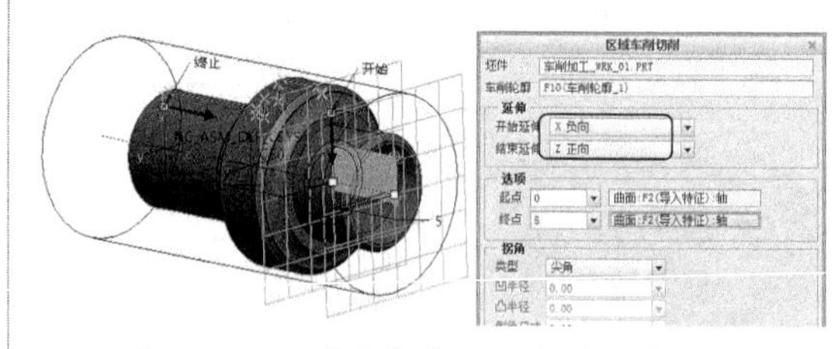

图 28-158　改变起点、终点的延伸方向

07 单击【应用】按钮✔完成区域车削选项的设置。最后单击操控板中的【应用】按钮✔，完成内圆的 NC 序列的创建。

08 单击【播放路径】按钮，查看车削加工刀路，如图 28-159 所示。

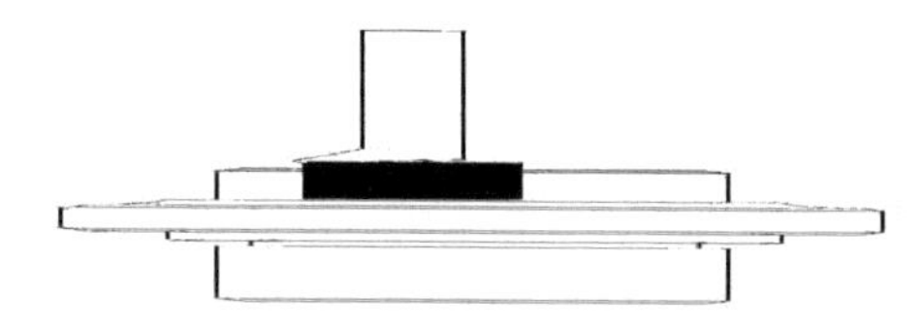

图 28-159　播放车削刀路的路径

09 至此，完成了轴零件的车削加工操作。最后将结果保存在工作目录中。

28.7 课后习题

模具的生产加工在汽车、家电、电子通信等领域占有越来越重要的地位。在国家大力提倡节能、节材、保护生态的背景下，塑料模具在工业生产中发展迅速。本例以计算器外壳的定模为例，详细说明一下综合运用 Creo NC 提供的工序对模具进行数控加工。

加工模型——计算器模具的型芯，如图 28-160 所示。

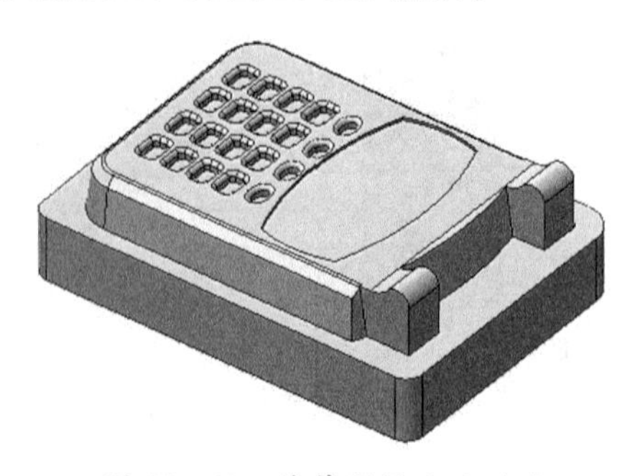

图 28-160　计算器模具的型芯

加工此模具的型芯零件，需要创建以下序列和切削刀具。

- 一次开粗——立铣刀（直径 10mm、底面圆角半径 2）。
- 二次开粗——立铣刀（直径 6mm、底面圆角半径 1）。

- 半精加工轮廓——立铣刀（直径 6mm、底面圆角半径 0.5）。
- 半精加工按键孔——立铣刀（直径 2mm）。
- 半精加工平面——立铣刀（直径 6mm、底面圆角半径 0.5）。
- 精加工轮廓——立铣刀（直径 6mm、底面圆角半径 0.5）。
- 精加工平面——立铣刀（直径 6mm、底面圆角半径 0.5）。
- 精加工按键孔——立铣刀（直径 1mm）。
- 清角加工——立铣刀（直径 2mm）。

◇◇◇◇◇◇◇◇◇◇◇◇◇◇◇◇◇◇ 读书笔记 ◇◇◇◇◇◇◇◇◇◇◇◇◇◇◇◇◇◇

第 29 章　钣金设计

使用 Creo 软件进行钣金设计是由各个法兰壁开始的，在各个法兰壁上完成其他的特征，进而完成钣金零件的设计，因此，各个法兰壁在 Creo 钣金设计中占有重要地位，是使用该模块的基础。

知识要点

- 钣金成型基础
- Creo 中钣金设计方法
- 钣金基本壁的创建
- 钣金次要壁的创建

29.1 钣金成型基础

钣金是对金属薄板的一种综合加工工艺，包括剪、冲压、折弯、成型、焊接、拼接等。钣金技术已经广泛应用于汽车、家电、计算机、家庭用品、装饰材料等多个领域中，钣金加工已经成为现代工业中一种重要的加工方法。

本章主要讲述钣金加工的设计要点和 Creo 的基本操作界面，使读者了解钣金模块。

29.1.1 钣金加工概述

顿金是对金属薄板的一种综合加工工艺，包括剪、冲压、折弯、成型、焊接、拼接等。钣金技术已经广泛应用于汽车、家电、计算机、家庭用品、装饰材料等各个相关领域中，钣金加工已经成为现代工业中一种重要的加工方法。如图 29-1 所示为几种常见的钣金件。

1. 钣金设计要点

在一般情况下，钣金设计有以下几个设计要点：

（1）钣金设计首先要注意钣金的厚度与设计尺寸的关系问题，例如确定要求的尺寸长度是包括钣金厚度在内，还是没有包括钣金厚度。

（2）要考虑钣金制造的工艺、加工制造是否容易、是否会增加制造的成本、是否会降低生产效率等问题。

（3）钣金件的相互连接方式、钣金和塑料件的连接固定方式，以及钣金和其他零件的固定和连接方式都是设计考虑的重点，钣金件的连接方式主要有螺钉、铆接、电焊等。并要考虑维修拆装的难易程度和配合的公差问题。

（4）钣金的强度设计是钣金设计的重点，强度的设计将直接影响产品寿命和耐用性，有时为了增加钣金的强度而增加一些冲压凸起。

（5）钣金组装优先顺序和安装空间需要从组装合理化和组装便利化的方面来考虑。

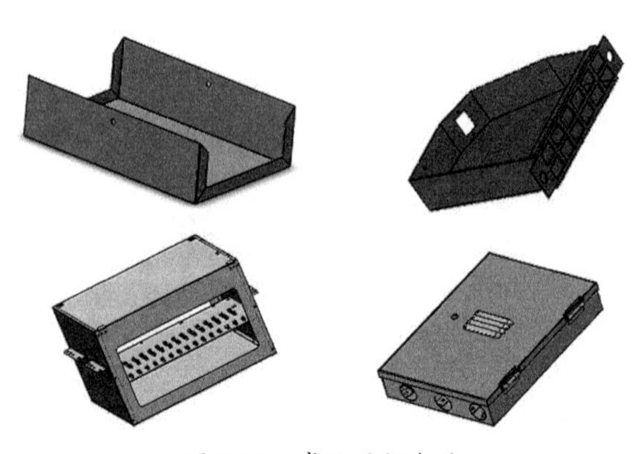

图 29-1　常见的钣金件

2. 钣金的加工方法

在通常情况下，镀金加工有以下3种方法:

- 冲裁加工：冲裁加工即钣金的落料，是按照钣金件的展开轮廓，从钣金卷板或平板上冲裁出坯料，以便进一步地加工。
- 折弯加工和卷曲加工：折弯加工是指将板料通过折弯机折成一定角度。卷曲加工与折弯加工相似，是将平板卷成具有一定半径的弧形。
- 冲压加工：冲压加工是指用事先加工好的凸模和凹模，利用金属的延展性加工出各种凹凸的形状。

29.1.2 Creo 中的钣金设计方法

在 Creo 中进行钣金设计的方法和特点，包括怎么进入钣金设计模式，以及在钣金模式下进行设计的主要方法和流程。通过对各个命令的介绍，让读者更加了解钣金模式下的设计环境。

在进行钣金设计之前必须先进入钣金设计模式，在 Creo 中进入钣金设计模式主要有两种方法：钣金件模式和组件模式。下面将分别介绍进入这两种模式的方法。

1. 钣金件模式

该方法是进入钣金设计模式最常用和最基本的方法，具体操作步骤如下：

在启动 Creo 之后，在【文件】选项卡下单击【新建】按钮，打开【新建】对话框，如图 29-2 所示。在【新建】对话框中的【类型】选项组中选择默认的【零件】单选按钮，在【子类型】选项组中【钣金件】单选按钮，单击【确定】按钮进入到钣金模式，如图 29-3 所示。

技术要点

在【新建】对话框中不选中【使用默认模板】复选框，才能弹出【新文件选项】对话框来，如果选中了【使用默认模板】复选框，将直接进入到工作界面中。

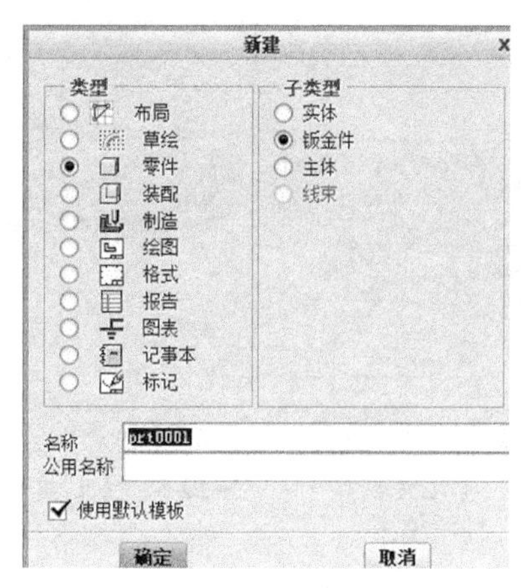

图 29-2 【新建】对话框

图 29-3 选择单位制

2. 组件模式

如果需要为装配件制作一个外壳，在装配模式下同样可以创建钣金件。

在装配模式下，在功能区选择【模型】|【元件】|【创建】命令，系统弹出如图 29-4 所示的【创建元件】对话框。在【子类型】选项组中选择【钣金件】单选按钮，在【名称】文本框中输入钣金文件的名称后，单击【确定】按钮即可。在弹出的【创建选项】对话框中要求用户选择创建方法。在该对话框中完成设置后，单击【确定】按钮即可完成钣金文件的创建，如图 29-5 所示。

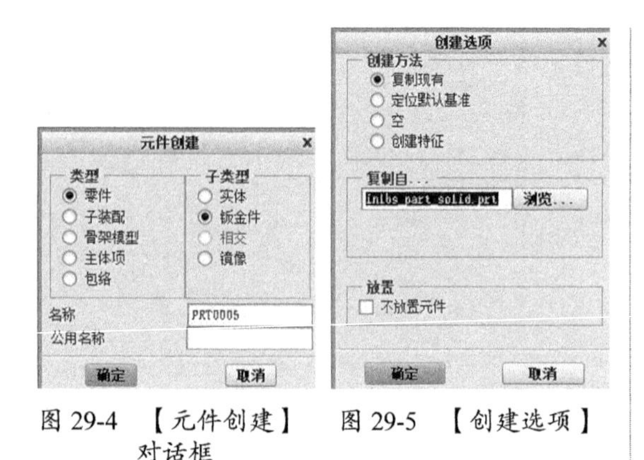

图 29-4 【元件创建】对话框　图 29-5 【创建选项】

29.1.3 钣金设计环境

在进行钣金设计之前，必须先了解钣金设计环境，只有这样才能更熟练和有效地进行钣金设计。创建或打开钣金文件后，Creo 的程序界面如图 29-6 所示。下面将对其中的主要功能进行介绍。

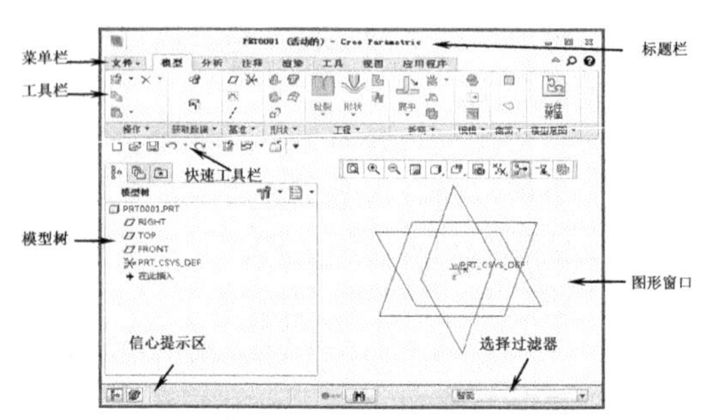

图 29-6 钣金设计界面

29.2 钣金基本壁的创建方法

创建钣金特征可以使用钣金工具栏内的工具按钮来完成。下面就来介绍基础的壁特征，包括平面壁、拉伸壁、选择壁、混合壁和偏移壁这 5 种壁的创建方法。

29.2.1 平面壁特征

平面壁就是钣金的平面部分及一块等厚度的薄壁。平面壁是通过草绘封闭的轮廓，然后再定义它的厚度而生成的。

在功能区【模型】选项卡的【形状】组中单击【平面】按钮，弹出【平面】操控板，如图 29-7 所示。

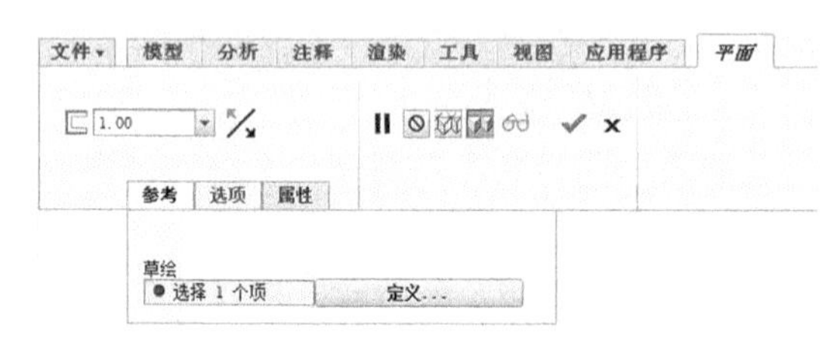

图 29-7 【平面】操控板

动手操作——创建平面壁

操作步骤：

01 启动 Creo 后，创建一个名为【平面壁】的钣金文件，并选择【direct_part_solid_mmns】公制模板。

02 在功能区【模型】选项卡的【形状】组中单击【平面】按钮，弹出【平面】操控板，如图 29-7 所示。

03 选择 TOP 基准面作为草绘平面，如图 29-8 所示，进入草绘模式，绘制如图 29-9 的草图。

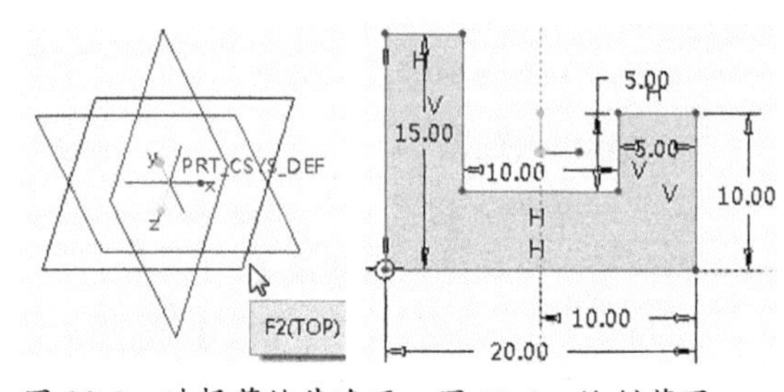

图 29-8 选择草绘基准面　图 29-9 绘制草图

04 在【平面】操控板中输入厚度值 1.5，然后直接单击【确定】按钮，如图 29-10 所示，完成平面壁的创建，其创建的平面壁如图 29-11 所示。

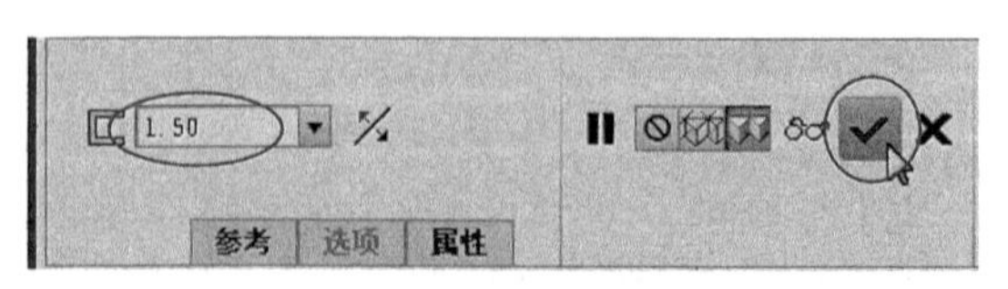

图 29-10 输入厚度值和单击【确定】按钮

图 29-11　创建的平面壁

技术要点

输入厚度的数字要根据实际情况而定，以免造成长、宽、高的极度不协调。如果厚度过厚，在创建后续特征时会因为厚度生成很多逻辑错误，用户应根据实际情况来确定厚度。

29.2.2　拉伸壁特征

拉伸壁是草绘壁的侧截面，并使其拉伸出一定长度。它可以是第一壁（设计中的第一个壁），也可以是从属于主要壁的后续壁。

在功能区【模型】选项卡的【形状】组中单击【拉伸】按钮，弹出【拉伸】操控板，如图 29-12 所示。

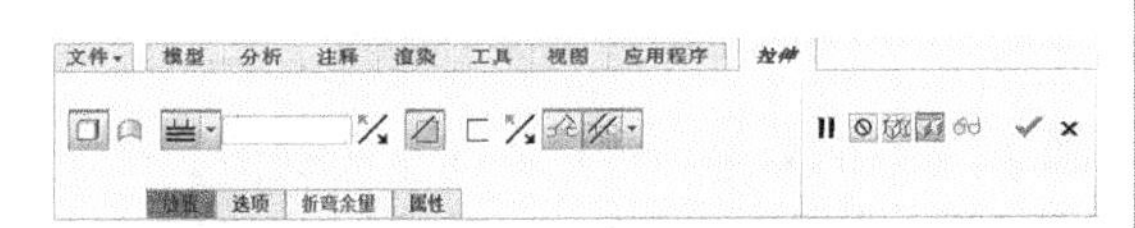

图 29-12　【拉伸】操控板

动手操作——创建拉伸壁

操作步骤：

01 启动 Creo 后，创建一个名为【lashenbi】的钣金文件，并选择【direct_part_solid_mmns】公制模板。

02 在功能区【模型】选项卡的【形状】组中单击【拉伸】按钮，弹出【拉伸】操控板，如图 29-12 所示。

03 选择 TOP 基准面作为草绘平面，如图 29-13 所示，进入草绘模式，绘制如图 29-14 的草图。

04 在【拉伸】操控板中输入拉伸深度值 100，输入厚度值 3.0，然后直接单击【确定】按钮，如图 29-15 所示，完成平面壁的创建，其创建的平面壁如图 29-16 所示。

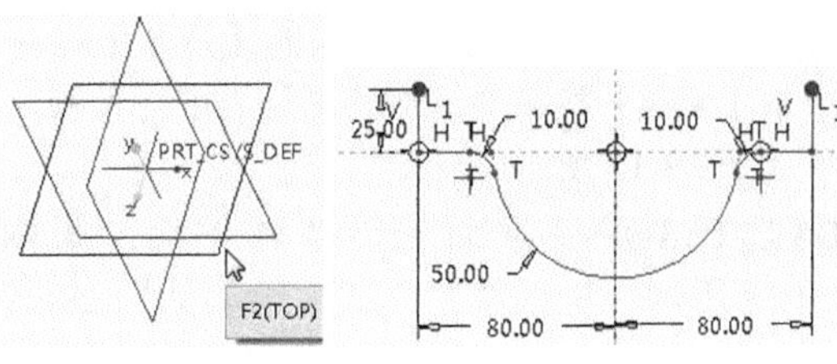

图 29-13　选择草绘基准面　　图 29-14　绘制草图

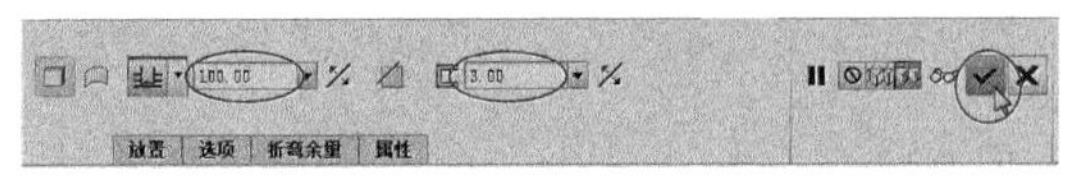

图 29-15　输入拉伸深度值、厚度值和单击【确定】按钮

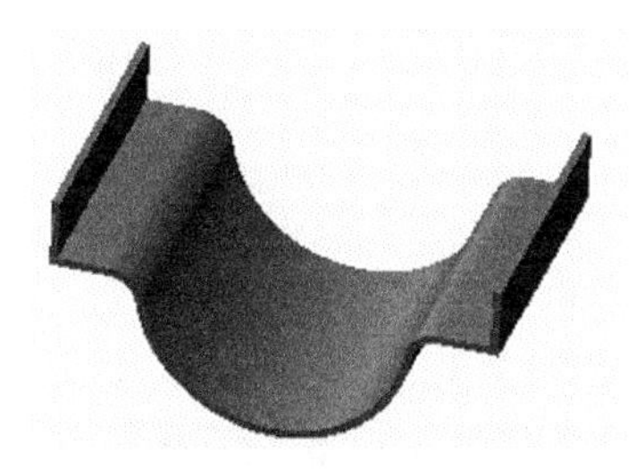

图 29-16　创建的拉伸壁

29.2.3　旋转壁特征

旋转壁是将截面沿旋转中心线旋转一定的角度而产生的特征。在创建旋转壁时，首先要草绘剖面，然后将其围绕草绘的中心线，再指定角度和壁厚，最终生成旋转壁。需要注意的是，在截面中必须绘制一条中心线作为旋转轴，才能生成旋转特征。

在功能区【模型】选项卡的【形状】组中单击【旋转】按钮，弹出【拉伸】操控板，如图 29-17 所示。

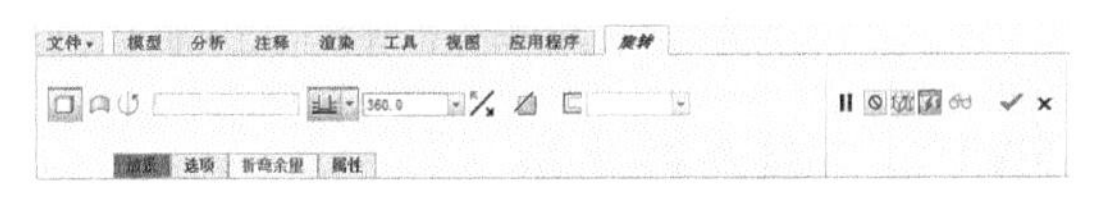

图 29-17　【旋转】操控板

动手操作——创建旋转壁

操作步骤：

01 启动 Creo 后，创建一个名为【旋转壁】的钣金文件，并选择【direct_part_solid_mmns】公制模板。

02 在功能区【模型】选项卡的【形状】组中单击【旋转】按钮，弹出【旋转】操控板，参见图29-17所示。

03 选择TOP基准面作为草绘平面，如图29-18所示，进入草绘模式，绘制如图29-19的草图。

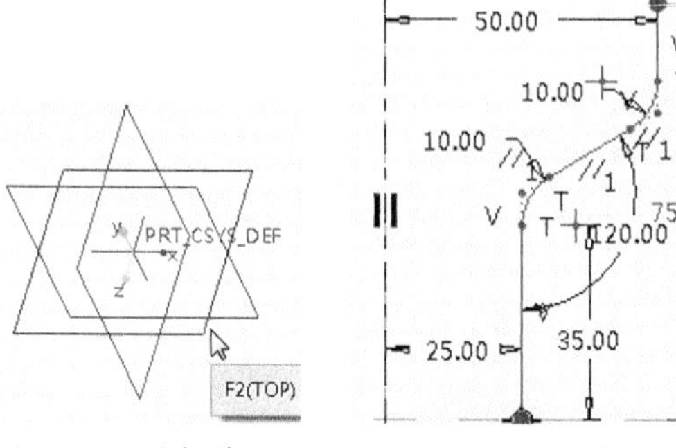

图29-18　选择草绘基准面　　图29-19　绘制草图

04 在【旋转】操控板中输入旋转角度值220，输入厚度值3.0，然后直接单击【确定】按钮，如图29-20所示，完成平面壁的创建，创建的平面壁如图29-21所示。

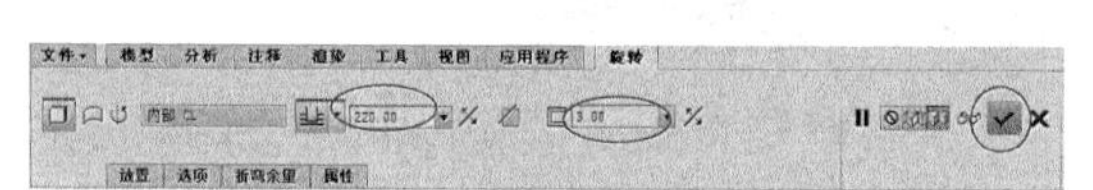

图29-20　输入旋转角度值、厚度值和单击【确定】按钮

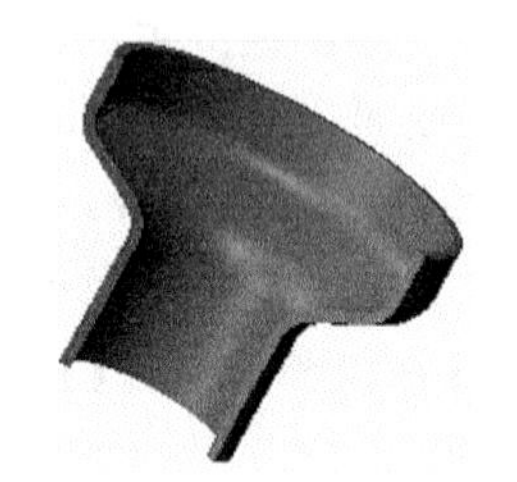

图29-21　创建的拉伸壁

29.2.4　混合壁特征

混合壁是通过连接至少两个截面而生成的壁。在创建混合壁时，首先要绘制多个截面，指定壁厚。截面形成与连接的方式决定了混合壁特征的基本形状。

在功能区【模型】选项卡的【形状】组中单击【混合】按钮，弹出【混合】操控板，如图29-22所示。

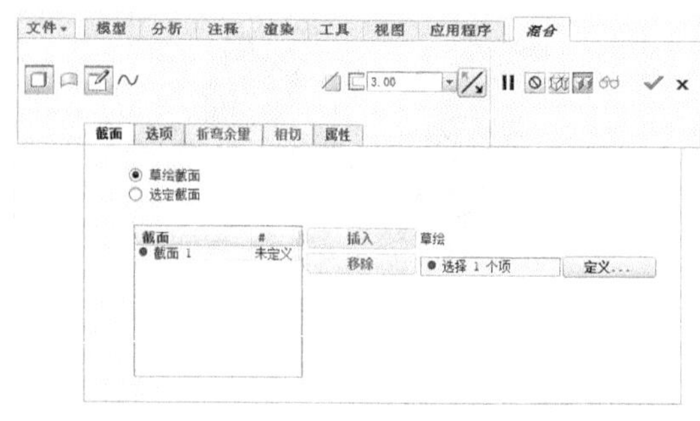

图29-22　【混合】操控板

动手操作——创建混合壁

操作步骤：

01 启动Creo后，创建一个名为【混合壁】的钣金文件，并选择【direct_part_solid_mmns】公制模板。

02 在功能区【模型】选项卡的【形状】组中单击【混合】按钮，弹出【混合】操控板，如图29-23所示。

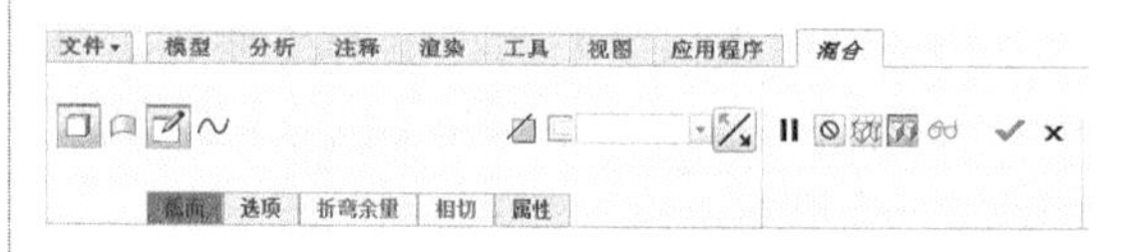

图29-23　【混合】操控板

03 在【截面】选项板选中【草绘截面】单选按钮并单击【定义】按钮，如图29-24所示。

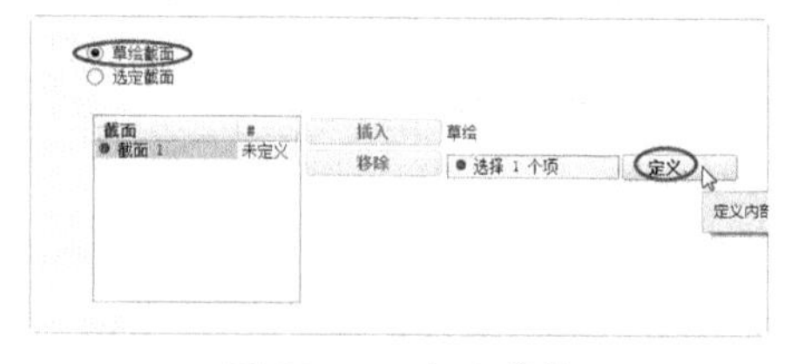

图29-24　定义草绘

04 系统弹出如图29-25所示的【草绘】对话框，然后选择TOP基准平面作为草绘平面。

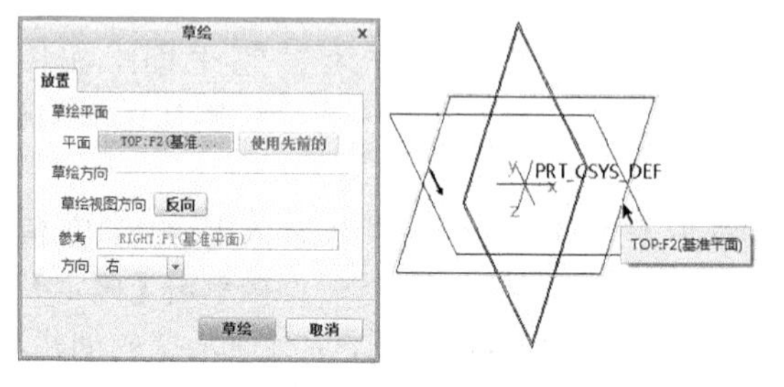

图29-25　设置草绘平面

技术要点

在【属性】菜单管理器中，【直】代表用直线段连接不同界面的顶点，截面的边用平面连接；【光滑】代表用光滑曲面连接不同截面的顶点，截面的边用样条曲面连接。

05 在功能区【模型】选项卡的【草绘】组中单击【矩形】按钮，绘制如图 29-26 所示的截面，作为混合的第一截面。

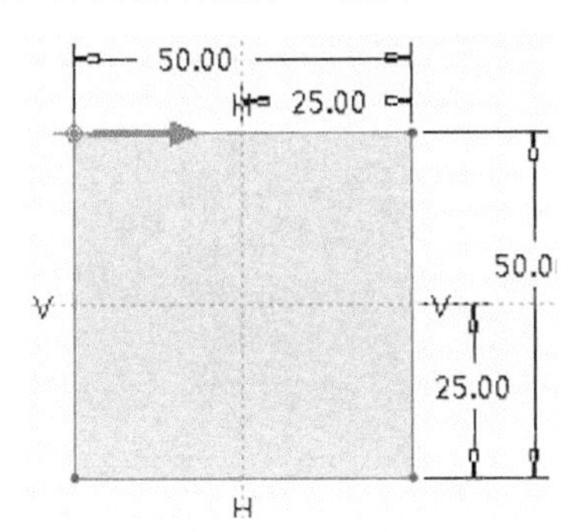

图 29-26　绘制第一个截面

06 退出草绘模式，然后在【截面】选项板中定义【截面 2】的偏移尺寸，并单击【草绘】按钮进入草绘模式，如图 29-27 所示。

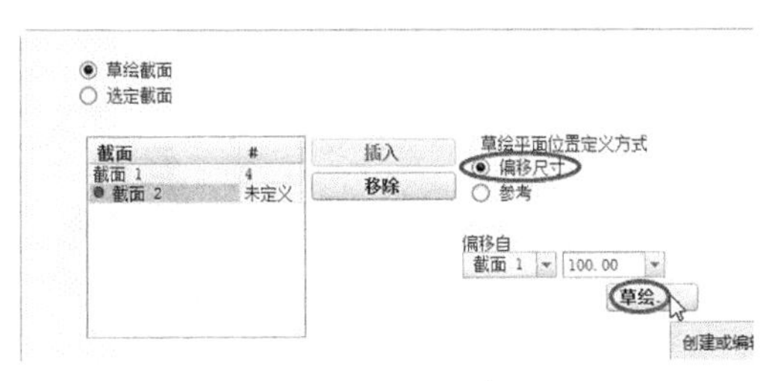

图 29-27　切换截面

07 在功能区【模型】选项卡的【草绘】组中单击【矩形】按钮，绘制如图 29-28 所示的截面，作为混合的第二截面。

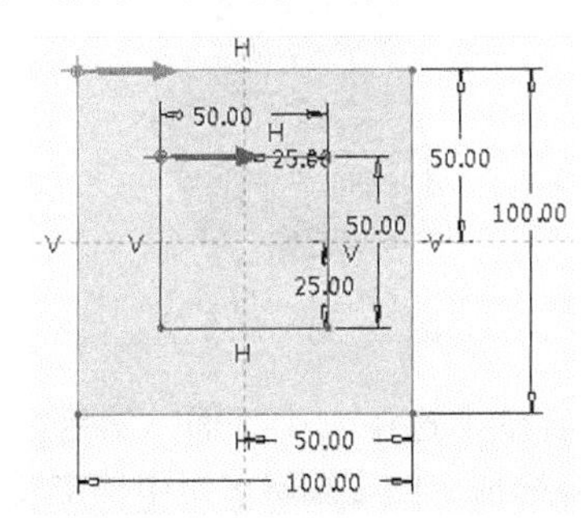

图 29-28　绘制第二个截面图

技术要点

若要继续绘制截面，重复上两步切换截面，并绘制下一个特征截面，如此反复，可以绘制多个混合特征截面。

08 在操控板中，单击【确定】按钮，完成混合壁的创建，如图 29-29 所示。

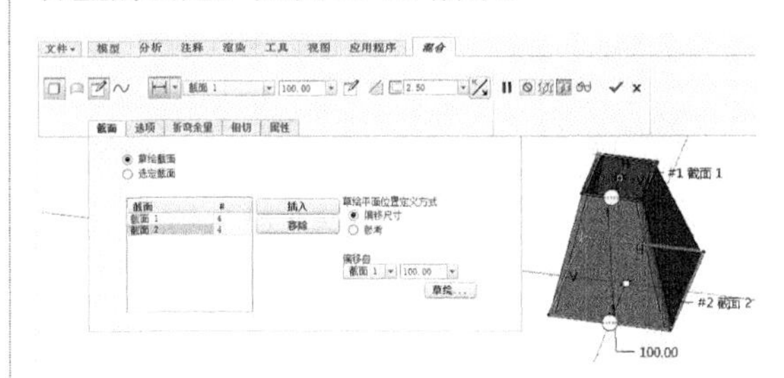

图 29-29　创建的混合壁

09 完成的混合壁如图 29-30 所示。

图 29-30　混合壁

29.2.5　偏移壁特征

偏移壁是将现有面组或其他曲面偏移特定的距离而产生薄壁特征。首先要选择偏移的面组或实体曲面，接着指定一个移动距离，然后系统将自动生成一个偏移壁，并且壁厚与原来的壁厚相同。

在功能区【模型】选项卡的【编辑】组中单击【偏移】按钮，弹出【偏移】操控板，如图 29-31 所示。

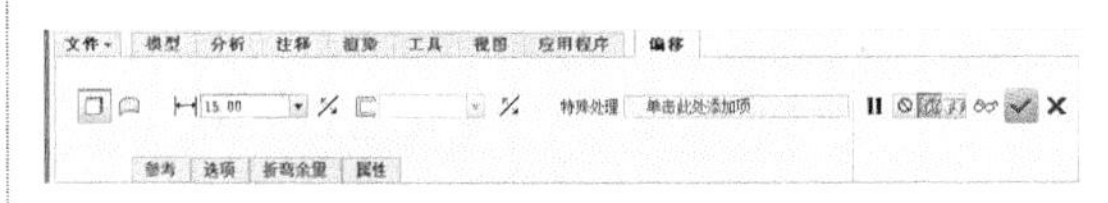

图 29-31　【偏移】操控板

动手操作——创建偏移壁

操作步骤：

01 启动 Creo，创建一个名为【偏移壁】的钣金文件，并选择【direct_part_solid_mmns】公制模板。

02 在功能区【模型】选项卡的【形状】组中单击【混合】按钮，弹出【混合】操控板。

03 在【截面】选项板选择【草绘截面】单选按钮，并单击【定义】按钮，如图29-32所示。

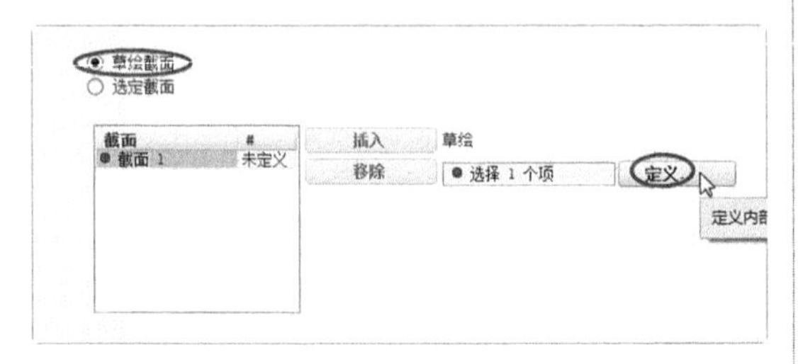

图 29-32　定义草绘

04 系统弹出如图29-33所示的【草绘】对话框，然后选择TOP基准平面作为草绘平面。

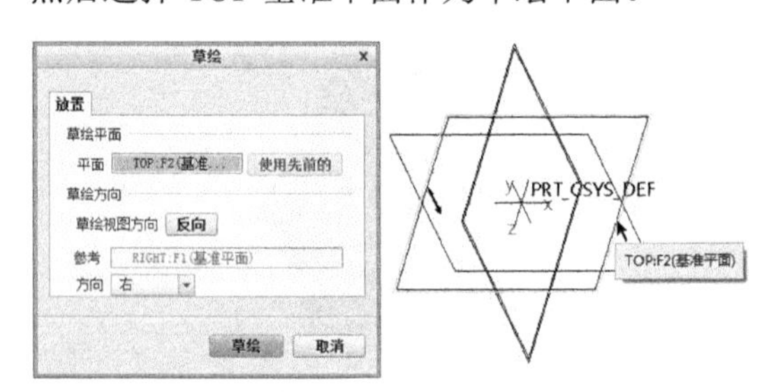

图 29-33　设置草绘平面

05 在功能区【模型】选项卡的【草绘】组中单击【矩形】按钮，绘制如图29-34所示的截面，作为混合的第一截面。

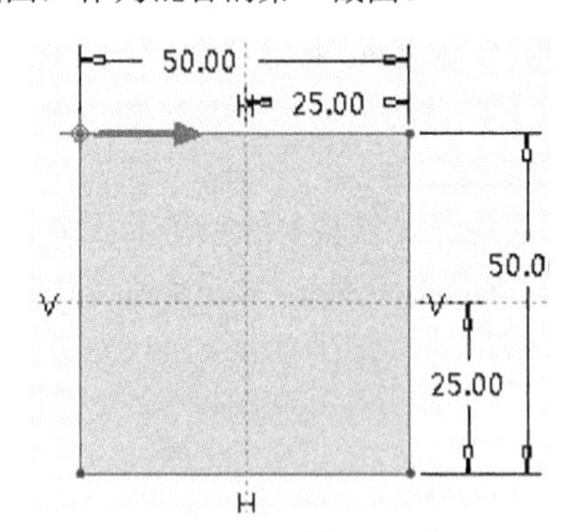

图 29-34　绘制第一个截面

06 退出草绘模式，然后在【截面】选项板中定义【截面2】的偏移尺寸，并单击【草绘】按钮进入草绘模式，如图29-35所示。

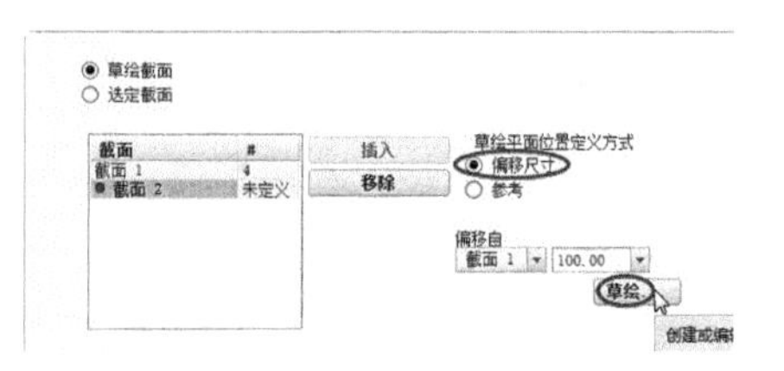

图 29-35　切换截面

07 在功能区【模型】选项卡的【草绘】组中单击【矩形】按钮，绘制如图29-36所示的截面，作为混合的第二截面。

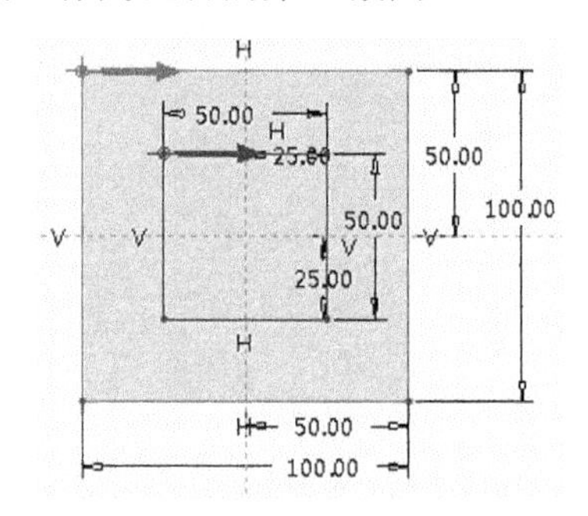

图 29-36　绘制第二个截面图

08 在操控板中，单击【确定】按钮，完成混合壁的创建，如图29-37所示。

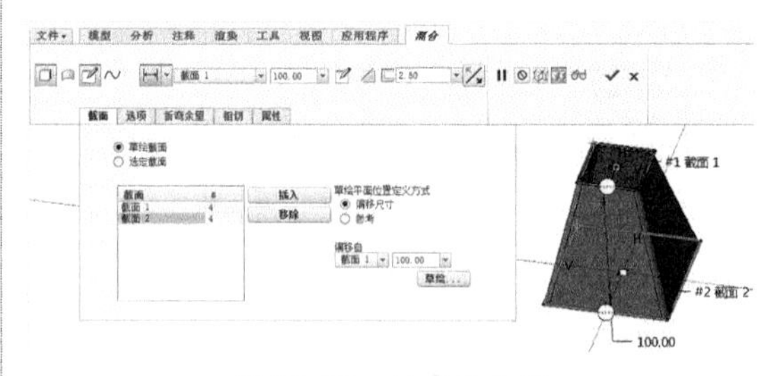

图 29-37　创建混合壁

09 完成的混合壁如图29-38所示。

图 29-38　混合壁

10 在混合壁上选中一个平面，然后在功能区【模型】选项卡的【编辑】组中单击【偏移】按钮，弹出【偏移】操控板。

11 在【偏移】操控板中输入偏移值 15，然后直接单击【确定】按钮，完成偏移壁的创建，如图 29-39 所示。

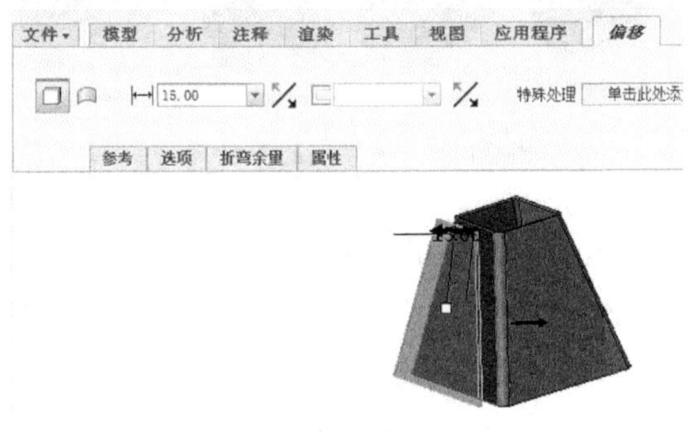

图 29-39　创建偏移壁

12 其创建的偏移壁如图 29-40 所示。

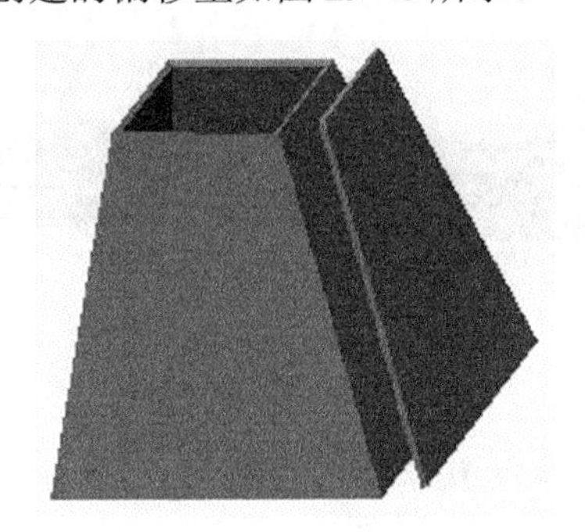

图 29-40　偏移壁

29.3 钣金次要壁的创建方法

钣金次要壁的创建主要是在第一壁的基础上进行的，创建第一壁的方法可以用来创建次要壁，经过次要壁对第一步的修饰和扩展，可以建立更加复杂的壁，它们之间是相互连接的。本节介绍的方法主要有：平整、快速创建平整壁、法兰壁壁、扫描壁、拉伸壁、扭转壁、延伸壁和合并壁。

29.3.1 创建平整壁

平整壁是以第一壁的一条边为依附边，通过绘制轮廓，创建出所需形状的次要平整壁，它们之间是相互连接的。这个命令只能用直线边为依附边。

在功能区【模型】选项卡的【形状】组中单击【平整】按钮，弹出【平整】操控板，如图 29-41 所示。

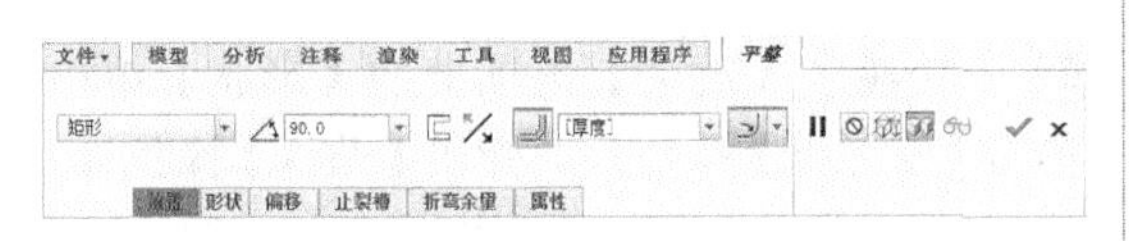

图 29-41　【平整】操控板

动手操作——创建平整壁

操作步骤：

01 利用【平面】命令创建第一壁（平面壁），如图 29-42 所示。

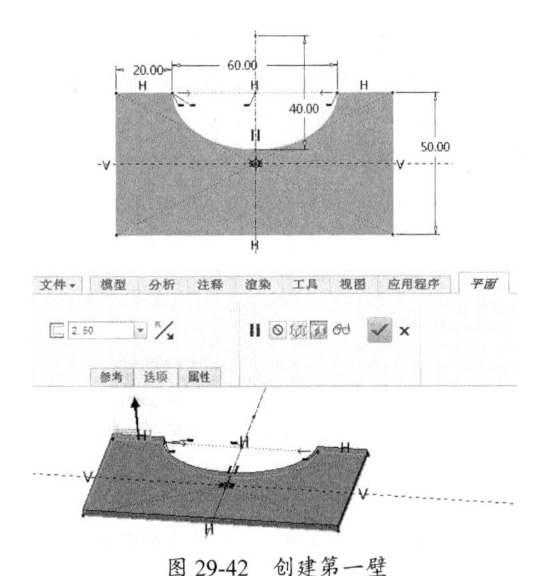

图 29-42　创建第一壁

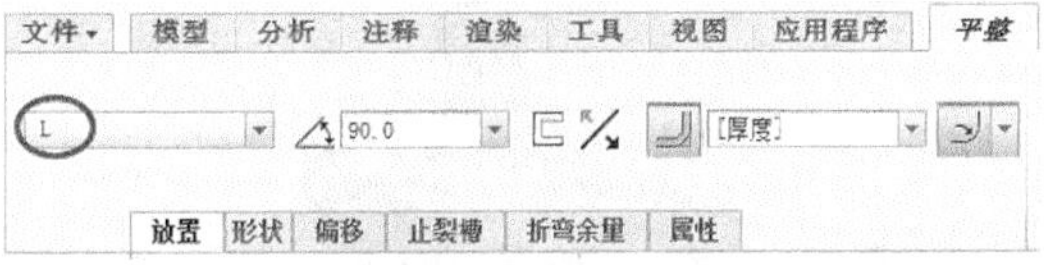

图 29-43　【平整】操控板

02 在【形状】组中单击【平整】按钮，弹出【平整】操控板，然后选择【L】形，如图 29-43 所示。

03 在第一壁上选择一条依附边，生成平整壁预览，如图 29-44 所示。

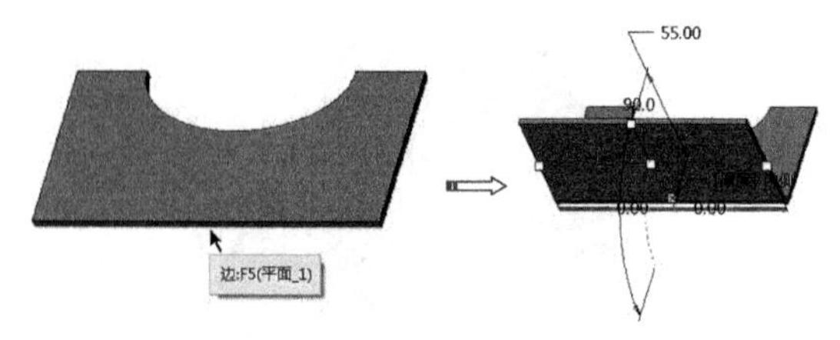

图 29-44 选择依附边

04 在【形状】选项板的草图中双击各个尺寸，并对其进行编辑，结果如图 29-45 所示。

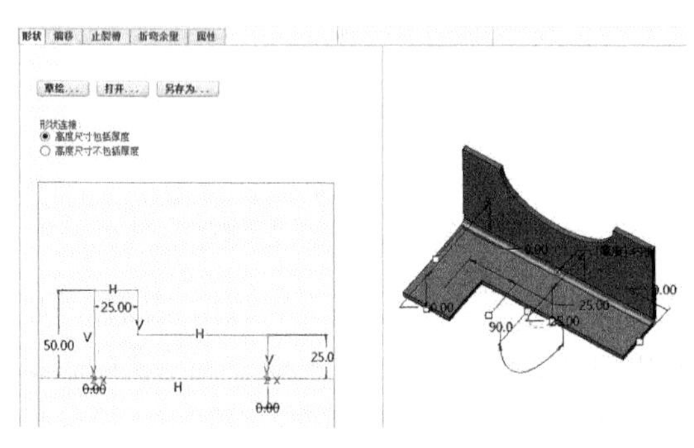

图 29-45 编辑各个尺寸

05 在【平整】操控板中输入角度值 45°，标注折弯类型为外部曲面，单击【确定】按钮，如图 29-46 所示，完成平整壁的创建，其完成结果如图 29-47 所示。

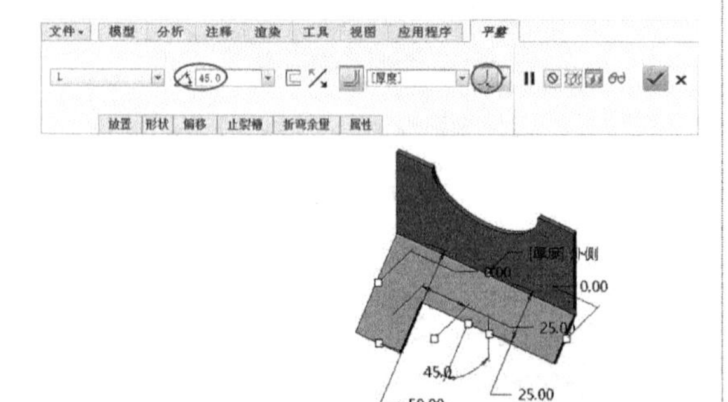

图 29-46 输入角度值、选择标注类型和单击【确定】按钮

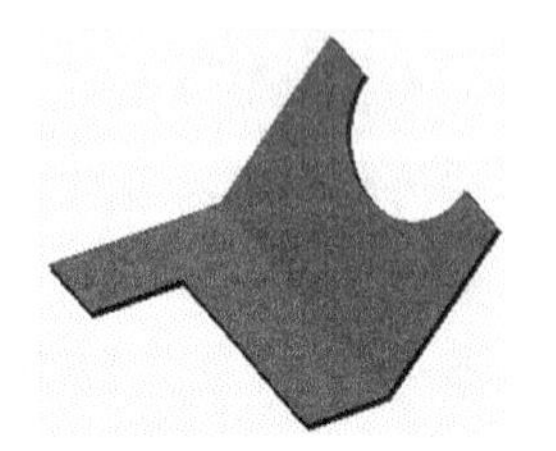

图 29-47 创建的平整壁

平整壁的几种形状如图 29-48 所示。

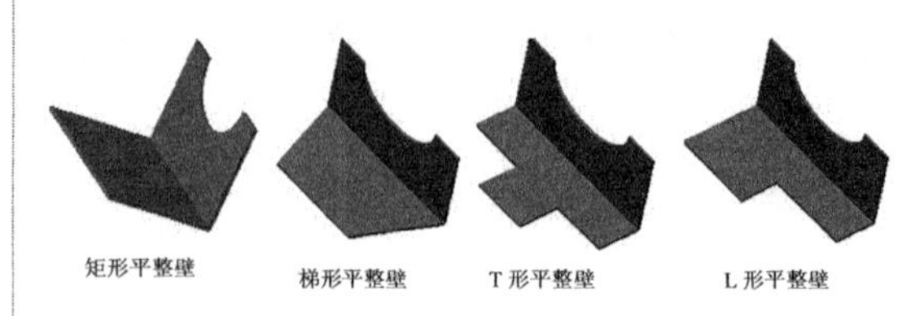

图 29-48 平整壁的几种形状

29.3.2 创建法兰壁

法兰壁主要用于创建常见的折边和替代简单的扫描壁，使用这个命令能加快设计速度，减少单击菜单的次数。

在功能区【模型】选项卡的【形状】组中单击【法兰】按钮，弹出【凸缘】操控板，如图 29-49 所示。

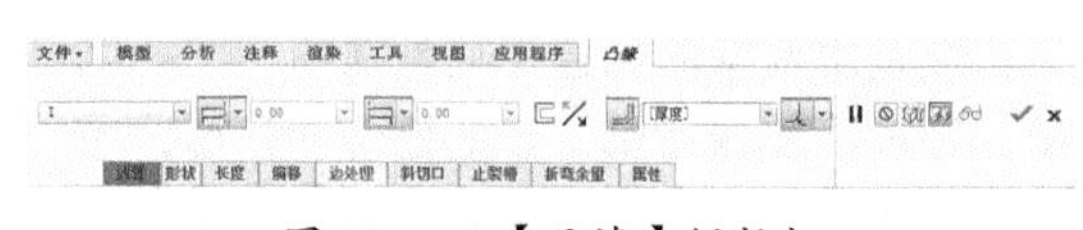

图 29-49 【凸缘】操控板

动手操作——创建法兰壁

操作步骤：

01 打开本例源文件【钣金-1】，如图 29-50 所示。

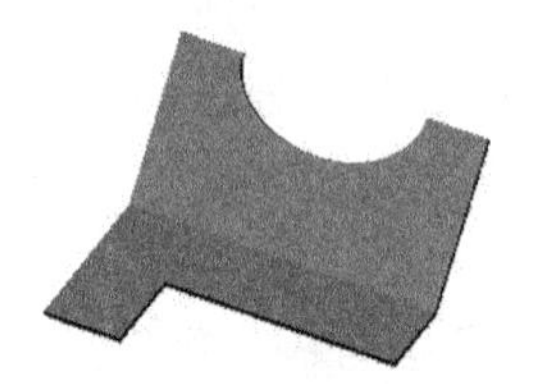

图 29-50 钣金零件

02 在功能区【模型】选项卡的【形状】组中单击【法兰壁】按钮，弹出【凸缘】操控板。

03 在第一壁上选择一条依附边，如图 29-51 所示。

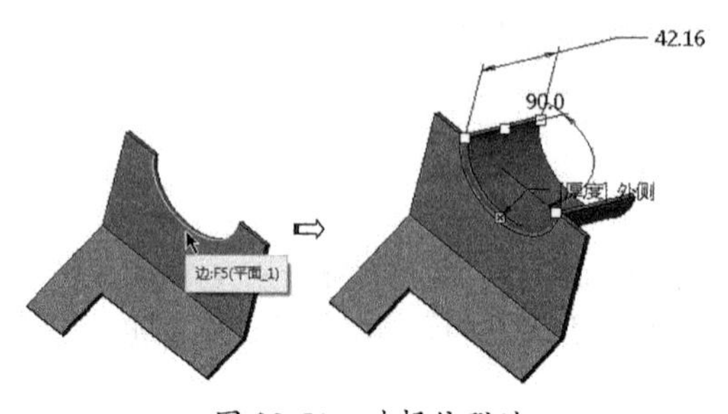

图 29-51 选择依附边

04 在【形状】选项板中更改草图中的外形尺寸，如图 29-52 所示。

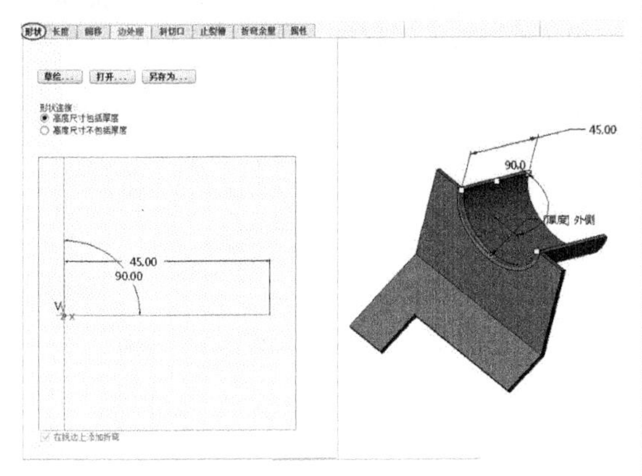

图 29-52　确定凸缘的外形尺寸

05 单击【确定】按钮，完成法兰壁的创建，完成结果如图 29-53 所示。

图 29-53　创建法兰壁

技术要点

在弧形边上创建法兰壁是要受限制的，有几种形状的法兰壁不能在弧形边上创建，弧形、S 和鸭形都不能在弧形边上创建。

法兰壁壁的几种形状如图 29-54 所示。

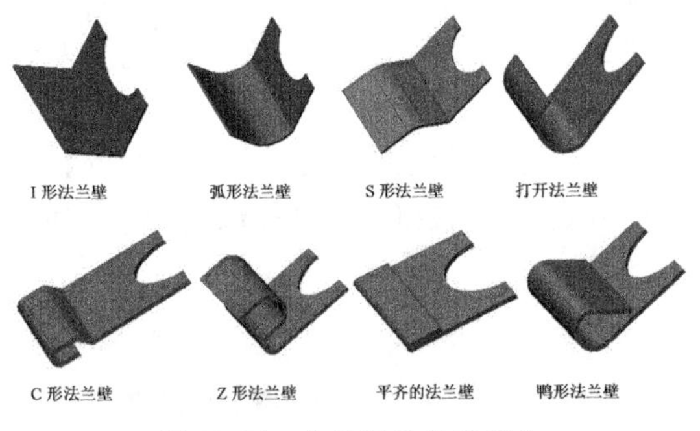

图 29-54　法兰壁的几种形状

29.3.3　创建扭转壁

扭转壁是钣金的螺旋或螺线部分，扭转壁就是将壁沿中线扭转一个角度，类似于将壁的端点反向转动一个相对小的指定角度，可将扭转连接到现有平面壁的直边上。

由于扭转壁可更改钣金零件的平面，所以通常用作两钣金件区域之间的过渡。它可以是矩形，也可以是梯形。

在功能区【模型】选项卡的【形状】组中单击【扭转】命令，系统弹出如图 29-55 的【扭转】对话框、【特征参考】菜单管理器和【选择】对话框。

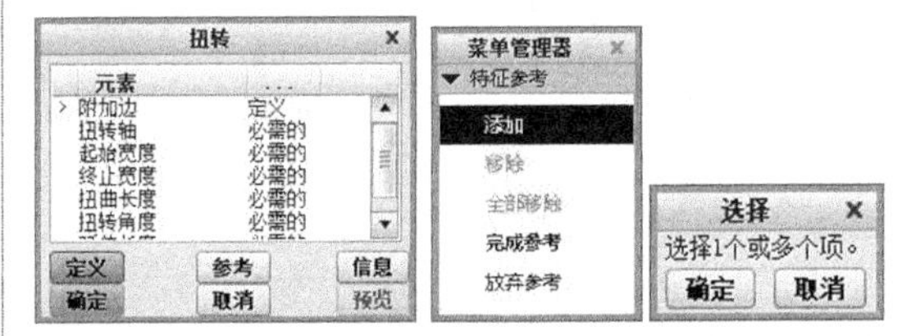

图 29-55　【扭转】对话框、【特征参考】菜单管理器和【选择】对话框

动手操作——创建扭转壁

操作步骤：

01 启动 Creo 后，创建一个平面壁，其大致形状如图 29-56 所示。

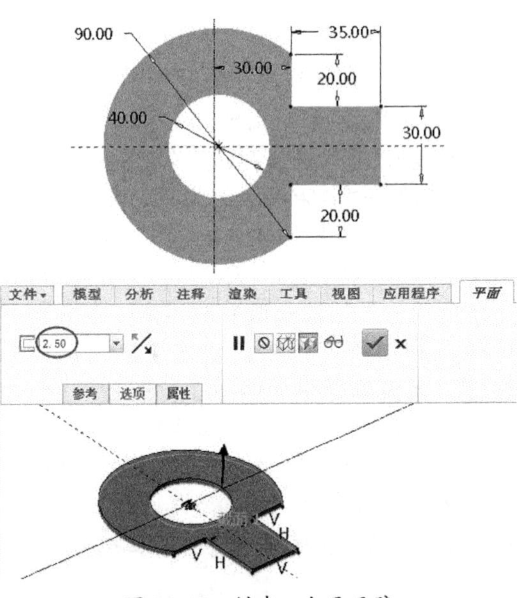

图 29-56　创建一个平面壁

02 在功能区【模型】选项卡的【形状】组中单击【扭转】命令，系统弹出【扭转】对话框、【特征参考】菜单管理器和【选取】对话框。

03 选取如图29-57所示的依附边线，系统将弹出如图29-58所示的【扭曲轴点】菜单管理器和【选择】对话框。

图29-57　选择依附边

图29-58　【扭曲轴点】菜单管理器和【选择】对话框

04 在【扭曲轴点】菜单管理器中，选择【使用中点】命令，系统将弹出如图29-59所示的【输入起始宽度】对话框，在文本框中输入起始宽度值30，单击【接受值】按钮，系统将弹出如图29-60所示的【输入终止宽度】对话框，在文本框中输入终止宽度值30，单击【接受值】按钮，系统将弹出如图29-61所示的【输入扭曲长度】对话框，在文本框中输入扭曲长度值80，单击【接受值】按钮，系统将弹出如图29-62所示的【输入扭曲角】对话框，在文本框中输入扭曲角度60，单击【接受值】按钮，系统将弹出如图29-63所示的【输入扭曲发展长度】对话框，在文本框中输入扭曲长度值100，单击【接受值】按钮。

05 单击【扭转】对话框中的【确定】按钮，完成扭转壁特征的创建，其结果如图29-63所示。

图29-59　【输入起始宽度】对话框

图29-60　【输入终止宽度】对话框

图29-61　【输入扭曲长度】对话框

图29-62　【输入扭曲角】对话框

图29-63　【输入扭曲发展长度】对话框

图29-64　创建的扭转壁

29.3.4　创建延伸壁

延伸壁也称延拓壁，就是将已有的平板壁延伸到某一指定的位置或指定的距离，不需要绘制任何的截面线。延伸壁不能作为第一壁来创建，它只能用于建立额外壁特征。

在功能区【模型】选项卡的【编辑】组中单击【延伸】按钮，弹出【延伸】操控板，如图29-65所示。

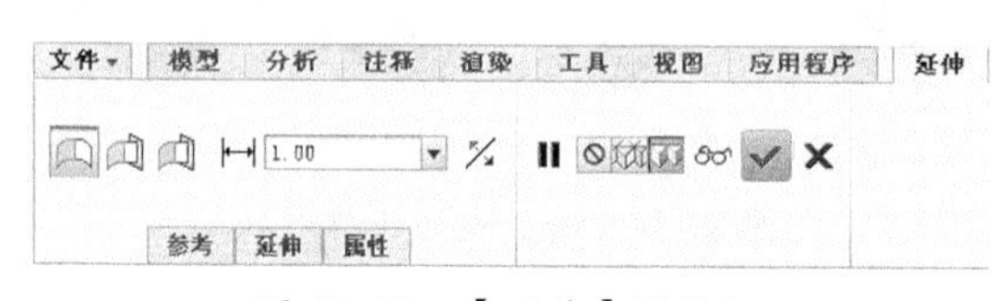

图29-65　【延伸】操控板

动手操作——创建延伸壁

操作步骤：

01 启动 Creo 后，创建一个拉伸壁，打开本例源文件【钣金 -2】，如图 29-66 所示。

02 在拉伸壁上选择一条边线，作为要延伸的边线，如图 29-67 所示。

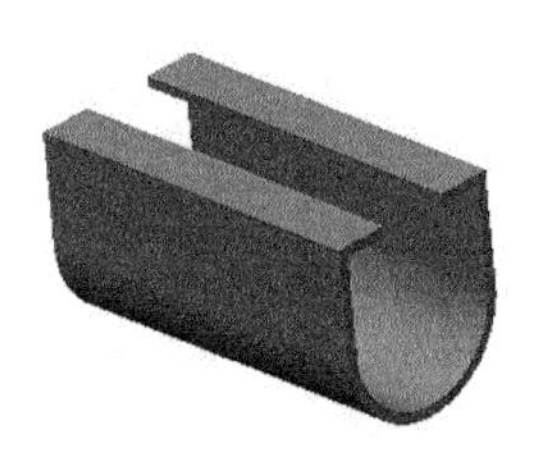

图 29-66　钣金零件

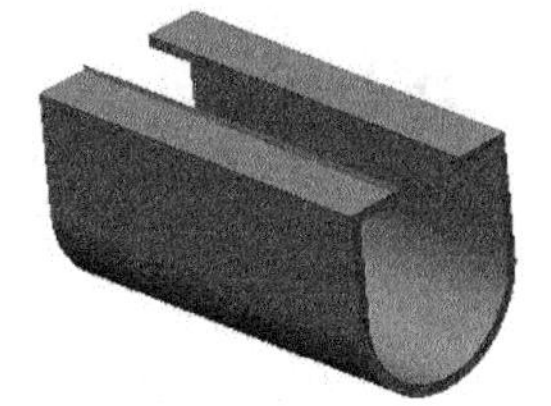

图 29-67　选择一条边线

技术要点

一定要先选择边线，【延伸】按钮才会高亮显示，代表它处于激活状态，才能使用延伸特征，否则单击【延伸】按钮是没有用的。

03 在【编辑】组中单击【延伸】按钮，弹出【延伸】操控板。

04 在【延伸】操控板中，单击【将壁延伸到参考平面】按钮。

05 在拉伸壁上选择一个参考平面，如图 29-68 所示，确定所创建的延伸壁的长度。

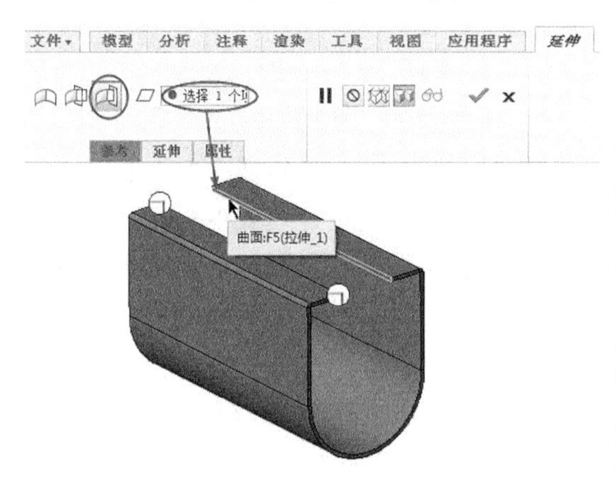

图 29-68　选择参考平面

06 在【延伸】操控板中单击【确定】按钮，完成延伸壁的创建，完成结果如图 18-69 所示。

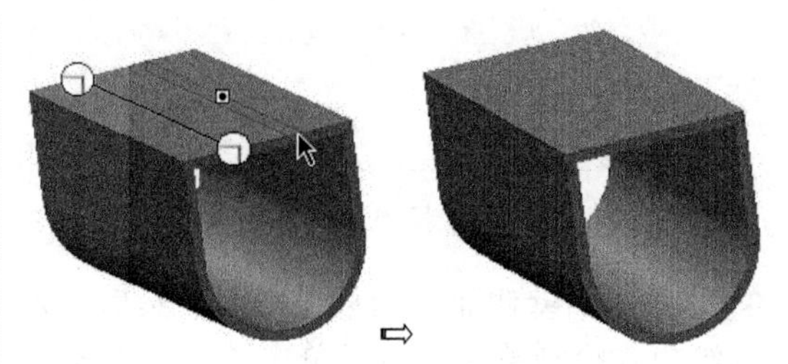

图 29-69　创建的延伸壁

29.3.5　创建合并壁

合并壁将至少需要两个非附属壁合并到一个钣金零件中。在 Creo 中，通过合并操作可以将多个分离的壁特征合并成一个钣金件。

在功能区【模型】选项卡的【编辑】组中单击【合并】按钮，系统将弹出【壁选项：合并】对话框、【特征参考】菜单管理器和【选择】对话框，如图 29-70 所示。

图 29-70　【壁选项：合并】对话框、【特征参考】菜单管理器和【选择】对话框

动手操作——创建合并壁

操作步骤：

01 启动 Creo 后，在 TOP 基准面上创建一个板厚为 2.5 的平面壁，其大致形状如图 29-71 所示。

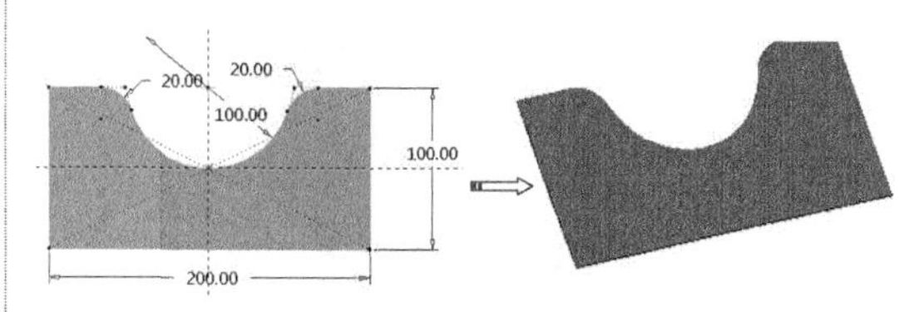

图 29-71　创建平面壁

02 在功能区【模型】选项卡的【形状】组中单击【拉伸】按钮，弹出【拉伸】操控板，在【拉伸】操控板内设置相关的参数，如图 29-72 所示。

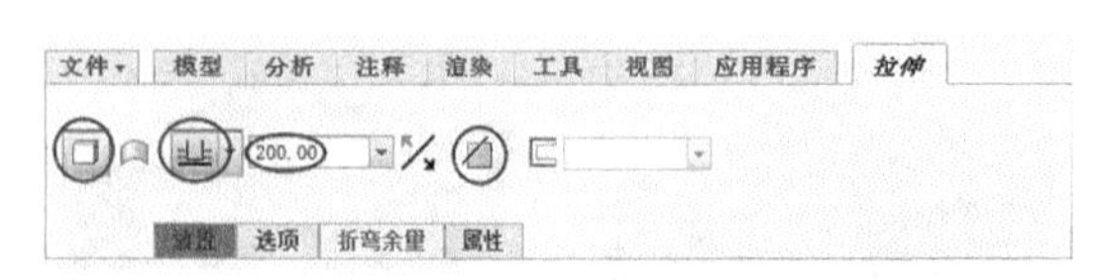

图 29-72 【拉伸】操控板及相关参数的设置

03 选择平面壁侧面作为草绘平面，然后进入草绘模式绘制草图，最后单击【拉伸】操控板上的【确定】按钮，完成拉伸壁的创建，如图 29-73 所示。

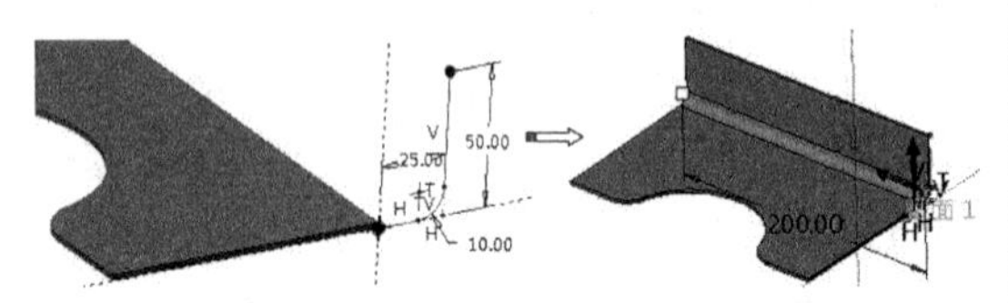

图 29-73 创建的拉伸壁

04 在功能区【模型】选项卡的【编辑】组中单击【合并】按钮，系统将弹出【壁选项：合并】对话框、【特征参考】菜单管理器和【选择】对话框，如图 29-69 所示。

05 按住【Shift】键，在平面壁和拉伸壁上各选一个面，作为【基参考】，如图 29-74 所示。

06 在拉伸壁上选择较短的那个直面，作为【合并几何形状】，如图 29-75 所示。

图 29-74 选择【基参考】

图 29-75 选择【合并几何形状】

07 在【壁选项：合并】对话框中，单击【确定】按钮，完成合并壁的创建，其完成结果如图 29-76 所示。

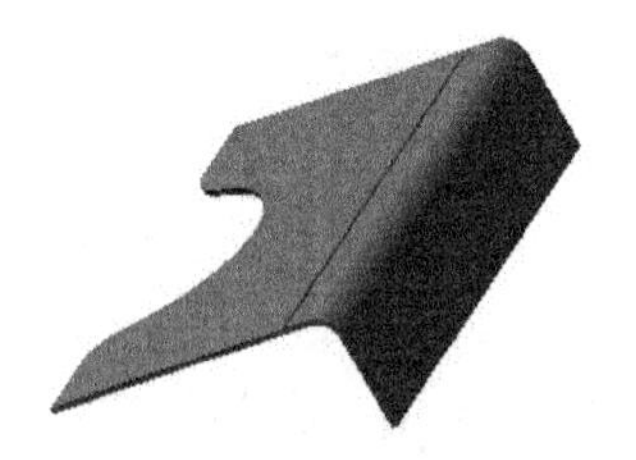

图 29-76 创建的合并壁

> **技术要点**
>
> 两个参与合并的壁的接头必须相对，每个壁的驱动面要在同一侧，如果壁的驱动面不相匹配，则必须交回。合并特征只能分离法兰壁，该功能一次只能合并两个壁。

29.3.6 转换为钣金件

【转换为钣金件】命令是将实体零件转换为钣金件。在设计过程中，可将这种转换用作快捷方式，为实现钣金件设计意图，可以反复使用现有的实体设计，可以在一次转换特征中包括多种特征，将零件转换为钣金件后，就与其他钣金件一样了。

首先在零件设计模式下，在功能区【模型】选项卡的【操作】组中单击【转换为钣金零件】按钮，【模型】选项卡中显示设计钣金的【形状】组、【工程】组与【折弯】组，如图 29-77 所示。

图 29-77 钣金设计的 3 个组

现在，你可以在零件设计模式下设计钣金件了（与在钣金设计模式下一样）。如果事先设计了实体特征，再单击【转换为钣金零件】按钮，会打开如图 29-78 所示的【第一壁】操控板。

图 29-78 【第一壁】操控板

也就是说，事先设计的实体将作为钣金的第一壁。

动手操作——转换为钣金件

操作步骤：

01 新建名为【转换为钣金件】的零件文件。在 TOP 基准面上创建一个拉伸实体，拉伸深度为 100，其大致形状如图 29-79 所示。

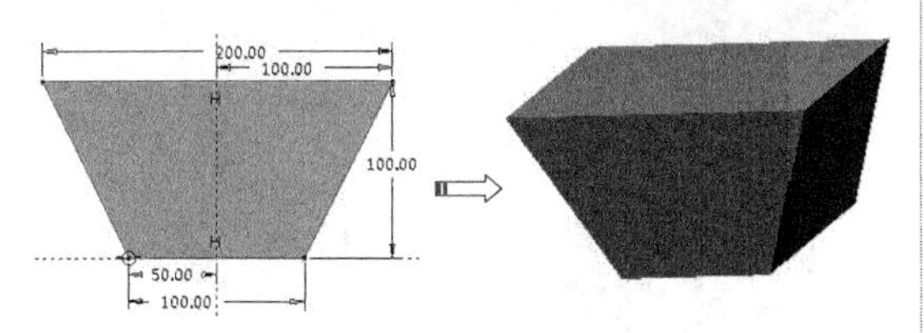

图 29-79　创建拉伸实体

02 在功能区【模型】选项卡的【操作】组中单击【转换为钣金零件】命令，弹出【第一壁】操控板。

03 在【第一壁】操控板中，单击【壳】按钮，弹出【壳】操控板。

04 在【壳】操控板中的【参考】选项卡中，选择要移除的面，如图 29-80 所示。

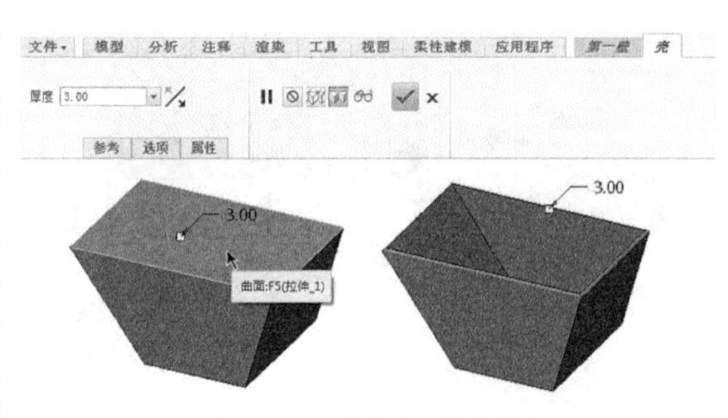

图 29-80　选择要移除的面

05 在【壳】操控板中，输入钣金的厚度值 3.0，单击【确定】按钮，完成转换特征操作，其完成的结果如图 29-81 所示。

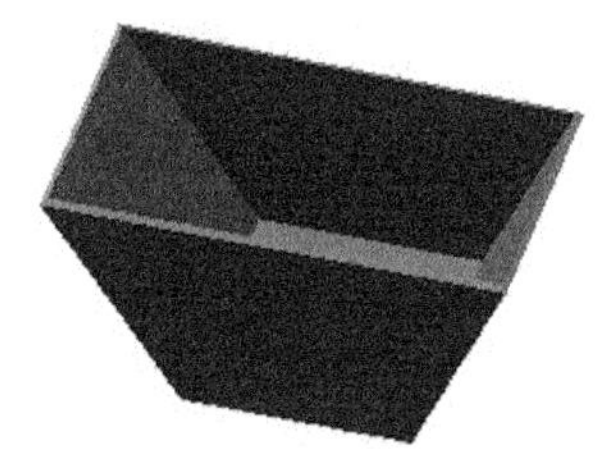

图 29-81　完成的转换特征

29.4　综合实训——USB 接口钣金件设计

◎ **结果文件：实例 \ 结果文件 \Ch29\ USB 接口 .prt**

◎ **视频文件：视频 \Ch29\USB 接口钣金件设计 .avi**

USB 是一个外部总线标准，用于规范计算机与外部设备的连接和通信。USB 接口支持设备的即插即用和热插拔功能。USB 接口可用于连接多达 127 种外设，如鼠标、调制解调器和键盘等。设计完成的 USB 接口钣金件如图 29-82 所示。

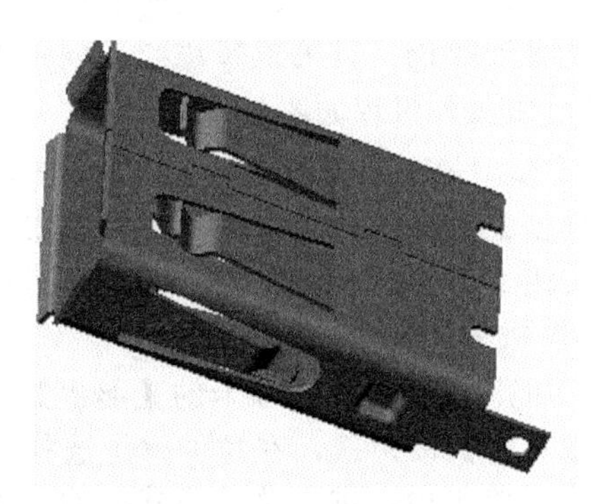

图 29-82　USB 接口钣金件

操作步骤：

01 启动软件，并创建一个名为【USB 接口】的钣金文件。

02 在功能区【模型】选项卡的【形状】组中单击【拉伸】按钮，弹出【拉伸】操控板，选择 TOP 基准面作为草绘平面，进入草绘模式，绘制草图，其操作过程如图 29-83 所示。

03 在功能区【模型】选项卡的【形状】组中单击【平整】按钮，在拉伸壁上创建【平整 1】，【平整 1】的高度为 2，其操作过程如图 29-84 所示。

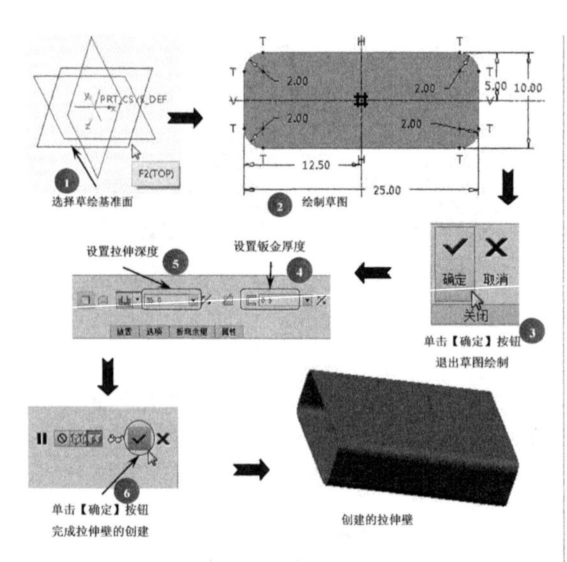

图 29-83　创建拉伸壁

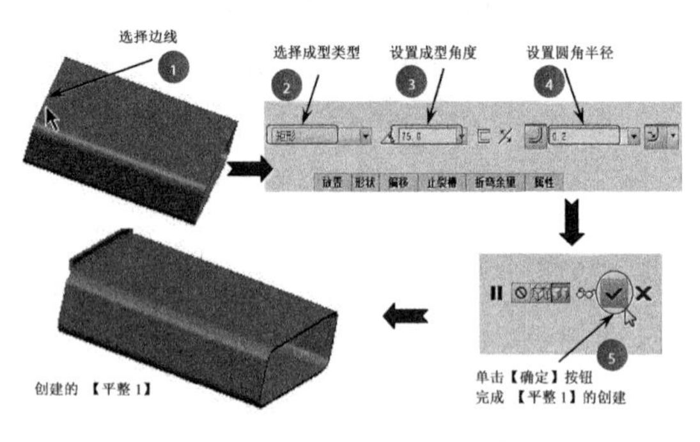

图 29-84　创建【平整 1】

04 在功能区【模型】选项卡的【形状】组中单击【平整】按钮，在拉伸壁上创建【平整 2】，【平整 2】的高度为 2，其操作过程如图 29-85 所示。

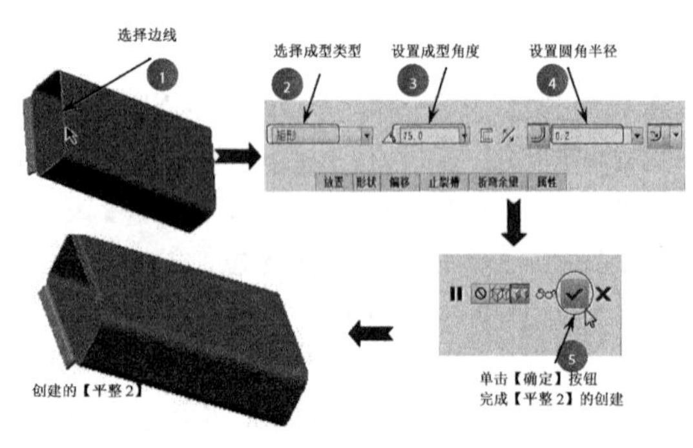

图 29-85　创建【平整 2】

05 在功能区【模型】选项卡的【形状】组中单击【平整】按钮，在拉伸壁上创建【平整 3】，【平整 3】的高度为 2，其操作过程如图 29-86 所示。

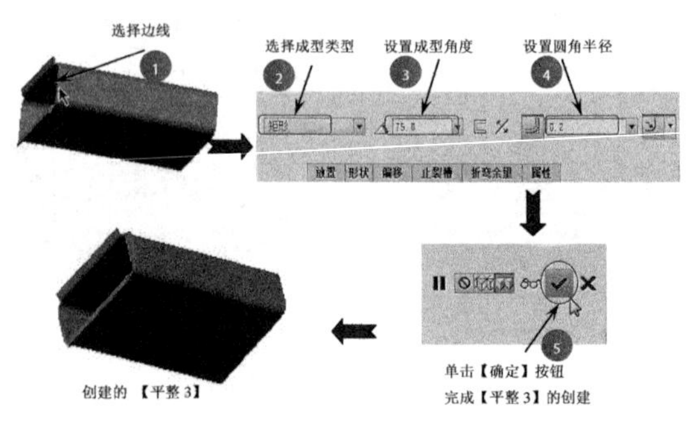

图 29-86　创建【平整 3】

06 在功能区【模型】选项卡的【形状】组中单击【平整】按钮，在拉伸壁上创建【平整 4】，【平整 4】的高度为 2，其操作过程如图 29-87 所示。

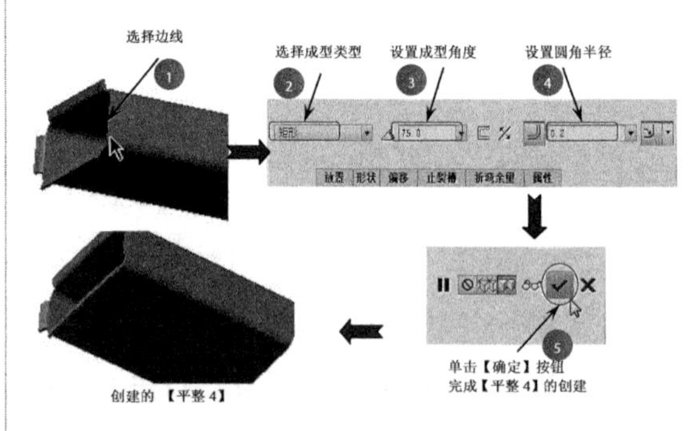

图 29-87　创建【平整 4】

07 在功能区【模型】选项卡的【形状】组中单击【拉伸】按钮，在拉伸壁上选择一个面作为草绘平面，进入草绘模式，创建【拉伸 2】，其操作过程如图 29-88 所示。

08 在【模型树】内选择【拉伸 2】，在功能区【模型】选项卡的【编辑】组中单击【镜像】按钮，创建【镜像 1】，其操作过程如图 29-89 所示。

09 在功能区【模型】选项卡的【形状】组中单击【拉伸】按钮，在拉伸壁上选择一个面作为草绘平面，进入草绘模式，创建【拉伸 3】，其操作过程如图 29-90 所示。

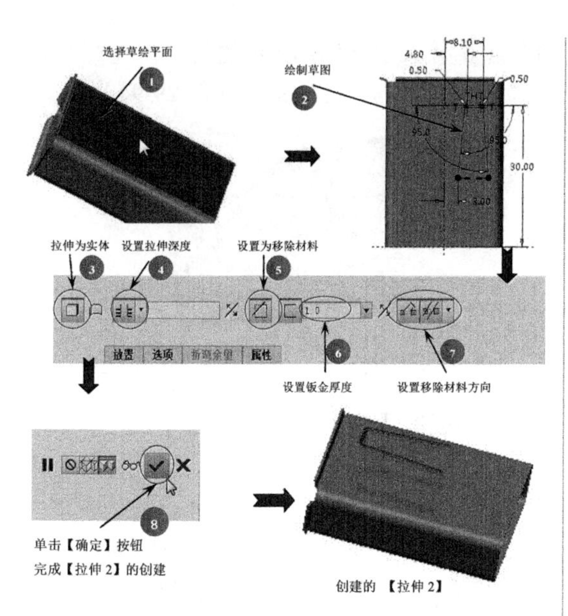

图 29-88　创建【拉伸 2】

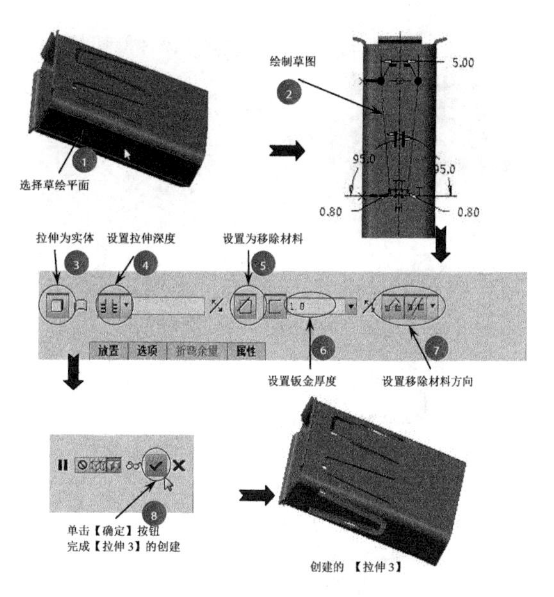

图 29-90　创建【拉伸 3】

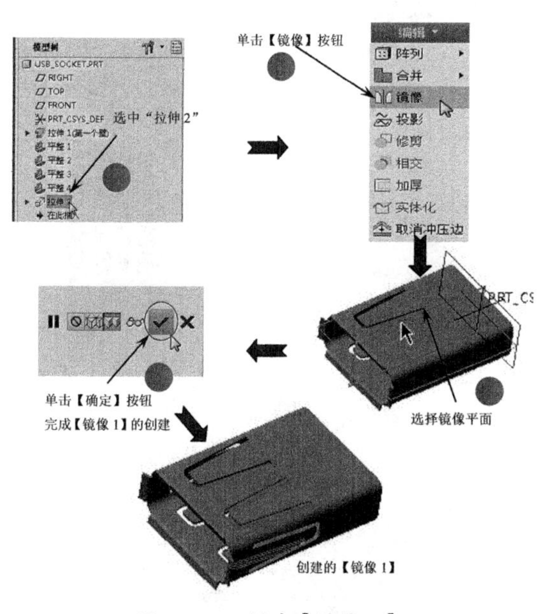

图 29-89　创建【镜像 1】

10 在功能区【模型】选项卡的【折弯】组中单击【折弯】按钮，创建【折弯 1】，其操作过程如图 29-91 所示。

11 在功能区【模型】选项卡的【折弯】组中单击【折弯】按钮，创建【折弯 2】，其操作过程如图 29-92 所示。

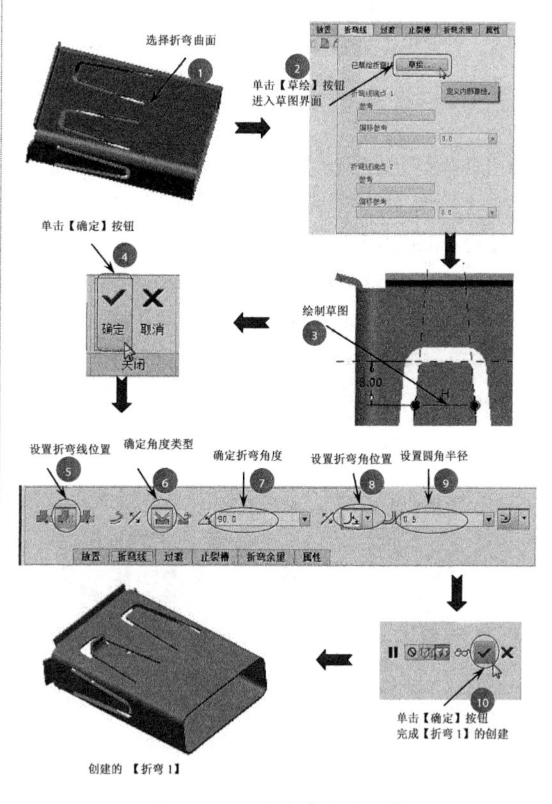

图 29-91　创建【折弯 1】

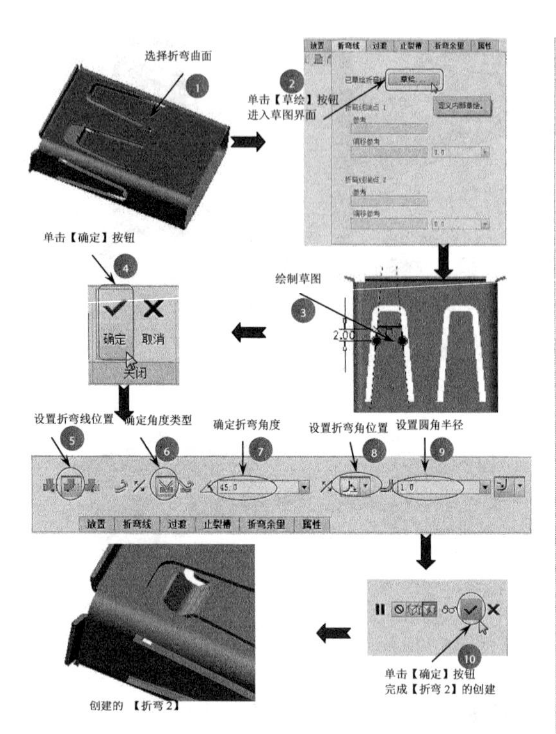

图 29-92 创建【折弯 2】

12 在功能区【模型】选项卡的【折弯】组中单击【折弯】按钮，创建【折弯 1】，其操作过程如图 29-93 所示。

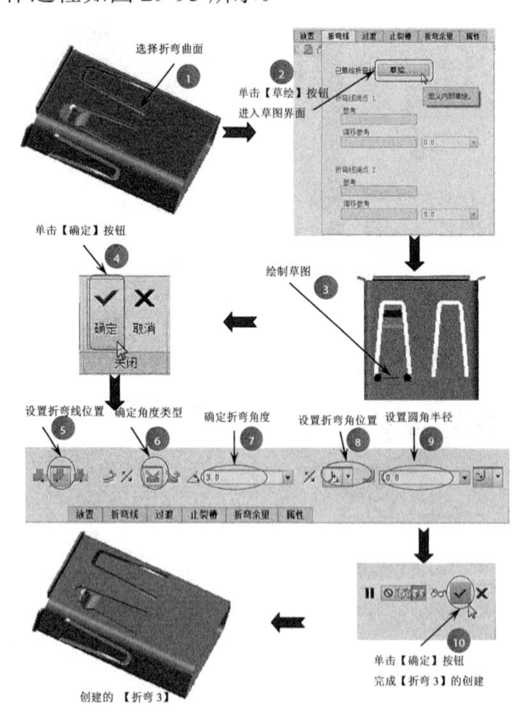

图 29-93 创建【折弯 3】

13 重复第 10 步到第 12 步的折弯，完成其他 3 个弹片的折弯，完成效果如图 29-94 所示。

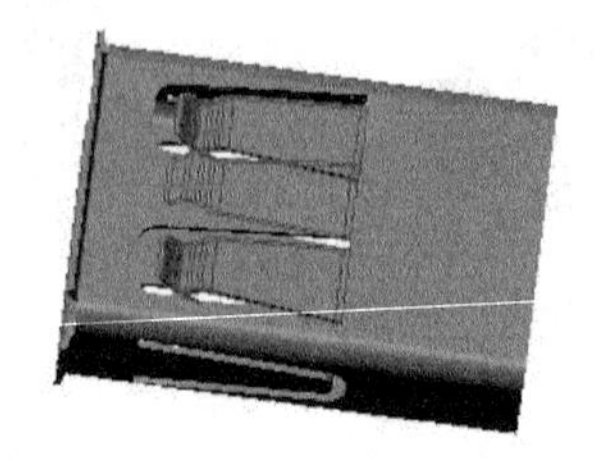

图 29-94 创建【折弯 4】到【折弯 12】

14 在功能区【模型】选项卡的【折弯】组中单击【折弯】按钮，创建【折弯 13】，其操作过程如图 29-95 所示。

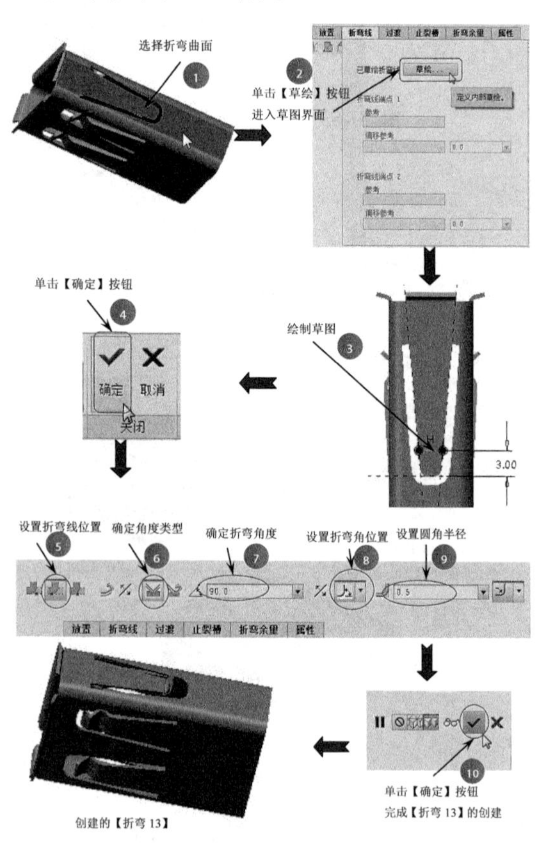

图 29-95 创建【折弯 13】

15 在功能区【模型】选项卡的【折弯】组中单击【折弯】按钮，创建【折弯 14】，其操作过程如图 29-96 所示。

16 在功能区【模型】选项卡的【折弯】组中单击【折弯】按钮，创建【折弯 15】，其操作过程如图 29-97 所示。

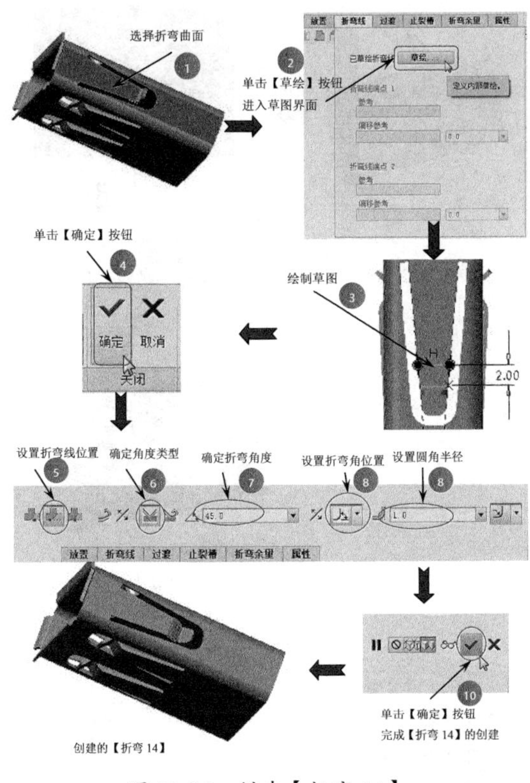

图 29-96　创建【折弯 14】

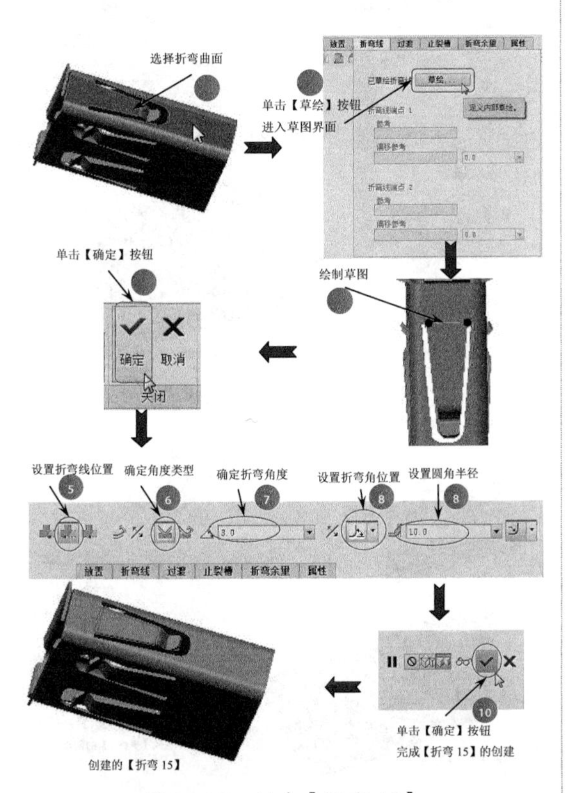

图 29-97　创建【折弯 15】

17 重复第 13 步到第 16 步的折弯，完成另一侧弹片的折弯，完成效果如图 29-98 所示。

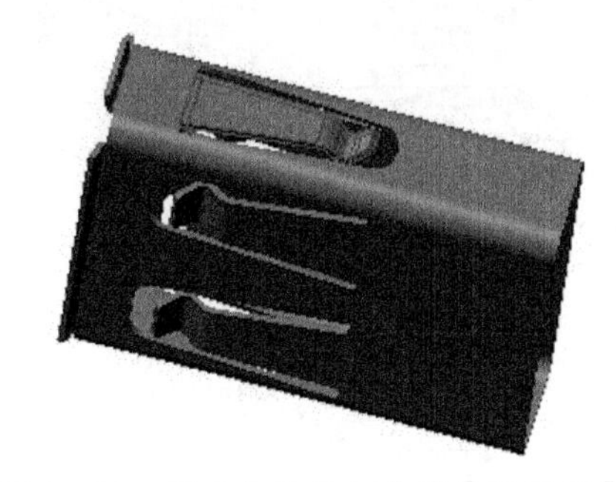

图 29-98　创建【折弯 16】到【折弯 18】

18 在功能区【模型】选项卡的【工程】组中单击【形状】按钮，创建【凹模 1】，其操作过程如图 29-99 所示。

19 用同样的方法，在另一侧创建【凹模 2】，只是在创建过程中选择的参考有所不相同，其完成结果如图 29-100 所示。

20 在功能区【模型】选项卡的【形状】组中单击【拉伸】按钮，在拉伸壁上选择一个面作为草绘平面，进入草绘模式，创建【拉伸 4】，其操作过程如图 29-101 所示。

21 在功能区【模型】选项卡的【形状】组中单击【拉伸】按钮，在拉伸壁上选择一个面作为草绘平面，进入草绘模式，创建【拉伸 5】，其操作过程如图 29-102 所示。

22 在功能区【模型】选项卡的【形状】组中单击【平整】按钮，在拉伸壁上创建【平整 5】，【平整 5】的高度为 6，其操作过程如图 29-103 所示。

23 在功能区【模型】选项卡的【形状】组中单击【拉伸】按钮，在【平整 5】上选择一个面作为草绘平面，进入草绘模式，创建【拉伸 6】，其操作过程如图 29-104 所示。

24 在功能区【模型】选项卡的【形状】组中单击【拉伸】按钮，在拉伸壁上选择一个面作为草绘平面，进入草绘模式，创建【拉伸 7】，其操作过程如图 29-105 所示。

25 至此，整个 USB 接口的钣金件设计已经完成，单击【保存】按钮，将其保存，其最终效果如图 29-106 所示。

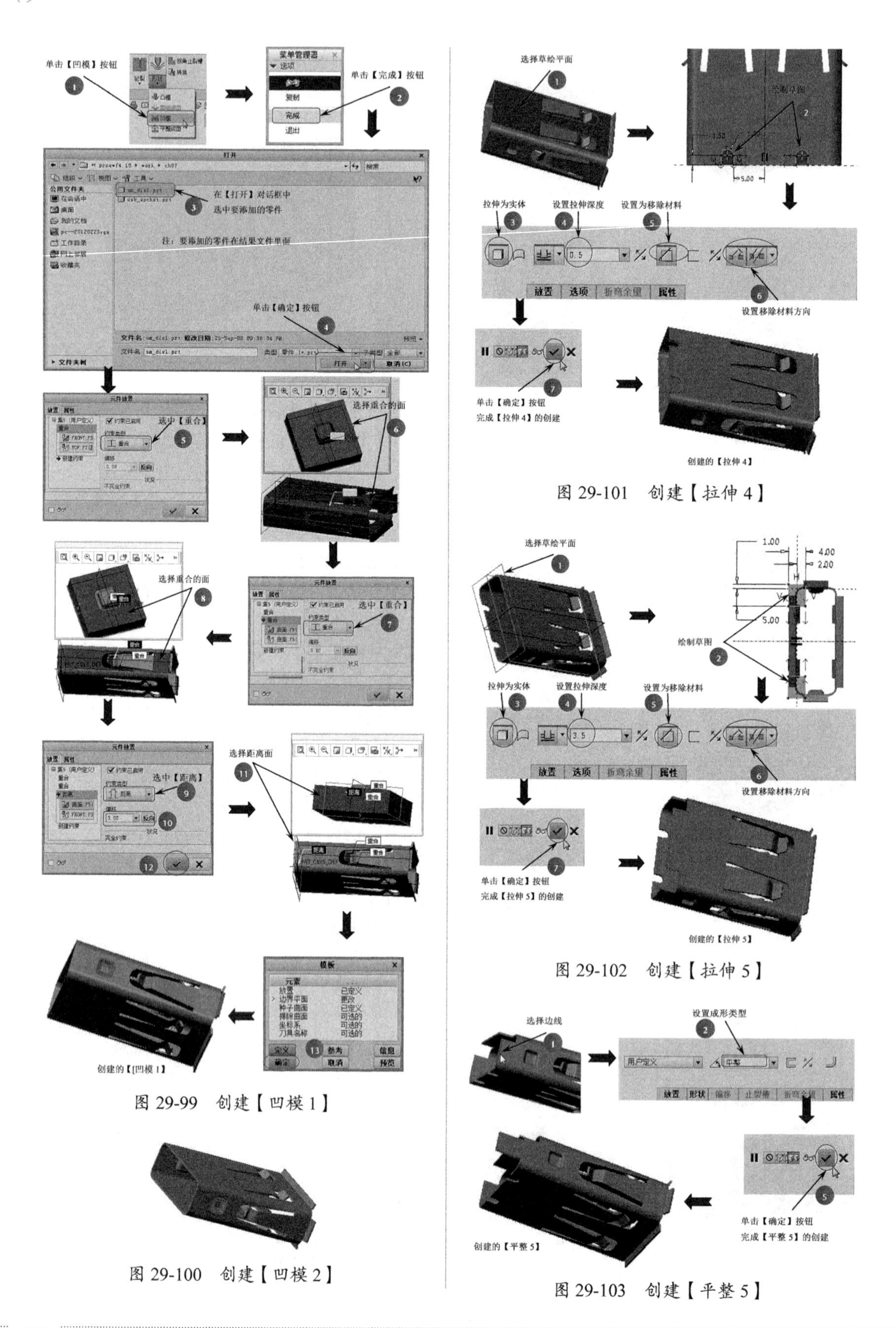

图 29-99　创建【凹模 1】

图 29-100　创建【凹模 2】

图 29-101　创建【拉伸 4】

图 29-102　创建【拉伸 5】

图 29-103　创建【平整 5】

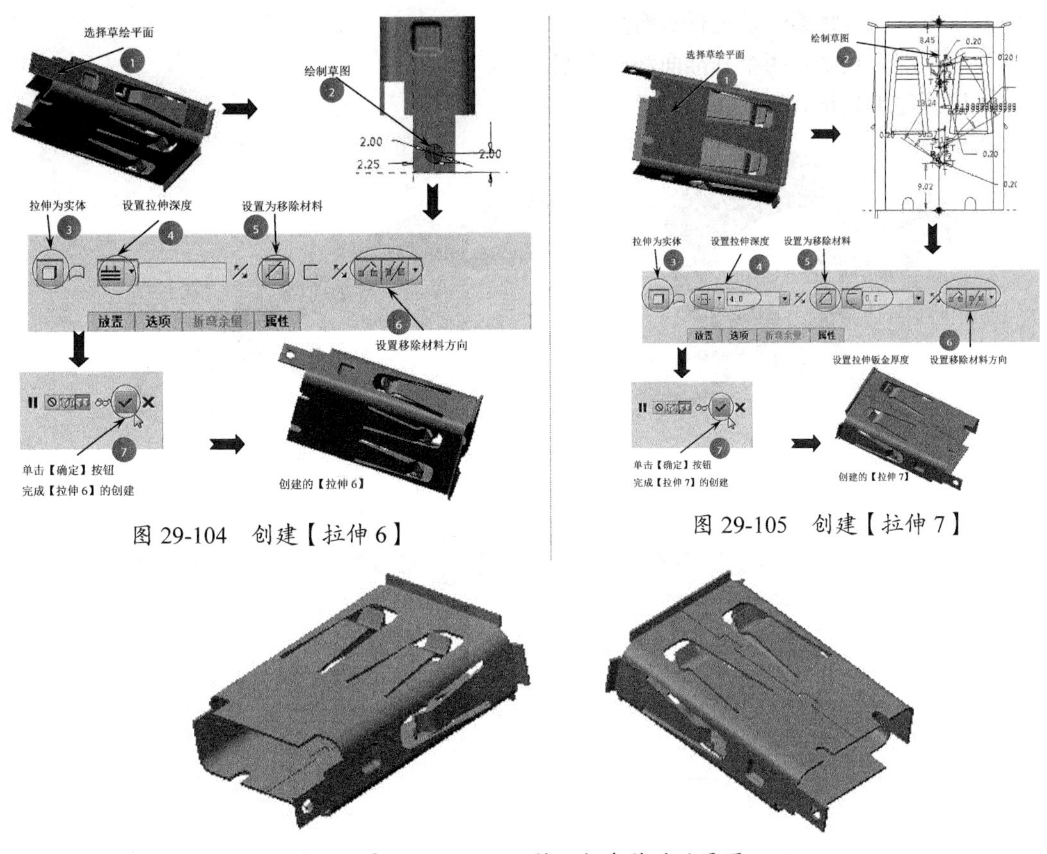

图 29-104　创建【拉伸 6】

图 29-105　创建【拉伸 7】

图 29-106　USB 接口钣金件的效果图

29.5　课后习题

1. 设计电容器架

本练习的电容器架如图 29-107 所示。

练习要求与步骤：

（1）新建零件文件，并将其命名为【dianrongqijia】，进入钣金模式。

（2）用平面工具创建第一壁。

（3）用折弯工具将第一壁进行折弯。

（4）用基准工具创建 3 个基准面和 1 个坐标系。

（5）用镜像工具将前面的特征进行镜像。

（6）用折弯工具将其折弯。

2. 设计连接板

本练习的连接板如图 29-108 所示。

练习要求与步骤：

（1）新建零件文件，并将其命名为【lianjieban】，进入钣金模式。

（2）用平面工具创建第一壁。

（3）用折弯工具将第一壁进行折弯。

（4）用基准工具创建两个基准面和一个基准轴。

（5）用折弯工具将其折弯。

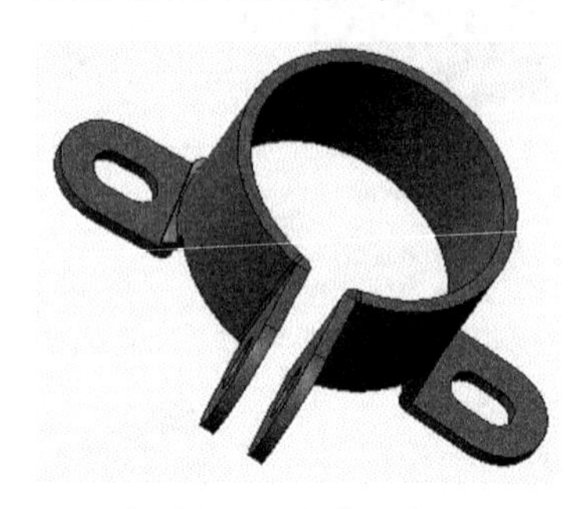

图 29-107　电容器架

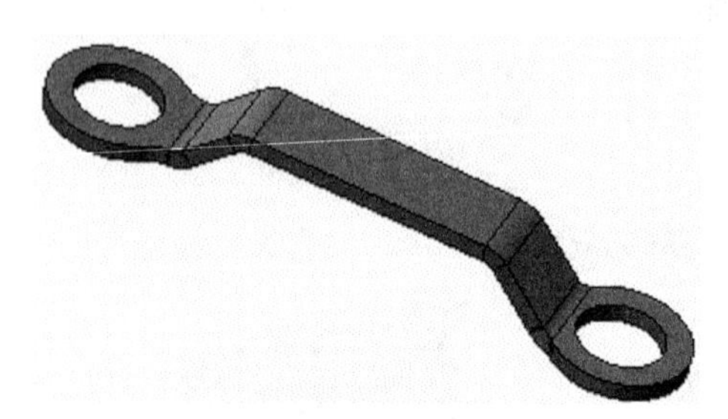

图 29-108　连接板

◇◇◇◇◇◇◇◇◇◇◇◇◇◇◇◇◇◇ 读书笔记 ◇◇◇◇◇◇◇◇◇◇◇◇◇◇◇◇◇◇◇◇